THOMAS C. JOHN
PETER MULLEN
PAUL BROCK

Die Insekten Europas

3000 Arten mit europäischen Verbreitungskarten in über 5500 freigestellten Fotos

KOSMOS

Aus dem Englischen übersetzt von Thomas C. John
Titel der Originalausgabe: Insects of Britain & Europe
erschienen bei Princeton University Press
unter der ISBN 978-0-691-26576-6

IMPRESSUM

Umschlaggestaltung von Jorge Schmidt unter Verwendung folgender Fotos:
oben links: *Chrysis ignita* (Imago) von Alex Hyde,
unten rechts: *Byctiscus betulae* (Männchen) von John Hallmén
und unten links: *Graphocephala eenahi* von Andre Karwath

Gedruckt auf chlorfrei gebleichtem Papier

MIX
Papier | Fördert gute Waldnutzung
FSC® C043106
www.fsc.org

ISBN 978-3-440-18487-5
Projektleitung: Ben Boden
Lektorat: Barbara Kiesewetter, München
Produktion: Markus Schärtlein
Druck und Bindung: Grafisches Centrum Cuno GmbH & Co. KG, Calbe
Printed in Germany / Imprimé en Allemagne

Einführung

Artbeschreibungen

Anhang

Die Insekten sind mit über 1,07 Millionen bekannten Arten die zahlreichste, erfolgreichste und vielfältigste Tiergruppe der Erde – und Wissenschaftler gehen davon aus, dass noch Millionen weitere Arten auf ihre Entdeckung warten. Davon sind mehr als 105 000 Arten in Europa bekannt, mehr als 40 000 allein in Deutschland und Mitteleuropa.

Insekten kommen fast überall vor und spielen als Bestäuber, Zersetzer und Nahrungsquelle für andere Tiere eine wichtige Rolle in Ökosystemen. Sie sind kaltblütige Tiere; die meisten Arten bevorzugen wärmere Klimazonen. Die in Europa vorkommenden Arten zeichnen sich durch eine erstaunliche Vielfalt an Formen und Farben sowie faszinierende Verhaltensweisen aus. Es besteht immer noch die Möglichkeit, Arten in Regionen nachzuweisen, in denen sie bisher unbekannt waren oder sogar eine ultimative Entdeckung zu machen – eine Art, die der Wissenschaft völlig neu ist!

Insekten haben grundsätzlich einen dreiteiligen Körper und 6 Beine. Sie sind die einzigen geflügelten und flugfähigen wirbellosen Tiere. Ihre Form und Größe variiert stark. Einige, wie Bienen und Schmetterlinge, sind für die Bestäubung von entscheidender Bedeutung, während andere, wie Ameisen und Käfer, zur Zersetzung organischer Stoffe beitragen. Jüngste Studien zeigen jedoch eine dramatische Abnahme der Insektenzahlen – eine Untersuchung des niederländischen Biologen Caspar Hallmann ergab einen Rückgang der deutschen Fluginsekten um 75 % seit den 1990er-Jahren. Ähnliche Zahlen werden von vielen weiteren Forschungsprogrammen weltweit gemeldet. Dieser alarmierende Trend – der extreme Rückgang der globalen Insektenpopulationen – bedroht Bestäubung, Nährstoffkreislauf und ganze Nahrungsketten.

Die Hauptursachen sind der Verlust von Lebensräumen, der Einsatz von Pestiziden, die übermäßig intensivierte Landwirtschaft und der Klimawandel. Um Sir David Attenborough zu zitieren: „Würden wir und die übrigen Wirbeltiere über Nacht verschwinden, käme der Rest der Welt ziemlich gut zurecht. Aber wenn die Wirbellosen verschwinden würden, brächen die Ökosysteme der Welt zusammen." Das ist ein ernüchternder Gedanke.

Es ist unerlässlich, Insekten zu verstehen, da ihr Überleben eng mit der Gesundheit unseres Planeten verbunden ist. Schutzmaßnahmen sind zwingend notwendig und liegen in der Verantwortung von uns allen. Insekten sollten nicht nur wegen ihres intrinsischen Wertes geschützt werden, sondern auch, um sicherzustellen, dass sie weiterhin ihre wichtige Rolle in unserem Ökosystem erfüllen können. Um die Rolle der Insekten besser zu verstehen und Schutzmaßnahmen zu entwickeln, ist es unter anderem wichtig, die betroffenen Arten oder Artengruppen identifizieren zu können – und das war die Motivation für die Erstellung dieses Buches.

DIE 25 EUROPÄISCHEN INSEKTENORDNUNGEN

Die Tierklasse der Insekten ist in 28 Ordnungen unterteilt, die ihre strukturellen und genetischen Unterschiede widerspiegeln (3 Ordnungen kommen in Europa nicht vor). Da schon die 25 Ordnungen in Europa sehr viele Arten umfassen, können wir in einem Buch dieser Größe nur einen kleinen Prozentsatz davon zeigen. Allerdings gibt es in einigen Ordnungen zahlreiche winzige Arten, deren Identifizierung eine sehr spezifische, oft mikroskopische Untersuchung erfordert – in solchen Fällen zeigen wir nur einige ausgewählte Vertreter.

Unser Ziel ist es, einen aktuellen Überblick über alle in Europa vorkommenden Insektenordnungen zu geben, mit Schwerpunkt auf Mitteleuropa. Wir helfen, eine große Anzahl der Arten erkennen zu können, denen man normalerweise in der Umgebung oder bei Streifzügen durch die Natur begegnet. Wir zeigen zudem eine Auswahl besonders charakteristischer Arten, darunter auch einige seltene. Es gibt aktuell keine andere Publikation, die 3000 europäische Insektenarten aus allen 25 Ordnungen in so einem kompakten Format abdeckt. Da wir wissen, dass viele Beobachter häufig auch auf einige „Nicht-Insekten" stoßen – wie Spinnen, Tausendfüßler, Asseln –, die von der Öffentlichkeit oft mit Insekten verwechselt werden, haben wir am Ende des Buches zusätzlich einen kleinen Abschnitt mit 44 der auffälligsten dieser Arten aufgenommen.

Dieses Buch wurde sowohl für Anfänger als auch für erfahrene Enthusiasten geschrieben. Es soll für alle, die sich für die Welt der Insekten interessieren, leicht zugänglich und spannend sein. Wir verwenden eine klare Sprache und zahlreiche Abbildungen, um jeden Leser anzusprechen. Gleichzeitig geben wir viele detaillierte Informationen, um auch fortgeschrittene Leser zufriedenzustellen. Unser Ziel ist es, zu informieren und zu inspirieren, das Bewusstsein für die Welt der Insekten zu schärfen und unsere Begeisterung für diese faszinierenden Tiere zu teilen.

Es gibt eine Vielzahl lebender Wirbelloser – Tiere ohne Knochenskelett und Wirbelsäule –, die zum Stamm der Arthropoda (Gliederfüßer) gehören; dieser Name leitet sich vom griechischen Wort für „Gelenkfuß" ab. Alle Arthropoden sind wirbellos und haben ein hartes **Außenskelett**, einen segmentierten Körper und die namensgebenden gegliederten Gliedmaßen. Innerhalb der Arthropoden gehört die Klasse Insecta (Insekten) zum Unterstamm der Hexapoda (Hexapoda), was ebenfalls aus dem Griechischen stammt und „6 Füße" bedeutet.

DIE ARTHROPODEN

Stamm	Arthropoda			
Unterstamm	Hexapoda	Crustacea	Chelicerata	Myriapoda
	 Insekt (Wespe)	 Assel	 Spinne	 Vielfüßer
Klasse	**Insecta*** Insekten **Entognatha*** Beintastler, Doppelschwänze, Springschwänze	**Malacostraca*** Höhere Krebse **Branchiopoda** Kiemenfußkrebse, Urzeitkrebse Weitere Klassen der Crustacea	**Arachnida*** Spinnentiere **Xiphosura** Pfeilschwanzkrebse **Pycnogonida** Asselspinnen	**Pauropoda** Wenigfüßer **Diplopoda*** Doppelfüßer **Chilopoda*** Hundertfüßer **Symphyla** Zwergfüßer
Anzahl der Beine	6	meist 10–14	8	> 16; meist > 30

*Arten dieser Klassen sind in diesem Buch beschrieben.

Abgesehen von den Insekten werden alle anderen ursprünglicheren Sechsfüßer als Entognatha klassifiziert – dies bezieht sich darauf, dass ihre Mundwerkzeuge im Gegensatz zu denen der Insekten im Kopf in einer sogenannten Mundtasche eingeschlossen sind. Alle diese Tiere sind flügellos und durchlaufen während ihres Lebenszyklus nur eine sehr geringe oder gar keine Metamorphose, was bedeutet, dass ihre Larven einfach wie kleine erwachsene Tiere aussehen. Darüber hinaus sind Beintastler und Doppelschwänze augenlos. In diesem Buch sind einige Arten dieser Gruppen auf S. 22 beschrieben.

WIE ERKENNE ICH EIN INSEKT?

Das einfachste Erkennungsmerkmal eines *Hexapoden* – gegenüber allen anderen Arthropoden – sind die ***6 Beine*** (3 Paare). Der Körper gliedert sich in Kopf, Thorax und Abdomen (siehe folgende Seite); der Thorax hat wiederum 3 Segmente, jedes mit einem Beinpaar. Andere Arthropoden haben mindestens 4 Beinpaare, manchmal noch viel mehr. Wenn das Tier *Flügel* hat, handelt es sich immer um ein *Insekt* – es gibt zwar auch flügellose Insekten, aber keine anderen geflügelten Arthropoden.

Spinnentiere, insbesondere echte Spinnen, werden oft mit Insekten verwechselt, aber auch sie lassen sich anhand leicht erkennbarer Merkmale unterscheiden. Ihr Körper besteht aus nur 2 Teilen, die manchmal sogar zu einem einzigen verschmolzen zu sein scheinen. Sie haben immer 4 Beinpaare, keine Facettenaugen wie Insekten (siehe Glossar, S. 17) und sind immer flügellos. Anstelle von Antennen haben sie auffällige, große Mundwerkzeuge, die Pedipalpen genannt werden. Schließlich durchlaufen Spinnen (ebenso wie Vielfüßer) keine Metamorphose – alle Jungtiere ähneln kleineren Versionen der Erwachsenen.

Einige Arten der Spinnen und anderen Nicht-Insekten sind ab S. 638 dargestellt.

STRUKTUR EINER SPINNE

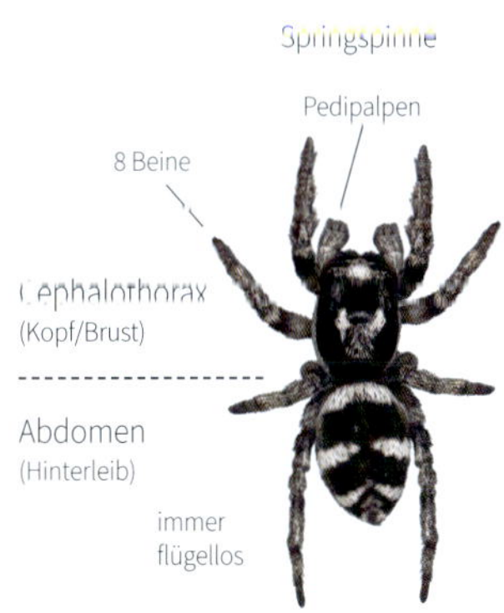

Die Klasse Insecta

E 724 FAM 105 000+ SP W 1.089+ FAM 1.067.000+ SP

Die Klasse Insecta wird in 2 Unterklassen eingeteilt: **Apterygota** (flügellose, urtümlichere Insekten) und **Pterygota** (geflügelte oder sekundär flügellose Insekten).

Die Unterklasse Pterygota gliedert sich wiederum anhand eines Details der Flügelmuskulatur (siehe gegenüberliegende Seite) in die Gruppen Palaeoptera und Neoptera, wobei die Neoptera zudem alle Arten mit vollständiger Metamorphose umfassen.

Der Entwicklungszyklus (Metamorphose) der Insekten ist entweder ***unvollständig*** (Ei → Nymphe → Imago) oder ***vollständig*** (Ei → Larve → Puppe → Imago).

„Sekundär flügellos“ bezeichnet Insekten, die zwar flügellos sind, deren Vorfahren aber zu einem bestimmten Zeitpunkt in ihrer Evolution Flügel entwickelt hatten. Bei vielen Arten ist auch nur ein Teil der Population (z. B. nur die Weibchen, oder – wie bei Ameisen – nur die Arbeiterinnen) flügellos, während andere Individuen Flügel haben.

In Europa kommen Arten von 25 Insektenordnungen vor. In diesem Buch werden sie in der üblichen Reihenfolge ihrer Klassifizierung dargestellt – von den eher urtümlichen Insekten bis zu den am höchsten entwickelten, den Hautflüglern.

Metamorphose

Unvollständig

(Blaugrüne Mosaikjungfer)

Die Flügel entwickeln sich extern. Larvenformen werden üblicherweise als *Nymphen* bezeichnet, die grundsätzlich kleinen flügellosen Erwachsenen ähneln.

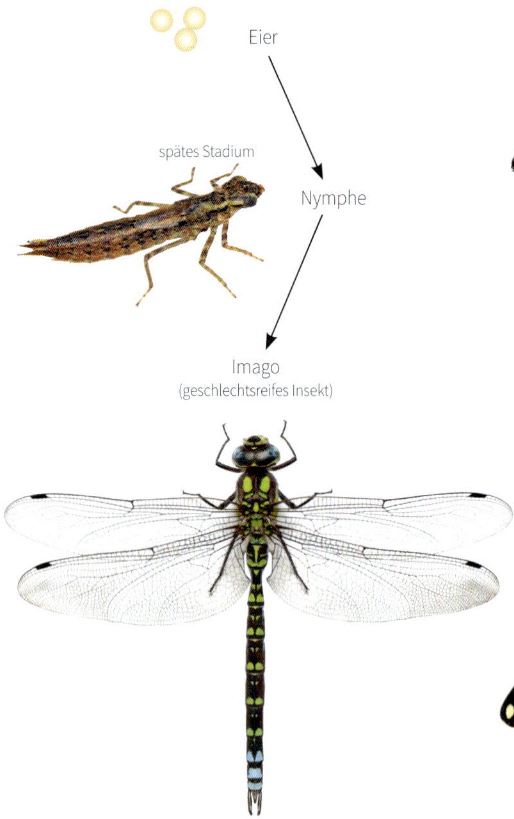

Vollständig

(Schwalbenschwanz)

Flügel entwickeln sich im Inneren während des Puppenstadiums; die Form des Insekts verändert sich oft dramatisch vom Larven- zum Erwachsenenstadium, wie bei der Metamorphose von Raupen zu Schmetterlingen.

Ein Überblick über alle europäischen Ordnungen und ihre grundlegenden Merkmale findet sich auf S. 7–13.

KÖRPERBAU

SYSTEMATIK

Unterklasse **Apterygota**

Primär flügellose Urinsekten

Ordnungen	**ARCHAEOGNATHA**	Felsenspringer
	ZYGENTOMA	Fischchen

Unterklasse **Pterygota**

Geflügelt oder sekundär flügellos;
Thorax meist relativ stark ausgebildet und Segmente 2–3 mit Flügeln.

Unvollständige Metamorphose

Division **Palaeoptera**
Flügelwurzeln mit vereinfachter Struktur, Flügel nicht flach über den Hinterleib gefaltet.

Ordnungen	**EPHEMEROPTERA**	Eintagsfliegen
	LIBELLEN	Odonata

Division **Neoptera**
Flügelwurzeln mit komplexerer Struktur, Flügel (wenn vorhanden) können in Ruhestellung flach über den Hinterleib gelegt werden.

Subdivision **Polyneoptera**
Meist beißend-kauende Mundwerkzeuge.

Ordnungen	**PLECOPTERA**	Steinfliegen
	DERMAPTERA	Ohrwürmer
	ORTHOPTERA	Heuschrecken
	EMBIOPTERA	Fersenspinner
	PHASMIDA	Gespenstschrecken
	MANTODEA	Fangschrecken
	BLATTODEA	Schaben & Termiten

Subdivision **Paraneoptera**
Meist stechend-saugende Mundwerkzeuge.

Ordnungen	**PSOCODEA**	Staubläuse
	HEMIPTERA	Schnabelkerfe
	THYSANOPTERA	Fransenflügler

Vollständige Metamorphose

Division **Holometabola**
Die am höchsten entwickelten Insekten. Viele Arten geflügelt; Flügel teilweise sehr verschiedenartig ausgebildet.

Ordnungen	**NEUROPTERA**	Netzflügler
	MEGALOPTERA	Schlammfliegen
	RAPHIDIOPTERA	Kamelhalsfliegen
	STREPSIPTERA	Fächerflügler
	COLEOPTERA	Käfer
	DIPTERA	Fliegen & Mücken
	SIPHONAPTERA	Flöhe
	MECOPTERA	Skorpionsfliegen
	TRICHOPTERA	Köcherfliegen
	LEPIDOPTERA	Schmetterlinge
	HYMENOPTERA	Hautflügler

Unterklasse **Apterygota**

Flügellose Urinsekten

1 Archaeognatha
Felsenspringer

Körper geschuppt, zylindrisch; 3 teilweise sehr lange Hinterleibsanhänge (Cerci), nach hinten gestreckt; Facettenaugen groß, mit 3 Ocelli; auffällige Mundwerkzeuge mit 7 Segmenten. **S. 24**

2 Zygentoma
Fischchen

Körper geschuppt; weniger zylindrisch als Felsenspringer, nach hinten verjüngend; 3 teils lange Hinterleibsanhänge (Cerci), oft nach außen gestreckt; Facettenaugen reduziert oder fehlend, 1–3 Ocelli; Mundwerkzeuge mit 5 Segmenten. **S. 24**

Unterklasse **Pterygota** →

Geflügelt oder sekundär flügellos

3 Ephemeroptera
Eintagsfliegen

Mit 2 oder 3 langen Hinterleibsanhängen (Cerci); Fühler kurz; Vorderbeine sehr lang. Zwei Flügelpaare (Hinterflügel manchmal reduziert), senkrecht über dem Körper zusammengeklappt. Nymphen entwickeln sich in Gewässern.
S. 26

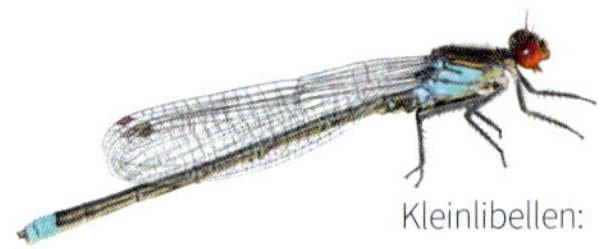

Kleinlibellen:
unbeholfen wirkender Flug; Flügel in Ruhestellung über dem Körper gefaltet oder leicht ausgespreizt

Großlibellen:
schneller, geschickter Flug; Flügel in Ruhestellung seitlich ausgebreitet

4 Odonata
Libellen

Körper sehr lang gestreckt; Augen groß; Fühler kurz; 2 lang gestreckte Flügelpaare. Nymphen entwickeln sich in Gewässern.
S. 30 (inkl. Leitfaden zu Unterordnungen & Familien)

5 Plecoptera
Steinfliegen

Körper weichhäutig; 2 Hinterleibsanhänge (Cerci) kurz oder lang; Fühler lang; 2 Flügelpaare, um den Hinterleib gelegt. Nymphen entwickeln sich in Gewässern. **S. 56**

6 Dermaptera
Ohrwürmer

Hinterleibsende mit großen Zangen (modifizierte Cerci); Vorderflügel kurz und gehärtet, Hinterflügel darunter gefaltet. **S. 60**

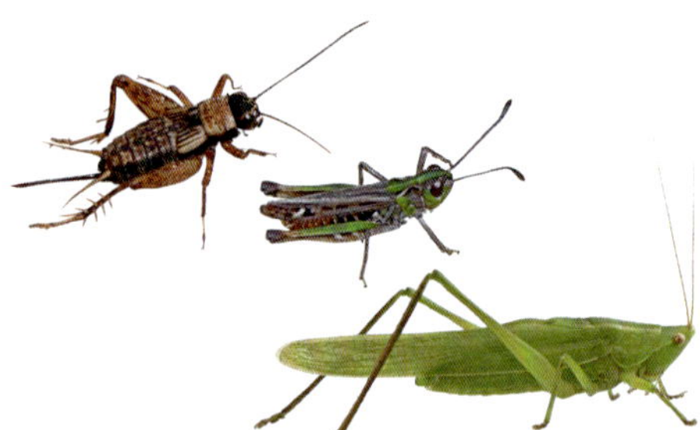

7 Orthoptera
Heuschrecken

Körper robust; Fühler kurz bis sehr lang; die meisten Arten mit vergrößerten Hinterbeinen, die zum Sprung dienen; 2 Flügelpaare, manchmal reduziert oder fehlend. Viele Arten können stridulieren („singen").
S. 62 (inkl. Leitfaden zu Unterordnungen & Familien)

← Unterklasse **Pterygota** →

8 Embioptera
Tarsenspinner

Körper lang gestreckt; Beine kurz; ♀ flügellos; ♂ mancher Arten geflügelt. Leben im Verborgenen in selbst gewebten Strukturen. **S. 88**

9 Phasmida
Gespenstschrecken

Sehr groß, sehr lang gestreckt, einem Ast ähnlich; Beine lang und schmal. Europäische Arten flügellos und meist nur ♀. **S. 88**

10 Mantodea
Fangschrecken

Groß, länglich; Kopf dreieckig, mit großen Augen; Vorderbeine mit Dornen, vergrößert, zum Fangen von Beute entwickelt, in „betender" Haltung gehalten. **S. 92**

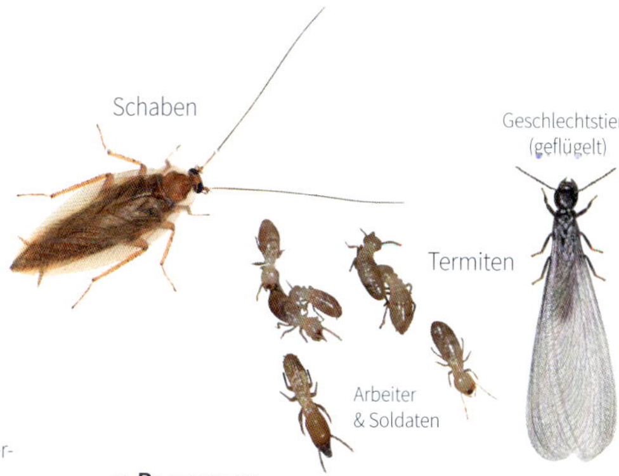

11 Blattodea
Schaben & Termiten

Kakerlaken meist abgeflacht und breit; Kopf unter dem Körper verborgen; sie können oft sehr schnell laufen. Termiten in Europa leben in meist versteckten Kolonien; Arbeiter & Soldaten mit weichem Körper, blass und flügellos. **S. 94**

12 Psocodea
Tierläuse & Staubläuse

Klein, breit, Körper weich; Mundwerkzeuge beißend (nur Tierläuse beißen Tiere oder Menschen). Alle Tierläuse und viele Staubläuse flügellos (oder mit sehr reduzierten Flügeln); einige Staubläuse mit 2 Flügelpaaren, die in Ruhestellung dachförmig über den Körper gefaltet werden. **S. 98**

13 Thysanoptera
Fransenflügler

Meistens sehr klein (≤ 2 mm); manche Arten mit 2 Paar gefranster Flügel. **S. 102**

Blattläuse & Schildläuse:
Viele Arten sind Pflanzenschädlinge. Blattläuse sind meist flügellos; wenn sie Flügel haben, sind diese nicht in 2 Abschnitte (wie bei Wanzen) unterteilt. Schildläuse sind oft sogar beinlos und sehen nicht wie typische Insekten aus.

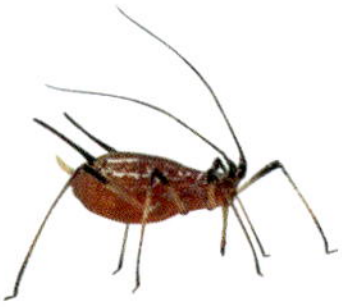

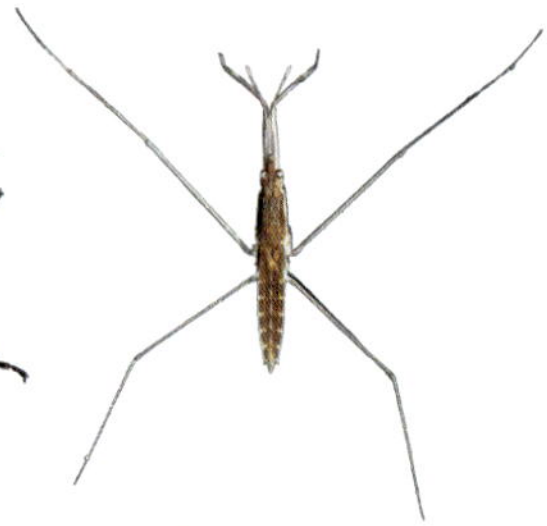

Wanzen:
Vorderflügel kräftig mit lederartiger Flügelbasis, lederartiger und häutiger Flügelspitze

Zikaden:
Vorderflügel nicht in 2 Abschnitte (wie bei Wanzen) unterteilt, in Ruhestellung dachförmig über den Körper gefaltet

14 HEMIPTERA

Schnabelkerfe

Körperformen und Erscheinungsbild vielfältig; einige Familien flügellos; Mundwerkzeuge röhrenförmig, saugend, mit einem länglichen, nach hinten gerichteten Rüssel unterhalb des Kopfes. Zwei Flügelpaare; Vorderflügel bei Wanzen (sofern vorhanden) zum Schutz der membranartigen Hinterflügel teilweise lederartig; bei Blattläusen, Zikaden und anderen Arten sind die Flügel weicher. Bei einigen Arten sind die Flügel reduziert oder fehlen ganz.

S. 104 (inkl. Leitfaden zu Unterordnungen & Familien)

Schmetterlingshafte

Florfliegen

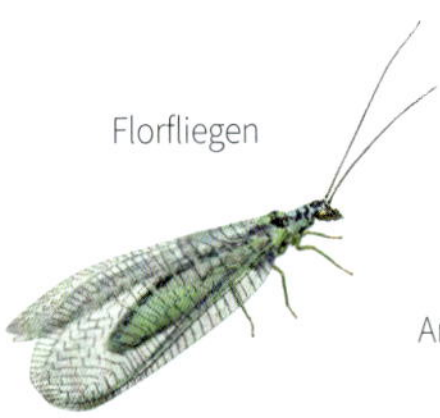

Ameisenjungfern

15 NEUROPTERA

Netzflügler

Körper länglich; 2 große Flügelpaare, die dachförmig über den Körper gefaltet werden, oft braun oder grün gefärbt, aber transparent mit mehreren Queradern; Schmetterlingshafte oft gelb und schwarz. **S. 180**

16 MEGALOPTERA

Schlammfliegen

Körper etwas breiter als bei Netzflüglern; 2 große Flügelpaare,die dachförmig über den Körper gefaltet werden, immer schwarzbraun, mit wenigen oder gar keinen Vorderflügeladern, diese am hinteren Rand gegabelt. Larven entwickeln sich in Gewässern. **S. 184**

Fächerflügler ♂

17 RAPHIDIOPTERA
Kamelhalsfliegen
Körper mit auffälligem, schlangenartigem, länglichem Pronotum; ♀ mit langem Legebohrer; 2 große, durchsichtige Flügelpaare. **S. 186**

18 STREPSIPTERA
Fächerflügler
Endoparasitoide auf anderen Insekten. ♀ larvenähnlich und flügellos (leben im Wirt); ♂ mit 1 Flügelpaar, Vorderflügel zu Schwingkölbchen reduziert, Hinterflügel groß. **S. 186**

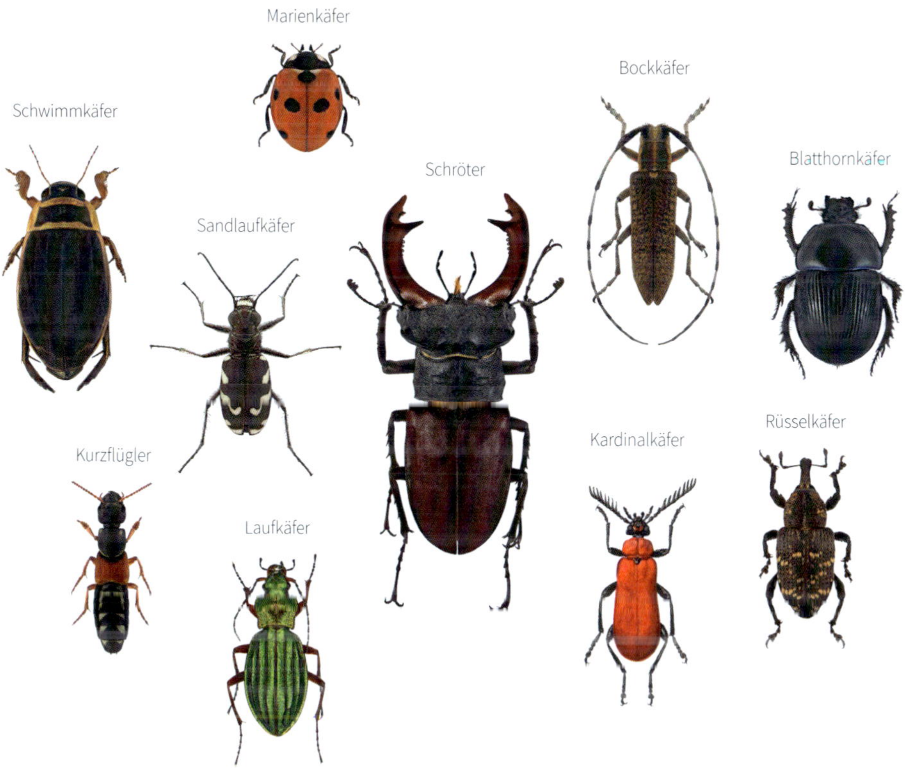

19 COLEOPTERA
Käfer
Körper oft robust und kompakt, teilweise stark gepanzert; Vorderflügel verhärtet (Deckflügel, Elytren), werden nicht zum Fliegen verwendet, sondern dienen dem Schutz der membranartigen Hinterflügel. Bei einigen Arten können die Elytren verkürzt sein oder in seltenen Fällen fehlen.
S. 188 (inkl. Leitfaden zu Unterordnungen & Familien)

← Unterklasse **Pterygota**

Schnaken

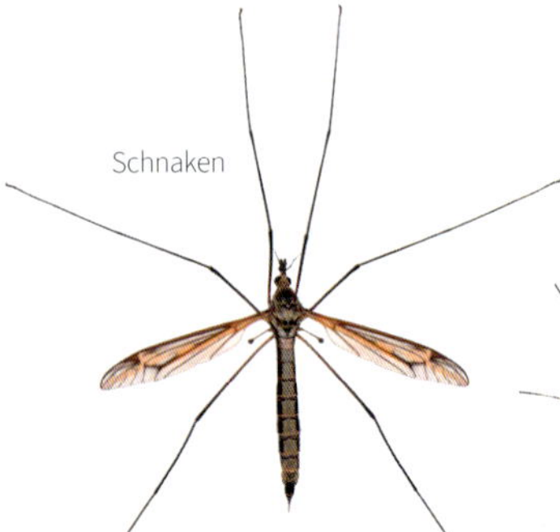

Mücken

Bremsen

Schwebfliegen

Stubenfliegen

Raubfliegen

20 Diptera
Fliegen & Mücken
Erscheinungsbild vielfältig; Facettenaugen groß; Mundwerkzeuge zum Saugen oder Stechen, um Flüssigkeiten aufzunehmen; Antennen oft sehr kurz; 1 Paar membranartige Flügel; Hinterflügel zu Schwingkölbchen (Halteren) reduziert.
S. 334 (inkl. Leitfaden zu Unterordnungen & Familien)

21 Siphonaptera
Flöhe
Körper seitlich abgeflacht, meist stark gepanzert; Beine lang, gutes Springvermögen. Parasiten auf Säugetieren, Vögeln und Menschen.
S. 390

22 Mecoptera
Skorpionsfliegen
♂ mit großer Genitalkapsel an der Hinterleibsspitze (erinnert an Skorpione); Kopf nach unten gerichtet, Mundwerkzeuge schnabelartig; 2 Flügelpaare, oft mit schwarzen Flecken gesprenkelt; einige Arten mit reduzierten Flügeln. **S. 392**

23 Trichoptera
Köcherfliegen
Körper eher klein und weich; Mundwerkzeuge ohne Rüssel; 2 Paar große Flügel, die dachförmig gehalten werden und mit Haaren bedeckt sind. Larven leben meist im Wasser, wo sie sich zum Schutz tragbare Hüllen aus Pflanzenmaterial bauen. **S. 394**

Nachtfalter

Tagfalter

24 Lepidoptera
Schmetterlinge
Große Artenzahl. Größe variiert von winzig bis sehr groß; Körper länglich; Mundwerkzeuge rüsselförmig, in Ruhestellung eingerollt; Fühler keulenförmig, bei Nachtfaltern dünn oder federartig. Zwei große Flügelpaare, die mit farbigen Schuppen bedeckt sind; die Muster helfen bei der Unterscheidung der Arten sowie teilweise auch bei der Unterscheidung der Geschlechter. **S. 400 (inkl. Leitfaden zu Unterordnungen & Familien)**

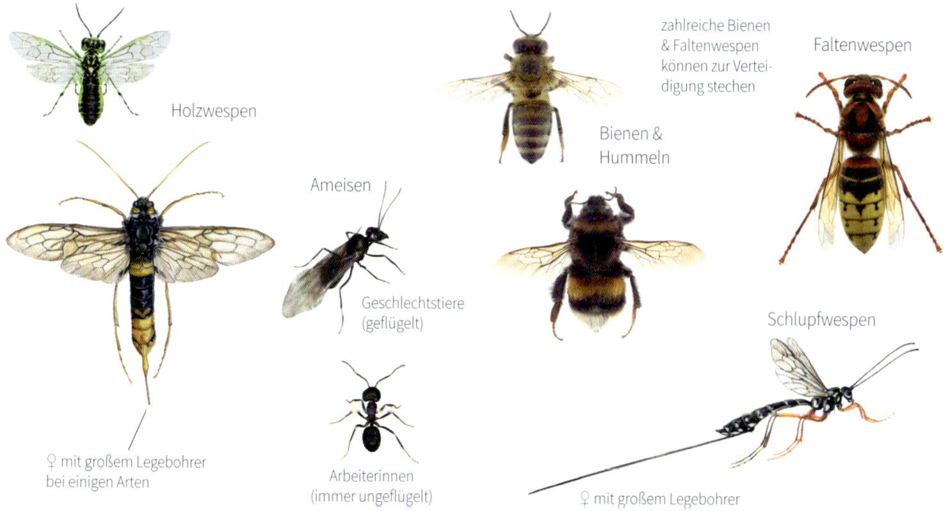

25 Hymenoptera
Hautflügler
Sehr große Ordnung, Erscheinungsbild sehr vielfältig, etliche Arten mit typischer Taille (Hinterleib vorne eingeschnürt). Bei einigen Arten Weibchen mit Legebohrer. Facettenaugen groß; Fühler kurz; 2 Flügelpaare, wobei die Hinterflügel immer deutlich kürzer sind als die Vorderflügel. Eine Minderheit der Bienen und Wespen und fast alle Ameisen leben in Kolonien. Einige Arten oder bestimmte Formen innerhalb einer Art, wie beispielsweise Arbeiterinnen bei Ameisen, sind flügellos. **S. 558 (inkl. Leitfaden zu Unterordnungen & Familien)**

Mimikry

Als Mimikry bezeichnet man die Ausbildung spezifischer visueller Merkmale und Verhaltensmuster, die gefährlicheren Arten sehr ähnlich sind, um Feinde abzuschrecken. Dies kann auch dazu führen, dass wir als Beobachter Insekten verwechseln, die eigentlich zu ganz anderen Ordnungen gehören. Schwebfliegen ahmen beispielsweise die Färbung und Flugmuster von Wespen oder Bienen nach, während der Hornissen-Glasflügler das Aussehen von Hornissen imitiert. Im Gegensatz zu echten Wespen oder Bienen sind alle diese Arten völlig harmlos. Es gibt viele Fälle von Mimikry; im Folgenden zeigen wir nur einige wenige charakteristische Beispiele.

Hornissen-Glasschwärmer (Lepidoptera)

Körper behaart; Flügel am Rand mit Schuppen besetzt

Wespenbock (Coleoptera)

typischer Käfer, nur die Farbgebung ahmt Wespen nach

Schwebfliege (Diptera)

kann im Flug auf der Stelle schweben; hat nur 2 Flügel und keine Wespentaille

Faltenwespe (Hymenoptera)

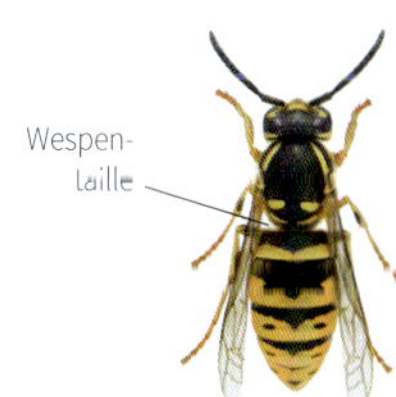

4 Flügel; kann im Flug nicht auf der Stelle schweben

Das Aussehen von Nymphen und Larven variiert selbst zwischen verwandten Arten und Familien oft erheblich. Nymphen bezeichnet die Entwicklungsstadien von Insekten mit unvollständiger Metamorphose, während Larven für Insekten mit vollständiger Metamorphose verwendet wird (siehe S. 6).

Dieser kurze Leitfaden zeigt die häufig anzutreffenden Larventypen, sortiert nach ihrem Aussehen und nicht nach taxonomischer Reihenfolge. In den Artenbeschreibungen in diesem Buch zeigen wir zahlreiche weitere Abbildungen von Nymphen und Larven.

Ohne Beine

Larven ohne Beine gehören immer zu Insektenarten mit vollständiger Metamorphose. Während des Puppenstadiums erfolgt die Verwandlung zum erwachsenen Insekt (das völlig anders aussieht).

DIPTERA
Fliegen & Mücken **S. 334**

Kohlschnake
Tipula oleracea

Hainschwebfliege
Episyrphus balteatus

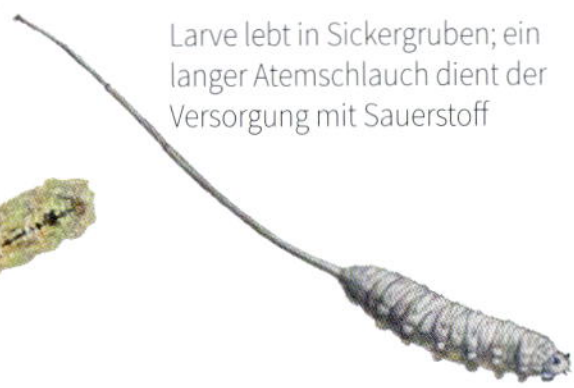

Larve lebt in Sickergruben; ein langer Atemschlauch dient der Versorgung mit Sauerstoff

Mistbiene
Eristalis sp.

HYMENOPTERA
Hautflügler **S. 558**

Larven wachsen im Ameisennest auf

Rote Gartenameise
Myrmica rubra

Larven wachsen im Wespennest auf

Asiatische Hornisse
Vespa velutina

Mit 3 Beinpaaren am Thorax

Larven von Insekten mit vollständiger Metamorphose. Bei einigen Arten können die Beine sehr kurz sein (Hinweis: aquatische Larven siehe S. 16).

COLEOPTERA
Käfer **S. 188**

Siebenpunkt-Marienkäfer
Coccinella septempunctata

Feldmaikäfer
Melolontha melolontha

Düsterer Humusschnellkäfer
Agriotes obscurus

Großer Leuchtkäfer
Lampyris noctiluca

trägt alte Larvenhäute und Exkremente als Schutz vor Feinden mit sich

Grüner Schildkäfer
Cassida viridis

Larve lebt in Stängeln

Großer Rapserdfloh
Psylliodes chrysocephala

NEUROPTERA
Netzflügler **S. 180**

Larve ernährt sich von Blattläusen

Goldaugen-Florfliege
Chrysopa perla

im Sand vergraben, Beute (oft Ameise) fällt in einen gegrabenen Trichter

Gemeine Ameisenjungfer
Myrmeleon formicarius

RAPHIDIOPTERA
Kamelhalsfliegen **S. 186**

Gefleckte Kamelhalsfliege
Phaeostigma notata

Raupen – mit zusätzlichen Bauchfüßen am Hinterleib

Larven dieses Typs werden gemeinhin Raupen genannt. Zusätzlich zu den 3 Beinpaaren am Thorax verfügen sie über weitere „falsche“ Beinpaare (Bauchfüße), die mit kleinen Haken ausgestattet sind, um sich an Blättern oder anderen Oberflächen festhalten zu können. Bei den Larven von Schmetterlingen und Nachtfaltern sind 2–5 Paar solcher Bauchfüße ausgebildet. Unter den Hautflüglern haben die Larven von Blattwespen und Holzwespen (Symphyta) 7–8 Paar Bauchfüße; bei den meisten anderen Hautflüglern sind die Larven hingegen beinlos.

LEPIDOPTERA
Schmetterlinge **S. 400**

Schwalbenschwanz
Papilio machaon

Malven-Dickkopffalter
Carcharodus alceae

Kohlweißling
Pieris brassicae

Blauer Eichen-Zipfelfalter
Favonius quercus

Kaisermantel
Argynnis paphia

Schlehenspanner
Angerona prunaria

Birken-Gabelschwanz
Furcula bicuspis

Brauner Bär
Arctia caja

HYMENOPTERA
Hautflügler **S. 558**

Große Birkenblattwespe
Cimbex femoratus

Riesenholzwespe
Urocerus gigas

Nymphen, die den erwachsenen Insekten ähnlich sehen

Landlebende Nymphen der meisten Insekten mit unvollständiger Metamorphose sehen einem kleinen erwachsenen Insekt (Imago) sehr ähnlich. Abgesehen von der Größe (und oft etwas abweichender Färbung) besteht der größte Unterschied darin, dass sie grundsätzlich keine Flügel haben. In späteren Larvenstadien sind Flügelansätze erkennbar; nach der letzten Häutung zum Erwachsenenstadium entfalten sich die Flügel dann vollständig.

DERMAPTERA
Ohrwürmer **S. 60**

Gemeiner Ohrwurm
Forficula auricularia

ORTHOPTERA
Heuschrecken **S. 62**

Feldgrille
Gryllus campestris

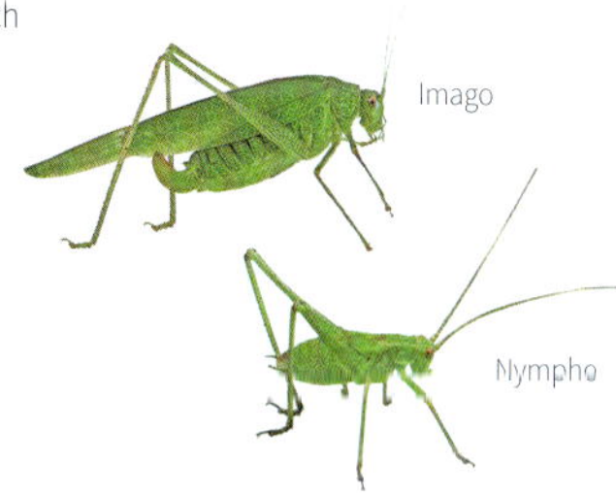

Gemeine Sichelschrecke
Phaneroptera falcata

MANTODEA
Fangschrecken **S. 92**

Europäische Gottesanbeterin
Mantis religiosa

BLATTODEA
Schaben & Termiten **S. 94**

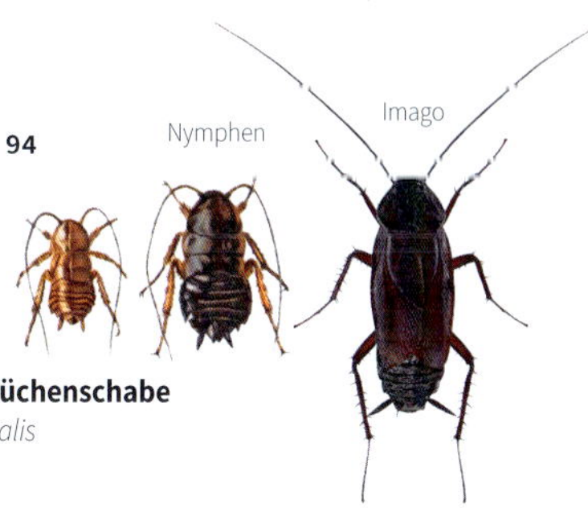

Gemeine Küchenschabe
Blatta orientalis

In Gewässern lebende Nymphen

Bei einigen Insektenordnungen mit unvollständiger Metamorphose leben die Larven aller Arten in Gewässern. Hier haben die Larven zwar eine ähnliche Gesamtstruktur wie das erwachsene Tier (Imago), dennoch unterscheiden sie sich in ihrem Aussehen deutlich, was hauptsächlich auf die notwendigen Anpassungen an ihre aquatische Lebensweise zurückzuführen ist.

EPHEMEROPTERA
Eintagsfliegen **S. 26**

Gelbe Eintagsfliege
Potamanthus luteus

Große Eintagsfliege
Ephemera danica

ODONATA
Libellen **S. 30**

Große Pechlibelle
Ischnura elegans

Große Königslibelle
Anax imperator

PLECOPTERA
Steinfliegen **S. 56**

Rautenuferbold
Isoperla grammatica

In Gewässern lebende Larven

Auch bei Insekten mit vollständiger Metamorphose leben die Larven oft in Gewässern. Bei Schlammfliegen und Köcherfliegen sind die Larven der meisten Arten aquatisch; in Europa haben nur 3 Arten von Köcherfliegen terrestrische Larven. In anderen Ordnungen (wie den Käfern) ist nur ein relativ kleiner Prozentsatz der Arten aquatisch.

MEGALOPTERA
Schlammfliegen **S. 184**

Schlammfliege
Sialis sp.

KÖCHERFLIEGEN
Trichoptera **S. 394**

Larven leben in Hüllen, die aus Pflanzenfragmenten, Substrat usw. bestehen.

Große Teichköcherfliege
Phryganea grandis

eine von 3 Köcherfliegenarten mit terrestrischer Larve

Waldköcherfliege
Enoicyla pusilla

COLEOPTERA
Käfer **S. 188**

Larve ernährt sich von kleinen Fischen

Gelbrandkäfer
Dytiscus marginalis

Gemeiner Taumelkäfer
Gyrinus substriatus

DIPTERA
Fliegen & Mücken **S. 334**

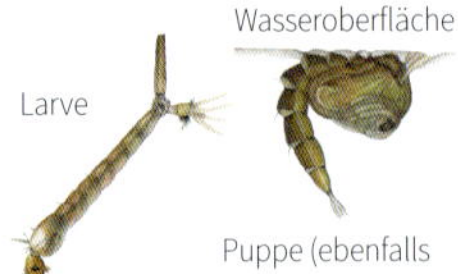

Gemeine Stechmücke
Culex pipiens

Zuckmücke
Chironomus sp.

Abdomen dritter, hinterster Teil des Insektenkörpers (Hinterleib), bestehend aus 11 Segmenten (einzelne Segmente werden von vorne nach hinten als S1, S2 ... oder S1–S4 bezeichnet)

Antennen gepaarte Sinnesorgane am Kopf des Insekts (einzelne Segmente werden als S1, S2 ... oder S1–S4 bezeichnet)

Art Organismen, die sich in Aussehen und Struktur entsprechen, sich frei paaren und fruchtbare Nachkommen hervorbringen können, die einander und ihren Eltern ähneln; zweiter Teil des zweiteiligen wissenschaftlichen Namens; z. B. *cervus* in *Lucanus cervus*, Hirschkäfer. Siehe auch Gattung

Cercus (Plural: Cerci) 2 segmentierte Anhänge am Ende des Hinterleibs, bei einigen Familien fadenförmig

Connexivum abgeflachter, oft abgerundeter Hinterleibsrand einiger Schnabelkerfe

Costa Längsader des Flügels, die entlang der Vorderkante verläuft und nahe der Spitze endet

dorsal rückseitig, Ansicht der Oberseite

Ei erstes Stadium eines Insekts, aus dem eine Larve oder Nymphe schlüpft

Elytren zu robusten Flügeldecken umgebildete Vorderflügel, bei vielen Käfern und anderen Insekten zu finden; dienen nicht zum Flug, sondern zum Schutz der häutigen Hinterflügel oder des weichen Hinterleibs

Facettenauge oft sehr großes Auge, das aus vielen kleinen Einzelaugen zusammengesetzt ist (siehe auch Ocelli)

Femur (Plural: Femora) Oberschenkel; drittes Segment und längster Teil eines Insektenbeins, zwischen Trochanter (zweites) und Tibia (viertes Segment)

Flügelzelle Teil der Flügelmembran, der vollständig oder teilweise von Flügeladern umschlossen ist

Galle abnormales Pflanzenwachstum, verursacht durch Bakterien, Viren, Pilze, Milben oder Insekten

Gattung Zusammenfassung von Arten, die eng verwandt sind; erster Teil des zweiteiligen wissenschaftlichen Namens, der zur Beschreibung einer Art verwendet wird; z. B. *Lucanus* in *Lucanus cervus*, Hirschkäfer. Siehe auch Art

Geschlecht ♀ (Weibchen), ♂ (Männchen)

gynandromorph Tier mit sekundären männlichen oder weiblichen Merkmalen im selben Individuum; z. B. bei Gespenstschrecken (Phasmida)

Haltere (Plural: Halteren) zu kleinen, verdickten Flügelstummeln (Schwingkölbchen) umgewandelte Hinterflügel bei Fliegen (Diptera); dienen zur Verbesserung des Gleichgewichts beim Flug

Häutung Abwerfen oder Ablösen der Haut (äußere Körperhülle)

Hinterleibsanhänge bis zu 3 Anhänge am Ende des Hinterleibs, oft 2 Cerci und 1 zentraler (meist fadenförmiger) Anhang. Siehe auch Cercus

Hinterleib siehe Abdomen

Imago endgültiges (erwachsenes) Stadium eines Insekts, in dem die Fortpflanzung stattfindet

Immigrant Insekt, das (oft durch eigene Kraft, z. B. Flug) andere geografische Regionen erreicht

Kleptoparasit ♀ (Weibchen), das die Beute anderer ♀ stiehlt, meist von einer anderen Art (hauptsächlich bei einigen Bienen und Wespen anzutreffen)

Kokon Schutzhülle der Puppe

Kopf erster Teil des Insektenkörpers mit Mund, Augen, Antennen

Larve (Plural: Larven) erstes aktives Entwicklungsstadium (nach dem Schlupf aus dem Ei) eines Insekts, das sich durch vollständige Metamorphose entwickelt – umfasst auch Raupen; siehe auch Nymphe

Membran dünnes, halbtransparentes Gewebe

Metamorphose Verwandlung, Entwicklungsprozess; siehe vollständige und unvollständige Verwandlung

Nymphe erstes aktives Entwicklungsstadium (nach dem Schlupf aus dem Ei) eines Insekts, das sich durch unvollständige Metamorphose entwickelt; siehe auch Larve

Ocellus (Plural: Ocelli) kleines, einfaches Auge, das sich oben auf dem Kopf zwischen den Facettenaugen befindet; Insekten haben bis zu 3 Ocelli

Ordnung grobe Einteilung innerhalb der Klasse der Insekten anhand grundlegender struktureller Unterschiede; z. B. Schmetterlinge (Lepidoptera)

Ovipositor Eierlegeapparat der ♀ (Weibchen)

Parasit Organismus, der in oder auf einem Wirtstier lebt, von dem er Nahrung, Schutz oder andere lebensnotwendige Dinge erhält, ohne es zu töten; z. B. Flöhe, Läuse

Parasitoid Organismus, der einen Großteil seiner Entwicklung in (Endoparasitoid) oder auf (Ektoparasitoid) einem Wirtstier verbringt, das er schließlich sterilisiert oder tötet; z. B. einige Wespen

Parthenogenese Fortpflanzung ohne Paarung, Entwicklung aus unbefruchteten Eiern (Jungfernzeugung)

Proboscis saugendes Mundwerkzeug; z. B. bei Schmetterlingen ein aufgerollter Rüssel, der für die Aufnahme von Nektar geeignet ist

Pronotum dorsaler (obenseitiger) Teil des vorderen Thorax

Pterostigma farbiger (meist dunkler) Fleck nahe dem vorderen Rand des Flügels

Puppe Entwicklungsstadium zwischen Larve und Imago bei Insekten mit vollständiger Verwandlung; ernährt sich nicht und bewegt sich üblicherweise auch nicht oder kaum

Schildchen siehe Scutellum

Scutellum dorsales (obenseitiges) Schildchen auf dem hinteren Teil des Thorax; Begriff, der häufig bei einigen Schnabelkerfen verwendet wird

Sexualdimorphismus ♀ und ♂ unterschiedlich (manchmal deutlich), meist auf Aussehen und Größe bezogen

Species Abkürzung sp. (Plural spp.), siehe Art

Stachel modifizierter Legebohrer bei einigen Bienen und Wespen, der zum Injizieren von Gift verwendet wird

stridulieren Erzeugen von Lauten mit Körperteilen, darunter der „Gesang“ einiger Heuschrecken und Grillen

Tarsus (Plural: Tarsi) segmentierter Fuß eines Insekts, verbunden mit der Tibia (viertes Segment des Beins)

Thorax zweiter Teil des Insektenkörpers, an dem Beine und (falls vorhanden) Flügel befestigt sind

Tibia (Plural: Tibiae) viertes Segment (und zweiter langer Teil des Beins) zwischen Femur (drittes Segment) und Tarsus (Fuß)

unvollständige Verwandlung Entwicklungsprozess: Ei → Nymphe → Imago (kein Puppenstadium); z. B. bei Schnabelkerfen, Libellen, Heuschrecken

ventral bauchseitig, Ansicht der Unterseite

vollständige Verwandlung Entwicklungsprozess: Ei → Larve → Puppe → Imago; z. B. bei Käfern, Hautflüglern und Schmetterlingen

Viele Naturliebhaber genießen die frische Landluft und beobachten oder fotografieren dabei Insekten. Dazu braucht man keine spezielle Ausrüstung: Alle 3 Autoren nutzen normalerweise nur eine Kamera in der Kameratasche. Manchmal verwenden wir hochwertige Ferngläser mit einer Nahfokussierung von bis zu 50 cm, die sich besonders für Schmetterlinge oder Libellen eignen. Bei kleinen Insekten kann eine Lupe mit 20facher Vergrößerung hilfreich sein. Ein Notizbuch (oder eine geeignete Smartphone-App) ist nützlich, um Funde zu dokumentieren und Details festzuhalten, die später an Beobachtungsprogramme übermittelt werden können.

Netze oder Fallen sieht man heute weniger als früher. Manche Entomologen verwenden ein Mikroskop für winzige Insekten und ziehen Fachbücher und -texte zurate. In diesem Buch wird das Sammeln und Konservieren von Insekten nicht behandelt, aber hierzu gibt es spezielle Literatur.

WO FINDE ICH INSEKTEN?

Der Einstieg ist ganz einfach: Interessante Insekten findet man fast überall, beispielsweise in Gärten, Parks oder an Gewässern. Naturschutzgebiete sind natürlich besonders ergiebig. Es lohnt sich, an sonnigen Tagen im Wald auf umgestürzten Baumstämmen nach Insekten Ausschau zu halten. Je mehr man über die Lebensgewohnheiten von Insekten weiß, darunter Flugzeit, Lebensraum und Nahrungsquellen, desto größer ist die Wahrscheinlichkeit, sie zu finden!

In Lebensräumen wie diesem See mit Wald und Sandboden findet man eine große Vielfalt an Insekten. (Tilburg, Niederlande)

FOTOGRAFIE

Die Insektenfotografie ermöglicht, die komplexe Schönheit und das Verhalten einiger der kleinsten Lebewesen der Natur perfekt einzufangen. Man kann ganz einfach mit einem Smartphone anfangen. Tatsächlich bieten Smartphones einzigartige Vorteile – insbesondere die kompakte Größe, die es einfacher macht, sehr nah an ein Insekt heranzukommen. Viele Smartphones verfügen außerdem über einen integrierten Makromodus oder können mit kostengünstigen Makro-Aufsätzen kombiniert werden.

Die meisten Makrofotografen nutzen aber eine spiegellose Systemkamera oder DSLR-Kamera mit Autofokus-Makroobjektiv, das von unendlich bis lebensgroß (1:1) oder sogar darüber hinaus fokussiert – sehr hilfreich für kleine Insekten. Bildstabilisierung hilft ebenfalls oft, sie ist entweder im Kameragehäuse oder im Objektiv integriert. Ein spezielles kabelloses Makroblitzsystem, gesteuert über einen Commander auf der Kamera, rundet die Ausrüstung ab. Bei winzigen Insekten sind zusätzliche Nahlinsen und/oder Zwischenringe nützlich.

Für größere, flüchtige Insekten wie Libellen oder Schmetterlinge ist ein Teleobjektiv, z. B. 70–300 mm, perfekt geeignet. Noch längere Brennweiten sind für die Insektenfotografie in der Regel eher zu schwer und unpraktisch.

Es gibt noch weitere Optionen: Man kann aus der Hand fotografieren oder ein Stativ verwenden – was jedoch Zeit kostet. In der Regel empfiehlt sich der Modus A (Blendenvorwahl) mit Blenden von f/5,6–f/11 (für große Insekten und weichen Hintergrund) bis f/16–f/22 (wenn die maximale Schärfentiefe – der Bereich, in dem Details scharf erscheinen – erforderlich ist). Spannend ist auch Fokus-Stacking: In einer Sequenz werden mehrere Bilder mit „wanderndem" Fokuspunkt aufgenommen und digital zu einem Bild mit extremer Schärfentiefe kombiniert – manche Kameras können dies sogar intern, „aus der Hand"!

Oft sind die Insekten zu schnell für ein Foto, aber mit Geduld lassen sich viele gute Ergebnisse erzielen. Vorausgesetzt, Art und Standort stehen nicht unter Naturschutz, kann das Insekt auch in einen kleinen Plastikbehälter gesperrt und für kurze Zeit in eine Kühltasche mit einem Eisblock gelegt werden. Auch dann bleibt möglicherweise nur eine Sekunde (oder weniger) Zeit für das Foto, bevor sich das Insekt erwärmt und wegfliegt.

Dieser Schwarze Moderkäfer wurde mit einem Smartphone aufgenommen, sodass das Bild auf Bodenhöhe gemacht werden konnte – mit dem Makroobjektiv einer großen Systemkamera wäre das schwieriger gewesen!

Ob man Insekten beobachtet oder sich auch die Zeit nimmt, sie zu fotografieren: Es besteht immer die Möglichkeit, eine neue Entdeckung oder eine einmalige Beobachtung zu machen – es lohnt sich also auf jeden Fall, durchzuhalten!

Fotografie von Gespenstschrecken (Abteigärten in Tresco, Sizilien)

Dieses Buch enthält über 5500 sehr sorgfältig bearbeitete Illustrationen, die fast alle auf realen Insektenfotos basieren und 3000 verschiedene Arten zeigen. Jede Illustration hebt die einzigartigen Details der abgebildeten Art hervor und bietet den Lesenden einen genauen Blick auf ihre Formen und charakteristischen Merkmale. Um all diese visuellen Merkmale perfekt hervorzuheben, werden alle Illustrationen vor einem schlichten weißen Hintergrund gezeigt.

All diese Informationen helfen dabei, viele der erwachsenen Insekten, denen man am ehesten begegnet, zu identifizieren, ohne übermäßig viele spezielle Begriffe verstehen zu müssen. Das Buch ist in separate Abschnitte für jede der 25 Ordnungen in Europa unterteilt. Für alle größeren Ordnungen (wie Schnabelkerfe, Schmetterlinge, Käfer und einige mehr) gibt es eine einführende Doppelseite, die ihre wichtigsten Merkmale zeigt und einen Überblick über die verschiedenen Familien gibt, die zu diesen Ordnungen gehören.

In der Biologie werden eng verwandte Arten in Gattungen zusammengefasst; verwandte Gattungen bilden eine Familie und verwandte Familien bilden Ordnungen. Wie bereits erwähnt, ist es unmöglich, alle Insektenarten zu behandeln, selbst innerhalb eines begrenzten Teils der Welt wie Europa oder sogar nur Deutschland, Österreich oder der Schweiz. Daher variiert der Detaillierungsgrad in diesem Buch je nach Komplexität und Identifizierbarkeit der Arten. Einige der „beliebtesten“ und sehr häufig anzutreffenden Insektengruppen werden vollständig behandelt, sodass die genaue Art leicht identifiziert werden kann. In vielen anderen Fällen zeigen wir nur eine Auswahl charakteristischer Arten, die helfen, das angetroffene Insekt zumindest auf Familien- oder Gattungsebene sicher zu bestimmen.

WIE FANGE ICH AN – ALS NEULING?

Am besten identifiziert man ein erwachsenes Insekt anhand der folgenden Schritte:

- Ist es überhaupt ein Insekt? Wenn man sich nicht sicher ist, helfen die Merkmale, die auf S. 5 dargestellt sind. Eine Auswahl von Hexapoden, die keine Insekten sind, sind auf S. 22 dargestellt, und einige andere häufig anzutreffende Gliederfüßer ab S. 638.
- Wenn klar ist, dass es sich um ein Insekt handelt, ist die Bestimmung der richtigen Ordnung der nächste Schritt. Unsere Übersicht aller europäischen Ordnungen der Insekten (ab S. 8) hilft dabei, die Ordnung und somit den richtigen Teil des Buches zu finden.
- Weitere visuelle Merkmale helfen dabei, die Auswahl auf die richtige Familie und (sofern dargestellt) auf Gattung und/oder Art einzugrenzen. Wir zeigen vorwiegend Merkmale, die im Feld mit bloßem Auge oder mit einer Handlupe zu erkennen sind.

Hinweis: Wir behandeln Nymphen, Larven oder Raupen nicht ausführlich, zeigen aber bei etlichen Insektenarten auch Illustrationen dieser Entwicklungsstadien. Die Vielfalt dieser Entwicklungsstadien ist so groß, dass ihre vollständige Darstellung den Umfang dieses Buches leicht verdoppeln oder verdreifachen würde. Einige Larven können wurmartig sein, zusätzliche Beine haben (wie Raupen) oder generell eine völlig andere Form als das erwachsene Insekt aufweisen.

DEUTSCHE UND WISSENSCHAFTLICHE NAMEN

Jede Tierart, Gattung, Familie oder Ordnung hat einen wissenschaftlichen Namen (bei Art und Gattung wird dieser *kursiv* gedruckt) sowie in aller Regel auch einen deutschen Trivialnamen.

Die **deutschen Trivialnamen** in diesem Buch orientieren sich generell am üblichen Sprachgebrauch in ähnlichen Publikationen. Für einige Arten gibt es je nach Region, Sprachgebrauch oder in diversen Publikationen unterschiedliche Namen, was verwirrend sein kann! Bei beliebten Gruppen wie Schmetterlingen oder Libellen gibt es seit Langem etablierte Trivialnamen. Bei Arten, Familien und Ordnungen, die noch keine deutschen Namen haben, wurde ein solcher für die Zwecke dieses Buches durch die Autoren vergeben.

Die **wissenschaftlichen Namen** sind gegenüber den Trivialnamen offiziell, in der Regel gleichbleibend und werden weltweit verwendet. Üblicherweise werden sie nur aufgrund von neuen Peer-Review-Forschungsergebnissen (z. B. molekularen oder zoologischen Studien) geändert, die zu Veränderungen führen, wie z. B. der Zuordnung zu einer anderen Gattung. Der wissenschaftliche Name einer Art besteht aus 2 lateinischen oder latinisierten Wörtern, die zusammen einen eindeutigen Verweis auf diese Art bilden. Das erste Wort bezieht sich auf die Gattung, das zweite auf die Art innerhalb dieser Gattung.

Der Einfachheit halber bevorzugen viele Naturliebhaber die Trivialnamen. Wenn man sich jedoch mit anderen über Arten austauscht, hilft es, die wissenschaftlichen Namen zu kennen. So werden Verwechslungen vermieden, vor allem, da es oft auch regional unterschiedliche Trivialnamen gibt.

VERBREITUNGSKARTEN

Die Verbreitungskarten sind als Hinweis gedacht und können nicht in allen Fällen in jedem Detail die tatsächliche Verbreitung einer Art darstellen. Sie wurden aus mehreren, hauptsächlich öffentlich zugänglichen Quellen adaptiert, darunter verschiedene Fachpublikationen oder Forschungsarbeiten, GBIF (Global Biodiversity Information Facility – siehe *gbif.org*) und weitere.

Eine geringe Anzahl von Nachweisen einer bestimmten Art deutet nicht immer auf Seltenheit hin. Viele Arten sind in einigen Regionen, insbesondere in abgelegenen Gebieten, aufgrund mangelnder Forschung möglicherweise unterrepräsentiert. Wir haben uns zudem bemüht, Nachweise aus unseren Verbreitungskarten zu entfernen, bei denen es sich sehr wahrscheinlich um Fehlbestimmungen anderer Arten handelt.

Wir bedanken uns für die Genehmigung, die Verbreitungskarten der Libellen aus dem WILDGuides-Buch „Europe's Dragonflies: A Field Guide to the Damselflies and Dragonflies“ (Andy Swash und Dave Smallshire) zu reproduzieren.

ICH MÖCHTE NOCH MEHR WISSEN:

Im Anhang dieses Buches haben wir eine kleine Auswahl von weiterführenden Quellen aufgelistet, darunter relevante Publikationen, Websites und Organisationen.

Wir beschreiben rund 3000 der über 105 000 in Europa vorkommenden Arten, darunter die meisten, denen man üblicherweise begegnet. Daher zeigen wir in manchen Fällen eine relativ große Zahl von Arten (Libellen, Schmetterlinge), während wir uns bei anderen Gruppen auf einige typische Beispiele beschränken. Die einzelnen Abschnitte und Beschreibungen beinhalten viele Querverweise. Text und Grafiken beinhalten Informationen zu den unten aufgeführten Punkten:

Artbestimmung:
- einfach, mit bloßem Auge möglich
- möglicherweise Lupe erforderlich
- nur unter dem Mikroskop bestimmbar

→ Pfeile weisen darauf hin, dass dieser Abschnitt auf den vorhergehenden/nachfolgenden Seiten weitergeführt wird.

Zahl der Familien, Gattungen & Arten:
- **E** Europa (falls bekannt)
- **W** Weltweit (nur bei Ordnungen angegeben)

- **FAM** Familie
- **GEN** Gattung (Genus)
- **SPP** Arten (Species)
- **ILL** in diesem Buch illustriert

ORDNUNG TRIVIALNAME Wissenschaftlicher Name

E 123 FAM ? SPP W 1234 FAM 12 345 SPP

FAMILIE TRIVIALNAME Wissenschaftlicher Name →

E XX GEN XX SPP XX ILL

Gemeinsame Merkmale aller Arten dieser Familie

Gen. ***Wissenschaftlicher Name*** E XX SPP

Gemeinsame Merkmale aller Arten innerhalb dieser Gattung. (Dieser Abschnitt wird nur aufgenommen, wenn wir mehr als eine Art innerhalb dieser Gattung zeigen.)

1 Art Trivialname
Wissenschaftlicher Name **L** xx mm. **S** xx mm. Text der wichtigsten Merkmale der Art. **H** xxxx. **F** xxxx. **V** xxxx. **I** xxxx. ⚠ xxxx. ♫ xxxx.

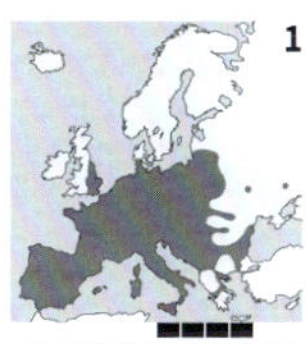

1 ×5

Größe der dunklen Flecken variabel

- **1** ID der Art (vergleiche mit Text & Verbreitungskarte)
- ×5 Vergrößerung der Abbildung
- Art ist einfach zu bestimmen
- kann mit ähnlich aussehenden Arten verwechselt werden
- Es ist wahrscheinlich unmöglich, diese Art im Feld sicher zu bestimmen.

zusätzliche Hinweise zu bestimmten visuellen Merkmalen

- ♂ Männchen
- ♀ Weibchen

Artbeschreibung:

- **L Körperlänge**; ab Vorderseite des Kopfes bis zum Ende des Hinterleibs, ohne Fühler, Cerci oder weiblichen Legebohrer (falls vorhanden).
- **S Spannweite** (Flügel ausgebreitet).

Der Text beinhaltet die wichtigsten Erkennungsmerkmale wie Farbgebung und weitere Details.

- **H Habitat**. Typische Lebensräume, in denen die Art vorkommt. Hier können auch Hinweise auf regionale Verbreitungsgebiete enthalten sein.
- **F Futterpflanzen** (v. a. bei Schmetterlingen): Pflanzenarten oder -typen, die den Larven typischerweise als Nahrung dienen. Die Kenntnis der Futterpflanze kann bei der Bestimmung sehr hilfreich sein.
- **V Verhalten** (sofern interessant oder hilfreich zur Bestimmung)
- **I** Weitere **Informationen** (sofern interessant oder hilfreich zur Bestimmung).
- ⚠ **Arten, die Menschen Schaden zufügen** können (beißen, stechen oder anderweitig).
- ♫ **Gesang** (bei Heuschrecken & Grillen sowie einigen Zikaden).

Phänologie:

Wann die erwachsenen Insekten üblicherweise zu sehen sind.

Diese Angabe ist aufgrund des großen Gebiets, das wir abdecken, nur eine grobe Schätzung.

Normalerweise geben wir hier typische mitteleuropäische Daten an. Für Arten, die in Mitteleuropa nicht vorkommen, werden Daten aus ihrem Hauptverbreitungsgebiet genutzt.

Verbreitungskarte:

Dunkelgrau kennzeichnet Regionen, in denen die Art nachgewiesen wurde. Hellgrau sind Regionen, in denen die Art nicht nachgewiesen ist. Weiße Gebiete werden in diesem Buch nicht behandelt.

Vergrößerung aller Abbildungen auf der Tafel.
Wenn jede einzelne Art in einem anderen Maßstab dargestellt ist, wird hier ein kleiner Pfeil angezeigt.

BEINTASTLER Protura

W 7 FAM 831 SPP E 4 FAM 175 SPP 1 ILL

Sehr klein (< 2 mm), länglich, blass, Körper weich. Kopf gerundet, ohne Augen und Fühler; Mundwerkzeuge in einer Tasche des Kopfes angeordnet. Abdomen mit 12 Segmenten, Cerci fehlen. Verborgen in Erde, Moos und Laubstreu zu finden, wo sie von verrottendem Pflanzenmaterial und Pilzhyphen leben.

1
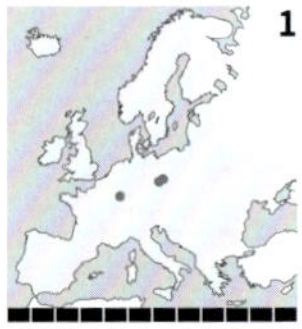

1 Gemeiner Beintastler
Acerentulus confinis **L** 1,5–2 mm. Blassgelblich. **H** Wälder, Gärten, Parks.

DOPPELSCHWÄNZE Diplura

W 10 FAM ~1000 SPP E 5 FAM 300 SPP 1 ILL

Klein bis mittelgroß (meist 2–5 mm), lang gestreckt, blass und meist unpigmentiert. Augen fehlen, Fühler lang und mehrgliedrig; Mundwerkzeuge in einer Tasche des Kopfes angeordnet. Abdomen mit 10 Segmenten, gewöhnlich mit einem Paar langer Cerci. Man findet sie im Boden oder auf Geröll, oft unter Steinen. Die meisten Arten ernähren sich von lebender oder verrottender Vegetation; Arten der Familie Japygidae sind fleischfressend und haben zangenartige Cerci.

2
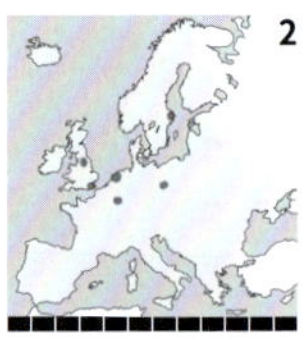

2 Gemeiner Doppelschwanz
Campodea staphylinus **L** 4–5 mm. Weißlich oder gelblich. **H** Wälder, Gärten, Parks, in feuchten Böden.

SPRINGSCHWÄNZE Collembola

W 30 FAM ~8000 SPP E 23 FAM 2000 SPP 1 ILL

Klein (2–4 mm, max. bis 17 mm), rundlich bis länglich; Körper weich. Augen schwach entwickelt oder fehlend; Fühler mit 4–6 Segmenten. Abdomen mit 6 Segmenten, auf der Unterseite mit gegabeltem Sprungorgan; einige Arten können bis zu 10 cm weit springen. Häufig in feuchtem Boden und Streu, wo sich die Tiere hauptsächlich von verrottender Vegetation ernähren.

3
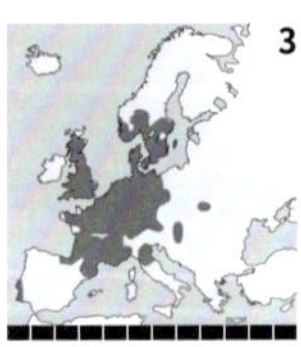

3 Bunter Kugelspringer
Dicyrtomina ornata **L** 2 mm. Körper abgerundet. Farbe variabel, oft lila oder braun mit gelben oder grünlichen Linien und Flecken; manchmal aber sehr dunkel oder blass. Abdomen S6 mit schwarzem, durchgehendem, rechteckigem Fleck. Kugelspringer bilden eine eigene Unterordnung (Symphypleona). **H** Grasland, Gärten. **I** Ernährt sich von pflanzlichem Gewebe. Einer der wenigen Springschwänze, die als Schädling auftreten.

4
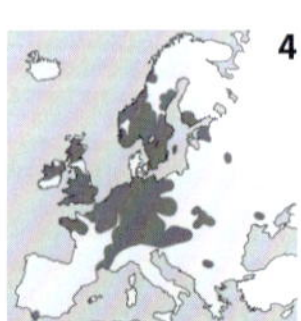

4 Dunkelbrauner Kugelspringer
Allacma fusca **L** 4 mm. Größter europäischer Kugelspringer. Meist dunkelbraun und glänzend, gelegentlich braun gefleckt. Abdomen manchmal mit größeren helleren Flecken. **H** Wälder, Gärten, Parks, auf oder in Bodennähe.

5
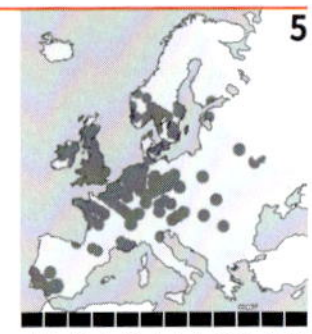

5 Luzernefloh *Sminthurus viridis*
L 1–3 mm. Grün oder gelblich, Abdomen weiß behaart, stark gerundet. Augen schwarz. Antennen zur Spitze hin rötlich. **H** Auf Wiesen und in Wäldern, ernährt sich von Hülsenfrüchten.

6
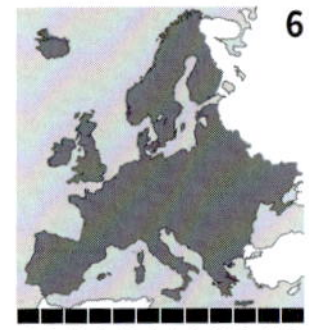

6 Gegürtelter Springschwanz
Orchesella cincta **L** 4 mm. Dunkelgrau, behaart; Antenne S2 und Oberschenkel weiß gebändert. Antennen aller *Orchesella*-Arten mit asymmetrischer Anzahl an Segmenten. **H** Wälder und Gärten; unter Steinen, aber auch auf Bäumen.

7
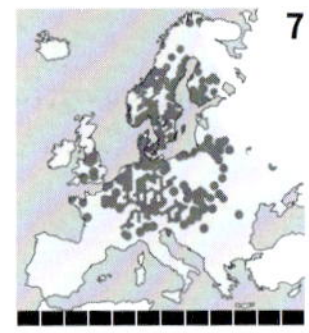

7 Bunter Springschwanz
Orchesella flavescens **L** 3–5 mm. Blass weißlich gelb, mit dunklen Flecken; Kopf kann dunkel sein; Behaarung variabel. Antennen manchmal gebändert, vor allem bei var. *melanocepha*.
H Waldgebiete.

8
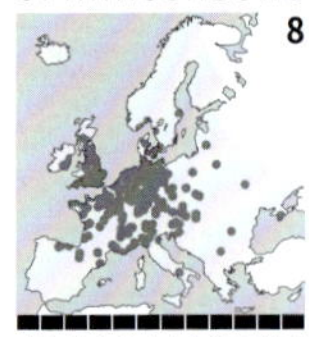

8 Zottiger Springschwanz
Orchesella villosa **L** 3–5 mm. Bräunlich mit variabler schwarzer Zeichnung, mit dichten, nach hinten gebogenen Haaren. **H** Wälder; im Boden, in der Laubstreu, unter Stämmen und Steinen.

9
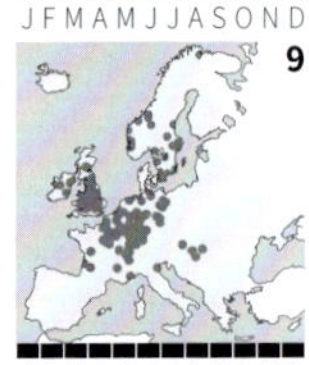

9 Blauer Baumspringschwanz
Vertagopus arboreus **L** 3–4 mm. Körper bläulich schillernd mit kurzen, dichten Haaren; Beine blass. **H** Wälder und Gärten; an Baumstämmen, unter abgestorbener Rinde und Flechten; oft an Zäunen in der Nähe von Rissen im Holz.

10
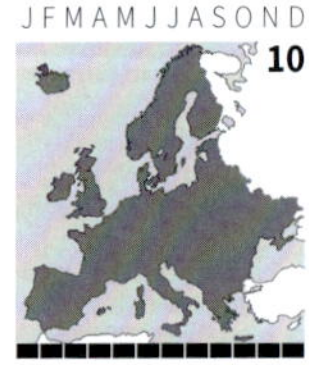

10 Langhorn-Springschwanz
Pogonognathellus longicornis
L 4–6 mm. Einer der größten Springschwänze. Dunkel geschuppt, kann kurz nach Häutungen blass erscheinen. Antenne S3 bei allen Arten der Familie Tomoceridae verlängert. **H** Wälder, Gärten, Parks; in Laubstreu, auf Bäumen und Stämmen.

11
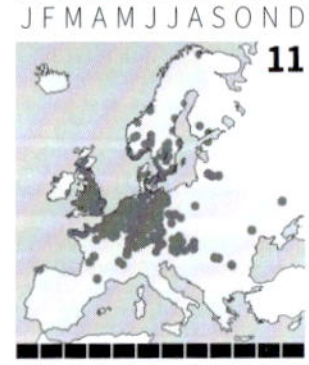

11 Glänzender Springschwanz
Tomocerus vulgaris **L** 3–4 mm. Dunkel, Thorax und Abdomen mit Querbändern aus silbernen Schuppen, Körper orange. **H** Wälder, Gärten; im Boden, unter Steinen.

12

12 Schwarzer Wasserspringschwanz *Podura aquatica* **L** 1–2 mm. Bläulich grau bis schwarz. Antennen und Beine kurz, rötlich. **H** Teiche, Bäche und Tümpel; auf der Wasseroberfläche.
I Kann massenhaft auftreten., besonders während der Schneeschmelze.

PROTURANS **DIPLURANS** **SPRINGSCHWÄNZE**

FELSENSPRINGER Archaeognatha

E 1 FAM ~200 SPP W 2 FAM ~500 SPP

Lang gestreckte flügellose Insekten, 6–25 mm. Körper glänzend, mit Schuppen bedeckt, Thorax bucklig, Fühler lang; Abdomen mit 2 kürzeren Cerci und mittlerem, längeren Anhang. Große Komplexaugen, die sich auf der Kopfoberseite berühren oder fast berühren; Ocelli vorhanden. Häufig nachtaktiv. Die Tiere können schnell laufen und sind in der Lage, ein Mehrfaches ihrer eigenen Körperlänge weit zu springen. Sie ernähren sich von Laubstreu, Algen, Flechten und Moosen. Nymphen ähneln erwachsenen Tieren in Miniaturform. Auch nach Erreichen der Geschlechtsreife findet regelmäßig eine Häutung statt.

MACHILIDEN Machilidae

E 19 GEN ~200 SPP 5 ILL

Einzige Familie in Europa. Körper, Beine und Anhänge vollständig mit glänzenden Schuppen bedeckt.

Gen. *Dilta* E 20 SPP

Antennen kürzer als Körper. ♂ durch Haare auf dem zweiten Segment der Labialpalpen zu identifizieren; ♀ können im Feld nicht bestimmt werden.

1
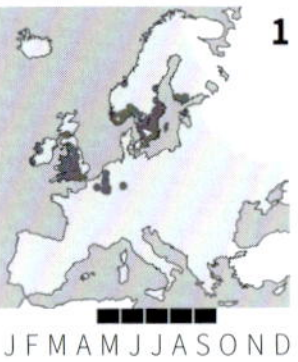

1 Weißschwanz-Borstenschwanz
Dilta hibernica **L** 10–11 mm. Braun, etwas schlichter als andere *Dilta*-Arten. **H** Klippen, Wälder, oft auf dem Boden, unter Steinen oder in der Vegetation.

2
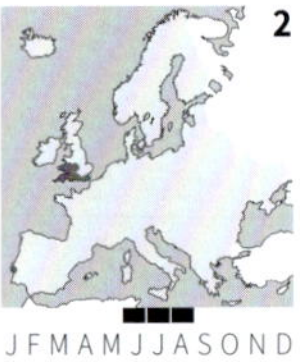

2 Heidekraut-Borstenschwanz
Dilta littoralis **L** 10–11 mm. Graubraun mit etwas dunklerer Zeichnung. **H** Heideland; Grasland, auf dem Boden oder in niedriger Vegetation.

Gen. *Lepismachilis* E 21 SPP

Antennen lang, bei den meisten Arten Fühler und Gliedmaßen dunkel mit undeutlichen Querstreifen. Hauptsächlich in Südeuropa in Gebirgswäldern.

3
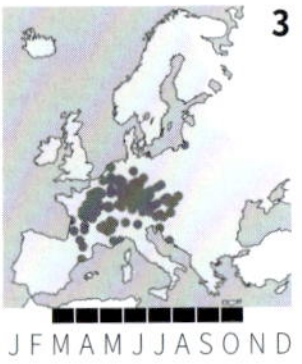

3 Gemeiner Felsenspringer
Lepismachilis y-signata **L** 5–9 mm. Thorax mit Y-förmiger Zeichnung, Abdomen oft mit breitem hellen Streifen. **H** Felsige Gebiete; im Allgemeinen trockene, sonnige Lebensräume.

Gen. *Petrobius* E 3 SPP

Fühler bei ♀ länger als Körper. Insgesamt grau, gesprenkelt. Bestimmung anhand der Fühler der ♀ und Details der Subcoxae bei ♂. Die meisten Arten leben an felsigen Küsten.

4
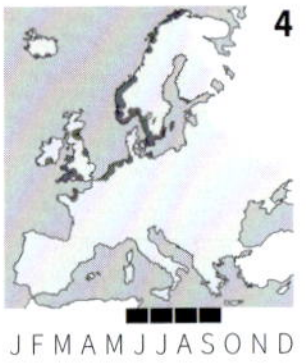

4 Meerfelsenspringer
Petrobius brevistylis **L** 13–14 mm. Grau gesprenkelt. Fühler der ♀ glatt, bei ♂ Subcoxae mit abgerundeten Lappen. **H** Felsige Küstengebiete oberhalb der Hochwassermarke.

5
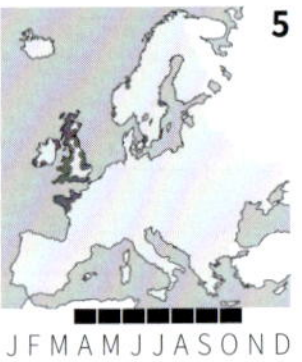

5 Küstenfelsenspringer
Petrobius maritimus **L** 13–15 mm. Grau gesprenkelt. Fühler der ♀ deutlich beringt, bei ♂ fehlen die abgerundeten Lappen der Subcoxae. **H** Hauptsächlich felsige Küstengebieten oberhalb der Hochwassermarke, aber auch in einigen Gebieten im Landesinneren.

FISCHCHEN Zygentoma

E 2 FAM 6 SPP W 5 FAM 574 SPP

Klein bis mittelgroß (5–30 mm), flügellos, oft mit Schuppen bedeckt. Mundwerkzeuge nach unten oder nach vorne gerichtet. Antennen lang und mehrgliedrig. Oft mit 3 „Schwänzen"; die paarigen Cerci sind fast so lang wie der mittlere Anhang. Alle Entwicklungsstadien ernähren sich von Abfällen wie Pflanzenresten. Einige Arten leben in Höhlen, andere in Gebäuden (oft in Küchen und Badezimmern); hauptsächlich nachtaktiv. Sie können schnell laufen. Nymphen ähneln erwachsenen Tieren in Miniaturform. Auch nach Erreichen der Geschlechtsreife findet regelmäßig eine Häutung statt.

FISCHCHEN Lepismatidae

E 3 GEN 6 SPP 4 ILL

Kleine Facettenaugen. Frisch geschlüpfte Nymphen und Individuen, die sich gerade gehäutet haben, erscheinen blass und weißlich. Fischchen übertragen keine Krankheiten.

6
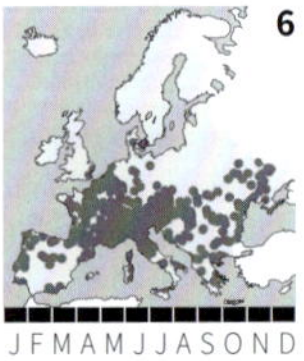

6 Kammfischchen
Ctenolepisma lineatum **L** 10–15 mm. Antennen und Schwanzanhänge so lang wie oder länger als der Körper. Braun; Abdomen mit 4 dunkelbraunen Längslinien. Schwach behaart. **H** In Gebäuden und Häusern; in subtropischen Gebieten auch in Gärten.

7
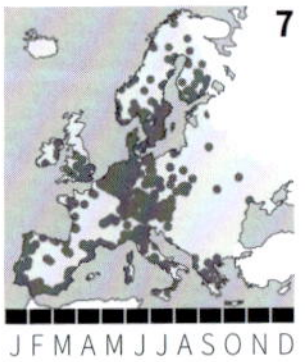

7 Papierfischchen
Ctenolepisma longicaudata
L 11–20 mm. Graubraun, seitlich mit Borsten. **H** Breitet sich in Europa aus; trockene Lebensräume mit Luftfeuchtigkeit < 50 %. Häufig in Papierlagern und Archiven. **I** Ernährt sich von stärkehaltigen Stoffen wie Leim in Buchrücken, verursacht erhebliche Schäden.

8
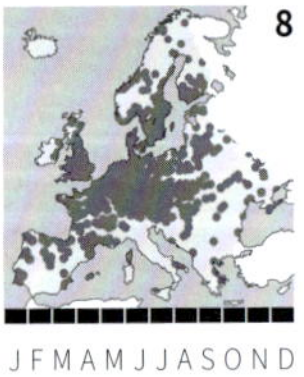

8 Silberfischchen ***Lepisma saccharina*** **L** 10–11 mm. Mit silbrigen Schuppen bedeckt. **H** In Gebäuden mit Luftfeuchtigkeit von > 80 %; in Südeuropa auch in freier Wildbahn. **I** Vorkommen deutet auf übermäßige Feuchtigkeit oder Schimmel hin. Ernährt sich von Hautschuppen, Hausstaubmilben oder Schimmel, daher nützlich.

9
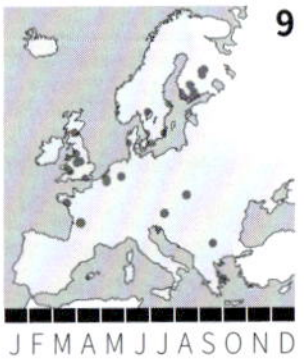

9 Ofenfischchen ***Thermobia domestica*** **L** 9–11 mm. **H** In Bäckereien und Großküchen, Temperaturen > 32 °C. In wärmeren Ländern auch im Freien. **I** Ernährt sich von Papier und stärkehaltigen Lebensmitteln. Oft in größeren Gruppen.

MACHILIDEN

1 ×3 ■

2 ×3 ■

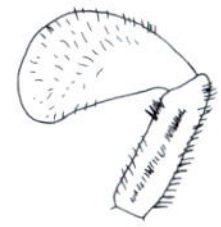

3 ×4 ■

4 ×2 ◆

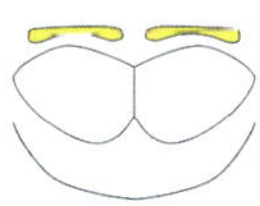

5 ×2 ◆

FISCHCHEN

6 ×2 ■

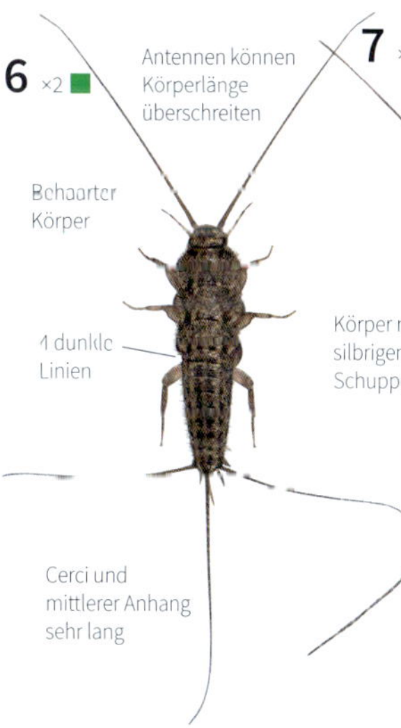

7 ×2 ■

8 ×3 ■

9 ×3 ■

Ursprüngliche, kleine bis große Fluginsekten. Flügel im Ruhezustand fast immer zusammengefaltet; Hinterflügel viel kleiner als Vorderflügel, manchmal fehlend. Fühler kurz; ♂ mit besonders großen Facettenaugen und verlängerten Vorderbeinen. Abdomen schlanker als Thorax, mit 2 oder 3 meist gleich langen Anhängen. Nymphen wasserbewohnend; schlüpfen zu einer in der Insektenwelt einzigartigen flugfähigen Subimago, die sich innerhalb kurzer Zeit ein letztes Mal häutet. Adulte Tiere sehr kurzlebig; ♂ bilden in vielen Arten große Schwärme über dem Wasser, um ♀ zur Paarung anzulocken.

FLIEGENHAFTE Baetidae

E 7 GEN 83 SPP 4 ILL

Adulte Tiere mit 2 Cerci, mittlerer Anhang fehlt. Hinterflügel klein oder fehlend. Tarsen der Mittel- und Hinterbeine mit nur 3 Segmenten (4–5 bei anderen Familien mit 2 Anhängen). ♂ mit auffälligen, halbkugeligen Turbanaugen.

1

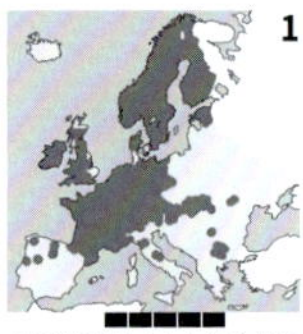

1 Rhodani-Eintagsfliege *Baetis rhodani* **L** 7–10 mm. **S** 14–25 mm. Körper und Beine olivgrün; Flügel blassgrau; Hinterflügel klein und oval. Mehrere sehr ähnliche Arten. **H** Flüsse, kleine Bäche. Häufig; 2 Generationen im Jahr.

2

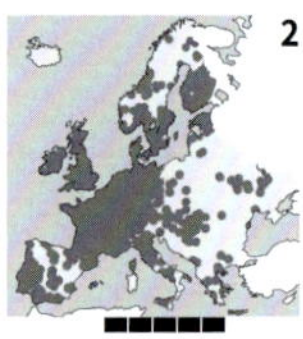

2 Teich-Fliegenhaft *Cloeon dipterum* **L** 6–10 mm. **S** 13–25 mm. ♂ cremefarben, die letzten 3 Hinterleibssegmente dunkler; Flügel transparent mit ausgeprägten braunen Adern. Anhänge braun gesäumt. ♀ ähnlich, jedoch orange oder braun mit gelbem Rand auf den Vorderflügeln. Hinterflügel fehlen. **H** Stille und langsam fließende Gewässer, einschließlich Teiche. Sehr häufig. 2–3 Generationen pro Jahr. **I** Erwachsene Tiere leben bis zu 14 Tage, was für Eintagsfliegen sehr lang ist.

3

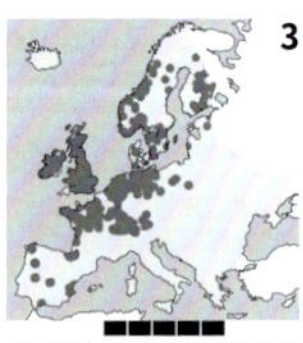

3 See-Fliegenhaft *Cloeon simile* **L** 8–11 mm. **S** 17–23 mm. Vorderkante der Vorderflügel mit 9–11 Queradern; bei Fliegenhaft (*C. dipterum*) 3–5; ♀ mit fehlendem gelben Rand am Vorderflügel. **H** Große Seen. 2–3 Generationen pro Jahr.

4

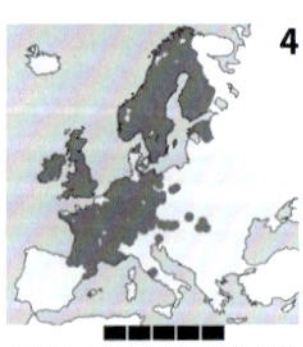

4 Kleines Fliegenhaft *Centroptilum luteolum* **L** 6–7 mm. **S** 13–16 mm. ♂ Augen orangerot, Körper durchscheinend, letzte 3 Hinterleibssegmente blassorange. ♀ Augen dunkelbraun, obere Körperhälfte blassorange, Unterseite heller cremefarben. Hinterflügel klein, spornförmig. **H** Tümpel, Flussufer und Bäche. 1 Generation pro Jahr.

LEPTOPHLEBIIDEN Leptophlebiidae

E 7 GEN 38 SPP 2 ILL

Adulte Tiere mit 2 Cerci, mittlerer Anhang fehlt. Vorderflügel am Vorderrand ohne die bei anderen Familien zahlreichen Queradern; Hinterflügel groß. Nymphen haben deutlich gegabelte Kiemen.

5

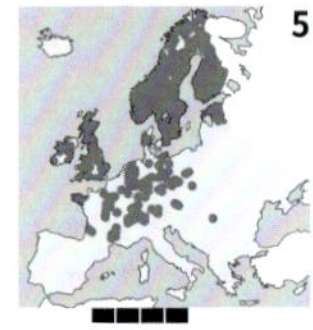

5 Dunkle Eintagsfliege *Leptophlebia marginata* **L** 7–11 mm. **S** 13–23 mm. Subimago mit rötlich braunem Körper, Flügel bräunlich grau mit braunen Adern. Imago mit braunem Körper, Flügel abgedunkelt. **H** Bäche, Teiche, Seen. **I** Subimago schlüpft gewöhnlich an Land.

6

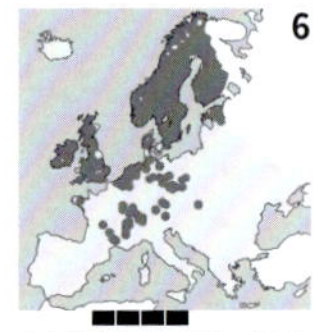

6 Rotbraune Eintagsfliege *Leptophlebia vespertina* **L** 7–10 mm. **S** 13–21 mm. Subimago mit blassgrauen Vorderflügeln und helleren Hinterflügeln. **H** Bevorzugt Torf und saure Gewässer, auch in bergigen Gebieten. 1 Generation pro Jahr. Weniger häufig. **V** Subimago schlüpft gewöhnlich an der Wasseroberfläche.

EPHEMERELLIDEN Ephemerellidae

E 5 GEN 16 SPP 1 ILL

Adulte Tiere mit 3 Anhängen. Vorderflügel mit kurzen Queradern am Vorderrand; Hinterflügel groß.

7

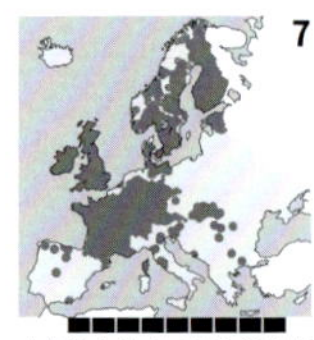

7 Feuerfarbene Eintagsfliege *Serratella ignita* **L** 7–10 mm. **S** 13–23 mm. ♂ rötlich braun bis oliv; ♀ grünlich oliv; Anhänge blass, braun gesäumt. Flügel dunkel bläulich grau. **H** Schnell fließende Flüsse und Bäche, manchmal Seen. **I** ♂ schwärmen oft bei Sonnenauf- und -untergang.

POTAMANTHIDEN Potamanthidae

E 1 SP 1 ILL

Adulte Tiere mit 3 Anhängen. Hinterflügel groß.

8

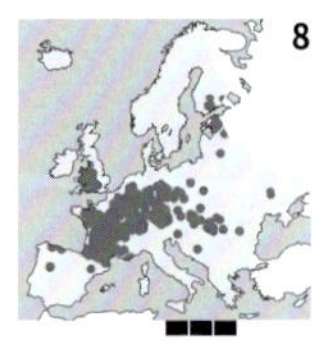

8 Gelbe Eintagsfliege *Potamanthus luteus* **L** 12–15 mm. **S** 25–32 mm. Gelb. Augen gelblich grün, bei ausgefärbten Tieren dunkelbraun. Schwänze gelblich mit dunklen Ringen. **H** Fließgewässer.

POLYMITARCYIDEN Polymitarcyidae

E 1 GEN 2 SPP 1 ILL

Hinterflügel vorhanden, relativ groß; Flügel in Ruhestellung ausgebreitet.

9

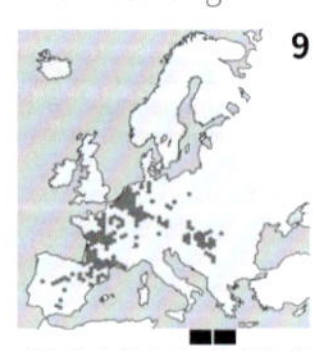

9 Uferaas *Ephoron virgo* **L** 10–18 mm. **S** 20–34 mm. Gelblich bis weißlich. ♂ mit klaren Flügeln; ♀ verbleibt als Subimago, häutet sich nie zur eigentlichen Imago, mit milchig weißen Flügeln. Augen dunkel. Drei Anhänge bei ♀, nur 2 bei ♂. **H** Vorwiegend große Flüsse. Nachdem sie in vielen Regionen aufgrund von Wasserverschmutzung verschwunden waren, nehmen die Bestände seit den 1990er-Jahren wieder zu. **I** Am Ende der Brutsaison sind die Flußufer oft mit toten Eintagsfliegen übersät. Die Massenvermehrung wurde gelegentlich mit Sommerschnee verglichen.

FLIEGENHAFTE

1 ×3 ◆ ♂

2 ×3 ◆ ♀

3 ×2 ◆ ♂

4 ×3 ◆ ♂

LEPTOPHLEBIIDEN

5 ×3 ◆ ♂

6 ×2 ◆ ♀

EPHEMERELLIDEN

7 ×3 ◆ ♀

POTAMANTHIDEN

8 ×2 ■ ♀

POLYMITARCYIDEN

9 ×2 ■ ♀

GROSSE EINTAGSFLIEGEN Ephemeridae

E 1 GEN 7 SPP 4 ILL

Große Arten; Abdomen mit 3 Anhängen, Vorderflügel mit schwarzen Flecken; Hinterflügel groß. Körper bei ♀ etwas größer als bei ♂; Schwanzanhänge und Vorderbeine jedoch bei ♂ viel länger. Zeichnung auf dem Abdomen hilft bei der Arterkennung. Nymphen mit fadenförmigen Kiemen, die nach oben zum Abdomen hin abgewinkelt sind; wühlen im Grund der Gewässer nach Nahrung.

1
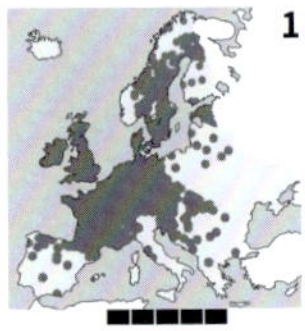
J F M A M J J A S O N D

1 ⊙ Große Eintagsfliege
Ephemera danica **L** 15–20 mm.
S 30–46 mm. Vorderflügel mit mehreren schwarzen Flecken. Abdomen gelblich (Subimago cremegelb), Zeichnung auf S7–S9 dunkelbraun, auf anderen Segmenten fehlend oder schwach. Ähnlich *E. vulgata*, die dunkler gefärbt ist. **H** Seen, schnell fließende Flüsse und Bäche. **I** *E. danica* und *E. vulgata* sind die häufigsten *Ephemera*-Arten. ♂ bilden große Schwärme, abseits von Gewässern, oft in Baumkronenhöhe (bei *E. vulgata* in Grundnähe).

2
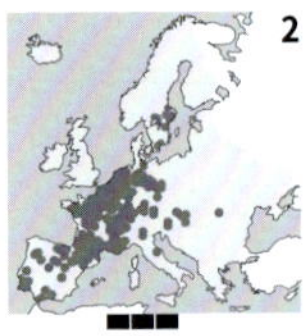
J F M A M J J A S O N D

2 ⊙ Strichfleck-Eintagsfliege
Ephemera glaucops **L** 12–18 mm.
S 24–36 mm. Blass gelblich, Bauch mit 4 dünnen Linien. **H** Kiesgruben, Seen, Teiche.

3
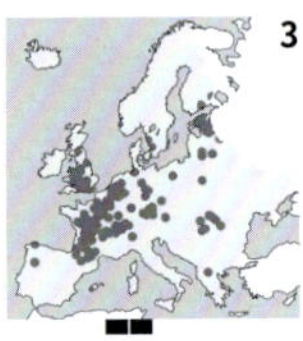
J F M A M J J A S O N D

3 ⊙ Gestreifte Eintagsfliege
Ephemera lineata **L** 15–22 mm.
S 30–44 mm. Körper cremegelb. Abdomen S5–S9 mit dunkelbraunen Längsstreifen, andere Segmente mit quadratischen oder dreieckigen Flecken. **H** An größeren Flüssen. Am wenigsten verbreitete *Ephemera*-Art.

4
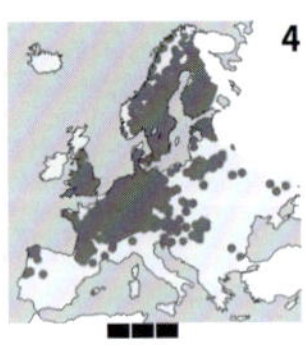
J F M A M J J A S O N D

4 ⊙ Gemeine Eintagsfliege
Ephemera vulgata **L** 13–25 mm.
S 30–51 mm. Dunkelste *Ephemera*-Art, Flügel durchsichtig mit braunen Adern und Vorderflügeln mit dunklen Flecken. Abdomen mit braunen, dreieckigen braunen Flecken auf der Oberseite der meisten Segmente. **H** Flüsse mit schlammigem Grund. **I** ♂ bilden große Schwärme in Bodennähe (nicht in Baumkronenhöhe wie bei *E. danica*).

HEPTAGENIIDEN Heptageniidae

E 8 GEN 148 SPP 5 ILL

Kleine bis große Eintagsfliegen; Abdomen mit 2 Anhängen, Hinterflügel groß. Die Nymphen klammern sich an Steine; Nymphenkörper mit stark abgeflachter Unterseite, Oberseite und Kiemen dachförmig gebogen, sodass die Strömung sie gegen das Substrat drückt, anstatt sie mitzureißen.

Gen. *Ecdyonurus* E 10+ SPP

Nymphen sind oft einfacher bis zur Art zu bestimmen als die erwachsenen Tiere.

5
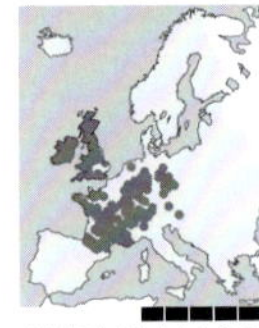
J F M A M J J A S O N D

5 🔍 Herbst-Märzbraune
Ecdyonurus dispar **L** 10–16 mm.
S 20–32 mm. Rötlich braun; ♂ heller, Segmentübergänge mit dunklem Rand. Flügel transparent mit dunkelbraunen Adern. Nymphen mit 2 dunklen Ringen auf den Tarsi. Über 10 *Ecdyonurus*-Arten in Mitteleuropa. **H** Seen, seichte Uferbereiche von Flüssen und größeren Bächen.

6
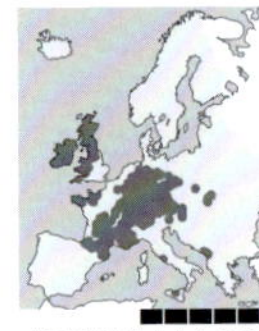
J F M A M J J A S O N D

6 🔍 Falsche Märzbraune
Ecdyonurus venosus **L** 10–16 mm.
S 20–32 mm. Rötlich braun, vor allem ♀. Vorderflügel graugelb mit einfachen Queradern. Nymphen mit einem dunklen Ring auf den Tarsi; dies ist jedoch auch bei anderen Arten der Fall. **H** Seichte Bereiche von Flüssen und größeren Bächen.

Gen. *Heptagenia* E 6 SPP

Artbestimmung durch Vergleich der Flügel- und Körpermerkmale, manchmal Untersuchung der Genitalien erforderlich.

7
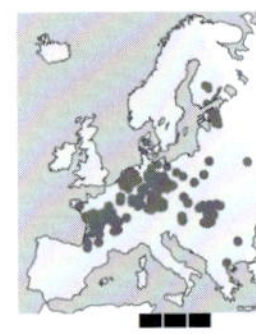
J F M A M J J A S O N D

7 🔍 Gestreiftes Aderhaft
Heptagenia flava **L** 7–12 mm.
S 17–25 mm. Körper und Flügel gelblich. Augen dunkel. ♂ Abdomen mit rötlich braunem Längsstreifen in der Mitte. **H** Meistens an fließenden Gewässern.

8

J F M A M J J A S O N D

8 🔍 Schwefel-Aderhaft
Heptagenia sulphurea **L** 7–12 mm.
S 17–27 mm. Körper und Flügel (teilweise) hellgelb, Augen bläulich. Ähnlich wie *H. flava*, aber beim Abdomen der ♂ fehlt der dunkle Streifen. **H** Große Flüsse.

9
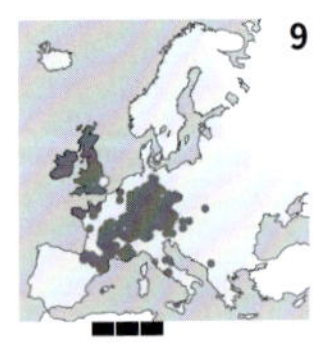
J F M A M J J A S O N D

9 Olivbraune Eintagsfliege
Rhithrogena semicolourata **L** 8–12 mm.
S 18–24 mm. Körper braun bis helloliv. Flügel mit hellbraunen Adern; basale Hälfte bronzefarben. Über 20 Arten in Mitteleuropa, Bestimmung erfordert Genitaluntersuchung. **H** Schnellfließende Gewässer mit Steingrund.

SIPHLONURIDEN Siphlonuridae

E 2 GEN 14 SPP 1 ILL

Eine der modernsten Familien der Eintagsfliegen nach neueren molekularen Analysen. Große Arten mit 2 Anhängen und großen Hinterflügeln.

10
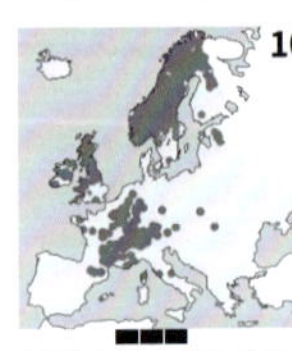
J F M A M J J A S O N D

10 🔍 Teichstachelhaft
Siphlonurus lacustris **L** 12–16 mm.
S 24–32 mm. Körper olivbraun; Flügel klar mit dunklen Adern. Zweites Drittel der Schwanzanhänge dunkel. Nymphen mit blattförmigen Kiemen, von denen die ersten beiden doppelt, die anderen 5 nur einblättrig sind. Sie bewegen sich fast ausschließlich schwimmend fort. **H** Tümpel, an Ufern von Flüssen, Bächen und Seen, oft in Höhenlagen.

GROSSE EINTAGSFLIEGEN

1 ■

2 ◆

3 ◆

4 ■

HEPTAGENIIDEN

5 ●

6 ●

7 ■

8 ◆

9 ●

SIPHLONURIDEN

10 ◆

×1,5

Mittelgroße bis große geflügelte Insekten; Kopf sehr beweglich, mit großen Facettenaugen. Zwei Unterordnungen in Europa: Kleinlibellen (Zygoptera), sehr schlank; Großlibellen (Epiprocta) robuster gebaut. Antennen kurz; Mundwerkzeuge bestehen aus kräftigen Mandibeln (Kauwerkzeugen). Flügel groß, stark geädert. Der Hinterleib hat 10 Segmente, bei beiden Geschlechtern mit Klauen, bei ♀ manchmal mit sichtbarem Legeapparat zur Eiablage. Erwachsene Libellen fangen ihre Beute im Flug.

Flug der Kleinlibellen relativ langsam im Gegensatz zu Großlibellen – einige große Segellibellen erreichen bis zu 36 km/h. Sie können auch auf der Stelle schweben.

Die Nymphen sind aquatisch. Sie schwimmen, indem sie Wasser aus der Atemöffnung am Hinterleibsende ausstoßen. Sie ernähren sich von anderen Lebewesen wie Insektennymphen (einschließlich der gleichen Art), aber auch von Kaulquappen. Beute wird mit den zu einer Fangmaske umgebildeten Mundwerkzeugen gefangen. Die Häute der Nymphen (Exuvien) sind häufig an der Ufervegetation zu sehen. Frisch geschlüpfte Libellen sind erst nach einigen Tagen endgültig ausgefärbt, was bei der Bestimmung zu Verwirrung führen kann.

Das ♂ überträgt seine Spermien vom primären Kopulationsorgan am Hinterleibsende zu einem sekundären Organ unter der Vorderseite des Hinterleibs. Während der Paarung nutzt es die Klauen am Hinterleibsende, um den „Hals" des ♀ zu greifen. Die Tiere bilden dann das für Libellen typische Paarungsrad, damit die Spermien übertragen werden können.

UNTERORDNUNGEN

KLEINLIBELLEN

Zygoptera

Meist kleiner; Körper sehr schlank. Augen an der Kopfoberseite getrennt. Alle Flügel gleich geformt; in Ruheposition zusammengefaltet, bei manchen Arten geöffnet (etwa < 60° zum Körper). Langsamer Flug.

→ S. 32

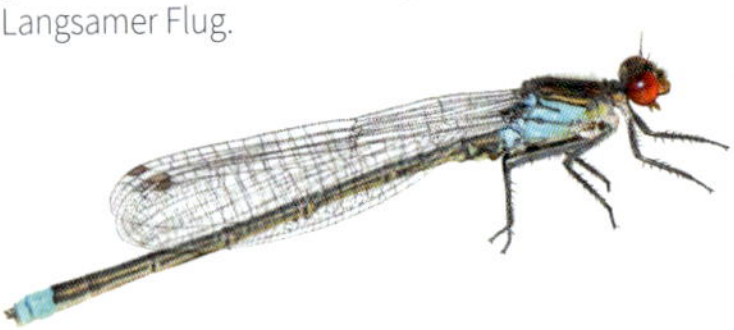

GROSSLIBELLEN

Epiprocta (beinhaltet die bekannte Infraordnung Anisoptera)

Einige sehr große Arten; Körper robuster. Augen sehr groß, berühren sich bei den meisten Arten; Vorderflügel schmaler als Hinterflügel; Flügel in Ruheposition offen gehalten (± 90° zum Körper). Alle Arten sind sehr gute Flieger.

→ S. 42

KÖRPERBAU DER LIBELLEN

Blaugrüne Mosaikjungfer (*Aeshna cyanea*)

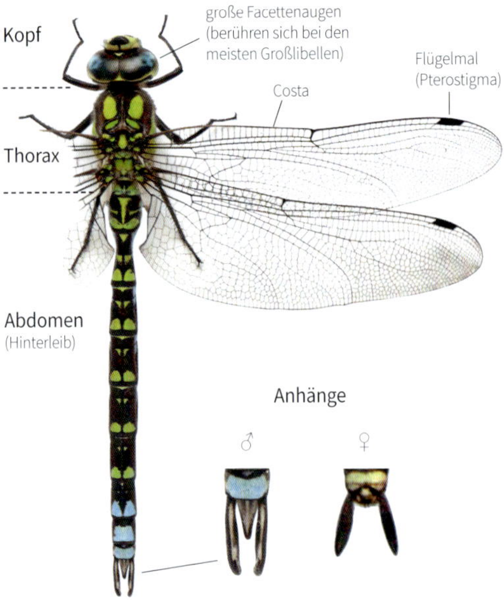

NYMPHEN

Große Pechlibelle (*Ischnura elegans*)

×1,5

Kaiserlibelle (*Anax imperator*)

×1

Familien

Zygoptera

Teichjungfern
Lestidae **S. 32**

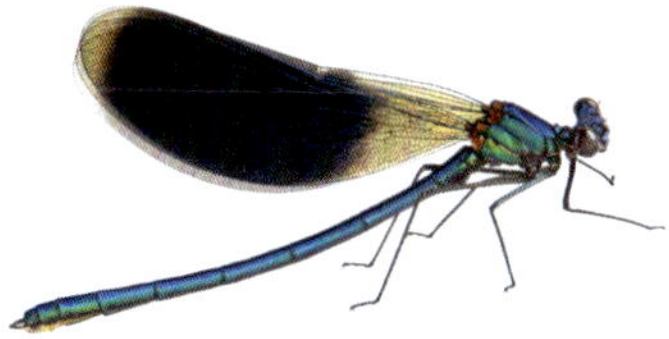

Prachtlibellen
Calopterygidae **S. 34**

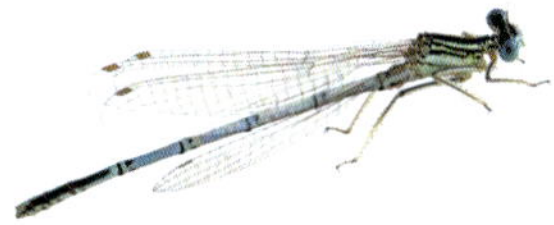

Federlibellen
Platycnemididae **S. 34**

Schlanklibellen
Coenagrionidae **S. 36**

Anisoptera

Edellibellen
Aeshnidae **S. 40**

Flussjungfern
Gomphidae **S. 46**

Quelljungfern
Cordulegastriidae **S. 48**

Smaragdlibellen
Corduliidae **S. 48**

Segellibellen
Libellulidae **S. 50**

TEICHJUNGFERN Lestidae

E 3 GEN 9 SPP 7 ILL

Die meisten Arten mit metallisch grünlichem Körper, einige teilweise mit blauer Färbung. Fast alle Arten halten ihre Flügel in Ruheposition ausgebreitet, im Gegensatz zu anderen Kleinlibellen. Nach modernen molekularen Analysen die ursprünglichste aller heute noch lebenden Libellenfamilien.

1 ⊙ Westliche Weidenjungfer
Chalcolestes viridis **L** 39–48 mm. **S** 47–57 mm. Groß; metallisch grün, ältere Tiere oft bronzefarben; ohne blauen Schimmer. Pterostigma groß, blass, schwarz umrandet; Hinterleibsanhänge bei ♂ weiß. Östliche Weidenjungfer (*C. parvidens)* im Feld nicht zu unterscheiden, kommt in Osteuropa vor, der Lebensraum überschneidet sich mit *C. viridis* in einem Teil Südeuropas. **H** Stehende und langsam fließende Gewässer mit überhängenden Weiden, Pappeln und Gebüschen. **V** Eiablage in Zweige von Weiden und Pappeln. Eier überwintern in der Rinde.

1
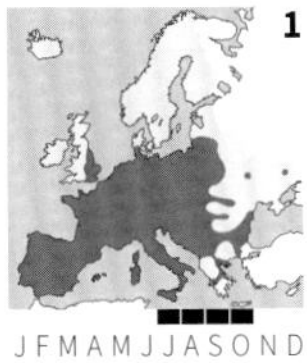

Gen. *Lestes* E 5 SPP

Metallisch grün; die meisten Arten mit blauem Schimmer in einem oder beiden Geschlechtern. Bei allen Arten sind die Flügel in der Ruheposition ausgebreitet.

2 ⊙ Südliche Binsenjungfer
Lestes barbarus **L** 39–48 mm. **S** 40–55 mm. Metallisch grün, im Gegensatz zu anderen *Lestes*-Arten ohne Blau. Abdomen sehr lang gestreckt. Flügelmale halb schwarz, halb weiß (die einzige Teichjungfer mit diesem Merkmal). Bei ♂ Abdomen S10 weiß, Anhänge ebenfalls weiß, mit dunklen Enden. Bei ♀ Legeapparat weißlich. **H** Kleine, stehende Gewässer mit Binsen, auch zeitweise austrocknende Gewässer; in Südeuropa auch an brackigen Tümpeln in Küstennähe. **V** Wandernde Art, die plötzlich an neuen Gewässern auftauchen kann. ♀ legt Eier allein an Pflanzen über der Wasseroberfläche ab. Profitiert vom Klimawandel und breitet sich nach Norden aus, kann aber keine kalten Winter überstehen.

2
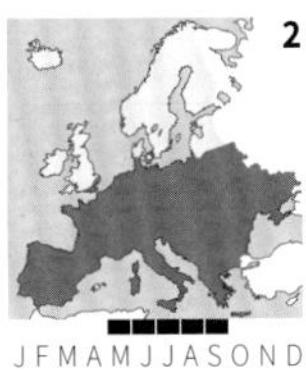

3 🔍 Glänzende Binsenjungfer
Lestes dryas **L** 35–40 mm. **S** 40–50 mm. Metallisch grün, etwas robuster gebaut als andere *Lestes*-Arten. Flügelmale braun. ♂ Abdomen S1, erste Hälfte von S2 und S9–S10 mit blauem Schimmer. ♀ matter gefärbt, Abdomen S1 mit 2 quadratischen Flecken; Legebohrer reicht über S10 hinaus. **H** Gräben und Tümpel mit Binsen oder Seggen; manchmal zusammen mit *L. sponsa*. **I** Eier werden in der Regel im Tandem, selten allein, an Pflanzen abgelegt, die aus der Wasseroberfläche herausragen, wie z. B. Binsen. Die Tiere klettern dabei bisweilen am Pflanzenstängel hinab, bis sie vollständig im Wasser eingetaucht sind.

3
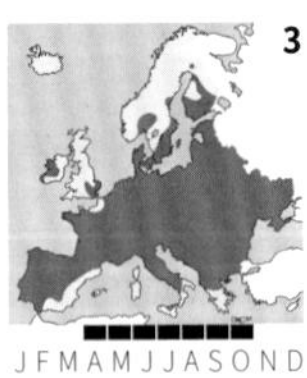

4 🔍 Gemeine Binsenjungfer
Lestes sponsa **L** 35–39 mm. **S** 40–50 mm. Typische Binsenjungfer; metallisch grün, ältere Tiere eher kupferfarben. Flügelmale braun. Bei ♂ Abdomen S1–S2 und S9–S10 mit blauem Schimmer; ♀ mit 2 dreieckigen Flecken auf Abdomen S1; Legebohrer reicht seitlich gesehen nicht über S10 hinaus. **H** Verkrautete Tümpel, Teiche, auch Sümpfe; Gewässer können auch für kurze Zeit austrocknen. **I** Siehe *L. dryas*.

4
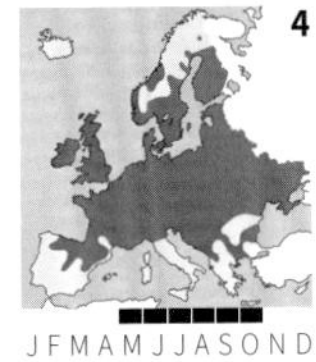

5 ⊙ Kleine Binsenjungfer
Lestes virens **L** 30–39 mm. **S** 38–46 mm. Im Durchschnitt kleiner als andere *Lestes*-Arten. Metallisch grün, ♂ nur auf Abdomen S9–S10 mit blauem Schimmer; Hinterkopf gelb. Pterostigma braun mit weißen Rändern. **H** Verkrautete, stark bewachsene Tümpel und Teiche. **V** Sehr ähnlich wie andere *Lestes*-Arten, Eiablage im Tandem.

5
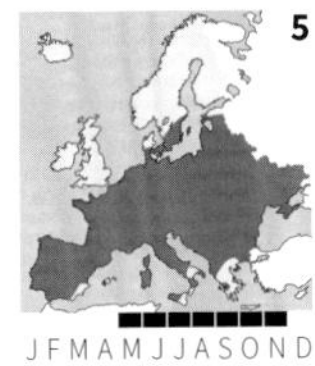

Gen. *Sympecma* E 2 SPP

Matt braun mit dunkler Zeichnung auf Thorax und Abdomen. Im Gegensatz zu den meisten anderen Teichjungfern werden die Flügel in Ruheposition zusammengefaltet; das Pterostigma ist braun. Beide europäischen Arten sind äußerlich schwer zu unterscheiden, kommen aber in unterschiedlichen, sich nur geringfügig überschneidenden Verbreitungsgebieten vor. In Mittel- und Nordeuropa die einzigen Libellen, die als erwachsene Tiere überwintern. Sie suchen dazu geeignete Winterverstecke auf; meist in einiger Entfernung von Gewässern, an Waldrändern oder in Heidegebieten. Aufgrund ihrer sehr unauffälligen Färbung werden sie oft übersehen. Die Nymphen sind visuell kaum von denen verwandter Arten zu unterscheiden.

6 ⊙ Gemeine Winterlibelle
Sympecma fusca **L** 34–39 mm. **S** 37–48 mm. Unterscheidet sich von *S. paedisca* durch geringfügige Details der Thoraxzeichnung; die untere Linie auf der Seite des Thorax ist bei *S. fusca* breit, bei *S. paedisca* schmaler. Hinterleibsanhänge ebenfalls unterschiedlich (starke Lupe erforderlich). Die Verbreitungsgebiete der beiden Arten überschneiden sich in Mitteleuropa nur geringfügig. **H** Stehende Gewässer, meist mit üppiger Vegetation. **V** Das ganze Jahr über aktiv, auch an warmen Wintertagen; Hauptflugzeit beginnt jedoch im Frühjahr. Eier werden in der Regel im Tandem an Pflanzenteilen abgelegt, die auf dem Wasser schwimmen. Die Nymphen entwickeln sich innerhalb weniger Monate; die nächste Generation schlüpft im späten Sommer.

6
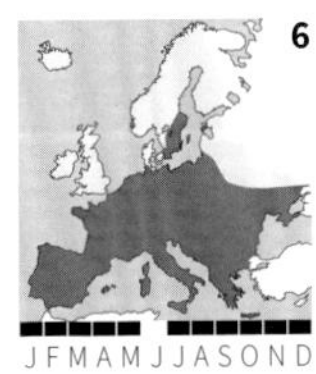

7 ⊙ Sibirische Winterlibelle
Sympecma paedisca **L** 36–39 mm. **S** 37–46 mm. Vergleiche Thoraxzeichnung mit *S. fusca*; auch obere dunkle Linie mit kleiner Ausbuchtung, die bei *S. fusca* fehlt. **H** Stehende Gewässer, meist mit üppiger Vegetation. **V** Siehe *S. fusca*.

7

TEICHJUNGFERN

1 ◆

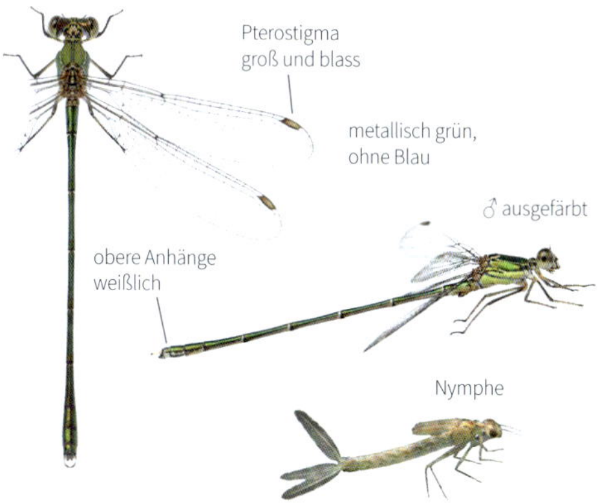

2 ◆

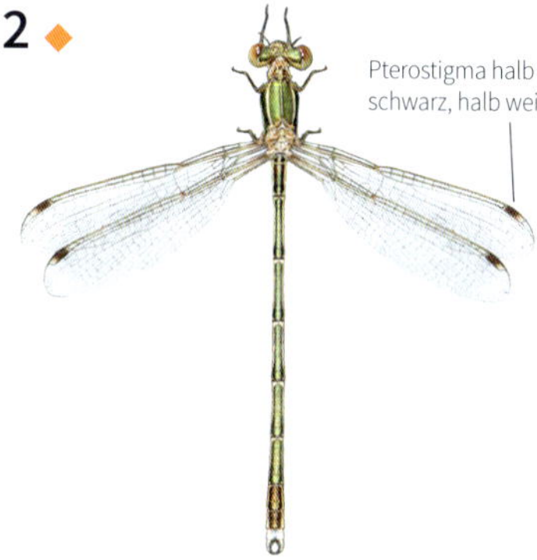

3 ◆

4 ◆

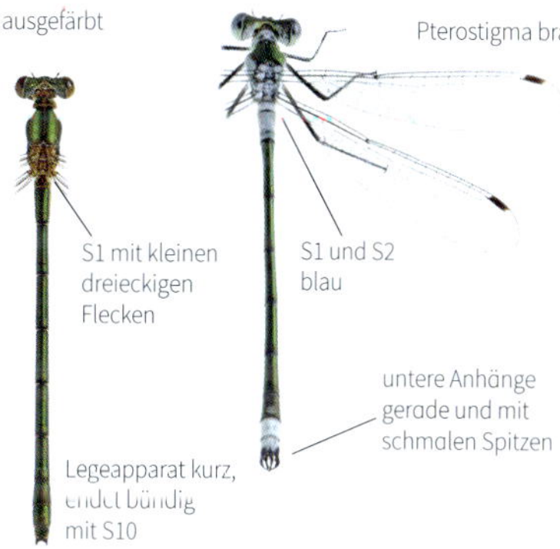

5 ◆

6 ◆

7 ◆

PRACHTLIBELLEN Calopterygidae

E 1 GEN 4 SPP 3 ILL

Relativ ursprüngliche Familie der Kleinlibellen; groß, ♂ sehr auffällig gefärbt, ♀ etwas schlichter. Beide Geschlechter mit breiten Flügeln. Körper und Flügeläderung metallisch; Flügel bei allen europäischen Arten gefärbt, nur ♀ mit Pterostigma. Bei ♂ variiert die Färbung der Flügel teilweise je nach Unterart.

♂ beanspruchen geeignete sonnenbeschienene Stellen an den Ufern ihrer Heimatgewässer als Revier; eindringende Konkurrenten werden vertrieben. ♂ locken ♀ durch das Aufklappen der Flügel und spezielle Balztänze in der Luft an, wobei sie ihre Flügel und das an der Unterseite auffallend hell gefärbte Hinterleibsende („Schlusslicht") zur Schau stellen. Bei Nymphen ist die mittlere Tracheenkieme deutlich kürzer als die äußeren. Im Vergleich zu Nymphen anderer Kleinlibellen sind die Beine deutlich länger.

1 ⊙ Gebänderte Prachtlibelle

1

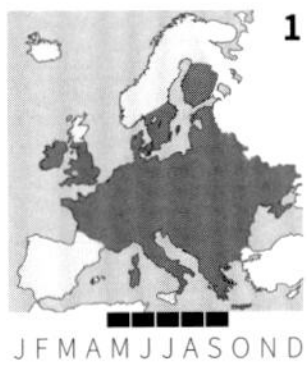

Calopteryx splendens **L** 45–48 mm. **S** 55–73 mm. Flügel der ♂ mit breiten dunkelblauen Bändern, an Basis und Spitze durchscheinend. Blaue Bänder reichen bei einigen Populationen in Südosteuropa bis zur Spitze; ♀ können hier dunkelbraune Flügel haben. Körper des ♂ dunkel metallisch blau. Südwestliche Prachtlibelle (*C. xanthostoma*) ähnlich, kommt in Südfrankreich und auf der Iberischen Halbinsel vor; bei dieser Art bedecken die dunklen Bänder auf den Flügeln auch die Flügelspitzen. ♂ beider Arten mit leuchtend gelblichem bis weißem „Schlusslicht" an der Unterseite des Hinterleibsendes. ♀ beider Arten metallisch grünlich, Flügel durchscheinend hellgrün; Hinterleibsspitze bei *C. xanthostoma* meist braun. **H** Langsam fließende, kleine bis mittelgroße Flüsse und Bäche, die ausreichend bewachsen sind und auch von der Sonne beschienen werden. **I** Im Gegensatz zur Blauflügel-Prachtlibelle (*C. virgo*) etwas weniger anspruchsvoll bei der Wasserqualität.

2 ⊙ Blauflügel-Prachtlibelle

2

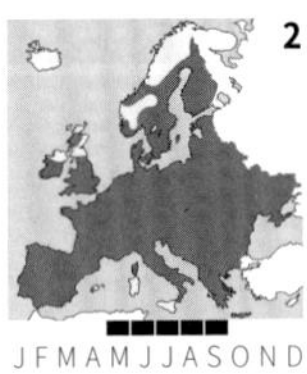

Calopteryx virgo **L** 45–49 mm. **S** 48–73 mm. Flügel der ♂ entweder vollständig dunkelblau oder mit hellem Flügelansatz und -spitzen; Körper metallisch blaugrün; ♂ mit rötlichem „Schlusslicht" auf der Unterseite des Hinterleibsendes. ♀ metallisch grün mit bronzefarbener Hinterleibsspitze; Flügel braun. **H** Schnell fließende Bäche und Flüsse, oft in Wäldern, mit Sand- oder Kiesgrund, reichhaltiger Vegetation und ausreichend schattigen Bereichen. **I** Am weitesten verbreitete Prachtlibelle in Europa, profitiert vom allgemeinen Rückgang der Abwasserverschmutzung von Fließgewässern.

3 ⊙ Bronzene Prachtlibelle

3

Calopteryx haemorrhoidales
L 45–48 mm. **S** 46–75 mm. Bei ♂ Flügel braunschwarz mit hellem Fleck an Basis und Spitze; Unterseite der Hinterleibsspitze – „Schlusslicht" – rosa. Körper metallisch kupferrot, dunkelbraun, violett oder blau. Bei ♀ Flügel durchscheinend hellbraun oder grün mit dunklerer Spitze am Hinterflügel; Pterostigma weiß. **H** Klare Bäche und Flüsse.

FEDERLIBELLEN Platycnemididae

E 1 GEN 5 SPP 3 ILL

Leicht an der hellen Körperfarbe in Kombination mit den gefiederten Beinen zu erkennen. Im Verhalten ähneln sie den Schlanklibellen (Coenagrionidae).

4 ⊙ Blaue Federlibelle

4

Platycnemis pennipes **L** 35–37 mm. **S** 38–46 mm. Einzige Art der Familie, die in ganz Mittel- und auch Osteuropa verbreitet ist. Körper blass mit schwarzer Zeichnung; Beine mit dünnem schwarzen Streifen, auch auf den mittleren und hinteren Tibiae. ♂ blassblau, Abdomen S7–S10 meist schwarz, ♀ blass gelbgrün oder blaugrün. Jungtiere sehr blass, fast weißlich. **H** Langsam fließende Flüsse und Bäche, typischerweise an oder in der Nähe von Ufervegetation. **V** An geeigneten Gewässern oft größere Populationen. Jungtiere entfernen sich oft weiter vom Wasser und kehren zurück, wenn sie paarungsreif sind. Eiablage im Tandem, wie bei vielen anderen Libellenarten auch; die Eier werden auf Pflanzen direkt an der Wasseroberfläche abgelegt.

5 ⊙ Orangerote Federlibelle

5

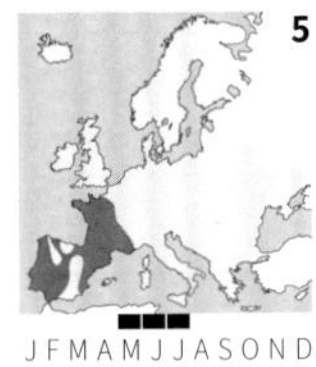

Platycnemis acutipennis **L** 34–37 mm. **S** 36–40 mm. An der Kombination aus orangefarbenem Abdomen und blauen Augen sofort zu erkennen; Abdomen der ♂ mit schwarzen Streifen auf der Oberseite von S7–S9; S10 und Anhänge weißlich. Bei ♀ Abdomen mit paarigen dunklen Markierungen auf allen Segmenten. Die hinteren Tibien sind weniger verbreitert als bei anderen *Platycnemis*-Arten. **H** Fließgewässer. **V** Siehe *P. pennipes*.

6 ⊙ Weiße Federlibelle

6

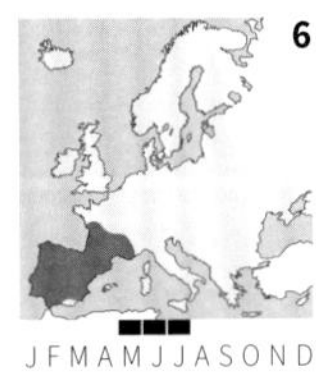

Platycnemis latipes **L** 33–37 mm. **S** 36–44 mm. Körper blass mit schwarzer Zeichnung, Beine mit dünnen schwarzen Streifen, die an den mittleren und hinteren Tibien oft fehlen oder nur teilweise vorhanden sind, im Unterschied zur Blauen Federlibelle (*P. pennipes*). Bei ♂ Thorax blass blaugrün, Abdomen weißlich, Ende von S2–S5 manchmal mit 2 schwarzen Flecken. ♀ ockerfarben; paarige dunkle Flecken auf dem Abdomen schwach ausgeprägt. **H** Langsam fließende Gewässer, oft an Ufern großer Flüsse, manchmal auch an Bächen. **V** Siehe *P. pennipes*.

PRACHTLIBELLEN

1 ■

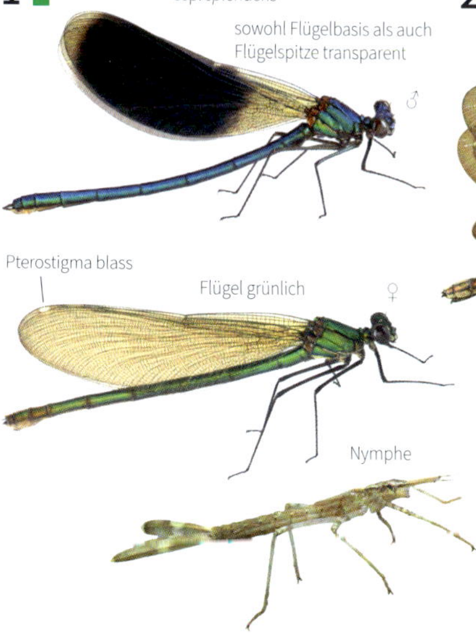

2 ■

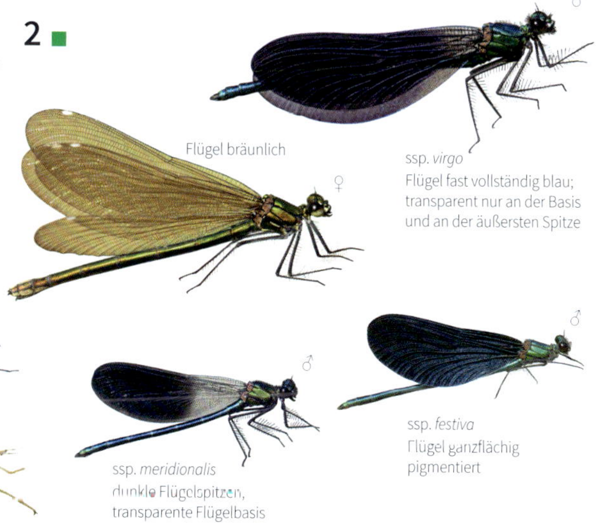

3 ■

FEDERLIBELLEN

4 ■

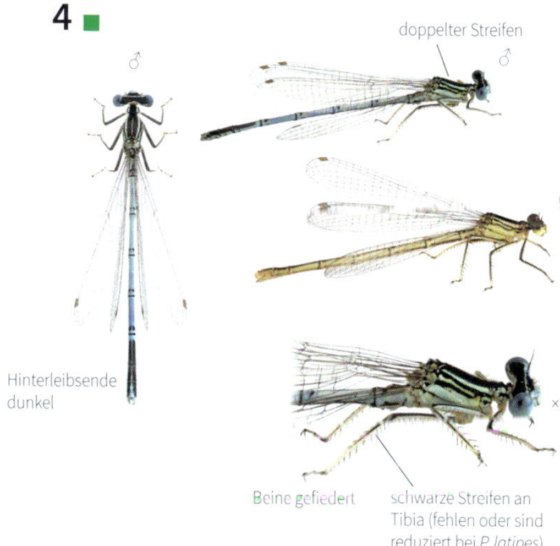

5 ■

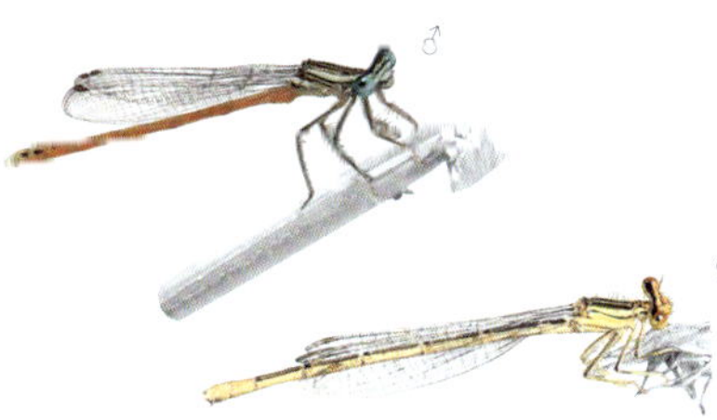

6 ■

SCHLANKLIBELLEN Coenagrionidae →

E 7 GEN 33 SPP 18 ILL

Lang gestreckte, schlanke Kleinlibellen; einige sind sehr klein. In Ruheposition werden die Flügel normalerweise über dem Körper zusammengefaltet. Die meisten Arten sind blau-schwarz; besonders ♀ oft oliv oder grün statt blau; 2 Arten überwiegend rot. Bestimmung anhand der Farbe und Zeichnung des Abdomens und der Form des Hinterrandes des Pronotums.

Gen. *Coenagrion* E 14 SPP

♂ aller Arten blau-schwarz, anhand der schwarzen Zeichnung auf Abdomen S2 zu bestimmen; ♀ manchmal auch blau-schwarz, aber oft oliv oder grün anstelle blau; schwarze Zeichnung meist ausgeprägter als bei ♂. Eiablage immer im Tandem. Die Gemeine Becherjungfer (*Enallagma cyathigerum*) ist sehr ähnlich, gehört aber zu einer anderen Gattung; am Fehlen einer kurzen schwarzen Linie an der Seite des Thorax zu erkennen.

1 ⊙ Hufeisen-Azurjungfer
Coenagrion puella **L** 33–35 mm.
S 30–48 mm. ♂ mit schwarzem Hufeisen auf Abdomen S2; ♀ grün oder blau, Abdomen überwiegend schwarz. **H** Verschiedene stehende Gewässer, einschließlich Gartenteiche; oft an deren Rändern zu finden. Eine der beiden häufigsten *Coenagrion*-Arten in Europa.

1
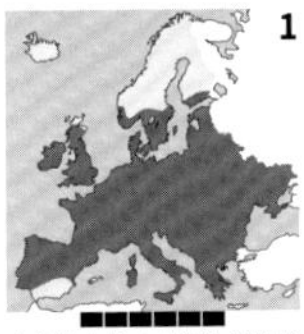

2 ⊙ Fledermaus-Azurjungfer
Coenagrion pulchellum **L** 33–38 mm.
S 32–46 mm. ♂ mit schwarzer Fledermaus-Zeichnung auf Abdomen S2; S9 mit viel Schwarz. Abdomen bei manchen ♀ mit viel Blau, bei anderen überwiegend schwarz. Zeichnung kann stark variieren; Verwechslung insbesondere mit der Gemeinen Becherjungfer (*Enallagma cyathigerum*), Hufeisen-Azurjungfer (*C. puella*) oder Mond-Azurjungfer (*C. lunulatum*). **H** Gewässer mit starkem Pflanzenwuchs, darunter Gräben, Sümpfe und Teiche, auch Moore. Eine der beiden häufigsten *Coenagrion*-Arten in Europa.

2
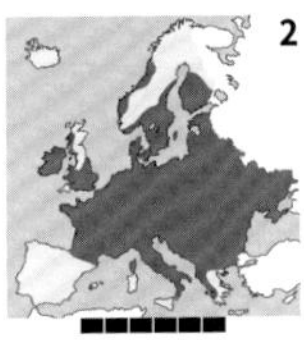

3 ⊙ Hauben-Azurjungfer
Coenagrion armatum **L** 31–34 mm.
S 32–42 mm. Bei ♂ Abdomen S2 blau mit schmaler schwarzer Zeichnung; der größte Teil des Hinterleibs schwarz; S8–S9 blau; untere Hinterleibsanhangsgebilde doppelt so lang wie der Abdomen S10. ♀ grün-schwarz; sichere Bestimmung erfordert genaue Untersuchung des Hinterrandes des Pronotums. **H** Moore und Seggensümpfe.

3
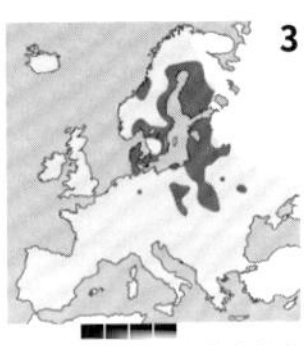

4 ⊙ Speer-Azurjungfer
Coenagrion hastulatum **L** 31–33 mm.
S 32–44 mm. ♂ Abdomen S8–S9 ganz blau, mit Ausnahme von 2 schwarzen Punkten auf S9, manchmal auch S8; Ausdehnung der schwarzen Flecken variabel. ♀ grün-schwarz; Unterseite grün. **H** Tümpel, Ränder von Seen und Teichen mit dichter Ufervegetation.

4
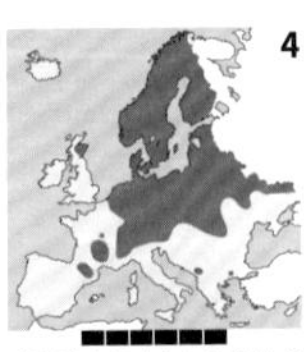

5 ⊙ Mond-Azurjungfer
Coenagrion lunulatum **L** 30–33 mm.
S 32–44 mm. Bei ♂ der größte Teil des Hinterleibs schwarz; S8–S9 blau, mit nur einem Paar kleiner schwarzer Punkte auf jedem dieser Segmente. ♀ mit noch weniger Blau, hauptsächlich an der Vorderseite von S8. **H** Kleine Seen und große Teiche, oft auf Teichgras und Seerosen ruhend.

5
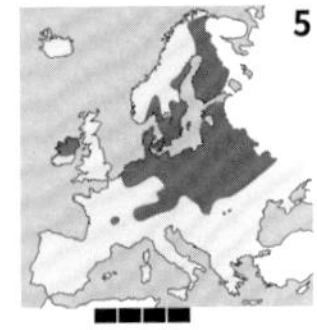

6 ⊙ Helm-Azurjungfer
Coenagrion mercuriale **L** 29–31 mm.
S 31–42 mm. Kleinste *Coenagrion*-Art. ♂ mit schwarzer „Wikingerhelm"-Zeichnung auf Abdomen S2; weitere Segmente mit speerförmigen schwarzen Markierungen, insbesondere auf S3–S4. ♀ gewöhnlich grün, manchmal blau, mit überwiegend schwarzem Abdomen. **H** Heideflächen, auch Moore und Kreidebäche.

6
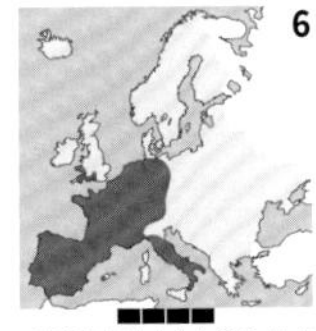

7 ⊙ Vogel-Azurjungfer
Coenagrion ornatum **L** 30–31 mm.
S 34–48 mm. ♂ mit schwarzer „Raubvogel"- oder „Dreizack"-Zeichnung auf Abdomen S2; andere Segmente mit speerförmigen schwarzen Markierungen, S8 blau mit nur kleinen schwarzen Flecken. Ähnlich der Helm-Azurjungfer (*C. mercuriale*), aber die schwarzen Zeichnungen auf dem Abdomen sind im Detail unterschiedlich und die Hinterkanten der Augenflecken auf der Oberseite des Kopfes gezähnt. Bei ♀ Abdomen mit schmalen blauen Ringen an Segmentübergängen; S3 mit spitz zulaufender schwarzer Zeichnung. **H** Flache, sonnige, langsam fließende Bäche mit nur mäßigem Bewuchs von Wasserpflanzen.

7
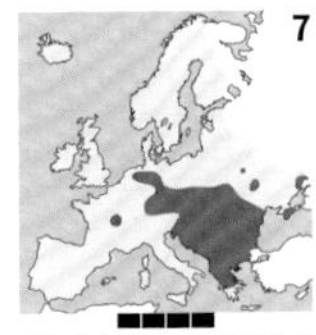

8 ⊙ Gabel-Azurjungfer
Coenagrion scitulum **L** 33–38 mm.
S 33–48 mm. ♂ mit schwarzer „Weinglas"-ähnlicher Markierung auf Abdomen S2; ♀ mit spitz zulaufender Zeichnung auf S3–S4, ähnlich der Gemeinen Becherjungfer (*Enallagma cyathigerum*). Beide Geschlechter mit zitronengelber Unterseite; Pterostigma länger als bei anderen *Coenagrion*-Arten (2× so lang wie breit). **H** Gut bewachsene Gewässer, auch an Brackwasser.

8
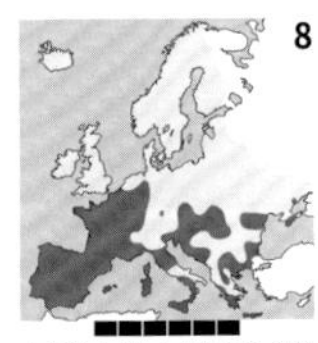

9 ⊙ Gemeine Becherjungfer
Enallagma cyathigerum **L** 29–36 mm.
S 30–42 mm. Bei ♂ Abdomen S8–S9 blau, oft 2 kleine schwarze Flecken auf S9. Im Gegensatz zu den ansonsten sehr ähnlichen *Coeangrion*-Arten fehlt an der Seite des Thorax eine kleine schwarze Markierung. ♀ blau oder grün, Abdomen überwiegend schwarz. **H** Stille und fließende Gewässer. **V** Oft an Gewässerrändern, ruht sich auf der Vegetation aus. Fliegt eher tief über dem Wasser, um Seerosen oder Ähnliches aufzusuchen. **I** Eine der häufigsten Libellen Europas.

9
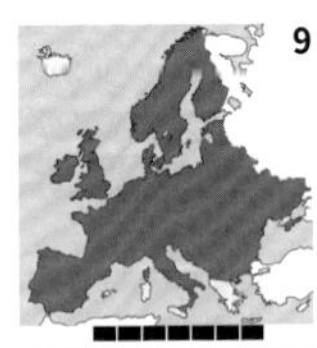

SCHLANKLIBELLEN →

1 ◆

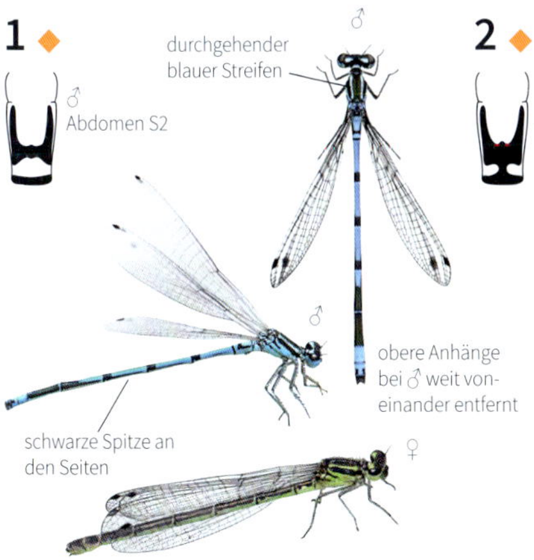

2 ◆

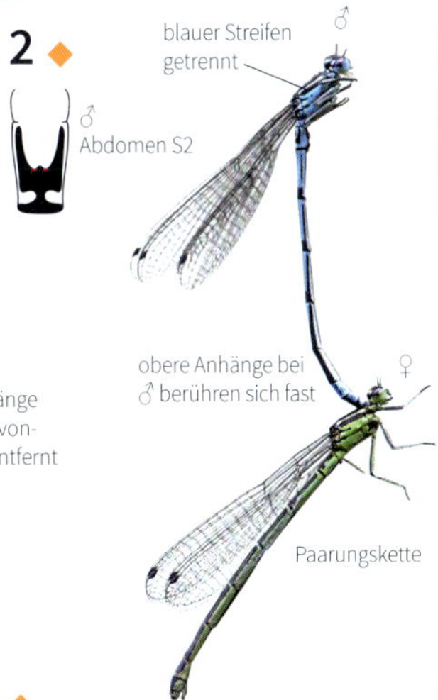

3 ◆

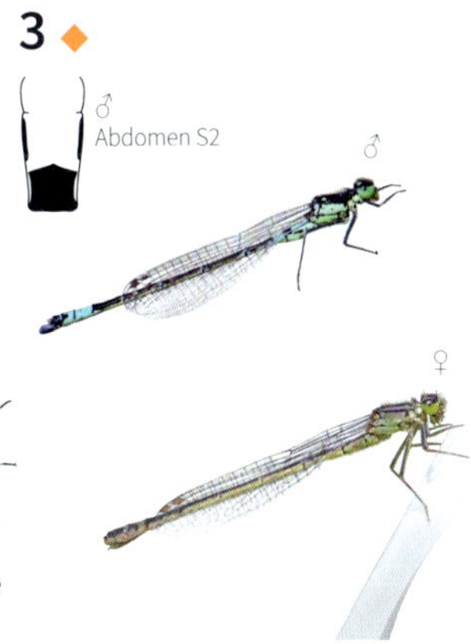

4 ◆

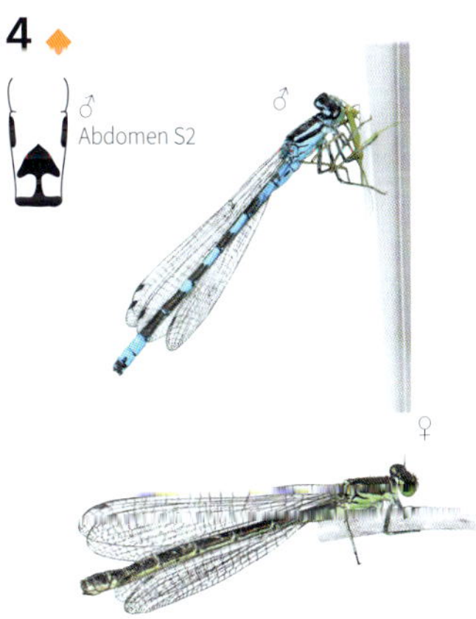

5 ◆

6 ◆

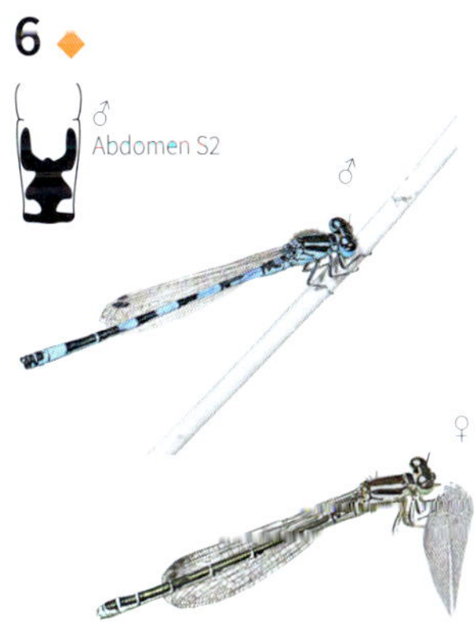

7 ◆

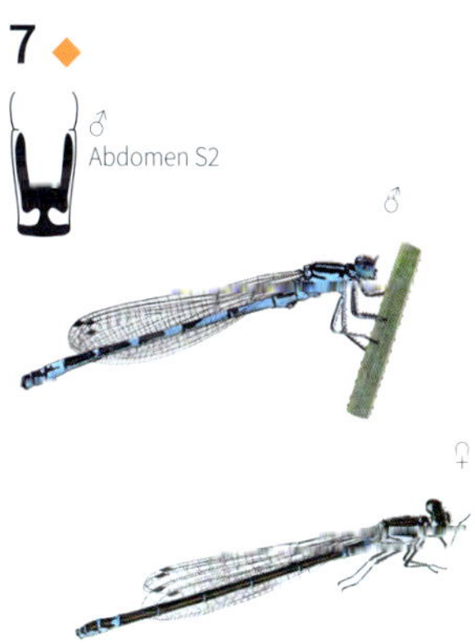

8 ◆

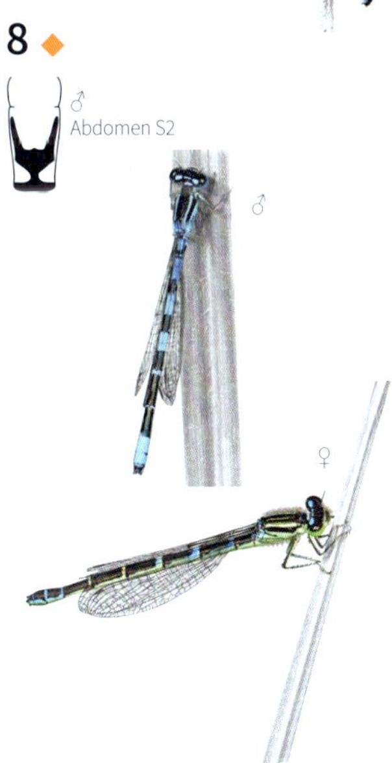

9 ◆

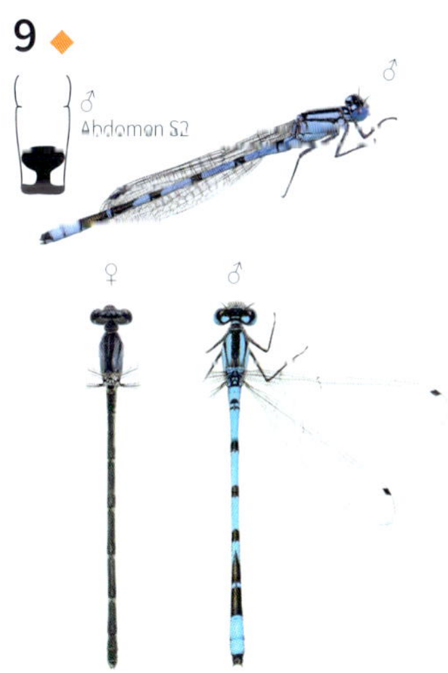

×1

← **SCHLANKLIBELLEN** Coenagrionidae

Gen. *Erythromma* E 3 SPP

♂ bei 2 der 3 Arten mit einzigartigen roten Augen. ♀ sehr ähnlich wie andere Schlanklibellen; Bestimmung anhand von Details in der Zeichnung. Eiablage erfolgt im Tandem.

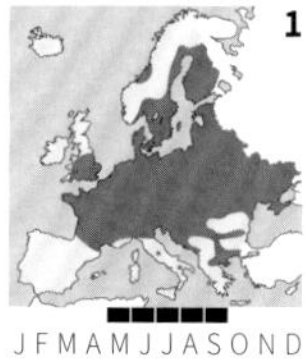

1

1 ⊙ Großes Granatauge

Erythromma najas **L** 30–36 mm.
S 38–48 mm. Bei ♂ Augen rot; Thorax schwarz, seitlich blau; Abdomen schwarz, S1 und S9–S10 blau. ♀ grünlich und schwarz; Abdomen mit bläulicher Unterteilung zwischen den letzten Segmenten. **H** Große Teiche oder Seen mit Schwimmpflanzen. **V** Eiablage an Pflanzen, die aus der Wasseroberfläche herausragen. Die Tiere klettern nach unten, bis sie vollständig untergetaucht sind; manchmal trennt sich das ♂, wenn das ♀ untertaucht.

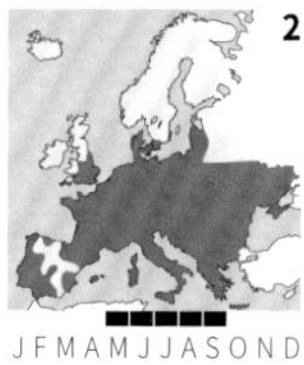

2

2 ⊙ Kleines Granatauge

Erythromma viridulum **L** 26–32 mm.
S 32–40 mm. ♂ Augen rot; Thorax schwarz, seitlich blau; Abdomen schwarz, S1 und S9–S10 blau, S10 mit schwarzem X, Seiten von S2–S3 und S8 blau. ♀ Thorax und Abdomen mit blauen, grünen oder gelben Seiten, schwarz auf Oberseite; Abdomen S10 mit blauer Zeichnung. **H** Teiche, Seen und Gräben mit schwimmenden Algen, Teichgras oder Seerosen. **I** Eiablage auf schwimmenden Pflanzenteilen.

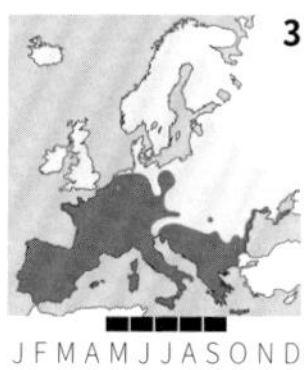

3

3 ⊙ Saphirauge *Erythromma lindenii*

L 34–39 mm. **S** 38–42 mm. Helle Schulterstreifen breiter als schwarze Streifen darunter; ♂ Augen auffallend blau; Abdomen S2 mit schwarzem kelchförmigem Fleck, S3–S6 mit lanzettförmiger schwarzer Zeichnung auf Oberseite, S7–S8 schwarz, S9–S10 hellblau. ♀ hellgrün, gelblich oder bräunlich mit schwarzer Zeichnung, aber Abdomen S3–S6 seitlich blau. **H** Klare, stehende oder langsam fließende Gewässer. **V** Eiablage an Pflanzen, die aus der Wasseroberfläche herausragen. Die Tiere klettern nach unten, bis sie vollständig untergetaucht sind; ♂ trennt sich, wenn ♀ untertaucht.

Gen. *Ischnura* E 10 SPP

Oberseite von Thorax und Abdomen mit viel Schwarz, meistens mit hellem „Schusslicht" am Hinterleibsende; ♀ bei den meisten Arten in verschiedenen Farbmorphen. Im Gegensatz zu vielen anderen Schlanklibellen legen die ♀ ihre Eier alleine ab.

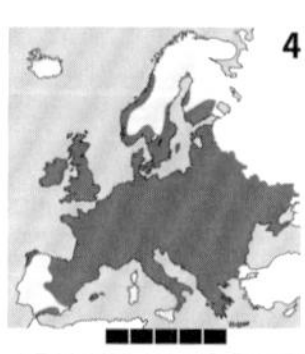

4

4 ⊙ Große Pechlibelle

Ischnura elegans **L** 30–34 mm.
S 28–42 mm. ♂ hauptsächlich schwarz auf der Oberseite, blau an Thoraxseiten; Abdomen S8 auffällig blaues „Schusslicht"; S3–S7 mit gelblicher Unterseite. Einige ♀ in der Färbung identisch mit ♂, aber es gibt verschiedene Farbvarianten; einige mit dunklem Abdomen S8. Beide Geschlechter mit hellen Flecken auf dem Kopf hinter den Augen. **H** Verschiedene Gewässer; oft in der Ufervegetation.

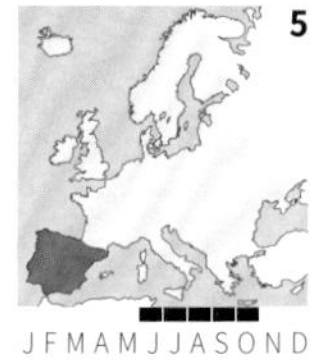

5

5 ⊙ Iberische Pechlibelle

Ischnura graellsii **L** 26–31 mm.
S 26–38 mm. Sehr ähnlich der Großen Pechlibelle (*I. elegans*), aber kleiner. Schulterstreifen blass, variable Breite; Thorax-Seitenstreifen und helle Flecken auf dem Kopf hinter den Augen manchmal fehlend oder verkleinert; bei ♂ untere Anhänge nach innen gebogen, nicht nach außen wie bei *I. elegans*; ♀ mit schwarzen Flecken auf S8. **H** Verschiedene Gewässer.

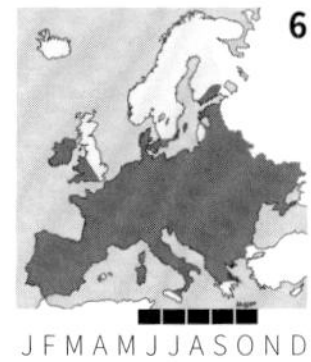

6

6 ⊙ Kleine Pechlibelle

Ischnura pumilio **L** 26–31 mm.
S 28–36 mm. ♂ überwiegend schwarz auf der Oberseite, blau auf den Thoraxseiten; Abdomen S9 vollständig blau mit nur 2 kleinen schwarzen Flecken, Spitze von S8 und Teil von S10 ebenfalls blau. ♀ schwarz-grün, aber die unreife Form *aurantiaca* ist unverwechselbar orange-schwarz. **H** Flache Feuchtgebiete, z. B. Heidebäche und Überschwemmungsgebiete. Im Allgemeinen auf niedriger Vegetation; leicht zu übersehen.

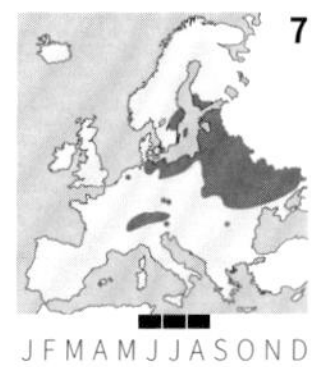

7

7 ⊙ Zwerglibelle

Nehalennia speciosa **L** 24–26 mm.
S 22–32 mm. Kleinste europäische Libelle; beide Geschlechter metallisch grün mit blassblauen Flecken, Flügel vergleichsweise kurz, Abdomen deutlich länger. Augen, Bogen über den Hinterkopf und Hinterleibsspitze blassblau. Mit zunehmendem Alter verfärben die Tiere sich braun. **H** Sehr spezifische Ansprüche an den Lebensraum: Torfmoore oder Ufer von Seen mit reichlich Seggen.

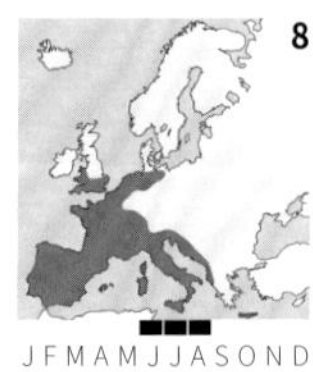

8

8 ⊙ Späte Adonislibelle

Ceriagrion tenellum **L** 25–35 mm.
S 30–42 mm. Im Allgemeinen klein, mit langsamem, eher unbeholfenem Flug. Beine und Pterostigma rötlich, Thorax bronzefarben. Abdomen bei ♂ vollständig rot. Bei ♀ meist Abdomen S1–S3 und S9–S10 rot, Form *melanogastrum* mit rot nur auf S8–S10. **H** Saure und kalkhaltige Sickergruben, Tümpel und Bäche.

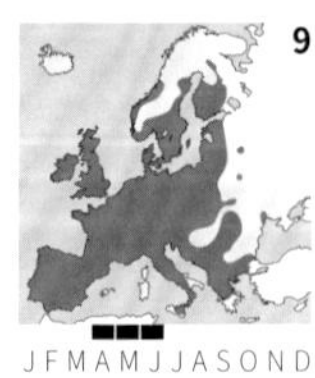

9

9 ⊙ Frühe Adonislibelle

Pyrrhosoma nymphula **L** 33–36 mm.
S 38–48 mm. Beine und Flügelflecken schwarz; Thorax schwarz, mit roten oder gelblichen Seiten in einigen Formen der ♀. ♂ Abdomen rot, bronze-schwarze Markierungen auf S7–S9; bei ♀ schwarz auf Abdomen ausgedehnter, auf allen Segmenten; Form *melanotum* fast vollständig schwarz. **H** Feuchtgebiete, oft mit reichhaltiger Ufervegetation.

← SCHLANKLIBELLEN

1 ◆

2 ◆

3 ◆

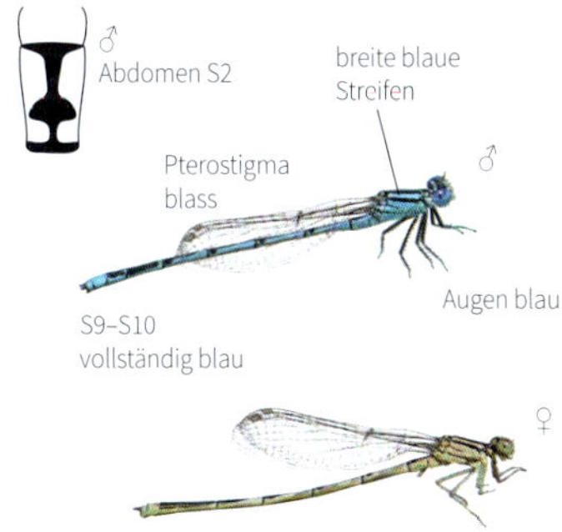

4 ◆

5 ◆

6 ◆

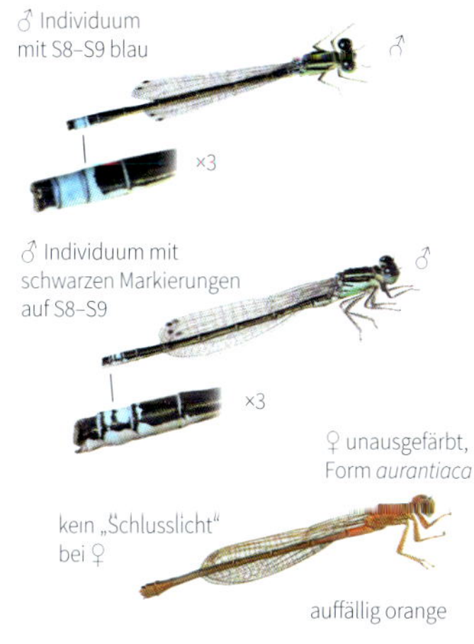

7 ◆

8 ◆

9 ◆

×1

EDELLIBELLEN Aeshnidae →

E 5 GEN 20 SPP 11 ILL

Große Libellen mit schlankem, lang gestreckten Körper. Augen sehr groß, treffen sich in einer breiten Linie oben auf dem Kopf. Sehr geschickter Flug; sie fliegen oft lange Zeit und ruhen sich gelegentlich auf Ästen aus. Einige sind Wanderlibellen. Artbestimmung zunächst an der Thoraxzeichnung und Details an Abdomen, Flügeln und Augen. Abdomen S2 bei ♂ deutlich; bei ♀ nicht tailliert und etwas breiter. Paarung im Flug, aber alle Arten landen zur Eiablage, wobei die ♀ ihren Ovipositor benutzen, um die Eier in Pflanzengewebe oder organische Abfälle einzusetzen; andere Großlibellen legen ihre Eier im Flug.

Gen. *Aeshna* E 11 SPP

Thorax dunkelbraun mit farbigen Bändern an den Seiten; höchstens leicht behaart; Abdomen schwarz oder braun; die meisten Arten mit Mosaik aus blau/grüner und/oder gelber Zeichnung, einige ohne ausgeprägtes Muster. Flügel klar oder durchscheinend bräunlich, Pterostigma relativ groß und schwarz. ♀ legen die Eier allein.

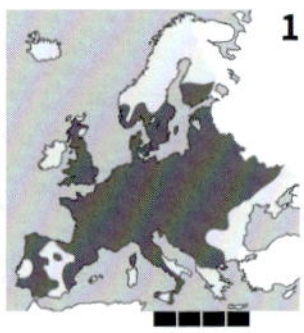

1

J F M A M J J A S O N D

1 ⊙ Blaugrüne Mosaikjungfer
Aeshna cyanea **L** 67–76 mm.
S 87–107 mm. Thorax auf der Oberseite mit großen gelben Flecken (oft im Flug sichtbar); Abdomen S9–S10 gebändert, keine paarigen Flecken wie bei anderen Schwärmern. Voll gefärbte ♂ schwarz mit grüner und blauer Zeichnung; blau auf S8–S10 und Hinterleibsseite. ♀ ähnlich, aber dunkelbraun mit grüner Zeichnung, Jungtiere blasser, Hinterleib bei jungen ♂ mit blass blaugrünlicher Zeichnung auf allen Segmenten, leichter mit anderen Arten wie *A. mixta* zu verwechseln. **H** Verschiedene Gewässer, auch Gartenteiche. **V** Jagt oft in Waldlichtungen und an Wegrändern, lässt sich häufig in der Vegetation nieder.

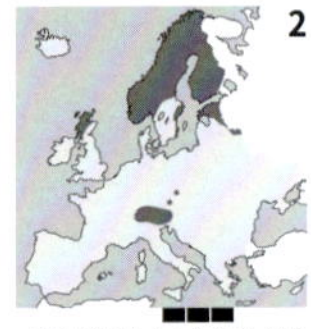

2

J F M A M J J A S O N D

2 ⊙ Alpen-Mosaikjungfer
Aeshna caerulea **L** 54–64 mm.
S 75–90 mm. Thorax mit schmalen, gewellten, blauen Streifen an der Seite. Bei ♂ Abdomen dunkel mit großen, paarigen blauen Flecken. ♀ blau gefärbte Form ähnlich wie ♂, aber mit kleineren blauen Flecken; braune Form mit bräunlichen oder gelblichen Flecken. **H** Moortümpel mit Sumpfmoosen. **I** Lässt sich oft auf Felsen, Baumstämmen oder in der Vegetation nieder.

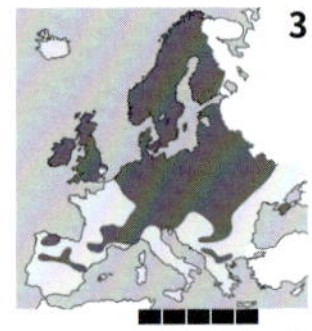

3

J F M A M J J A S O N D

3 ⊙ Torf-Mosaikjungfer
Aeshna juncea **L** 65–80 mm.
S 90–105 mm. Dunkelbraun oder schwarz, Abdomen mit paarigen Flecken; Flügelvorderkante gelb. ♂ hat blaue Flecken und gelbe Flecken auf den Hinterleibssegmenten. ♀ ähnlich, aber Flecken meist gelb oder grün. **H** Saure stehende Gewässer, einschließlich Heide- und Moorlandschaften. **V** Jagt oft abseits von Gewässern.

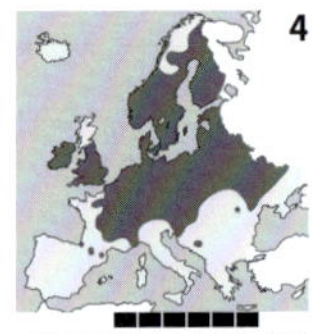

4

J F M A M J J A S O N D

4 ⊙ Braune Mosaikjungfer
Aeshna grandis **L** 70–77 mm.
S 90–105 mm. Größtenteils braun, Flügel durchscheinend bräunlich. Thorax mit kräftigen gelben Streifen an der Seite. ♂ mit blauen Flecken auf Abdomen S8–S10, einschließlich der Seiten. ♀ ähnlich, mit gelber und/oder blauer Zeichnung. **H** Verschiedene stehende oder langsam fließende Gewässer, einschließlich Teiche und Seen. **V** Jagt oft in Waldlichtungen, entlang von Wegen und Hecken und über Wiesen.

1 ■

Edellibellen →

2

3

4

← **Edellibellen** Aeshnidae →

1 ◉ Südliche Mosaikjungfer
Aeshna affinis **L** 60–65 mm.
S 80–85 mm. Eher kleine *Aeshna*-Art. Dunkelbraun; Thorax oben braun, Seiten grün mit dünnen schwarzen Streifen. ♂ Abdomen schwarz mit ausgeprägter blauer Zeichnung auf der Oberseite; S2 mit kräftigem blauen Dreieck. ♀ braun mit gelben Flecken; Abdomen mit auffälligem gelben Dreieck auf S2. ♀ selten in einer blauen Form zu finden, die dem ♂ ähnelt. Ähnlich der Herbst-Mosaikjungfer (*A. mixta*), Zeichnung auf Thorax allerdings abweichend.
H Seen mit Schilfbeständen, auch an Flüssen zu finden.
I Stammt aus Südeuropa; wandernde Art, die in warmen Jahren oft nach Norden wandert, aber kalte Winter nicht überstehen kann.

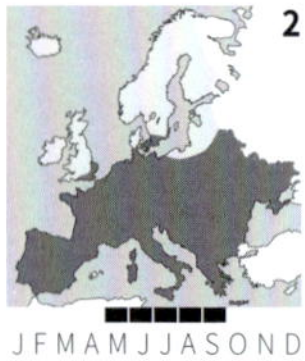

2 ◉ Herbst-Mosaikjungfer
Aeshna mixta **L** 56–64 mm.
S 75–90 mm. Dunkelbraun; Thorax meist mit 2 kurzen gelben Streifen oben und breiten gelben Streifen an der Seite. Abdomen mit gepaarten Flecken; S2 mit gelbem Dreieck; Costa braun. ♂ hat blaue Flecken und gelbe Flecken auf den Hinterleibssegmenten. ♀ ähnlich, aber kleinere Flecken meist gelb; Anhänge lang. Südliche Mosaikjungfer (*A. affinis*) sehr ähnlich, hat aber keine dunkle Zeichnung an den Seiten des Thorax, dafür ein blaues Dreieck auf Abdomen S2. **H** Verschiedene Gewässer. **V** Ruht häufiger auf der Vegetation als andere Mosaikjungfern.

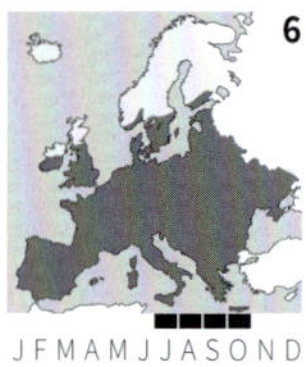

3 ◉ Keilfleck-Mosaikjungfer
Aeshna isoceles **L** 62–67 mm.
S 80–90 mm. Einfarbig braun, ohne die farbigen Zeichnungen anderer Mosaikjungfern; Abdomen S2 mit deutlich sichtbarem gelben Dreieck; Brust mit einem Paar hellgelber Streifen an der Seite. Augen grün. Kann mit der Braunen Mosaikjungfer (*A. grandis*) verwechselt werden. **H** Gräben, Kanäle, Seen, Teiche und Sümpfe mit reichlich Schilf und Seggen.

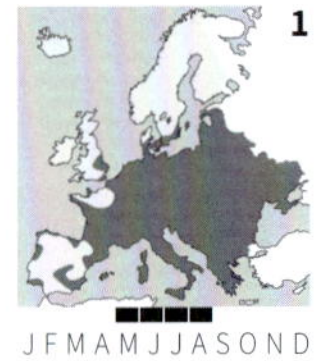

4 ◉ Früher Schilfjäger
Brachytron pratense **L** 54–63 mm.
S 70–80 mm. Kleiner als andere Edellibellen; die einzige Art mit dicht behaartem Thorax. Pterostigma braun, lang und schmal; Abdomen mit relativ langen Anhängen; bei ♂ mit blauen Flecken, ähnlich der Herbst-Mosaikjungfer (*A. mixta*); bei ♀ mit gelben Flecken.
H Teiche, Seen und Gräben mit reichhaltiger Vegetation.
I Erscheint sehr früh im Jahr; eine im Frühjahr fliegende Edellibelle gehört meist zu dieser Art.

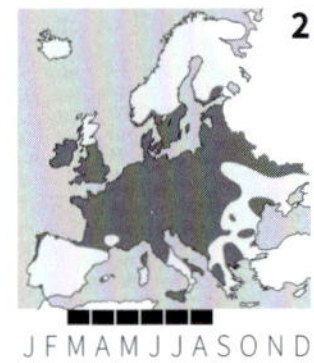

1 ◆

♂ ausgefärbt

♂ ausgefärbt

2 ◆

♂ ausgefärbt
gelbliches Dreieck
♂ ausgefärbt

3 ■

♂ ausgefärbt
Augen grün
gelbes Dreieck
keine blaue Zeichnung

4 ■

♂ ausgefärbt
Thorax stark behaart
Pterostigma lang, schmal, hell
zentraler gelb-grüner Fleck
Abdomen S2 ohne Einschnürung bei ♂
Abdomen bei ♂ mit 2 blauen Flecken auf jedem Segment
Nymphe

← **EDELLIBELLENS** Aeshnidae

Gen. ***Anax*** E 5 SPP

Thorax einfarbig grün oder braun; Abdomen blau, grün oder braun mit breitem schwarzen Mittelstreifen; Flügel klar, bei einigen Arten mit gelblichen Adern und/oder Flecken.

1 ⊙ Große Königslibelle

Anax imperator **L** 66–84 mm.

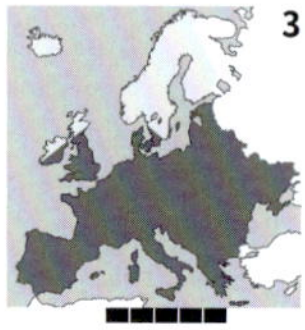

S 90–105 mm. Thorax grünlich. Abdomen bei ♂ lebhaft blau mit breiter schwarzer Mittellinie, bei ♀ grün. Andere *Anax*-Arten mit braunem Thorax. **H** Teiche, Seen, stehende Gewässer. **V** Sehr ausdauernde Flieger, auch Beutetiere werden oft im Flug verzehrt; aber manchmal auch auf der Vegetation ruhend anzutreffen. ♀ legen Eier allein ab.

2 ⊙ Kleine Königslibelle

Anax parthenope **L** 64–80 mm.

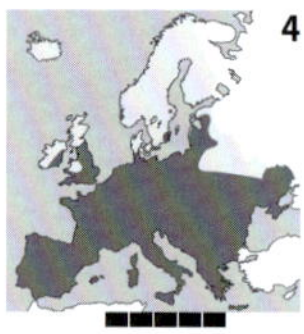

S 85–105 mm. Thorax braun; Augen grün. ♂ Abdomen S2 mit schmalem gelben Band, gefolgt von einem blauen Sattel, der sich über die Seiten einschließlich S3 erstreckt. Bei ♂ der ähnlichen Großen Königslibelle (*A. imperator*) Abdomen blau mit schwarzer Mittellinie. ♀ Abdomen braun mit dunkler Zeichnung; selten blau mit schwarzer Mittellinie. **H** Vorwiegend an größeren Teichen und Seen. **V** Eiablage im Tandem.

3 ⊙ Schabracken-Königslibelle

Anax ephippiger **L** 61–70 mm.

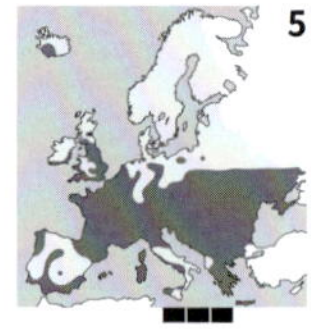

S 90–100 mm. Gelblich braun. Augen mit brauner Oberseite und gelblich grüner Unterseite. Thorax braun oder grünlich. Abdomen mit dunkler Mittellinie und unregelmäßigen dunklen Flecken auf den Segmenten, auch S8–S10 mit paarigen gelben Flecken. ♂ Abdomen S2 mit auffälligem blauen Sattel. ♀ blasser gefärbt als ♂. **H** Flache, warme, oft temporäre Tümpel, die mindestens einige Wochen bestehen bleiben; manchmal auch an Seen. **V** Eiablage im Tandem. Aus Nordafrika stammende Wanderlibelle, die in großen Schwärmen über extrem weite Strecken fliegt. Trifft im Frühjahr regelmäßig in Südeuropa ein; erreicht später im Jahr oft auch Mitteleuropa. In warmen Sommern kann sie sich innerhalb weniger Wochen entwickeln, es wird vermutet, dass die Tiere nach Nordafrika zurückfliegen. Verträgt kein kaltes Klima, überwintert selten in Europa.

1 ■

♀ ausgefärbt

♂ ausgefärbt

Augen grün bis blau

Nymphe

Thorax bei beiden Geschlechtern grün

♂ ausgefärbt

← **Edellibellen**

2 ◆

3 ◆

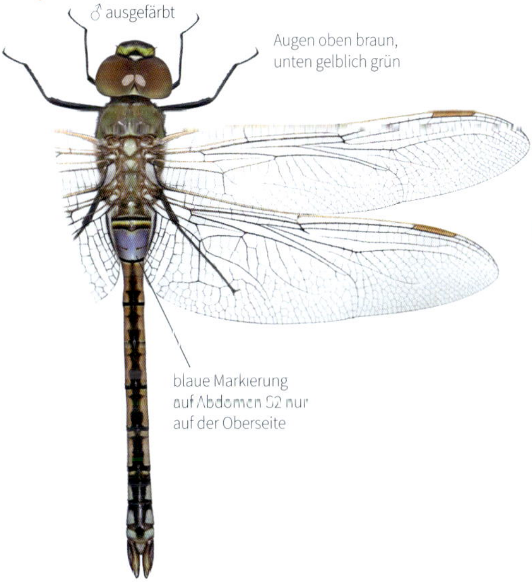

FLUSSJUNGFERN Gomphidae

E 5 GEN 13 SPP 6 ILL

Mittelgroße, grünlich gelbe und schwarze Libellen; Abdomen S8–S9 oft keulenförmig verdickt. Augen kleiner als bei anderen Libellen; treffen sich nicht in der Mitte oben auf dem Kopf. ♂ der Zangenlibellen (*Onychogomphus* sp.) mit auffallenden Zangen am Hinterleibsende. ♀ legen Eier allein im Flug ab.

Gen. *Gomphus* E 6 SPP

Körper bei ♂ meist grünlich schwarz, bei ♀ meist gelb-schwarz.

1 ⊙ Westliche Keiljungfer
Gomphus pulchellus **L** 47–50 mm. **S** 55–70 mm. Keulenförmige Verdickung am Hinterleibsende weniger ausgeprägt als bei verwandten Arten. Blassgelb bis grünlich und schwarz, einschließlich der Beine; Augen blau-grün. Beide Geschlechter mit ähnlicher Zeichnung. **H** Flüsse, Seen und große Teiche, bevorzugt sandigen Boden. Stellt weniger Ansprüche an den Lebensraum als verwandte Arten.

1

2 ⊙ Gemeine Keiljungfer
Gomphus vulgatissimus **L** 45–50 mm. **S** 55–65 mm. Körper mit vergleichsweise dunkler Zeichnung, schwarz-gelb; ältere ♂ schwarz-grün. Augen grün. Abdomen S8–S9 deutlich keulenförmig verdickt, besonders bei ♂. **H** Langsam fließende Flüsse, manchmal Seen, bevorzugt sandige Untergründe. **I** Wie viele andere Libellenarten, die hauptsächlich in fließenden Gewässern leben, sind sie empfindlich gegenüber verschmutzten Gewässern.

2
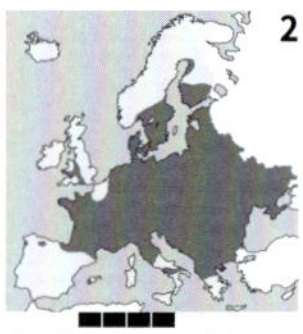

---

3 ⊙ Asiatische Keiljungfer
Stylurus flavipes **L** 50–55 mm. **S** 70–80 mm. Sehr ähnlich wie *Gomphus* spp., schwarz-gelbe Zeichnung, Beine mit viel Gelb. Augen bei ♂ blau, bei ♀ grün. Thorax mit zentraler gelber T-Markierung und 3 schwarzen Streifen pro Seite, die gleich weit voneinander entfernt sind. Keulenförmige Verdickung am Hinterleibsende weniger ausgeprägt als bei der Gemeinen Keiljungfer (*Gomphus vulgatissimus*). **H** Mittel- und Unterläufe großer Flüsse, manchmal in Kanälen und Drainagen; bevorzugt Gewässer mit sandigen Boden.

3
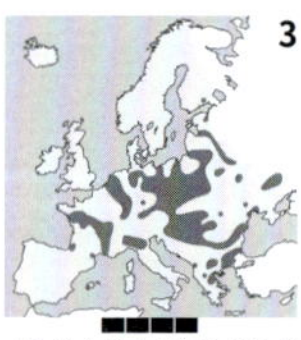

4 ⊙ Grüne Flussjungfer
Ophiogomphus cecilia **L** 50–60 mm. **S** 70–85 mm. Größer als die meisten verwandten Arten; beide Geschlechter grünlich-schwarz (bei anderen Keiljungfern sind insbesondere ♀ meist gelb-schwarz). Augen grün, Beine grünlich mit dünnen schwarzen Linien. **H** Bäche und auch größere Flüsse mit sandigem oder kiesigem Grund.

4
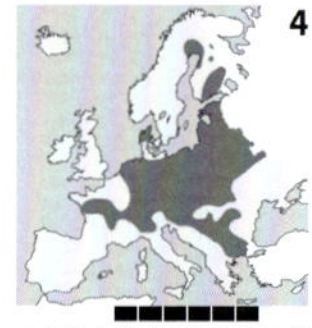

Gen. *Onychogomphus* E 5 SPP

Hinterleib bei ♂ am Ende leicht verdickt und mit auffallend großen Anhängen (Zangen); bei ♀ ohne Verdickung und ohne Zangen. Beide Geschlechter gelb-schwarz. Im größten Teil Europas kommen nur 2 Arten vor, die sich sehr ähnlich sehen; Identifizierung durch genaue Untersuchung der Thoraxzeichnung und Zangen bei ♂. Dritte europäische Art *O. costae* nur auf der Iberischen Halbinsel; weitere Arten kommen in der Türkei und Kleinasien vor. Die Art *O. flexuosus* wurde einmalig vor langer Zeit in Südrussland nachgewiesen; es ist möglich, dass diese Art dort häufiger als Irrgast vorkommt.

5 ⊙ Kleine Zangenlibelle
Onychogomphus forcipatus **L** 46–50 mm. **S** 55–65 mm. Augen grünlich, manchmal leicht bläulich; Thorax mit durchgehendem gelben Kragen. Ähnliche Art *O. costae* blasser gefärbt, in Europa nur auf der Iberischen Halbinsel anzutreffen. Die Afrikanische Sandjungfer (*Paragomphus genei*) sieht ebenfalls Zangenlibellen ähnlich, hier bei ♂ Abdomen S8–S9 mit auffälliger seitlicher Verbreiterung; ebenfalls auf der Iberischen Halbinsel, Sardinien und Sizilien anzutreffen. **H** Bäche, Flüsse und andere Wasserläufe mit sonnigen Flächen und felsigen oder sandigen Ufern. Bevorzugt schneller fließende, kleinere Gewässer.

5
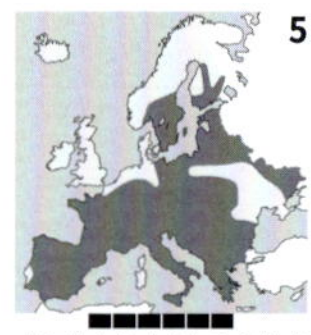

6 ⊙ Große Zangenlibelle
Onychogomphus uncatus **L** 50–60 mm. **S** 70–85 mm. Geringfügig größer als *O. forcipatus*, gelbe Zeichnung etwas stärker ausgeprägt. Augen bläulich, Thorax mit unterbrochenem gelben Kragen. Zeichnung und Färbung variabel, dadurch Bestimmung erschwert. **H** Kleinere, schattigere, schneller fließende Gewässer als *O. forcipatus*.

6
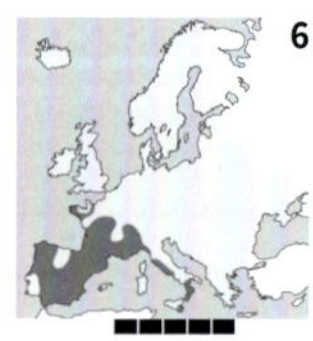

Gomphus vulgatissimus
Nymphe

FLUSSJUNGFERN

1 ◆

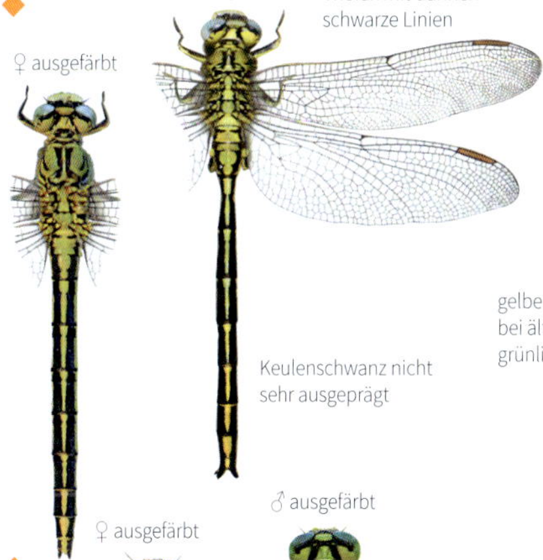

2 ◆

3 ◆

4 ■

5 ◆

6 ◆

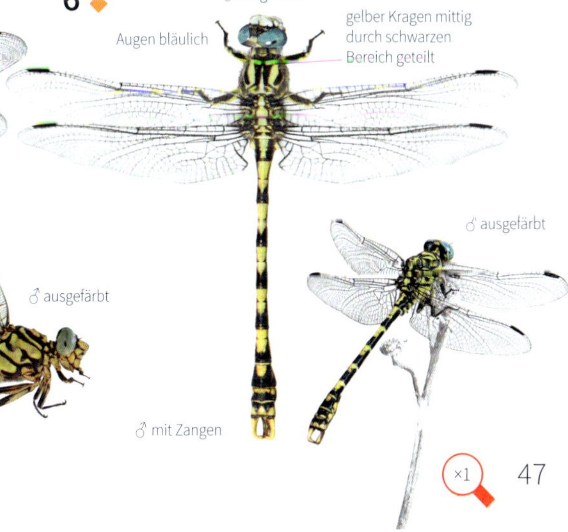

×1

QUELLJUNGFERN Cordulegastriidae

E 1 GEN 7 SPP 2 ILL

Sehr groß; die größten europäischen Libellen gehören zu dieser Familie. Schwarz mit leuchtend gelber Zeichnung. Augen treffen sich in einem Punkt auf der Kopfoberseite, im Gegensatz zu Edellibellen (Aeshnidae), bei denen sie oben in einer Linie zusammentreffen. An fließenden Gewässern; jüngere Exemplare halten sich weiter vom Wasser entfernt auf; sie lassen sich häufig auf der Vegetation nieder, wo man sich ihnen oft leichter nähern kann als anderen Großlibellen. ♀ mit langem Legebohrer; Eiablage allein, im Flug. In Europa 2 weitverbreitete *Cordulegaster*-Arten, beide formen je einen Artkomplex mit einigen weiteren sehr ähnlichen Arten, die nur lokal begrenzt verbreitet sind.

1
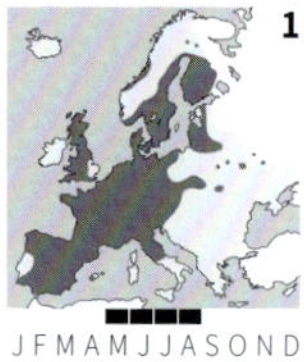

1 ⊙ Zweigestreifte Quelljungfer ***Cordulegaster boltonii*** **L** 74–85 mm. **S** 95–110 mm. Abdomen S2–S8 mit je einem Paar gelber Ringe; der an der Vorderkante jedes Segments breiter, der hintere schmal. Gelb bei Populationen in Südeuropa ausgedehnter. Augen grün. Obere Hinterleibsanhänge gleich lang wie Abdomen S10, an der Unterseite mit je einem Zahn. Die ähnliche Große Quelljungfer (*C. heros*) gehört zu diesem Artkomplex und ist die größte Libellenart Europas (L 77–96 mm); sie ersetzt diese Art im Balkan und Osteuropa; die dünnen gelben Ringe sind stark reduziert oder fehlen. **H** Saure, kleine, klare Fließgewässer, oft in Heidelandschaften und Wäldern.

2
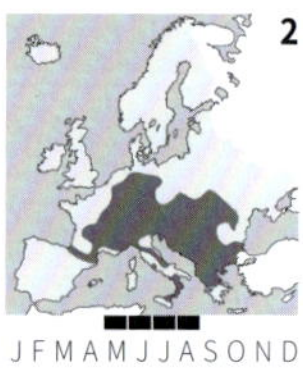

2 ⊙ Gestreifte Quelljungfer ***Cordulegaster bidentata*** **L** 69–83 mm. **S** 90–105 mm. Hinterleibssegmente meist mit nur einem gelben Ring. Obere Hinterleibsanhänge bei ♂ mit je 2 Zähnen an der Unterseite. **H** Kleine Fließgewässer, Quellbäche, überlaufende Felsflächen.

SMARAGDLIBELLEN Corduliidae

E 3 GEN 10 SPP 5 ILL

Mittelgroße, metallisch dunkelgrüne Libellen mit hellgrünen Augen. Die Augen treffen sich in einem Punkt auf der Kopfoberseite. Sehr aktive Flieger, die sich selten niederlassen; meist in Lebensräumen mit Bäumen in der Nähe zu finden. ♀ legen ihre Eier allein ab. Die Arten lassen sich am besten anhand der Zeichnung auf der Stirn identifizieren. Die Zugehörigkeit der Gattung *Oxygastra* zu den Smaragdlibellen ist unsicher, auch wenn sie oft dieser Familie zugeordnet wird.

3
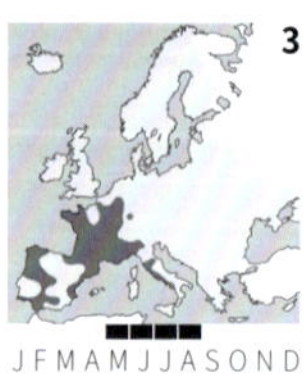

3 ⊙ Gekielter Flussfalke ***Oxygastra curtisii*** **L** 47–54 mm. **S** 65–70 mm. Körper metallisch grün, Hinterleib schlank. ♂ mit auffälligen orange-gelblichen Flecken auf der Oberseite von Abdomen S1–S7 und S10, bei ♀ auch auf S8–S9; diese Flecken werden mit dem Alter etwas kleiner. Gefleckte Smaragdlibelle (*Somatochlora flavomaculata*) ähnlich, aber ihr Abdomen hat gelbliche Flecken auf den Seiten der Segmente, nicht oben. **H** Langsam fließende Bäche, Teiche; Gewässer mit reichlicher Vegetation.

4
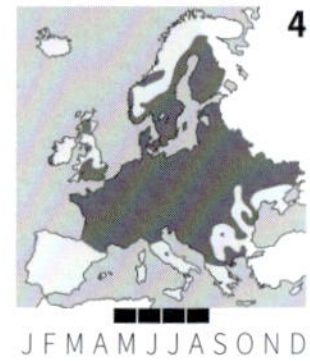

4 ⊙ Falkenlibelle ***Cordulia aenea*** **L** 47–55 mm. **S** 70–80 mm. Augen leuchtend grün, kein Gelb auf der Stirn; Thorax flaumig, metallisch grünlich bronzefarben; Abdomen dunkler. Abdomen bei ♂ am Ende verdickt, S3 deutlich schmaler (dadurch tailliertes Aussehen); Abdomen der ♀ breiter. **H** Teiche, Seen und Kanäle.

Gen. *Somatochlora* E 6 SPP

Vorderkopf dunkel mit gelber Zeichnung; Abdomen bei ♂ am Ende weniger verdickt.

5
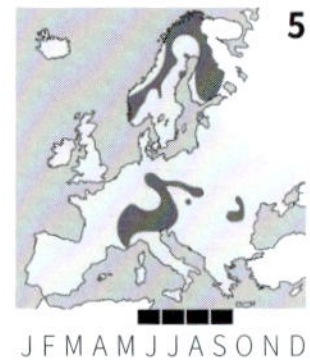

5 ⊙ Glänzende Smaragdlibelle ***Somatochlora metallica*** **L** 50–55 mm. **S** 70–80 mm. Augen, Thorax und Abdomen metallisch grün; Stirn mit breitem, gelbem U zwischen den Augen. Abdomen S3 bei ♂ etwas schmaler, dadurch leichte Taille. **H** Teiche, Seen und Kanäle, in der Nähe von bewaldeten Gebieten.

6
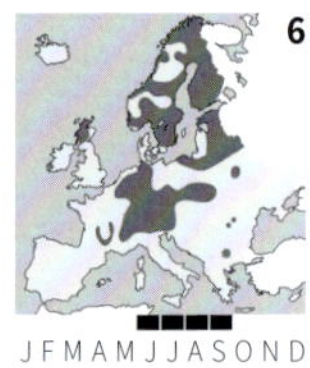

6 ⊙ Alpen-Smaragdlibelle ***Somatochlora alpestris*** **L** 45–50 mm. **S** 60–70 mm. Thorax metallisch grün, Abdomen fast schwarz; Augen hellgrün; Stirn dunkel mit gelblichem Fleck auf jeder Seite. Die Arktische Smaragdlibelle (*S. arctica*) ist sehr ähnlich, bei *S. alpestris* Abdomen kürzer und breiter. **H** Torfmoore mit schwimmendem Bewuchs, Teiche und Seen im Gebirge. **I** Hoch spezialisierte Art, sehr empfindlich gegenüber Umwelteinflüssen wie dem Verlust von Lebensräumen.

7
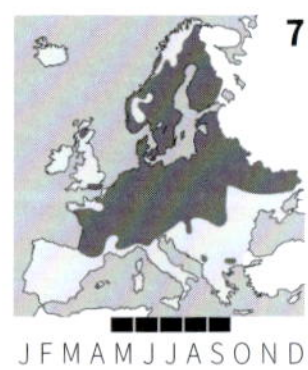

7 ⊙ Arktische Smaragdlibelle ***Somatochlora arctica*** **L** 45–51 mm. **S** 70–80 mm. Augen bei ausgefärbten Tieren hellgrün, bei jungen Tieren braun; Stirn mit gelben Flecken in der Nähe der Augen. Thorax metallisch grünlich bronzefarben. Abdomen schwarz mit paarigen gelben Flecken und Flecken an der Basis. ♂ Anhänge schwielenartig. **H** Sumpfige Gebiete, einschließlich Torfmoore, in der Nähe von Waldgebieten.

Cordulegaster boltonii
Nymphe

QUELLJUNGFERN

SMARAGDLIBELLEN

1 ◆

♂ ausgefärbt

vordere Flügelkante gelblich

S2–S8 mit breiteren gelben Ringen

dünne gelbe Ringe dazwischen

2 ◆

♂ ausgefärbt

normalerweise keine dünnen gelben Ringe auf S5–S8

3 ■

♀ ausgefärbt

4 ◆

♀ ausgefärbt

♂ ausgefärbt

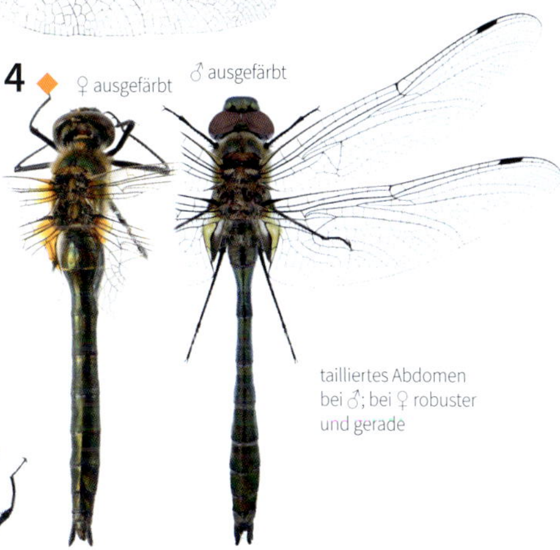

tailliertes Abdomen bei ♂; bei ♀ robuster und gerade

5 ◆

♂ ausgefärbt

gelbe Flecken am Hinterleibsansatz

6 ◆

♂ ausgefärbt

7 ◆

♂ ausgefärbt

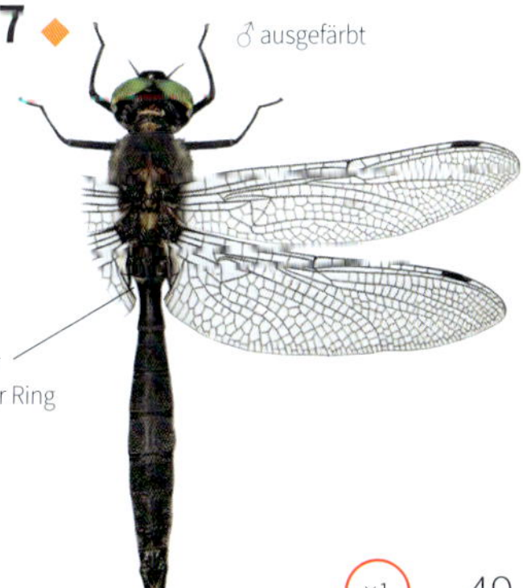

schmaler gelblicher Ring

SEGELLIBELLEN Libellulidae →

E 11 GEN 38 SPP 16 ILL

Kleine bis mittelgroße Libellen, Abdomen in verschiedenen (oft leuchtenden) Farben – blau, gelb, rot oder braun, jedoch niemals grün. Lassen sich oft auf regelmäßig genutzten Stammplätzen nieder und fliegen von dort auf, z. B. in der Ufervegetation. Eiablage im Flug, bei mehreren Arten im Tandem. ♂ meist ziemlich einfach zu identifizieren. ♀ typischerweise eher unscheinbar gelblich braun; genaue Betrachtung von Abdomen, Thorax, Beinen und Flügeln hilft bei der Identifikation.

Gen. ***Libellula*** E 3 SPP

Flügel mit dunklen Flecken an der Basis der Vorder- und/oder Hinterflügel; Abdomen breit oder spitz zulaufend; „Gesicht" in verschiedenen Farben, aber nie strahlend weiß; Costa (Ader am Vorderrand des Flügels) dunkel, nicht gelb wie bei *Orthetrum* spp.

1 ⊙ Plattbauch ***Libellula depressa***

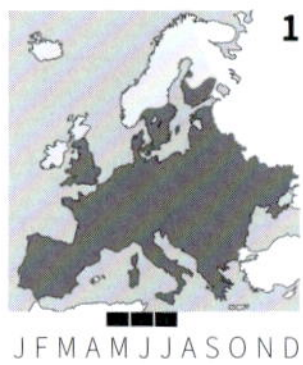

1

L 39–48 mm. **S** 70–80 mm. Alle Flügel mit ausgedehntem dunklen Fleck an der Basis. Abdomen sehr breit; bei ausgefärbten ♂ blau, bei jungen ♂ und ♀ gelblich braun mit gelben Flecken an den Seiten. Augen braun. Oberseite des Thorax mit 2 hellen Streifen. Ähnelt oberflächlich betrachtet Blaupfeilen (*Orthetrum* spp.), aber keine andere Art hat ein vergleichbar breites Abdomen. **H** Teiche und kleine Seen, auch an Gartenteichen. **V** ♂ sucht sich oft einen niedrigen gelegenen Stammplatz am Gewässer.

2 ⊙ Spitzenfleck ***Libellula fulva***

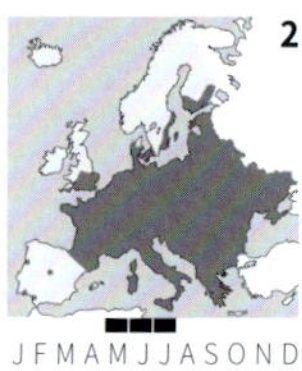

2

L 42–45 mm. **S** 70–80 mm. Alle Flügel mit dunklem Fleck an der Basis, vor allem auf den Hinterflügeln; kein Fleck in der Mitte des Flügels. Spitze der Flügel vor allem bei ♀ oft schwarz. Bei ♂ Thorax schwarz; Abdomen blau mit schwarzer Spitze, oft mit dunklen Kratzspuren in der Mitte des Hinterleibs, da die blaue Pigmentierung während der Paarung von den Beinen des ♀ abgerieben wird. Bei ♀ Thorax braun; Abdomen braun oder orange, mit schwarzen Flecken in der Mitte jedes Segments. Augen bläulich grau. Sieht dem Großen Blaupfeil (*Orthetrum cancellatum*) ähnlich, dessen Flügelbasen durchsichtig sind. **H** Kleine Flüsse und Deiche, manchmal an Teichen mit üppiger Ufervegetation.

3 ⊙ Vierfleck
Libellula quadrimaculata

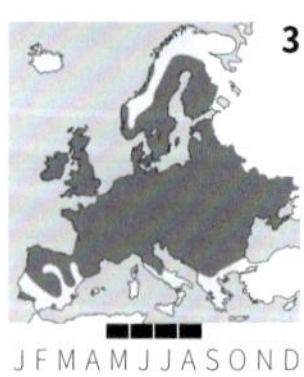

3

L 40–48 mm. **S** 70–80 mm. Hinterflügel mit dunklem Fleck an der Basis, alle 4 Flügel zusätzlich mit gelbem Fleck an der Basis sowie schwarzem Fleck auf halber Länge des Vorderrandes. Die Form *praenubila* hat einen zusätzlichen, oft undeutlichen schwarzen Fleck, der sich vom Pterostigma aus erstreckt. Augen und Thorax braun; Abdomen braun mit schwarzer Spitze und gelben Seiten. **H** Stehende Gewässer aller Art.

Gen. ***Orthetrum*** E 9 SPP

Flügel an der Basis klar, ohne dunkle Flecken. Abdomen etwa so breit wie der Thorax, spitz zulaufend; ausgewachsene ♂ zumindest teilweise blau pigmentiert, unreife ♂ ähnlich wie ♀. Sehr alte ♀ oft auch mit schwacher, mehr graublauer Pigmentierung am Abdomen. Costa (Ader am Vorderrand des Flügels) gelb, nicht dunkel wie bei *Libellula* spp.

4 ⊙ Großer Blaupfeil
Orthetrum cancellatum

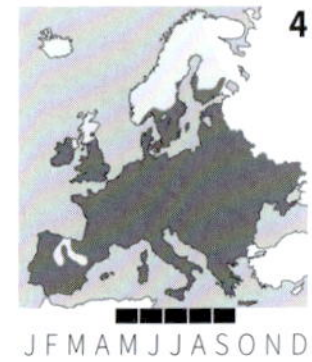

4

L 45–50 mm. **S** 70–80 mm. Thorax oliv-braun. Abdomen spitz zulaufend, bei ausgefärbten ♂ blau mit schwarzer Spitze. ♀ und junge ♂ gelblich mit schwarzen Längsstreifen. Pterostigma schwarz. **H** Teiche, Seen, Kanäle. **V** Oft in niedriger Höhe über dem Wasser fliegend, häufig aber auch auf Steinen, auf dem Boden oder in niedriger Vegetation ruhend.

5 ⊙ Südlicher Blaupfeil
Orthetrum brunneum

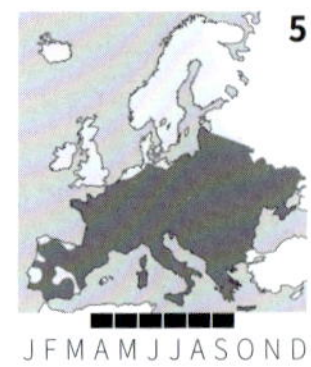

5

L 41–49 mm. **S** 65–70 mm. Ausgefärbte ♂ vollständig blau, Abdomen kräftiger gebaut als bei anderen *Orthetrum*-Arten. Sieht südlichen Populationen des Kleinen Blaupfeils (*O. coerulescens*) sehr ähnlich. Pterostigma braun, bei *O. coerulescens* heller gelblich braun. Stirn der ♂ bei *O. brunneum* hell, bei *O. coerulescens* dunkel. ♀ beider Arten unauffällig hell bräunlich, Abdomen mit dünner schwarzer Mittellinie und pro Segment je 2 sehr kleinen dunklen Flecken. Andere ähnliche Arten kommen hauptsächlich in Südeuropa vor. **H** Kleinere Bäche und langsam fließende Gewässer; auch an kargen, vegetationsarmen Gewässern.

6 ⊙ Kleiner Blaupfeil
Orthetrum coerulescens

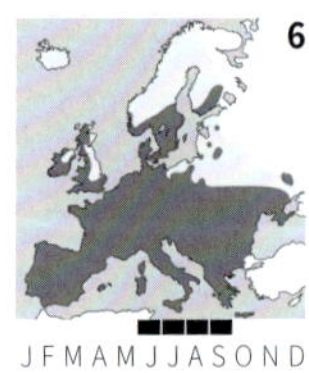

6

L 36–45 mm. **S** 55–70 mm. Thorax dunkelbraun mit hellen Streifen. Abdomen schlank, spitz zulaufend; ♂ in südlichen Populationen komplett blau, einschließlich Thorax, dann sehr ähnlich dem Südlichen Blaupfeil (*O. brunneum*) und anderen blauen *Orthetrum*-Arten. ♀ hellgelb oder bräunlich; Abdomen mit dünner schwarzer Mittellinie und pro Segment einer kurzen schwarzen Querlinie. Pterostigma braun. Unreife ♀ ähneln ♀ einiger Heidelibellen (*Sympetrum* spp.), unterscheiden sich aber durch helle Streifen auf dem Thorax und eine Reihe gelber Queradern zwischen der zweiten und dritten Hauptader auf der Vorderseite jedes Flügels. **H** Tümpel, Gräben, Bäche und Rinnsale in Mooren und feuchtem Heideland; in Südeuropa oft in felsigen Gebieten.

Libellula quadrimaculata
Nymphe

1
♂ ausgefärbt
Abdomen sehr breit
♀ ausgefärbt
große dunkle Flecken am Flügelansatz
2
dunkle Streifen
♂ ausgefärbt
Flügelspitzen bei ♂ klar oder nur leicht dunkel
♀ mit dunklen Flügelspitzen
♀ ausgefärbt
dunkle Flecken
3
2 Punkte pro Flügel
Abdomen verjüngt
nur Hinterflügel mit schwarzer Basis
S6–S10 schwarz
4
♀ ausgefärbt
leicht bläuliche Pigmentierung typisch für ältere ♀
♂ ausgefärbt
Flügel klar, Pterostigma schwarz
Hinterleib schwarz am Ende
Nymphe
5
♀ ausgefärbt
♂ ausgefärbt
Pterostigma klein, bräunlich
Thorax und Abdomen vollständig blau pigmentiert
kleine Flecken neben zentraler schwarzer Linie
6
♀ ausgefärbt
♂ ausgefärbt
Pterostigma groß, gelblich
kurze dunkle Streifen neben zentraler schwarzer Linie
Abdomen vollständig blau pigmentiert (aber nicht Thorax)

×1

← **Segellibellen** Libellulidae →

Gen. ***Sympetrum*** E 11 SPP

Kleinere Arten; Flügel entweder klar, mit roter Aderung oder gelben Flecken an der Basis; Abdomen schlank. ♂ rötlich oder schwarz. ♀ schwieriger zu bestimmen, nähere Betrachtung verschiedener Merkmale wie Zeichnung auf Abdomen und Thorax sowie Farbe der Augen erforderlich. Frisch geschlüpfte Tiere erscheinen auffallend hell gelblich orange.

1 ⊙ Große Heidelibelle

1
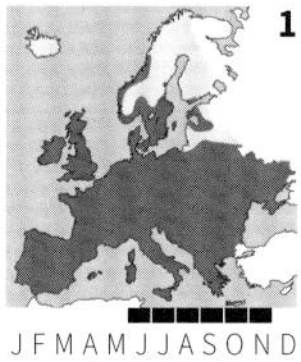

Sympetrum striolatum **L** 35–44 mm. **S** 52–65 mm. Bei ♂ Abdomen orangerot, nur leicht tailliert; Thorax braun, seitlich gelbliche Flecken. Bei ♀ Abdomen gelblich; Thorax braun, Oberseite mit gelben Linien. Stirn bei beiden Geschlechtern mit schwarzer Querlinie, die nicht an den Augen entlang heruntergezogen ist; Beine schwarz mit hellem Streifen. Dunklere Form in einigen Regionen; deren ♀ ähnlich den ♀ der Schwarzen Heidelibelle (*S. danae*), die sich durch ein schwarzes Dreieck auf der Oberseite des Thorax unterscheidet. **H** Verschiedene Gewässer. **V** Kehrt häufig an denselben Sitzplatz zurück, auch auf nacktem Boden.

2 ⊙ Blutrote Heidelibelle

2
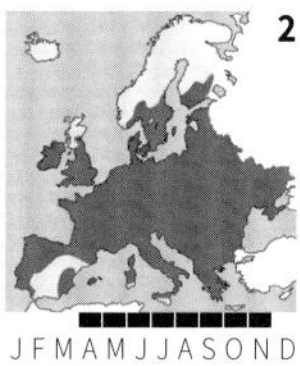

Sympetrum sanguineum **L** 34–39 mm. **S** 50–60 mm. Bei ♂ Abdomen blutrot, deutlich tailliert; Thorax einfarbig rötlich braun. Bei ♀ Abdomen gelblich; Thorax gelblich mit dunkler T-Markierung auf der Oberseite. Stirn mit schwarzer Querlinie, die seitlich an den Augen entlang heruntergezogen ist; Augen oben braun, unten gelb. Beine sind bei beiden Geschlechtern einfarbig schwarz. **H** Teiche, Gräben, Seen und Kanäle. **V** Häufig entfernt von Gewässern anzutreffen, auf niedriger Vegetation sitzend.

3 ⊙ Gemeine Heidelibelle

3
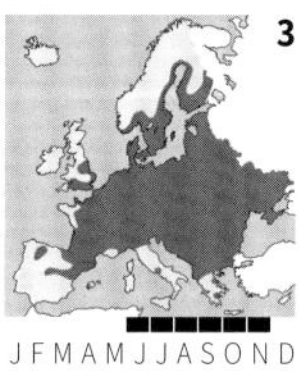

Sympetrum vulgatum **L** 35–40 mm. **S** 52–64 mm. Ähnelt anderen Arten wie der Gemeinen Heidelibelle (*S. striolatum*), jedoch Thorax mit schwarzer Zeichnung an den Seiten. Bei ♂ Thorax rötlich gefärbt und schwach gezeichnet. Bei ♀ Abdomen S9 mit auffälliger, nach unten gerichteter Legescheide an der Unterseite. **H** Hauptsächlich stehende, aber auch verschiedenartige langsam fließende Gewässer mit reichem Bewuchs.

4 ⊙ Gefleckte Heidelibelle

4
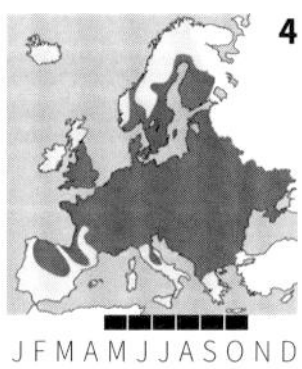

Sympetrum flaveolum **L** 32–37 mm. **S** 50–58 mm. Flügelbasis auffällig gelb, besonders an den Hinterflügeln; bei ♂ Abdomen orangerot mit schwarzen Rändern, bei ♀ Abdomen gelblich, S2–S4 und S8–S9 mit schwarzer Zeichnung, oft schmale durchgehende schwarze Mittellinie sowie schwarze Linien an den Seiten. Flügeladern und Pterostigma dunkel, im Unterschied zur Frühen Heidelibelle (*S. fonscolombii*). **H** Kleinere stille Gewässer und Sümpfe, die mit Seggen bewachsen sind und im Sommer teilweise austrocknen. Bevorzugt Plätze in hellem Sonnenlicht. **I** Tritt in einigen Regionen unregelmäßig als Irrgast auf.

5 ⊙ Frühe Heidelibelle

5
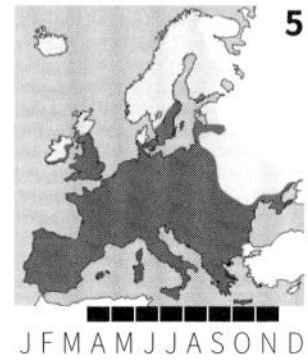

Sympetrum fonscolombii **L** 33–40 mm. **S** 50–60 mm. Basis aller Flügel gelb, aber weniger ausgeprägt als bei der Gefleckten Heidelibelle (*S. flaveolum*). Bei ♂ Augen, Stirn und Thorax rötlich; Abdomen tiefrot, schwarze Flecken auf S8–S9; Thoraxseiten mit blassgelbem Streifen; Adern der Flügelvorderseiten rot; Augen oben rotbraun, unten blau. Bei ♀ Thorax und Abdomen gelblich; Adern der Flügelvorderseiten gelb; Augen oben braun, unten blau. Pterostigma blass mit schwarzem Rand. Beine schwarz mit gelbem Streifen. **H** Warme, ruhige Gewässer; sitzt oft in der Vegetation oder auf dem Boden.

6 ⊙ Südliche Heidelibelle

6
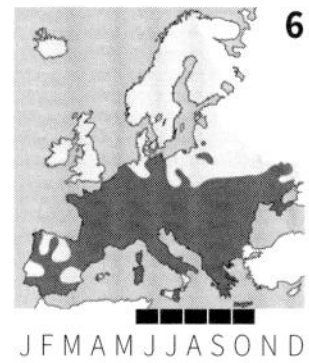

Sympetrum meridionale **L** 35–40 mm. **S** 70–80 mm. Ähnlich anderen roten *Sympetrum*-Arten einschließlich der Gemeinen Heidelibelle (*S. striolatum*), jedoch Thoraxseiten einfarbig, Beine blass. Bei ♂ Thoraxseite fast ungemustert; Abdomen S8–S9 meist ohne die bei verwandten Arten häufigen schwarzen Flecken. Stirn mit fast unsichtbarer, dünner schwarzer Linie. **H** Sonnenbeschienene, oft temporäre Gewässer.

7 ⊙ Schwarze Heidelibelle

7
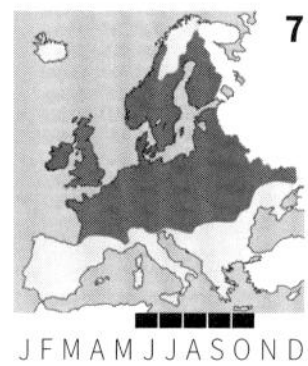

Sympetrum danae **L** 29–34 mm. **S** 50–55 mm. Klein; ausgefärbte ♂ vorwiegend schwarz; Thorax mit 2 gelben Bändern, getrennt durch ein schwarzes Band mit 3 gelben Flecken; Abdomen mit gelben Flecken an den Seiten. ♀ mit deutlich stärker ausgedehnter gelber Zeichnung, Thorax mit dunklem Dreieck auf der Oberseite. Beine schwarz. Verwechslung mit der Kleinen Moosjungfer (*Leucorrhinia dubia*, S. 54) möglich, die eine weiße Stirn hat. **H** Tümpel in Heidelandschaften und an Seeufern, einschließlich sumpfiger Gebiete mit üppiger Vegetation. **V** Geschlechtsreife Tiere sitzen oft auf niedriger Vegetation oder Steinen.

8 ⊙ Gebänderte Heidelibelle

8
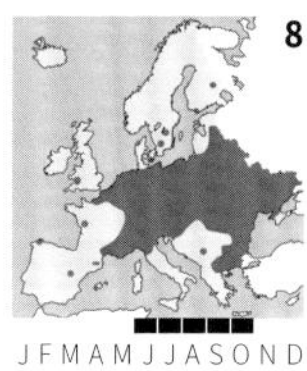

Sympetrum pedemontanum **L** 28–35 mm. **S** 45–55 mm. Unverwechselbar durch die auffälligen schwarzen Bänder auf den Flügeln. Körper rot bei ♂ und hell bräunlich bei ♀. Der Treue Kurzpfeil (*Brachythemis impartita*) ist die einzige andere europäische Großlibelle mit dunklen Flügelbändern; der Körper dieser hauptsächlich im Süden der Iberischen Halbinsel vorkommenden Art ist jedoch eher bräunlich schwarz, und ihr Verbreitungsgebiet überschneidet sich nur geringfügig auf der zentralen iberischen Halbinsel mit dem der Gebänderten Heidelibelle. **H** Sonnige Gewässer wie Wiesengräben, Überschwemmungsgebiete, flache Teiche. Im Allgemeinen häufig Gebiete mit starken Wasserstandsschwankungen.

1 ◆

♀ ausgefärbt
♂ ausgefärbt
Beine schwarz mit hellen Streifen

2 ◆

♂ ausgefärbt
Beine komplett schwarz
Hinterflügel an der Basis gelb

3 ◆

♀ ausgefärbt
♂ ausgefärbt
Thorax einfarbig braun
Nymphe

4 ◆

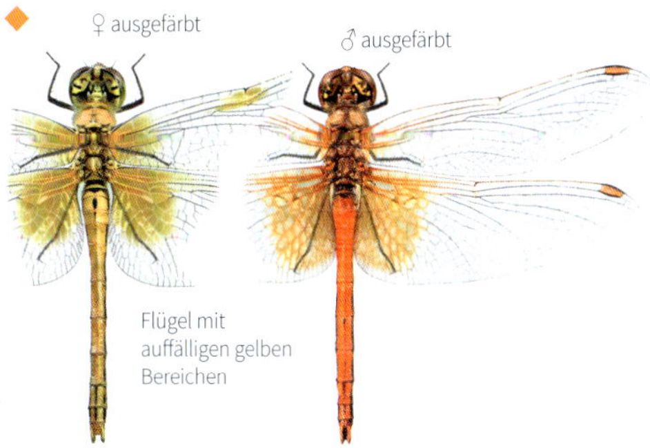
♀ ausgefärbt
♂ ausgefärbt
Flügel mit auffälligen gelben Bereichen

5 ◆

♀ ausgefärbt
♂ ausgefärbt
einige Flügeladern rot
Pterostigma hell mit schwarzem Rand
Hinterflügel mit gelber Basis

6 ◆

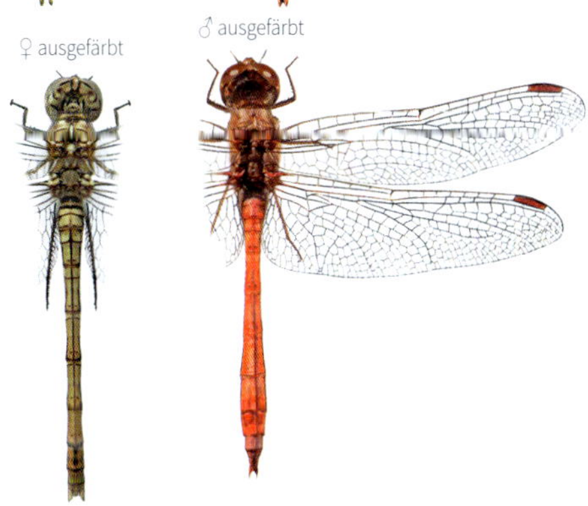
♀ ausgefärbt
♂ ausgefärbt

7 ◆

♀ ausgefärbt
♂ ausgefärbt
schwarzes Dreieck
Beine schwarz
Pterostigma schwarz

8 ■

♂ ausgefärbt
braune Bänder

×1

← **SEGELLIBELLEN** Libellulidae

Gen. ***Leucorrhinia*** E 5 SPP

Eher kleine Arten, in der Größe ähnlich wie Heidelibellen (*Sympetrum* spp.). Flügel mit kleinen dunklen Flecken an der Basis der Hinterflügel. Abdomen tailliert, zum Ende hin schmaler werdend, oder mit parallelen Seiten; bei den meisten Arten dunkel mit hellen Flecken, bei einigen Arten mit blauer Pigmentierung bei ausgefärbten ♂. Das „Gesicht" (die Stirn) ist bei allen Arten auffallend hell weiß.

1 ⊙ Östliche Moosjungfer

Leucorrhinia albifrons **L** 33–39 mm. **S** 50–60 mm. Bei ♂ Abdomen dunkel, Basis (oft auch Thorax) bläulich grau; Flügelbasen braun; Thorax mit kurzen gelben Schulterstreifen. Bei ♀ Abdomen S2–S6 oder S2–S7 mit kleinen gelben Flecken; Flügelbasen gelb; Pterostigma schwarz mit auffälliger weißer Aderung zur Flügelspitze hin. Hinterleibsanhänge beider Geschlechter weiß. **H** Torfmoore und Waldseen, oft saure Gewässer, mit reichlich Schwimm- und Aufwuchspflanzen.

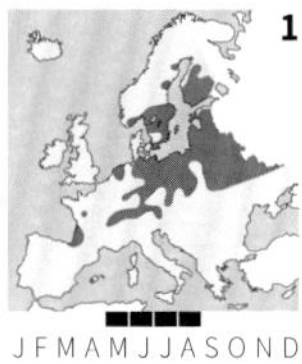

1

2 ⊙ Zierliche Moosjungfer

Leucorrhinia caudalis **L** 33–37 mm. **S** 52–60 mm. Abdomen kürzer und breiter als bei verwandten Arten, S7–S8 verdickt. Bei ♂ Abdomen dunkel mit blass bläulich grauer Färbung auf S3–S5; Flügelbasen braun; Pterostigma oben weiß, unten schwarz. Bei ♀ Thorax mit durchgehend gelben Schulterstreifen; Abdomen dunkel, S2–S6 mit gelben Flecken; Flügelbasen gelb, Pterostigma dunkel. Anhänge beider Geschlechter weiß. **H** Torfmoore, stehende Gewässer mit reicher Vegetation wie Teiche, Kiesgruben, Gewässer in Überschwemmungsgebieten von großen Flüssen. **V** Sitzt oft auf Seerosenblättern.

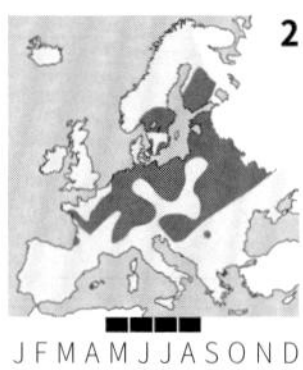

2

3 ⊙ Kleine Moosjungfer

Leucorrhinia dubia **L** 31–36 mm. **S** 45–54 mm. Klein. Flügel mit schwarzer Basis. ♂ schwarz mit roter Zeichnung auf Thorax und Abdomen S1–S7, besonders auf S1–S2 und S6–S7. ♀ mit ausgeprägterer gelber (nicht roter) Zeichnung. Sieht der Schwarzen Heidelibelle (*Sympetrum danae*, S. 52) ähnlich, deren Stirn aber schwarz ist. **H** Saure Moortümpel und Seen. **V** Sitzt oft in der Vegetation oder auf dem Boden.

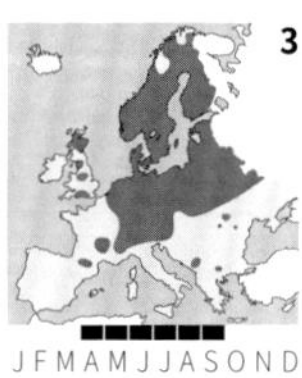

3

4 ⊙ Große Moosjungfer

Leucorrhinia pectoralis **L** 32–39 mm. **S** 52–60 mm. Abdomen bei beiden Geschlechtern relativ breit, farbige Flecken auf den Segmenten größer als bei verwandten Arten. ♂ schwarz mit matt rötlich braunen Flecken auf dem Abdomen S2–S6 und auffällig hellgelbem Fleck auf S7. ♀ mit auffälliger gelber Zeichnung auf den Seiten von Thorax und Abdomen. **H** Moortümpel und Seen, Teiche und Bäche mit üppiger Vegetation. Bevorzugt insgesamt weniger saure Gewässer als verwandte Arten.

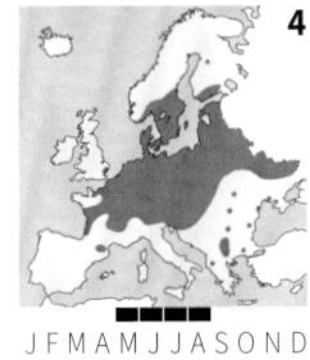

4

5 ⊙ Nordische Moosjungfer

Leucorrhinia rubicunda **L** 31–38 mm. **S** 52–60 mm. Ähnlich der Großen Moosjungfer (*L. pectoralis*), aber ♂ ohne hellen Fleck auf Abdomen S7; generell Abdomen bei dieser Art mit weniger ausgeprägter gelber Zeichnung. **H** Saure Moortümpel, Seen und Teiche.

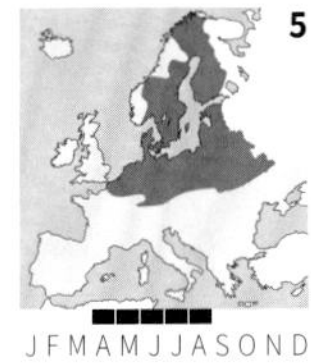

5

6 ⊙ Feuerlibelle

Crocothemis erythraea **L** 36–45 mm. **S** 55–65 mm. Bei ♂ Oberseite der Augen, Hinterkopf, Thorax und Abdomen leuchtend rot. ♀ gelblich braun, Abdomen mit dünner schwarzer Linie auf der Oberseite. Alle Flügel bei beiden Geschlechtern mit gelblich oranger Basis. Oberflächlich gesehen ähnlich wie einige rote *Sympetrum* spp., aber Abdomen etwas breiter. **H** Stehende Gewässer mit reichem Bewuchs, auch temporäre Gewässer; bevorzugt warme, sonnenbeschienene Lebensräume.

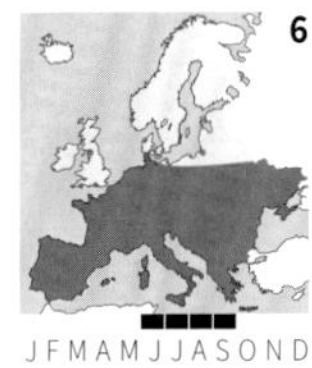

6

← SEGELLIBELLEN

1 ◆

2 ◆

3 ◆

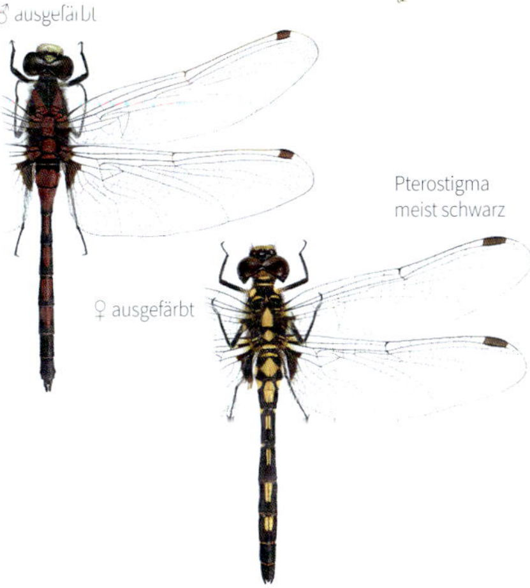

4 ◆

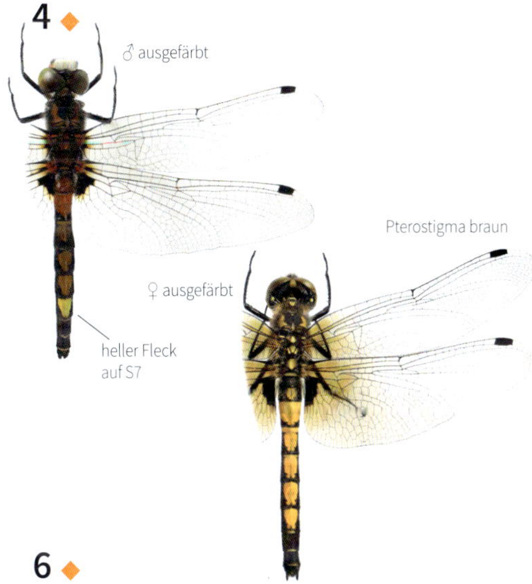

5 ◆

6 ◆

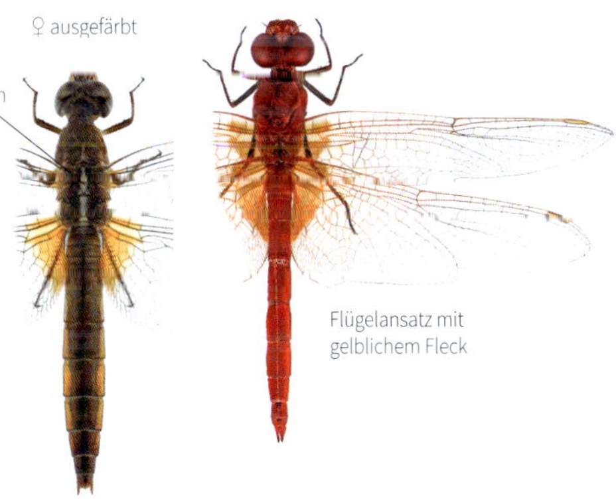

Schlanke, braune oder gelbliche, mittelgroße, abgeflachte Insekten. Langsam und eher unbeholfene Flieger; Flügel häutig, in Ruhe teilweise um das Abdomen gewickelt, oft über das Ende des Hinterleibs hinausragend (bei einigen Arten Stummelflügel). Facettenaugen gewölbt, 2–3 Ocelli vorhanden. Mundwerkzeuge zum Kauen entwickelt; Fühler lang, fadenförmig. Abdomen weich, mit 10 Segmenten und auffälligen paarigen Hinterleibsanhängen (Cerci), die oft über die Flügel hinausragen. Erwachsene Tiere fressen selten; hauptsächlich nachtaktiv, manchmal auch am Tage. Manche ♂ locken ♀ an, indem sie mit ihrem Abdomen auf das Substrat trommeln. Nymphen aquatisch, oft mit Bauchkiemen, ähneln im Körperbau bereits flügellosen erwachsenen Tieren; ernähren sich von Pflanzen und morschem Holz, manchmal auch von anderen Insekten. Angler verwenden künstliche Steinfliegen als wirksame Köder.

SCHWARZE STEINFLIEGEN Capniidae

E 4 GEN 24 SPP 1 ILL

Klein, schwarz, Cerci lang. Sichere Identifizierung der Art erfordert eine mikroskopische Untersuchung der Genitalien.

1 🔬 Schwarze Steinfliege
Zwicknia bifrons **L** 4–8 mm. **S** ~15 mm. Schwarz mit dunkelbraunen Flügeln. ♂ mit kurzen Flügelstummeln. Ähnlich diversen *Capnia*-Arten. **H** Tiefere Regionen in Fluss- und Bachbetten. **I** Wurde früher der Gattung *Capnia* zugeordnet.

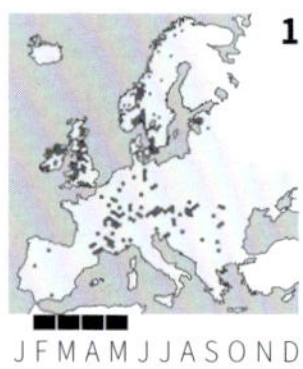

NADELSTEINFLIEGEN Leuctridae

E 3 GEN 173 SPP 3 ILL

Tarsus S2 kürzer als S3. Sehr schlank gebaut; Vorderflügel ohne X-förmiges Muster in Aderung, im Gegensatz zu Ufersteinfliegen (Nemouridae). ♂ kleiner als ♀. Artbestimmung erfordert meist die mikroskopische Untersuchung der Genitalien. Auch die Flugzeiten helfen bei der Identifizierung.

2 🔬 Braune Nadelsteinfliege
Leuctra fusca **L** 6–9 mm. **S** 15–20 mm. Dunkelbraun, Pronotum mit wenigen Borsten an den Seiten. Alle Tibiae mit fransigen Haaren am hinteren Rand. **H** Flüsse, Bäche, Seen.

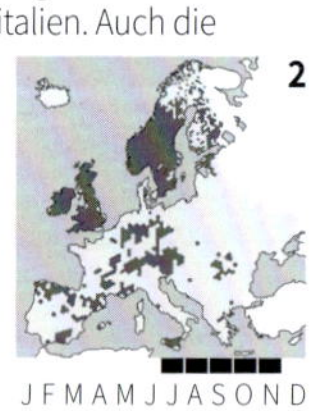

3 🔬 Knotenfühler-Steinfliege
Leuctra geniculata **L** 7–12 mm. **S** 20–25 mm. Braun, Thorax (oft auch Pronotum, manchmal Kopf) dunkler; Fühlerspitzen behaart (im Unterschied zu anderen *Leuctra* spp.). Beine braun oder gelblich, Femora mit dunklem basalen Fleck oder Band. **H** Flüsse und große Bäche mit steinigem Substrat.

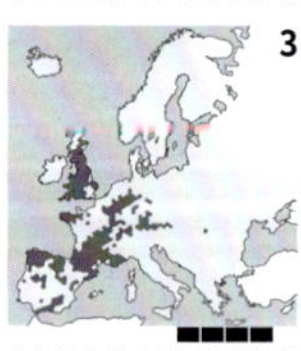

4 🔬 Frühe Steinfliege
Leuctra hippopus **L** 5–9 mm. **S** 14–19 mm. Kopf, Thorax und Gliedmaßen schwarz, Körper graugelb; Thorax mit wenigen Borsten an den Seiten. Manchmal kurzflügelig. **H** Meist fließende Gewässer.

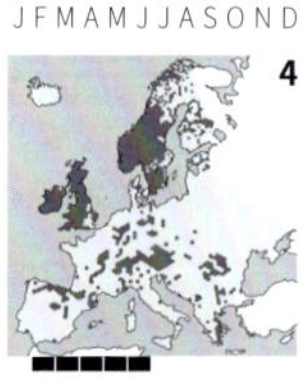

UFERSTEINFLIEGEN Nemouridae

E 4 GEN 175 SPP 1 ILL

Tarsus S2 kürzer als S3; Vorderflügel mit X-förmigem Muster in der Aderung; insgesamt etwas breiter gebaut als Nadelsteinfliegen (Leuctridae). Artbestimmung durch mikroskopische Untersuchung der Genitalien und Form der Cerci bei ♂.

5 🔬 Aschfarben-Steinfliege
Nemoura cinerea **L** 6–9 mm. **S** 15–20 mm. Kleine, bräunliche Steinfliege. **H** Fließ- und Stillgewässer mit aus dem Wasser herausragender Vegetation.

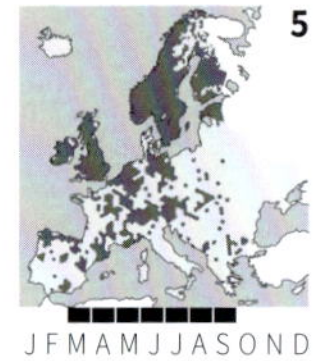

GEBÄNDERTE STEINFLIEGEN Taeniopterygidae

E 4 GEN ~50 SPP 1 ILL

Alle 3 Segmente der Tarsi ähnlich lang; Vorderflügel mit mindestens einem dunkleren Band. Klein, dunkel; meist früh im Jahr auftretende Arten (Verbreitungshöhepunkt im März).

6 🔬 Gebänderte Steinfliege
Brachyptera risi **L** 7–11 mm. **S** ~18 mm. Braun; 3 dunkle Bänder auf den Vorderflügeln, Spitze nicht dunkel. ♂ Kurzflügelig. **H** Langsamer fließende Regionen von Flüssen.

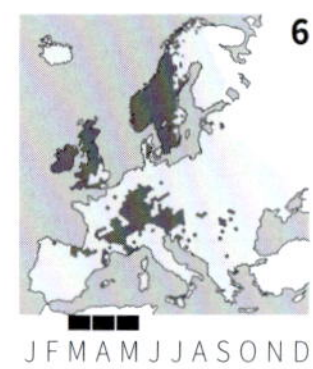

GELBE STEINFLIEGEN Chloroperlidae

E 6 GEN 27 SPP 2 ILL

Kleine Steinfliegen. Körper gelblich. Die sichere Identifizierung der Arten und sogar Gattungen erfordert oft die mikroskopische Untersuchung der Genitalien.

7 🔬 Westliche Gelbe Steinfliege
Chloroperla tripunctata **L** 6–9 mm. **S** 15–20 mm. Klein; auffälliges und zerbrechlich wirkendes gelbes Insekt. Oberflächlich betrachtet ähnlich dem Rautenuferbold (*Isoperla grammatica*, S. 58), dieser hat aber einen gelben Mittelstreifen auf dem Thorax sowie Femora mit schwarzen Längsstreifen. **H** Fließende und stehende Gewässer mit steinigen Substraten.

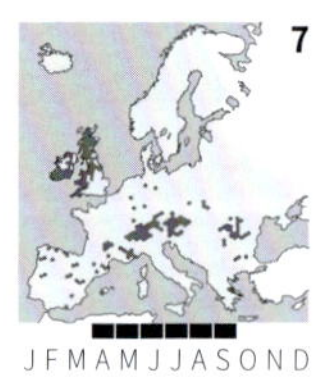

8 🔬 Kleine Gelbe Steinfliege
Siphonoperla torrentium **L** 5–8 mm. **S** 13–18 mm. Klein; auffälliges und zerbrechlich wirkendes gelbes Insekt. **H** Fließende und stehende Gewässer mit steinigen Substraten.

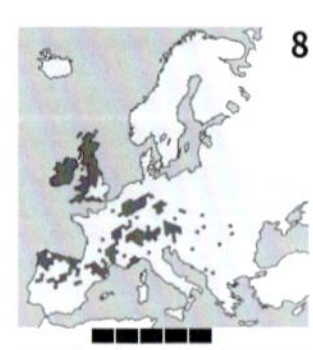

SCHWARZE STEINFLIEGEN

1 ×3 ●

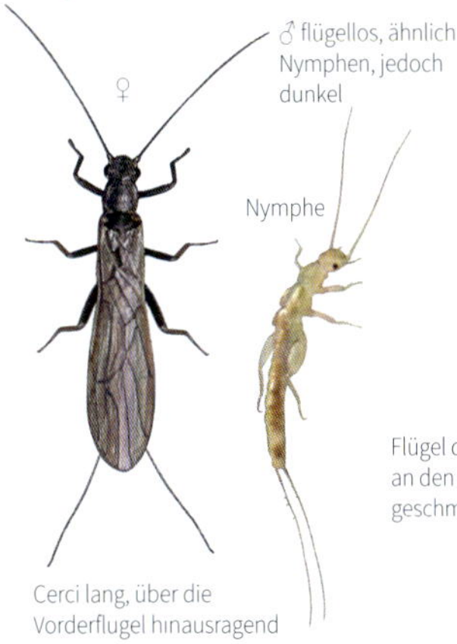

NADELSTEINFLIEGEN

2 ×4 ●

3 ×3 ●

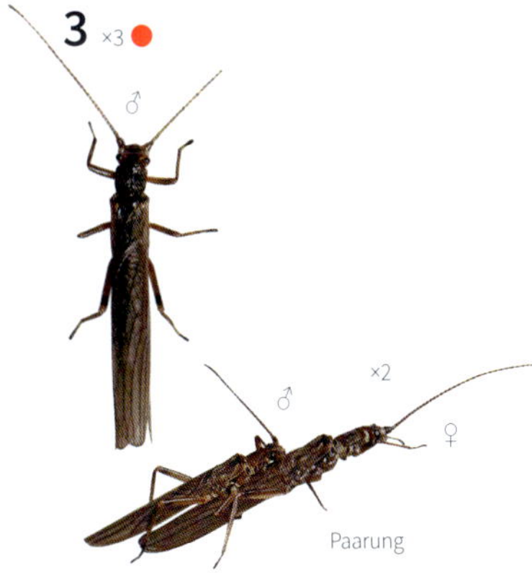

4 ×3 ●

UFERSTEINFLIEGEN

5 ×3 ●

GEBÄNDERTE STEINFLIEGEN

6 ×3 ●

GELBE STEINFLIEGEN

7 ×3 ●

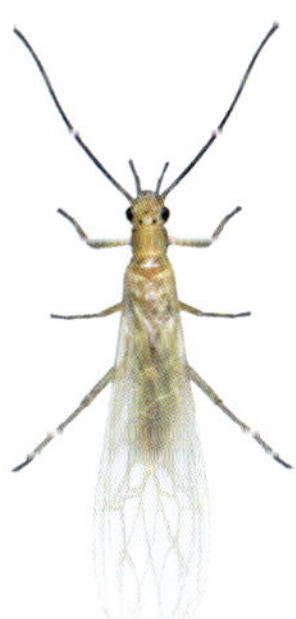

8 ×3 ●

GROSSE STEINFLIEGEN Perlidae

E 7 GEN 22 SPP 4 ILL

Die größten europäischen Steinfliegenarten gehören zu dieser Familie. Hinterleibsanhänge lang, reichen weit über das Ende der Vorderflügel hinaus; Kopf orange.

1 Großköpfige Steinfliege
Dinocras cephalotes **L** 14–28 mm.
S 28–56 mm. Braun, insgesamt dunkler als *Perla*-Arten; Pronotum einfarbig braun. ♂ kurzflügelig, etwas kleiner als ♀. Larven abgeflacht, braun. **H** Schnell fließende, klare und saubere Bäche mit steinigen Substraten.

1
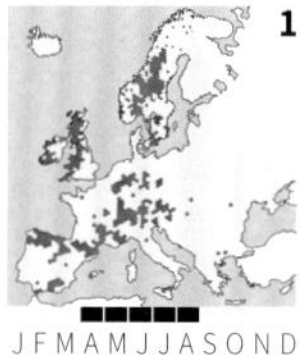

Gen. *Perla* E 12 SPP

Groß; ♂ kleiner als ♀ (~ ½ bis ⅔ der Körperlänge des ♀). Braun, Kopf orange, Pronotum gelblich mit schwarzem Rand. ♂ erzeugen artspezifische trommelnde Geräusche, indem sie mit ihrem Abdomen auf den Untergrund schlagen, um ♀ anzulocken.

2 Zweigefleckte Steinfliege
Perla bipunctata **L** 16–24 mm.
S 25–52 mm. Pronotum gelblich mit schwarzem Rand; dunkle Flecken auf beiden Seiten der schwarzen Mittellinie (wissenschaftlicher Name *bipunctata* = „2 Flecken“). **H** Flüsse und Bäche mit lose aufgehäuftem steinigen Substrat. **I** Beobachtungen deuten auf einen dreijährigen Lebenszyklus hin; die Larven ernähren sich von Eintagsfliegenlarven und ähnlichen Organismen.

2
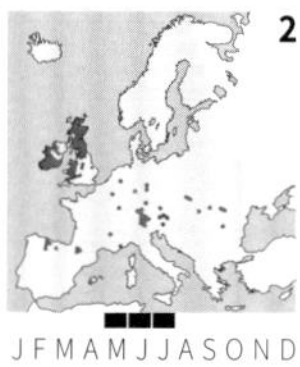

3 Gerandete Steinfliege
Perla marginata **L** 15–25 mm.
S 25–55 mm. Pronotum gelblich mit dunklen Seiten- und Mittelstreifen; Kopf mit dreieckigem schwarzen Fleck zwischen den Augen. Larven kontrastreich gelblich und dunkel. **H** Schnell fließende, klare und saubere Bäche mit steinigem Substrat.

3
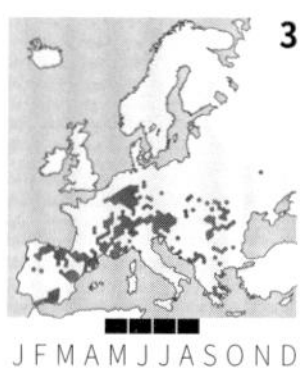

4 Burmeisters Steinfliege
Perla burmeisteriana **L** 22–29 mm.
S 50–65 mm. Dunkel bräunlich, Abdomen orange-bräunlich. Auch bekannt als *P. abdominalis*. **H** Kleine bis große Bäche und Flüsse.

4

UFERBOLDE Perlodidae

E 11 GEN ~70 SPP 2 ILL

Mittelgroße bis große Steinfliegen; Hinterleibsanhänge lang, ragen weit über das Ende der Vorderflügel hinaus; Kopf und Pronotum mit gelben oder orangefarbenen Längsstreifen auf der Oberseite.

5 Rautenuferbold
Isoperla grammatica **L** 8–13 mm.
S 16–27 mm. Robust gebaut, gelblich mit hellgelbem Mittelstreifen auf dem Thorax. Alle Tibiae mit schwarzen Längsstreifen. Oberflächlich betrachtet ähnelt die Art Gelben Steinfliegen (Chloroperlidae, S. 56), deren Thorax und Femora aber einfarbig sind. **H** Fließende und stehende Flüsse und Bäche mit steinigem Substrat; in manchen Gebieten auch an Seeufern.

5
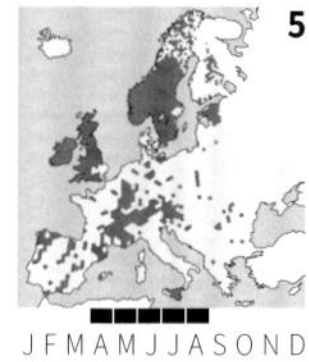

6 Kleinköpfiger Uferbold
Perlodes mortoni **L** 13–23 mm.
S 12–35 mm. Groß, braun. Leicht erkennbar am Thorax, der deutlich orange gestreift ist, und am Kopf mit einem oder mehreren orangefarbenen Flecken in der Mitte. Es kommen sowohl kurz- als auch langflügelige Formen vor. **H** Fließende Flüsse und Bäche mit steinigen Substraten; in einigen Gebieten auch an Seeufern. **I** Oft als *P. microcephalus* aufgeführt, aber *P. mortoni* ist der gültige Artname.

6
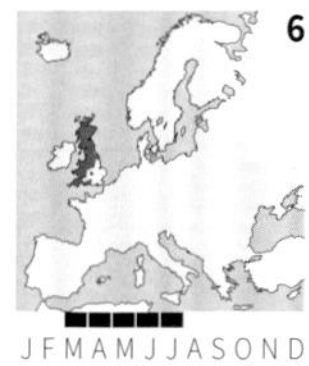

GROSSE STEINFLIEGEN

1 ×1,25 ●

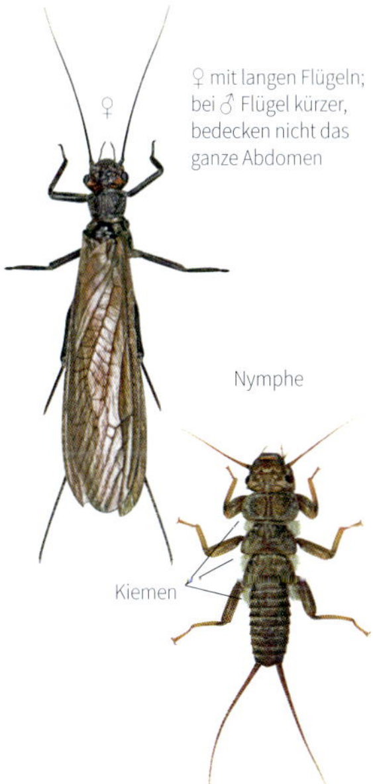

2 ×1,25 ●

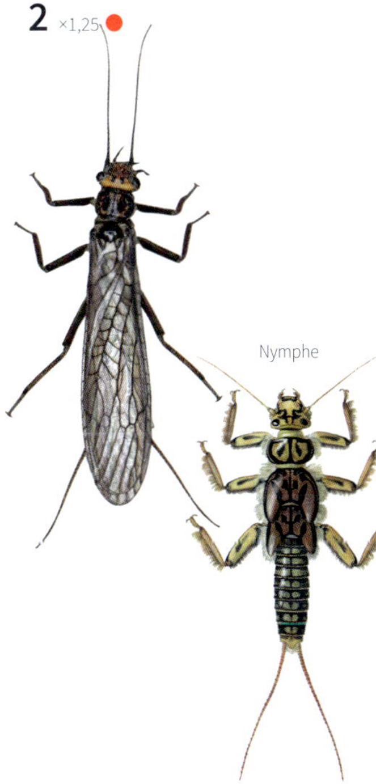

3 ×1,25 ●

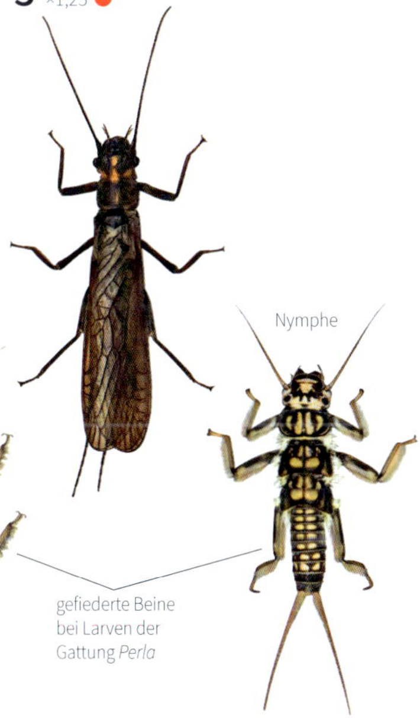

UFERBOLDE

4 ×1,25 ●

5 ×2 ●

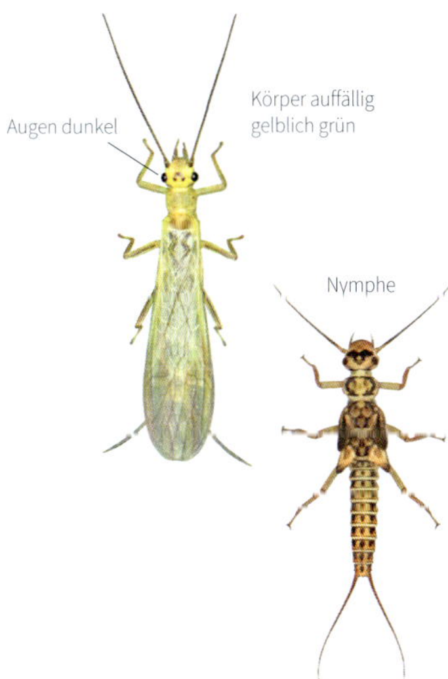

6 ×1,25 ●

Kleine bis mittelgroße, längliche, abgeflachte Insekten. Beine kurz, Fühler kurz bis mäßig lang. Wenn vorhanden, sind die Hinterflügel unter den kurzen, lederartigen Vorderflügeln zusammengefaltet; einige Arten können fliegen. In der Regel sind auffällige Zangen (modifizierte Cerci) vorhanden, die zu verschiedenen Zwecken, unter anderem zur Verteidigung, eingesetzt werden. Die Nymphen ähneln kleinen erwachsenen Tieren, sind aber in den frühen Stadien komplett flügellos. Es gibt zahlreiche geeignete Lebensräume, darunter auch Gärten, in denen sich diese hauptsächlich nachtaktiven Insekten von pflanzlichem oder tierischem Material ernähren. In einem in der Insektenwelt seltenen Fall von mütterlicher Fürsorge bewachen die Weibchen ihre Eier und Jungtiere (meist in unterirdischen Nestern), bis die Nymphen für sich selbst sorgen können.

GEBÄNDERTE OHRWÜRMER Anisolabididae

E 3 GEN 11 SPP 1 ILL

Flügellos; Tarsus einfach; Fühler mit 16–17 Segmenten; Beine blass mit dunkleren Streifen.

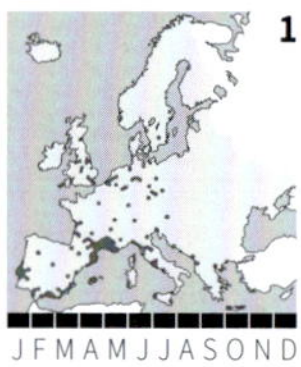

1

1 ⊙ Südlicher Ohrwurm
Euborellia annulipes **L** 9–11 mm. Robust, schwarzbraun; Beine gelb; Oberschenkel mit dunklen (manchmal undeutlichen) Bändern. **H** Orte mit warmem Mikroklima (z. B. Gewächshäuser), in denen sie einige Jahre lang überleben können. **V** Legt möglicherweise mehrere unterirdische Nester für die Brut an, mit Nahrungsvorräten in oder in der Nähe dieser Nester.

EIGENTLICHE OHRWÜRMER Forficulidae

E 10 GEN 62 SPP 6 ILL

Einige Arten bekannt; einige geflügelt, gelegentlich fliegend; Tarsus S2 breit und abgeflacht; Fühler mit bis zu 14 Segmenten.

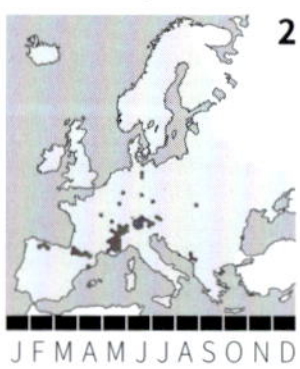

2

2 🔍 Zweipunkt-Ohrwurm
Anechura bipunctata **L** 12–20 mm. Dunkel bräunlich, 2 helle Flecken auf den Flügeldecken. Zangen bei ♂ gebogen, bei ♀ gerade. **H** Wälder, Hecken, in Gebirgsregionen bis zu 2000 m.

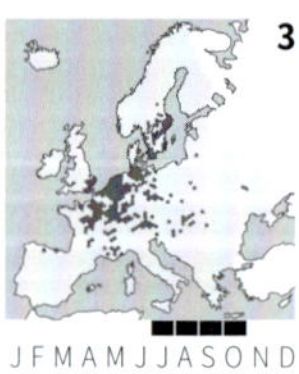

3

3 🔍 Gebüschohrwurm
Apterygida media **L** 6–10 mm. Länglich, rötlich braun, Beine gelb; Vorderflügel hellbraun, Hinterflügel winzig. Zangen bei ♂ lang, leicht gekrümmt; bei ♀ gerade. **H** In Wäldern, Hecken und Gärten, an Bäumen und Sträuchern. **I** Ernährt sich unter anderem von Blütenblättern, oft in Blumen zu finden.

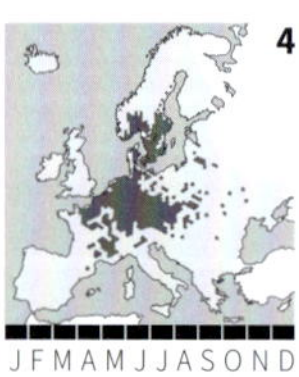

4

4 🔍 Waldohrwurm
Chelidurella acanthopygia **L** 10–18 mm. Gelbbraun; Flügeldecken sehr kurz; Hinterflügel reduziert. Zangen bei ♂ schlank und gebogen, bei ♀ gerade. **H** Auf dem Boden von Laubwäldern, bevorzugt nährstoffarmen, leicht sauren Boden.

Gen. *Forficula* E >13 SPP

Bräunlich, einige Arten geflügelt. (Frisch geschlüpfte Tiere weißlich, färben innerhalb von 1–2 Tagen aus). Zangen groß, bei ♂ gebogen, bei ♀ gerade. Eier überwintern, schlüpfen im Frühjahr, werden in allen Stadien vom ♀ betreut (beispielsweise Ablecken der Eier). Nymphen häuten sich dreimal, erwachsene Tiere bis Juli geschlechtsreif. Häufig in (verwelkten) Blüten und auf der Vegetation zu finden, ernährt sich von Blattläusen. Durch geeignete Verstecke kann man sie anlocken und als biologische Schädlingsbekämpfer im Garten nutzen.

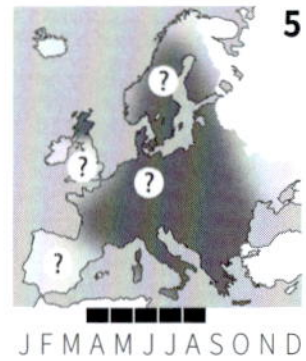

5

5 ⊙ Gemeiner Ohrwurm
Forficula auricularia **L** 10–16 mm. Abdomen ziemlich breit; kastanienbraun, Beine gelblich. Chitinisierter Teil der Hinterflügel unter Vorderflügeln sichtbar. Flugfähig. **H** Häufig; in Gärten, Gebüschen, auf Pflanzen, in Blumen, unter Rinde, auf oder unter dem Boden. **I** Molekulare Untersuchungen legen nahe, dass *F. auricularia* ein Artenkomplex ist; Details und Verbreitung der einzelnen Arten sind noch unklar.

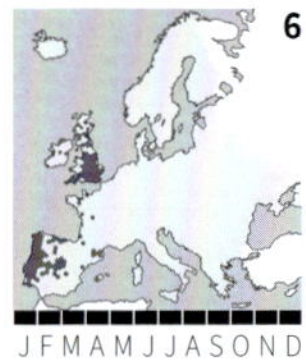

6

6 ⊙ Westlicher Ohrwurm
Forficula dentata **L** 10–15 mm. Gehört zum *F. auricularia* Artenkomplex; Identifizierung durch mikroskopische Untersuchung und/oder Verbreitungsgebiete. Zangen des ♂ dieser Art manchmal sehr groß (bis 10 mm). **H** Siehe *F. auricularia*.

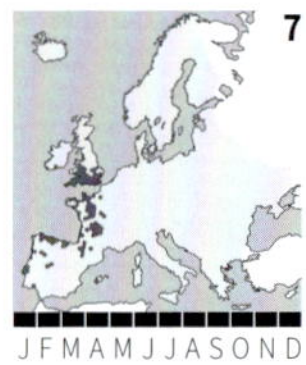

7

7 ⊙ Lesne'scher Ohrwurm
Forficula lesnei **L** 6–7 mm. Robust, klein, braun. Vorderflügel kurz; Hinterflügel fehlend oder sehr klein; Kopf und Abdomen dunkler. **H** Hecken (oft mit reichlich Efeu), Gebüsch, Küstenstandorte.

SANDOHRWÜRMER Labiduridae

E 2 GEN 2 SPP 1 ILL

Mittelgroß bis sehr groß. Körper schlank; Zangen bei ♂ meist sehr lang und mit Zahn an der Innenseite.

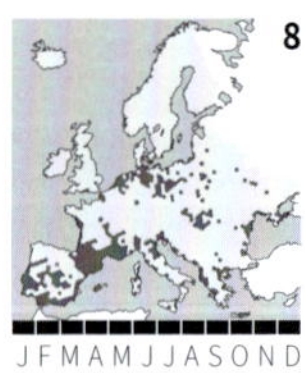

8

8 ⊙ Sandohrwurm
Labidura riparia **L** 16–30 mm. Größter europäischer Ohrwurm; braun mit gelblich gestreifter Zeichnung. Hinterflügel voll entwickelt oder reduziert. **H** Ackerland, Wälder, an den Rändern stehender Gewässer.

ZWERGOHRWÜRMER Spongiphoridae

E 3 GEN 5 SPP 1 ILL

Einige der kleinsten Ohrwurmarten; Vorderflügel oft relativ groß.

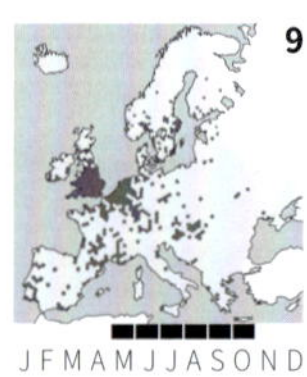

9

9 🔍 Kleiner Ohrwurm *Labia minor*
L 4–6 mm. Gelblich braun, Kopf dunkel; Fühler mit 11–12 Segmenten. Kann gut fliegen. **H** Brütet in Dung und Müllhaufen. **I** Tagsüber (im Sonnenschein) und nachts aktiv; wird von Licht angezogen.

GEBÄNDERTE OHRWÜRMER

1 ×2 ◆

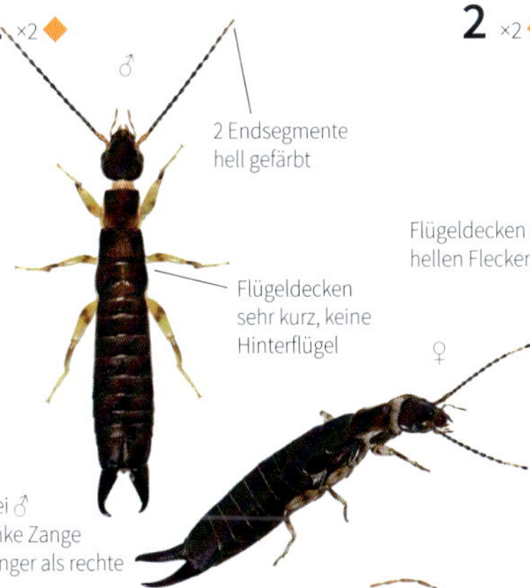

EIGENTLICHE OHRWÜRMER

2 ×2 ◆

3 ×2 ◆

4 ×2 ◆

5 ×2 ●

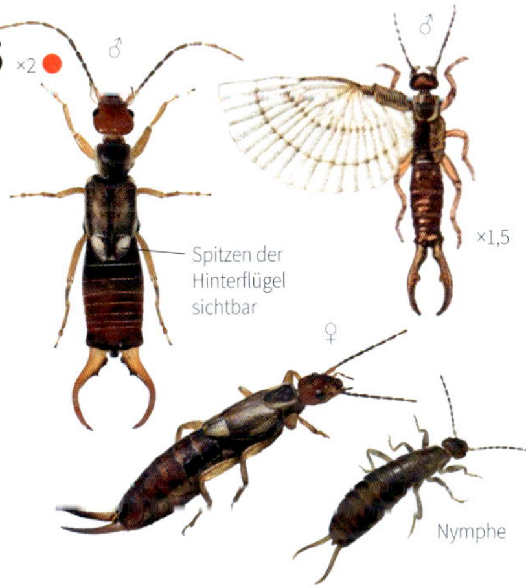

6 ×2 ●

7 ×3 ◆

SANDOHRWÜRMER

8 ×1 ◆

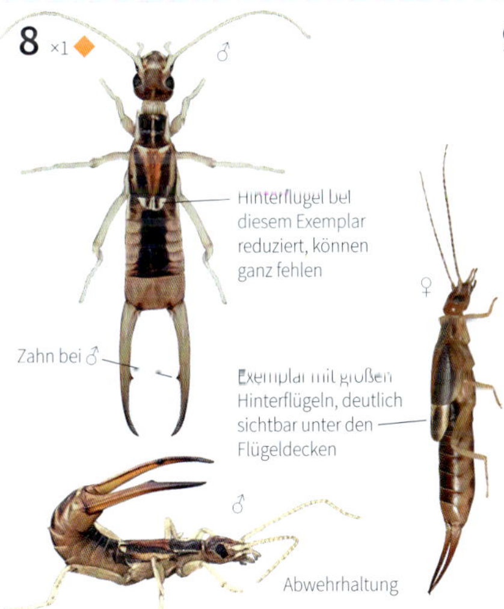

ZWERGOHRWÜRMER

9 ×4 ◆

Überwiegend mittelgroße bis große, meist geflügelte Insekten, oft mit großen, zum Springen geeigneten Hinterbeinen. Kopf mit großen Facettenaugen, manche auch mit 3 Ocelli; Fühler sind kurz bis lang. Im Ruhezustand bedecken die verhärteten Vorderflügel die eher zarten, fächerförmig gefalteten Hinterflügel.

Farbvariationen innerhalb einer Art können groß sein; auch treten oft innerhalb einer Art kurz- und langflügelige Formen auf, was selbst erfahrene Beobachter verwirren kann. Das Überprüfen bestimmter Merkmale hilft bei der genauen Identifizierung.

Nymphen häuten sich je nach Art 4–10-mal, üblicherweise dauert der Lebenszyklus ein Jahr. Erwachsene Tiere ernähren sich von Pflanzen, oft Gräsern, obwohl einige Grillen räuberisch leben.

♂ erzeugen durch Stridulation arttypische „Lieder", entweder durch Aneinanderreiben der Vorderflügel (Tettigoniidae, Gryllidae) oder der Hinterbeine (Acrididae). ♀ einiger Arten können auch stridulieren, sind aber leiser. Der Gesang und die Balz nehmen bei den meisten Arten einen großen Raum ein. Im Allgemeinen sind ♀ etwas größer als ♂.

UNTERORDNUNGEN

LANGFÜHLERSCHRECKEN
Ensifera

Antennen lang und dünn; ♀ oft mit langem Legebohrer. Der Körper kann sehr kräftig gebaut oder eher schlank sein. Die Hinterbeine sind vergrößert, aber oft weniger stark als bei den Caelifera.

→ S. 64

KURZFÜHLERSCHRECKEN
Caelifera

Antennen kurz und dicker; ♀ mit unauffälliger Legescheide. Die meisten Arten sind eher schlank; fast alle haben große, zum Springen geeignete Hinterbeine.

→ S. 76

KÖRPERBAU DER HEUSCHRECKEN

Seitenansicht einer Laubheuschrecke, ♀ (Tettigoniidae)

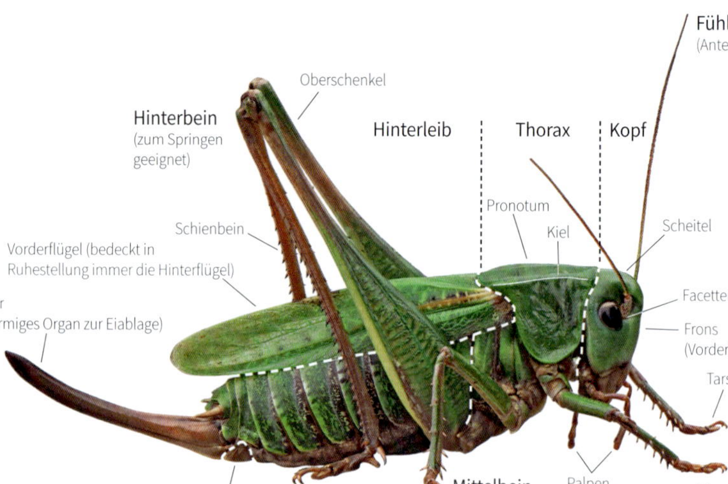

FAMILIEN

ENSIFERA

geflügelt (außer wenn anders angegeben)

flügellos

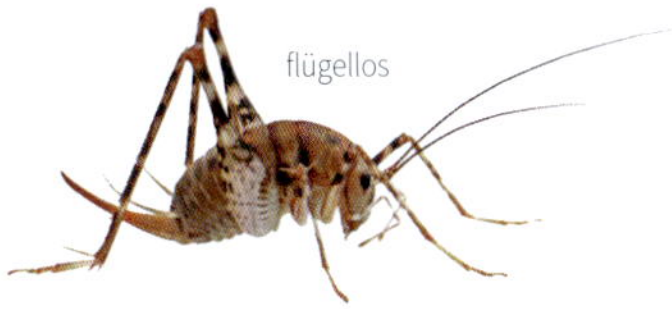

HÖHLENSCHRECKEN
Rhaphidophoridae **S. 64**

flügellos

KÜSTENGRILLEN
Mogoplistidae **S.64**

SCHWERTGRILLEN
Trigonidiidae **S. 64**

ECHTE GRILLEN
Gryllidae **S. 64**

MAULWURFSGRILLEN
Gryllotalpidae **S. 66**

LAUBHEUSCHRECKEN
Tettigoniidae **S. 66**

CAELIFERA

die meisten Arten voll geflügelt

Pronotum erstreckt sich nach hinten über die Oberseite des Hinterleibs

DORNSCHRECKEN
Tetrigidae **S. 76**

Pronotum sattelförmig, erstreckt sich nicht nach hinten über die Oberseite des Abdomens

FELDHEUSCHRECKEN
Acrididae **S. 78**

HÖHLENSCHRECKEN Rhaphidophoridae

E 3 GEN 57 SPP 1 ILL

Hellbraun, gesprenkelt; mehrere flügellose Arten, mit Buckel, die an dunklen Orten leben; in Europa oft in Gewächshäusern.

1 ⊙ Gewächshausschrecke
Tachycines asynamorus **L** 11–19 mm. Blass, gesprenkelt. **H** Gewächshäuser, Lagerhallen, zwischen Topfpflanzen. **V** Nachtaktiv; ernährt sich von Pflanzenmaterial, toten Insekten und anderen Tieren. Kosmopolit, stammt aus Asien. ♫ Keine Stridulation nachgewiesen.

1
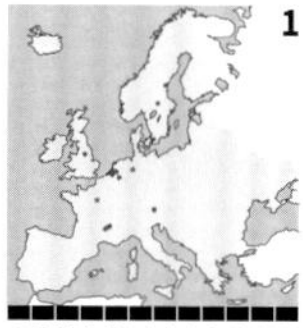

KÜSTENGRILLEN Mogoplistidae

E 5 GEN 12 SPP 1 ILL

Graubraun, flügellos, mit kleinen Schuppen bedeckt.

2 ⊙ Atlantische Küstengrille
Pseudomogoplistes vicentae
L 8–13 mm. Robust. **H** Kiesstrände, unter Kieseln, knapp über der Hochwassermarke. **V** Nachtaktiv. Ernährt sich von tierischen und pflanzlichen Abfallstoffen. Unter angeschwemmtem Seegras. Lebenszyklus 2–3 Jahre. ♫ Kann nicht stridulieren.

2
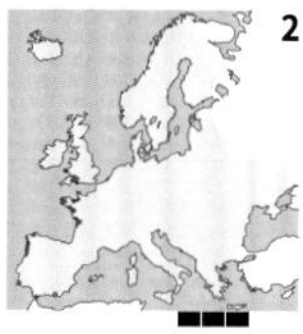

SCHWERTGRILLEN Trigonidiidae

E 5 GEN 9 SPP 1 ILL

Weltweit ~1000 Arten. ♂ mit langen Cerci; ♀ mit auffälligem Ovipositor; Tarsi mit 3 Segmenten. Ähnlich den Echten Grillen (Gryllidae), die mittlerweile einer eigenen Familie zugewiesen wurden; aber oft kleiner, robuster; Kopf, Pronotum und Beine behaart. Stridulation durch Reiben der Beine, bei Gryllidae normalerweise mit Flügeln.

3 ⊙ Waldgrille ***Nemobius sylvestris***
L 7–12 mm. Vorderflügel kurz (beim ♂ einfarbig, beim ♀ gestreift), Hinterflügel fehlen. Dunkelbraun mit helleren braunen Bereichen (einschließlich Pronotum). **H** Wälder, offene Flächen wie Straßenränder, unter Laubstreu. Oft unter Baumstämmen und abgefallener Rinde; nachts mit der Taschenlampe leicht zu finden. **V** Ernährt sich von abgestorbenen Blättern und Pilzen. Lebenszyklus 2 Jahre. ♫ Tagsüber oft zu hören: leises Zirpen; kann mit der Bergzikade (*Cicadetta montana*) verwechselt werden, die aber früher im Jahr (Mai bis Mitte Juni) aktiv ist.

3
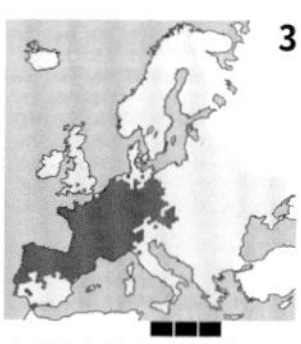

ECHTE GRILLEN Gryllidae

E 22 GEN 73 SPP 5 ILL

> 3250 Arten weltweit. ♂ mit langen Cerci; ♀ mit auffälligem Ovipositor; Tarsi dreisegmentig. Hinterbeine verdickt, springen aber selten; Beine zum Laufen und Graben genutzt. Weinhähnchen häufig auf Bäumen und Büschen. Antennen beim ♂ länger als beim ♀, aber im Allgemeinen kürzer als bei Langfühlerschrecken (Tettigonidae).

4 ⊙ Weinhähnchen
Oecanthus pellucens **L** 9–15 mm. Eher schlank, gelblich bis blassbraun. Cerci fast so lang wie Ovipositor. **H** Gebüsch; Bäume, Sträucher; in Weinbergen. **V** Lebenszyklus 1 Jahr. ♫ Sehr lautes „tsrruu" in der Dämmerung, bis ~50 m weit zu hören.

4
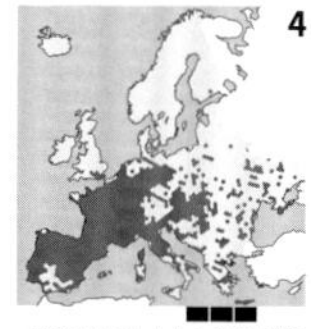

5 ⊙ Heimchen ***Acheta domesticus***
L 14–20mm. Vorderflügel reichen bis zur Hinterleibsspitze oder darüber hinaus. Braun, Kopf quer gestreift. **H** Bäckereien, Großküchen, Dunghaufen. Kann in warmem Klima in Hecken überleben. **V** Kosmopolitisch. Lebenszyklus 3–8 Monate; brütet ständig. ♫ Hoher, sich wiederholender Zirplaut.

5
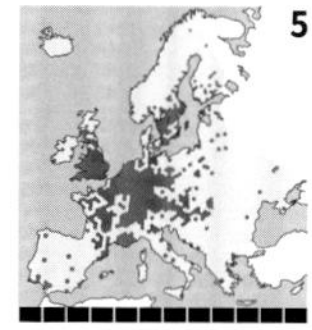

6 ⊙ Kurzflügelgrille
Gryllodes sigillatus **L** 13–18mm. Robust; kurzflügelig. Braun, mit dunklen Streifen auf Kopf, Thorax und Hinterleib. **H** Gewächshäuser und Brachland. **V** Stammt wahrscheinlich aus Südwestasien. Eine der wenigen Grillenarten, die als Haustierfutter für Reptilien angeboten werden. ♫ Hohes, sich wiederholendes Zirpen.

6
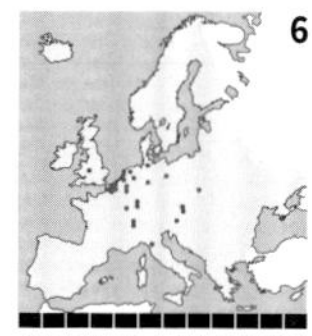

Gen. ***Gryllus*** E 2 SPP

Kräftig, großer Kopf; glänzend schwarz.

7 ⊙ Mittelmeer-Feldgrille
Gryllus bimaculatus **L** 17–23 mm. Vorderflügel ragen über Spitze des Hinterleibs hinaus. Beim ♂ Beine teilweise bräunlich orange, Vorderflügel dunkelbraun; beim ♀ Vorderseite der Vorder flügel gelb. **H** Gebüsch, Grasland, bodenbewohnend. **V** Brütet kontinuierlich in Gefangenschaft. ♫ Lautes, kurzes, klingendes Zwitschern.

7
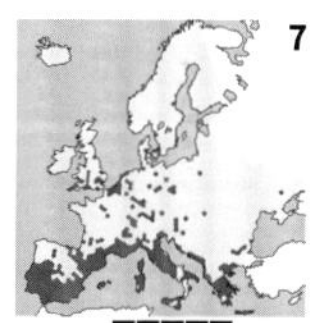

8 ⊙ Feldgrille
Gryllus campestris **L** 17–23 mm. Vorderflügel können bei ♂ die Spitze des Hinterleibs erreichen, bei ♀ nicht ganz. Beide Geschlechter glänzend schwarz, Vorderflügel mit gelbem Band beim ♂. **H** Südhänge mit kurzem Gras und nacktem Boden, in den sich die überwinternden Nymphen und Erwachsenen eingraben. **V** Eiablage ab Mai, schlüpfen innerhalb weniger Wochen; Nymphen überwintern. ♫ ♂ Singt von einer Plattform vor seinem unterirdischen Bau: ein lautes Zirpen.

8
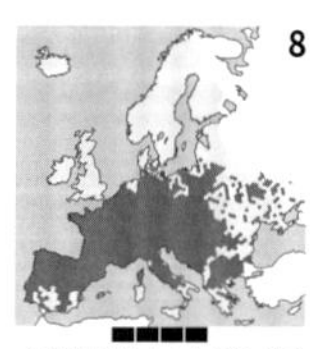

HÖHLENSCHRECKEN

1 ×1

KÜSTENGRILLEN

2 ×2

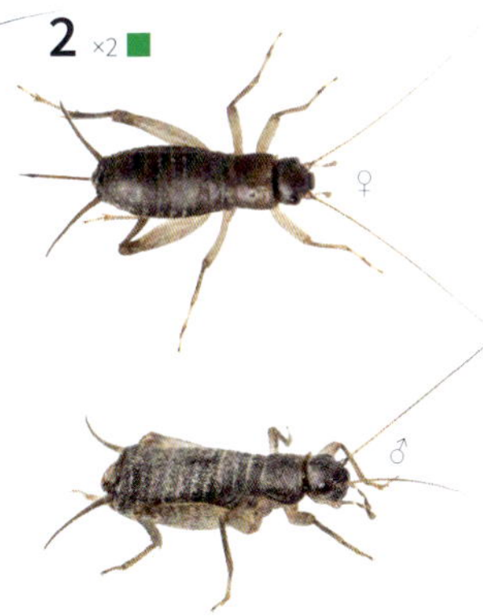

SCHWERTGRILLEN

3 ×2

ECHTE GRILLEN

4 ×1

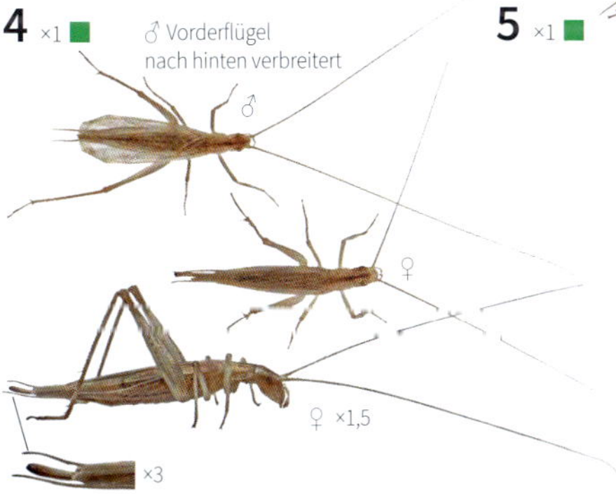

5 ×1

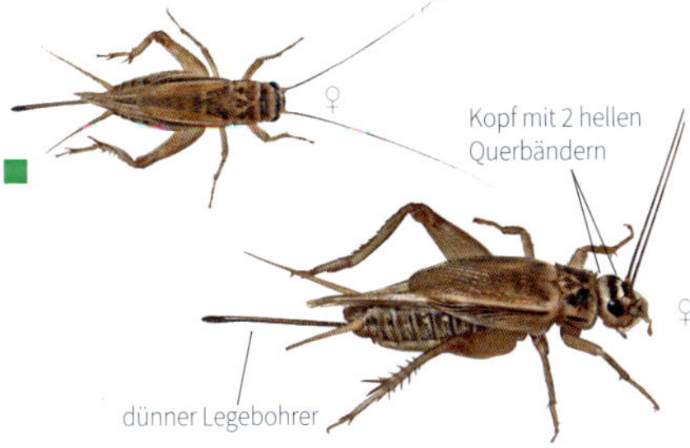

6 ×1

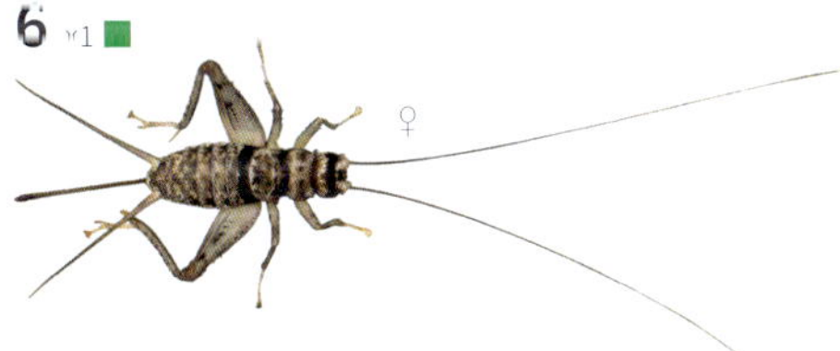

7 ×1

8 ×1

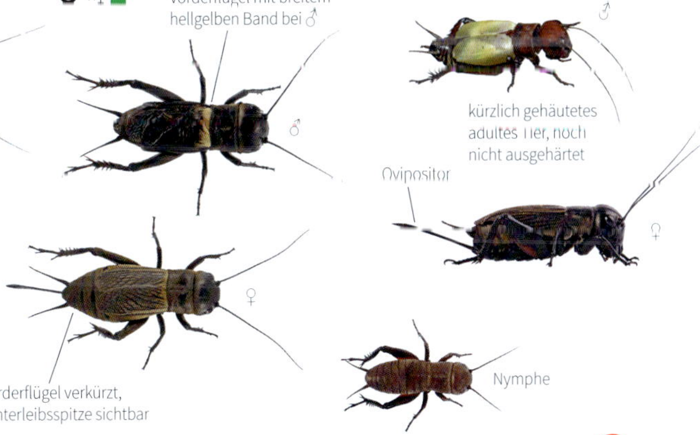

MAULWURFSGRILLEN Gryllotalpidae

E 1 GEN 14 SPP 1 ILL

Weltweit ~ 130 Arten, Lebensweise im Verborgenen, in unterirdischen Gängen. Groß; Körper zylindrisch, kräftig. Vorderbeine verbreitert mit flachen Oberschenkeln, zum Graben angepasst. ♀ Ovipositor kurz. Die meisten (aber nicht alle) Arten können fliegen.

1

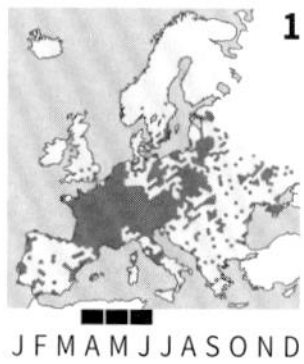

1 🔍 Europäische Maulwurfsgrille

Gryllotalpa gryllotalpa **L** 35–50 mm. Groß, markant; Vorderflügel kurz, Hinterflügel länger, bis etwa zur Spitze des Hinterleibs reichend. Kann fliegen. Braun, Thorax goldbraun, samtig behaart. **H** Feuchtes Grasland, gut entwässerte Wiesen, typischerweise in der Nähe von Bächen. **V** Nachtaktiv, ernährt sich von Gräsern und anderen Pflanzenwurzeln, Nymphen und Regenwürmern. Lebt bis zu einem Meter unter der Erde, kommt selten an die Oberfläche. ♀ bewacht die Nymphen im Frühstadium. Lebenszyklus 2–3 Jahre. Andere *Gryllotalpa* spp. gelangen manchmal zufällig über importierte Pflanzen in mittel- oder nordeuropäische Länder; z. B. wurde die Italienische Maulwurfsgrille (*G. quindecim*), die kurze Hinterflügel hat, in Großbritannien gefunden. ♫ Gesang der ♂ ist ein lautes, ununterbrochenes „Churr", das mit dem Gesang der Nachtschwalbe vergleichbar ist; bis ~ 100 m weit zu hören.

LAUBHEUSCHRECKEN Tettigoniidae →

E 86 GEN 511 SPP 28 ILL

Große Familie mit ~ 8000 Arten weltweit, meist gut getarnt und oft mit lautem Gesang. Viele Arten nachtaktiv, andere bei Tag und Nacht. Sie ernähren sich von Pflanzen, aber auch kleinen Insekten. Gattungen und Arten lassen sich am besten zunächst anhand der Größe, dann anhand der Flügellänge, der Körperzeichnung und der Form der Geschlechtsorgane bestimmen.

2

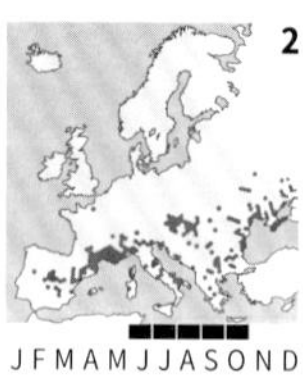

2 ⊙ Große Sägeschrecke

Saga pedo **L** 53–75 mm; Ovipositor 30–41 mm. Sehr groß, robust, ♀ flügellos und blassgrün; Hinterbeine schlank; Vorder- und Mittelbeine groß, mit zahnartigen Stacheln an der Unterseite, zum Ergreifen von Beutetieren geeignet. Normalerweise kommen nur ♀ vor; das kurzflügelige ♂ wurde bislang nur einmal in der Schweiz beobachtet. Die ähnliche, aber kleinere *Saga hellenica* lebt in Osteuropa; bei dieser Art sind die ♂ häufig und geflügelt. **H** Buschland, Grasland. **V** Räuberisch, ernährt sich von anderen Heuschrecken und sogar von Gottesanbeterinnen. Einzige europäische parthenogenetische Buschschreckenart (♀ pflanzen sich ohne Befruchtung fort). ♫ Keine. Höchstwahrscheinlich wären die ♂ in der Lage, zu stridulieren, aber das einzige ♂, das jemals beobachtet wurde, hatte leicht beschädigte Flügel und war daher nicht dazu in der Lage.

Gen. ***Conocephalus*** E 11 SPP

Grün, selten gelblichbraun, lang- oder kurzflügelig; mit auffälligem braunen Rückenstreifen. Kopf zugespitzt; Stirn bildet einen spitzen Winkel.

3

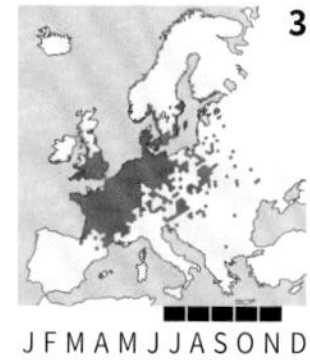

3 ⊙ Kurzflügelige Schwertschrecke

Conocephalus dorsalis **L** 11–18mm. Klein; in der Regel kurzflügelig (die seltene f. *burri* ist langflügelig). ♀ Ovipositor nach oben gebogen, etwa ½ Körperlänge; kürzer als beim Langflügeligen Kegelkopf (*C. fuscus*). ♂ Cerci mit deutlichen Stacheln an der Innenseite. Grün, mit braunem Dorsalstreifen (selten ganz braun). **H** Salzwiesen, Sanddünen; findet sich vor allem auf maritimen Binsen und Gräsern, auch in verschiedenen Feuchtgebieten. **V** Lebenszyklus 1 Jahr. ♫ Lange, von Klickgeräuschen unterbrochene Laute.

4

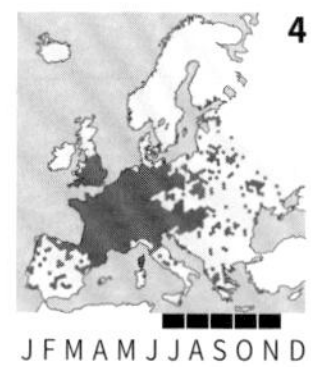

4 ⊙ Langflügelige Schwertschrecke

Conocephalus fuscus **L** 12–22 mm. Schlank; Flügel reichen über die Hinterleibsspitze hinaus, bei einigen Formen sehr lang. ♀ Ovipositor fast gerade, länger als bei *C. dorsalis*. ♂ Cerci mit weniger ausgeprägten Stacheln als bei *C. dorsalis*. Grün, mit braunem Rückenstreifen (einige Exemplare sind ganz braun). **H** Trockenes und feuchtes Grasland. **V** Lebenszyklus 1 Jahr. ♫ Lange Lautäußerungen mit hohen Zischlauten.

5

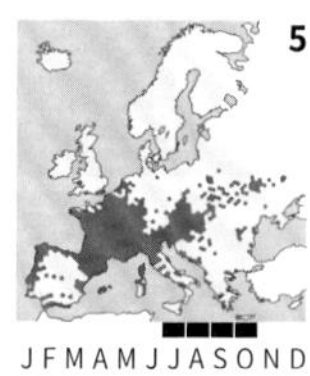

5 ⊙ Große Schiefkopfschrecke

Ruspolia nitidula **L** 20–33 mm. Ziemlich groß, schlank; Flügel reichen weit über die Hinterleibsspitze hinaus (bei manchen Exemplaren > 50 mm einschließlich Flügel); Kopf mit ausgeprägt spitzer Form. Grün oder gelegentlich braun, Vorderseite des Kopfes mit weißer Linie. **H** Trockenes und feuchtes Grasland, Gebüsch. **V** Lebenszyklus 1 Jahr. ♫ Unverwechselbares Brummen, einschließlich einiger Quietschgeräusche. Gesang kann mehrere Minuten lang andauern.

MAULWURFSGRILLEN

1 ×1 ◆

beide Geschlechter mit langen Cerci

Vorderbeine zum Graben umgebildet

fliegend

×0,5

LAUBHEUSCHRECKEN →

2 ×1 ■

♀

3 ×2 ■

beide Geschlechter kurzflügelig

♂

beim ♀ Flügel etwas kürzer

♀

Legebohrer max. ½ Körperlänge, stark gekrümmt

4 ×1 ■

♂

Legebohrer > ½ Körperlänge, schwach gekrümmt

♀

Nymphe

5 ×1 ■

Kopf auffallend zugespitzt

♂

♂ ×0,75

manchmal bräunlich oder violett gefärbt

beide Geschlechter langflügelig

♀

langer Ovipositor (hier unter den Flügeln verborgen)

← **LAUBHEUSCHRECKEN** Tettigoniidae →

Gen. ***Meconema*** E 2 SPP

Kleinere Arten; lang- oder kurzflügelig; grün mit gelblichem Streifen auf dem Rücken.

1 ⊙ Südliche Eichenschrecke 1

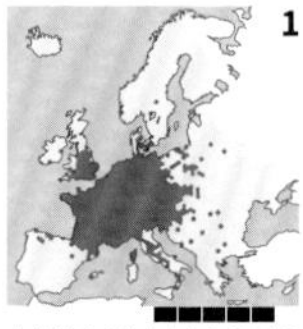

J F M A M J J A S O N D

Meconema meridionale **L** 11–17 mm. Eher zart; Flügel bei beiden Geschlechtern zu kleinen Stummeln reduziert. Cerci beim ♂ lang, gekrümmt. Ovipositor der ♀ zur Spitze hin nach oben gekrümmt. Blassgrün mit gelblichem Dorsalstreifen. **H** Wälder, Parks und Gärten; auf verschiedenen Bäumen und Sträuchern zu finden, auch auf Eichen. **V** Lebenszyklus 1 Jahr. ♫ Striduliert nicht; stattdessen trommeln ♂ auf den Blättern, wobei sie weniger laut klopfen als die Gemeine Eichenschrecke (*M. thalassinum*).

2 ⊙ Gemeine Eichenschrecke 2

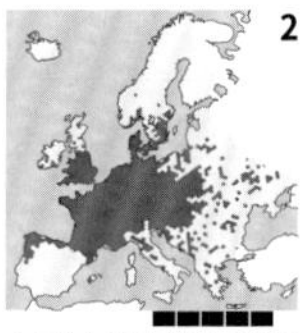

J F M A M J J A S O N D

Meconema thalassinum **L** 12–17 mm. Eher zart gebaut, voll geflügelt. Cerci beim ♂ lang, gekrümmt. Ovipositor des ♀ zur Spitze hin leicht gekrümmt. Hellgrün mit gelblichem Dorsalstreifen. **H** Wälder, Hecken, Parks und Gärten; auf Bäumen und Sträuchern zu finden. **V** Kann nachts auf Zäunen oder Baumstämmen gefunden werden, wird von Licht angezogen. Ernährt sich teilweise von Pflanzen, aber hauptsächlich von anderen Insekten und deren Nymphen, häufig von Blattläusen. Lebenszyklus 1 oder manchmal 2 Jahre. ♫ Striduliert nicht; stattdessen trommeln die Männchen auf Blättern.

Gen. ***Phaneroptera*** E 4 SPP

Kleiner; schlank gebaut. Flügel sehr lang, deutlich länger als der Körper. Grün, Körper mit zahlreichen schwarzen Flecken; ♀ mit sichelförmigem Ovipositor.

3 🔍 Gemeine Sichelschrecke 3

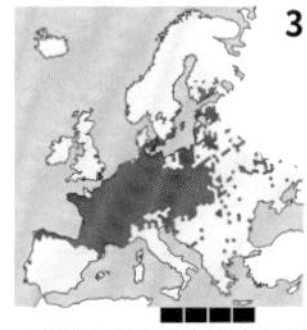

J F M A M J J A S O N D

Phaneroptera falcata **L** 12–18 mm. Schlank, mit Flügeln, die weit über die Spitze des Hinterleibs hinausragen (einige Exemplare > 30 mm einschließlich Flügel); Beine sehr lang. Grün, mit feinen schwarzen Sprenkeln; Vorderflügel mit brauner Dorsallinie, ♂ mit 2 dunkleren Flecken in der Nähe des Basalbereichs (bei der Stridulation). **H** Gestrüpp. **V** Eier überwintern. ♫ Schwaches „tss tss tss".

4 🔍 Vierpunktige Sichelschrecke 4

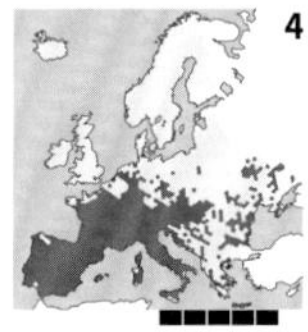

J F M A M J J A S O N D

Phaneroptera nana **L** 12–18 mm. Ähnlich der Gemeinen Sichelschrecke (*P. falcata*), aber etwas matter gefärbt, kompakter gebaut; ♂ schlanker und stärker gekrümmt; bei ♀ Basis des Ovipositors stärker gebogen. **H** Gestrüpp. ♫ Schwaches „tss tss tss", Laute sind etwas länger als bei *P. falcata*.

5 ⊙ Punktierte Zartschrecke 5

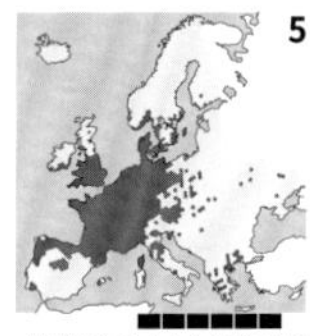

J F M A M J J A S O N D

Leptophyes punctatissima **L** 9–18 mm. Robust, eher rundlich, mit kleinen Vorderflügeln, Hinterflügel fehlen. Grün, stark schwarz gesprenkelt. **H** Gebüsch, Gärten, Hecken, Parks, Waldränder; oft in Verbindung mit Brombeeren. **V** Die Eier überwintern, manchmal zweimal, die Nymphen schlüpfen im Mai und sind ab Ende Juli geschlechtsreif. ♫ Singt mit 35–40 kHz, daher für menschliche Ohren unhörbar, kann aber mit geeigneter Audioausrüstung wahrgenommen werden.

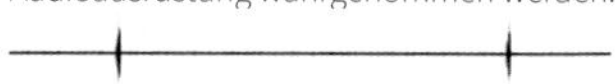

6 ⊙ Gemeine Plumpschrecke 6

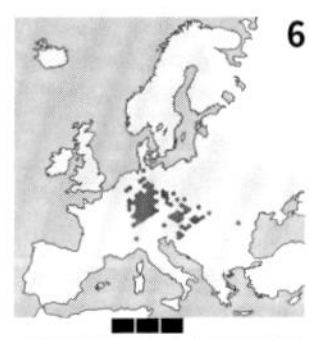

J F M A M J J A S O N D

Isophya kraussii **L** 19–38 mm, Ovipositor 8–13 mm. Flügel reduziert, vor allem bei ♀. Grün, deutlich schwarz gesprenkelt; helle Mittellinie auf Pronotum und Vorderflügeln; Fühler gelblich braun. **H** Offenes, trockenes Grasland. ♫ Kontinuierliches „ssss".

← LAUBHEUSCHRECKEN →

1 ×1

2 ×1,5

3 ×1,5

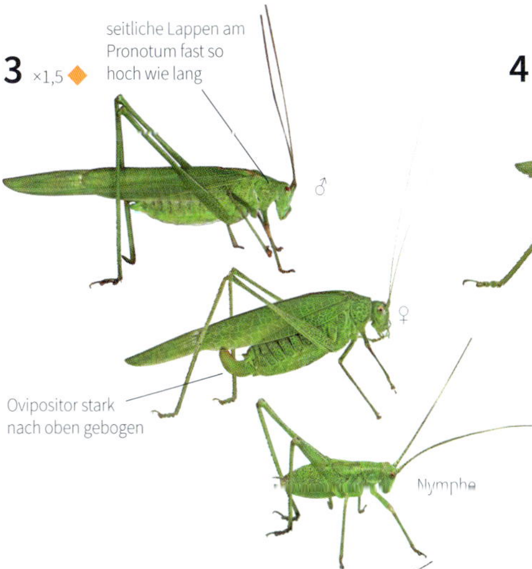

4 ×1,5

5 ×1,5

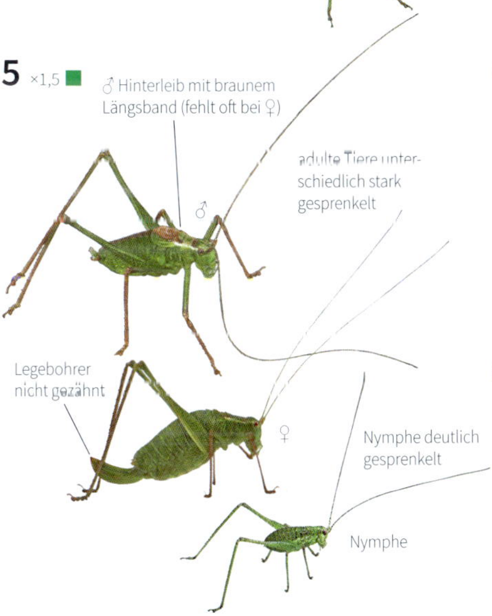

6 ×1

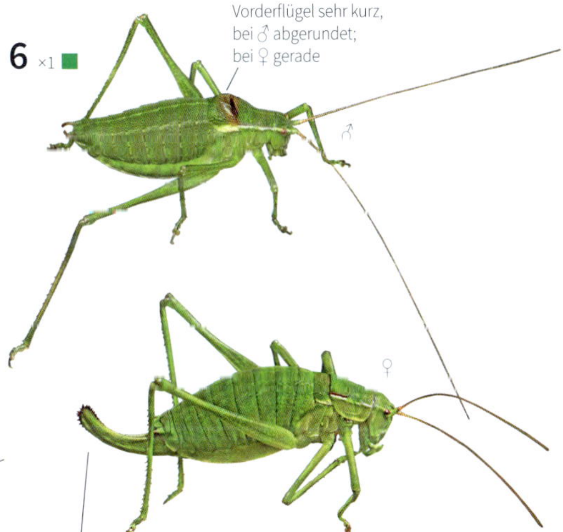

← **LAUBHEUSCHRECKEN** Tettigoniidae →

Gen. ***Barbitistes*** E 8 SPP

Flügel reduziert, vor allem bei ♀. Abdomen kurz und dick; Pronotum und Kopf klein; Fühler etwa so lang wie der Körper. Ovipositor des ♀ nach oben gebogen. Identifizierung der Arten durch Vergleich der genauen Form der Cerci des ♂.

1 🔍 Südfranzösische Säbelschrecke

Barbitistes fischeri **L** 18–25 mm.

1

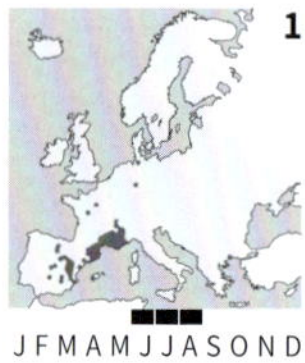

Stämmig. Grün, aber auch mittel- bis dunkelbraune Formen kommen vor. Bei ♂ Beine teilweise rosarot, auch ein Teil des Kopfes. Cerci der ♂ nach unten gebogen, weniger S-förmig als bei anderen *Barbitistes*-Arten; Subgenitalplatte mit vorstehendem Grat. **H** Gebüsch, Dickicht, Waldränder. ♫ Lange Sequenzen von tickenden Silben für etwa 20 Sekunden, einige etwas lauter als andere; diese Sequenzen werden regelmäßig wiederholt.

2 🔍 Laubholz-Säbelschrecke

Barbitistes serricauda **L** 15–24 mm.

2

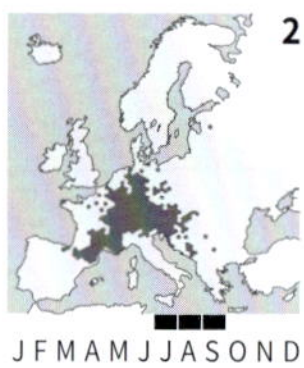

Grün mit dunklen Flecken, manchmal ganz dunkel; bei ♂ Unterseite oft gelb. Beine rosarot. Cerci der ♂ S-förmig, rot, in Ruheposition sich kreuzend, schmal zugespitzt. **H** Waldränder, Lichtungen, Gebüsch. ♫ 2–5 scharfe „ttt"-Laute; die Tiere singen oft hoch oben in den Baumkronen.

3 🔍 Südalpen-Säbelschrecke

Barbitistes obtusus **L** 18–21 mm.

3

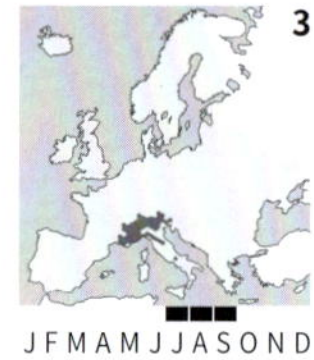

Variable Färbung: gräulich, grün oder türkis. Beine rosarot. Cerci der ♂ S-förmig, im Gegensatz zur Laubholz-Säbelschrecke (*B. serricauda*) in der zweiten Hälfte verdickt. ♀ können nicht zuverlässig von *B. serricauda* unterschieden werden. **H** Schattige Wälder, Lichtungen, Buschland. ♫ 2–5 scharfe „trrr-t"-Laute, gefolgt von 1–3 auffälligen Einzellauten.

4 👁 Steppen-Sattelschrecke

Ephippiger ephippiger **L** 20–30 mm.

4

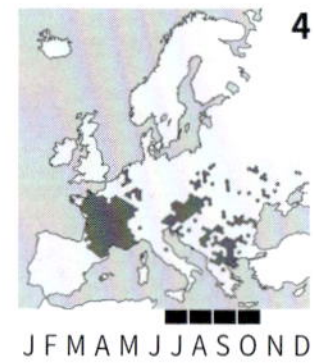

Stämmig. Grün; Pronotum sattelförmig, genarbt. Kurzflügelig, im Unterschied zu verwandten Arten Vorderflügel teilweise braun und Hinterkopf schwarz. **H** Grünland, Waldlichtungen und -ränder, auch in Gebirgsregionen. ♫ Laute, einsilbige Rufe, die alle 1–2 Sekunden wiederholt werden.

5 👁 Warzenbeißer

Decticus verrucivorus **L** 30–42 mm.

5

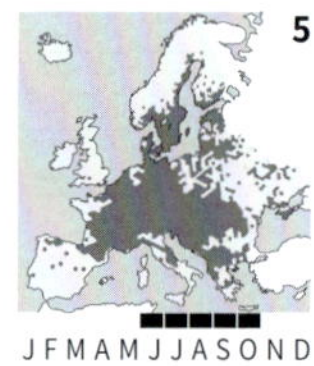

Kräftig, flugunfähig, obwohl die Flügel etwa bis zur Spitze des Hinterleibs reichen. Grün, meistens mit schwarzer Sprenkelung auf Pronotum und Flügeln. Graue und violette Formen kommen ebenfalls vor, sind aber selten. Gut getarnt und leicht zu übersehen. Ovipositor der ♀ lang, nach oben gebogen. **H** Grasland, einschließlich kalkhaltiger Standorte. **V** Die erwachsenen Tiere ernähren sich von wirbellosen Tieren, einschließlich Heuschrecken. Lebenszyklus normalerweise 2 Jahre, manchmal bis 7 Jahre. ♫ Lang gezogene, wiederholte hohe Klicklaute; gewöhnlich vom Vormittag bis zum frühen Nachmittag.

5 ■

1 ■

♂

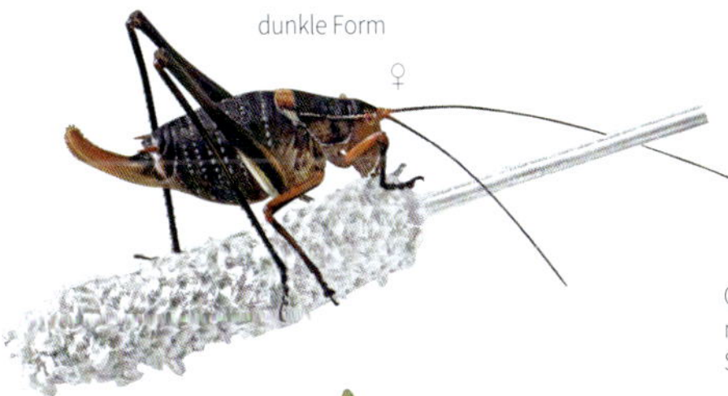
dunkle Form
♀

♀

2 ◆

Vorderflügel mit gelbem Rand bei ♂

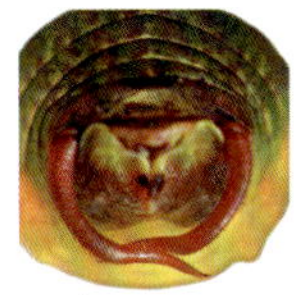
bei ♂ Cerci auffällig gebogen und spitz zulaufend

Vorderflügel bei ♀ sehr kurz
♀
Ovipositor mit gezackter Spitze
Unterseite des Körpers oft gelblich

Nymphe

3 ◆

♂

4 ◆

♀
gelbe Linie

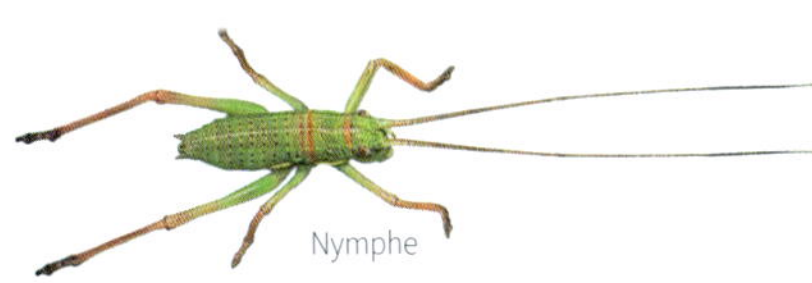
Nymphe

← **LAUBHEUSCHRECKEN** Tettigoniidae →

Gen. ***Tettigonia*** E 7 SPP

Groß, langflügelig; meist grün, manchmal bräunlich. Bei ♂ Cerci lang, gerade, mit deutlichem Zahn vor der Mitte oder an der Basis. Ovipositor der ♀ gerade, groß; mindestens 2½-mal so lang wie Pronotum.

1 ⊙ Grünes Heupferd

1

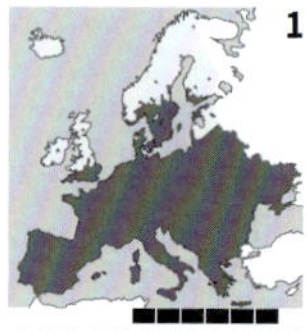

J F M A M J J A S O N D

Tettigonia viridissima **L** 40–55 mm. Sehr groß. Flügel lang. Grün, mit braunem Dorsalstreifen. Ovipositor der ♀ lang, leicht nach unten gebogen. **H** Hohe Grasflächen, Parks, Gärten und Hecken mit reichlich Brombeeren. Für die Eiablage wird kahler Boden benötigt. **V** Die erwachsenen Tiere ernähren sich von verschiedenen Pflanzen und Insekten, auch von ihrer eigenen Art. Lebenszyklus 1–2 Jahre. ♫ Laute, rasselnde, kontinuierliche Stöße; aus > 100 m Entfernung zu hören.

2 ⊙ Zwitscherschrecke

2

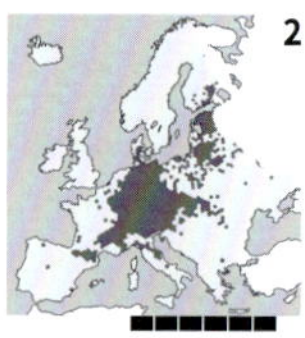

J F M A M J J A S O N D

Tettigonia cantans **L** 20–35 mm. Kleinste europäische *Tettigonia*-Art. Dem Grünen Heupferd (*T. viridissima*) ähnlich, aber Flügel wesentlich kürzer, ragen oft nur knapp über die Hinterleibsspitze hinaus. Trächtige ♀ mit deutlich dickerem Hinterleib wegen der Eier. **H** Kühle, feuchte Feuchtgebiete, Grasland, Gebüsch. ♫ Laut, aus 100 m Entfernung zu hören. Bei höheren Temperaturen dauern die Töne etwa 2 Sekunden und enden sehr laut; bei mittleren Temperaturen weniger dramatischer Gesang; bei niedrigen Temperaturen wird ein kurzer V-Laut erzeugt.

3 ⊙ Heideschrecke

3

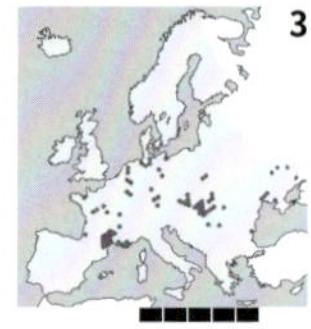

J F M A M J J A S O N D

Gampsocleis glabra **L** 20–27 mm. Grün oder braun; Vorderflügel schwarz gefleckt (bei einigen ♂ nur schwach), Körper einschließlich Hinterleib ebenfalls mit einigen schwarzen Flecken, die manchmal Bänder bilden. Bei ♂ Cerci dreieckig, mit Zähnen nahe der Basis. Ovipositor der ♀ lang, leicht nach unten gebogen, an der Spitze deutlich abgestumpft. **H** Steppenartiges Grasland mit hoher Vegetation, spärliche Heideflächen. In Europa nicht gefährdet, dennoch in einigen Regionen teilweise deutlich rückgängig. ♫ Lautes Brummen.

4 ⊙ Westliche Beißschrecke

4

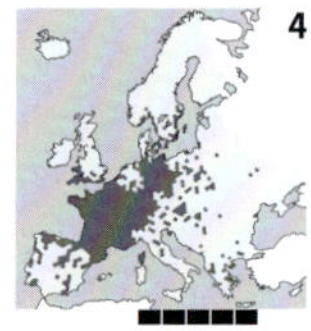

J F M A M J J A S O N D

Platycleis albopunctata **L** 13–28 mm. Robust; voll geflügelt. Graubraun mit schwarzen Punkten, die vor allem an den Seiten des Pronotums in größere Flecken übergehen. Oberschenkel der Hinterbeine oft schwarz gestreift. Ovipositor der ♀ schwarz, nach oben gebogen. **H** Grasland, Gestrüpp, Buschland. **V** Sonnt sich manchmal in der Vegetation. ♫ Kurzes Zirpen, 2–4-mal pro Sekunde, für mehrere Minuten.

5 ⊙ Zweifarbige Beißschrecke

5

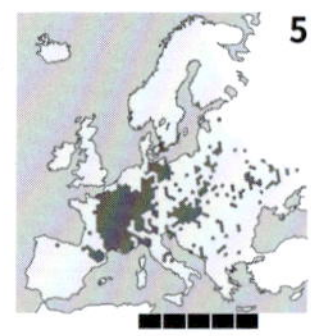

J F M A M J J A S O N D

Bicolorana bicolor **L** 14–25 mm. Flügel verkürzt; bei ♂ etwas länger, dennoch deutlich kürzer als die Hinterleibsspitze; nicht selten kommen langflügelige Individuen vor. Hellgrün mit braunem Längsband; Beine und Fühler braun. Beim ♂ Cerci dünn, nach innen gebogen, mit innerem Zahn. Ovipositor der ♀ kurz, nach oben gekrümmt. **H** Trockenes Grasland. ♫ Rasselndes, raues Summen, das minutenlang andauern kann.

1

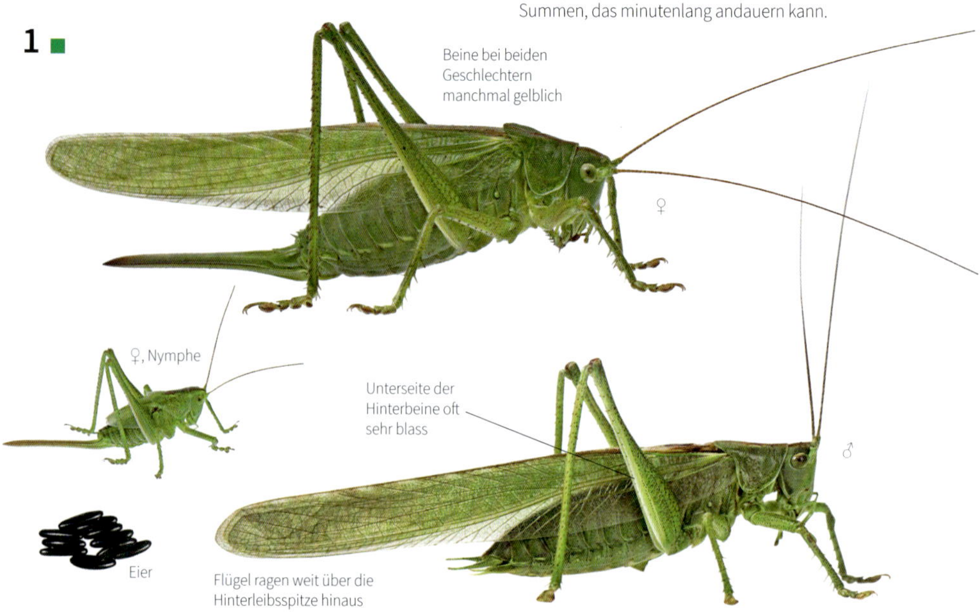

2 ■

♂
Unterseite der
Hinterbeine oft blass

Flügel kürzer als bei
anderen *Tettigonia* spp.
♀

3 ■

♂

♀

4 ■

♂

×3
kleine weißliche Flecken
auf den Vorderflügeln bei
beiden Geschlechtern
♀

5 ×1 ■

langflügelige Form
♂

braunes Längsband entlang
der Korperoberseite bei
beiden Geschlechtern
deutlich verkürzte
Flügel bei ♀
♀

← LAUBHEUSCHRECKEN Tettigoniidae

1 ⊙ Roesels Beißschrecke

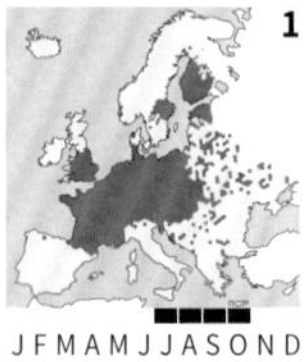

Roeseliana roeselii **L** 13–26 mm.
Robust; Flügel in der Regel kurz; aber voll geflügelte f. *diluta* nicht selten. Thoraxseiten mit grünen oder gelben Flecken; Pronotum mit auffallend hellem Rand an der Unterseite. **H** Grasland, einschließlich Feuchtgebiete. **V** Eine der häufigsten mitteleuropäischen Laubheuschrecken. Lebenszyklus 1 Jahr; manchmal überwintern die Eier zweimal, bevor sie schlüpfen. **I** Die Erstbeschreibung von August Johann Rösel von Rosenhof ist weithin bekannt; ein Pionier der Naturbeobachtung im 18. Jahrhunderts. ♫ Lange, kontinuierliche, hohe Töne, ähnlich dem Summen eines elektrischen Rasierers.

Gen. *Metrioptera* E 10 SPP

Flügel meist kurz; robust, Hinterleib lang und dick; Kopf ziemlich groß, Fühler etwa so lang wie der Körper.

2 ⊙ Kurzflügelige Beißschrecke

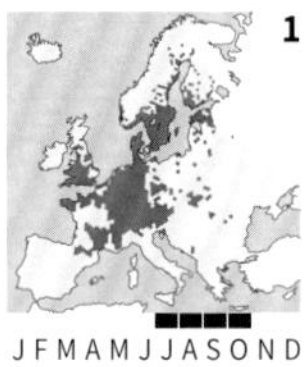

Metrioptera brachyptera **L** 11–21 mm.
Flügel kurz; voll geflügelte f. *marginata* kommt selten vor. Kopf und Pronotum grün oder dunkelbraun mit schwarzer Zeichnung; Pronotum am hinteren Rand mit hellem Band. Flügel meist teilweise grün. Hinterleib an der Unterseite oft hellgrün. Oberschenkel der Hinterbeine an der Seite mit auffälligem schwarzen Streifen. **H** Heideflächen, Waldlichtungen, oft in feuchten Gebieten wie Mooren, gelegentlich auch in trockeneren Lebensräumen. **V** Lebenszyklus 2 Jahre. ♫ Kurzes Zirpen mit 2–6 Tönen pro Sekunde, wird andauernd wiederholt.

3 ⊙ Gebirgs-Beißschrecke

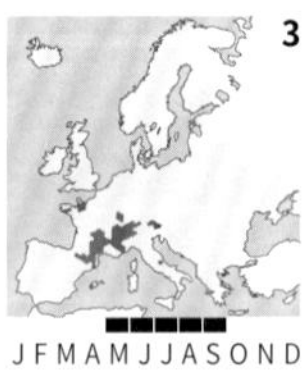

Metrioptera saussuriana **L** 16–24 mm.
Ähnlich wie *M. brachyptera*, aber Körper mit weniger Grün. Dunkelbraun bis rötlich braun, Unterseite beige; Augen dunkel rotbraun; Flügel und Beine meist etwas heller als Körper, Fühler dunkel. Vorderflügel mit abgerundeten Spitzen. **H** Feuchte Bergwiesen. ♫ Singt manchmal minutenlang ohne Unterbrechung.

4 ⊙ Alpenschrecke

Anonconotus alpinus **L** 16–23 mm.
Grün, variabel schwarz gefleckt, auch um die Augen. Vorderflügel kurz, cremeweiß. Beine teilweise rosafarben. Dunkle Formen kommen vor; die Unterseite dann immer blasser gefärbt. **H** Alpine Wiesen bis 2800 m, steiniges Grasland, Gebüsch. ♫ Lautes, mehrere Sekunden andauerndes Geräusch; dies wird alle paar Sekunden wiederholt.

5 ⊙ Atlantische Bergschrecke

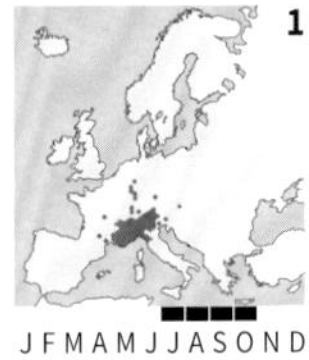

Antaxius pedestris **L** 15–23 mm.
Bei ♂ Vorderflügel kurz, bei ♀ zu winzigen Ansätzen reduziert. ♂ dunkel, grau bis braun mit kontrastreicher Zeichnung; ♀ gleichmäßiger gefärbt, etwas heller. Pronotum mit hellem Rand und oft 2 Flecken an der Oberseite des Hinterrandes; Kopf hell gefärbt; Fühler etwa körperlang. Bei ♂ Cerci länger als breit; weiß. Legebohrer der ♀ relativ gerade, lang. **H** Grasland, einschließlich felsiger Gebiete, manchmal auch Waldgebiete. ♫ Meist 3–10 Laute, die jeweils ~ 1–4 Sekunden dauern, gefolgt von einer Pause von ~ 30 Sekunden.

Gen. *Pholidoptera* E 15 SPP

Robust, kurzflügelig.

6 🔍 Alpen-Strauchschrecke

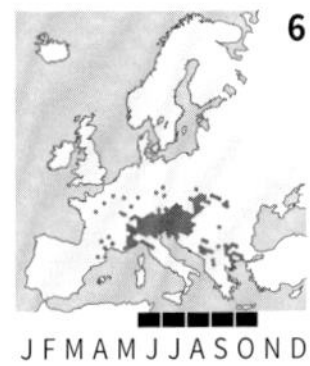

Pholidoptera aptera **L** 19–25 mm.
♂ dunkel, schwarz, außer Oberseite des Kopfes, Pronotum und kurzen Vorderflügeln braun. ♀ braun, Flügel fehlend, Legebohrer lang, leicht gebogen. Seitliche Lappen des Pronotums bei beiden Geschlechtern hinten mit hellem Rand. **H** Waldränder, Grasland, Heideland. ♫ 5–40 kurze, laute „prri"-Laute; werden alle 5–10 Sekunden wiederholt, manchmal länger.

7 🔍 Gewöhnliche Strauchschrecke

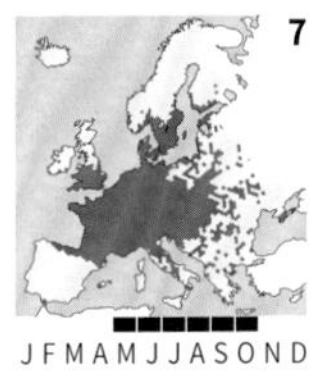

Pholidoptera griseoaptera **L** 11–21 mm.
Robust; Vorderflügel bei ♂ kurz, bei ♀ zu winzigen Ansätzen reduziert; Hinterflügel fehlend. Variabel braun oder gräulich. **H** Grasland, Hecken, Waldränder und -ränder sowie Gebüsch; ernährt sich von Brombeerblättern und kleinen Insekten. **V** Oft gut im Gebüsch versteckt. Obwohl hauptsächlich nachtaktiv, kann man beide Geschlechter tagsüber beim Sonnenbaden in der Vegetation beobachten. Lebenszyklus bis zu 2 Jahre. ♫ Kurzes, hochfrequentes Zirpen, das in Abständen von einigen Sekunden wiederholt wird.

8 🔍 Zierliche Strauchschrecke

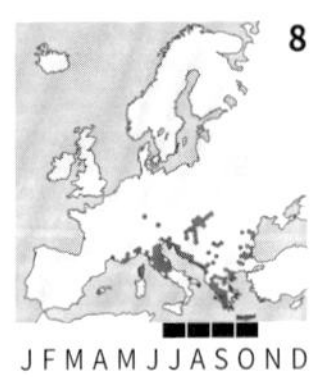

Rhacocleis germanica **L** 14–27 mm.
Braun, mit dunkleren Flecken; gelegentlich kurzflügelig. ♀ mit langem Ovipositor. Bei ♂ Cerci mit langem Zahn an der Basis. **H** Waldränder, Gebüsch mit hoher Vegetation; bevorzugt felsige Standorte. ♫ Summendes, schnelles, kurzes Zirpen; alle 1–3 Sekunden wiederholt.

← LAUBHEUSCHRECKEN →

1 ■

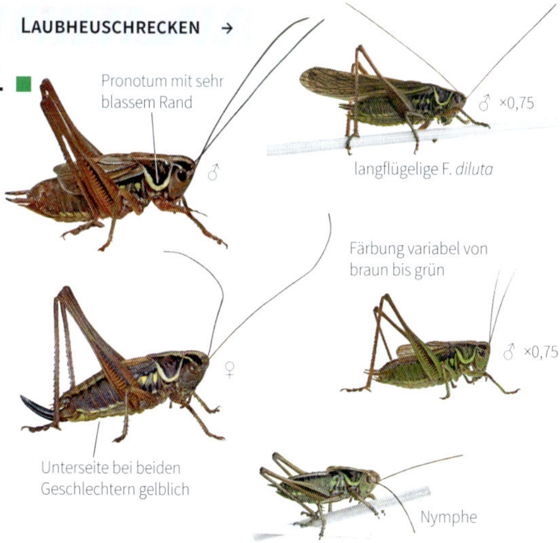

2 ■

3 ■

4 ■

5 ■

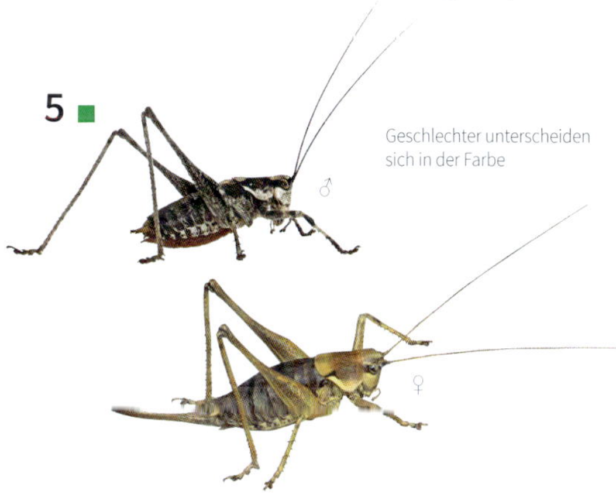

6 ■

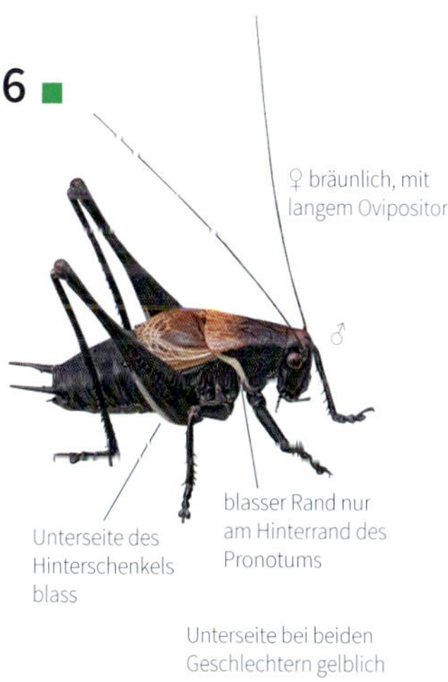

7 ◆

8 ◆

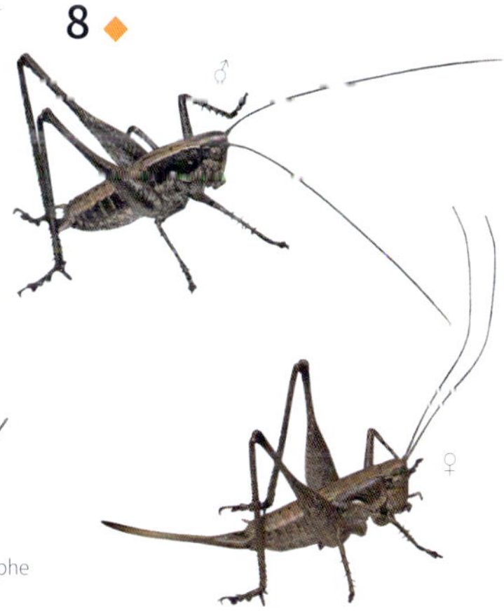

DORNSCHRECKEN Tetrigidae

E 2 GEN 12 SPP 5 ILL

Knapp 2000 Arten weltweit. Dornschrecken ähneln kleinen, robust gebauten Feldheuschrecken (Acrididae). Ihr Pronotum reicht wie ein Dorn bis zum Hinterleibsende und bedeckt die Hinterflügel. Es gibt auch kurzflügelige Formen (mit verkürztem Pronotum). Sie können nicht stridulieren, erzeugen aber gelegentlich schwache vibrierende Laute, indem sie mit den Mittelbeinen trommeln. Die meisten Arten bevorzugen feuchte Lebensräume mit etwas nacktem Boden und ernähren sich von Moosen, Algen oder Pflanzenmaterial. Lebenszyklus gewöhnlich 1 Jahr, wobei die erwachsenen Tiere überwintern.

Gen. *Tetrix* E 8 SPP

Einzige Gattung, die auch in Mitteleuropa vorkommt. Meistens langflügelig. Insgesamt gräulich, oft marmoriert, farblich aber variabel. Die Artbestimmung erfordert eine genaue Untersuchung.

1 Westliche Dornschrecke
Tetrix ceperoi **L** 7–13 mm. Flügel lang, reichen weit über die Hinterleibsspitze hinaus. Farbgebung variabel, oft gesprenkelt. Oberseite des Kopfes breit, 1,5–1,8-mal Augenbreite; Oberschenkel der mittleren Beine gewellt. **H** Klippen, Sanddünen, in feuchten Lebensräumen auf schlammigem Boden.

1
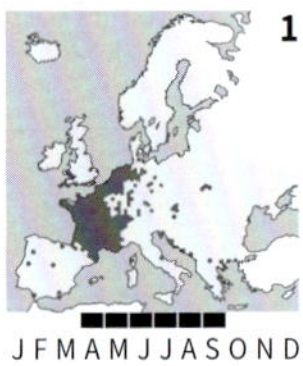

2 Eingedrückte Dornschrecke
Tetrix depressa **L** 8–13 mm. Pronotum mit tieferem Kiel im Vergleich zu anderen *Tetrix* spp. Dieses Merkmal fehlt jedoch bei den Nymphen, sodass sie leichter zu verwechseln sind. **H** Feuchte und trockene Lebensräume, einschließlich Grasland, Waldränder, Flussufer.

2
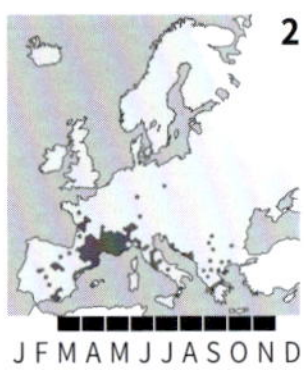

3 Säbel-Dornschrecke
Tetrix subulata **L** 9–15 mm. Flügel lang, reichen weit über die Hinterleibsspitze hinaus; manchmal kommt jedoch die kurzflügelige f. *bifasciata* vor. Farbgebung variabel. Oberseite des Kopfes (Scheitel) schmal, ≤ 1,5-mal Augenbreite; Oberschenkel der mittleren Beine fast gerade. **H** Feuchte Lebensräume mit kahlem Boden.

3
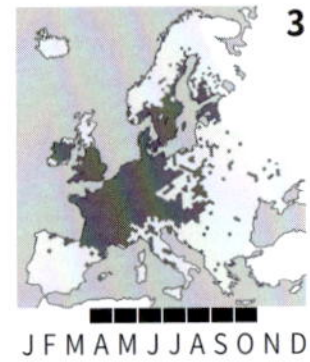

4 Langfühler-Dornschrecke
Tetrix tenuicornis **L** 8–14 mm. Flügel lang, reichen fast bis zum Ende des Pronotumdorns. Antennen lang, dünn, an der Basis meist hell, Spitze leicht verdickt und dunkelbraun. Hinterleibsspitze bei ♂ sehr kantig. **H** Trockenes Grasland, Hänge, Waldlichtungen; auch feuchte Flussufer.

4
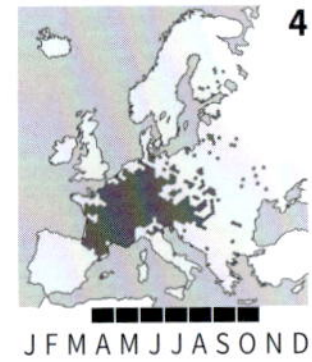

5 Gemeine Dornschrecke
Tetrix undulata **L** 8–12 mm. Hinterflügel und Pronotumdorn relativ kurz; bis etwa zur Hinterleibsspitze reichend; seltene langflügelige Form (mit längerem Pronotumdorn) kann vorkommen. Pronotum mit auffälligem Grat entlang der Oberseite. **H** Verschiedene feuchte Lebensräume mit kahlem Boden.

5
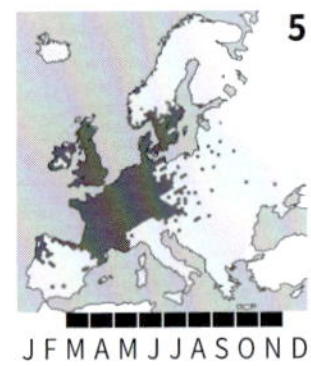

viele Dornschrecken sind klein (hier in Lebensgröße dargestellt)

1 ◆

Färbung bei beiden Geschlechtern sehr variabel

DORNSCHRECKEN

2 ◆

3 ◆

4 ◆

5 ◆

×3

FELDHEUSCHRECKEN Acrididae →

E 78 GEN 331 SPP 35 ILL

Große Familie mit ~6730 Arten weltweit. Klein bis sehr groß; ♀ größer als ♂ (wie bei den meisten Heuschrecken), wobei der Größenunterschied besonders bei sehr großen Arten auffällt. Viele bekannte, oft springende, grasfressende Arten, die im Grasland häufig vorkommen und oft singen. Pronotum sattelförmig, erstreckt sich nicht nach hinten über die Oberseite des Hinterleibs. Die Antennen sind in der Regel kürzer als bei Laubheuschrecken (Tettigoniidae). ♂ ohne Legescheide (die auch bei ♀ meist unauffällig ist) und mit längeren Fühlern als ♀. Lebenszyklus normalerweise einjährig, Überwinterung oft als Ei.

1 ⊙ Ägyptische Wanderheuschrecke ***Anacridium aegyptium***
L 30–70 mm. Sehr groß, ♀ deutlich größer als ♂. Langflügelig. Grau, braun, gelblich oder oliv gesprenkelt. Pronotum mit auffälliger Mittelrippe. Vorderflügel nur schwach gesprenkelt, Hinterflügel mit halbmondförmiger brauner Zeichnung. Augen gestreift. **H** Gebüsch; Standorte mit reichlich Büschen oder Sträuchern.

1
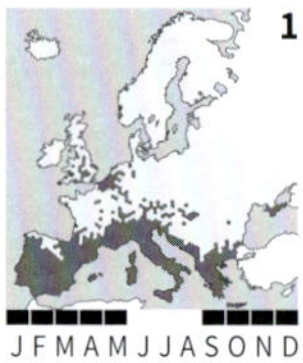

2 ⊙ Wüstenheuschrecke
Schistocerca gregaria **L** 60–90 mm. Sehr groß, ♀ deutlich größer als ♂. Kommt in 2 Farbformen vor: solitäre Form (die nicht wandert) grünlich, die gregäre Form (während der Wanderphasen) ist hingegen gelblich braun. Vorderflügel lang und schachbrettartig gemustert; Augen mit mehreren vertikalen dunklen Streifen. **H** Gestrüpp, Wüsten; in Einzelfällen auch Ausreißer aus dem Zoohandel. ♫ Kurze Abfolge schneller Ticklaute.

2
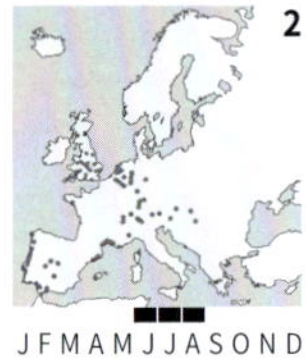

3 ⊙ Europäische Wanderheuschrecke
Locusta migratoria **L** 32–80 mm. Sehr groß, ♀ merklich größer als ♂. Zwei Hauptphänotypen: Solitäre Form (die nicht wandert) grünlich; gregäre Form (während der Wanderphasen) braun. Langflügelig; Flügel stark gefleckt; Augen mit einem einzigen Querstreifen. **H** Sandige Überschwemmungsgebiete und Uferzonen, aber auch auf Grasland, Ebenen, Kulturlandschaften. **V** Heimisch in Afrika. Wechselt je nach Populationsdichte zwischen solitärer und gregärer Phase. Schwärme können aus mehreren Millionen Individuen bestehen und in mehreren Ländern, vor allem in Nordafrika, große Ernteschäden verursachen. Schwärme, die Europa erreichen, haben heute jedoch keine größeren Auswirkungen. ♫ Kurze Abfolge schneller Ticklaute. 🍴 Die Art ist ein essbares Insekt, das seit 2017 in der Schweiz und seit 2021 in der Europäischen Union offiziell als Lebensmittel zugelassen ist und in gefrorener, getrockneter oder gemahlener Form verkauft wird.

3
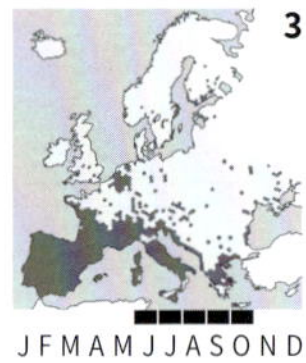

1 ■

2 ■

noch größer als andere europäische Arten, Vorderflügel mit kontrastreicher Zeichnung

×2,5

Auge mit mehreren dunklen Streifen

großer Schwarm auf Baum

3 ■

solitäre Form

wandernde (gregäre) Form

×2,5

Auge variabel gezeichnet, aber nicht gestreift

×1

← FELDHEUSCHRECKEN Acrididae →

1 ⊙ Italienische Schönschrecke

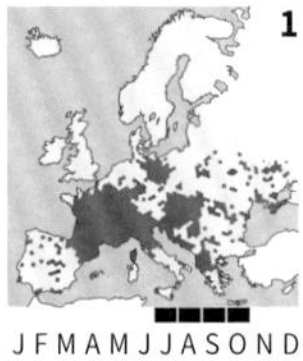

Calliptamus italicus **L** 15–34 mm. Flügel zur Spitze hin leicht verjüngt, reichen gewöhnlich genau bis zum Hinterleibsende. Hellgrau, grau oder rötlich braun; heller Streifen entlang der Seiten des Pronotums und der Vorderflügel. Augen auffallend groß. Vorderflügel mit hellen Adern, schwarz gefleckt; Innenrand der Hinterflügel rosarot. Hinterflügel mit 3 dunklen Flecken; Hinterschiene blassrosa bis leuchtend rot. **H** Trockenes, warmes Grasland, felsige Steppen, Steinbrüche, Kiesgruben. ♫ Unregelmäßiges „suisuisui"; leise, nur bis ~5 m zu hören. Beide Geschlechter stridulieren.

2 🔍 Nordische Gebirgsschrecke

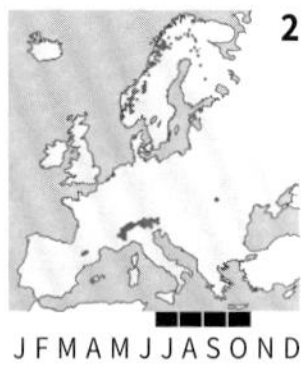

Melanoplus frigidus **L** 16–26 mm. ♀ etwas größer als ♂. Flügel verkürzt, etwa so lang wie Kopf und Pronotum zusammen; gelegentlich kommen jedoch Individuen mit voll entwickelten Flügeln vor. Körper und Vorderflügel variieren von gelb, braun, grau und grün, mit dunklen Markierungen bedeckt. Unterseite der Hinterflügel orange bis leuchtend rot. **H** Grasland in Gebirgsregionen, bis zur Schneegrenze.

3 🔍 Gewöhnliche Gebirgsschrecke

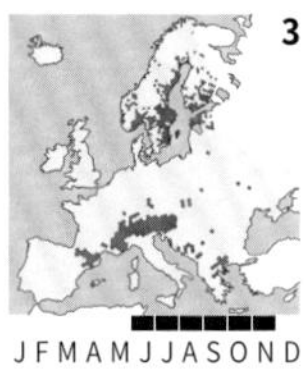

Podisma pedestris **L** 18–30 mm. Flügel verkürzt; langflügelige Exemplare kommen selten vor. Gelblich, grau oder orange-bräunlich, ♂ kontrastreicher in der Färbung als ♀. Breites schwarzes Band auf Pronotum und Hinterleibsseiten; Pronotum mit 3 dunklen Querstreifen. Hinterleib mit hellen Ringen, besonders bei ♂. Unterseite der Hinterbeine hellrot. **H** Felsiger Boden mit spärlicher Vegetation, Grasland, bis zu 3000 m. ♫ Kann nicht stridulieren, erzeugt aber knirschende Geräusche mit den Mundwerkzeugen.

4 ⊙ Alpine Gebirgsschrecke

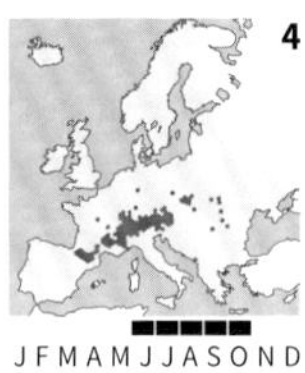

Miramella alpina **L** 15–31 mm. Flügel reduziert, braun bis schwärzlich, oft oben mit grünlichem Rand. Körper grün mit variabler schwarzer Zeichnung; Pronotum mit breitem schwarzen Band, das bei ♀ am hinteren Pronotumrand endet und bei ♂ bis zur Hinterleibsspitze reicht. Hinterbeinleisten einheitlich gelb bei ♀; kontrastierend gelb und bläulich bis schwarz bei ♂. **H** Feuchte Lebensräume entlang von Gebirgsbächen, offene Wälder, Strauchheiden, krautige Wiesen. ♫ Kann nicht stridulieren, erzeugt aber knirschende Geräusche mit den Mundwerkzeugen.

5 ⊙ Rotflügelige Schnarrschrecke

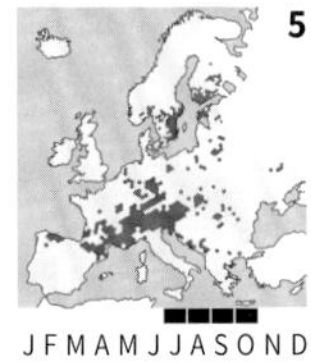

Psophus stridulus **L** 19–35 mm. Robust. Bei ♀ reichen die Flügel nur bis zu den Knien der Hinterbeine, bei ♂ sind sie deutlich länger. ♂ dunkelbraun bis schwarz, kräftig, aber schlank. ♀ größer, hell graubraun bis dunkelbraun, selten rötlich braun. Pronotum gehöckert mit Mittelkiel und seitlicher Vertiefung, oft mit schwarzem Fleck versehen. Hinterflügel leuchtend orange mit brauner Spitze (nur im Flug sichtbar). Beim Fliegen wird ein lautes rasselndes Geräusch erzeugt. **H** Trockenes, oft gebirgiges Grasland, einschließlich felsiger Gebiete, Heideland, Waldlichtungen. ♫ Kann nicht stridulieren.

Gen. *Oedipora* E 8 SPP

Flügel voll entwickelt. Grau marmoriert; Färbung aber variabel, an den jeweiligen (meist felsigen oder sandigen) Lebensraum angepasst. Hinterflügel leuchtend gefärbt, nur im Flug sichtbar; das Muster hilft bei der Identifizierung ähnlicher Arten.

6 🔍 Blauflügelige Ödlandschrecke

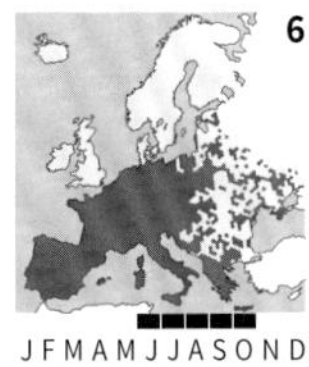

Oedipoda caerulescens **L** 14–29 mm. Gräulich, manchmal ockerfarben bis bräunlich. Hinterflügel an der Basis charakteristisch blau, außen mit breitem dunklem Band. Hinteres Schienbein teilweise bläulich. **H** Grasland, Gebüsch. ♫ Kurze und kräftige, mehr oder weniger regelmäßig wiederholte, mäßig laute Schwirrtöne. Nur ♂ singt.

7 🔍 Rotflügelige Ödlandschrecke

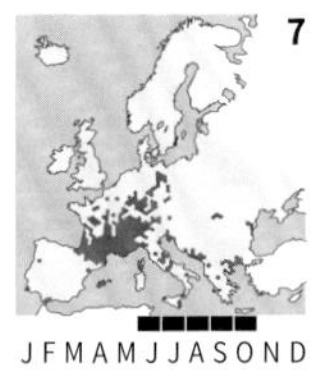

Oedipoda germanica **L** 15–30 mm. Gräulich; im Gegensatz zur sehr ähnlichen Blauflügeligen Ödlandschrecke (*O. caerulescens*) nur selten ockerfarbene bis braune Individuen. Hinterflügel leuchtend rot; sehr selten gelblich oder orange. **H** Grasland, oft steinige oder felsige Standorte. ♫ Kurzes „shwii", das etwas wie das Zwitschern eines Wellensittichs klingt; mäßig laut. Nur ♂ singt.

8 🔍 Blauflügelige Sandschrecke

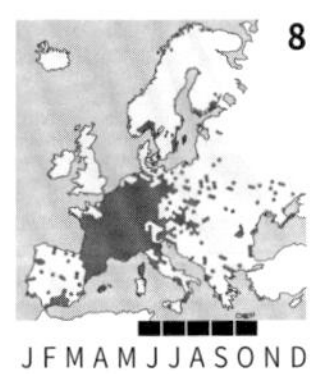

Sphingonotus caerulans **L** 17–38 mm. Flügel voll entwickelt. Färbung sehr variabel, passend zur Oberfläche ihres Lebensraums: weißlich, hellgrau oder bräunlich, aber man findet auch oft rötliche, bläuliche oder fast schwarze Individuen. Hinterflügel an der Basis blau, mit transparenten Außenbereichen. Antennen hell, dunkel beringt. **H** Sandiges Grasland, Dünen; auch felsige oder kiesige Böden. **I** Komplexe Klassifizierung, die noch erforscht werden muss. ♫ Laute, schwirrende Geräusche, die sich in unterschiedlicher Lautstärke und Geschwindigkeit wiederholen.

1 ■

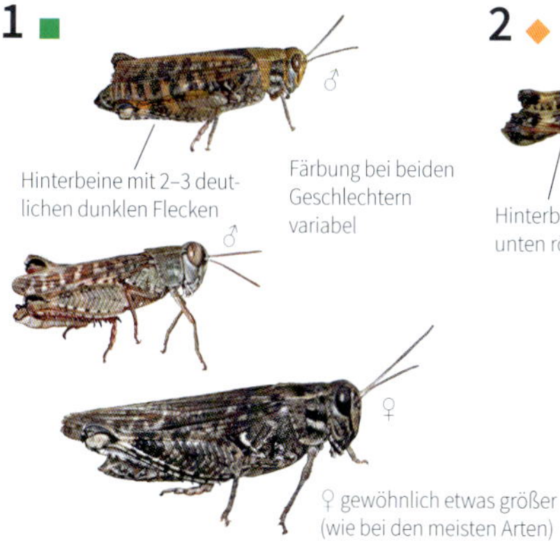

2 ◆

3 ◆

4 ■

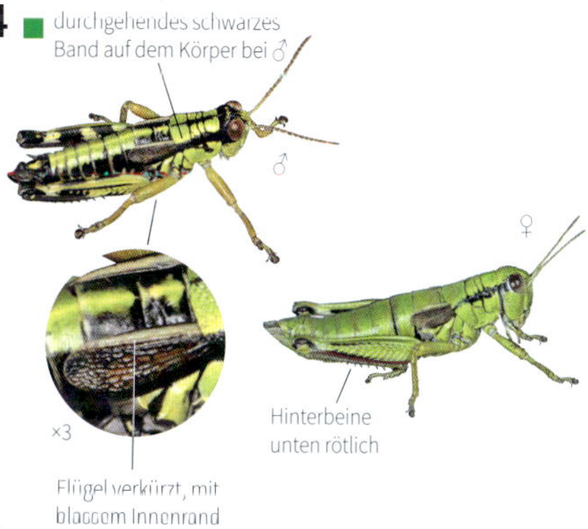

5 ■

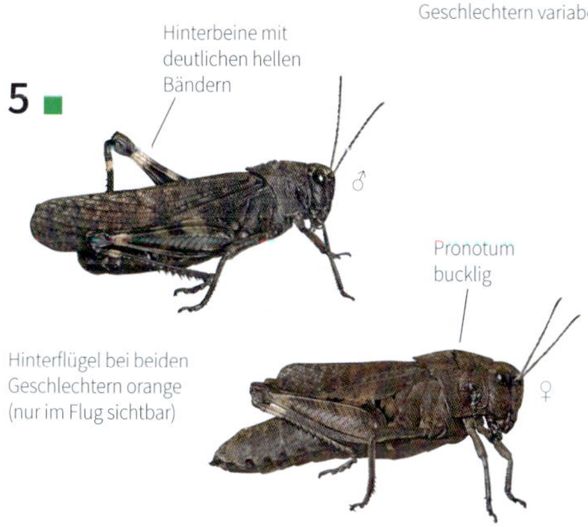

6 ◆

7 ◆

8 ◆

im Gegensatz zu *Oedipoda caerulescens* sind die Hinterflügel an der Basis blau und nach außen transparent (hier nicht abgebildet)

×1

← **FELDHEUSCHRECKEN** Acrididae →

1 Lauchschrecke
Mecostethus parapleurus **L** 17–30 mm. Flügel reichen bei beiden Geschlechtern über die „Knie" der Hinterbeine hinaus. Schlank, hellgrün, gelblich oder bräunlich; 2 schwarze Bänder erstrecken sich hinter den Augen bis zum hinteren Rand des Pronotums, ebenso der basale Teil der Vorderflügel; „Knie" der Hinterbeine dunkel. Hinterleibsende bei ♀ kegelförmig. **H** Feuchte Wiesen, Uferbereiche, Moore. ♫ Singt nicht.

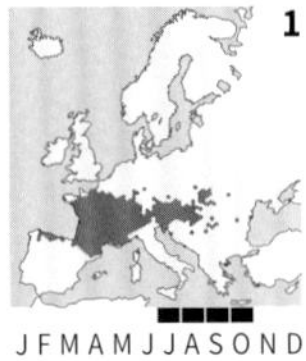

2 Grüne Strandschrecke
Aiolopus thalassinus **L** 15–30 mm. Flügel lang, über Hinterleib hinausragend. Schlank, grün; ♂ oft grau oder bräunlich. Zwei helle Querbänder; Flügel mit dunklen Flecken bedeckt; ♀ oft mit undeutlichem grünen Streifen in der vorderen Hälfte. Flügel an der Basis gelblich grün, sonst durchsichtig. **H** Warme Biotope mit niedriger Vegetation: Uferbereiche, Wiesen, Steinbrüche, Schotterflächen. ♫ Singt nicht, aber wenn sich 2 ♂ treffen, erzeugen sie abwechselnd schwirrende Geräusche, die wie ein Showdown wirken.

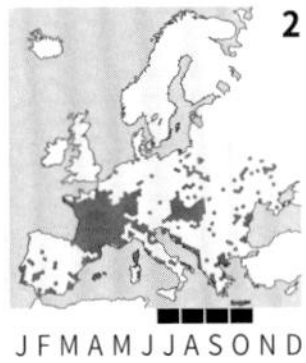

3 Sumpfschrecke
Stethophyma grossum **L** 21–36 mm. Flügel lang, über den Hinterleib hinausragend, nicht gesprenkelt. Gelblich grün bis olivbraun, Hinterflügel am unteren Rand rot; ♀ in größeren Populationen (meist in solchen mit viel Heidekraut) bisweilen lilafarben. **H** Feuchtgebiete, Heidemoore, Gräben. **V** Kann bei Störung mehrere Meter weit fliegen. ♫ Eine Reihe kurzer tickender Geräusche, klingt sehr anders als andere Heuschrecken.

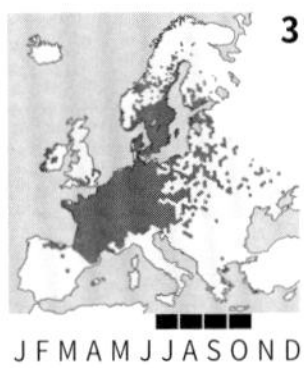

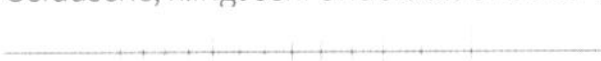

4 Kleine Goldschrecke
Euthystira brachyptera **L** 14–22 mm. Flügel reichen bei ♂ etwa bis zur Hälfte der Hinterbeine; ♀ mit sehr kurzen Flügelstummeln. Langflügelige Form kommt bei beiden Geschlechtern vor, hauptsächlich bei ♀. Glänzend hellgrün; dunkleres grünes Band auf den Seiten des Pronotums, manchmal mit schwarzem oberen Rand. ♂ Vorderflügel grünlich; bei ♀ rosa oder farblos. Hinterleib bei ♂ spitz zulaufend, Legescheide des ♀ vergleichsweise groß, von außen sichtbar, gerade. Große Goldschrecke (*Chrysochraon dispar*) ähnlich, aber oft größer, mit größeren, abgerundeten Flügeln im ♂; ♀ deutlich anders gefärbt und Legescheide nicht sichtbar. **H** Grasland, auch Feuchtgebiete, Waldlichtungen. ♫ Leises, sehr kurzes Rascheln, das regelmäßig wiederholt wird.

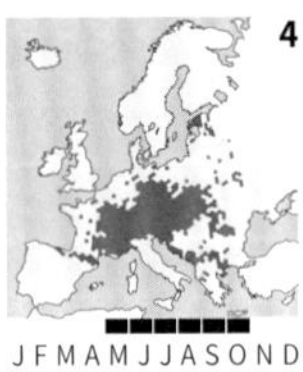

5 Große Goldschrecke
Chrysochraon dispar **L** 15–28 mm. ♂ glänzend, hellgrün bis golden; Vorderflügel reichen fast bis zum Ende des Hinterleibs. ♀ größer, beige bis rötlich, manchmal mit vereinzelten schwarzen Flecken; Vorderflügel kurz, an der Spitze abgerundet. Langflügelige Form kommt bei beiden Geschlechtern vor, hauptsächlich bei ♀. Abdomen bei ♂ spitz zulaufend; Legescheide des ♀ kurz. Die Kleine Goldschrecke (*Euthystira brachyptera*) ist ähnlich, hat aber kürzere Flügel und das ♀ ist anders gefärbt. **H** Feuchtgebiete und anderes Grünland. ♫ Mäßig laut, ein kurzes und schnell ansteigendes Rascheln.

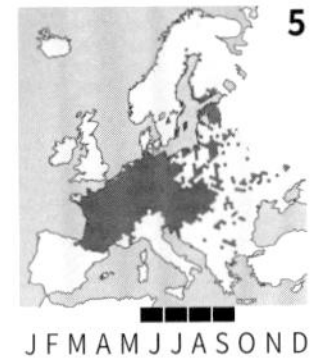

6 Große Höckerschrecke
Arcyptera fusca **L** 22–42 mm. Flügel reichen bei ♂ über die Hinterbeine hinaus; bei ♀ bis ~ ⅔ der Hinterbeine. Gelblich bis oliv; Körperseiten und Hinterbeine mit dunklen Flecken; meist 2 dunkle Linien auf Kopf und Pronotum; Vorderflügel mit gelblichem Längsfleck; Hinterflügel schwarz. **H** Grasland, einschließlich felsiger Standorte. ♫ Erinnert ein wenig an das Geräusch eines mechanischen Spielzeugautos, das man auf dem Boden aufzieht und dann abfahren lässt.

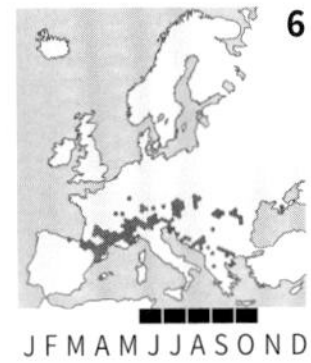

7 Rote Keulenschrecke
Gomphocerippus rufus **L** 14–22 mm. Flügel reichen bei ♂ über die Hinterbeine hinaus; bei ♀ bis ~ ⅔ der Hinterbeine. Braun; Fühler markant, mit weißen, keulenartig verdickten Spitzen. **H** Hauptsächlich kalkhaltiges Magergrünland. ♫ Gedämpftes Trällern, das 5 oder mehr Sekunden dauert und unregelmäßig wiederholt wird.

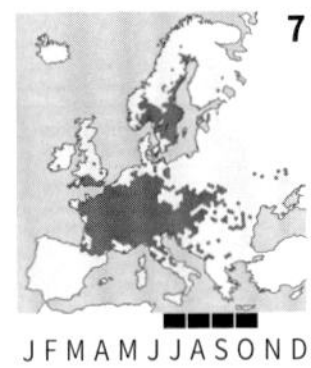

8 Gefleckte Keulenschrecke
Myrmeleotettix maculatus **L** 12–19 mm. Flügel bei beiden Geschlechtern lang. Klein, mit vielen Farbformen, die von Grün, Braun und Violett bis Schwarz reichen; gewöhnlich ein unregelmäßiges Muster aus verschiedenen Farben. Antennen bei ♂ mit deutlich keulenartig verdickten Spitzen, bei ♀ insgesamt etwas dicker, mit dunkler Spitze. **H** Grasland mit etwas kahlem Boden und kurzer Grasnarbe. ♫ Besteht aus 10–30 anfangs leisen Brummtönen, die zunehmend lauter werden.

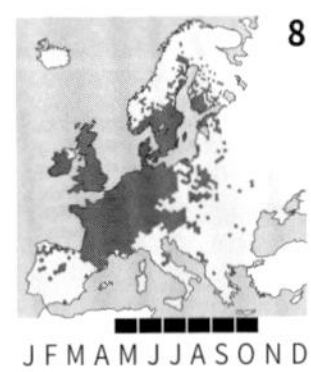

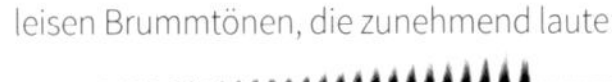

1 ◆

schwarzes Band, das am hinteren Augenrand beginnt

(♀)

Vorderflügel ohne dunkle Flecken

2 ◆

(♂)

2 deutliche Querbänder auf jedem Vorderflügel bei beiden Geschlechtern

(♀)

3 ◆

(♂)

Hinterbeine unten rötlich

(♀)

Vorderflügel bei ♀ kürzer, oft mit violetten Flecken (hier nicht gezeigt)

4 ◆

Vorderflügel ~ ½-mal so lang wie der Hinterleib

(♂)

langflügelige Form kommt bei beiden Geschlechtern vor

Vorderflügel meist sehr kurz und rosa

(♀)

5 ◆

(♂)

rosafarbene Form

(♀)

(♀)

♀ größer, meist mit verkürzten Vorderflügeln

6 ◆

oft ausgeprägt gelb

(♂)

Flügel bei ♀ verkürzt

(♀)

Tibia der Hinterbeine deutlich rot

Färbung sehr variabel

(♀)

7 ◆

Fühler gekeult, Spitze weiß

(♂)

Hinterleib oft rot, besonders bei ♂

(♀)

Mundwerkzeuge bei beiden Geschlechtern sehr blass

8 ◆

Hinterleib oft rot, besonders bei ♂

(♂)

Fühler gekeult, Spitze dunkel

(♂)

Färbung extrem variabel, vor allem bei ♀

(♀)

(♀)

(♀)

Pronotum seitlich oft mit weißlicher Zeichnung

(♀)

×1

← FELDHEUSCHRECKEN Acrididae →

Gen. *Omocestus* E 17 SPP

Voll geflügelte, kleinere Arten. Dunkel graubraun, einige Arten teilweise grün; Pronotumkiele gebogen; Palpen weiß und spitz zulaufend; Hinterleibsspitze meist rot. Antennen nicht zugespitzt.

1 Rotleibiger Grashüpfer 1
Omocestus haemorrhoidalis

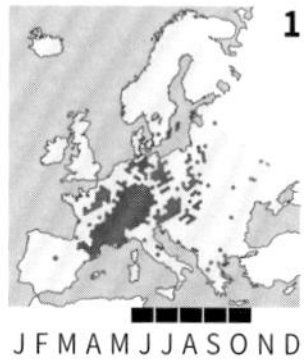

L 11–20 mm. Ocker bis graubraun; Pronotumkiele, im ersten Drittel stark nach innen gebogen; breiteste Stelle zwischen den beiden Seitenkielen am Hinterrand etwa 3-mal so breit wie die schmalste Stelle. Hinterleibsspitze bei ♂ oft orangerot. **H** Grasland, felsiges Bergheideland. ♫ Kurzer, energischer, ansteigender Gesang.

2 Buntbäuchiger Grashüpfer 2
Omocestus rufipes **L** 12–20 mm.

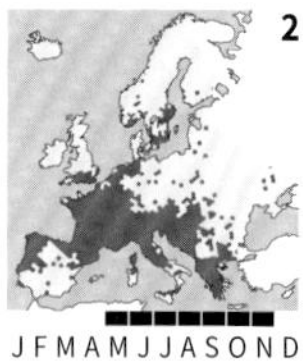

Dunkel graubraun, manche ♀ teilweise grünlich; Hinterleibsspitze bei den meisten ♂ und einigen ♀ rot. Die Spitzen der Palpen sind weiß. **H** Waldränder, mit einigen hohen Gräsern; auch Grasland. ♫ Eine Reihe tickender Geräusche, die 5–20 Sekunden dauern, leise beginnen und lauter werden, bevor sie plötzlich aufhören.

3 Bunter Grashüpfer 3
Omocestus viridulus **L** 14–23 mm.

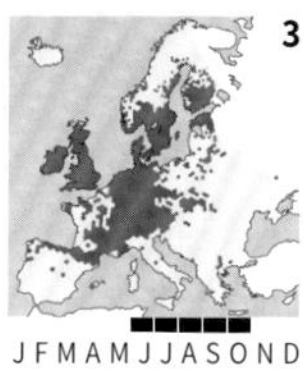

Pronotumkiele mäßig gekrümmt. ♂ überwiegend grün oder olivbraun; ♀ immer mit grüner Oberseite, ansonsten grün, braun oder violett. Hinterleibsspitze nie rot; Palpen blass. **H** Grasland. ♫ Eine Reihe tickender Geräusche, die 10–30 Sekunden dauern, gut hörbar.

Gen. *Stenobothrus* E 19 SPP

Kleinere Arten; Flügel lang; oft leuchtend grün; Pronotumkiele leicht gebogen mit kleinen schwarzen Markierungen, Pronotum mit deutlicher Zeichnung. Vorderflügel mit weißer Linie und weiteren weißen Markierungen. Ausgeprägter Zahn auf der Legescheide, der bei anderen Heuschrecken fehlt.

4 Gewöhnlicher Heidegrashüpfer 4
Stenobothrus lineatus **L** 15–23 mm.

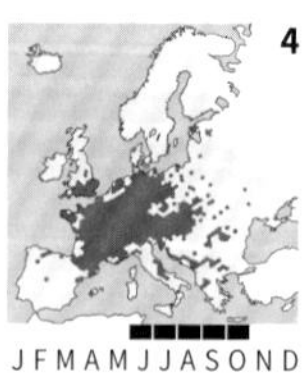

Grün und braun, mit etwas Rot auf dem Hinterleib. Vorderflügel mit ausgeprägter weißer Linie am oberen Rand und länglichem weißen Fleck in der Mitte. **H** Meist kalkhaltiges Grasland, aber auch Heideflächen und Sanddünen, mit einigen kurzen Grasnarben. ♫ ♂ stridulieren oft, aber leise. Sie erzeugen ein keuchendes Geräusch, das 10–20 Sekunden lang anhält.

5 Kleiner Heidegrashüpfer 5
Stenobothrus stigmaticus **L** 10–15 mm.

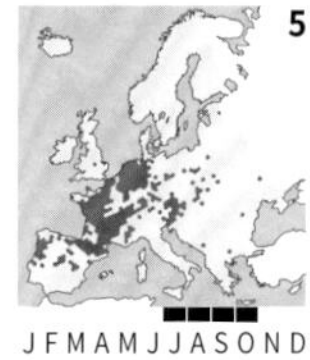

Sehr klein; gewöhnlich grün, Flügel bräunlich, Seiten gesprenkelt; Vorderflügel bei ♀ gewöhnlich mit weißer Linie; Hinterleibsspitze bei ♂ (und manchmal ♀) orangerot. **H** Klippen, auf dünner Grasnarbe. ♫ Eine Reihe von unregelmäßigen Zirplauten, die 2–4 Sekunden andauert und zunehmend lauter wird.

6 Küsten-Grashüpfer 6
Euchorthippus elegantulus **L** 14–26 mm.

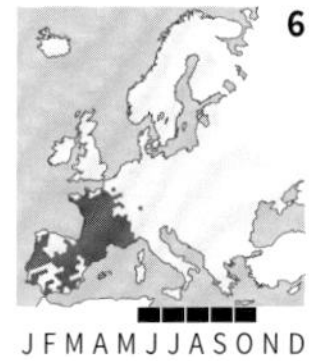

Schlank; gelblich braun, mit einigen variablen dunklen Flecken; Kopf spitz geformt, Vorderflügel reichen nicht bis zum Ende des Hinterleibs. **H** Grasland, Dünen, gelegentlich feuchtere Standorte. ♫ Eine Reihe von kurzen Zirplauten, die 20–30 Sekunden andauert.

Gen. *Pseudochorthippus* E 2 SPP

Kleinere Arten. Normalerweise kurzflügelig, im Gegensatz zu ähnlichen Gattungen wie *Chorthippus*; langflügelige Formen kommen jedoch manchmal bei allen Arten und beiden Geschlechtern vor. Meist grün, einige Arten braun/violett; Pronotumkiel leicht gebogen; Pronotum gewöhnlich einfarbig, selten mit dunklen Bereichen. „Knie" dunkel.

7 Sumpfgrashüpfer 7
Pseudochorthippus montanus

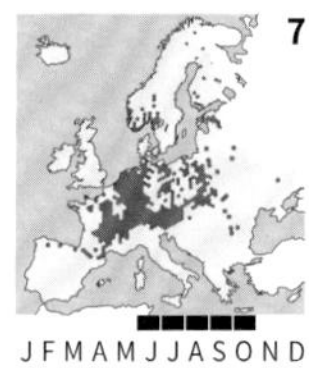

L 12–22 mm. Grün, Oberseite und Vorderflügel braun; manchmal ganz grün. Vorderflügel länger als beim Gemeinen Grashüpfer (*P. parallelus*), reichen bei ♂ fast bis zu den Knien der Hinterbeine und bei ♀ bis Abdomen S4–S6. Hinterflügel bei ♂ ebenfalls länger als bei *P. parallelus*. Legescheide der ♀ mit langen Klappen. **H** Feuchtgebiete, einschließlich Torfmoore, mit hoher Vegetation; bevorzugt bergige Gebiete. ♫ Ein schnarrender Ton, ähnlich wie bei *P. parallelus*, aber langsamer.

8 Gemeiner Grashüpfer 8
Pseudochorthippus parallelus

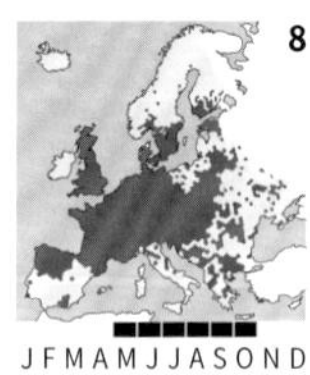

L 10–23 mm. Vorderflügel etwas kürzer als beim Sumpfgrashüpfer (*P. montanus*), reichen beim ♀ nur bis Abdomen S3. Überwiegend grün, aber einige Individuen braun oder violett. Legescheide der ♀ mit kurzen Klappen. **H** Feuchtes Grasland. ♫ Ein schnarrender Ton von 1–3 Sekunden, der allmählich lauter wird; in unregelmäßigen Abständen wiederholt.

1 ◆

Hinterleib
bei ♂ oft rot
♂
Pronotumkiele deutlich gekrümmt
(bei anderen *Omocestus*-Arten
weniger stark)
♀

2 ◆

♂
Pronotumkiele nur
leicht gekrümmt
Oberseite grün
♀
♀ ähnlich wie bei *O. viridulus*,
aber meist dunkler an den Seiten

3 ◆

Pronotumseitenkiele
schwarz gesäumt,
vorne leicht gebogen
♂
Färbung sehr
variabel
Flügel etwas länger bei ♂
♀
♀ oft mit
braunen Seiten

4 ◆

weiße Markierung auf Flügeln
bei beiden Geschlechtern
♂
Hinterleib
oft rot bei ♂
Pronotumkiel
weißlich
♀ oft mit hellem
Streifen am Flügelrand
♀
♀ oft mit rosa

5 ◆

♂
♀

6 ◆

♂
♀

7 ◆

sehr ähnlich zu *P. parallelus*,
Flügel länger
♂
Oberkörper
oft braun
♀
Nymphe

8 ◆

Fühlerspitzen bei ♂
nach außen gebogen
Pronotumkiel
relativ gerade
♂
Färbung extrem
variabel
♂
Flügel bei ♀
verkürzt
♀
Hinterleibsseiten
oft schwarz
rosafarbene Form
♀

×1,5

← **FELDHEUSCHRECKEN** Acrididae

Gen. *Chorthippus* E 48 SPP

Kleinere Arten; Vorderflügel lang; Pronotumkiel eingedrückt oder fast gerade; Thoraxunterseite glatt, selten mit undeutlichen dunklen Flecken. Färbung bei den meisten Arten sehr variabel.

1 🔍 Weißrandiger Grashüpfer
Chorthippus albomarginatus

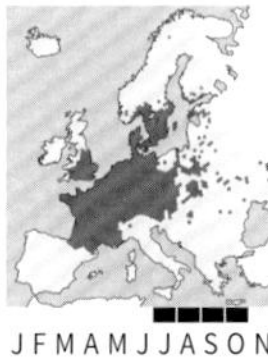

1

L 13–23 mm. Flügel reichen bis zur Hinterleibsspitze; gelegentlich länger. Pronotumkiel fast gerade; Unterseite des Thorax spärlich behaart. Einfarbig hellgrün oder strohfarben, selten rosafarben. Pronotum ohne dunkle keilförmige Flecke. **H** Feuchtgebiete; aber manchmal auch in trockeneren Regionen. ♫ Kurzer Ton, mehrmals wiederholt, dazwischen Pausen von einer Sekunde.

2 🔍 Feldgrashüpfer
Chorthippus apricarius **L** 13–21 mm.

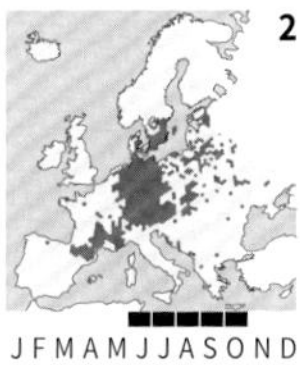

2

Flügel bei ♂ bis zu den Knien der Hinterbeine oder leicht darüber hinaus; bei ♀ kürzer. Seitliche Pronotumkiele schräg nach innen gebogen, meist mit dunklem Rand. Einfarbig graubraun bis ockerfarben mit wenig Zeichnung, Hinterleib manchmal gelb bis rötlich bei ♂. **H** Trockenes, warmes Grasland, Felder, Weiden, Brachland. ♫ Mäßig laut; zögerlicher Start, zunehmend schneller und lauter.

3 🔍 Nachtigall-Grashüpfer
Chorthippus biguttulus **L** 13–21 mm.

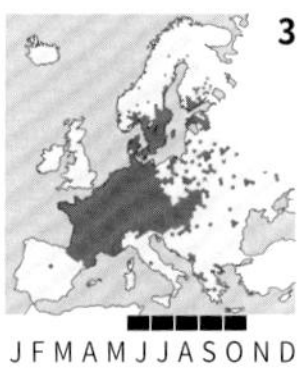

3

Flügel reichen über die Knie der Hinterbeine hinaus. Färbung variabel, meist grau bis braun, manchmal grün. Selten Kopf und Pronotum teilweise violett bis rötlich. Hinterleibsspitze bei ♂ oft orange. Seitliche Pronotumkiele nach innen gewölbt, meist dunkel gesäumt. Genaue Untersuchung der Flügelform und -zeichnung hilft bei der Identifizierung. **H** Nährstoffarme Wiesen und Weiden, Brachland, Gewässerufer, Grasland, Waldränder. ♫ Charakteristischer, schwirrender Gesang; beginnt leise, nimmt schnell an Lautstärke zu und endet abrupt.

4 🔍 Brauner Grashüpfer
Chorthippus brunneus **L** 15–25 mm.

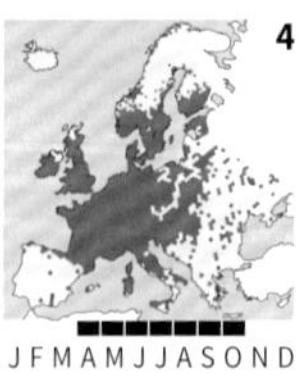

4

Pronotumkiele scharf gewinkelt; Thoraxunterseite stark behaart. Verschiedene Farbformen: oft braun/bräunlich, manchmal mit grüner Rückenfläche; manchmal gestreift, teilweise oder ganz gesprenkelt. Orange, violette oder schwarze Formen seltener; eine grüne Form ist sehr selten. Bei ♂ Abdomen orangerot. Pronotum mit dunklen, keilförmigen Flecken, die nicht bis zum hellen Hinterrand reichen. **H** Grasland. ♫ Eine Serie 6–10 kurzer Zirplaute, jeder 0,5 Sekunden lang, Pause von 1–2 Sekunden zwischen jedem Zirpen; regelmäßig wiederholt. ♀ können auch stridulieren, sind aber leiser.

5 🔍 Wiesengrashüpfer
Chorthippus dorsatus **L** 14–25 mm.

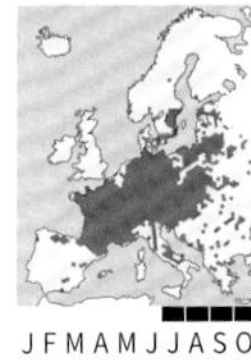

5

Flügel reichen bei ♂ bis zu den Knien der Hinterbeine oder darüber hinaus; bei ♀ kürzer, etwa bis zur Mitte der Hinterbeine. Südlich der Alpen kommen auch Tiere mit stark verkürzten Flügeln vor. Gleichmäßig hell- bis olivgrün oder in verschiedenen Brauntönen. Pronotumkiele im ersten Drittel leicht nach innen gewölbt. Tibia der Hinterbeine gelblich bis rötlich braun. ♂ oft mit oranger bis roter Hinterleibsoberseite. Antennen entweder einheitlich braun, manchmal am Ansatz heller und zur Spitze hin dunkler. **H** Feuchte Wiesen, Gewässerufer, Brachland, Grünland. ♫ Mäßig laut, beginnt mit einem gleichmäßigen Rascheln, baut sich langsam auf und endet mit einem schnellen, schwirrenden Ton.

6 🔍 Verkannter Grashüpfer
Chorthippus mollis **L** 13–22 mm.

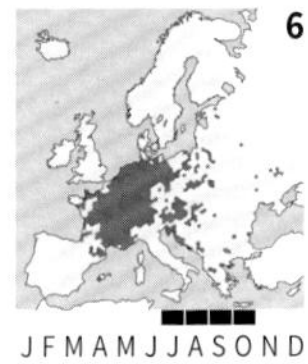

6

Flügel reichen bei beiden Geschlechtern bis zu den Knien der Hinterbeine oder darüber hinaus. Vorwiegend grau oder braun; manchmal mit etwas Grün; Hinterleibsspitze kann leuchtend orange sein. Pronotumkiele mäßig gekrümmt, oft mit dunklen Rändern. **H** Südlich ausgerichtete, sehr trockene und warme Lebensräume: Felsensteppen, magere und trockene Wiesen, Weiden, Heiden, Ruderalflächen. ♫ Mäßig laut; kurzes „tick", gefolgt von einem reibenden, schwirrenden Geräusch. Der Gesang beginnt leise und wird zunehmend lauter.

7 🔍 Steppengrashüpfer
Chorthippus vagans **L** 13–21 mm.

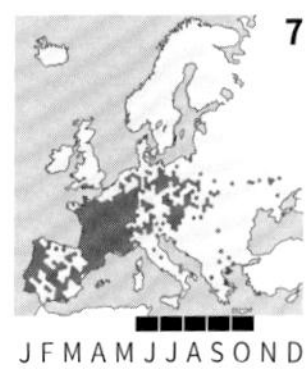

7

Pronotumkiele mit Einkerbung; Thorax an der Unterseite spärlich behaart. Stets dunkel graubraun mit rotem Hinterleib; Tibia der Hinterbeine normalerweise mit 2 dunklen Bändern. Pronotum mit dunklen keilförmigen Flecken, die bis zum Hinterrand reichen. **H** Trockenes Heideland. **V** Ernährt sich von Heidekraut und Zwergginster. ♫ Leiser, anschwellender Ton, der 5 Sekunden oder länger andauert; wird unregelmäßig wiederholt.

8 🔍 Gebirgsgrashüpfer
Stauroderus scalaris **L** 17–28 mm.

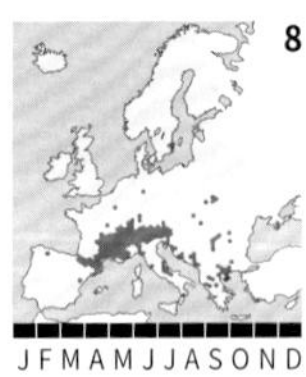

8

♂ mit breiten Flügel, die deutlich über die Knie der Hinterbeine hinausragen; bei ♀ Flügel schmaler, ragen nur wenig über die Knie der Hinterbeine hinaus. Färbung hellgrün, gräulich bis gelblich braun. Pronotumkiele schräg nach innen gebogen, oft mit dunklen Rändern. Knie der Hinterbeine dunkel. Antennen an der Basis hell, zur Spitze hin dunkler gefärbt. **H** Warmes, sonniges, trockenes Grasland und Weiden. ♫ Sehr auffälliges schabendes Geräusch, das von einem kurzen Zirpen unterbrochen wird. Beide Geschlechter erzeugen zudem im Flug ein heulendes Geräusch.

1
♂
Vorderflügel bei ♀ an der Vorderkante mit deutlichem hellen Streifen
♀
Färbung grünlich oder bräunlich
♀ ×1
2
Pronotumkiel leicht zugespitzt
♂
Färbung variabel
♂ ×1
Flügel bei ♀ verkürzt
♀
3
oft grünlich
♂
Hinterleib im ♂ oft orange (nicht beim abgebildeten Exemplar)
Pronotumkiel leicht zugespitzt
♀
Flügelvorderrand oft blass bei ♀
♀ ×1
seltenere rosafarbene Form
4
Hinterleib oft rot, besonders bei ♂
Färbung variabel, oft rosa
5
♂
Hinterleib bei ♂ oft rötlich (nicht beim hier abgebildeten Exemplar)
Färbung sehr variabel
♀ ×1
Pronotumkiel nur leicht gewölbt, darunter dunkle Linie
♀
6
♂
Hinterleib oft rot, besonders bei ♂
Färbung variabel
♂
7
♂
Hinterleib orange rot bei ♂
Pronotumkiele leicht zugespitzt
♂
Färbung variabel
♀
8
Vorderflügel zur Spitze hin dunkel gefärbt
♂
♀
Färbung variabel
♀ ×1

TARSENSPINNER Embioptera

E 5 FAM 17 SPP W 13 FAM 464 SPP

Kleine bis mittelgroße Insekten; Körper sehr lang gestreckt und zylindrisch; Cerci zweigeteilt. Facettenaugen klein (bei ♂ etwas größer) und nierenförmig, Ocelli fehlen. Antennen mehrgliedrig. Pronotum quadratisch, größer als die anderen Teile des Thorax; Abdomen mit 10 Segmenten, 11. Segment nur rudimentär ausgebildet. ♀ immer flügellos; ♂ einiger Arten geflügelt, mit großen Vorderflügeln, die ähnlich große Hinterflügel bedecken. Wenn vorhanden, sind die Flügel weich. Beine kurz, Tarsi dreiteilig. Vor allem die vorderen Tarsi sind basal geschwollen und enthalten Seidendrüsen; die hinteren Oberschenkel sind ebenfalls geschwollen.

Die Ordnung ist wenig bekannt und vor allem tropisch und subtropisch verbreitet. Tarsenspinner leben in Seidengespinsten in der Laubstreu, in Rinde, Felsen, Baumstämmen oder in der Vegetation zusammen. Die Gespinste schützen vor Fressfeinden und Witterungseinflüssen. Sie ernähren sich von Algen, Flechten, Moos oder trockenem Laub. Die Gänge in den Gespinsten werden nach Bedarf angelegt. ♀ betreiben ausgedehnte Brutpflege; sie bewegen sich nur gelegentlich aus dem Bau und fressen gelegentlich die kurzlebigen ♂.

EUROPÄISCHE TARSENSPINNER Embiidae

E 2 GEN 12 SPP 2 ILL

Etwa 80 Arten weltweit, die meisten in Afrika und Asien.

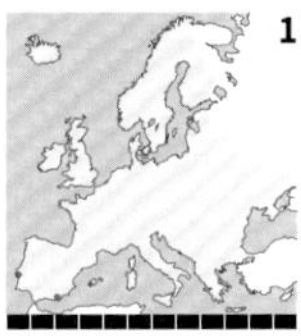

1 Amadora-Tarsenspinner
Embia amadorae **L** ~11 mm.
♂ bräunlich, geflügelt; ♀ flügellos.
H Buschland, Gärten.

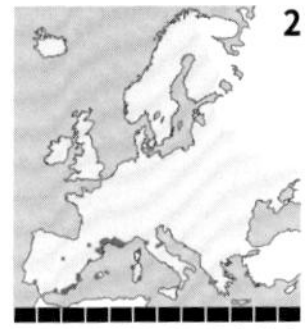

2 Rambur-Tarsenspinner
Embia ramburi **L** 10–12 mm. Beide Geschlechter flügellos; ♂ schwarz; ♀ braun. Kopf etwas mehr gerundet als bei *E. amadorae*. **H** Buschland, Gärten. **V** Einer der häufigsten Tarsenspinner in Europa.

ASIATISCHE WEBSPINNER Oligotomidae

E 3 GEN 5 SPP 1 ILL

58 Arten weltweit, hauptsächlich in Asien.

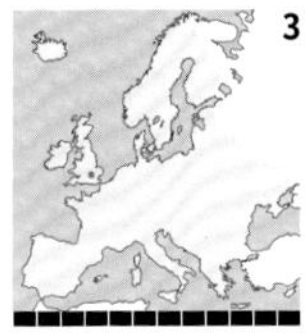

3 Asiatischer Tarsenspinner
Aposthonia ceylonica **L** 6–7 mm. Dunkelbraun mit hellerem Kopf; ♂ mit graubraunen Flügeln; ♀ flügellos. **H** In Europa nur in beheizten Gewächshäusern, lebt in tropischen Orchideenwurzeln. **V** Einzige in Großbritannien nachgewiesene Tarsenspinner-Art: 2018 im Royal Horticultural Society Garden, Wisley, Surrey beobachtet. Wahrscheinlich ist die Art in Sri Lanka und möglicherweise in Indien beheimatet; sie ist auch aus Malaysia, Thailand, Madagaskar und Mauritius bekannt.

GESPENSTSCHRECKEN Phasmida

E 3 FAM 23 SPP W 14 FAM 3580 SPP

Lang gestreckte, nachtaktive, pflanzenfressende Insekten. Sie leben vor allem in den Tropen und verlassen sich vollständig auf ihre Tarnung als Schutz vor Fressfeinden.

Die europäischen Arten sind fast alle sehr schmal und daher oft auch als Stabschrecken bekannt. Obwohl viele Gespenstschrecken geflügelt sind, gibt es in Europa nur flügellose Arten. Einige stammen nicht ursprünglich aus Europa; so sind 4 der 9 „britischen" Arten aus Neuseeland eingeschleppt worden.

Viele Gespenstschrecken können sich parthenogenetisch fortpflanzen, d. h. die ♀ legen unbefruchtete Eier, aus denen wiederum nur ♀ schlüpfen. Sie sind auch in der Lage, ihre Beine abzuwerfen, um Raubtieren zu entkommen, und man sieht sie oft mit weniger als 6 Beinen. Wenn junge Nymphen ein Bein verlieren, kann es nachwachsen, bleibt aber kürzer.

Die meisten Arten in Europa sind variabel grün oder braun gefärbt und somit sehr unauffällig. Manche Arten haben sogar die Fähigkeit, über Nacht die Farbe zu wechseln, um sich noch besser an die Umgebung anzupassen. Bei der Bestimmung hilft oft die Form des Operculums, eines Teiles des Eiablageorgans.

Tropische Gespenstschrecken sind beliebte exotische Haustiere. Obwohl es in den meisten europäischen Ländern illegal ist, solche Tiere in die freie Wildbahn zu entlassen, geschieht dies dennoch gelegentlich; darunter die Labor-Stabheuschrecke (*Carausius morosus*, Familie Lonchodidae). Solche ausgesetzten Populationen sind jedoch im Allgemeinen kurzlebig und können in Nordeuropa nicht im Freien überleben.

EUROPÄISCHE GESPENSTSCHRECKEN Bacillidae →

E 4 GEN 17 SPP 2 ILL

Lang gestreckt, mittelgroß, schlicht gefärbt. Fühler kurz; Vorderschenkel nicht gezähnt. Einige Arten vermehren sich ausschließlich oder hauptsächlich parthenogenetisch. Nahezu 250 Arten weltweit, die beiden am weitesten verbreiteten europäischen Arten werden hier gezeigt. Die meisten Arten in Europa haben nur ein begrenztes Verbreitungsgebiet im Süden, wobei einige ähnlich aussehende Arten nur durch molekulare Analyse unterschieden werden können.

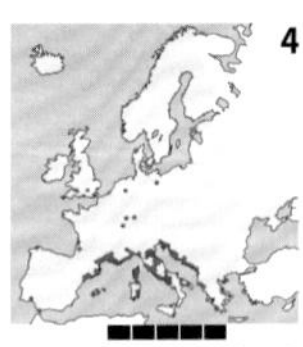

4 Mittelmeer-Stabschrecke
Bacillus rossius **L** ♂ 52–79 mm, ♀ 64–105 mm. Körper glatt, manchmal Thorax leicht gekörnt, mit cremefarbenem oder rotem Seitenstreifen. ♂ braun, ♀ grün oder braun, hell oder dunkel schattiert. Fühler 1,5-mal so lang wie Kopf, mit 20–25 Segmenten; Operculum (siehe Zeichnung) etwa ½ so lang wie das Abdomen S9. Die Weiße Stabschrecke (*Bacillus whitei*) aus Sizilien sieht nahezu identisch aus; Operculum hier so lang wie Abdomen S9. **H** Offene Gebiete, oft Buschland in Küstenregionen. **F** Brombeeren. **V** ♀ können ihre Farbe ändern, um sich der Umgebung anzupassen. Vermehrt sich meist parthenogenetisch (nur ♀), aber in einigen mediterranen Gebieten gibt es bisexuelle Populationen.

TARSENSPINNER

1 ×3 ◆

♂ voll geflügelt,
♀ flügellos

♂

Bestimmung bis zur Art oft unmöglich; Abbildung zeigt *Embia* sp.

2 ×3 ◆

beide Geschlechter flügellos

Kopf mehr gerundet

♂

vordere Tarsen bei allen Webspinnern geschwollen

3 ×3 ◆

♀

Seidengespinst an einer Pflanze

GESPENSTSCHRECKEN →

4 ×1 ◆

♂

Vorderbeine bei allen Gespenstschrecken sehr lang

♀

Fühler sehr kurz

♂ kleiner, Körper schlanker wie typisch für die meisten Gespenstschrecken, bei denen ♂ vorkommen

♀ Hinterleibsende (seitlich gesehen)

S9

Operculum etwa ½× so lang wie Abdomen S9

← EUROPÄISCHE GESPENSTSCHRECKEN Bacillidae

1 🔍 Gallische Stabschrecke

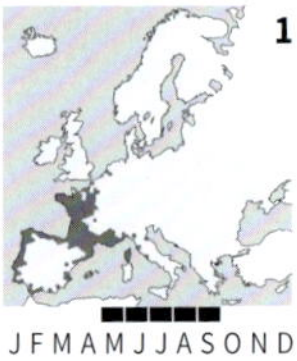

Clonopsis gallica **L** ♀ 59–79 mm. Thorax mit körniger Struktur. ♀ braun, rötlich oder grün; Fühler etwa so lang wie Kopf, somit kürzer als bei der Mittelmeer-Stabschrecke (*Bacillus rossius*), mit nur 12–13 Segmenten; Operculum bis zum Ende von Hinterleib S9. **H** Offene Wälder, Gebüsch. **F** Brombeeren. **V** Vermehrt sich parthenogenetisch. Einem ♂ ähnliche Tiere (etwa ~50 mm lang) kommen gelegentlich in Zuchten vor, sind vermutlich aber keine fortpflanzungsfähigen Tiere.

ECHTE GESPENSTSCHRECKEN Phasmatidae

E 3 GEN 5 SPP 4 ILL

Lang gestreckt, mittelgroß bis groß, weltweit > 700 geflügelte und ungeflügelte Arten (in Europa immer flügellos), hauptsächlich in den Tropen und Subtropen. Antennen deutlich segmentiert (bei europäischen Arten mittellang); Tibiae der Vorderbeine sind deutlich gezähnt. Einige Arten mit stacheligem Körper.

Gen. *Acanthoxyla* E 3 SPP

Ursprünglich in Neuseeland beheimatet, mittlerweile ein spektakulärer, unerwarteter Anblick in verschiedenen Regionen Großbritanniens und Irlands. Lang gestreckt (bis 125 mm). Gewöhnlich grün oder braun, Körper mit Stacheln oder Höckern; diese Merkmale sind aber innerhalb der Arten bis zu einem gewissen Grad variabel. Einige Arten mit unterseitigen Lappen an Abdomen S2–S8. Beine mit Stacheln an den Enden aller Femora und Tibiae sowie weiteren Zacken auf den Femora, an den Vorderbeinen ist die innere Basis der Femora rot. Operculum (Teil des Eiablageorgans) schiffchenförmig, bis zum Ende des Hinterleibs reichend; Basis des Operculums mit einem großen Dorn oder Tuberkel, dessen Aussehen bei der Unterscheidung der Arten hilft. Cerci lang, behaart, blattartig. Vermehrung parthenogenetisch; einzelne ♂ von 2 Arten wurden schließlich 2016 und 2024 in Großbritannien entdeckt, obwohl noch nicht geklärt ist, ob es sich hierbei um nur unvollständig ausgebildete Tiere handelt, die sich nicht fortpflanzen können.

2 🔍 Stachelige Gespenstschrecke

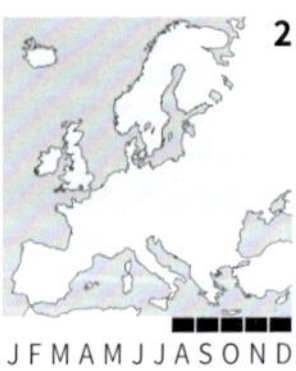

Acanthoxyla geisovii **L** ♀ 80–110 mm. Vergleichsweise stämmig. Grün, braun, gelegentlich mit vielen weißen Flecken, Körper oft mit zahlreichen schwarzen Stacheln, obwohl einige Tiere nur wenig stachelig sind. Abdomen S3–S6 manchmal mit blättrigen Lappen Operculum mit gebogenem Stachel an der Basis. **H** Gärten, Hecken, Brachland. **F** Brombeeren, Rosen, Zypressen. **V** Vermehrt sich parthenogenetisch. In Europa erstmals 1908 in Paignton, Devon nachgewiesen, wurde durch aus Neuseeland eingeführte Pflanzen eingeschleppt.

3 🔍 Unbewehrte Gespenstschrecke

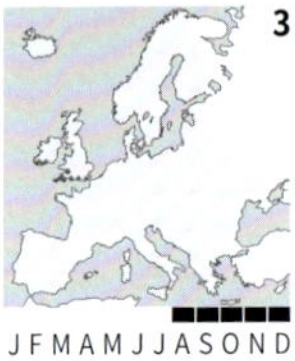

Acanthoxyla inermis **L** ♀ 85–125 mm. Grün oder braun, Pronotum mit schwarzer Längslinie. Thorax meist mit wenigen Tuberkeln und gelben Längslinien. Operculum mit basalem Tuberkel. **H** Gärten, Hecken, Brachland. **F** Brombeeren, Rosen, Zypressen. **V** Vermehrt sich parthenogenetisch. Zwei einem ♂ ähnliche, braune Tiere (Länge 75 mm) wurden 2016 und 2024 in freier Wildbahn gefunden; beide vermutlich aber nicht vollständig ausgebildet und nicht fortpflanzungsfähig.

4 🔍 Schwarzstachel-Gespenstschrecke *Acanthoxyla prasina*

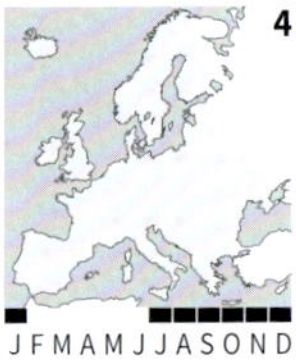

L ♀ 78–108 mm. Grün, gelegentlich braun. Kopf und Thorax mit weniger Stacheln als die Stachelige Gespenstschrecke (*A. geisovii*). S5–S8 des Hinterleibs können blättrige Lappen haben. Operculum mit basalem Tuberkel oder kurzem Stachel. **H** Gärten. **F** Brombeeren, Rosen, Zypressen, Japanische Zedern. **V** Vermehrt sich parthenogenetisch. Ein einem ♂ ähnliches, grünes Tier (Thorax rötlich braun, Länge 55 mm) tauchte 2024 in Gefangenschaft auf. Obwohl es sich bereitwillig mit ♀ paarte, kann nicht ausgeschlossen werden, dass es sich um ein unvollständig ausgebildetes ♂ mit ♀-Merkmalen handelt, das nicht in der Lage ist, sich fortzupflanzen; denn die Nachkommen, die aufgezogen wurden, waren allesamt ♀ (die durch parthenogenetische Fortpflanzung auch ohne Paarung entstanden wären).

5 🔍 Glatte Stabschrecke

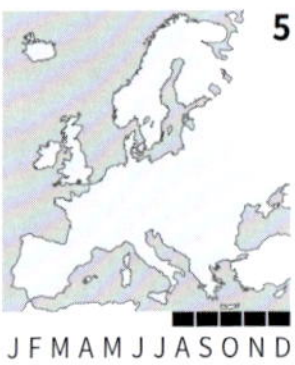

Clitarchus hookeri **L** ♀ 74–106 mm. Grün oder braun, Körper bis auf wenige Körnchen meist glatt, Thorax mit unterbrochener schwarzer Linie, die oft vom Hinterkopf bis zum Hinterleib reicht. Operculum reicht etwa bis zum Ende des Hinterleibs, aber ohne basalen Tuberkel; Cerci lang, behaart. **H** Gärten, Brachland. **F** Brombeeren, Rosen, Eukalyptus. **V** In Europa seit 1949 nachgewiesen und parthenogenetisch, aber bisexuelle Populationen sind in Teilen Neuseelands verbreitet. Eine Form in Neuseeland hat Tuberkel auf dem Thorax; dort kommen auch andere Farbformen vor, die je nach Umgebung eine bessere Tarnung bieten.

extrem seltenes ♂ von *Acanthoxyla inermis* (Bild von 2016), wahrscheinlich nicht fortpflanzungsfähig

← GESPENSTSCHRECKEN

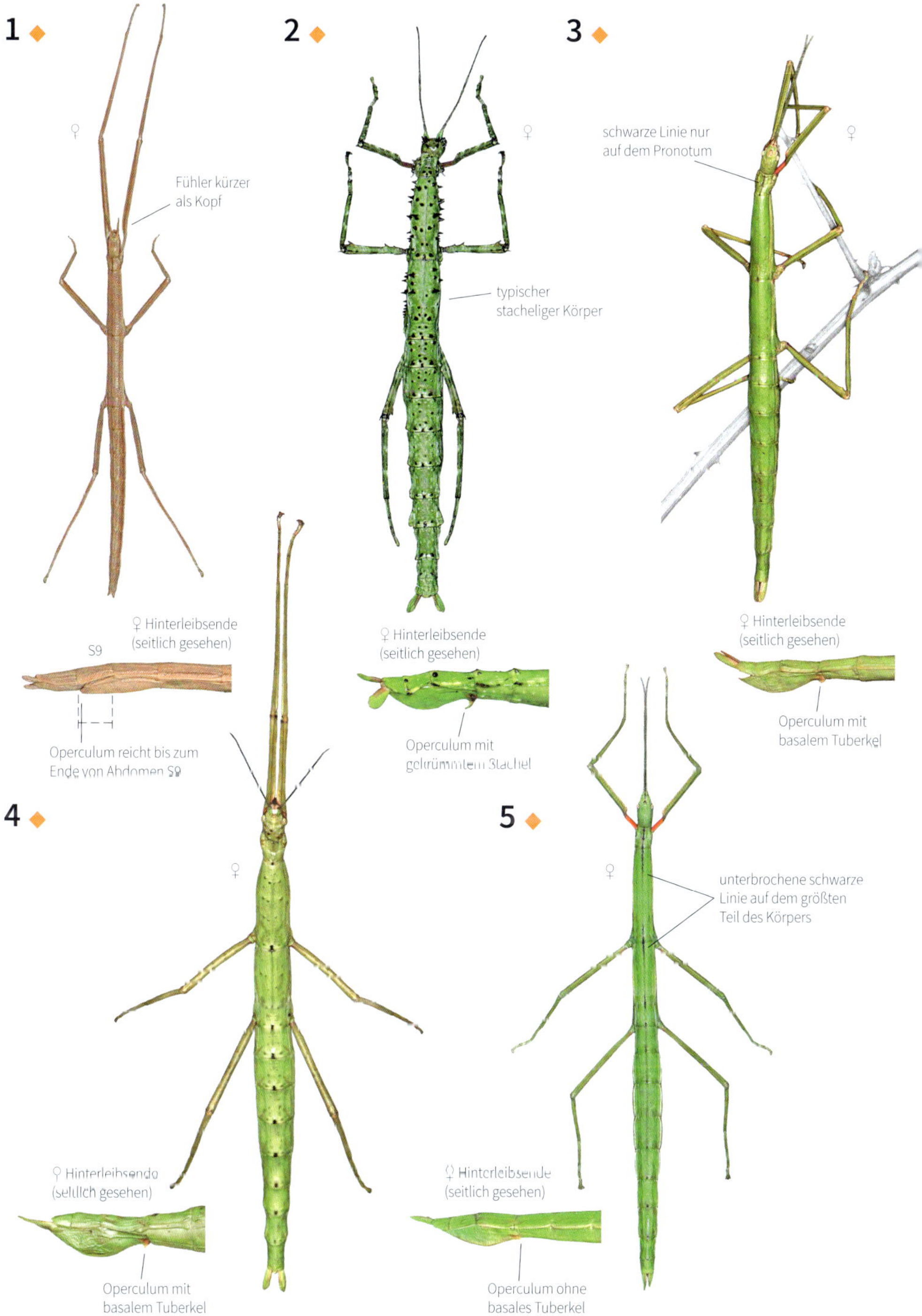

×0,75

Mittelgroße bis große, räuberisch lebende Insekten, meist geflügelt. Gut getarnt; Vorderbeine zum Greifen der Beutetiere ausgebildet, dadurch leicht zu erkennen. Mit ihren großen Augen und dem dreieckigen Kopf wirken sie fast außerirdisch und werden manchmal in Science-Fiction- oder Horrorfilmen dargestellt.

Einige Arten, denen man in Europa begegnet, können als entflohene exotische Haustiere oder Ausreißer aus Zuchtbeständen angesehen werden oder wurden versehentlich nach Europa transportiert; unter anderem in den letzten Jahren die Chinesische Gottesanbeterin (*Tenodera sinensis*) in Deutschland und die Transkaukasische Riesenmantis (*Hierodula transcaucasica*) in Österreich.

Die Eiablage erfolgt in einer (manchmal auch mehreren) großen Oothek (Eipaket), die je nach Art mehrere 100 einzelne Eier beinhalten kann.

Einige Autoren betrachten die Mantodea als Schwestergruppe der Blattodea in einer Gruppe namens Dictyoptera und behandeln die heutigen Ordnungen (Blattodea und Mantodea) als Unterordnungen; andere betrachten sie weiterhin als eigene Ordnungen innerhalb einer neu zu schaffenden Überordnung.

AMELIDEN Amelidae

E 3 GEN 12 SPP 2 ILL

Schlanke bis gedrungene, eher kleine Arten. ♀ flügellos oder kurzflügelig, ♂ meist voll geflügelt; einige Arten aber komplett flügellos. Bei einigen Gattungen sind die Augen besonders groß ausgebildet. Im Mittelmeerraum stark verbreitet. Amelidae wurde früher der Familie Mantidae zugeordnet.

1

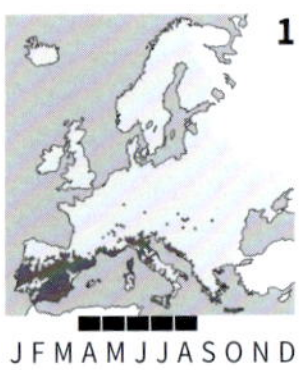

1 🔍 Europäische Zwerg-Gottesanbeterin
Ameles spallanzania **L** ♂ 18–27 mm, ♀ 25–40 mm. Ockerfarben oder grün. ♀ Stämmig, kurzflügelig, ruht oft mit aufgerolltem Hinterleib. ♂ schlank, langflügelig. **H** Grasland, Gebüsch, Waldränder, niedrige Vegetation.

2

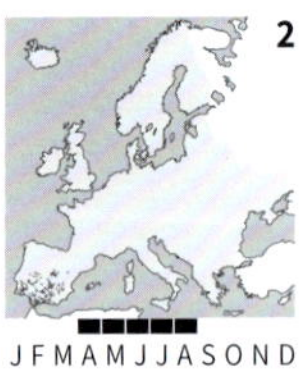

2 ⊙ Iberische Gottesanbeterin
Apteromantis aptera **L** ♂ 27–28 mm, ♀ 29–36 mm. Flügellos, grün, manchmal braun, selten gelb; Augen eckig, bei ♂ spitzer; ♀ gedrungen, ♂ schlank. **H** Grünland, Gebüsch, Waldränder. Galt früher als gefährdet, ist aber heute viel weiter verbreitet.

EREMIAPHILIDEN Eremiaphilidae

E 1 SPP 1 ILL

Schlanke bis gedrungene, mittelgroße Arten. ♀ oft mit verkürzten Vorderflügeln, ♂ jedoch meist voll geflügelt. Hinterflügel der *Iris*-Arten sind bei beiden Geschlechtern farbig, anders als bei anderen europäischen Familien.

3

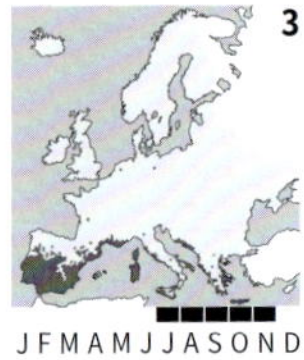

3 🔍 Mittelmeer-Fangschrecke
Iris oratoria **L** ♂ 27–46 mm, ♀ 37–41 mm. Grün, braun oder gelblich. Bei ♀ Hinterflügel kürzer als Hinterleib. Kann auf den ersten Blick mit anderen Arten verwechselt werden, ist aber leicht zu identifizieren, wenn die Flügel rasch zur Abschreckung von Feinden geöffnet werden: Hinterflügel mit einem großen schwarzen Basalfleck; bei anderen europäischen Arten sind die Hinterflügel farblos.
H Offene Standorte, einschließlich Grasland, Gebüsch, Gärten.

ECHTE GOTTESANBETERINNEN Mantidae

E 3 GEN 3 SPP 2 ILL

Lang gestreckt, meist groß, voll geflügelt. Weltweit > 500 Arten, darunter die bekannte, kosmopolitische Gottesanbeterin (*Mantis religiosa*). Aufgrund neuer Untersuchungen wurde eine Reihe von Arten dieser Familie in andere Familien übertragen.

4

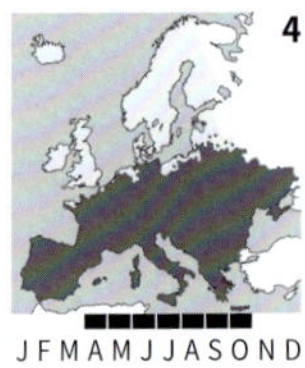

4 ⊙ Europäische Gottesanbeterin ***Mantis religiosa***
L ♂ 48–60 mm, ♀ 43–88 mm. Lang gestreckt (♀ erscheint vor der Eiablage gedrungen), grün, braun oder gelblich, Vorderrand der Vorderflügel mit dunklem Streifen. Relativ leicht an dem auffälligen schwarzen oder schwarz beringten Fleck an der Basis der Vorderflügel zu erkennen. **H** Offene Flächen, Grasland, Gärten, Gebüsch.

5

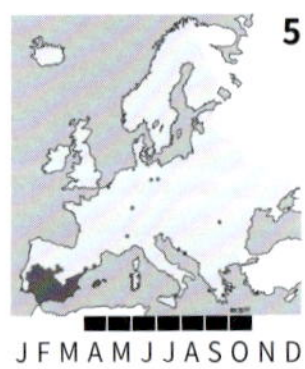

5 ⊙ Afrikanische Gottesanbeterin
Sphodromantis viridis **L** ♂ 53–65 mm, ♀ 60–75 mm. Gedrungenes Aussehen, grün oder braun, Vorderflügel mit markantem weißem Fleck. **H** Grünland, Gärten, Parks, Gebüsch.

HAUBENFANGSCHRECKEN Empusidae

E 1 GEN 2 SPP 1 ILL

Lang gestreckt, groß, voll geflügelt. Oberseite des Kopfes mit konischer Haube.

6

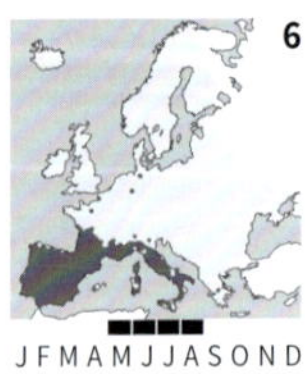

6 🔍 Haubenfangschrecke
Empusa pennata **L** ♂ 50–60 mm, ♀ 60–67 mm. Lang gestreckt, grün mit rosafarbenen Flecken einschließlich der Spitze der Vorderflügel; Rand der Vorderflügel weißlich oder rosa; Hinterleibssegmente, mittlere und hintere Femora gelappt. Bei ♂ Fühler gefiedert. Östliche Kegelkopfschrecke (*E. fasciata*) ähnlich, aber auf östliche Gebiete in Europa beschränkt. **H** Offene Flächen, Grasland, Gebüsch.

1 ◆

bei ♀ Hinterleib nach oben gebogen (ähnlich wie bei Nymphen der meisten Gottesanbeterinnen)
♀
♂
♂ voll geflügelt, klein

2 ■

♀
flügellos
Kopf dreieckig geformt

3 ◆

♂
Abwehrhaltung, kontrastreiche Zeichnung der Hinterflügel sichtbar
♂

4 ■

♀
♀ größer als ♂, auch mit breiterem Hinterleib
♀ ×0,5
braune Form
Nymphen im letzten Stadium mit Flügelstummeln
Nymphe

5 ■

Nymphe

6 ◆

♂
Fühler bei ♂ gefiedert
Vorderbeine eher kurz
Nymphe

Schaben sind flach gebaute Insekten mit langen Fühler, die sich schnell bewegen können. Ihr Kopf zeigt nach unten; das Pronotum ist schildförmig und bedeckt oft den Kopf. Die ledrigen, überlappenden Vorderflügel bedecken häutige Hinterflügel; einige Arten sind gute Flieger. Die Eier werden in eine kastenförmige Oothek (ein Eipaket) gelegt.

Die in Europa heimischen Schaben sind kleiner als die bekannten, großen, meist nachtaktiven, eingeschleppten Schädlinge, die ohne Heizung nicht überwintern können, deren Verbreitung gegenüber früher jedoch wieder eingeschränkt werden konnte. So wird in Naturbüchern des 19. Jahrhunderts das zahlreiche Vorkommen der Deutschen und der Orientalischen Schabe in Hotels, Restaurants, Kellern und Küchen beschrieben.

Früher wurden die Termiten einer eigenen Ordnung (Isoptera) eingeordnet, doch laut molekularphylogenetischen Untersuchungen sind sie eine Untergruppe der Schaben. Alle Termiten leben in sozialen Kolonien, die in gewisser Weise mit denen der (nicht verwandten) Ameisen vergleichbar sind. Mehrere in Europa vorkommende Arten sind holzfressend.

Obwohl sie bei einigen Tierhaltern beliebt sind, gehören Schaben und Termiten im Allgemeinen zu den unbeliebtesten Insekten. Schaben sind widerstandsfähig, vermehren sich schnell und ernähren sich von Lebensmitteln für Menschen und Haustiere; sie sind nachweislich oder vermutlich Überträger verschiedener Krankheiten; und holzfressende Termitenarten können große Schäden an Holzkonstruktionen verursachen.

WALDSCHABEN Ectobiidae

E 6 GEN 140 SPP 7 ILL

Klein bis mittelgroß (< 15 mm); ♂ Subgenitalplatte mit 2 Anhängen (symmetrisch, asymmetrisch oder einer/beide fehlend). Bei ♀ Hinterleibsspitze glatt, nicht geteilt. Antennen > ½ Körperlänge; Beine lang; Cerci lang, über den Körper hinausragend. Eine der größten Familien, fast 2400 Arten weltweit. Viele Arten (z. B. *Ectobius* spp.) heimisch in Mitteleuropa, können im Freien überwintern, die meisten kommen nicht in Gebäuden vor.

1 🔍 Deutsche Schabe

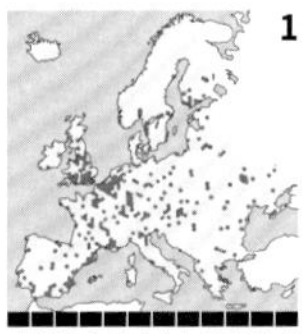

1

Blattella germanica **L** 10–15 mm. Gelblich braun, Pronotum mit 2 dunklen Streifen. **H** Hauptsächlich in beheizten Gebäuden, Hotels, Bäckereien und Lagerhäusern. **V** Kosmopolitischer Schädling, auch in europäischen Ländern. Die Zahl der Tiere kann oft unbemerkt stark ansteigen. Wird als Reptilienfutter genutzt.
⚠ Kann Krankheitserreger auf Menschen und Tiere übertragen.

2 🔍 Küsten-Waldschabe

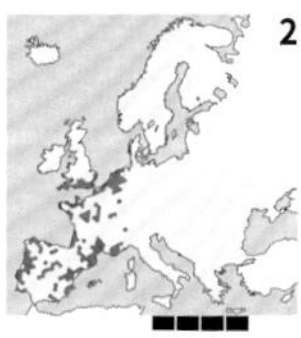

2

Capraiellus panzeri **L** 5–8 mm. Dunkelbraun bis schwarz, Pronotum (bei ♀ auch Abdomen) gefleckt und gesprenkelt. ♂ vollständig geflügelt, flugfähig; kann mit ♂ der Dunklen Schabe (*Ectobius lapponicus*) und Braunen Schabe (*E. pallidus*) verwechselt werden. ♀ mit verkürzten Flügeln; nicht flugfähig. **H** Grasland, Heiden, Küstenklippen, Sanddünen, Kieselstrände. Oft auf Blüten oder Vegetation.

Gen. ***Ectobius*** E ~30 SPP

♂ voll geflügelt, flugfähig; Bestimmung der ♂ auf Artniveau kann schwierig sein. Bei einigen Arten ♀ mit verkürzten Flügeln, bei anderen lang. ♀ Hinterleib glatt, zugespitzt.

3 🔍 Lappland-Waldschabe

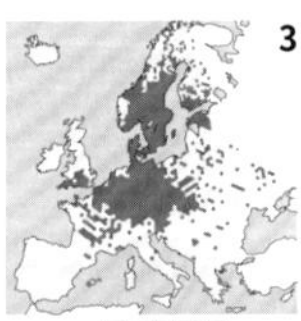

3

Ectobius lapponicus **L** 7–11 mm. Hellbraun oder graubraun, Vorderflügel leicht gesprenkelt; Pronotum bei ♂ dunkelbraun oder schwarz. Flügel der ♀ reichen nicht ganz bis zur Spitze des Hinterleibs. **H** Verschiedene buschige Standorte, einschließlich Heideland. **V** Tag- und nachtaktiv, manchmal auf Baumkronen sitzend.

4 🔍 Blasse Waldschabe

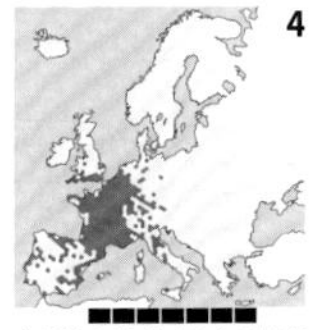

4

Ectobius pallidus **L** 8–10 mm. Gelbbraun, ziemlich breit gebaut. Flügel der ♀ reichen über das Hinterleibsende hinaus. **H** Waldränder, Lichtungen, Küstenklippen, Heideland, Kreidefelsen. **V** Oft auf Blüten und Vegetation.

5 🔍 Echte Waldschabe

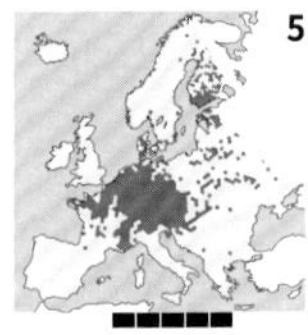

5

Ectobius sylvestris **L** 9–11 mm. Pronotum dunkelbraun bis schwärzlich mit hellem Querstreifen am Hinterrand; ♂ schlanker als ♀; bei ♂ Flügel bräunlich mit feiner Zeichnung; Flügel des ♀ verkürzt. **H** Wälder, Wiesen, Gärten.

6 🔍 Bernstein-Waldschabe

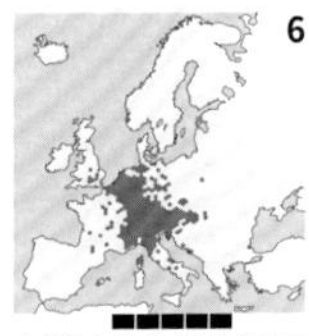

6

Ectobius vittiventris **L** 9–14 mm. Sehr lang gestreckt. Flügel reichen bei beiden Geschlechtern über die Hinterleibsspitze hinaus, manchmal fein gefleckt, aber immer ohne große dunkle Flecken. Hellbraun, Pronotum mit charakteristischen durchscheinenden Rändern. Antennen etwa so lang wie der Körper; Beine auffallend stachelig. **H** Wälder, Wiesen, Gärten.

7 🔍 Braunbandschabe

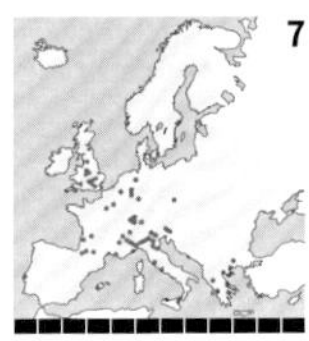

7

Supella longipalpa **L** 10–14 mm. Gelblich braun, rötlich braun oder dunkel; Pronotum mit deutlichen Seitenrändern. Vorderflügel mit hellen Basal- und anderen Binden; ♂ voll geflügelt, flugfähig. ♀ dunkler, Flügel reichen nicht bis zur Hinterleibsspitze. **H** In Mitteleuropa in Häusern und Gebäuden. ⚠ Kann Krankheitserreger auf Menschen und Tiere übertragen.

8 🔍 Tanger-Waldschabe

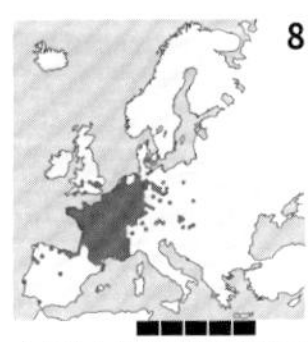

8

Planuncus tingitanus **L** ~10mm. Hinterleib gestreift, mit dunklen Flecken, oder ganz schwarz. Flügel reichen bei ♂ fast bis zur Spitze des Hinterleibs, bei ♀ sind sie kürzer. **H** Wälder, Wiesen, Gärten.

WALDSCHABEN

1 ×2

2 ×3

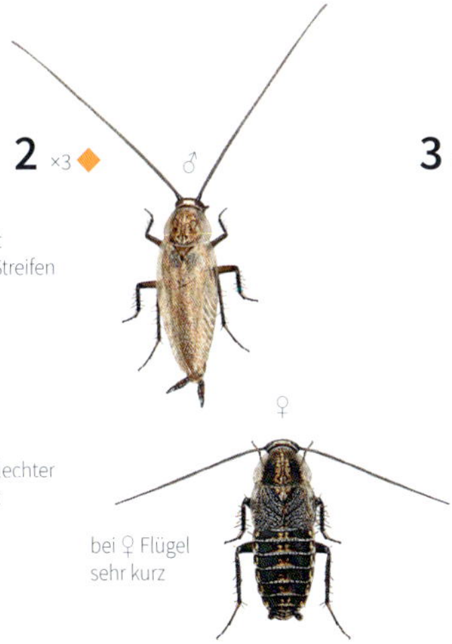

3 ×2

4 ×2

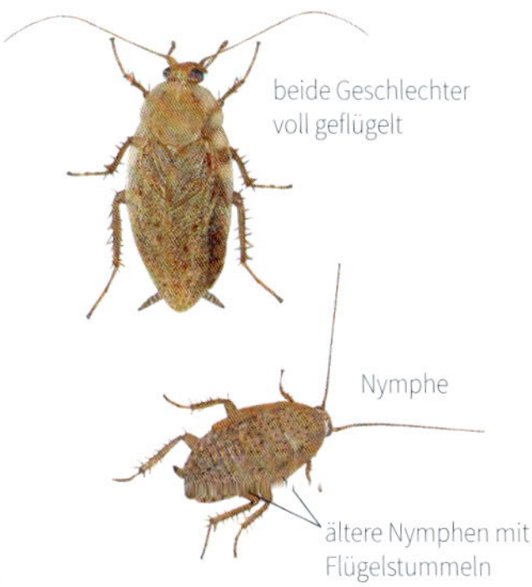

5 ×2

6 ×2

7 ×2

8 ×2

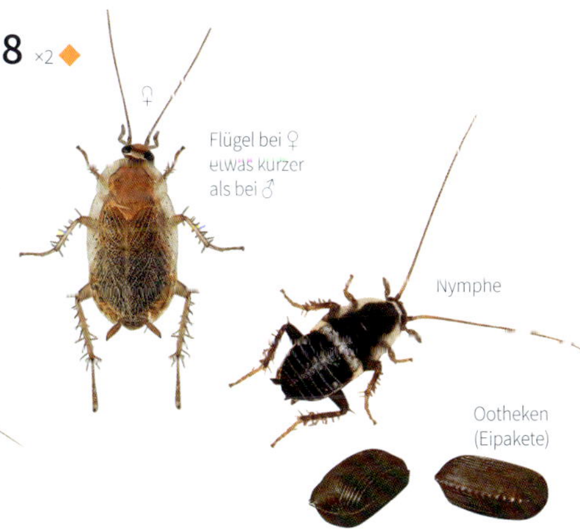

RIESENSCHABEN Blaberidae

E 2 GEN 4 SPP 1 ILL

Mittelgroß (20–25 mm); ♂ Subgenitalplatte mit 2 Anhängen (symmetrisch, asymmetrisch oder einer/beide fehlend). Bei ♀ Hinterleibsspitze glatt, nicht geteilt. Antennen < ½ Körperlänge; Beine kurz; Cerci kurz, nicht über das Körperende hinausragend.

1 ⊙ Surinam-Schabe
Pycnoscelus surinamensis **L** 20–25 mm. Voll geflügelt. Rötlich braun, Vorderkante des Pronotums mit hellem Band. **H** Gärtnereien, Gewächshäuser, in der Vergangenheit auch in Bürogebäuden und Krankenhäusern. Kann wahrscheinlich in Europa nicht lange im Freien überleben. **V** Lebenszyklus einjährig.

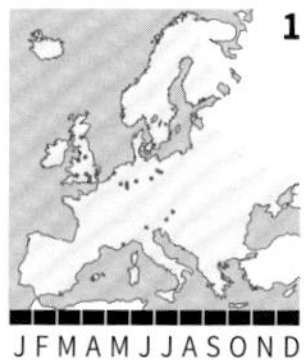

1

ECHTE SCHABEN Blattidae

E 2 GEN 4 SPP 3 ILL

Mittelgroß bis sehr groß; bei ♂ Subgenitalplatten mit symmetrischen Anhängen, bei ♀ Hinterleibsspitze zweigeteilt. Mehr als 650 Arten weltweit; darunter einige der häufigsten und bekanntesten Schädlinge. Lebenszyklus einjährig; erwachsene Tiere können mehrere Monate alt werden.

2 ⊙ Gemeine Küchenschabe
Blatta orientalis **L** 17–30 mm. Schwarz; ♀ mit Flügelstummeln; ♂ manchmal braun, mit kurzen Flügeln. **H** Beheizte Gebäude wie Gewächshäuser, Kliniken, Hotels, Restaurants, Lagerhäuser, Privathäuser. Kann auch in mitteleuropäischen Ländern im Freien überleben, z. B. auf Mülldeponien oder in der Kanalisation. **V** ♀ legen mehrere Ootheken. **I** Kosmopolitischer Schädling; diese robusten, nachtaktiven Aasfresser fressen fast alles. ⚠ Kann schädliche Bakterien auf Menschen und Tiere übertragen.

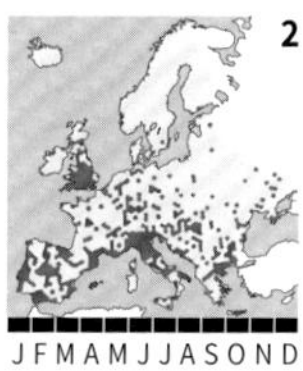

2

Gen. *Periplaneta* E 3 SPP

Sehr groß; Flügel reichen bei beiden Geschlechtern über die Hinterleibsspitze hinaus.

3 ⊙ Australische Schabe
Periplaneta australasiae **L** 27–34 mm. Rötlich braun, Pronotum mit gelbem Ring. Vorderflügel mit kurzem gelben Basalstreifen. Bei der Braunen Schabe (*P. brunnea*) Pronotum dunkelbraun, mit kleinen vorderen und großen hinteren gelben Flecken. **H** Beheizte Gebäude, Gewächshäuser, Lagerhäuser. Kosmopolitischer Schädling.

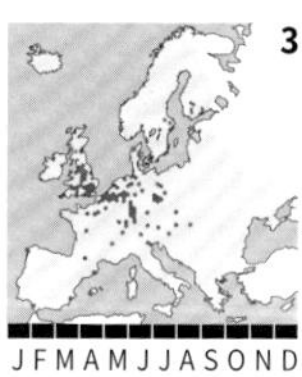

3

4 ⊙ Amerikanische Großschabe
Periplaneta americana **L** 27–43 mm. Rötlich braun; Pronotum mit breiten, helleren Bereichen. **H** Beheizte Gebäude, darunter Bäckereien, Gärtnereien mit Gewächshäusern, Hotels, Seehäfen, Lagerhäuser, Zoos, seltener Privathäuser. Unempfindlich, bleibt aber in beheizten Räumen. Ein kosmopolitischer Schädling.

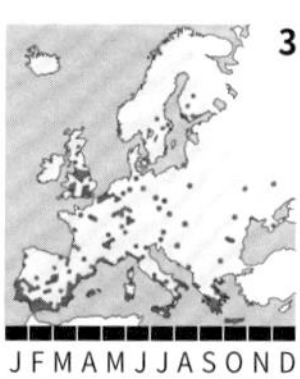

3

TERMITEN

Termiten ähneln äußerlich weißen Ameisen. Die Antennen sind etwa so lang oder etwas länger als der Kopf; der oft sehr groß ist (besonders bei der Soldatenkaste). Alle Arten leben in hochkomplexen sozialen Kolonien; die afrikanischer, asiatischer oder australischer Arten umfassen oft mehrere 100 000 Individuen. Kolonien der europäischen Arten sind jedoch viel kleiner.

Die meisten Termiten sind Arbeiter oder Soldaten; beide Kasten bestehen aus unfruchtbaren ♂ und ♀. Größere, geflügelte Geschlechtstiere (♂ und ♀, als Könige und Königinnen bezeichnet) erscheinen einmal im Jahr, um neue Kolonien zu gründen. Nachdem sie ausgeschwärmt sind, werfen sie ihre Flügel ab (ähnlich Ameisen).

Die in Europa vorkommenden Arten ernähren sich von Holz und sind ein bedeutender Schädling an Holzkonstruktionen und Gebäuden, während afrikanischen, asiatische oder australische Arten eine wichtige, bedeutende Rolle bei der Verwertung von Biomasse spielen. Die fortpflanzungsfähigen ♀ legen ihre Eier einzeln tief im Nest ab (nicht in Ootheken wie Schaben).

HOLZTERMITEN Kalotermitidae

E 3 GEN 4 SPP 1 ILL

Holzfressend; können große Schäden an Gebäuden oder anderen Holzkonstruktionen verursachen. Kleine Kolonien von < 1000, max. ~ 2000 Individuen, die direkt in trockenem Holz gebaut sind, von dem sie sich auch ernähren. Die Arbeiter sind eigentlich Nymphen, die später auch zu anderen Kasten wie Soldaten oder Geschlechtstieren heranwachsen können.

5 🔍 Gelbhalstermite
Kalotermes flavicollis **L** 4–6 mm; geflügelte ♂ und ♀ ~ 8–10 mm. Pronotum bei allen Kasten rechteckig; bei Geschlechtstieren orange-gelb. Beine und Fühler ebenfalls gelblich. **H** In Mitteleuropa in beheizten Holzbauten in Hafenstädten; in Südeuropa auch in freier Natur wie alten Baumstämmen und Wurzeln. **V** Schwärmen der ♂ und ♀ von Juli bis Oktober. Kann Schäden an Holzkonstruktionen und Gebäuden, aber auch in Weinbergen verursachen.

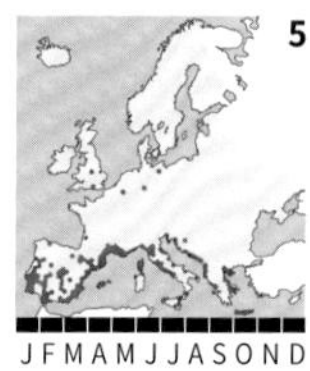

5

BODENTERMITEN Rhinotermitidae

E 2 GEN 7 SPP 1 ILL

Holzfressend; können große Schäden an Gebäuden oder anderen Holzkonstruktionen verursachen. Die meisten Arten legen oft größere Nester im Boden an, die sich dann über mehrere Holzstücke ausbreiten können.

6 🔍 Iberische Bodentermite
Reticulitermes grassei **L** 4–6 mm; geflügelte ♂ und ♀ ~ 9 mm. Weißlich, schwer von anderen *Reticulitermes* spp. zu unterscheiden (die aber jeweils nur in bestimmten Städten vorkommen). **H** Nistet im Boden, von wo aus sie sich ausbreitet. **V** Bedroht Konstruktionsholz, gilt in mehreren europäischen Ländern als großer Schädling. In der Regel können die Tiere in Mittel- und Nordeuropa außerhalb von beheizten Gebäuden nicht überleben, was ein Ansatz für erfolgreiche Bekämpfungsmaßnahmen sein kann.

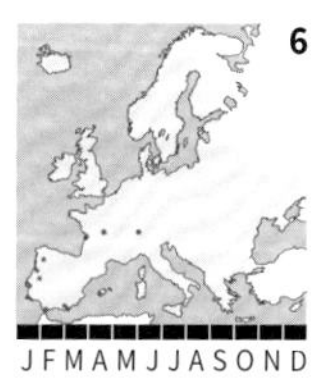

6

RIESENSCHABEN

1 ×1

BLATTLÄUSE

2 ×1

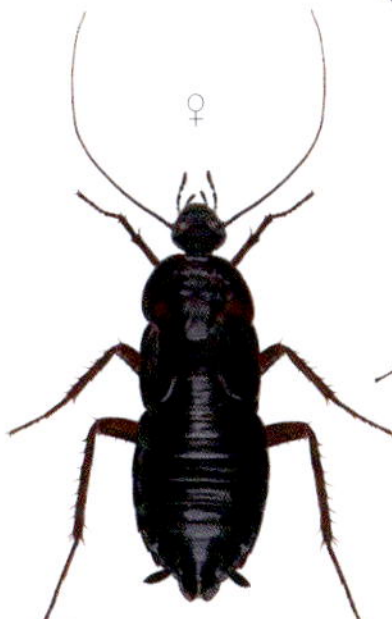

♀

♀ mit Flügelstummeln

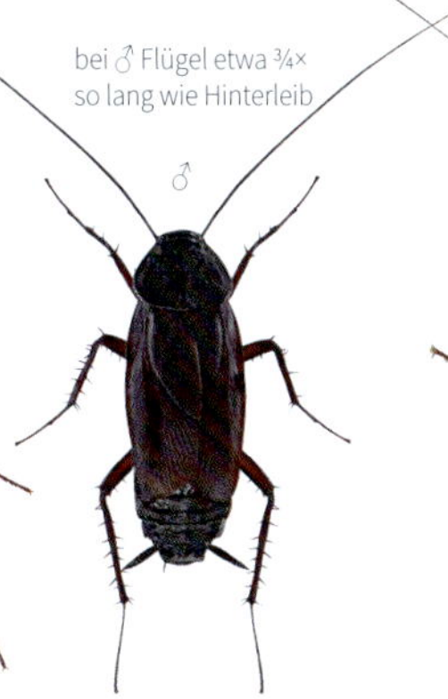

bei ♂ Flügel etwa ¾× so lang wie Hinterleib

♂

Oothek (Eipaket)

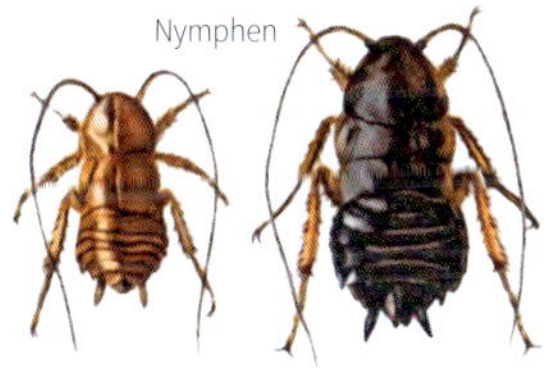

Nymphen

3 ×1

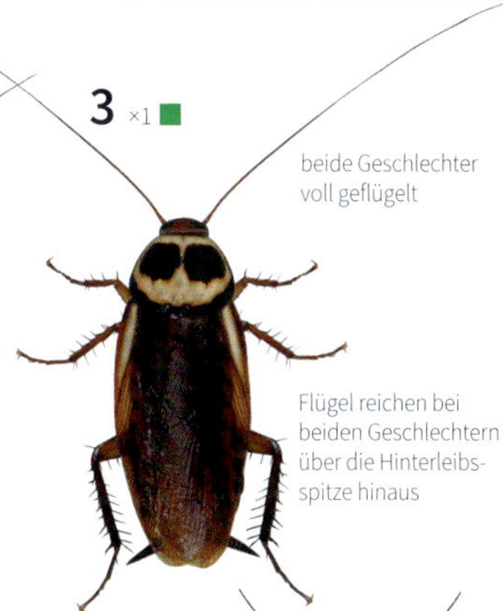

beide Geschlechter voll geflügelt

Flügel reichen bei beiden Geschlechtern über die Hinterleibsspitze hinaus

Nymphe

4 ×1

Flügel reichen bei beiden Geschlechtern über die Hinterleibsspitze hinaus

Nymphe

Oothek (Eipaket)

TERMITEN

5 ×2

Soldat

Arbeiter sind ähnlich, aber Kopf deutlich kleiner

geflügeltes Geschlechtstier

×3

Pronotum auffallend gelblich

Flügel werden nach dem Schwärmen abgeworfen

6 ×4

Arbeiter

Soldat

×2

Gruppe von Arbeitern und Soldaten

×2

geflügeltes Geschlechtstier *Reticulitermes* sp.

Wenig bekannte winzige bis kleine Insekten, die heute oft in einer Ordnung zusammengefasst werden.

Die Staubläuse (Psocoptera), die auch die Bücherläuse beinhalten, haben in den letzten Jahren etwas mehr Interesse bei Naturforschern geweckt. Sie sind keine Parasiten, haben einen weichen Körper mit einem großen Kopf, große Augen und lange, meist 13-gliedrige Antennen. Einige Arten sind geflügelt und haben zusätzlich 3 Ocellen, flügellose Arten haben keine. Die Äderung der Vorderflügel ist einfach, mit wenigen Queradern; ihre Details helfen bei der Bestimmung der Familie und Art.

Die viel bekannteren abgeflachten, flügellosen ektoparasitischen Tierläuse (Phthiraptera) machen die überwiegende Mehrheit der Arten dieser Ordnung aus. Sie haben winzige oder gar keine Augen und kurze Antennen mit wenigen Segmenten.

Sie haben beißend-saugende Mundwerkzeuge und kräftige Beine mit Krallen, mit denen sie sich an Vögeln und einigen Säugetieren festhalten und von Haaren oder Blut ernähren. Auf Zugvögeln und Zootieren werden gelegentlich neue Arten nachgewiesen, manche davon wurden danach nie wieder aufgefunden.

TIERLÄUSE

Alle Arten leben als Ektoparasiten auf Vögeln, Säugetieren oder Menschen. Die meisten Arten benötigen eine bestimmte Wirtsart zum Überleben, was auch die Identifizierung erleichtert.

HUFTIERLÄUSE Haematopinidae

E 1 GEN 6+ SPP 1 ILL

21 Arten weltweit, alle gehören zur Gattung *Haematopinus*. Einige sind recht groß (für Läuse), alle leben auf Huftieren.

1

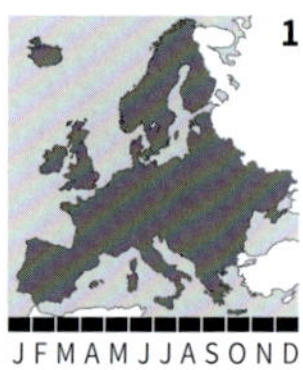

1 🔍 Schweinelaus
Haematopinus suis **L** ♂ 4–4,5 mm, ♀ 4,5–6,5 mm. Größte in Europa bekannte Säugetierlaus. Kopf lang, schmal. **H** Wirtsspezifisch, nur auf Haus- und Wildschweinen; Verwechslung daher praktisch ausgeschlossen. **V** Verbringt den gesamten Lebenszyklus (ca. 5 Wochen) auf seinem Wirt, ernährt sich ausschließlich von dessen Blut. Nymphen konzentrieren sich in der Regel in der Nähe des Kopfes und sind bereits nach 10 Tagen geschlechtsreif. Überleben max. 2–3 Tage, wenn sie von ihrem Wirt entfernt werden. Befall in der Regel nicht tödlich, verursacht aber großen wirtschaftlichen Verlust wegen Wachstumsverzögerungen, allgemeinen Reizungen und Immunreaktionen. Die Schweinelaus ist ein Überträger der Schweinepocken.

PRIMATENLÄUSE Pediculidae

E 1 SPP 1 ILL

3 Arten weltweit, alle in Gattung *Pediculus*. Sie sind Parasiten auf Primaten. Die einzige – und sehr bekannte – europäische Art lebt auf dem Menschen und ernährt sich von Haaren oder Blut.

2

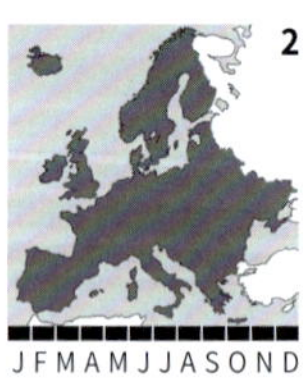

2 🔍 Kopflaus
Pediculus humanus capitis **L** ~3 mm. Grau bis blassbraun, behaart; ziemlich breit gebaut. Nach der Blutaufnahme sind rötliche Stellen zu sehen. Die Körperlaus *Pediculus humanus humanus* (krankheitsübertragend, einschließlich Typhus) ist die Normalform; praktisch identisch mit der Kopflaus, aber etwas größer; sie lebt auf Nacken und Körper des Menschen und legt ihre Eier nicht auf der Kopfhaut, sondern auf Kleidung oder Bettzeug ab. **H** Lebenszyklus 1 Monat. ⚠ Alle Stadien leben auf der menschlichen Kopfhaut, insbesondere bei Kindern, von denen die meisten mindestens einmal vor Verlassen der Grundschule mit der Kopflaus in Berührung kommen. Nymphen und adulte Tiere ernähren sich von Blut und übertragen sich durch direkten Kopf-zu-Kopf-Kontakt auf andere Menschen.

STAUBLÄUSE →

Können auf den ersten Blick auch mit Blattläusen oder ähnlichen Arten verwechselt werden. Falls Flügel vorhanden sind, sind diese häutig. Die baumbewohnenden Arten ernähren sich von Pilzen und Flechten und verursachen somit keine Schäden an ihren Wirtspflanzen.

RINDENLÄUSE Caeciliusidae

E 6 GEN 16 SPP 1 ILL

Tarsi zweisegmentig; Querrippe in der Nähe des Pterostigmas. Einige Arten leben auf Bäumen, andere bevorzugen niedrige Vegetation.

3

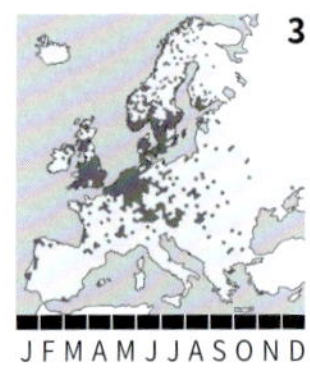

3 🔍 Gelbe Rindenlaus
Valenzuela flavidus **L** ~3 mm. Gelb mit brauner Zeichnung und Mittelstreifen auf dem Kopf. In Großbritannien oft parthenogenetische ♀ (die sich ohne ♂ fortpflanzen können), in Kontinentaleuropa aber auch bisexuelle Populationen. **H** Hauptsächlich auf verschiedenen Laubbäumen; selten auf Nadelbäumen. Im Winter und Frühjahr in der Laubstreu.

BAUMLÄUSE Mesopsocidae

E 3 GEN 21 SPP 1 ILL

Tarsi zweisegmentig; Flügel mit Querader in der Nähe des Pterostigmas. Einige Arten auf Bäumen, andere bevorzugen niedrige Vegetation.

4

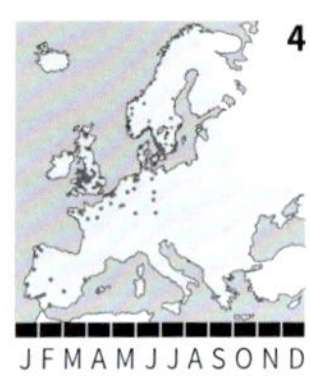

4 🔍 Waldlaus
Mesopsocus immunis **L** 4–5 mm. ♂ schwarz, teilweise grün und braun gesprenkelt. ♀ blass gelblich und braun gesprenkelt, mit winzigen Flügeln. Andere *Mesopsocus* spp. ähnlich, oft dunkler; sichere Identifizierung erfordert meist Untersuchung der Genitalien. **H** In Wäldern, auf verschiedenen Bäumen, einschließlich Weißdorn; oft auf Baumstämmen zu finden.

Leitfaden für Gruppen

Tierläuse

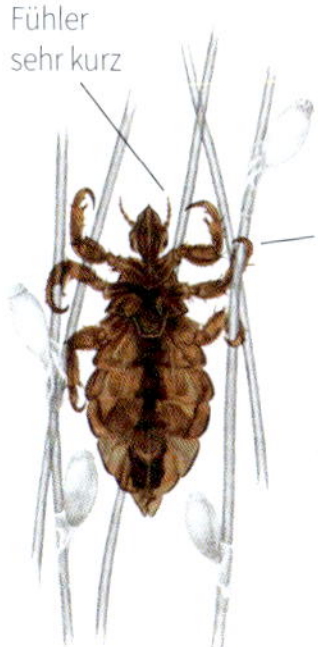

Staubläuse

zahlreiche Arten in Wäldern und Gärten (kommen nicht in Häusern vor)

manche Arten klein und blass, einige davon oft in Häusern („Bücherläuse“)

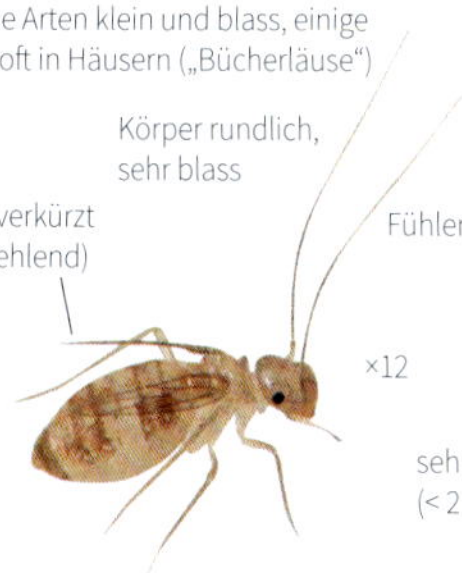

Tierläuse

1 ×6

2 ×6

Staubläuse →

3 ×6

4 ×5

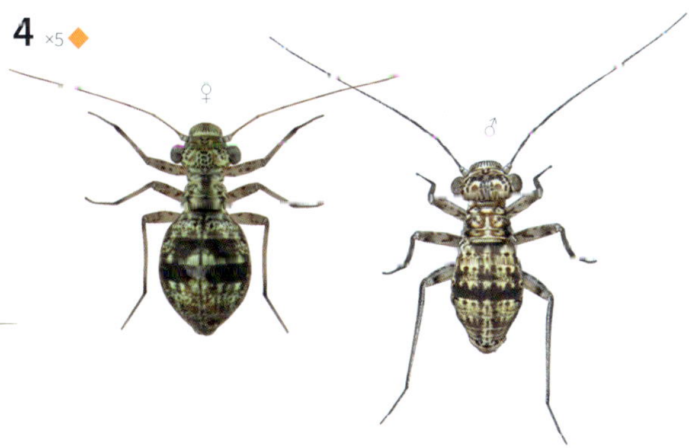

← **STAUBLÄUSE**

STENOPSOCIDEN Stenopsocidae

E 2 GEN 4 SPP 1 ILL

Queradern der Vorderflügel anders als bei Fam. Caeciliusidae, da die Querader neben dem Pterostigma fehlt. Tarsi mit 2 Segmenten. Häufigere (große und blasse) Arten oft auf Bäumen und Sträuchern zu sehen.

1 ⊙ Kreuzstaublaus
Graphopsocus cruciatus **L** ~3 mm. Kopf und Thorax blassgelb mit brauner Zeichnung; Hinterleib grünlich gelb mit braunem Ende. Deutliche dunkelbraune Flecken, hauptsächlich auf den Vorderflügeln. **H** In Wäldern und Gärten, auf Bäumen und Sträuchern.

1
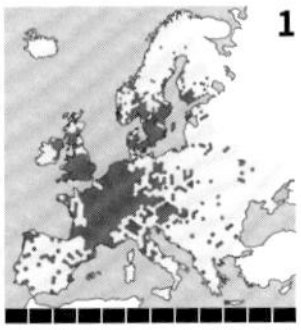
J F M A M J J A S O N D

RINDENLÄUSE Psocidae

E 14 GEN 36 SPP 2 ILL

Größere Arten (> 4 mm); Tarsi mit 2 Segmenten.

2 🔍 Große Rindenlaus
Psococerastis gibbosa **L** 6–7 mm. Groß, robust gebaut. Gelblich und schwarz; Flügel mit kräftigen schwarzen Adern und kleinen dunkelbraunen Flecken. **H** Wälder; auf verschiedenen Laub- und Nadelbäumen; meist auf Ästen.

2
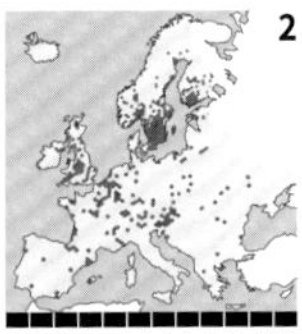
J F M A M J J A S O N D

3 🔍 Braungebänderte Rindenlaus
Loensia fasciata **L** 4–5 mm. Vorderflügel gefleckt, mit kontrastreichen dunkelbraunen Bändern, die bei anderen *Loensia*-Arten fehlen. **H** Wälder, auf verschiedenen Bäumen.

3
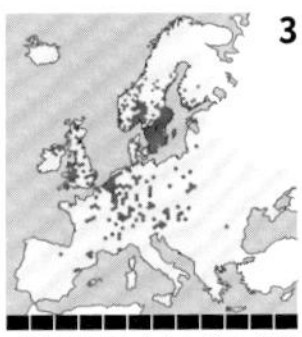
J F M A M J J A S O N D

BÜCHERLÄUSE Liposcelididae

E 2 GEN 39 SPP 2 ILL

Sehr klein, abgeflacht, meist flügellos. Augen reduziert; Hinterbeine geschwollen. In Innenräumen, oft in feuchten Bereichen, einschließlich Bücherregalen, ernähren sie sich von Schimmelpilzen und Buchbindungen. Sie sind jedoch für den Menschen nicht schädlich und übertragen auch keine Krankheiten. Schwierig auf Artenebene zu identifizieren.

4 ⊙ Blasse Bücherlaus
Liposcelis decolor **L** ~1 mm. Flügellos, blass. Abdomen S3–S4 am hinteren Ende ohne dunkles Band (bei einigen verwandten Arten vorhanden). **H** In Innenräumen, häufig in eingelagerten Produkten. **V** Vermehrt sich parthenogenetisch (ohne ♂).

4
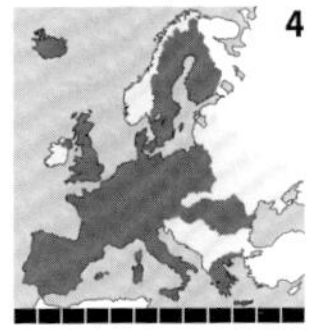
J F M A M J J A S O N D

5 ⊙ Gemeine Bücherlaus
Liposcelis bostrychophila L ~1 mm. Flügellos. Blass, gelblich grau; Kopf dreieckig. **H** In Innenräumen, in Schränken und Schubladen. Auch in eingelagerten Produkten, oder Getreide. Weltweit als bedeutender Schädling angesehen. Selten im Freien anzutreffen. **V** Vermehrt sich parthenogenetisch (ohne ♂).

5
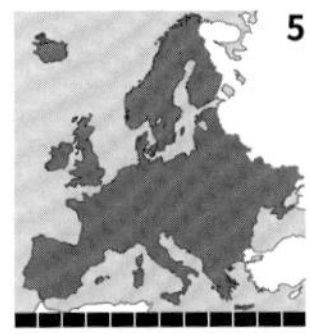
J F M A M J J A S O N D

ECHTE STAUBLÄUSE Psyllipsocidae

E 3 GEN 5 SPP 1 ILL

Sehr klein; < 2 mm Länge. Flügel fast immer gekürzt.

6 🔍 Hausstaublaus
Dorypteryx domestica **L** < 2 mm. Flügel vorhanden, aber verkürzt. Blass, Hinterleib leicht aufgebläht. Augen schwarz. **H** In Innenräumen, bevorzugt Temperaturen > 25 °C und höhere Luftfeuchtigkeit; kann in wärmeren Regionen aber auch im Freien vorkommen.

6
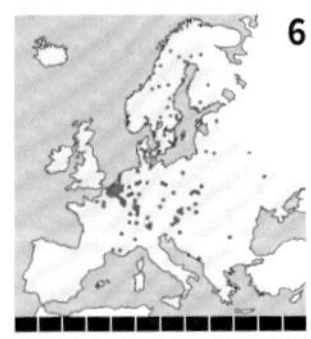
J F M A M J J A S O N D

GETREIDELÄUSE Trogiidae

E 3 GEN 19 SPP 1 ILL

Kleine Arten, oft in Haus und Garten zu finden.

7 🔍 Schwarze Staublaus
Lepinotus patruelis **L** < 2 mm. Vorderflügel sehr kurz, abgerundet. Braun bis schwarz. Augen schwarz, mit einem dunklen Streifen quer darüber. **H** Meist in Wohnräumen anzutreffen, auch in eingelagerten Produkten; selten im Freien.

7
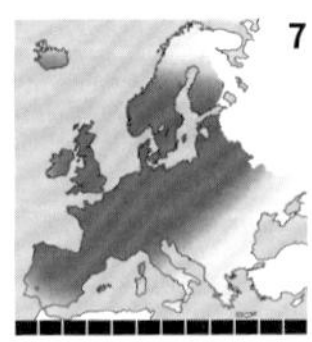
J F M A M J J A S O N D

← STAUBLÄUSE

1 ×6 ◆

2 ×3 ◆

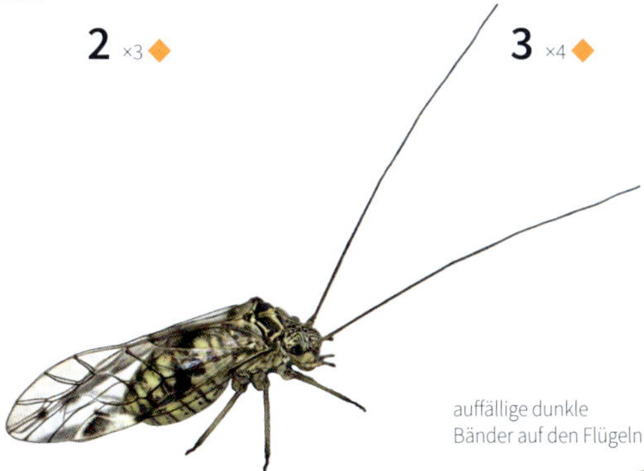

3 ×4 ◆

BÜCHERLÄUSE

4 ×15 ●

alle Bücherläuse sehr klein,
hier in 15facher Vergrößerung
dargestellt

5 ×15 ●

6 ×15 ●

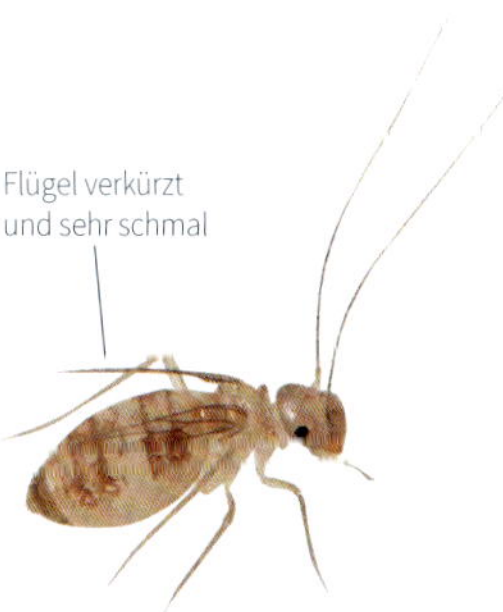

7 ×15 ●

FRANSENFLÜGLER Thysanoptera

E 6 FAM 571 SPP W 9 FAM > 6200 SPP

Meist lang gestreckte Insekten, auch bekannt als Thripse. Meist klein, < 2 mm, manche jedoch bis 15 mm. Einige Arten geflügelt. Augen klein bis groß, geflügelte Arten mit 3 Ocelli; Antennen mit 4–9 Segmenten. Hinterleib mit 11 Segmenten, davon 10 sichtbar. ♀ ohne Cerci, bei einigen Arten mit Ovipositor. Beine kurz, insbesondere Hinterbeine; Tarsi mit 1–2 Segmenten. Vorder- und Hinterflügel ähnlich groß, meist mit Fransen.

Fransenflügler ernähren sich von Pflanzen, einschließlich Blüten, gelegentlich aber auch von Pilzen oder kleinen Insekten. Arten, die an Blüten vorkommen, sind meist besser bekannt, wobei einige als Schädlinge gelten.

Der Lebenszyklus zeichnet sich durch ein inaktives Vorpuppenstadium und Puppenstadium aus; diese Stadien entsprechen jedoch nicht direkt den Puppen holometaboler Insekten, sondern haben sich konvergent entwickelt. Der Lebenszyklus ist oft innerhalb eines Jahres abgeschlossen, bei einigen Arten in nur etwa 10 Tagen. Einige Arten können sich parthenogenetisch (ohne ♂) fortpflanzen.

Während der Sommersaison sind diese Tiere gelegentlich in großer Zahl auf Blumen zu sehen, beispielsweise an heißen, gewittrigen Tagen („Gewitterwürmchen"). Oft sind ihre dunklen Körper vor hellem Hintergrund gut zu erkennen.

Arten sind oft schwer zu identifizieren, da Körperlänge und -form innerhalb einiger Arten erheblich variieren können. Die Kenntnis der Futterpflanze hilft bei der Bestimmung. Untenstehend werden nur einige repräsentative Arten gezeigt.

Spezialisierte Bestimmungsschlüssel, mit denen sich die meisten Arten verlässlich identifizieren lassen, erfordern die Untersuchung präparierter Tiere unter einem leistungsstarken Mikroskop (mindestens 400fache Vergrößerung).

THRIPS Thripidae

E 85 GEN 287 SPP 4 ILL UK 44 GEN 122 SPP 4 ILL

Große Familie; meist Blütenfresser. Etliche Arten verursachen Schäden an Nutzpflanzen und in der Zucht von Blütenpflanzen.

1

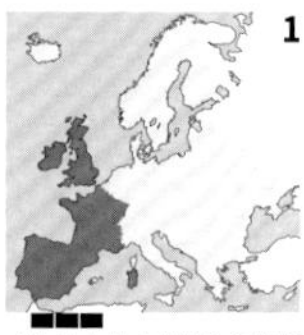

1 Ginsterthrips ***Odontothrips ulicis*** **L** ~ 2 mm. Dunkel, Hinterleib hell gebändert, Fühler und manchmal Beine blass. Ähnlich anderen Arten wie *O. cytisi*, die auf Besenginster vorkommt; zuverlässige Identifizierung durch mikroskopische Untersuchung der Genitalien des ♂. **H** Offene Flächen. **F** Ginster.

2

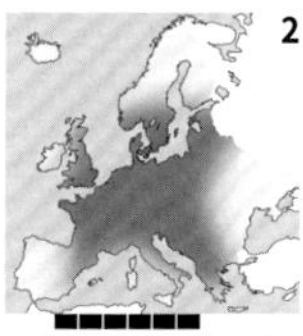

2 Kalifornischer Blütenthrips ***Frankliniella occidentalis*** **L** ~ 2 mm. ♀ gelblich bis bräunlich; ♂ blasser, etwas kleiner. Flügel blass mit dunklen Borsten; Fühler braun und gelblich; Beine gelblich. Individuen, die den Tospo-Virus (ein Pflanzenvirus, das Nutzpflanzen befällt) übertragen, sind in der Regel dunkelgelb und auf den mittleren Segmenten des Hinterleibs gefleckt. **H** Gewächshäuser, Gärten, Parks. **F** Zierpflanzen (Chrysanthemen, Rosen, *Gerbera* spp. usw.), Gemüse (Paprika, Auberginen, Gurken usw.). **V** Stammt aus Amerika, in den 1980er-Jahren in Europa eingeführt. Verursacht starke Schäden an befallenen Pflanzen, verbreitet auch das Tospovirus. Der Lebenszyklus dauert nur ~ 10 Tage.

3

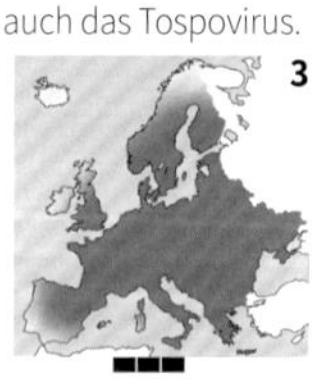

3 Getreidethrips ***Limothrips cerealium*** **L** ~ 2 mm. Dunkel, Hinterleib mit helleren Streifen; ♂ flügellos. **H** Wiesen, Parks, Gärten, kann Schäden an Getreide und anderen Gräsern verursachen. **I** Häufig, mittlerweile weltweit verbreitet.

4

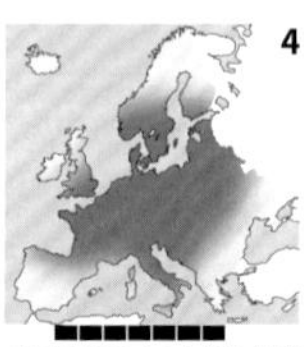

4 Geißblatt-Thrips ***Thrips flavus*** **L** < 2 mm. ♀ Gelblich bis orange; Beine gelblich; ♂ heller gefärbt, etwas kleiner. **H** Wiesen, Gärten. **F** Verschiedene Wirtspflanzen. **B** Ernährt sich von Blütenblättern und anderen Pflanzenteilen, verursacht jedoch selten starke Schäden.

AEOLOTHRIPS Aeolothripidae

E 3 GEN 65 SPP 1 ILL UK 2 GEN 11 SPP 1 ILL

Die meisten Arten leben in Blüten, und ernähren sich von Pollen, erbeuten gelegentlich aber auch andere kleine Insekten.

5

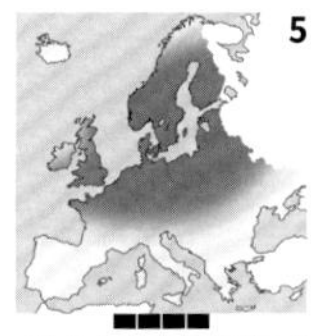

5 Gebänderter Thrips ***Aeolothrips ericae*** **L** 1–2 mm. Braunschwarz; Vorderflügel weiß mit 2 breiten schwarzen Bändern und weißer Spitze; Basalsegmente der Fühler ebenfalls weißlich. **H** Grasland. **F** Heidekraut, Hülsenfrüchte und andere krautige Pflanzen.

PHLAEOTHRIPS Phlaeothripidae

E 30+ GEN 216 SPP 2 ILL UK 20 GEN 43 SPP 2 ILL

Einige Arten Blatt- und Blütenfresser, andere stehen in Verbindung mit Pilzen. Hier sind 2 repräsentative Arten gezeigt, deren Antennen 8 Segmente haben; die Vorderflügel sind in der Mitte etwas eingeschnürt.

6

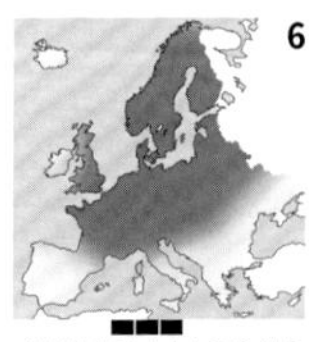

6 Wiesenthrips ***Haplothrips leucanthemi*** **L** ~ 2 mm. Schwarz. Sehr ähnlich zu *H. propinquus*, der in Schafgarbenblüten vorkommt; zuverlässige Identifizierung durch mikroskopische Untersuchung der Länge von Abdomen S10. **H** Offene Flächen, Parks, Gärten. **F** Margeriten. **B** Manchmal zahlreich anzutreffen, insbesondere vor aufziehenden Gewittern.

7

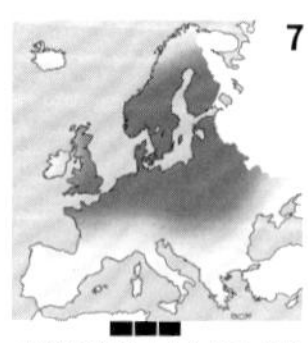

7 Waldpilzthrips ***Hoplothrips pedicularius*** **L** 2 mm. Dunkel, hellere Zeichnung. Hinterleib S8 mit stumpfen Borsten auf der Oberseite, die bei anderen Arten fehlen. ♂ mit Zahn vor den Tarsi, bei einigen ♂ sind die Tibiae der Vorderbeine stark vergrößert. Flügel lang oder kurz. Larven gelblich, rotes inneres Pigment sichtbar. **H** Wälder; in Verbindung mit totem Holz, unter Rinde. **F** Schichtpilze (*Stereum*), auf Hyphen (Pilzfäden).

KÖRPERBAU VON FRANSENFLÜGLERN

(Ginsterthrips)

FRANSENFLÜGLER

1

2

3

♀

Larve (zweites Stadium)

Larve (zweites Stadium)

♂

♂ flügellos,
kleiner als ♀

die meisten Fransenflügler
sind sehr klein, hier
20× vergrößert dargestellt

Abbildungen
in Originalgröße

4

5

6

7

Zu den Schnabelkerfen gehören in Europa 3 Unterordnungen. Obwohl sie sich im Aussehen deutlich unterscheiden, haben sie alle stechende, schnabelähnliche Mundwerkzeuge (Rostrum), mit denen sie Pflanzensäfte oder aber andere Insekten aussaugen.

Die Größe reicht von < 1 mm bis zu großen Zikaden (die für ihr Singen bekannt sind) oder der schlanken, aber noch längeren Stabwanze (ca. 50 mm einschließlich Hinterleibsanhang).

Viele Gartenbesitzer haben mit Blattläusen zu kämpfen, die bedeutsame landwirtschaftliche Schädlinge sind, und mancher hat persönliche Erfahrungen mit Bettwanzen machen müssen, die sich von menschlichem Blut ernähren!

Die meisten Wanzen sind jedoch harmlos; viele Arten sind bunt und hübsch anzuschauen. Schild- und Lederwanzen sind mittlerweile gut erforscht und erfreuen sich wachsendem Interesse bei Naturforschern, andere Familien werden noch weniger beachtet.

Die angegebenen Flugzeiten beziehen sich auf die erwachsenen Tiere, aber die Nymphen können sehr ähnlich sein und werden oft auch in anderen Monaten gefunden.

LEITFADEN FÜR UNTERORDNUNGEN

WANZEN & WASSERWANZEN
Heteroptera

Vorderflügel robust und zäh, mit ledriger Basis und häutiger Spitze.

→ S. 106

ZIKADEN
Auchenorrhyncha

Vorderflügel durchgehend häutig, in Ruhestellung wie ein Dach über dem Körper gehalten.

→ S. 160

PFLANZENLÄUSE
Sternorrhyncha

Meist flügellos, wenn Flügel vorhanden sind, sind sie durchgehend häutig, mit einfacher Äderung.

→ S. 176

KÖRPERBAU DER SCHNABELKERFE

Unterordnung **Heteroptera**
(Fleckige Brutwanze)

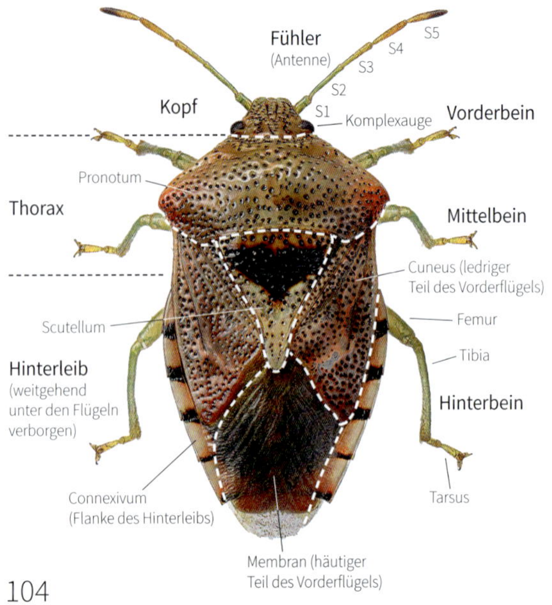

Unterordnung **Auchenorrhyncha**
(Ribaut-Winkerzikade)

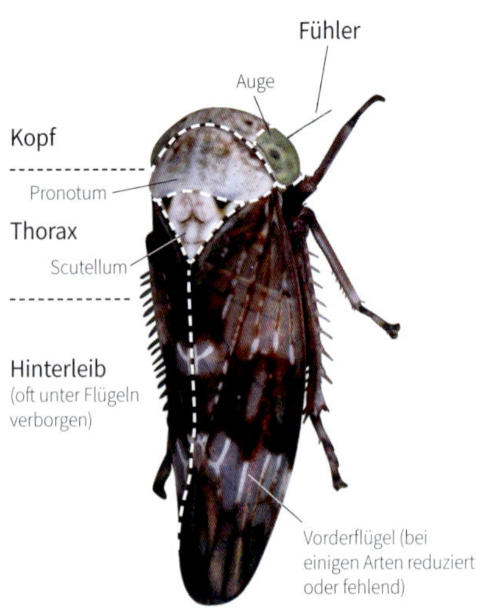

AUSGEWÄHLTE FAMILIEN

HETEROPTERA

WASSERWANZEN manche Arten unter Wasser (immer mit sehr kurzen Fühlern); viele auf der Wasseroberfläche (oft mit langen Fühlern)

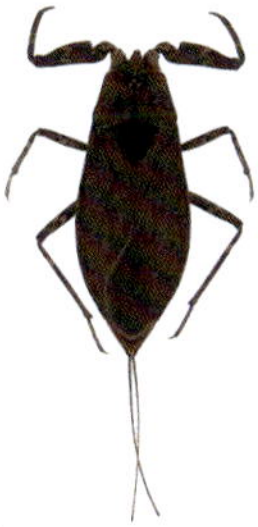
SKORPIONSWANZEN
Nepidae **S. 156**

RUDERWANZEN
Corixidae **S. 158**

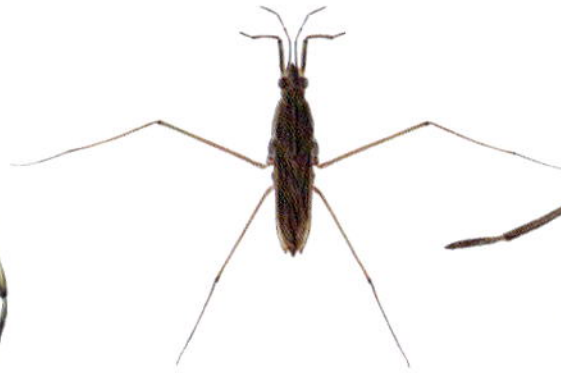
WASSERLÄUFER
Gerridae **S. 156**

BACHLÄUFER
Veliidae **S. 154**

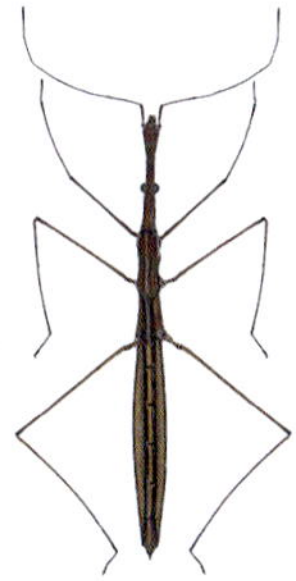
TEICHLÄUFER
Hydrometridae **S. 154**

TERRESTRISCHE WANZEN mit langen Fühlern

BAUMWANZEN
Pentatomidae **S. 110**

RAUBWANZEN
Reduviidae **S. 134**

LEDERWANZEN
Coreidae **S. 118**

BODENWANZEN
Lygaeidae **S. 124**

BETTWANZEN
Cimicidae **S. 136**

WEICHWANZEN
Miridae **S. 140**

AUCHENORRHYNCHA

SINGZIKADEN
Cicadidae **S. 162**

KLEINZIKADEN
Cicadellidae **S. 164**

SCHAUMZIKADEN
Aphrophoridae **S. 164**

SPORNZIKADEN
Delphacidae **S. 160**

STERNORRHYNCHA

BLATTFLÖHE
Psyllidae **S. 176**

BLATTLÄUSE
Aphididae **S. 172**

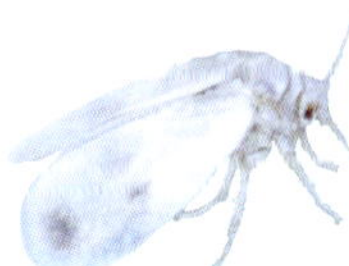
MOTTENSCHILDLÄUSE
Aleyrodidae **S. 176**

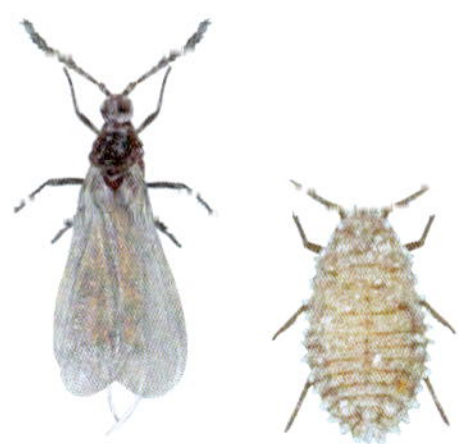
SCHMIERLÄUSE
Pseudococcidae **S. 178**

RINDENWANZEN Aradidae

E 4 GEN 54 SPP 4 ILL

Klein, Körper abgeflacht und breit. Die meisten Arten finden sich unter Rinde. Fühler mit 4 Segmenten; Tarsi zweigliedrig; Ocelli fehlen.

Gen. *Aneurus* E 4 SPP

Vorderflügel voll entwickelt, häutig (außer an der Spitze); Hinterflügel reduziert.

1 Ähnliche Rindenwanze
Aneurus avenius **L** 4–5 mm. Dunkel rotbraun, hell gefleckt. ♀ mit zweigeteilten Genitalsegmenten am Hinterleibsende. Bei ♂ Abdomen S5 ohne mittige Einbuchtung. **H** Wälder, unter Rinde.

1
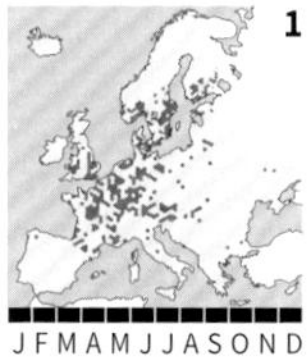

2 Gemeine Rindenwanze
Aneurus laevis **L** 4–5 mm. Dunkel rotbraun, hell gefleckt. ♀ mit abgeflachten Genitalsegmenten am Hinterleibsende. Bei ♂ Abdomen S5 mit mittiger Einbuchtung. **H** Wälder, unter Rinde.

2
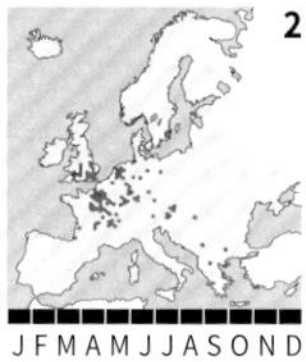

Gen. *Aradus* E ~30 SPP

Vorderflügel vollständig häutig, reichen nicht über Spitze des Scutellums hinaus.

3 Kiefernrindenwanze
Aradus cinnamomeus **L** 3–5 mm. Rotbraun. ♀ manchmal voll geflügelt. ♂ mit verschmälerten Vorderflügel, Hinterflügel meist reduziert. Fühler kurz, schwarz. Beine und Unterseite braun. **H** Heidelandschaften. **V** Ernährt sich von Baumsäften junger Kiefern. Aktiv an heißen Tagen. Lebenszyklus dauert 2 Jahre.

3
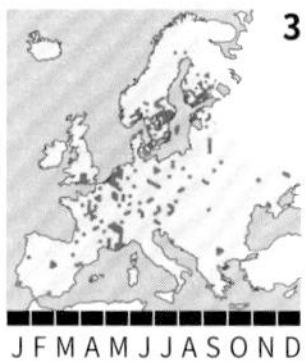

4 Gescheckte Rindenwanze
Aradus depressus **L** 5–6 mm. Breit, abgeflacht. Braun mit weißer, rötlicher und schwarzer Zeichnung. Beide Geschlechter mit voll entwickelten Flügeln. **H** In Wäldern auf Baumstümpfen oder unter Rinde, auch in Gebirgsregionen bis 1500 m. **V** Ernährt sich von Pilzen.

4
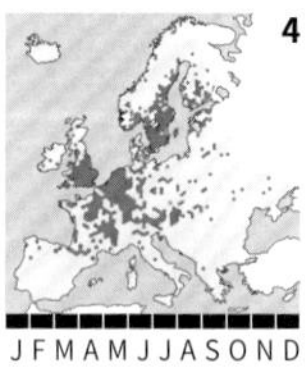

STACHELWANZEN Acanthosomatidae

E 4 GEN 9 SPP 6 ILL

Attraktive größere Baumwanzen, im Unterschied zu verwandten Familien Tarsi zweigliedrig (statt dreigliedrig). Die meisten ernähren sich von Pflanzen, einige sind räuberisch. Können im Herbst und Winter die Farbe wechseln; große Variabilität innerhalb der Arten.

5 Wipfel-Stachelwanze
Acanthosoma haemorrhoidale
L 12–18 mm. Größer, aber ähnlich *Elasmostethus* spp. Rötlich braun und grün, Körper mit vielen kleinen schwarzen Grübchen. Flügelmembran dunkel. **H** Mischwälder, Gärten, Parks.

5
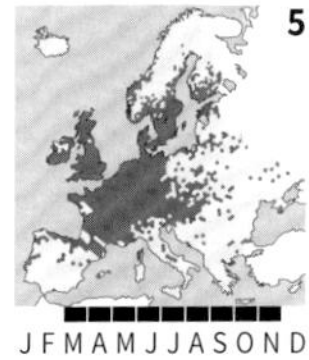

6 Buntrock
Cyphostethus tristriatus **L** 7–11 mm. Pronotum und Vorderflügel mit rosaroter Zeichnung auf grünem Grund. **H** Wälder, Gärten und Parks. **V** Ernährt sich vorwiegend von Beeren und Zapfen der Wacholderbäume.

6
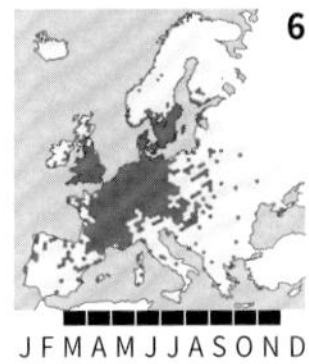

Gen. *Elasmostethus* E 4 SPP

Fühler S1 überragt Vorderseite des Kopfes; Pronotum ohne spitze „Schultern"; Scutellum grün mit etwas Braun.

7 Bunte Blattwanze
Elasmostethus interstinctus **L** 8–11 mm. Ähnlich, aber kleiner als *Acanthosoma haemorrhoidale*. Rotbraun und grün, Flügelmembran farblos. **H** Birkenwälder, Gärten, Parks, manchmal auch auf Espe und Hasel.

7
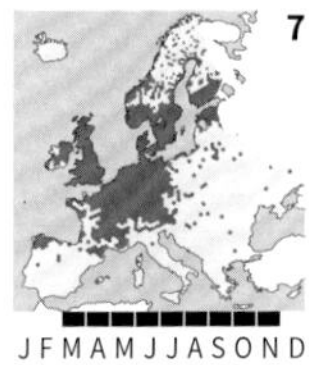

8 Kleine Blattwanze
Elasmostethus minor **L** 8–11 mm. Weniger häufig als *E. interstinctus*, Bestimmung kann Genitaluntersuchung erfordern. **H** Nymphen an verschiedenen Beeren (*Vaccinium* spp.), erwachsene Tiere manchmal an anderen Pflanzen.

8
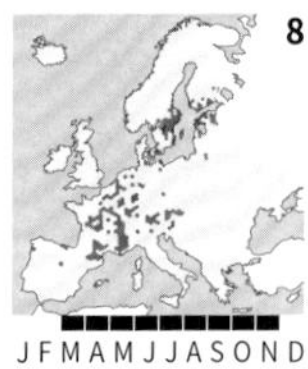

Gen. *Elasmucha* E 3 SPP

Fühler S1 überragt Vorderseite des Kopfes; Kopf und Pronotum schwarz gepunktet, Connexivum schachbrettartig; Scutellum mit schwarzem Fleck.

9 Heidelbeerwanze
Elasmucha ferrugata **L** 7–9 mm. Auffällig; insgesamt bräunlich, Beine gelblich braun. **H** Hauptsächlich auf Heckenkirschen (*Lonicera* spp.) in Laub- und Nadelwäldern.

9
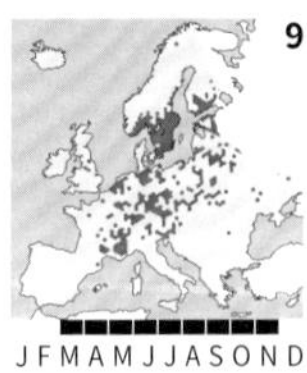

10 Fleckige Brutwanze
Elasmucha grisea **L** 7–9 mm. Körper grau, grün, gelb oder rotbraun. Vorderflügel schwarz-weiß oder gelb. **H** In Wäldern, Gärten und Parks, oft an Birken, Espen und Haselnuss.

10
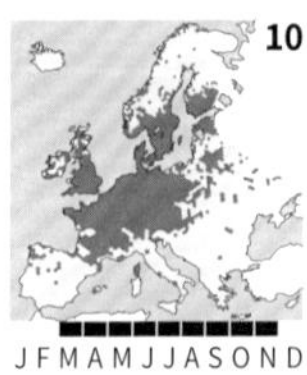

RINDENWANZEN

1 ×8

2 ×8

3 ×8

4 ×6

STACHELWANZEN

5 ×2

6 ×3

7 ×3

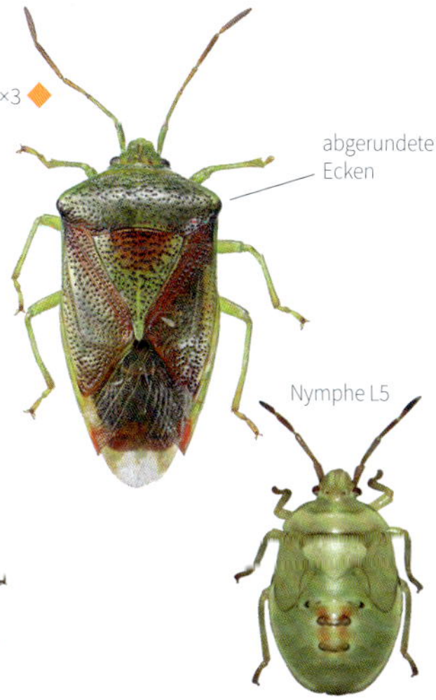

8 ×3

9 ×5

10 ×5

ERDWANZEN Cydnidae

E 13 GEN 63 SPP 8 ILL

Körper schwarz, bei einigen Arten mit weißer Zeichnung oder Umrandung. Tibiae mit kräftigen Stacheln; Tarsi dreigliedrig. Wühlen sich oft in Sand oder Erde ein.

1 ☉ Wachtelweizen-Erdwanze
Adomerus biguttatus **L** 5–8 mm. Schwarz; Pronotum und Vorderflügel mit schmalem weißem Rand; Vorderflügel mit weißem Fleck. **H** Waldränder, Lichtungen mit Wiesen-Wachtelweizen und Betonien.

1
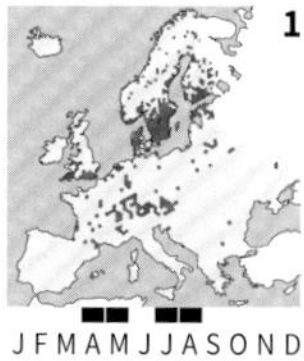

2 ☉ Schwarzrock *Cydnus aterrimus*
L 8–12 mm. Schwarz; Vorderflügel mit charakteristischer Form. **H** Sandige Gebiete, einschließlich Dünen, oft in Wolfsmilch.

2
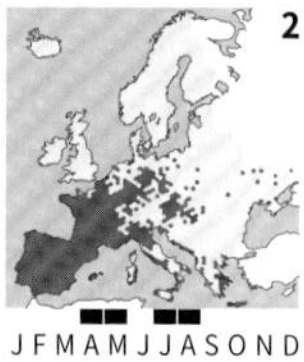

3 🔍 Kornfeld-Erdwanze
Geotomus punctulatus **L** 4–5 mm. Schwarz glänzend; Hinterrand des Pronotums und Vorderflügel rötlich. Ränder des Kopfes, Halsschilds und der Vorderflügel mit langen dunklen Haaren. **H** Sanddünen.

3
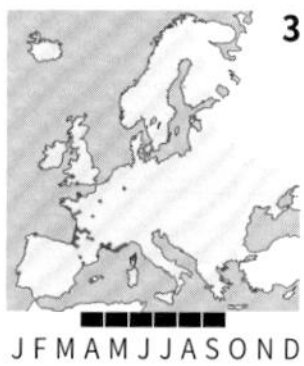

Gen. *Legnotus* E 3 SPP

Vorderflügel mit weißem Saum.

4 🔍 Weißrand-Erdwanze
Legnotus limbosus **L** 4–5 mm. Schwarz; Vorderflügel mit schmalem weißem Rand, der fast bis zur braunen Flügelmembran reicht. **H** Grünland, einschließlich Gärten und Brachland, an Klee und Labkraut.

4
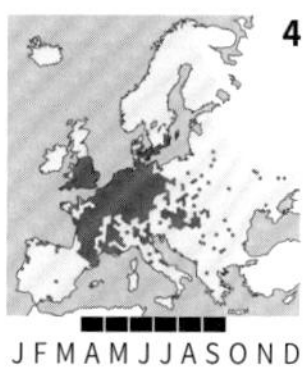

5 🔍 Braunrand-Erdwanze
Legnotus picipes **L** 3–4 mm. Schwarz; Pronotumrand nur auf der ersten Hälfte weiß; Flügelmembran braun. **H** Sanddünen an der Küste, Heideland, Gebirgslagen bis 1500 m, an Labkraut.

5
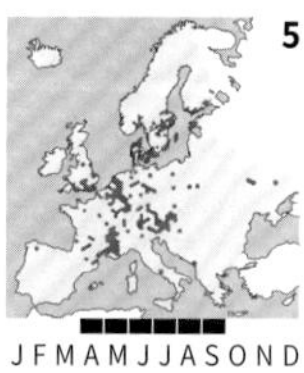

6 🔍 Vergissmeinnicht-Erdwanze
Sehirus luctuosus **L** 6–9 mm. Groß, glatt, schwarz. **H** Grünland, Gärten und Waldränder. **V** Ernährt sich von Samen des Vergissmeinnicht.

6
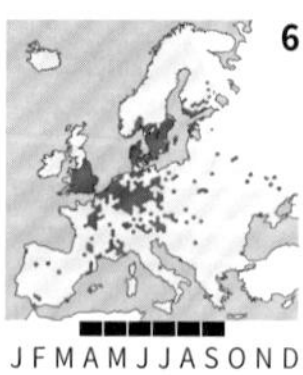

Gen. *Tritomegas* E 3 SPP

7 🔍 Schwarzweiße Erdwanze
Tritomegas bicolor **L** 6–8 mm. Pronotum am Rand auf der vorderen Hälfte weiß; Flügelmembran blass. **H** Offene bis halbschattige Standorte wie Waldränder, an Weißer Taubnessel.

7
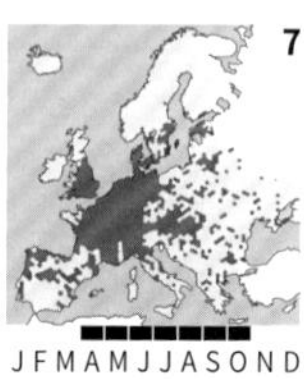

8 🔍 Gefleckte Schwarznesselwanze
Tritomegas sexmaculatus **L** 6–8 mm. Ähnlich wie *T. bicolor*; jedoch Pronotum fast vollständig weiß gerandet; Vorderflügel schwarz. **H** Offenes Gelände, an Schwarznessel, Minzen und ähnlichen Pflanzen.

8
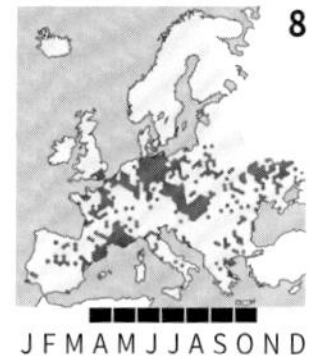

SCHILDWANZEN Scutelleridae

E ~9 GEN 46 SPP 6 ILL

Scutellum deutlich vergrößert, reicht bis zum Hinterleibsende. Tarsi dreigliedrig.

Gen. *Eurygaster* E 6 SPP

Größere Arten, Körper ledrig (ähnlich einer Schildkröte), nicht behaart; Connexivum gebändert.

9 🔍 Österreichische Schildwanze
Eurygaster austriaca **L** 11–13 mm. Meist blassbraun, manchmal dunkel; Connexivum undeutlich gebändert. Kräftiger, heller Längskiel entlang des Scutellums. Bei verwandten Arten kann eine farbige Linie vorhanden sein, die dann aber nicht erhaben ist. **H** Grasland.

9
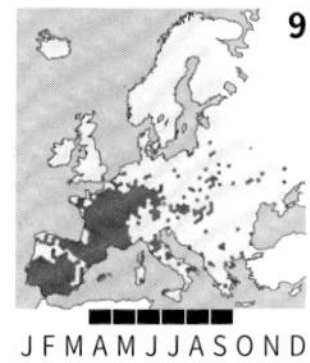

10 Gemeine Getreidewanze
Eurygaster maura **L** 8–11 mm. Körper bräunlich. Zwei kurze Längsstreifen am oberen Rand des Schildes; zur sicheren Identifizierung ist eine Genitaluntersuchung erforderlich. **H** Trockenes, offenes oder halbschattiges Grasland.

10
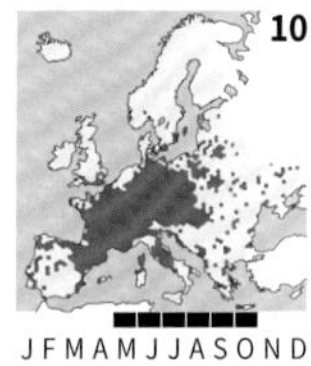

11 🔍 Schildkrötenwanze
Eurygaster testudinaria **L** 9–11 mm. Sehr ähnlich wie *E. maura*, aber Stirn leicht eingedrückt. **H** Eher feuchte, offene bis halbschattige Lebensräume wie Hochseggenbestände oder Moore.

11
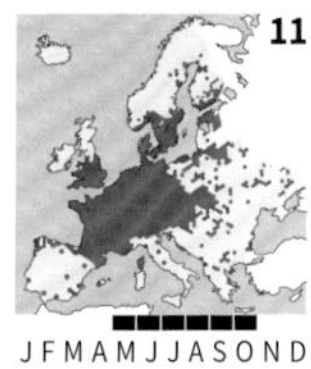

Gen. *Odontoscelis* E 6 SPP

Kleiner, rundlich, behaart, Scutellum verschiedenartig gestreift, Connexivum glatt.

12 🔍 Große Steppenwanze
Odontoscelis fuliginosa **L** 6–9 mm. Gelblich bis dunkelbraun, dunkelbraun behaart. **H** Sandige Gebiete, Dünen.

12
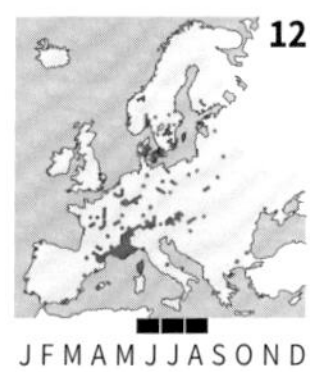

13 🔍 Kleine Steppenwanze
Odontoscelis lineola **L** 4–6 mm. Gelblich bis dunkelbraun, Pronotum und Scutellum mit Bändern aus silbernen Haaren. **H** Sandige Gebiete, Dünen.

13
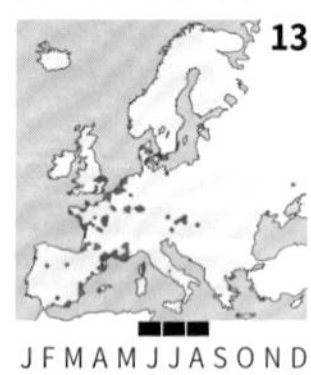

14 🔍 Harlekin
Odontotarsus purpureolineatus
L 8–11 mm. Gelblich braun mit braunen, rötlichen oder purpurroten Längsbändern. **H** Grasland, Ödland, Buschland.

14

ERDWANZEN

1 ×4 ■

weißer Punkt

2 ×3 ■

Erdwanzen mit verbreitertem Vorderbein (Grabbein)

3 ×6 ●

4 ×6 ◆

5 ×6 ●

6 ×5 ●

7 ×4 ◆

Pronotum am Rand halb weiß, halb schwarz

Nymphe

8 ×4 ◆

Pronotum am Rand weiß

SCHILDWANZEN

9 ×3 ◆

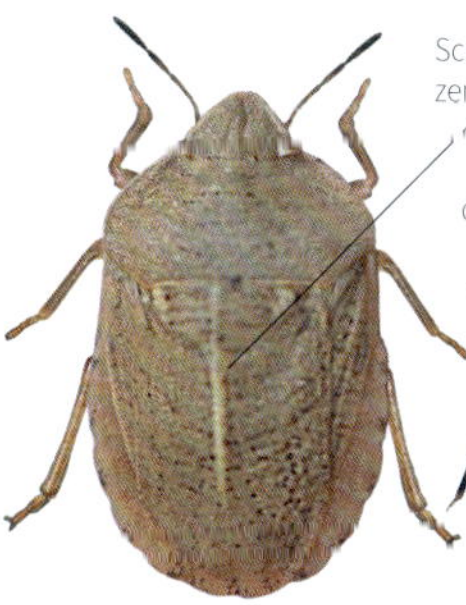

Scutellum mit zentralem Kiel

dunkles Exemplar ×2

10 ×3 ◆

Vorderseite des Kopfes abgerundet

11 ×3 ◆

Vorderseite des Kopfes mit leichter zentraler Vertiefung

unterschiedliche Brauntöne

12 ×4 ◆

13 ×5 ◆

14 ×3 ◆

Färbung variabel

×2

BAUMWANZEN Pentatomidae →

E 40+ GEN 188 SPP 42 ILL

Tarsi zweigliedrig; ohne ausgeprägte Stacheln. Die meisten Arten sind Pflanzenfresser, einige gelten als Schädlinge; einige fressen aber auch andere Insekten. Viele Arten können ein Abwehrsekret absondern, das aber ungefährlich ist.

Gen. *Aelia* E 9 SPP

Kopf länglich, vorne spitz und nach unten gebogen (seitlich gesehen); Augen klein. Körper gelbbraun bis bräunlich. Zwei dunkle Längsstreifen auf Kopf, Pronotum und Vorderflügel, die durch eine dünne helle Mittellinie getrennt sind.

1 ⊙ Spitzling *Aelia acuminata*
L 8–10 mm. Blasse Längsstreifen. **H** Offenes bis halbschattiges Grasland. Häufigste *Aelia*-Art.

1
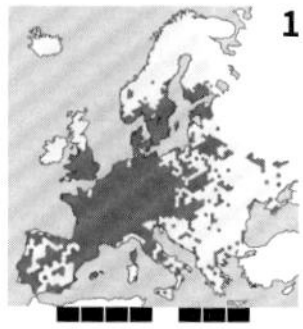

2 🔍 Gestreifter Spitzling *Aelia klugii*
L 6–8 mm. Kopf weniger länglich als bei *A. acuminata*; schwarze Streifen auf den Vorderflügeln, die bei *A. rostrata* fehlen. **H** Grasland.

2
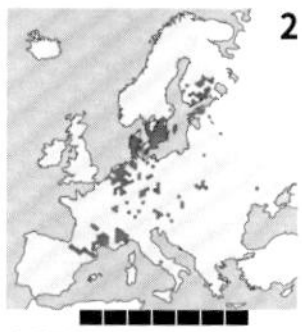

3 🔍 Großer Spitzling *Aelia rostrata*
L 10–12 mm. Kopf, Pronotum und oberer Teil des Scutellums oft teilweise orange. **H** Grünland.

3
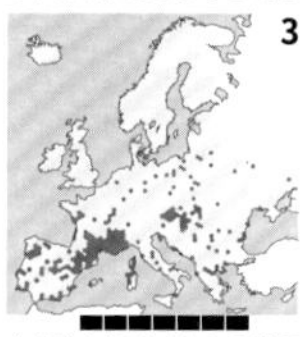

---

4 ⊙ Weißlinierte Ankerwanze
Ancyrosoma leucogrammes **L** 6–8 mm. Breit, mit großen spitzen „Schultern". Braun mit ausgeprägten weißlichen Streifen. **H** Grasland und Ödland.

4
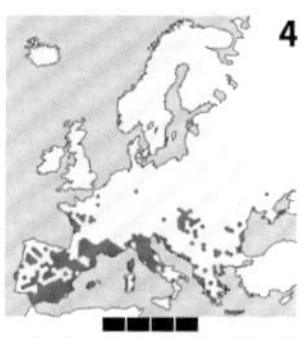

5 ⊙ Silberperlenwanze
Jalla dumosa **L** 11–16 mm. Braun, oft dunkel; Kopf und Scutellum mit gelblicher bis orangefarbener Mittellinie; Scutellum mit Augenflecken. **H** Grasland, Gebirge bis 2500 m. **V** Räuber von Schmetterlings- und Käferlarven.

5
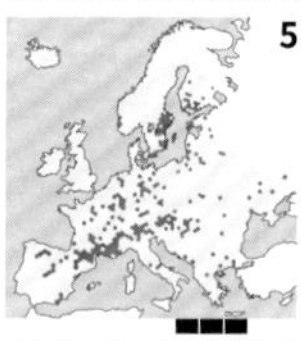

6 ⊙ Sand-Baumwanze
Menaccarus arenicola **L** 5–7 mm. Weißlich mit braunen und schwarzen Flecken; Connexivum oft schwarz-weiß. Pronotum mit breitem, weißlichem Rand. Auf dem Pronotum und den Rändern des Scutellums sind paarweise weiße Flecken zu sehen. Hervorragend getarnt auf Sand. **H** Oft in Küstenregionen, insbesondere auf Sanddünen.

6
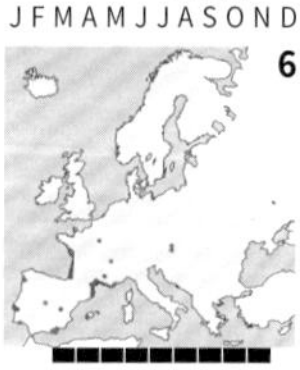

Gen. *Neottiglossa* E 5 SPP

Kopf zugespitzt, aber kürzer als bei *Aelia* spp.

7 ⊙ Südlicher Dickkopf
Neottiglossa leporina **L** 5–6 mm. Braun; Scutellum relativ lang. **H** Grasland.

7
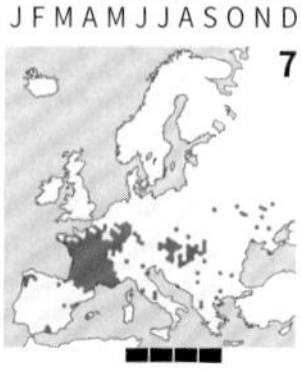

8 🔍 Kleiner Dickkopf
Neottiglossa pusilla **L** 5–6 mm. Braun; Kopf etwas gerundet, Scutellum kürzer als bei *N. leporina*. **H** Grünland, auch in feuchten Gebieten.

8
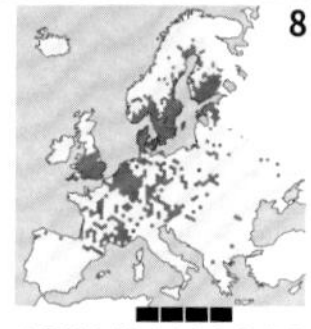

Gen. *Eysarcoris* E 2 SPP

Kopf vorne nicht zugespitzt (seitlich gesehen); Augen größer. Scutellum mit weißen Flecken an den vorderen Ecken.

9 ⊙ Schwieliger Dickwanst
Eysarcoris aeneus **L** 4–6 mm. Braun oder grau; Scutellum mit großen Flecken an den vorderen Ecken. **H** Moore, Grasland, Flussufer, Teichränder, an Großem Flohkraut und Johanniskraut.

9
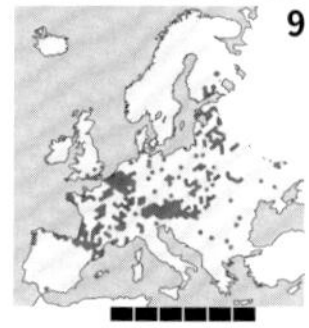

10 ⊙ Kleinschwieliger Dickwanst
Eysarcoris ventralis **L** 5–7 mm. Braun; Scutellum mit kleinen weißen Flecken an den vorderen Ecken. **H** Grasland, Dünen.

10
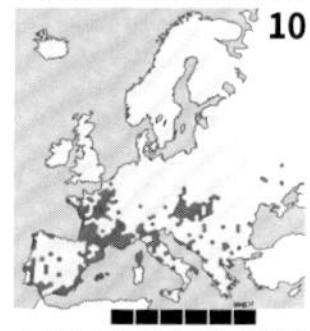

---

11 ⊙ Dunkler Dickwanst
Stagonomus venustissimus **L** 5–7 mm. Weißlich grau, bronzefarben punktiert. Kopf, Vorderseite des Pronotums und oberer Teil des Scutellums metallisch kupferfarben. **H** Offene Flächen, Gärten mit Wald-Ziest.

11
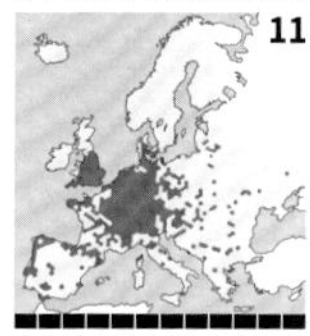

12 ⊙ Mittelmeer-Baumwanze
Holcogaster fibulata **L** 5–9 mm. Braun oder grau, dunkel gestreift und oft großflächig orange gezeichnet, zumindest mit einigen orangefarbenen Flecken. **H** Offene Flächen, Grasland, Gebüsch, Gärten mit Kiefern und Wacholder.

12
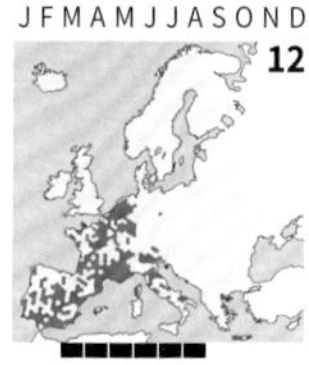

13 ⊙ Gemeine Brachwanze
Sciocoris cursitans **L** 5–6 mm. Auf sandigem Boden gut getarnt; Körper sehr breit, Kopf rund. Blassbraun mit unregelmäßigen schwarzen Flecken. Pronotum weiß umrandet. Fühler an der Basis beige, mit dunklen Spitzen. Beine hellbraun, schwarz gepunktet. **H** Trockene, warme, offene Gebiete mit felsigem oder sandigem Boden.

13
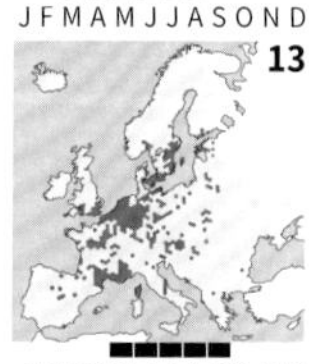

14 🔍 Hakenwanze *Podops inunctus*
L 5–6 mm. Scutellum sehr breit, reicht bis zum Ende des Hinterleibs. Pronotum an jeder Seite mit hakenförmigem Vorsprung. **H** Wiesen, Grasland, manchmal häufig auf Sandwegen.

14
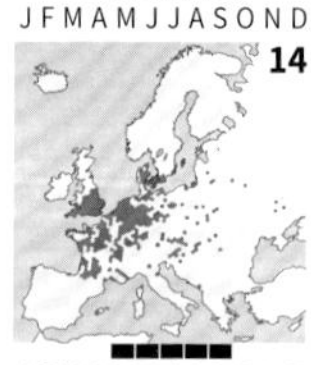

15 ⊙ Heide-Schildwanze
Rhacognathus punctatus **L** 7–10 mm. Dunkel bronzefarben, Pronotum oft mit heller Mittellinie. Tibiae mit orangefarbenem oder weißlichem Band. **H** Feuchte Heide- und Moorlandschaften. **V** Räuberisch, ernährt sich von Blattkäfern und deren Larven.

15

BAUMWANZEN →

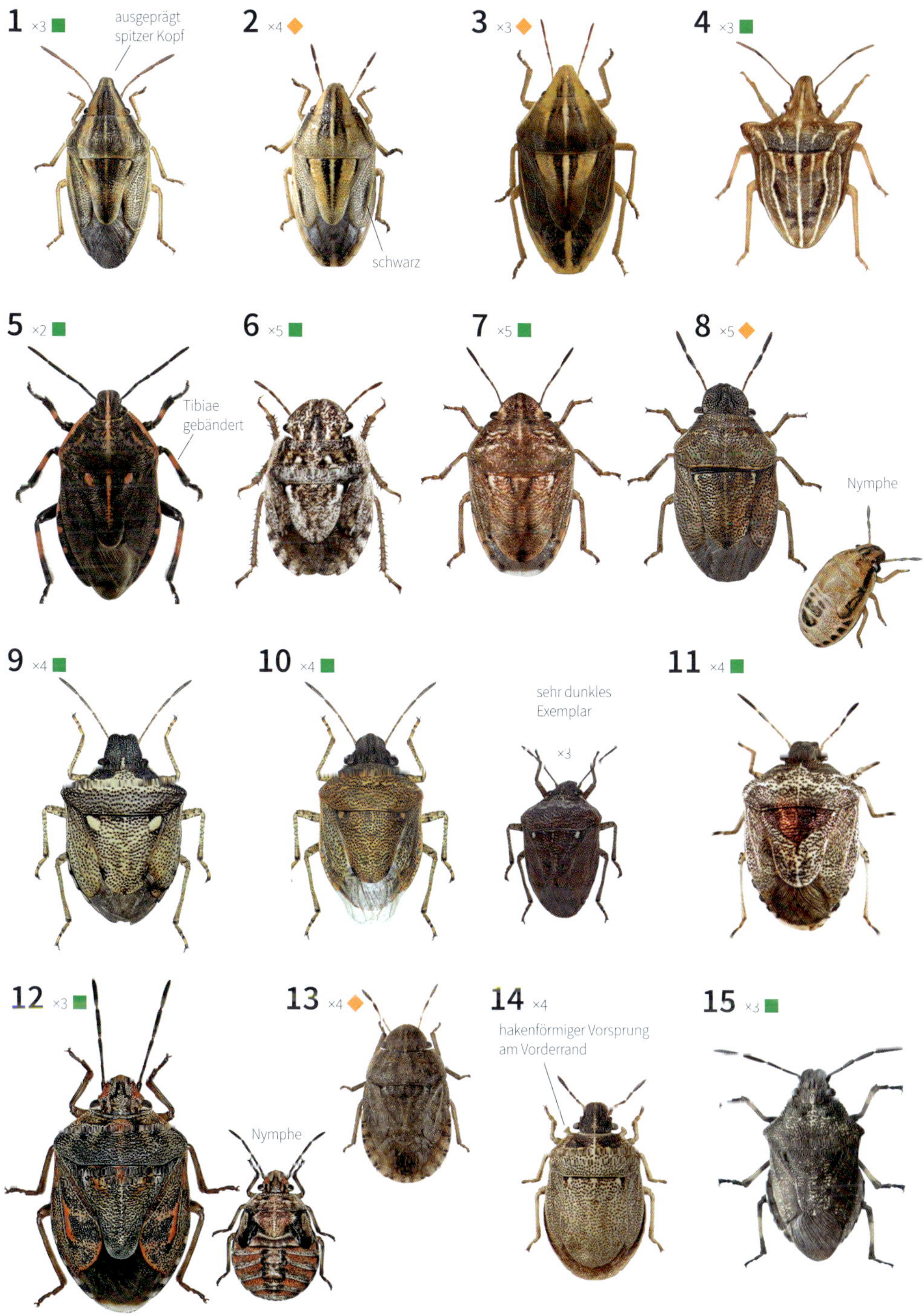
1 ×3
ausgeprägt spitzer Kopf
2 ×4
schwarz
3 ×3
4 ×3
5 ×2
Tibiae gebändert
6 ×5
7 ×5
8 ×5
Nymphe
9 ×4
10 ×4
sehr dunkles Exemplar
×3
11 ×4
12 ×3
Nymphe
13 ×4
14 ×4
hakenförmiger Vorsprung am Vorderrand
15 ×3

← BAUMWANZEN Pentatomidae →

1 🔍 Marmorierte Baumwanze
Halyomorpha halys **L** 12–17 mm. Rotbraun bis gräulich; Pronotum und Scutellum mit charakteristischen kleinen gelblichen Flecken. Connexivum schachbrettartig mit schwarzen Flecken. Kopf fast rechteckig. **H** Verschiedene Lebensräume, in denen die Nahrungspflanzen (Rosengewächse) vorkommen. Aus Ostasien eingeschleppt, seit Beginn des 21. Jahrhunderts in Europa verbreitet.

1
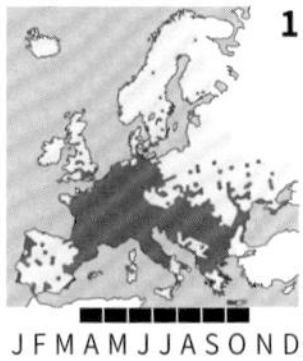

2 ⊙ Spitzbauchwanze
Troilus luridus **L** 10–13 mm. Braun mit dunklen metallischen Markierungen. Fühler S4 mit orangefarbener oder cremefarbener Spitze. **H** Waldgebiete. **V** Räuberische Art, die verschiedene Insektennymphen erbeutet. Ernährt sich manchmal auch von Pflanzensäften.

2
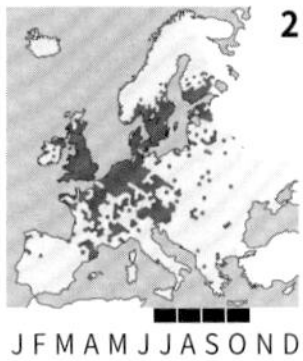

3 🔍 Offener Lorch
Holcostethus sphacelatus **L** 8–10 mm. Braun oder lilafarben; Vorderflügel schwarz-weiß; Fühler schwarz-weiß gestreift. Gelegentlich ist das Weiß durch Gelb ersetzt. Pronotum mit schmalem weißem Rand. Scutellum an der Basis weiß gespitzt, oberer Rand mit weißlichen Flecken in den Ecken, meist auch andere Flecken oder Markierungen am Rand. **H** Waldränder, Grasland und Buschland.

3
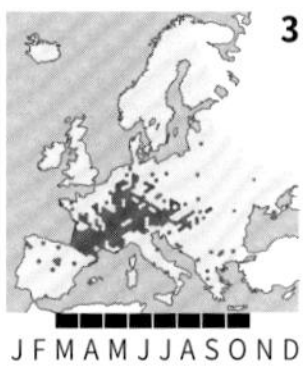

4 ⊙ Rotbeinige Baumwanze
Pentatoma rufipes **L** 13–16 mm. Braun; Pronotum mit ausgeprägten seitlichen Spitzen; Scutellum mit orangefarbenem oder cremefarbenem Fleck am hinteren Ende; Connexivum gescheckt mit schwarzen Flecken. Beine und Fühler S1–S2 rötlich. **H** Wälder, Gärten, Obstgärten, Parks, auf verschiedenen Bäumen.

4
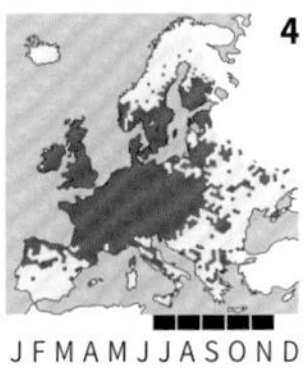

5 🔍 Waldwächter *Arma custos*
L 10–13 mm. Braun; „Schultern" spitz. Fühlersegmente variabel, aber immer gelb gespitzt. Connexivum mit schwarzen Flecken übersät. **H** In Wäldern auf Bäumen und Sträuchern. **V** Räuberisch, ernährt sich von Insektenlarven.

5
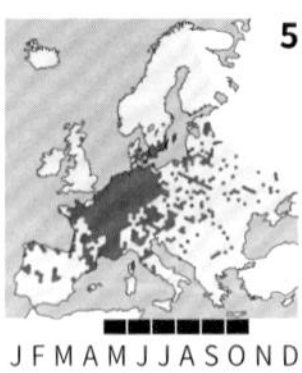

6 ⊙ Beerenwanze
Dolycoris baccarum **L** 10–13 mm. Rand des Kopfes und Pronotum auffallend behaart. Violett-braun; Fühler und Vorderflügel schwarz-weiß. **H** Grünland, Parks, offene Gebiete, auf Bäumen und Sträuchern.

6
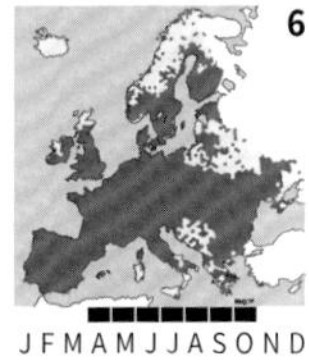

7 ⊙ Zweizähnige Dornwanze
Picromerus bidens **L** 10–14 mm. Insgesamt braun, Fühler und Beine rötlich. Pronotum stachelig, unverwechselbar. Scutellum mit gelblichem Fleck am hinteren Ende. **H** Offene Gebiete, einschließlich Heiden, Grasland und Wäldern. **V** Räuberisch, ernährt sich von Schmetterlings-, Nachtfalter- und Käferlarven.

7
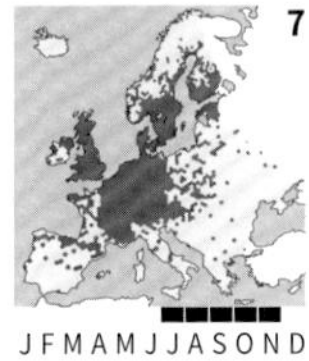

Gen. *Carpocoris* E 5 SPP

Connexivum schachbrettartig schwarz gemustert, Pronotum gestreift.

8 🔍 Mittelmeer-Fruchtwanze
Carpocoris mediterraneus **L** 10–14 mm. Färbung variabel; orange, gelblich grün, oft mit violetten Anteilen. Pronotum deutlich oder undeutlich gestreift; „Schultern" spitz und schwarz. **H** Offene Lebensräume.

8
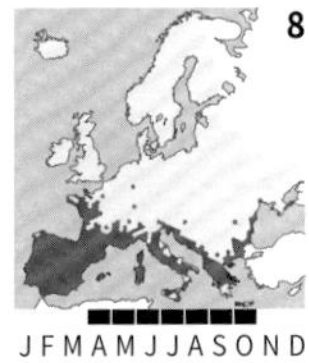

9 🔍 Purpur-Fruchtwanze
Carpocoris purpureipennis **L** 10–13 mm. Violett bis gelblich braun. Pronotum gestreift. Ähnlich wie *C. fuscispinus*, aber „Schultern" weder spitz noch schwarz. **H** Offene Lebensräume.

9
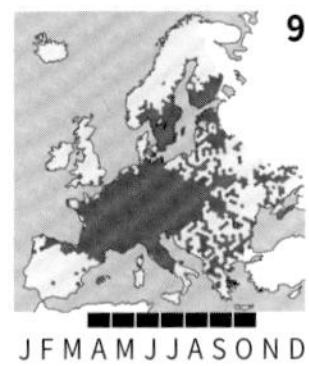

10 🔍 Nördliche Fruchtwanze
Carpocoris fuscispinus **L** 10–14 mm. Färbung variabel; oft orange, auch gelblich grün, manchmal mit violetten Anteilen. Pronotum oft undeutlich gestreift; „Schultern" spitz und schwarz, mit subtilen Unterschieden in der Form gegenüber *C. mediterraneus*. **H** Offene Lebensräume.

10
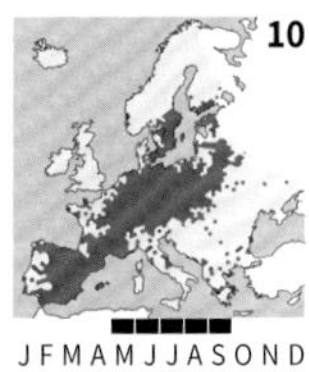

11 🔍 Graue Gartenwanze
Rhaphigaster nebulosa **L** 14–17 mm. Körper stark gemustert. Connexivum mit schwarzen Flecken gesprenkelt. Fühler schwarz und weiß gebändert. **H** Grasland, Waldränder, Parks, Gärten.

11
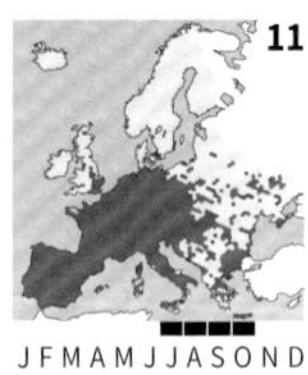

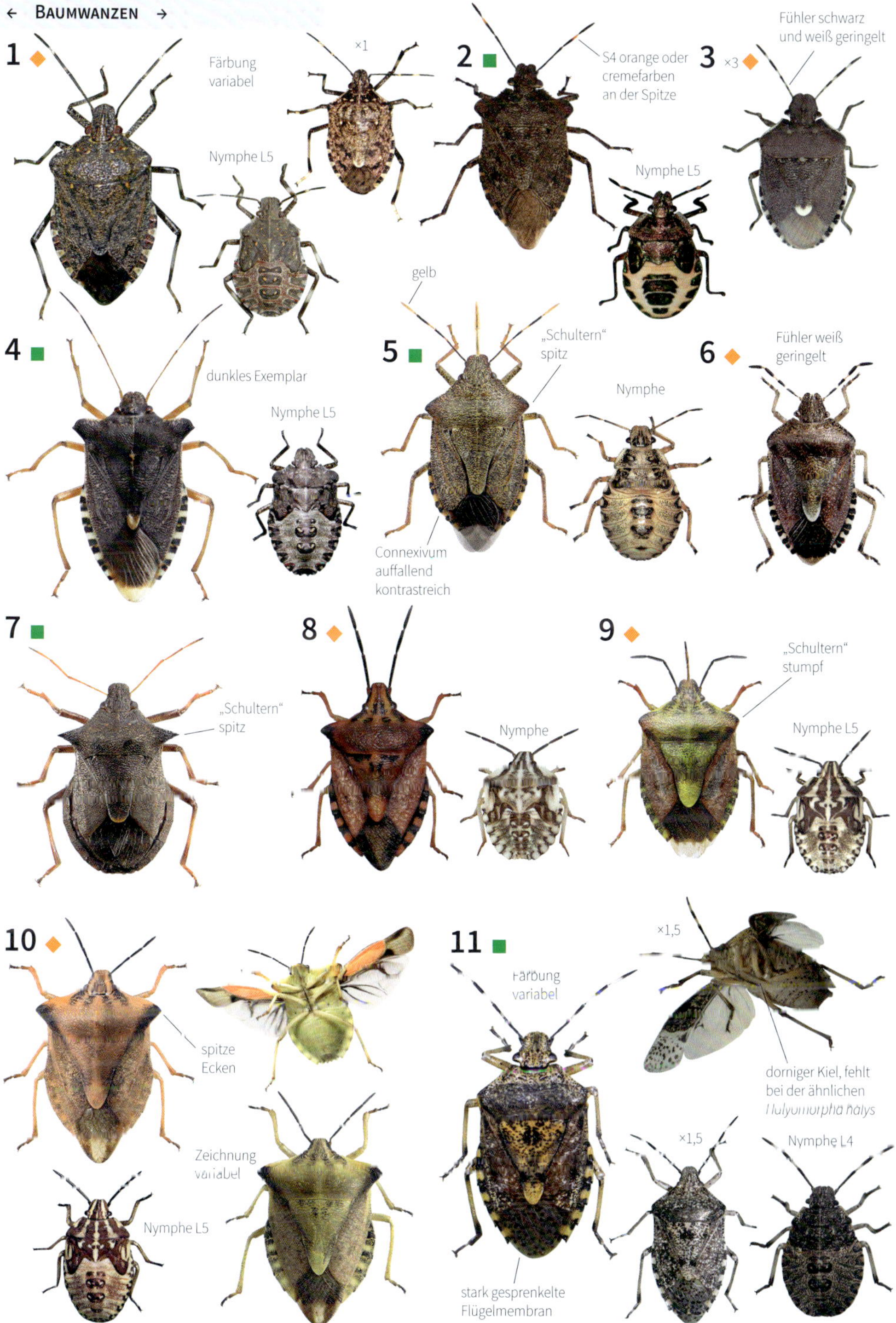
1
Färbung variabel
×1
Nymphe L5
2
S4 orange oder cremefarben an der Spitze
Nymphe L5
3 ×3
Fühler schwarz und weiß geringelt
4
dunkles Exemplar
Nymphe L5
gelb
5
„Schultern" spitz
Nymphe
Connexivum auffallend kontrastreich
6
Fühler weiß geringelt
7
„Schultern" spitz
8
Nymphe
9
„Schultern" stumpf
Nymphe L5
10
spitze Ecken
Zeichnung variabel
Nymphe L5
11
Färbung variabel
×1,5
dorniger Kiel, fehlt bei der ähnlichen *Halyomorpha halys*
stark gesprenkelte Flügelmembran
×1,5
Nymphe L4

← **BAUMWANZEN** Pentatomidae →

1 Grüne Reiswanze

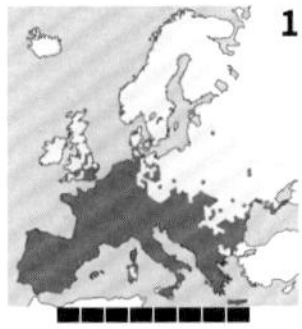

1

J F M A M J J A S O N D

Nezara viridula **L** 11–17 mm. Grün, gelegentlich mit weißen Rändern oder ganz braun; Flügelmembran blass. Scutellum an der Vorderseite mit 3–5 weißlichen Flecken sowie einem kleinen schwarzen Fleck in jeder Ecke. **H** Sehr variabel, in Parks und Gärten oft auf fruchttragenden Bäumen oder Kräutern zu finden. **V** Polyphag, kann Schäden an Nutzpflanzen verursachen. Manchmal massenhaft in Kartoffel- oder Bohnenfeldern; überträgt gelegentlich Pilze auf reifende Früchte.

Gen. ***Palomena*** E 2 SPP

Körper grün, verfärbt sich im Herbst rotbraun und im Winter bronzebraun. Flügelmembran dunkel.

2 Grüne Stinkwanze

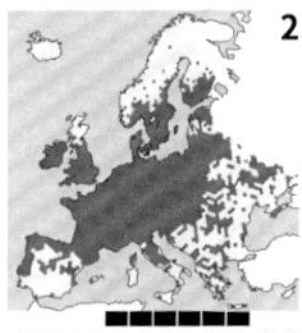

2

J F M A M J J A S O N D

Palomena prasina **L** 12–16 mm. Sehr ähnlich wie *P. viridissima*, aber Pronotum nach innen gebogen. Fühler S2–S3 etwa gleich lang. **H** Hauptsächlich auf Bäumen und Sträuchern, gelegentlich auch auf hohen Stauden. **V** Polyphag, bevorzugt aber Laubbäume wie Erlen, Linden oder Sträucher mit Brennnesseln. Nymphen saugen an frischen Trieben, Erwachsene bevorzugen reife Früchte.

3 Großer Grünling

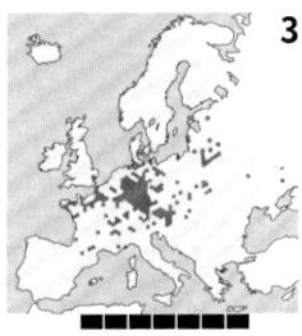

3

J F M A M J J A S O N D

Palomena viridissima **L** 11–15 mm. Im Gegensatz zur ähnlichen *P. prasina* ist der Vorderrand des Pronotums nach außen gebogen. Fühler S2 1,5–1,8-mal so lang wie S3. **H** Bevorzugt warme Lebensräume, daher häufiger in den südlichen Gebieten Europas. Vielerorts zu finden, oft in der Krautschicht, seltener auf Bäumen. Heimisch in Nordafrika.

Gen. ***Chlorochroa*** E 3 SPP

Körper meist grün oder braun, mit hellem Rand. Flügelmembran dunkel. Scutellum am hinteren Ende gelb oder weißlich.

4 Wacholderling

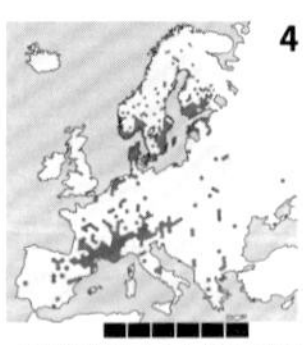

4

J F M A M J J A S O N D

Chlorochroa juniperina **L** 10–13 mm. Fühler S1–S2 grün, folgende Segmente schwarz. Beine grün mit schwarzen Tarsi. **H** Grasland mit spärlichem Wacholderbewuchs; gelegentlich auf Kiefern und Krähenbeeren.

5 Föhrengast *Chlorochroa pinicola*

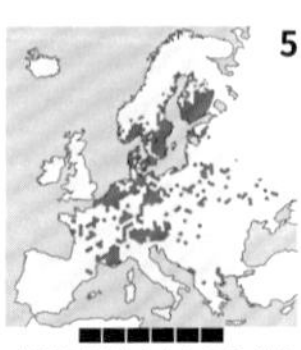

5

J F M A M J J A S O N D

L 11–14 mm. Ähnlich der Herbstform von *C. juniperina*, aber Fühler S1 bräunlichgrün, folgende Segmente schwarz. **H** Waldgebiete, an Kiefern und Wacholder.

6 Gelbspitzige Baumwanze

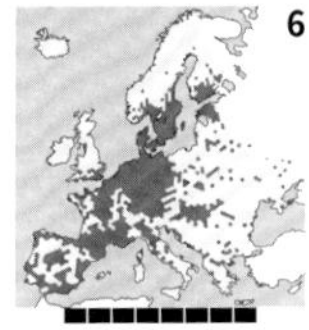

6

J F M A M J J A S O N D

Peribalus strictus **L** 8–11 mm. Gelblich braun; Pronotum gerundet, mit schmalem weißem Rand; Scutellum mit heller Spitze. Fühler teilweise rötlich, S4+S5 mit etwas Schwarz. Connexivum gelb oder weißlich, schwarz gebändert. **H** Trockene bis mäßig feuchte Standorte mit Sträuchern, u. a. Grasland, Wälder, Parks und Gärten. **V** Die Nymphen ernähren sich von den Samen krautiger Pflanzen, während die erwachsenen Tiere an den Samen von Sträuchern und Bäumen saugen.

7 Ginster-Baumwanze

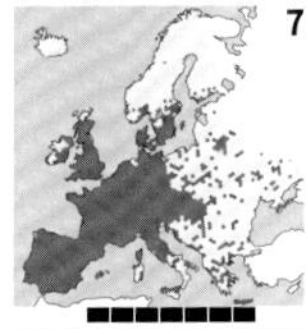

7

J F M A M J J A S O N D

Piezodorus lituratus **L** 10–13 mm. Körper im Frühjahr gelblich grün, färbt sich im Herbst teilweise rotbraun und wird kurz vor der Überwinterung deutlich dunkler. Ähnlich *Palomena* spp., aber Körper am Ende weniger breit, sondern mehr elliptisch. Flügelmembran klar, nicht braun wie bei *Palomena prasina*. **H** Trockene und warme Lebensräume, bevorzugt sandige Böden. **V** Ernährt sich von Hülsenfrüchten wie Ginster, Wicke oder Klee; saugt an reifen Früchten. Überwintert in trockener, lockerer Bodenstreu unter Nahrungspflanzen, aber auch auf Kiefern.

8 Weißschulter-Baumwanze

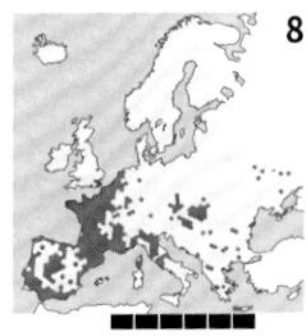

8

J F M A M J J A S O N D

Dyroderes umbraculatus **L** 7–9 mm. Pronotum seitlich abgerundet; braun mit weißen „Schultern". Scutellum mit weißem Fleck an der Spitze; Connexivum schwarz-weiß gebändert. **H** Offene Gebiete, einschließlich Hecken, Parks und Gärten, auf Streuobstwiesen.

← **BAUMWANZEN** →

1 ×2 ■

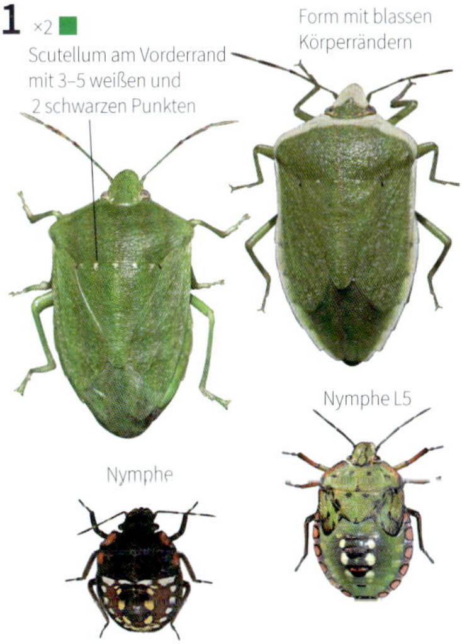

2 ×2 ◆

3 ×2 ◆

4 ×2 ◆

5 ×2 ◆

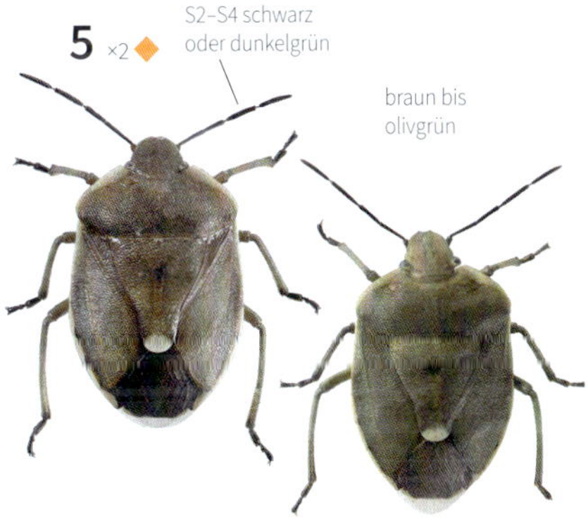

6 ×3 ◆

7 ×3 ■

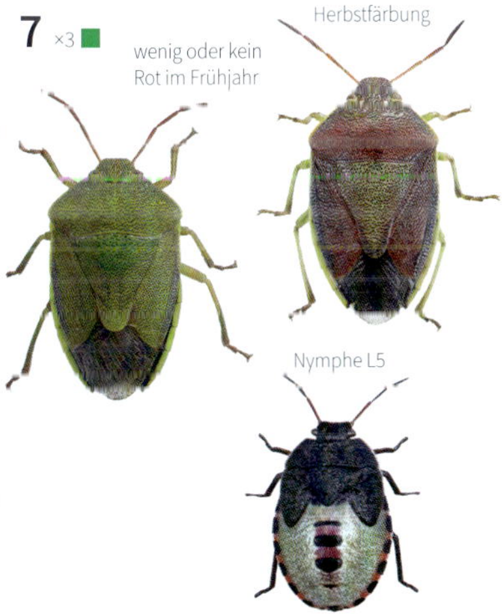

8 ×3 ■

← **Baumwanzen** Pentatomidae

Gen. *Eurydema* E 13 SPP

Vorderflügel und Pronotum leuchtend schwarz-rot, schwarz-gelb oder schwarz-weiß gefleckt. Identifizierung der Arten durch genaue Untersuchung der Muster auf Scutellum, Pronotum und Vorderflügeln, insbesondere des Randes (Corium). Der Kopf ist vorne nicht zugespitzt (seitlich gesehen); die Augen sind groß.

1 ⊙ Zierliche Gemüsewanze *Eurydema dominulus* **L** 5–8 mm. Meist schwarz-rot (oder orange), Rand der Vorderflügel (Corium) glatt. Kopf, Beine, Fühler und Vorderflügel schwarz. **H** Feuchtes Grasland und Waldränder. **V** Ernährt sich von Kreuzblütlern (Brassicaceae).

1
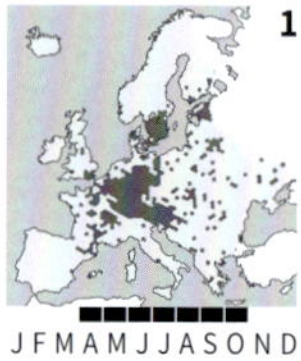

2 ⊙ Kohlwanze *Eurydema oleracea* **L** 5–7 mm. Blauschwarz mit roten, weißen oder gelben Flecken und Markierungen, die im Winter orange werden. Kopf, Beine, Fühler und Vorderflügel schwarz. **H** Offene Flächen. **V** Kann bei massenhaftem Auftreten Schäden an Nutzpflanzen wie verschiedenen Kohlsorten, Radieschen und Raps verursachen.

2
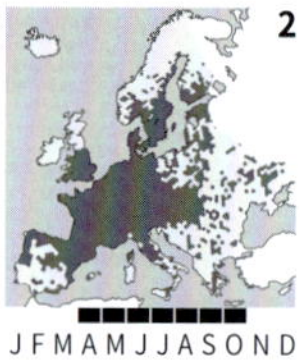

3 🔍 Schwarzrückige Gemüsewanze *Eurydema ornata* **L** 7–9 mm. Ähnlich *E. dominulus*, aber leicht zu erkennen an einem schwarzen Fleck am Rand der Vorderflügel (Corium), gefolgt von einem gräulichen Bereich. **H** Offene Flächen. **V** Auf Kreuzblütlern (Brassicaceae).

3
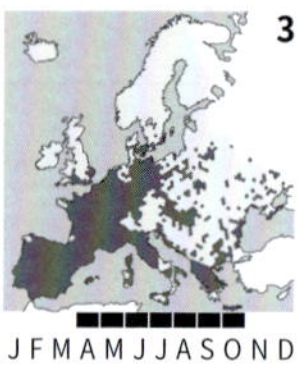

4 ⊙ Große Gemüsewanze *Eurydema ventralis* **L** 8–12 mm. Unterscheidet sich von ähnlichen Arten durch den Rand der Vorderflügel (Corium), der einen schwarzen Fleck mit einfarbiger Unterseite aufweist, sowie durch abweichende Muster auf Pronotum, Scutellum und Vorderflügeln. Kopf oft mit schmaler roter Linie und Flecken. **H** Grasland, Dünen, Parks und Gärten. **V** Auf Kreuzblütlern (Brassicaceae).

4
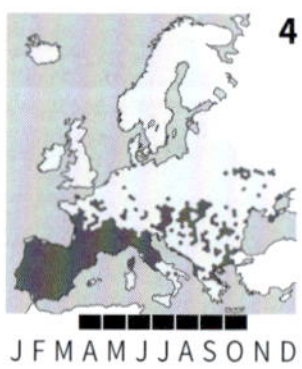

Gen. *Graphosoma* E 3 SPP

Unverwechselbares Aussehen; leuchtend rot mit langen schwarzen Längsstreifen. Scutellum bedeckt Flügel vollständig.

5 ⊙ Europäische Streifenwanze *Graphosoma italicum* **L** 8–11 mm. Kopf mit 2, Pronotum mit 6, Scutellum mit 4 schwarzen Längsstreifen. Körper auf der Unterseite schwarz gepunktet. Connexivum schwarz und rot gestreift. Fühler und Beine schwarz. **H** Offene bis halbschattige Biotope mit unterschiedlicher Luftfeuchtigkeit. Heimisch im Mittelmeerraum, breitet sich kontinuierlich nach Norden aus und hat bereits das südliche Skandinavien erreicht.

5
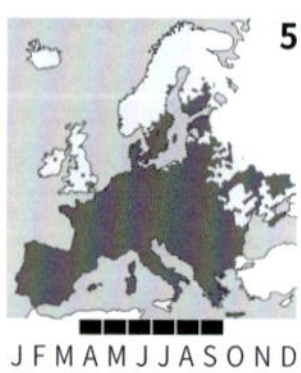

6 ⊙ Nordafrikanische Streifenwanze *Graphosoma lineatum* **L** 9–12 mm. Wurde früher als Variante von *G. italicum* angesehen. In Europa begrenzt auf Sizilien und wahrscheinlich Malta. Erkennbar an den roten Beinen; man beachte jedoch, dass eine Form von *G. italicum* auf Sardinien ebenfalls rote Beine hat. Die orangefarbenen Bänder auf dem Connexivum sind bei der echten *G. lineatum* schmaler, aber dies ist möglicherweise kein zuverlässiges Merkmal. **H** Grasland.

6
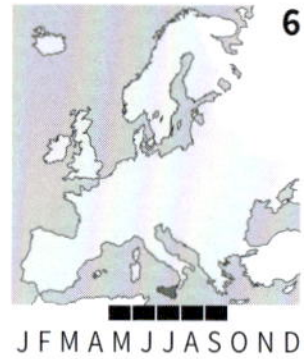

7 ⊙ Fleckige Streifenwanze *Graphosoma semipunctatum* **L** 9–12 mm. Rötlich, einschließlich der Beine. Leicht zu erkennen an 8 schwarzen Flecken im mittleren Bereich des Pronotums. Schwarze Streifen auf dem Kopf, den Seiten des Pronotums und dem Scutellum; der Rand des Connexivums ist glatt. **H** Felsige, sonnige Gebiete im Mittelmeerraum.

7
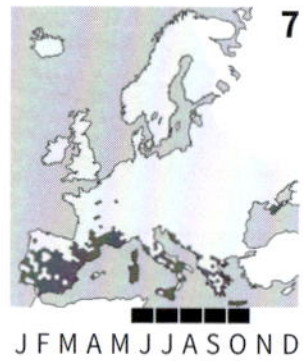

8 ⊙ Blaugrüne Baumwanze *Zicrona caerulea* **L** 6–8 mm. Metallisch bläulich grün. Nymphen schwarz, Hinterleib rot mit schwarzer Zeichnung. **H** Offene Gebiete, einschließlich Grasland, Heideland und Waldrändern. **V** Die erwachsenen Tiere ernähren sich hauptsächlich von den Larven der Blattkäfer; Nymphen zunächst vom Saft verschiedener Pflanzen.

8
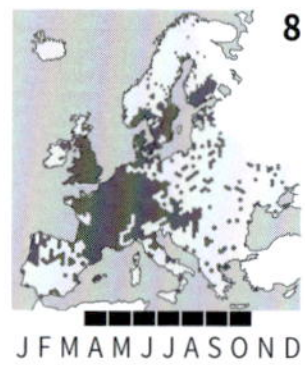

Kugelwanzen Plataspidae

E 1 GEN 3 SPP 1 ILL

Körper kugelförmig, meist glänzend; Scutellum bedeckt fast den gesamten Hinterleib. Tarsi zweigliedrig.

9 ⊙ Kugelwanze *Coptosoma scutellatum* **L** 4–5 mm. Glänzend schwarz, oft mit grüner, blauer oder bronzefarbener Färbung. Die Augen sind rötlich. **H** Trockene und warme Lebensräume, einschließlich Grasland und Dünen mit kalkhaltigen, sandigen oder lehmigen Böden.

9
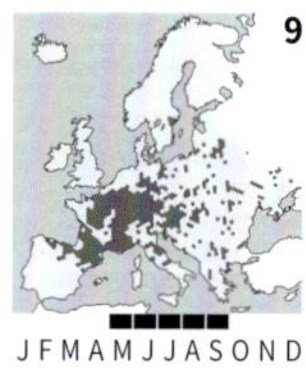

Veilchenwanzen Thyreocoridae

E 1 GEN 4 SPP 1 ILL

Körper rundlich, dunkel. Tarsi dreigliedrig.

10 🔍 Erdgeist *Thyreocoris scarabaeoides* **L** 3–4 mm. Körper abgerundet; schwarz oder bronzefarben, leicht metallisch. **H** Grasland, Wege, Dünen, Felsen und Waldränder. **V** Ernährt sich von Veilchen- und Hahnenfußsamen.

10
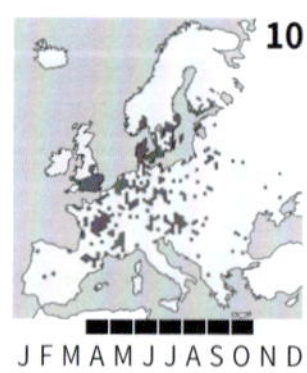

← BAUMWANZEN

1 ×4 ■ erwachsene Tiere immer schwarz-rot

2 ×4 ■ Fleckenmuster variabel; kann rot, gelb oder weiß sein

×2 Paarung

×2

Nymphe

3 ×3 ◆ Farbformen mit weißen und gelben Elementen

×2

×2

Vorderflügelränder mit dem für diese Art charakteristischen länglichen Fleck

4 ×3 ◆ Farbformen mit weißen und gelben Elementen

5 ×3 ■ Unterseite schwarz gesprenkelt

×2

Nymphe L5

6 ×3 ■

7 ×3 ■

8 ×4 ■ Färbung variabel

Nymphe L5

KUGELWANZEN

9 ×6 ■

VEILCHENWANZEN

10 ×6 ◆

LEDERWANZEN Coreidae

E 18 GEN 55 SPP 14 ILL

Mittelgroß bis groß; die meisten Arten bräunlich. Körperbau und Größe ähnlich Schildwanzen, aber die meisten Arten sind länglicher; einige haben einen verbreiterten Hinterleib. Fühler mit 4 Segmenten, Tarsi dreigliedrig, Ocelli vorhanden. Ernähren sich von Früchten oder Samen.

Gen. *Arenocoris* E 4 SPP

Klein (< 10 mm), Pronotum mit Stacheln.

1 Kleiner Bracker
Arenocoris fallenii **L** 6–7 mm. Braun; Mitte des Pronotums mit hellen Stacheln, die ein umgekehrtes V bilden. Fühler S3 zur Spitze hin nicht verdickt.
H Sandige Standorte wie Dünen; bei heißem Wetter oft auf Wegen oder im Schatten der Nahrungspflanzen.

1
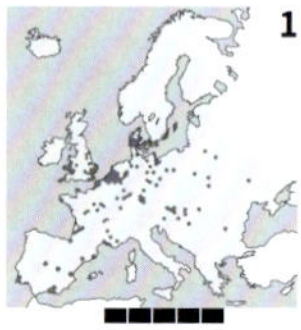

2 Südlicher Bracker
Arenocoris waltlii **L** 7–8 mm. Dunkelbraun; Pronotum stachelig. Fühler S3 zur Spitze hin verdickt. **H** Sandige Standorte wie Dünen mit spärlicher Vegetation; oft unter Nahrungspflanzen.

2
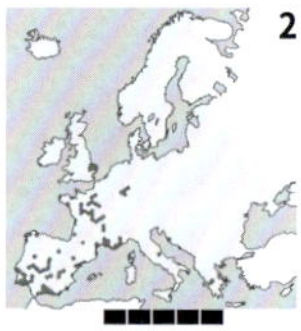

3 Rinner ***Bathysolen nubilus***
L 5–7 mm. Braun. Pronotum ohne Stacheln, Rand zu zwei Dritteln weißlich. Fühler an Basis und Spitze verdickt.
H Bodenbewohnend, gewöhnlich an Hopfenklee.

3
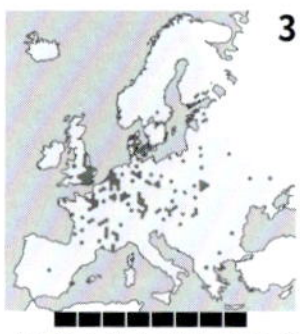

Gen. *Ceraleptus* E 5 SPP

Kopf verlängert, mit dunklem Augenstreifen; Thorax, Pronotum (am Rand) und Vorderflügel mit braunen Höckern; Basis des Vorderflügelrandes blass.

4 Dunkler Girn
Ceraleptus gracilicornis **L** 10–12 mm. Braun. Fühler dünn und rot; am Ansatz und Ende braun und verdickt. **H** Verschiedene Lebensräume, oft in der Nähe von Schmetterlingen.

4
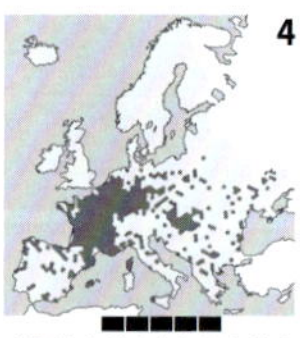

5 Heller Girn
Ceraleptus lividus **L** 9–11 mm. Braun; manchmal gelblich; Basis des Vorderflügelrandes blass. Insgesamt heller als *C. gracilicornis*, Fühler dicker.
H Grasland und sandige Standorte.

5
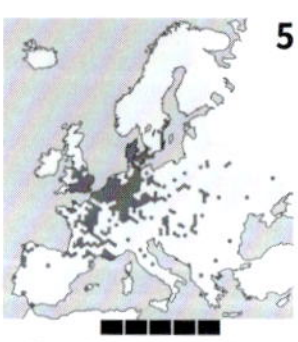

6 Lederwanze ***Coreus marginatus***
L 10–15 mm. Abdomen seitlich deutlich verbreitert und gerundet; Fühler lang. Kopf klein. Fühler dünn, Basis und Ende verdickt; dunkel, S2–S3 rötlich. **H** Offene trockene und feuchte Lebensräume, einschließlich Gärten und Hecken.

6
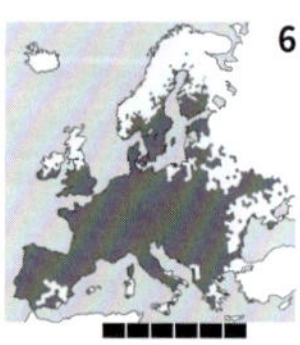

7 Rotbrauner Stachler
Coriomeris denticulatus **L** 7–10 mm. Körper behaart. Hinterleib lang gestreckt, nicht sehr breit. Fühler kurz. Pronotum am Rand mit weißen Höckern.
H Trockene, sonnige Standorte, an Hülsenfrüchten.

7
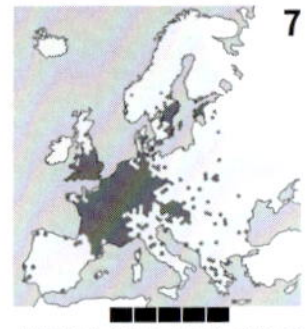

8 Bootling ***Enoplops scapha***
L 10–13 mm. Dunkelgrau. Abdomen verbreitert, an der Spitze kantig. Fühler lang, S3 am Ende dunkel.
H Trockene, sonnige Standorte, an Pflanzen, Mauern oder auf dem Boden.

8
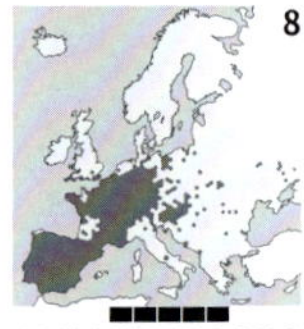

Gen. *Gonocerus* E 5 SPP

Abdomen eher schmal, seitlich kaum verbreitert. Seiten des Pronotums nach oben gebogen, mit spitzen Ecken.

9 Braune Randwanze
Gonocerus acuteangulatus **L** 11–14 mm. Braun. **H** Trockene, warme, sonnige Standorte; Waldränder, Hecken, Gärten, Parks, oft an Sträuchern mit Beeren.

9
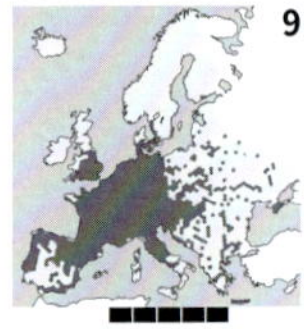

10 Wacholder-Randwanze
Gonocerus juniperi **L** 11–14 mm. Braun oder rotbraun mit einigen schwarzen Flecken. Beine, Unterseite und Hinterleib grün. **H** Sonnige und trockene Lebensräume; Heiden, Gärten, Parks mit Wacholder.

10
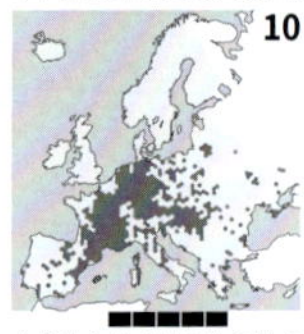

11 Amerikanische Kiefernwanze
Leptoglossus occidentalis **L** 15–20 mm. Groß; rotbraun; Vorderflügel mit weißer zickzackförmiger Bestäubung. Connexivum gebändert. Hintere Tibiae blattartig verbreitert. **H** An Nadelbäumen. Heimisch in Nordamerika, breitet sich seit 1999 in Europa aus.

11
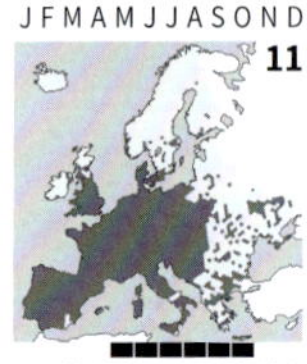

12 Dornen-Randwanze
Phyllomorpha laciniata **L** 7–11 mm. Durchscheinend weiß, mit braunen und rötlichen Flecken; Pronotum und Hinterleib mit auffälligen, blattartigen, stacheligen Lappen. **H** Trockene, offene Gebiete, oft an Felshängen. **V** ♀ legt Eier oft auf ♂ ab, die diese austragen.

12
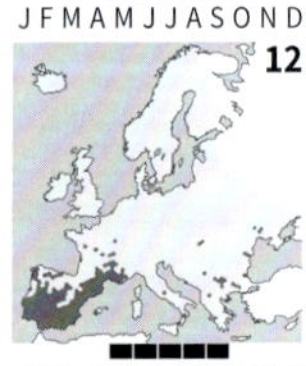

13 Dalmans Lederwanze
Spathocera dalmanii **L** 5–7 mm. Abdomen lang gestreckt; Pronotum mit hellem Rand; Scutellum herzförmig mit 2 schwarzen Flecken. **H** Sandige Standorte; Nahrungspflanzen oft nahe Moos oder Gräsern.

13
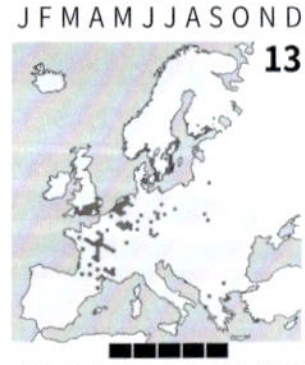

14 Rautenwanze
Syromastus rhombeus **L** 10–11 mm. Braun. Unverwechselbar dank des rautenförmigen Hinterleibs. **H** Offene Gebiete.

14
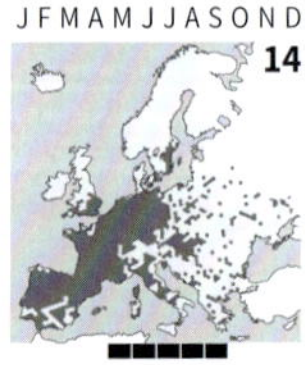

LEDERWANZEN

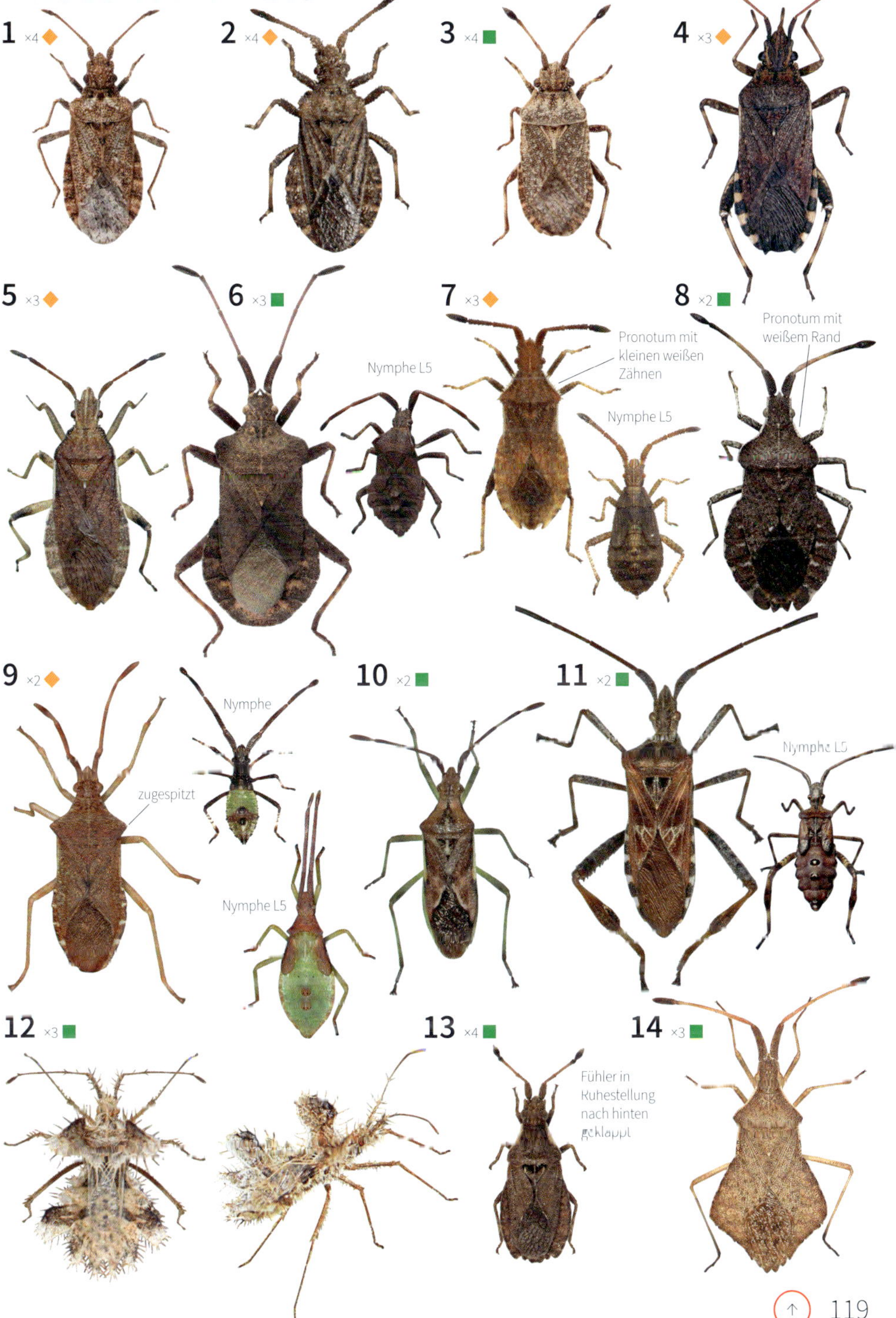

GLASFLÜGELWANZEN Rhopalidae

E 10 GEN 33 SPP 14 ILL

Ähnlich einigen weniger robust gebauten Lederwanzen, aber Körper bei einigen Gattungen, insbesondere bei *Chorosoma*, mehr länglich. Vorderflügel zumindest teilweise durchscheinend. Fühler mit 4 Segmenten, Tarsi dreigliedrig, Ocelli vorhanden.

1 🔍 Gefleckte Glasflügelwanze
Brachycarenus tigrinus **L** 6–7 mm. Strohfarben; Kopf mit schwarzer Zeichnung; Pronotum schwarz gesprenkelt, besonders an den hinteren Ecken; Scutellum an der Basis ebenfalls schwarz. **H** Spärlich bewachsene Standorte.

1
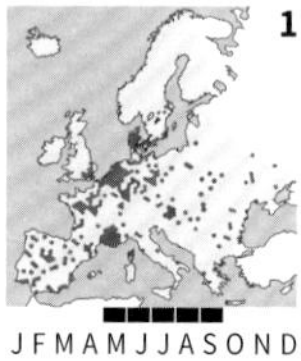

2 ⊙ Grasgespenst
Chorosoma schillingii **L** 14–16 mm. Körper sehr schlank und lang gestreckt. Hinterbeine sehr lang, fast wie bei Heuschrecken, jedoch viel weniger kräftig und glatt, nicht gezähnt. **H** Trockene, warme und sandige, offene Lebensräume wie Grasland, Sanddünen und Parks.

2
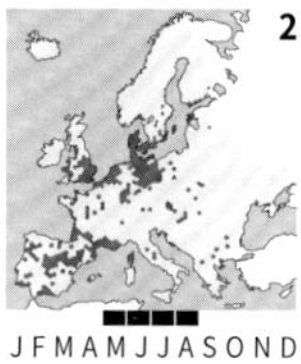

3 ⊙ Zimtwanze ***Corizus hyoscyami***
L 9–12 mm. Auffällig rot-schwarz gemustert, Körper behaart. **H** Offene Gebiete, einschließlich Grasland und Gärten. **V** Verströmt einen leichten Geruch nach Zimt.

3
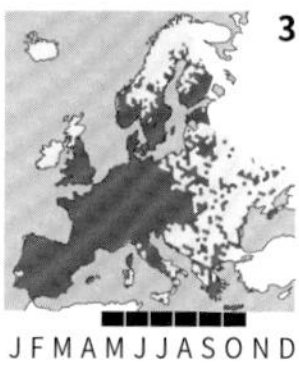

4 🔍 Mango ***Liorhyssus hyalinus***
L 6–7 mm. Gelblich braun bis rot; charakteristisch lange Flügelmembran. **H** Grasland, sandige Flächen.

4
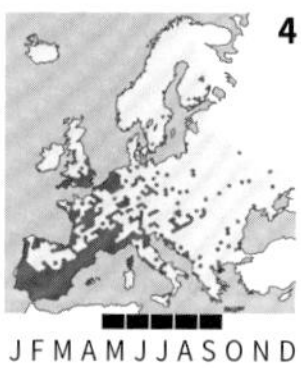

5 ⊙ Kurzgeflügelte Glasflügelwanze
Myrmus miriformis **L** 6–10 mm. Körper schmal. Färbung variabel, grün bis gelblich braun; ♂ mit roter Markierung; ♀ immer grün. Flügel farblos, meist kurz; langflügelige Exemplare können vorkommen, sind aber selten. **H** Trockene bis feuchte Lebensräume, meist Grasland.

5
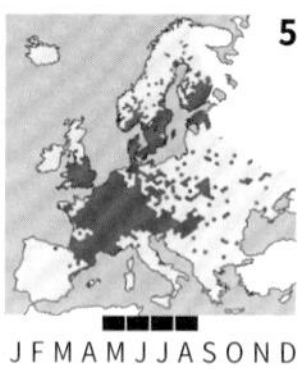

Gen. *Rhopalus* E 7 SPP

Typischerweise breit und behaart mit etwas rötlicher Färbung; Vorderflügel häutig; samen- oder fruchtfressende Arten. Bei der Bestimmung der Art ist Vorsicht geboten, da Verwechslungen leicht möglich sind.

6 🔍 Moorkeulert
Rhopalus maculatus **L** 8 mm. Körper bräunlich, behaart. Voll geflügelt. Hinterleib großflächig orange gefärbt; die dunklen Flecken auf dem Hinterleib variieren in ihrer Größe. Connexivum gewöhnlich mit kleinen schwarzen Flecken. **H** Feuchtgebiete.

6
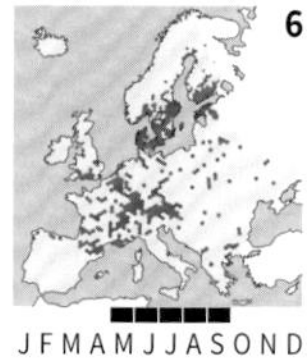

7 🔍 Fleckenkeulert
Rhopalus parumpunctatus **L** 7 mm. Braun. Connexivum gebändert oder einfarbig; Flügeladern braun oder rötlich mit schwarzen Flecken. Die Flecken auf dem Corium helfen bei der Unterscheidung von verwandten Arten, kombiniert mit der Form der Abdominalflecken. **H** Trockene, sandige Standorte, einschließlich Sanddünen.

7
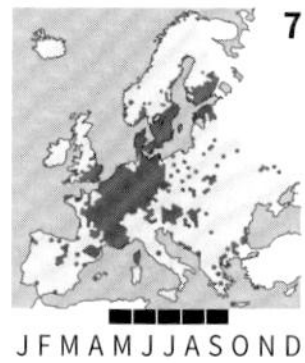

8 🔍 Hellbraune Glasflügelwanze
Rhopalus subrufus **L** 7 mm. Rotbraun oder braun. Connexivum schwarz und blassbraun oder weißlich gebändert. Scutellum mit weißlicher Spitze, die in 2 Punkten endet. Vorderflügel teilweise rötlich mit schwarzen Flecken. **H** Waldlichtungen und Gebüsch.

8
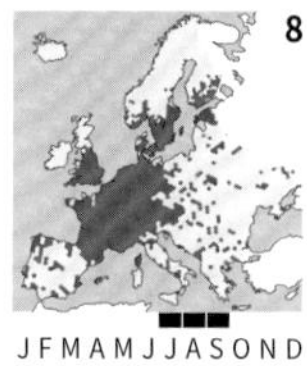

Gen. *Stictopleurus* E 7 SPP

Körper breit; Connexivum gebändert und Scutellum mit spatelförmiger (abgerundeter, löffelartiger) Spitze. Bestimmung der Arten durch Überprüfung der Details auf dem Pronotum.

9 🔍 Helle Porenwanze
Stictopleurus abutilon **L** 7–9 mm. Grünlich braun. Pronotum mit Linie direkt hinter dem Vorderrand, die in einem vollen Kreis endet. Connexivum orange oder grünlich und schwarz gebändert. **H** Offene Flächen, auf Korbblütlern.

9
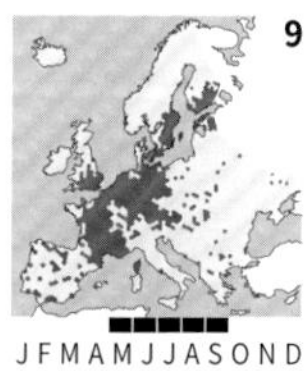

10 🔍 Punktierte Glasflügelwanze
Stictopleurus punctatonervosus
L 7–8 mm. Sehr ähnlich wie *S. abutilon*, aber Pronotum mit Linie direkt hinter dem Vorderrand, die in einem Halbkreis nahe dem Rand endet. **H** Grasland.

10
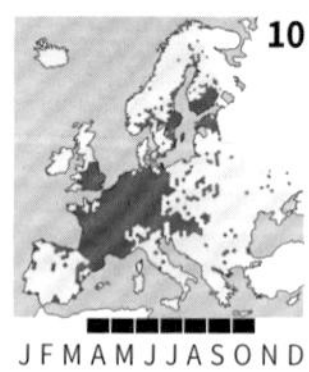

1 ×4

2 ×3

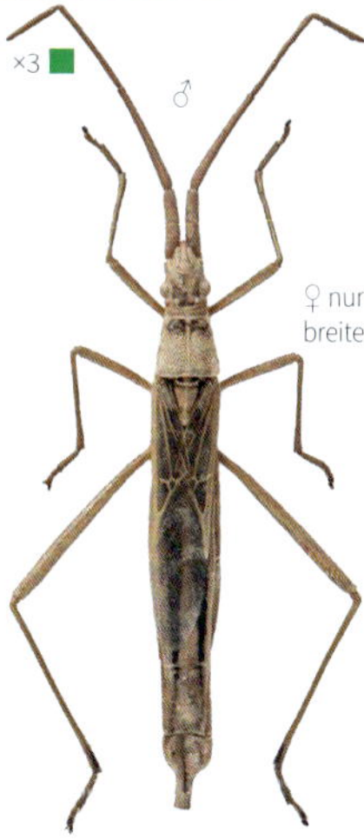

3 ×3

4 ×4

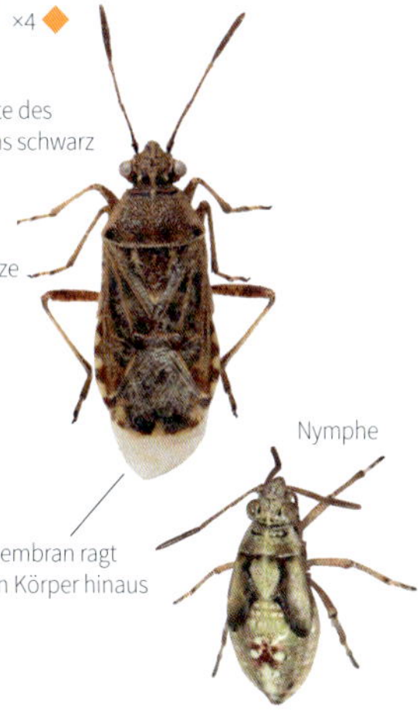

5 ×4

6 ×4

7 ×4

8 ×4

9 ×4

10 ×4

FEUERWANZEN Pyrrhocoridae

E 2 GEN 5 SPP 1 ILL

> 300 Arten weltweit. Einige, aber nicht alle Arten haben eine charakteristische rot-schwarze Färbung. Körper lang gestreckt oval, ähnelt ein wenig den Bodenwanzen (Lygaeidae). Fühler mit 4 Segmenten; Tarsi dreigliedrig; Ocelli fehlen.

1

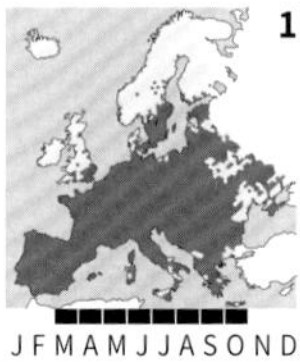

1 ☉ Gemeine Feuerwanze
Pyrrhocoris apterus **L** 8–11 mm. Rot mit charakteristischer schwarzer Zeichnung. Kaum zu verwechseln, auch wenn sie oberflächlich anderen rot-schwarzen Wanzen ähnelt; aber Körper nicht behaart, eher oval und meist kurzflügelig (langflügelige Form selten). Kopf, Fühler, Beine und Unterseite des Körpers sind einfarbig schwarz. **H** Gewöhnlich auf dem Boden in der Nähe von Malvengewächsen oder auf Lindenstämmen, auch in Parks, Gärten und Gebüschen. **V** Ernährt sich von herabgefallenen Samen von Linden oder Malvengewächsen, auch von Säften, die aus Wunden von Linden fließen. Verursacht keine Schäden an Pflanzen. Oft in großen Ansammlungen zu finden.

KRUMMFÜHLERWANZEN Alydidae

E 6 GEN 12 SPP 2 ILL

Ähnelt besonders schlanken Lederwanzen. Hintere Femora mit mehreren Stacheln an der Unterseite. Fühler mit 4 Segmenten, mit S4 gebogen; Tarsi dreigliedrig; Ocelli vorhanden; Hinterschenkel stachelig.

2

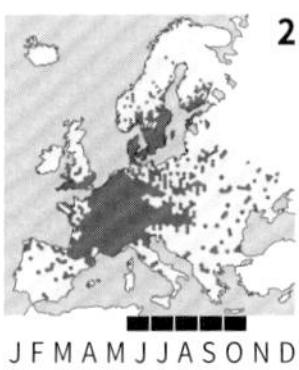

2 ☉ Rotrückiger Irrwisch
Alydus calcaratus **L** 10–12 mm. Schlank, braun. Hinterleib leicht verbreitert mit leuchtend orangem Fleck. Flügelmembran schwarz. Scutellumspitze gewöhnlich weiß. **H** Hauptsächlich am Boden in trockenen, warmen und offenen Lebensräumen. **V** Die Nymphen dieser Art ähneln sehr stark den Ameisen und wurden in den Nestern einiger Arten gefunden, obwohl der Lebenszyklus noch nicht vollständig geklärt ist.

3

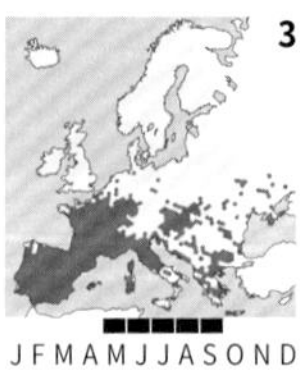

3 ☉ Sichelbein
Camptopus lateralis **L** 11–14 mm. Länglicher, rotbrauner Körper. Kopf sehr breit, sodass die Augen seitlich über die Breite des Pronotums herausragen. Kopf mit blasser Längsmittellinie. Fühler geringelt. Hinterbeine mit verbreiterten Femora. **H** Warme, trockene, sonnige Standorte wie Waldlichtungen, Waldränder; bis zu 2000 m.

WOLFSMILCHWANZEN Stenocephalidae

E 1 GEN 5 SPP 2 ILL

Körper eher länglich; insgesamt braun, ähnlich manchen Lederwanzen. Fühler mit 4 Segmenten, schwarz-weiß gebändert; Tarsi dreigliedrig; Ocelli vorhanden. Alle Femora und Tibiae deutlich gebändert. Nur eine Gattung in dieser Familie.

4

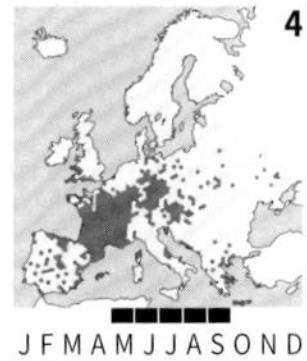

4 🔍 Große Wolfsmilchwanze
Dicranocephalus agilis **L** 12–14 mm. Braun, beige gemustert; Körper mit dunklen Poren bedeckt. Fühler schwarz und blass geringelt; S3 hell auf mehr als ¼ der Länge. Scutellum an der Spitze weiß. Connexivum dunkel und blass bräunlich beige gestreift. Beine beige und dunkelbraun geringelt. **H** Besiedelt trockene, warme und offene Lebensräume; Dünen und Klippen.

5

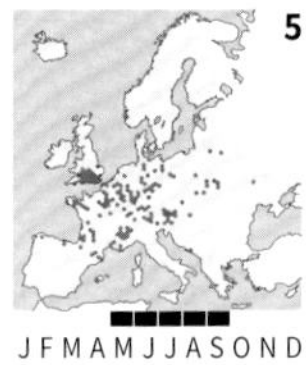

5 🔍 Kleine Wolfsmilchwanze
Dicranocephalus medius **L** 8–11 mm. Ähnlich wie *D. agilis*; Hinterleib etwas verbreitert; Fühler S3 hell auf nur ¼ der Länge. **H** Waldlichtungen und -ränder, auch in Gärten.

GRILLENWANZEN Geocoridae

E 5 GEN 26 SPP 1 ILL

Etwa 290 Arten weltweit. Auffallend vergrößerte Augen, die seitlich deutlich über die Breite des Pronotums hinausragen. Körper gedrungen. Fühler mit 4 Segmenten, Ocelli vorhanden. Viele Arten räuberisch, einige sind Allesfresser.

6

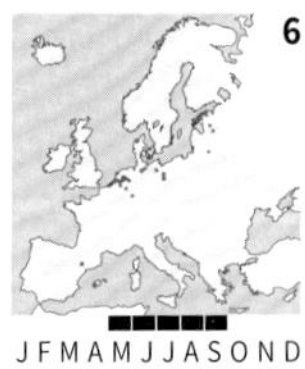

6 ☉ Grillenwanze
Geocoris grylloides **L** 3–5 mm. Ähnelt im Aussehen einer winzigen Grille. Schwarz; Pronotum und Vorderflügel mit gelben Rändern. Vorderflügel verkürzt. **H** Sandige Böden in Heidelandschaften, Brachland, Magerrasen, Wegränder, Küstendünen. Bevorzugt sonnige und warme Standorte. **V** Adulte und Nymphen saugen den Saft verschiedener Wildgräser. Ahmt einige Verhaltensmuster von Grillen nach.

FEUERWANZEN

1 ×3 ◆

KRUMMFÜHLERWANZEN

2 ×3 ■

3 ×3 ■

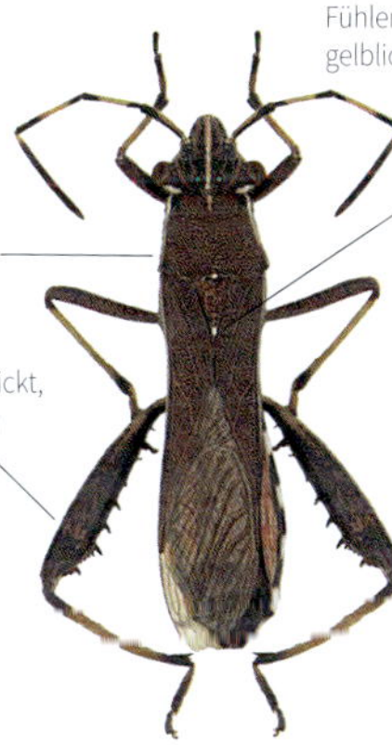

WOLFSMILCHWANZEN

4 ×3 ◆

5 ×3 ◆

GRILLENWANZEN

6 ×6 ■

BODENWANZEN Lygaeidae →

E ~70 GEN 389 SPP 53 ILL

Meist braun oder schwarz, aber einige Arten auffällig rot-schwarz gefärbt. Die meisten Arten sind bodenbewohnend und ernähren sich von Samen. ♀ mit sägeartigem Legebohrer. Fühler mit 4 Segmenten; Tarsi dreigliedrig; Ocelli vorhanden.

1 ⊙ Weißpunkt-Bodenwanze
Melanocoryphus albomaculatus
L 7–9 mm. Rot-schwarz, ähnelt oberflächlich anderen rot-schwarzen Wanzen wie der Feuerwanze (*Pyrrhocoris apterus*, S. 122). Kopf, Beine, Fühler und Scutellum schwarz. Vorderflügel rot mit zentralem schwarzem Punkt. Weißer Punkt in der Mitte der Flügelmembran. **H** Heiße, trockene und felsige Lebensräume.

1
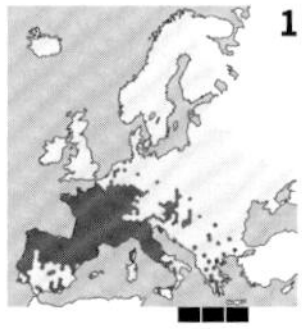
J F M A M J J A S O N D

Gen. *Spilosthetus* E 3 SPP
Körper mit rot-schwarzer Warnfärbung.

2 ⊙ Pandur *Spilostethus pandurus*
L 12–15 mm. Kopf rot, an der Basis schwarz; Augen schwarz umrandet. Beine, Fühler und Scutellum schwarz. Pronotum deutlich gezeichnet. Vorderflügel rot mit schwarzen Punkten. Flügelmembran mit basalen und zentralen weißen Flecken. **H** Bevorzugt warme Lebensräume. **V** Im Herbst oft auf sonnenbeschienenen Steinen oder Felsen zu sehen. Kann in großen Mengen Schäden an Gemüsekulturen verursachen.

2
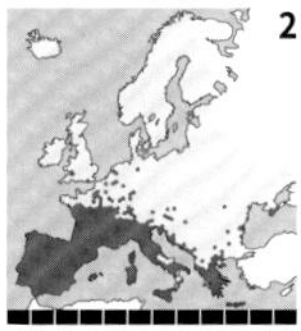
J F M A M J J A S O N D

3 ⊙ Knappe *Spilostethus saxatilis*
L 8–13 mm. Vorderflügel mit deutlich mehr Schwarz als bei *S. pandurus*. Fühler, Beine, Scutellum und Flügelmembran schwarz. Kopf schwarz mit zentralem rotem Fleck. **H** Vorwiegend trockene, warme offene Standorte. Auch in feuchten Lebensräumen wie Sümpfen und an Bachufern. **V** Im Herbst oft auf sonnenbeschienenen Steinen oder Felsen zu sehen.

3
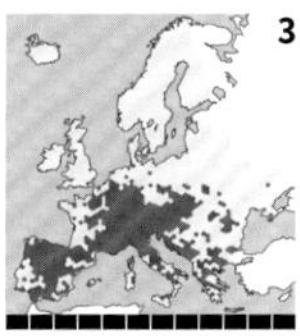
J F M A M J J A S O N D

Gen. *Lygaeus* E 4 SPP
Rot-schwarz, Scutellum und Vorderflügel mit ausgeprägt kreuzförmiger schwarzer Zeichnung.

4 🔍 Ritterwanze *Lygaeus equestris*
L 8–12 mm. Augen, Fühler und Beine schwarz; Kopf seitlich schwarz, auf der Oberseite mittig rot. Flügelmembran schwarz, meist mit weißem Punkt. **H** Trockenes Grasland und Ruderalflächen, auch in offenen Wäldern und Gebüschen. **V** Kann Laute erzeugen, die jedoch für menschliche Ohren kaum hörbar sind.

4
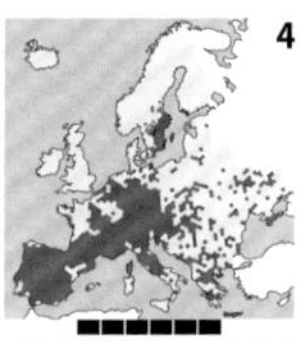
J F M A M J J A S O N D

5 🔍 Verkannte Ritterwanze
Lygaeus simulans **L** 10–12 mm. Kopf auf der Oberseite mittig rot, seitlich mit schwarzer Zeichnung, die aber schmaler ist als bei *L. equestris*; die genaue Form dieser roten Zeichnung auf dem Kopf hilft bei der Unterscheidung. **H** Trockenes, felsiges Grasland und Waldränder.

5
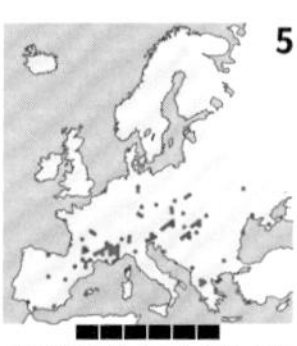
J F M A M J J A S O N D

6 ⊙ Streifige Laufwanze
Raglius alboacuminatus **L** 5–6 mm. Auffallende Farbzeichnung. Vorderflügel entweder voll entwickelt oder verkürzt, Flügelmembran schwarz mit weißem Fleck an der Spitze. **H** Warme, trockene bis mäßig feuchte Lebensräume, vorzugsweise mit kalkhaltigen Böden, wie Waldränder, Lichtungen, Brachflächen.

6
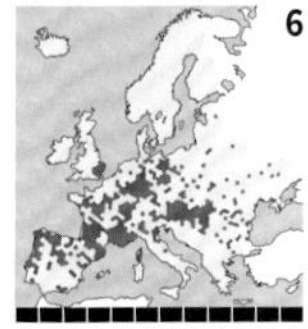
J F M A M J J A S O N D

7 ⊙ Schwalbenwurzwanze
Tropidothorax leucopterus **L** 8–11 mm. Charakteristisch rot-schwarze Zeichnung mit großen Flecken auf Pronotum und Vorderflügeln; leicht von anderen Arten zu unterscheiden. Kopf, Fühler, Beine und Hinterflügel schwarz. **H** Warme Standorte mit Vorkommen von Schwalbenwurz.

7
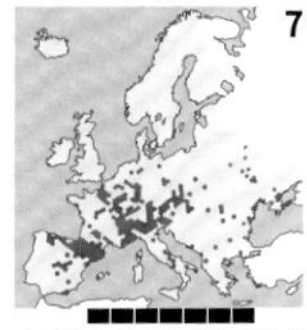
J F M A M J J A S O N D

8 ⊙ Brennnesselwanze
Heterogaster urticae **L** 5–8 mm. Braun, dunkel gezeichnet. Kopf und Pronotum behaart; Connexivum und Tibiae schwarz und weiß gebändert. **H** Überall in der Nähe von Brennnesseln.

8
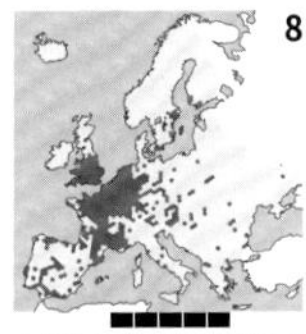
J F M A M J J A S O N D

9 ⊙ Rolanders Bodenwanze
Aphanus rolandri **L** 6–8 mm. Schwarz, Flügelmembran mit auffallendem orangefarbenem oder rotem Fleck. Fühler länger als Vorderbeine. **H** Sowohl an trockenen und warmen als auch feuchten und teilweise schattigen Standorten.

9
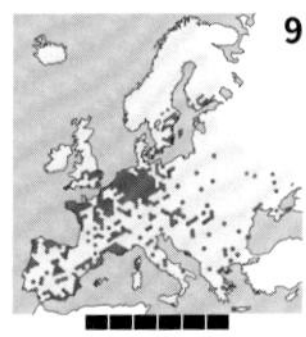
J F M A M J J A S O N D

Gen. *Arocatus* E 3 SPP
Oberflächlich gesehen ähnlich anderen Wanzen mit Warnfarben, wie z. B. *Corizus hyoscyami* (S. 120), aber meist blasser rotbraun bis bräunlich gefärbt als diese. Flügelmembran schwarz. Kopf bräunlich bis schwarz.

10 ⊙ Platanenwanze
Arocatus longiceps **L** 5–7 mm. Kopf länger als bei der sehr ähnlichen *A. roeselii* (es ist noch unklar, ob es sich hierbei wirklich um verschiedene Arten handelt). **H** Parks und andere Gebiete mit Platanen. (*A. roeselii* bevorzugt Erlen.)

10
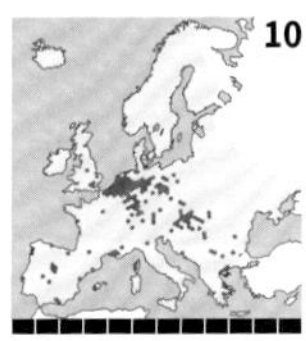
J F M A M J J A S O N D

11 ⊙ Ulmenwanze
Arocatus melanocephalus **L** 6–7 mm. Hintere Hälfte der Vorderflügel schwarz, im Gegensatz zu anderen *Arocatus* spp. **H** An Ulmen.

11
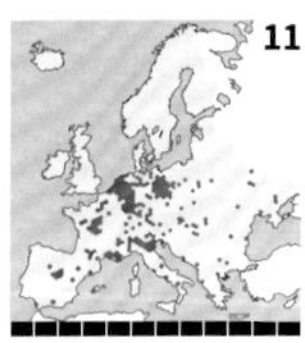
J F M A M J J A S O N D

---

12 ⊙ Kurzflügelwanze
Pterotmetus staphyliniformis **L** 5 mm. Körper lang gestreckt. Schwarz, Vorderflügel rot. Gewöhnlich kurzflügelig. Flügelmembran mit weißem Fleck an der Spitze. Nymphen insgesamt dunkel. **H** Trockene, warme, offene Lebensräume.

12
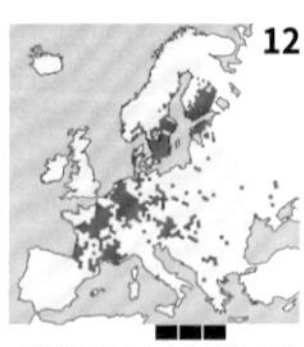
J F M A M J J A S O N D

BODENWANZEN →

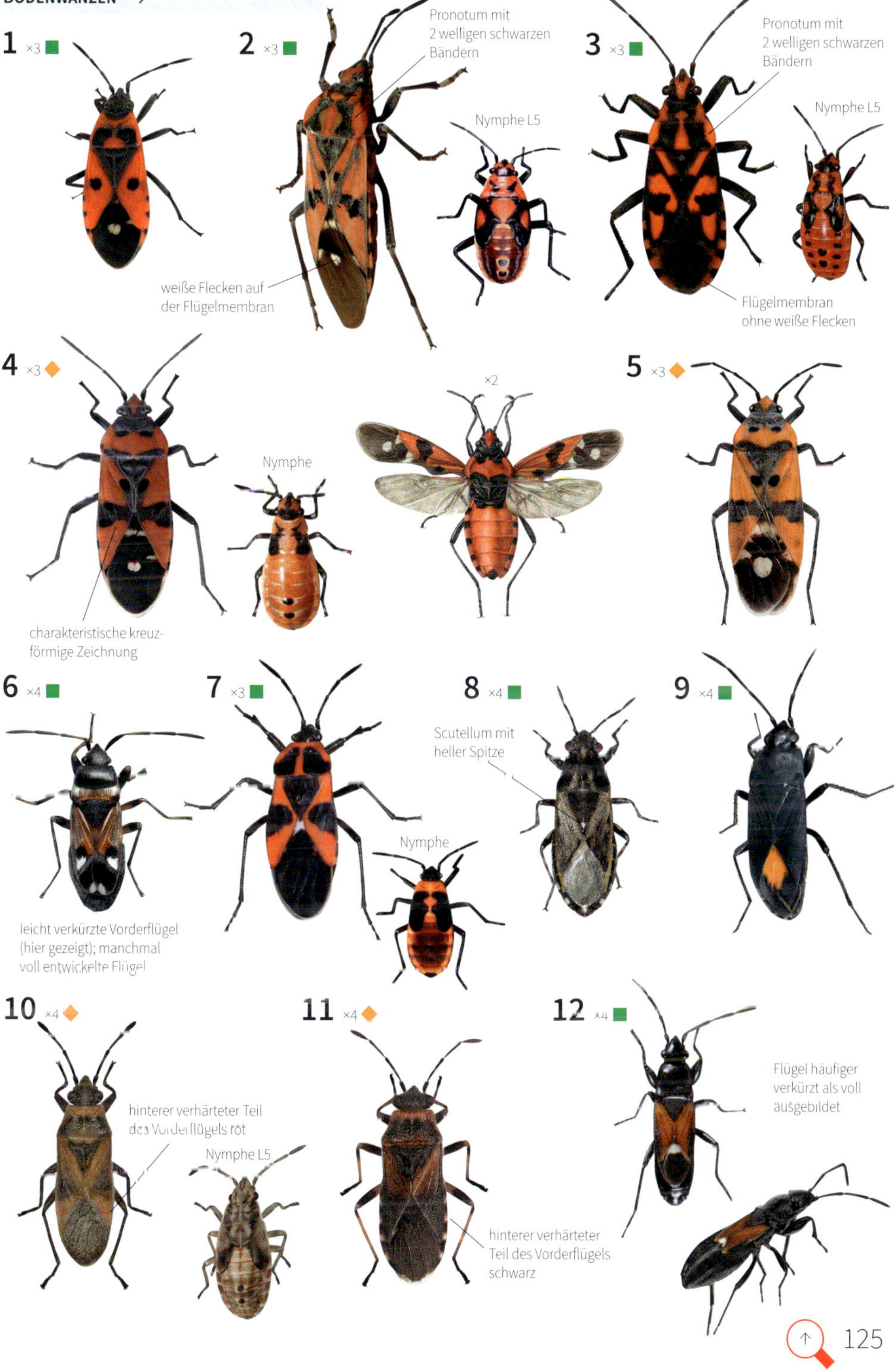

← BODENWANZEN Lygaeidae →

Gen. *Megalonotus* E 16 SPP

Pronotum dunkel, gekörnt, am Vorderrand breiter als Kopf.

1 Gemeiner Puckler
Megalonotus chiragra **L** 5–7 mm.
Braunschwarz; Pronotum mit langen Haaren. Tibiae braun, Fühler variieren von schwarz bis gelb-braun. **H** Lebensräume mit sandigem und kalkhaltigem Boden, einschließlich Sanddünen und Grasland.

1
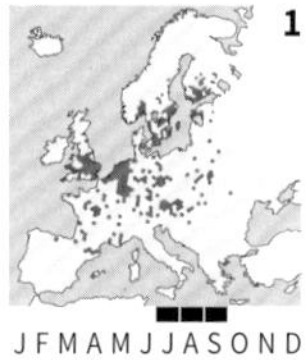

2 Glänzender Puckler
Megalonotus praetextatus **L** 4–5 mm.
Insgesamt glänzend schwarz; Vorderflügel am oberen Teil braun. Pronotum nicht behaart. Beine blassbraun. **H** Offene Gebiete, einschließlich Grasland und Sanddünen.

2
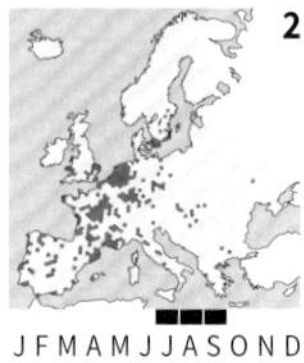

3 Behaarter Puckler
Megalonotus sabulicola **L** 5 mm.
Schwarz und bräunlich; Vorderflügel, Tibiae und ein Teil der Fühler braun. Pronotum mit aufrechten Haaren; am hinteren Rand gebogen. **H** Sandige Lebensräume.

3
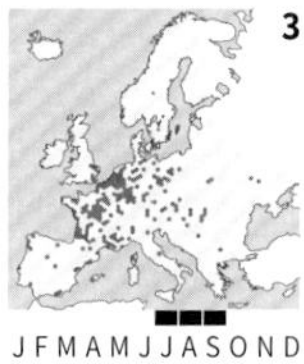

---

4 Lindenwanze
Oxycarenus lavaterae **L** 4–6 mm.
Schwarz; Kopf, Pronotum und Scutellum mit dichter Punktierung und weißen Haaren. Vorderflügel teilweise rötlich. Nymphen rot. **H** An Linden und krautigen, strauchigen Malvengewächsen.

4
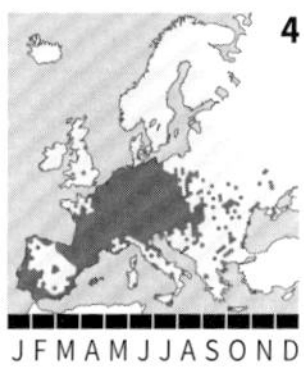

Gen. *Rhyparochromus* E 5 SPP

Lang gestreckt, Flügelmembran dunkel.

5 Verbreitete Laufwanze
Rhyparochromus pini **L** 6,8–8 mm.
Insgesamt dunkler als *R. vulgaris*; Pronotum ganz dunkel. **H** Verschiedene offene bis halbschattige Lebensräume, oft an Nadelbäumen.

5
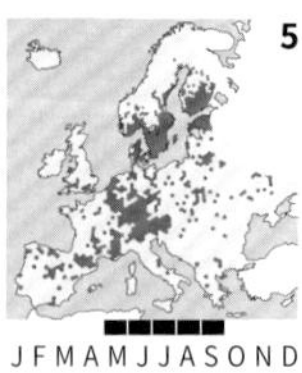

6 Gemeine Bodenwanze
Rhyparochromus vulgaris **L** 7–8 mm.
Blasser als *R. pini*; Vorderflügel und Pronotum mit weißlichen Rändern.
H Verschiedene offene bis halbschattige Lebensräume, einschließlich Grasland.

6
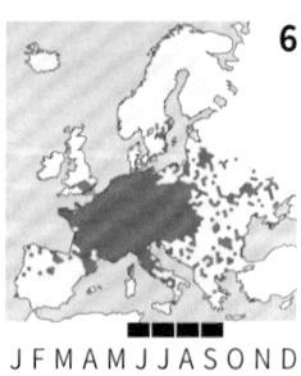

Gen. *Scolopostethus* E 9 SPP

Lang gestreckt. Farbgebung mit hellen Elementen: schwarz, rotbraun und weiß.

7 Nesselwicht
Scolopostethus affinis **L** 3–4 mm.
Flügel meist voll ausgebildet; Beine hellbraun; Fühler S1–S2 hellbraun, oft auch Basis von S3. **H** Teilweise schattige Standorte mit Brennnesseln.

7
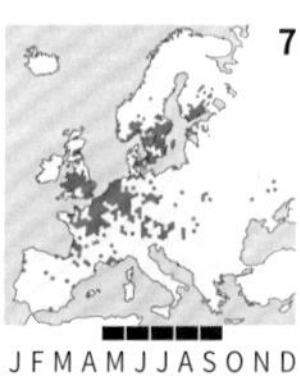

8 Heidewicht
Scolopostethus decoratus **L** 4 mm.
Gewöhnlich voll geflügelt; Fühler schwarz mit Ausnahme der Basis von S2, die rötlich ist. **H** Heideland.

8
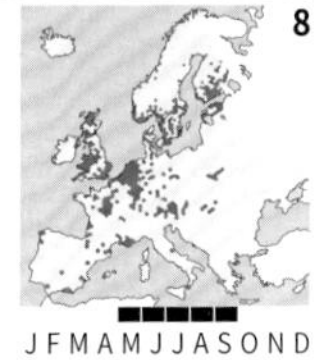

9 Schwarzweiße Bodenwanze
Scolopostethus pictus **L** 4–5 mm.
Etwas größer. Fühler S1–S2 hell, manchmal alle Segmente hell und nur Fühlerspitze dunkler. **H** An Pflanzenabfällen und Komposthaufen.

9
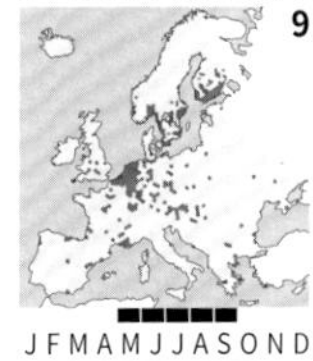

10 Brennnesselwicht
Scolopostethus thomsoni **L** 3–4 mm.
Ähnlich *S. affinis*, jedoch meist kurzflügelig. Beine mit schwarzen Tarsi; Fühler S1 hellbraun, S2 teilweise schwarz, S3–S4 ganz schwarz. **H** An Brennnesseln.

10
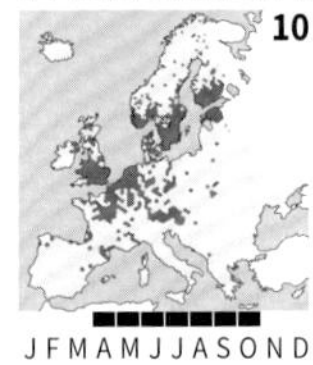

---

11 Tappert *Beosus maritimus*
L 6–7 mm. Bräunlich mit schwarzen Elementen; Vorderflügel weiß gefleckt; Pronotum mit weißlichen Rändern. Beine bräunlich orange, Femora breit, schwarz gebändert. **H** Offene, trockene, warme, sandige oder felsige Standorte mit niedriger Vegetation. Auch im Ödland.

11
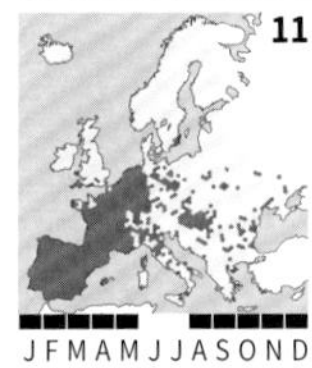

12 Westliche Kamillenwanze
Metopoplax ditomoides **L** 3–4 mm.
Kopf, Pronotum und Scutellum schwarz, dicht punktiert und mit kleinen weißen Haaren besetzt; Vorderflügel weißlich.
H Grasland.

12
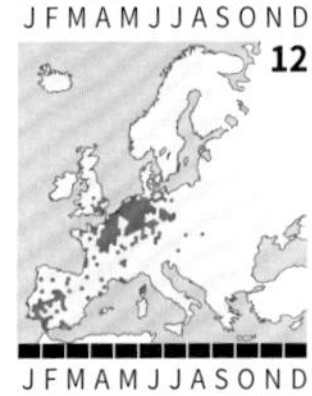

Gen. *Eremocoris* E 4 SPP

Lang gestreckt, Vorderflügel dunkel. Vordere Femora verbreitert, mit Stacheln.

13 Ameisen-Klausner
Eremocoris abietis **L** 6–7 mm.
Pronotum schwarz und rotbraun, mit 2 Flecken an den Seiten. Kopf und Fühler schwarz. Beine rotbraun. **H** Häufig in der Nähe von Waldameisen zu finden.

13
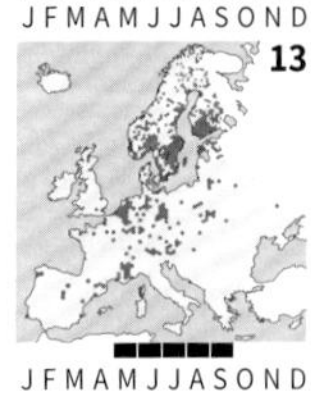

14 Großer Klausner
Eremocoris podagricus **L** 6–7 mm.
Dunkel, Pronotum verbreitert. Vordere Femora stark verbreitert, mit 2 großen und mehreren kleinere Stacheln.
H Sandige Gebiete und Kreideabhänge, oft an Moosen unter Weißdorn.

14
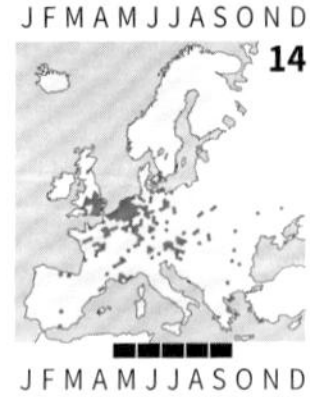

---

15 Schmalwanze
Ischnodemus sabuleti **L** 4–5 mm.
Länglich. Schwarz-braun mit feiner heller Behaarung. Vorderflügel blass; kurz, mittel (selten) oder lang. **H** Vorwiegend in Feuchtgebieten. **V** Kann zu Tausenden auf Gräsern und Schilf vorkommen.

15
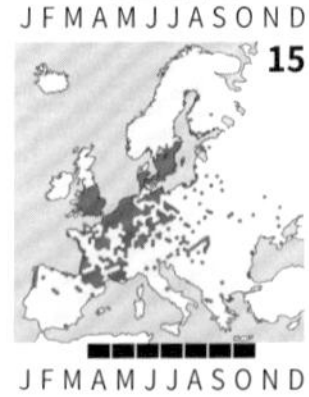

← BODENWANZEN →

1 ×4

2 ×6

3 ×6

4 ×4

5 ×4

6 ×4

7 ×6

Exemplar mit kurzen Flügeln

8 ×6

vordere Femora bei allen *Scolopostethus* spp. verbreitert und gezahnt

9 ×6

10 ×6

Fühler S2 mit schwarzer Spitze

langflügeliges Exemplar

11 ×4

12 ×6

13 ×4

14 ×4

15 ×5

langflügeliges Exemplar

kurzflügeliges Exemplar

← BODENWANZEN Lygaeidae →

Gen. *Cymus* E 4 SPP

Charakteristisch geformt, Körper und Vorderflügel stark punktiert. Oft schwer bis zur Art zu bestimmen.

1
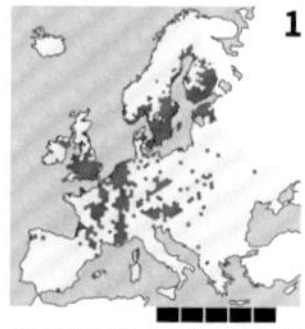

1 🔍 Nussfarbiger Pori
Cymus glandicolor **L** 4–5 mm. Pronotum mit blassem Mittelkiel (erhabene Linie). Vorderflügel und Membran der Hinterflügel mit feinen dunklen Flecken. **H** Grasland, Sümpfe, an Seggen.

2
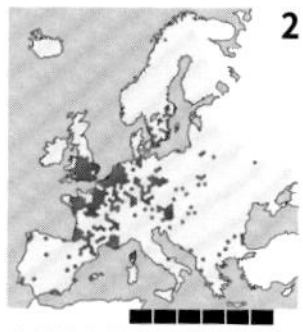

2 🔍 Schwarzkopf-Pori
Cymus melanocephalus **L** 3–4 mm. Dunkler als *C. glandicolor*, Pronotum ohne Mittelkiel. **H** Feuchtgebiete.

Gen. *Drymus* E 7 SPP

Körper oval. Kopf, Pronotum und Scutellum schwarz, punktiert. Vordere Femora verbreitert, mit einem großen und mehreren kleinen Zähnen.

3
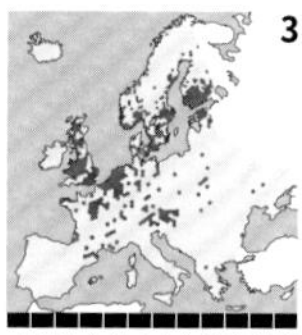

3 🔍 Ovale Wandwanze
Drymus brunneus **L** 3–5 mm. Insgesamt dunkelbraun und schwarz. Hinterer Teil des Pronotums braun. Fühler dunkelbraun, Spitze des letzten Segments rotbraun. Beine schwarz, Tarsi rotbraun, Tibiae nicht behaart (wie bei einigen anderen *Drymus* spp.). **H** Schattige Waldgebiete, auch Moore und Feuchtgebiete.

4
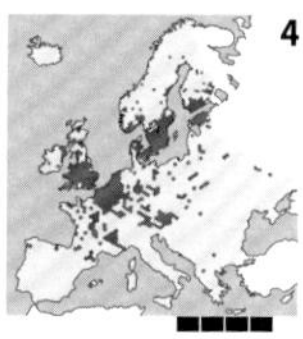

4 🔍 Wald-Bodenwanze
Drymus sylvaticus **L** 3–5 mm. Pronotum und Scutellum schwarz; Fühler schwarz bis dunkelbraun. Beine schwarz, Tarsi braun; Tibiae nicht behaart. Vorderflügel vollständig dunkelbraun. **H** In der Streuschicht offener Standorte, oft auf trockenen Böden.

Gen. *Gastrodes* E 2 SPP

Auffällige Verdickung der vorderen Femora bei beiden Geschlechtern, bei ♂ stärker ausgeprägt.

5
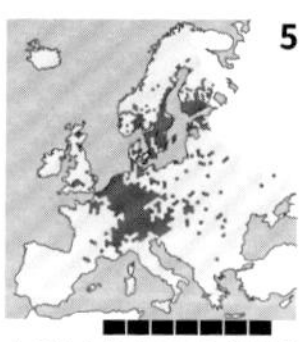

5 🔍 Fichtenzapfenwanze
Gastrodes abietum **L** 6–7 mm. Pronotum vorne schwarz, hinten gelbbraun; Pronotum vorne mit hellen Seiten. **H** Hauptsächlich in Fichtenwäldern.

6
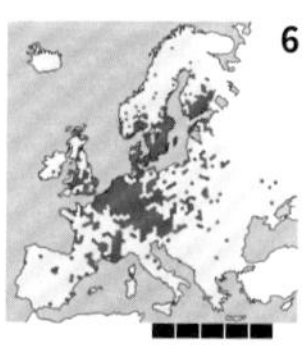

6 🔍 Kiefernzapfenwanze
Gastrodes grossipes **L** 6–7 mm. Rotbraun; Kopf, oberer Teil des Pronotums und Scutellum schwarz; dunkler als *G. abietum*. **H** An Kiefern, oft Waldkiefern.

7
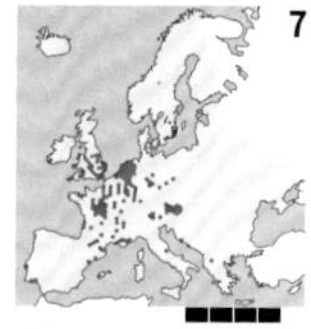

7 🔍 Geschweifter Heimling
Taphropeltus contractus **L** 3–4 mm. Meist schwarz, Vorderflügel dunkelbraun, seitlich mit teilweise weißlichem Rand; auch auf dem Pronotum. Femora an der Unterseite behaart. **H** Sandiges oder kalkhaltiges Ödland.

Gen. *Trapezonotus* E 6 SPP

Körper oval; Pronotum mit schmalen Kielen. Gut angepasst an sandige Substrate. Unterscheidung einiger Arten durch mikroskopische Untersuchung der Genitalien des ♂.

8
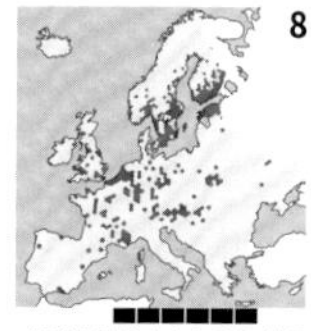

8 🔍 Sand-Bodenwanze
Trapezonotus arenarius **L** 4–5 mm. Braun und schwarz; Vorderflügel verkürzt oder voll entwickelt, beige und dunkelbraun gepunktet. Membran der Hinterflügel dunkelbraun mit gewellten beigen Strichen. Mittlere und hintere Tibiae meist schwarz. **H** Sandige Gebiete, oft Dünen.

9
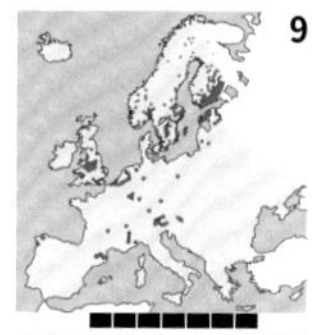

9 🔍 Heide-Trapp
Trapezonotus desertus **L** 4–5 mm. Braun mit schwarzer Zeichnung; Kopf, Pronotum und Scutellum schwarz. Mittlere Tibiae bei ♂ und einigen ♀ oft blassbraun. **H** Heideland, Grasland mit Kalkboden.

10
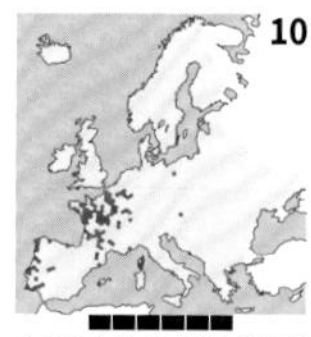

10 🔍 Ullrichs Bodenwanze
Trapezonotus ullrichi **L** 5–6 mm. Größer und heller als andere *Trapezonotus* spp. Kopf, Pronotum und Scutellum teilweise schwarz. Beine meist braun, Femora teilweise schwarz; Fühler S2–S3 braun. **H** Klippen, an Margeriten.

11
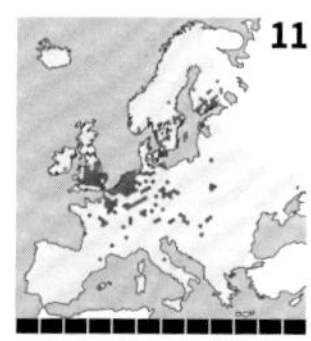

11 🔍 Rohrkolbenwanze
Chilacis typhae **L** 4–5 mm. Braun mit dunklerer Zeichnung; Flügelmembran blass. **H** Feuchtgebiete. Oft auf Köpfen von Rohrkolben, wo sie gut getarnt sind.

Gen. *Pachybrachius* E 2 SPP

Körper oval; Pronotum in der Mitte charakteristisch eingeschnürt.

12
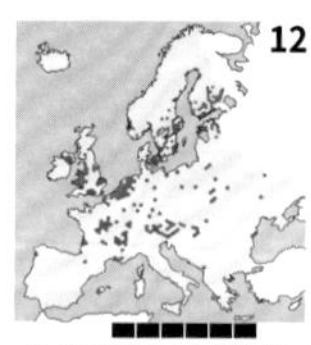

12 🔍 Seggen-Bodenwanze
Pachybrachius fracticollis **L** 5 mm. Braun; Kopf, Pronotum und oberer Teil des Scutellums dunkler. Vordere Femora mit einer Reihe von Stacheln. **H** Feuchtgebiete, einschließlich Moore, an Seggen.

13

13 🔍 Torfmoor-Bodenwanze
Pachybrachius luridus **L** 5–6 mm. Braun; Kopf, Pronotum, Scutellum dunkler; Pronotum mit langen Haaren. Vordere Femora mit doppelter Reihe von Stacheln. **H** Feuchtgebiete, einschließlich Moore, an Torfmoosen.

← BODENWANZEN →

1 ×6 ◆

2 ×6 ◆

3 ×6 ◆

4 ×6 ◆

5 ×5 ◆

6 ×5 ◆

Nymphe

7 ×7 ◆

8 ×6 ◆

9 ×6 ◆

10 ×5 ◆

11 ×7 ◆

Nymphe

12 ×6 ◆

13 ×6 ◆

← BODENWANZEN Lygaeidae

1 ☉ Stielaugen-Bodenwanze
Henestaris laticeps **L** 4–5 mm. Braun mit dunkleren Flecken, auch auf den Vorderflügeln und der Flügelmembran. Die Augen sind auffällig gestielt. **H** Küstenklippen.

1
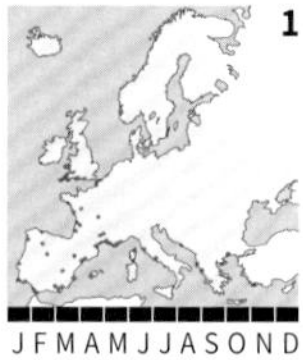

Gen. ***Kleidocerys*** E 4 SPP
Rotbraun; Scutellum mit weißlicher Zeichnung; Vorderflügel teilweise durchsichtig.

2 ☉ Heidekrautwanze
Kleidocerys ericae **L** 4 mm. Rand der Vorderflügel (Corium) mit wenigen dunklen Flecken; Scutellum mit ausgedehnter blasser Fläche. Vorderflügel mäßig lang. **H** Heideland, auf Heidekraut.

2
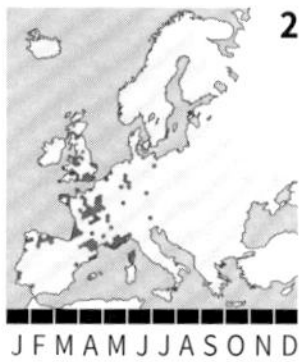

3 ☉ Birkenwanze
Kleidocerys resedae **L** 4–6 mm. Rand der Vorderflügel (Corium) mit mehreren dunklen Flecken; Scutellum mit minimaler heller Stelle. Vorderflügel sehr lang (länger als bei *K. ericae*). **H** Wälder, Parks, Gärten. **V** Tritt oft massenhaft an Birken auf und verströmt einen auffälligen Geruch.

3
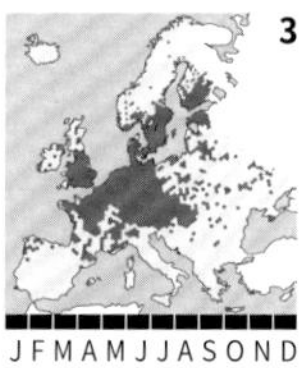

---

4 ☉ Nebelwanze
Sphragisticus nebulosus **L** 4–6 mm. Braunschwarz, stark gesprenkelt, mit einigen weißlichen Flecken, einschließlich an den Rändern des Pronotums. **H** Gebiete mit Sandboden.

4
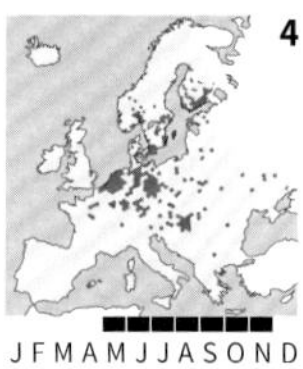

5 ☉ Amerikanische Platanen-Langwanze *Belonochilus numenius*
L 5–6 mm. Lang gestreckt, braun, mit helleren Flecken, auch auf dem Pronotum, dieses mit zentralem Längsstreifen. **H** Städtische Gebiete und Parks, vorwiegend an Platanen; breitet sich fortlaufend aus, seit sie 2008 nach Europa eingeschleppt wurde.

5
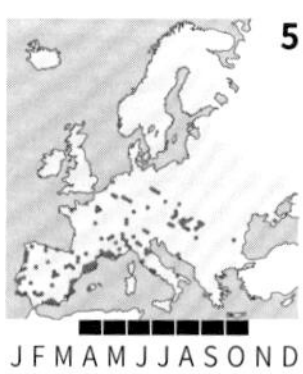

6 ☉ Flache Zypressenwanze
Orsillus depressus **L** 7–8 mm. Rotbraun bis grau, Vorderflügel meist voll ausgebildet. Pronotum braun, mit dunklerem Mittelstreifen. Connexivum braun und schwarz gebändert. **H** Wälder, Gärten und Parks; an Zypressen.

6
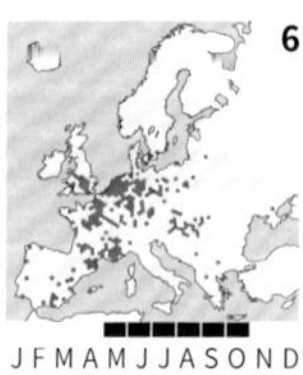

7 🔍 Allgemeiner Waldläufer
Peritrechus geniculatus **L** 5–6 mm. Bräunlich mit schwarzer Zeichnung. Pronotum seitlich mit kleinem weißlichen Fleck. Fühler S3 so dick wie S1, im Gegensatz zu anderen Arten der Gattung. **H** Offene Lebensräume auf verschiedenen Böden, einschließlich Grasland.

7
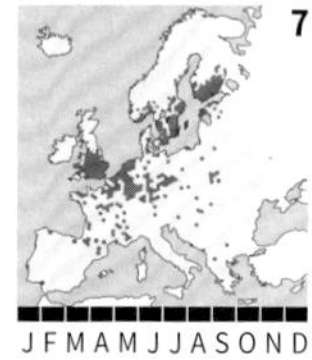

Gen. ***Nysius*** E 8 SPP
Körper länglich, Kopf und Augen groß. Flügelmembran durchsichtig.

8 🔍 Kurzfüßiger Griesel
Nysius senecionis **L** 4–5 mm. Bräunlich, schlichter und blasser als einige andere *Nysius* spp.; Fühler S2 blass und mit dunklem Ring an der Basis. **H** Offene Lebensräume wie Grasland; an Korbblütlern, einschließlich Kreuzkraut.

8
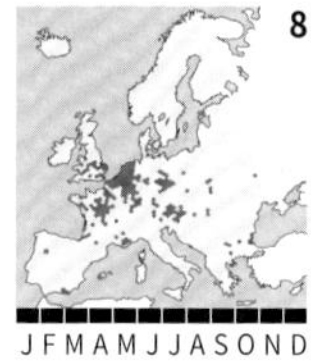

9 🔬 Großer Griesel *Nysius thymi*
L 4 mm. Braun, Flügelmembran mit dunkler Zeichnung. Fühler S2 ohne dunklen Ring an der Basis. Zur Unterscheidung von ähnlichen Arten der Gattung kann eine mikroskopische Untersuchung erforderlich sein. **H** Offene Lebensräume.

9
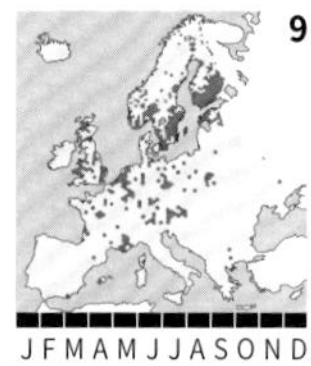

---

10 ☉ Gestutzter Griesel
Nithecus jacobaeae **L** 4–6 mm. Flügel meist verkürzt; selten voll geflügelt. Gelblich braun bis graubraun, schwarze Zeichnung. Scutellum mit abgerundeter Spitze. **H** Lebensräume mit vielen Stauden wie Wälder und Bergwiesen.

10
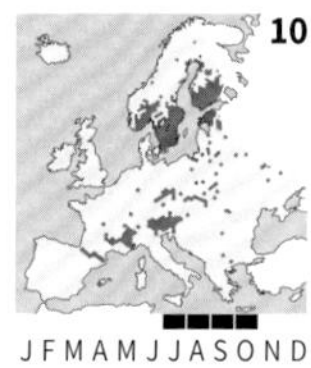

Gen. ***Stygnocoris*** E 10 SPP
Klein. Pronotum und Vorderflügel kurz behaart; Pronotum punktiert.

11 🔍 Trübe Bodenwanze
Stygnocoris fuligineus **L** 3 mm. Bräunlich, matt gefärbt. Kürzere Behaarung und dunklere Femora als bei der ähnlichen *S. sabulosus*. **H** Grasland.

11
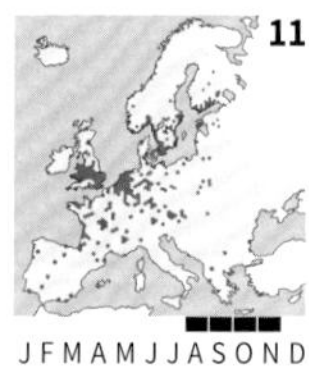

12 🔍 Glanzbodenwanze
Stygnocoris sabulosus **L** 3 mm. Rotbraun. Gegenüber der ähnlichen *S. fuligineus* stärker glänzend mit längeren Haaren und helleren Beinen. **H** Grasland.

12
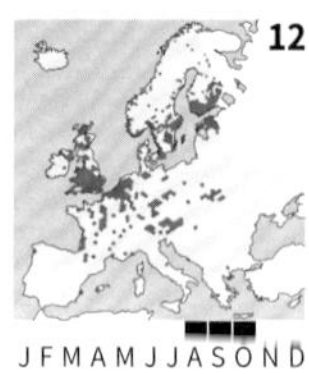

---

13 ☉ Borretschwanze
Aellopus atratus **L** 8 mm. Schwarz, Körper abgerundet, mit keiner anderen Wanze zu verwechseln. Oberflächlich betrachtet ähnelt die Art einem Laufkäfer (Carabidae). **H** Warme, eher trockene Standorte mit sandigen Böden.

13
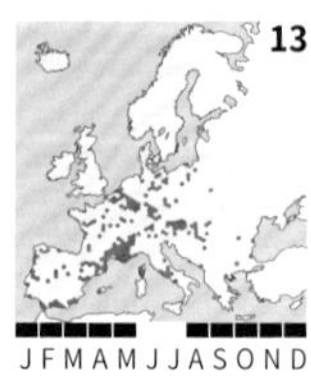

← Bodenwanzen

1 ×6 ◆

2 ×6 ◆

3 ×6 ◆

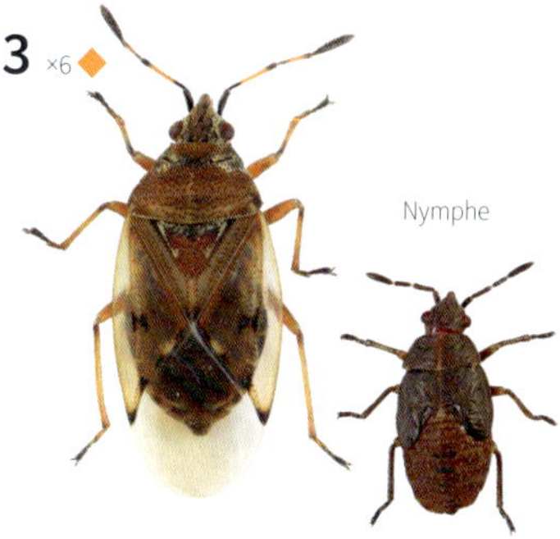

4 ×6 ◆

5 ×6 ■

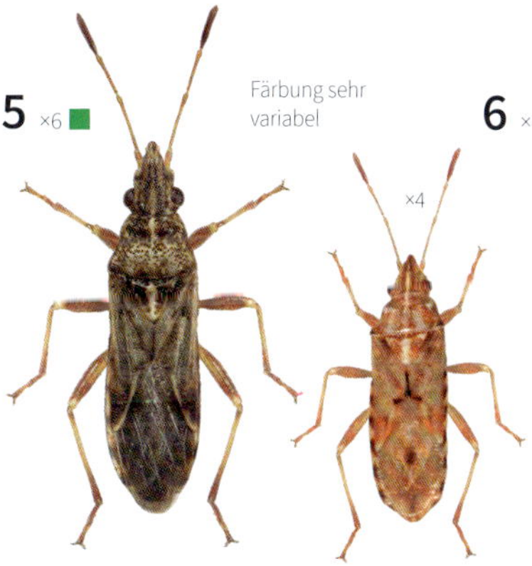

6 ×4 ■

7 ×6 ◆

8 ×6 ◆

9 ×6 ●

10 ×6 ■

11 ×8 ◆

12 ×8 ◆

13 ×3 ■

MELDENWANZEN Piesmatidae

E 4 GEN 11 SPP 2 ILL

Sehr kleine Arten. Vorderflügel netzartig; Ocelli fehlen.

1 Rübenwanze
Parapiesma quadratum **L** 2–3 mm. Blass, Flügel braun, grün oder schwarz. **H** Salzwiesen in Küstenregionen.

1
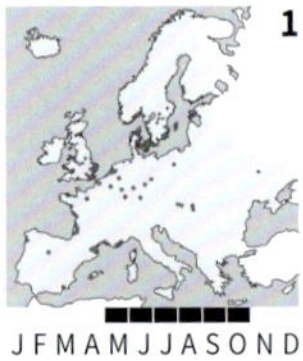

2 Meldenwanze
Piesma maculatum **L** 2–3 mm. Meist voll geflügelt. Färbung und Zeichnung variabel. Pronotum mit einem Muster aus dunklen Punkten und Linien mit eingekerbtem Seitenrand. **H** Trockene bis sehr feuchte Habitate, einschließlich Grasland.

2
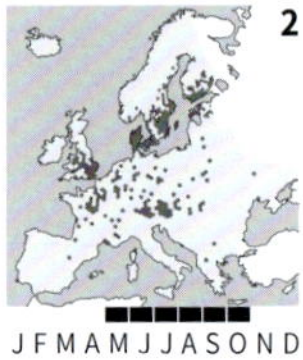

STELZENWANZEN Berytidae

E 8 GEN 30 SPP 5 ILL

Körper und Beine lang, schmal, oft braun. Fühler lang, mit 4 Segmenten, Spitzen gekeult. Femora an den Enden geschwollen, oft dunkel gefärbt; Tarsi dreigliedrig; Ocelli vorhanden.

Gen. *Berytinus* E 11 SPP

Fühler kürzer als Körper, S2 kürzer als die Keule von S1; hintere Femora reichen nicht bis zum Ende des Hinterleibs.

3 Kleine Stelzenwanze
Berytinus minor **L** 5–7 mm. Fühler S1 mit schwarzer Keule. Voll geflügelt. **H** Grasland.

3
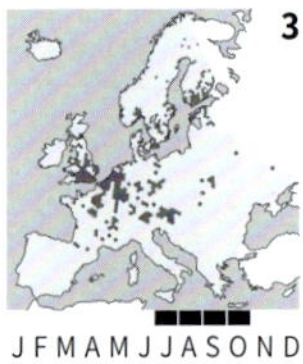

4 Mittlere Heime
Berytinus signoreti **L** 4–6 mm. Fühler S1 mit brauner Keule. Flügel gekürzt oder voll ausgebildet; Letztere seltener. **H** Überwiegend sandiges Grasland; gelegentlich auf Kalkböden.

4
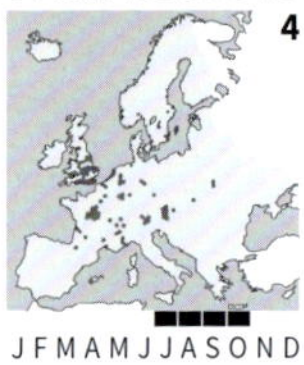

---

5 Hauhechel-Stelzenwanze
Gampsocoris punctipes **L** 4–5 mm. Schwarz; Hinterleib grün. Scutellum mit langem, gebogenem Stachel. Voll geflügelt. **H** Sandige Gebiete, besonders Dünen, an oder unter Hauhechel.

5
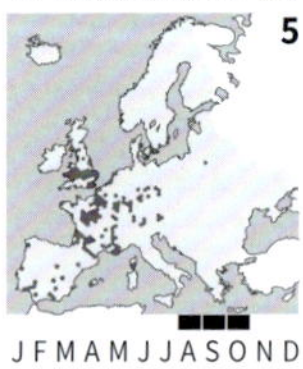

6 Hexenkrautwanze
Metatropis rufescens **L** 9–11 mm. Rotbraun; Beine auffallend gefleckt. **H** Waldgebiete, auf Hexenkraut.

6
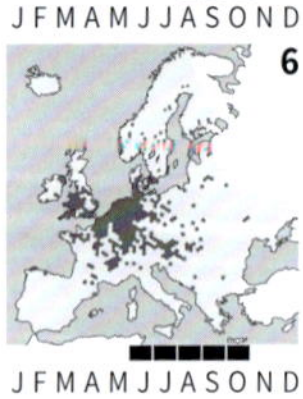

7 Große Stelzenwanze
Neides tipularius **L** 10–12 mm. Hell. Fühler länger als Körper, S2 2–3-mal länger als Keule von S1. Hintere Femora mindestens bis Hinterleibsende. Kurz- oder langflügelig. **H** Unkrautbewachsene Ackerflächen, Heideland, Dünen.

7
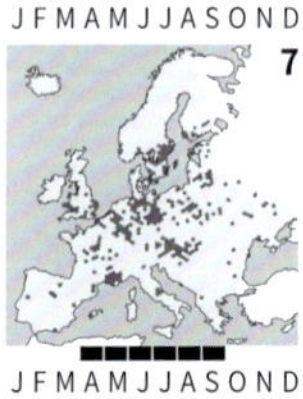

NETZWANZEN Tingidae →

E 22 GEN 186 SPP 7 ILL

Klein. Meist voll geflügelt, Vorderflügel auffallend netzartig geädert. Fühler lang, mit 4 Segmenten. Ocelli fehlen.

8 Kleine Netzwanze
Agramma laetum **L** 2–3 mm. Gelblich braun, auch vorderer und manchmal hinterer Teil des Pronotums. Kopf, Thorax, Fühler schwarz. **H** Salzwiesen, feuchte Wälder, meist auf Seggen und Binsen.

8
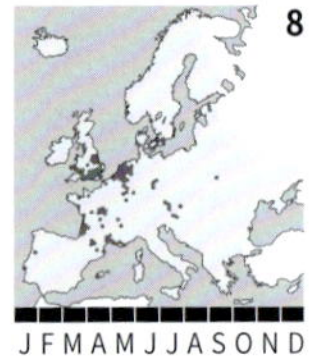

9 Gamander-Netzwanze
Copium teucrii **L** 3–4 mm. Graubraun. Fühler S3–S4 breiter als bei anderen *Copium* spp. **H** Grasland in felsigen Gebieten, auch an Hängen. **V** Entwickelt sich an Gamander in Gallen; einer der wenigen Schnabelkerfe, die Gallen bilden.

9
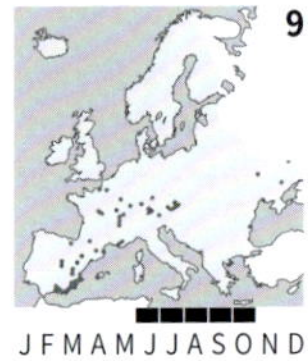

10 Platanen-Netzwanze
Corythucha ciliata **L** 3–4 mm. Pronotum deutlich verbreitert, Vorderflügel mit weißer netzartiger Struktur; Kopf mit ähnlichem Muster. Körper schwarz. **H** An Platanen. **V** Kann bei massenhaftem Auftreten zu vorzeitigem Blattfall führen. Stammt aus Nordamerika; ursprünglich in Italien eingeschleppt, heute in ganz Europa.

10
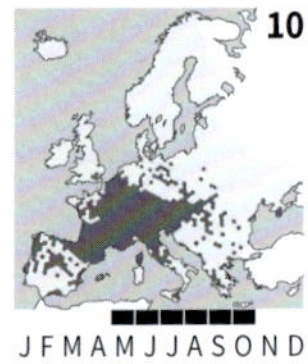

11 Dreikielige Netzwanze
Derephysia foliacea **L** 3–4 mm. Vorderflügel am Rand mit einer Reihe von großen Maschen, manche teilweise geteilt. Hellbraun; Kopf, Pronotum und Fühler teilweise dunkler. **H** An Efeu.

11
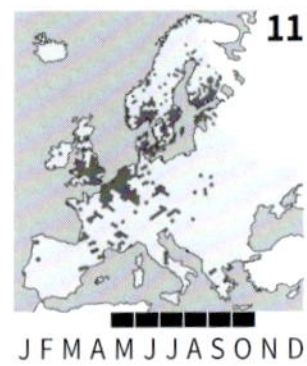

Gen. *Dictyla* E 7 SPP

Pronotum nicht verbreitert, Fühler dünn, S4 leicht keulenförmig.

12 Natterkopf-Netzwanze
Dictyla echii **L** 3–4 mm. Dunkler als *D. humuli*. Pronotum schwarz mit grau-beigen Seitenrändern. **H** Meist auf Natternkopf oder verwandten Pflanzen.

12
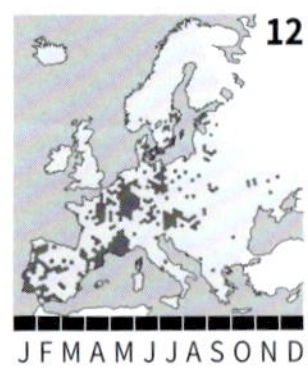

13 Beinwell-Netzwanze
Dictyla humuli **L** 3–4 mm. Wie *D. echii*, aber Fühler und Beine gelblich; Tarsi, Kopf und Fühler S4 schwarz. **H** Meist an Gemeinem Beinwell.

13
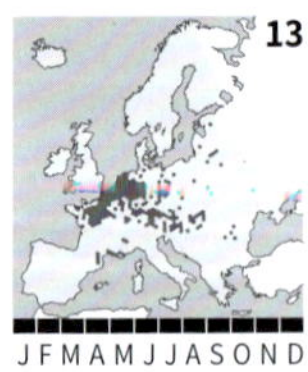

---

14 Ginster-Netzwanze
Dictyonota strichnocera **L** 3,5–4,5 mm. Insgesamt blass, Kopf und ein Teil des Pronotums schwarz. Fühler breit, schwarz, unbehaart; Beine dunkel. **H** Offene Gebiete.

14
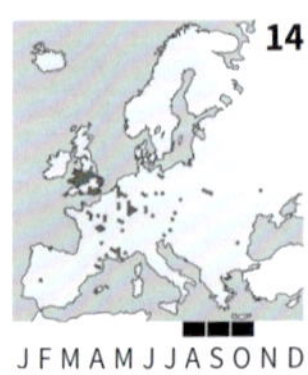

MELDENWANZEN

STELZENWANZEN

1 ×7

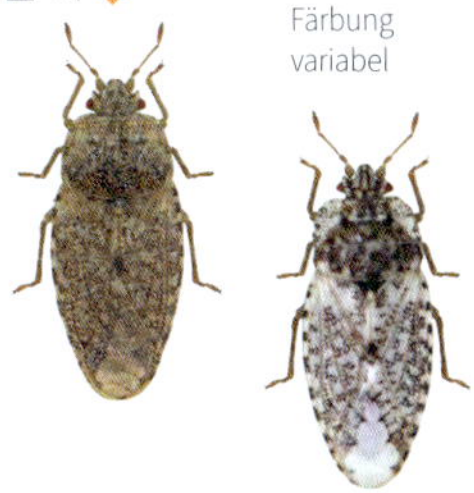

2 ×7

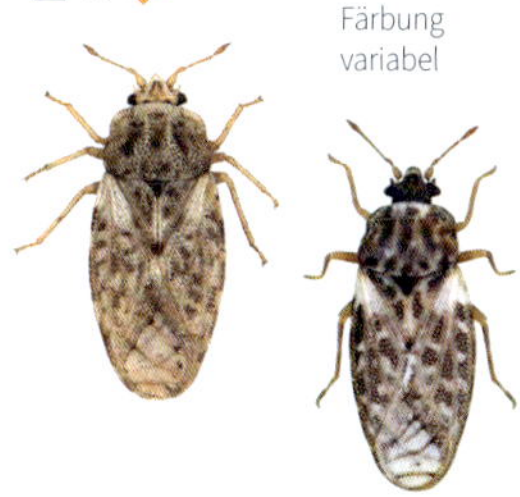

3 ×5

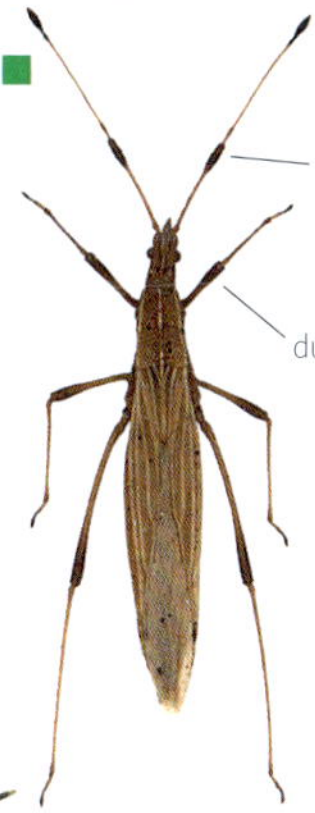

4 ×5

5 ×6

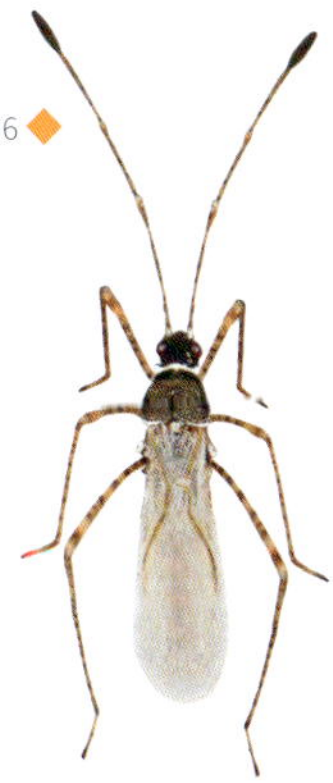

6 ×4

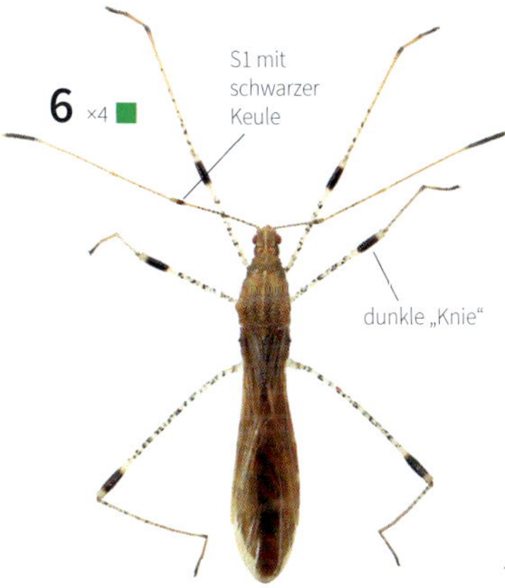

7 ×3

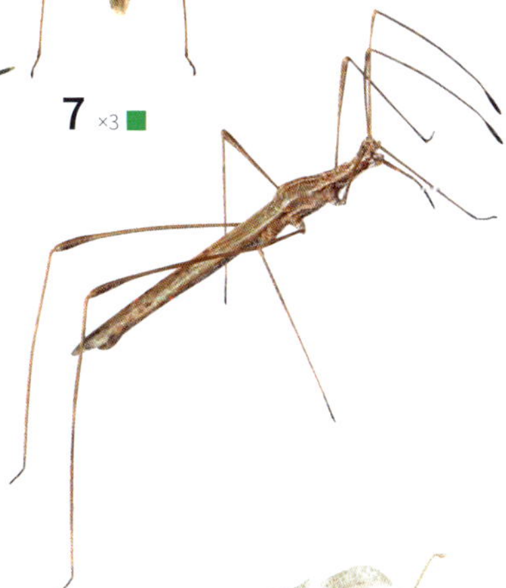

NETZWANZEN →

8 ×8

9 ×8

10 ×8

11 ×8

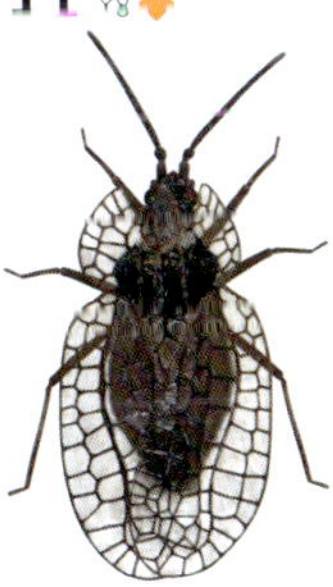

12 ×8

13 ×8

14 ×8

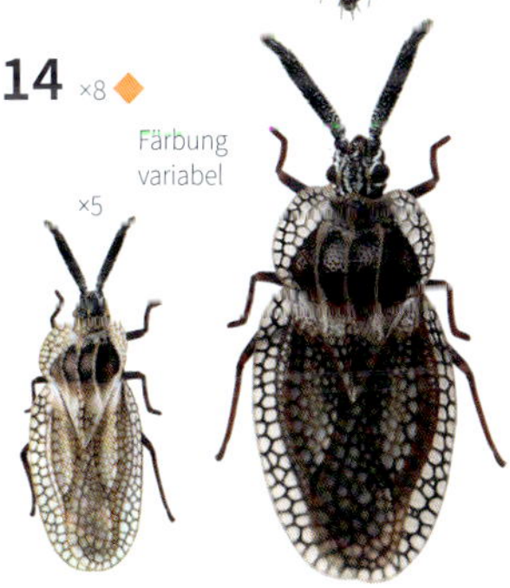

← NETZWANZEN Tingidae

1
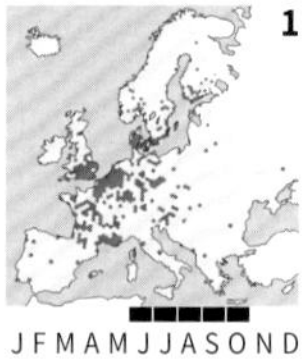

1 ⊙ Zweispitzige Filierwanze
Kalama tricornis **L** 3–4 mm. Vorderflügel und Pronotum mit netzartigem schwarzem Muster. Zwei Stacheln neben den Augen. Fühler breit, schwarz, deutlich behaart. **H** Warme, trockene bis mäßig feuchte, offene Lebensräume, vorzugsweise mit sandigem Boden.

Gen. *Physatocheila* E 5 SPP

Braun mit einigen helleren Markierungen. Körper rautenförmig, zum Kopf und zum Hinterleibs hin verjüngt. Pronotum mit 3 Kielen, die bis zum Vorderkopf reichen.

2
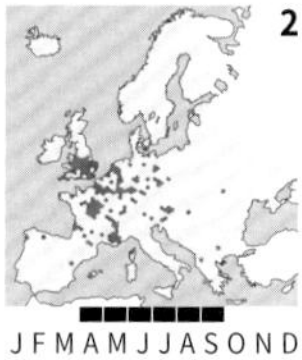

2 🔍 Weißdorn-Saumwanze
Physatocheila dumetorum **L** 3 mm. Rand der Vorderflügel mit doppelter Reihe transparenter Zellen. **H** Waldgebiete.

3
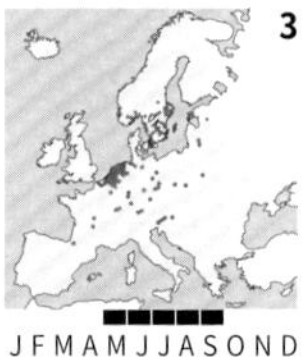

3 🔍 Apfel-Saumwanze
Physatocheila smreczynskii **L** 3–4 mm. Rand der Vorderflügel in der Mitte mit 3 Reihen transparenter Zellen. **H** Waldgebiete, Obstgärten.

4
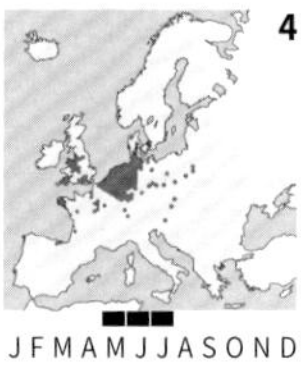

4 ⊙ Andromeda-Netzwanze
Stephanitis takeyai **L** 3–4 mm. Flügel und Pronotum transparent mit schwarzer Zeichnung; Kopf schwarz; Fühler und Beine gelblich. **H** Gärten und Parks. An Japanischer Lavendelheide (*Pieris japonica*) oder Rhododendron.

5
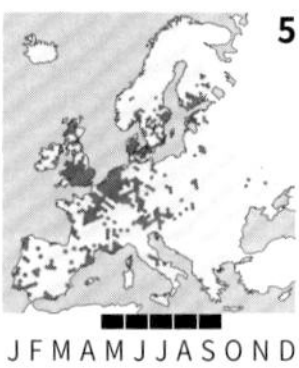

5 🔍 Distelnetzwanze *Tingis cardui*
L 3–4 mm. Graubraun, mit puderartigem weißem Wachs benetzt. Immer voll geflügelt. Kopf mit 3 kleinen Fortsätzen zwischen den Augen. Fühlerspitzen und Tibiae schwarz, im Unterschied zu einigen ähnlichen Arten; außerdem 2–3 Reihen transparenter Zellen am Rand von Pronotum und Vorderflügeln. **H** Grünland, offene Flächen, oft an Gewöhnlicher Kratzdistel(*Cirsium vulgare*).

RAUBWANZEN Reduviidae

E 15+ GEN 115 SPP 8 ILL

Einige Arten sehr groß. Körper gedrungen oder lang gestreckt. Fleischfressend, jagend, langbeinig. Mundwerkzeuge (Rostrum) mit 3 Segmenten, angepasst an die räuberische Ernährung. Tarsi dreigliedrig; Ocelli vorhanden; Fühler lang und mit 4 Segmenten, S1 sehr lang.

6
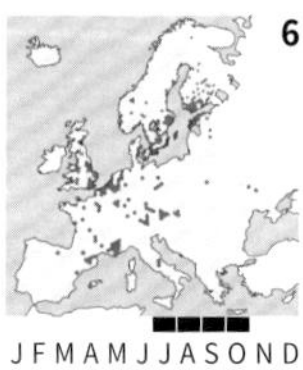

6 🔍 Kurzflügelige Raubwanze
Coranus subapterus **L** 9–12 mm. Grau oder braun, Körper mit Borsten. Vorderflügel meist verkürzt (reichen bis Ende von Abdomen S3 oder S4), selten voll geflügelt. **H** Offene Gebiete, Sanddünen, Heideland. **V** Erzeugt Laute bei Störung. ⚠ Mundwerkzeuge können menschliche Haut durchdringen; daher nicht unbedacht in die Hand nehmen.

Gen. *Phymata* E 2 SPP

Vordere Tibiae zum Ergreifen von Beute verbreitert. Abdomen rautenförmig; Seitenränder nach oben gebogen, auch am Pronotum.

7
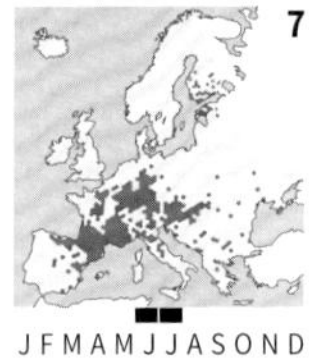

7 ⊙ Fangwanze *Phymata crassipes*
L 7–9 mm. ♀ hell gelbbraun; ♂ dunkel rotbraun. **H** Offene und sonnige Lebensräume wie Kalkmagerrasen, Felsenheiden, Waldränder. **V** Fühler können in eine Rille im Pronotum eingezogen werden.

8
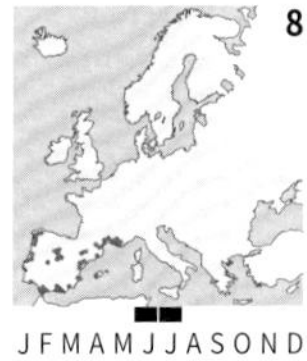

8 ⊙ Stachelige Fangwanze
Phymata monstrosa **L** 10 mm. Körper mit markantem schwarz-weißen Muster. Pronotum und Connexivum mit Stacheln, an den Außenkanten nach oben gebogen. **H** Offene, sonnige Lebensräume.

9
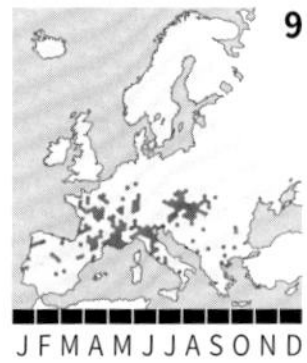

9 ⊙ Piraten-Raubwanze
Peirates hybridus **L** 12–15 mm. Schwarz; Scutellum und Vorderflügel mit roter Zeichnung. Connexivum orange-rot mit mehreren schwarzen Querstreifen. **H** Sehr trockene, heiße, felsige, offene Lebensräume, z. B. kalkhaltiges Grasland.

Gen. *Rhynocoris* E 7 SPP

Groß; schwarz und rot. Kopf sehr schmal und lang; Pronotum verbreitert. Flügel voll entwickelt. Fühler schmal, lang.

10
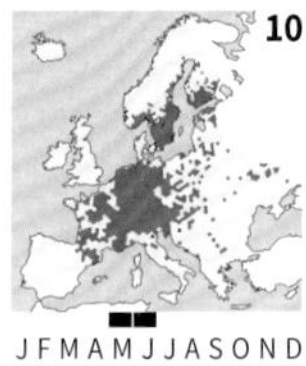

10 ⊙ Geringelte Mordwanze
Rhynocoris annulatus **L** 12–15 mm. Schwarz; Hinterleib verbreitert, Connexivum und Beine schwarz-rot gestreift. **H** Waldlichtungen und -ränder, Hecken.

11
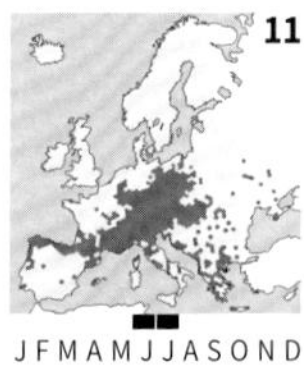

11 ⊙ Rote Mordwanze
Rhynocoris iracundus **L** 14–18 mm. Leuchtend rot und schwarz; Vorderflügel rot. Hinterleib nicht verbreitert, Connexivum schwarz-rot gestreift. Beine rot, „Knie" schwarz, manchmal überwiegend schwarz. **H** Sonnige, trockene, warme Standorte; in der Krautschicht.

12
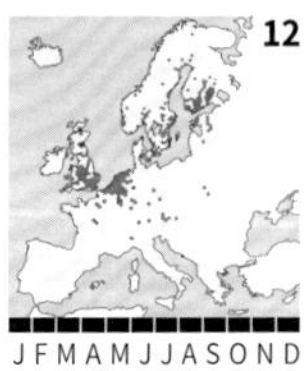

12 🔍 Mückenwanze
Empicoris vagabundus **L** 6–7 mm. Braun; Connexivum seitlich cremefarben mit brauner Zeichnung. Beine und Fühler mit dunklerer Zeichnung. **H** Waldgebiete.

13
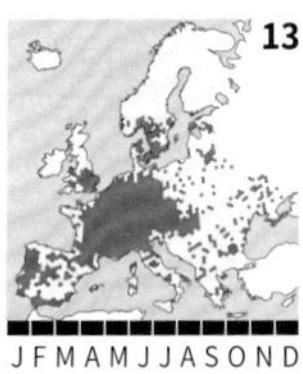

13 ⊙ Staubwanze
Reduvius personatus **L** 15–19 mm. Lang gestreckt, schwarz. Körper dunkel behaart, Flügel lang. Nymphe mit klebriger Körperoberfläche, zur Tarnung mit Staub und Sand bedeckt. **H** Wälder, Gärten; oft in Häusern. **V** Ernährt sich von anderen Insekten, einschließlich Bettwanzen. ⚠ Biss kann für den Menschen schmerzhaft sein.

← NETZWANZEN

1 ×8

2 ×8

3 ×8

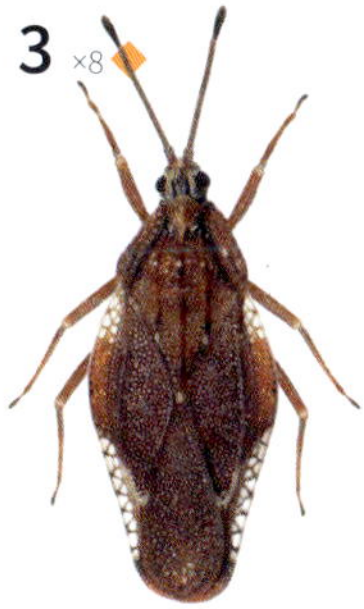

4 ×8

5 ×8

RAUBWANZEN

6 ×3

7 ×3

8 ×3

9 ×2

10 ×2

11 ×2

12 ×4

13 ×2

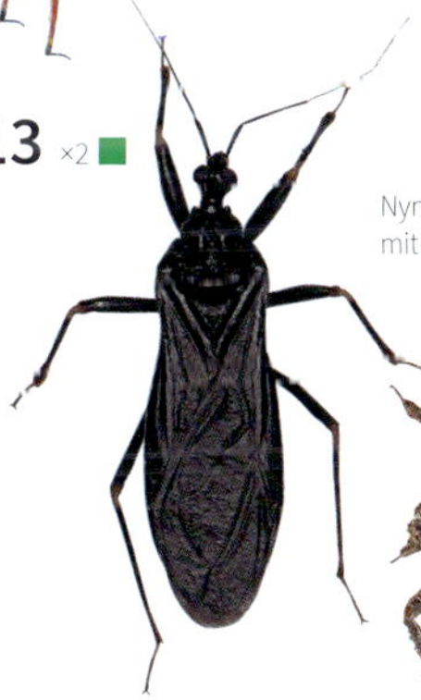

BETTWANZEN Cimicidae

E 3 GEN 8 SPP 2 ILL

Körper oval, abgeflacht; braun oder schwarz, behaart. Beide Geschlechter und auch die Nymphen saugen Blut; der Körper wird nach der Nahrungsaufnahme aufgedunsen und auch länger. Vor allem auf Säugetieren und Vögeln. Vorderflügel reduziert, keine Hinterflügel. Fühler mit 4 Segmenten; Tarsi dreigliedrig; Ocelli fehlend oder vorhanden. ⚠ Einige Arten beißen Menschen und gelten daher als schädlich.

1 ⊙ Bettwanze *Cimex lectularius*

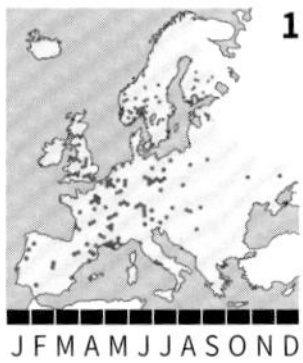

1

L 4–5 mm, nach Nahrungsaufnahme bis 9 mm. Rotbraun oder braun, oval und flach, nach dem Fressen aufgebläht, länglicher. Fühler S3–S4 deutlich schmaler als S1–S2. Fledermauswanze (*Cimex pipistrelli*) sehr ähnlich, mit längerer Behaarung an den Rändern des Pronotums; jedoch ausschließlich auf Fledermäusen. Schwalbenwanze (*Oeciacus hirundinis*) ebenfalls ähnlich, nur in seltenen Fällen an Menschen. **H** Weltweit, lebt an und auf Menschen; in Häusern, oft in der Nähe oder im Inneren von Betten oder Schlafplätzen. **V** Nachtaktiv. Kann einige Monate ohne jegliche Nahrung überleben. ⚠ Ernährt sich von Blut, vor allem menschlichem. Bisse führen zu Hautausschlägen und anderen Beschwerden. Überträgt jedoch keine Krankheiten.

2 🔍 Schwalbenwanze

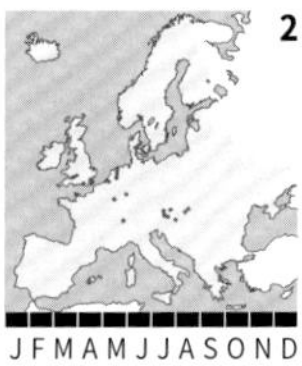

2

Oeciacus hirundinis **L** 3–4 mm. Kleinste europäische Art der Familie. Im Gegensatz zur Bettwanze (*C. lectularius*) Fühler S3–S4 nur geringfügig schmaler als S1–S2; zudem andere Körperform. **H** Lebt in Nestern von Schwalben, Mauerseglern und dem Haussperling. **V** Ernährt sich vom Blut ihrer Wirtsvögel; deren Nester befinden sich oft auf dem Dach von Häusern. Kann in Vogelnestern monatelang ohne Nahrung überleben, besonders bei niedrigen Temperaturen. Bei 18–20 °C überlebt sie aber nur max. ~4 Wochen ohne Nahrung. ⚠ Nachdem die Vögel das Nest verlassen haben, dringen Schwalbenwanzen gelegentlich in Dachgeschosswohnungen ein und ernähren sich in seltenen Fällen auch von menschlichem Blut.

FLECHTENWANZEN Microphysidae

E 2 GEN 18 SPP 1 ILL

Winzige Wanzen. ♂ lang gestreckt, mit voll entwickelten Vorderflügeln; ♀ Hinterleib breit, Vorderflügel kürzer, manchmal winzige Stummel. Man nimmt an, dass sie sich von anderen kleinsten wirbellosen Tieren ernähren.

3 ⊙ Feiner Dickbauch

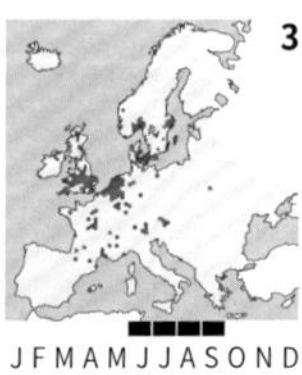

3

Loricula elegantula **L** 2 mm. ♂ größer als ♀. Bei ♀ Kopf, Thorax und Beine rötlich; Hinterleib und Fühler S3–S4 schwarz-braun; Vorderflügel zu Stummeln reduziert, weißlich. ♂ schwarz; Abdomen schmal; Beine und Fühler braun. **H** Auf Wiesen, in Wäldern, auf Bäumen, ♀ immer auf Rinde anzutreffen.

BLUMENWANZEN Anthocoridae

E 20+ GEN 89 SPP 5 ILL

Kleine Arten (< 5 mm). Körper weich, länglich, oval, oft mit ausgeprägtem Farbmuster. Alle Arten räuberisch, ernähren sich von anderen kleinen Insekten wie Blattläusen. Fühler lang, mit 4 Segmenten, S1 lang. Tarsi dreigliedrig. 2 Ocelli vorhanden. Kann Menschen beißen, wenn sie sich angegriffen fühlt, allerdings vollkommen harmlos.

Gen. ***Anthocoris*** E 12+ SPP

Pronotum breit, Vorderseite mit Kragen; Vorderflügel zum Teil matt oder mit helleren Flecken oder Markierungen. Identifizierung der Art erfordert genaue Untersuchung.

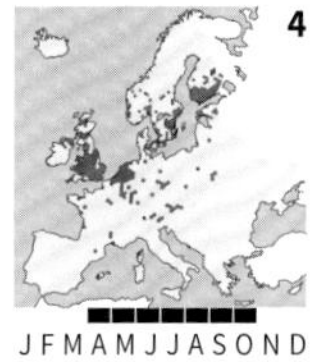

4

4 🔍 Schwarze Blumenwanze

Anthocoris confusus **L** 3–4 mm. Dunkel, Fühler S2 an der Basis blass. Vorderflügel am äußeren Rand glänzend. **H** Wälder, Brachland, Gärten, Parks, an verschiedenen Bäumen.

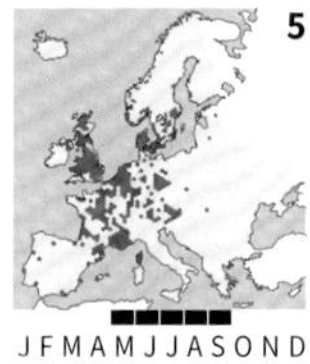

5

5 🔍 Gemeiner Lausjäger

Anthocoris nemoralis **L** 3–4 mm. Ähnlich zu *A. nemorum*, aber dunkler und Vorderflügel mit abweichender schwarzer Zeichnung. Fühler schwarz; S2 an der Basis blass. Beine gelblich braun bis dunkelbraun. **H** Wälder, Ödland.

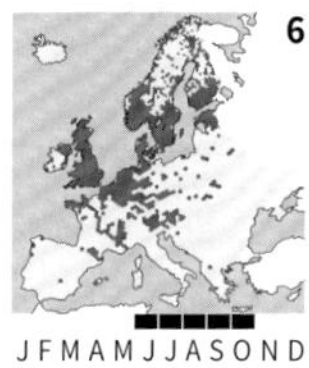

6

6 🔍 Wahlloser Lausjäger

Anthocoris nemorum **L** 3–4 mm. Ähnlich zu *A. nemoralis*, etwas heller gefärbt und Vorderflügel mit abweichender schwarzer Zeichnung. Fühler S2–S3 meist orange. Beine gelblich braun. **H** Grasland, Wälder, Gärten, auch an niedriger Vegetation.

---

7 ⊙ Tusch *Cardiastethus fasciiventris*

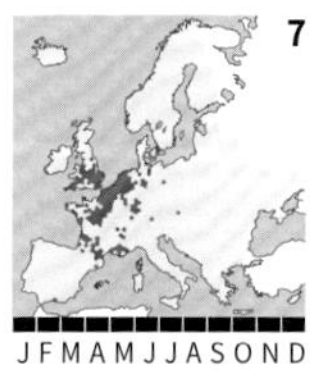

7

L 2–3 mm. Orange-braun; Fühler etwas länger als das Pronotum breit ist. Vorderflügel innenseitig mit hellen Haaren bedeckt. **H** Nadel- oder Laubwälder, Hecken.

8 ⊙ Schwarze Zwergblumenwanze

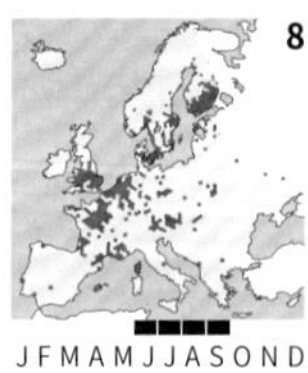

8

Orius niger **L** 2 mm. Gewöhnlich schwarz; Fühler und vordere Tibiae braun. Flügelmembran dunkel. **H** Wälder, Grasland, Gärten und Hecken.

BETTWANZEN

1 ×6 ◆

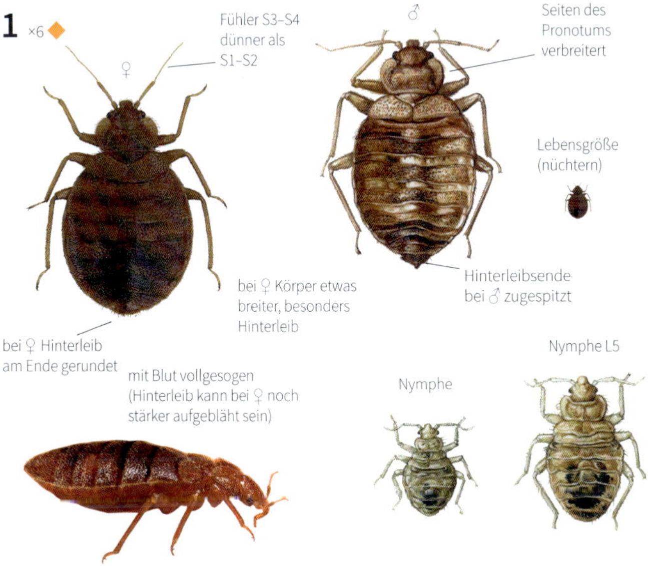

2 ×6 ◆

FLECHTENWANZEN

3 ×10 ◆

BLUMENWANZEN

4 ×8 ◆

5 ×10 ◆

Vorderflügel dunkler als bei *Anthocoris nemorum*

6 ×8 ◆

7 ×10 ◆

8 ×10 ◆

SICHELWANZEN Nabidae

E 5 GEN 42 SPP 10 ILL

Lange Beine, die meisten Arten mit kurzen Flügeln. Alle Arten sind räuberisch und ernähren sich von anderen Insekten. Rostrum lang, vierteilig. Fühler mit 4 Segmenten, S2 am längsten. Tarsi dreigliedrig; Ocelli vorhanden.

Gen. *Himacerus* E 4 SPP

Körper breit, rotbraun; Pronotum spitz zulaufend. Abdomen seitlich nach oben gewölbt, Connexivum meist schwarz mit orangeroten Flecken; Femora und Tibiae bei einigen Arten gebändert; Letztere bei einigen Arten mit breitem schwarzen Band an der Spitze.

1 ⊙ Baumsichelwanze
Himacerus apterus **L** 8–11 mm. Dunkelbraun bis rotbraun, hell gefleckt. Connexivum schwarz mit hellen Flecken. Fühler länger als bei der ähnlichen, aber kleineren *H. mirmicoides*; sie reichen über das Ende der Flügel hinaus, wenn sie über den Körper zurückgelegt werden. Flügel meist verkürzt, reichen bis Abdomen S3 oder S4; selten langflügelige Tiere, meist ♀. **H** Wälder, Gärten, Parks, oft auf Bäumen, hauptsächlich Laubbäumen.

1
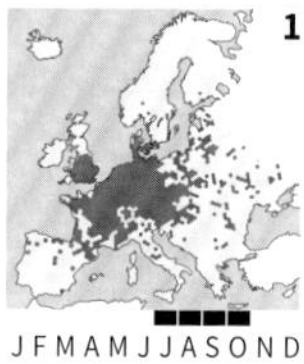

2 ⊙ Großer Buschräuber
Himacerus major **L** 8–9 mm. Braun oder gräulich, Pronotum mit dunklen Längsstreifen; Connexivum bei einigen Tieren blass. Hintere Femora außen mit breitem schwarzen Band, unterseitig schwarze gefleckt. Immer voll geflügelt. Auf den ersten Blick ähnlich wie *Nabis* spp. **H** Grasland, einschließlich Sanddünen und Salzwiesen.

2
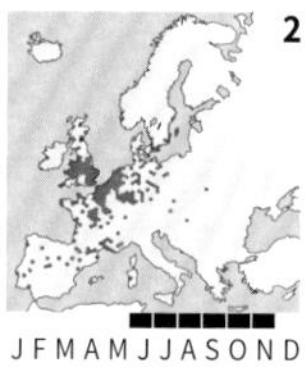

3 ⊙ Ameisensichelwanze
Himacerus mirmicoides **L** 7–8 mm. Dunkelbraun bis rotbraun. Ähnlich zu *H. apterus*, aber kleiner und mit kürzeren Fühlern. Beine hellbraun, schwarz gefleckt. Flügel verkürzt, reichen bis Abdomen S4 oder S5. Nymphen ähneln Ameisen. **H** Grünland, Gärten, meist auf niedriger Vegetation.

3
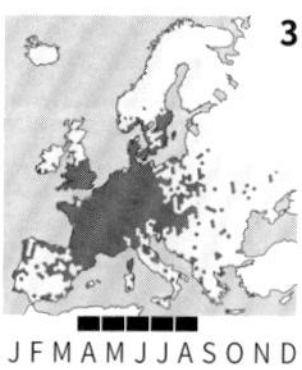

Gen. *Nabis* E 17 SPP

Meist länglich, Hinterleib nicht oder nur wenig verbreitert. Oft heller braun; Connexivum blass. Beine einfarbig oder gefleckt, aber nicht gebändert.

4 Heide-Sichelwanze
Nabis ericetorum **L** 7 mm. Rotbraun; Vorderflügel nur leicht verkürzt, reichen fast bis zum Hinterleibsende. Voll geflügelte Exemplare nicht ungewöhnlich, Flügel reichen dann über den Hinterleib hinaus. Fühler S2 so lang wie die maximale Breite des Pronotums. Sehr ähnlich zu *N. rugosus*; mikroskopische Untersuchung der Genitalorgane des ♂ kann erforderlich sein. **H** Heideland.

4
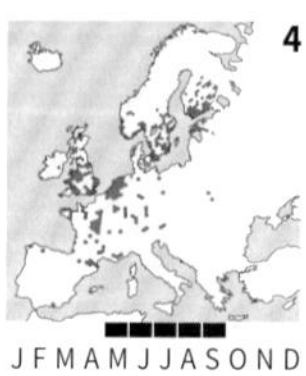

5 Wilde Sichelwanze ***Nabis ferus***
L 8 mm. Hellbraun; Pronotum und Scutellum mit dunkelbraunem Längsstreifen. Vorderflügel im Gegensatz zur ähnlichen *N. pseudoferus* behaart. Immer voll geflügelt. **H** Offenes bis schattiges Grasland.

5
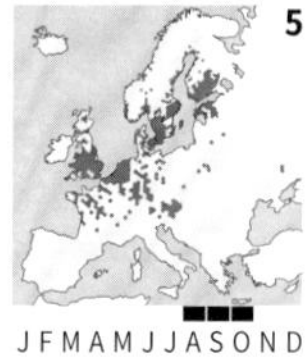

6 ⊙ Gelbrandsichelwanze
Nabis flavomarginatus **L** 7–9 mm. Flügel verkürzt, jedoch deutlich länger als bei der ähnlichen *N. limbatus*, bis zur halben Länge des Hinterleibs. Abdomen schwarz, Connexivum mit blass gelbbraunem bis rötlichem Rand. Beine hellbraun. **H** Grasland, bevorzugt hohe Luftfeuchtigkeit.

6
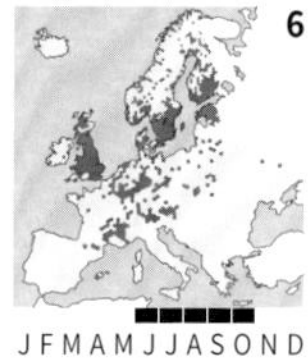

7 ⊙ Sumpfsichelwanze
Nabis limbatus **L** 7–9 mm. Ähnlich wie *N. flavomarginatus*, im Unterschied zu dieser Vorderflügel stark verkürzt, reichen nur bis Abdomen S2. Connexivum sehr schmal. Vorder- und Mittelbeine mit schwarzen Linien und Punkten, Hinterbeine nur gefleckt. **H** Meist Feuchtgebiete, gelegentlich Lichtungen oder Wegränder in Wäldern.

7
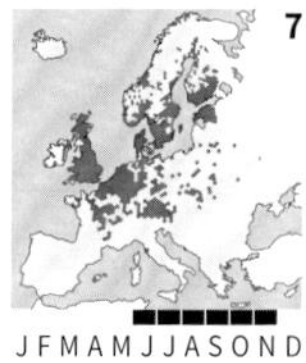

8 Unechte Sichelwanze
Nabis pseudoferus **L** 8 mm. Sehr ähnlich zu *N. ferus*, aber Vorderflügel weniger behaart. Meist langflügelig, es können aber auch kurzflügelige Exemplare vorkommen. **H** Offene Flächen, auf Kräutern und Gräsern.

8
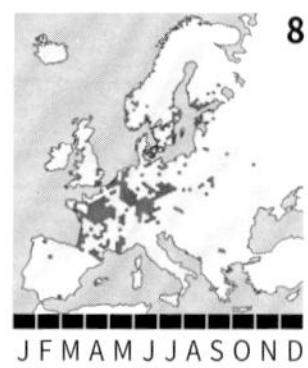

9 Rotbraune Sichelwanze
Nabis rugosus **L** 6–8 mm. Vorderflügel blass gelblich braun, reichen nicht ganz oder genau bis zum Hinterleibsende; langflügeligere Form selten. Fühler S2 deutlich länger als die maximale Breite des Pronotums. Kann mit *N. ericetorum* und *N. pseudoferus* verwechselt werden. **H** Verschieden; bevorzugt mäßig feuchtes und teilweise schattiges Grasland.

9
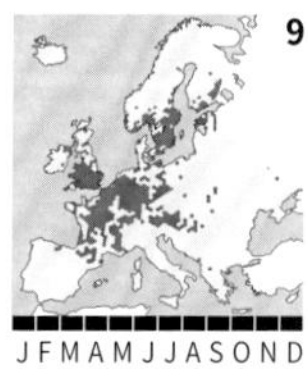

10 ⊙ Sultan *Prostemma guttula*
L 7–10 mm. Auffällige Warnfärbung; Kopf und Pronotum schwarz, Vorderflügel und Beine rot. Vorderbeine mit verdickten Schenkeln. Es kommen sowohl kurz- als auch langflügelige Formen vor. **H** Trockene, warme, sandige und kalkhaltige Böden mit geringer Vegetation. **V** Ernährt sich ausschließlich von anderen Wanzen und deren Nymphen.

10
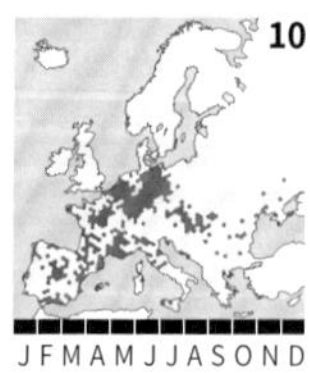

SICHELWANZEN

1 ×3 ◆

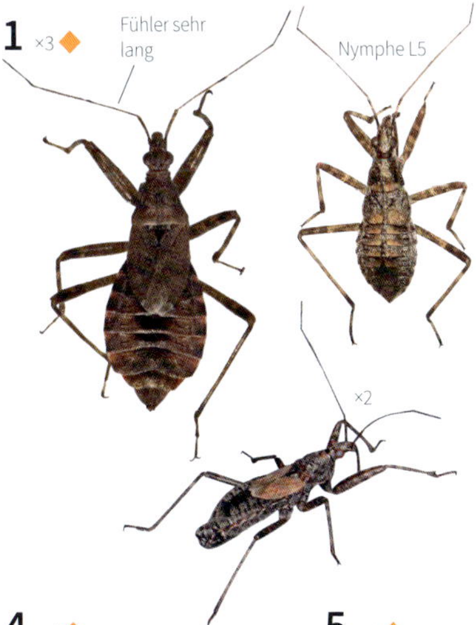

2 ×3 ◆

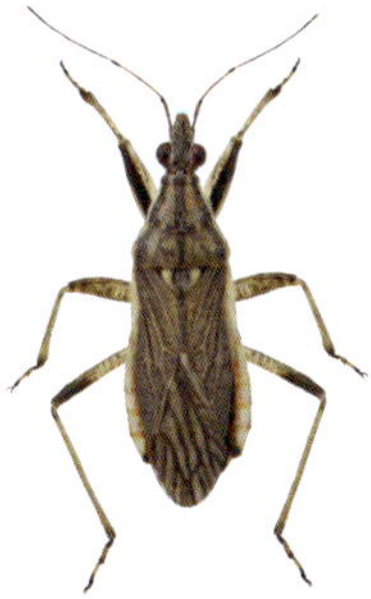

3 ×3 ◆

4 ×4 ◆

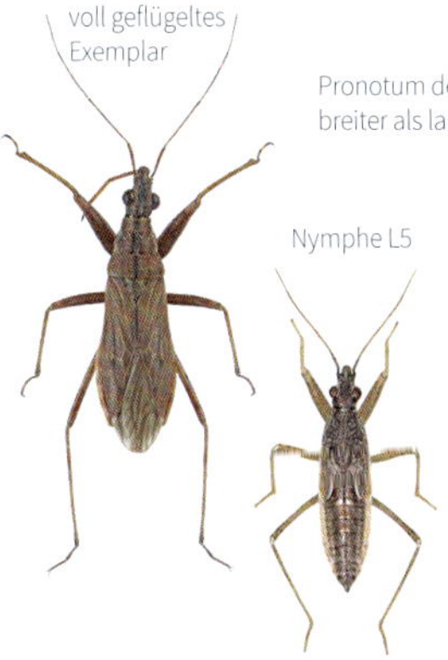

5 ×3 ◆

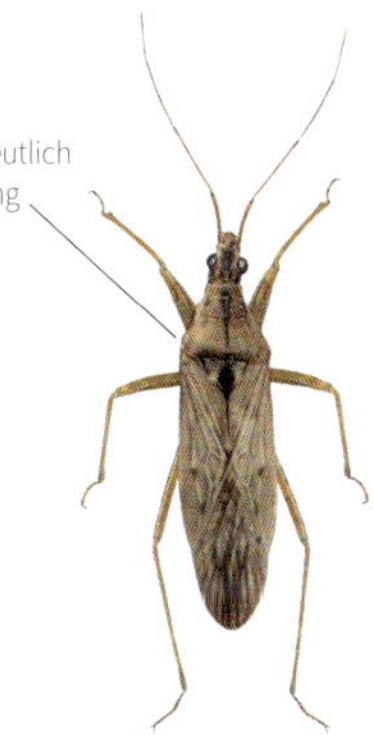

6 ×3 ■

7 ×3 ■

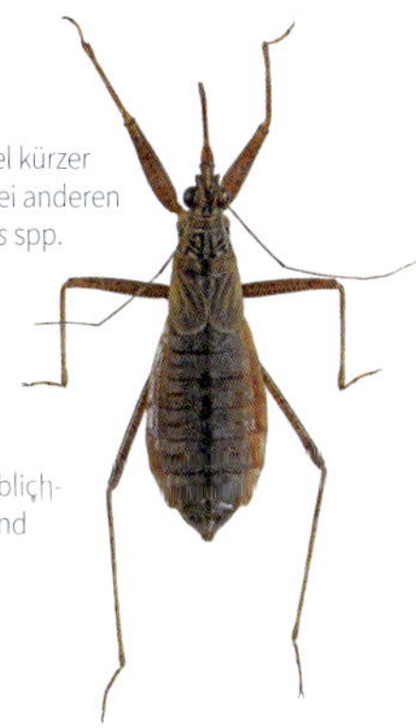

8 ×3 ◆

9 ×3 ◆

10 ×3 ■

Weichwanzen Miridae →

E 130+ GEN 1131 SPP 95 ILL

Größte Familie der landlebenden Wanzen. Körper oval bis lang gestreckt. Pflanzenfresser, einige Arten räuberisch. Fühler lang, mit 4 Segmenten; Tarsi dreigliedrig; Ocelli fehlen.

Gen. *Deraeocoris* E 16 SPP

Körper oval, Kopf klein, Augen große. Fühler S2 am Ende verdickt.

1 🔍 Italienische Halsringweichwanze *Deraeocoris flavilinea* **L** 7–8 mm. ♂ meist dunkelbraun bis fast schwarz; ♀ rot bis rotbraun. Vor allem ♀ kann mit *D. ruber* verwechselt werden, aber Beine bei *D. flavilinea* gelblich braun mit dunklen Bändern. **H** Hecken und Grünland.

1
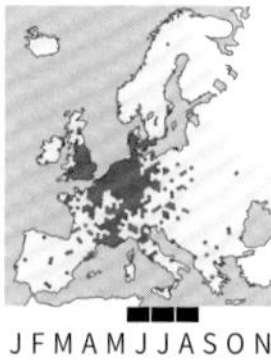

2 ⊙ Glänzende Weichwanze *Deraeocoris lutescens* **L** 4–5 mm. Orange-braun mit schwarzer Zeichnung; Vorderflügel durchscheinend. **H** In Wäldern und Parks, besonders an Eichen.

2
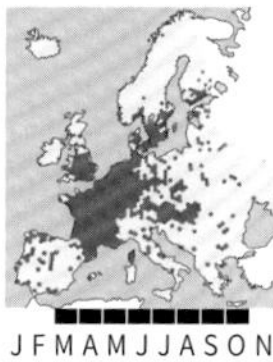

3 🔍 Gelber Nimrod *Deraeocoris olivaceus* **L** 8–11 mm. Olivbraun mit schwarzer und roter Zeichnung; Pronotum seitlich lang behaart. **H** Offene Gebiete, an Weißdorn. **V** Frisst kleine Insekten, ernährt sich auch von Weißdornbeeren.

3
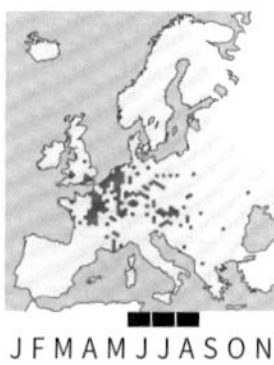

4 ⊙ Rote Weichwanze *Deraeocoris ruber* **L** 6–8 mm. Färbung sehr variabel, orange-braun bis fast schwarz, ♂ meist dunkler als ♀. Vorderflügel bei beiden Geschlechtern mit kräftigen roten Flecken. Beine gewöhnlich nicht geringelt. **H** Hecken und Grasland, oft auf Brennnesseln oder Brombeeren. **V** Ernährt sich von kleinen Insekten, insbesondere Blattläusen.

4
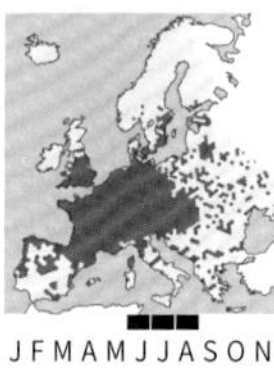

5 ⊙ Dreigestreifte Weichwanze *Deraeocoris trifasciatus* **L** 8–12 mm. Kommt in 3 verschiedenen Varianten vor: Entweder ganz rot oder ganz schwarz oder schwarz mit roter Zeichnung. **H** Wälder, Parks, Gärten, auf Bäumen.

5
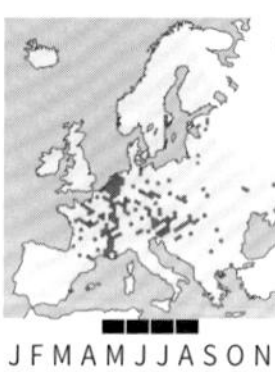

Gen. *Grypocoris* E 2 SPP

Länglicher, elliptischer Körper. Färbung schwarz und gelblich, Scutellum mit großem gelblichem Fleck.

6 🔍 Orangespitzen-Weichwanze *Grypocoris stysi* **L** 6–8 mm. Schwarz mit gelber oder weißlicher Zeichnung; Cuneus orange; Beine schwarz. **H** In Wäldern, oft an Brennnesseln.

6

7 🔍 Blattlausjäger-Weichwanze *Grypocoris sexguttatus* **L** 7–8 mm. Schwarz. Oft mit leuchtend gelber Zeichnung auf den Vorderflügeln und dem herzförmigem Scutellum. **H** Gebirgiges Grasland.

7
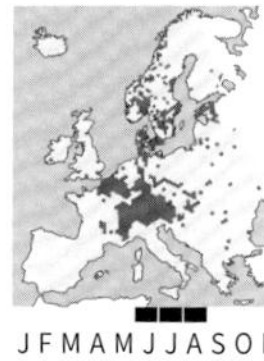

8 ⊙ Gelbes M *Hadrodemus m-flavum* **L** 6–8 mm. Körper länglich-oval; Vorderflügel schwarz mit dünnen gelben Streifen, die einem großen M ähneln. Pronotum schwarz, mit gelbem Band am Hals und 3 gelben Streifen. **H** Grasland.

8
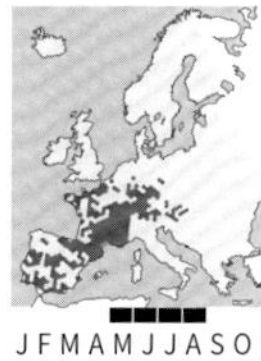

9 ⊙ Eichenwanze *Harpocera thoracica* **L** 6–7 mm. Pronotum mit blasser Mittellinie. ♂ etwas lang gestreckter; schwarz mit weißlicher Zeichnung; Fühler S2 verbreitert. ♀ etwas breiter; bräunlich. **H** Waldgebiete.

9
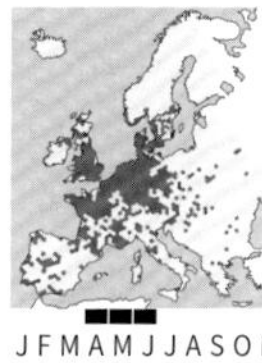

10 ⊙ Vierfleck-Weichwanze *Dryophilocoris flavoquadrimaculatus* **L** 6–7 mm. Schwarz, fein behaart; Vorderflügel mit 4 gelben Flecken. **H** Häufig auf Eichen, bevorzugt sonnenbeschienene Gebiete wie Waldränder. Auch an anderen Bäumen oder in der Krautschicht zu finden.

10
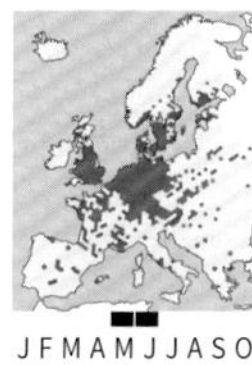

11 ⊙ Gesäumter Orn *Horistus orientalis* **L** 5–7 mm. Dunkelbraun bis schwarz, mit einem Muster aus weißen und orangefarbenen Linien. Der Körper ist mit weißen Haaren bedeckt. Flügel bei ♂ voll entwickelt, bei ♀ leicht verkürzt. Hinterbeine mit hellem Fleck. **H** Grasland.

11
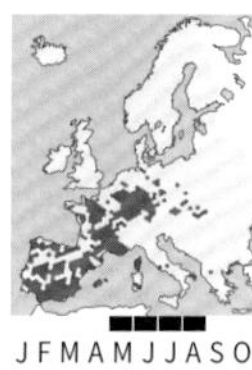

Gen. *Megacoelum* E 2 SPP

Braun, oft mit rötlichen Elementen. Beine lang, Tibiae mit Stacheln. Fühler länger als der Körper. Räuberisch, ernähren sich von Blattläusen, gelegentlich aber auch von Saft und jungen Trieben.

12 ⊙ Kiefernweichwanze *Megacoelum beckeri* **L** 7 mm. Schwarzbraun. Hintere Tibiae mit wenigen Haaren an den Innenrändern, die so lang sind wie die Tibiae breit. **H** Nadelwälder, an Waldkiefern.

12

13 ⊙ Eichenweichwanze *Megacoelum infusum* **L** 7 mm. Orangebraun. Haare an den hinteren Tibiae zahlreicher und länger als die Tibiae breit sind. **H** Eichenwälder.

13

WEICHWANZEN →

← **WEICHWANZEN** Miridae →

Gen. ***Adelphocoris*** E 00 SPP

Länglicher Körper, Fühler länger als der Körper. Tibiae mit langen Stacheln, so lang oder länger als die Tibiabreite.

1 🔍 Gemeine Zierwanze
Adelphocoris lineolatus **L** 8–10 mm. Gelblich grau bis blassgrün; mit feinem Haar bedeckt. Pronotum oft mit 2 schwarzen Flecken. Fühler und Beine grünlich bis rotbraun. **H** Sonnige, offene Gebiete mit Hülsenfruchtbewuchs.

1
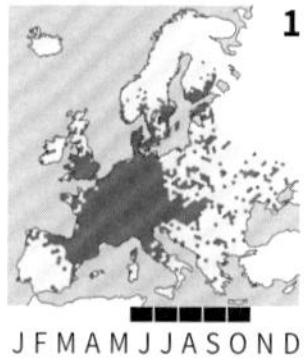

2 🔍 Vierpunktige Zierwanze
Adelphocoris quadripunctatus
L 7–11 mm. Gelblich grün bis grünlich, Pronotum mit 4 schwarzen Punkten, 2 davon am Rand. Fühler S1 grünlich, S2 mit dunklem Ende, S3–S4 dunkelbraun oder schwarz. **H** Grasland, auf Brennnesseln.

2
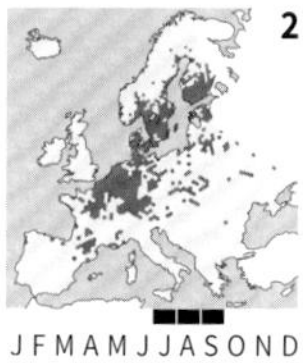

3 🔍 Gelbsaum-Zierwanze
Adelphocoris seticornis **L** 7–8 mm. Schwarz mit feiner gelber Behaarung. Vorderflügel mit heller Zeichnung. Fühler und Femora schwarz; Tibiae gelblich. **H** Sonnige, offene Flächen, an Hülsenfrüchtlern.

3
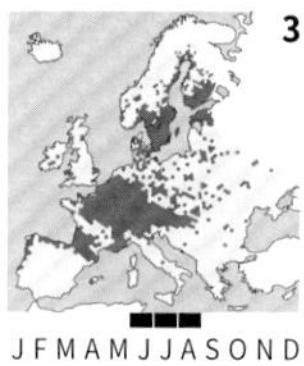

4 🔍 Bekannte Stumpfnase
Amblytylus nasutus **L** 4–5 mm. Oval; grünlich gelb und dicht behaart. **H** Grasland, Ödland.

4
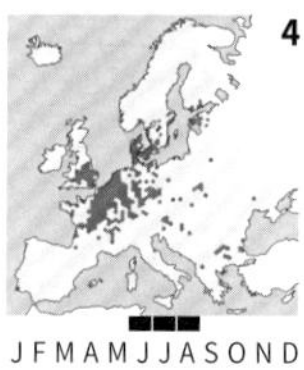

Gen. ***Apolygus*** E 4 SPP

Körper breit-oval.

5 🔍 Leuchtende Kräuterwanze
Apolygus lucorum **L** 5–6 mm. Grün. Pronotum ohne schwarze Flecken. Flügelmembran mit dunkler Spitze. Augen hell. **H** Trockene bis feuchte offene Gebiete; an großen krautigen Pflanzen.

5
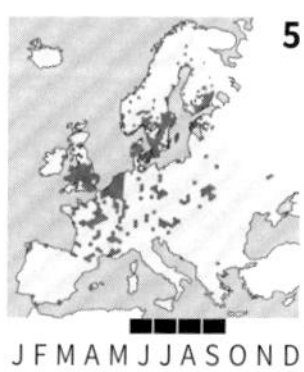

6 🔍 Grüne Rebwanze
Apolygus spinolae **L** 5–6 mm. Grün, aber blasser als *A. lucorum*. Flügelmembran an den Seiten mit kleinen schwarzen Flecken. Augen rotbraun. **H** Feuchte und offene Gebiete, unter krautiger Vegetation.

6
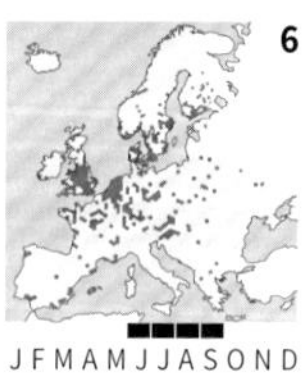

7 🔍 Grauer Sint
Asciodema obsoleta **L** 4–5 mm. Blassgrün mit überwiegend weißen und einigen dunklen Haaren. Tibiae mit dunklen Dornen. **H** An Ginster.

7
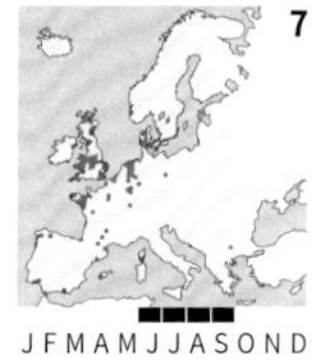

8 🔍 Gimp
Blepharidopterus angulatus **L** 5–6 mm. Blaugrün. Basis der Tibiae, Fühler (teilweise) und hintere Ecken des Pronotums schwarz. **H** In Wäldern, Hecken, Parks, auf Bäumen.

8
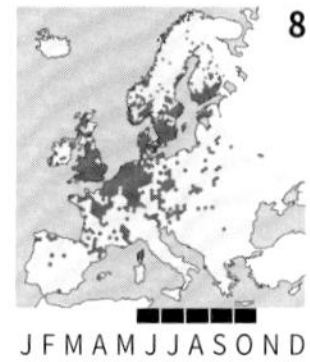

9 🔍 Farn-Pumpel *Bryocoris pteridis*
L 2–4 mm. Braun, Kopf dunkelbraun oder schwarz; kurz- oder langflügelig. **H** Feuchte Wälder, auf Farnen.

9
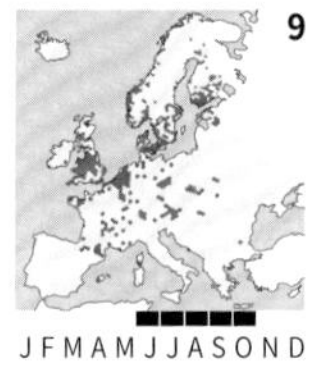

Gen. ***Calocoris*** E 4 SPP

Lang gestreckt, Fühler länger als Körper. Tibiae mit kurzen Stacheln.

10 🔍 Grüne Distelwanze
Calocoris affinis **L** 7–8 mm. Grün; Flügelmembran schwarz mit gelben oder grünen Adern. **H** Schattige Standorte, auch Grasland.

10
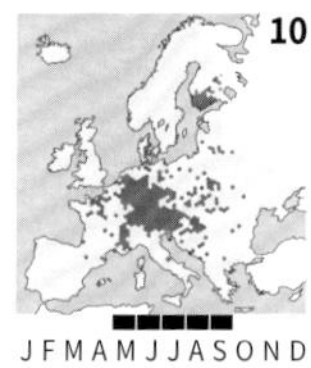

11 🔍 Almen-Schmuckwanze
Calocoris alpestris **L** 9–11 mm. Grün; Flügelmembran schwarz mit undeutlichen Adern. **H** Feuchte Wälder, auch an Brennnesseln.

11
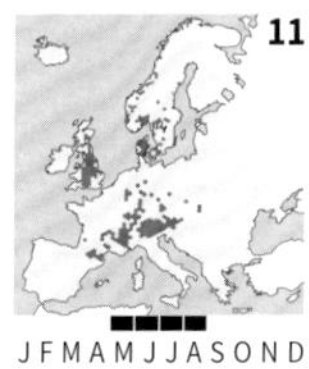

12 ⊙ Rotgefleckte Weichwanze
Calocoris roseomaculatus **L** 6–8 mm. Grün; Pronotum glatt oder dunkel gefleckt. Scutellum mit dunkler Mittellinie. Vorderflügel mit rosafarbenen Flecken; Kopf, Pronotum und Beine oft ebenfalls rosafarben. **H** Grasland.

12
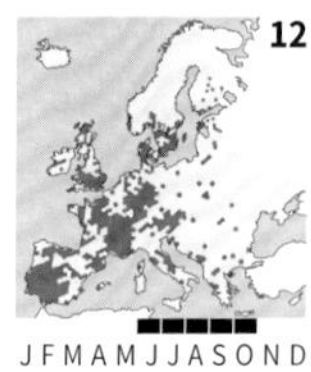

13 ⊙ Psyche
Campyloneura virgula **L** 4–5 mm. Lang gestreckt; Cuneus leuchtend gelb mit roter Spitze. Fühler fast so lang wie der Körper. **H** Wälder und Hecken, auf Bäumen. **V** ♂ selten, vermehrt sich in Mitteleuropa parthenogenetisch (nur ♀).

13
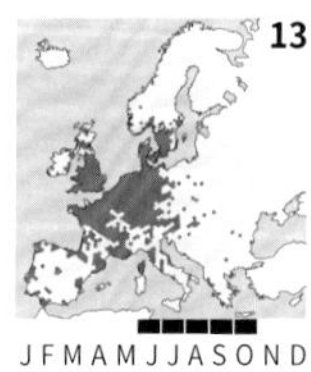

← WEICHWANZEN →

1 ×3 ◆

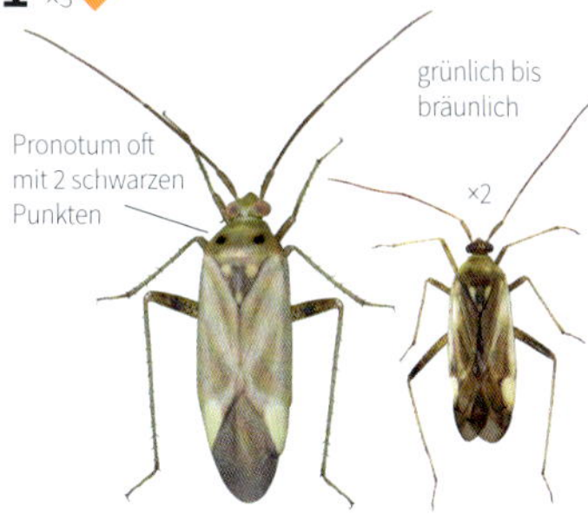

2 ×3 ◆

3 ×3 ◆

4 ×5 ◆

5 ×4 ◆

6 ×4 ◆

7 ×6 ◆

8 ×4 ◆

9 ×8 ◆

10 ×3 ◆

11 ×3 ◆

12 ×3 ■

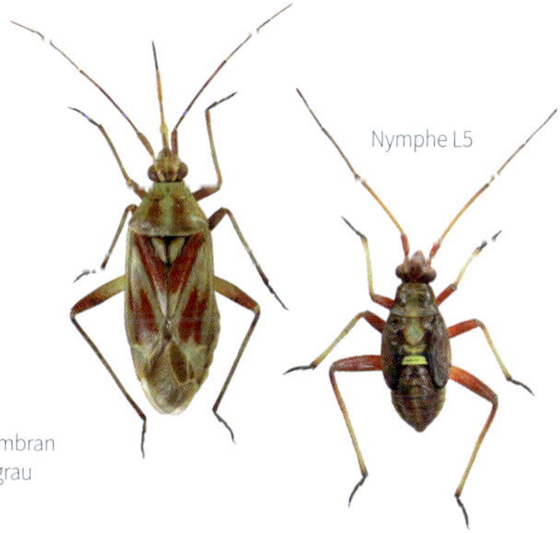

13 ×5 ■

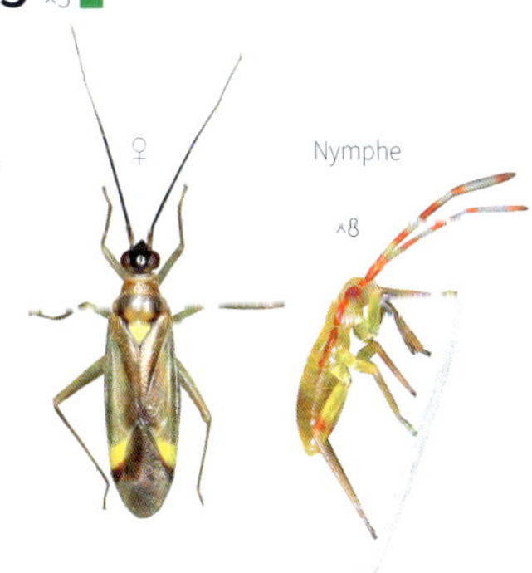

← WEICHWANZEN Miridae →

Gen. ***Closterotomus*** E 13 SPP

Lang gestreckt. Fühler lang, S3–S4 sehr dünn.

1
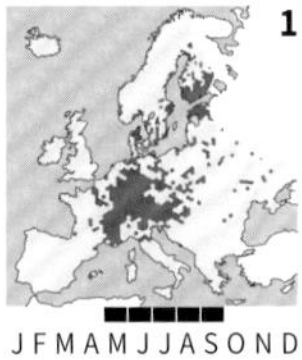

1 Zweikeulen-Weichwanze
Closterotomus biclavatus **L** 6–8 mm. Braun bis braunschwarz, mit kurzen, goldglänzenden Haaren bedeckt. Vorderflügel mit weißen Flecken. Fühler S2 mit schwarzer Keule; S3–S4 weißlich. Beine rotbraun. **H** Waldränder, auf Büschen und Bäumen.

2
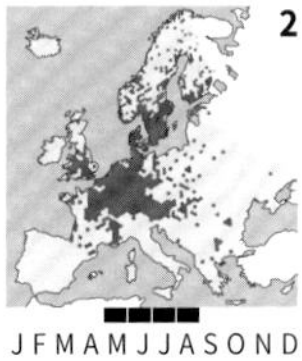

2 Gelbgefleckte Weichwanze
Closterotomus fulvomaculatus
L 6–7 mm. Bräunlich, mit goldenen schuppenartigen Haaren bedeckt; Hinterbeine lang. **H** An Hecken auf niedriger Vegetation.

3
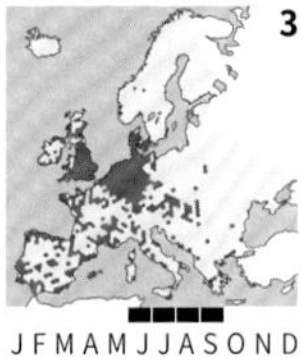

3 Zweipunktige Wiesenwanze
Closterotomus norwegicus **L** 6–9 mm. Blassgrün mit 2 schwarzen Flecken auf dem Pronotum (manchmal fehlend). Vorderflügel können braun gefärbt sein; Scutellum einfarbig oder mit 2 dunklen Längslinien; Vorderflügel dunkel bräunlich mit hellen Adern. **H** Grasland, Hecken und Waldgebiete.

4
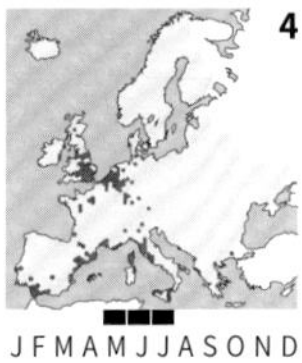

4 Olivenweichwanze
Closterotomus trivialis **L** 6–8 mm. ♂ schwarz mit roten Flecken; ♀ gelb und grün. Pronotum mit 2 zentralen und 2 seitlichen schwarzen Flecken. **H** Gärten, Grünland, Hecken.

5
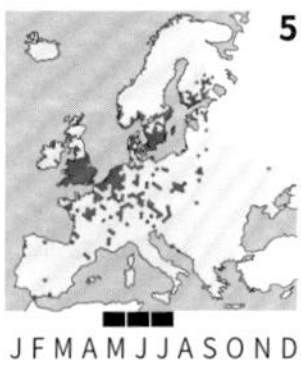

5 Gerlin *Cyllecoris histrionius*
L 6–8 mm. Länglich; kontrastreichgefärbt: gelb, schwarz, rotbraun. Fühler schwarz, S1 rotbraun. **H** Wälder, Parks, Gärten, oft an Eichen.

Gen. ***Dicyphus*** E 24 SPP

Lang gestreckte, zart wirkende Art mit großen Augen; Fühler kürzer als Körper.

6
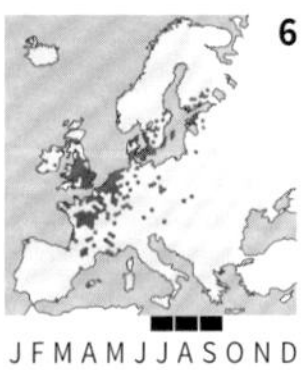

6 Weidenröschen-Weichwanze
Dicyphus epilobii **L** 4–5 mm. Blassgrün, Fühler S1 rot. **H** Grasland, hauptsächlich an Weidenröschen.

7
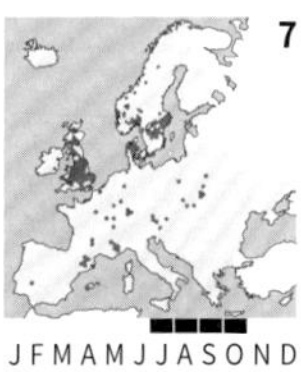

7 Ziest-Schmalhans
Dicyphus stachydis **L** 3–5 mm. Blassgrün mit dunklen Flecken auf dem Kopf, dunkler Fleck an der Spitze des Keils und der Kronröhre; meist kurzflügelig.
H Hecken, hauptsächlich an Hecken-Wundkraut.

8
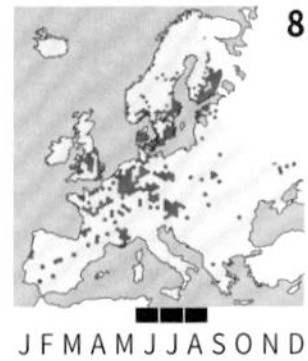

8 Habichtskraut-Wanze
Hoplomachus thunbergii **L** 4–5 mm. Kopf und Pronotum mit relativ auffälliger dunkler Zeichnung; Scutellum und Vorderflügel teilweise orange-braun; mit dunklen Haaren bedeckt. **H** Grasland.

Gen. ***Leptopterna*** E 5 SPP

Lang gestreckt, Beine und Fühler mit langen schwarzen Haaren.

9
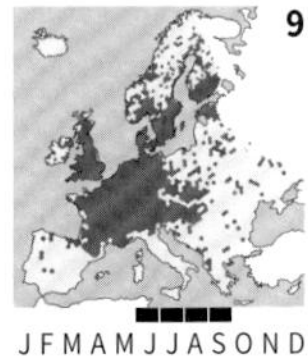

9 Langhaarige Dolchwanze
Leptopterna dolabrata **L** 8–10 mm. Pronotum gestreift, Scutellum gepunktet. ♀ grün-gelblich, meist mit gekürzten Flügeln; ♂ rotbraun mit voll entwickelten Flügeln. Fühler schwarz und dicht behaart. **H** Auf hohen Gräsern.

10
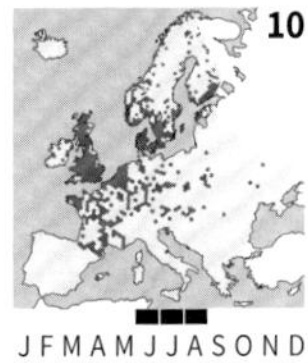

10 Kurzhaarige Dolchwanze
Leptopterna ferrugata **L** 7–9 mm. Vorderflügel rötlich; Kopf, Pronotum und Scutellum mit ausgeprägten schwarzen Flecken. ♂ voll geflügelt. ♀ plump, Vorderflügel meist kürzer als bei *L. dolabrata*. **H** Trockenes Grasland.

11
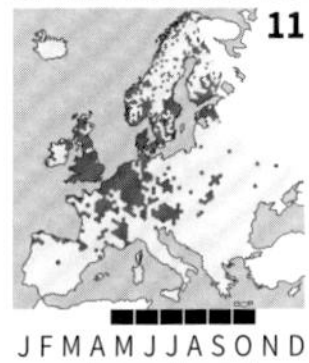

11 Grüne Futterwanze
Lygocoris pabulinus **L** 5–7 mm. Elliptisch, grün mit glattem Pronotum; unter dem Mikroskop kleine braune Haare auf den Tibiae. **H** Grünland, Gärten und andere Standorte mit Brennnesseln.

Gen. ***Lygus*** E 8 SPP

Körper oval; Fühler kürzer als der Körper. Die Arten können sehr variabel gefärbt sein; zur Identifizierung ist oft die mikroskopische Untersuchung der Vorderflügel erforderlich.

12
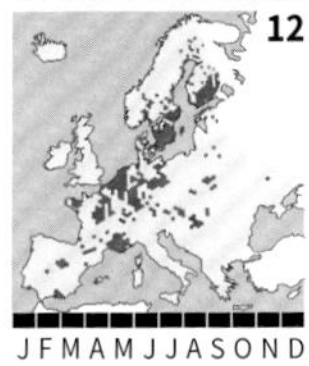

12 Beifuß-Wiesenwanze
Lygus gemellatus **L** 5–6 mm. Grünlichgrau, manchmal mit brauner oder rötlicher Färbung. **H** An warmen und sandigen Standorten, auf Beifuß.

13
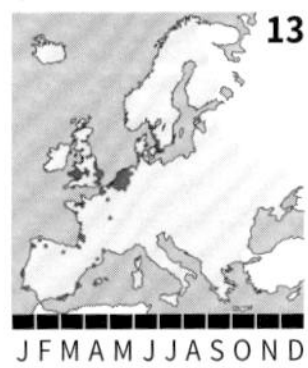

13 Sand-Wiesenwanze
Lygus maritimus **L** 5–6 mm. Pronotum breit, mit rosafarbener Zeichnung.
H Küsten, sandige Gebiete.

14
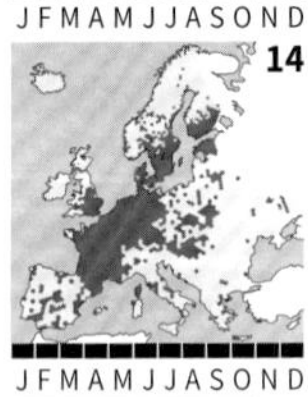

14 Gemeine Wiesenwanze
Lygus pratensis **L** 5–7 mm. Variabel in der Farbe, oft blass mit dunkler Zeichnung. **H** Grasland, Waldränder.

15
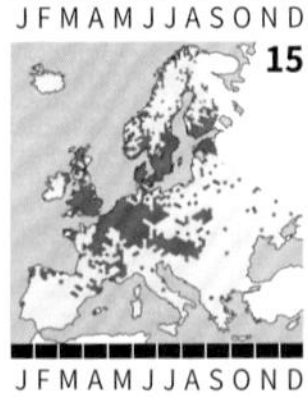

15 Behaarte Wiesenwanze
Lygus rugulipennis **L** 5–6 mm. Variiert von gräulich bis grün, braun oder rötlich. Vorderflügel dicht behaart. **H** Grünland.

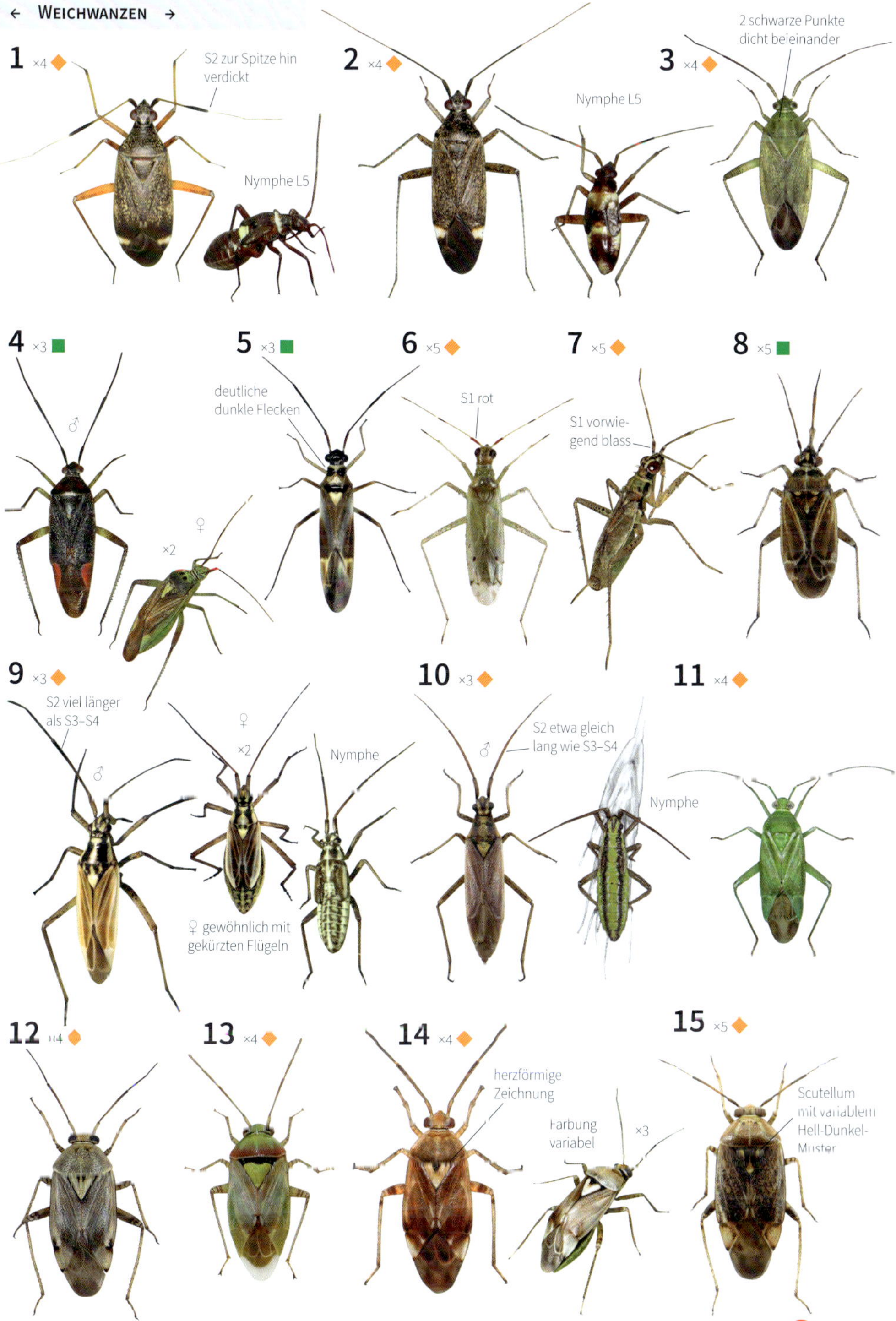
1 ×4
S2 zur Spitze hin verdickt
Nymphe L5
2 ×4
Nymphe L5
3 ×4
2 schwarze Punkte dicht beieinander
4 ×3
♂
♀
×2
5 ×3
deutliche dunkle Flecken
6 ×5
S1 rot
7 ×5
S1 vorwiegend blass
8 ×5
9 ×3
S2 viel länger als S3–S4
♂
♀
×2
Nymphe
♀ gewöhnlich mit gekürzten Flügeln
10 ×3
♂
S2 etwa gleich lang wie S3–S4
Nymphe
11 ×4
12 ×4
13 ×4
14 ×4
herzförmige Zeichnung
Farbung variabel
×3
15 ×5
Scutellum mit variablem Hell-Dunkel-Muster

← WEICHWANZEN Miridae →

1 Grüne Zärte
Malacocoris chlorizans **L** 3–4 mm. Hellgrün; Vorderflügel dunkler grün gesprenkelt; Flügelmembran durchsichtig; Fühler S1–S2 unterseitig schwarz. **H** Wälder, Hecken, Parks, besonders an Hasel, auch an Äpfeln.

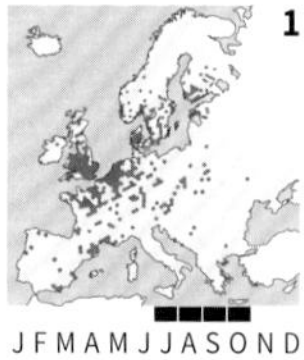

2 Schwarzhaarige Rainwanze
Megalocoleus tanaceti **L** 4–5 mm. Gelblich grün mit ausgeprägten schwarzen Haaren. Tibiae mit Stacheln, die länger sind als die Tibiae breit; Tarsi mit dunklen Spitzen. **H** Grasland und blumenreiche Standorte, an Rainfarn.

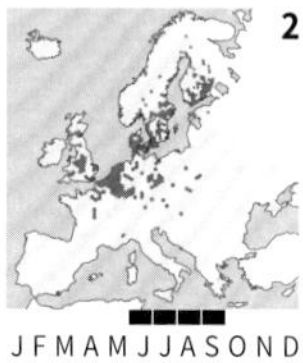

3 Pappel-Erk
Sthenarus rotermundi **L** 3–4 mm. Weißlich oder graubraun mit langen hellen Haaren; Fühler gelb; Spitze des Keils gewöhnlich rot. **H** An Pappeln.

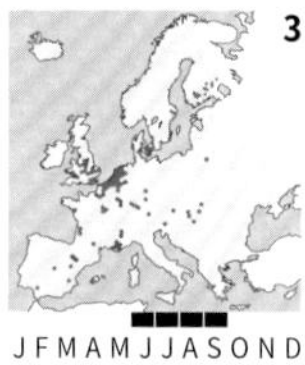

4 Eschen-Schmuckwanze
Mermitelocerus schmidtii **L** 7–8 mm. Kontrastreiche schwarze Zeichnung auf hellgrünem Körper und Vorderflügeln. Fühler S1 grün bis gelbbraun; S2 an der Spitze schwarz; S3–S4 deutlich dünner. Pronotum mit 2 schwarzen Punkten an der Oberseite, 2 weitere an den Seiten. Beine mit braunen „Knien"; Tibiae am Ende und Tarsi vollständig schwarz. **H** Wälder, besonders auf Esche.

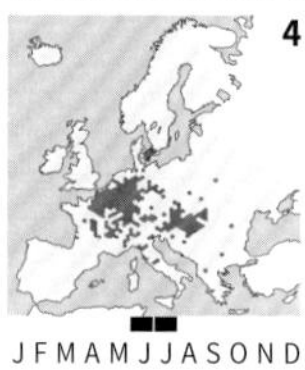

5 Prachtwanze ***Miris striatus***
L 9–11 mm. Auffällige gelb-orangefarbene Zeichnung. Beine rotbraun bis dunkelbraun, Tarsi schwarz. **H** Waldgebiete, oft an Eichen und Weißdorn.

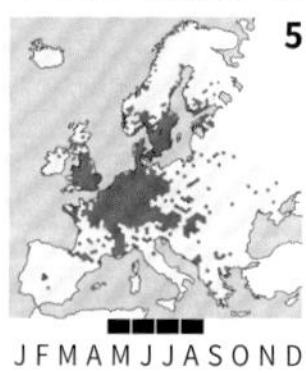

6 Gefleckte Krummnase
Oncotylus viridiflavus **L** 6–8 mm. Bläulich grün; Kopf und Pronotum mit schwarzer Zeichnung. **H** Grasland, auf den Blüten von Flockenblumen.

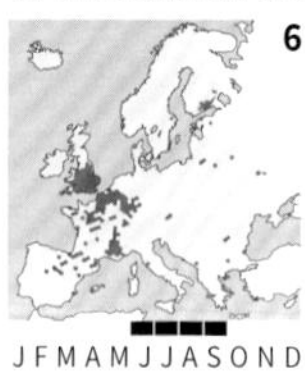

7 Eichen-Schmuckwanze
Rhabdomiris striatellus **L** 7–8 mm. Körper etwas verbreitert; Pronotum gelb, schwarz gezeichnet. Vorderflügel schwarz mit gelben Streifen; Cuneus gelb mit schwarzer Spitze. Ähnlich *Miris striatus*, aber schlanker und mit leuchtend gelber bis orangefarbener Zeichnung. **H** Waldgebiete, an Eichen.

8 Farnkrautwanze
Monalocoris filicis **L** 2–3 mm. Braun, Kopf blassorange. **H** In Wäldern, an Adlerfarn und anderen Farnen.

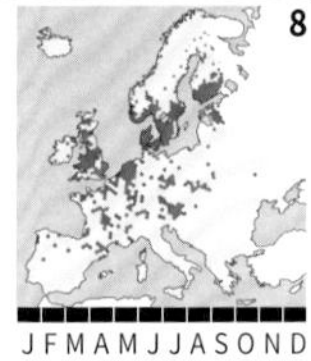

9 Grüne Lindenwanze
Neolygus viridis **L** 6 mm. Grün, Clavus und Corium mit dunkler Zeichnung. Flügelbinde dunkel. **H** Wälder und Parks, oft an Linden.

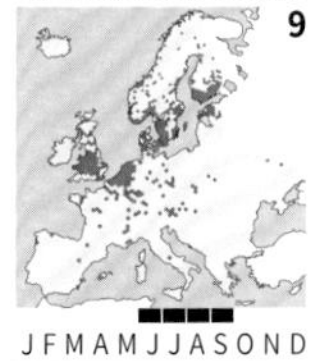

Gen. *Orthops* E 5 SPP
Rotbraun bis grünlich; Scutellum mit variabler gelber Zeichnung; Fühler dunkel. Als Merkmale zur Identifikation der Art dienen: Rostrum, die feine Zeichnung der Vorderflügel und Länge von Fühler S2. Es kann aber auch die mikroskopische Untersuchung der Genitalien erforderlich sein.

10 Gemeine Doldenwanze
Orthops basalis **L** 4–5 mm. Variabel; aber oft bräunlich mit schwarzer und weißlicher Zeichnung; Scutellum gelb und herzförmig, kann aber variieren und beim ♂ mit 3 Flecken gezeichnet sein. **H** Grasland, auf Doldenblütlern.

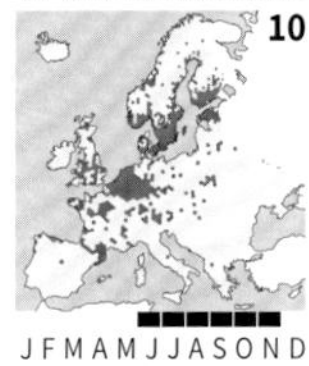

11 Felder-Fax *Orthops campestris*
L 4 mm. Gewöhnlich grünlich; Corium am Außenrand blass. **H** Grünland; an Doldenblütlern oder den Hauptnahrungspflanzen wie Pastinake.

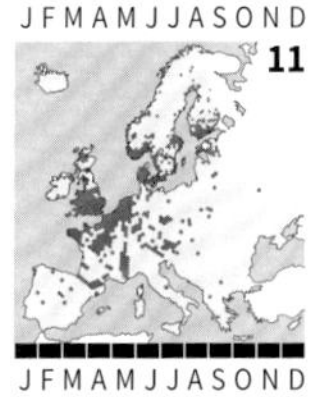

12 Garten-Fax *Orthops kalmii*
L 3,9–5 mm. Corium am Außenrand schwarz, Tibia hell. *O. basalis* sehr ähnlich. **H** Grasland; an Doldenblütlern.

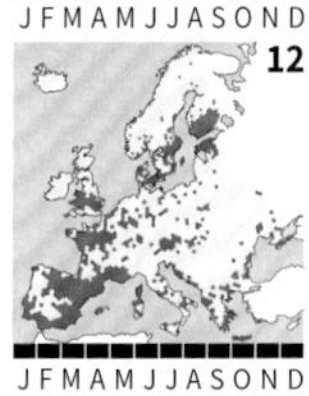

Gen. *Orthotylus* E 47 SPP
Körper länglich-oval.

13 Grüne Steilnase
Orthotylus flavosparsus **L** 4 mm. Grün mit silbrigen Haaren. **H** Grasland, Kulturland, Hecken; auf Steinpilzen.

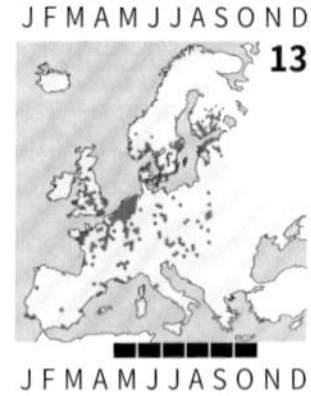

14 Gelbrand-Steilnase
Orthotylus marginalis **L** 6–7 mm. Grün mit dichter, heller Behaarung; Flügelmembran mit grünen Adern; Ränder der Vorderflügel oft gelblich. **H** Offene Gebiete, auf Bäumen, oft Weiden.

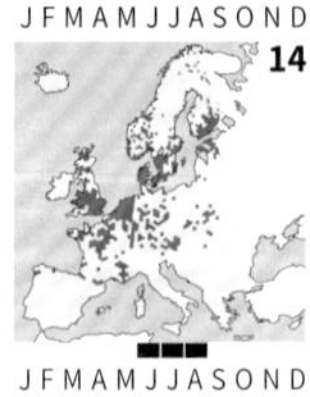

15 Besenginster-Steilnase
Orthotylus virescens **L** 4–5 mm. Grün mit dunkler Behaarung; Flügelmembran dunkel. **H** Offene Gebiete einschließlich Gebüsch, an Besenginster.

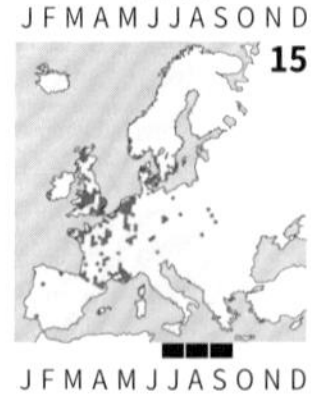

1 ×5 ■

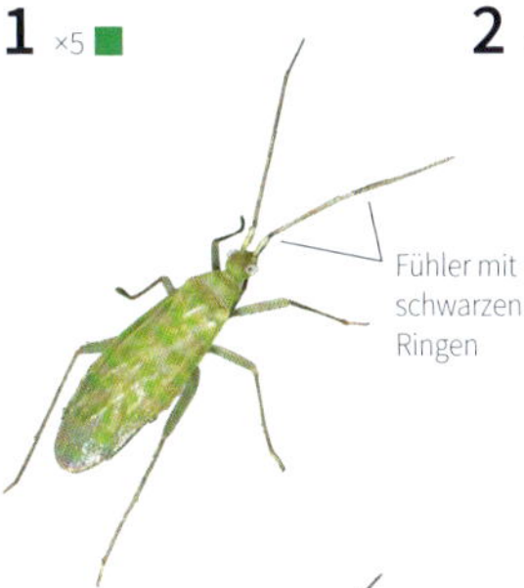

2 ×5 ◆

3 ×5 ■

4 ×4 ■

5 ×3 ■

6 ×3 ■

7 ×5 ◆

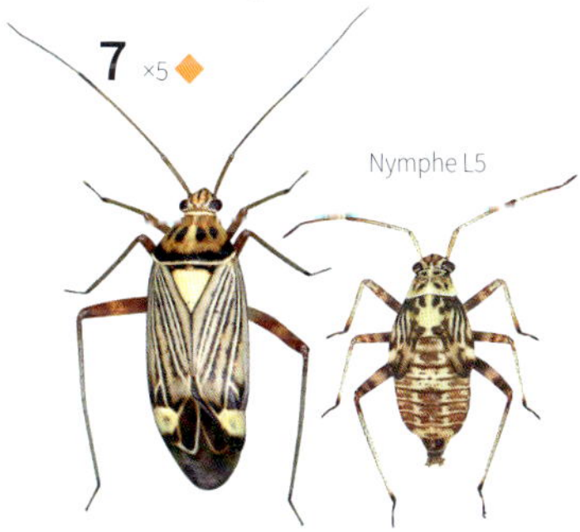

8 ×3 ■

9 ×8 ◆

10 ×4 ◆

11 ×5 ◆

12 ×5 ◆

13 ×5 ◆

14 ×4 ◆

15 ×5 ◆

← WEICHWANZEN Miridae →

1
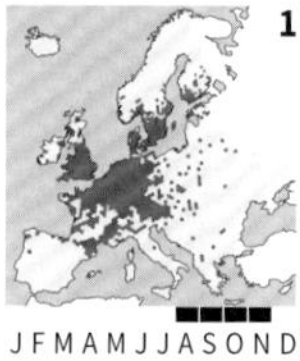

1 ⊙ Erlengast ***Pantilius tunicatus***
L 8–10 mm. Charakteristisch matt grün bis rot, Vorderflügel mit dunklen Flecken gesprenkelt; roter Fleck an der Hinterleibsspitze. Flügel entweder voll entwickelt oder verkürzt. **H** Waldgebiete, Gärten.

Gen. *Phylus* E 3 SPP

Körper länglich. Fühler etwa so lang wie der Körper.

2
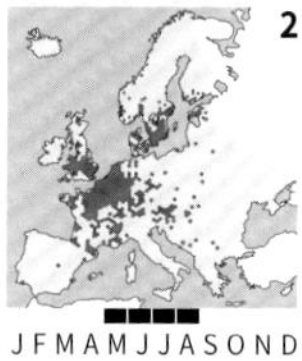

2 ⊙ Haselnusswanze ***Phylus coryli***
L 4–5 mm. Hellbraun bis schwarz, mit feinen Haaren bedeckt. Beine und Fühler gelblich, außer S1-Basis braun; Cuneus leicht rötlich, Flügelmembran dunkel. **H** Wälder, Parks auf Haseln.

3
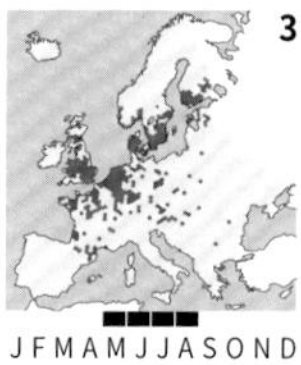

3 ⊙ Schwarzköpfige Eichenweichwanze ***Phylus melanocephalus***
L 5–6 mm. Gelblich oder orange; Kopf schwarz oder dunkelbraun und Augen rot; Vorderflügel dunkel. **H** Wälder, Parks, oft an Eichen.

4
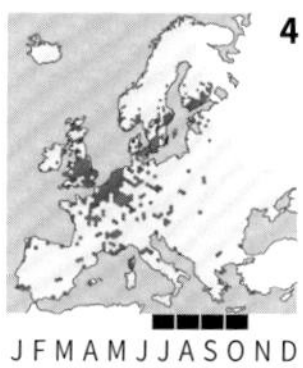

4 ⊙ Braungelber Fax
Pinalitus cervinus **L** 4 mm.
Färbung sehr variabel; meist goldbraun bis graubraun, kann auch grünlich oder rotbraun sein. Scutellum bräunlich-gelb, entweder mit 2 dunkelbraunen Längslinien oder ausgedehnten schwarzen Flecken. Beine und Fühler grünlich oder gelblich. **H** Wälder, Parks, oft an Linden, Haseln oder Eschen.

Gen. *Plagiognathus* E 9 SPP

Kleine Art, Körper oval. Zumindest teilweise grünlicher Kopf; Vorderflügel behaart.

5
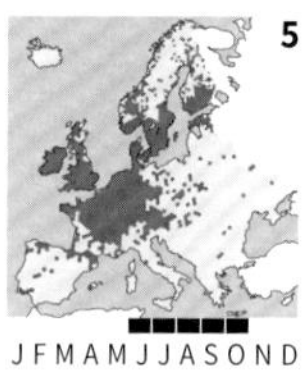

5 ⊙ Braunschwarze Nesselweichwanze ***Plagiognathus arbustorum***
L 3-5 mm. Färbung variabel von schwarz oder blassoliv bis gelb. Pronotum und Vorderflügel mit dichten schwarzen Haaren bedeckt. Fühler S1–S2 schwarz. Hintere Femora mit charakteristischen dunklen Rändern. **H** Ruderalflächen und Wiesen, an Brennnesseln.

6
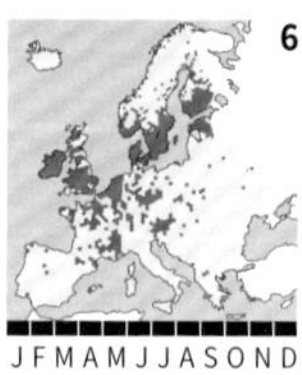

6 ⊙ Verbreitetes Schiefkehlchen
Plagiognathus chrysanthemi **L** 3–4 mm.
Grünlich mit schwarzen Haaren; Fühler deutlich gezeichnet. Tibiae mit dunklen Stacheln; hintere Femora dunkel gefleckt. **H** Grasland und Ödland, an Korbblütlern.

Gen. *Phytocoris* E ~60 SPP

Körper oval. Hintere Femora und Tibiae extrem lang. Fühler länger als der Körper; S1 besonders lang. Einige Arten können durch präzise Bestimmung der Länge von Fühler S4 identifiziert werden.

7
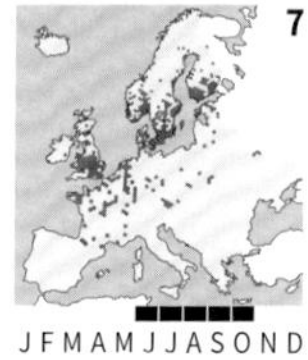

7 🔍 Langflügelige Langbeinwanze
Phytocoris longipennis **L** 6–8 mm.
Hellbraun gesprenkelt mit dunklerem Braun und Schwarz, auch an Beinen und Fühlern. **H** Waldgebiete, auf verschiedenen Bäumen.

8
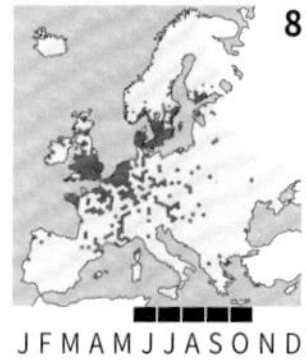

8 🔍 Schwarzweiße Langbeinwanze
Phytocoris tiliae **L** 6–7mm. Körper grünlich bis fast weiß mit ausgeprägter schwarzer Sprenkelung. Fühler schwarz und weiß gefleckt. **H** Waldgebiete, auf verschiedenen Bäumen.

9
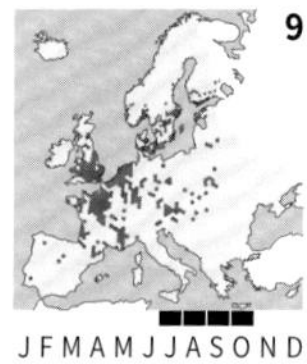

9 ⊙ Rotbraune Laubwanze
Phytocoris ulmi **L** 6–8 mm. Braun, ohne die Längszeichnung von *P. varipes*. Fühler S1 an der Basis dünn, mit langen Haaren, die länger sind als die Breite von S1. **H** Wälder und Hecken, hauptsächlich an Weißdorn.

10
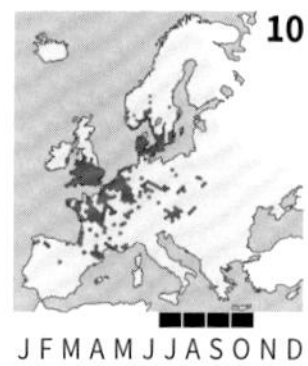

10 ⊙ Kräuter-Laubwanze
Phytocoris varipes **L** 6–7 mm. Braun bis gelblich oder rotbraun; oft mit Längszeichnung. Fühler S1 an der Basis breiter, mit Haaren, die kürzer sind als die Breite von S1. **H** Grasland.

Gen. *Polymerus* E 11 SPP

Körper etwas breiter oval. Mit schuppenartigen goldenen oder silbernen Haaren bedeckt. Tibiae mit kräftigen schwarzen Stacheln.

11
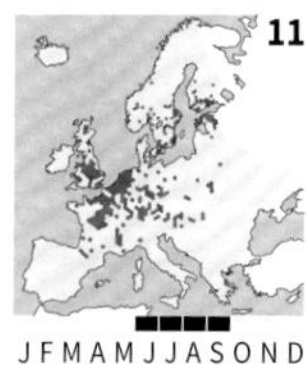

11 ⊙ Schwarze Weichwanze
Polymerus nigrita **L** 4–5 mm. Schwarz, Cuneus mit orangefarbener Zeichnung; Tibiae blass gebändert. **H** Offene Gebiete, an Labkraut.

12
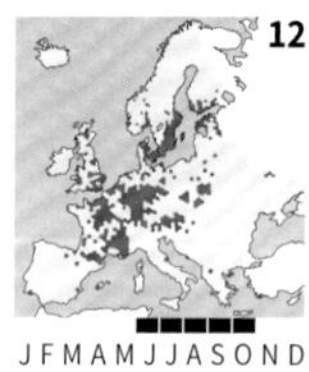

12 ⊙ Einbändrige Weichwanze
Polymerus unifasciatus **L** 5–7 mm.
Schwarz, hinterer Teil des Pronotums mit schmalem gelben Rand; Corium überwiegend gelb, setzt sich an anderer Stelle fort; Cuneus oft mit roten Flecken. **H** Offene Gebiete, an Labkraut.

1 ×3 ■

2 ×5 ■

3 ×6 ■

4 ×6 ■

Ausdehnung der schwarzen Zeichnung kann variieren

5 ×6 ◆

6 ×6 ◆

7 ×3 ◆

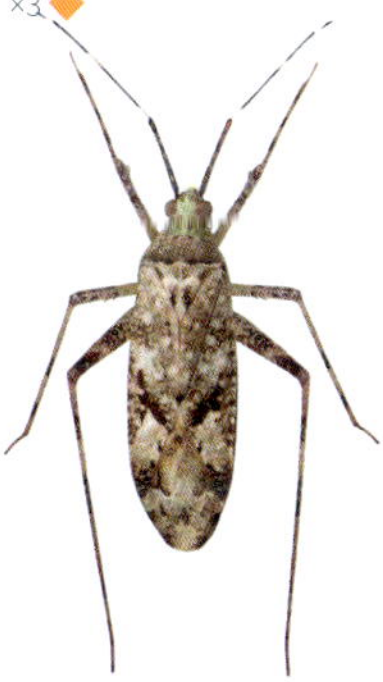

8 ×3 ◆

9 ×3 ◆

10 ×3 ◆

11 ×5 ■

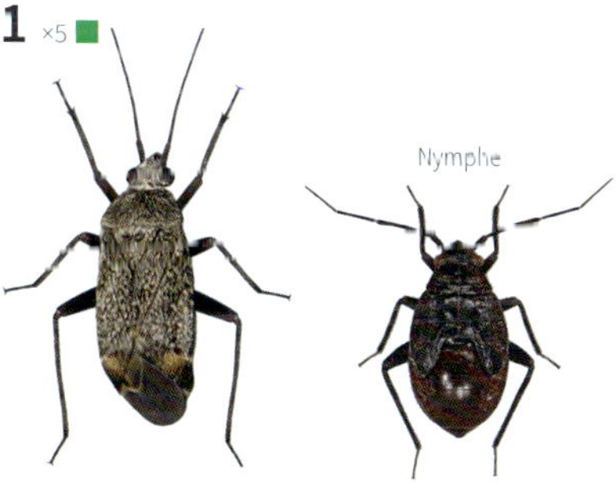

12 ×5 ■

← WEICHWANZEN Miridae →

Gen. *Psallus* E ~50 SPP

Klein. Körper länglich, elliptisch. Meist rötlich, grau oder braun, mit schuppenartigen goldenen Haaren. Tibiae mit Stacheln, diese entspringen schwarzen Flecken. In einigen Fällen ist die Artbestimmung nicht einfach; Kenntnis des Wirtsbaumes kann helfen.

1

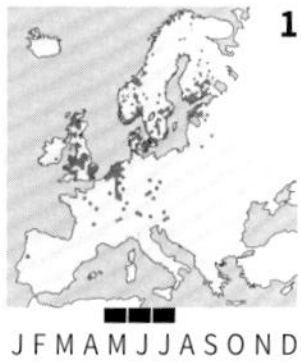

1 Rotflecken-Forstwanze
Psallus haematodes **L** 3–4 mm.
Blass mit roten oder rotbraunen Flecken; Cuneus weißlich. Körper manchmal ganz rosafarben. **H** Offene Gebiete, an Weiden.

2

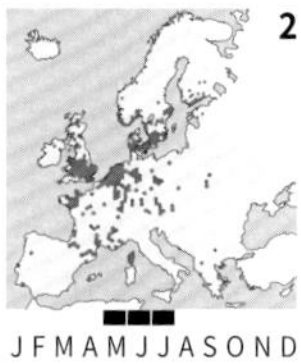

2 Vielfarbige Forstwanze
Psallus varians **L** 4–5 mm. Hellgelb bis gelblich braun mit etwas Rotbraun. Vorderflügel mit weißen Flecken. Beine schwarz gefleckt. **H** Wälder, Parks; an verschiedenen Bäumen, besonders Eichen und Buchen. **V** Manchmal werden Massenvorkommen beobachtet. ⚠ Es wird berichtet, dass sie (zur Verteidigung) Menschen stechen kann; der Stich kann schmerzhaft sein, ist aber harmlos.

3

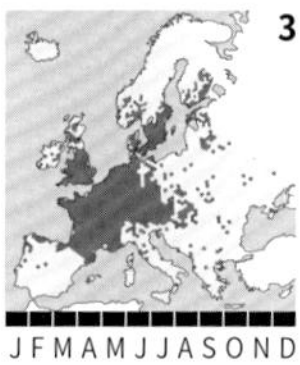

3 Zweifleck-Weichwanze
Stenotus binotatus **L** 6–7 mm.
♂ gelb-braun; ♀ graugrün bis gelb; beide Geschlechter werden mit dem Alter dunkler. Mit feinen weißlichen Haaren bedeckt. Kontrastreiche dunkle Zeichnung, deutlich ausgeprägter bei ♂. Beine gelb mit schwarzen Stacheln an den Tibiaen. Fühler gelbbraun mit feiner schwarzer Behaarung. **H** Grasland, an blühenden Gräsern.

Gen. *Stenodema* E 8 SPP

Körper länglich; Längsfurche zwischen den Augen; Pronotum dicht genarbt. Ähnlich zu *Notostira* spp., aber ohne lange dunklen Haare auf Tibiae und Fühler S1.

4

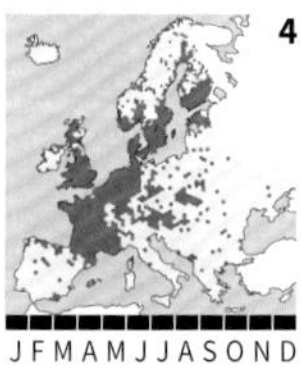

4 Rotbeinige Graswanze
Stenodema calcarata **L** 7–8 mm.
♂ ganzjährig strohgelb, ♀ im Sommer grünlich gefärbt. Beine rotbraun; hintere Femora mit 2 Spornen. **H** Grasland.

5

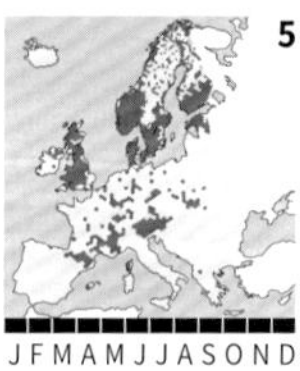

5 Wiesen-Schmalwanze
Stenodema holsata **L** 5–8 mm. Breit, beide Geschlechter werden im Frühjahr grün, aber ♂ oft dunkler als ♀. **H** Grasland.

6

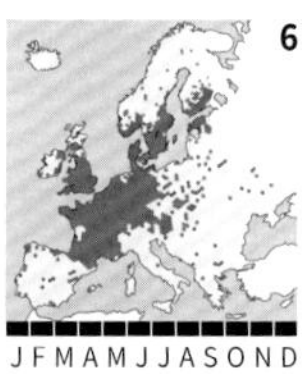

6 Glattköpfige Schmalwanze
Stenodema laevigata **L** 7–10 mm.
Strohfarben, aber beide Geschlechter werden im Frühjahr grün, ♂ oft dunkler. **H** Grünland, auch an feuchteren Standorten.

7

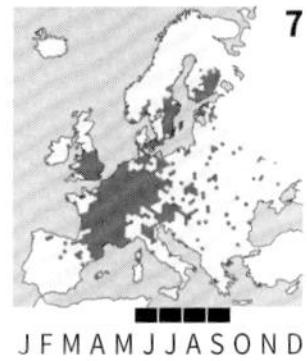

7 Langhorn
Megaloceroea recticornis **L** 8–10 mm.
Lang gestreckt, strohgelb bis grün. Fühler länger als der Körper; S1 so lang wie Kopf und Pronotum zusammen. Beine grün, Tarsi dunkelbraun; Hinterbeine sehr lang. **H** Grasland, Ödland, Wald, Waldränder.

8

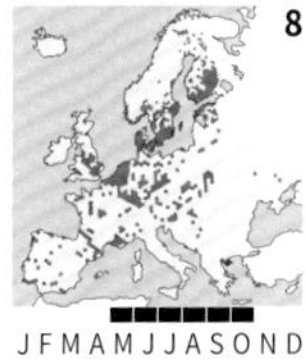

8 Grüne Graswanze
Trigonotylus caelestialium **L** 5–6 mm.
Lang gestreckt; grünlich. Fühler rotbraun, S1 mit kurzen stachelartigen Haaren, außerdem heller Längsstreifen, der sich auch auf S2 bis zur Hälfte erstreckt. Pronotum und Scutellum mit braunen Längsstreifen. Leicht zu verwechseln mit der ähnlichen *T. ruficornis*. **H** Grasland.

9

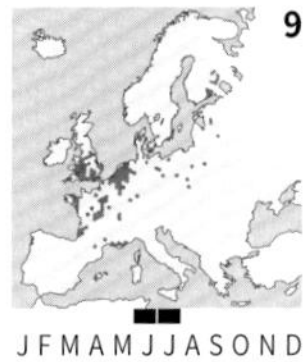

9 Kleiner Gräser
Acetropis gimmerthalii **L** 5–6 mm.
Oval, breit, strohfarben oder mit einigen grünen mit dunklen Streifen; Pronotum glatt, ohne Gruben; Fühler S2 gleich lang wie S3–S4 zusammen. **H** Grünland, einschließlich trockener und feuchter Standorte.

10

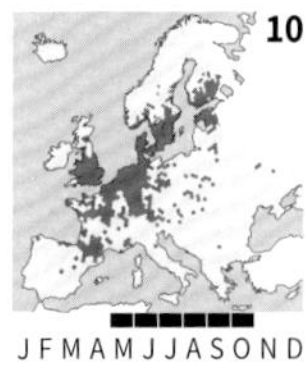

10 Grasweichwanze
Notostira elongata **L** 8–9 mm. Länglich, Färbung variabel, meist im Herbst dunkler als im Sommer. ♂ schwarz, Seiten gelblich. Verwechslung mit *Stenodema* spp. möglich, jedoch *N. elongata* mit Pronotum glatt (ohne Grübchen), außerdem Tibiae und Fühler S1 mit langen dunklen Haaren. **H** Grasland.

11

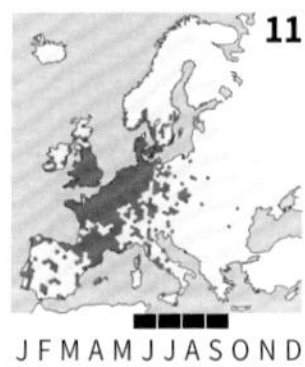

11 Dickfühlerweichwanze
Heterotoma planicornis **L** 5–6 mm.
Lang gestreckt; dunkelbraun, mit weißen Haaren bedeckt, Beine sind grün. Fühler S2 verbreitert. **H** Hecken, Grasland, an Brennnesseln.

12

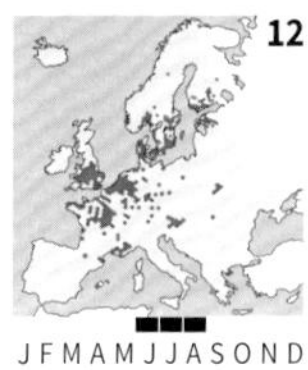

12 Obst-Spindelhorn
Atractotomus mali **L** 3–4 mm. Oval; schwarz oder rotbraun, mit goldenen oder silbernen Haaren bedeckt. Fühler S2 verbreitert. **H** Hecken, Wälder, oft an Äpfeln oder Weißdorn.

← WEICHWANZEN →

1 ×6 ■

2 ×6 ◆

3 ×4 ◆

4 ×3 ◆

hintere Femora mit je 1 kleinen und 1 größeren Sporn

5 ×3 ◆

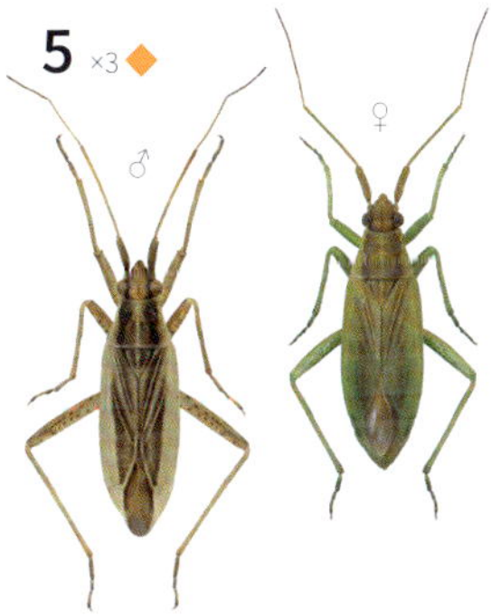

6 ×3 ◆

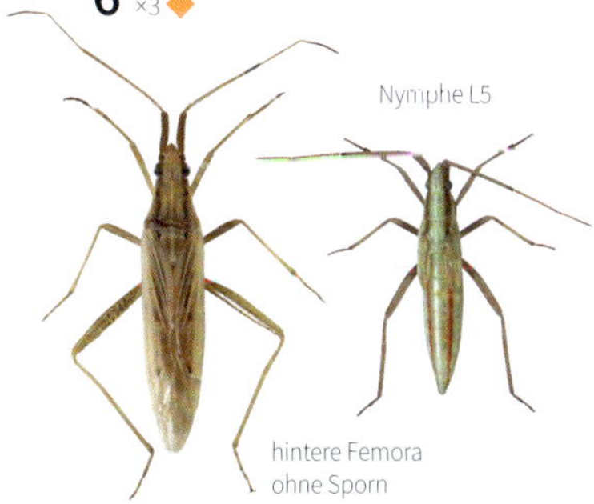

hintere Femora ohne Sporn

7 ×3 ◆

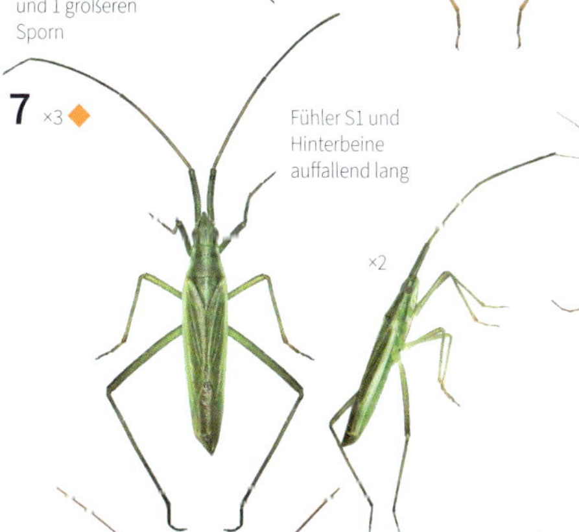

Fühler S1 und Hinterbeine auffallend lang

8 ×4 ◆

9 ×4 ◆

10 ×3 ◆

11 ×4 ■

12 ×6 ◆

← WEICHWANZEN Miridae

1 ⊙ Bunte Krante
Heterocordylus tibialis **L** 5 mm. Schwarz; schuppenartige, helle Haare. Fühler S2 am Ende leicht verdickt. Tibiae bräunlich. **H** Offene Gebiete, oft an Besenginster.

1
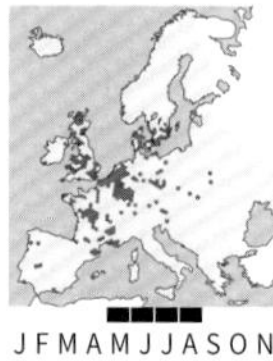

Gen. *Capsodes* E 5 SPP

Lang gestreckt; schwarz mit ausgeprägter, aber variabler gelber oder orangefarbener und weißlicher Zeichnung; Fühler und Beine schwarz.

2 ⊙ Gelbrand-Weichwanze
Capsodes flavomarginatus **L** 7–8 mm. Kopf, Pronotum (oft mit Mittellinie) und Clavus gelb oder orange. Mittlere und hintere Femora mit weißem Band. Vorderflügel voll entwickelt, meist mit schmalem weißlichem Rand. **H** Waldgebiete, hauptsächlich an Wachtelweizen.

2
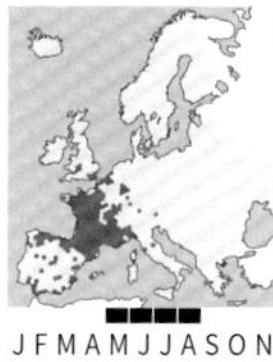

3 ⊙ Dreipunkt-Weichwanze
Capsodes gothicus **L** 6–7 mm. Kopf schwarz, 2 weißliche Flecken neben den Augen. Beine und Fühler ganz schwarz. Vorderflügel mit breitem, weißlichem Rand; ♂ meist voll geflügelt, ♀ meist mit gekürzten Flügeln. **H** Feuchte Standorte.

3
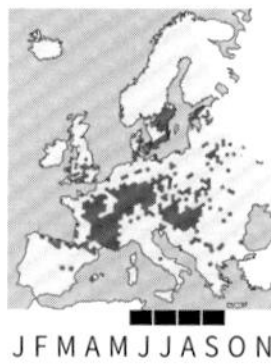

4 🔍 Schwarzrote Weichwanze
Capsus ater **L** 5–6 mm. Körper elliptisch. Vorderflügel schwarz. Kopf, Pronotum, Fühler und Beine entweder braun oder schwarz. Fühler S2 keulenförmig, verdickt. **H** Grasland. **V** Ernährt sich von den unteren Teilen verschiedener Gräser.

4
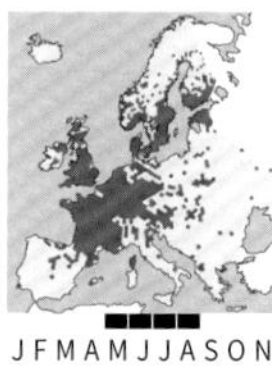

Gen. *Orthocephalus* E 6 SPP

Oval. Hinterbeine lang, können springen.

5 🔍 Lederweichwanze
Orthocephalus coriaceus **L** 5–6 mm. Schwarz, deutlich behaart; ♂ leicht gelblich auf den Vorderflügeln. Tibiae schwarz. Gewöhnlich langflügelig, manchmal Flügel gekürzt. **H** Grasland.

5
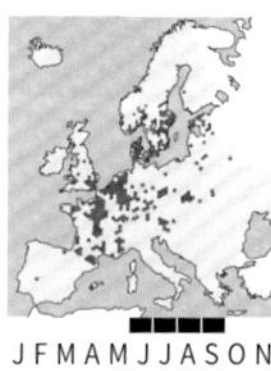

6 🔍 Braunbeinige Lederweichwanze
Orthocephalus saltator **L** 4–5 mm. Ähnlich wie *O. coriaceus*, aber Tibiae rot oder gelblich braun. ♂ meist langflügelig, ♀ gewöhnlich kurzflügelig. **H** Grasland.

6
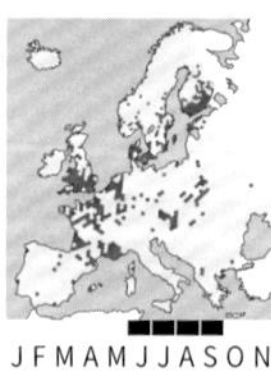

7 ⊙ Nesselniep *Orthonotus rufifrons*
L 3–4 mm. Meist schwarz, mit hellen Haaren. Beine gelb. ♂ lang gestreckt; Vorderflügel voll entwickelt; Kopf schwarz; Fühler S1–S2 schwarz, S3–S4 gelblich. ♀ mehr gerundet; Vorderflügel verkürzt; Kopf rot; Fühler gelblich, S2 an beiden Enden dunkel. **H** An Brennnesseln.

7
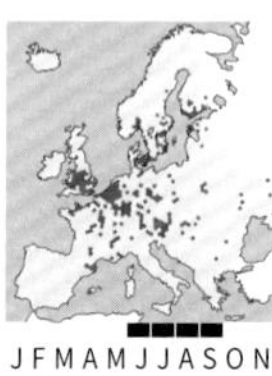

8 ⊙ Gepunktete Nesselwanze
Liocoris tripustulatus **L** 4–5 mm. Färbung variabel, aber unverwechselbar. Dunkel; Scutellum mit herzförmigem cremefarbenem bis tiefgelbem Fleck; Vorderflügel mit hellen Flecken. **H** Waldränder, Grünland, oft in Gärten.

8
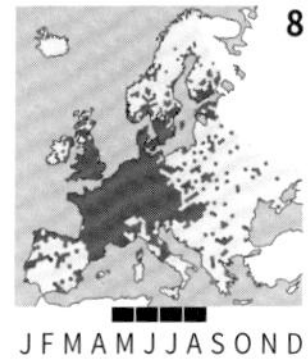

9 ⊙ Rhododendron-Weichwanze
Tupiocoris rhododendri **L** 4–5 mm. Lang gestreckt; schwarz mit weißem Kragen; Fühler S1–S4 und Beine gelblich; Vorderflügel mit schwarzer Zeichnung; Flügelmembran durchscheinend mit schwarzen Adern. **H** Standorte mit reichlich Rhododendron, auch in Gärten.

9
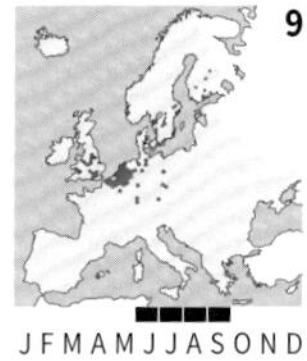

10 ⊙ Ameisenwanze
Myrmecoris gracilis **L** 4–6 mm. Ameisenähnlich, aber Augen im Gegensatz zu echten Ameisen relativ groß. Dunkel rotbraun; Fühler etwa so lang oder länger als der Körper. Vorderflügel meist kurz, kaum über den Thorax hinausreichend, mit weißlicher Basis und Spitze. **H** Grasland. **V** Ernährt sich von Pflanzensäften, vor allem aber von kleinen Insekten wie Blattläusen. Wird manchmal zusammen mit Ameisen gefunden.

10
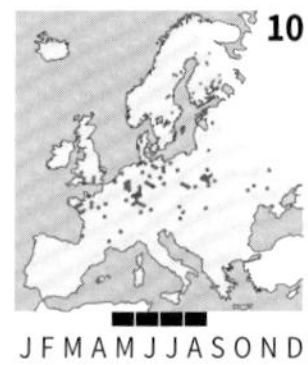

Gen. *Pilophorus* E 8 SPP

Dunkel, Körper auffallend geformt, Hinterkopf konkav (mittig nach innen) gewölbt; Vorderflügel mit schmalen Querbändern aus silbrigen Haaren, nur das hintere Band durchgehend. Räuberisch auf Blattläuse.

11 🔍 Zimtbraune Mese
Pilophorus cinnamopterus **L** 4–5 mm. Vorderflügel mehr zimtbraun bis orangebraun als bei *P. perplexus*. **H** Nadelwälder, an Waldkiefern.

11
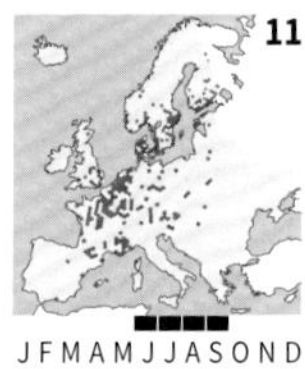

12 🔍 Dunkle Mese
Pilophorus perplexus **L** 4–5 mm. Ähnlich wie *P. cinnamopterus*, aber Vorderflügel dunkler. ♀ Kurzflügelig mit stark birnenförmigem Körper. **H** An Laubbäumen, selten an Nadelbäumen.

12
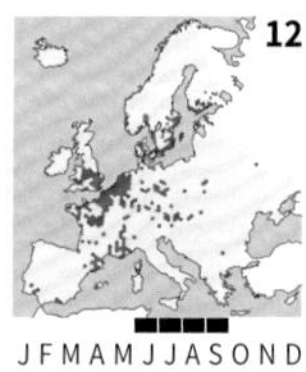

13 ⊙ Breite Ameisenwanze
Pithanus maerkelii **L** 4–5 mm. Schwarz mit Connexivum, Vorderflügelränder und Fühler S1 blass. Beine rötlich. Gewöhnlich kurzflügelig; langflügelige Exemplare können vorkommen. **H** Feuchtes Grasland.

13
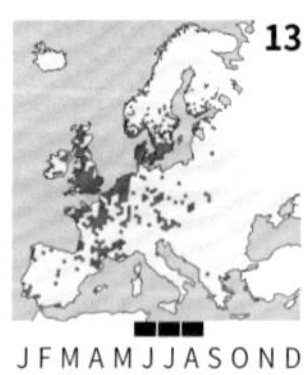

← Weichwanzen

1 ×4

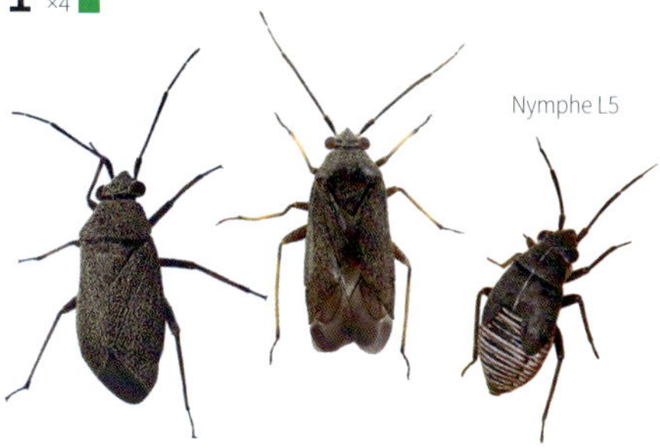

2 ×3

3 ×3

4 ×4

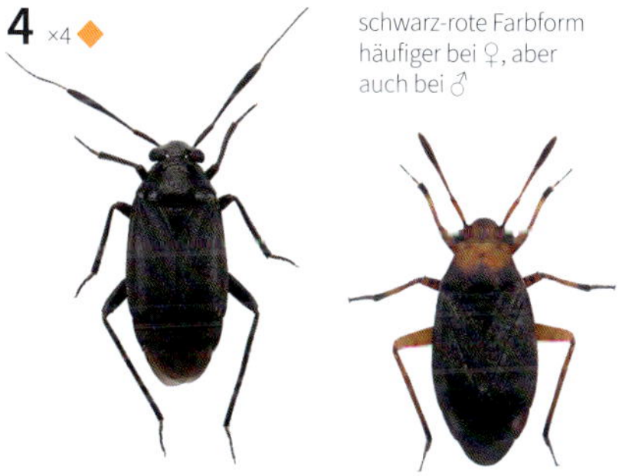

5 ×4

6 ×4

7 ×6

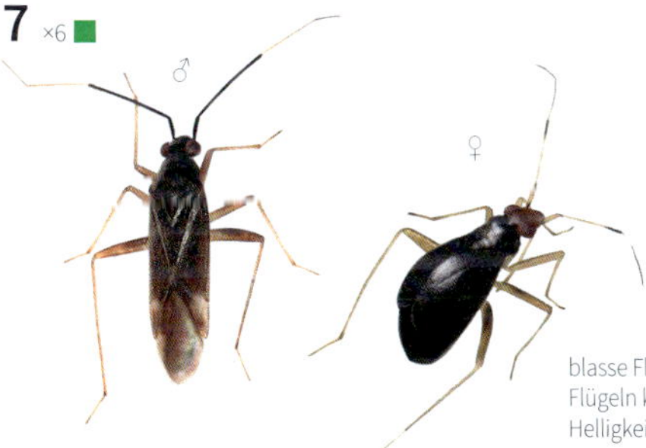

8 ×4

9 ×4

10 ×4

11 ×4

12 ×4

13 ×4

STEINLÄUFERWANZEN Leptopodidae

E 3 GEN 4 SPP 1 ILL

Ähnlich wie die Strandwanzen, aber Körper, Vorderbeine und Rostrum mit auffälligen Stacheln. Sehr flink, können schnell rennen und fliegen. Ernähren sich von kleinen Insekten; die Stacheln an den Vorderbeinen und am Rostrum helfen vermutlich beim Fangen der Beute. Der Körper ist länglicher als bei den Uferwanzen; die Augen sind sehr groß.

1 ⊙ Marmorierte Steinläuferwanze
Leptopus marmoratus **L** 4 mm. Grauschwarz mit einigen gelblichen Flecken. **H** Warme Standorte, immer auf und unter Steinen; an steinigen Flussufern, Geröllhalden und Steinbrüchen, aber auch auf steinigem Kalkgrasland.

1
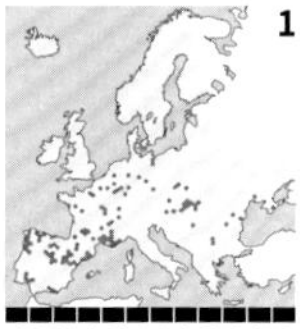

UFERWANZEN Saldidae

E 11 GEN 47 SPP 2 ILL

Kleine, ovale, räuberische Wanzen mit großen Augen, die allerdings noch kleiner sind als bei den Stachelwanzen. Sehr flink, kann schnell rennen und fliegen. Man findet sie an den Rändern von Feuchtgebieten, auch in Küstengebieten. Fühler mit 4 Segmenten; Tarsi dreigliedrig; Ocelli vorhanden. Gut getarnt auf Schlamm. Die meisten Arten sind leicht zu verwechseln; die Behaarung, die Zeichnung und die Länge der Fühlersegmente müssen unter dem Mikroskop untersucht werden.

2 ⊙ Weißbinden-Uferwanze
Saldula arenicola **L** 4 mm. Dunkel, Vorderflügel mit weißlichem Band über dem Corium; Clavus mit 2 weißen Flecken, die sich auch am Vorderflügelrand befinden. Fühler S1 und S2 am Ende weißlich. Beine zum Teil weißlich. **H** An Klippen, an Ufern von Teichen, Seen und Flüssen, auch in Sand- und Kiesgruben.

2
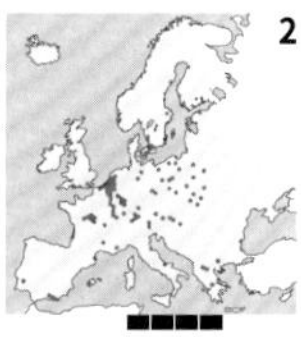

3 ⊙ Gemeine Uferwanze
Saldula saltatoria **L** 4–5 mm. Schwarz oder bräunlich; Vorderflügel mit unterschiedlich hellen Randflecken. **H** An den Rändern von Teichen, Gräben und langsam fließenden Bächen.

3
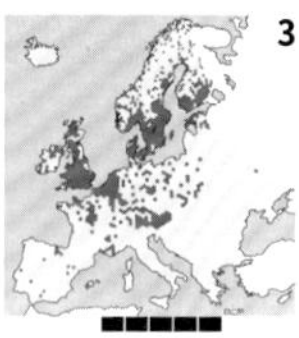

BACHLÄUFER Veliidae

E 2 GEN 14 SPP 2 ILL

Robuste, räuberische Wanzen, die die Wasseroberfläche von schnell fließenden Bächen bewohnen. Sie ernähren sich von Insekten, die auf die Wasseroberfläche fallen, und orten sie anhand der Wellen, die sie verursachen. Die Fühler sind nicht sehr lang und haben 4 Segmente. Zwei Gattungen in Europa, die sich stark in der Größe unterscheiden; bei den winzigen *Microvelia* spp. müssen kleinere Details des Hinterleibs unter dem Mikroskop untersucht werden.

5 🔬 Zwergwasserläufer
Microvelia reticulata **L** < 2 mm. Es kommen sowohl geflügelte als auch ungeflügelte Exemplare vor; die geflügelte Form ist seltener. **H** In der Vegetation an Ufern. **V** Ernährt sich von kleinen Tieren wie Springschwänzen.

5
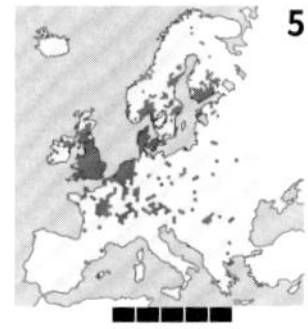

6 ⊙ Großer Bachläufer *Velia caprai*
L 5–8 mm. Schwarzbraun, Hinterleib mit einigen rotbraunen und weißen Flecken. Gewöhnlich flügellos, selten voll geflügelt. **H** Kleine und schnell fließende Bäche sowie langsam fließende, saubere Bäche. **V** Tritt in Gruppen auf, die aus adulten Tieren und Nymphen bestehen. Tag und Nacht aktiv. Manchmal auch bei unter 0 °C aktiv.

6
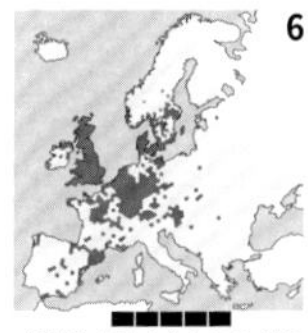

TEICHLÄUFER Hydrometridae

E 1 GEN 2 SPP 2 ILL

Körper sehr schmal und lang gestreckt. Kopf mehrfach so lang wie breit, Augen sitzen relativ mittig am Kopf. Fühler nicht sehr lang, mit 4 Segmenten. Die Tiere bewegen sich langsam auf der Wasseroberfläche und sind meist an den Rändern von Gewässern zu finden. Räuberisch, ernähren sich von Wasserflöhen, Mückennymphen und anderen Beutetieren, die auf oder direkt unter der Wasseroberfläche leben.

7 ⊙ Zierlicher Teichläufer
Hydrometra gracilenta **L** 7–9 mm. Schwarzbraun. Gewöhnlich kurzflügelig, selten kommen auch langflügelige Exemplare vor. Ähnlich, aber kleiner als *H. stagnorum*; Vorsicht vor Verwechslung mit der Nymphe von *H. stagnorum*. Bei *H. gracilenta* sind die Hinterbeine etwas kürzer und die Augen sitzen etwas weiter oben am Kopf. **H** Uferzone stehender oder langsam fließender Gewässer, vorzugsweise mit schlammigem Grund.

7
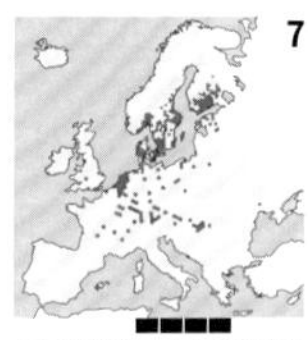

8 ⊙ Gemeiner Teichläufer
Hydrometra stagnorum **L** 9–12,5 mm. Schwarzbraun; Hinterleib mit 5 Paar heller Flecken. Gewöhnlich kurzflügelig, selten kommen auch langflügelige Exemplare vor. **H** Uferzone stehender oder langsam fließender Gewässer, vorzugsweise mit schlammigem Grund.

8
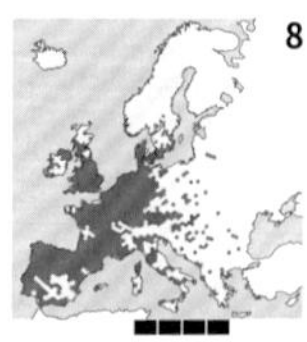

STEINLÄUFERWANZEN

1 ×7 ■

UFERWANZEN

2 ×7 ◆

3 ×7 ◆

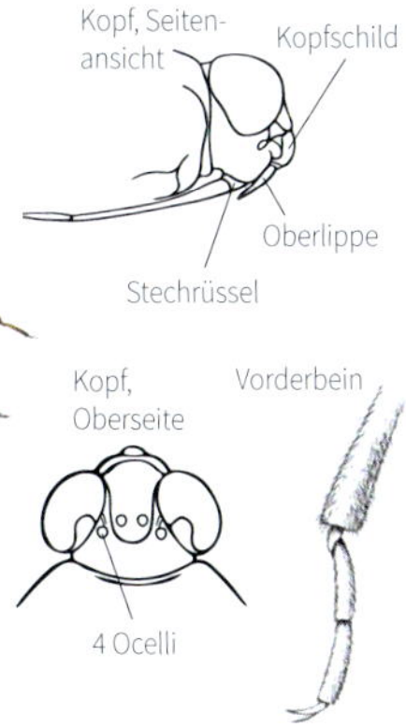

BACHLÄUFER

5 ×12 ◆

6 ×3 ◆

TEICHLÄUFER

7 ×5 ◆

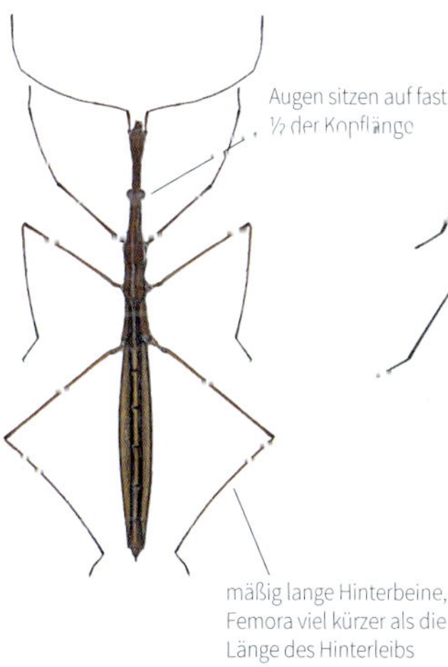

8 ×5 ◆

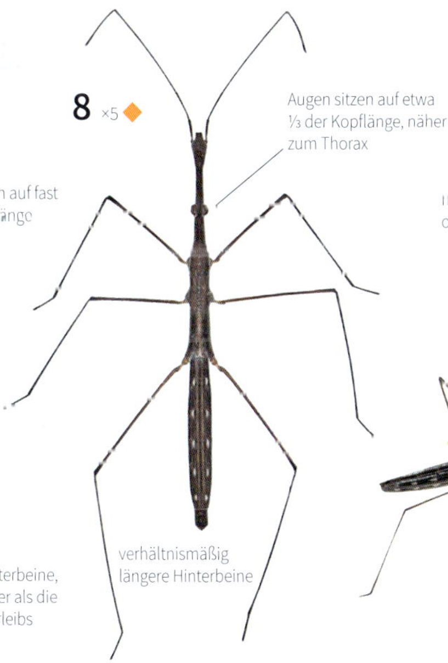

normalerweise kurzflügelig oder völlig flügellos

WASSERLÄUFER Gerridae

E 3 GEN 16 SPP 3 ILL

Körper länglich, schmal. Mittel- und Hinterbeine sehr lang und mit einem dichten, wasserabweisenden Filz bedeckt, der das Laufen auf der Wasseroberfläche ermöglicht. Die Tiere ernähren sich von Insekten, die auf die Oberfläche fallen, und orten sie anhand der Wellen, die sie verursachen. Die Vorderbeine werden zum Greifen der Beute benutzt. Die Fühler sind nicht sehr lang, mit 4 Segmenten. Die erwachsenen Tiere überwintern an Land. Einige Arten sind schwer zu unterscheiden.

1 ⊙ Schwarzrückiger Flussläufer
Aquarius najas **L** 13–17 mm. Deutlich größer als *Gerris* spp., unauffällig graubraun. Populationen in Nordeuropa und Großbritannien meist flügellos; in Mittel- und Südeuropa meist voll geflügelt. **H** Fließgewässer mit felsigen Rändern.

1
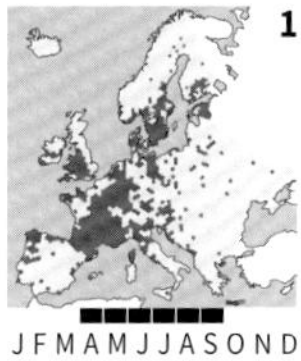

2 ⊙ Flussläufer ***Aquarius paludum***
L 14–16 mm. Sehr ähnlich wie *A. najas*, aber Pronotum und Hinterleibsrand mit gelber Linie. Dunkel graubraun; Fühler schwarz. Lang- oder kurzflüglig. **H** Seen, Kanäle, Flüsse und große Teiche.

2
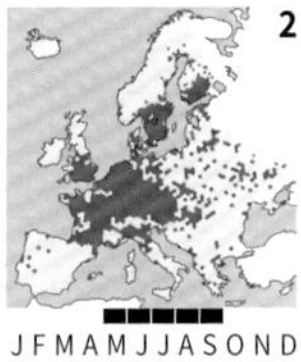

3 🔍 Gemeiner Wasserläufer
Gerris lacustris **L** 8–10 mm. Deutlich kleiner als *Aquarius* spp. Graubraun, Pronotum schwarz mit durchgehendem gelblichem Seitenstreifen an den Seiten, Fühler schwarz. Im Frühjahr schlüpfende Exemplare meist ohne Flügel oder mit sehr kurzen Flügeln; zu Herbstbeginn schlüpfende Exemplare meist mit langen Flügeln. Mehrere weitere Arten in dieser Gattung. **H** Fast alle stehenden und langsam fließenden Gewässer.

3
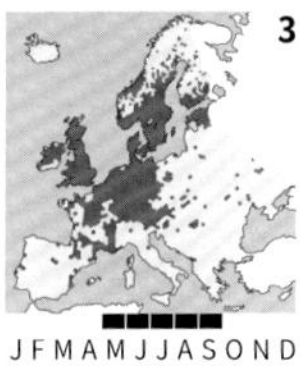

SKORPIONSWANZEN Nepidae

E 2 GEN 3 SPP 2 ILL

In Europa 2 Gattungen mit sehr unterschiedlichem Aussehen; beide mit kurzen Fühlern. Sie leben unter Wasser, können aber das Wasser verlassen und sogar fliegen. Alle Arten haben ein langes schwanzartiges Atemrohr, dessen Ende normalerweise über der Wasseroberfläche bleibt. Können nicht stechen oder dem Menschen auf andere Weise Schaden zufügen. Sie leben räuberisch und ernähren sich von wirbellosen Tieren, Kaulquappen und sogar kleinen Fischen. Die Vorderbeine sind sehr robust und werden zum Fangen von Beutetieren eingesetzt. Mittel- und Hinterbeine werden zum Schwimmen benutzt.

4 ⊙ Wasserskorpion
Nepa cinerea **L** 18–22 mm. Körper verbreitert, relativ flach. Insgesamt dunkel graubraun, manchmal auch rötlich. Schwanz etwa 8–15 mm lang. Vollständig geflügelt. **H** Flachwasserzonen, in Ufernähe von stehenden oder langsam fließenden, oft schlammigen Gewässern. **V** Kann fliegen, tut dies aber nur selten. Obwohl auf den ersten Blick einem kleinen Skorpion ähnlich, sind diese Tiere absolut harmlos.

4
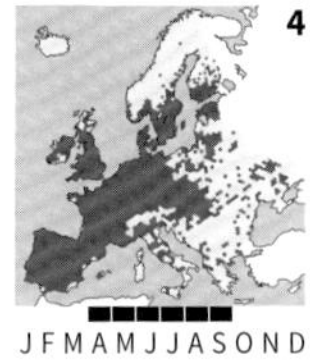

5 ⊙ Stabwanze ***Ranatra linearis***
L 30–35mm. Körper sehr zart, lang und stäbchenförmig; gelblich braun. Schwanz etwa 20 mm lang. **H** Stehende Gewässer mit viel Vegetation. **V** Kann manchmal in der Mittagswärme herumfliegend beobachtet werden.

5
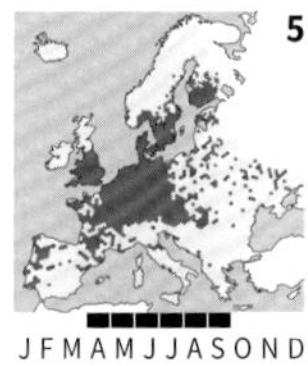

Wasserläufer

1 ×1,5 ◆

in Mitteleuropa meist voll geflügelt

sehr kurze dornenartige Fortsätze

2 ×1,5 ◆

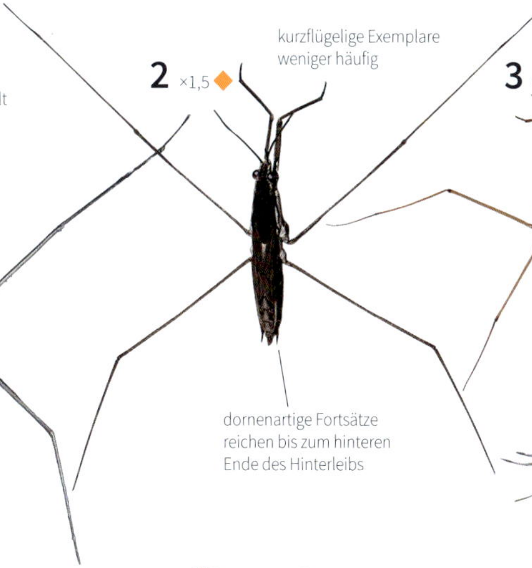

kurzflügelige Exemplare weniger häufig

dornenartige Fortsätze reichen bis zum hinteren Ende des Hinterleibs

3 ×2 ◆

Paarung

Skorpionswanzen

4 ×1,5 ■

zu Zangen umgebildete Vorderbeine, mit denen auch kleine Fische gefangen werden können

Atemröhre bestehend aus 2 Schläuchen

Hinterleib zum Teil rot

Atemröhre erscheint gewöhnlich wie eine einzige feste Röhre

5 ×1,5 ■

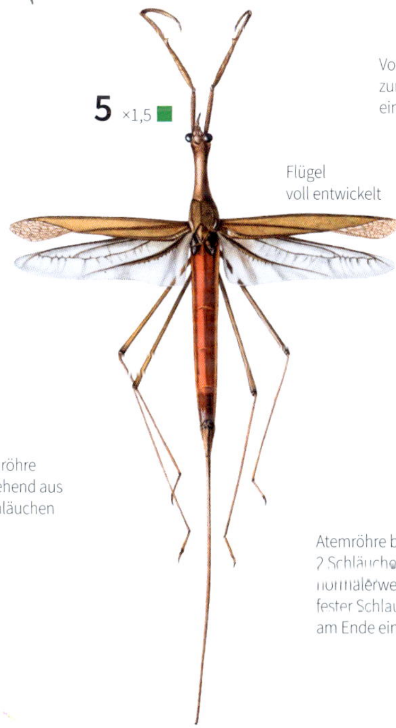

Flügel voll entwickelt

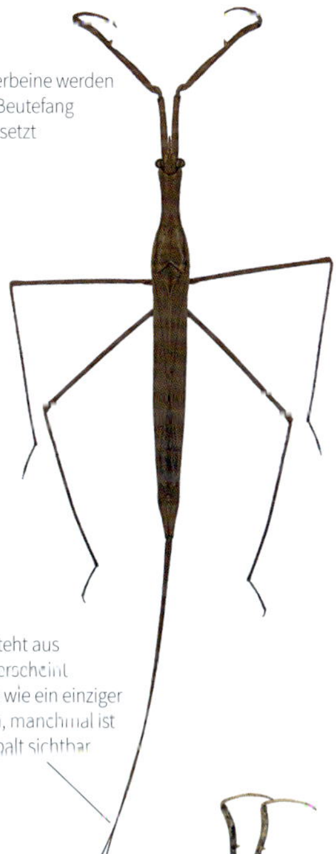

Vorderbeine werden zum Beutefang eingesetzt

Atemröhre besteht aus 2 Schläuchen; erscheint normalerweise wie ein einziger fester Schlauch, manchmal ist am Ende ein Spalt sichtbar

jedes Ei mit 2 Luftröhrchen; vom ♀ in Pflanzenmaterial eingesetzt

GRUNDWANZEN Aphelocheiridae

E 1 GEN 3 SPP 1 ILL

Körper breit, oval, stark abgeflacht. Scutellum sichtbar; Rostrum spitz. Räuberisch, ernähren sich von anderen kleinen Tieren. Vorderbeine nicht krallenförmig; Hinterbeine nicht als Schwimmbeine ausgebildet. Können dank sogenannter Plastronatmung das ganze Leben lang unter Wasser bleiben.

1 Grundwanze
Aphelocheirus aestivalis **L** 9–12 mm. Körper oberseitig bräunlich schwarz, fein behaart. Fast immer verkürzte Flügel, nur wenige Exemplare mit langen Flügeln, selten flugfähig. **H** In Sand- und Kiesschichten sauberer, sauerstoffreicher Bäche und Flüsse mit wenig Vegetation. Selten in Seen bis zu einer Tiefe von 6 m.

1
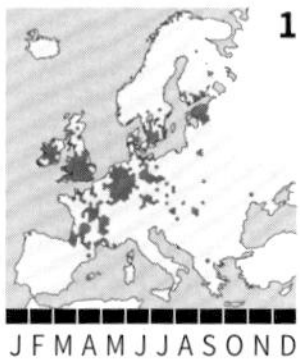

SCHWIMMWANZEN Naucoridae

E 3 GEN 5 SPP 1 ILL

Groß. Körper oval; auf den ersten Blick ähnlich zu Schwimmkäfern. Vorderbeine krallenförmig, kräftig, gekrümmt. Hinterbeine behaart. Räuberisch, ernähren sich von anderen kleinen Tieren. Die erwachsenen Tiere überwintern im Wasser.

2 Schwimmwanze
Ilyocoris cimicoides **L** 12–16 mm. Vorderflügel dunkelbraun bis olivgrün; meist nicht flugfähig. **H** In stehenden und langsam fließenden Gewässern mit reicher Vegetation.

2
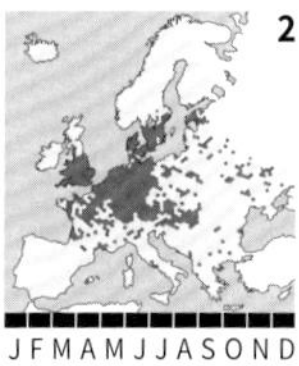

RUDERWANZEN Corixidae

E 11 GEN 58 SPP 4 ILL

Sehr klein bis ziemlich groß. Körper stromlinienförmig; Vorderbeine kurz, Mittel- und Hinterbeine kräftig, können schnell schwimmen; tun dies immer mit dem Rücken nach oben. Ernähren sich vor allem von Algen. Flügel voll entwickelt; Luftvorrat wird unter den Flügeln gespeichert. Können direkt aus dem Wasser zum Flug starten. Manche Arten sind ohne mikroskopische Untersuchung schwer zu identifizieren.

3 Wasserpuck ***Callicorixa praeusta***
L 7–8 mm. Dunkler rechteckiger Fleck an der Spitze der hinteren Fußwurzel S1. **H** Verschiedene Stillgewässer.

3
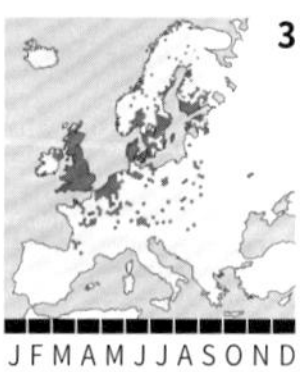

4 Ruderwanze ***Corixa punctata***
L 12–14 mm. Körper schwarz; Vorderflügel fein gepunktet; Pronotum mit Streifenmuster. Selten können flügellose Exemplare vorkommen. Im Gegensatz zu anderen *Corixa* spp. sind die mittleren und hinteren Femora einfach geformt, nicht am Ende zu den Tibiae hin eingekerbt. **H** Teiche, Seen, Kanäle, langsam fließende Flüsse.

4
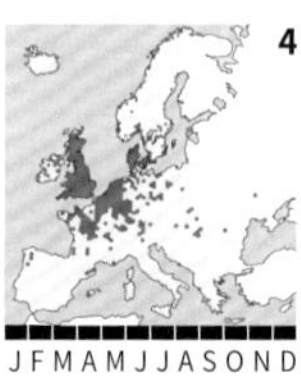

5 Kleiner Wasserkobold
Cymatia coleoptrata **L** 3–4 mm. Pronotum und Vorderflügel braun, längs gestreift, aber ohne Muster wie bei ähnlichen anderen Arten. **H** Gräben, Teiche und Seen.

5
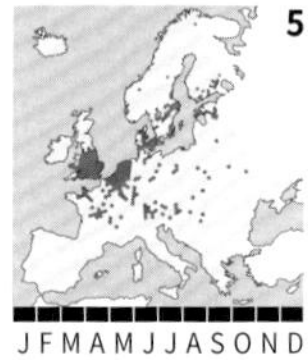

6 Gestreifte Ruderwanze
Sigara striata **L** 7–8 mm. Pronutum mit 7 Streifen. **H** Stillgewässer, einschließlich Seen.

6
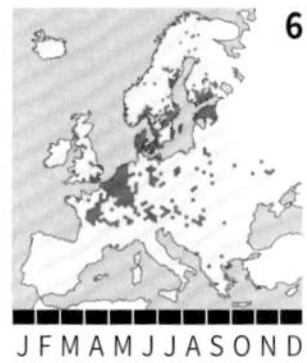

RÜCKENSCHWIMMER Notonectidae

E 3 GEN 12 SPP 3 ILL

Körperbau ähnlich wie bei den Ruderwanzen, schwimmen aber im Gegensatz zu diesen immer auf dem Rücken, direkt unter der Wasseroberfläche. Vorderbeine kurz, schaufelförmig; Mittel- und Hinterbeine kräftig. Hintere Tibiae abgeflacht; Tarsi zweigliedrig. Räuberisch, ernähren sich von wirbellosen Tieren und Kaulquappen. Können gut fliegen, um neue Gewässer zu finden.

7 Schwebender Rückenschwimmer ***Anisops sardeus***
L 7–8 mm. Sehr lang gestreckt. Vorderflügel durchsichtig, Körper oberseitig gelblich, Unterseite braun oder schwarz. Augen groß, dunkel. Beine gelb. **H** Verschiedene Gewässer. Heimisch in Afrika, breitet sich in Europa aus.

7
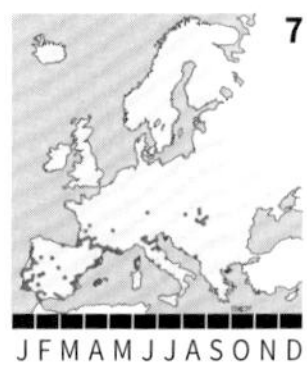

Gen. ***Notonecta*** E 9 SPP

Größere, auffällige Arten. ⚠ Können Menschen mit ihrem Rostrum stechen, tun dies aber nur bei Bedrohung. Stich schmerzhaft, aber harmlos.

8 Gemeiner Rückenschwimmer
Notonecta glauca **L** 13–16 mm. Meist hellbraun, einige dunkle Flecken. Pronotum mit stumpfen Vorderecken, bei der ähnlichen *N. viridis* spitze Ecken, die etwas um die Augen herumreichen. **H** Teiche.

8
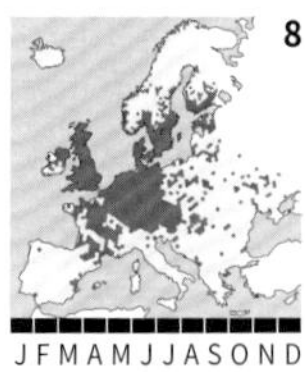

9 Gefleckter Rückenschwimmer
Notonecta maculata **L** 15–17 mm. Vorderflügel orange-braun gesprenkelt. **V** Teiche, Kanäle, Gräben.

9
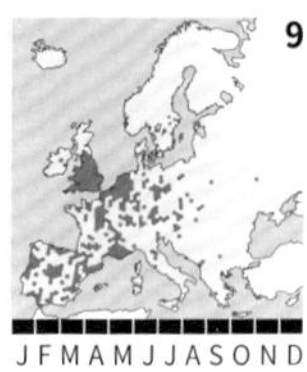

ZWERGRÜCKENSCHWIMMER Pleidae

E 1 GEN 1 SPP 1 ILL

Winzige, sehr gedrungene, räuberische, rückenschwimmende Wanzen.

10 Zwergrückenschwimmer
Plea minutissima **L** 2–3 mm. Hell bräunlich. **V** Tümpel, oft mit Algenbewuchs. **H** Überwintert an Land, beispielsweise in schlammigen Stellen.

10
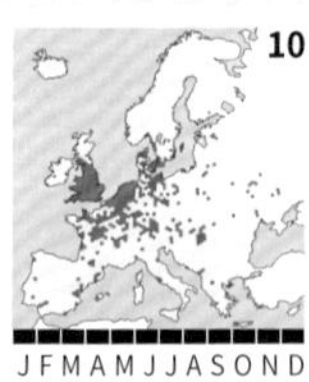

GRUNDWANZEN

1 ×2

SCHWIMMWANZEN

2 ×2

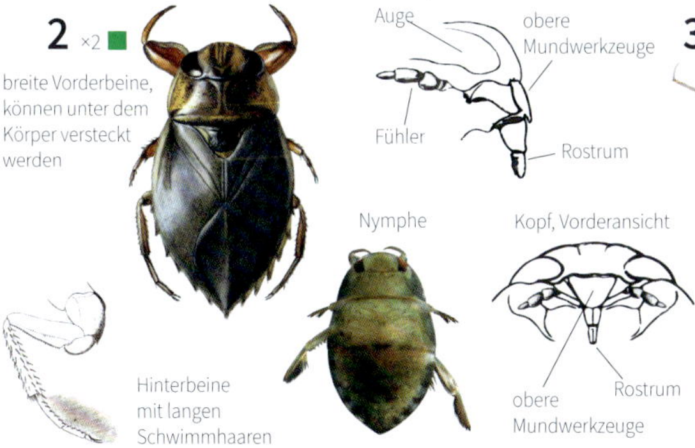

RUDERWANZEN

3 ×3

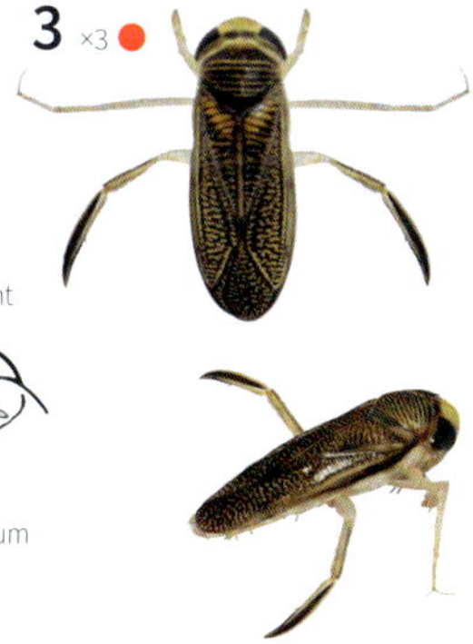

4 ×2

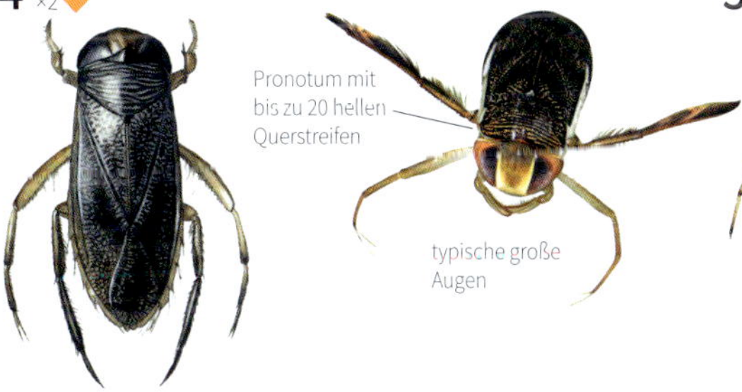

5 ×6

6 ×3

RÜCKENSCHWIMMER

7 ×3

8 ×2

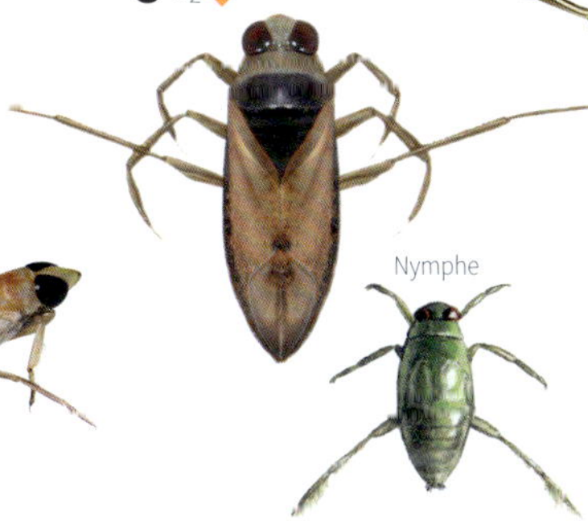

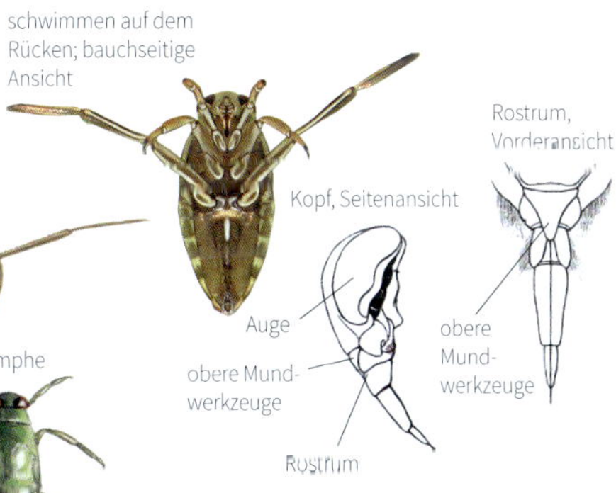

9 ×2

ZWERGRÜCKENSCHWIMMER

10 ×10

Glasflügelzikaden Cixiidae

E 20 GEN 144 SPP 4 ILL

Vorderflügel lang, klar, fein und auffallend geädert. Scutellum mit 3 oder 5 Kielen.

1
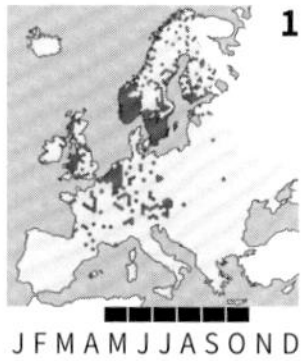

Gen. *Cixius* E ~50 SPP

Scutellum mit 3 Kielen.

1 Busch-Glasflügelzikade
Cixius cunicularius **L** 5–8 mm. Vorderflügel mit dunklen Querbändern, Ränder braun gefleckt; manchmal ganz dunkel. **H** Wälder, in Höhenlagen bis 1200 m.

2
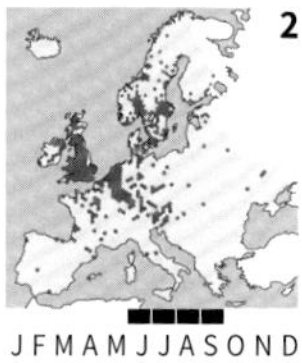

2 Glasflügelzikade
Cixius nervosus **L** 6–9 mm. Vorderflügel mit braunen Flecken, basale Hälfte mit braunem Querband; Ränder braun gefleckt. **H** Waldgebiete, manchmal in der Nähe von Bächen.

3
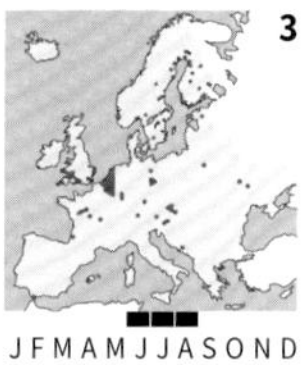

3 Schilf-Glasflügelzikade
Pentastiridius leporinus **L** 5–8 mm. Blass mit weißlicher Hinterleibsspitze meist sichtbar. Kopf und Scutellum dunkel, Letzteres mit 5 Kielen. Flügel braun geädert. **H** Salzwiesen an der Küste auf Gräsern, in Zuckerrübenplantagen. **V** Verursacht durch die Übertragung von Bakterien und Phytoplasmen erhebliche Schäden im Zuckerrübenanbau.

4
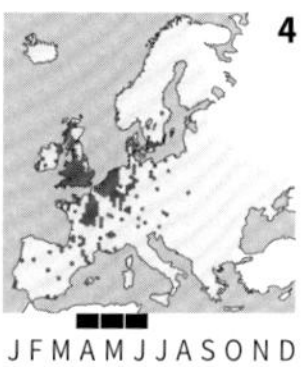

4 Pelz-Glasflügelzikade
Tachycixius pilosus **L** 4–6 mm. Ähnlich wie *Cixius* spp., Scutellum mit 3 Kielen. Einfarbig bis dunkel, Vorderflügel mit dunklen Flecken zwischen den Adern nahe den Flügelspitzen. **H** Wälder.

Spornzikaden Delphacidae

E ~70 GEN 255 SPP 5 ILL

Klein (Länge 2–6 mm), Vorderflügel oft sehr kurz; Fühler unter dem Unterrand der Augen angesetzt. Hintere Tibiae mit beweglichem Sporn.

5
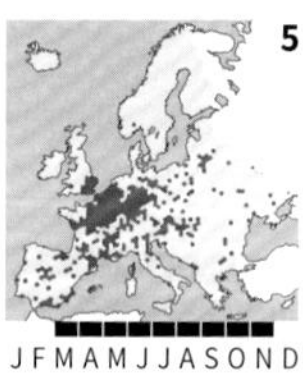

5 Schaufelspornzikade
Asiraca clavicornis **L** 3–5 mm. Dunkelbraun. Vorderbeine und Fühler bei beiden Geschlechtern verbreitert. **H** Grasland.

6
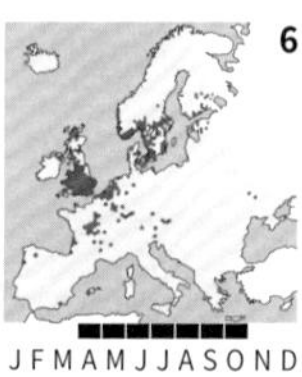

6 Gemeine Binsenspornzikade
Conomelus anceps **L** 2–4 mm. Entweder lang- oder kurzflügelig. Flügeladern mit dunklen Flecken. ♂ Abdomen schwarz mit heller Mittellinie; ♀ dunkelbraun mit breiten weißlich gelben Seiten und Segmenträndern. **H** Feuchtgebiete, auch Wälder und Grasland; auf Binsen.

7
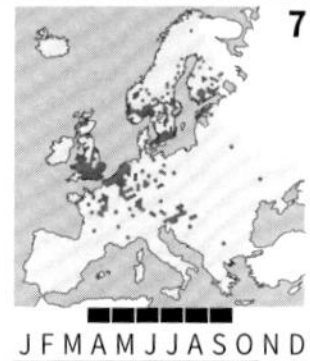

7 Queckenspornzikade
Dicranotropis hamata **L** 2–4 mm. ♂ Hinterleib dunkel mit auffälligem Genitalsegment. Flügel durchsichtig. ♀ Hinterleib heller; „Gesicht" mit ausgeprägten Kielen. **H** Grasland.

8
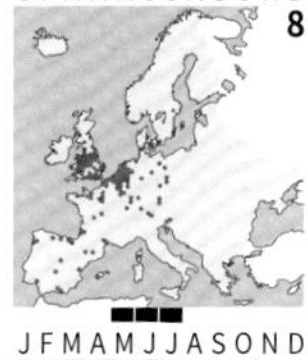

8 Farnspornzikade
Ditropis pteridis **L** 2–4 mm. Schwarz mit gelbem Kopf, Pronotum und Beinen. Vorderflügel schwarz, bei ♂ die Hälfte des Hinterleibs bedeckend, bei ♀ ein Viertel; ♀ Hinterleib gelb mit breitem schwarzem Band auf jedem Segment. **H** Wälder, auf Farn.

9
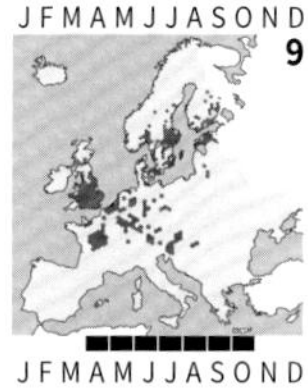

9 Knaulgras-Spornzikade
Stenocranus minutus **L** 4–6 mm. Körper lang gestreckt, Kopf spitz. Flügel hellbraun mit dunkler Längsstreifung. **H** Grünland, einschließlich Feuchtgebiete.

Laternenträger Dictyopharidae

E 8 GEN 55 SPP 1 ILL

10
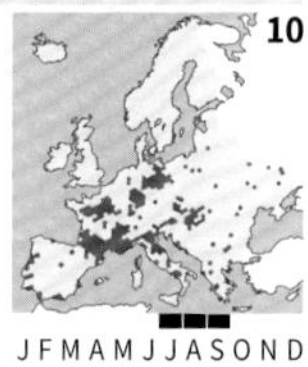

10 Europäischer Laternenträger
Dictyophara europaea **L** 9-13 mm Körper hellgrün, selten rosa. Kopf ausgeprägt spitz. Vorderflügel durchsichtig mit dunklen Adern. **H** Offene Flächen, einschließlich Grasland.

Schmetterlingszikaden Flatidae

E 3 GEN 36 SPP 1 ILL

11
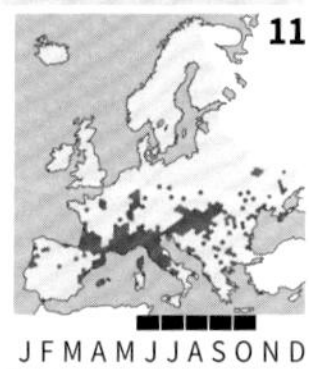

11 Bläulingszikade
Metcalfa pruinosa **L** 5–8 mm. Keilförmig. Vorderflügel mit charakteristi-,schen dunklen Flecken. **H** Waldränder, Parks, Weinberge, Obstgärten; in den 1970er-Jahren über Pflanzenimporte aus Nordamerika eingeschleppt.

Käferzikaden Issidae

E ~40 GEN 150 SPP 2 ILL

Vorderflügel verbreitert mit zahlreichen Queradern, einige Arten flügellos.

12
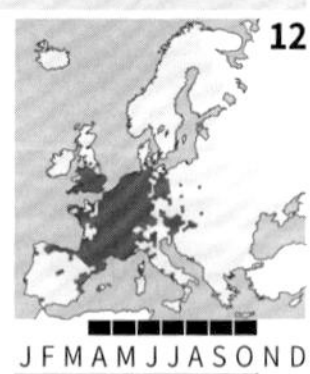

12 Echte Käferzikade
Issus coleoptratus **L** 6–7 mm. Braun, Färbung variabel; Vorderflügel einfarbig oder mit zahlreichen dunkleren Flecken. Nymphe mit einem Büschel bläulicher Härchen an der Hinterleibsspitze. **H** Wälder, Hecken, Gärten.

13
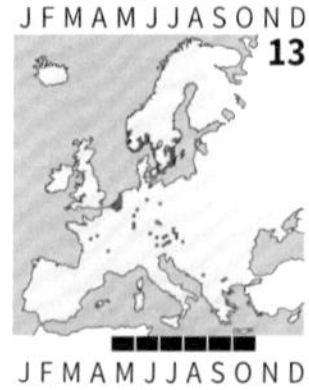

13 Fliegen-Käferzikade
Issus muscaeformis **L** 5–7 mm. Stirn mit weniger Schwarz als bei *I. coleoptratus*. **H** Kalkgestein, Eichenwälder; auf Sträuchern oder Bäumen.

ZIKADEN

1 ×4
ausgeprägtes dunkles Band
2 ×4
×3
quer verlaufendes braunes Band
3 ×4
4 ×4
5 ×6
♂
♂ etwas kleiner als ♀
♀
Nymphe L5
6 ×6
kurzflügelige Variante
♀
langflügelige Variante
7 ×6
Kurzflügler-Variante häufiger
♂
♂
♀
♀
langflügelig
8 ×6
kurzflügelige Variante häufiger
♂
♀
Nymphe L5
9 ×4
♂
Nymphe L5
10 ×3
spitzer Kopf
seltene f. *rosea*
Nymphe L5
Nymphe L5 f. rosea
11 ×4
braun bis grau, mit kleinen Wachspartikeln bedeckt
Nymphe L5
Nymphe mit weißem Wachs bedeckt; längliche Fäden be-decken manchmal den Körper
12 ×4
×2
×2
Färbung variabel
borstenartige Verlängerung der Wachsfäden
Nymphe L5
13 ×4
Nymphe L5

SINGZIKADEN Cicadidae

E 16 GEN ~77 SPP 4 ILL

Große bis extrem große, robuste Zikaden. Flügel durchsichtig, reichen weit über die Spitze des Hinterleibs hinaus. Hauptsächlich in warmen Klimazonen anzutreffen. Die erwachsenen Tiere ernähren sich von Zweigen, während die Nymphen 6–8 Jahre brauchen, um sich unterirdisch an Wurzeln zu entwickeln. ♫ Geschlechtsreife ♂ singen oft laut, um ♀ anzulocken.

1 ⊙ Mannasingzikade *Cicada orni* **L** 23–30 mm. **S** 70–76 mm. Hellbraun bis dunkelbraun oder grau; Hinterleib mit feinen Haaren bedeckt. Flügel mit mehreren dunklen Flecken im äußeren Drittel. **H** Kiefern- und Olivenhaine, auf Kiefern.

1

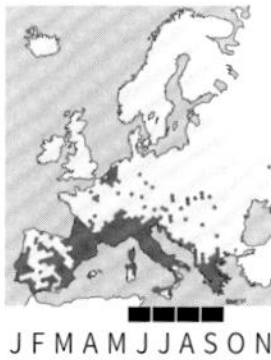

2 ⊙ Bergsingzikade
Cicadetta montana **L** 23–28 mm. **S** 45–52 mm. Schwarz; Hinterleib orange gestreift. Beine zum Teil orange. **H** Sonnige Waldlichtungen. Vom Aussterben bedroht und in einigen Gebieten besonders geschützt.

2

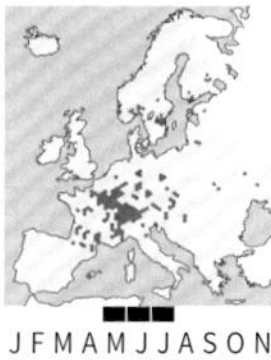

3 ⊙ Gemeine Singzikade
Lyristes plebejus **L** 40–60 mm. **S** 90–180 mm. Eine der größten Zikaden Europas, Thorax und Abdomen mit auffälligen weißen Flecken. **H** Offene Waldgebiete.

3

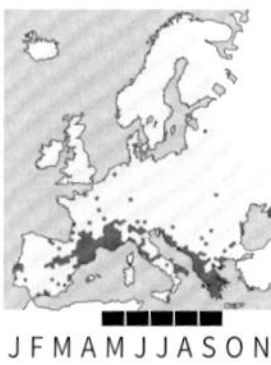

4 ⊙ Blutaderzikade
Tibicina haematodes **L** 26–28 mm. **S** 75–85 mm. Schwarz. Basale Adern der Vorderflügel und Hinterleibssegmente rötlich. Unterscheidet sich von *Cicada orni* durch die rote Basis der Vorderflügel und das Fehlen schwarzer Punkte auf dem Vorderteil der Flügel. **H** Laub- und Nadelwälder, Gärten, Parks, Weinberge.

4

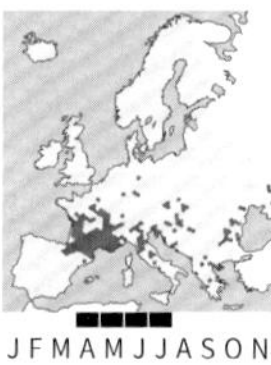

BUCKELZIRPEN Membracidae

E 4 GEN 5 SPP 4 ILL

Körper gedrungen, Pronotum teils deutlich vergrößert und nach hinten wie ein teilweise auffälliger Buckel verlängert.

5 ⊙ Dornzikade *Centrotus cornutus* **L** 8–11 mm. Dunkelbraun; Vorderflügel bräunlich transparent mit dunklen Adern. Leicht zu erkennen an dem über dem Rücken liegenden, gewellten Horn; 2 hornartige Fortsätze auf dem Pronotum. **H** Wälder, an Sträuchern.

5

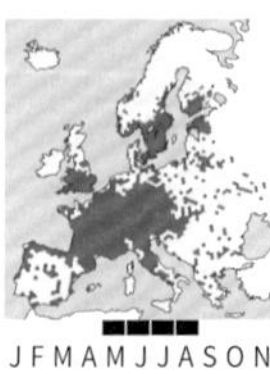

6 ⊙ Ginsterzikade *Gargara genistae* **L** 4–6 mm. Dunkelbraun. Pronotum nach oben gebogen und nach hinten verlängert. Keine seitlichen Stacheln am Körper. Vorderflügel durchscheinend bräunlich mit hellbraunen Adern. **H** Trockene und warme Standorte, an Ginster.

6

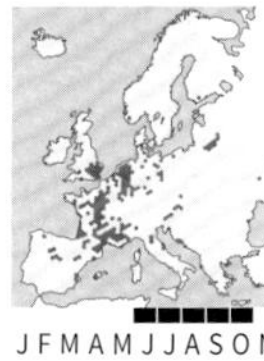

7 ⊙ Büffelzikade
Stictocephala bisonia **L** 7–10 mm. Körper leuchtend grün, mit auffälligen Höckern, 2 seitliche, dunkle Stacheln mit braunen Spitzen. Vorderflügel durchsichtig. **H** Kulturland, Gärten, an krautigen Pflanzen und Gehölzen entlang von Flüssen, Bächen und Gräben.

7

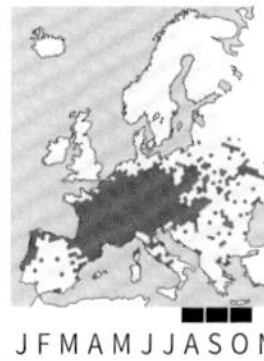

BLUTZIKADEN Cercopidae

E 2 GEN 7 SPP 3 ILL

Charakteristisch rot-schwarz gefärbt. Können springen. Nymphen entwickeln sich unterirdisch an Wurzeln.

8 ⊙ Bindenblutzikade
Cercopis sanguinolenta **L** 8–10 mm. Flügel mit leicht gebogenem, schmalem roten Band nahe der Spitze. Hinterleib ebenfalls teilweise rot. **H** Offenes Grasland, Hänge, in Höhenlagen bis 1100 m.

8

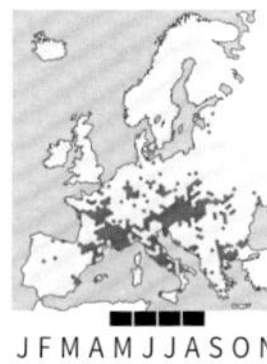

9 ⊙ Gemeine Blutzikade
Cercopis vulnerata **L** 9–11 mm. Im Gegensatz zu *C. sanguinolenta* breites, S-förmiges Hinterflügelband, das dem Rand des Flügels folgt. **H** Wälder und offene Gebiete, in Höhenlagen bis 1500 m.

9

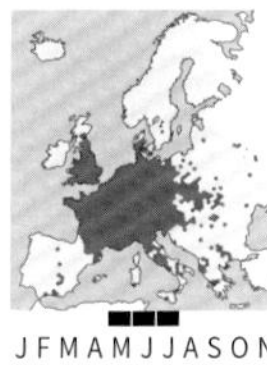

10 ⊙ Kiefernblutzikade
Haematoloma dorsatum **L** 6–8 mm. Unterscheidet sich von anderen Blutzikaden durch den roten Vorderflügelrand und die dichte, feine Behaarung auf Körper und Vorderflügeln. **H** Mischwald, auf sandigen und kalkhaltigen Böden, in Höhen bis 700 m.

10

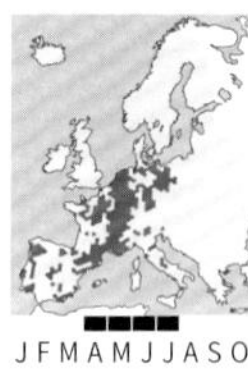

SINGZIKADEN

1 ×1

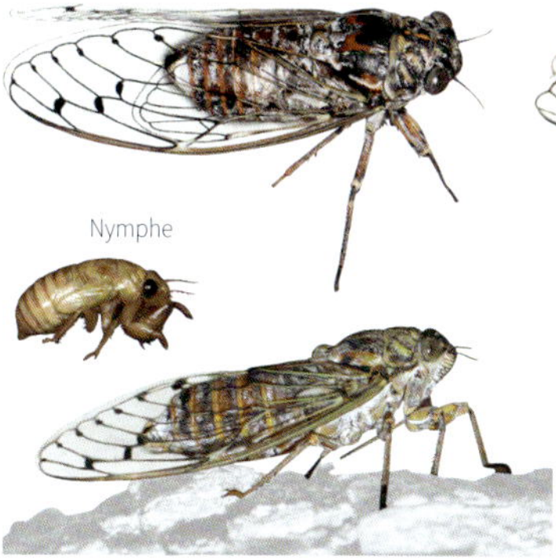

2 ×1

3 ×0,75

BUCKELZIRPEN

4 ×1

5 ×2

6 ×4

BLUTZIKADEN

7 ×3

8 ×3

9 ×3

10 ×3

SCHAUMZIKADEN Aphrophoridae

E 9 GEN 29 SPP 6 ILL

Eher matt gefärbte Zikaden, die gut springen können. Nymphen saugen an Pflanzen. Sie produzieren Schaumhüllen auf Stengeln, die ihnen Schutz geben und landläufig als Kuckucksspeichel bezeichnet wird.

Gen. *Aphrophora* E 6 SPP

Länge etwa 10 mm; Kopf und Pronotum mit deutlichem Kiel auf der Mittellinie.

1 ⊙ Erlenschaumzikade
Aphrophora alni **L** 8–10 mm. Dunkelbraun, oft mit weißen Flecken auf den Vorderflügeln; Körper und glatte Vorderflügel haben zahlreiche dunkle Knötchen. **H** Wälder, größere Gärten und offene Lebensräume, auf Bäumen und Sträuchern.

1
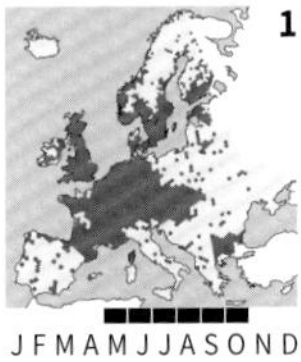

2 🔍 Bunte Weidenschaumzikade
Aphrophora pectoralis **L** 9–10 mm. Farbenfroh, überwiegend braun, Vorderseite des Körpers und der Vorderflügel gelblich, mit schwarzem Band auf der Unterseite. **H** Kühlere und feuchte Lebensräume, an Weiden.

2
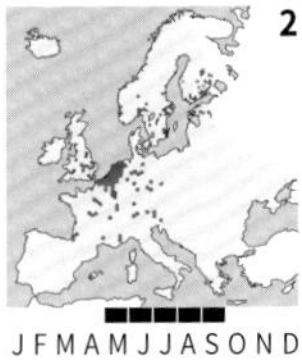

3 🔍 Weidenschaumzikade
Aphrophora salicina **L** 9–11 mm. Körper grau-gelb bis braun-gelb. **H** An Weiden und Pappeln.

3
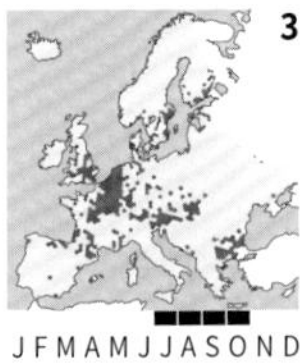

---

4 ⊙ Wanstschaumzikade
Lepyronia coleoptrata **L** 5–8 mm. Körper gedrungen, braun. Vorderflügel mit schmalem dunklem Streifen. **H** Sonniges Grasland bis Feuchtgebiete.

4
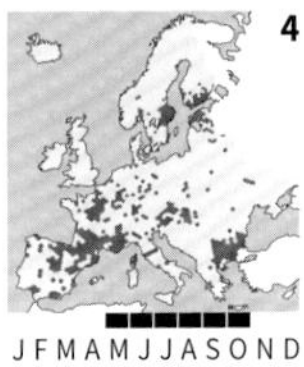

5 ⊙ Grasschaumzikade
Neophilaenus lineatus **L** 5–7 mm. Körper matt gelblich bis strohfarben. Vorderflügel ledrig und fein behaart, in der Mitte mit einem dunklen Längsstreifen, der sich nach hinten hin verbreitert. **H** Grasland.

5
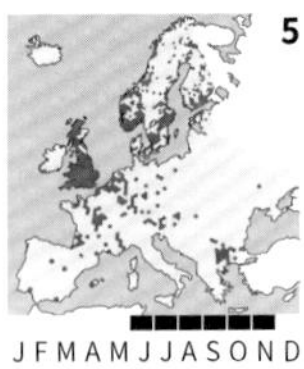

6 ⊙ Wiesenschaumzikade
Philaenus spumarius **L** 5–7 mm Körper etwas verbreitert. Färbung sehr variabel von gelb-weiß bis schwarz; verschiedene Muster mit hellen Flecken auf dunklem Grund oder dunklerer Zeichnung auf hellem Grund oder schlicht strohgelb oder schlicht dunkel. **H** Offene Flächen wie Wiesen, Felder und Gärten, Waldgebiete.

6
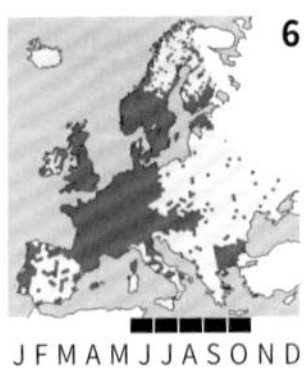

KLEINZIKADEN Cicadellidae →

E 180+ GEN 1220 SPP 47 ILL

Eine Vielzahl sehr kleiner bis mittelgroßer, länglicher, springender, pflanzenfressender Zikaden. Einige sind sehr farbenfroh und unverwechselbar. Hintere Tibiae mit 1–3 Reihen von Stacheln. Vorderflügel sehr weich. Die meisten Arten überwintern als Eier oder Nymphen, selten als erwachsene Tiere.

Gen. *Acericerus* E 3 SPP

Gesprenkelt, meist an Ahorn und Platane zu finden.

7 🔍 Bergahorn-Winkerzikade
Acericerus heydenii **L** 6–7 mm. Körper braun. Vorderflügel grau-braun, Adern schwarz-braun mit weißen Flecken. Auf dem Rücken befindet sich ein heller Fleck. ♂ mit 2 kurzen, kaum getrennten Längslinien auf der Vorderseite, die miteinander verschmolzen sein können. Unterseite des Hinterleibs bei ♀ rosa-orange, bei ♂ weißlich gelb. **H** Waldränder, Parks, Gärten, an Ahornbäumen.

7
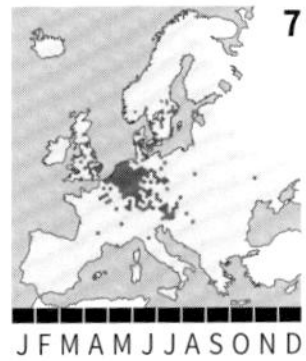

8 ⊙ Ribaut-Winkerzikade
Acericerus ribauti **L** 5–6 mm. Körper rotbraun. Vorderflügel vorne durchscheinend, Flügeladern schwarz. Körper mit hellem Fleck auf dem Rücken. ♂ mit doppeltem dunklen Streifen auf dem Vorderkopf. Unterseite des Hinterleibs bei ♀ rosa-orange, bei ♂ weißlich-gelb. **H** Waldränder, Parks, Gärten, an Ahornbäumen.

8
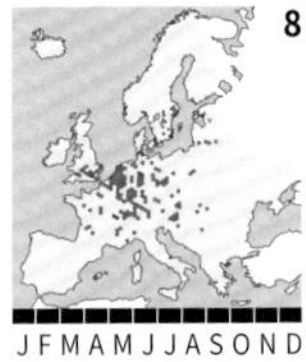

---

9 ⊙ Bunte Graszirpe
Adarrus ocellaris **L** 3–4 mm. Bräunlich; Vorderflügel reduziert oder durchgehend, mit weißlichen Queradern und dunkel gerandeten Zellen an der Spitze. Hinterkopf mit weißlichem Kreuz. **H** Grasland.

9
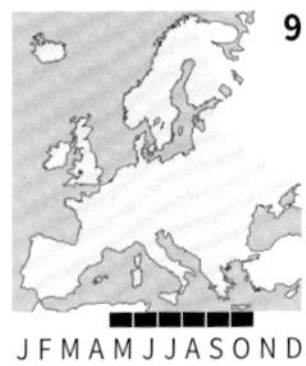

10 ⊙ Hain-Dickkopfzikade
Agallia consobrina **L** 3–4 mm. Körper grau-gelb mit brauner und schwarzer Zeichnung. Vorderflügel mit hellen Adern an der Vorderseite und dunklen Adern in der Mitte und an den Spitzen. Pronotum mit dunklen Flecken. **H** Schattige Plätze mit reichlich Sträuchern.

10
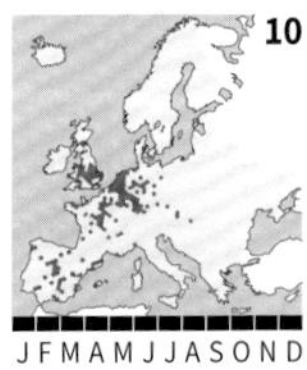

11 ⊙ Ulmenbaumzirpe
Allygidius atomarius **L** 6–8 mm. Flügel braun, schwarz und weiß marmoriert; mit einer Reihe paralleler weißer Flecken am äußeren Rand. **H** Lichte Wälder, auch an den Rändern.

11
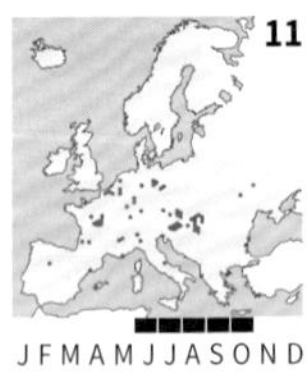

Schaumzikaden

1 ×3 ◆

2 ×3 ◆

3 ×3 ◆

4 ×4 ◆

5 ×4 ◆

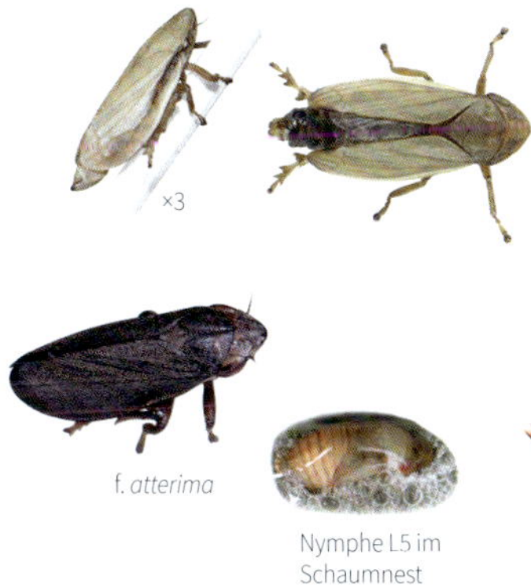

6 ×4 ◆

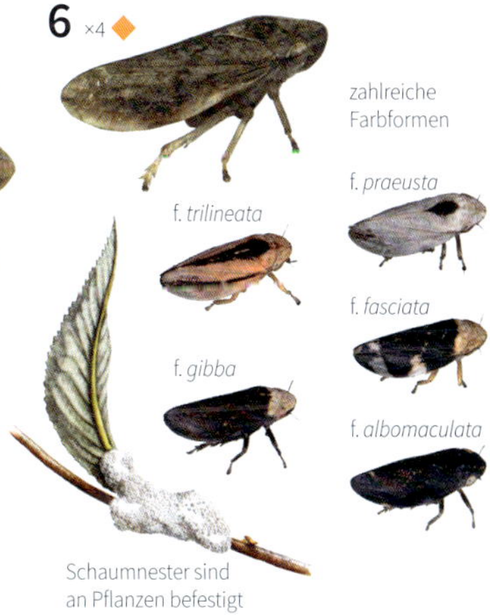

Kleinzikaden →

7 ×4 ◆

8 ×4 ◆

9 ×6 ◆

10 ×6 ◆

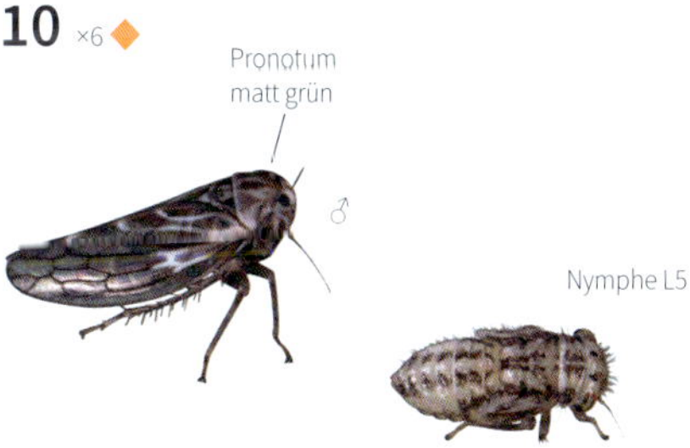

11 ×4 ◆

← **KLEINZIKADEN** Cicadellidae →

Gen. *Alebra* E 5 SPP

Lang gestreckt; hell gefärbt mit dunkler Zeichnung auf den Flügeln. Vorderflügel im Bereich der Spitze ohne Adern.

1
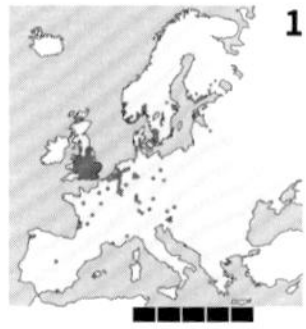
J F M A M J J A S O N D

1 Große Augenblattzikade
Alebra albostriella **L** 3–5 mm. Körper bei ♀ orange-weiß gestreift, bei ♂ grün-gelb ♂. Es gibt auch eine Form mit dunklem Längsband rückseitig und dunklem Querband auf den Vorderflügeln. Vorderflügel normalerweise weißlich gelb, bei ♀ mit orangefarbenen oder roten Streifen. **H** Wälder, Parks, an Eichen und Erlen.

2
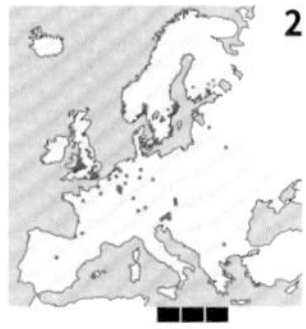
J F M A M J J A S O N D

2 Gemeine Augenblattzikade
Alebra wahlbergi **L** 3–5 mm. Körper gelblich. Vorderflügel weiß mit gelben Streifen. **H** An Ulmen, Platanen und Rosskastanien.

3
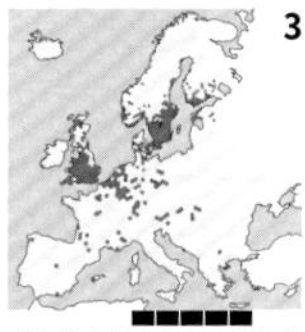
J F M A M J J A S O N D

3 Gemeine Baumzirpe
Allygus mixtus **L** 5–7 mm. Körper braun-gelb oder grünlich. Vorderflügel mit schwarzer und weißer Zeichnung. Kopf mit 6 kleinen schwarzen Punkten an der Vorderseite. **H** Mischwälder, in Höhen bis ~1300 m.

4
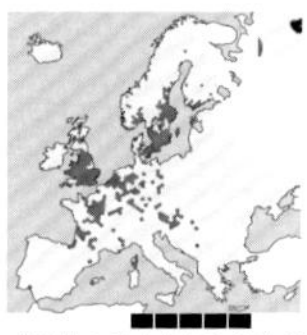
J F M A M J J A S O N D

4 Wiesenerdzikade
Aphrodes makarovi **L** 5–8 mm. Färbung sehr variabel; oft dunkelbraun oder schwarzbraun. Vorderflügel mit hellen Schrägstreifen; Pronotum mit hellem Querband; Scutellum mit hellen Flecken. **H** Grasland.

5
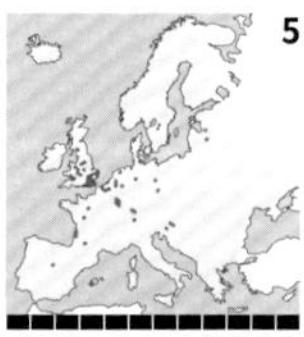
J F M A M J J A S O N D

5 Hakenblattzikade
Arboridia ribauti **L** 3–4 mm. Körper gelblich; 2 große Flecken auf dem Kopf; Pronotum mit 4 kleineren, weniger ausgeprägten Flecken am vorderen Rand. Vorderflügel mit 2 rötlichen Längsstreifen. **H** Offene Wälder, einschließlich Waldränder, Gärten, Parks.

6

J F M A M J J A S O N D

6 Kandelabergraszirpe
Arocephalus longiceps **L** 4–5 mm. Bräunlich mit weißlichen Linien und Adern auf den Vorderflügeln. Kopf spitz mit 2 dunklen Linien. **H** Trockenes bis feuchtes Grasland, Heideflächen.

7
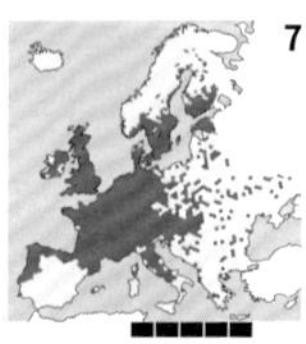
J F M A M J J A S O N D

7 Binsenschmuckzikade
Cicadella viridis **L** 6–9 mm. ♀ blaugrün, ♂ mit tiefblauen Vorderflügeln. Kopf mit 2 schwarzen Flecken zwischen den Augen. **H** Feuchtgebiete.

8
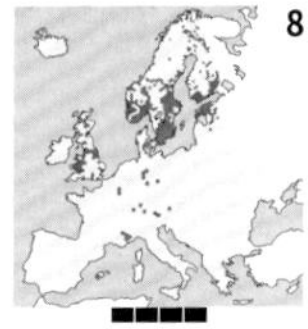
J F M A M J J A S O N D

8 Schwarzgrüne Graszirpe
Verdanus abdominalis **L** 4–5 mm. Kann lang- oder kurzflügelig sein. Grünlich bis grünlich gelb, manchmal tauchen auch rötliche Exemplare auf. Beine oft schwarz, manchmal aber auch hell mit dunklen Flecken. **H** Wiesen, Weiden, Magerrasen.

9
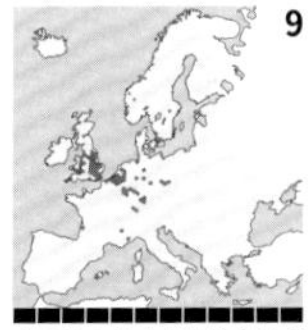
J F M A M J J A S O N D

9 Gemüseblattzikade
Empoasca decipiens **L** 3–4 mm. Körper grün. Vorderflügel ungestreift, im Gegensatz zur ähnlichen *E. vitis*. **H** An verschiedenen Gemüsearten wie Bohnen, Kartoffeln, Sojabohnen, Tomaten, Auberginen, Gurken, Zuckerrüben.

10
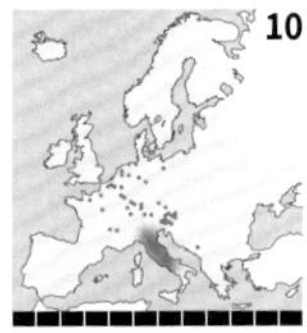
J F M A M J J A S O N D

10 Moosschmuckzikade
Errhomenus brachypterus **L** 8–10 mm. Braun, kann mehr oder weniger stark gefleckt sein. Kopf vergrößert; Vorderflügel verkürzt, flugunfähig. **H** Wälder.

Gen. *Eupteryx* E 47 SPP

Kleine Arten; oft gelb bis gelb-grünlich mit auffälliger dunkler Leoparden-Musterung.

11
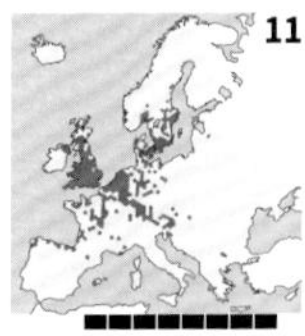
J F M A M J J A S O N D

11 Goldblattzikade
Eupteryx aurata **L** 3–4 mm. Färbung variabel; Grundfarbe gelblich. Vorderflügel mit schwarzer Zeichnung. Kopf mit 2 schwarzen Flecken; Pronotum mit 2 großen schwarzen Flecken; Scutellum gelb gemustert. **H** An krautigen Pflanzen.

12
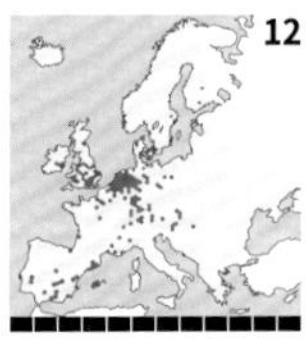
J F M A M J J A S O N D

12 Ligurische Blattzikade
Eupteryx decemnotata **L** 2–3 mm. Gelb-grün und braun gemustert. Kopf auf der Oberseite mit 3 Paar dunkler Flecken, die gelegentlich miteinander verschmolzen sind. Pronotum mit vielen kleineren Flecken. **H** Ruderalflächen, Gärten, Grünflächen, Weinberge.

13
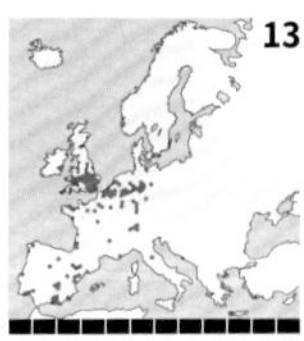
J F M A M J J A S O N D

13 Eibischblattzikade
Eupteryx melissae **L** 2–3 mm. Gelblich grün. Oberseite des Kopfes mit 3 großen schwarzen Flecken; Pronotum mit 6 schwarzen Flecken. **H** Gärten, Grünland. Kommt oft zusammen mit der ähnlichen *E. decemnotata* vor.

14
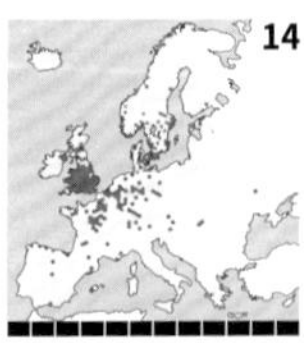
J F M A M J J A S O N D

14 Wald-Nesselblattzikade
Eupteryx urticae **L** 3–4 mm. Ähnlich wie die anderen Arten der Gattung, jedoch Dreieck am Hinterkopf in der Mitte breit und hintere Tibiae dunkel. **H** Feuchte, schattige Standorte, oft an Brennnesseln.

1 ×6

2 ×6

3 ×4

4 ×4

5 ×6

6 ×3

7 ×4

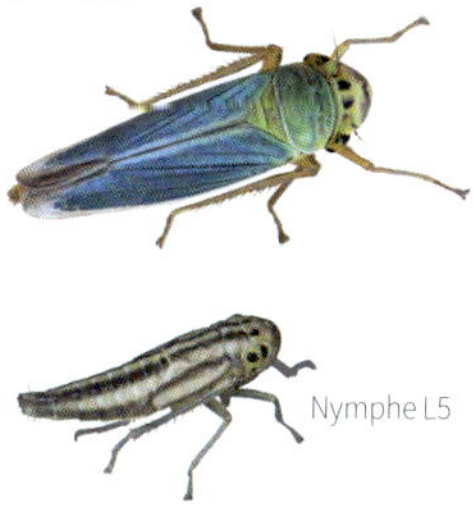

8 ×6

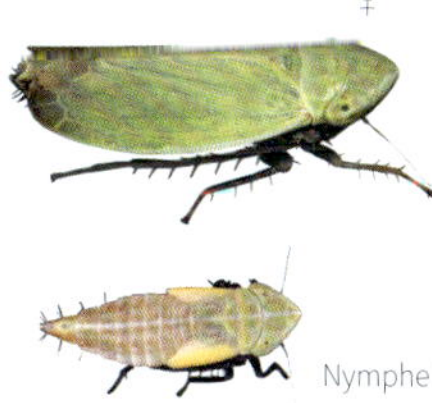

9 ×6

10 ×6

11 ×7

12 ×7

13 ×7

14 ×7

← **KLEINZIKADEN** Cicadellidae →

1 Löffelzikade ***Eupelix cuspidata***
L 5–7 mm. Braun, manchmal gesprenkelt. Unverwechselbare Art mit vergrößertem, abgeflachtem Kopf mit Mittelkiel und kleinen Augen. **H** Grasland.

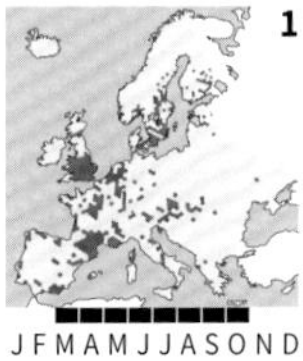

Gen. ***Eurhadina*** E 8 SPP
Vorderflügel mittig verbreitert; Bestimmung der Arten anhand der genauen Position der dunklen Flecken auf den Flügeladern.

2 Blasse Elfenzikade
Eurhadina concinna **L** 3–4 mm. Weiß oder blassgelb; Flügel haben im Gegensatz zu einigen verwandten Arten dunkle Linien. **H** Waldränder, Gärten.

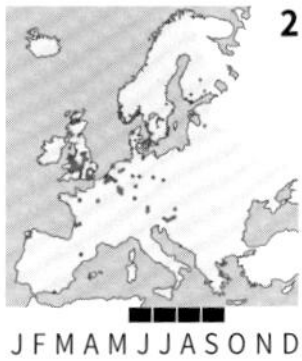

3 Schöne Elfenzikade
Eurhadina pulchella **L** 3–5 mm. Gelblich bis orange; manchmal schwer zu bestimmen, kann eine mikroskopische Untersuchung der Genitalien erfordern. Vorderflügel mit schwarzen Linien im hinteren Drittel und schwarzem Fleck nahe der Flügelspitze. **H** Wälder, Parks, auf Eichen.

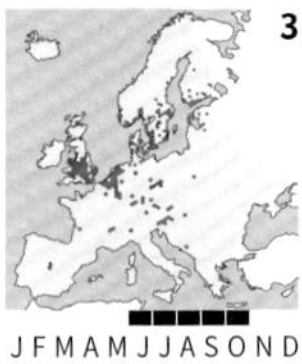

---

4 Wiesenkleezirpe
Euscelis incisus **L** 4 mm. Bräunlich bis schwarz; Frühjahrsgeneration deutlich dunkler. **H** Grasland. **V** Zwei Generationen im Jahr. Überwintert als Nymphe, selten im Eistadium.

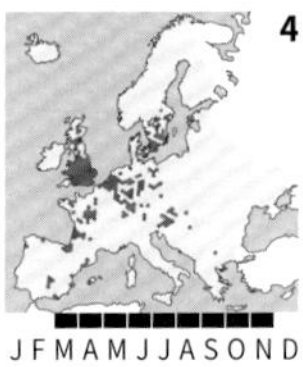

5 Wiesenschmuckzikade
Evacanthus interruptus **L** 5–7 mm. Gelb-schwarz, Vorderflügel selten ganz gelb. Bei ♀ Flügel deutlich kürzer als der Hinterleib. **H** Grasland, einschließlich Feuchtgebiete und Gebüsch.

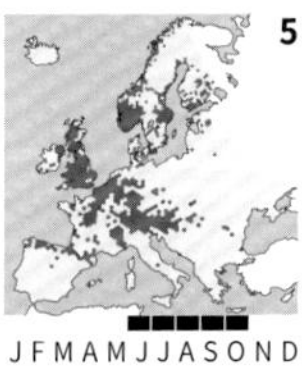

6 Ligusterstrauchzirpe
Fieberiella florii **L** 6–8 mm. Bräunlich, aber sehr variabel gefärbt. Körper und Vorderflügel fein gefleckt. Flügel an den Spitzen mit charakteristischem Muster aus hellen und dunklen Flecken. Ähnlich *F. septentrionalis*, die nur durch mikroskopische Untersuchung der Genitalien sicher bestimmt werden kann. **H** Offene Flächen, Waldränder, Gärten.

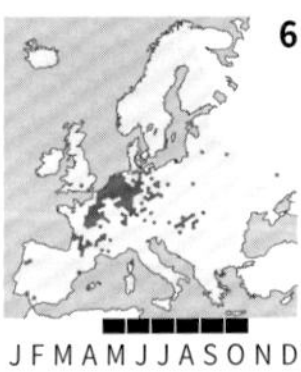

7 Rhododendronzikade
Graphocephala fennahi **L** 8–9 mm. Farbenfroh; Vorderflügel und Pronotum grün; Vorderflügel mit langen rot-orangen Streifen; Pronotum mit gelben Flecken; Kopf und Beine gelblich. Die Spitzen der Vorderflügel und der Hinterflügel sind dunkelviolett. **H** In Wäldern, Gärten und Parks, immer auf Rhododendren.

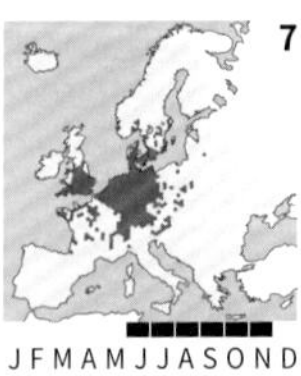

8 Eichenlederzikade
Iassus lanio **L** 6–9 mm. Kopf und Pronotum braun, oft ziemlich dunkel gesprenkelt; Augen rot; Vorderflügel grün oder hellbraun. Kopf vorne etwas kürzer zugespitzt als bei der ähnlichen *I. scutellaris*. **H** Wälder. Auf Eichen.

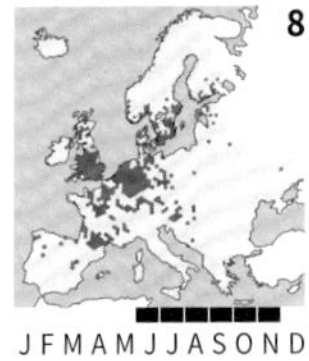

9 Japanische Ahornzirpe
Japananus hyalinus **L** 4–6 mm. Körper gelblich grün; Vorderflügel durchscheinend mit rötlichen Adern (bei ♀ stärker ausgeprägt); 3 schmale, quer verlaufende, violett-braune Bänder vorhanden. **H** Vor allem in städtischen Gebieten. Heimisch in Ostasien, in Europa seit den 1960er-Jahren verbreitet.

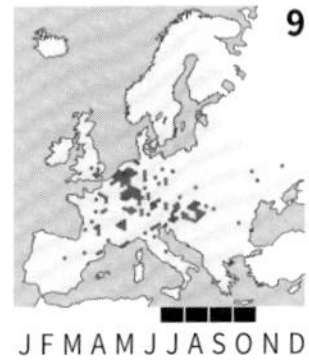

10 Glanzzirpe
Lamprotettix nitidulus **L** 5–6 mm. Dunkelgelb mit einem auffälligen Muster aus dunklen Linien und Flecken. Kopf mit 2 schwarzen Flecken an der Oberseite des Kopfes, 2 weitere im „Gesicht". **H** Wälder.

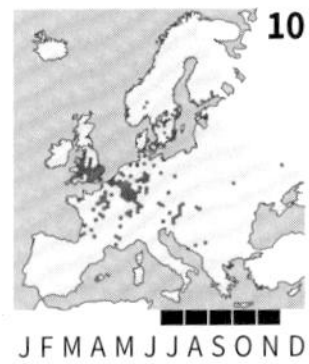

11 Ohrenzikade ***Ledra aurita***
L 12–18 mm. Gräulich; große und auffällige Art; Kopf schaufelförmig; Pronotum mit ohrenartigen Fortsätzen auf beiden Seiten. **H** Wälder.

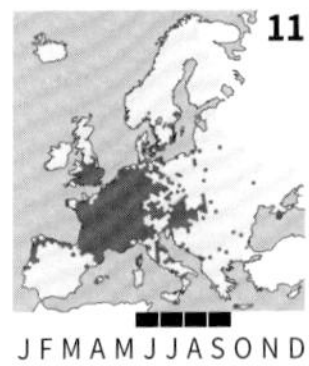

12 Nesselwanderzirpe
Macrosteles variatus **L** 4–5 mm. Gelblich grün; Vorderflügel hell graugrün mit auffälliger dunkler Fleckenzeichnung. Hinterkopf mit 2 großen schwarzen Flecken. **H** Wälder, gewöhnlich auf oder in der Nähe von Brennnesseln.

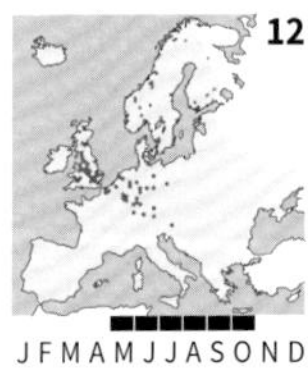

13 Safranzirpe ***Mocydia crocea***
L 4–6 mm. Klein, schön gefärbt, Kopf, Augen und Pronotum mit orangefarbenen bis orange-braunen Streifen. Flügel mit auffälligen weißen Adern. **H** Grasartige Lebensräume mit hohen Pflanzen, auch Wiesen mit Gräsern in lichten Wäldern.

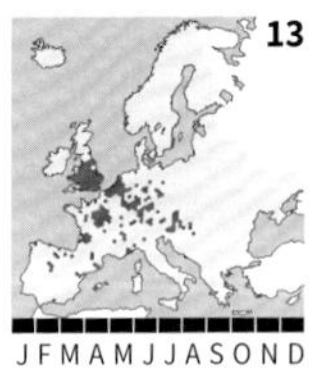

14 Tamariskenzirpe
Opsius stactogalus **L** 4–5 mm. Grün, mit hellerem Kopf und Pronotum; Vorderflügel variabel, einfarbig oder mit blauen Flecken oder selten schwarz; Membran dunkel. **H** Gärten, Parks, in Verbindung mit Tamarisken.

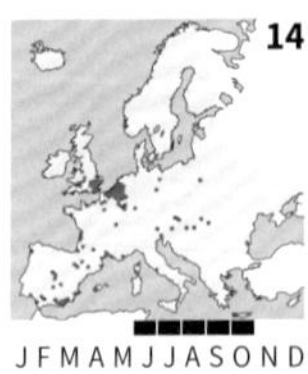

← KLEINZIKADEN →

1 ×4 ■

2 ×4 ◆

3 ×4 ●

4 ×4 ●

5 ×4 ■

6 ×4 ●

7 ×3 ■

8 ×4 ◆

9 ×4 ■

10 ×4 ■

11 ×2 ■

12 ×4 ■

13 ×4 ■
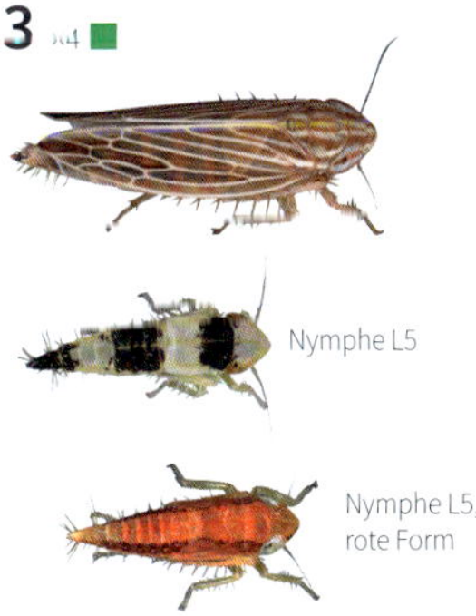

14 ×4 ■

← KLEINZIKADEN Cicadellidae

Gen. *Oncopsis* E 9 SPP
Farbenprächtige Arten.

1
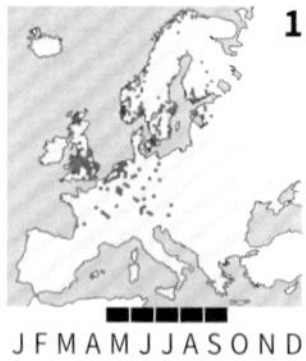

1 ⊙ Erlenmaskenzikade
Oncopsis alni **L** 5–6 mm. Braun; Kopf manchmal mit dunkler Zeichnung an der Oberseite. ♀ manchmal mit 2 gelblichen Flecken am Kopf. **H** Erlenwälder; einzige *Oncopsis* spp. an Erlen.

2
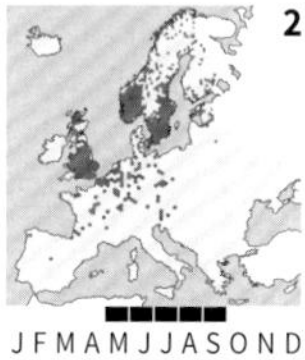

2 🔬 Gemeine Birkenmaskenzikade
Oncopsis flavicollis **L** 4–6 mm. Sehr variabel in der Färbung. ♂ gelb-braun mit schwarzen Flecken und Streifen, z. B. im „Gesicht". Bei ♀ Kopf und vorderer Flügelrand oft gelb; Hinterleib und hinterer Teil der Vorderflügel bräunlich. **H** Parks, Gärten, Waldgebiete, an Birken.

3
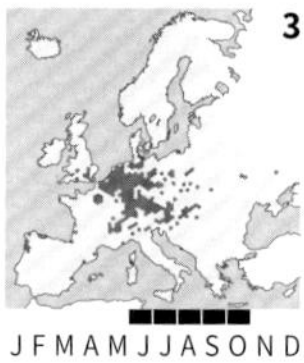

3 ⊙ Orientzikade *Orientus ishidae*
L 4–7 mm. Vorderflügel mit ausgeprägter orangefarbener, mosaikartiger Zeichnung. **H** Städtische Gebiete, halboffene Anbauflächen. **V** Heimisch in Ostasien, 1998 nach Europa eingeschleppt; hat sich seitdem weit verbreitet.

4
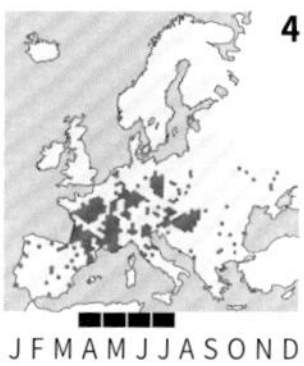

4 ⊙ Mönchszikade *Penthimia nigra*
L 4–6 mm. Körper schwarz bis orange-braun. Vorderflügel überlappen sich leicht am Ende des Hinterleibs. Pronotum gewöhnlich mit 2 größeren orangefarbenen Flecken. Augen rotbraun. **H** Wälder.

5
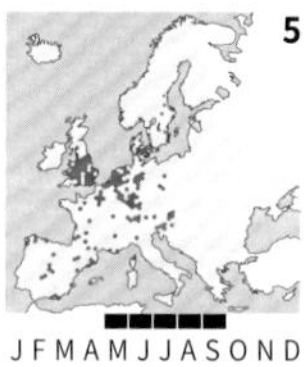

5 ⊙ Beerenblattzikade
Ribautiana tenerrima **L** 3–4 mm. Körper weißlich gelb; Vorderflügel mit dunkler Zeichnung zur Spitze hin. Corium und Clavus auf den Vorderflügeln durch eine weiße Linie getrennt, im Gegensatz zu anderen *Ribautiana* spp. **H** Offene Flächen, Hecken, an Brombeeren.

6
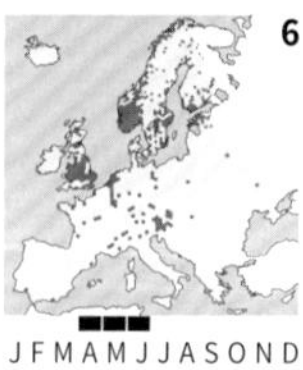

6 ⊙ Braune Waldzirpe
Speudotettix subfusculus **L** 5–6 mm. Körper braun; Scutellum mit charakteristischem Muster aus schwarzen Dreiecken; Vorderflügel mit hellen Adern. **H** Wälder, in Höhenlagen bis 2000 m.

7
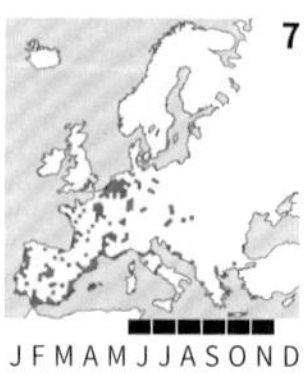

7 ⊙ Lorbeerzikade
Synophropsis lauri **L** 5–7 mm. Körper grau bis hellrot; Vorderflügel mit weißen Adern und einigen kleineren dunklen Flecken. Kopf spitz; Fühler fadenförmig und relativ lang. **H** Parks und Gärten.

Gen. *Thamnotettix* E 5 SPP
Meist bunt; Kopf zugespitzt. Oft schwer zu bestimmen, vor allem wegen der großen Variabilität in der Färbung.

8
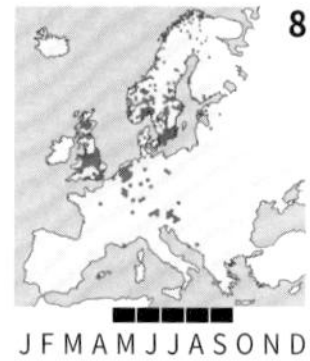

8 ⊙ Grüne Waldzirpe
Thamnotettix confinis **L** 5–8 mm. Grünlich, oft mit 2–4 dunkleren Flecken an der Oberseite des Kopfes. **H** Mischwälder, in Höhenlagen bis 1800 m.

9
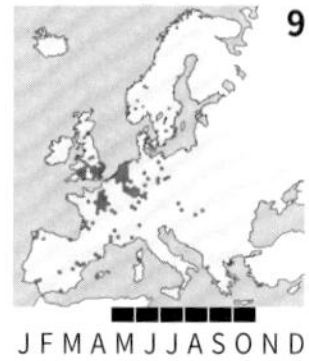

9 ⊙ Hainzirpe *Thamnotettix dilutior*
L 6–7 mm. Körper gelb-braun. Vorderflügel mit deutlichem Muster aus weißen Adern. Pronotum und Scheitel mit undeutlichen orange-braunen Flecken. Scutellum mit blassem, fast dreieckigem Fleck auf beiden Seiten. **H** Wälder, hauptsächlich an Eichen.

10
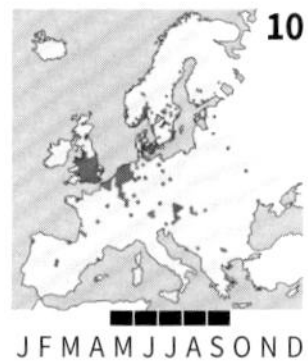

10 ⊙ Leopardenblattzikade
Typhlocyba quercus **L** 3–4 mm. Körper weißlich; Vorderflügel mit charakteristischem Muster aus orangeroten Flecken, die unterschiedlich intensiv ausgeprägt sein können. **H** Waldränder, offenes Kulturland.

11
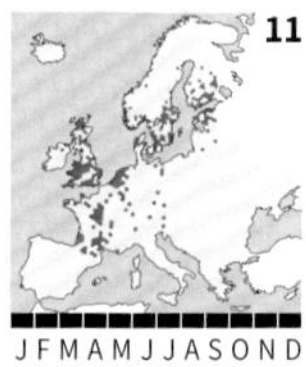

11 ⊙ Heidekrautzikade
Ulopa reticulata **L** 3 mm. Stämmig und eher rundlich; braune, stark punktierte Vorderflügel mit mindestens 2 hellen Bändern. **H** Heideland, auf Heideflächen.

Gen. *Zygina* E 26 SPP
Körper und Flügel insgesamt weiß bis gelblich mit auffälligen orangen oder roten Flecken. Färbung variabel.

12
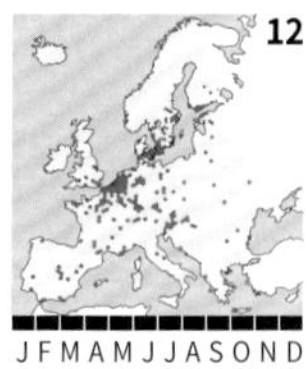

12 ⊙ Gemeine Feuerzikade
Zygina flammigera **L** 3–4 mm. Vorderflügel, Pronotum und Kopf mit roter Zeichnung. Scutellum braun im Unterschied zu anderen *Zygina* spp. **H** Laubwald, Hecken, Sträucher.

13
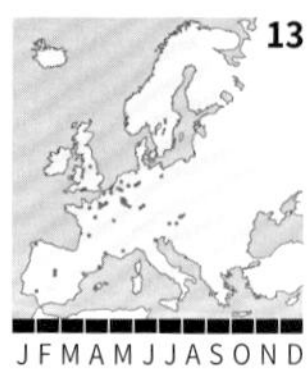

13 ⊙ Schlehenfeuerzikade
Zygina schneideri **L** 3 mm. Vorderflügel mit rotem Zickzackmuster. Scutellum orange mit einigen roten und weißen Flecken. **H** Waldränder, Parks, Gärten.

14
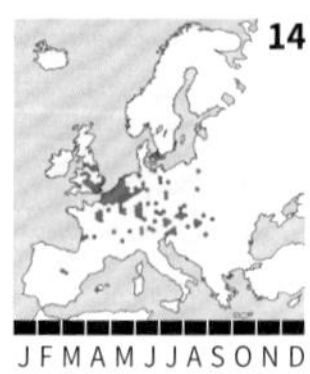

14 ⊙ Diademblattzikade
Zyginella pulchra **L** 3–5 mm. Grünlich gelb, leuchtend rote Zeichnung; Kopf bei ♀ mit dünner schwarzer Linie zwischen den Augen. ♂ mit Kopf ohne Augenlinie; Scutellum jedoch dunkel und Vorderflügel nahe der Basis mit leuchtend roter oder violetter Zeichnung, die bei ähnlichen Arten fehlt. Vorderflügelspitzen bei beiden Geschlechtern dunkel gezeichnet. **H** Waldränder, Parks, Gärten.

← KLEINZIKADEN

1 ×6 ◆

♀

2 ×6 ●

dunkle Zeichnung im Kopfbereich

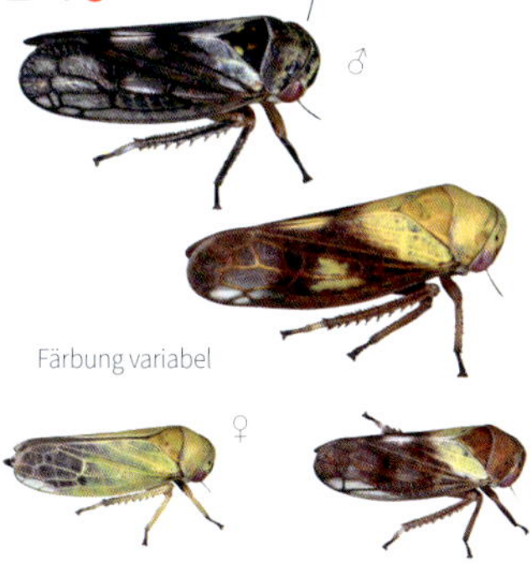
♂

♀

Färbung variabel

♀ ♀

3 ×6 ◆

Nymphe L5

Nymphe hebt bei Bedrohung den Hinterleib an

4 ×6 ◆

Pronotum oft mit 2 orangefarbenen Flecken, die manchmal groß sind

rotbraune Form

Nymphe L5

5 ×6 ◆

dunkle Färbung der Flügelspitzen oft weniger stark ausgeprägt

6 ×6 ◆

Nymphe L5

7 ×6 ◆

spitzer Kopf

8 ×6 ●

9 ×6 ◆

10 ×6 ●

Zeichnung manchmal weniger bunt

11 ×6 ◆

Nymphe

12 ×6 ◆

Scutellum braun

♀

13 ×6 ◆

Färbung variabel

14 ×6 ■

bei ♂ braun-rot

♂

♀

BLATTLÄUSE Aphididae →

E ~225 GEN ~1400 SPP 16 ILL

Meist kleine Schnabelkerfe mit weichen Körpern. Körperlänge 1–6 mm. Bei den meisten Arten kommen sowohl geflügelte als auch ungeflügelte Formen vor, wobei die ungeflügelten in der Regel viel zahlreicher sind. Geflügelte Formen können zu verschiedenen Jahreszeiten auftreten, sie ernähren sich von verschiedenen Pflanzen.

Hinterleib am Ende mit Fortsätzen (Cauda), diese oft fingerförmig. Einige Arten mit einem Paar röhrenförmiger Erhebungen auf Abdomen S5 oder S6; die eine wachsartige Flüssigkeit absondern können, um sich vor Fressfeinden zu schützen. Mehrere Arten parthenogenetisch, d. h. ♀ bringen (ohne Paarung mit ♂) lebende Jungtiere zur Welt, die schnell wachsen, wodurch eine rasche Vermehrung ermöglicht wird.

Blattläuse ernähren sich von Pflanzensäften und werden oft als Schädlinge betrachtet. Zu ihren Fressfeinden gehören Marienkäfer, Ohrwürmer, Florfliegenlarven und viele andere. Einige Arten werden von Ameisen „gezüchtet", die sich von Honigtau ernähren, den die Blattläuse aus ihrem Anus absondern.

1 🔍 Gelbe Fichtengallenlaus
Adelges abietis **L** 1–2 mm. Kopf und Pronotum bräunlich, grau bestäubt; Pronotum mit großen schwarzen Flecken; Abdomen gelb. Kommt flügellos und voll geflügelt vor und bildet 15–20 mm große, ananasförmige Gallen. **H** Nadelwälder, oft an Fichten.

1
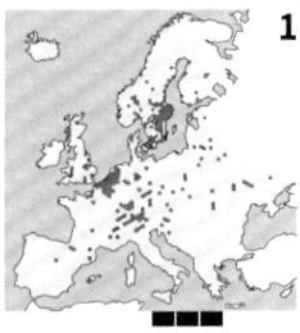
J F M A M J J A S O N D

Gen. *Aphis* E 140+ SPP

Große Gattung, zu der einige der häufigsten Blattläuse gehören.

2 🔍 Schwarze Bohnenlaus
Aphis fabae **L** 2–3 mm. Stumpfes Schwarz bis Dunkelgrün. Fühler und Beine hell mit dunkler Spitze. Hinterleib mit 2 großen Auswüchsen. **H** Grasland, Gärten. **V** Auf verschiedenen Wirtspflanzen zu finden. Überwintert als Ei an Gewöhnlichem Spindelstrauch (*Euonymus europaeus*) und Gewöhnlichem Schneeball (*Viburnum opulus*). Die geflügelte Form erscheint etwa im April und breitet sich auf Sommerwirte aus, darunter Bohnen, Kartoffeln, Rüben und auch Drüsiges Springkraut (*Impatiens glandulifera*). Auf den Sommerwirten bilden sich in den Kolonien mehrere parthenogenetische Generationen, die charakteristische Merkmale wie gekräuselte Blätter und gebogene Triebspitzen hinterlassen. Schwarze Pilze können sich auf dem von diesen Blattläusen abgegebenen Honigtau ansiedeln. Die Art überträgt auch zahlreiche phytopathogene Viren. Im Herbst kehren die Tiere zur Eiablage auf ihre Winterwirte zurück.

2
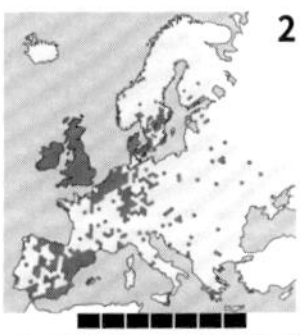
J F M A M J J A S O N D

3 🔍 Oleanderblattlaus ***Aphis nerii***
L 1–2 mm. In freier Wildbahn ausschließlich ♀. Körper dunkelgelb, Beine schwarz. **H** Im Mittelmeerraum und in warmen Regionen. In kälteren Ländern in Gewächshäusern. **V** An Hundsgiftgewächsen (Apocynaceae), darunter Seidenpflanzen, Oleander und Immergrün; auch an Gänseblümchen, Wolfsmilchgewächsen und selten an Zitrusfrüchten. ♂ wurden nur unter Laborbedingungen produziert. Kann das giftige Herzglykosid Oleandrin produzieren.

3
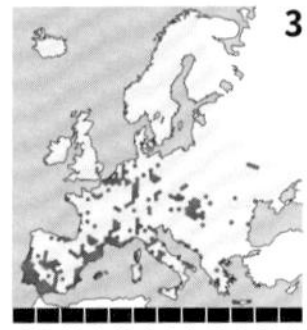
J F M A M J J A S O N D

4 🔍 Holunderblattlaus
Aphis sambuci **L** 2–4 mm. Blaugrünlich oder gräulich bis tiefschwarz. Körper mit grauem bis weißem Wachs bedeckt. Abdomen abgerundet, mit 2 großen Fortsätzen. **H** Wälder, Buschland, Parks und Gärten, an Holunder. **V** Ernährt sich von Holunder, im Sommer auch von anderen Arten wie Wegeriche, Ampfer oder Nelkengewächsen; kommt in Kolonien an jungen Trieben und Blättern vor, wird fast immer von Ameisen bewirtschaftet.

4
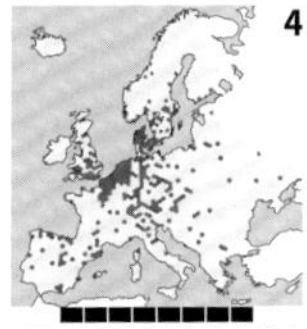
J F M A M J J A S O N D

5 🔍 Dunkle Brennnesselblattlaus
Aphis urticata **L** 2 mm. Dunkelgrün; geflügelte Formen viel dunkler, aber spätere Generationen im Jahr können blasser sein. **H** Grünland, Gärten und Parks, an Brennnesseln.

5
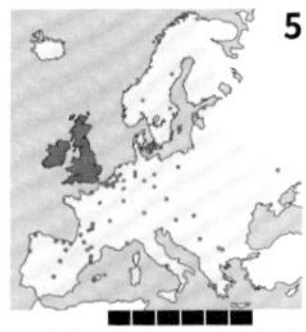
J F M A M J J A S O N D

6 🔍 Mehlige Kohlblattlaus
Brevicoryne brassicae **L** 2–3 mm. Grün, mit grauweißem mehligem Wachs überzogen; Fühler kürzer als der Körper. Geflügelte Form mit dunklem Kopf, Thorax und Anhängseln. **H** An Kohl. **V** In Kolonien auf der Unterseite von Blättern und an Stängeln. Verursacht in der Regel keine wirtschaftlichen Schäden.

6
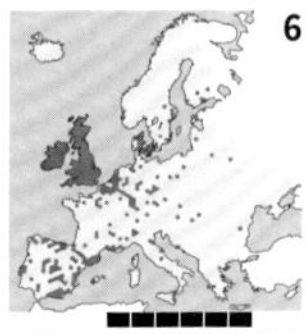
J F M A M J J A S O N D

7 🔍 Apfelblutlaus
Eriosoma lanigerum **L** 2 mm. Dunkelbraun bis dunkelviolett. Oberirdisch lebende Individuen mit langen, weißen, wollartigen Wachsfäden bedeckt, unterirdisch lebende mit weißlich blauen Wachspartikeln bedeckt. Nymphen länglich, abgeflacht, hellgrau bis rotbraun. **H** Apfelplantagen, Gärten. **V** Geflügelte ♀ treten gewöhnlich ab Juli auf. Kann bedeutende Schäden verursachen.

7
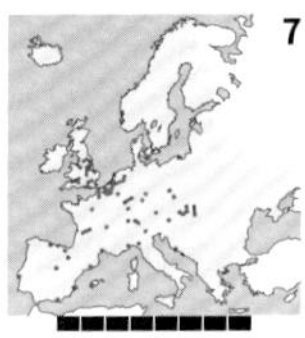
J F M A M J J A S O N D

8 ⊙ Mehlige Pflaumenlaus
Hyalopterus pruni **L** 1–2 mm. Blassgrün bis blaugrau, mit weißem Wachsstaub bedeckt. Zwei kurze Fortsätze; Beine und Fühler mit dunklen Flecken. **H** Anbauflächen, Gewächshäuser, Gärten, oft an Pflaumen. **V** Wandert im Sommer auf Zwischenwirte wie Seggen. Kann bedeutende Schäden verursachen.

8
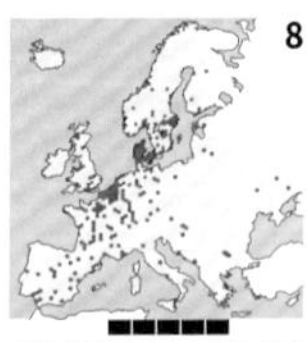
J F M A M J J A S O N D

Blattläuse →

1 ×8 ◆

2 ×6 ◆

3 ×6 ◆

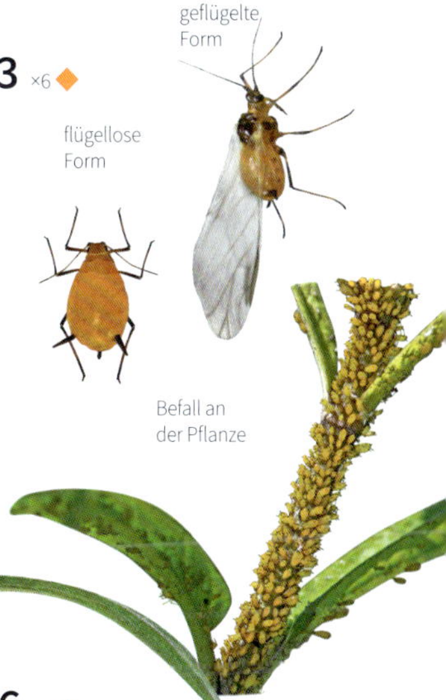

4 ×6 ◆

5 ×8 ◆

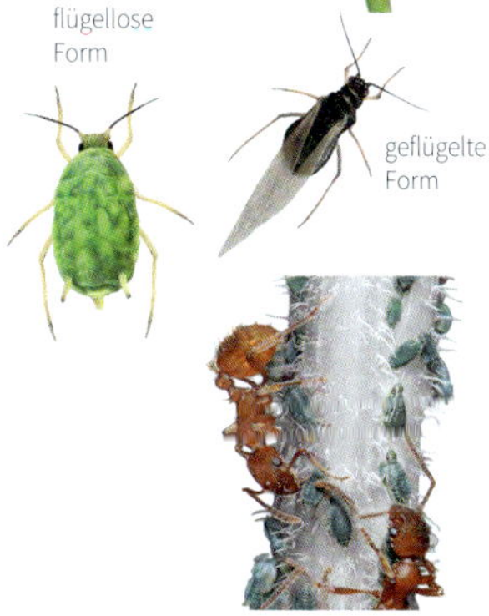

6 ×6 ◆

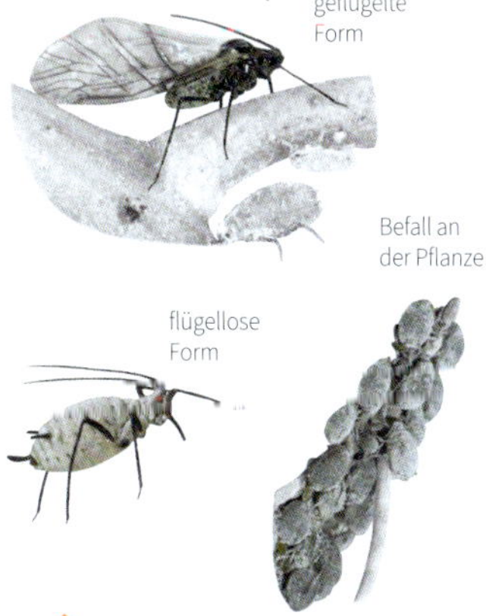

7 ×8 ◆

8 ×10 ◆

← **BLATTLÄUSE** Aphididae

1
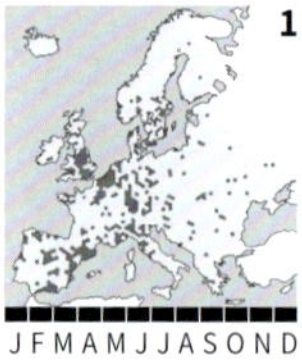

1 🔍 Große Rosenblattlaus
Macrosiphum rosae **L** 3–4 mm. Grün oder rosa. Kopf schwarz; Fühler schwarz, so lang wie der Körper oder etwas länger. Enden der Femora und Tibiae ebenfalls schwarz. Zwei große schwarze Fortsätze auf dem Hinterleib. **H** Wiesen, Gärten, meist an Rosen. **V** Wenn geflügelte Individuen im Sommer auftreten, wechseln sie oft auf Karden (*Dipsacus*) oder Baldrian. Wandern im Spätsommer wieder auf Rosen, dann oft in Massen an den Triebspitzen zu finden.

2
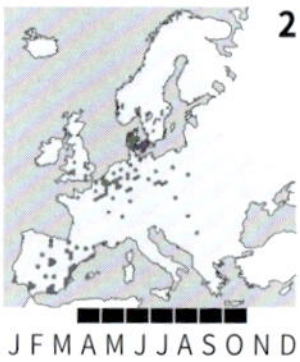

2 🔍 Grüne Pfirsichblattlaus
Myzus persicae **L** 2 mm. Flügellose Sommergenerationen grün. Bei geflügelten Tieren Kopf und Teile des Thorax bräunlich schwarz. **H** Grünland, Gärten. **V** Ähnlich der Schwarzen Bohnenlaus (*Aphis fabae*, S. 172), aber nicht in Kolonien. Wechselt häufig den Wirt. Überwintert meist als Ei auf Pfirsichbäumen, aber auch als ausgewachsenes Tier. Verursacht Kräuseln der Blätter und bei starkem Befall Vergilbung der Sommerwirte.

3
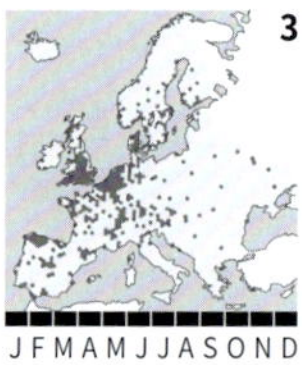

3 ⊙ Große Weidenblattlaus
Tuberolachnus salignus **L** 4–5 mm. In freier Wildbahn ausschließlich ♀. Sehr große Blattlausart. Körper bräunlich, mit schwarzen Flecken bedeckt. Hinterleib mit auffälligem schwarzen Mittelhöcker, der mit feinen Haaren bedeckt ist. Beine teilweise hell gefärbt. **H** In Wäldern, Parks, Gärten, Weiden. **V** Auf verschiedenen Weidenarten, offenbar gelegentlich auch auf Pappeln. Kann besonders im Spätsommer große Kolonien bilden.

4
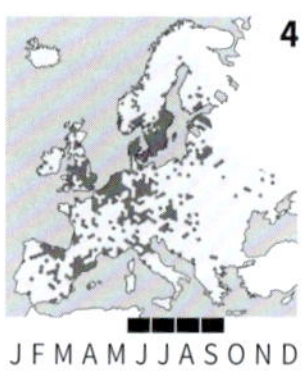

4 🔍 Ulmenblasenlaus
Tetraneura ulmi **L** 2–3 mm. Kopf, Thorax und Anhänge schwarz, Hinterleibssegmente grauschwarz. Geflügelte und ungeflügelte Generationen, auf Nebenwirten auftretende Tiere orange, gelblich weiß oder rötlich. **H** Wälder, Parks. **V** Auf dem Hauptwirt, Ulmen (*Ulmus* spp.), entwickeln sich die Tiere in bis zu 2 cm großen Gallen.

5
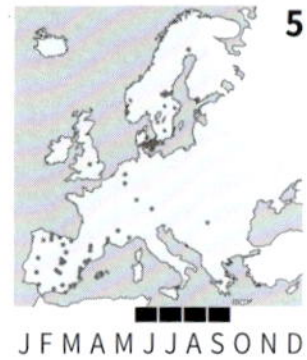

5 🔍 Große Distelblattlaus
Uroleucon aeneum **L** 3–4 mm. Metallisch bronze-schwarz; Fühler lang. Geflügelte und ungeflügelte Formen. **H** Grasland, Straßenränder, an Disteln.

6
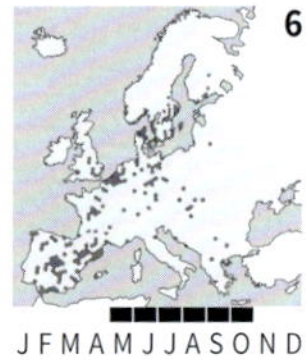

6 🔍 Eichenblattlaus ***Lachnus roboris***
L 3–5 mm. Glänzend schwarz-braun; Fühler kurz. Es gibt geflügelte und ungeflügelte Formen, bei ersteren sind die Vorderflügel bis auf 4 deutliche Flecken schwarz. **H** Wälder, Parks, Gärten, vor allem an Eichen.

7
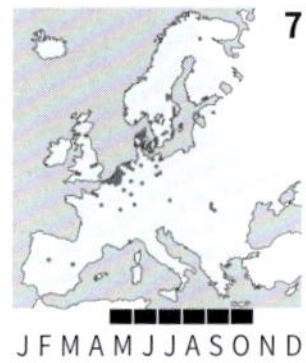

7 🔍 Rainfarn-Blattlaus
Macrosiphoniella tanacetaria
L 3–4 mm. Grün bis rosabraun mit weißlichen Stellen; Augen rot; Fühler lang. Körper mit puderigem Wachs bedeckt. Geflügelte und ungeflügelte Formen. **H** Wiesen, Parks und Gärten, hauptsächlich auf Rainfarn (*Tanacetum vulgare*) und verwandten Arten.

8
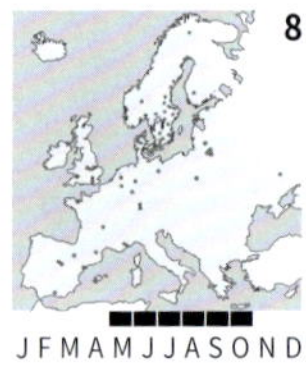

8 🔍 Kiefernblattlaus
Cinara pinea **L** 3–5 mm. Orange-braun oder später in der Saison grau oder dunkelbraun und gewöhnlich mit Wachs bestäubt; Fühler sind kurz. Es kommen geflügelte und ungeflügelte Formen vor. **H** Nadelwälder, an verschiedenen Kiefern, oft an Waldkiefern.

1 ×4 ◆

← BLATTLÄUSE

2 ×6 ◆

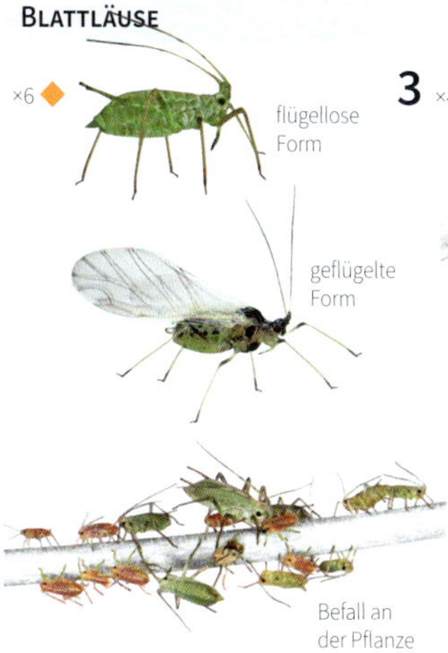

3 ×4 ◆

4 ×6 ◆

5 ×3 ◆

6 ×3 ◆

7 ×4 ◆

8 ×4 ◆

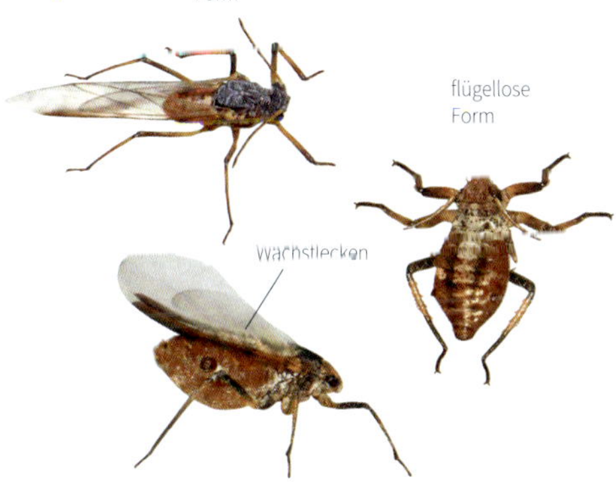

BLATTFLÖHE Psyllidae

E 16+ GEN 275 SPP 2 ILL

Klein (Länge 2–4 mm). Körper weich; Vorderflügel mit Mittelader, von der Längsadern ausgehen. Fühler lang. Blattläuse haben unterschiedliche Lebenszyklen, wobei die Nymphen einiger Arten Gallen bilden, oft auf bestimmten Wirtspflanzen.

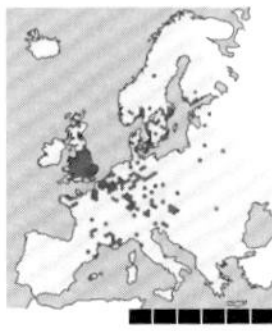

1 Eschenblattfloh
Psyllopsis fraxini **L** 4–5 mm. Blass gefärbt, Kopf schwarz, Pronotum und HInterleib mit schwarzen Streifen. Vorderflügel klar, an der Spitze abgedunkelt; Augen rot. Einige andere *Psyllopsis* spp. sehen fast identisch aus und können nur durch Untersuchung der Genitalien sicher bestimmt werden. **H** Waldgebiete, Gärten und Parks. **V** Ernährt sich von Eschen; bildet Gallen auf Blättern.

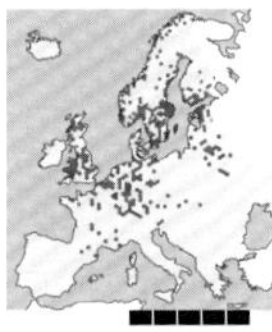

2 Erlenblattfloh ***Psylla alni***
L 5–6 mm. Junge Erwachsene zunächst grün, später orange, braun oder rötlich. Fühler lang. Flügel mit grünen Randadern; andere Adern braun. Nymphen meist mit weißem, wachsartigem Sekret bedeckt. **H** Gärten, Parks, Wälder; an verschiedenen Birkengewächsen (Betulaceae), hauptsächlich an Erlen. **V** Nymphen ernähren sich von jungen Trieben in den Blattachseln. Nur eine Generation pro Jahr.

TRIOZIDEN Triozidae

E 12 GEN 105 SPP 1 ILL

Wurde traditionell zur Familie der Blattflöhe (Psyllidae) gezählt, die in jüngerer Zeit in 7 separate Familien aufgeteilt wurden. Bei den Triozidae ist die Ader an der Vorderkante der Flügel (Costalader) nicht geteilt und die Flügel haben kein Pterostigma (Markierung nahe der Flügelspitze).

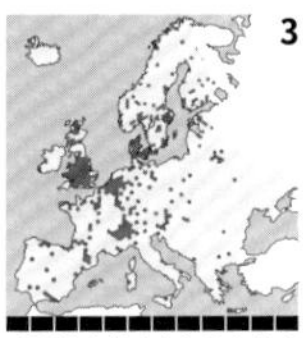

3 Brennnessel-Blattfloh
Trioza urticae **L** 3–4 mm. Färbung variabel; meist hellgelblich mit rotbrauner bis schwarzer Zeichnung. Junge Erwachsene können weitgehend grün sein. Vorderflügel gelblich und etwas undurchsichtig, Flügelspitze relativ rund. Bei ♀ sind die Genitalanhänge im Vergleich zu anderen *Trioza* spp. relativ lang. **H** Gärten, Parks, Gebüsche, oft an Brennnesseln. **V** Die Nymphen bilden kleine, blasenartige Gallen aus gebogenen Brennnesselblättern oder Ähnlichem. Die Überwinterung erfolgt als erwachsenes Tier; kann im Winter auch auf anderen Pflanzen und sogar auf Nadelbäumen gefunden werden.

MOTTENSCHILDLÄUSE Aleyrodidae

E 25 GEN 57 SPP 3 ILL

Die erwachsenen Tiere sind mit wachsartigem weißem Pulver bedeckt; die Flügel sind ebenfalls weiß. Die Vorderflügel sind in der Ruhestellung oft wie ein Dach gefaltet; sie können wie winzige Nachtfalter aussehen. Fühler lang, aber immer noch viel kürzer als bei den völlig unverwandten Wachsfliegen (*Coniopterygidae*), die auf den ersten Blick ähnlich aussehen können. Viele Arten, die in Europa in freier Wildbahn vorkommen, gelten als Schädlinge. Einige tropische Arten kommen in Europa nur in Gewächshäusern vor.

4 Kohlmottenschildlaus
Aleyrodes proletella **L** 1,5 mm. Weiß mit pudrigem Wachsüberzug, Vorderflügel mit je 4 gräulichen Flecken; Augen rot. **H** Gebüsch, landwirtschaftliche Flächen, Gärten, Kleingärten. **V** Ernährt sich von Kohl und anderen Kreuzblütlern, einschließlich Grünkohl und Rosenkohl, wo sie als Schädling auftreten kann. Oft in großer Zahl an der Unterseite von Blättern, Tiere fliegen in Wolken auf, wenn sie gestört werden. Sie saugen an den Blättern, aber der größere Schaden an den befallenen Pflanzen wird durch den Honigtau verursacht, den sie produzieren und auf dem sich Pilze (Dematiaceae) bilden. Überwinterung als erwachsene Tiere, dann auch auf anderen Pflanzen zu finden.

5 Gewächshausmottenschildlaus
Trialeurodes vaporariorum **L** 1,5 mm. Körper gelblich; Flügel weiß. Augen dunkel. Noch nicht geschlechtsreife Tiere erscheinen durchscheinend. Nur die ersten Larvenstadien sind beweglich; drittes und letztes Stadium unbeweglich. **H** In Europa in Gewächshäusern zu finden. **V** Ernährt sich von verschiedenen Obst-, Gemüse- und auch Zierpflanzen; wurde bei mehr als 200 Arten nachgewiesen und gilt als eine der wirtschaftlich wichtigsten Weißen Fliegenarten. Saugt an den Blättern, aber der größere Schaden an den befallenen Pflanzen wird durch den Honigtau verursacht, den sie produzieren und auf dem sich Pilze (Dematiaceae) bilden.

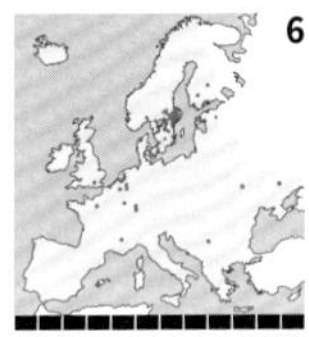

6 Weiße Mottenschildlaus
Aleurochiton aceris **L** 1–2 mm. Weiß mit pudrigem Wachsüberzug, Thorax gelblich. **H** Städtische Gebiete, Gärten, Parks, hauptsächlich an Spitzahorn (*Acer platanoides*).

BLATTFLÖHE & TRIOZIDEN

1 ×4 ●

2 ×4 ◆

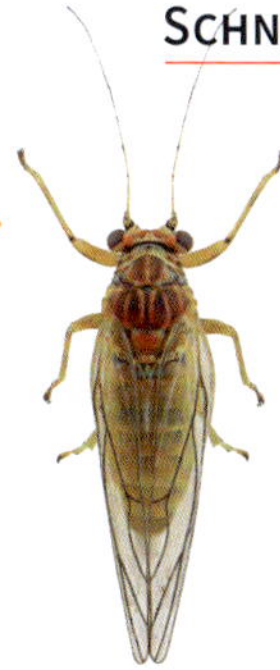

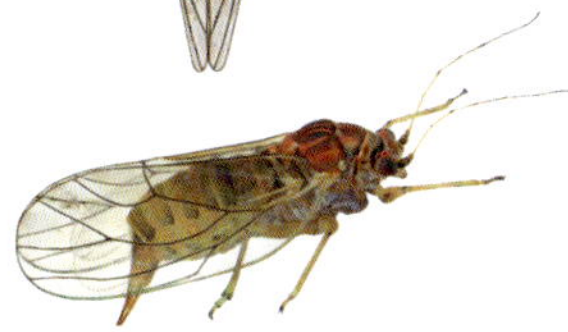

MOTTENSCHILDLÄUSE

3 ×6 ◆

4 ×10 ◆

5 ×10 ◆

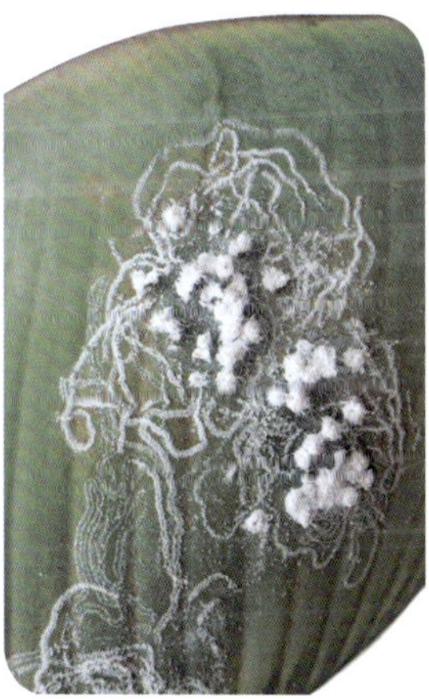

6 ×8 ◆

Napfschildläuse Coccidae

E 31+ GEN 142 SPP 2 ILL

Flach, oval; oft mit Wachs überzogen sein; oft beinlos und stationär, nur die frühen Nymphenstadien sind beweglich. Sehen nicht wie typische Insekten aus, Fühler kurz oder fehlend. ♂ (falls vorhanden) können geflügelt sein. Oft in Begleitung von Ameisen. Identifizierung schwierig, Kenntnis der Wirtspflanze kann helfen. Häufig Schädlinge im Gartenbau, wobei einige Arten auf Obstbäumen, andere in Gewächshäusern vorkommen.

1 🔬 Gemeine Napfschildlaus
Parthenolecanium corni **L** ♀ 3–6 mm. ♀ bilden die Hauptpopulation. Form variabel; flügellos, kastanienbraun. ♂ sind geflügelt. **H** Wälder, einschließlich Waldränder, Obstgärten. **V** Bedeutender Schädling an Obstbäumen, Zierbäumen und anderen Bäumen.

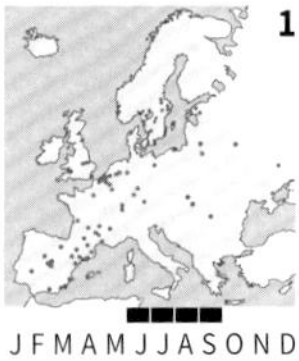

2 ⊙ Wollige Rebenschildlaus
Pulvinaria vitis **L** ♀ 5–7 mm, ♂ 1,5 mm. ♀ rund oder herzförmig; flügellos, dunkelbraun, mit weißlichen Wachsrändern. ♂ rosa oder rot, geflügelt; selten zu sehen. Die meisten anderen Arten sind kleiner. **H** Waldgebiete, Gärten, Parks. **V** Ernährt sich von verschiedenen Bäumen (auch Obstbäumen) und Sträuchern, auch von Weinreben.

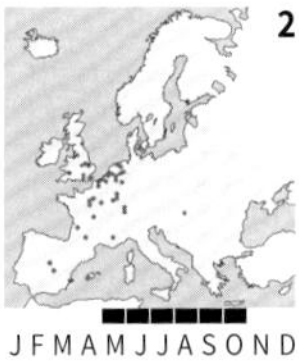

Schmierläuse Pseudococcidae

E 25+ GEN 325 SPP 2 ILL

Mit Wachs überzogen. ♂ geflügelt und oft deutlich kleiner; ♀ flügellos. Fühler lang. Beine vorhanden, auch bei ♀. Viele einheimische Arten ernähren sich von Gräsern; eingeschleppte Arten in Gewächshäusern oder Innenräumen ernähren sich von Pflanzensäften und können als Überträger von Pflanzenkrankheiten schwere Schäden an Pflanzen verursachen.

3 ⊙ Zitrusschmierlaus
Planococcus citri **L** 3–5 mm. Tritt in 2 Formen auf. Die eine lebt an Pflanzenwurzeln, die andere an Blättern, Zweigen und Früchten. Körper oval, rosa, mit weißem, wachsartigem Sekret bedeckt. **H** Auf Annona, Kaffee, Baumwolle, auch Bananen, Sternfrüchten, Kakaobäumen, Macadamia, Mango und Zitruspflanzen; in Gewächshäusern, auf Zierpflanzen. **V** Kommt in Kolonien vor, die aus einer gleichen Anzahl von ♂ und ♀ bestehen.

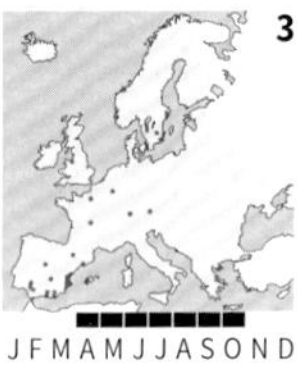

4 ⊙ Langschwänzige Schmierlaus
Pseudococcus longispinus **L** 3–4 mm. Leicht zu erkennen an den wachsartigen Hinterschwanzfäden, die mindestens so lang wie der Körper sind. **H** Gärten und Plantagen; an Orchideen, Weinreben, Avocado, Apfel und Zitrusfrüchten.

Deckelschildläuse Diaspididae

E 30+ GEN 213 SPP 2 ILL

Größte Familie der Schildläuse. ♂ meist geflügelt und sehr klein; meist nur ein Flügelpaar entwickelt; bei einigen Arten flügellos. ♀ flügellos; ihr Körper ist von einer wachsartigen Schutzschuppe bedeckt, die die Exuvien der ersten beiden Nymphenstadien und andere Materialien enthält. Dieser Schild ist robust und wasserdicht.

5 ⊙ Kommaschildlaus
Lepidosaphes ulmi **L** 2–3 mm. ♀ weiß bis weiß-gelblich, lang gestreckt; unbeweglich und blind. Produzieren harte oder wachsartige Strukturen an Stämmen oder Ästen von Holzgewächsen, unter denen sie sich verstecken. Schild bräunlich schwarz und leicht gekrümmt (kommaförmig). ♂ geflügelt, sieht aus wie eine sehr kleine Mücke; Körper weiß. **H** Obstbäume, Parks, Gärten, auch Zierpflanzen. **V** ♂ erscheinen unregelmäßig und paaren sich mit ♀, sind aber für die Fortpflanzung nicht notwendig. Nymphen schlüpfen im April, bewegen sich 2–3 Tage lang auf den Pflanzen oder werden vom Wind weggetragen. Die Tiere produzieren kaum Honigtau, sodass die Schäden an den Wirtspflanzen oft nicht sehr groß sind.

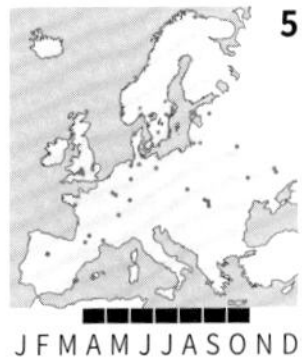

6 ⊙ Kleine Weiße Rosenschildlaus
Aulacaspis rosae **L** 1–3 mm. ♀ birnenförmig, mit wachsartiger Schutzkappe. Kleinere ♂ grau-weiß. **H** Parks, Gärten, Gebüsch, an Rosen und Brombeeren.

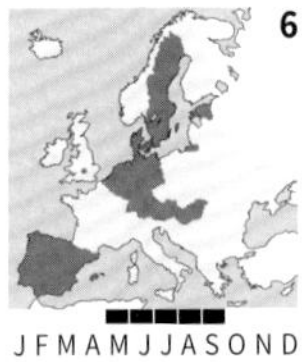

Riesenschildläuse Monophlebidae

E 1 GEN 2 SPP 1 ILL

Hauptsächlich in den Tropen zu finden; die hier gezeigte Art wird von manchen Autoren der Familie Margarodidae zugeordnet.

7 ⊙ Australische Wollschildlaus
Icerya purchasi Bis 5 mm. ♀ mit ovaler, rotbrauner Schale mit schwarzen Haaren. ♂ winzig, dunkel, geflügelt. **H** Gewächshäuser, geschützte Außenbereiche. **V** ♀ kommen am Rand von weißen, wachsartigen Hügeln, die zur Eiablage erzeugt werden, zum Vorschein. ♂ sind nicht notwendig für die Fortpflanzung und selten zu sehen. Ein ernst zu nehmender Schädling an Zitrusfrüchten.

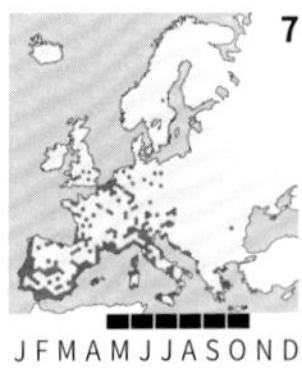

SCHILDLÄUSE & SCHMIERLÄUSE

1 ×4 ◆

2 ×4 ◆

3 ×6 ◆

4 ×6 ■

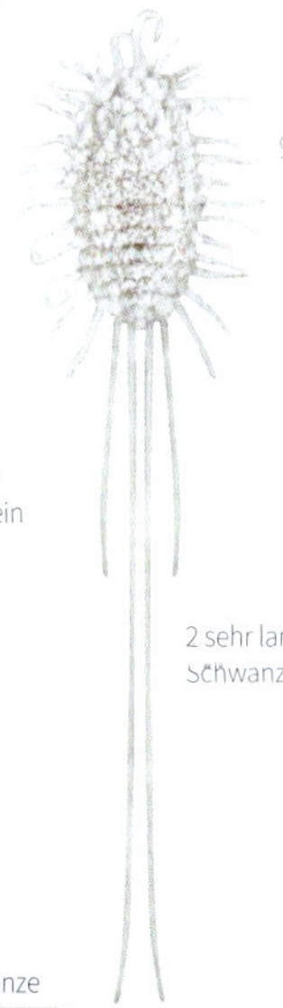

5 ×6 ◆

6 ×10 ◆

7 ×6 ◆

Klein bis groß; immer mit 4 großen, fein geäderten Flügeln. Flug oft deutlich flatternd; Flügel in Ruhe dachförmig über den dünnen, weichen Körper gelegt. Zusammen mit den Schlammfliegen (Megaloptera, S. 184) und den Kamelhalsfliegen (Raphidioptera, S. 186) bilden sie eine gemeinsame Gruppe, die „Neuropterida". Sie sind dennoch nicht besonders eng miteinander verwandt.

Augen typischerweise groß, oft bunt, Ocelli fehlen, außer bei Florfliegen (Osmylidae); Fühler oft lang. Larven ernähren sich von kleinen Insekten, auch die erwachsenen Tiere sind räuberisch, einige nehmen auch Pollen und Nektar zu sich. Manche Arten sind leicht zu erkennen, andere lassen sich nur durch mikroskopische Untersuchung genau bestimmen.

Drei Familien stechen hervor: Florfliegen (Chrysopidae) sind ein häufiger Anblick in Gärten und auch Häusern (erwachsene Tiere suchen hier Unterschlupf zum Überwintern); oft sind sie willkommen, da ihre Larven Blattläuse fressen. Einige Larven bedecken ihren Körper mit Abfall, möglicherweise zur Tarnung vor Ameisen, die sich um den Schutz der Blattläuse bemühen.

Schmetterlingshafte (Ascalaphidae) sind groß und fliegen schnell und geschickt; ihre Flügel sind bei europäischen Arten meist auffällig gelb-schwarz gezeichnet.

Ameisenjungfern (Myrmeleontidae) sind für die von den Larven gegrabenen Gruben im Sand bekannt. Die Larven, bekannt als Ameisenlöwen, haben große Kiefer, mit denen sie alle Insekten – oft Ameisen – erbeuten, die in ihre Grube fallen.

SCHMETTERLINGSHAFTE Ascalaphidae

E 5 GEN 20 SPP 3 ILL

Große Insekten, oberflächlich ähnlich Libellen; Hinterflügel sind an der Basis verbreitert; Fühler (im Gegensatz zu Libellen und auch zu Ameisenjungfern) sehr lang und immer gekeult. Thorax behaart. ♂ mit gebogenen Hinterleibszangen (Cerci). Tag- und dämmerungsaktiv; schnell fliegend, erbeuten ihre Beute im Flug.

Gen. *Libelloides* E 10 SPP

Die einzige Gattung, die auch in Mitteleuropa vorkommt. Flügel oft mit gelb-schwarzem Muster; Körper und Fühler schwarz.

1 ⊙ Langfühler-Schmetterlingshaft
Libelloides longicornis **L** 20–30 mm.
S 42–48 mm. Flügel gelb und schwarz gezeichnet; teilweise durchsichtig; Flügeladern leuchtend gelb; Körper schwarz mit einigen gelben Flecken.
H Grasland, Gebüsch, typischerweise in Gebirgsregionen.

1

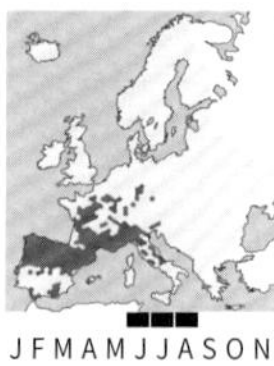

2 ⊙ Libellen-Schmetterlingshaft
Libelloides coccajus **L** 20–32 mm.
S 42–54 mm. Ähnlich *L. longicornis*, aber Flügeladern schwarz. Körper schwarz mit kleinen gelben Flecken am Kopf und auf der Vorderseite des Thorax. **H** Geröllhalden; im Allgemeinen warme, sonnige Lebensräume.

2

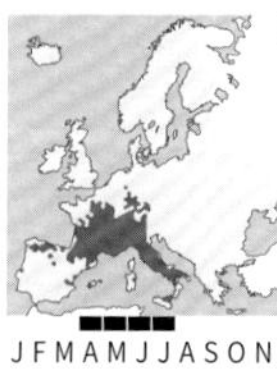

3 ⊙ Östlicher Schmetterlingshaft
Libelloides macaronius **L** 20–30 mm.
S 32–47 mm. Vorderflügel transparent, Basis gelb, mit je 2 schwarzen Flecken; Hinterflügel ganz schwarz-gelb. Körper schwarz mit kleinen gelben Flecken am Kopf und auf der Vorderseite des Thorax. **H** Geröllhalden, Gestrüpp.

3

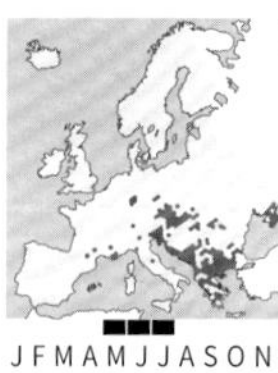

FLORFLIEGEN Chrysopidae →

E 10 GEN 75 SPP 6 ILL

Zarte Insekten, Flügel groß, durchsichtig. Grün, bläulich grün oder gelblich grün, einige mit schwarzen Flecken. Identifizierung der meisten grünen Arten erfordert mikroskopische Untersuchung. Gelten als Nützlinge, da ihre Larven Blattläuse fressen. Die Eier werden mit Fäden an der Vegetation aufgehängt.

Gen. *Chrysopa* E 19 SPP

Einige Arten farbenfroh, die Oberseite des Kopfes ist oft schwarz gezeichnet oder gefleckt. Erwachsene Tiere verströmen einen starken Geruch, wenn sie gestört werden.

4 🔍 Grünes Perlenauge
Chrysopa perla **L** 9–12 mm.
S 24–30 mm. Bläulich grün; Kopf, Pronotum und Hinterleib mit schwarzer Zeichnung, Hinterleib unterseitig schwarz; Fühler S2 schwarz. Ähnlich anderen *Chrysopa* spp., z. B. *C. dorsalis*, bei der die Vorderflügeladern nahe des Flügelrandes schwarz sind, nicht grün wie bei *C. perla*.
H Hecken, Gebüsch, Waldränder.

4

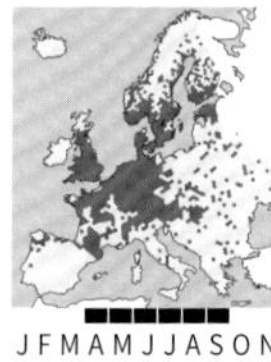

5 🔍 Fahle Florfliege
Chrysopa pallens **L** 10–13 mm.
S 26–40 mm. Blass hellgelblich, Augen dunkel. Die Art *C. gibeauxi* ist sehr ähnlich, hier aber alle Queradern im Rippenfeld des Vorderflügels (einschließlich der ersten an der Basis) schwarz; außerdem hat sie kleine schwarze Borsten auf der Oberseite des vorderen Thorax. Bei *C. pallens* sind die erste Ader im Rippenfeld und die Borsten auf dem Prothorax hell. **H** Hecken, Gebüsch, Waldränder.

5

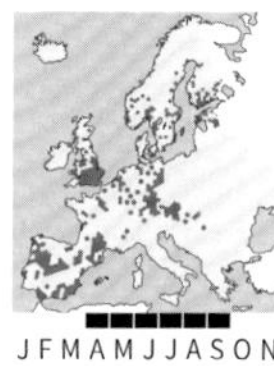

6 🔍 Gemeine Florfliege
Chrysoperla carnea **L** 10–12 mm.
S 21–27 mm. Blassgrün, gelber Rückenstreifen. Färbt sich im Winter strohgelb. Ähnlich der Art *C. lucasina* mit braunen Flecken auf dem Hinterleib S1–2 bei seitlicher Betrachtung und leicht spitzer Vorderflügelspitze. Grüne Exemplare, die im Winter gefunden werden, sind wahrscheinlich *C. carnea*. Wird als ein Komplex von Arten betrachtet, die morphologisch vielleicht kaum zu unterscheiden sind. **H** Grünland, Gärten, Parks, Wälder.

6

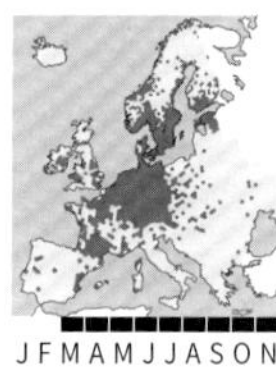

7 🔍 Buchen-Florfliege
Hypochrysa elegans **L** 8–10 mm.
S 17–19 mm. Gelblich grün mit auffallend feinen schwarzen Linien. **H** Wälder, einschließlich Ränder, Parks, Gärten.

7

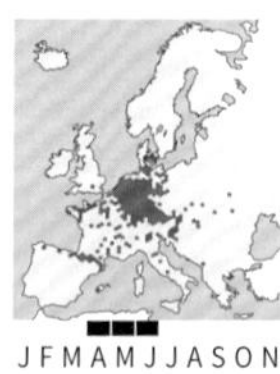

SCHMETTERLINGSHAFTE

1 ×1 ♀

2 ×1 ♂

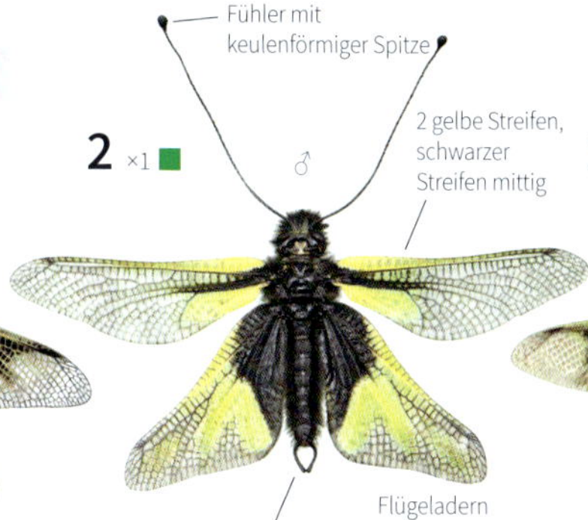

3 ×1 ♂

FLORFLIEGEN →

4 ×2

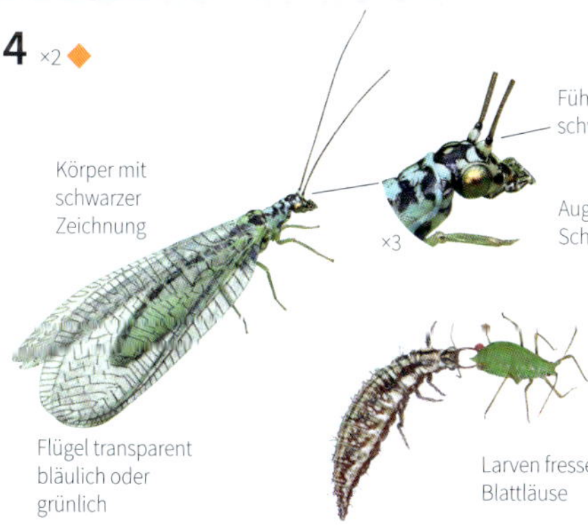

5 ×2

6 ×2

7 ×3

← FLORFLIEGEN Chrysopidae

Gen. *Nothochrysa* E 2 SPP

Große, braune oder grünliche Florfliegen, Kopf orangefarben.

1 ⊙ Rotköpfige Florfliege
Nothochrysa fulviceps **L** ~ 12 mm.
S 40–45 mm. Kopf orange; Körper braun oder teilweise grünlich. Thorax (einschließlich Pronotum) mit breitem, hellem Längsstreifen. Abdomen mit breitem, schwarzem Längsstreifen. **H** Wälder, meist höher in Bäumen.

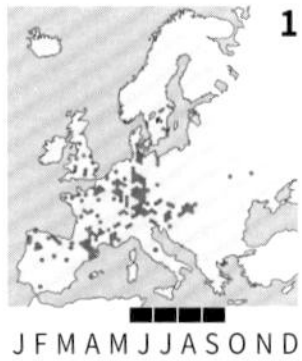

1

2 ⊙ Orangeköpfige Florfliege
Nothochrysa capitata **L** ~ 10 mm.
S 28–35 mm. Kopf orange-braun; Rest des Körpers und Pterostigma braun oder grünlich. **H** Wälder, typischerweise an Kiefern, manchmal an Eichen.

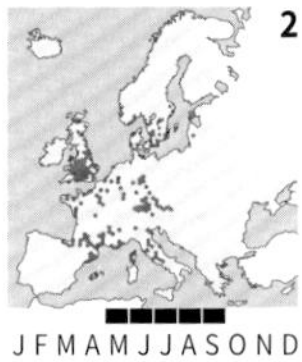

2

STAUBHAFTE Coniopterygidae

E 7 GEN 59 SPP 1 ILL

Wenig bekannt. Klein, weiß oder grau, mit einem weißen, wachsartigen Pulver bedeckt. Identifizierung bis zur Art ist schwierig, obwohl die Flügeläderung zumindest bei der Bestimmung der Gattungen helfen kann. Oberflächlich gesehen ähneln sie einigen Blattläusen (S. 172) und Mottenschildläusen (S. 176), beides Hemiptera; diese haben jedoch kürzere Fühler und halten ihre Flügel nicht dachförmig. Staubhafte ernähren sich von kleinen Schildläusen, Blattläusen und Milben und werden daher als nützlich angesehen.

1 🔬 Nadelbaum-Staubhaft
Conwentzia psociformis **L** 2 mm.
S 5 mm. Körper und Flügel weiß, mit Wachs bedeckt. Hinterflügel schmal; ≤ ⅓ der Breite der Vorderflügel. Art am besten durch mikroskopische Untersuchung der ♂ Genitalien zu bestimmen. **H** In Wäldern und Gärten, auf verschiedenen Bäumen und Sträuchern.

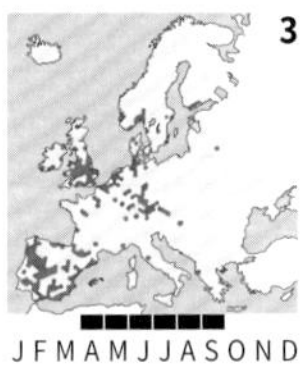

3

TAGHAFTE Hemerobiidae

E 7 GEN 64 SPP 6 ILL

Braune Insekten, Vorderflügel einiger Arten braun mit schwarzer Schattierung oder Flecken; Queradern gabeln sich nahe der Basis; eine Art hat hakenförmige Vorderflügel. Gattungen und Arten werden durch mikroskopische Untersuchung der Flügeläderung identifiziert.

4 ⊙ Totes Blatt
Drepanepteryx phalaenoides **L** ~ 9 mm.
S 23–32 mm. Groß, kastanienbraun. Vorderflügel sind braun und haben eine unverwechselbare Form, die an der Spitze hakenförmig ist und an ein kleines Blatt erinnert. **H** Wälder.

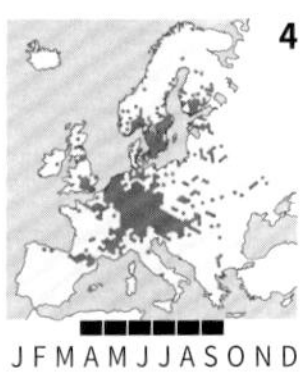

4

Gen. *Hemerobius* E 12 SPP

Braun bis gelblich. Identifizierung der Arten durch mikroskopische Untersuchung leichter Unterschiede in der Vorderflügeläderung.

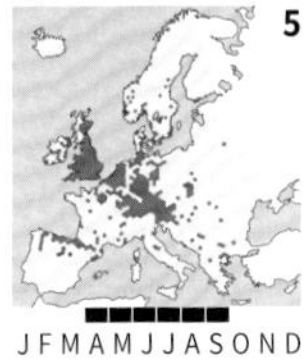

5

5 🔍 Gepunkteter Taghaft
Hemerobius micans **L** ~ 6 mm.
S 11–18 mm. Körper und Flügel gelblich. Vorderflügeläderung mit blass behaarten Strichen. Von anderen *Hemerobius* spp. durch die Striche (nicht Flecken) zwischen den Adern auf den Vorderflügeln zu unterscheiden. **H** Waldland.

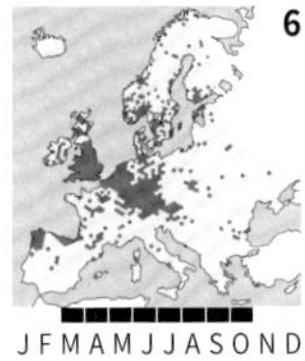

6

6 🔬 Gemeiner Taghaft
Hemerobius humulinus **L** ~ 5 mm.
S 15–18 mm. Braun; Vorderflügel bräunlich mit feiner Zeichnung. **H** Grünland, Gärten, Parks, Wälder.

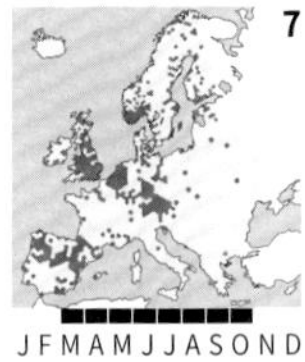

7

7 🔍 Kieferntaghaft
Hemerobius stigma **L** 5–7 mm.
S 11–15 mm. Braun, Oberseite des Thorax im gleichen Farbton wie die Seiten. Vorderflügel mit dunklen Flecken; Pterostigma orange, im Gegensatz zu anderen Arten. **H** Nadelwälder, an Kiefern oder Lärchen.

Gen. *Micromus* E 7 SPP

Klein, Flügel teilweise transparent mit artspezifischer Farbmarkierung.

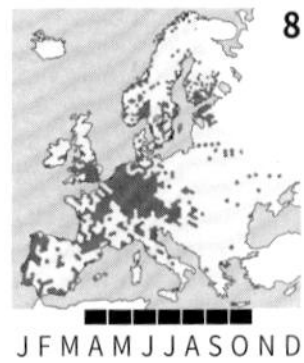

8

8 🔬 Brauner Taghaft
Micromus angulatus **L** 6–8 mm.
S 12–16 mm. Körper braun; Flügel fein braun gesprenkelt. **H** Grasland, Flussufer; gelegentlich Wälder.

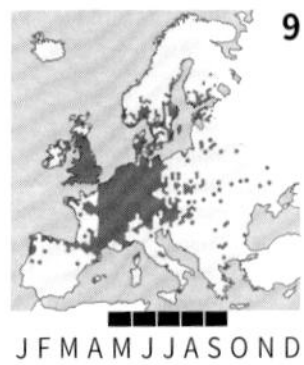

9

9 🔬 Gefleckter Taghaft
Micromus variegatus **L** 4–6 mm.
S 10–14 mm. Braun; Vorderflügel durchsichtig mit schwarzen oder dunkelbraunen Flecken. **H** Grünland, Gärten, Parks, Wälder, an Büschen.

FANGHAFTE Mantispidae

E 2 GEN 5 SPP 1 ILL

Körper ähnelt kleinen Gottesanbeterinnen (S. 92); Thorax sehr lang gestreckt, Kopf dreieckig, Vorderbeine als Fangbeine modifiziert, um Insekten zu erbeuten. Fühler viel kürzer als bei den Fangschrecken. Flügel durchsichtig und in der Ruhe dachförmig über den Hinterleib gefaltet, ähnlich wie bei anderen Florfliegen.

10 ⊙ Steyrischer Fanghaft
Mantispa styriaca **L** 12–20 mm.
S 14–34 mm. Körper braun, Hinterleib dunkel gefleckt. Augen mit metallischem Schimmer; Beine gelblich braun.
H Sonnige Hänge, in Höhenlagen bis 2000 m, Gärten. **V** Nachtaktiv, wird manchmal von Lichtern angezogen.

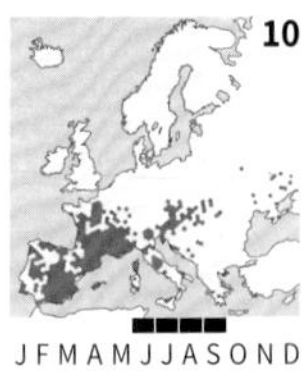

10

← Florfliegen

1 ×2 ◆

2 ×2 ◆

Staubhafte

3 ×8 ◆

Taghafte

4 ×2 ■

5 ×3 ■

6 ×4 ◆

7 ×4 ◆

8 ×3 ◆

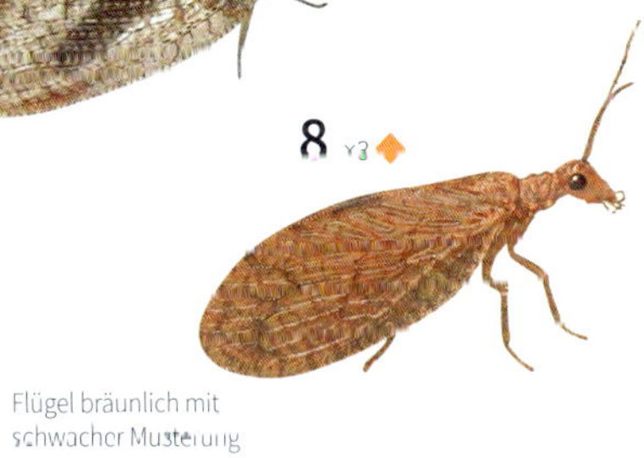

9 ×10 ◆

Fanghafte

10 ×1,5 ■

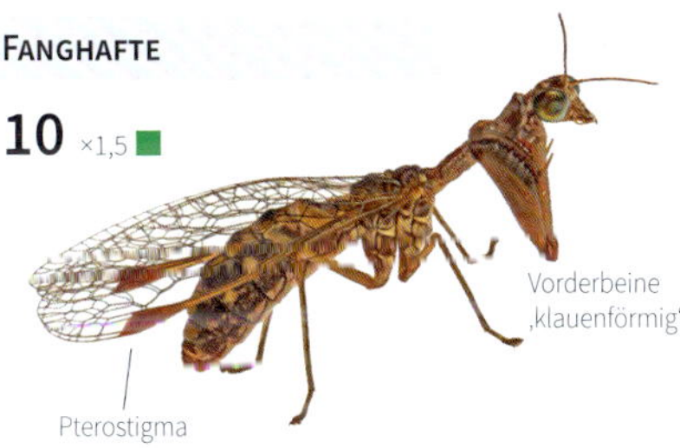

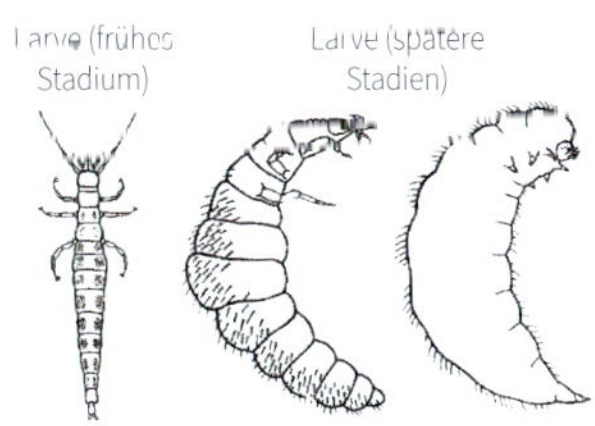

AMEISENJUNGFERN Myrmeleontidae

E >20 GEN 57 SPP 4 ILL

Groß, mit sehr langen Flügeln, die einen flatternden Flug ermöglichen. Auf den ersten Blick ähnlich Libellen. Fühler mit keulenförmiger Spitze. Larven graben kegelförmige Gruben in den Sand, um Ameisen und andere Insekten zu erbeuten, die hineinfallen; sie jagen manchmal auch außerhalb ihrer Gruben.

1 Geflecktflüglige Ameisenjungfer ***Euroleon nostras*** **L** ~ 30 mm. **S** 52–68 mm. Graubraun; Flügel transparent, schwarz gefleckt; Pterostigma schwarz-weiß; Vorderflügelspitzen abgerundet. **H** Trockene, sandige und felsige Gebiete: Dünen, Waldränder, Sandgruben.

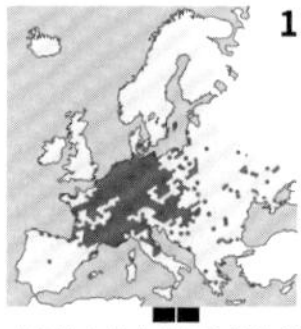
1
J F M A M J J A S O N D

2 Gemeine Ameisenjungfer
Myrmeleon formicarius **L** ~ 35 mm. **S** 70–86 mm. Graubraun; Flügel transparent, glatt; Pterostigma weiß; Vorderflügelspitzen teilweise gestutzt. **H** Trockene, sandige und felsige Lebensräume: Klippen, Dünen, Waldränder, Sandgruben. **V** Hauptsächlich nachtaktiv.

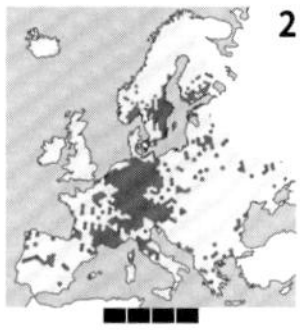
2
J F M A M J J A S O N D

3 Creolische Ameisenjungfer
Creoleon lugdunensis **L** ~ 35 mm. **S** 60–70 mm. Körper graubraun, Flügel durchsichtig, insgesamt sehr schlank und lang gestreckt. **H** Trockene, sandige und felsige Lebensräume.

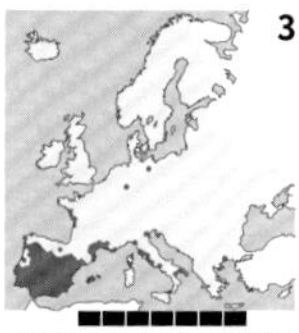
3
J F M A M J J A S O N D

RIESEN-AMEISENJUNGFERN Palparidae

E 1 GEN 2 SPP 1 ILL

Große Ameisenjungfern mit bunten Flügeln; Äderung der Hinterflügel anders als in Familie Myrmeleontidae.

3 Riesen-Ameisenjungfer
Palpares libelluloides **L** ~ 40 mm. **S** 103–118 mm. Größter europäischer Netzflügler; Flügel breit, mit variabler brauner Zeichnung. **H** Gebüsch, felsige Hänge, sandiges Grasland. **V** Larven graben keine Gruben; sie jagen in der unteren Vegetationsschicht nach Beute.

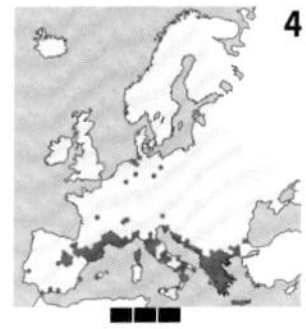
4
J F M A M J J A S O N D

BACHHAFTE Osmylidae

E 1 GEN 3 SPP 1 ILL

Groß, unverwechselbar, im Gegensatz zu anderen Netzflüglern 3 Ocelli. Erwachsene Tiere fliegen hauptsächlich in der Dämmerung über Wasserflächen; Larven entwickeln sich in feuchten Moosen am Ufer, überwintern und verpuppen sich im Frühjahr.

5 Europäischer Bachhaft
Osmylus fulvicephalus **L** ~ 12 mm. **S** 40–45 mm. Schwarz, Kopf rot; Flügel klar, deutlich schwarz gezeichnet. **H** An Bach- und Flussufern, oft an oder in der Nähe von Wäldern.

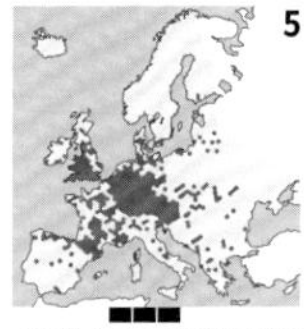
5
J F M A M J J A S O N D

SCHWAMMHAFTE Sisyridae

E 1 GEN 7 SPP 1 ILL

Ähnlich Bachhaften (Hemerobiidae); graubraun oder braun, bei einigen Arten Vorderflügel dunkel geädert; Vorderflügel an der Basis mit Queradern, die sich nicht gabeln. Larven entwickeln sich in Süßwasserschwämmen; erwachsene Tiere häufig in Baumkronen, auch in der unteren Vegetation, werden von Licht angezogen.

6 Schwarze Schwammfliege
Sisyra nigra **L** ~ 4 mm. **S** 10–12 mm. Einheitlich braun. Fühler vollständig dunkel, bei anderen *Sisyra* spp. nicht. **H** Stille oder langsam fließende Gewässer, einschließlich Teiche.

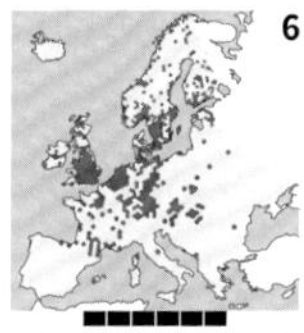
6
J F M A M J J A S O N D

SCHLAMMFLIEGEN Megaloptera

E 1 FAM 6 SPP W 2 FAM 380 SPP

Robust, dunkel, Flügel weich, Kopf relativ breit. Beide Flügelpaare dunkelbraun oder schwarz geädert, Vorderflügel mit mehreren Rippenquernerven. Flug eher unbeholfen. Larven aquatisch, ernähren sich von anderen Insekten und Kleintieren. Erwachsene Tiere leben nur 2–3 Tage, legen ihre Eier in der Vegetation ab. Zwei Familien, nur eine in Europa.

SCHLAMMFLIEGEN Sialidae

E 1 GEN 6 SPP 3 ILL

Groß, dunkelbraun bis schwarz. Arten anhand der äußeren Genitalien bei ♂ oder der Analplatte bei ♀ zu bestimmen; Bestimmung anhand von Fotos der erwachsenen Tiere nicht möglich. Auch die Genauigkeit der Verbreitungskarten kann durch mögliche Fehlbestimmungen beeinträchtigt sein.

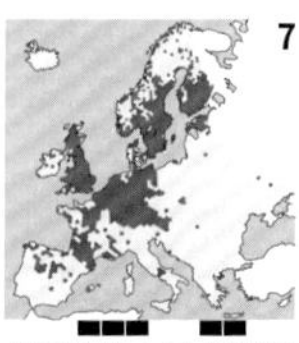
7
J F M A M J J A S O N D

7 Gemeine Schlammfliege
Sialis lutaria **L** ~ 10 mm. **S** 20–30 mm. Dunkelbraun. **H** Stille und fließende Gewässer, von kleinen Teichen bis zu großen Seen und Flüssen.

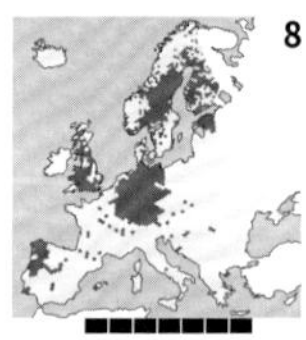
8
J F M A M J J A S O N D

8 Fluss-Schlammfliege
Sialis fuliginosa **L** ~ 10 mm. **S** 27–33 mm. Dunkelbraun. **H** An Rändern von Fließgewässern, oft in Wäldern.

9 Schwarzfüßige Schlammfliege
Sialis nigripes **L** ~ 10 mm. **S** 27–34 mm. Dunkelbraun. **H** Seen und Flüsse, hauptsächlich in kalkhaltigen Regionen.

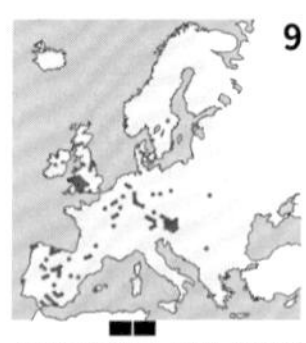
9
J F M A M J J A S O N D

AMEISENJUNGFERN

1 ×1 ■

2 ×1 ■

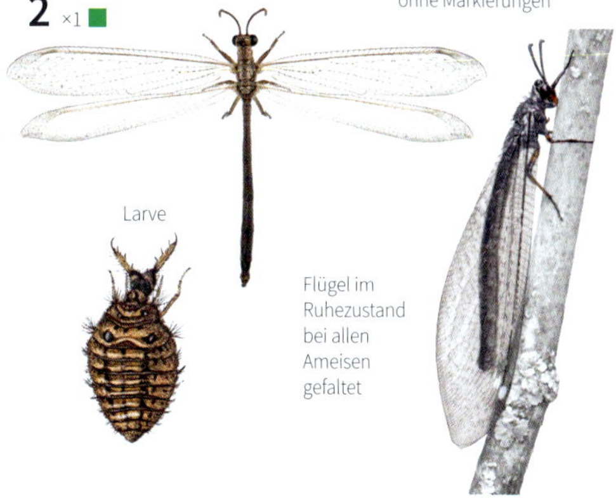

RIESEN-AMEISENJUNGFERN

3 ×1 ■

4 ×1 ◆

BACHHAFTE

5 ×1,5 ■

SCHWAMMHAFTE

6 ×4 ■

SCHLAMMFLIEGEN

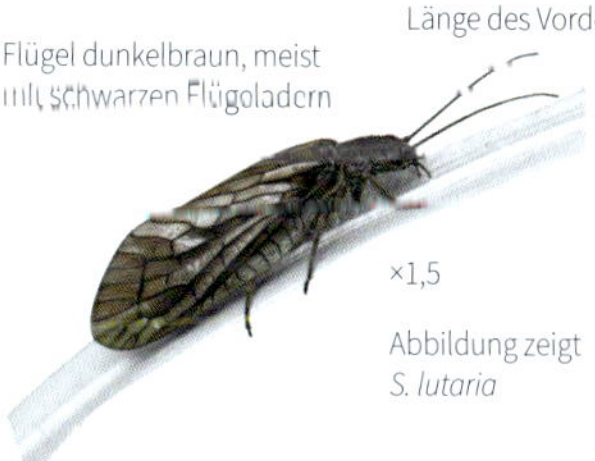

♂ Spitze des Bauches (seitlich, von hinten) | ♀ Spitze des Bauches (unterseitig)

7 ●

8 ●

9 ●

Pronotum charakteristisch verlängert (daher der Name der Ordnung), in Ruhestellung etwas angehoben. Die mitteleuropäischen Arten sind schwarz, mit 2 Paar schwarz geäderten Flügeln. Der Flug ist unbeholfen.

♀ legen ihre Eier mit ihrem langen Ovipositor in Rindenspalten von Bäumen ab. Larven ernähren sich von Insekten unter der Rinde; erwachsene Tiere fressen Blattläuse und andere kleine Insekten. Überwinterung als Larve oder Puppe.

Zusammen mit Netzflüglern (Neuroptera, S. 180) und Schlammfliegen (Megaloptera, S. 184) bilden die Kamelhalsfliegen eine gemeinsame Gruppe, die „Neuropterida". Sie sind dennoch nicht sehr eng miteinander verwandt.

KAMELHALSFLIEGEN Raphidiidae

E 13 GEN 76 SPP 4 ILL

Obwohl sie zu verschiedenen Gattungen gehören, ist bei der Identifizierung der Arten Vorsicht geboten. Die Gattungen können anhand von Bildern guter Qualität oder im Feld durch Untersuchung der Vorderflügelspitzen und des Pterostigmas mit einer 15–20fachen Lupe bestimmt werden. Es kann aber auch innerhalb einer Gattung leichte Unterschiede in der Flügeläderung geben.

1 Eichenbusch-Kamelhalsfliege ***Subilla confinis*** **L** ~ 7–10 mm. **S** 15–20 mm. Schwarz. Pterostigma gelblich, auf Höhe der Spitze von Zelle 1 liegend, mit einer Querrippe. Flügeladern schwarz. **H** Wälder; an Eichen.

1
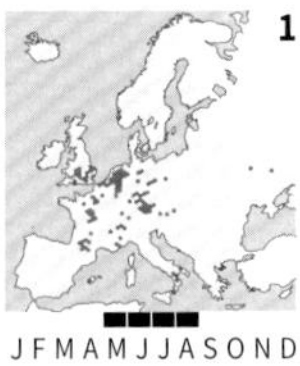

2 Atlantische Kamelhalsfliege ***Atlantoraphidia maculicollis*** **L** 9–10 mm. **S** 18–20 mm. Schwarz, Beine und Fühler rotbraun; rötliche Flecken auf Pronotum und Abdomen, Letzteres auch mit etwas Gelb. Pterostigma braun, mit einer Querrippe. Femora bei manchen Exemplaren deutlich dunkler. **H** Wälder; an Kiefern, Lärchen, Eichen.

2
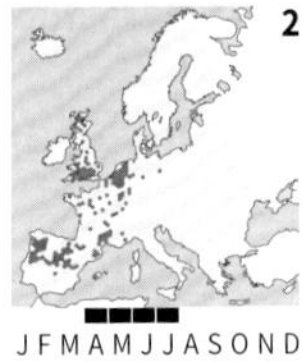

3 Gefleckte Kamelhalsfliege ***Phaeostigma notata*** **L** 10–15 mm. **S** 20–30 mm. Relativ groß. Schwarz; Tibiae und (teilweise) Tarsi rotbraun; Hinterleib mit gelben Flecken. Pterostigma dunkelbraun oder schwarz, mit 2–3 Queradern. Flügeladern schwarz; Vorderflügel mit einer Reihe von schmalen Adern, die an den Spitzen gegabelt sind. Äußere Flügelader (Costa) mit 12–15 kleinen Adern, die bis zur nächsten Ader (Subcosta) reichen. **H** Wälder und Gärten; an Eichen.

3
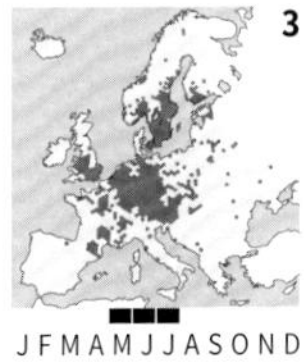

4 Gelbgezeichnete Kamelhalsfliege ***Xanthostigma xanthostigma*** **L** 7–9 mm. **S** 15–20 mm. Schwarz. Pterostigma gelblich braun, mit einer Querader; Pterostigma auf gleicher Höhe oder fast auf gleicher Höhe wie die Spitze von Zelle 1. Flügeladern zum Teil bräunlich. **H** Eichenwälder.

4
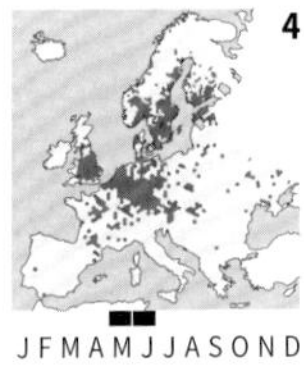

FÄCHERFLÜGLER Strepsiptera

E 6 FAM 60 SPP W 9 FAM 671 SPP

Auch als Stylops bezeichnet. Wenig bekannte kleine Endoparasitoide anderer Insekten, oft Bienen. Eine „stylopisierte" Biene ist in der Regel nicht in der Lage, sich fortzupflanzen.

♂ nehmen keine Nahrung mehr zu sich; sehr klein, geflügelt, mit großen Augen und fächerförmigen oder verzweigten Fühlern. Sehen winzigen Fliegen ähnlich. Vorderflügel reduziert (ähnlich den Halteren von Fliegen, die dort aber aus den Hinterflügeln gebildet sind). Hinterflügel groß, wenig geädert, in Ruhestellung fächerförmig gefaltet. Weniger als 20 % der Tiere sind ♂. Sie leben nur wenige Stunden und suchen nach „stylopisierten" Wirtstieren, um sich dort mit ♀ zu paaren.

Erwachsene ♀ haben rudimentäre Augen, Fühler und Mundwerkzeuge, ihnen fehlen Flügel und Beine. Sie sehen aus wie eine Larve. Nach ihrer Entwicklung im Inneren einer Biene verlassen sie ihren Wirt nicht mehr. Kopf und Thorax der ♀ ragen aus dem Hinterleib des Wirtstieres heraus.

Nach der Paarung schlüpfen die Eier im Körper des ♀. Die daraus entstehenden Larven haben einfache Beine, mit denen sie sich bewegen können. Wahrscheinlich suchen sie Blüten auf, um sich in ein Bienennest transportieren zu lassen.

Die Arten werden nach Wirten gruppiert, darunter die Familien Elenchidae und Halictophagidae) auf Schnabelkerfen, Stylopidae auf Bienen und Xenidae auf Wespen (Vespidae und möglicherweise Sphecidae).

Bei der genauen Untersuchung von Bienen können zuweilen ♀ der Fächerflügler gefunden werden. Es ist aber unwahrscheinlich, ♂ anzutreffen. Die Untersuchung von Nestern von Sandbienen im April oder Mai kann hier am vielversprechendsten sein: Hier sollte man Ausschau nach einem winzigen fliegenähnlichen Insekt halten, das sich für den Hinterleib einer Biene interessiert.

STYLOPS Stylopidae

E ~10 GEN 31 SPP 1 ILL

Stylops spp. leben auf Bienen und Wespen; die Arten sehen sich sehr ähnlich, sodass die Identifizierung problematisch ist, da auch die Identifizierung des Wirts erforderlich ist; einige Arten nutzen mehr als einen Wirt.

5 Sandbienen-Fächerflügler ***Stylops melittae*** **L** 3–5 mm. ♀ braun, breit, flach, larvenartig; nur der Kopf ragt aus dem Wirt heraus. ♂ schwarz, geflügelt; mit hellerem, verschmälertem Hinterleib und Fühlern, die von der Basis aus auf ⅔ der Länge verbreitert sind. **H** Auf verschiedenen Sandbienen (*Andrena* spp.); Grasland, Gärten, Hecken und Wälder.

5
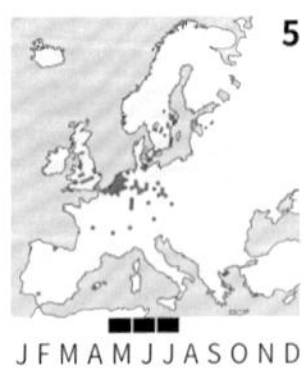

KAMELHALSFLIEGEN

1 ×3 ◆

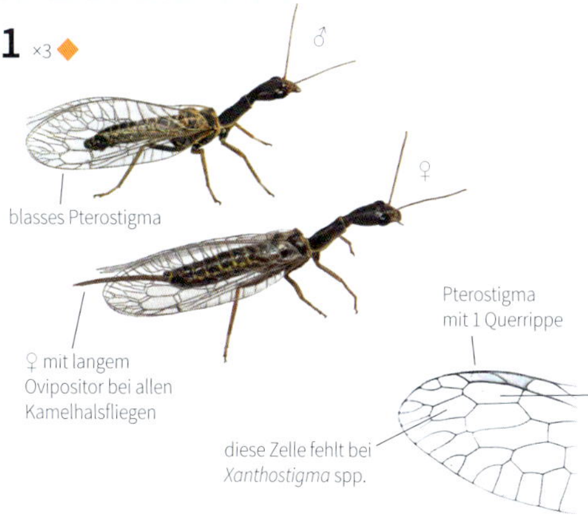

2 ×3 ◆

3 ×3 ◆

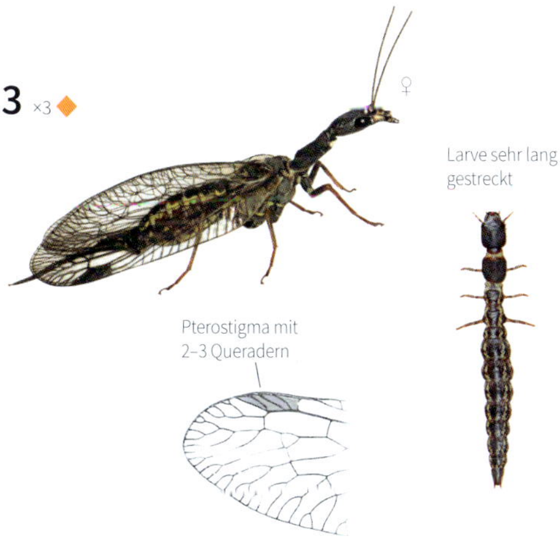

4 ×3 ◆

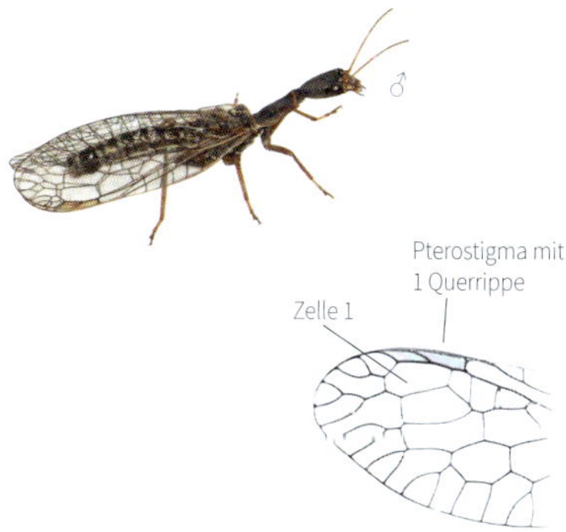

FÄCHERFLÜGLER

5 ×6 ●

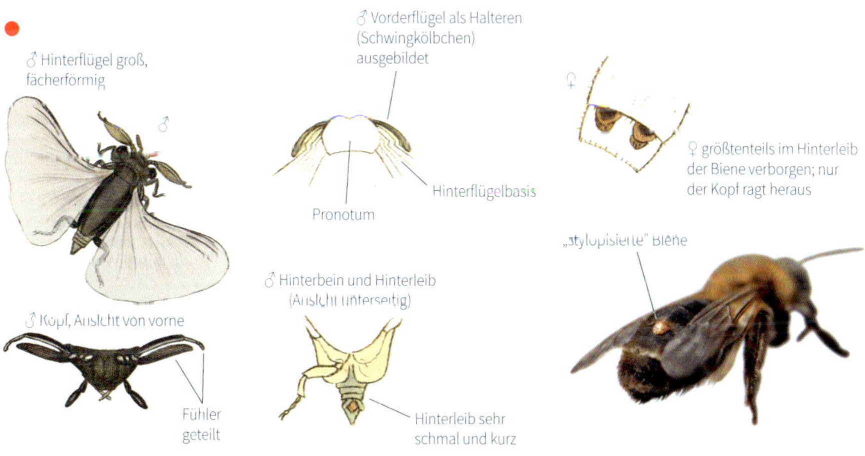

Die mit Abstand größte Insektenordnung der Welt, mit ~40 % aller beschriebenen Arten, sehr klein bis sehr groß (bis zu 80 mm, Hirschkäfer ♂). Vorderflügel verhärtet (Elytren), bedecken die häutigen Hinterflügel und meist auch den gesamten Hinterleib. Einigen Arten fehlen die Hinterflügel.

Die Struktur der Fühler hilft bei der Bestimmung der Familien. Beißende Mundwerkzeuge; Nahrung sehr vielfältig, darunter andere Kleintiere, Pflanzen (lebend oder tot), lebendes und verrottendes Holz oder Dung.

Etliche Arten sind von wirtschaftlicher Bedeutung, vor allem Bockkäfer und andere, deren Larven wertvolle Hölzer schädigen; einige sind Schädlinge von Lagerprodukten. Umgekehrt sind Marienkäfer nützlich, da sie zahlreiche Blattläuse vertilgen.

Die 2 Unterordnungen unterscheiden sich durch geringe morphologische Unterschiede; der auffälligste ist die Position der hinteren Coxa (Hüftgelenke), von unten betrachtet: Die hinteren Coxa unterteilen Abdomen S1 (Sternit) bei Adephaga vollständig, nicht aber bei Polyphaga.

Unterordnungen

Schwimmkäfer, Sandlaufkäfer, Laufkäfer

Adephaga

Meist räuberisch. Schwimmkäfer aquatisch, mit angepassten Schwimmbeinen, Verwechslungsgefahr mit den Schwimmkäfern (Hydrophilidae). Sandlaufkäfer (farbenprächtig) und Laufkäfer bodenbewohnend, meist oval mit kräftigen Elytren.

→ S. 192

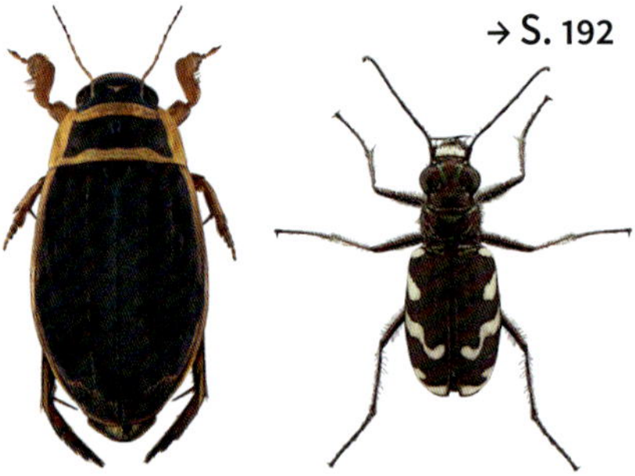

Verschiedenste meist landlebende Käfer

Polyphaga

Riesige Vielfalt hauptsächlich landlebender Familien, umfasst auch aquatische Schwimmkäfer (Hydrophilidae).

→ S. 214

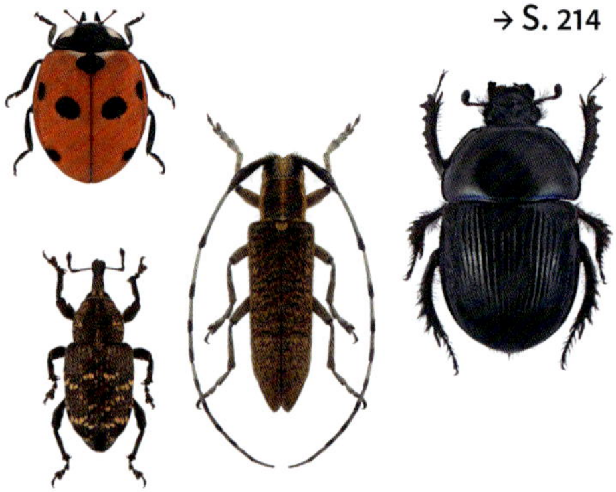

Körperbau von Käfern

typischer Käfer (Graugelber Weichkäfer)

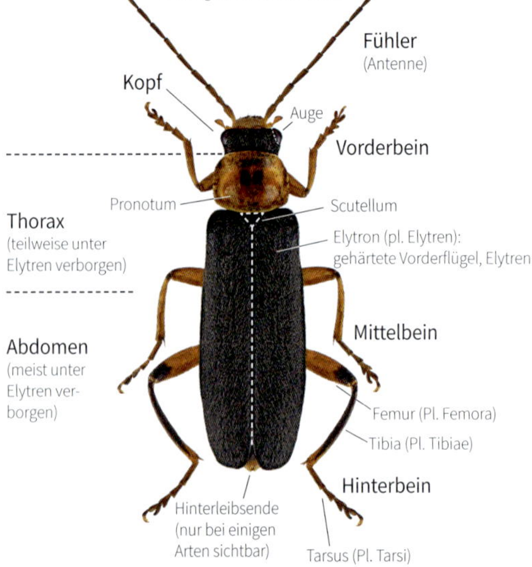

Unterordnung Adephaga (Ansicht von unten)

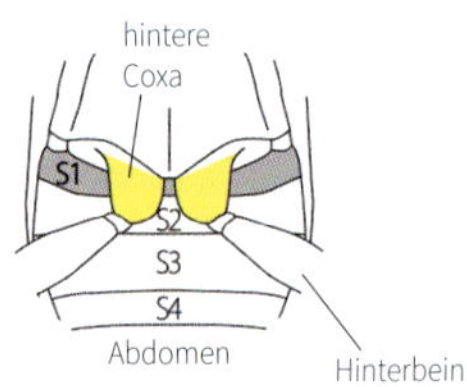

Unterordnung Polyphaga (Ansicht von unten)

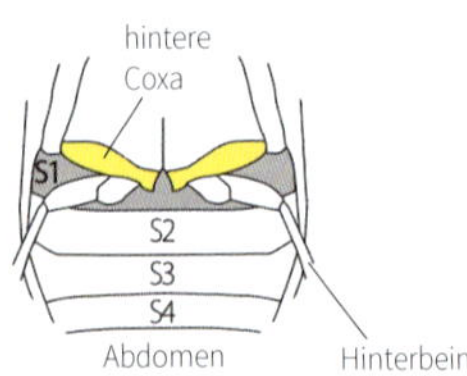

Ausgewählte Familien →

Adephaga

Taumelkäfer
Gyrinidae **S. 192**

Wassertreter
Haliplidae **S. 192**

Schlammschwimmer
Hygrobiidae **S. 192**

Schwimmkäfer
Dytiscidae **S. 192**

Sandlaufkäfer
Cicindelidae **S. 198**

Laufkäfer
Carabidae **S. 200**

Polyphaga →

Furchenwasserkäfer
Helophoridae **S. 214**

Schlammkäfer
Spercheidae **S. 214**

Wasserkäfer
Hydrophilidae **S. 214**

Stutzkäfer
Histeridae **S. 216**

Nestkäfer & Schwammkugelkäfer
Leiodidae **S. 216**

Aaskäfer
Silphidae **S. 218**

Kurzflügler
Staphylinidae **S. 220**

Mistkäfer
Geotrupidae **S. 224**

Schröter & Hirschkäfer
Lucanidae **S. 226**

Blatthornkäfer
Scarabeidae **S. 228**

Sumpfkäfer
Scirtidae **S. 234**

Moorweichkäfer
Dascillidae **S. 234**

Prachtkäfer
Buprestidae **S. 236**

Schienenkäfer
Eucnemidae **S. 240**

Hüpfkäfer
Throscidae **S. 240**

Schnellkäfer
Elateridae **S. 240**

← LEITFADEN FÜR AUSGEWÄHLTE FAMILIEN

← POLYPHAGA

SCHNECKENHAUSKÄFER
Drilidae **S. 246**

ROTDECKENKÄFER
Lycidae **S. 246**

LEUCHTKÄFER
Lampyridae **S. 248**

WEICHKÄFER
Cantharidae **S. 248**

SPECKKÄFER
Dermestidae **S. 252**

BOHRKÄFER
Bostrichidae **S. 254**

NAGEKÄFER
Ptinidae **S. 254**

WERFTKÄFER
Lymexylidae **S. 256**

FLACHKÄFER
Trogossitidae **S. 256**

BUNTKÄFER
Cleridae **S. 256**

ZIPFELKÄFER
Melyridae **S. 258**

BLÜTENFRESSER
Byturidae **S. 260**

FAULHOLZKÄFER
Erotylidae **S. 260**

DETRITUSKÄFER
Monotomidae **S. 260**

SCHIMMELKÄFER
Cryptophagidae **S. 260**

PLATTKÄFER
Cucujidae **S. 262**

RAUBPLATTKÄFER
Silvanidae **S. 262**

GLATTKÄFER
Phalacridae **S. 262**

RIEDGRASGLANZKÄFER
Kateretidae **S. 262**

GLANZKÄFER
Nitidulidae **S. 264**

GLATTRINDENKÄFER
Cerylonidae **S. 264**

STÄUBLINGSKÄFER
Endomychidae **S. 264**

MARIENKÄFER
Coccinellidae **S. 266**

MODERKÄFER Latridiidae **S. 274**

BAUMSCHWAMMKÄFER Mycetophagidae **S. 274**

SCHWAMMKÄFER Ciidae **S. 274**

DÜSTERKÄFER Melandryidae **S. 274**

KEULENDÜSTERKÄFER Tetratomidae **S. 276**

FÄCHERKÄFER Ripiphoridae **S. 276**

STACHELKÄFER Mordellidae **S. 276**

RINDENKÄFER Zopheridae **S. 276**

SCHWARZKÄFER Tenebrionidae **S. 278**

SCHEINBOCKKÄFER Oedemeridae **S. 282**

BLASENKÄFER & ÖLKÄFER Meloidae **S. 284**

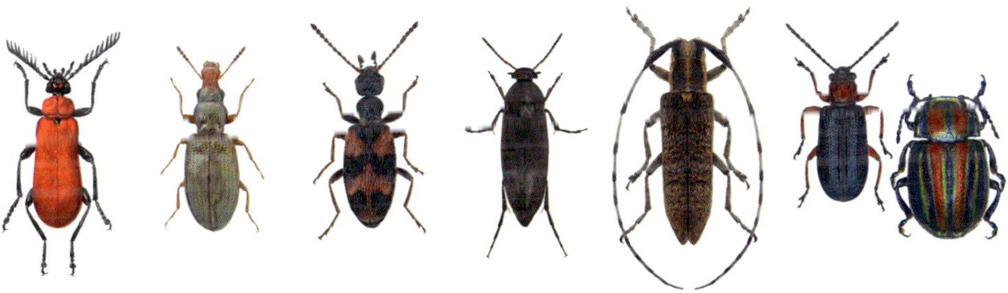

FEUERKÄFER Pyrochroidae **S. 286**

SCHEINRÜSSLER Salpingidae **S. 286**

BLÜTENMULMKÄFER Anthicidae **S. 286**

SEIDENKÄFER Scraptiidae **S. 288**

BOCKKÄFER Cerambycidae **S. 288**

BLATTKÄFER Chrysomelidae **S. 302**

BREITRÜSSLER Anthribidae **S. 318**

TRIEBSTECHER Rhynchitidae **S. 318**

BLATTROLLER Attelabidae **S. 318**

SPITZMAULRÜSSLER Apionidae **S. 320**

ZWERGRÜSSLER Nanophyidae **S. 320**

RÜSSELKÄFER Curculionidae **S. 322**

TAUMELKÄFER Gyrinidae

E 3 GEN 17 SPP 2 ILL

Klein. Körper oval, glänzend, meist schwarz. Mittel- und Hinterbeine kurz; Vorderbeine zum Ergreifen von Beutetieren an der Wasseroberfläche. Fühler kurz. Augen zweigeteilt, können über und unter Wasser sehen. Oft in großer Zahl an der Wasseroberfläche, schnell im Kreis schwimmend, selten ruhend. Gute Flieger.

1
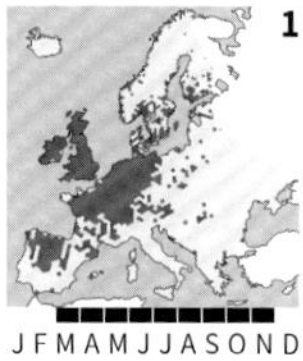

1 Gemeiner Taumelkäfer
Gyrinus substriatus **L** 5–7 mm. Glänzend schwarz, Oberseite glatt. Elytren mit Längsrillen, die aus feinen Punkten bestehen. **H** Teiche, Gräben.

2
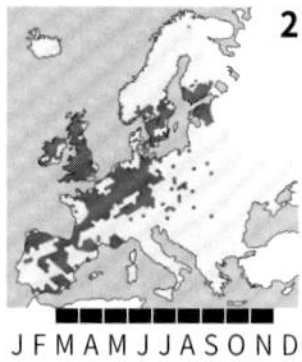

2 Behaarter Taumelkäfer
Orectochilus villosus **L** 5–7 mm. Glänzend schwarz, Pronotum und Elytren mit feinen grauen Haaren bedeckt; Unterseite meist orange. **H** Flüsse, Seeufer. **V** Nachtaktiv.

WASSERTRETER Haliplidae

E 3 GEN 31 SPP 2 ILL

Klein; oval; gelblich braun mit artspezifischer schwarzer Zeichnung; Elytren grob gekörnt. Hinterbeine lang, mit Schwimmhaaren, aber nicht sehr ausgeprägt als Schwimmbeine geformt; hintere Coxae (Hüftgelenke, von unten sichtbar) stark vergrößert. Schwimmen mit einer unbeholfen aussehenden Kraultechnik. Fühler fadenförmig, 11-gliedrig. Erwachsene Tiere sind Allesfresser, Larven ernähren sich von Algen. Gute Flieger, suchen oft neue Gewässer auf.

3
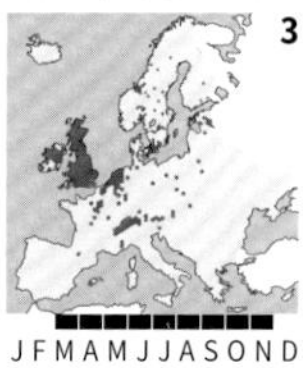

3 Gemeiner Wassertreter
Haliplus confinis **L** 3–4 mm. Elytren mit schwarzem Längs- und Querstreifenmuster. Pronotum gelb ohne schwarze Zeichnung. **H** Seen, Teiche, Gräben.

4
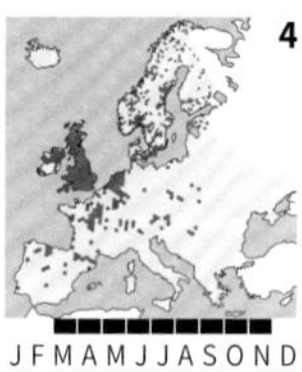

4 Gelber Wassertreter
Haliplus fulvus **L** 4 mm. Elytren mit mehreren kleinen länglichen schwarzen Flecken. Pronotum gelb mit etwas Schwarz. **H** Seen, Zuflüsse.

UFERFEUCHTKÄFER Noteridae

E 2 GEN 4 SPP 1 ILL

Klein; Körper oval, Scutellum nicht sichtbar, Elytren glatt mit großen Gruben; alle Tarsi mit 5 Segmenten; Fühler 11-gliedrig, fadenförmig. Meist am bewachsenen Gewässerrand, auch im Uferschlamm; können gut schwimmen und fliegen.

5
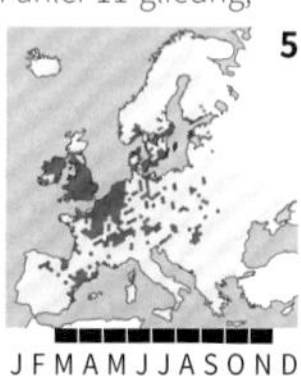

5 Großer Uferfeuchtkäfer
Noterus clavicornis **L** 4–5 mm. Dunkel rotbraun; Kopf und Pronotum heller gefärbt. **H** Teiche.

SCHLAMMSCHWIMMER Hygrobiidae

E 1 SP 1 ILL

Kleine Familie mit nur 6 Arten weltweit; 4 davon in Australien; nur 1 in Europa. Körper gedrungen, Kopf oben und unten auffallend rundlich. Hinterbeine mit verlängerten Tarsi; bei ♂ Tarsi der Vorder- und Mittelbeine verbreitert; Fühler 11-gliedrig, fadenförmig. Können ein quietschendes Geräusch erzeugen, wenn sie gestört oder angefasst werden.

6
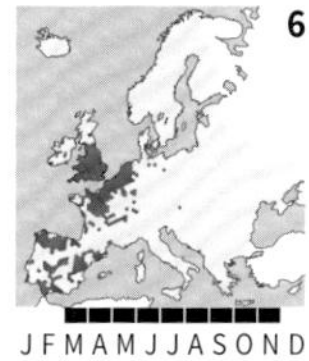

6 Europäischer Schlammschwimmer ***Hygrobia hermanni***
L 9–10 mm. Dunkel rotbraun; Scutellum, Seiten der Elytren, Kopf und Beine heller, Augen dunkel. **H** Teiche und Gräben, oft in Schlamm.

SCHWIMMKÄFER Dytiscidae →

E ~40 GEN 375 SPP 22 ILL

Große Familie, sehr kleine bis sehr große Arten. Körper oval, Kopf von der Form bündig an Thorax angeschlossen; Scutellum bei den meisten, aber nicht allen Arten sichtbar. (Fehlt das Scutellum, wird dies in der Artbeschreibung erwähnt.) Alle Arten sind räuberisch. Beine schlank, gut an das Schwimmen angepasst; Hinterbeine mit langen Schwimmhaaren. Frischluftspeicher unter den Elytren; zur Luftaufnahme wird das hintere Körperende an die Wasseroberfläche gebracht, im Gegensatz zu den Wasserkäfern (Hydrophilidae).

Gen. ***Agabus*** E 64 SPP
Scutellum sichtbar; vordere Tarsi nicht erweitert.

7
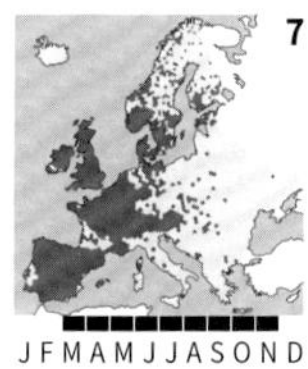

7 Rotflecken-Schwimmkäfer
Agabus bipustulatus **L** 8–11 mm. ♂ glänzend schwarz; ♀ mattschwarz mit schwachem Seidenglanz. Bei ♂ vordere Tarsi verlängert, lappenförmig, mit Zahn. Andere *Agabus* spp. ähnlich; viele mit artspezifischen Flecken auf den Elytren. **H** Bevorzugt stagnierende oder langsam fließende Gewässer. Auch in alpinen Regionen.

8
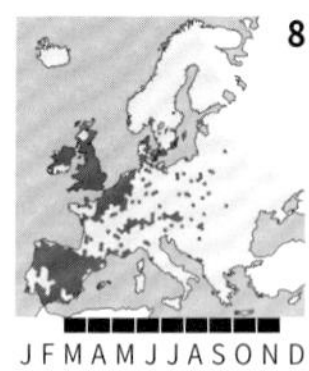

8 Nebelschwimmkäfer
Agabus nebulosus **L** 7–9 mm. Gelblich braun; Elytren mit schwarzen Sprenkeln und 2 hellen Flecken an den Seiten; Scutellum meist mit 2 zentralen schwarzen Flecken; Beine braun. **H** Gewässer mit Lehm- oder Steingrund, auch in Hochmooren und alpinen Regionen.

9
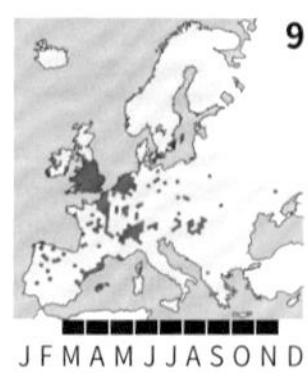

9 Rötlicher Schwimmkäfer
Liopterus haemorrhoidalis **L** 6–8 mm. Scutellum sichtbar; vordere Tarsi nicht erweitert. Mittelgroß, mit schmalem, rotbraunem Körper. Fühler und Beine rötlich. **H** Gräben, Teiche.

TAUMELKÄFER

1 ×6 ◆

2 ×6 ◆

WASSERTRETER

3 ×8 ◆

4 ×8 ◆

UFERFEUCHTKÄFER

5 ×6 ◆

SCHLAMMSCHWIMMER

6 ×3 ■

SCHWIMMKÄFER →

7 ×3 ◆

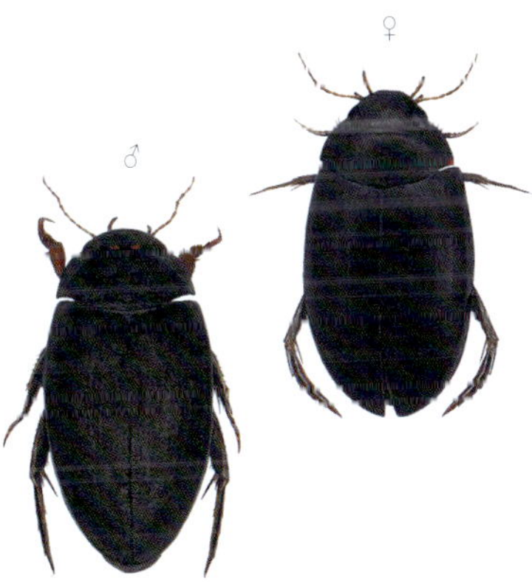

8 ×3 ■

9 ×3 ◆

← SCHWIMMKÄFER Dytiscidae →

Gen. *Ilybius* E 32 SPP

Scutellum sichtbar; vordere Tarsi nicht erweitert. Ähnlich, aber größer als *Agabus* spp., Körper mattschwarz, einige Arten mit heller Zeichnung.

1 Schwarzschlammtaucher
Ilybius ater **L** 13–15 mm. Fühler und Beine rotbraun; Spitze der Elytren mit je einem kleinen braunen Fleck. **H** Stehende Gewässer, Teiche und Gräben.

1
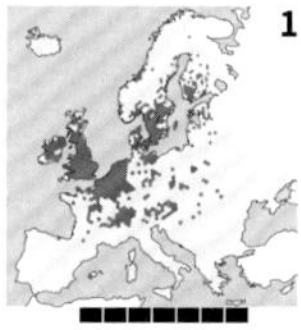
J F M A M J J A S O N D

2 Rußiger Schlammschwimmer
Ilybius fuliginosus **L** 10–12 mm. Elytren und Pronotum mit rotbraunen Rändern. **H** Flüsse, Gräben, Seen, Teiche.

2
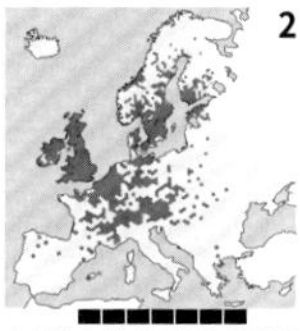
J F M A M J J A S O N D

3 Vierfleck-Schlammschwimmer
Ilybius quadriguttatus **L** 10–12 mm. Schwache rötliche Flecken an den Seiten und an der Spitze der Elytren. **H** Flüsse, Gräben, Seen, Teiche.

3
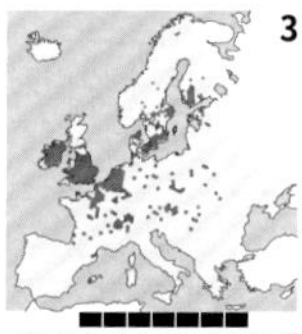
J F M A M J J A S O N D

4 Gefleckter Flussschwimmer
Platambus maculatus **L** 7–9 mm. Körper länglich oval; glänzend, mit variabler gelblich brauner bis gelblich schwarzer Zeichnung; Elytren mit gelbem Rand; Kopf mit schwarzer Zeichnung zwischen den Augen. Körperunterseite rot. **H** Fließgewässer.

4
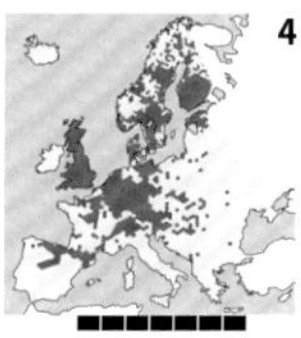
J F M A M J J A S O N D

5 Gaukler
Cybister lateralimarginalis **L** 29–37 mm. Sehr groß, ähnlich zu *Dysticus* spp. Schwarz mit grünem Schimmer und blassgelbem Rand; Unterseite gelblich rot. Breiter und flacher als *Dytiscus* spp.; die breiteste Stelle des Körpers befindet sich leicht achtern. Elytren ♂ glatt, ♀ fein granuliert. Scutellum sichtbar. Die Larve ist bis zu 80 mm lang, ihr Körper ist schmaler und der Kopf kleiner als bei *Dytiscus*-Larven. Nur wenige Nachweise im Vereinigten Königreich, der einzige aus dem Jahr 2005. **H** Gut bepflanzte Teiche und Seen.

5
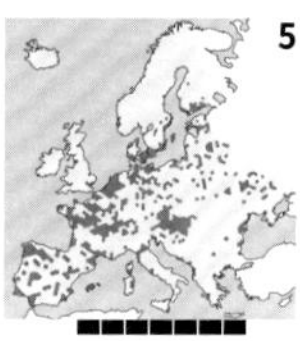
J F M A M J J A S O N D

Gen. *Dytiscus* E 11 SPP

Auffällige, große bis sehr große Arten; Scutellum sichtbar, vordere Tarsi erweitert. Körper oval; die breiteste Stelle des Körpers in der Mitte. Pronotum ganz oder nur an den Seitenrändern gelb; Elytren mit gelben Seiten. Können gut fliegen. Larve bis zu 60–80 mm lang, mit großem Kopf und kräftigen Mandibeln.

6 Gelbrandkäfer
Dytiscus marginalis **L** 26–32 mm. Sehr groß. Pronotum mit schmalen gelben Rändern um das ganze Segment; Elytren und Pronotum glänzend schwarz; Unterseite einheitlich gelblich. Elytren bei ♂ glatt, bei ♀ stark gerippt. Einige ♀ können glatte Elytren haben. **H** Stehende Gewässer, oft in Teichen.

6
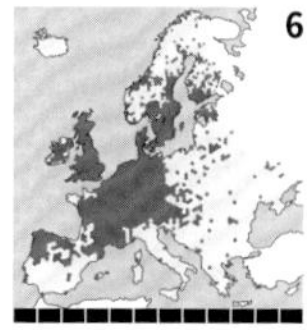
J F M A M J J A S O N D

7 Breitrand *Dytiscus latissimus*
L 36–44 mm. Größter europäischer Schwimmkäfer. Ähnlich Gelbrandkäfer (*D. marginalis*), jedoch Elytren seitlich auffallend verbreitert, ♂ glatt, ♀ stark gerippt. **H** Nährstoffarme, flache stehende Gewässer mit reicher Schilf- und Seggenvegetation; manchmal auch in gut bewachsenen Kiesgruben und Torfteichen. Selten, vom Aussterben bedroht.

7
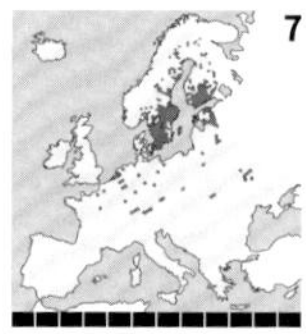
J F M A M J J A S O N D

8 Kleiner Großtauchkäfer
Dytiscus lapponicus **L** 22–28 mm. Pronotum mit breitem gelben Rand um das ganze Segment, auch gelbe Linien auf dem Kopf; Elytren mit schmalem gelben Rand; sonst Körper schwarz, obwohl die Unterseite gelb mit schwarzer Bänderung ist. **H** Bergseen, Tümpel; eine auf kühles Klima spezialisierte Art.

8
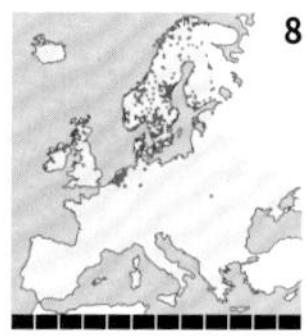
J F M A M J J A S O N D

9 Schwarzbauch
Dytiscus semisulcatus **L** 22–30 mm. Sehr groß. Pronotum nur an den Seitenrändern gelb; Körper schwarz mit schwarzer Unterseite. Elytren stark gerippt. ♀ des Königstauchkäfer (*D. dimidiatus*) ist ähnlich, hat aber eine gelbe Unterseite. **H** Seichte, stehende Gewässer.

9
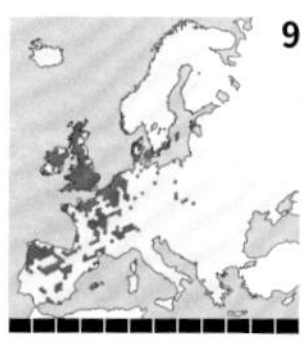
J F M A M J J A S O N D

1 ×2 ◆

2 ×2 ◆

3 ×2 ◆

4 ×3 ■

5 ×1 ◆

♂ ♀

Larve

×0,75

6 ×1 ◆

♂ ♀ ♂

Larve mit Beute

×0,75

7 ×1 ■

♂ ♀

8 ×1 ◆

♂ ♀

9 ×1 ◆

♂

← SCHWIMMKÄFER Dytiscidae

1 ☉ Punktierter Tauchschwimmer
Rhantus suturalis **L** 10–13 mm. Groß; Körper dunkel oder gelblich braun; Pronotum mit verschmiertem dunklem Zentralfleck und zumindest breitem gelblichem Rand; Elytren gesprenkelt, mit Längslinien; Fühler ganz gelb. Andere *Rhantus* spp. sind ähnlich, haben aber keinen schwarzen Fleck auf dem Pronotum und dunkle Fühlerspitzen. **H** Gräben, Teiche, Tümpel.

1
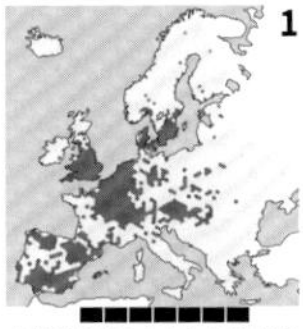

Gen. *Colymbetes* E 5 SPP
Scutellum sichtbar; größere Arten; vordere Tibiae sehr kurz, stark gebogen. Elytren gesprenkelt, mit deutlichen Querfurchen. Bevorzugen stehende Gewässer.

2 ☉ Gemeiner Teichschwimmer
Colymbetes fuscus **L** 15–17 mm. Groß; Körper grau und braun; Pronotum schwarz mit bräunlichen Seitenrändern. Beine rotbraun. **H** Bäche, Gräben, Teiche.

2
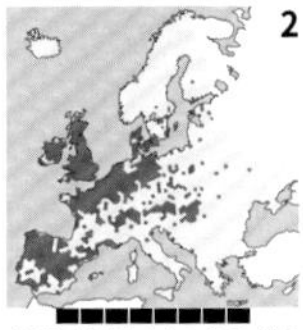

3 ☉ Paykull-Teichschwimmer
Colymbetes paykulli **L** 14–20 mm. Dunkel bräunlich; Elytren etwas heller braun. **H** Bäche, Gräben, Teiche.

3
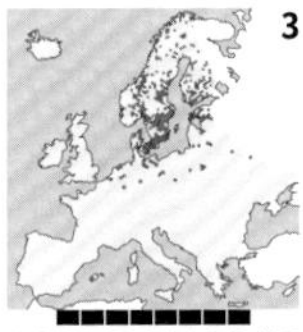

4 ☉ Gemeiner Furchenschwimmer
Acilius sulcatus **L** 16–18 mm. Groß; Pronotum gelb mit 2 schwarzen Querstreifen; Elytren schwarz, Rand gelb mit schwarzen Punkten; Hinterschenkel zumindest auf der inneren Hälfte dunkel. Unterseite des Hinterleibs schwarz mit gelben Flecken. Elytren bei ♂ glatt, bei ♀ mit ausgeprägten Längsrillen. Scutellum sichtbar. Der seltene Zwergtauchkäfer (*A. canaliculatus*) ist ähnlich, aber die hinteren Femora und die Unterseite des Hinterleibs sind bei dieser Art überwiegend blass gefärbt. **H** Gräben, Seen, große Teiche.

4
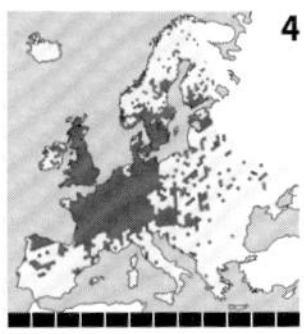

5 ☉ Gelbflecken-Schwimmkäfer
Hygrotus inaequalis **L** 3 mm. Pronotum mit gelbem Band; Elytren dunkelbraun bis schwarz mit auffälliger gelblicher Zeichnung; diese kann sehr variabel sein; einige Exemplare fast einheitlich schwarz, was zu Verwechslungen mit anderen *Hygrotus* spp. führen kann. Scutellum fehlt. **H** Gut bepflanzte Gräben und Teiche.

5
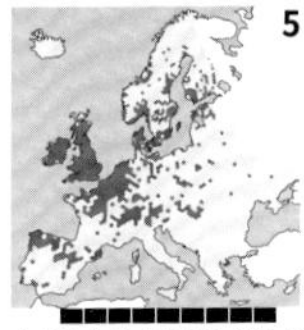

6 ☉ Sechsfleckiger Zwergschwimmer *Hydroporus palustris*
L 3–4 mm. Sehr glatter ovaler Körper; Hinterleib, Pronotum und Kopf gehen glatt ineinander über; Pronotum und Elytren dunkelbraun mit gelblichen Rändern und Zeichnungen. Scutellum fehlend. Die Färbung ist sehr variabel; einige Exemplare sind fast gleichmäßig dunkel. Fühler relativ lang und fadenförmig. **H** Stehende Gewässer.

6
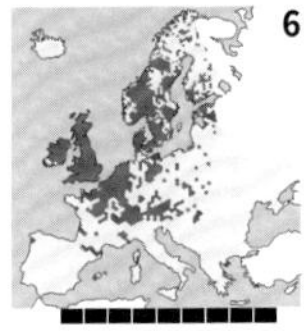

7 ☉ Glatter Kugelschwimmer
Hyphydrus ovatus **L** 4–5 mm. Klein bis mittelgroß, rundlich, rotbraun. **H** Gräben, Kanäle, Teiche, Flüsse, Bäche.

7
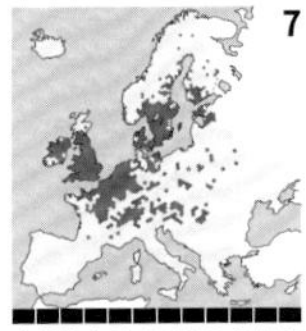

8 ☉ Grundschwimmer
Laccophilus minutus **L** 4–5 mm. Elytren grünlich braun; Pronotum gelblich braun, Scutellum fehlend. Hintere Tarsi verbreitert. **H** Teiche, Seen, Gräben.

8
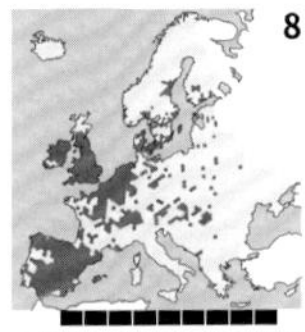

9 ☉Gestreifter Grundschwimmer
Oreodytes sanmarkii **L** 3 mm. Oval, gelblich, Pronotum mit schwarzem Mittelstreifen, manchmal breit; Elytren mit schwarzen Linien, die oft Streifen oder Flecken bilden; Hinterleib unten orange oder schwarz. Scutellum fehlend. Hinterbeine behaart. **H** Flache Bäche, auf steinigem Grund.

9
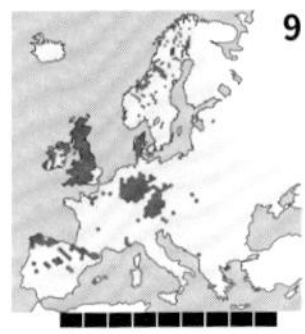

10 ☉ Zwölfflecken-Schwimmkäfer
Stictotarsus duodecimpustulatus
L 5–6 mm. Klein bis mittelgroß, Pronotum in der Mitte am breitesten. Gelbliche Grundfarbe, schwarz am Hinterkopf, der oberen Hälfte der Fühler, der Rückseite des Pronotums und auf den Elytren, die ebenfalls 12 große gelbliche Flecken aufweisen. **H** Gräben, Seen, Teiche, Flüsse.

10
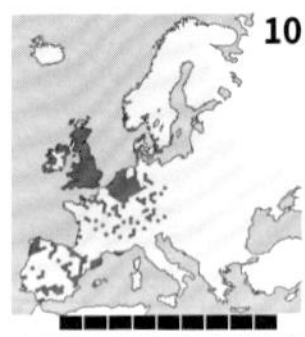

← SCHWIMMKÄFER

1 ×3 ◆

2 ×2 ◆

3 ×2 ◆

4 ×2 ◆

Larve

5 ×8 ◆

6 ×8 ◆

7 ×6 ■

Larve

8 ×6 ◆

9 ×8 ◆

10 ×5 ■

SANDLAUFKÄFER Cicindelidae

E ~10 GEN 49 SPP 7 ILL

Körper lang gestreckt; Kopf und Mundwerkzeuge groß; Augen groß und vorgewölbt; Fühler über der Basis der Unterkiefer angesetzt; Elytren mit metallischer Zeichnung. Sehr aktiv, vor allem im Sonnenlicht; können sehr schnell laufen (das am schnellsten laufende jemals untersuchte Insekt ist ein Sandlaufkäfer) und auch gut fliegen. Früher wurden sie als Unterfamilie der Laufkäfer (Carabidae) betrachtet, doch neuere Forschungen legen die Zuordnung einer eigenständigen Familie nahe. Die meisten europäischen Arten kommen vorwiegend in südlichen Regionen vor.

Gen. *Cicindela* E 40 SPP

Größere Arten; metallisch grün oder braun; charakteristische weißliche Zeichnung auf den Elytren hilft bei der Artbestimmung.

1
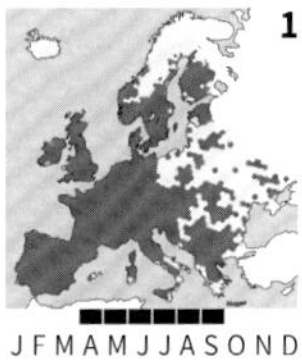

1 ⊙ Feld-Sandlaufkäfer
Cicindela campestris **L** 12–17 mm.
Grün; Beine und Fühler metallisch kupfern oder bronzefarben; Pronotum breiter als lang. Elytren mit 5–6 blassgelben Flecken, einige davon in der Mitte. Ähnlich zum Deutschen Sandlaufkäfer (*Cylindera germanica*), bei dem die hellen zentralen Flecken auf den Elytren fehlen.
H Sandiges Heideland, Hänge. **V** Auf kahlem Boden, oft auf Wegen.

2
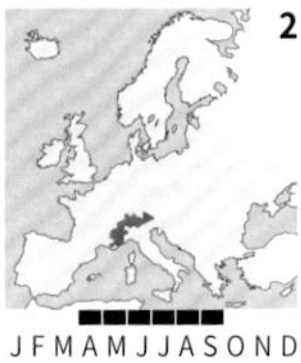

2 ⊙ Gallischer Sandlaufkäfer
Cicindela gallica **L** 12–16 mm.
Grün; ähnlich zum Feld-Sandlaufkäfer (*C. campestris*), unterscheidet sich aber durch eine andere weiße Zeichnung auf den Elytren. **H** Hänge und Gebiete mit kahlem Boden, 1500–2700 m.
V Nachtaktiv.

3
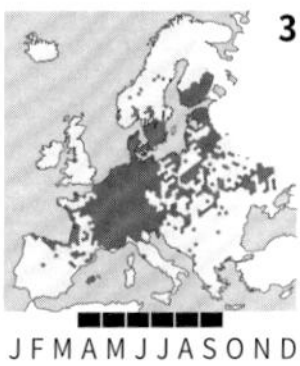

3 ⊙ Dünen-Sandlaufkäfer
Cicindela hybrida **L** 12–17 mm.
Dunkelbraun; Elytren mit weißlichen Flecken, die in der Mitte eine charakteristische Form haben, die an die Zahl 3 erinnert. Leicht zu unterscheiden durch die Form der zentralen Zeichnung auf den Elytren, ansonsten ähnlich wie andere braune *Cicindela* spp. **H** Sanddünen, Heideland.

4
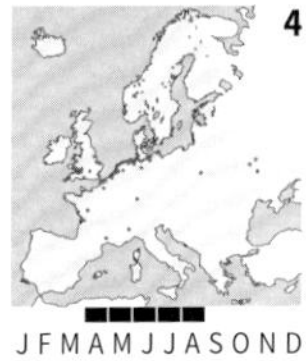

4 ⊙ Küsten-Sandlaufkäfer
Cicindela maritima **L** 11–15 mm.
Dunkelbraun; Elytren mit weißlichen Flecken, deren Form an eine Musiknote erinnert. **H** Sanddünen, oft in küstennahen Regionen.

5
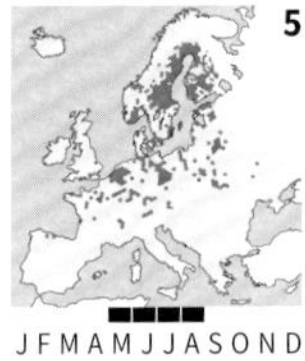

5 ⊙ Wald-Sandlaufkäfer
Cicindela sylvatica **L** 14–18 mm.
Dunkelbraun, Elytren mit schmalen cremefarbenen Flecken; Labrum schwarz. Ähnlich anderen braunen *Cicindela* spp., aber leicht anhand der schmalen zentralen Zeichnung auf den Elytren und dem schwarzen (nicht blassen) Labrum zu erkennen. **H** Heidekraut.

6
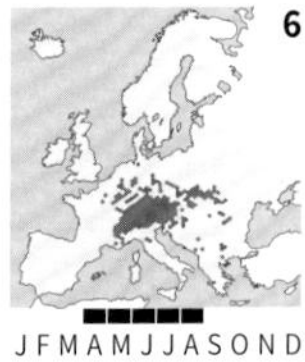

6 ⊙ Berg-Sandlaufkäfer
Cicindela sylvicola **L** 12–16 mm.
Kupferfarben bis grün, mit weißen Flecken und Zacken auf den Elytren. Stirn mit weißen Haaren, die bei anderen Sandlaufkäfern fehlen. **H** Hügel und Bergregionen bis 2000 m, auf sonnigen und trockenen Waldwegen, Sand- und Kiesgruben, Steinbrüchen.

7
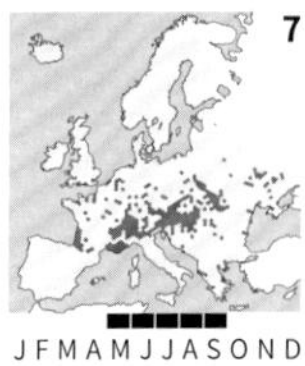

7 ⊙ Deutscher Sandlaufkäfer
Cylindera germanica **L** 8–12 mm.
Grün, teilweise bläulich oder bronzefarben, selten schwarz oder zweifarbig, aber nicht dunkelbraun; Pronotum länger als breit. Elytren mit 3 paarigen hellen Flecken am Rand. Ähnlich anderen grünen Sandlaufkäfern wie dem Grünen Sandlaufkäfer (*C. campestris*) oder dem Alpen-Sandlaufkäfer (*C. gallica*), jedoch fehlen die hellen zentralen Flecken auf den Elytren. **H** Felsen in der Nähe von Wasserläufen, Grasland.

SANDLAUFKÄFER

1 ×2 ◆

Larve in selbst gegrabener Höhle auf Beute wartend, Kopf sichtbar

×4

Larve

2 ×2 ◆

3 ×2 ◆

Larve

Larve in selbst gegrabener Höhle auf Beute wartend, Kopf sichtbar

×4

4 ×2 ◆

5 ×2 ◆

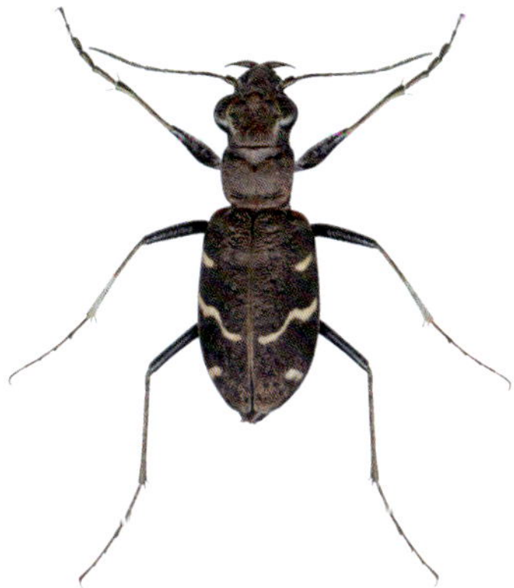

6 ×2 ◆

7 ×2 ■

LAUFKÄFER Carabidae →

E 200+ GEN 2700 SPP 86 ILL

Klein bis sehr groß, meist bodenbewohnend. Thorax breiter als der Kopf; Elytren lang, oft oval und mit Längslinien oder strukturierter Oberfläche. Fühler zwischen den Augen und Unterkiefern angesetzt. Einige Arten tagaktiv und leuchtend gefärbt. Viele Arten lassen sich unter Steinen und Baumstämmen finden. Eine Auswahl an Gattungen und Arten, die typischerweise anzutreffen sind, ist hier gezeigt.

Gen. *Carabus* E 135 SPP →

Groß bis sehr groß (13–35 mm), oft schwarz oder dunkel, bei einigen Arten variabel in der Farbe. Unterseite des Hinterleibs sechsgliedrig.

1 ⊙ Hügellaufkäfer *Carabus arvensis*
L 16–20 mm. Körper kupferfarben, manchmal grün, bläulich oder schwarz. Elytren mit erhabener, in länglichen Streifen angeordneter Körnung. Körniger Laufkäfer (*C. granulatus*) ähnlich, aber Elytren deutlicher gekörnt; beim Feingestreiften Laufkäfer (*C. monilis*) ist diese Körnung feiner. **H** Heideland, Moorgebiete.

1
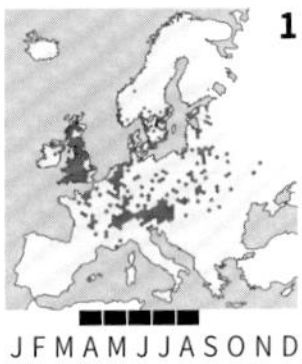

2 ⊙ Goldlaufkäfer *Carabus auratus*
L 17–30 mm. Metallisch grün oder goldfarben. Elytren mit 3 breiten Längsrillen. Fühler S1–S4 rot, andere Segmente dunkel. Beine rot. **H** Grasland, Gärten.

2
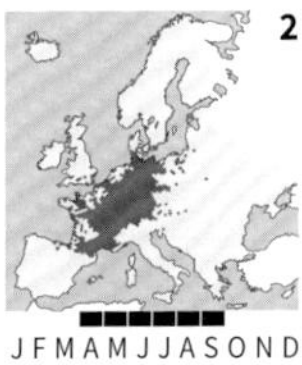

3 ⊙ Goldglänzender Laufkäfer
Carabus auronitens **L** 18–32 mm. Elytren und Kopf goldrötlich, grünlich oder selten bläulich. Pronotum rötlich bis kupferfarben. Ähnlich wie Goldlaufkäfer (*C. auratus*), aber Elytren mit dunkleren Längsrillen und nur Fühler S1 rot. **H** Feuchte und schattige Wälder.

3
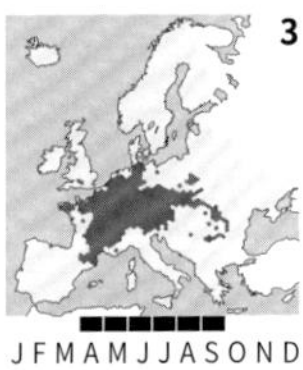

4 ⊙ Körnerwarze
Carabus cancellatus **L** 17–34 mm. Mögliche Färbung: bronze, kupfer, grünlich oder schwarz. Elytren mit 3 längs verlaufenden Linien erhabener Körnung und 3 dazwischenliegenden Kielen. Fühler S1 rot. **H** Feuchte Wälder, auch in bergigem Gelände, Gebüsch.

4
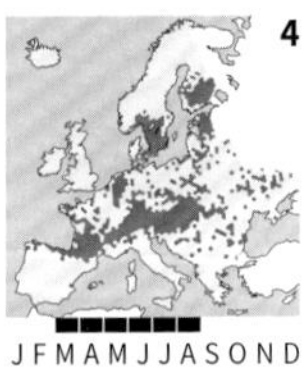

5 ⊙ Uferlaufkäfer
Carabus clatratus **L** 22–30 mm. Schwarz mit grünlich goldenem Schimmer; Elytren mit 3 Kielen, dazwischen 8–10 regelmäßige, kupferfarbene Einstiche. **H** Sümpfe, feuchte Moorgebiete.

5
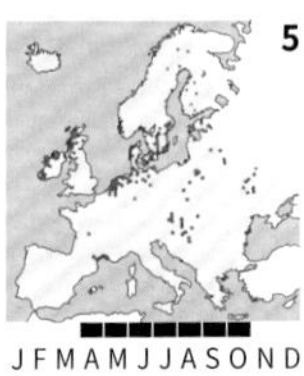

6 ⊙ Lederlaufkäfer
Carabus coriaceus **L** 26–42 mm. Einer der größten europäischen Laufkäfer. Schwarz, Elytren stark gezeichnet und lederartig. Die Oberkiefer (Mandibeln) sind auffallend groß. **H** Gestrüpp.

6
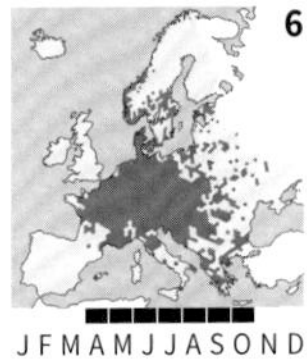

7 ⊙ Glatter Laufkäfer
Carabus glabratus **L** 22–30 mm. Groß; schwarz mit metallisch bläulichem Schimmer; Elytren ziemlich glatt, fein punktiert. **H** Moorlandschaften, Sümpfe, Wälder.

7
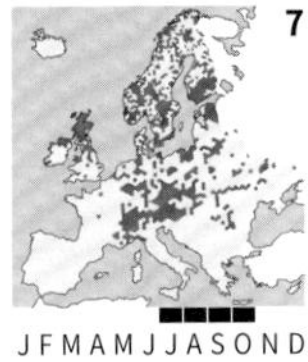

8 ⊙ Körniger Laufkäfer
Carabus granulatus **L** 16–23 mm. Schwarz mit kupferfarbenem, manchmal grünlichem Schimmer; Elytren mit erhabener, ausgedehnter Körnung. Ähnlich dem Hügellaufkäfer (*C. arvensis*) mit weniger ausgeprägter Körnung auf den Elytren; Feingestreifter Laufkäfer (*C. monilis*) mit feinerer Körnung. **H** Sümpfe, Moore, feuchte Wälder.

8
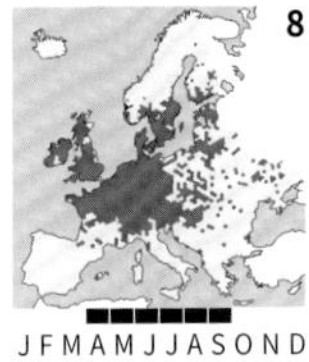

9 ⊙ Goldgruben-Laufkäfer
Carabus hortensis **L** 22–30 mm. Kupfer- oder bronzefarben bis schwarz. Elytren mit feinen Streifen und 3 Reihen von rötlichen, goldenen oder grünlichen Grübchen. Ränder der Elytren nach oben gebogen, grünlich, kupferfarben, bläulich oder violett. **H** Wälder, Parks.

9
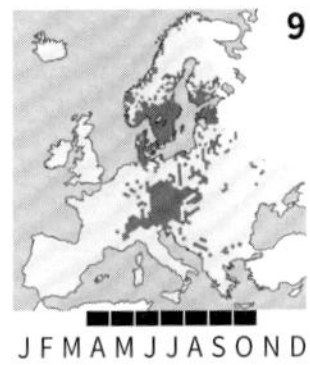

10 ⊙ Dunkelblauer Laufkäfer
Carabus intricatus **L** 25–35 mm. Metallisch blau; Elytren mit länglicher Zeichnung. **H** Eichen- und Buchenwälder, am Boden oder an Baumstämmen.

10
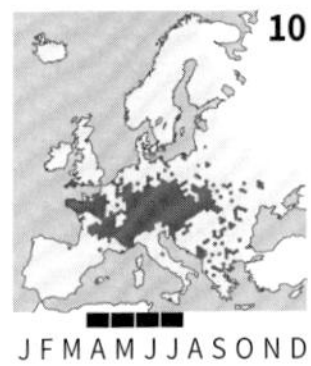

11 ⊙ Schluchtwald-Laufkäfer
Carabus irregularis **L** 19–30 mm. Körper kupferfarben bis rötlich; Elytren und Pronotum grünlich bis rötlich violett; Elytren mit auffälligen Vertiefungen. **H** Buchenwälder in Gebirgsregionen.

11
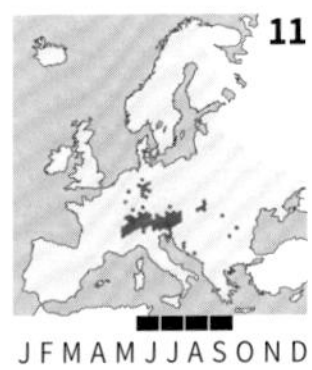

12 ⊙ Feingestreifter Laufkäfer
Carabus monilis **L** 22–26 mm. Metallisch kupferfarben oder grünlich. Elytren mit Reihen von kleinen Körnchen. **H** Grasland und Gebüsch.

12
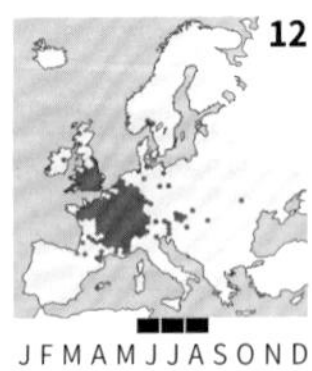

BODENLAUFKÄFER →

1 ×1,25 ◆

2 ×1,25 ■

3 ×1 ◆

4 ×1 ■

5 ×1 ◆

6 ×1 ■

7 ×1 ■

8 ×1,25 ◆

9 ×1,25 ■

10 ×1 ■

11 ×1 ■

12 ×1 ◆

← **LAUFKÄFER** Carabidae →

← Gen. ***Carabus***

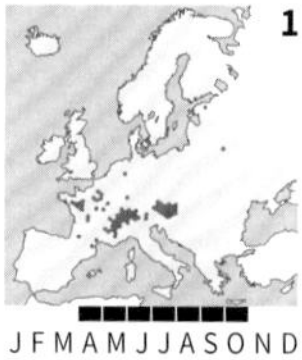

1 ⊙ Hainlaufkäfer
Carabus nemoralis **L** 20–26 mm. Kopf und Pronotum schwarz, Pronotumränder violett oder kupferfarben; Elytren schwarz, grün schimmernd, grob gezeichnet, außerdem 3 Reihen von je 8–10 kleinen Einstichen. **H** Grasland, Wälder, Gärten.

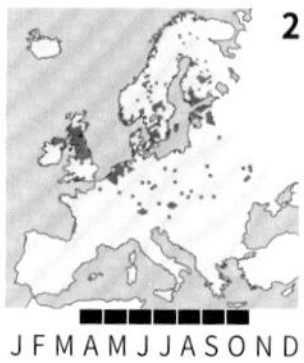

2 ⊙ Heidelaufkäfer *Carabus nitens*
L 13–18 mm. Kleiner als andere *Carabus* spp. Metallisch; Pronotum kupferrot, Elytren grün mit kupferroten Rändern und schwarzen Kielen. Goldlaufkäfer (*C. auratus*) ähnlich, aber größer, auch Farbunterschied beachten. **H** Feuchte Heiden, Moore, Dünensäume.

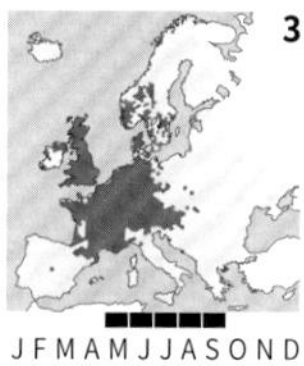

3 ⊙ Blauvioletter Waldlaufkäfer
Carabus problematicus **L** 20–28 mm. Schwarz; metallisch blauer oder lilafarbener Schimmer, der sich über das Pronotum erstreckt. Elytren mit violetten oder blauen Rändern, ausgeprägten Längsrippen und Körnchen. Ähnlich Goldleiste (*C. violaceus*), aber weniger Blau auf dem Pronotum. **H** Grasland, Heiden, Wälder.

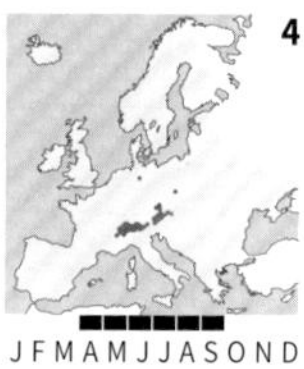

4 🔍 Bergwald-Laufkäfer
Carabus sylvestris **L** 16–29 mm. Variiert von metallisch grün bis kupferfarben oder schwarz. **H** Nadelwälder im Gebirge, alpine Wiesen.

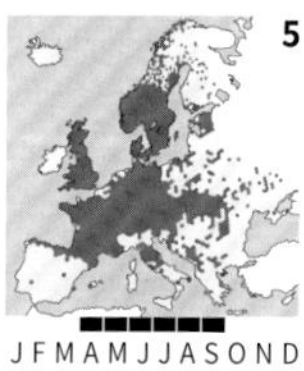

5 ⊙ Goldleiste *Carabus violaceus*
L 20–30 mm. Schwarz; Seiten von Pronotum und Elytren metallisch violett oder blau. Elytren in undeutlichen Linien gekörnt. Ähnlicher Blauvioletter Laufkäfer (*C. problematicus*) auf dem Pronotum kräftiger blau gefärbt. **H** Wälder, Grünland, Gärten.

Gen. ***Calosoma*** E 6 SPP

Große bis sehr große Arten; Pronotum schmal, Elytren breit. Ernähren sich von Mottenlarven; hauptsächlich nachtaktiv.

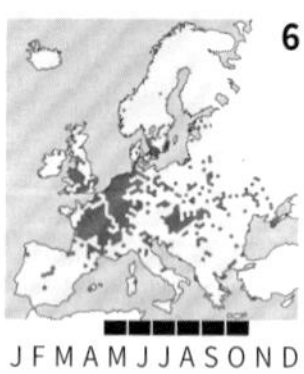

6 ⊙ Kleiner Puppenräuber
Calosoma inquisitor **L** 16–22 mm. Dunkle metallische Bronze; Pronotum und Ränder der Elytren grün oder violett. Elytren mit 15 Längsstreifen pro Seite. **H** Eichenwälder, oft auf Bäumen.

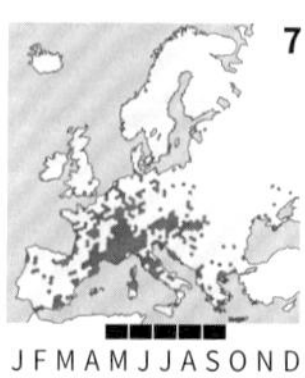

7 ⊙ Großer Puppenräuber
Calosoma sycophanta **L** 21–35 mm. Kopf und Pronotum metallisch bläulich; Elytren leuchtend gold-grün mit kupferfarbenem Schimmer; Anhänge schwarz. **H** Wälder, Gärten.

Gen. ***Nebria*** E 80+ SPP

Mittelgroße Arten, größer als *Leistus* mit deutlich kürzeren Beinen und Fühlern.

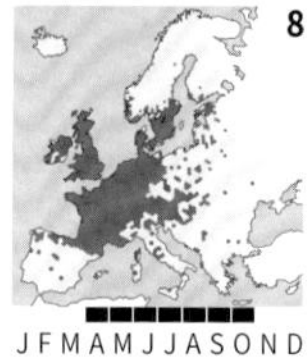

8 ⊙ Gewöhnlicher Dammläufer
Nebria brevicollis **L** 11–14 mm. Körper und Femora schwarz oder dunkelbraun; Rest der Beine und Fühler rotbraun; Pronotum abgerundet; hintere Tarsi mit einigen hellen Haaren. Andere *Nebria* spp. ähnlich, insbesondere *N. salina*, diese mit dunklen Haaren an den hinteren Tarsi und wulstigem Rand am Pronotum. **H** Wälder, landwirtschaftliche Flächen, Gärten, Hecken.

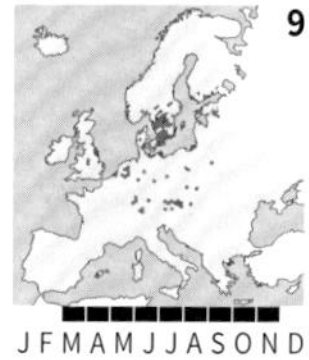

9 ⊙ Gelbrandiger Dammläufer
Nebria livida **L** 13–16 mm. Pronotum gelblich bis rotbraun mit schwarzem Vorder- und Hinterrand; Elytren schwarz mit rotbraunen Rändern und Spitzen; Anhänge blassbraun. **H** An der Küste oder in der Nähe von Flüssen und Seen, auf feuchtem Lehm.

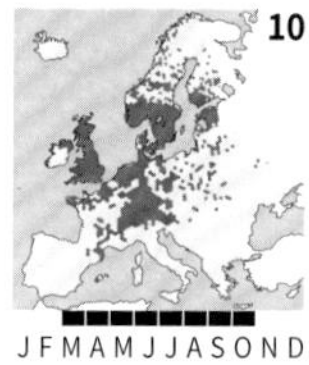

10 ⊙ Gewöhnlicher Schaufelläufer
Cychrus caraboides **L** 14–19 mm. Schwarz; Körper bauchig; Pronotum schmal und rund; hintere Tarsi mit wenigen hellen Haaren. **H** Feuchte Wälder, Moorgebiete. **V** Striduliert mit brummendem Laut zur Verteidigung.

Gen. ***Abax*** E 10+ SPP

Große bis sehr große Arten, länglich ovale Form, Pronotum so breit wie Elytren; Elytren nicht gekörnt.

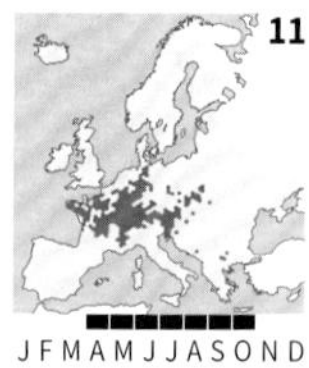

11 ⊙ Ovaler Breitkäfer *Abax ovalis*
L 11–15 mm. Blaugrün mit metallischem Glanz. Beine und Fühler schwarz. Flügel voll entwickelt, schwarz gefärbt. **H** Waldränder, Heideflächen, Moore, auch in Gebirgslagen.

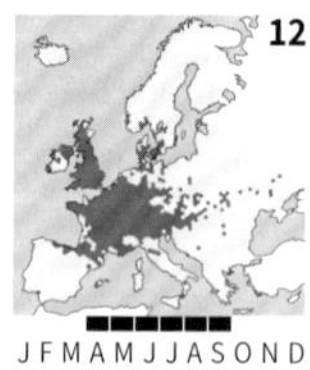

12 ⊙ Großer Breitkäfer
Abax parallelepipedus **L** 17–22 mm. Schwarz, glänzend; Elytren jedoch stumpf ♀; Pronotum so breit wie der Hinterleib, mit 2 ausgeprägten großen Vertiefungen; Elytren stark gerippt, mit scharfem, erhabenem Grat an der „Schulter". **H** Wälder und feuchte Moorgebiete.

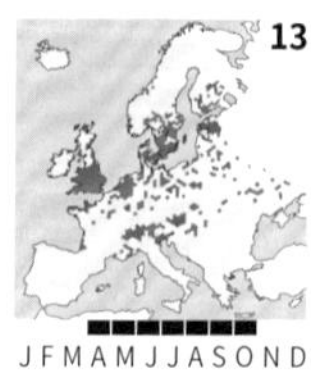

13 ⊙ Kopfkäfer *Broscus cephalotes*
L 16–23 mm. Groß bis sehr groß, einschließlich der Mandibeln; schwarz, aber Spitzen der Fühler und Palpen braun; Elytren mit undeutlichen Reihen von feinen Einstichen. **H** Sandige Gebiete, auch an der Küste. **V** Unter Steinen und Schwemmholz.

← Laufkäfer →

1 ×1

2 ×1,25

3 ×1

4 ×1

5 ×1

6 ×1

7 ×1

8 ×1,5

9 ×1,5

10 ×1,5

11 ×1,5

12 ×1,5

13 ×1,5

← **LAUFKÄFER** Carabidae →

Gen. *Panageus* E 2 SPP

Körper punktiert; Elytren behaart, mit bunten Flecken.

1 Zweifleck-Kreuzläufer

Panagaeus bipustulatus **L** 7–8 mm. Schwarz, Elytren mit 2 großen roten Flecken pro Seite, die die Seitenränder nicht erreichen; Pronotum und Elytren punktiert. **H** Grasland, Schottergruben, Dünen.

1
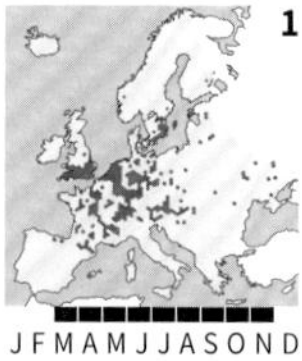

2 Sumpf-Kreuzläufer

Panagaeus cruxmajor **L** 7–9 mm. Ähnlich dem Zweifleckigen Laufkäfer (*P. bipustulatus*), jedoch mit größeren roten Flecken auf den Elytren, die bis zu den Seitenrändern reichen. **H** Feuchte Lebensräume wie Wiesen, Ufer, Sümpfe, Waldlichtungen.

2
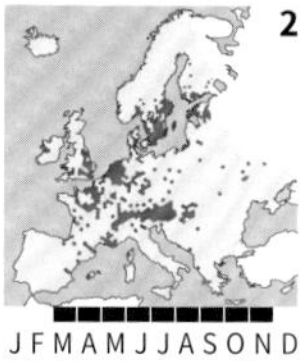

3 Mondfleck-Laufkäfer

Callistus lunatus **L** 6–7 mm. Kopf bläulich schwarz; Pronotum orange; Elytren gelb mit ausgeprägten großen schwarzen Flecken. Fühler S1–S2 orange, der Rest schwarz. Beine dunkel mit meist orangefarbenen Tibiae. **H** Kalkhaltiges Grasland.

3
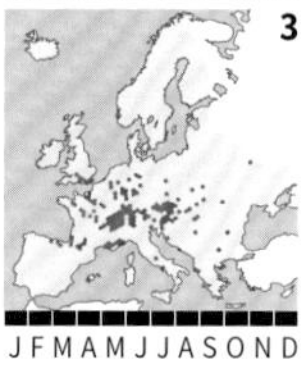

4 Gewöhnlicher Wanderläufer

Badister bullatus **L** 5–6 mm. Kopf schwarz; Pronotum und Beine orange; Elytren schwarz-orange; Fühler schwarz mit S1 rot. Von anderen *Badister* spp. zu unterscheiden durch helle Zeichnung auf den Elytren, kombiniert mit hellem Fühler S1 und dunklem Scutellum. **H** Heideland, Grasland, Dünen.

4
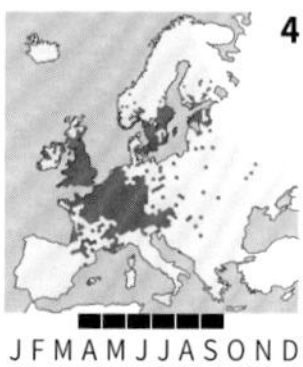

5 Blauhals-Schnellläufer

Diachromus germanus **L** 8–10 mm. Gelblich rot; Pronotum, Scutellum und Spitze der Elytren metallisch grünlich blau, Letztere manchmal herzförmig. **H** Waldränder, Gärten, Brachland, bevorzugt sandige Böden.

5
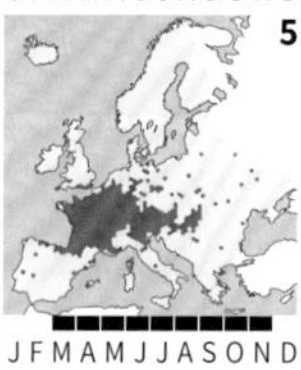

Gen. *Bembidion* E 220 SPP

Klein; Körper schwarz bis gelblich, oft glänzend; Elytren bei vielen Arten gefleckt. Die meisten Arten kommen in der Nähe von Gewässern vor. Die Identifikation im Feld bis zur Art ist schwierig.

6 Schrägfleck-Ahlenläufer

Bembidion articulatum **L** 3–4 mm. Kopf und Pronotum glänzend schwarz mit metallisch grünem oder blauem Schimmer; Elytren blass mittelbraun mit dunkler Spitze und zentralem Querband; Fühler schwarz, S1–S4 blassbraun. **H** Sand oder Schlamm in der Nähe von Süßwasser.

6
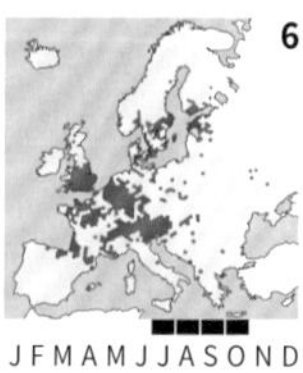

7 Glatter Ahlenläufer

Bembidion genei **L** 4–5 mm. Glänzend schwarz; Elytren mit 4 gelblichen Flecken; Fühler schwarz, mit Ausnahme der Basen von S1–S3; Beine gelb, aber Enden der Femora und Tarsi braun. **H** Offene Stellen in Wassernähe.

7
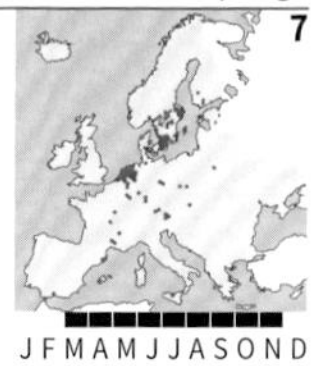

8 Gewöhnlicher Ahlenläufer

Bembidion lampros **L** 3–4 mm. Glänzend bronzefarben, bläulich oder grün; Beine rotbraun. Pronotum herzförmig. Feld-Ahlenläufer (*B. properans*) kann von dieser Art nur durch mikroskopische Untersuchung der Elytren und der Furchen am Kopf unterschieden werden. **H** Grasland, Wälder.

8
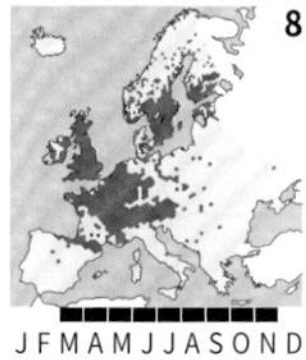

9 Vierfleck-Ahlenläufer

Bembidion quadrimaculatum **L** 3 mm. Kopf und Pronotum glänzend schwarz, leicht metallisch. Elytren schwarz bis mittelbraun mit 4 hellen Flecken. Gliedmaßen braun, Fühler dunkler mit hellen Basalsegmenten. **H** Grasland.

9
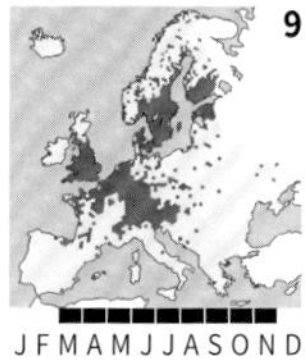

10 Wald-Ahlenläufer

Bembidion deletum **L** 4–5 mm. Glänzend metallisch grün, Elytren manchmal mit leicht rötlicher hinterer Hälfte; Beine und Fühler braun. **H** Feuchte Wälder.

10
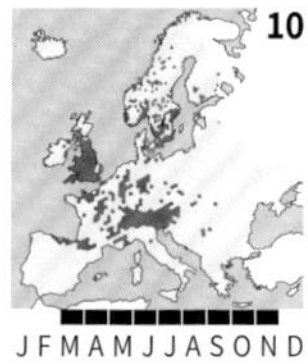

11 Uferschotter-Ahlenläufer

Bembidion geniculatum **L** 4–5 mm. Schwarz mit bläulichem oder grünem Glanz. Schwer zu unterscheiden von dem sehr ähnlichen *B. atrocoeruleum* auf dem Feld. **H** Gebirgsregionen, auf Schotter in der Nähe von Bächen und Flüssen.

11
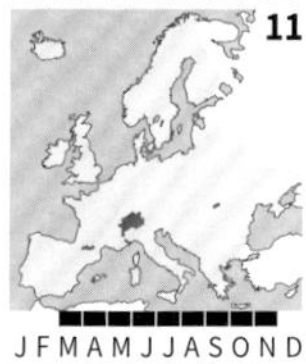

12 Feld-Ahlenläufer

Bembidion properans **L** 3–4 mm. Metallisch glänzend bronzefarben; manchmal blau oder grün; Fühler dunkel, Beine braun. Pronotum herzförmig. Gewöhnlicher Ahlenläufer (*B. lampros*) kann nur durch mikroskopische Untersuchung von dieser Art unterschieden werden. **H** Flussufer, Grasland.

12
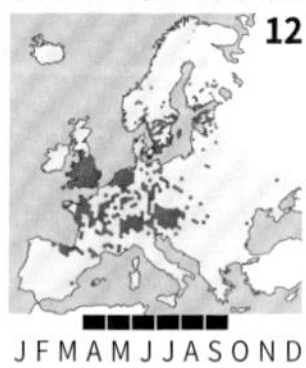

13 Großer Kreuz-Ahlenläufer

Bembidion tetracolum **L** 5–6 mm. Pronotum und Kopf dunkel metallisch grün; Elytren dunkel metallisch bräunlich mit hellen Flecken an der Vorderseite und zur Spitze hin. Beine und Fühler orange-bräunlich. **H** Offene Flächen, einschließlich Grasland.

13
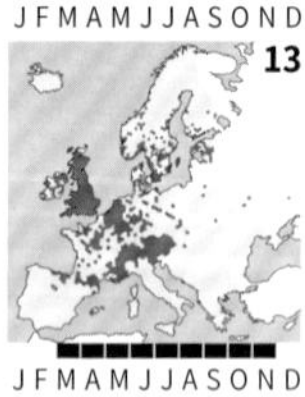

14 Gelbschieniger Ahlenläufer

Bembidion tibiale **L** 5–7 mm. Dunkelmetallisch grün; Beine überwiegend braun. Besonders ähnlich wie *B. atrocoeruleum*, aber größer und glänzender. **H** In der Nähe von Flüssen und Bächen, auf Kies und Kieseln.

14
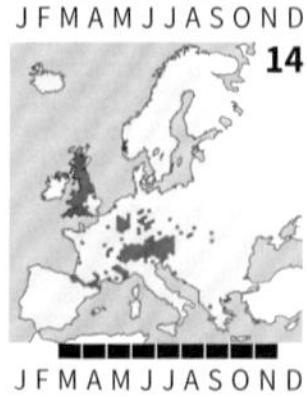

1 ×3

2 ×3

3 ×3

4 ×3

5 ×3

6 ×5

7 ×5

8 ×5

9 ×5

10 ×1,5

11 ×1

12 ×1

13 ×1,5

14 ×1,5

← **LAUFKÄFER** Carabidae →

Gen. ***Brachinus*** E 40 SPP

Unterseite des Hinterleibs bei ♀ siebengliedrig, bei ♂ achtgliedrig. Können zur Verteidigung chemische Substanz aus der Hinterleibsspitze versprühen.

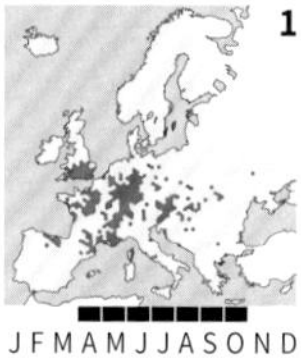

1

1 ⊙ Großer Bombardierkäfer
Brachinus crepitans **L** 6–10 mm. Elytren grün oder blau mit gestutzter Spitze; Kopf und Thorax rot oder orange. **H** Grasland, Steinbrüche, oft unter Felsen.

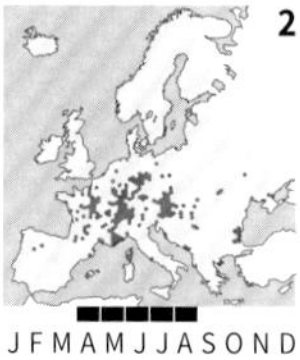

2

2 ⊙ Kleiner Bombardierkäfer
Brachinus explodens **L** 5–8 mm. Kleinste europäische *Brachinus* spp. Elytren metallisch grün oder blaugrün; Beine, Fühler, Pronotum, Kopf und Mundwerkzeuge rot. **H** Grasland, Hecken, offene Wälder.

Gen. ***Leistus*** E 36 SPP

Kleinere Arten, Pronotum herzförmig.

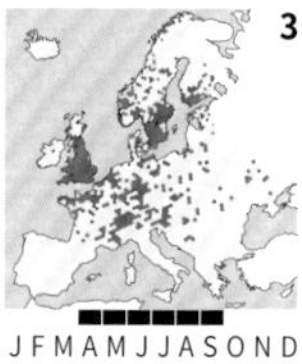

3

3 ⊙ Gewöhnlicher Bartläufer
Leistus ferrugineus **L** 6–8 mm. Blass- bis mittelbraun, Beine und Fühler blassbraun. **H** Grünland, Gärten, offene Flächen.

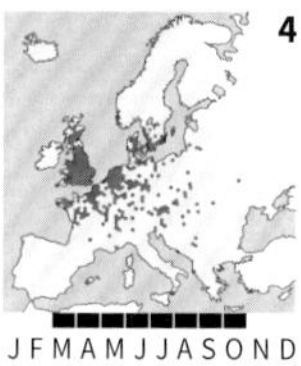

4

4 ⊙ Rotrandiger Bartläufer
Leistus rufomarginatus **L** 8–10 mm. Kopf, Pronotum und Elytren schwarzbraun; Beine und Fühler heller rotbraun. **H** Gärten, Laub- und Nadelwälder.

Gen. ***Poecilus*** E 20 SPP

Größere Arten; meist metallisch, Farbe innerhalb der Arten variabel; Pronotum mit 2 großen seitlichen Vertiefungen.

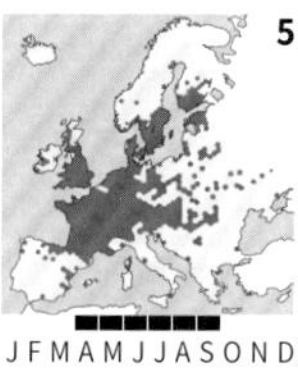

5

5 ⊙ Kupferfarbener Buntgrabläufer
Poecilus cupreus **L** 11–13 mm. Metallisch kupferfarben, grün, blau bis rosa-bräunlich, seltener schwarz oder zweifarbig; Fühler S1–S2 rot; Kopf genarbt; hintere Tibia innen mit 8–11 blassen Borsten. **H** Grünland, Ackerland, Gärten.

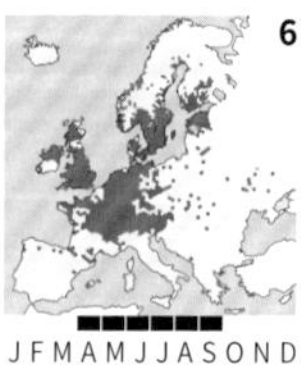

6

6 ⊙ Glatthalsiger Buntgrabläufer
Poecilus versicolor **L** 11–13 mm. Metallisch kupferfarben, grün, blau bis rosa-bräunlich, selten schwarz oder regenbogenartig gefärbt; Fühler S1–S2 rot; Kopf glatt, fein genarbt; hintere Tibiae innen mit 5–8 kräftigen schwarzen Borsten. **H** Heide, Moor, feuchtes Grasland.

Gen. ***Pterostichus*** E 200+ SPP

Mittelgroß bis groß; Körper schwarz, glänzend; Pronotum mit Vertiefungen, oft weniger breit als der Hinterleib; Hinterleib gerundet, spitz zulaufend oder breit; Elytren stark gerippt.

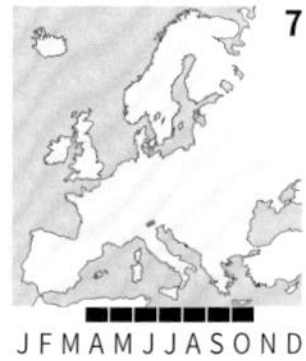

7

7 ⊙ Metallischer Grabkäfer
Pterostichus burmeisteri **L** 12–14 mm. Glänzend metallisch kupferfarben, selten gold-grünlich oder blau-violett. Elytren glatt, nur feine Längsstreifen. Fühler und Beine braun. **H** Gebirgswald.

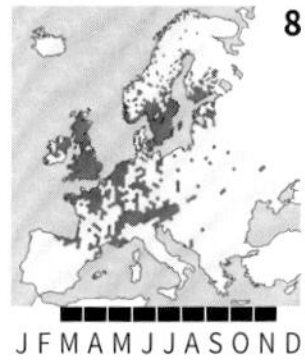

8

8 🔬 Schwärzlicher Grabkäfer
Pterostichus nigrita **L** 9–12 mm. Pronotum gerundet, mit Zahn an den hinteren Ecken; tief punktiert. Einige andere Arten sind ähnlich und können nur durch mikroskopische Untersuchung der Genitalien identifiziert werden. **H** Feuchtgebiete.

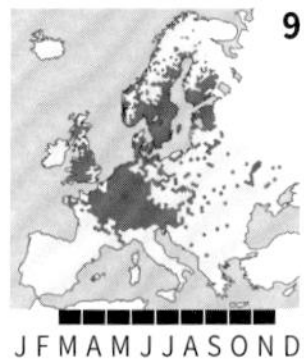

9

9 🔍 Echter Schulterläufer
Pterostichus oblongopunctatus **L** 9–12 mm. Schwarz mit grünlichem oder bronzefarbenem Schimmer. Elytren mit Längsrillen, ein Drittel dieser Rillen mit 4–7 auffälligen großen Einstichen (nur 3 beim ähnlichen *P. quadrifoveolatus*). Tibiae und Tarsi rotbraun. **H** Offene Wälder.

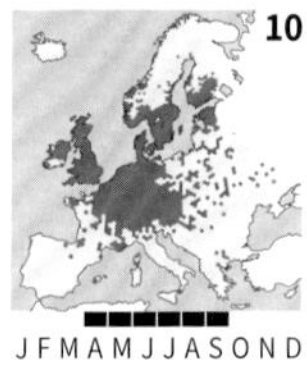

10

10 🔍 Großer Grabkäfer
Pterostichus niger **L** 16–21 mm. Alle glänzend schwarz; Elytren haben längliche, nicht punktuierte Rillen. Unterseite der Tarsalklauen ist im Unterschied zum ähnlichen Gemeinen Grabkäfer (*P. melanarius*) unbehaart. **H** Wälder, feuchtes Grasland, Moorland.

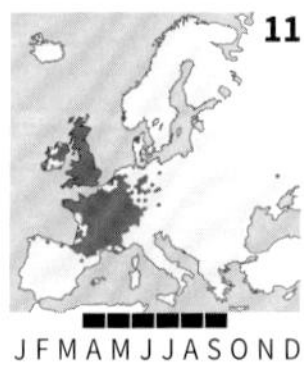

11

11 🔍 Rundhals-Grabläufer
Pterostichus madidus **L** 14–18 mm. Schwarz; Pronotum gerundet, mit eckigen Hinterwinkeln. Elytren mit Längslinien, mit feinen Punktierungen. Von anderen *Pterostichus* spp. durch das abgerundete Pronotum und die oft rötlichen Femora zu unterscheiden. **H** Grasland, Heideland, Gärten, Wälder.

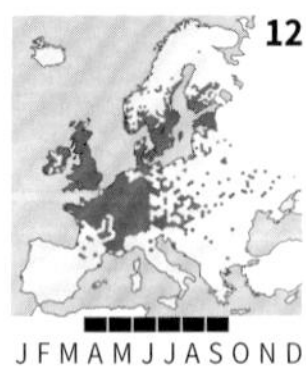

12

12 🔍 Gemeiner Grabkäfer
Pterostichus melanarius **L** 13–17 mm. Metallisch schwarz glänzend; Elytren mit tiefen Rillen. Die Unterseite der Klauen an den Tarsi ist behaart, anders als beim ähnlichen Großen Grabkäfer (*P. niger*). **H** Gärten, Grasland, landwirtschaftliche Flächen.

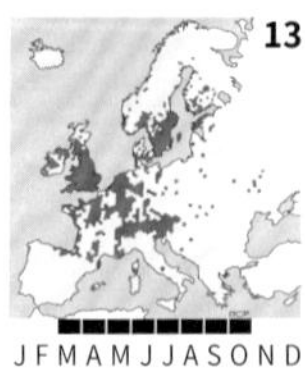

13

13 🔍 Frühlings-Grabkäfer
Pterostichus vernalis **L** 6–8 mm. Kleinere Art; glänzend schwarz; Pronotum-Hinterrand mit artspezifischer Form, gezähnt. Tarsi mit Borsten. **H** Grasland.

1 ×3 ◆

2 ×1,25 ◆

3 ×3 ◆

4 ×3 ◆

5 ×2 ◆

6 ×2 ◆

7 ×2 ◆

8 ×2 ●

9 ×2 ◆

10 ×2 ◆

11 ×2 ●

12 ×2 ◆

13 ×3 ◆

← **LAUFKÄFER** Carabidae →

1 Zweigefleckter Eilkäfer
Notiophilus biguttatus **L** 5–6 mm. Dunkelbraun; Augen sehr groß; Elytren mit großem Abstand zwischen 2. und 3. Längslinie. Identifikation von *Notiophilus* spp. anhand der Zeichnung auf den Elytren, der Farbe der Beine, der Zeichnung auf dem Kopf und dem Pronotum. **H** Wälder, Gärten, Heideflächen, Parks.

1
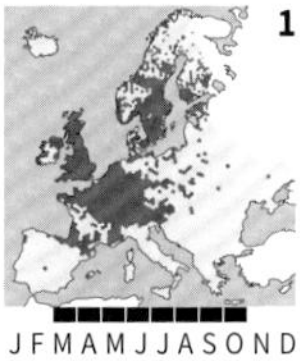

2 Schwarzer Krummhornkäfer
Loricera pilicornis **L** 6–8 mm. Metallisch schwarz oder dunkelbraun, mit grünlichem Schimmer; Mundwerkzeuge, Tibiae und Tarsi rotbraun. Elytren mit 10 punktierten Linien. **H** Grasland, feuchte Wälder, Gärten, oft in der Nähe von Süßwasser.

2
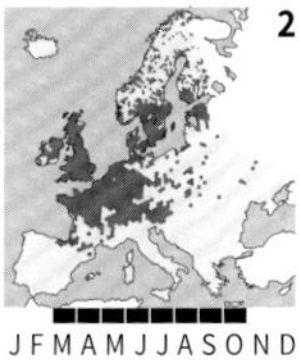

3 Rotbrauner Laufkäfer
Stomis pumicatus **L** 6–9 mm. Lang gestreckt; dunkel rotbraun bis schwarz; Mandibeln so lang wie der Kopf. Elytren mit 8 tiefen Furchen. **H** Wald, Grünland.

3
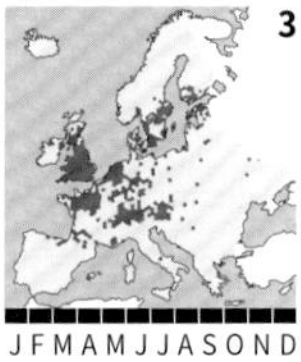

Gen. ***Amara*** E 150 SPP

Mittelgroß; Körper oval. Mehrere variabel gefärbte, aber ähnliche Arten, Identifikation kann mikroskopische Untersuchung erfordern.

4 Erzfarbener Kanalläufer
Amara aenea **L** 7–9mm. Glänzend messingfarben oder kupferfarben; Tibiae braun. Von anderen *Amara* spp. zu unterscheiden durch die Kombination von feinen Elytrenlinien; Pronotum mit 2 kurzen, tiefen Streifen in der Mitte und an der Basis; Fühler S1–S3 blassgelb. **H** Grasland, landwirtschaftliche Flächen, Gärten.

4
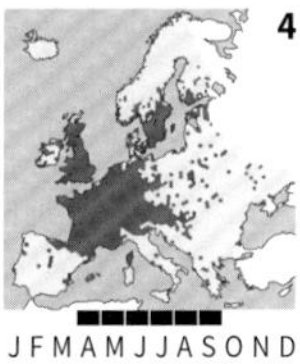

5 Gelbbeiniger Kanalläufer
Amara familiaris **L** 5–7 mm. Dunkel metallisch messingfarben oder kupferfarben; Fühler S1–S3 und ein Teil von S4 blass; Beine rotbraun. Vorderer Rand des Pronotums vorstehend. Sehr ähnlich zu *A. lucida* und anderen *Amara* spp. **H** Grasland, Heideland, Dünen.

5
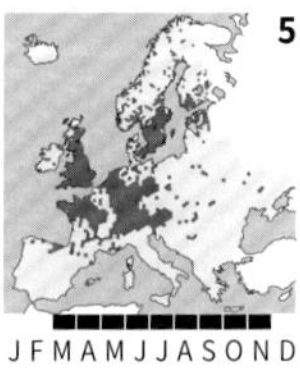

6 Ovaler Kanalkäfer
Amara ovata **L** 7–10 mm. Schwarz, manchmal mit messingfarbenem Schimmer; Fühler S1–S3 blass. Ähnlich wie andere *Amara* spp. **H** Grasland, Gärten.

6
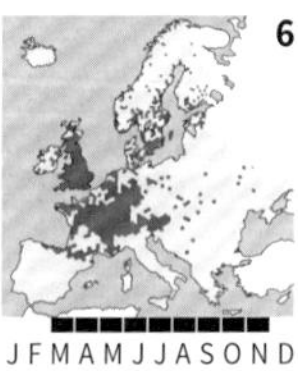

7 Getreidelaufkäfer
Zabrus tenebrioides **L** 14–16 mm. Kräftiger, eher zylindrischer Körper; schwarz; Pronotum mit groben Falten; Beine und Fühler dunkelbraun, mit Ausnahme der schwarzen Femora und Fühlerbasen. Elytren stark punktiert. **H** Grasland, Getreidefelder.

7
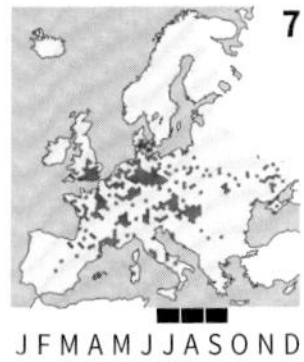

8 Gelbrand-Grünkäfer
Chlaenius vestitus **L** 9–11 mm. Metallisch grün, manchmal mit goldener Färbung, Seiten und Elytren gelblich, ebenso die Anhänge. **H** In rissigem, offenen Schlamm und Ton, in der Nähe von Wasser.

8
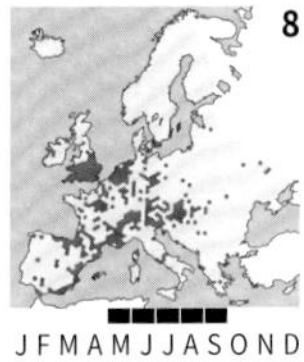

9 Zweifleckiger Schmuckläufer
Anisodactylus binotatus **L** 10–13 mm. Schwarz, Kopf mit hellem Fleck, Fühler S1–S2 hell; nur Kopf und Pronotum glänzend. Ähnlich zu *Harpalus* spp., aber Sporn an hinteren Tarsi kürzer als Tarsus S1. **H** Feuchtgebiete, etwas Ackerland.

9
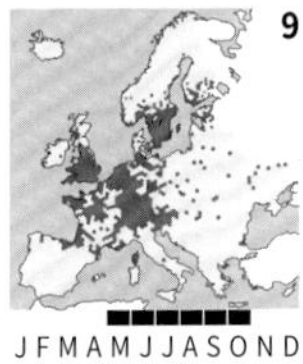

Gen. ***Elaphrus*** E 11 SPP

Augen groß; Elytren mit großen runden Vertiefungen, deren Unterschiede bei der Artbestimmung hilfreich sind.

10 Kupferfarbener Uferläufer
Elaphrus cupreus **L** 8–10 mm. Kupferfarben bis schwarz; Pronotum schmäler als Kopf; Elytren glänzend mit großen violetten Vertiefungen; Tibiae braun. **H** Feuchtgebiete wie Sümpfe, Bachufer, feuchte Wälder.

10
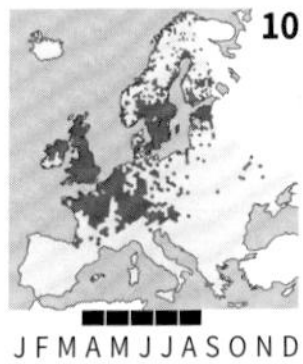

11 Kleiner Uferläufer
Elaphrus riparius **L** 7–8 mm. Olivgrün; Pronotum etwas breiter als der Kopf; Elytren glänzend mit großen glänzenden Gruben mit Punkt in der Mitte; Tibiae braun. **H** Feuchtgebiete einschließlich Sümpfe, Moore und Teiche.

11
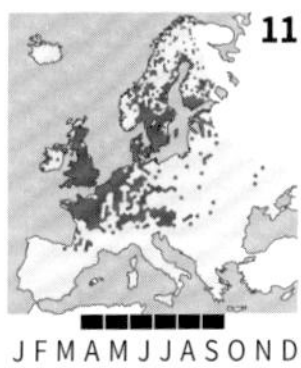

12 Grüngestreifter Grundkäfer
Omophron limbatum **L** 5–7 mm. Körper rundlich, wirkt anders als andere Laufkäfer; Scutellum nicht sichtbar. Gelbbraun mit metallisch grünen Flecken, stark punktiert. **H** Subaquatisch, an Rändern von überschwemmten sandigen Gebieten und Kiesgruben.

12
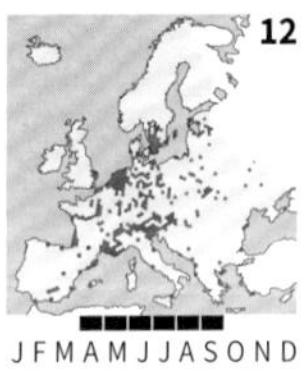

1 ×3 ◆

2 ×3 ◆

3 ×3 ◆

4 ×3 ◆

5 ×3 ◆

6 ×3 ◆

7 ×2 ◆

8 ×3 ◆

9 ×3 ◆

10 ×3 ◆

11 ×3 ◆

12 ×3 ◆

← **LAUFKÄFER** Carabidae →

Gen. ***Harpalus*** E 150 SPP

Klein bis mittelgroß; robust, breit; Sporn am Ende der hinteren Tibiae so lang oder länger als Tarsal S1.

1 Metallischer Schnellläufer
Harpalus affinis **L** 9–12 mm. Metallisch goldgrün, kupferfarben, violett oder schwarz. Von anderen metallisch grünen *Harpalus* spp. durch punktierte Elytren mit behaartem Außenrand zu unterscheiden. Beine blass oder dunkel. **H** Grasland, Ackerland, Dünen.

1

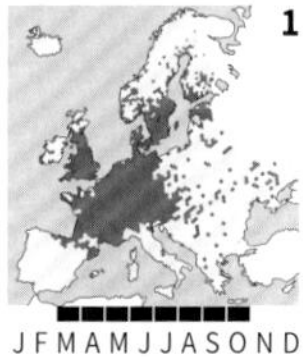

2 Düstermetallischer Schnellläufer ***Harpalus distinguendus***
L 8–11 mm. Metallisch grün, kann aber auch blau, kupferfarben oder selten schwarz sein. Elytren mit vielen Längsrillen. Beine und Fühler rötlich. **H** Anbauflächen.

2

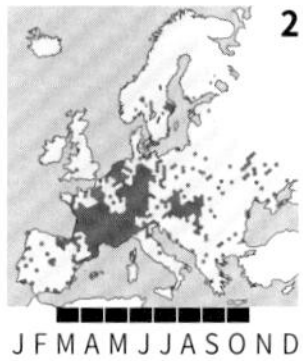

3 Behaarter Erdbeersamenlaufkäfer
Harpalus rufipes **L** 11–16 mm. Mattschwarz; Beine und Fühler rotbraun. **H** Grünland, Ackerland.

3

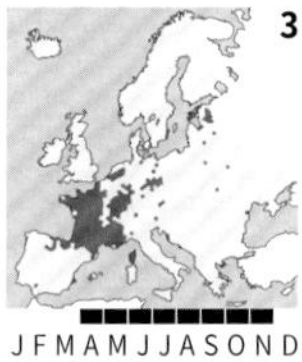

4 Königskerzen-Rundbauchläufer
Bradycellus verbasci **L** 4–5 mm. Rotbraun, Beine und Fühler gelblichbraun. **H** Grünland, Ackerland, Brachland. **V** Wird nachts von Lichtquellen angezogen.

4

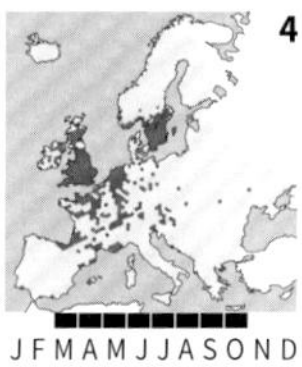

5 Bunter Laufkäfer
Stenolophus mixtus **L** 5–6 mm. Kopf und Pronotum schwarz; Elytren dunkelbraun, Elytren und Pronotum mit helleren Rändern; Beine blass gelblich braun, Fühler dunkel bis auf S1 blass. **H** Feuchtgebiete.

5

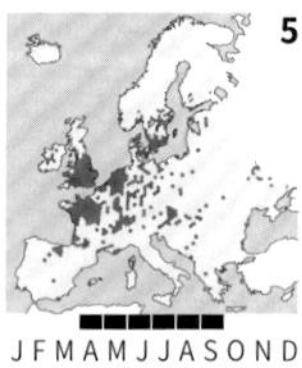

Gen. ***Calathus*** E ~32 SPP

Mittelgroß bis groß. Körper schwarz oder braun bis rotbraun; Krallen an den Tarsi gezähnt.

6 Großer Kahnläufer
Calathus fuscipes **L** 10–14 mm. Schwarz mit glänzendem Kopf und Pronotum; Beine und Fühler braun, aber Beine manchmal schwarz. Elytren mit Rillen und Furchen, einige punktiert. **H** Grasland, Ackerland, Gärten.

6

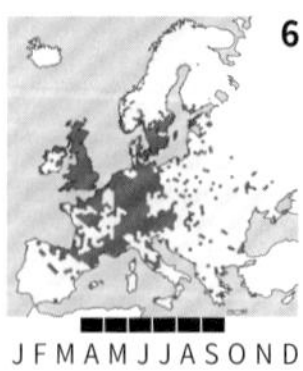

7 Schwarzköpfiger Breithalsläufer ***Calathus melanocephalus***
L 6–9 mm. Kopf und Elytren schwarz; Pronotum und Beine rötlich. Bei einigen Individuen sind Körper und Beine ganz schwarz. Andere *Calathus* spp. sind weniger hell gefärbt; die Beine der dunklen Form von *C. melanocephalus* sind immer dunkel, nicht hell. **H** Grasland, Heideland, Gärten, Ackerland.

7

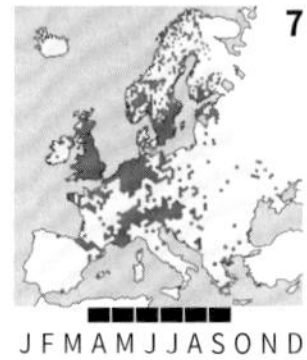

Gen. ***Agonum*** E ~30 SPP

Mittelgroß; Pronotum mit abgerundeten Hinterwinkeln; Elytren bei den meisten Arten einfarbig oder panaschiert, bei einer Art (unten abgebildet) mit hellen Rändern.

8 Gewöhnlicher Flachläufer
Agonum muelleri **L** 7–9 mm. Kopf und Pronotum kupfergrün, Elytren dunkler. Beine dunkelbraun bis schwarz, Tibiae heller. Von anderen *Agonum* spp. zu unterscheiden durch die Kombination von feinen Linien auf den Elytren und blassen Fühlern S1. **H** Feuchtes Grasland.

8

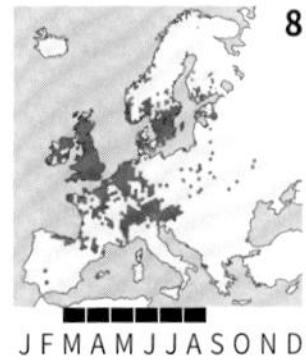

9 Sechspunkt-Flachläufer
Agonum sexpunctatum **L** 7–10 mm. Kopf und Pronotum leuchtend grün; Elytren kupferfarben mit metallisch grünem Rand, 3. Linie der Elytren mit 4–6 Punktierungen; Anhänge schwarz. **H** Am Boden in der Nähe von Wasser.

9

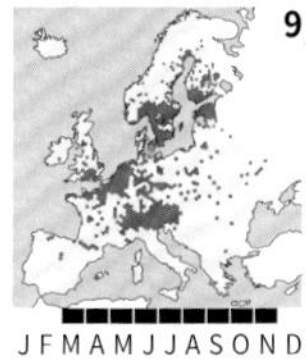

10 Buntfarbener Putzläufer
Anchomenus dorsalis **L** 6–8 mm. Sehr markante Färbung, metallisch glänzend, mit bräunlich roten Elytren, die sehr fein gestreift sind. Fühler (außer S1–S2) behaart. Beine braun/gelblich rot. **H** Ackerflächen, Brachland, Gärten.

10

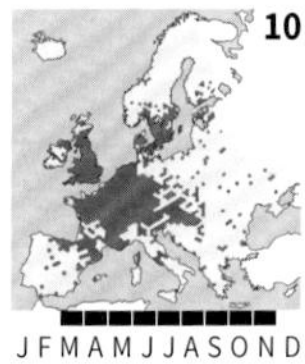

11 Schwarzer Putzläufer
Limodromus assimilis **L** 8–13 mm. Schwarz; Beine und Fühler dunkelbraun. Elytren mit Rillen. Pronotum an der Oberseite deutlich breiter als an der Unterseite. **H** Wälder, oft in der Nähe von Gewässern.

11

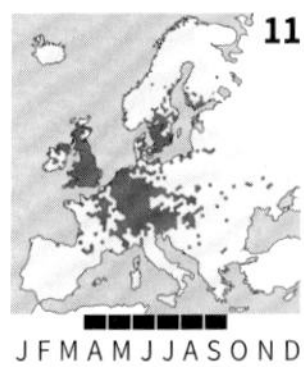

12 Weißfüßiger Enghalsläufer
Paranchus albipes **L** 7–9 mm. Braun, Beine blassgelb. Pronotum schmal, herzförmig. Elytren mit feinen Rillen, die nicht punktiert sind. **H** Lehmige und sandige Gewässerufer.

12

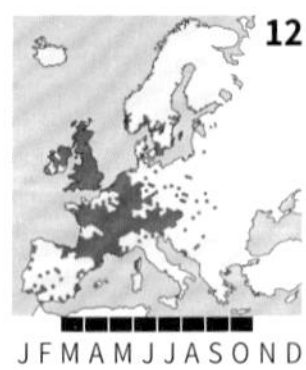

1 ×3 ◆

2 ×3 ◆

3 ×2 ◆

4 ×3 ◆

5 ×3 ◆

6 ×3 ◆

7 ×3 ◆

8 ×3 ◆

9 ×3 ◆

10 ×3 ■

11 ×3 ◆

12 ×3 ◆

← **LAUFKÄFER** Carabidae

1 Sumpfhalsläufer
Odacantha melanura **L** 6–8 mm. Kopf und Pronotum schwarz mit grünem oder blauem Metallglanz; Elytren rotbraun mit schwarzer Spitze. Fühler S1–S3 blass, sonst schwarz; Beine braun, Spitzen der Femora und Fußwurzeln schwarz. **H** Feuchtgebiete, in oder in der Nähe von Schilfgürteln.

1
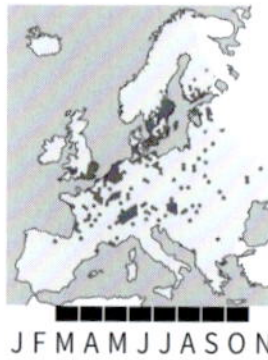

2 Schwarzköpfiger Scheunenläufer *Demetrias atricapillus*
L 5–6 mm. Kopf schwarz, Pronotum orange; Elytren strohfarben mit dunkler Naht. Beine und Fühler blass. **H** Grasland, Dünen, landwirtschaftliche Flächen.

2
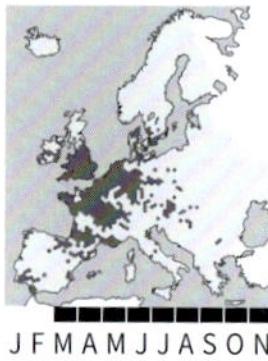

3 Kleiner Rindenläufer
Calodromius spilotus **L** 4–5 mm. Körper schmal und flach. Kopf schwarz; Pronotum dunkel rotbraun; Elytren breit, braun mit 2 Paar hellen Flecken, das hintere Paar davon klein; Gliedmaßen gelbbraun. **H** Nadel- oder Mischwälder. **V** Oft an Baumstämmen, auf oder unter Rinde.

3
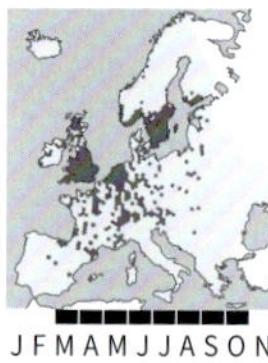

4 Vierfleck-Rindenläufer
Dromius quadrimaculatus **L** 5–6 mm. Kopf dunkelbraun; Pronotum rötlich mit dunklerem Mittelstreifen; Elytren schwarz mit 4 hellen gelblichen Flecken. **H** Wälder. **V** Oft an Baumstämmen, auf oder unter Rinde.

4
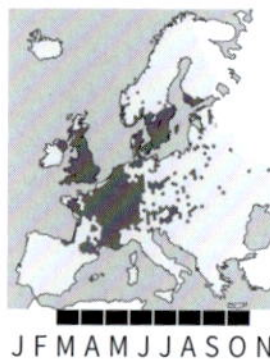

5 Kleiner Ackerläufer
Syntomus foveatus **L** 3–4 mm. Dunkle metallische Bronze mit schwarzen Beine und Fühlern. Augen groß. **H** Grünland, Heide, Ödland, Ackerland, Dünen.

5
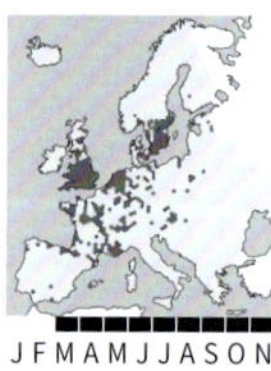

Gen. ***Lebia*** E 12 SPP
Klein bis mittelgroß; Körper metallisch; Hals verengt; Elytren verbreitert.

6 Kleinkreuz-Prunkläufer
Lebia cruxminor **L** 5–7 mm. Einzigartig gefärbt: Kopf schwarz; Pronotum orangerot; Elytren gelb bis rötlich mit schwarzen Flecken, die ein Kreuz bilden; Fühler schwarz, S1–S3 blass. **H** Grasland, Niedermoore.

6
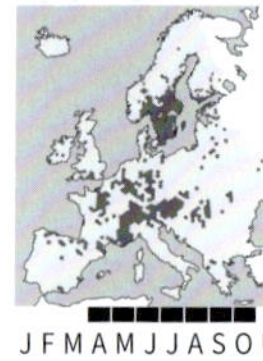

7 Grünblauer Prunkkäfer
Lebia chlorocephala **L** 6–8 mm. Rot mit metallisch grünem Kopf und Elytren; Fühler und Tarsi dunkel. Die ähnliche Blaukopf-Lebia (*L. cyanocephala*) ist in der Regel hell metallisch blau, die Femora sind zur Spitze hin dunkel. **H** Grasland.

7
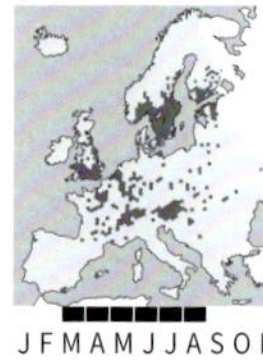

---

8 Grüner Backenläufer
Drypta dentata **L** 7–9 mm. Metallisch grün oder bläulich, die meisten Teile der Beine und Fühler rötlich; Pronotum zylindrisch. **H** Klippen mit weichem Gestein, an Sickergruben.

8
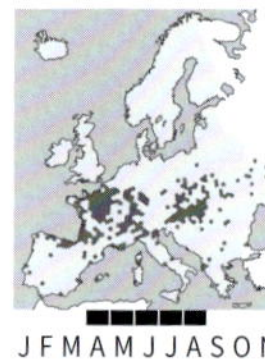

9 Gewöhnlicher Grabspornläufer
Clivina fossor **L** 6–7 mm. Auffallend große Vorderbeine, zum Graben geeignet. Körper schwarz oder dunkelbraun; Beine und Fühler rötlich. **H** Offene Flächen, Grasland, Ackerland, Gärten.

9
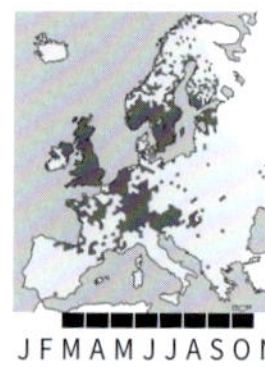

10 Schwachgestreifter Flinkläufer *Trechus obtusus* **L** 4 mm. Rotbraun, Kopf dunkler; Beine und Fühler gelb oder hellbraun. **H** Grünland, Heideland, Gärten.

10
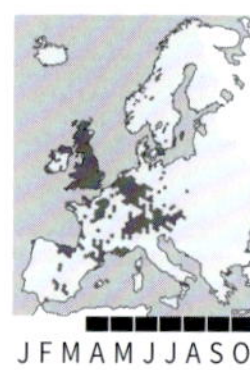

1 ×4 ■

2 ×5 ◆

3 ×5 ◆

4 ×5 ◆

5 ×5 ◆

6 ×4 ■

7 ×4 ◆

8 ×4 ■

9 ×5 ◆

10 ×5 ◆

FURCHENWASSERKÄFER Helophoridae

E 1 GEN 94 SPP 2 ILL

Klein bis mittelgroß. Form länglich, Pronotum mit 5 Längsfurchen, was sie von allen anderen Käfern unterscheidet. Elytren in Reihen punktiert; Palpen lang. Die meisten Arten sind aquatisch, einige jedoch terrestrisch und leben in verrottendem Pflanzenmaterial.

1

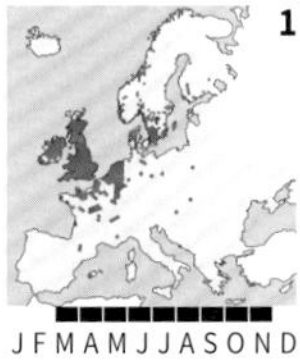

1 Gelbbrauner Wasserfreund
Helophorus aequalis **L** 5–7 mm. Gelblich braun; Beine rotbraun. Sehr ähnlich zu *H. aquaticus*, genaue Identifikation erfordert mikroskopische oder sogar chromosomale Untersuchung. **H** Stehende und langsam fließende Gewässer.

2

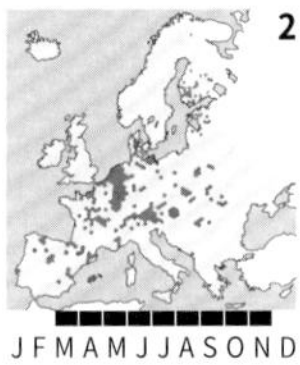

2 Wasser-Runzeltastkäfer
Helophorus aquaticus **L** 4–6 mm. Gelblich braun, oft mit einigen helleren Flecken. Kopf oberseitig mit Y-förmiger Furche. **H** Stehende und langsam fließende Gewässer, auch temporäre Gewässer wie Pfützen oder Regentonnen.

SCHLAMMKÄFER Spercheidae

E 1 GEN 1 SP 1 ILL

Oval; Elytren leicht punktiert, Kopf deutlich gekerbt. Fühler mit 7 Segmenten, S6 winzig. Aquatisch, in Pflanzen und auf dem Grund von Gewässern. Filtern ihre Nahrung, Detritus und Kleintiere, aus dem vorbeifließenden Wasser, was für Käfer selten ist.

3

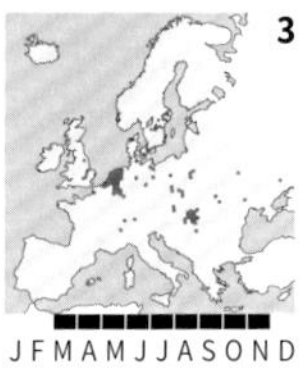

3 Schlammkäfer
Spercheus emarginatus **L** 5–7 mm. Rotbraun; Elytren gerillt, gelblich braun mit kleinen dunklen Flecken. **H** Stehende und langsam fließende Gewässer, auch in größeren Seen.

WASSERKÄFER Hydrophilidae

E 22 GEN 263 SPP 8 ILL

Enorme Größenvielfalt; winzig bis sehr groß. Oval; Palpen lang (manchmal länger als die Fühler); Pronotum am breitesten an der Basis; Fühler an der Spitze gekeult. Meist aquatisch, Mittel- und Hinterbeine mit Schwimmhaaren; einige Arten terrestrisch. Frischluftspeicher unter dem Vorderkörper; zum Atmen wird der Kopf an die Wasseroberfläche gebracht, die Fühler dienen dem Transport der Frischluft zum Speicher. Im Gegensatz dazu nehmen Schwimmkäfer (Dytiscidae) und deren Verwandte Atemluft mit dem Hinterleibsende auf.

4

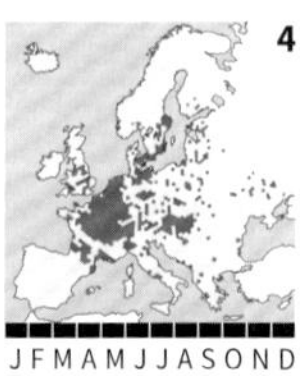

4 Kleiner Kolbenwasserkäfer
Hydrochara caraboides **L** 13–19 mm. Glänzend schwarz mit grünlichem Schimmer; sehr selten gelblich braun. Elytren mit feinen, längs gepunkteten Rillen. Fühler S1 und Mundwerkzeuge gelb. **H** Kleine Tümpel, Teiche, Gräben, Altarme.

5

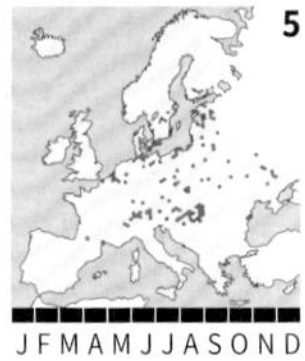

5 Tiefschwarzer Kolbenwasserkäfer ***Hydrophilus aterrimus***
L 32–43 mm. Schwarz, glatt; Pronotum zum Hinterteil hin verbreitert. Abdomen nur am letzten sichtbaren Ventralsegment gekielt; die Betrachtung der Unterseite unterscheidet diese Art von anderen *Hydrophilus* spp. **H** Stehende Gewässer mit reichlicher Vegetation.

6

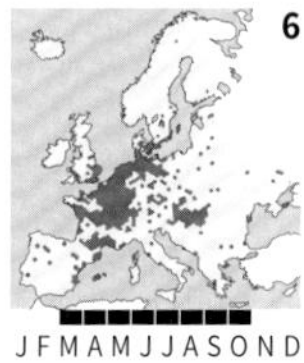

6 Großer Kolbenwasserkäfer
Hydrophilus piceus **L** 34–48 mm. Seidenmatt schwarz; Mundwerkzeuge und Fühler rostrot, Fühler mit bräunlichen Keulen. Thorax und Hinterleib mit Rillen. **H** Stehende Gewässer mit reicher Vegetation.

7

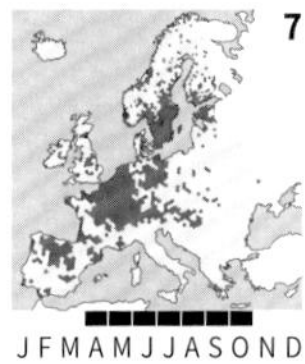

7 Braunfüßiger Wasserkäfer
Hydrobius fuscipes **L** 6–9 mm. Schwarz mit metallischem Bronzeschimmer; Anhänge gelblich braun. Elytren mit 10 gepunkteten Längsrillen, Hinterteil mit tiefen Furchen. **H** Sonnenbeschienene stehende Gewässer, auch im Brackwasser.

8

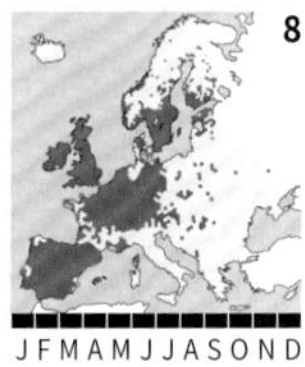

8 Kugeliger Wasserkäfer
Anacaena globulus **L** 3 mm. Schwarz, Pronotum und Elytrenränder bräunlich, ebenso die Anhänge; runder als andere *Anacaena* spp. Alle Beine rot oder braun, enden in Schwimmbeinen. **H** Temporäre kleine Gewässer wie Teiche, Pfützen, langsam fließende Bäche.

9

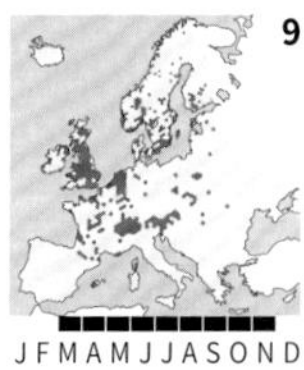

9 Rotgefleckter Wasserfreund
Cercyon haemorrhoidalis **L** 3 mm. Glänzend schwarz; Beine bräunlich. Elytren mit rötlichen Flecken, insbesondere einem dunklen, T-förmigen Fleck an der Basis; Spitze gelblich. **H** Unterschiedlich, auf verrottendem organischem Material wie Dung.

10

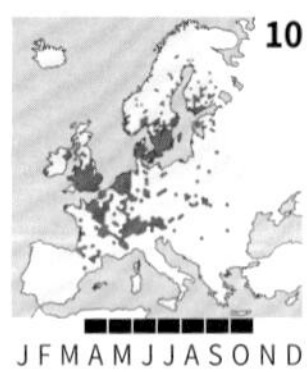

10 Sichelfleck-Dungkugelkäfer
Sphaeridium lunatum **L** 5–8 mm. Breit ovaler, kugelförmiger Körper. Schwarz einschließlich des gesamten Pronotums; Elytren mit gelblichem, sichelförmigem Fleck an den Spitzen, manchmal auch mit dunkelrotem Fleck in der Mitte. **H** Unterschiedlich, landlebend. **V** Larven entwickeln sich in Pferde- und Kuhmist.

11

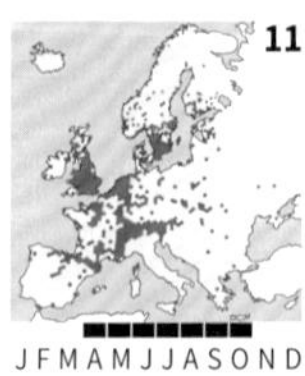

11 Gemeiner Dungkugelkäfer
Sphaeridium scarabaeoides
L 5–8 mm. Ähnlich zu *S. lunatum*; aber Pronotum mit schmalen, teilweise gelben Rändern, Markierungen an den Spitzen der Elytren etwas anders geformt; rote Markierungen in der Mitte der Elytren stärker. **H** Unterschiedlich, landlebend. **V** Larven entwickeln sich in Pferde- und Kuhmist.

FURCHENWASSERKÄFER

1 ×4 ●

2 ×4 ●

SCHLAMMKÄFER

3 ×4 ◆

WASSERKÄFER

4 ×1,5 ◆

Larve

5 ×1 ■

6 ×1 ■

♂

Larve ernährt sich von Schnecke

♀

7 ×4 ◆

8 ×4 ◆

9 ×6 ◆

10 ×6 ◆

11 ×3 ◆

STUTZKÄFER Histeridae

E ~117 GEN 276 SPP 5 ILL

Sehr klein bis mittelgroß; die meisten Arten glänzend, dunkel; Körper kompakt; die meisten Arten kugelförmig, einige länglich. Fühler mit runder, keulenförmiger Spitze; Elytren bei den meisten Arten kurz, sodass die letzten beiden Hinterleibssegmente sichtbar sind. Alle Arten räuberisch. Stellen sich bei Störung tot. An Dung, Pilzen, Seegras, totem Holz, in Vogelnestern. Vorderbeine an das Graben angepasst, Tibiae sind verbreitert und gezähnt. Artbestimmung anhand genauer Untersuchung der Vorderbeine sowie Details von Pronotum und Elytren.

Gen. *Hister* E 21 SPP

Körper abgerundet, kugelförmig; glänzend schwarz. Pronotum an den Seiten mit 3 feinen Rillen.

1

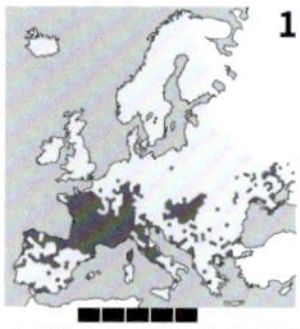

1 Vierfleckgaukler
Hister quadrimaculatus **L** 7–11 mm. Schwarz, Körper weniger kugelförmig als bei anderen *Hister* spp.; Elytren mit feinen Längsrillen und je 2 roten Flecken; vordere Tibiae mit 3 Zähnen. **H** Grünland.

2

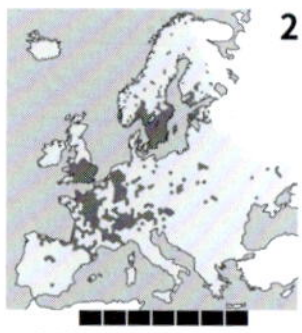

2 Einfarbiger Stutzkäfer
Hister unicolor **L** 7–10 mm. Schwarzer, sehr runder, kugelförmiger Körper; Elytren mit 3 Längsrillen; vordere Tibiae mit 4 Zähnen. **H** Wälder, Grasland, Dünen, Parks. **V** Meistens an Rindermist.

Gen. *Margarinotus* E 22 SPP

Körper abgerundet, kugelförmig; die meisten Arten glänzend schwarz, einige mit braunem oder violettem Schimmer.

3

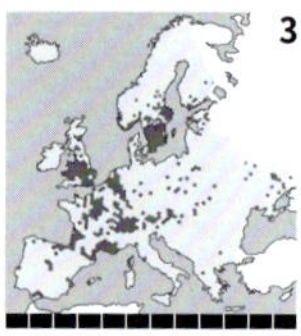

3 Ovaler Stutzkäfer
Margarinotus brunneus **L** 5–9 mm. Schwarz glänzend; Pronotum nach vorne spitz zulaufend; Fühler an der Spitze schwarz gekeult; letzter Zahn an Tibiae kürzer als die anderen. **H** Aas, in Vogelnestern.

4

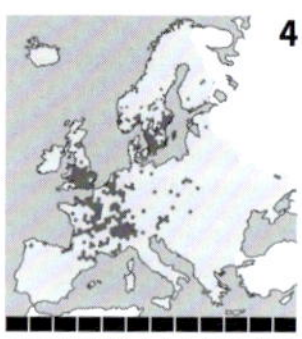

4 Breithals-Stutzkäfer
Margarinotus merdarius **L** 5–8 mm. Schwarz glänzend; Pronotum vorne relativ breit; Fühler keulenförmig, Spitze rötlich; letzter Zahn an Tibiae länger als die anderen. **H** Kompost- und Dunghaufen, Vogelnester, an schimmligem Holz.

5

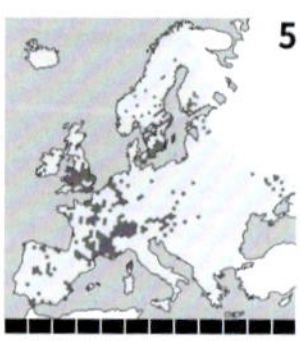

5 Zwölfstreifiger Stutzkäfer
Atholus duodecimstriatus **L** 4–5 mm. Schwarzer, sehr runder, kugelförmiger Körper; Elytren mit je 6 Längsrillen. Pronotum bei allen *Atholus* spp. an den Seiten mit nur 2 feinen Rillen. Vordere Tibiae mit 3 Zähnen. **H** Dunghaufen.

NESTKÄFER & SCHWAMMKUGELKÄFER Leiodidae

E ~113 GEN 1153 SPP 2 ILL

Klein (1–7 mm); Körper oval oder rund; Fühler keulenförmig oder fadenförmig. Oft unter oder auf Rinde von Bäumen. Ernähren sich von unterirdischen Pilzen, hauptsächlich auf sandigen Böden.

6

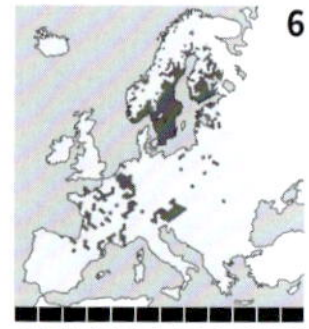

6 Gelbschultriger Schwammkugelkäfer ***Anisotoma humeralis***
L 3–4 mm. Oberflächlich ähnlich Marienkäfern. Schwarz; Beine und Mundwerkzeuge bräunlich; Fühler gelblich; S7, S9–10 und Basis von S11 schwarz; Elytren mit orangefarbenen oder rötlichen „Schulterflecken". **H** Wälder.

7

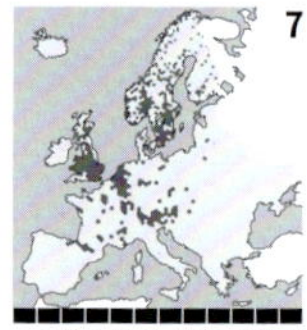

7 Nestkäfer ***Catops tristis***
L 3–5 mm. Braun; Pronotum schmaler als die Elytren, deren „Schultern" abstehen; vordere Hälfte der Fühler dunkler.
H Wälder und andere Habitate, in Aas und feuchter Streu.

AASKÄFER Silphidae →

E 10 GEN 43 SPP 15 ILL

Mittelgroß bis sehr groß (8–30 mm). Körperform variabel: oft breit und oval, die meisten Arten schwarz oder mit orange-schwarzem Hinterleib; Kopf bei einigen Arten schmal. Elytren gerippt, bei einigen Arten kurz, die letzten 1–3 Hinterleibssegmente liegen frei. Fühler oft gekeult. Viele Arten an toten Vögeln, Säugetieren und Reptilien, sie riechen den Kadaver und fliegen herbei, um sich zu ernähren, einige vergraben Kadaver; andere Arten leben in Pilzen, ernähren sich von Pflanzen oder fressen Schnecken.

Gen. *Thanatophilus* E 6 SPP

Körper oval, flach; Fühler mit schwarzen Keulen.

8

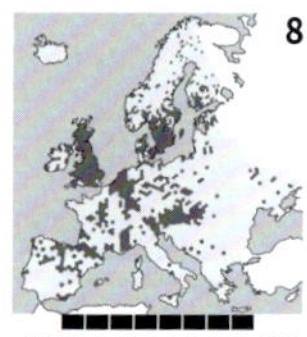

8 Runzeliger Aaskäfer
Thanatophilus rugosus **L** 8–12 mm. Schwarz; Kopf dichter gelb behaart; Pronotum zerklüftet; Elytren mit 3 Kämmen pro Seite, dazwischen Furchen, die beim Glattschnabel (*T. sinuatus*) fehlen.
H Grasland und andere Habitate, an Aas.

9

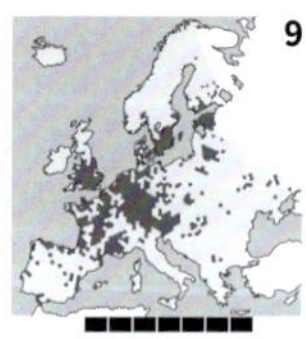

9 Gerippter Totenfreund
Thanatophilus sinuatus **L** 9–12 mm. Ähnlich wie der Falten-Totenkopf (*T. rugosus*), jedoch Elytren zwischen den Kämmen fein punktiert, ohne Furchen.
H Grasland, an Aas.

10

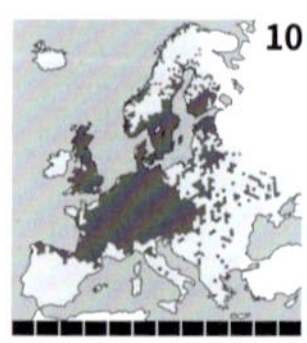

10 Rothalsige Silphe
Oiceoptoma thoracicum **L** 12–16 mm. Körper oval, flach. Sehr markant mit orangefarbenem Pronotum; Elytren schwarz. **H** Wälder, Gebüsch und andere Habitate, an Aas.

Stutzkäfer

1 ×3 ◆

2 ×3 ●

Larve

3 ×3 ●

Nestkafer & Schwammkugelkäfer

4 ×4 ◆

5 ×5 ◆

6 ×5 ◆

7 ×5 ●

Aaskäfer

8 ×2 ◆

9 ×2 ◆

10 ×2 ■

Larve

← **AASKÄFER** Silphidae

1 🔍 Vierpunktiger Aaskäfer
Dendroxena quadrimaculata
L 12–14 mm. Körper oval, flach. Gelblich braun; Elytren mit 2 auffälligen schwarzen Flecken pro Seite; Kopf, Scutellum, Pronotum (in der Mitte), Beine und Fühler schwarz. **H** Wälder. **V** Ernährt sich von Schmetterlingslarven.

1
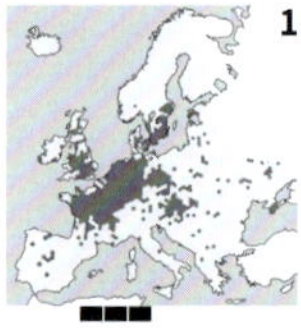

2 🔍 Schwarzer Schneckenjäger
Phosphuga atrata **L** 10–15 mm. Körper oval, flach; Kopf lang gestreckt. Glänzend schwarz oder rotbraun; Elytren mit 3 erhabenen Längsrippen pro Seite, dazwischen Oberfläche runzelig. Fühler fadenförmig, die letzten 3 Segmente behaart. **H** Wälder. **V** Spezialisierter Räuber von Schnecken.

2
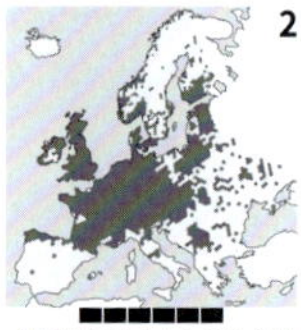

3 🔍 Ovaler Aaskäfer
Ablattaria laevigata **L** 12–18 mm. Schwarz; Kopf lang gestreckt; Pronotum gerundet; Elytren ohne Rippen. **H** Grasland, oft auf sandigem Boden, auch in Dünen. **V** Spezialisierter Räuber von Schnecken.

3
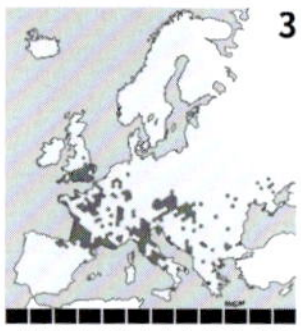

Gen. ***Silpha*** E 11 SPP

Elytren mit 4 deutlichen Längsrippen (eine direkt am Rand), einige mit nur 3 Längsrippen. Fühler lang, zur Spitze hin erweitert, nicht gekeult.

4 🔍 Trauer-Aaskäfer
Silpha tristis **L** 13–17 mm. Körper länglich, schwarz; Elytren mit 3 Längsrippen; flacher als bei *S. obscura*, Elytren länger als beim Schwarzen Schneckenjäger (*P. atrata*), aber nicht glänzend. **H** Grasland, Dünen, offene Wälder, Gebüsch und andere.

4
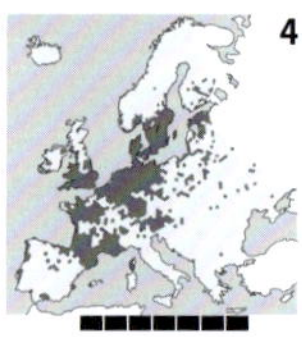

5 🔍 Flachstreifiger Aaskäfer
Silpha obscura **L** 13–17 mm. Elliptisch, mattschwarz. Elytren mit 3 schwach ausgeprägten Längsrippen, dazwischen gleichmäßig punktiert. **H** Grasland und andere offene Flächen.

5
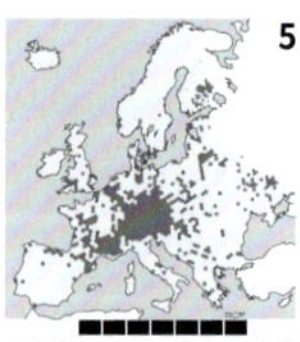

6 🔍 Ufer-Totengräber
Necrodes littoralis **L** 15–25 mm. Oval, schwarz. Fühler S9–S11 rotbraun und länglich; Pronotum gerundet; Elytren mit 3 Längsrippen, bedecken die stumpfe Hinterleibsspitze nicht vollständig. Hintere Femora bei ♂ merklich verdickt. **H** Waldränder, Gebüsch, feuchtes Grasland. **V** Wird oft von Mottenfängern angezogen.

6
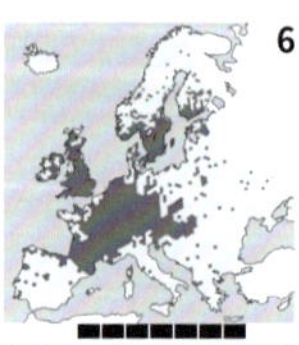

Gen. ***Nicrophorus*** E 10 SPP

Große bis sehr große, abgeflachte und oft orangerot gebänderte Käfer. Fühler kurz, mit viergliedriger Keule. Vordere Tibiae vergrößert, dienen zum Vergraben von Kadavern, die als Nahrung für die Larven dienen. Häufig in Gruppen auf toten Tieren anzutreffen; ausgeprägtes Sozialverhalten.

7 🔍 Schwarzer Totengräber
Nicrophorus humator **L** 18–26 mm. Schwarz; Elytren bedecken Hinterleibsspitze nicht vollständig. Fühler mit schwarzer und orangefarbener Keule. Ähnlich *N. germanicus*, dort aber Fühler komplett schwarz. **H** Verschieden, an Aas. **V** Wird von Mottenfallen angezogen.

7
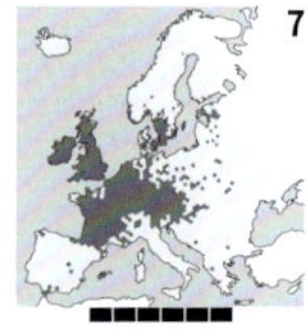

8 🔍 Vierpunkt-Totengräber
Nicrophorus interruptus **L** 12–20 mm. Schwarz; Elytren mit 2 orangefarbenen, zickzackförmigen Bändern, die an der Naht unterbrochen sind (breite Lücke auf dem oberen Band); Bauchsegmente mit gelblichen Haaren gesäumt. Fühlerkeule meist orange. **H** Offene Gebiete, an Aas.

8
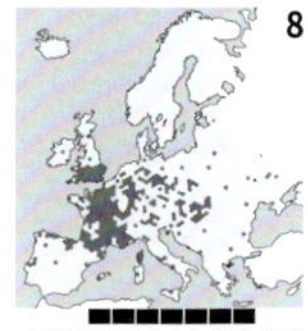

9 🔍 Rotkeulen-Totengräber
Nicrophorus investigator **L** 12–22 mm. Schwarz; Elytren mit 2 orangefarbenen zickzackförmigen Bändern, die manchmal an der Naht unterbrochen sind. Kann mit *N. interruptus* verwechselt werden, aber Hinterleibssegmente mit schwarzen Haaren gesäumt; nur das letzte Segment ist gelblich behaart. Fühler meist mit orangefarbener Keule. **H** Offene Gebiete, an Aas.

9
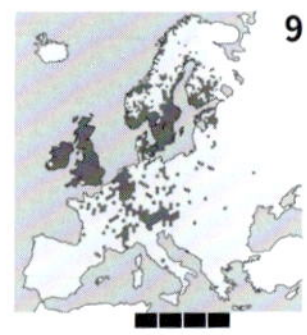

10 🔍 Gemeiner Totengräber
Nicrophorus vespillo **L** 12–22 mm. Schwarz; Elytren mit 2 orangefarbenen, zickzackförmigen Bändern; Vorderrand des Pronotums gelblich behaart, ebenso Seiten des Hinterleibs; hintere Tibiae gebogen (bei anderen *Nicrophorus* spp. gerade). Fühlerkeule meist orange. **H** Offene Gebiete, an Aas.

10
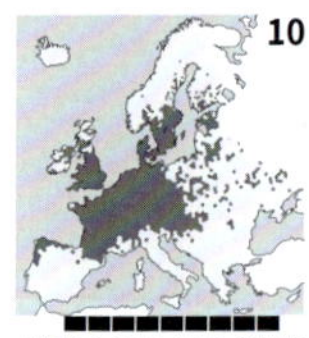

11 🔍 Schwarzhörniger Totengräber
Nicrophorus vespilloides **L** 12–18 mm. Ähnlich wie *N. vespillo*, jedoch sind die Fühler ganz schwarz und die hinteren Tibiae gerade. **H** Wald, Grünland, Gärten und andere, auf Aas.

11
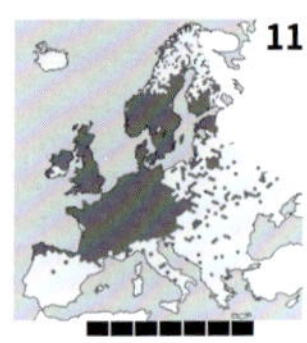

12 🔍 Gelbhaariger Totengräber
Nicrophorus vestigator **L** 12–22 mm. Schwarz; Elytren mit 2 orangefarbenen zickzackförmigen Bändern; Pronotum mit gelben Haaren an allen Rändern; Fühlerkeule meist orange. **H** Offene Gebiete, manchmal auf sandigen Böden, an Aas.

12
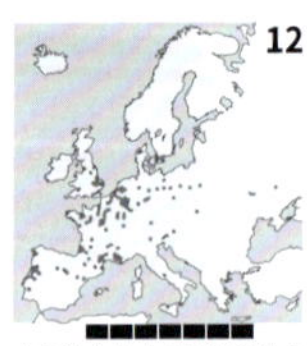

← Aaskäfer

1

2

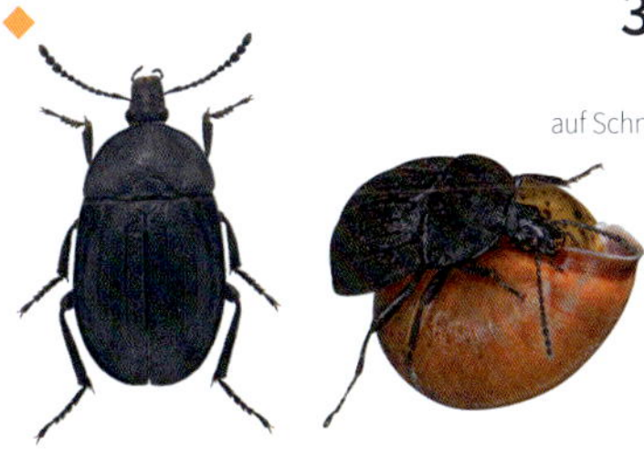

3

4

5

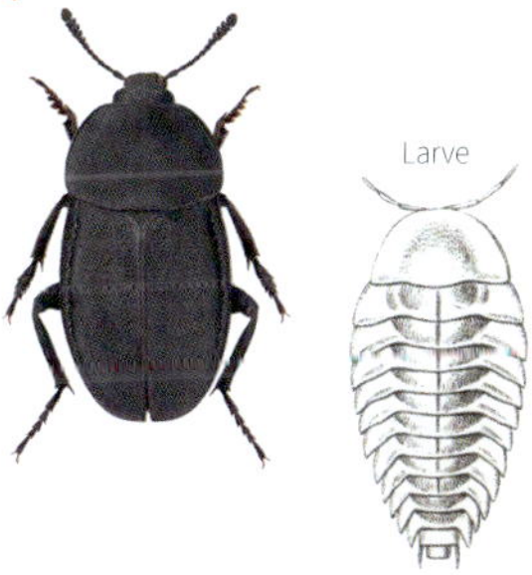

6

7

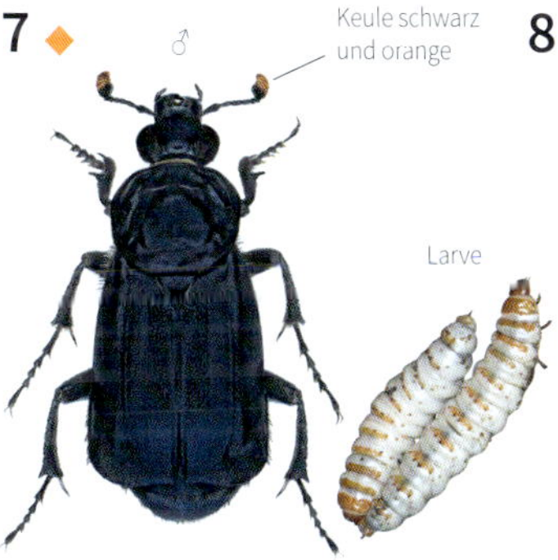

8

9

10

11

12

KURZFLÜGLER Staphylinidae →

E 500+ GEN 4750 SPP 22 ILL

Sehr klein bis groß; artenreichste Familie der Käfer in Europa. Körper meist sehr lang gestreckt; Elytren auffallend kurz, bedecken nicht die letzten 3–6 Hinterleibssegmente. Viele Arten sind gute Flieger; Hinterflügel werden auf komplizierte Weise unter Elytren gefaltet, oft wird das Hinterleibsende zu Hilfe genommen. Die meisten Arten sind schwarz, einige mit rötlicher und/oder gelber Färbung. Fühler meist an der Oberseite des Kopfes angelenkt, bei *Paederus* spp. seitlich am Kopf. Ähneln oberflächlich Ohrwürmern (Dermaptera), sind aber nicht mit ihnen verwandt und haben keine großen Zangen am Hinterleibsende. Ernähren sich hauptsächlich von wirbellosen Tieren, einige jedoch auch von Pilzen, Dung oder abgestorbenem Pflanzenmaterial. Im Folgenden sind nur einige typische oder ungewöhnliche Arten aufgeführt.

1
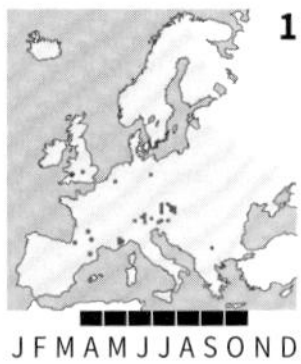

1 Ameisenkurzflügler
Claviger longicornis **L** 2–3 mm. Gattung unverwechselbar; Augen fehlen; Elytren mit Haarbüscheln an den Hinterrändern; bräunlich, einschließlich der Gliedmaßen. Fühler mäßig lang, viel kürzer als bei anderen *Claviger* spp. **H** In Ameisennestern von *Lasius* spp.

Gen. ***Tachyporus*** E 22 SPP

Klein, glänzend schwarz und gelblich rot; Pronotum breit, Abdomen zur Spitze hin verjüngt.

2
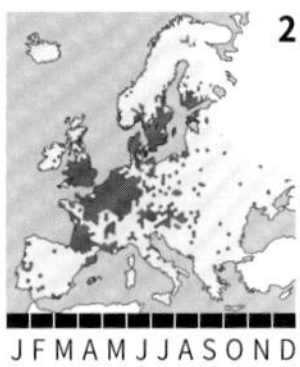

2 Moosschnellräuber
Tachyporus hypnorum **L** 3–4 mm. Kopf schwarz; Elytren orange, Seiten dunkel; Scutellum schwarz; Pronotum glänzend schwarz, Seiten orange; Fühler gelblich am Ansatz; Beine gelblich. **H** Wälder.

3
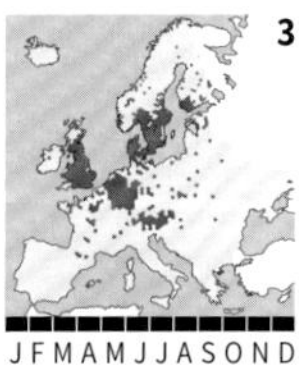

3 Stumpfer Schnellräuber
Tachyporus obtusus **L** 4 mm. Hauptsächlich orange. Elytren länger als Pronotum; basale Hälfte schwarz, hintere Hälfte orange. Hinterleibsspitze meist schwarz. **H** Wälder, Grünland, Gärten.

4
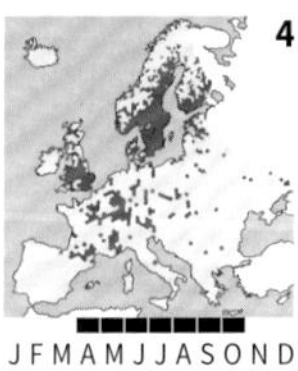

4 Mondfleck-Kurzflügler
Lordithon lunulatus **L** 5–7 mm. Kopf schmal, schwarz; Pronotum und großer Teil des Abdomens rot; Elytren glänzend schwarz mit hellen halbmondförmigen Flecken. Mehrere *Lordithon* spp. mit artspezifischen Flecken auf Elytren und unterschiedlichen Farbkombinationen. **H** Wälder. **V** Besiedelt Pilze, auf denen sie andere Insekten erbeutet.

5
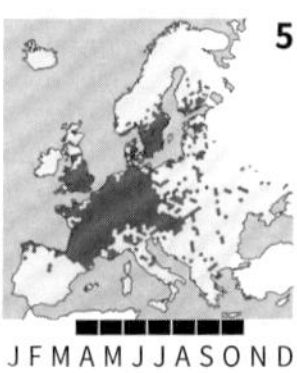

5 Vierfleckiger Kahnkäfer
Scaphidium quadrimaculatum
L 5–6 mm. Körper breit, rundlich, ganz anders als bei den anderen Kurzflüglern. Elytren schwarz mit 4 roten Flecken. **H** Wälder. **V** An Pilzen, die auf toten Ästen wachsen.

6
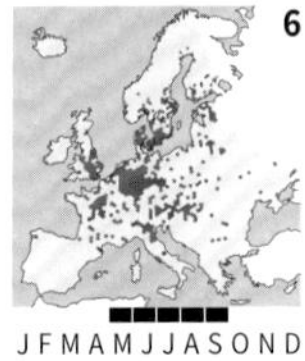

6 Roter Bunträuber
Oxyporus rufus **L** 6–8 mm. Breit, Kopf groß, schwarz; Pronotum und erste sichtbare Hinterleibssegmente orange. Basale Hälfte der Elytren orange, hinterer Teil schwarz. Beine und Fühler meist rötlich. *O. maxillosus* ist ähnlich, hat aber gelbliche Elytren, nur die hinteren Ecken sind schwarz. **H** Wälder, an Pilzen.

7
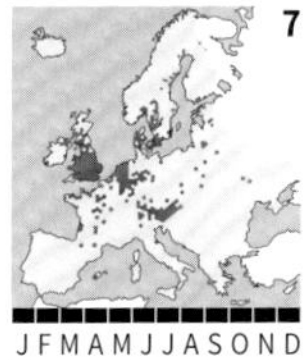

7 Hellbeiniger Schmalräuber
Stenus bimaculatus **L** 6–7 mm. Schwarz mit großen Augen; Elytren mit kleinem, orangefarbenem Fleck in der Mitte auf jeder Seite. Beine rötlich. **H** Feuchtgebiete, oft feuchte Wälder.

Gen. ***Paederus*** E 10 SPP

Im Gegensatz zu den meisten anderen Nagekäfern sind die Fühler an den Seiten des Kopfes angebracht, nicht auf der Oberseite des Kopfes. Körper orange-rot und bläulich schwarz.

8
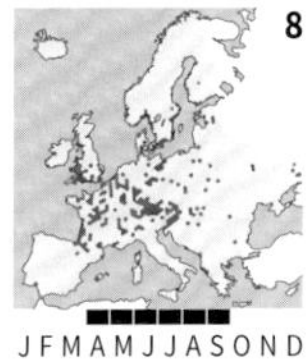

8 Schmalhalsiger Uferkurzflügler
Paederus fuscipes **L** 6–7mm. Schwarz mit orange-rotem Pronotum und breitem Band auf dem Hinterleib. Mundwerkzeuge gelb. Elytren viel breiter als das Pronotum. Leicht mit einigen anderen *Paederus* spp. zu verwechseln; z. B. die Art *P. caligatus* mit dunkleren Beinen. **H** Feuchte Moore, Salzwiesen.

9
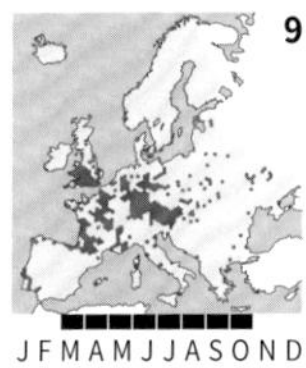

9 Uferkurzflügler
Paederus littoralis **L** 8–9 mm. Schwarz mit orange-rotem Pronotum und breitem Band auf dem Hinterleib. Pronotum und Elytren fast quadratisch geformt. Beine rot mit Ausnahme der Femora mit schwarzen Knien. Von anderen *Paederus* spp. durch schwarze Mundwerkzeuge zu unterscheiden. **H** Grasland.

Gen. ***Quedius*** E 100+ SPP

Pronotum breit, gerundet; Kopf klein, gerundet; Augen meist groß.

10
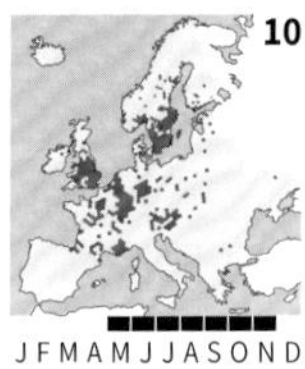

10 Blutflügel-Moosräuber
Quedius cruentus **L** 8–10 mm. Kopf, Pronotum und Scutellum schwarz; Elytren rot; Hinterleibsspitze orange; Hinterleibsspitzen S3–S7 mit schmalem orangem Band. **H** Wälder. **V** Oft unter Rinde oder in alten Pilzen.

11
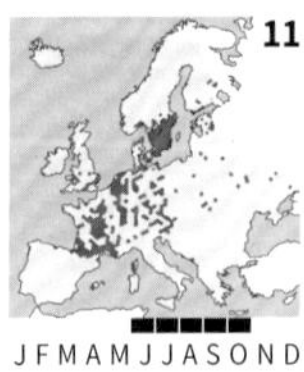

11 Hornissenkäfer
Quedius dilatatus **L** 15–24 mm. Groß, schwarz; Kopf und Pronotum glänzend. Ähnlich dem Schwarzen Moderkäfer (*Ocypus olens*); bei diesem aber Kopf und Pronotum matt. **H** In Wäldern, wo sich die Larven an Hornissennestern entwickeln. **V** Erwachsene Tiere an Baumsaftrinnsalen an Bäumen, die vom Weidenbohrer (*Cossus cossus*) beschädigt wurden.

1 ×8 ●

2 ×6 ◆

3 ×6 ◆

4 ×4 ◆

5 ×4 ■

6 ×3 ◆

7 ×4 ◆

8 ×4 ◆

9 ×3 ◆

10 ×3 ◆

11 ×2 ■

← **KURZFLÜGLER** Staphylinidae

1 ⊙ Braunroter Raubkurzflügler
Dinothenarus fossor **L** 15–20 mm. Pronotum, Elytren und Kopf rotbraun; Kopf manchmal schwarz; Hinterleib schwarz. Elytren mit goldgelben Haaren. Femora schwarz; Tibiae und Tarsi gelblich. **H** Wälder, einschließlich Gebirgsregionen.

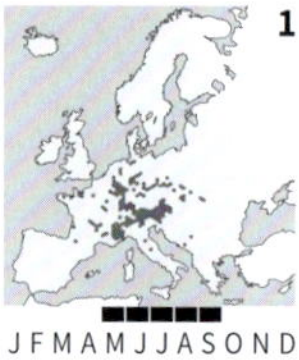

2 ⊙ Schwarzer Moderkäfer
Ocypus olens **L** 23–32 mm. Schwarz, Kopf und Pronotum matt; Fühlerspitze und Maxillarpalpen blasser. Beim ähnlichen Hornissenkäfer (*Quedius dilatatus*) Kopf und Pronotum glänzend. **H** Wälder, Grünland und Parks. **V** Abdomen wird zur Verteidigung skorpionartig gekrümmt; ♂ kann zur Verteidigung eine Flüssigkeit aus dem Mund ausstoßen und ein Sekret aus der Spitze des Hinterleibs absondern.

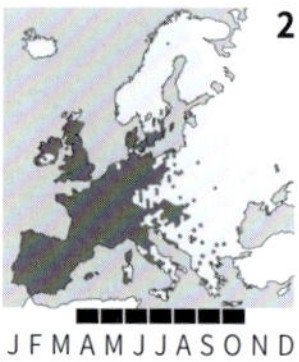

3 ⊙ Türkisglanz-Moderkäfer
Ocypus ophthalmicus **L** 14–24 mm. Hinterleib, Beine, Fühler schwarz; Kopf und Pronotum mit metallisch blauem Schimmer. **H** Wälder, sandige Böden.

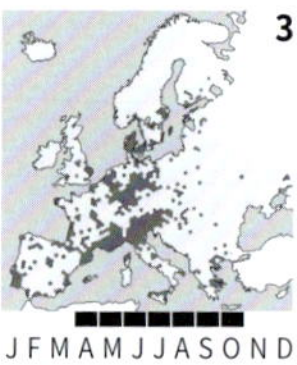

4 🔍 Feinpunkt-Raubkäfer
Platydracus stercorarius **L** 13–16 mm. Kopf zu den Hinterwinkeln hin erweitert; Kopf, Pronotum und Scutellum schwarz; Elytren, Beine, Fühler und Palpen rot. Abdomen schwarz, S4–S6 und basale Hälfte von S7 und S8 mit kleinen gelben Haaren. Andere *Platydracus* spp. haben entweder keine roten Elytren oder sind kleiner; *Staphylinus* spp. sind größer. **H** Grasland, Heideland, Wald.

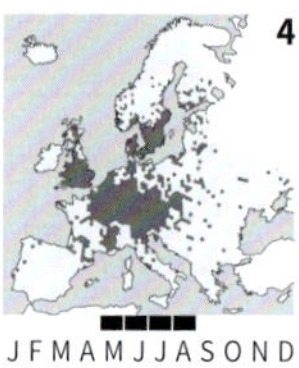

Gen. ***Staphylinus*** E 11 SPP

Große Arten; Vorderkopf mit goldgelben Haaren bei allen Arten; auch einige goldgelbe Haare an anderen Teilen.

5 🔍 Kaiserlicher Kurzflügler
Staphylinus caesareus **L** 19–26 mm. Schwarz; Elytren und Anhänge rötlich, Fühler S11 kann etwas dunkler sein. Hinterleib mit goldgelben Haarflecken auf jedem Segment; Vorderseite des Kopfes, Hals und Pronotum ebenfalls mit einigen goldgelben Haaren. **H** Wälder.

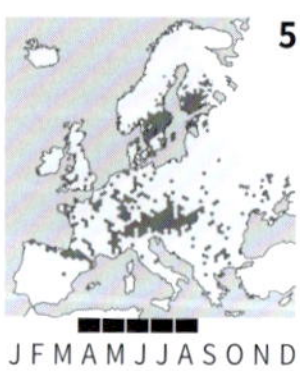

6 🔍 Buntfühler-Moderkäfer
Staphylinus dimidiaticornis **L** 16–23 mm. Kopf und Pronotum schwarz. Kurze goldgelbe Haare auf der Vorderseite des Kopfes, Hals und Pronotum mit schwarzen Haaren. Elytren rot, Fühler ebenfalls rot, bis auf die letzten 5–6 Segmente dunkel gefärbt. Abdomen schwarz, S3–S7 seitlich mit kleinen gelben Haaren. **H** Feuchte Standorte.

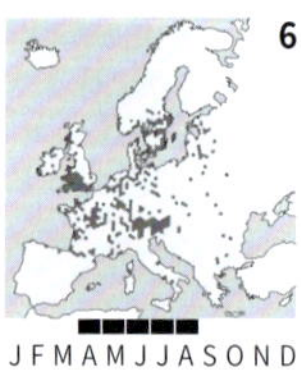

7 🔍 Rotflügeliger Moderkäfer
Staphylinus erythropterus **L** 14–18 mm. Kopf und Pronotum schwarz mit kurzen hellgelben Haaren auf der Vorderseite des Kopfes und auf dem Scutellum. Fühler dunkel mit Ausnahme von 2–3 roten Basalsegmenten. Elytren rot; Hinterleib schwarz, S3–8 seitlich mit dicken, kleinen gelben Haaren. **H** Feuchte Standorte.

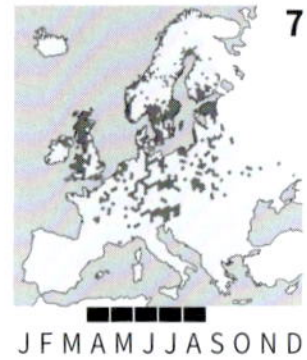

8 ⊙ Behaarter Kurzflügler
Emus hirtus **L** 16–30 mm. Groß; sehr auffällig gefärbt: Körper schwarz, Elytren mit weißlicher Hinterhälfte; Kopf, Pronotum und Ende des Hinterleibs mit ausgedehnten kurzen gelben Haaren. **H** Grünland, Ackerland, auf frischem Dung in der Nähe von Viehbeständen.

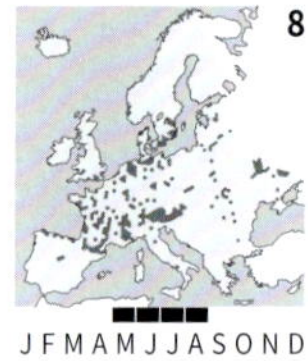

9 🔍 Aasraubkäfer
Creophilus maxillosus **L** 15–21 mm. Körper schwarz; Elytren und Abdomen S4–S6 mit weißen Haarbändern. **H** Grünland, an Aas.

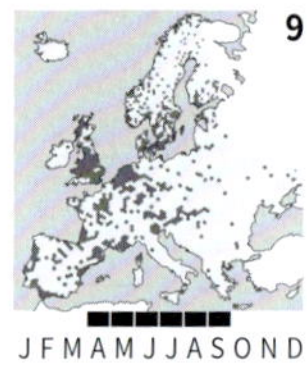

Gen. ***Ontholestes*** E 4 SPP

Mittelgroß bis groß; Körper goldbraun behaart.

10 🔍 Mausbraun-Raubkäfer
Ontholestes murinus **L** 9–16 mm. Insgesamt gräulich, Körper mit kurzen, goldbraunen Haaren (wirkt schachbrettartig), auch auf Abdomen S3–S5. Fühler gelb, manchmal an der Spitze dunkler; Beine dunkel mit Ausnahme der vorderen Tibiae rötlich. **H** Wald, Grasland, an Aas und Dung.

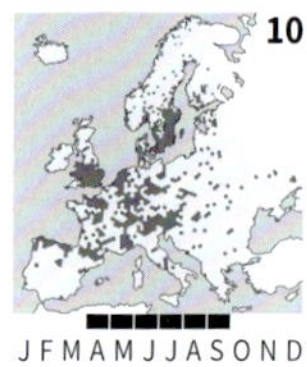

11 🔍 Gewürfelter Raubkäfer
Ontholestes tessellatus **L** 13–20 mm. Gräulich, sehr ähnlich *O. murinus*, aber Beine weitgehend rötlich; Fühler dunkel, mit gelben Basen. **H** Wald, Grünland, an Aas und Dung.

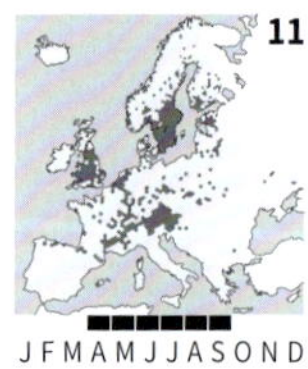

12 🔍 Glänzender Kurzflügler
Philonthus decorus **L** 11–16 mm. Schwarz; Kopf und Pronotum mit leicht grünlichem Metallglanz; Elytren mit metallischem Kupferglanz. **H** Feuchte Standorte, einschließlich Wälder.

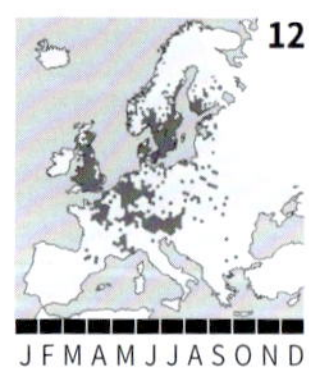

1 ■

2 ■

3 ■

4 ◆

5 ◆

6 ◆

7 ◆

8 ■

9 ◆

10 ◆

11 ◆

12 ◆

MISTKÄFER Geotrupidae →

E 9 GEN 77 SPP 8 ILL

Mittelgroß bis groß; kräftig gebaut, oval; schwarz mit metallischer Färbung, Unterseite oft metallisch blau oder violett; Fühler kurz, mit dreigliedriger gekeulter Spitze. Wirken eher unbeholfen im Verhalten, oft auf dem Boden in Weiden und Wäldern, manchmal in sehr großer Zahl. Larven entwickeln sich im Dung großer Weidetiere.

1
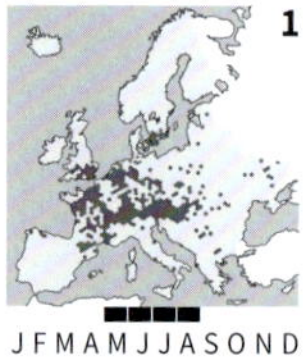

1 ☉ Gehörnter Mistkäfer
Odonteus armiger **L** 8–11 mm. Oberseite glänzend schwarz; Unterseite, Beine und Fühler rotbraun mit goldgelben Haaren. Elytren mit gepunkteten Längsfurchen. Kopf mit Horn beim ♂. **H** Offene Wälder, Weiden, Grasland.

2
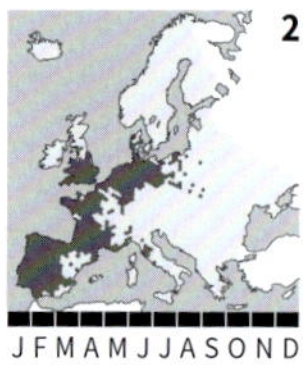

2 ☉ Stierkäfer ***Typhaeus typhoeus***
L 12–20 mm. Oberseite dunkel; Elytren mit gepunkteten Längsrillen; Beine mit Stacheln. ♂ mit 3 auffälligen hornartigen Fortsätzen am Pronotum; die beiden äußeren lang, der mittlere kürzer; ♀ nur mit spitzen Höckern. **H** Auf sandigem Boden in lichten Kiefernwäldern; sandige Heideflächen. **V** Manchmal auch im Winter aktiv, solange kein Bodenfrost herrscht.

3
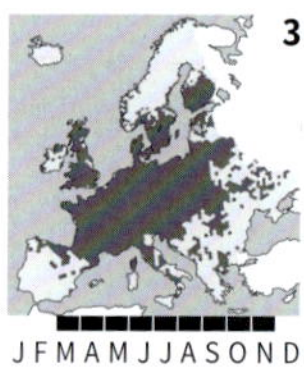

3 ☉ Waldmistkäfer
Anoplotrupes stercorosus **L** 12–19 mm. Schwarz, bläulich schwarz oder grünlich schwarz; Fühler rotbraun. Elytren mit fein gepunkteten Längsrillen. Ähnlich dem Gemeinen Mistkäfer (*Geotrupes stercorarius*), aber etwas kleiner. **H** Wälder, sandige Heidelandschaften.

Gen. *Geotrupes* E 4 SPP

Körper länglich oval, kugelförmig. Beine oft gezähnt ♂; sie können durch Reiben der hinteren Femora ein zirpendes Geräusch erzeugen. Leben im Dung. Bohren Tunnel mit Hohlräumen in den Boden unter dem Dung; dort werden die Eier abgelegt und der Dung gelagert, um die Nachkommen zu ernähren.

4
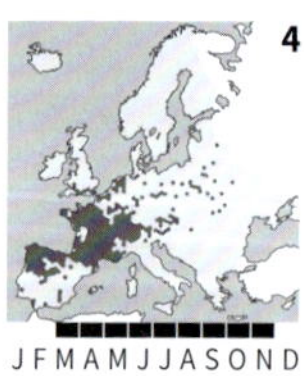

4 ☉ Veränderlicher Mistkäfer
Geotrupes mutator **L** 15–25 mm. Schwarz, Elytren oft metallisch violett, Thorax eher bläulich oder grünlich; Elytren mit 9 ausgeprägten Längsrippen ab der „Schulterwulst", im Vergleich zu 7 bei den beiden anderen hier gezeigten *Geotrupes* spp. **H** Weiden, Grasland.

5
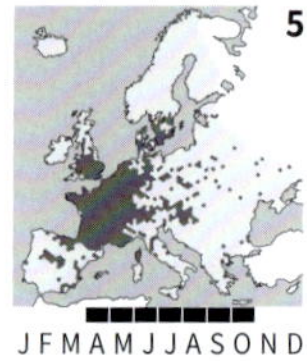

5 ☉ Dornfüßiger Mistkäfer
Geotrupes spiniger **L** 18–26 mm. Schwarz, bläulich schwarz oder grünlich schwarz, kann etwas Bronzeglanz aufweisen. **H** Viehweiden, Moorland.

6
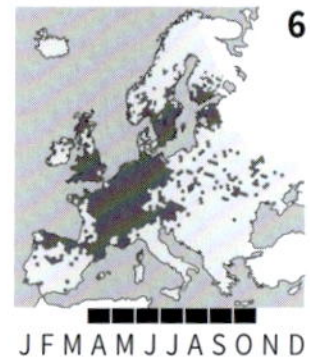

6 ☉ Gemeiner Mistkäfer
Geotrupes stercorarius **L** 16–25 mm. Schwarz mit grünem, blauem oder violettem Schimmer; Unterseite metallisch; Elytren stark gerillt. Mehr Glanz als *G. spiniger*, aber zur sicheren Identifikation muss die Unterseite untersucht werden. Hintere Femora bei ♂ mit Stachel. **H** Wälder, Viehweiden.

Gen. *Trypocopris* E 4 SPP

Körper länglich oval, kugelförmig. Hintere Femora oft ♂ gezähnt. Pronotum fein gepunktet. Elytren glatt, ohne Längsrippen.

7
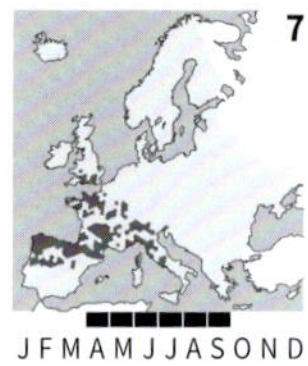

7 ☉ Pyrenäenmistkäfer
Trypocopris pyrenaeus **L** 12–20 mm. Färbung reicht von blau, grün, dunkelviolett bis blauschwarz oder metallisch glänzend schwarz; Pronotum mit dichterer Punktierung an den Seiten. **H** Sandige Heidelandschaften, Wälder, auch im Gebirge, seltener im Grasland.

8
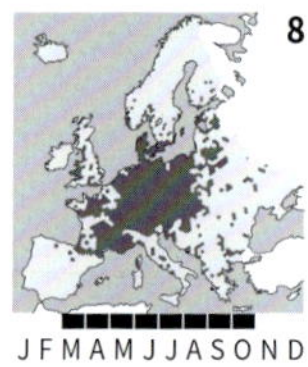

8 ☉ Frühlingsmistkäfer
Trypocopris vernalis **L** 12–20 mm. Färbung reicht von blau, grün, dunkelviolett bis blauschwarz oder metallisch glänzend schwarz (weniger glänzend als *T. pyrenaeus*, Pronotum mit dichteren, gleichmäßig verteilten Einstichen). **H** Grasland, Moorland, Wälder, auch in Gebirgsregionen.

ERDKÄFER Trogidae

E 2 GEN 28 SPP 1 ILL

Breite, robuste Arten, oben und unten abgerundet, schwarz, braun oder grau; Fühler mit geklumpter Spitze. Larven ernähren sich hauptsächlich von trockenen Tierresten.

9
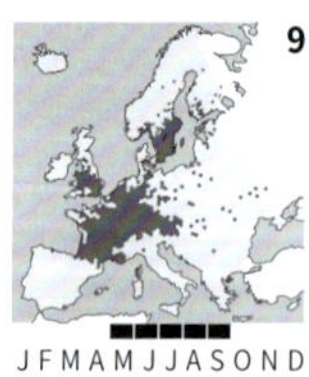

9 ☉ Rauer Erdkäfer
Trox scaber **L** 5–8 mm. Körper oval, kugelförmig; bräunlich schwarz; Elytren mit kleinen Büscheln gelblich brauner Borsten, die in 5 Reihen angeordnet sind. Fühler rotbraun. **H** Viele verschiedene Lebensräume.

Mistkäfer

1 ×1,5 ♂

2 ×1,5

3 ×1,5

4 ×1,5

5 ×1,5

6 ×1,5

7 ×1,5

8 ×1,5

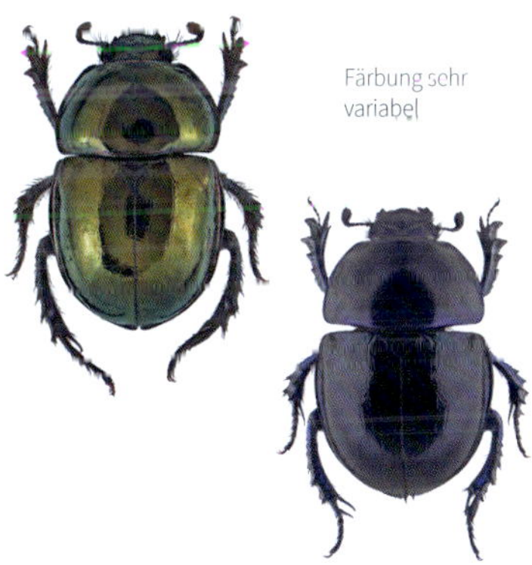

Erdkäfer

9 ×3

SCHRÖTER & HIRSCHKÄFER Lucanidae

E 6 GEN 14 SPP 4 ILL

Körper groß bis sehr groß (Körperlänge 10–80 mm), schwarz oder dunkelbraun; einige sehr große Arten mit riesigen geweihartigen Mandibeln; Fühler mit 10 Segmenten, gekrümmt, mit keulenförmiger Spitze. Larven ernähren sich mehrere Jahre lang von verrottendem Holz.

1

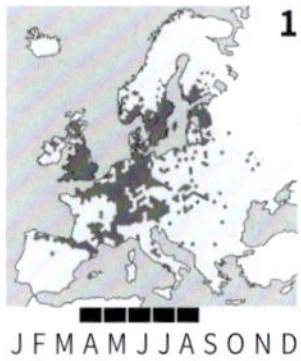

1 Kopfhornschröter
Sinodendron cylindricum **L** 9–14 mm. Metallisch grün bis bläulich; Körper stark gepunktet. ♂ Mandibeln mit schmaler Kerbe am Innenrand; Fühler fächerförmig zur Spitze hin. Zwei weitere *Platycerus* spp. sehr ähnlich, wobei sich die weitverbreitete *P. caprea* durch eine breite, abgerundete Kerbe am Innenrand der Mandibeln bei ♂ unterscheidet. **H** Wälder, hauptsächlich an Eichen und Buchen.

2

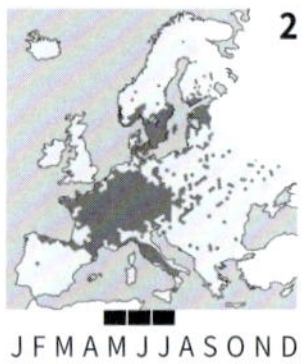

2 Kleiner Rehschröter
Platycerus caraboides **L** 9–13 mm. Metallisch grün bis bläulich; gedrungener Körper. Die ähnliche Art *P. caprea* ist die einzige andere *Platycerus* spp. in fast ganz Europa, sie ist etwas größer (12–15 mm) und etwas weniger gedrungen, aber die sichere Identifikation kann schwierig sein. Pronotum gleichmäßig gepunktet. ♂ mit stark vergrößerten Oberkiefern; Beine schwarz. ♀ Beine und Fühler rostbraun. **H** Wälder.

3

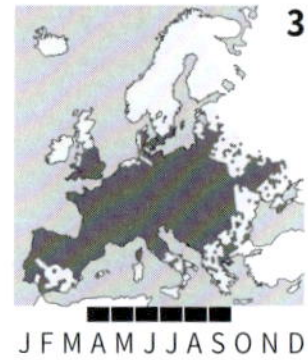

3 Balkenschröter
Dorcus parallelipipedus **L** 18–32 mm. Mandibeln klein, beim ♂ etwas größer; Elytren matt grauschwarz. Gelegentlich Verwechslung mit kleineren ♀ des Hirschkäfers (*Lucanus cervus*) möglich, diese aber mit glänzend braunen bis kastanienbraunen Elytren. Verwechslung mit dem kleineren, aber oberflächlich ähnlichen Waldbock (*Spondylis buprestoides*, S. 294) ebenfalls möglich. **H** Wälder. **V** Larven in toten Baumstümpfen von Laubbäumen, Entwicklungszeit 2–3 Jahre.

4

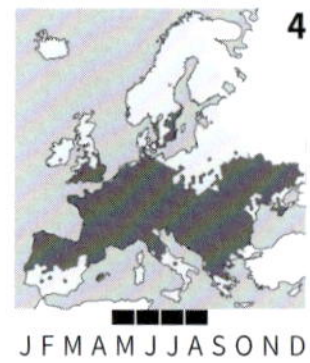

4 Hirschkäfer ***Lucanus cervus***
L 25–80 mm. Größte Käferart in Europa. Riesige Größenunterschiede, einige ♂ halb so groß wie andere, ♀ im Allgemeinen kleiner als ♂. Schwarz mit glänzenden Elytren, die zumindest einen Hauch von dunklem Rotbraun aufweisen. ♂ mit sehr auffälligen, rotbraunen, geweihartigen Mandibeln, deren Größe variiert. Großer Zahn an der äußeren Hälfte des Geweihs; bei dem ähnlichen *L. ibericus* (nur auf der Iberischen Halbinsel vorkommend) mittig, bei *L. tetraodon* (Frankreich, Italien) nahe der Basis des Geweihs gelegen. Kleinere Exemplare können auch mit dem Balkenschröter (*Dorcus parallelipipedus*) verwechselt werden, der aber matt grauschwarze Elytren hat. **H** Gärten, Parks, Wälder; an toten Baumstümpfen. **V** ♂ benutzen die geweihartigen Mandeln bei Kämpfen um ♀. Larven in toten Baumstümpfen, Entwicklungszeit 3–4 Jahre.

1 ×2

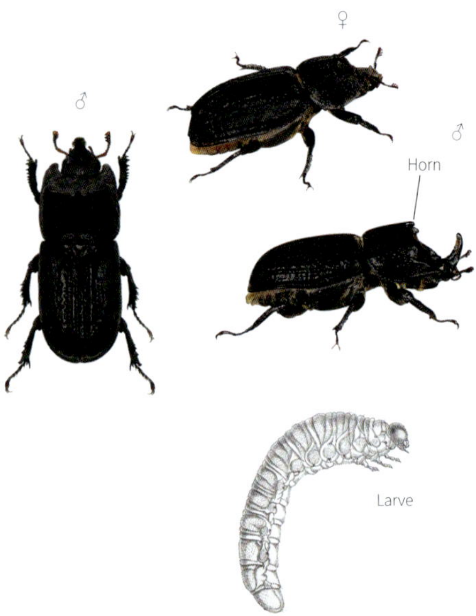

2 ×2

Schröter & Hirschkäfer

3 ×1

♂

hier größere Individuen gezeigt

♀

Larve

4 ×1

großer Zahn an der äußeren Hälfte des Geweihs

♂

große Größenunterschiede; hier große Individuen gezeigt

♀

Larve, spätes Stadium

Puppe im Kokon

♂ fliegend

×0,5

♂ im Kampf

×0,5

BLATTHORNKÄFER Scarabaeidae →

E 120+ GEN 718 SPP 39 ILL

Klein bis sehr groß; Körper typischerweise gerundet, zumindest vorne und hinten. Färbung sehr variabel; Fühler relativ kurz, mit einer auffälligen gekeulten oder gefiederten Spitze.
Mehrere Arten mit auffallend großen, gezähnten Tibiae, die zum Graben dienen. Einige Käfer anderer Familien können oberflächlich betrachtet ähnlich wirken, z. B. die Tatzenkäfer, eine Gattung der Blattkäfer (Chrysomelidae), siehe S. 316.

Einige Arten werden als Schädlinge angesehen, da ihre Larven Schäden an Getreide, Gräsern und Gärten verursachen. Andere brüten hauptsächlich in Dung.

1 Nashornkäfer
Oryctes nasicornis **L** 20–40 mm. Glänzende, rotbraune, orangefarbene Haare auf der Unterseite, auch zwischen Pronotum und Abdomen. Groß; wirkt etwas plump. Elytren und Pronotum glatt, sehr fein gepunktet. Kopf mit auffälligem Horn bei ♂, kleiner Höcker nur beim ♀. **H** Wälder mit viel Totholz, Kompost- und Misthaufen.

1
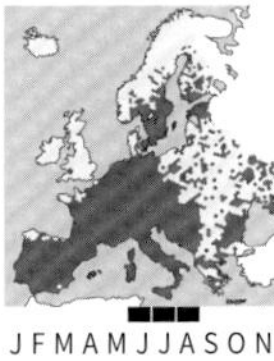

Gen. *Melolontha* E 4 SPP

Groß, insgesamt braun; können im späten Frühjahr in großer Zahl auftreten.

2 Feldmaikäfer
Melolontha melolontha **L** 20–30 mm. Braun, Pronotum und Kopf schwarz; Hinterleib mit spitzer Spitze, an den Seiten mit dreieckigen Flecken aus weißen Haaren. Fühler gefiedert; siebenblättrig bei ♂, sechsblättig bei ♀. Ähnlich dem Waldmaikäfer (*M. hippocastani*), aber Pygidium länger (siehe Detaildarstellung). **H** Wälder, Gärten, Ackerland. **V** Kann in großen Mengen schwärmen; Larven entwickeln sich in Wurzeln von Bäumen und Sträuchern, gilt als Forst- und Agrarschädling.

2
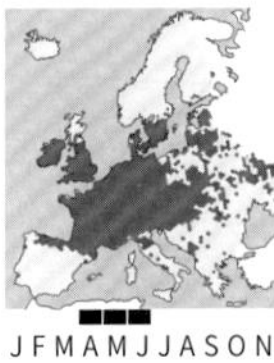

3 Waldmaikäfer
Melolontha hippocastani **L** 22–27 mm. Sehr ähnlich dem Feldmaikäfer (*M. melolontha*), aber Pygidium kürzer. **H** Wälder, Gärten, Ackerland.

3
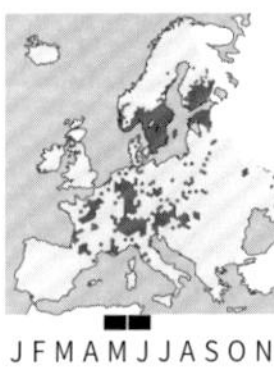

---

4 Walker *Polyphylla fullo*
L 32–40 mm. Schwarz oder braun mit zahlreichen weißen Flecken und Punkten. Fühler gefiedert; 7 Blätter bei ♂, 5 beim ♀. **H** Sandige Ränder von Kiefernwäldern und Weinbergen, Dünen.

4
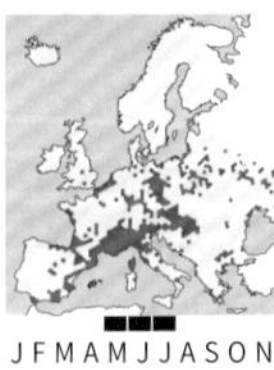

5 Eremit *Osmoderma eremita*
L 23–40 mm. Glänzend braun-schwarz mit schwachem Metallglanz; fein gepunktet. Pronotum deutlich schmaler als Elytren; Scutellum groß, spitz, dreieckig mit flacher Mittelrille. Kopf mit Höckern vor den Augen. Fünf *Osmoderma* spp. in Europa; insbesondere *O. barnabita* aus Osteuropa kann mit *O. eremita* verwechselt werden. **H** Wälder, Parks, städtische Gebiete, an hohlen, meist noch stehenden und lebenden alten Bäumen.

5
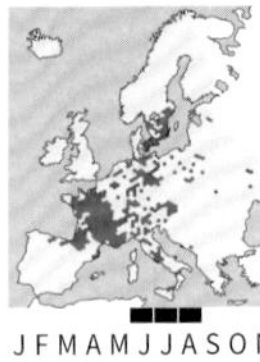

Gen. *Amphimallon* E 14 SPP

Braun, behaart.

6 Gerippter Brachkäfer
Amphimallon solstitiale **L** 15–20 mm. Behaart; Kopf schwarz; Thorax und Elytren braun, Letztere mit schwachen dunklen Längsstreifen. Ähnliche Art (*A. fallenii*) auf dem Pronotum viel länger behaart als an den Spitzen der Elytren. **H** Grasland, Gärten. **V** Aktiv in der Dämmerung und nachts.

6
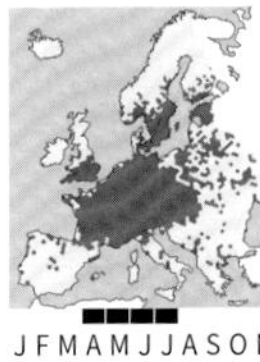

7 Schwarzbrauner Brachkäfer
Amphimallon atrum **L** 11–15 mm. ♂ schwarz-braun, ♀ rotbraun, mit dunkler Naht. Kopf, der größte Teil des Pronotums, das Scutellum, die Ränder der Elytren und die Unterseite sind mit gelblich grauer Behaarung bedeckt. **H** Grasland, auch in Gebirgsregionen.

7
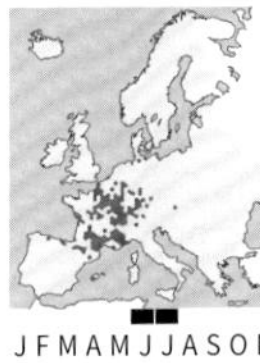

---

8 Gestreifter Pillendreher
Ateuchetus laticollis **L** 15–25 mm. Schwarz, Elytren stark gekerbt, mit breiten Streifen; Pronotum mit großen Flecken. **H** Grasland.

8
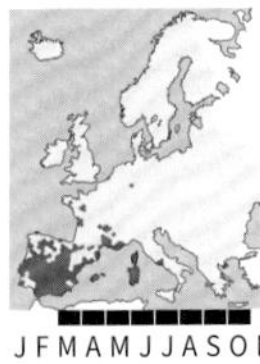

9 Punktierter Pillendreher
Scarabaeus semipunctatus
L 18–27 mm. Groß, schwarz; Pronotum mit großen Flecken, die auf den Elytren nicht vorhanden sind. **H** Sanddünen, Sandstrände.

9
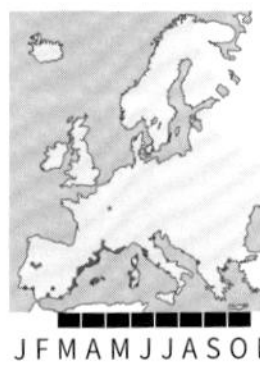

10 Mondhornkäfer
Copris lunaris **L** 16–24 mm. Schwarzer, gedrungener Körper mit einem breiten und spitzen Rückenschild. Charakteristisch ist das Horn auf dem kleinen Kopfschild der ♂. Bei ♀ nur ein kleiner U-förmiger Fortsatz auf dem Kopfschild. **H** Grasland, Weiden.

10
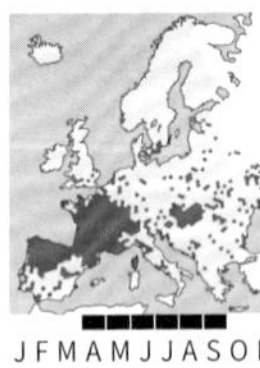

BLATTHORNKÄFER →

← **BLATTHORNKÄFER** Scarabaeidae →

Gen. *Gnorimus* E 3 SPP

Große Arten, metallisch grünlich bis schwarz, Elytren mit einem Muster aus kleinen weißen Flecken.

1 🔍 Grüner Edelscharrkäfer
Gnorimus nobilis **L** 15–20 mm. Metallisch kupfergrün; Elytren gerunzelt, mit weißen Flecken; Scutellum klein. Rosenkäfer (*Cetonia aurata*, S. 230) und Kupfer-Rosenkäfer (*Protaetia cuprea*, S. 234) mit deutlich größerem Scutellum und anderer Körperform. **H** In alten Obstgärten, entwickelt sich in Fäulnislöchern. Auch an Bäumen, einschließlich alten Eichen.

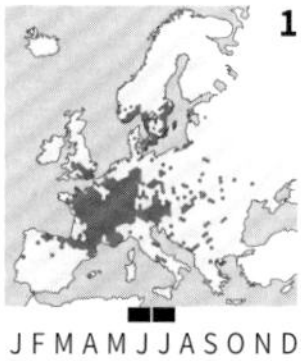

2 ⊙ Veränderlicher Edelscharrkäfer
Gnorimus variabilis **L** 17–22 mm. Körper schwarz; Elytren mit weißen Flecken; Scutellum klein. **H** Alte Wälder.

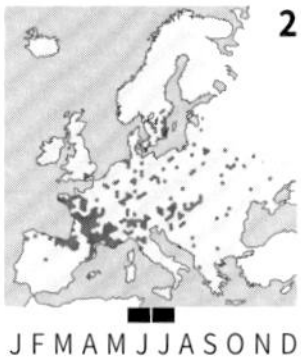

Gen. *Trichius* E 3 SPP

Hummeln ähnlich. Thorax braun oder weiß behaart, Elytren gelb-orange mit schwarzen Flecken. Artbestimmung auch anhand Betrachtung der Vorderbeine.

3 🔍 Gebänderter Pinselkäfer
Trichius fasciatus **L** 12–16 mm. Die Basalflecken auf den Elytren bilden oft ein ungleichmäßiges Band. **H** Wälder.

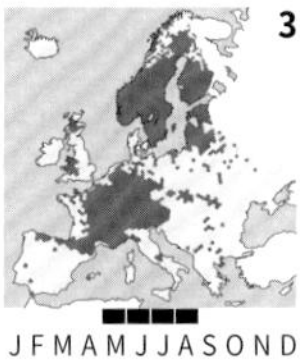

4 🔍 Glattschieniger Pinselkäfer
Trichius gallicus **L** 11–14 mm. Ähnlich *T. fasciatus*, aber Flügelbasis mit vereinzelten schwarzen Flecken statt einem Band. Östlicher Bienenfresser (*T. sexualis*) ebenfalls ähnlich, kommt in Osteuropa vor. **H** Wälder.

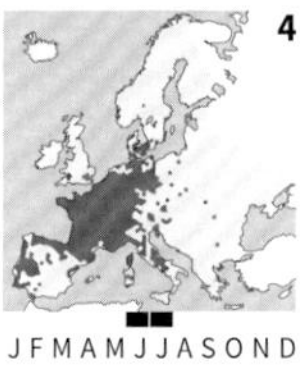

5 🔍 Goldglänzender Rosenkäfer
Cetonia aurata **L** 14–21 mm. Körper metallisch gold-grün; Unterseite kupferfarben. Elytren mit auffälligen weißen Flecken, deren Anzahl und Ausdehnung individuell unterschiedlich ist; Scutellum groß. **H** Wälder, Gärten.

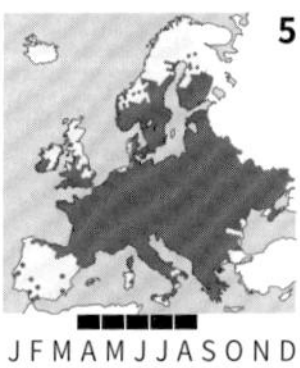

6 🔍 Rotfüßiger Dungkäfer
Acrossus rufipes **L** 9–13 mm. Rotbraun bis schwarz, bläulich schimmernd; Pronotum mit feinen Einstichen. Von anderen *Acrossus* spp., *Aphodius* spp. und Verwandten durch Farbe, größere Größe und halbkreisförmige Vorderseite des Kopfes zu unterscheiden. **H** Weiden mit Pferden und Rindern, Heideland.

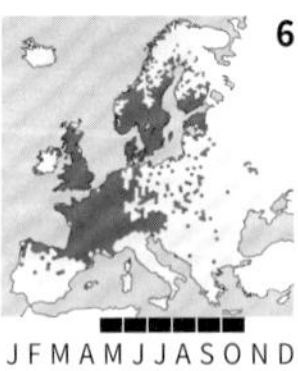

7 🔍 Großer Dungkäfer
Teuchestes fossor **L** 9–13 mm. Körper glänzend schwarz,bläulich schimmernd; Pronotum mit deutlichen groben Einstichen. **H** Grasland, in der Nähe von Pferden und Rindern.

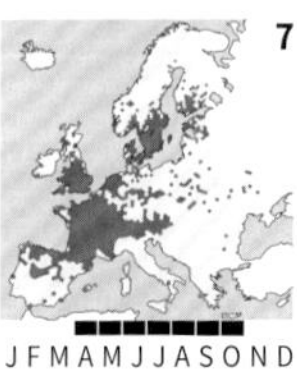

8 🔍 Dünenkugelkäfer
Aegialia arenaria **L** 4–7 mm. Schwarz, Beine, Fühler und Mundwerkzeuge dunkelbraun; Pronotum fast glatt; Elytren abgerundet, Längsrippen undeutlich punktiert. **H** Sandige Gebiete, einschließlich Sanddünen in Küstenregionen.

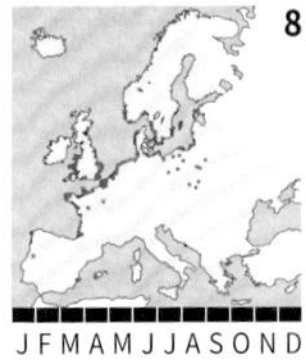

9 🔍 Schwarzer Dungkäfer
Agrilinus ater **L** 4–6 mm. Schwarz; Elytren manchmal dunkelrot, mit hellerer Spitze; Rillen auf Elytren glänzend, Zwischenräume matt. Kann mit anderen Gattungen verwechselt werden, aber *Agrilinus* spp. mit dreieckigem Scutellum, breitem Körper und schwarzen Fühlern. **H** Grünland, landwirtschaftliche Flächen, an Dung und verrottender Vegetation.

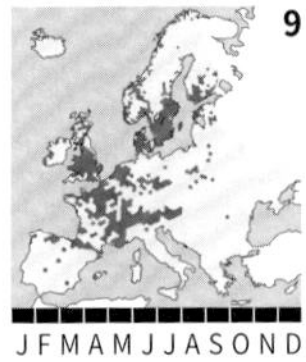

10 🔍 Gemeiner Dungkäfer
Aphodius fimetarius **L** 5–8 mm. Kopf und Thorax schwarz. Fühler und Elytren rot; vordere Ecken des Pronotums gelb. **H** Weiden in der Nähe von grasenden Tieren, Heideland.

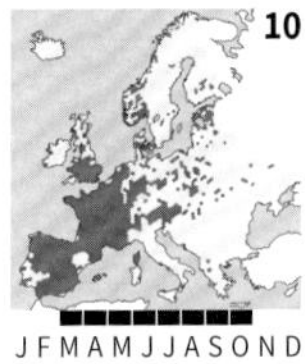

11 🔬 Gelblicher Dungkäfer
Bodiloides ictericus **L** 4–5 mm. Kopf schwarz, vorne rötlich. Pronotum schwarz, Seiten gelblich. Elytren, Beine, Fühler hell bis rotbraun; Elytren mit dunkelbrauner Mittellinie. Über 50 Arten in dieser Gattung. **H** Weiden in der Nähe von grasenden Tieren, typischerweise an exponierten Stellen.

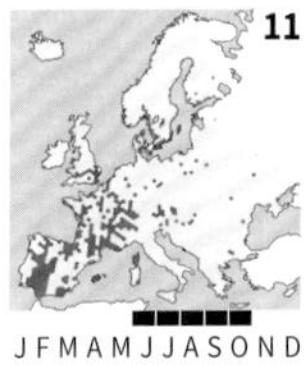

12 🔍 Blassrandiger Dungkäfer
Bodilopsis rufa **L** 5–7 mm. Elytren glänzend gelblich braun, rötlich oder schwarz; Pronotum mit helleren Rändern; Beine und Fühler braun, Fühler eher gelblich. **H** Weiden, Heideland, Gärten.

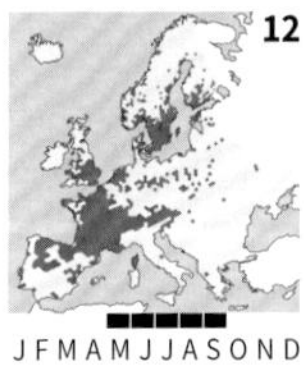

13 🔍 Früher Dungkäfer
Melinopterus sphacelatus **L** 4–6 mm. Kopf und Pronotum schwarz, Pronotum an Basis gelblich bis rötlich, Seiten gelb. Elytren bräunlich gelb mit dunkelbrauner Zeichnung; Fühler dunkelbraun, Basis gelblicher. **H** Weiden im Dung von Pflanzenfressern.

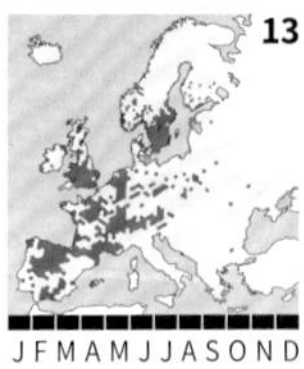

14 🔍 Kaninchendungkäfer
Nimbus contaminatus **L** 5–7 mm. Pronotumränder seitlich mit langen gelblichen Haaren gesäumt; Elytren braun mit schwarzen Streifen, ebenfalls behaart. Der ähnlichen Art *N. obliteratus* fehlen die gelben Haare an der Seite des Pronotums und bei einigen Exemplaren sind die Streifen verwischt. **H** Weiden, Heideland. **V** An Dung, insbesondere von Pferden, und Pilzen, wobei zu beachten ist, dass es sich um eine späte Art handelt.

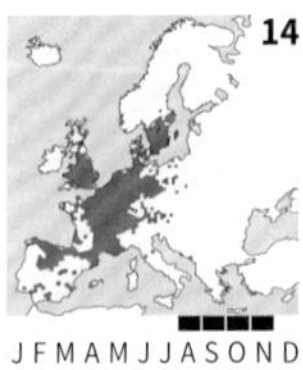

← BLATTHORNKÄFER →

1 ×1,5 ■

2 ×1,5 ■

3 ×2 ◆

×1

4 ×2 ◆

5 ×5 ◆

×1

Larve

6 ×2 ◆

7 ×2 ◆

8 ×4 ◆

9 ×4 ◆

10 ×3 ◆

11 ×4 ●

12 ×3 ◆

13 ×3 ◆

14 ×3 ◆

← **BLATTHORNKÄFER** Scarabaeidae →

Gen. *Hoplia* E 40 SPP

Färbung variabel, einige Arten mit metallischem Farbton.

1 ⊙ Goldstaub-Laubkäfer
Hoplia argentea **L** 8–11 mm. Schwarz; mit silbrig-gelben oder grünlichen, manchmal bräunlichen Schuppen bedeckt, die wie mit Pulver bestäubt wirken. **H** Offene Lebensräume mit Gehölzen, Parks, Wäldern, Gärten.

1
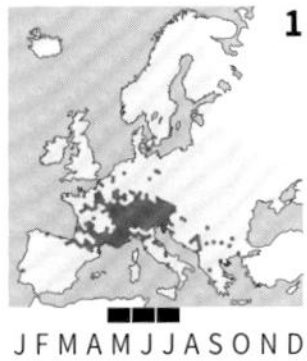

2 ⊙ Blauer Laubkäfer
Hoplia coerulea **L** 8–11 mm. ♂ mit leuchtend azurblauen Schuppen bedeckt; unverwechselbar. ♀ bräunlich, so wie alte Exemplare beider Geschlechter. **H** Grasland, Gebüsch, manchmal an Bächen. **V** ♂ können in großer Zahl auftreten, wenn sie von einem ♀ angelockt werden.

2
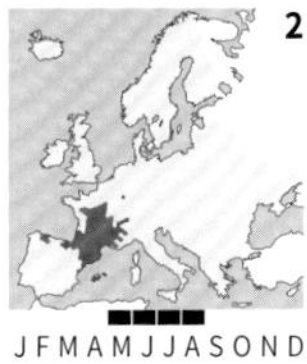

3 ⊙ Silbriger Purzelkäfer
Hoplia philanthus **L** 8–9 mm. Thorax nicht metallisch, aschschwarz; Elytren kastanienbraun mit bläulichem Schimmer, Hinterleib ebenfalls bläulich. **H** Offene Gebiete, einschließlich Grasland.

3
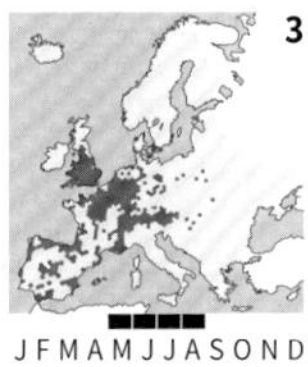

Gen. *Onthophagus* E 24+ SPP

Kleine bis große Arten, ♂ bei einigen Arten mit großem Horn. Identifikation schwierig aufgrund der Variation innerhalb einzelner Arten.

4 ⊙ Mönchs-Kotkäfer
Onthophagus coenobita **L** 6–9 mm. Kopf (bei ♂ gehörnt) und Pronotum metallisch grün oder kupferfarben (vordere Ecken gewellt); Elytren gelblich braun mit wenigen Flecken. Von anderen *Onthophagus* spp. dadurch zu unterscheiden, dass die Elytren nur wenige Flecken aufweisen und Kopf und Pronotum heller metallisch sind. **H** Weiden, Heideland.

4
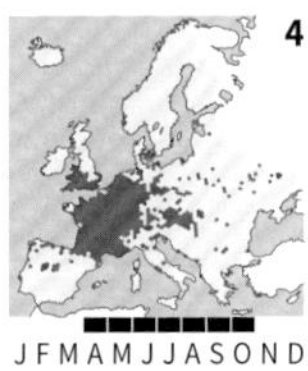

5 ⊙ Bruchhörniger Kotkäfer
Onthophagus fracticornis **L** 6–10 mm. Kopf und Pronotum dunkel, Letzteres oft bronzefarben; Kopfpunktierung grob; Elytren gelblich braun mit schwarzen Sprenkeln. ♂ Kopf mit großem, gebogenem Horn. **H** Hänge, Weiden.

5
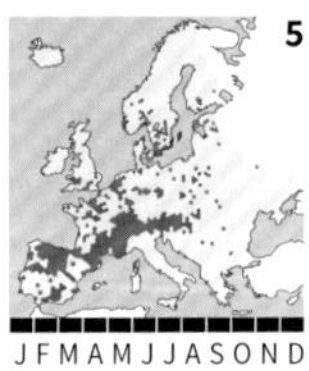

6 ⊙ Ähnlicher Kotkäfer
Onthophagus similis **L** 5–8 mm. Kopf und Pronotum dunkel, matt metallisch grünlich oder bronzefarben; Elytren gelblich braun und stark mit dunklen Flecken gesprenkelt. Unterscheidet sich von anderen *Onthophagus* spp. durch gesprenkelte Elytren, bei ♂ Horn mit glatter Basis; Zeichnung am Kopf unregelmäßig. **H** Grasland, Heideland, Waldränder.

6
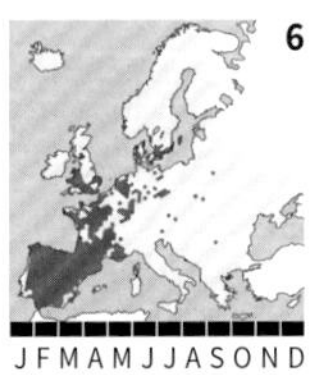

7 ⊙ Nickender Pillenkäfer
Onthophagus verticicornis **L** 6–11 mm. Schwarz, eher stumpf; Pronotum seitlich an den vorderen Ecken leicht konkav (nach innen gewölbt). **H** Grasland, Weiden, in Schafsmist.

7
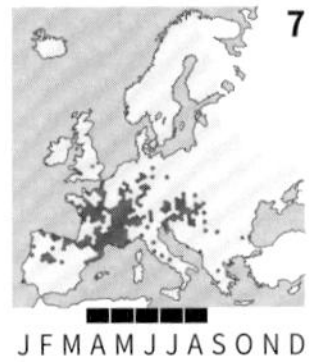

8 ⊙ Matter Pillenwälzer
Sisyphus schaefferi **L** 8–10 mm. Schwarz, leicht glänzend; Elytren herzförmig; Mittel- und Hinterbeine lang gestreckt. **H** Steppe, meist auf Schafsmist. **V** Beide Geschlechter kooperieren beim Rollen von Mistkugeln zum Vergraben in geeigneten Lebensräumen.

8
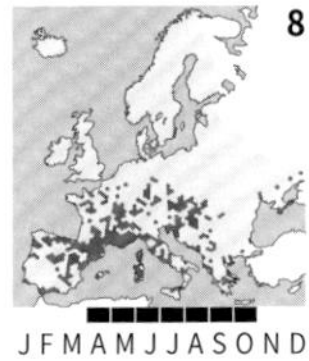

9 ⊙ Gelbbrauner Brachkäfer
Rhizotrogus aestivus **L** 12–18 mm. Elytren braun oder gelblich bis rotbraun; Pronotum meist gelblich, mit brauner Mittellinie und kleinem dunklen Fleck pro Seite. **H** Trockene Hänge, Halbtrockenrasen, sandige Flussufer, Brachflächen und Lichtungen.

9
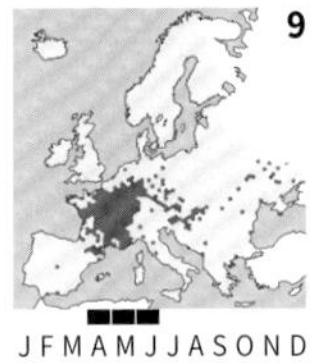

10 ⊙ Braunrücken-Laubkäfer
Omaloplia ruricola **L** 5–8 mm. Behaart; Kopf, Pronotum, Scutellum und Ränder der Elytren schwarz; Rest der Elytren braun. Beim Gartenlaubkäfer (*Phyllopertha horticola*) Kopf und Pronotum grün, nicht schwarz. **H** Kreidefelsen.

10
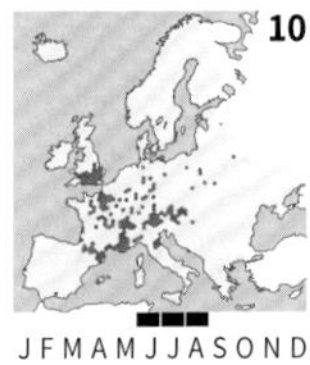

11 ⊙ Rotbrauner Laubkäfer
Serica brunnea **L** 8–10 mm. Körper braun. **H** Wälder. **V** Manchmal können Schwärme beobachtet werden; die Art wird von Lichtern angezogen.

11
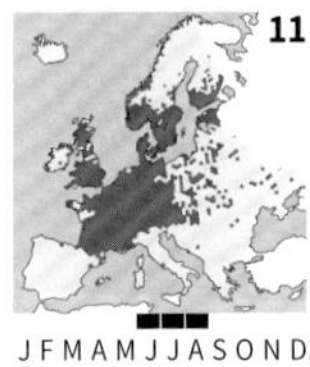

12 ⊙ Kleiner Julikäfer
Anomala dubia **L** 11–15 mm. Körper vollständig grün, Elytren oft braun mit grüner Tönung; einige Individuen bläulich. Grüne Individuen ähneln oberflächlich dem Grünen Edelscharrkäfer (*Gnorimus nobilis*, S. 230). **H** Sandige Standorte, insbesondere Küstendünen.

12
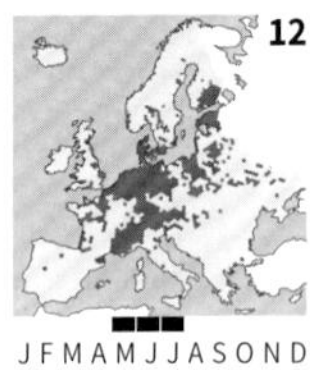

13 ⊙ Gartenlaubkäfer
Phyllopertha horticola **L** 7–12 mm. Kopf und Thorax metallisch grün, bei einigen Individuen schwarz; Elytren braun. Ziemlich behaart. **H** Grünland, Gärten.

13
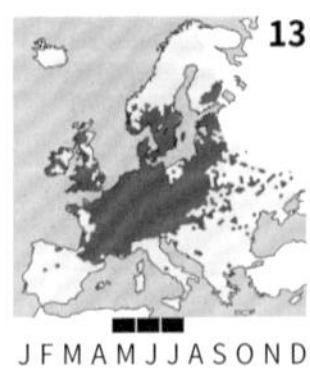

← BLATTHORNKÄFER →

1 ×3

2 ×3

3 ×3

4 ×3

5 ×3

6 ×3

7 ×3

8 ×3

9 ×2

10 ×3

11 ×2

12 ×2

13 ×2

← BLATTHORNKÄFER Scarabaeidae

1 ⊙ Japankäfer *Popillia japonica* **L** 10 mm. Dunkelgrün, metallisch grün schimmernd. Elytren kupferfarben, reichen nicht über die Spitze des Hinterleibs hinaus; Hinterleib mit leichten Haarbüscheln. Kein Schimmer auf den Elytren, anders als beim Goldglänzenden Rosenkäfer (*Cetonia aurata*, S. 230). **H** Wälder, Wiesen, Ackerland, sogar in Städten. **V** Heimisch in Japan; verbreitet sich in Europa. Gilt als Schädling für Bäume und Pflanzen.

1
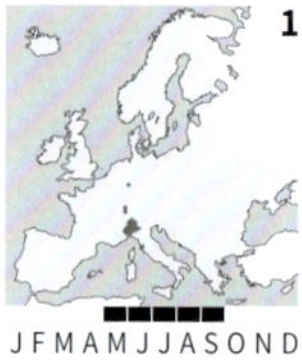

2 ⊙ Zottiger Getreidekäfer *Anisoplia villosa* **L** 7–11 mm. Kopf und Thorax schwarz mit grünlichem Schimmer; Elytren gelbbraun (mit schwarzen Flecken, Rändern und Mittellinie beim ♀); mit langen weißlichen Haaren bedeckt. **H** Grasland, landwirtschaftliche Flächen.

2
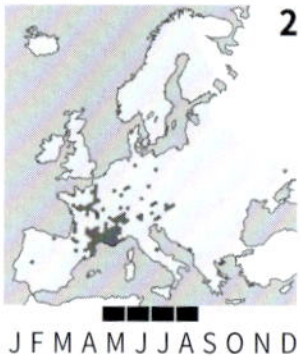

Gen. *Protaetia* E 16 SPP

Groß bis sehr groß, auffallend; die meisten mit metallischem Schimmer. Ähnlich wie *Cetonia*, aber die Spitzenränder der Elytren sind gleichmäßig abgerundet.

3 ⊙ Kupfer-Rosenkäfer *Protaetia cuprea* **L** 16–22 mm. Körper stumpf kupfergrün; Elytren seitlich eingekerbt, mit unterschiedlich vielen weißen Flecken; Scutellum groß. Goldglänzender Rosenkäfer (*Cetonia aurata*, S. 230) heller, metallischer, Elytren mit abgerundeten Spitzen. **H** Wälder, Obstgärten. **V** Larven entwickeln sich gewöhnlich in Ameisennestern; sie ernähren sich von pflanzlichem Material und tragen dazu bei, das Nest sauber zu halten. Die erwachsenen Tiere sind an verschiedenen Blüten zu finden.

3
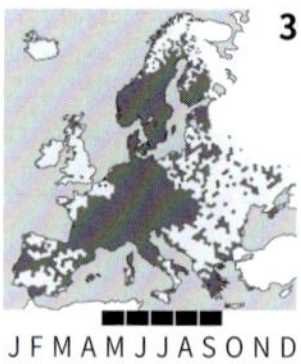

4 ⊙ Bronzegrüner Rosenkäfer *Protaetia marmorata* **L** 19–25 mm. Körper breit, plump; gold-grün. Elytren mit einer variablen Anzahl weißer Flecken gesprenkelt, hinter den „Schultern“ stark eingekerbt. **H** Waldränder, Lichtungen, Parks, Gärten.

4
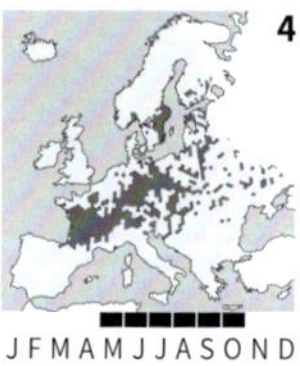

5 ⊙ Gesprenkelter Rosenkäfer *Protaetia morio* **L** 13–22 mm. Schwarz, oberseits matt, unterseits glänzend; Pronotum und Elytren oft mit zahlreichen kleinen weißlichen Flecken. **H** Grasland, Heideland, Obstgärten. **V** Larven in Baumhöhlen und an Wurzeln.

5
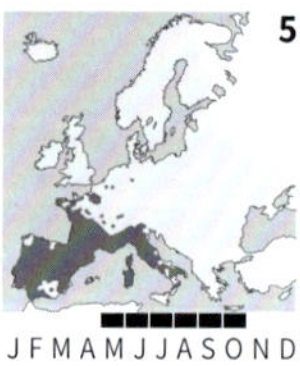

6 ⊙ Großer Rosenkäfer *Protaetia speciosissima* **L** 22–28 mm. Intensiv grünlich gold oder rötlich gold. Elytren mit sehr feinen, verstreuten Punkten; Pronotum mit buckliger Wölbung hinter dem Kopf; Kopf mit Flecken bedeckt. **H** Wälder und Waldränder, Parks.

6
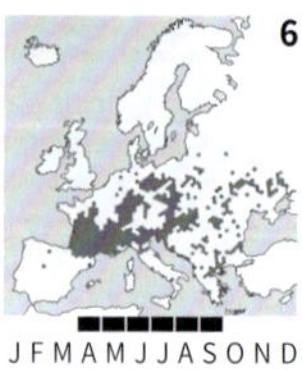

7 ⊙ Trauer-Rosenkäfer *Oxythyrea funesta* **L** 8–12 mm. Glänzend schwarz, Muster aus kleinen, weißen Flecken und weißen Haaren; die Haare verschwinden mit zunehmendem Alter. **H** Waldränder, Wiesen.

7
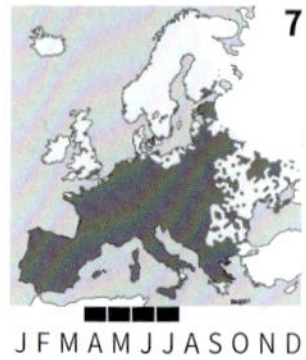

Gen. *Tropinota* E 4 SPP

Kleiner; auffallend behaart.

8 ⊙ Zottiger Rosenkäfer *Tropinota hirta* **L** 8–13 mm. Schwarz; Elytren mit unterschiedlich vielen weißen Flecken (die auch fehlen können) und struppiger Behaarung; Pronotum bei jungen Tieren gelblich braun behaart. Scutellum dicht gepunktet. **H** Grünland, sonnige Hänge, Parks, Gärten.

8
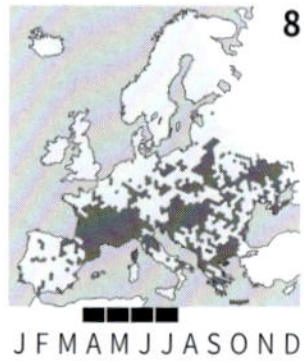

9 ⊙ Behaarter Rosenkäfer *Tropinota squalida* **L** 8–14 mm. Dunkel bräunlich; mit langen weißlichen oder gelbbraunen Haaren bedeckt; Elytren mit mehreren weißen Flecken. Scutellum weniger dicht punktiert, an der Basis glatt. **H** Grasland, Gebüsch. **V** Adulte Tiere an verschiedenen Blüten.

9
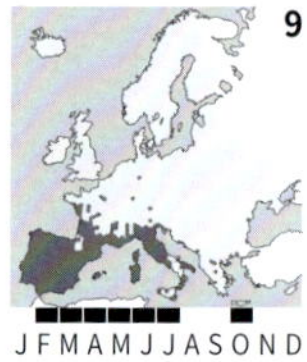

10 ⊙ Stolperkäfer *Valgus hemipterus* **L** 6–11 mm. Körper mit hellen und dunklen Schuppen bedeckt; ♀ dunkler. Elytren bei beiden Geschlechtern kürzer als der Hinterleib. ♀ mit langem Pygidium (kann Menschen nicht stechen, harmlos!). **H** Waldränder, Buschland, Parks, Gärten.

10
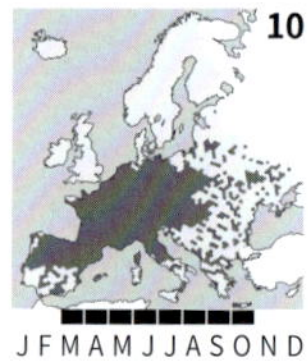

SUMPFKÄFER Scirtidae

E 12 GEN 94 SPP 1 ILL

Klein; rund oder oval, weich, gelblich braun; Fühler lang, fadenförmig. In der Nähe von Gewässern zu finden; Larven entwickeln sich unter Wasser.

11 ⊙ Kleiner Sumpfkäfer *Elodes minutus* **L** 5–6 mm. Bräunlich, Elytren mit einigen dunkleren Flecken; Gattung zeichnet sich durch schlanke hintere Femora und am Vorderrand gleichmäßig gerundetes Pronotum aus; Artbestimmung durch die Untersuchung sezierter ♂. **H** Feuchtgebiete, an Bächen.

11
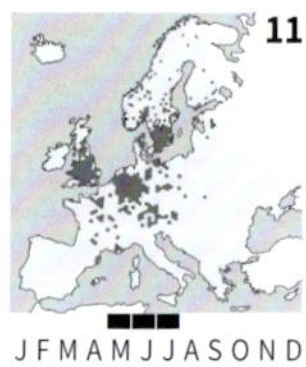

MOORWEICHKÄFER Dascillidae

E 1 GEN 3 SPP 1 ILL

Mittelgroß; breit, oval; schwarz, braun oder gräulich, behaart; Fühler lang und dünn, 11-gliedrig, S3 länger. Larven in Wurzeln von Gräsern oder Orchideen.

12 ⊙ Behaarter Moorweichkäfer *Dascillus cervinus* **L** 9–11 mm. Dunkelbraun oder schwarz; Elytren mit bräunlich grauer (♂) oder gelblicher (♀) Behaarung. **H** Grasland, einschließlich Bergregionen.

12
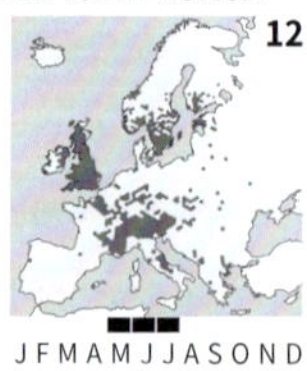

← BLATTHORNKÄFER

1 ×2

2 ×2

3 ×1,5

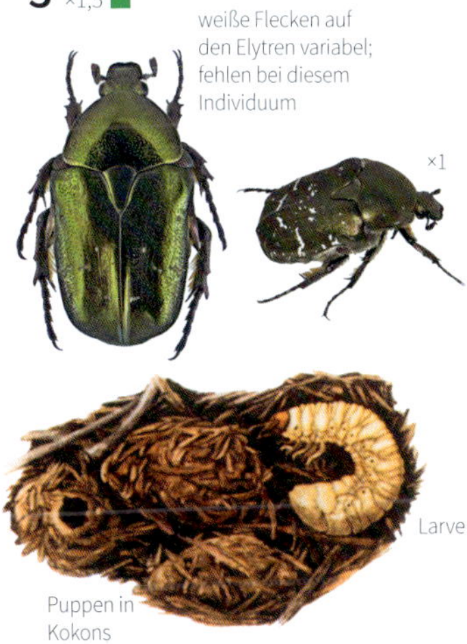

4 ×1,5

5 ×1,5

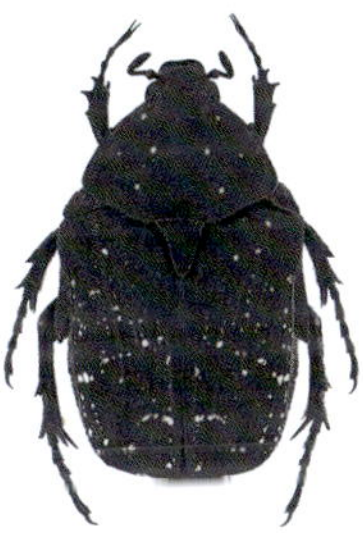

6 ×1,5

7 ×2

8 ×2

9 ×2

10 ×3

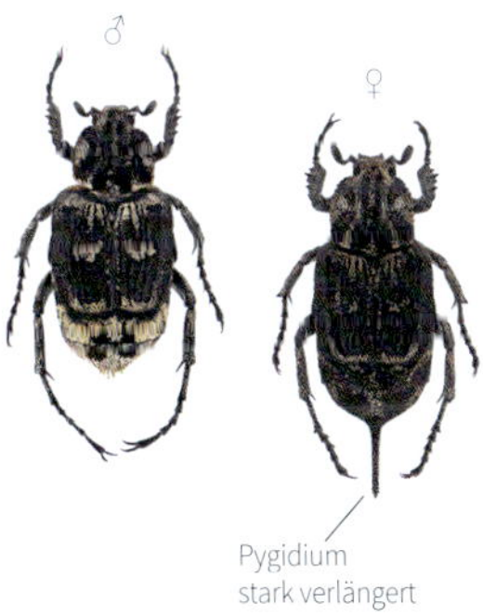

SUMPFKÄFER

11 ×3

MOORWEICHKÄFER

12 ×2

PRACHTKÄFER Buprestidae →

E ~41 GEN 470 SPP 24 ILL

Klein bis mittelgroß. Körper lang gestreckt, subzylindrisch, oft metallisch. Augen groß, länger als breit; Fühler fadenförmig, gezähnt oder leicht keulenförmig; niedrig angesetzt. Die Larven mehrerer Arten sind Holzbohrer und können Bäume, einschließlich Eichen, schädigen und sogar zum Absterben der Bäume führen. Daher werden sie vom Holzhandel als Schädlinge betrachtet.

Gen. *Agrilus* E 80+ SPP

Klein bis groß, meist metallisch grün oder blau. Körper lang gestreckt, Elytren typischerweise spitz zulaufend. Kopf kurz, Augen auffallend groß; paarig gezähnte Fußklauen. Bei manchen Arten ist eine mikroskopische Untersuchung erforderlich.

1
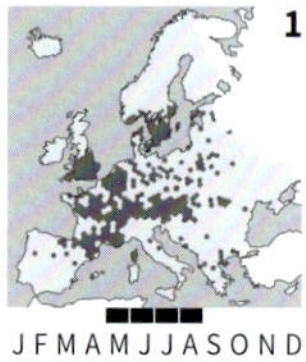

1 Schmaler Schmalprachtkäfer
Agrilus angustulus **L** 5–7 mm. Olivgrün, kann aber auch dunkelblau oder sogar schwarz erscheinen; mit heller Körperbehaarung. Hintere Femora bei ♂ mit Haarbüscheln. **H** Weinberge.

2
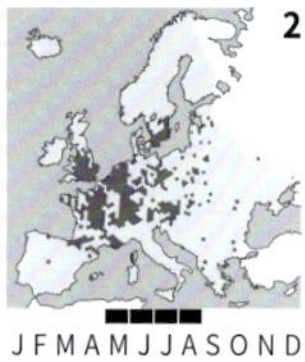

2 Zweipunktiger Eichenprachtkäfer ***Agrilus biguttatus***
L 8–13 mm. Metallisch blau oder bronzegrün; manchmal bronzefarben oder zweifarbig; Elytren mit 2 weißen Flecken pro Seite. **H** Wälder; an Eichen.

3
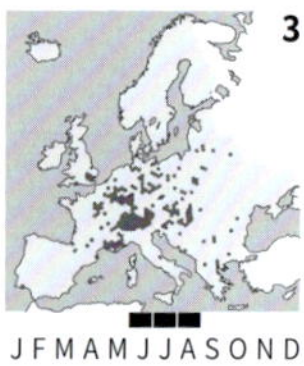

3 Rosenprachtkäfer
Agrilus cuprescens **L** 4–7 mm. Metallisch grün. Elytren gleichmäßig gerundet, zur Spitze hin spitz zulaufend. **H** Parks oder andere Standorte mit Rosen oder Brombeeren. **V** Manchmal ein Schädling an Zuchtrosen.

4
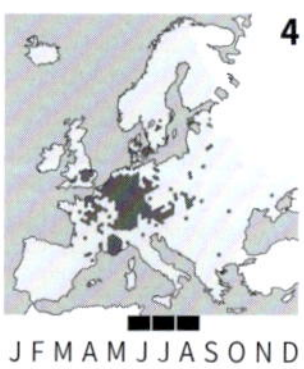

4 Heckenkirschen-Prachtkäfer
Agrilus cyanescens **L** 4–7 mm. Metallisch blau, aber stumpf; Stirnseite des Kopfes mit deutlicher Furche. **H** Wälder. **V** Larven an Geißblatt.

5
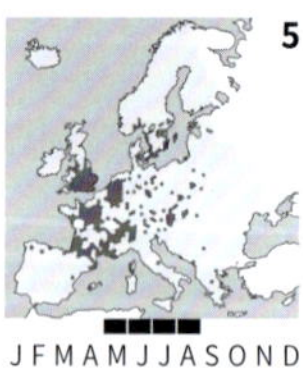

5 Breitfühleriger Schmalprachtkäfer ***Agrilus laticornis***
L 4–7 mm. Metallisch grün; Fühler S5–10 an der Basis verbreitert. Alle *Agrilus* spp. sind ohne mikroskopische Untersuchung der ♂ Genitalien schwer zu identifizieren. **H** Wälder, oft an Eichen.

6
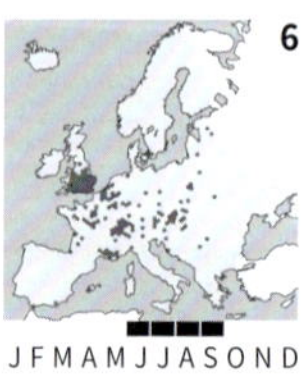

6 Birnenprachtkäfer
Agrilus sinuatus **L** 5–10 mm. Kupferfarben bis purpurfarben und stumpf; Unterseite bronzen oder grünlich; Elytren fein gepunktet. **H** Wälder, Parks, Obstgärten; oft vergesellschaftet mit Weißdorn, manchmal mit Birnbäumen (*Pyrus* spp.).

7
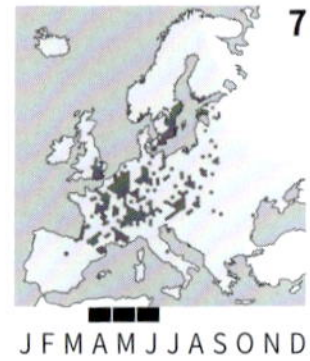

7 Blaugrüner Eichenprachtkäfer
Agrilus sulcicollis **L** 6–8 mm. Metallisch blau, grün, gold-grün, bronzefarben oder violett. ♀ Augen liegen enger beieinander als beim ähnlichen Schmalen Schmalprachtkäfer (*A. angustulus*). **H** Wälder, an Eiche und Buchen.

8
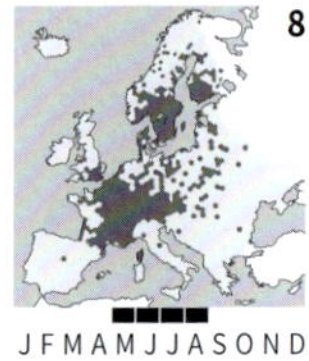

8 Buchenprachtkäfer
Agrilus viridis **L** 5–10 mm. Leuchtend metallisch grün, ♀ oft mit Kopf, Thorax und Unterseite kupferfarben, was ihn sehr charakteristisch macht. **H** Wälder, an Weiden.

Gen. *Anthaxia* E 100+ SPP

Klein bis mittelgroß, meist metallisch. Körper breit; Pronotum breiter als lang, oft mit Rillen; Elytren an der Spitze verjüngt oder abgerundet; paarige einfache Tarsalklauen. Manchmal häufig auf Blüten, besonders auf gelben.

9
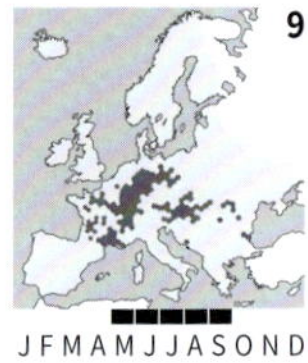

9 Kirschprachtkäfer
Anthaxia candens **L** 7–11 mm. Metallisch, Kopf und Pronotum und Elytren grün (♂) oder purpurblau (♀), Pronotum mit 2 breiten schwarzen Bändern. Elytren rot, dreieckiger grüner Bereich in der Mitte der Basis, umgeben von einer ausgeprägten blauschwarzen Zeichnung. **H** Grasland, Obstgärten.

10
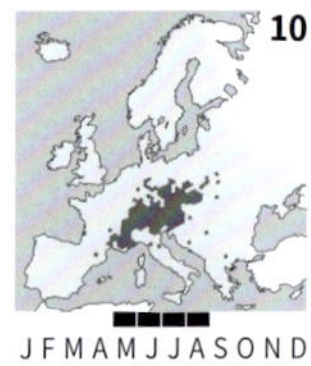

10 Schweizer Prachtkäfer
Anthaxia helvetica **L** 5–8 mm. Dunkelbronzefarben, Pronotal- und Elytrenseiten manchmal teilweise rötlich. **H** Nadelwälder, Lichtungen, vor allem in den Alpen.

11
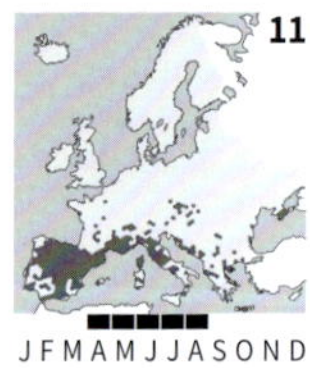

11 Ungarischer Prachtkäfer
Anthaxia hungarica **L** 7–15 mm. Größte *Anthaxia* sp. Lang gestreckt; metallisch grünlich, Pronotum mit 2 bläulich schwarzen Bändern, Unterseite grün. ♀ oft mit rötlicher Färbung des Pronotums und eines Teils des Kopfes. **H** Waldränder, an Eichen.

12
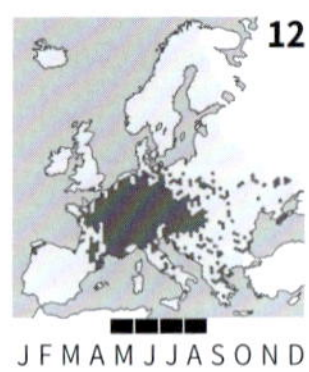

12 Glänzender Blütenprachtkäfer
Anthaxia nitidula **L** 4–7 mm. Metallisch goldgrün, mit goldenem Pronotum (♂) oder bläulich grün bis blau mit orangefarbenem Pronotum (♀). **H** Waldränder.

13
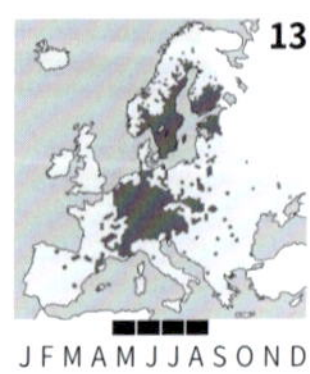

13 Vierpunkt-Kiefernprachtkäfer
Anthaxia quadripunctata **L** 5–8 mm. 4–8 mm. Schwarz, Kopf gelegentlich bronzefarben; Pronotum mit 4 tiefen Einbuchtungen (tiefer als bei der ähnlichen *A. godeti*). **H** Nadelwälder.

Prachtkäfer →

1 ◆

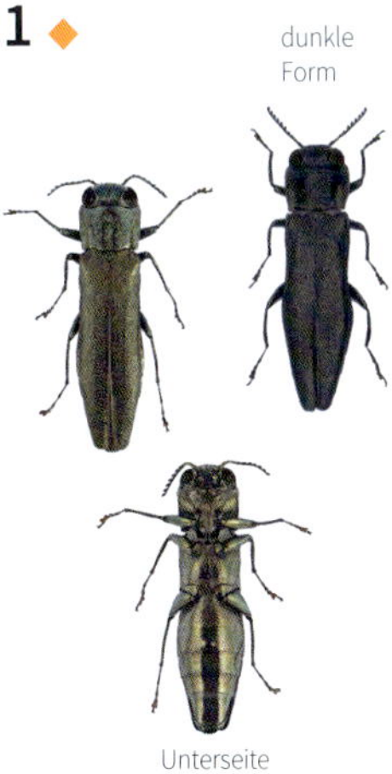

2 ◆

3 ◆

4 ◆

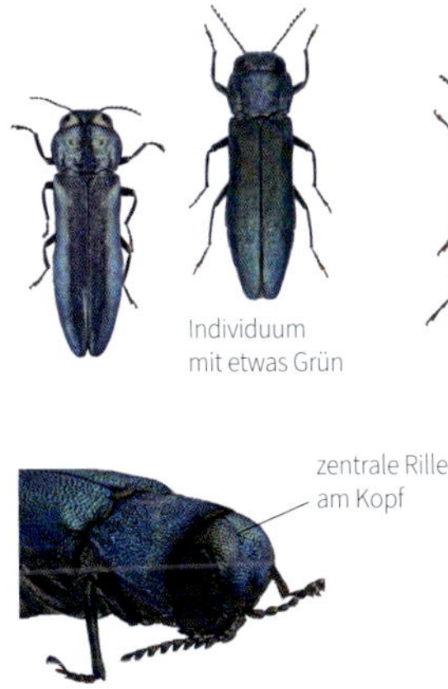

5 ■

6 ◆

Färbung variabel

7 ◆

8 ◆

Färbung variabel

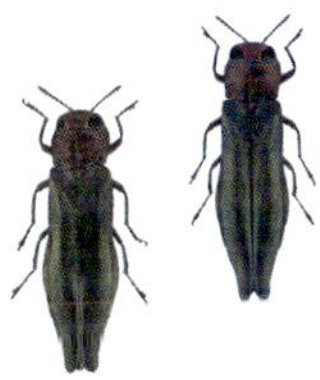

9 ■

10 ◆

11 ◆

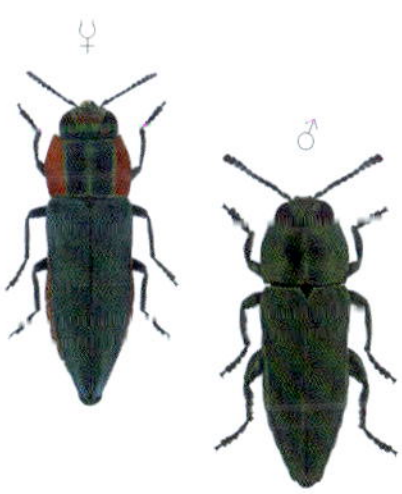

12 ◆

13 ◆

← PRACHTKÄFER Buprestidae

Gen. ***Bupestris*** E 12+ SPP

Eher groß, breit, meist metallisch; Elytren mit starken Rippen; Scutellum gerundet.

1 ☉ Achtpunkt-Kiefernprachtkäfer
Buprestis octoguttata **L** 9–18 mm. Dunkelblau, grünlich schimmernd; Elytren mit 8 gelben Flecken; Pronotum (Rand), Vorderrand der Augen und Vorderrand der Elytren gelb. **H** Nadelwälder, Waldränder.

1
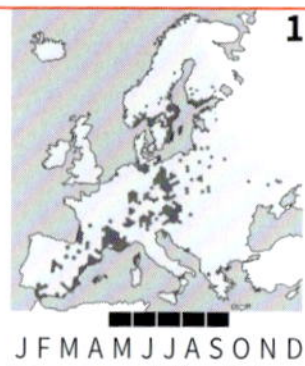

2 ☉ Bauernprachtkäfer
Buprestis rustica **L** 12–19 mm. Metallisch bronzefarben, grün, blau oder violett; Pronotum stark, aber ungleichmäßig punktiert. **H** Wälder, Gebirge.

2
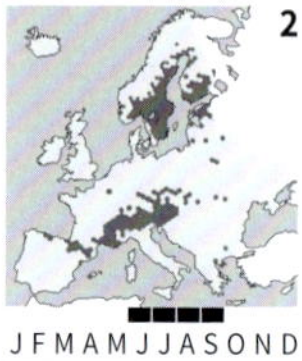

3 🔍 Pfirsichprachtkäfer
Capnodis tenebrionis **L** 18–26 mm. Groß; schwarz; Pronotum mit Muster aus glänzenden schwarzen Flecken, 2 schwarze Flecken direkt vor Elytren, umgeben von leicht vertieften Bereichen mit kreideartigem Belag. Ähnliche Art *C. cariosa* mit 3. schwarzem Fleck. **H** Obstgärten, an Pflaumen und Schlehen.

3
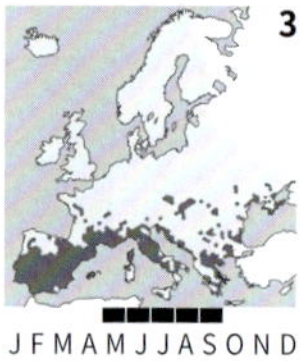

4 🔍 Marienprachtkäfer
Chalcophora mariana **L** 24–33 mm. Sehr groß; schwarz, kupferfarbener Schimmer; Pronotum, Elytren und Kopf mit breiten, unregelmäßigen, grau beschuppten Längsfurchen; leicht mit anderen Arten der Gattung zu verwechseln. **H** Nadelwälder.

4
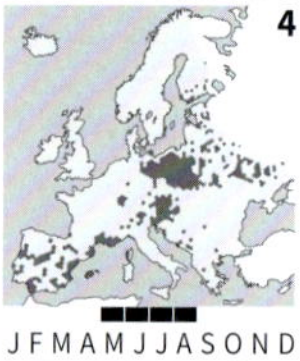

5 🔍 Goldgruben-Eichenprachtkäfer
Chrysobothris affinis **L** 10–16 mm. Bronze; Elytren mit 3 goldenen Einbuchtungen pro Seite. Kann mit anderen Arten wie der meist kleineren und schmaleren *C. solieri* verwechselt werden. **H** Wälder; meist an Eichen, bergige Gebiete.

5
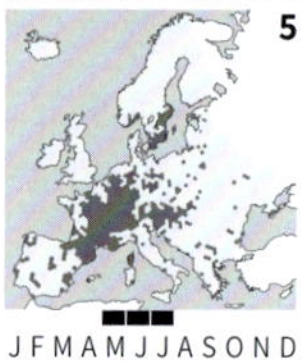

Gen. ***Lamprodila*** E 10 SPP

Klein bis mittelgroß; farbenprächtig.

6 🔍 Südlicher Wacholderprachtkäfer *Lamprodila festiva*
L 6–12 mm. Glänzend grün; Elytren mit 10–13 hellblauen Flecken. **H** Wacholder, Thuja, Zypressen.

6
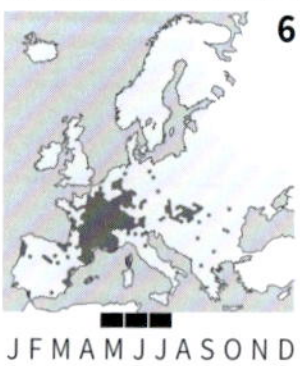

7 🔍 Großer Lindenprachtkäfer
Lamprodila rutilans **L** 11–15 mm. Metallisch grün; Seiten der Elytren und des Pronotums golden-rötlich. **H** Linden.

7
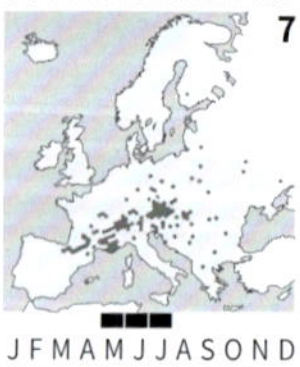

8 🔍 Großer Weidenprachtkäfer
Lamprodila decipiens **L** 12–16 mm. Goldgrün, purpurschwarz gefleckt; Seiten von Pronotum und Elytren rötlich.
H Waldränder, an Erlen und Weiden.

8

9 🔍 Blauer Kiefernprachtkäfer
Phaenops cyanea **L** 7–11 mm. Grün, blau oder schwarz. **H** Auf Kiefern.

9
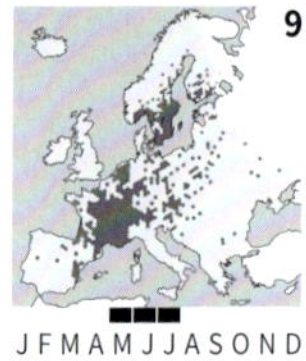

10 🔍 Variabler Prachtkäfer
Ptosima undecimmaculata **L** 7–10 mm. Schwarz, mit bis zu 11 gelben oder orangefarbenen Flecken auf Elytren, Pronotum und Kopf; insbesondere die Flecken auf Pronotum und Kopf können reduziert sein oder fehlen. **H** An Schlehen, Weißdorn, Kirschen und anderen Früchten.

10
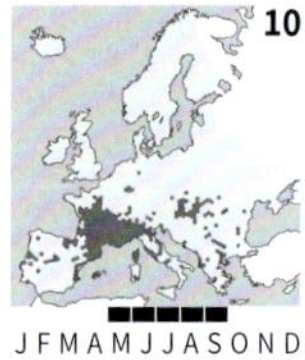

11 🔍 Gemeiner Zwergprachtkäfer
Trachys minutus **L** 3–4 mm. Glänzend schwarz; Pronotum selten kupferfarben; Elytren mit 4 gewellten Bändern aus weißlichen Haaren. ~20 europäische *Trachys* spp., alle sehr klein, Körper breit, oval, oberflächlich ähnlich Wanzen. Vorderseite des Kopfes eingedrückt.
H Wälder, oft auf Weiden und Hasel.
V Larven sind Blattminierer.

11
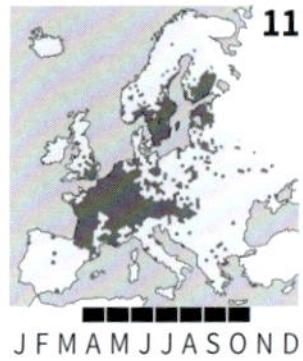

PILLENKÄFER Byrrhidae

E 15 GEN 114 SPP 2 ILL

Rundlich; Fühler kurz, oft mit Keule an der Spitze; Elytren mit Längsrillen. Bewegen sich langsam; bei Störung werden die kurzen Beine in unterseitige Vertiefungen eingezogen. Ernähren sich von Moosen, manche von jungen Pflanzen.

12 🔍 Gemeiner Pillenkäfer
Byrrhus pilula **L** 7–9 mm. Schwarzbraun, mit grauen und goldenen Haaren gemustert; Fühler S2–S4 rötlich; Beine manchmal rötlich. **H** Grasland, moosbewachsene Wälder.

12
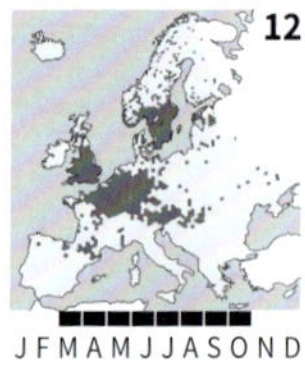

13 🔍 Veränderlicher Pillenkäfer
Cytilus sericeus **L** 4–5 mm. Schwarzbraun mit kupferfarbenem oder grünem Schimmer; Elytren mit einem Muster aus grauen, braunen und schwarzen Haaren. **H** Feuchte Böden, auf Moosen.

13
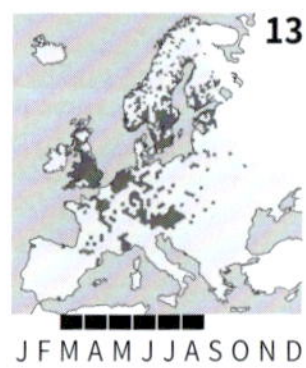

KLAUENKÄFER Dryopidae

E 3 GEN 21 SPP 1 ILL

Klein, länglich, behaart; einheitlich bräunlich bis schwarz. Fühler kurz; Pronotum seitlich gewölbt. Gewöhnlich in der Nähe von Gewässern; hakenförmige Krallen, angepasst an das Kriechen auf teilweise untergetauchten Moosen. Larven semiaquatisch. Sichere Artbestimmung durch genaue Untersuchung der Tarsi und ♂ Genitalien.

14 🔍 Klauenkäfer *Dryops luridus*
L 4 mm. Körper eher zylindrisch als bei einigen anderen *Drypos* spp.; Fühler etwas weniger weit voneinander entfernt als vom Augenrand. **H** An Ufern von verschiedenen Gewässern.

14
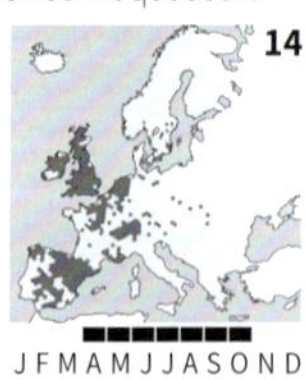

← Prachtkäfer

1 ×2

2 ×1,5

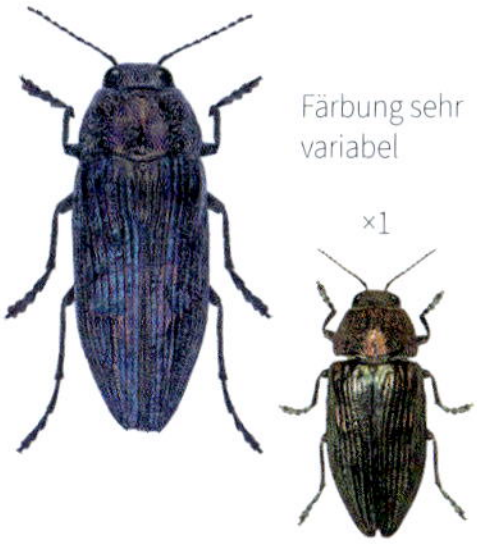

3 ×1

4 ×1

5 ×2

6 ×2

7 ×2

8 ×2

9 ×2

Tunnel von Larven
in Eichenholz

Pillenkäfer

Klauenkäfer

10 ×2

11 ×6

12 ×3

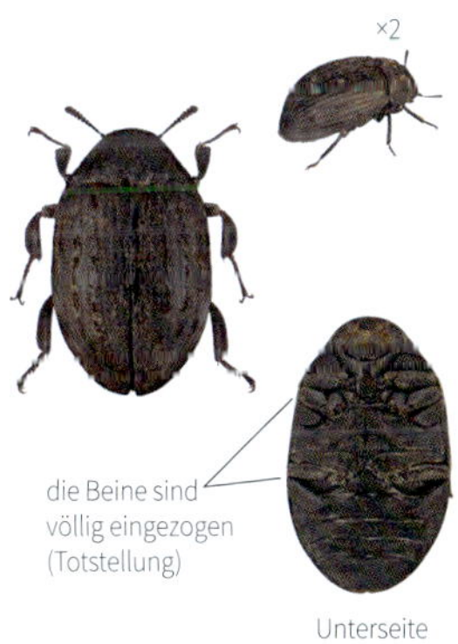

13 ×4

14 ×5

SCHIENENKÄFER Eucnemidae

E 20 GEN 36 SPP 1 ILL

Körper länglich, Seiten parallel; braun oder schwarz, behaart; Fühler lang und oft kammförmig; Pronotum mit spitzen Ecken. Larven in pilzbefallenem, alten Holz.

1
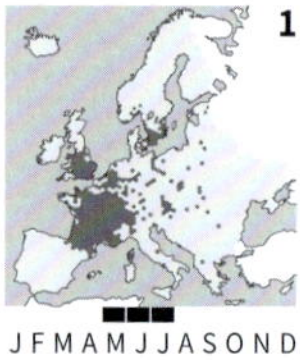

1 🔍 Plattbeiniger Schienenkäfer
Melasis buprestoides **L** 6–9 mm. Schwarz; Pronotum vorne verbreitert; Elytren tief gefurcht, gelegentlich braun; Anhänge bräunlich, ♂ Fühler fächerförmig ab S6; Femora und Tibiae verbreitert. **H** Wälder, oft an Buchen.

HÜPFKÄFER Throscidae

E 2 GEN 24 SPP 1 ILL

Sehr klein, braun bis schwarz; weniger lang gestreckt als andere Schnellkäferverwandte, Poronotum an der Basis abgerundet; Fühler kurz, Spitze gekeult. Können wie Schnellkäfer springen, stellen sich bei Störung aber auch tot. An verrotteten Baumstämmen, Grasbüscheln und in von Pilzen besiedeltem Boden; erwachsene Tiere an Blüten, nehmen wahrscheinlich Pollen auf.

2
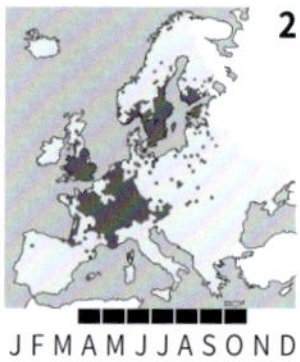

2 🔍 Hüpfkäfer *Trixagus dermestoides*
L 2–3 mm. Breit, leicht behaart; Augen auf halber Höhe eingeschnitten, andere *Trixagus* spp. mit längerem Einschnitt; mikroskopische Untersuchung kann erforderlich sein. **H** Wälder.

SCHNELLKÄFER Elateridae →

E 82 GEN 672 SPP 45 ILL

Sehr klein bis groß; Körper länglich, Färbung entweder einfarbig (braun, schwarz oder gesprenkelt) oder metallisch mit leuchtend orangefarbenen, roten oder grünlichen Bereichen. Pronotum mit spitzen hinteren Ecken. Bei Störung haben die Schnellkäfer die erstaunliche Fähigkeit, mit einem Klickgeräusch rückwärts zu springen. Das Klicken kann auch dazu benutzt werden, sich aufzurichten, wobei oft mehr als ein Sprung nötig ist, um aufrecht zu landen. Larven als Drahtwürmer bekannt, ernähren sich von Flüssigkeiten, leben an totem Holz (wo sie auch räuberisch aktiv sind) oder an Wurzeln. Zu den hier gezeigten Arten gehören häufige und farbenprächtige Schnellkäfer.

3
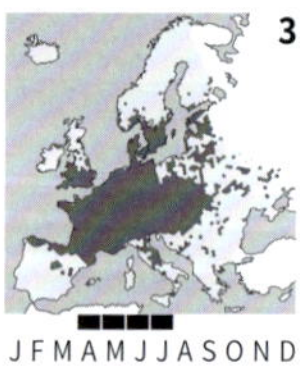

3 🔍 Mausgrauer Schnellkäfer
Agrypnus murinus **L** 10–17 mm. Relativ breit (Pronotum breiter als lang); braun oder gräulich, stark mit hellen Flecken gesprenkelt; Hinterleib orange; Fühler ≤ Länge des Pronotums. Kann mit dem Seidenhaarigen Schnellkäfer (*Prosternon tessellatum*) verwechselt werden. **H** Grünland, Parks, Wälder.

4
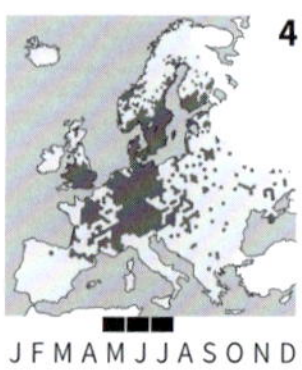

4 🔍 Seidenhaariger Schnellkäfer
Prosternon tessellatum **L** 9–13 mm. Breiter Körper (Pronotum breiter als lang), dunkelbraun mit goldbraunen Haaren in schachbrettartigem Muster; Hinterleib schwarz. **H** Grünland.

5
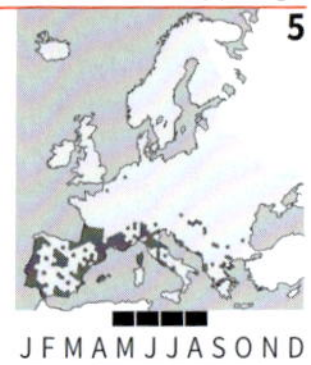

5 🔍 Weißschuppiger Schnellkäfer
Lacon punctatus **L** 12–21 mm. In Europa 6 *Lacon* spp.; alle groß; Pronotum länger als breit, Körper mit Haaren und Schuppen bedeckt, die bei dieser Art dunkel und weißlich sind. **H** Nadelwälder, gelegentlich auf Laubbäumen.

Gen. *Agriotes* E ~40 SPP

Körper breiter als bei vielen anderen Schnellkäfern; braun; Fühler länger als Kopf + Pronotum. Arten werden anhand Körperfarbe und -form identifiziert.

6
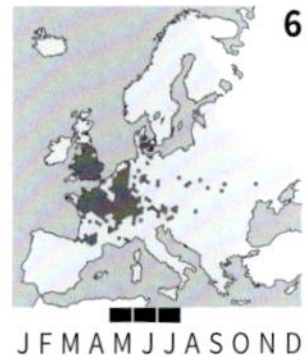

6 🔍 Zugespitzter Schnellkäfer
Agriotes acuminatus **L** 6–8 mm. Braun; Pronotum (Hinterwinkel meist blasser) und Kopf oft dunkler. **H** Wälder, Grasland, Gebüsch, Parks.

7
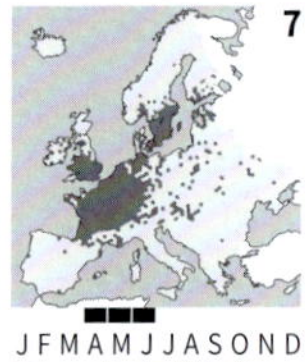

7 🔍 Saatschnellkäfer
Agriotes lineatus **L** 8–11 mm. Robust; braun oder gelblich; Elytren meist deutlich gestreift. **H** Grasland, Waldränder, offene Gebiete, landwirtschaftliche Flächen.

8
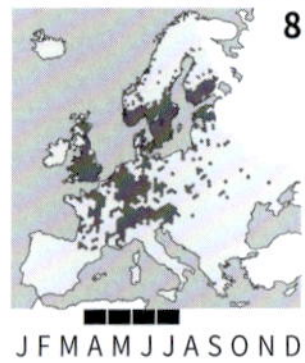

8 🔍 Düsterer Schnellkäfer
Agriotes obscurus **L** 7–10 mm. Körper mittelbraun mit dichter hellbrauner Behaarung; Elytren mit Längsrillen; Pronotum vorne schmaler als in der Mitte. **H** Grasland.

9
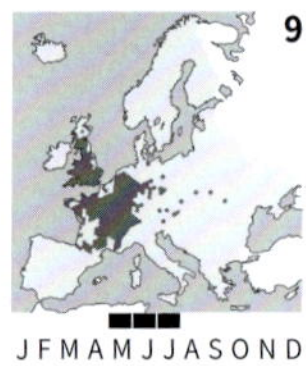

9 🔍 Tiefbrauner Schnellkäfer
Agriotes pallidulus **L** 4–6 mm. Kopf und Pronotum schwarz oder dunkelbraun, Pronotalwinkel braun. Elytren behaart mit Gratlinien, heller braun mit dunklerer Mittellinie; Beine und Fühler braun, S2–S3 länglicher als die anderen. Der Blasse Zwergschnellkäfer (*Adrastus pallens*, S. 242) ist ähnlich, dort aber alle Fühlersegmente gleich lang. **H** Offene Wälder, Hecken, Magerrasen.

10
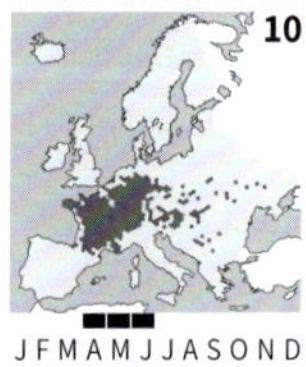

10 🔍 Samtschnellkäfer
Agriotes pilosellus **L** 11–17 mm. Groß, dunkelbraun mit dichter, kurzer, grauer Behaarung; Pronotum punktiert. **H** Wälder, Hecken.

11
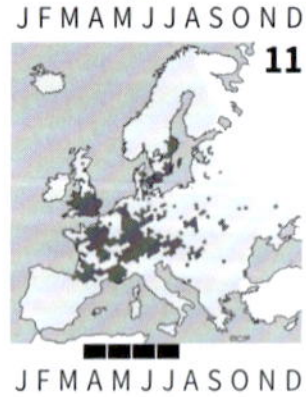

11 🔍 Gelbbrauner Schnellkäfer
Agriotes sputator **L** 6–9 mm. Körper dunkelbraun, mit helleren braunen Haaren; Pronotum eher parallelseitig; Elytren mit Rillenlinien. **H** Grasland.

12
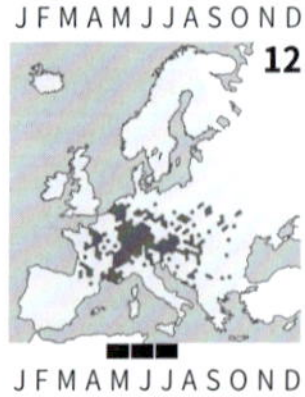

12 🔍 Rauchiger Schnellkäfer
Agriotes ustulatus **L** 8–11 mm. Schwarz bis rotbraun; Elytren blasser als Pronotum mit dunklerem dreieckigem Bereich an der Basis, manchmal dunkler an der Spitze; Beine und Fühler bräunlich. **H** Grasland.

Schienenkäfer

1 ×3

Stachelkäfer

2 ×8

Schnellkäfer →

3 ×2

4 ×2

5 ×2

6 ×3

7 ×3

8 ×3

typische Drahtwurm-Form
der Schnellkäfer-Larven

9 ×4

10 ×2

11 ×3

12 ×3

← **SCHNELLKÄFER** Elateridae →

Gen. *Ampedus* E 50+ SPP

Pronotum mit charakteristisch scharf abgewinkelten hinteren Ecken, mit einem einzigen Grat. Elytren oft kräftig gefärbt: rot, gelb oder orange. Arten werden anhand der Farbe der Elytren oder genaue Untersuchung des Pronotums und der Form der Fühlersegmente bestimmt.

1 Roter Schnellkäfer
Ampedus cardinalis **L** 10–16 mm. Elytren rot, etwas dunkler um die Naht; Pronotum mit mattem Glanz, matter als andere *Ampedus* spp. **H** Alte Wälder, an Eichen.

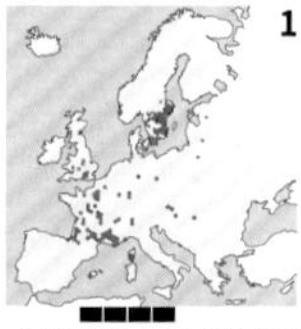
1
J F M A M J J A S O N D

2 Zinnoberroter Schnellkäfer
Ampedus cinnabarinus **L** 11–15 mm. Elytren rot; Pronotum und Ränder der Elytren mit gelblichen Haaren, auch auf der Unterseite. **H** Alte Wälder, an Eichen und Buchen.

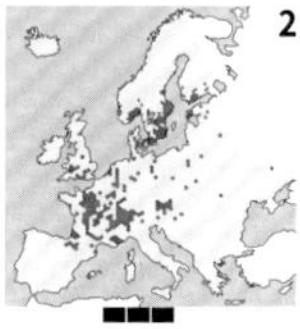
2
J F M A M J J A S O N D

3 Blutroter Schnellkäfer
Ampedus sanguineus **L** 12–18 mm. Schwarz; Elytren leuchtend rot, mit Linien feiner Pünktchen; Pronotum dicht punktiert, dieses Segment und Elytren mit schwarzen Haaren; Fühler ab S4 stark gezähnt. **H** Nadelwälder.

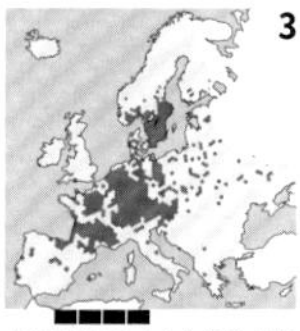
3
J F M A M J J A S O N D

4 Blutroter Schwarzfleck-Schnellkäfer *Ampedus sanguinolentus* **L** 9–12 mm. Elytren rot mit artspezifischem schwarzem Mittelstreifen. **H** Wald- und Heideland, hauptsächlich an Birken.

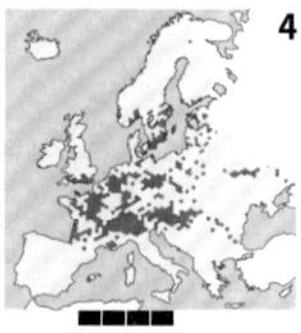
4
J F M A M J J A S O N D

5 Gegürtelter Schnellkäfer
Ampedus balteatus **L** 7–10 mm. Schwarz; Elytren rot mit ausgeprägtem breitem schwarzem Band im äußeren Drittel; Tarsi rötlich. **H** Wälder, Heideland.

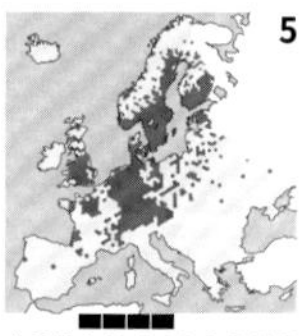
5
J F M A M J J A S O N D

6 Rotknie-Schnellkäfer
Ampedus erythrogonus **L** 5–8 mm. 5–7 mm. Glänzend, schwarz; Pronotum-Hinterwinkel rotbraun, auch Anhänge; Pronotum und Elytren mit einigen weißlichen Haaren. **H** Mischwälder, auch in Gebirgsregionen.

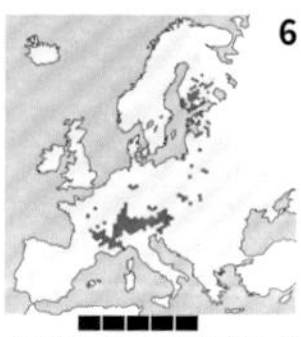
6
J F M A M J J A S O N D

7 Birkenschnellkäfer
Ampedus pomonae **L** 9–11 mm. Körper schwarz; Elytren stumpfrot. Pronotum an den Seiten dicht punktiert; schwarz oder braun behaart. **H** Moore und andere Feuchtgebiete; oft an niedrigen Birken- oder Pappelbäumen zu finden.

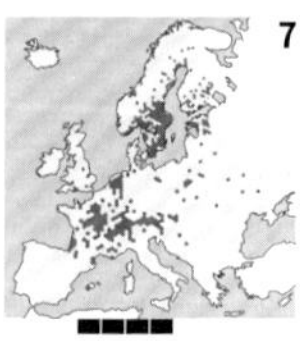
7
J F M A M J J A S O N D

8 Obstschnellkäfer
Ampedus pomorum **L** 8–13 mm. Elytren matt braunrot, oft 2 orangefarbene Flecke auf der Vorderseite; Tarsi braun. **H** Alte Wälder, an Eichen und Birken.

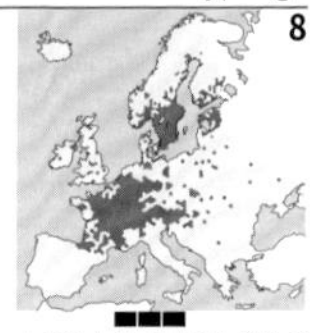
8
J F M A M J J A S O N D

9 Länglicher Schnellkäfer
Ampedus elongatulus **L** 7–10 mm. Elytren rot mit ausgeprägter schwarzer Spitze. **H** Alte Wälder, an Buchen, Eichen und Kiefern.

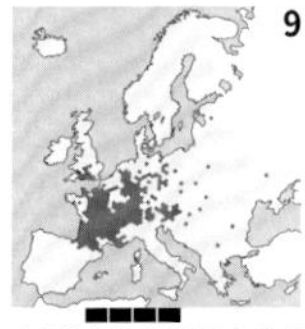
9
J F M A M J J A S O N D

10 Blasser Zwergschnellkäfer
Adrastus pallens **L** 4–5 mm. Kopf und Pronotum schwarz; Elytren, Beine, Fühler und Pronotalstacheln orange-braun, Elytren mit dunklerem Mittelstreifen. Ähnlich dem Tiefbraunen Schnellkäfer (*Agriotes pallidulus*, S. 240), aber alle Fühlersegmente gleich lang. **H** Feuchtgebiete, Grasland.

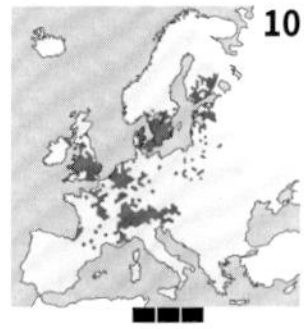
10
J F M A M J J A S O N D

11 Gestreifter Forstschnellkäfer
Dalopius marginatus **L** 6–9 mm. Kopf und Pronotum dunkelbraun oder rötlich. Elytren orange-braun, mit dunkelbraunem Mittelstreifen, der an der Basis breiter ist und sofort schmaler wird. **H** Wälder.

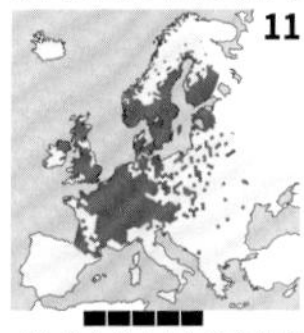
11
J F M A M J J A S O N D

Gen. *Melanotus* E 12 SPP

Groß; Körper lang gestreckt, schwarz; Elytren behaart; Fühler S4 bis Ende gezähnt. Die beiden gezeigten Arten werden durch Messung der Länge von Pronotum und Elytren entlang der Mittellinie unterschieden, zur sicheren Bestimmung dienen weitere subtile Merkmale bei ♂, wie z. B. Untersuchung der Punktierung auf dem Thorax; ♀ auch für Spezialisten kaum zu bestimmen.

12 Braunfüßiger Schnellkäfer
Melanotus castanipes **L** 12–19 mm. Elytren typischerweise ± 4× so lang wie Pronotum; Beine rötlich, manchmal fast schwarz. **H** Wälder.

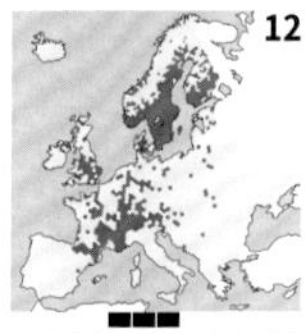
12
J F M A M J J A S O N D

13 Rotfüßiger Schnellkäfer
Melanotus villosus **L** 13–20 mm. Elytren ≤ 3,5× so lang wie Pronotum; Beine rotbraun. **H** Wälder.

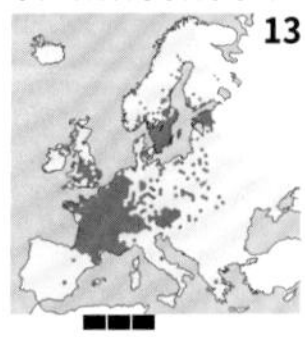
13
J F M A M J J A S O N D

14 Behaarter Erzschnellkäfer
Cidnopus pilosus **L** 9–12 mm. Bronzefarben-schwarz, mit feinem, weißlichem Haar bedeckt. Pronotum breiter als lang, mit dichten Einstichen. **H** Hänge, Wälder.

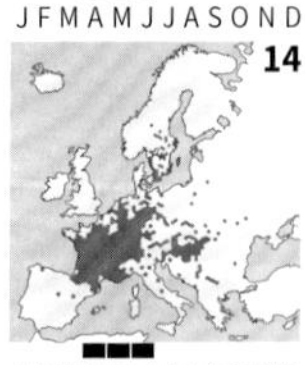
14
J F M A M J J A S O N D

15 Ponels Schnellkäfer
Limonius poneli **L** 5–6 mm. Glänzend schwarz, manchmal metallisch blau, mit feinem Haar. Die hinteren Winkel der Vorderflügel sind kurz und stumpf. Verwechslungsgefahr mit anderen schwarzen Schnellkäfern. **H** Wälder.

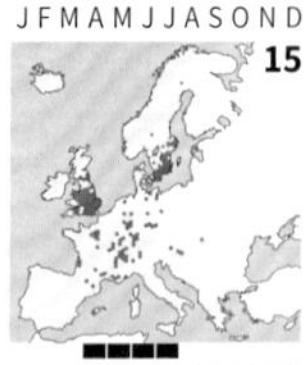
15
J F M A M J J A S O N D

← Schnellkäfer →

1 ×2 ◆

2 ×2 ◆

3 ×2 ◆

4 ×3 ■

5 ×3 ■

6 ×3 ◆

7 ×3 ◆

8 ×3 ◆

9 ×3 ■

10 ×4 ◆

11 ×3 ◆

12 ×2 ●

13 ×2 ●

14 ×3 ◆

15 ×3 ◆

← SCHNELLKÄFER Elateridae →

Gen. *Athous* E 200+ SPP

Körper sehr lang gestreckt; Pronotum an hinteren Ecken mit kurzen Stacheln; Fühler S4 bis Ende schwach dreieckig, nicht gezähnt.

1 🔍 Zweifarbiger Laubschnellkäfer
Athous bicolor **L** 8–12 mm. Pronotum schwarz, Seiten rotbraun; Elytren bräunlich gelb mit dunklem Rand und manchmal schmalem schwarzen Mittelstreifen. Bei ♀ Körper gelegentlich vollständig braun. **H** Grasland, Wälder.

1
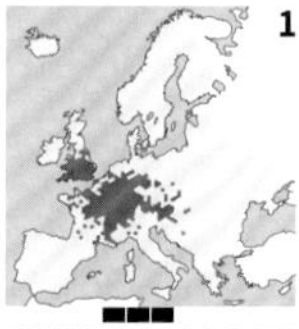

2 🔍 Rotbauchiger Laubschnellkäfer
Athous haemorrhoidalis **L** 9–15 mm. Körper fein behaart; braun, Pronotum dunkler; Fühler ganz schwarz; Beine braun. **H** Wälder, Grasland, Hecken.

2
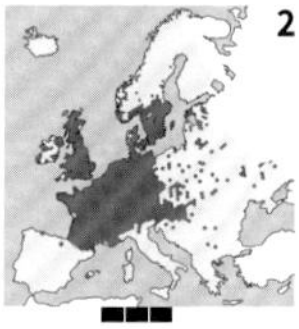

3 🔍 Brauner Schnellkäfer
Athous subfuscus **L** 7–10 mm. Bei ♂ Kopf und Pronotum schwarz, Elytren kastanienbraun mit schwarzem Rand. Bei ♀ Pronotum rotbraun mit schwarzem Mittelstreifen, Elytren gelblich braun. **H** Waldränder, Grasland.

3
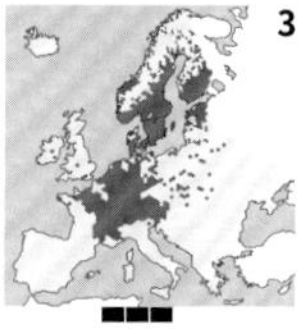

4 🔍 Gebänderter Schnellkäfer
Athous vittatus **L** 8–12 mm. Hintere Winkel des Pronotums und Basis der Elytren meist gelblich; Fühler S1 heller als an der Spitze, S3 etwas länger als S2. Elytren oft braun mit dunklen Rändern und zentralem Bereich. **H** Wälder, leicht bewaldete Gebiete.

4
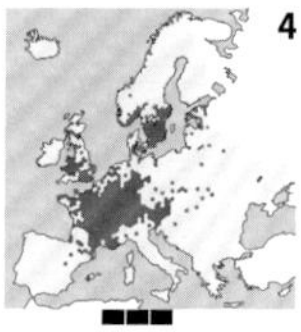

Gen. *Denticollis* E 4 SPP

Kopf vorstehend; Augen konvex; Pronotum mit zentraler Rille und oft zusätzlichen Einbuchtungen.

5 🔍 Zahnhalsiger Schnellkäfer
Denticollis linearis **L** 9–13 mm. Pronotum orange/braun, stark punktiert; Elytren gelblich orange bis schwarz, stark punktiert, Rand blass. **H** Wälder.

5
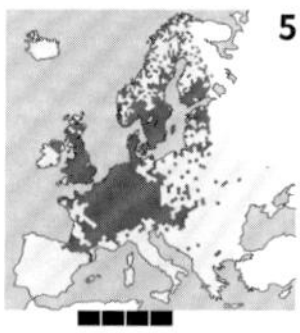

6 ⊙ Rotflügeliger Hakenhals-Schnellkäfer ***Denticollis rubens***
L 11–16 mm. Pronotum und Elytren leuchtend rot; Kopf schwarz oder rot. Pronotum mit zentraler Furche, schmaler als Elytren. Fühler bei ♂ gekämmt, bei ♀ gezähnt. **H** Schattige Wälder, Bergland.

6
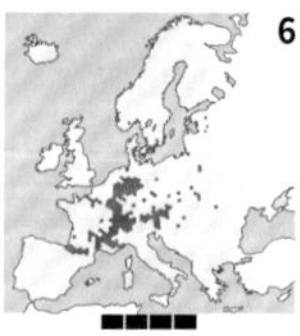

7 ⊙ Rostgoldener Mulm-Schnellkäfer ***Elater ferrugineus***
L 17–24 mm. Groß; ♂ leuchtend rot, ♀ dunkler, kleiner. **H** Wälder. **V** Sehr verborgen, kann aber in großer Zahl von kommerziell hergestellten Pheromonen angelockt werden.

7
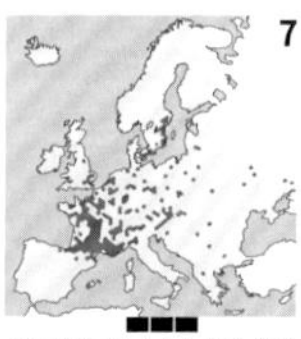

Gen. *Hemicrepidius* E 2 SPP

Körper länglich; glänzend schwarz, Elytren behaart; Fühler gezähnt.

8 🔍 Rauhaariger Schnellkäfer
Hemicrepidius hirtus **L** 10–15 mm. Schwarz; ♂ die Fühler überragen die hinteren Winkel des Pronotums nur um 1 Segment. **H** Wälder.

8
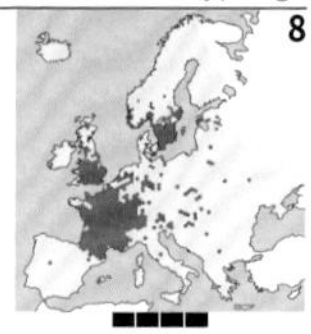

9 🔍 Schwarzer Rauhaar-schnellkäfer ***Hemicrepidius niger***
L 10–14 mm. Schwarz, Elytren dunkelbraun oder schwarz. ♂ Fühler ragen um 2–3 Segmente über hintere Winkel des Pronotums hinaus. **H** Wald, Grasland, Gärten.

9
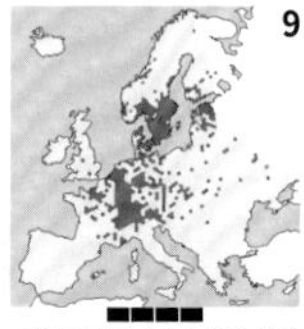

10 ⊙ Bluthalsschnellkäfer
Ischnodes sanguinicollis **L** 8–11 mm. Schwarz; Pronotum leuchtend rot. **H** Wälder.

10
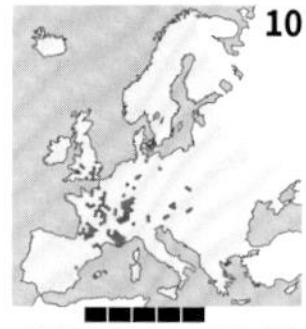

11 ⊙ Zottiger Laubschnellkäfer
Stenagostus rhombeus **L** 15–22 mm. Orangebraun; Elytren mit dunkleren Querlinien, darunter eine V-förmige Zeichnung an der Spitze. **H** Wälder.

11
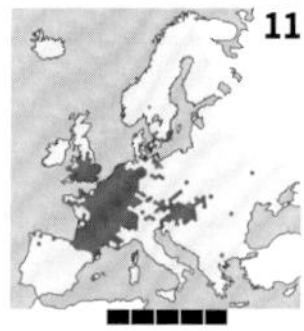

12 ⊙ Feuchtwiesen-Schnellkäfer
Actenicerus sjaelandicus **L** 11–15 mm. Körper schwarz mit bronze- oder kupferfarbenem Glanz; Elytren leicht gesprenkelt. **H** Feuchtgebiete.

12
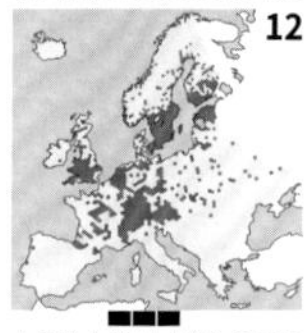

Gen. *Anostirus* E 20+ SPP

Elytren etwas gerundet, besonders bei ♀; Fühler gekämmt bei ♂, gezähnt bei ♀.

13 🔍 Herbstfarbener Schnellkäfer
Anostirus castaneus **L** 9–13 mm. Körper schwarz, Elytren gelblich orange mit schwarzer Spitze; Pronotum und Kopf mit goldgelben oder rötlichen Haaren. **H** Wälder, Obstgärten.

13
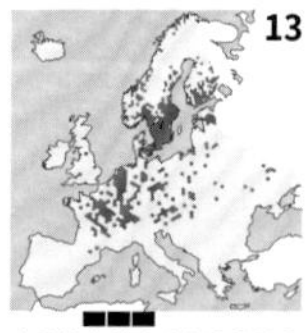

14 ⊙ Purpurroter Schnellkäfer
Anostirus purpureus **L** 9–14 mm. Schwarz, Elytren auffallend rot; Pronotum mit vielen goldenen Haaren. **H** Waldlichtungen, Vorgebirge und Heidelandschaften.

14
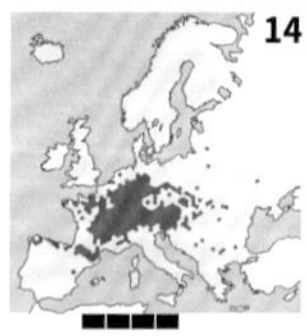

15 🔍 Grauer Schnellkäfer
Aplotarsus incanus **L** 7–10 mm. Schwarz, stumpf; Elytren und Beine manchmal braun; Pronotum dicht und fein punktiert. **H** Feuchtgebiete, Wälder, Grasland und landwirtschaftliche Flächen.

15

← SCHNELLKÄFER →

1 ×2 ◆ **2** ×2 ◆ **3** ×3 ◆ **4** ×2 ◆ **5** ×2 ◆

6 ×2 ■ **7** ×1,5 ■ **8** ×2 ◆ **9** ×2 ◆ **10** ×2 ■

11 ×2 ■ **12** ×2 ■ **13** ×2 ■ **14** ×2 ■ **15** ×3 ◆

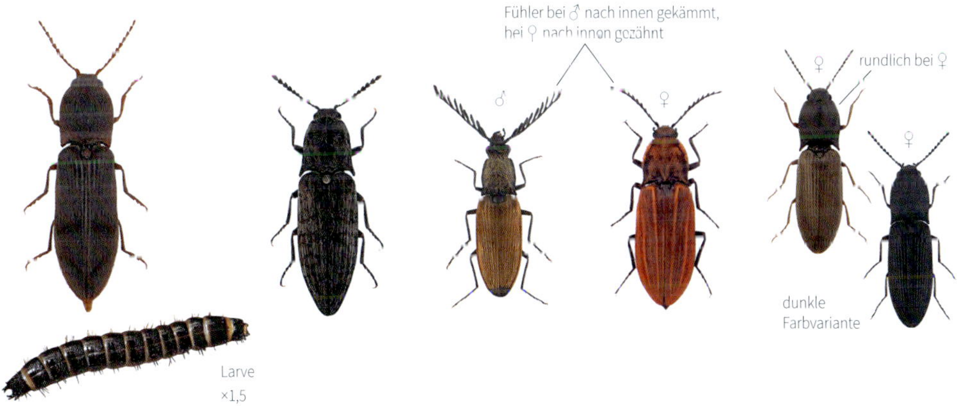

← SCHNELLKÄFER Elateridae

1 Schulterfleck-Schnellkäfer
Calambus bipustulatus **L** 6–8 mm. Schwarz, Elytren mit orangefarbenen „Schulterflecken". **H** Wälder.

1
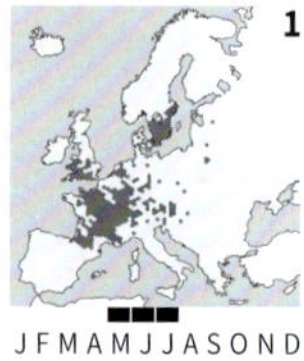

Gen. *Ctenicera* E 9 SPP

Metallisch grün oder violett; Elytren entweder gleich gefärbt wie der Körper oder gelb und schwarz; Fühler gefiedert beim ♂.

2 Kupferfarbener Kammhorn-Schnellkäfer *Ctenicera cuprea*
L 11–16 mm. Körper metallisch grün oder violett, Elytren können gelb und teilweise schwarz sein; ♂ mit großen gefiederten Fühlern, die von ♀ kürzer und schlichter. **H** Grasland.

2
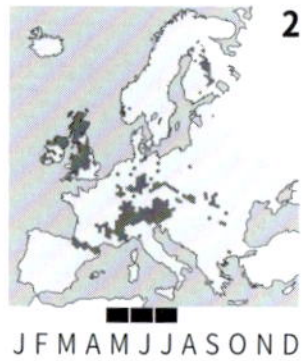

3 Metallglänzender Rinden-schnellkäfer *Ctenicera pectinicornis*
L 13–17 mm. Körper metallisch grün; ♂ Fühler stark gefiedert, stärker als bei *C. cuprea*. **H** Heuwiesen im Hochland, Waldtäler, Gebirgsregionen bis 1800 m.

3
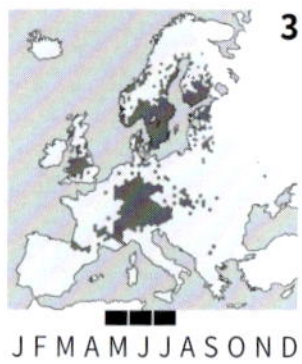

Gen. *Selatosomus* E ~10 SPP

Mittelgroß bis groß, robust. Der Kopf ist klein; das Pronotum hat gerippte Hinterwinkel; die Fühler sind nicht gezähnt. Die erwachsenen Tiere finden sich oft unter Steinen oder auf niedriger Vegetation. Die Larven entwickeln sich in den Wurzeln niedriger Pflanzen.

4 Glanzschnellkäfer
Selatosomus aeneus **L** 11–17 mm. Metallisch grünlich gold bis grünlich violett. Weitere Arten, wie z. B. *S. melancholicus*, ähnlich, aber mit metallisch grünem Körper. **H** Grünland.

4
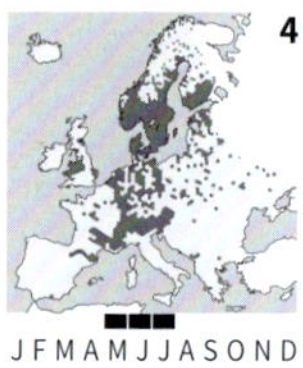

5 Kreuzschnellkäfer
Selatosomus cruciatus **L** 10–14 mm. Schwarz; Pronotum rot gefleckt mit schwarzer Mitte und schwarzem Rand; Elytren gelb mit schwarzem kreuzförmigem Muster; Anhänge rotbraun. **H** Wälder, Parks. Auf sandigen Böden in Ufernähe von Gewässern.

5
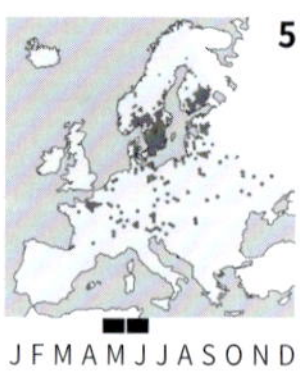

SCHNECKENHAUSKÄFER Drilidae

E 7 GEN 19 SPP 2 ILL

Metallisch grün oder violett; Elytren klein bis mittelgroß; Körper länglich; ♂ flugfähig, mit kammartigen Fühlern; ♀ (selten gesehen) flügellos, larvenartig, viel größer, mit fadenförmigen Fühlern. Larven stark behaart; ernähren sich ausschließlich von Schnecken und entwickeln sich in Schneckengehäusen. Die Identifikation der ♀ erfordert eine genaue Untersuchung der Fühler und Mundwerkzeuge.

6 Schneckenhauskäfer
Drilus concolor **L** ♂ 4–5 mm, ♀ 10–14 mm. ♂ dunkel bräunlich bis schwarz; Tarsi gelblich. Larvenartige ♀ fast einheitlich rotbraun, nur sehr schwach gefleckt. **H** Feuchtes Grasland, an Ufern von Flüssen und Seen.

6
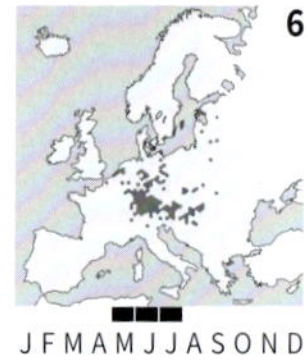

7 Gelber Schneckenhauskäfer
Drilus flavescens **L** ♂ 5–7 mm, ♀ 12–18 mm. ♂ dunkel bräunlich; Elytren hell gelblich braun, behaart; Beine dunkel rotbraun. Larvenartig ♀ gelblich braun mit dunklen Flecken. **H** Grasland, Hänge.

7
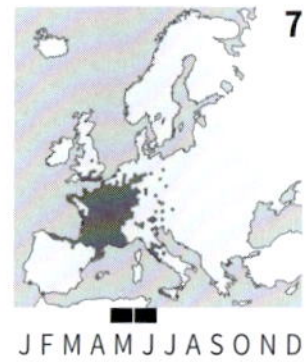

ROTDECKENKÄFER Lycidae

E 9 GEN 12 SPP 4 ILL

Klein bis mittelgroß; Körper lang gestreckt; rot mit etwas Schwarz; Elytren weich mit netzartigem Linienmuster bei den meisten (aber nicht allen) Arten; Fühler lang, robust und gezähnt. Die Larven entwickeln sich in gut zersetztem Holz.

8 Rüssel-Rotdeckenkäfer
Lygistopterus sanguineus **L** 7–12 mm. Elytren rötlich bis bräunlich mit feinen Längsrillen, aber ohne Netzmuster. Pronotum in der Mitte schwarz, mit rötlichen Seitenrändern. Kopf mit Rüssel, wiederum anders als bei allen anderen Arten dieser Familie. **H** Waldränder und Lichtungen.

8
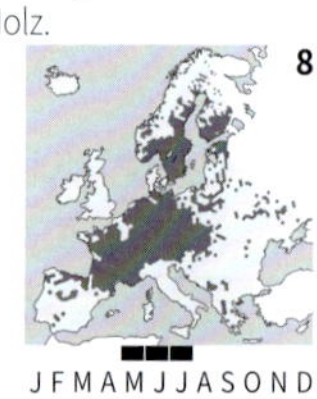

9 Kleiner Rotdeckenkäfer
Platycis minutus **L** 7–9 mm. Schwarz; Elytren rot, mit Netzmuster. Fühler S11 (oft auch S10) und Tarsalspitzen rötlich. **H** Wälder.

9
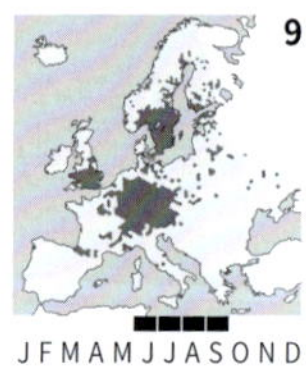

10 Schwarzroter Rotdeckenkäfer
Pyropterus nigroruber **L** 7–10 mm. Schwarz, mit schwachem grauem Haar bedeckt. Elytren rot, mit rechteckigem Netzmuster. Fühler S2–S3 kürzer als S4. **H** Wälder.

10
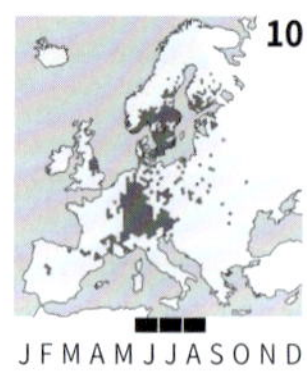

11 Scharlachroter Netzkäfer
Dictyoptera aurora **L** 8–13 mm. Schwarz; Elytren rot, mit Netzmuster; Pronotum rot mit dunklen Flecken; Fühler S3 länger als S2. **H** Nadelwälder.

11
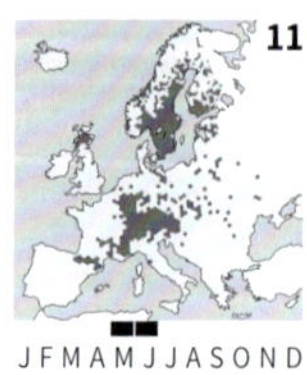

← SCHNELLKÄFER

1 ×3

2 ×2

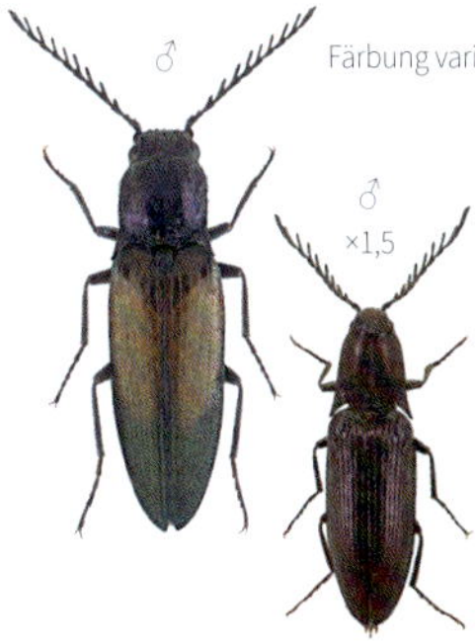

3 ×2

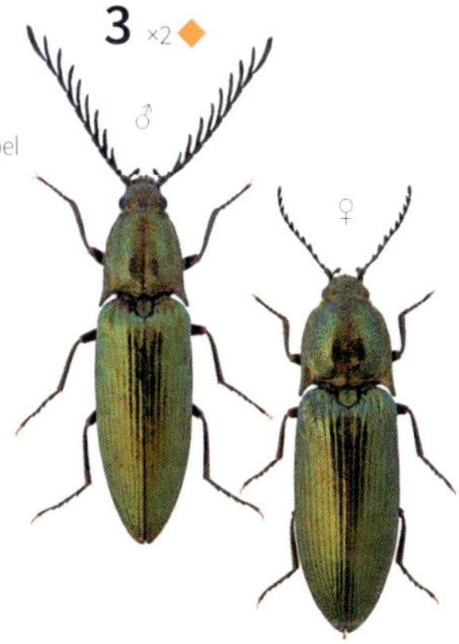

4 ×2

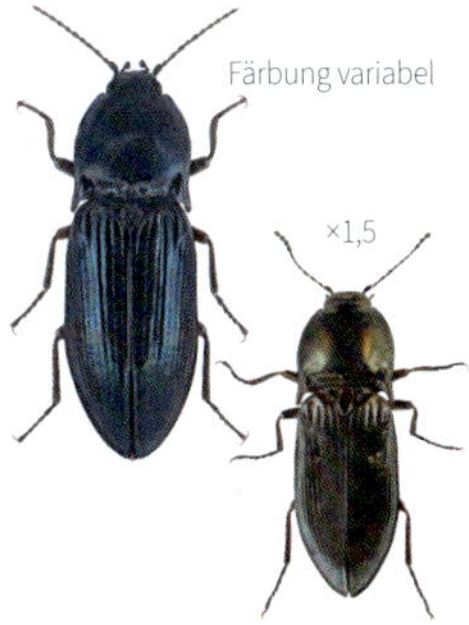

SCHNECKENHAUSKÄFER

5 ×2

6 ×2

7 ×2

ROTDECKENKÄFER

8 ×3

9 ×3

10 ×2

11 ×3

LEUCHTKÄFER Lampyridae

E 8 GEN 49 SPP 4 ILL

Mittelgroß bis groß, mit weichem Körperbau. Ausgeprägter Sexualdimorphismus: ♂ langoval, geflügelt. ♀ flügellos; larvenartig; Kopf unter dem abgerundeten Pronotum verborgen; Elytren verkürzt, den Hinterleib bedeckend oder noch mehr reduziert; Fühler kurz.

Dämmerungs- und nachtaktiv; beide Geschlechter können nachts durch einen Biolumineszenzprozess leuchten; das Leuchtelement befindet sich an der Unterseite des Hinterleibsendes. ♀ leuchten, um ♂ anzulocken, die herumfliegen, um sie zu finden; auch ♂ geben im Flug Leuchtsignale ab.

Larven robust, dunkel, nicht behaart, im Gegensatz zu den Larven der Schneckenhauskäfer (*Drilidae*, S. 246); ernähren sich von Schnecken.

1 Kleiner Leuchtkäfer
Lamprohiza splendidula **L** ♂ 8–10 mm, ♀ 10 mm. Braun; bei ♂ Elytren dunkelbraun; Pronotum mit 2 halbmondförmigen, durchsichtigen Fenstern (diese fehlen bei anderen Arten). Kopf unter dem Pronotum verborgen, Augen durch die Pronotumfenster sichtbar. ♀ plump, gelblich weiß. **H** Offene Wälder, Waldränder, Grasland, Parks, Gärten.

1
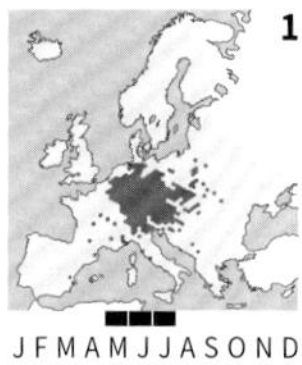

2 Großer Leuchtkäfer
Lampyris noctiluca **L** ♂ 10–12 mm, ♀ 15–20 mm. Bei ♂ Elytren braun mit gelben Rändern und flachen Längsrippen; Pronotum blassgelb, im Unterschied zu *Lamprohiza splendidula* keine durchsichtigen Fenster im Pronotum. ♀ plump, dunkel, ähnlich der Larve. **H** Waldränder, Wiesen, Gärten, Parks.

2
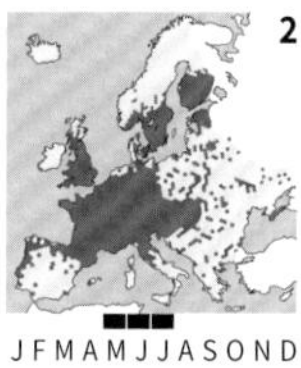

3 Mediterraner Leuchtkäfer
Nyctophila reichii **L** ♂ 15–18 mm, ♀ 30–40 mm. Deutlich größer als andere Leuchtkäfer. ♂ Elytren braun, Pronotum blass gelblich, ♂ geben bei dieser Art kein Licht ab. ♀ plump, gelblich. Das ähnliche Südamerikanische Glühwürmchen (*Photinus signaticollis*) breitet sich in Südwesteuropa rasch aus, bei dieser Art haben Elytren und Pronotum der ♂ kontrastierende helle Ränder. **H** Offene Wälder, Grasland.

3
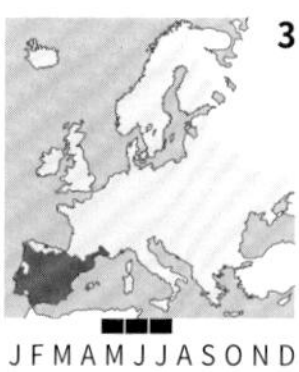

4 Kurzflügel-Leuchtkäfer
Phosphaenus hemipterus
L ♂ 6–8, ♀ 10 mm. Dunkelbraun mit gräulichen Haaren; ♂ Flügel reduziert, beide Geschlechter flugunfähig. Bei ♂ Fühler länger als bei ♀. **H** Grasland, Feuchtgebiete. **V** Das Leuchten der ♀ ist schwach, sie benutzen vermutlich Pheromone, um ♂ anzulocken.

4
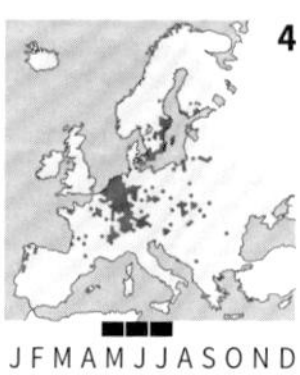

WEICHKÄFER Cantharidae →

E 16 GEN 500 SPP 20 ILL

Körper lang gestreckt, weich, oft schwarz-rot gefärbt; Fühler lang und schlank. Kopf verjüngt sich oft hinter den Augen, bildet bei einigen Arten einen schmalen Hals. Larven ernähren sich von Gliederfüßern; erwachsene Tiere meist an Blüten.

5 Alpenweichkäfer
Podabrus alpinus **L** 11–14 mm. Körper gelblich braun, Pronotum breiter als lang. Hinterkopf, Scutellum, Pronotum (mittig), Elytren und Fühlerspitzen dunkel. (Variabel: manchmal Beine dunkel, Elytren hell oder mit schwarzem Fleck). **H** Wälder, Waldränder, Gebüsch, auch im Bergland.

5
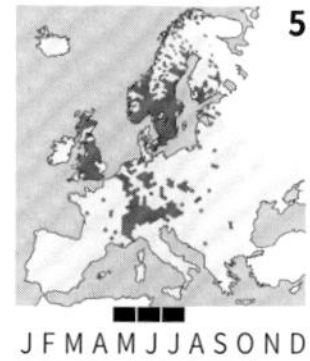

Gen. ***Rhagonycha*** E 79 SPP

Elytren kurzer behaart; Krallen an mittleren und hinteren Tarsi zweigeteilt. Einige Arten sind variabel und erfordern eine sorgfältige Untersuchung der Farben und Schlüsselmerkmale.

6
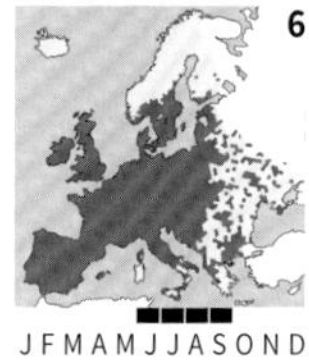

6 Roter Weichkäfer
Rhagonycha fulva **L** 7–10 mm. Orange oder rot; Elytren an der Spitze schwarz. Fühler schwarz mit rötlichem Ansatz; Beine rötlich mit schwarzen Tarsi. **H** Grasland, offene Wälder, Gebüsch, oft an Doldenblütlern.

7
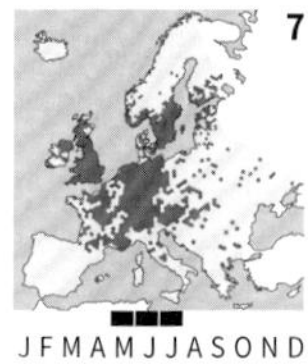

7 Bleicher Fliegenkäfer
Rhagonycha lignosa **L** 5–7 mm. Pronotum schmal; Kopf und Pronotum schwarz; bei ♂ Augen sehr groß; Fühler teilweise schwarz mit orangefarbener Basis. Elytren, Beine und Mundwerkzeuge hell gelblich braun. **H** Offene Wälder.

8
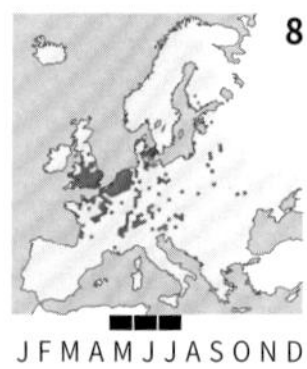

8 Gruben-Weichkäfer
Silis ruficollis **L** 6–7 mm. Schwarz; Pronotum rötlich, mit tiefen Einbuchtungen an den hinteren Winkeln; Tibiae und Mundwerkzeuge rot. **H** Feuchtgebiete, Niedermoore.

9
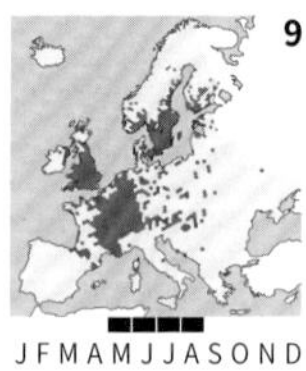

9 Gelblicher Fliegenkäfer
Malthinus flaveolus **L** 5–6 mm. Kopf gelb mit schwarzem Rücken; Pronotum und Scutellum gelb; Pronotum mit 2 schwarzen Flecken nahe der Mitte, manchmal verschmolzen; Fühler schwarz mit S1–S2 gelb; Elytren blass gelblich braun mit gelben Spitzen; bedecken Flügel und Hinterleib nicht vollständig. **H** Wälder, Gebüsch.

10
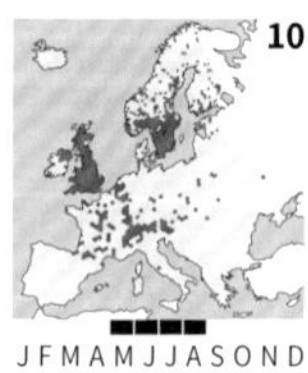

14 Gerandeter Fliegenkäfer
Malthodes marginatus **L** 4–6 mm. Schwarz, außer Pronotumspitze und Ränder gelblich. Elytrenspitzen leuchtend gelb; bedecken Flügel und Hinterleib nicht vollständig. Eine mikroskopische Untersuchung ist erforderlich, um *Malthodes* auf Artniveau zu bestätigen. **H** Wälder.

LEUCHTKÄFER

1 ×2

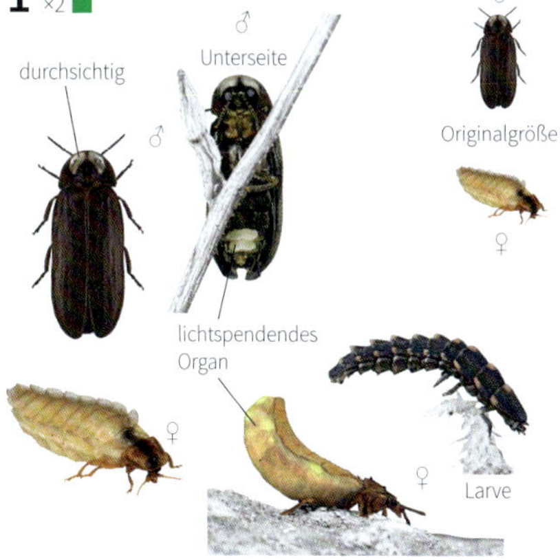

2 ×1,5

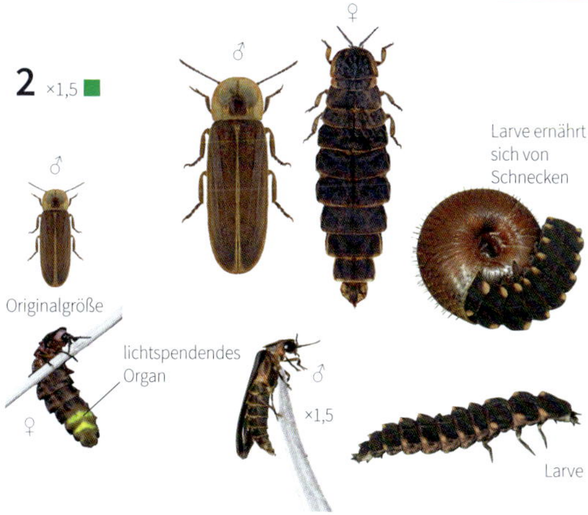

3 ×1

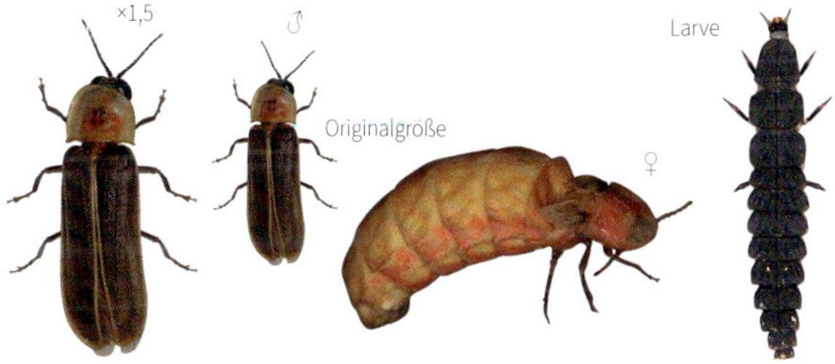

4 ×3

WEICHKÄFER →

5 ×2

6 ×2

7 ×3

8 ×3

9 ×3

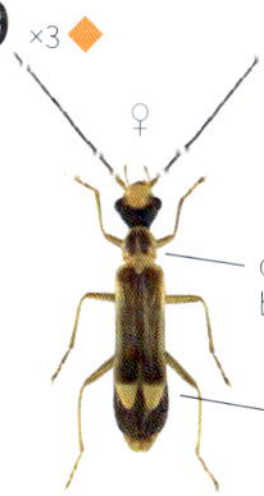

10 ×3

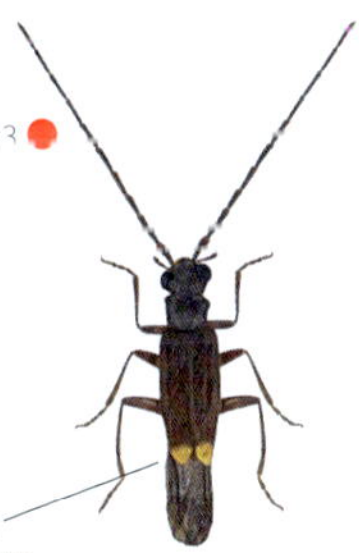

← WEICHKÄFER Cantharidae

Gen. *Cantharis* E 77 SPP

Pronotum mit abgerundeten Rändern, Krallen mit einfachen Spitzen. Arten ziemlich variabel in Größe und Färbung, können daher schwer zu identifizieren sein.

1 Verborgener Weichkäfer
Cantharis cryptica **L** 7–8 mm. Orange, Fühler an der Spitze dunkel; oft mittlere und hintere Femora mit schmaler schwarzer Spitze; Elytren mit flachen Haaren zwischen langen, abstehenden Haaren. **H** Feuchtgebiete.

1
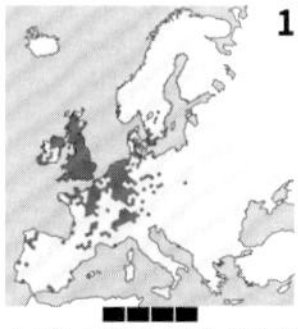
J F M A M J J A S O N D

2 Gelbschwarzer Weichkäfer
Cantharis decipiens **L** 6–8 mm. Gelblich braun, mit Ausnahme der Oberseite des Kopfes, des mittleren Teils des Pronotums und eines Teils der Beine, die schwarz sind. **H** Wälder.

2
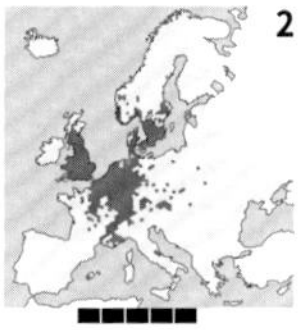
J F M A M J J A S O N D

3 Fleckenhals-Weichkäfer
Cantharis figurata **L** 6–8 mm. Orange oder gelblich braun. Typische Form: Kopf mit schwarzen Seiten hinter den Augen, Pronotum mit schwarzem M; mittlere und hintere Femora dunkel mit heller Spitze. Große Variationsbreite; manchmal ist der Kopf ganz schwarz, das Pronotum mit verschiedenen schwarzen Flecken, die Beine ganz rot oder sogar fast ganz schwarz. **H** Feuchtgebiete, feuchte Wälder.

3
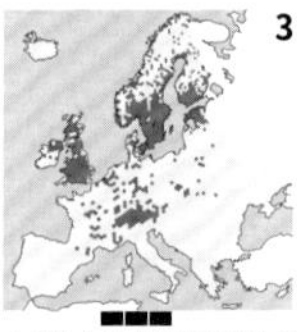
J F M A M J J A S O N D

4 Feuchtwiesen-Weichkäfer
Cantharis flavilabris **L** 5–8 mm. Schwarz; Pronotum manchmal orange, Scutellum jedoch immer schwarz; beim ähnlichen Rotfuß-Weichkäfer (*C. nigra*) ist das Scutellum orange. Fühler schwarz mit orangefarbener Basis; Beine orange, oft Femora-Basen und Tarsi schwarz. **H** Feuchtgebiete.

4
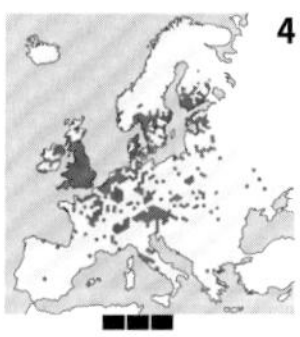
J F M A M J J A S O N D

5 Gemeiner Weichkäfer
Cantharis fusca **L** 11–15 mm. Schwarz; Pronotum orange mit großem schwarzen Fleck an der Basis; Kopf vorne orange. Fühlerbasis orange; Beine schwarz; vordere Tibiae auf der Innenseite orange. **H** Feuchtes Grasland, Moore.

5
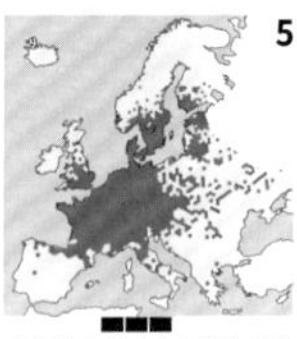
J F M A M J J A S O N D

6 Variabler Weichkäfer
Cantharis livida **L** 10–14 mm. Rötlich; Oberseite des Kopfes mit einem schwarzen zentralen Fleck hinter den Augen; hintere Tibiae und Femora schwarz. Bei einer dunklen Form sind auch die Elytren schwarz. **H** Offene Wälder, Gebüsch.

6
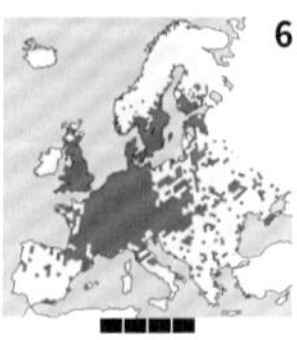
J F M A M J J A S O N D

7 Rotfuß-Weichkäfer
Cantharis nigra **L** 5–7 mm. Elytren schwarz; Pronotum orange; Scutellum stumpf orange, im Unterschied zum Sumpf-Weichkäfer (*C. flavilabris*). Beine orange-rot. **H** Grasland, Buschland.

7
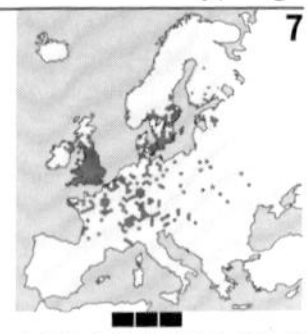
J F M A M J J A S O N D

8 Graugelber Weichkäfer
Cantharis nigricans **L** 8–11 mm. Gelblich braun; Hinterkopf, Fühler (außer S1–S2) und oft Pronotum Mitte, Elytren, hintere Femoraspitzen, hintere Tibiae schwarz; Elytren mit grauen Haaren besetzt. **H** Grasland, offene Wälder, Gebüsch.

8
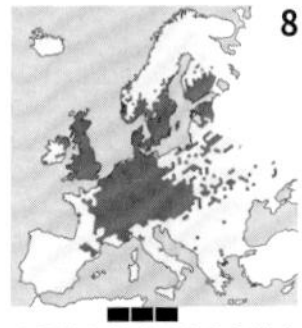
J F M A M J J A S O N D

9 Eichenweichkäfer
Cantharis obscura **L** 9–13 mm. Schwarz; außer Kopfvorderseite und Pronotumseiten gelblich oder rötlich. Ähnlich wie *C. liburnica*, aber die Fühler S2–S3 sind leicht verdickt. **H** Offene Wälder, heiße Standorte im Bergland.

9
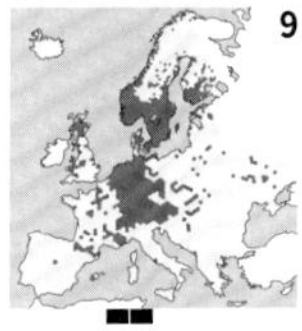
J F M A M J J A S O N D

10 Blassflügel-Weichkäfer
Cantharis pallida **L** 6–9 mm. Orange, Fühler an der Spitze dunkel; oft mittlere und hintere Femora mit schmaler schwarzer Spitze; Elytren nur mit langen, aufrechten Haaren. **H** Feuchtgebiete.

10
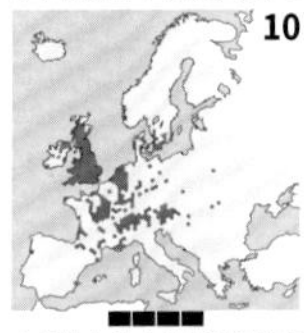
J F M A M J J A S O N D

11 Rotschwarzer Weichkäfer
Cantharis pellucida **L** 10–14 mm. Rötlich bis orange; Hinterkopf, Anhänge teilweise und Elytren schwarz; Fühler mit rötlichen Basen; Vorderbeine, mittlere und hintere Femora rot. **H** Wälder, Gebüsche.

11
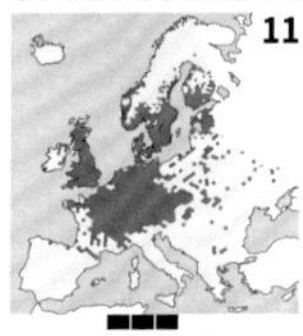
J F M A M J J A S O N D

12 Roter Fliegenkäfer
Cantharis rufa **L** 7–12 mm. Variabel, orange mit Kopf und Elytren gelblich braun; Seiten des Kopfes am Rücken manchmal schwarz, auch variable zentrale Flecken auf dem Pronotum. Fühler an der Basis orange, zur Spitze hin dunkler; Beine manchmal schwarz oder teilweise schwarz gefärbt. **H** Feuchtgebiete.

12
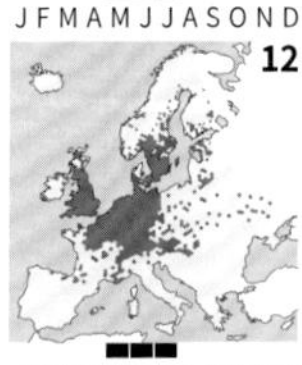
J F M A M J J A S O N D

13 Schwarzfleck-Soldatenkäfer
Cantharis rustica **L** 10–15 mm. Schwarz; Pronotum orange bis rot mit herzförmigem schwarzem Fleck; die Basalsegmente der Fühler und die Basen aller Femora sind ebenfalls rötlich. **H** Grasland, offene Wälder.

13
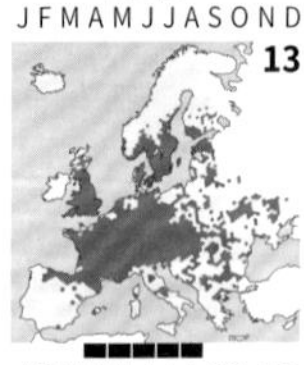
J F M A M J J A S O N D

14 Schwarzrand-Weichkäfer
Metacantharis discoidea **L** 9–11 mm. Orange, Kopf und Pronotum mit schwarzen Flecken; oft Hinterschenkel mit schmaler schwarzer Spitze; Elytren manchmal mit schwarzer Spitze; verschiedene Formen möglich. **H** Wälder.

14

J F M A M J J A S O N D

← Weichkäfer

1 ×3

2 ×3

3 ×3

4 ×3

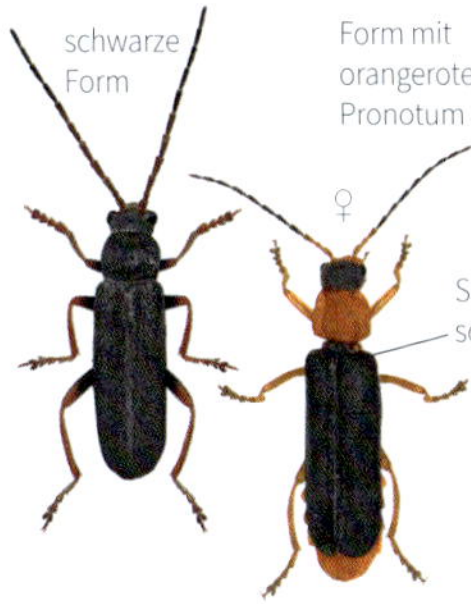

5 ×2

Scutellum ×4

6 ×2

7 ×3

8 ×2

9 ×2

10 ×3

11 ×2

12 ×2

13 ×2

14 ×2

SPECKKÄFER Dermestidae

E 20 GEN 197 SPP 11 ILL

Klein bis mittelgroß; Körper oval oder rund, robust gebaut und mit kurzen Haaren bedeckt; Fühler oft mit keulenförmiger Spitze. Larven und erwachsene Tiere ernähren sich von getrocknetem tierischem oder manchmal auch pflanzlichem Material. Viele Arten sind synanthrop und gelten als Schädlinge.

Gen. *Dermestes* E 35 SPP

Unterseite mit weißlichen Haaren. Keine Ocelli (einfache Augen zwischen den Facettenaugen). Keulenförmige Fühler. In freier Wildbahn scheinen die meisten Arten in Vogelnestern zu leben.

1
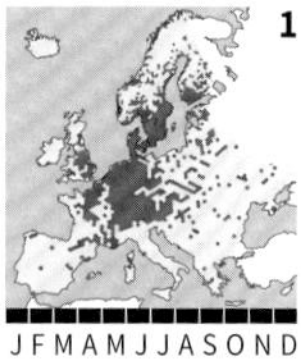

1 🔍 Gemeiner Speckkäfer
Dermestes lardarius **L** 7–9 mm. Schwarz; Elytren an der Basis mit breitem Band aus blass gelblich grauen Haaren, darin mehrere dunkle Bereiche, typischerweise 3 Flecken pro Seite und schwarze Flecken oder Markierungen an der Basis; Pronotum mit blassen Flecken. **H** Gewerbliche und private Grundstücke; manchmal im Freien. **V** Larven hauptsächlich an getrockneten Tierresten.

2
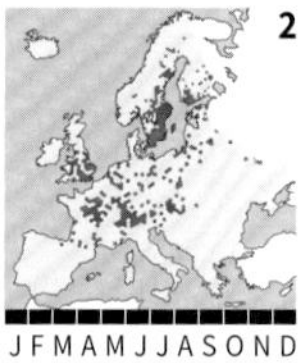

2 🔍 Schwarzweißer Speckkäfer
Dermestes murinus **L** 7–9 mm. Schwarz, mit schwarzen und weißen Haaren gesprenkelt; Pronotum und Scutellum mit einigen goldenen Haaren. **H** An trockenem Aas.

3
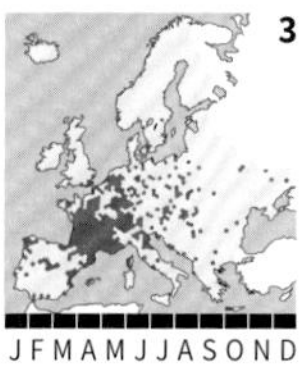

3 🔍 Gewellter Speckkäfer
Dermestes undulatus **L** 5–7 mm. Schwarz, gesprenkelt mit Flecken heller Haare; Kopf, Pronotum und Elytrenbasis mit goldenen Haaren bedeckt; Elytren mit schwarzen und weißen Haaren. **H** An Aas.

Gen. *Attagenus* E 50 SPP

Klein bis mittelgroß mit länglichem, ovalem Körper; Ocelli vorhanden; Fühler mit dreigliedriger Keule und 10–11 Segmenten.

4
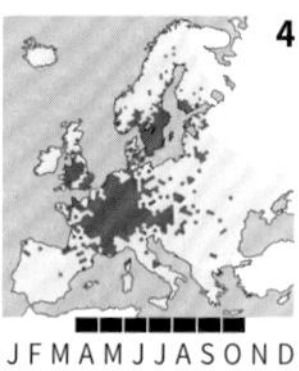

4 🔍 Gefleckter Pelzkäfer
Attagenus pellio **L** 4–6 mm. Schwarz; Pronotum mit 3, Elytren mit 2 markanten zentralen Flecken aus weißen Haaren; Fühler rotbraun mit dunklen Keulen. **H** In Gebäuden; auch auf Blumen, Bäumen und in Vogelnestern. **I** Larven können Schäden verursachen, vor allem an Teppichen und Wollwaren.

5
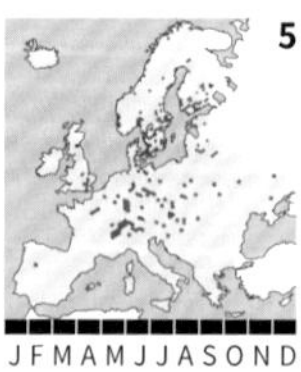

5 🔍 Brauner Pelzkäfer
Attagenus smirnovi **L** 2–4 mm. Schwarz; Elytren gelblich braun bis rotbraun. Beine und Fühler blassbraun. **H** In Innenräumen, in beheizten Gebäuden, auch in Museen; im Freien auf Pflanzen in der Nähe. **V** Die Larven ernähren sich von Wolle oder anderen trockenen tierischen Materialien.

Gen. *Anthrenus* E 52 SPP

Winzig bis klein; behaart, oval; buntes Muster aus farbigen Schuppen. Ocelli (einfache Augen) fehlen. Die Larven ernähren sich von getrocknetem tierischem, manchmal auch pflanzlichem Material. Tiere können große Schäden an Insektensammlungen in Museen, aber auch an Wollteppichen verursachen.

6
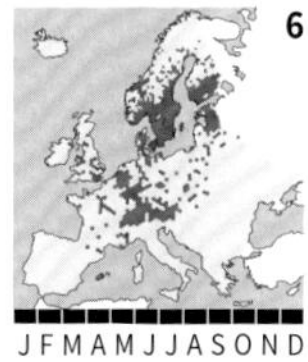

6 🔍 Kabinettkäfer
Anthrenus museorum **L** 3 mm. Schwarz, Elytren mit weißlichen und bräunlichen Flecken; Beine rotbraun; Unterseite leicht silbrig behaart. Fühler achtgliedrig. **H** In Gebäuden, Sammlungen von Museen; im Freien in Nestern von Vögeln oder Bienen und auf Aas.

7
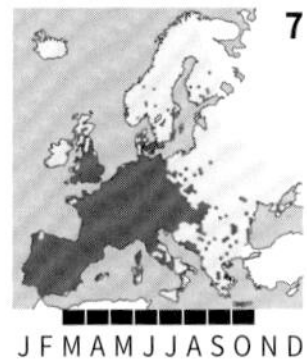

7 🔍 Wollkrautblütenkäfer
Anthrenus verbasci **L** 2–3 mm. Schwarz; Oberseite mit buntem Muster aus schwarzen, weißen und gelben Schuppen. Die ähnliche *A. flavipes* wird manchmal nach Mitteleuropa eingeführt. **H** Häusliche Umgebung; auch im Freien.

8
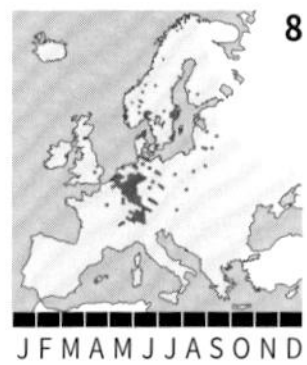

8 🔍 Berlinkäfer
Trogoderma angustum **L** 2–4 mm. Dunkel bräunlich; Elytren mit 3 gezackten Haarbändern, die mit weißlichen Haaren und Schuppen bedeckt sind; Fühler bei ♀ gekeult. **H** Museen und Herbarien. **V** 1920 in Berlin eingeschleppt, breitet sich seitdem in anderen europäischen Städten aus. Larven ernähren sich von Pflanzen, Getreide und tierischen Produkten. Optimale Temperatur für die Entwicklung bei 25–32 °C, verträgt keine Dauertemperaturen unter 15 °C.

9
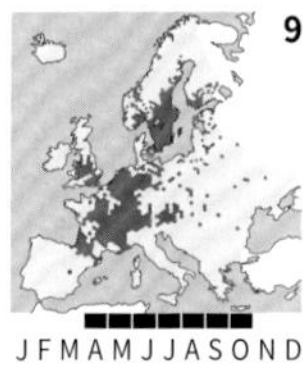

9 🔍 Gewellter Speckkäfer
Megatoma undata **L** 4–5 mm. Schwarz, mit weißen Sprenkeln bedeckt; Pronotum mit 3 weißen Flecken; Elytren mit 2 gewellten, weiß behaarten Querbändern; Fühler gekeult. **H** Wälder. **V** Larven leben unter totem Holz, in solitären Bienennestern; ernähren sich hauptsächlich von totem Tiermaterial.

10
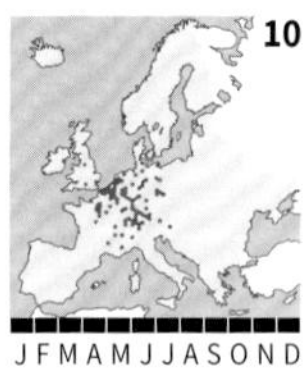

10 🔍 Australischer Teppichkäfer
Anthrenocerus australis **L** 2–3 mm. ♂ kleiner als ♀. Rotbraun bis schwarz; gesprenkelt mit weißen oder gelblichen und schwarzen Haaren. **H** In Wohn- und Geschäftsräumen, selten im Freien. **V** Larven ernähren sich von getrocknetem tierischem und pflanzlichem Material.

11
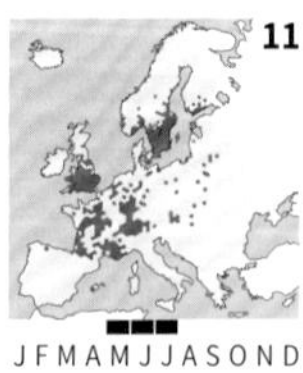

11 🔍 Spinnennetzkäfer
Ctesias serra **L** 4–5 mm. Schwarz, Beine gelblich rot; Fühler kurz, mit dreigliedriger Keule. Larven öfter anzutreffen als erwachsene Tiere. **H** Wälder, an Bäumen, oft alten Eichen, in Spalten oder unter Rinde. **V** Larven oft in Spinnennetzen, ernähren sich von Futterresten; die langen Haare schützen sie vor Spinnenangriffen.

SPECKKÄFER

1 ×3 ◆

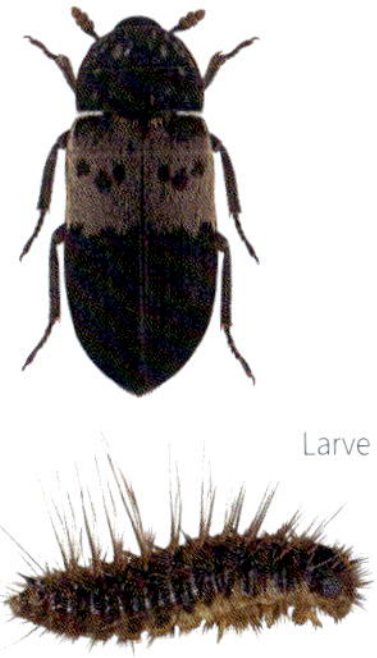

Larve

2 ×3 ◆

Unterseite; eingeklappte Beine

3 ×3 ◆

Unterseite

4 ×4 ◆

Larve

5 ×6 ◆

Fühler deutlich verdickt bei ♂

♂

♀

6 ×6 ◆

Larve

7 ×6 ◆

Larve

8 ×6 ◆

Fühler insgesamt verdickt bei ♂

♂

dreigliedrige Keule bei ♀

♀

♀ größer als ♂

9 ×4 ◆

Unterseite

Larve

10 ×6 ◆

11 ×6 ◆

Larve

BOHRKÄFER Bostrichidae

E 26 GEN 42 SPP 2 ILL

Klein; Körper zylindrisch, Kopf bei einigen Arten unter dem Pronotum versteckt; Fühler oft mit gekeulter Spitze. Larven bohren Gänge in Holz oder Pflanzenmark; einige sind an gelagertem Getreide zu finden. Die hier gezeigten Arten können große Schäden an getrocknetem Holz in Gebäuden und Bauwerken verursachen.

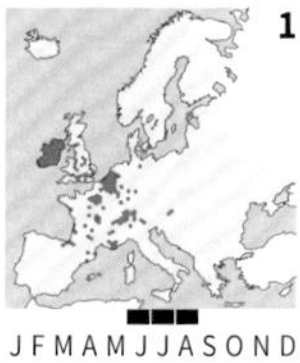

1 Brauner Splintholzkäfer
Lyctus brunneus **L** 3–8 mm. Körper abgeflacht; dunkel rotbraun bis schwarz, Pronotum grob punktiert, fast so breit wie die Flügeldecken. **H** Wälder.

2 Parkettkäfer *Lyctus linearis*
L 3–5 mm. Körper abgeflacht; dunkel- bis hellbraun, Pronotum grob punktiert, weniger breit als Elytren. **H** Wälder.

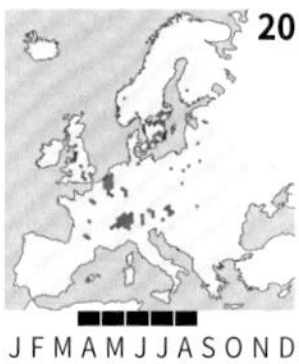

NAGEKÄFER Ptinidae

E 44 GEN 419 SPP 9 ILL

Klein; Körper kompakt bis langoval, bei einigen Arten Beine spinnenartig; Pronotum schmaler als Elytren; Fühler lang, bei einigen kammartig. Larven leben in totem Holz, Pilzen, tierischem oder pflanzlichem Material.

3 Hellfarbener Nagekäfer
Ptinomorphus imperialis **L** 3–6 mm. Gelblich braun; Pronotum und Elytren mit weißlich braunen Haaren; Elytren ohne Längsrippen; Pronotum mit hohem Kiel. Der ähnliche *P. regalis* hat Längsrippen auf den Elytren. **H** Wälder, Parks.

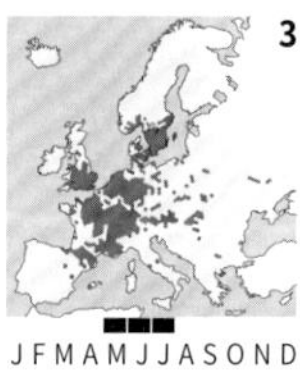

4 Messingkäfer *Niptus hololeucus*
L 2–5 mm. Sieht spinnenartig aus; dunkelbraun mit goldgelben Haaren. Flugunfähig. **H** In Häusern, in Dielen und Wänden. **I** Ernährt sich von organischen Stoffen wie Textilien, Federn, Fäkalien, Fell, Papier usw.

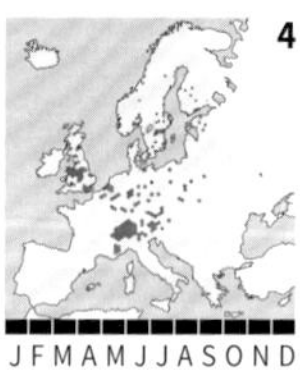

Gen. *Ptinus* E ~50 SPP

Die meisten (aber nicht alle) Arten mit starkem Sexualdimorphismus.

5 Kräuterdieb *Ptinus fur*
L 2–5 mm. Bräunlich mit weißen Schuppen; ♂ lang gestreckt, Fühler sehr lang; Augen gewölbt. ♀ stämmig, flugunfähig. **H** Gebäude, Speicher, alte Bäume, Vogel- und Wespennester.
I Larven können in Getreidelagern großen Schaden anrichten.

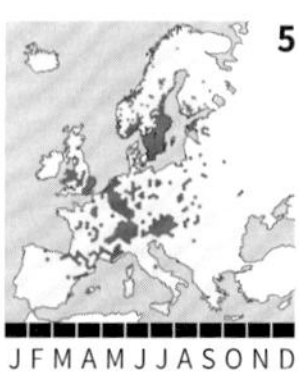

6 Sechspunkt-Diebskäfer
Ptinus sexpunctatus **L** 2–5 mm. Schwarzbraun; Elytren mit weißen Flecken auf der Vorder- und Rückseite. Fühler fadenförmig. **H** Im morschen Holz alter Laubbäume, in Nestern von Vögeln und sozialen Insekten.

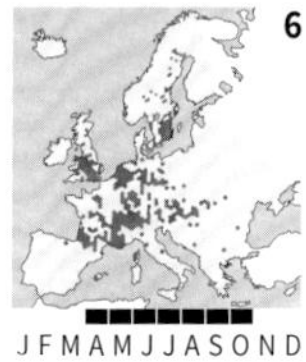

7 Efeu-Pochkäfer
Ochina ptinoides **L** 2–4 mm. Länglich; rotbraun; Elytren mit dunkelbrauner Querlinie, fein gepunktet. Flügelspitzen meist hellrötlich; Fühler leicht gezähnt. **H** An altem Efeu.

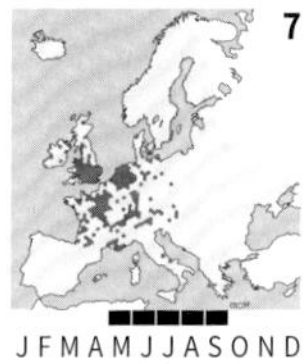

8 Gescheckter Nagekäfer
Xestobium rufovillosum **L** 5–7 mm. Lang gestreckt; dunkelbraun, mit gelblich grauen Haaren gesprenkelt. **H** Eichen, Weiden und andere Laubbäume.
I Kann an Bäumen, die bereits von Pilzen befallen sind, zusätzliche Schäden verursachen.

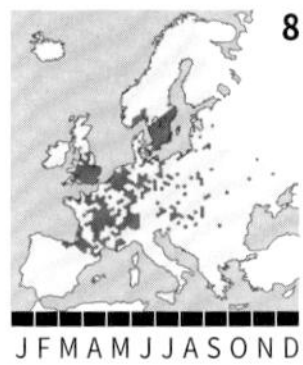

9 Gemeiner Nagekäfer
Anobium punctatum **L** 2–5 mm. Dunkel graubraun; Elytren mit fein gepunkteten Längsrillen; Pronotum vorne deutlich nach unten gewölbt. Fühler 11-gliedrig, die letzten 3 Segmente sind verlängert. Es gibt einige eng verwandte Arten; zur sicheren Identifikation ist eine fachkundige Untersuchung erforderlich. **H** Trockene Laub- oder Nadelhölzer, unter Efeu. **I** Larven bekannt als Holzwürmer, können Schäden an Holzkonstruktionen verursachen; Befall oft an winzigen Löchern im Holz mit sägemehlartigem Auswurf erkennbar. In feuchtem, kaltem Holz; kommt in beheizten, trockenen Umgebungen nicht vor.

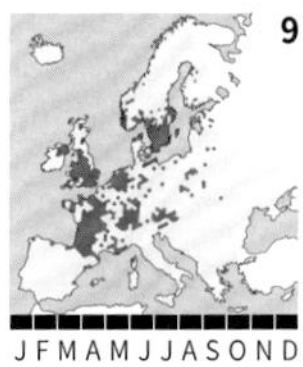

10 Gekämmter Nagekäfer
Ptilinus pectinicornis **L** 3–6 mm. Lang gestreckt, schwarzbraun; Elytren heller braun; Fühler und Beine rostrot. Fühler lang gefiedert bei ♂, kürzer gezähnt bei ♀. **H** Wälder, Parks.

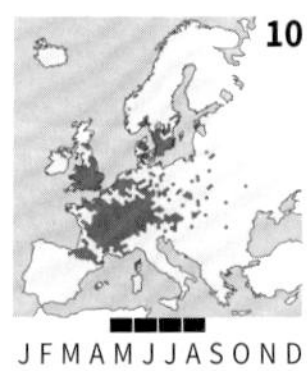

11 Brotkäfer
Stegobium paniceum **L** 2–3 mm. Sehr klein; oval; rötlich braun; Elytren dicht behaart, mit gepunkteten Längsreihen. Fühler gekeult. **H** In Gebäuden, Getreidelagern, Museen. **I** Larven, aber auch erwachsene Käfer, sind Schädlinge an Lebensmitteln, z. B. Nudeln, Schokolade, Gewürzen, aber auch an tierischen Lebensmitteln wie Rohwurst.

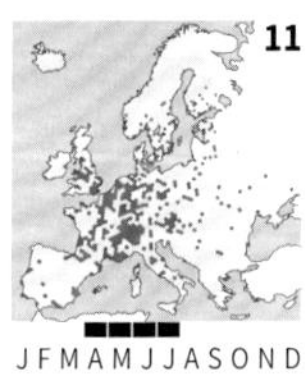

Bohrkäfer

Nagekäfer

1 ◆

2 ◆

3 ◆

4 ◆

5 ◆

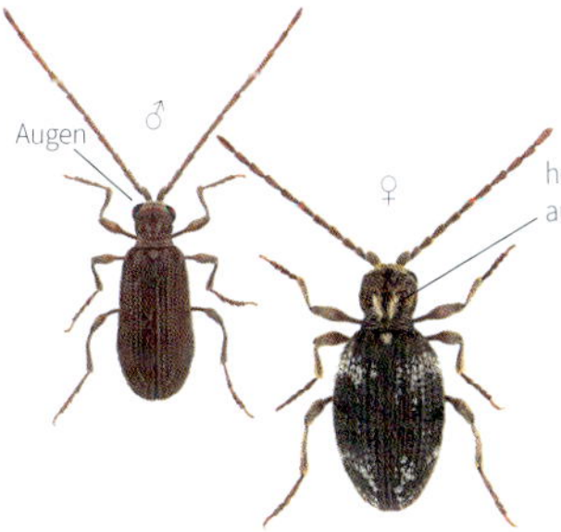

6 ◆

7 ◆

8 ◆

9 ◆

10 ◆

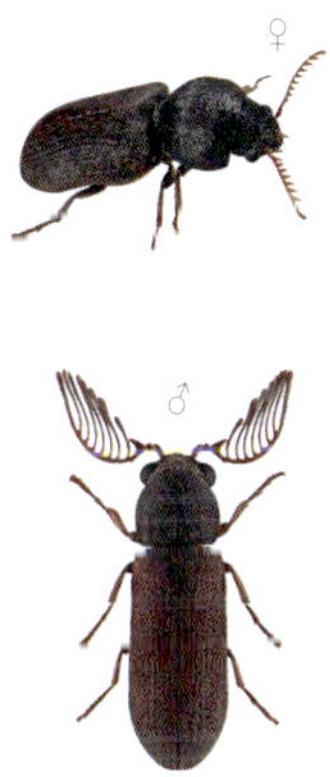

11 ◆

WERFTKÄFER Lymexylidae

E 2 GEN 3 SPP 2 ILL

Klein bis mittelgroß; länglich, weich gebaut; Elytren reichen nicht bis zur Hinterleibsspitze; Fühler kurz. Larven bohren Gänge in das Kernholz von Bäumen oder Totholz, wo sie eine symbiotische Beziehung mit Pilzen eingehen.

1
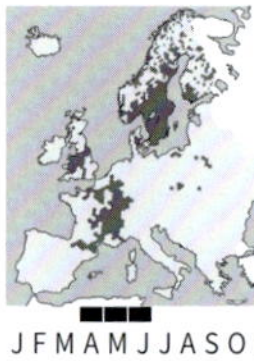

1 Sägehörniger Werftkäfer
Elateroides dermestoides **L** 6–18 mm. ♂ meist schwarz, variabel gefärbt; ♀ größer, gelblich braun. Fühler schwarz mit orangefarbenem Ansatz. **H** Wälder. **V** ♀ bedecken Eier mit Pilzsporen; Larven bohren Löcher in das Holz, damit der Pilz wachsen kann, und ernähren sich von den Pilzfäden. Sie stoßen Holzstaub aus den Löchern aus, um mehr Platz für den wachsenden Pilz im Inneren zu schaffen.

2
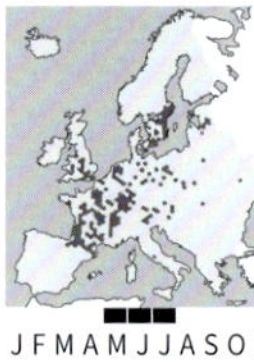

2 Schiffswerftkäfer
Lymexylon navale **L** 7–16 mm. Bei ♂ Elytren schwarz, bei ♀ orange; manchmal mit dunklen Spitzen. **H** Wälder, Parks; an Eichen. **V** Larven ernähren sich von Holz (nicht von Pilzen) und legen dabei Gänge von bis zu 2 m Länge an. Entstehender Holzstaub wird in den Gängen festgestopft, nicht aus den Bohrlöchern ausgestoßen.

FLACHKÄFER Trogossitidae

E 10 GEN 25 SPP 1 ILL

Klein; rund bis länglich und eher abgeflacht; Fühler kurz, mit keulenförmiger Spitze. Die Larven vieler Arten sind Räuber von Borkenkäfern (S. 332) und leben unter Rinde oder in Gängen.

3
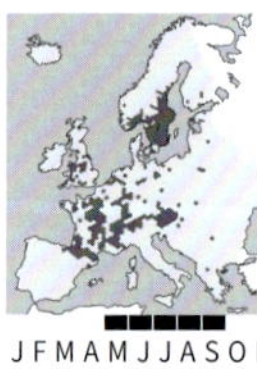

3 Kleinkopf-Flachkäfer
Thymalus limbatus **L** 3–5 mm. Form ähnlich Schildkäfern (S. 316): Pronotum und Elytren schildförmig, über Körper und Kopf hinausragend. Dunkel bronzefarben mit rotbrauner Unterseite. **H** In Wäldern, unter Rinde. **V** Sowohl Larven als auch erwachsenen Tiere ernähren sich von verpilzter Rinde.

BUNTKÄFER Cleridae

E 16 GEN 68 SPP 9 ILL

Klein bis mittelgroß; Körper lang gestreckt zylindrisch; behaart. Einige Arten leuchtend gefärbt; Fühler oft mit keulenförmiger Spitze.

4
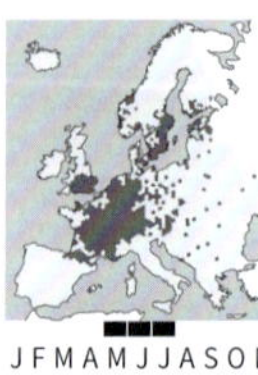

4 Holzbuntkäfer *Tillus elongatus*
L 6–9 mm. Blauschwarzer Körper. Die Elytren haben Reihen von Punkten. Die Füße haben 5 Gliedmaßen. Bei den Weibchen ist das Pronotum rot und die Elytren verbreitern sich zur Spitze hin. **H** Wälder, Parks, Kahlschläge. **V** Larven und erwachsene Tiere sind Räuber von holzbohrenden Käfern.

5
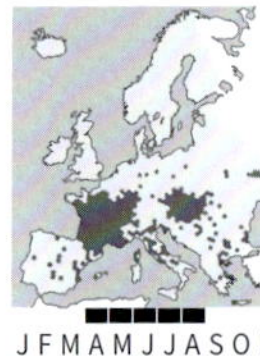

5 Eichenbuntkäfer
Clerus mutillarius **L** 9–15 mm. Insgesamt schwarz; Pronotum rot; Elytren rot mit weißen Querbändern. **H** Wälder. **V** Larven und Adulte Räuber von holzbohrenden Käfern.

Gen. *Opilo* E 6 SPP

Körper lang gestreckt, schlank. Larven und erwachsene Tiere sind Räuber von holzbohrenden Käfern.

6

6 Hausbuntkäfer *Opilo domesticus*
L 6–12 mm. Braun; Elytren mit gelblich brauner Zeichnung; Elytren mit eher unregelmäßigem Punktmuster. **H** In trockenem Holz, oft in Holzgebäuden und -konstruktionen zu finden, die von holzbohrenden Arten befallen sind. **V** Nachtaktiv.

7
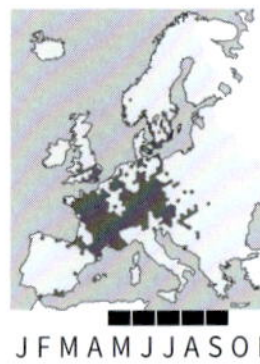

7 Schöner Buntkäfer *Opilo mollis*
L 8–13 mm. Braun; Elytren mit gelblich brauner Zeichnung und mit gepunkteten Linien; der Abstand zwischen diesen Linien ist breiter als die Linien selbst. **H** Wälder.

8
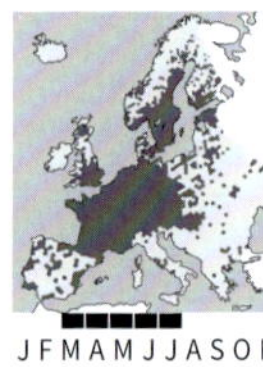

8 Ameisenbuntkäfer
Thanasimus formicarius **L** 7–10 mm. Elytren schwarz, weiß und rot; Pronotum und Unterseite rot, Kopf und Beine schwarz. Fühler gekeult. **H** Nadelwälder. **V** Larven und erwachsene Tiere sind Räuber von holzbohrenden Käfern.

Gen. *Trichodes* E ~20 SPP

Kontrastreich rot und schwarz; Pronotum und Kopf behaart; Hinterleib rot (im Flug sichtbar). Larven sind Räuber in Nestern von Solitärbienen und Wespen.

9
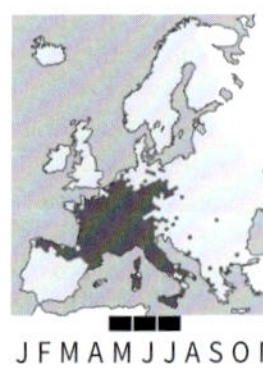

9 Zottiger Bienenkäfer
Trichodes alvearius **L** 10–17 mm. Schwarz; Elytren leuchtend rot mit schwarzer Nahtlinie in der Mitte und 3 schwarzen Bändern; das hinterste Band reicht nicht bis zur Spitze. **H** Waldränder, Buschland, Grasland.

10
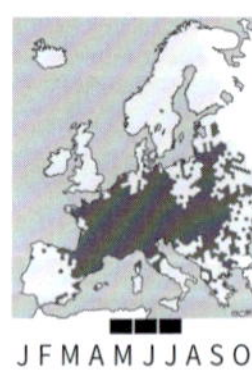

10 Gemeiner Bienenkäfer
Trichodes apiarius **L** 8–15 mm. Wie *T. alvearius*, aber Elytren ohne schwarze Nahtlinie und mit blauschwarzem Band, das bis zur Spitze reicht. **H** Waldränder, Buschland, Grasland.

11

11 Rotbeiniger Schinkenkäfer
Necrobia rufipes **L** 4–5 mm. Metallisch blau bis grün; Beine hellgelb bis rotbraun. **H** An Abfällen, in Lagerräumen. **V** Larven ernähren sich von Lebensmittelabfällen, können in Lebensmittellagern großen Schaden anrichten.

WERFTKÄFER

1 ×2 ◆

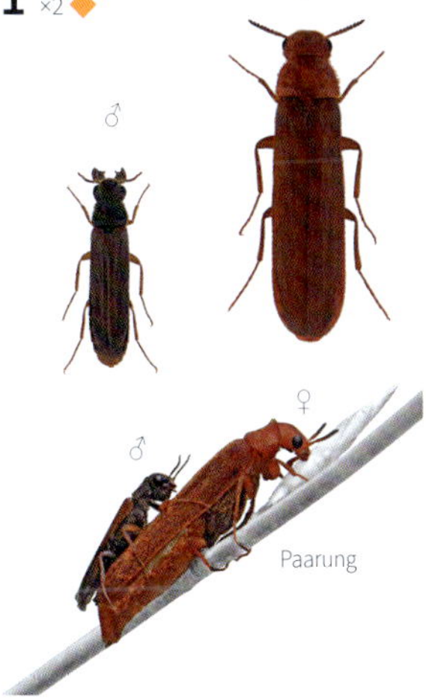

2 ×2 ■

FLACHKÄFER

3 ×4 ◆

Ansicht von der Unterseite

BUNTKÄFER

4 ×3 ◆

5 ×6 ◆

6 ×3 ◆

7 ×3 ◆

die Abstände der gepunkteten Linien können bei der Identifikation helfen

8 ×3 ◆

Larve

9 ×2 ◆

ausgeprägte schwarze Linie in der Mitte

Schwarz erreicht die Spitze nicht

10 ×6 ◆

keine ausgeprägte schwarze Linie in der Mitte

Schwarz erreicht Spitze

Larve

11 ×4 ◆

Larve

ZIPFELKÄFER Melyridae

E 16 GEN ~320 SPP 12 ILL

Klein; oft länglich und bunt; Elytren weich, bei einigen Arten etwas trapezförmig, besonders bei ♀. Flügelspitzen, Kopf oder Fühler bei ♂ oft mit kleinen Sekret erzeugenden Drüsen, die zum Anlocken von ♀ dienen. Die Fühler sind fadenförmig oder gezähnt. Die Larven leben räuberisch und ernähren sich oft von holzbohrenden Insekten, während die erwachsenen Tiere Blütenpollen und Nektar fressen.

Gen. *Dasytes* E ~60 SPP

Körper lang gestreckt; Elytren behaart; Fühler fadenförmig, bei ♂ sehr lang. Bei den meisten Arten sind die Augen der ♂ etwas größer als die der ♀.

1 Blauschwarzer Haarkäfer
Dasytes aeratus **L** 5–7 mm. Metallisch dunkelblau, grünlich oder schwarzblau; Fühler und Beine schwarz. **H** Wälder.

1
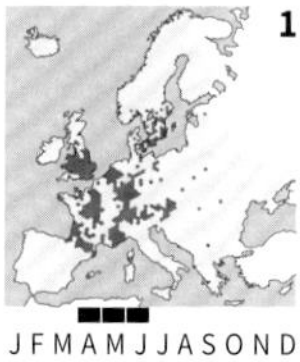

2 Blauer Wollhaarkäfer
Dasytes caeruleus **L** 4–5 mm. Schwarz; Tibiae und Füße gelblich braun. **H** Wälder, Waldränder, Grasland.

2
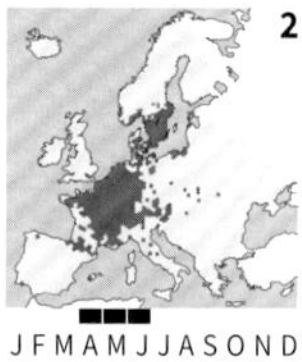

3 Bleischwarzer Wollhaarkäfer
Dasytes plumbeus **L** 3–5 mm. Schwarz, Tibiae und Tarsi gelblichbraun. **H** Wälder, Waldränder, Grasland.

3
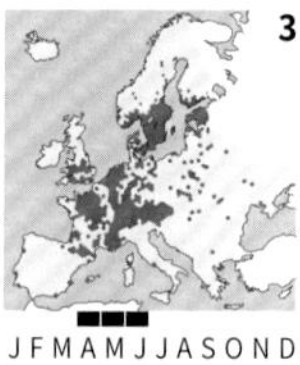

---

4 Türkisglanz-Wollhaarkäfer
Psilothrix viridicoerulea **L** 5–7 mm. Metallisch grün oder blaugrün; Pronotum und Elytren mit schwarzer Behaarung, dicht mit tiefen Gruben bedeckt. Beine grün, behaart. **H** Grasland, Weiden.

4
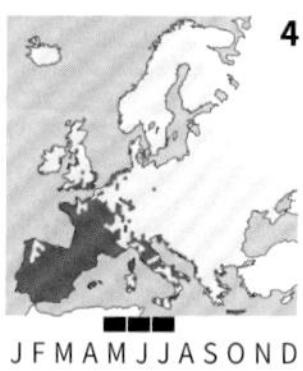

Gen. *Anthocomus* E 10 SPP

Klein, länglich. Körper mit dichtem, flaumigem, eng anliegendem Haar bedeckt, nicht abstehend wie in einigen verwandten Gattungen, z. B. *Malachius*.

5 Zweipunkt-Warzenkäfer
Anthocomus equestris **L** 6 mm. Schwarz mit leuchtend roter Zeichnung auf den Elytren; Fühler rötlich, länger als Kopf und Pronotum zusammen. **H** Grasland.

5
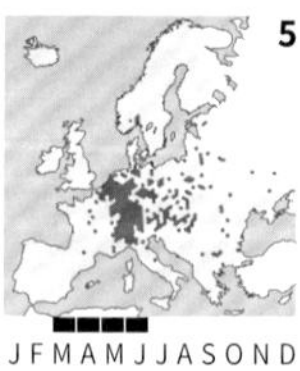

6 Gebänderter Warzenkäfer
Anthocomus fasciatus **L** 3–4 mm. Schwarz bis grün-schwarz; Elytren mit einigen roten Flecken. Fühler etwa so lang wie Kopf und Pronotum zusammen. **H** Wald, Grünland, Gärten.

6
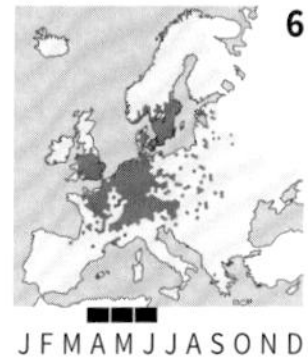

7 Roter Zipfelkäfer
Anthocomus rufus **L** 4–5 mm. Schwarzgrün; Elytren und Pronotumseiten leuchtend rot. **H** Feuchtgebiete, Feuchtes Grünland.

7
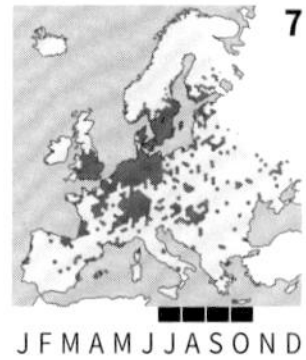

---

8 Gerandeter Grasblütenkäfer
Axinotarsus marginalis **L** 3–4 mm. Leicht behaart; schwarz; Flügelspitzen, Seitenränder des Pronotums und Vorderseite des Kopfes gelblich rot. Fühler rotbraun. **H** Grasland.

8
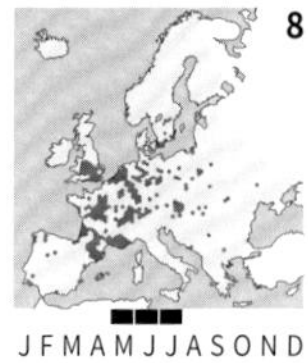

9 Eleganter Zipfelkäfer
Clanoptilus elegans **L** 4–6 mm. Glänzend metallisch grün-blau; Elytren mit gelbem Fleck hinten; Vorderkopf und Mundwerkzeuge gelb. **H** Sonnige, warme und trockene offene Lebensräume.

9
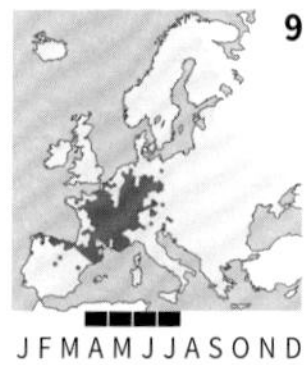

10 Grüner Zipfelkäfer
Cordylepherus viridis **L** 4–5 mm. Grün; Elytren mit kleinem roten Fleck an den Enden. Fühler S2–S3 rötlich bei ♀. **H** Grünland.

10
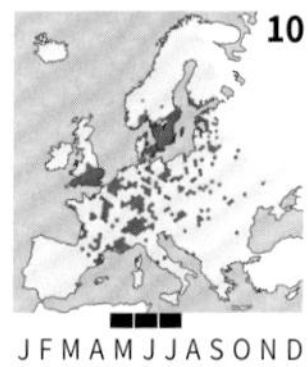

Gen. *Malachius* E ~17 SPP

Mittelgroß; farbenfrohe Arten. Körper mit feiner weißer Behaarung und einigen dunklen, aufrecht abstehenden Haaren; die Letzteren fehlen in einigen verwandten Gattungen wie *Anthrocomus*.

11 Großer Blasenkäfer
Malachius aeneus **L** 6–8 mm. Metallisch grün; Elytren rot mit grünem Streifen, der nicht bis zu den Spitzen reicht. **H** Grasland, Buschland.

11
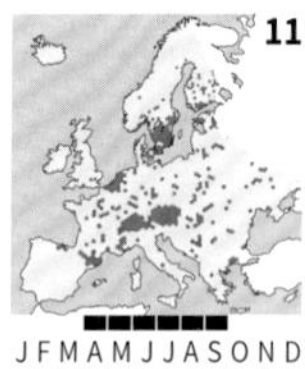

12 Zweifleckiger Zipfelkäfer
Malachius bipustulatus **L** 5–6 mm. Metallisch grün (selten bläulich); Elytren mit orangerotem Fleck an der Spitze; Vorderkopf und Ecken des Pronotums orange. **H** Grasland, Buschland.

12
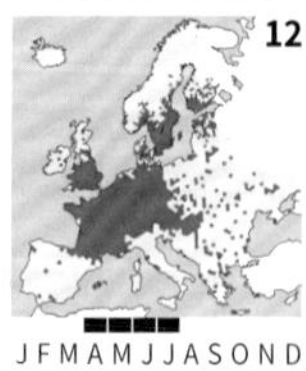

ZIPFELKÄFER

1 ×4

2 ×4

3 ×4

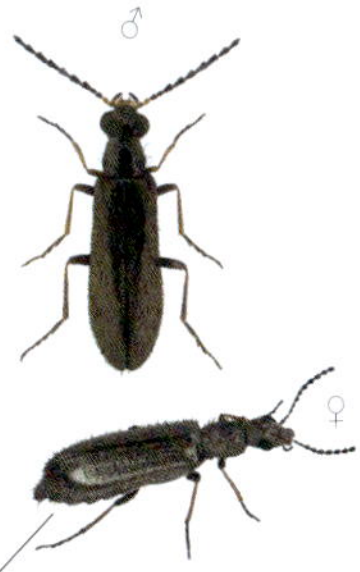

beachte den etwas voluminöseren Hinterleib bei ♀ (wie bei vielen Käferarten)

4 ×4

Farbvarianten

5 ×4

6 ×6

7 ×4

8 ×6

9 ×4

10 ×4

11 ×4

12 ×6

BLÜTENFRESSER Byturidae

E 2 GEN 3 SPP 2 ILL

Klein, zylindrisch, braun oder grau, mit feinen Haaren bedeckt; Fühler mit keulenförmiger Spitze. Larven fressen in Blütenköpfen.

Gen. *Byturus* E 2 SPP

Einfarbig gräulich bis bräunlich, mit goldgelben Haaren. Die 3. europäische Art (*Xerasia meschniggi*) kommt nur in Osteuropa vor; sie hat ein geflecktes Aussehen.

1
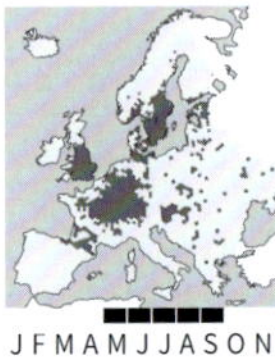

1 Großäugiger Himbeerkäfer
Byturus ochraceus **L** 3–5 mm. Augen etwas größer als bei *B. tomemosus*. **H** Vorwiegend an Brassicaceae und Asteraceae zu finden.

2
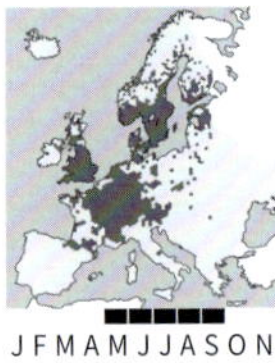

2 Kleinäugiger Himbeerkäfer
Byturus tomentosus **L** 3–5 mm. Ähnlich *B. ochraeceus*, aber Augen kleiner. **H** An Brombeeren und Himbeeren. **V** Kann Schäden an Knospen, Blüten und jungen Früchten von Brombeeren und Himbeeren verursachen.

FAULHOLZKÄFER Erotylidae

E 13 GEN 29 SPP 4 ILL

Körper oval, oft bunt gefärbt; Fühler mit keulenförmiger Spitze. Larven und Erwachsene ernähren sich von pilzartigen Fruchtkörpern auf totem Holz oder verrottender Vegetation.

3
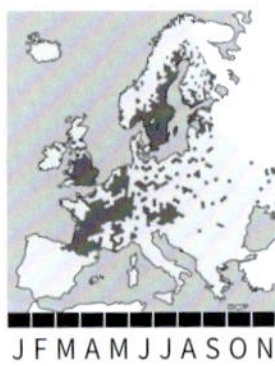

3 Zweifleckiger Faulholzkäfer
Dacne bipustulata **L** 2–4 mm. Elytren schwarz mit rotem „Schulterfleck"; Pronotum rot mit schwarzer Basis; Kopf rot. Beine rot; Fühler rot, gekerbt. **H** Auf Baumpilzen, gelegentlich in morschem Holz.

Gen. *Triplax* E 17 SPP

Elytren weniger gebogen als bei *Tritoma* spp. Letztes Segment der Mundwerkzeuge (Palpen) vergrößert. Pronotum, Kopf und Beine rötlich oder gelblich. Fühler gegliedert.

4
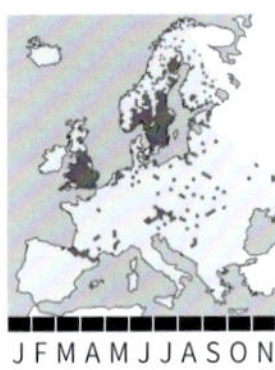

4 Blauflügeliger Faulholzkäfer
Triplax aenea **L** 3–6 mm. Elytren metallisch blau oder grünlich (nur europäische *Triplax* spp. mit metallischen Elytren); Fühler dunkel; Körperunterseite vollständig orangegelb ohne Schwarz. **H** An Baumpilzen.

5
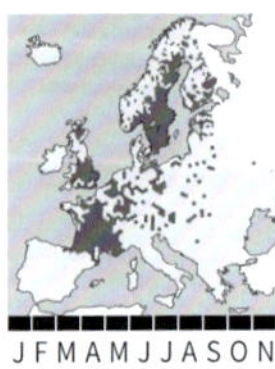

5 Russischer Faulholzkäfer
Triplax russica **L** 5–7 mm. Elytren glänzend (aber nicht metallisch) dunkel; Fühler dunkel; Körperunterseite orangegelb, aber mit Thorax S2–S3 schwarz. Sichere Identifikation durch männliche Genitalien. **H** An Baumpilzen, besonders auf Buchen.

6
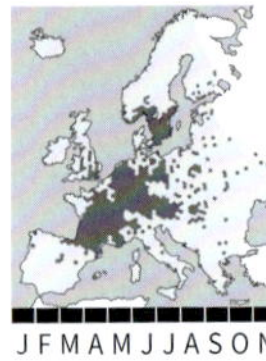

6 Rotfleckiger Faulholzkäfer
Tritoma bipustulata **L** 3–4 mm. Körper kurz, oval, gleicht oberflächlich einem Marienkäfer; glänzend schwarz; Elytren mit großem, rotem Fleck an der Basis. **H** Auf Baumpilzen.

DETRITUSKÄFER Monotomidae

E 3 GEN 33 SPP 2 ILL

Klein; länglich und abgeflacht; Fühler kurz, mit keulenförmiger Spitze. Identifikation der Gattungen anhand der Form des Pronotums und/oder der metallischen oder stumpfen Färbung. Larven räuberisch, an verrottendem tierischen oder pflanzlichen Material.

Gen. *Rhizophagus* E 17 SPP

Braun bis schwarz; Elytren stumpf, nicht metallisch; Pronotum vor der Mitte am breitesten. Die sichere Identifikation der Art erfordert möglicherweise die Untersuchung der männlichen Genitalien.

7
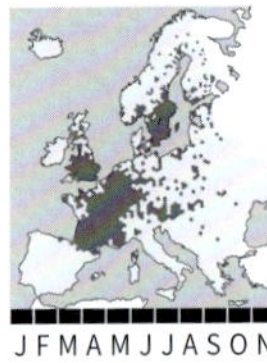

7 Zweifleckiger Rindenglanzkäfer
Rhizophagus bipustulatus **L** 2–5 mm. Elytren dunkel; jede mit hellem Fleck an der Spitze; manchmal auch Basis der Elytren heller gefärbt; Pronotum etwa so lang wie breit; Kopf weniger breit als Pronotum. **H** Unter der Rinde von Laubbäumen.

8
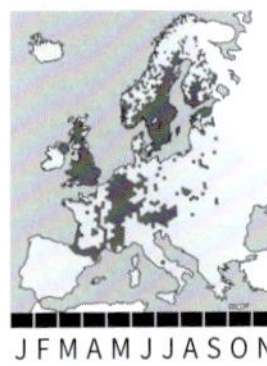

8 Rotblauer Rindenglanzkäfer
Rhizophagus dispar **L** 2–5 mm. Elytren mit heller gefärbten Bereichen an der Basis und an der Spitze; Pronotum länger als breit; Kopf (Augen) so breit wie das Pronotum. **H** Unter der Rinde von Laub- und Nadelbäumen.

SCHIMMELKÄFER Cryptophagidae

E 16 GEN 257 SPP 1 ILL

Klein, oval oder langoval; Fühler mit keulenförmiger Spitze. Larven und erwachsene Tiere ernähren sich von Pilzhyphen und Sporen in verrottender Vegetation; einige wenige Arten sind Pollenfresser in Blüten.

9

9 Schimmelkäfer
Cryptophagus lycoperdi **L** 2–4 mm. Braun; Thorax und Elytren lang, grob behaart. **H** Wälder, an Kartoffelbovisten (*Scleroderma*).

BLÜTENFRESSER

1 ◆

2 ◆

FAULHOLZKÄFER

3 ◆

4 ◆

5 ◆

6 ◆

DETRITUSKÄFER

7 ◆

8 ◆

SCHIMMELKÄFER

9 ◆

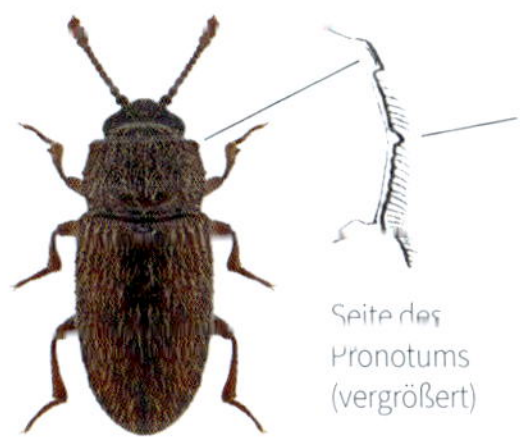

PLATTKÄFER Cucujidae

E 2 GEN 6 SPP 1 ILL

Klein, länglich und abgeflacht; Beine kurz; Fühler kurz, mit keulenförmiger Spitze. Larven und erwachsene Tiere finden sich unter Rinde.

1

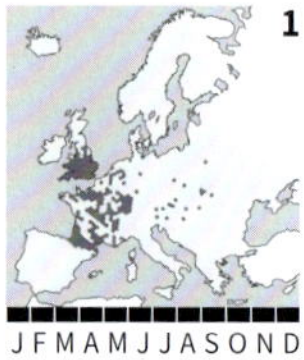

1 Gewöhnlicher Plattkäfer

Pediacus dermestoides **L** 4 mm.
Braun; Elytren an der Basis mit breiter, auffallend dunkler Markierung; Kopf und Thorax dunkler, manchmal schwarz.
H Wälder, oft unter Rinde.

RAUBPLATTKÄFER Silvanidae

E 12 GEN 40 SPP 4 ILL

Klein, länglich, Kopf schmaler als der Thorax; Fühler lang, mit schwach gebogener Spitze. Larven und erwachsene Tiere der einheimischen Arten leben unter Rinde, in der Vegetation oder im Boden; einige (meist eingeschleppte) Arten sind Schädlinge in Lebensmittellagern.

2

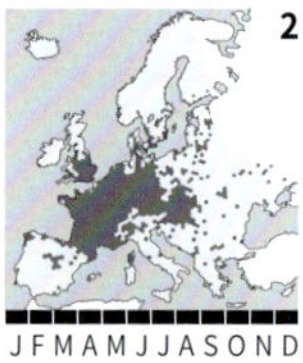

2 Langhörniger Raubplattkäfer

Uleiota planatus **L** 5–6 mm. Körper sehr flach, schwarz; Beine, Fühler und Mundwerkzeuge rötlich; Fühler sehr lang und fadenförmig. **H** Wälder.

3

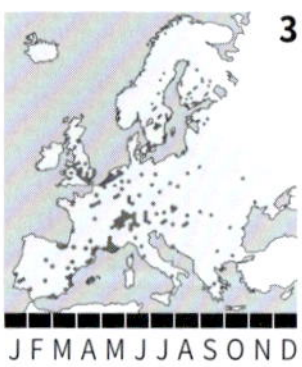

3 Getreideplattkäfer

Oryzaephilus surinamensis **L** 2–4 mm.
Braun, mit hellen Haaren bedeckt; Pronotum mit 6 Zähnen pro Seite; Kopf breit. Auf der Oberseite des Pronotums befinden sich außerdem 3 Längsrippen. Artbestimmung durch genaue Untersuchung der Größe der Augen und des Kopfes hinter den Augen.
H Lebensmittellager (Getreide, Mehl usw.), Komposthaufen, verrottendes Heu, unter Rinde. **V** Bedeutender Schädling; ernährt sich von verschiedenen Nahrungsmitteln wie Mehl, Samen, Trockenobst, Rosinen.

Gen. *Silvanus* E 6 SPP

Einfarbig braun-rot, mit sehr feiner Behaarung; Pronotum seitlich nicht gezähnt; Kopf hinter den Augen schmal.

4

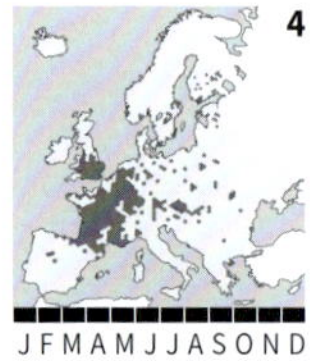

4 Rindenplattkäfer

Silvanus unidentatus **L** 2–3 mm.
Kopf endet direkt hinter den Augen; Kopf und Elytren glänzender als das Pronotum; Vorderkanten des Pronotums bestachelt; Tarsi kürzer als beim Zweizähnigen Rindenplattkäfer (*S. bidentatus*). **H** Unter der Rinde von Laubbäumen.

5

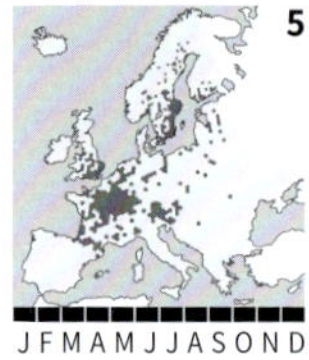

5 Zweizähniger Rindenplattkäfer

Silvanus bidentatus **L** 3–4 mm.
Pronotum-Vorderkanten bestachelt; Kopf und Elytren so stumpf wie das Pronotum. **H** Unter Rinde von Laubbäumen, manchmal auch von Nadelbäumen.

GLATTKÄFER Phalacridae

E 5 GEN 56 SPP 1 ILL

Sehr klein, oval; Fühler kurz, mit keulenförmiger Spitze. Larven und erwachsene Tiere ernähren sich von pilzartiger Vegetation oder nur von Vegetation; einige von Blütenpollen.

6

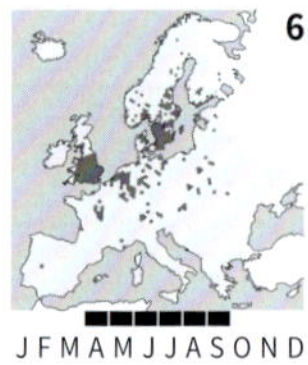

6 Kupferglattkäfer

Olibrus aeneus **L** 2–3 mm. Länglich-oval; metallisch grün; Beine und Fühler rotbraun; Fühler mit dreigliedriger Keulen.
H Gärten und Ruderalflächen mit Blüten.

RIEDGRASGLANZKÄFER Kateretidae

E 5 GEN 22 SPP 1 ILL

Sehr klein, langoval; Beine kurz; Fühler kurz, mit keulenförmiger Spitze. Elytren kurz, lassen die letzten 2–3 Hinterleibssegmente frei. Larven und erwachsene Tiere ernähren sich von Blüten.

7

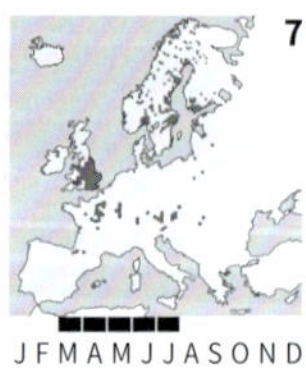

7 Zweifleckiger Riedgrasglanzkäfer *Kateretes pusillus*

L 2–3 mm. Schwarzbraun mit leuchtend orangefarbener Zeichnung die in Intensität und Größe variieren können.
H Buschland, Grasland; oft auf Seggen.

Plattscheckenkäfer

1 ×6 ◆

Raubplattkäfer

2 ×5 ◆

3 ×8 ◆

4 ×8 ◆

5 ×8 ◆

Glattkäfer

6 ×8 ◆

Riedgrasglanzkäfer

7 ×8 ◆

beachte den etwas voluminöseren Hinterleib bei ♀ (wie bei vielen Käferarten)

GLANZKÄFER Nitidulidae

E 18 GEN 248 SPP 9 ILL

Klein, länglich oval. Fühler kurz, auffallend gekeult; Elytren bei einigen Arten verkürzt, sodass das letzte Hinterleibssegment frei liegt; Beine kurz. Larven und erwachsene Tiere meist an austretenden Baumsäften, verrottenden Früchten oder Pilzen.

1
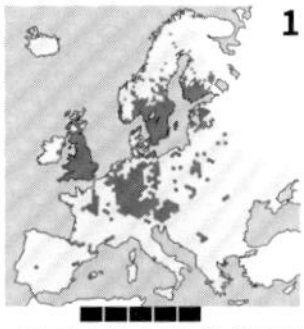

1 Rapsglanzkäfer
Meligethes aeneus **L** 2–3 mm. Schwarz, meist mit metallisch grünem Schimmer; Beine schwarz, vordere Tibiae heller. **H** Wiesen, Gärten, Parks. **V** Oft in großer Zahl auf gelben Blüten.

2
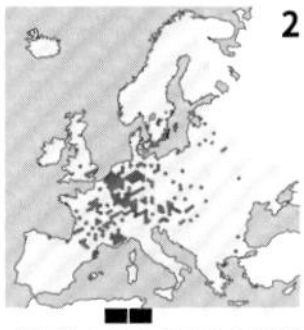

2 Ameisenglanzkäfer
Amphotis marginata **L** 4–6 mm. Bräunlich, Elytren mit schwarzen Flecken und gelbbraunen Bändern. Pronotum gleichmäßig abgerundet, Elytren stark gewölbt mit glatten Seiten. **H** Wälder. **B** In oder nahe der Nester der Glänzendschwarzen Holzameise (*Lasius fuliginosus*).

3
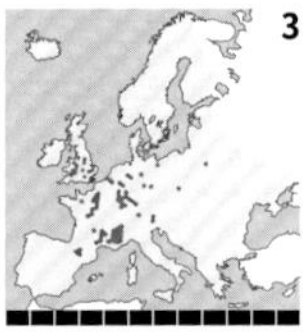

3 Bovistglanzkäfer
Pocadius adustus **L** 3–5 mm. Rotbraun, Fühler mit dunklen Keulen, Spitzen der Flügeldecken manchmal dunkler. **H** Grasland, an Bovisten.

Gen. *Cryptarcha* E 2 SPP

Körper rundlich oval, braun mit gelb-roter Umrandung, außer Basis des Pronotums, die nicht umrandet ist. Bei ♂ bedecken Elytren den Hinterleib vollständig. Meist an austretenden Baumsäften.

4
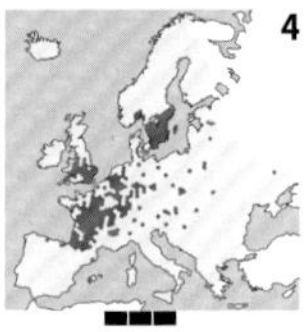

4 Dunkler Glanzkäfer
Cryptarcha strigata **L** 3–5 mm. Elytren annähernd quadratisch. Dunkel, Elytren mit gelblich roter Zeichnung. **H** Wälder.

5
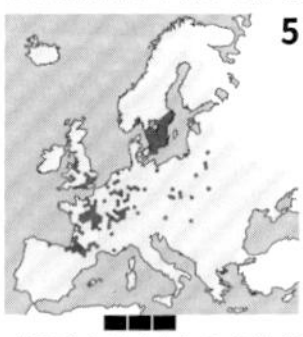

5 Schmaler Glanzkäfer
Cryptarcha undata **L** 2–3 mm. Rotbraun. Elytren schmaler, lang gestreckter, mit dunkler Zeichnung. **H** Wälder.

Gen. *Glischrochilus* E 5 SPP

Lang gestreckt; Oberseite nicht behaart; schwarz; Elytren mit gelb-rötlichen Flecken.

6
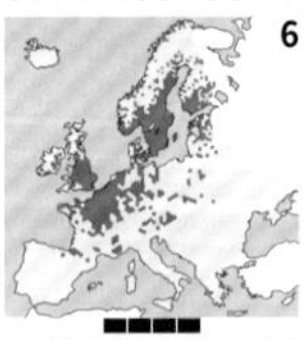

6 Gartenglanzkäfer
Glischrochilus hortensis **L** 4–8 mm. Glänzend schwarz, mit großen rötlichen Flecken; Tibiae der mittleren und hinteren Beine verbreitern sich nach außen hin. **H** Wälder.

7
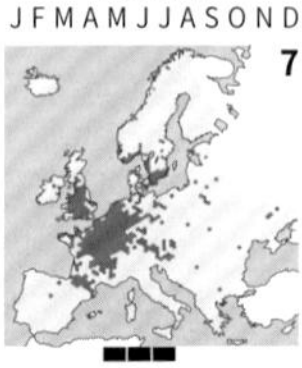

7 Blasser Gartenglanzkäfer
Glischrochilus quadriguttatus
L 3–6 mm. Körper mehr rundlich; schwarz mit gelber Zeichnung. **H** Wälder.

8
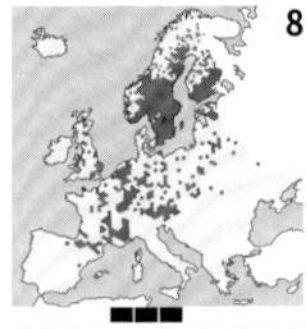

8 Vierfleckiger Kieferglanzkäfer
Glischrochilus quadripunctatus
L 4–8 mm. Flach, länglich; schwarz. Flecken rötlich, Elytren parallel; Pronotum vorne nur wenig verschmälert. **H** Unter Rinde von Nadelbäumen.

9
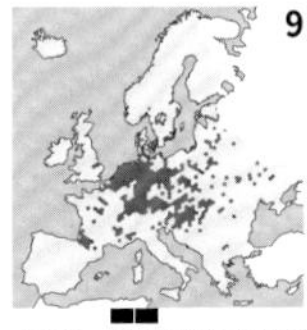

9 Picknickkäfer
Glischrochilus quadrisignatus
L 4–8 mm. Schwarz bis dunkelbraun; Flecken gelb bis rötlich; Fleck an der Basis der Elytren größer. Elytren nicht zur Spitze hin abgeschrägt, sondern bei beiden Geschlechtern gerade abgeschnitten. **H** Auf Bäumen, in Maisfeldern. **I** Stammt ursprünglich aus Amerika, kann Mais und andere Nutzpflanzen schädigen.

GLATTRINDENKÄFER Cerylonidae

E 4 GEN 14 SPP 2 ILL

Klein, oval oder länglich. Fühler kurz, die letzten 1–2 Segmente bilden eine Keule. Das letzte Segment des Tarsus ist in der Regel länger als die übrigen Segmente des Tarsus zusammen. Larven und erwachsene Tiere fressen unter pilzbefallener Rinde an kürzlich abgestorbenen Bäumen.

Gen. *Cerylon* E 6 SPP

Körper gedrungen; Oberseite sehr fein behaart, glatt; Elytren mit Streifen oder Punktreihen. Fühler S10–11 gekeult.

10
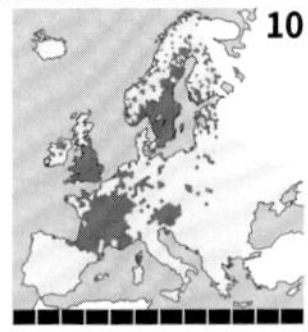

10 Rostbrauner Rindenkäfer
Cerylon ferrugineum **L** 2 mm. Rostrot, selten schwarz; Elytren eher länglich. **H** Unter loser Rinde, in morschem Holz.

11
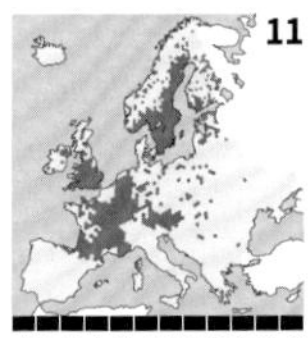

11 Pechschwarzer Rindenkäfer
Cerylon histeroides **L** 2 mm. Schwarz, selten rostrot; Elytren hinter der Basis etwas verbreitert. **H** Unter Rinde von Laub- und Nadelbäumen.

STÄUBLINGSKÄFER Endomychidae

E 16 GEN 79 SPP 2 ILL

Klein, oval oder langoval; Aussehen oft ähnlich wie ein kleiner Marienkäfer. Fühler mit gleich langen Segmenten oder mit keulenförmiger Spitze. Larven und erwachsene Tiere fressen in morschem Holz und unter pilzbefallener Rinde.

12
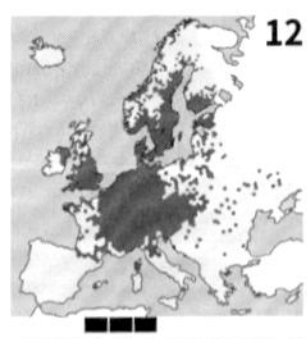

12 Scharlachroter Stäublingskäfer ***Endomychus coccineus***
L 4–6 mm. Glänzend rot bis rötlich-orange mit 4 schwarzen Flecken; Pronotum mit schwarzem Längsband; Kopf, Fühler und Beine schwarz. **H** Wälder.

13

13 Kreuzbinden-Pilzkäfer
Mycetina cruciata **L** 3–5 mm. Elytren orange bis rot mit schwarzem Kreuz. Beine und Fühler schwarz; Mundwerkzeuge rötlich. **H** Wälder, in Gebirgen.

GLANZKÄFER

1 ×10 ◆

Vorderbein (vergrößert)

2 ×6 ◆

3 ×6 ◆

4 ×6 ◆

5 ×6 ◆

6 ×5 ◆

7 ×5 ◆

„Schulterfleck" mit 3 Ausbuchtungen

8 ×5 ◆

9 ×5 ◆

GLATTRINDENKÄFER

10 ×12 ◆

Fühler dünner als bei anderen *Cerylon* spp., an der Spitze gekeult

Elytren fast gerade

11 ×12 ◆

Elytren stärker gerundet

STÄUBLINGSKÄFER

12 ×6 ◆

Pronotum mit schwarzem Band

13 ×6 ◆

ähnlich kleinen Marienkäfern

MARIENKÄFER Coccinellidae →

E 42 GEN 215 SPP 42 ILL

Die meisten Vertreter dieser Familie entsprechen den typischen bunten, gefleckten, ovalen, runden Käfern, die alle kennen, die sehr beliebt sind und die auch in der Kinderliteratur eine große Rolle spielen. Einige Arten sind düster gefärbt, haben dennoch die typische – rundlich ovale – Marienkäfer-Form. Die meisten (aber nicht alle) Arten können gut fliegen.

Die Hauptsaison für Marienkäfer ist von April bis September. Sie überwintern als erwachsene Tiere und tauchen manchmal in großer Zahl in Häusern oder Schuppen auf. Gärtner lieben diese Blattlaus-fressenden Tiere; auch wenn der invasive Asiatische Marienkäfer (*Harmonia axyridis*) unbeliebt ist und für den Rückgang einiger heimischer Arten verantwortlich gemacht wird.

Die auffällige Färbung der meisten Arten zeigt an, dass sie für viele Räuber ungenießbar sind. Die Anzahl der Flecken kann auch innerhalb der Art variieren; einige, wie der Asiatische Marienkäfer, sind besonders variabel. Bei untypischen Farbformen hilft die genaue Betrachtung der Zeichnung auf dem Thorax bei der Bestimmung, ebenfalls die Größe. Die Arten werden hier nach farblicher Ähnlichkeit aufgeführt, unabhängig von ihrer taxonomischen Zugehörigkeit.

Einige Arten anderer Familien sehen Marienkäfern sehr ähnlich, z. B. die Stäublingskäfer (Endomychidae, S. 264), oder einige Blattkäfer wie der Gefleckte Weidenblattkäfer (*Chrysomela vigintipunctata*, S. 308).

Gen. *Coccidula* E 2 SPP

Sehr klein; eintönig; länglicher Körper.

1 Glänzender Schlankmarienkäfer ***Coccidula rufa*** **L** 3 mm. Körper weniger gerundet als bei anderen Marienkäfern; rotbraun; Elytren mit dunklem Fleck auf dem oberen Teil. *C. scutellata* ähnlich, bei dieser Art aber Elytren mit 5 schwarzen Flecken. **H** Feuchtgebiete.

1
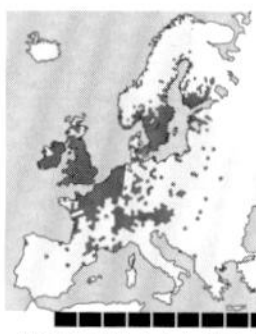
J F M A M J J A S O N D

2 Gefleckter Schilfmarienkäfer ***Coccidula scutellata*** **L** 3 mm. Rotbraun mit 5 Flecken auf den Elytren. Roter Sumpf-Marienkäfer (*C. rufa*) ähnlich, aber bei dieser Art Elytren mit dunkler Markierung auf der Oberseite und ohne Flecken. **H** Feuchtgebiete.

2
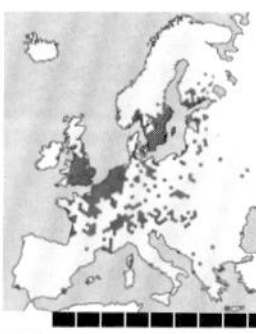
J F M A M J J A S O N D

Gen. *Rhyzobius* E 4 SPP

Sehr klein; insgesamt eintönig bräunlich, oft behaart; Körperform typisch Marienkäfer-ähnlich rundoval.

3 Länglichovaler Marienkäfer ***Rhyzobius chrysomeloides*** **L** 3 mm. Ähnlich dem Spitzkegeligen *Rhyzobius* (*R. litura*), aber der Hinterleib ist blasser mit dunklen Flecken. **H** Grünland.

3
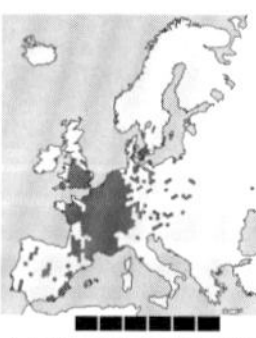
J F M A M J J A S O N D

4 Einfarbiger Marienkäfer ***Rhyzobius litura*** **L** 2,5–3 mm. Braun, behaart; bei einigen sind die Elytren mit einem großen zentralen U-förmigen dunklen Fleck versehen. **H** Grünland.

4

J F M A M J J A S O N D

5 Australischer Schildlaus-Marienkäfer ***Rhyzobius lophanthae*** **L** 2 mm. Schwarz, behaart; Kopf, Thorax, Beine und Fühler matt orange. **H** Wälder, Parks, Gärten; oft auf Scheinzypressen.

5

J F M A M J J A S O N D

Gen. *Scymnus* E 37 SPP

Sehr klein; Körper rundoval. Elytren an den Seiten im letzten Drittel leicht behaart. Identifikation der Arten durch Farbe und Form der Zeichnung auf Elytren.

6 Trockenrasen-Zwergmarienkäfer ***Scymnus frontalis*** **L** 3 mm. Schwarz, Elytren mit 2 großen rotbraunen Flecken bei ♀, 4 bei ♂. **H** Heideland, Grasland, Dünen.

6
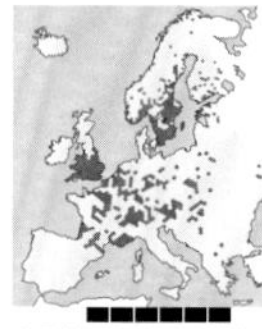
J F M A M J J A S O N D

7 Gestreifter Kiefern-Zwergmarienkäfer ***Scymnus suturalis*** **L** 2 mm. Elytren braun mit dunkler Linie in der Mitte. **H** Nadelwälder.

7
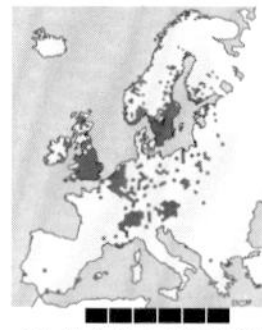
J F M A M J J A S O N D

Gen. *Chilocorus* E 4 SPP

Körper stark gerundet; Kopf zurückversetzt; schwarz mit roten Flecken.

8 Strichfleckiger Marienkäfer ***Chilocorus bipustulatus*** **L** 3–4 mm. 6 rote Flecken. **H** Heidekraut.

8
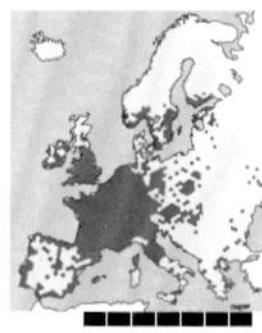
J F M A M J J A S O N D

9 Nierenfleckiger Kugelmarienkäfer ***Chilocorus renipustulatus*** **L** 4–5 mm. 2 große rote Flecken. **H** Wälder, Gebüsch.

9
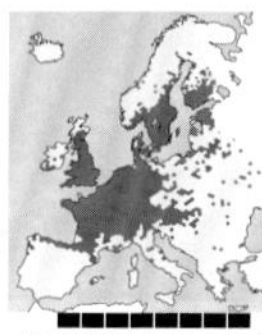
J F M A M J J A S O N D

10 Rainfarn-Marienkäfer ***Platynaspis luteorubra*** **L** 3 mm. Behaart, 4 große rote Flecken. **H** Auf Pflanzen, in Hecken; vergesellschaftet mit Ameisen. **V** Käfer und Larven ernähren sich von Blattläusen; immer in Blattlauskolonien zu finden, die von Ameisen, meist der Schwarzen Gartenameise (*Lasius niger*), geschützt werden. Larven isopodenförmig; nutzen chemische Tarnmittel, um Ameisenangriffe zu vermeiden. Die erwachsenen Käfer sind durch ihren runden, glatten Körper geschützt.

10
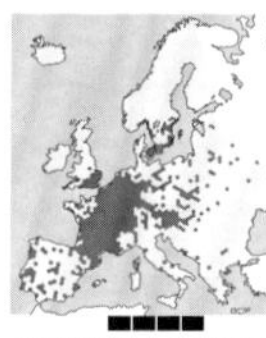
J F M A M J J A S O N D

MARIENKÄFER →

1 ×8 ◆

Vorpuppenstadium (ähnlich der Larve)

Puppe

2 ×8 ■

3 ×8 ◆

Larve (ernährt sich von Blattläusen)

4 ×10 ◆

5 ×8 ◆

6 ×8 ◆

♀

♂

zusätzliche helle Flecken bei ♂

Larve

7 ×12 ◆

Larve

8 ×6 ◆

Larve

9 ×6 ◆

Larve

10 ×12 ◆

Larve (ernährt sich von Blattläusen)

← **MARIENKÄFER** Coccinellidae →

1 ⊙ Sechzehnfleckiger Marienkäfer
Halyzia sedecimguttata **L** 4 mm. Blass rötlich orange; typischerweise 14–16 helle Flecken. **H** Grasland, Wälder.

1
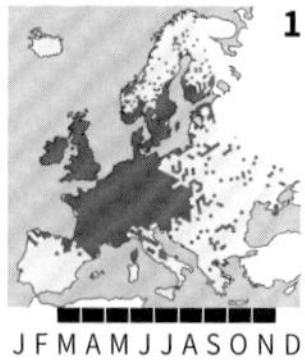

2 ⊙ Zweiundzwanzigpunkt-Marienkäfer *Psyllobora vigintiduopunctata*
L 3–4 mm. Leuchtend gelblich; 22 dunkle Flecken. **H** Grünland.

2
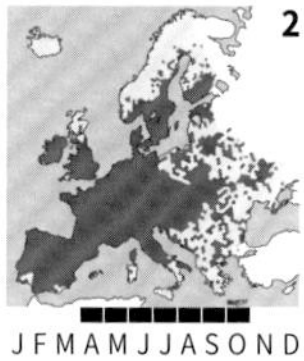

3 ⊙ Zwölffleckiger Pilz-Marienkäfer
Vibidia duodecimguttata **L** 3–4 mm. Hellbraun, 12 weißliche Flecken. Augen dunkel. **H** Waldränder, Lichtungen. **V** Käfer ernähren sich von Mehltau.

3
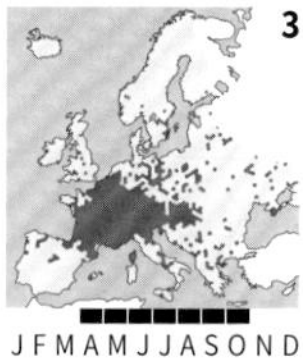

4 ⊙ Neunzehnpunkt-Marienkäfer
Anisosticta novemdecimpunctata
L 4 mm. Körper lang gestreckt; Elytren orange bis rosa, bei jungen Tieren rötlich; meist mit 19 schwarzen Flecken. **H** Feuchtgebiete, Weiden, Wiesen.

4
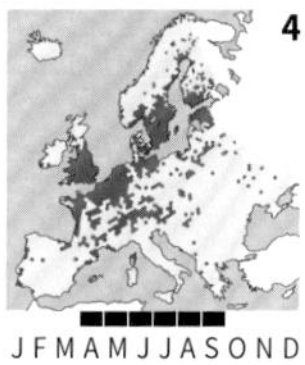

5 ⊙ Sechzehnpunkt-Marienkäfer
Tytthaspis sedecimpunctata
L 3 mm. Cremefarben; Elytren mit 16 Flecken, von denen einige miteinander verschmolzen sein können, und einem schwarzen Streifen in der Mitte; zusätzliche Flecken auf dem Pronotum. **H** Grünland, Gärten; auch in Dünen an der Küste. **V** Erwachsene Käfer überwintern in großen Gruppen zwischen Pflanzen.

5
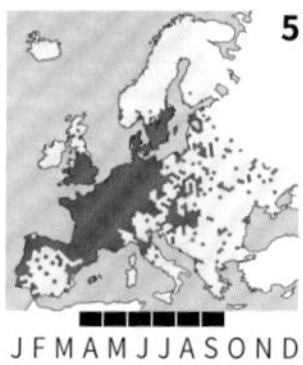

Gen. ***Hippodamia*** E 4 SPP
Körper bei einigen Arten leicht länglich; Elytren mit arttypischen Flecken oder Markierungen.

6 ⊙ Alpen-Marienkäfer
Hippodamia alpina **L** 4–5 mm. Charakteristische Zeichnung; vordere Elytrenhälfte mit großem schwarzem, abgesetzten Fleck; hintere Elytrenhälfte mit 2 gelben bis rötlichen runden Flecken. Pronotum schwarz mit weißen Flecken; Kopf ganz schwarz. **H** Alpenwiesen.

6
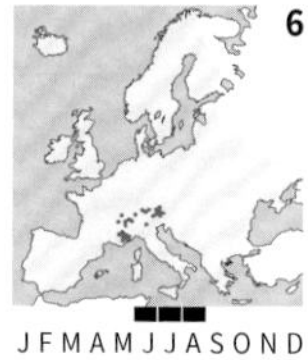

7 ⊙ Bergmarienkäfer
Hippodamia notata **L** 4–6 mm. Elytren gelb-orange bis rot mit schwarzen Flecken; Pronotum schwarz mit heller, stumpf gezackter Vorderkante. Variabler Flach-Marienkäfer (*H. variegata*) ähnlich, aber Pronotum mit stärker gezackter weißer Zeichnung. **H** Waldränder, Lichtungen, Wiesen in Gebirgsregionen.

7
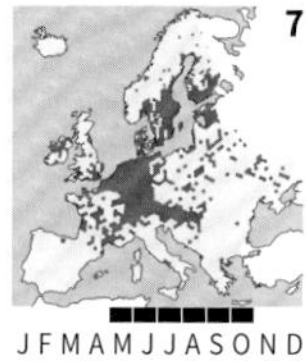

8 ⊙ Dreizehnpunkt-Marienkäfer
Hippodamia tredecimpunctata
L 5–7 mm. Elytren rötlich mit 13 Flecken; Pronotum rötlich und schwarz; Kopf schwarz mit rötlicher Zeichnung. **H** Feuchtgebiete.

8
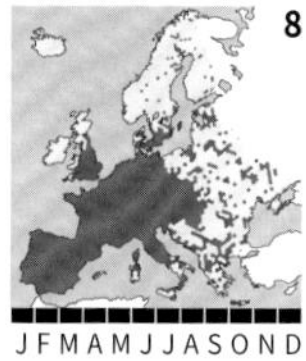

9 ⊙ Variabler Flach-Marienkäfer
Hippodamia variegata **L** 4–5 mm. Elytren rot mit 7 schwarzen Flecken, die meisten davon auf der hinteren Hälfte; Pronotum mit kronenförmiger weißer Zeichnung; Kopf schwarz mit weißer Zeichnung. **H** Grasland, auch auf Küstendünen.

9
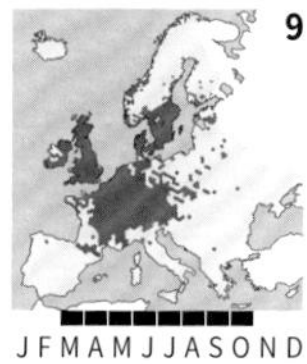

---

10 ⊙ Nadelbaum-Marienkäfer
Aphidecta obliterata **L** 4–5 mm. Braun, einige Exemplare mit braunen oder schwarzen Flecken oder Streifen gesprenkelt. **H** Nadelwälder.

10
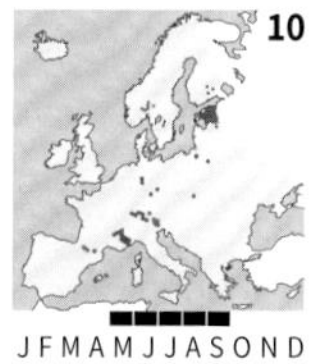

1 ×6
Larve
Puppe
2 ×6
Larve
Puppe
3 ×6
Larve
Puppe
4 ×6
Larve
Puppe
5 ×8
Larve
6 ×5
Larve
7 ×5
8 ×5
Puppe
Larve
9 ×5
Puppe
Larve
10 ×5
Pronotum mit dunklen Flecken
dunkle Streifen oder Flecken sehr unterschiedlich, manchmal fehlend
Larve

← MARIENKÄFER Coccinellidae →

Gen. *Adalia* E 6 SPP

Typische Marienkäfer; Identifikation anhand der Zeichnung auf den Elytren und dem Pronotum. Dabei ist zu beachten, dass Färbung und Anzahl der Flecken auf den Elytren innerhalb einer Art sehr unterschiedlich sein können.

1 ☉ Zweipunkt-Marienkäfer
Adalia bipunctata **L** 4–5 mm. Elytren meist rot, 2 schwarze Flecken; Pronotum schwarz und weiß; Beine schwarz. Färbung sehr variabel, kann sogar ganz schwarz sein. **H** Generalist, besiedelt Grasland, Wälder, Gärten.

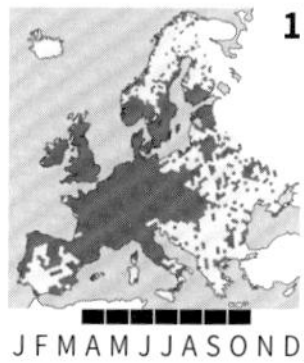

2 ☉ Zehnpunkt-Marienkäfer
Adalia decempunctata **L** 4 mm. Elytren meist orange-rötlich; oft mit kleinen schwarzen Flecken. Sehr variabel, 0–15 Flecken, manchmal sogar Elytren schwarz mit roten Flecken. Beine braun. **H** Wälder, Gärten.

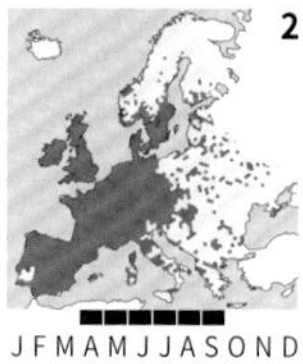

3 ☉ Trockenrasen-Marienkäfer
Coccinula quatuordecimpustulata
L 4 mm. Elytren schwarz mit gelben Flecken; letzter Fleck nach hinten nierenförmig. Pronotum mit weißem, gewelltem Vorderrand; Stirn zwischen den Augen ebenfalls weißlich. **H** Trockenes Grasland und sandige Flächen mit Ginsterbewuchs, Feldränder, trockene Waldränder, sonnige Kahlschläge.

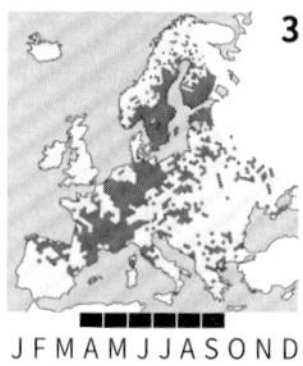

Gen. *Coccinella* E 11 SPP

Zu dieser Gattung gehören die bekanntesten Marienkäfer. Elytren bei den meisten Arten rot mit schwarzen Flecken; Pronotum schwarz, oft mit 2 weißen Markierungen am vorderen Seitenrand; Kopf schwarz mit weißen Flecken.

4 ☉ Heidekraut-Marienkäfer
Coccinella hieroglyphica **L** 4–5 mm. Braun mit 5 schwarzen Flecken; schwarze Form, einfarbig oder mit rötlichen Flecken, nicht ungewöhnlich. **H** Heidekraut.

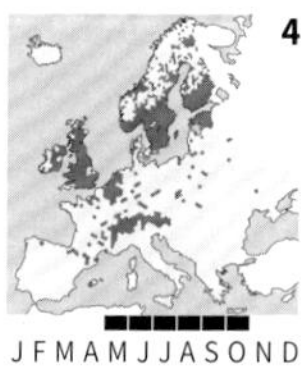

5 ☉ Siebenpunkt-Marienkäfer
Coccinella septempunctata **L** 5–8 mm. Elytren mit 7 kleinen bis mittelgroßen schwarzen Flecken; weiße Flecken nur unter den Vorderbeinen. **H** Generalist, u. a. auf Grasland, in Wäldern, Dünen, Gärten.

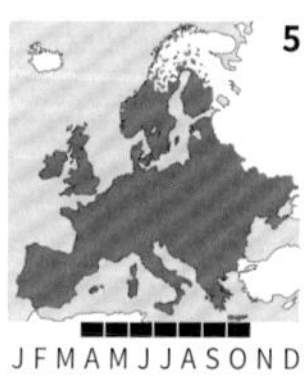

6 ☉ Ameisen-Siebenpunkt-Marienkäfer *Coccinella magnifica*
L 6–8 mm. Elytren mit 7 großen schwarzen Flecken; Unterseite mit weißen Flecken unter den Vorder- und Mittelbeinen. **H** Wald, Heide, auf oder an Nestern der Roten Waldameise (*Formica rufa*).

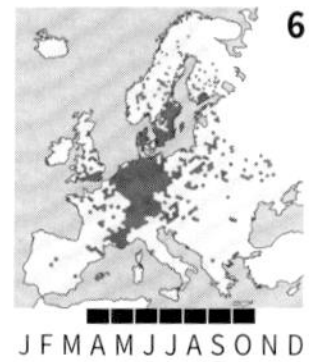

7 ☉ Fünfpunkt-Marienkäfer
Coccinella quinquepunctata
L 4–5 mm. Fünf große schwarze Flecken. **H** Flusskiesel, auf niedrigwüchsiger Vegetation.

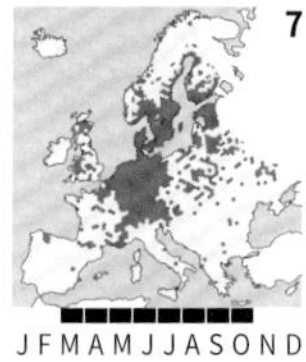

8 ☉ Elfpunkt-Marienkäfer
Coccinella undecimpunctata **L** 4–5 mm. Elytren mit 11 Flecken. **H** Auf sandigen Böden; auch auf Küstengrünland und Dünen.

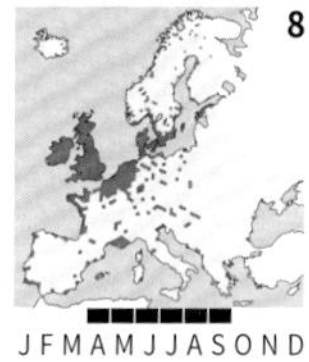

Gen. *Harmonia* E 2 SPP

Typische Marienkäfer, Pronotum oft mit viel Weiß. Beachten Sie, dass Färbung und Anzahl der Flecken auf den Elytren sehr unterschiedlich sein können.

9 ☉ Asiatischer Marienkäfer
Harmonia axyridis **L** 5–8 mm. Elytren rot mit normalerweise 16 mäßig großen schwarzen Flecken; aber bemerkenswert variabel, 0–21 Flecken; auch schwarze Formen mit großen roten Flecken kommen vor. **H** Wälder, Gärten, Parks, Gebüsch.

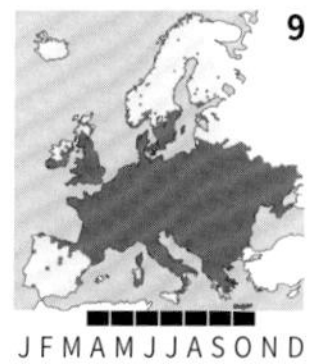

10 ☉ Vierpunkt-Marienkäfer
Harmonia quadripunctata **L** 5–6 mm. Elytren rot mit cremefarbenem Rand, 16 mäßig große schwarze Flecken. **H** Nadelwälder.

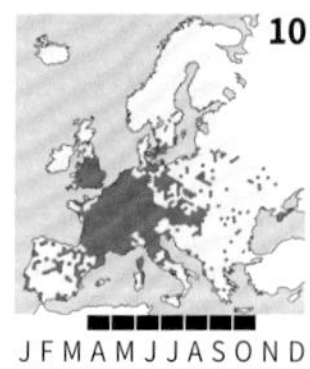

← MARIENKÄFER →

1 ×5

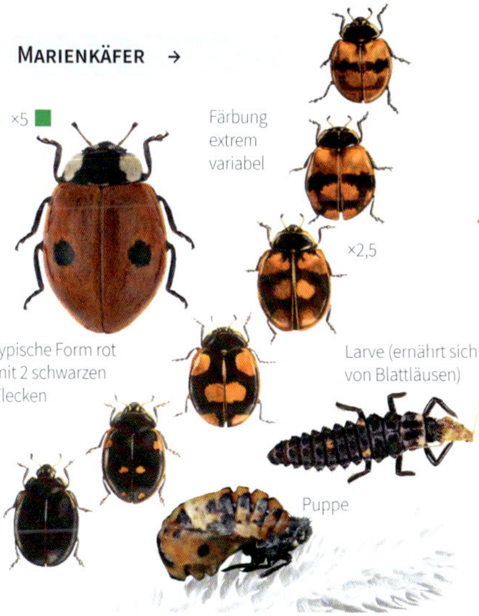

2 ×5

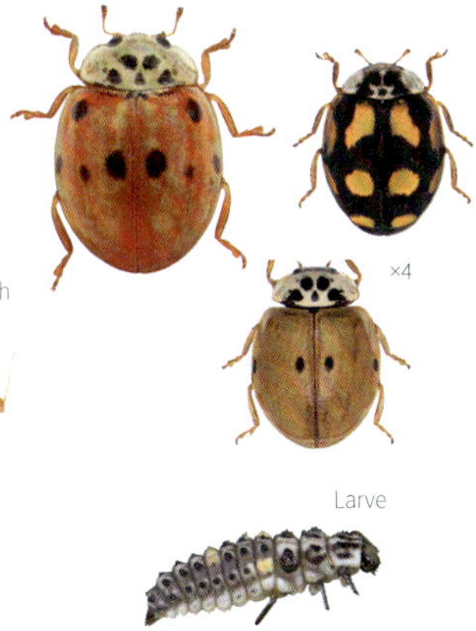

3 ×5

4 ×5

5 ×4

6 ×4

7 ×4

8 ×5

9 ×4

10 ×4

← **MARIENKÄFER** Coccinellidae

1 ⊙ Vierzehnpunkt-Marienkäfer
Propylea quatuordecimpunctata
L 4 mm. Elytren gelb mit 14 schwarzen Flecken, die vor allem in der Mittellinie ineinander überzugehen scheinen. **H** Grasland, Wälder.

1
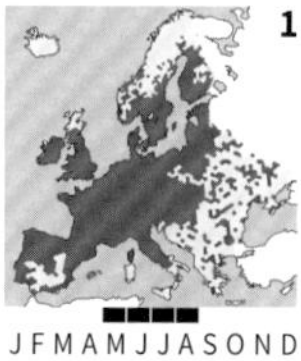

2 ⊙ Augenmarienkäfer
Anatis ocellata **L** 7–8 mm. Elytren blassrötlich mit 15 mäßig großen schwarzen, oft blass umrandeten Flecken. **H** Nadelwälder.

2
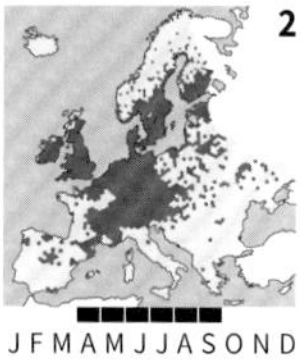

3 ⊙ Achtzehnfleckiger Marienkäfer
Myrrha octodecimguttata **L** 4–5 mm. Elytren und Pronotum rotbraun mit 18 cremeweißen Flecken, manchmal sind die Flecken so groß, dass sie ineinander übergehen. **H** Nadelwälder.

3
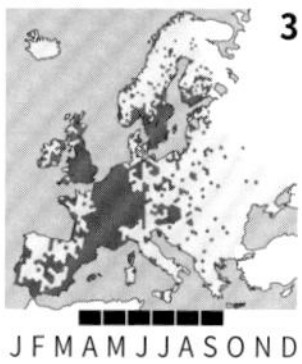

Gen. *Calvia* E 2 SPP
Arten mit blass weißlichen Flecken.

4 ⊙ Lichtmarienkäfer
Calvia decemguttata **L** 5–7 mm. Orange-braun; Elytren mit 10 weißen Flecken; Pronotum mit Flecken, die verwaschen erscheinen. Größe der Flecken variabel; können sogar ganz fehlen. **H** Ränder von Laubwäldern, Sträucher, Feuchtwiesen.

4
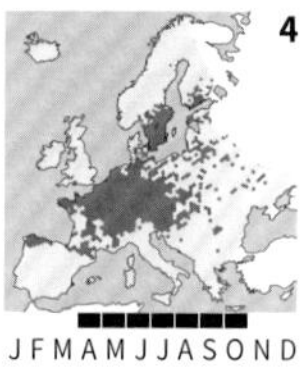

5 ⊙ Vierzehntropfiger Marienkäfer
Calvia quatuordecimguttata **L** 4–6 mm. Rotbraun mit 14 cremefarbenen Flecken. **H** Nadelwälder.

5
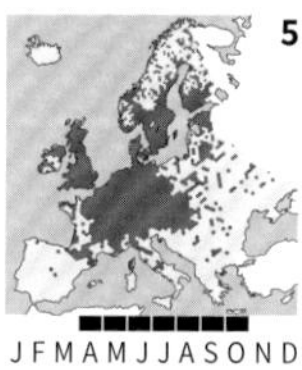

6 ⊙ Längsfleckiger Marienkäfer
Myzia oblongoguttata **L** 6–8 mm. Rötlich mit 13 cremefarbenen Flecken und Streifen. **H** Nadelwälder.

6
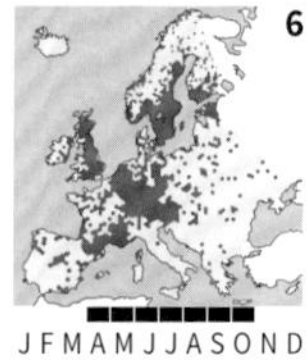

7 ⊙ Vierundzwanzigpunkt-Marienkäfer *Subcoccinella vigintiquatuorpunctata* **L** 3–4 mm. Rötlich, behaart, mit 24 schwarzen Flecken; Pronotum und Kopf ebenfalls rötlich. **H** Grasland.

7
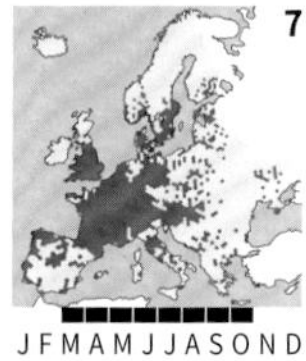

8 ⊙ Zaunrüben-Marienkäfer
Henosepilachna argus **L** 5–7 mm. Orange-rötlich mit 11 schwarzen Flecken; Pronotum und Kopf ebenfalls rot. **H** Hecken, Buschland, Gärten. **V** Im Unterschied zu den meisten anderen Marienkäfern ernährt sich diese Art an Pflanzen von Blättern und hinterlässt charakteristische Fraßspuren: In Mittel- und Nordeuropa vor allem an Rotfrüchtiger Zaunrübe, in Südeuropa oft an Melonen.

8
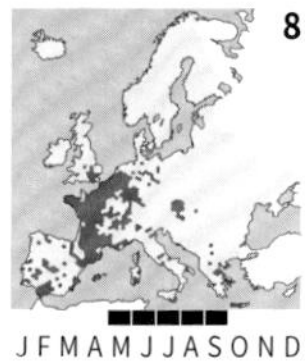

9 ⊙ Vierfleckiger Kugelmarienkäfer
Exochomus quadripustulatus
L 3–4 mm. Schwarz mit 4 großen roten Flecken, die vorderen kommaförmig. **H** Mischwälder, Gärten, Parks.

9
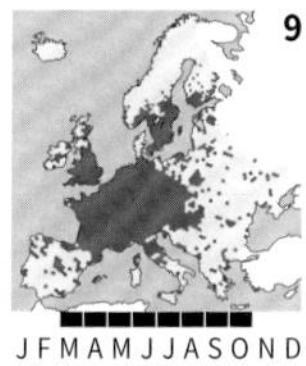

10 ⊙ Kugeliger Marienkäfer
Oenopia conglobata **L** 3–5 mm. Elytren rosa bis gelblich mit 8 eckigen schwarzen Flecken, die auch ineinander übergehen können; Pronotum weißlich mit 4 größeren und 3 kleineren schwarzen Flecken; Beine gelblich braun. **H** Wälder.

10
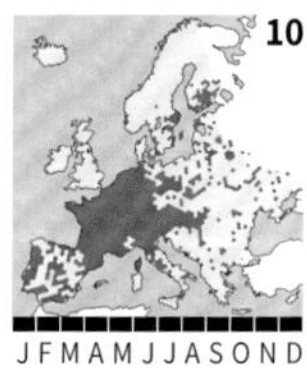

11 ⊙ Australischer Marienkäfer
Cryptolaemus montrouzieri **L** 3–5 mm. Elytren schwarz mit leuchtend orangem Fleck an der Spitze; Pronotum und Kopf orange. Vorderbeine ♀ dunkel bis schwarz, ♂ gelblich braun. **H** Gewächshäuser. **V** Heimisch in Australien; in Europa nicht wild lebend; wird aber in Europa zur biologischen Schädlingsbekämpfung von Wollläusen in Gewächshäusern eingesetzt. Sowohl erwachsene Käfer als auch Larven ernähren sich von Wollläusen.

11
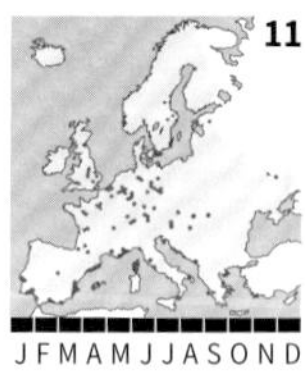

12 ⊙ Melonen-Marienkäfer
Chnootriba elaterii **L** 5–8 mm. Stumpfes Rot, behaart, mit schwarzen Flecken; Pronotum und Kopf ebenfalls stumpfes Rot; Beine rot; Augen schwarz. **H** Auf Melonen und Stachelgurken. **V** Adulte und Larven ernähren sich von den Blättern ihrer Nahrungspflanzen, manchmal auch von Früchten. Die rote Warnfärbung zeigt an, dass sie Elaterin (giftig) über ihre Nahrungspflanzen aufnehmen.

12
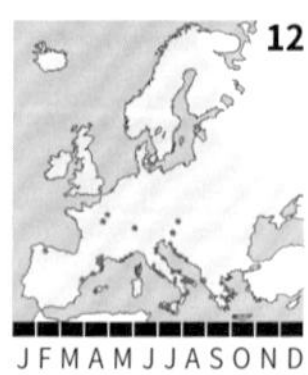

← Marienkäfer

1 ×5 ■

2 ×4 ■

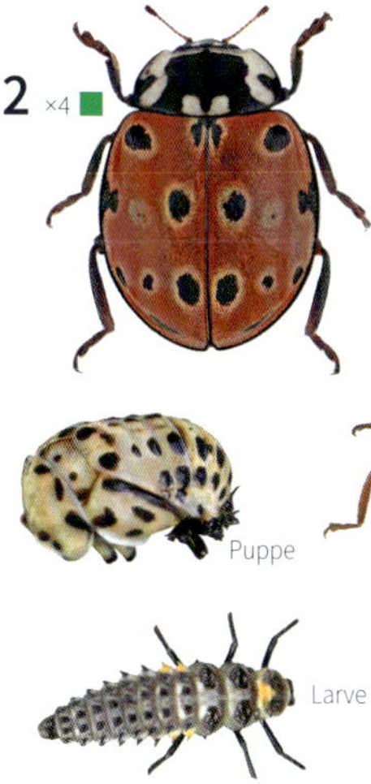

3 ×5 ■

4 ×4 ■

5 ×5 ■

6 ×4 ■

7 ×6 ■

8 ×4 ■

9 ×6 ■

10 ×6 ■

11 ×6 ■

12 ×4 ■

MODERKÄFER Latridiidae

E 16 GEN 192 SPP 2 ILL

Sehr klein; Körper länglich oder langoval, behaart; Fühler mit keulenförmiger Spitze. Larven und erwachsene Tiere ernähren sich von schimmeligen Pflanzenteilen.

1

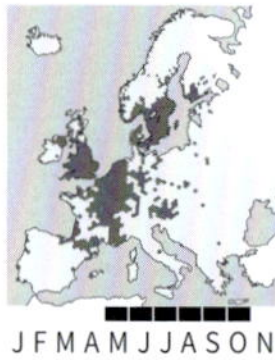

1 🔍 Schwarzbrauner Rippenmoderkäfer ***Cartodere nodifer***
L 2 mm. Dunkelbraun bis schwarz; Elytren breiter als bei verwandten Arten, mit deutlichen Rippen. Beine und Fühler rötlich; hintere Tibiae mit einem Zahn. Mehrere ähnliche Arten. **H** Synanthrop; in Heu und Stroh, Kompost, Gemüseabfällen, Insektennestern.

2

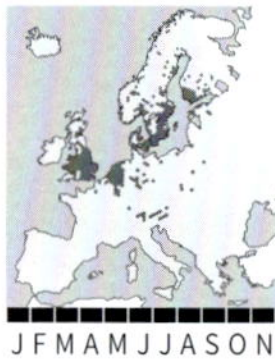

2 🔍 Brauner Moderkäfer
Stephostethus lardarius **L** 3 mm. Gelblich bis hellbraun; Pronotum quadratisch; Vorderbeinleisten stark gebogen ♂. Mehrere ähnliche Arten. **H** Wälder; unter Baumrinde, auf Pilzen.

BAUMSCHWAMMKÄFER Mycetophagidae

E 8 GEN 23 SPP 4 ILL

Klein bis sehr klein; Körper oval oder leicht länglich; Fühler typischerweise mit keulenförmiger Spitze. Larven und erwachsene Tiere ernähren sich von Klammerpilzen und unter pilzbefallener Rinde.

3

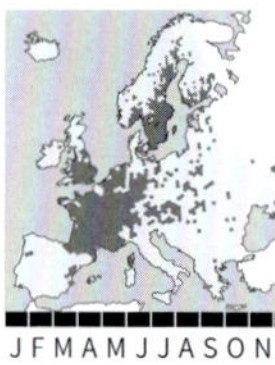

3 ⊙ Binden-Baumschwammkäfer
Litargus connexus **L** 2–3 mm. Braunschwarz; Elytren mit blassgelber Zeichnung; Pronotumrand blassgelb. **H** Wälder.

Gen. *Mycetophagus* E 9 SPP

Klein bis mittelgroß. Lang gestreckt, behaart, Fühler mit vier- bis fünfsegmentiger Keule.

4

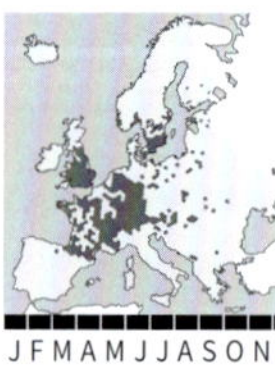

4 ⊙ Gefleckter Baumschwammkäfer ***Mycetophagus atomarius***
L 4–5 mm. Bräunlich schwarz; Elytren mit einigen gelben Markierungen; Beine rötlich braun, Femora dunkler. Fühler S11 kürzer als S9 und S10 zusammen. **H** Wälder.

5

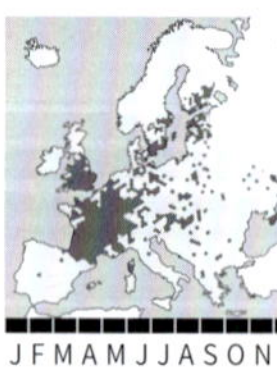

5 ⊙ Vierfleckiger Baumschwammkäfer ***Mycetophagus quadripustulatus***
L 5–6 mm. Vorwiegend schwarz; Elytren mit 4 orangen Flecken; Kopf rotbraun; Beine und Fühler rötlich; Fühler S7–S10 dunkel, S11 gelb. **H** Wälder.

6

6 ⊙ Zweifarbiger Baumschwammkäfer ***Triphyllus bicolor*** **L** 3 mm. Elytren dunkelbraun bis schwarz, auf der Oberseite und seitlich bräunlich orange; Kopf, Pronotum, Beine, Fühler rotbraun. **H** Wälder.

SCHWAMMKÄFER Ciidae

E 13 GEN 76 SPP 1 ILL

Sehr klein bis klein; Körper länglich oval; Pronotum tonnenförmig; Fühler mit keulenförmiger Spitze. Larven und erwachsene Tiere ernähren sich unter pilzbefallener Rinde und in Pilzen.

7

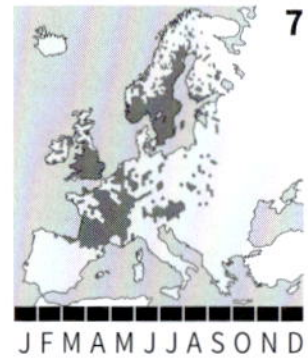

7 🔍 Schwammkäfer
Cis boleti **L** 3–4 mm. Dunkelbraun bis blass rotbraun; Keule der Fühler manchmal dunkler. **H** Wälder.

DÜSTERKÄFER Melandryidae

E 20 GEN 53 SPP 5 ILL

Klein bis mittelgroß, Körper lang gestreckt und verhärtet; Fühler ziemlich lang, seitlich am Kopf, von oben sichtbar. Larven ernähren sich von Totholz und Baumpilzen.

8

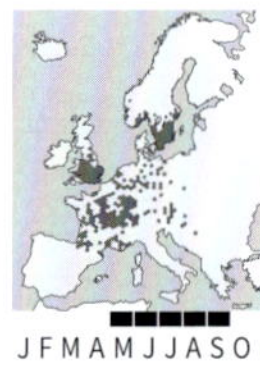

8 ⊙ Rotbrauner Düsterkäfer
Conopalpus testaceus **L** 9 mm. Standardform einheitlich rotbraun; es gibt aber auch Formen mit schwarzen Elytren. Fühler lang, schwarz, S1–S2 orange. **H** Wälder, Hecken, oft an Eichen.

9

9 ⊙ Vaudouers Düsterkäfer
Phloiotrya vaudoueri **L** 8–14 mm. Schwarz bis dunkelbraun; Beine und Fühler rötlich oder gelblich, Fühlerspitzen heller; Seiten der Elytren parallel (bei einigen verwandten Arten leicht gebogen). Kopf unter dem Pronotum verborgen. **H** Wälder. **B** Larven entwickeln sich in vermoderndem Eichenholz. Erwachsene Tiere nachtaktiv, werden von Lichtquellen angezogen.

10

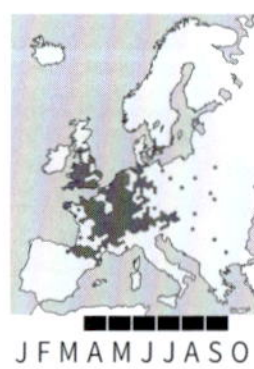

10 🔍 Schwarzblauer Düsterkäfer
Melandrya caraboides **L** 10–16 mm. Schwarz mit blauem oder grünlichem Schimmer; Elytren mit feinen Längsrillen; Spitzen der Fühler und Tarsi rötlich. **H** Waldgebiete, Parks, Heideflächen.

11

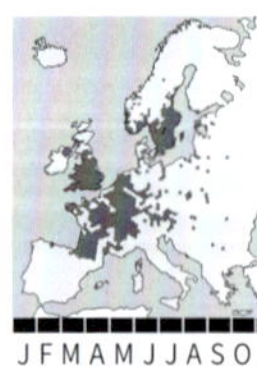

11 ⊙ Gefleckter Düsterkäfer
Orchesia undulata **L** 4–5 mm. Elytren spitz zulaufend, gelblich braun mit Muster aus schwarzen welligen Linien, Spitze schwarz (einige andere *Orchesia* spp. einfarbig). Kopf und Pronotum rotbraun, Beine und Fühler gelblich oder rotbraun. **H** Wälder, Hecken.

12

12 ⊙ Zweipunkt-Düsterkäfer
Osphya bipunctata **L** 3–4 mm. Variabel; oft rotbraun mit schwarzen Flecken oder schwarz mit einigen rötlichen Flecken, bei einigen größeren Exemplaren sind die hinteren Femora geschwollen. **H** Wälder, Hecken.

MODERKÄFER

1 ×12 ◆

2 ×8 ◆

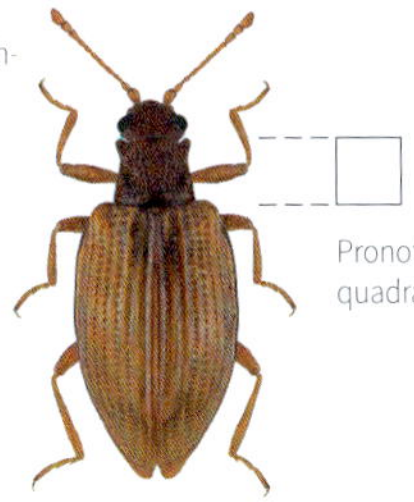

BAUMSCHWAMMKÄFER

3 ×8 ■

4 ×6 ■

5 ×5 ■

6 ×8 ■

SCHWAMMKÄFER

7 ×6 ◆

DÜSTERKÄFER

8 ×3 ■

9 ×3 ■

10 ×3 ◆

11 ×5 ■

12 ×4 ■

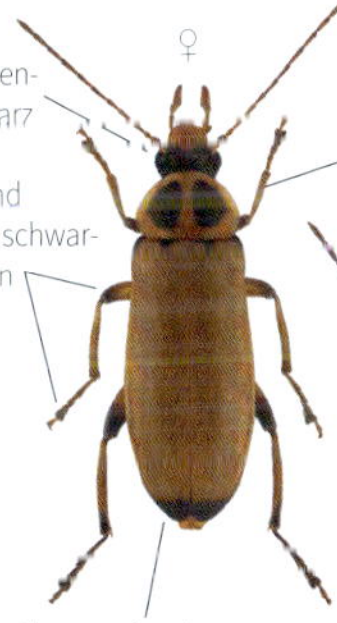

KEULENDÜSTERKÄFER Tetratomidae

E 3 GEN 9 SPP 2 ILL

Klein; glänzend und zylindrisch; Fühler an den Spitzen gekeult. Larven und erwachsene Tiere ernähren sich hauptsächlich von Knollenblätterpilzen.

1

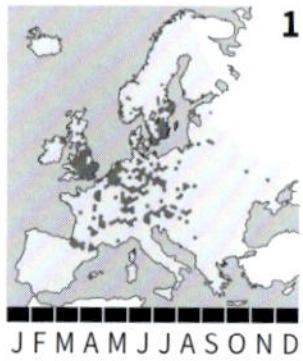

1 ⊙ Keulenhorn-Düsterkäfer
Tetratoma fungorum **L** 4–5 mm. Pronotum, Beine, Basalteil des Fühlers gelblich orange bis hellbraun; Elytren und Kopf metallisch bläulich schwarz; Fühlerspitze dunkel. **H** An Bäumen und Baumpilzen.

2

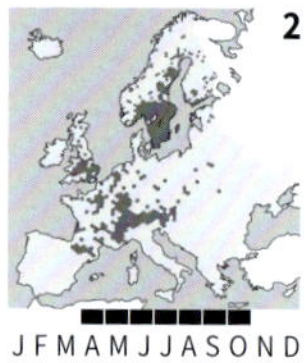

2 🔍 Zweifleckiger Düsterkäfer
Hallomenus binotatus **L** 3–6 mm. Lang gestreckt; dunkelbraun bis blass bräunlich; Beine hellbraun, Fühler dunkelbraun. **H** An Baumpilzen. **V** Erwachsene Käfer sind nachtaktiv. Larven können in großer Zahl in Baumpilzen auftreten.

STACHELKÄFER Mordellidae

E 16 GEN 256 SPP 3 ILL

Klein; Körper langoval und eher gedrungen; Kopf und Pronotum groß; charakteristisches langes spitzes Hinterleibsende, das über die Spitze der Elytren hinausragt; Fühler kurz, gezähnt. Die Larven ernähren sich von Stängeln krautiger Pflanzen, verrottendem Holz und Pilzen. Die erwachsenen Tiere ernähren sich von Pollen.

3

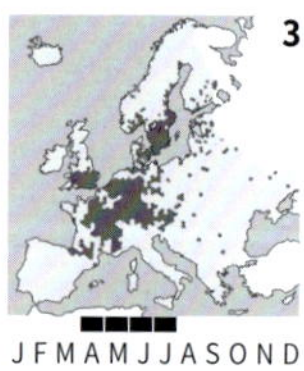

3 🔍 Rotbauchiger Stachelkäfer
Mordellochroa abdominalis
L 4–6 mm. Schwarz; Hinterleib (unter den Elytren verborgen); Pronotum rot bei ♀, schwarz bei ♂. **H** Feuchte Wälder.

4

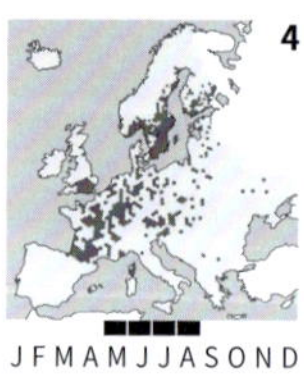

4 🔍 Breitköpfiger Stachelkäfer
Tomoxia bucephala **L** 5–9 mm. Schwarz; Elytren mit Bändern aus hellen Haaren. Scutellum fast rechteckig mit eingekerbtem Hinterrand. Kopf auffallend breit. **H** Wälder, Waldränder, Überschwemmungsgebiete.

5

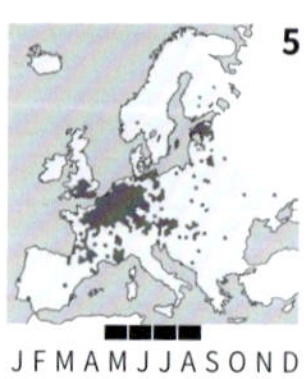

5 🔍 Gebänderter Stachelkäfer
Variimorda villosa **L** 6–9 mm. Schwarz; Elytren mit hellen, silbergrauen bis gelblichen Haarflecken; manchmal sind die Elytren einheitlich dunkel oder silbergrau. Beine schwarz. **H** Wälder, Wiesen, Gärten, Auen. **V** Käfer oft an Doldenblütlern zu sehen, wo sie sich von Pollen und Nektar ernähren; Larven entwickeln sich im morschen Holz von Pappeln und Weiden.

FÄCHERKÄFER Ripiphoridae

E 8 GEN 17 SPP 2 ILL

Mittelgroß; Körper lang gestreckt, gedrungen und keilförmig; Elytren spitz, aber nicht bis zur Hinterleibsspitze reichend und nicht in der Mitte zusammenlaufend; Fühler gefiedert; Beine sehr lang. Die Larven der meisten Arten sind Parasitoide von Küchenschaben, holzbohrenden Käfern, Bienen oder Wespen. Nur eine Art ist in Mitteleuropa weit verbreitet, diese ist hier abgebildet.

6

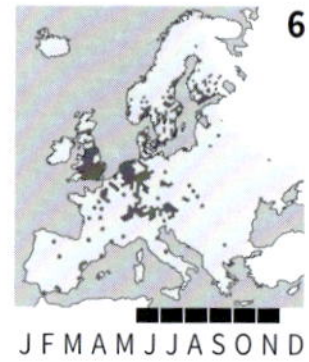

6 ⊙ Wespenfächerkäfer
Metoecus paradoxus **L** 8–12 mm. Elytren deutlich klaffend, abgerundet; bedecken Hinterflügel und Hinterleib nicht vollständig. Körperfärbung variabel; Pronotum meist zweifarbig schwarz und gelblich rot; Hinterleib schwarz oder orange. Fühler sind gefiedert, bei ♂ viel stärker als bei ♀. **H** In und auf Nestern der Gemeinen Wespe (*Vespula vulgaris*). **V** Die Larven sind Parasitoide sozialer Wespen, meist der Gemeinen Wespe. Die Eier werden am Boden abgelegt; die Larven klettern auf Pflanzen und warten auf vorbeiziehende Wespen, die sie zu ihrem Nest tragen.

RINDENKÄFER Zopheridae

E 20 GEN 128 SPP 3 ILL

Klein; langoval bis länglich; Fühler in der Regel kurz mit keulenförmiger Spitze. Die Larven sind mit Waldpilzen assoziiert; einige Arten sind jedoch räuberisch.

7

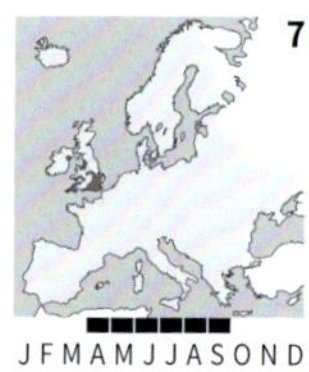

7 ⊙ Rußfarben-Rindenkäfer
Pycnomerus fuliginosus **L** 4 mm. Schwarz; Elytren tief punktiert, mit erhabenen Zwischenräumen; Pronotum fast so breit wie lang, ebenfalls stark punktiert. Hinterbrust dreieckig. **H** Wälder.

8

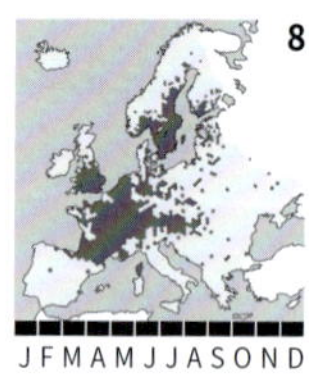

8 ⊙ Schwarzroter Rindenkäfer
Bitoma crenata **L** 3 mm. Meist schwarz; Kopf vorne rötlich, Elytren zweifarbig, rötlich mit schwarzem Sattel; Beine und Fühler rotbraun. **H** Mischwald, unter toten Baumrinden. **V** Bisweilen in großer Zahl auf totem Holz, wo sie bei Sonnenschein schnell herumlaufen.

9

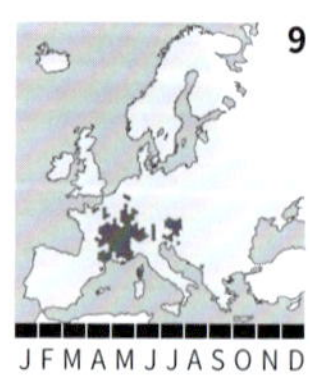

9 🔍 Gescheckter Rindenkäfer
Coxelus pictus **L** 2–3 mm. Braun mit gelblichen, behaarten Schuppen; Pronotum mit zentraler Vertiefung. **H** Wälder, an Eichen.

Keulendüsterkäfer

1 ×5 ■

2 ×6 ◆

Stachelkäfer

3 ×6 ◆

Fächerkäfer

4 ×4 ◆

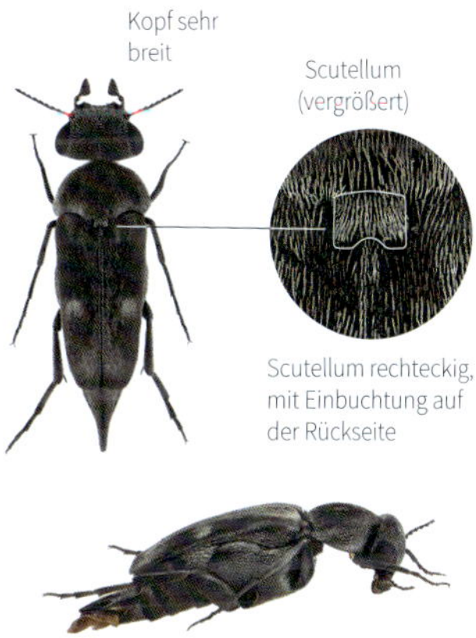

5 ×4 ◆

6 ×3 ■

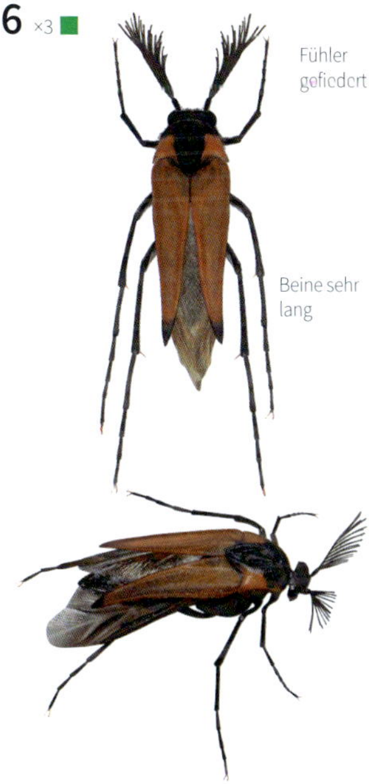

Rindenkäfer

7 ×6 ■

8 ×8 ■

9 ×8 ◆

SCHWARZKÄFER Tenebrionidae →

E ~116 GEN 1392 SPP 20 ILL

Sehr kleine bis große Arten. Körperform variabel, aber immer dunkel. Die Fühler befinden sich unter dem Grat an der Seite des Kopfes (die Basis ist von oben nicht sichtbar), die Segmente sind gleich lang, gezähnt oder mit Keulen bestückt. Larven und erwachsene Tiere ernähren sich von Totholz, pilzbefallenem Holz und Pilzen; einige erwachsene Tiere ernähren sich von Nektar und Pollen. Der Gelbe Mehlkäfer (*Tenebrio molitor*) ist die bekannteste Käferart. Er gilt als Schädling in der Lebensmittellagerung, wird aber auch als Nahrungsquelle für Tiere und Menschen genutzt und ist zudem aufgrund seiner Fähigkeit, Styropor zu verdauen, Gegenstand intensiver Forschung.

1
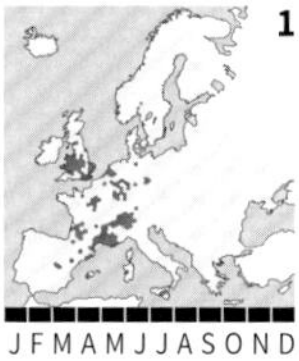

1 🔍 Gewölbter Totenkäfer
Blaps mucronata **L** 20–31 mm. Sehr groß, mattschwarz. *Blaps* spp. ähnlich den großen Laufkäfern; Elytren jedoch am Ende spitz zulaufend; alle *Blaps* spp. können nicht fliegen. Identifikation auf Artniveau durch mikroskopische Untersuchung. **H** Synanthrop; in Schuppen, Scheunen, Kellern. **V** Alle *Blaps* spp. können bei Bedrohung ein übel riechendes Abwehrsekret absondern.

Gen. *Helops* E 4 SPP

Mittelgroß bis groß, gleichmäßig dunkel; manchmal mit etwas metallischem Glanz. Elytren abgerundet. Scutellum halbmondförmig. Larve in morschem Holz. Die Bestimmung der Art erfordert oft eine mikroskopische Untersuchung.

2
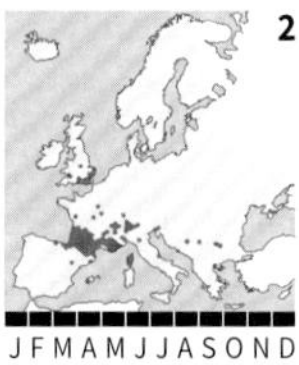

2 🔍 Blauer Schwarzkäfer
Helops caeruleus **L** 15–16 mm. Dunkel mit bläulichem bis violettem Glanz; Elytren mit dünnen gepunkteten Linien; Zwischenräume zwischen diesen Linien flach und ebenfalls schwach gepunktet. Tarsi der Hinterbeine verbreitert beim ♂, so breit wie die Spitze der Tibiae. **H** Wälder, Auenlandschaften.

3
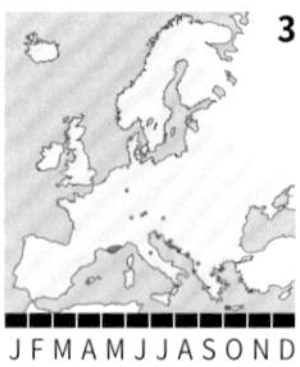

3 🔍 Rossis Schwarzkäfer
Helops rossii **L** 13–20 mm. Dunkel mit metallisch violettem, grünem oder bläulichem Glanz; Elytren mit gepunkteten Linien, die vertieft erscheinen; Zwischenräume zwischen diesen Linien etwas ausgebuchtet. **H** Wälder.

4
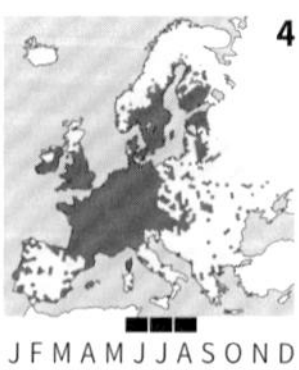

4 🔍 Gemeiner Wollkäfer
Lagria hirta **L** 7–11 mm. Schwarz; Elytren braun und dicht behaart; Pronotum deutlich schmaler als die Basis der Elytren. **H** Wälder, Waldränder. **V** Erwachsene Käfer fressen an frischen Blättern verschiedener Laubbäume; Larven am Boden, fressen an abgefallenen Blättern.

5
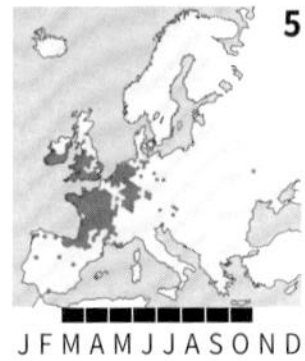

5 🔍 Achtstreifiger Schwarzkäfer
Nalassus laevioctostriatus **L** 7–12 mm. Dunkel rotbraun bis schwarz mit bronzefarbenem Schimmer; Elytren mit je 8 Punktreihen; Pronotum gepunktet, an den Seiten glatt. Beine und Fühler rotbraun. **H** Wälder, an Eichen.

6
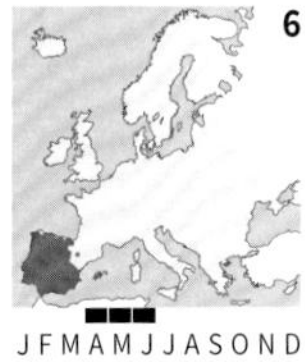

6 ⊙ Rothalsiger Heliotaurus
Heliotaurus ruficollis **L** 9–11 mm. Schwarz mit rotem Pronotum. **H** Wälder, Gärten, Buschland, häufig auf Blumen.

7
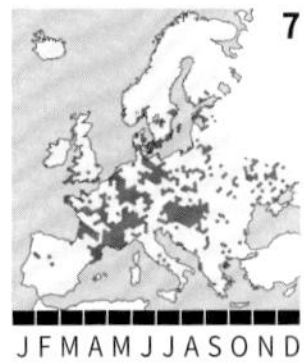

7 🔍 Gemeiner Staubkäfer
Opatrum sabulosum **L** 7–10 mm. Breit, oval; mattgrau oder schwarz; Elytren mit 3 Längsrippen, die aus kleinen Höckern bestehen, punktiert. Vordere Tibiae breit. **H** Trockene und sandige Böden, Grasland, Ackerland. **V** Adulte und Larven ernähren sich von Pflanzenwurzeln; kann in manchen Ländern als Schädling an Kulturpflanzen auftreten.

8
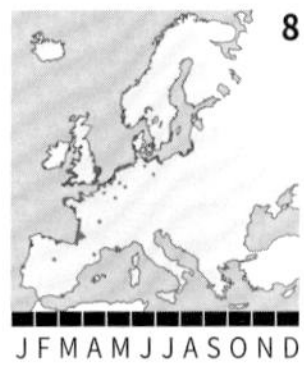

8 🔍 Dünenschwarzkäfer
Phylan gibbus **L** 7–9 mm. Schwarz, glänzend. Mittlere und hintere Tibiae mit langen weißen Haaren. **H** Sandige Gebiete, in Dünen an der Küste.

9
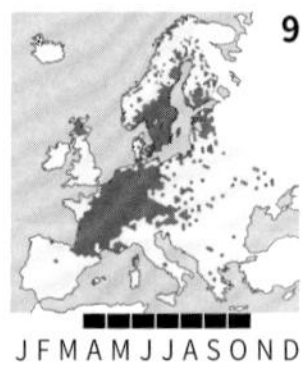

9 🔍 Kerbhalsiger Zunderschwamm-Schwarzkäfer
Bolitophagus reticulatus **L** 6–7 mm. Mattschwarz; Elytren mit mehreren unterbrochenen Rippen und dazwischen liegenden Punktreihen; Pronotum breit, seitlich gezähnt; Kopf etwas schmaler als Pronotum. **H** Wälder. **V** Am Pilz *Fomes fomentarius*, an Birken.

10
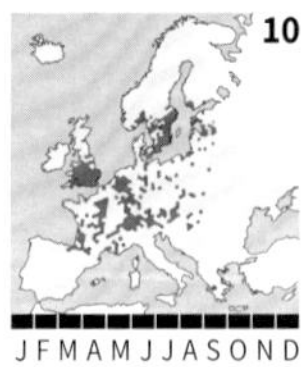

10 🔍 Schwefelporling-Schwarzkäfer *Eledona agricola*
L 2–3 mm. Mattschwarz; Seiten des Pronotums gleichmäßig gewölbt. **H** Wälder. **V** An Baumpilzen.

SCHWARZKÄFER →

1 ×1

2 ×1,5

3 ×1,5

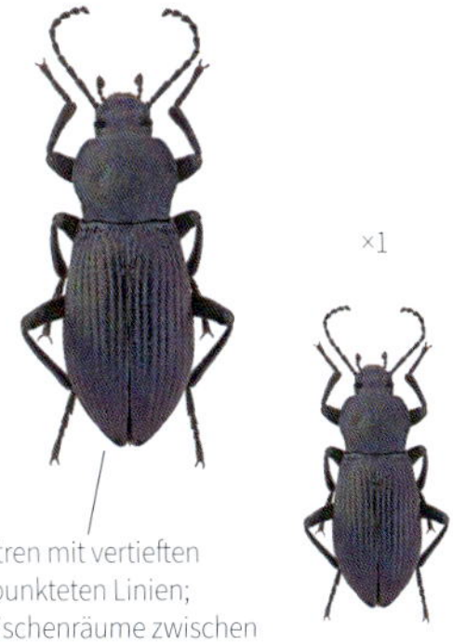

4 ×3

5 ×3

6 ×3

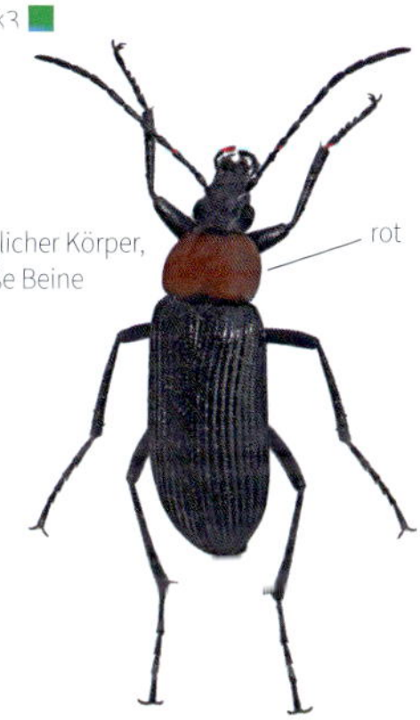

7 ×3

8 ×3

9 ×4

10 ×10

← **SCHWARZKÄFER** Tenebrionidae

1 Mehlkäfer *Tenebrio molitor*

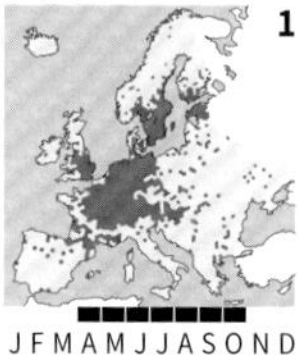

L 10–18 mm. Lang gestreckt. Meist dunkelbraun; jüngere Tiere hellbraun bis rötlich; alte Tiere schwarz; Kopfunterseite, Fühler und Beine immer rotbraun. Elytren mit Längsfurchen; Pronotum breit, Fühler gezähnt, nicht gekeult. **H** In morschem Holz, Vogelnestern, Fledermausnestern; auch in menschlichen Siedlungen wie Bäckereien, Mühlen, Lebensmittellagern. Sehr widerstandsfähig gegen Trockenheit. **V** Eines der bekanntesten synanthropen Insekten. Gilt als Schädling in Lebensmittellagern, da sich sowohl die erwachsenen Tiere als auch die Larven (Mehlwürmer) von Getreide und Mehl ernähren. Gegenstand intensiver Forschung aufgrund ihrer Fähigkeit, Styropor zu verdauen, was möglicherweise zu einer zukünftigen Verwendung in der biologischen Abfallreinigung führt. Mehlwürmer werden nicht nur als Nahrungsquelle für Tiere verwendet, sondern ihre Larven sind in den meisten europäischen Ländern seit 2021 auch als Lebensmittel zugelassen.

2 Kupferglanz-Schwarzkäfer
Stenomax aeneus **L** 12–16 mm.

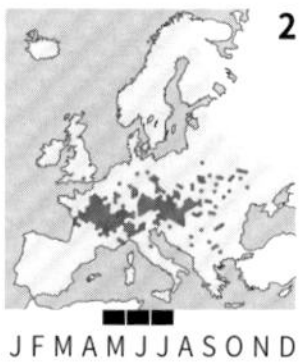

Lang gestreckt. Schwarzbraun; Elytren zur Spitze hin verjüngt; Beine sehr lang, mittleres Beinpaar am Ende behaart. **H** An Laubbäumen. **V** Erwachsene Käfer bewegen sich mit paddelartigen Bewegungen.

3 Mattschwarzer Pflanzenkäfer
Prionychus ater **L** 12–14 mm.

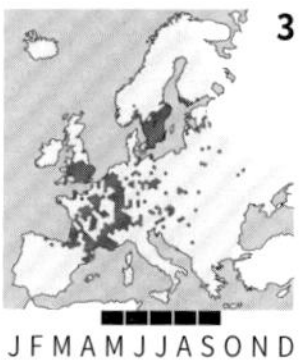

Körper breit, schwarz; Pronotum an der Basis am breitesten; Antenne S4 doppelt so lang wie breit, weniger länglich als bei eng verwandten Arten wie *P. melanarius*. **H** Wälder. **V** Larven entwickeln sich in verrottendem Holz. Erwachsene Tiere sind nachtaktiv.

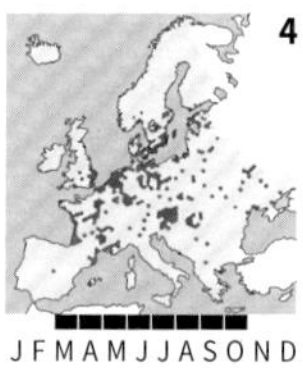

4 Flinkfuß-Schwarzkäfer
Crypticus quisquilius **L** 4–6 mm. Rundlich oval, mattschwarz. **H** Auf Gräsern in Steppen und Grasland, bevorzugt sandigen Boden.

5 Gelbbindiger Schwarzkäfer
Diaperis boleti **L** 6–8 mm. Körper hat ähnliche Form wie ein Marienkäfer. Schwarz; Elytren glänzend mit 2 gelblichen, gezackten Bändern. **H** Wälder, auf Baumpilzen.

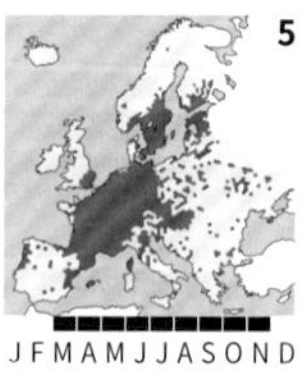

6 Kastanienbrauner Schwarzkäfer *Corticeus unicolor*

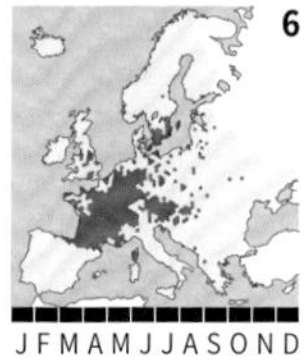

L 7–11 mm. Körper sehr lang gestreckt. Kastanienbraun; Elytren und Pronotum dicht punktiert; Pronotum rechteckig. **H** Wälder, unter der Rinde von Laubbäumen. Bevorzugt warme Lebensräume. **V** Erwachsene Käfer und Larven räuberisch; ernähren sich hauptsächlich von Larven holzbewohnender Käfer.

7 Veränderlicher Pflanzenkäfer
Gonodera luperus **L** 7–9 mm.

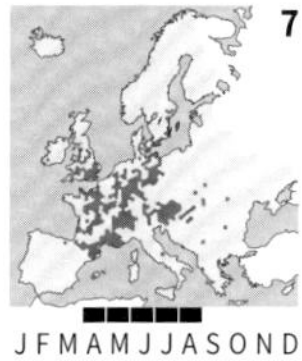

Körper rundlich oval; Kopf deutlich schmaler als das Pronotum. Färbung variabel, von gelb-braun bis schwarz; Beine orangerot, Fühler und Mundwerkzeuge rotbraun; Fühler recht lang. **H** Waldränder.

8 Mausbraun-Schwarzkäfer
Isomira murina **L** 5 mm.

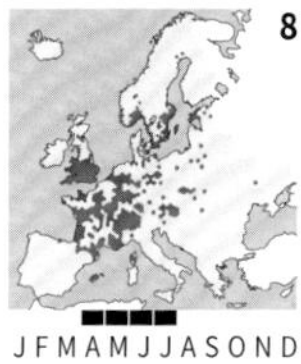

Körper gelblich braun, Kopf und Pronotum schwarz, es kommen auch dunklere Varianten vor. Kopf klein, rundlich. **H** Wälder, Hecken, Grasland, Gebüsch.

9 Sägehörniger Pflanzenkäfer
Pseudocistela ceramboides

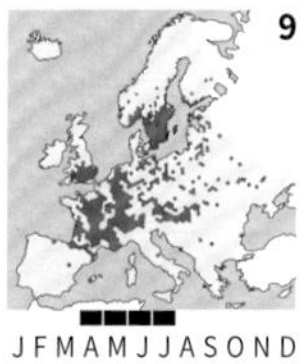

L 10–12 mm. Körper länglich oval. Schwarz; Elytren zimtbraun; Pronotum braun, selten schwarz. Mit feinen Haaren bedeckt, wirken insgesamt matt. Fühler gezähnt, bei ♀ ½ der Körperlänge, bei ♂ länger. **H** In Wäldern, oft an Eichen. **V** Die erwachsenen Käfer sind nachtaktiv und leben an morschem Holz.

10 Schwefelkäfer
Cteniopus sulphureus **L** 5–8 mm.

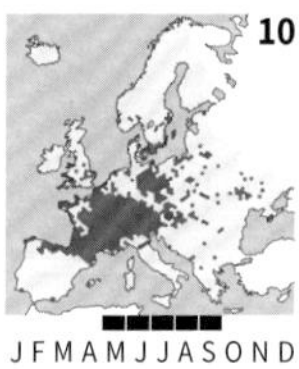

Lang gestreckt. Durchgehend blassgelb bis orangegelb; nur die Fühler sind etwas dunkler. Es gibt jedoch verschiedene Formen mit dunklen Fühlern und Mundwerkzeugen, manchmal auch Kopf und Pronotum dunkel oder Elytren bräunlich; daher manchmal schwer von anderen *Cteniopus* spp. zu unterscheiden. Der Kopf erscheint verlängert. **H** Wälder, Buschland. **V** Erwachsene Käfer oft auf Doldenblütlern.

← SCHWARZKÄFER

1 ×2 ■

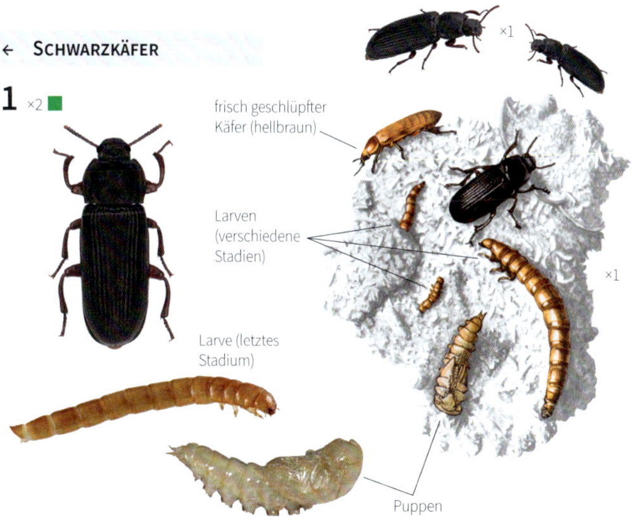

2 ×2 ◆

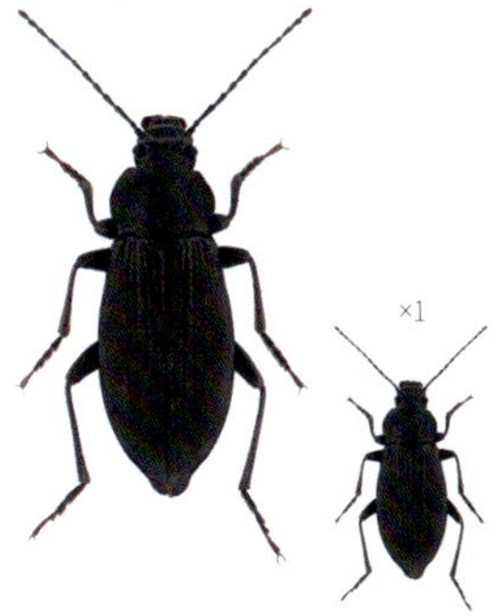

3 ×2 ◆

4 ×4 ■

5 ×3 ■

6 ×4 ■

7 ×3 ■

8 ×3 ■

9 ×2 ■

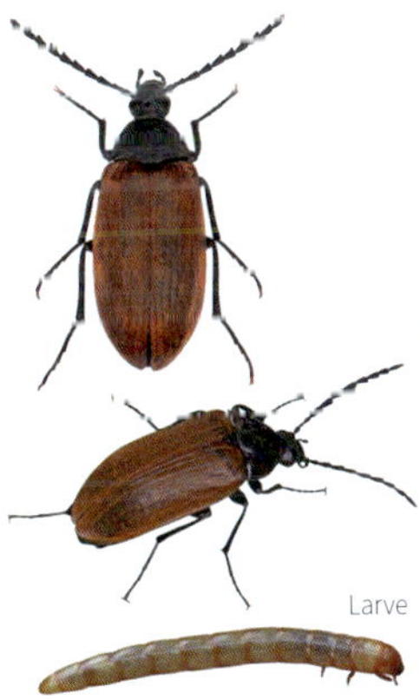

10 ×3 ■

SCHEINBOCKKÄFER Oedemeridae

E 13 GEN 79 SPP 14 ILL

Klein bis groß; Körper sehr schmal. Elytren weich mit 3 Längslinien, bei vielen Arten auseinanderklaffend. Fühler lang; Beine lang, ♂ bei *Oedemera* spp. mit geschwollenen Hinterschenkeln. Einige Arten können auf der Haut Blasenbildung verursachen. Larven in Stängeln und Wurzeln von krautigen Pflanzen oder in verrottendem Holz. Erwachsene Tiere besuchen Blüten, sie ernähren sich von Pollen und Nektar.

Gen. *Ischnomera* E 17 SPP

Elytren mit parallelen Seiten, 4 Längsrippen; Stirn zwischen den Augen etwas breiter als Fühlerwurzeln. Fühler fadenförmig, ~½ Körperlänge, S1 kürzer als S3.

1
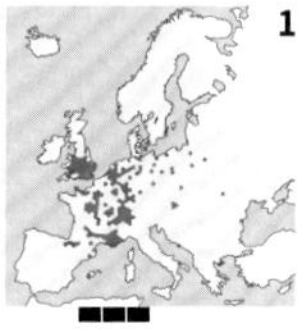

1 🔬 Blauer Scheinbockkäfer
Ischnomera cyanea **L** 8–10 mm. Elytren, Pronotum und Kopf schimmern bläulich bis grünlich. *I. coerulescens* sehr ähnlich, erfordert eine Genitaluntersuchung. **H** Wälder, Lichtungen.

2
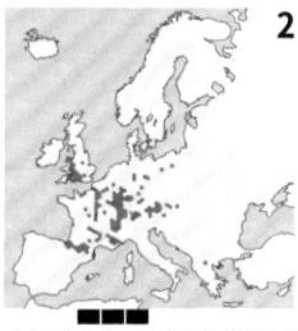

2 ⊙ Bluthals-Scheinbockkäfer
Ischnomera sanguinicollis **L** 8–12 mm. Schwarz; Elytren glänzend grauschwarz; Pronotum orangerot. **H** Wälder, Lichtungen.

3
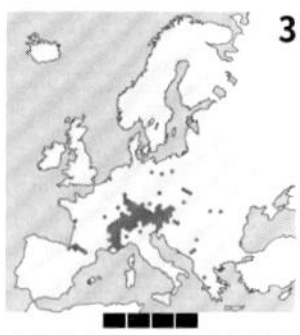

3 ⊙ Rotbauch-Scheinbock
Anogcodes rufiventris **L** 8–12 mm. Schwarz; Elytren mit hellbrauner Zeichnung, die an der Basis breit ist und sich zur Spitze hin verjüngt. **H** Wald; Larven im Holz von Kiefern, Fichten, Tannen.

Gen. *Chrysanthia* E 8 SPP

Elytren mit Längsrippen, an der Spitze leicht klaffend; Pronotum verlängert und herzförmig; Stirn zwischen den Augen viel breiter als die Fühlerwurzel.

4
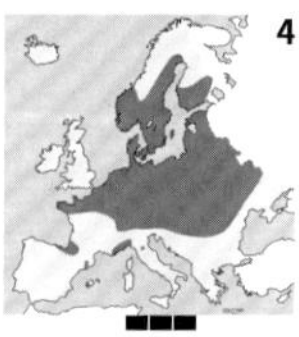

4 ⊙ Gelbschienen-Scheinbockkäfer
Chrysanthia geniculata **L** 5–8 mm. Grün, blau oder kupferfarben, nur leicht metallisch; Fühlerbasis, Femur und Tibiae gelblich. **H** Wälder, Lichtungen.

5
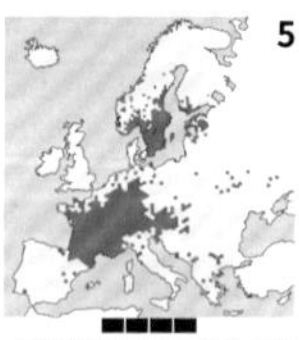

5 ⊙ Metallgrüner Schenkelkäfer
Chrysanthia viridissima **L** 5–10 mm. Metallisch grün; Fühler und Beine dunkel; Unterseite der vorderen Tibiae gelb. **H** Wälder, Lichtungen.

Gen. *Nacerdes* E 4 SPP

Elytren mit 4 Längsrippen, 3. Rippe reduziert; an der Spitze leicht klaffend. Stirn gleich breit zwischen Augen und Fühler.

6

6 ⊙ Krainer Scheinbockkäfer
Nacerdes carniolica **L** 12–15 mm. Hellbraun bis gelb; Elytren, Pronotumseiten und Fühler dunkel. **H** An und in Kiefern. **V** Nachtaktiv, wird von Licht angezogen.

7
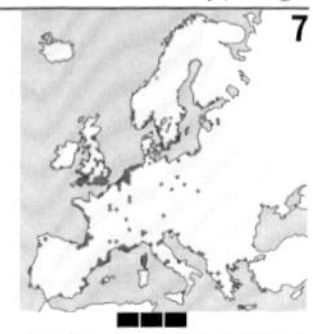

7 ⊙ Strandholz-Scheinbock
Nacerdes melanura **L** 9–13 mm. Gelb, Elytren fein gepunktet, an den Enden schwarz; Pronotum seitlich manchmal braun; Beine braun mit helleren vorderen Tibiae und Tarsi. **H** Küstengebiete, Larve in morschem, feuchtem Holz.

Gen. *Oedemera* E 31 SPP

Elytren weich, dünn, bei den meisten Arten zur Spitze hin deutlich klaffend. Hintere Femora bei ♂ geschwollen (bei einigen Arten stark). Larven in krautigen Pflanzen.

8
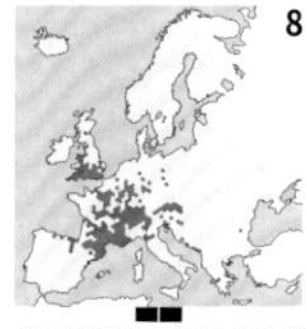

8 ⊙ Großer Scheinbockkäfer
Oedemera femoralis **L** 13–18 mm. Braun; Elytren nur an der Spitze leicht klaffend. **H** Wälder, Buschland.

9
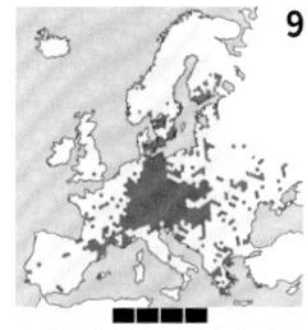

9 ⊙ Gemeiner Scheinbockkäfer
Oedemera femorata **L** 8–10 mm. Körper schwarz; Elytren gelblich braun; mit breiter Lücke zur Spitze hin. Beine schwarz; Hinterschenkel bei ♂ stark angeschwollen. **H** Wälder, Buschland.

10
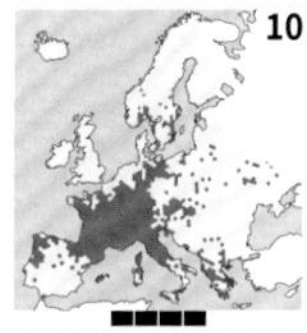

10 ⊙ Gelbbeiniger Scheinbockkäfer
Oedemera flavipes **L** 5–9 mm. Körper dunkel gold-grün; Elytren gelblich braun; nur in der hinteren Hälfte klaffend. Vorderbeine gelblich; hintere Femora massiv angeschwollen ♂. **H** Waldränder, Wiesen.

11
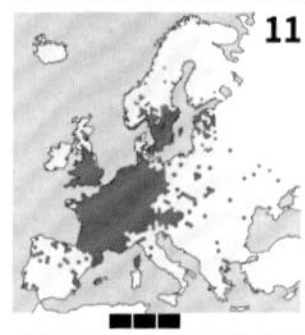

11 🔍 Grünlicher Scheinbockkäfer
Oedemera lurida **L** 5–7mm. Dunkelgrau-grün oder bläulich; dicht mit grauen Haaren bedeckt. Elytren über den größten Teil ihrer Länge klaffend. **H** Waldränder, Wiesen.

12
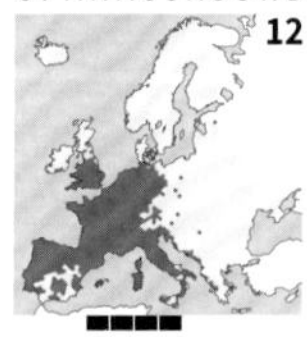

12 🔍 Blaugrüner Scheinbockkäfer
Oedemera nobilis **L** 8–12mm. Metallisch goldgrün bis bläulich; Elytren mit breiter Lücke zur Spitze hin; Hinterschenkel bei ♂ stark angeschwollen. **H** Buschland, Wiesen.

13
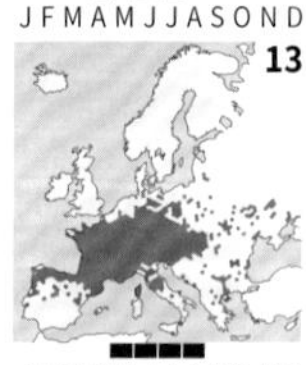

13 ⊙ Echter Schenkelkäfer
Oedemera podagrariae **L** 8–13 mm. Elytren gelb mit schwarzem Außenrand und Spitzen; ♂ Pronotum und Kopf dunkel erzgrün; ♀ Pronotum gelblich und Kopf dunkel. Beine bei beiden Geschlechtern schwarz und gelb; Hinterschenkel bei ♂ stark geschwollen. **H** Wälder, Wiesen.

14
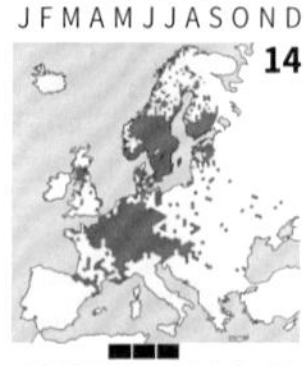

14 ⊙ Graugrüner Schenkelkäfer
Oedemera virescens **L** 8–11 mm. Graugrün, metallisch glänzend; Elytren mit 3 Längsrippen, dicht punktiert, nur an der Spitze leicht klaffend. Beine und Fühler grün bis braun. **H** Waldränder, Wiesen.

SCHEINBOCKKÄFER

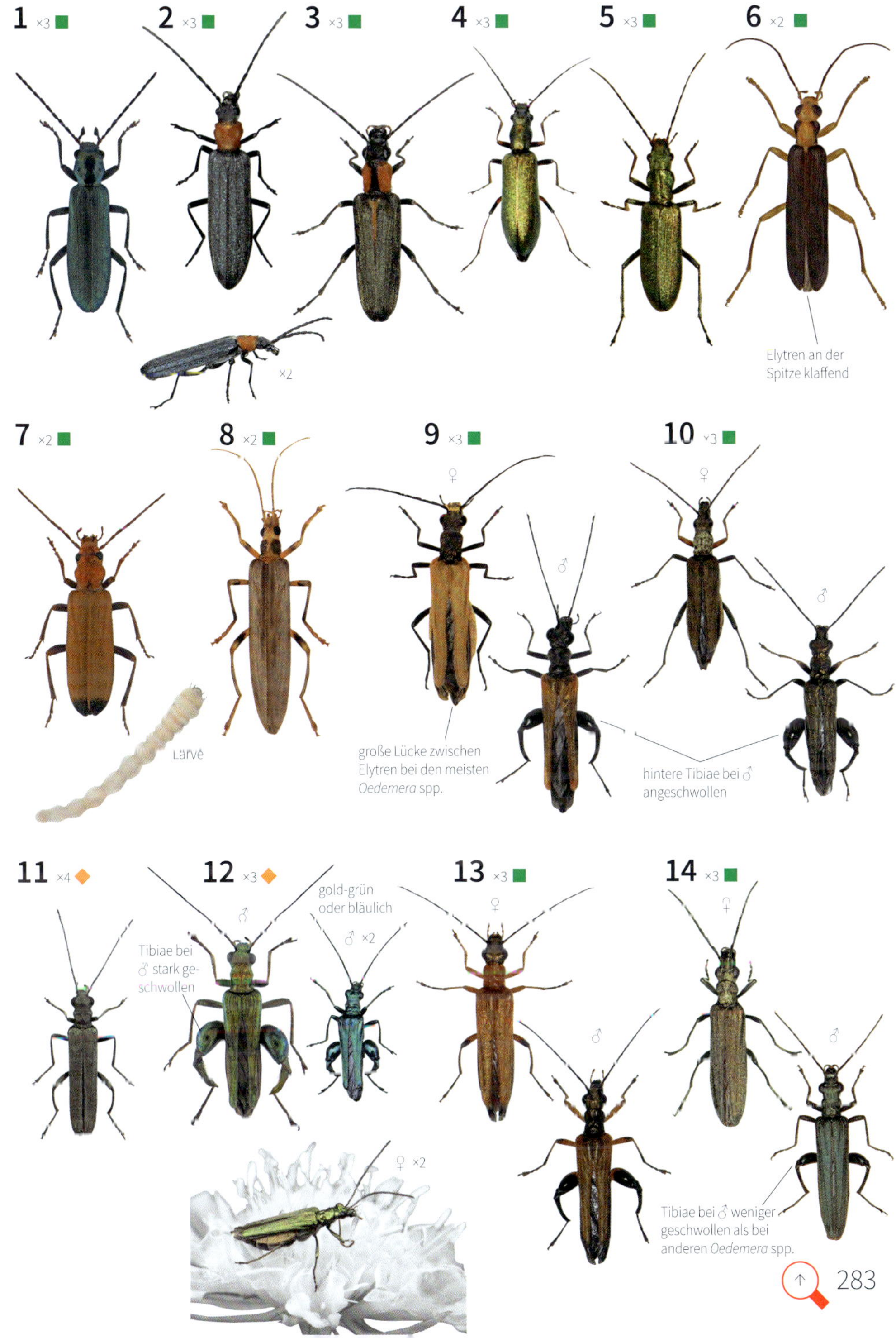

BLASENKÄFER & ÖLKÄFER Meloidae

E 23 GEN 181 SPP 9 ILL

Mittelgroß bis sehr groß; die Familie besteht aus 2 äußerlich sehr unterschiedlichen Gruppen (Blasenkäfer und Ölkäfer). Die meisten Arten sind Parasitoide von Bienen. Lebenszyklus einzigartig, Hypermetarmorphose genannt (alle Larvenstadien sehen sehr unterschiedlich aus). ♀ legen Eier in den Boden; das erste Larvenstadium ist als Triungulinus bekannt; sie klettern auf die Vegetation und warten darauf, sich mit ihren hakenartigen Vorderbeinen an vorbeifliegenden Bienen festzuhalten. Wenn sie von einer weiblichen Solitärbiene zu ihrem Nest getragen wird, verwandelt sich die Larve in eine Made und ernährt sich von den Ei- und Pollenvorräten der Biene. ⚠ Zur Verteidigung setzen alle Arten Cantharidin (eine ölige Substanz) frei, die auf der Haut Blasen verursachen kann. Cantharidin ist für den Menschen sehr giftig (nicht aber für natürliche Fressfeinde dieser Käfer wie Vögel oder Igel). Das Verschlucken von Ölkäfern muss vermieden werden, da der Körper eines einzigen größeren Tieres eine für den Menschen tödliche Dosis enthalten kann.

BLASENKÄFER

Lang gestreckt; beide Geschlechter voll geflügelt; entweder grün oder schwarz-orange; Larven der meisten Arten parasitieren an Solitärbienen; einige ernähren sich jedoch von Heuschrecken.

1
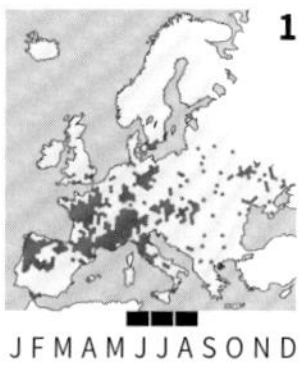

1 ⊙ Spanische Fliege
Lytta vesicatoria **L** 9–21 mm. Metallisch smaragdgrün. Kann merklichen Geruch verströmen. **H** Grasland, nahe bodenbrütenden Bienen, mit einigen Bäumen in der Nähe. **V** Erwachsene Tiere ernähren sich von Eschen- und Ligusterblättern, Larven sind Parasitoide verschiedener Bienenarten.

2
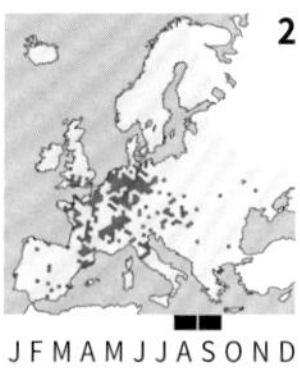

2 ⊙ Schmalflügliger Pelzbienen-Ölkäfer ***Sitaris muralis*** **L** 7–15 mm. Körper schwarz, „Schultern“ orange; Elytren schlank, zur Spitze hin klaffend, Hinterflügel darunter teils sichtbar. **H** Ziegel- und Lehmmauern. **V** Parasitoid der Frühlings-Pelzbiene (*Anthophora plumipes*, S. 620) und verwandter Arten.

Gen. *Mylabris* E 44 SPP

Lang gestreckt; Pronotum klein, viel weniger breit als Elytren; diese meist rot-schwarz oder gelb-schwarz; Pronotum, Kopf, Beine und Fühler einfarbig schwarz. Larven ernähren sich gewöhnlich von Heuschreckeneiern und -larven.

3
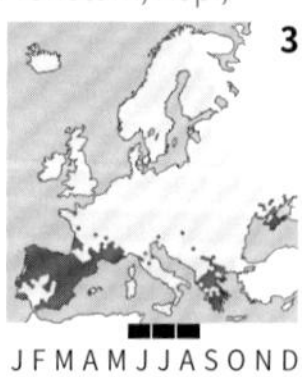

3 🔍 Vierpunktiger Ölkäfer
Mylabris quadripunctata **L** 7–16 mm. Elytren leuchtend rot mit je 4 schwarzen Flecken. Einige andere *Mylabris* spp. sind ähnlich, sorgfältig die Position der Flecken auf den Elytren prüfen. **H** Wiesen, Weiden.

4
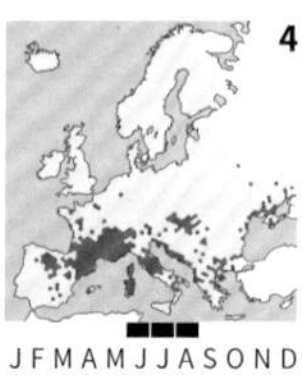

4 🔍 Veränderlicher Ölkäfer
Mylabris variabilis **L** 7–16 mm. Elytren mit breiten, gewellten, schwarzen Querbalken; Spitze schwarz. Färbung variabel, was eine genaue Bestimmung der Art erschwert. **H** Wiesen, Weiden.

ÖLKÄFER

Robust, beide Geschlechter flugunfähig, meist schwarz; bei ♀ Abdomen sehr aufgebläht, daher ♀ meist viel größer als ♂. Kopf breiter als Thorax; Elytren in der Regel deutlich kürzer als das Ende des Hinterleibs; Fühler ziemlich lang, bei einigen Arten in der Mitte geknickt. Larven sind Parasitoide an verschiedenen Bienen.

Gen. *Meloe* E 24 SPP

Körper verbreitert, oft sehr plump; ganz dunkel bis schwarz, meist etwas glänzend.

5
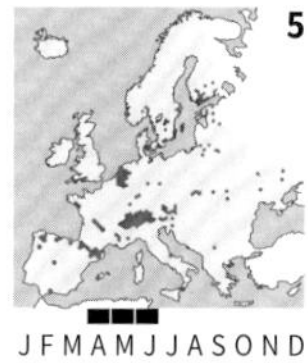

5 ⊙ Kurzhals-Ölkäfer
Meloe brevicollis **L** 7–24 mm. Körper glänzend bläulich schwarz. Fühlerspitzen verdickt. **H** Heideland, Dünen.

6
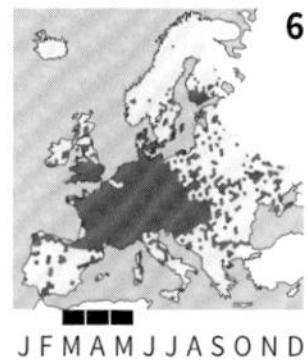

6 ⊙ Schwarzblauer Ölkäfer
Meloe proscarabaeus **L** 11–35 mm. Körper schwarz, einige Tiere haben einen bläulichen Schimmer; Elytren sehr verkürzt. Fühler geknickt, besonders bei ♂. Thorax quadratisch, Basis gerade mit leicht abgerundetem Zahn. **H** Grasland.

7
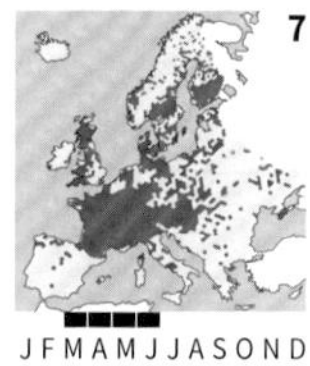

7 ⊙ Violetter Ölkäfer
Meloe violaceus **L** 10–32 mm. Körper mit violett-bläulichem Schimmer, einige Exemplare jedoch schwarz; Elytren stark verkürzt. Fühler geknickt, besonders bei ♂. Thorax quadratisch, Basis eingekerbt, mit scharfem Zahn. **H** Grasland.

8
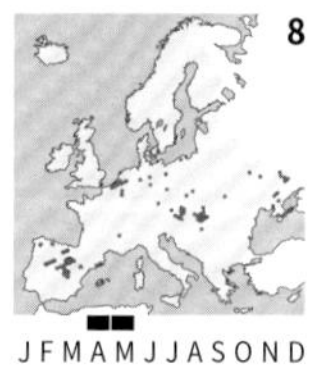

8 ⊙ Bunter Ölkäfer
Meloe variegatus **L** 11–38 mm. Dunkelgrün, Pronotum und Kopfrand kupferrot, Hinterleibssegmente mit grünem und kupferrotem Fleck darüber. **H** Grünland.

9
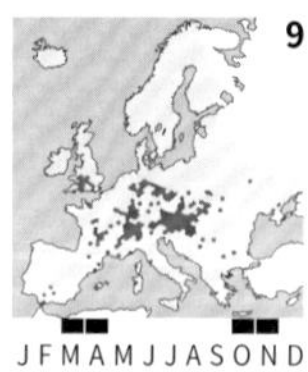

9 ⊙ Mattschwarzer Maiwurmkäfer
Meloe rugosus **L** 6–18 mm. Mattschwarz, raue Textur; Thorax stark punktiert mit auffälliger Mittelrille. **H** Kreidegrasland, auf sandigen Böden. **V** Nachtaktiv.

BLASENKÄFER & ÖLKÄFER

1 ×2

♂

♀ ×1,5

♀ meist größer als ♂, auch dickerer Hinterleib (wie bei vielen anderen Käfern)

2 ×2

orange

Elytren schmal, Hinterflügel frei

3 ×2

♂

Elytren mit je 4 Flecken und schwarzer Spitze

4 ×2

♂

♀

5 ×1,5

♀

bei allen Ölkäfern ♂ ähnlich wie ♀, aber Hinterleib viel weniger aufgebläht

6 ×1–1,5×

Größe der erwachsenen Ölkäfer sehr variabel

♀

Larven im ersten Stadium (Triungulinus, wartet auf Bienen, um sich an ihnen festzuhalten)

7 ×1–1,5

♀

Fühler geknickt (noch stärker bei ♂)

Larven im ersten Stadium (Triungulinus)

♀ bei Eiablage (im Boden)

8 ×1–1,5

♀

9 ×4

♀

FEUERKÄFER Pyrochroidae

E 2 GEN 3 SPP 3 ILL

Ziemlich groß; meist rot, einige schwarz; flach, etwas länglich; Elytren zum Hinterteil hin verbreitert; Fühler lang, bei ♂ gefiedert, bei ♀ gezähnt. Larven entwickeln sich in morschem Holz, einige ernähren sich von Insekten, andere von Pilzen.

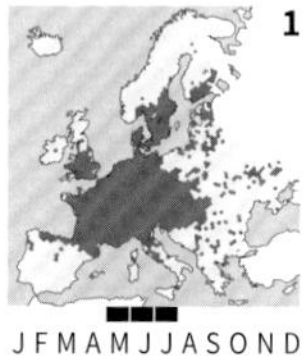

Gen. *Pyrochroa* E 2 SPP

Körper schwarz, Elytren und Pronotum sind auffallend leuchtend rot gefärbt.

1 ⊙ Scharlachroter Feuerkäfer
Pyrochroa coccinea **L** 14–18 mm. Kopf schwarz. **H** Wälder, Parks, Gärten.

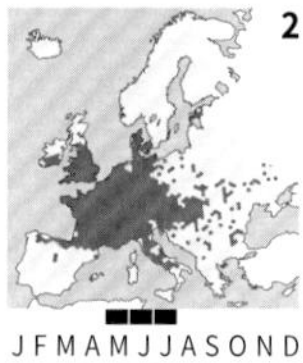

2 ⊙ Rotköpfiger Feuerkäfer
Pyrochroa serraticornis **L** 10–14 mm. Ähnlich wie *P. coccinea*, aber mit rotem Kopf. **H** Wälder, Parks, Gärten.

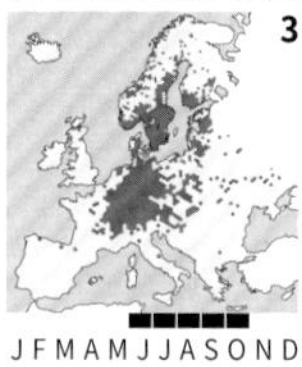

3 ⊙ Orangefarbener Feuerkäfer
Schizotus pectinicornis **L** 8–9 mm. Schwarz; Pronotum und Elytren orangerot; Pronotum mit schwarzem Zentralfleck, Elytren mit schwachen Längsrippen; Beine schwarz mit etwas helleren Krallen. **H** Wälder, oft in bergigen Regionen.

BLÜTENMULMKÄFER Anthicidae

E 17 GEN 314 SPP 3 ILL

Klein; auf den ersten Blick ameisenartig; Pronotum schmal; einige Arten mit Pronotalhorn; Fühler mittellang, Spitze leicht gekeult. Larven und erwachsene Tiere sind Aasfresser, oft in der Bodenstreu.

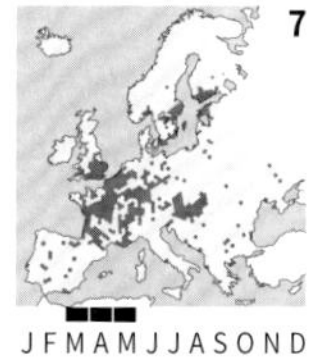

7 ⊙ Rotflecken-Blütenmulmkäfer
Anthicus antherinus **L** 3–4mm. Schwarz, Elytren mit großen roten Flecken auf der „Schulter" und an der Spitze; Beine rot und schwarz. Kopf und Pronotum dicht gepunktet. **H** Wälder, Parks, Gärten.

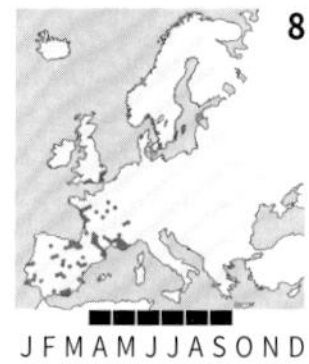

8 ⊙ Südlicher Blütenmulmkäfer
Cordicollis instabilis **L** 3–4 mm. Gelblich braun bis dunkelbraun, Flügeldecken oft an der Spitze dunkler gefärbt. **H** Küstengebiete, Salzwiesen, offene Sandflächen.

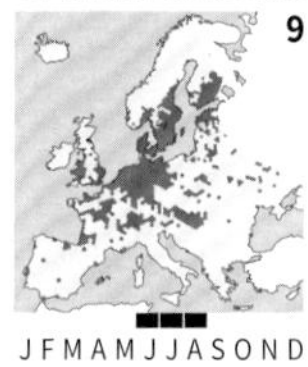

9 ⊙ Gemeiner Einhornkäfer
Notoxus monoceros **L** 3–5 mm. Pronotum mit großem, charakteristischem Horn, das sich über den Kopf erstreckt. Elytren hellbraun, oft mit dunklem Mittelstreifen und Spitzen. **H** Dünen, Trockenrasen, Wiesen, sandige Gebiete.

SCHEINRÜSSLER Salpingidae

E 7 GEN 19 SPP 3 ILL

Klein, glänzend, einige mit verlängertem Rostrum (Rüssel); lange Fühler. Larven unter Rinde, ernähren sich von anderen Insekten, wie z. B. Borkenkäfern. Die meisten Rüsselkäfer (verschiedene Familien, S. 318 ff.) ebenfalls mit Rostrum, aber typischerweise langen, oft geknickten Fühlern.

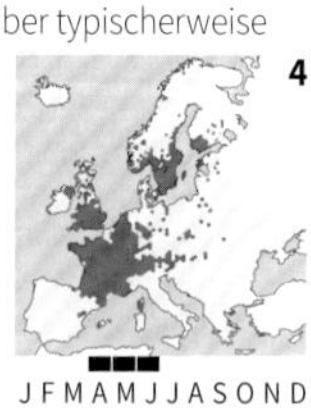

Gen. *Salpingus* E 3 SPP

Rostrum lang, letzte 4 Fühlersegmente verdickt, Elytren mit Punktreihen bedeckt.

4 🔍 Gemeiner Scheinrüssler
Salpingus planirostris **L** 3–4 mm. Rostrum so lang wie Pronotum. Metallisch dunkelgrün; Rostrum, Beine und Fühler rotbraun. **H** Wälder, unter Rinde.

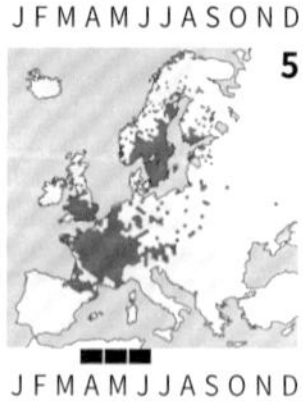

5 ⊙ Rothalsiger Scheinrüssler
Salpingus ruficollis **L** 3–5 mm. Rostrum so lang wie Kopf und Pronotum zusammen. Rotbraun, Kopf (oben) und Elytren metallisch dunkelgrün, Fühler mit dunklen Spitzen. **H** Wälder, unter Rinde.

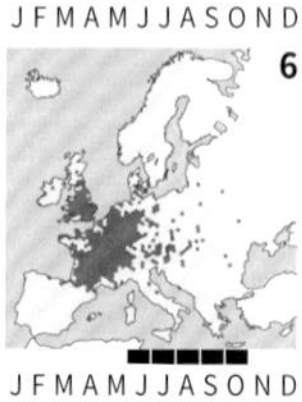

6 ⊙ Breiter Rothals-Scheinrüssler *Vincenzellus ruficollis*
L 2–4 mm. Orange, Elytren blaugrün, Antennen schwarz mit heller Basis. **H** Wälder, unter Rinde.

SEIDENKÄFER Scraptiidae

E 6 GEN 102 SPP 2 ILL

Klein, schlank; Fühler ziemlich lang, bei den meisten Arten mit gelbem Basalsegment; Beine lang. Larven entwickeln sich unter Rinde, in Totholz und Baumpilzen.

Gen. *Anaspis* E 56 SPP

Hintertarsen deutlich länger als Hinterbeinschienen. Bei einigen Arten kann eine mikroskopische Untersuchung der Merkmale erforderlich sein, um sie auf Artenebene zu identifizieren.

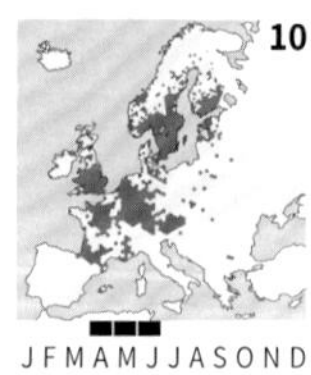

10 🔍 Rotstirniger Scheinstachelkäfer *Anaspis frontalis*
L 3–5 mm. Schwarz; Kopf und selten Pronotum vorne gelblich. **H** Wälder, häufig auf Weißdornblüten.

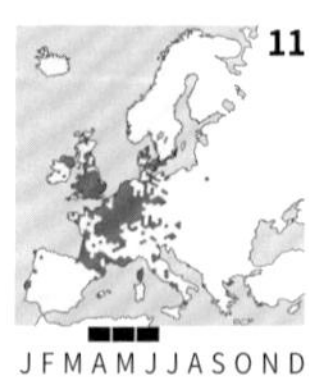

11 🔍 Gefleckter Scheinstachelkäfer
Anaspis maculata **L** 2–3 mm. Färbung variabel, oft gelblich braun, Flügeldecken mit großen schwarzen Flecken, darunter ein großes dreieckiges Feld an der Basis. Fühler zur Spitze hin schwärzlich. **H** Wälder, Hecken, Parks, oft auf Weißdornblüten.

FEUERKÄFER

1 ×1,5 ■

2 ×2 ■

3 ×2,5 ■

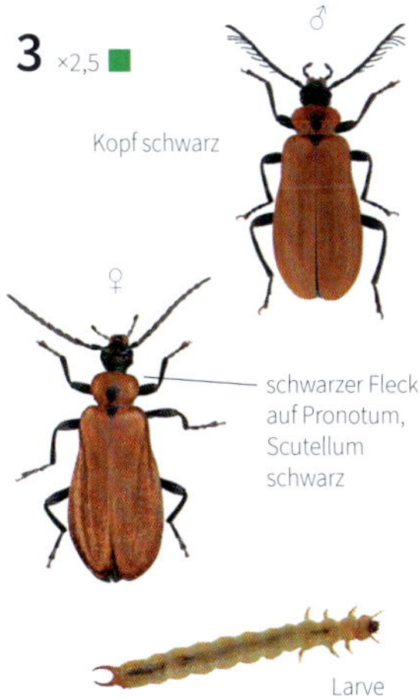

SCHEINRÜSSLER

4 ×6 ◆

Farbvarianten

5 ×6 ■

6 ×6 ■

BLÜTENMULMKÄFER

7 ×6 ■

8 ×6 ■

9 ×6 ■

SEIDENKÄFER

10 ×6 ◆

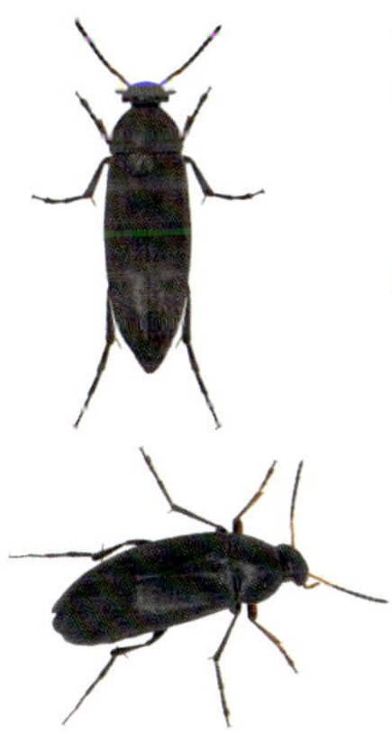

11 ×8 ◆

BOCKKÄFER Cerambycidae →

E ~ 124 GEN 677 SPP 98 ILL

Klein bis sehr groß; ♀ bei den meisten Arten deutlich größer als ♂. Robust oder schlank, zylindrisch und meist länglich; oft sehr bunt. Fühler in der Regel lang bis sehr lang, manchmal > Körperlänge; Elytren in der Regel mit voller Länge, aber bei einigen wenigen Arten verkürzt, sodass die Hinterflügel sichtbar bleiben; Beine lang. Im Allgemeinen leicht zu erkennen.

Die erwachsenen Tiere mehrerer Arten leben in großer Zahl an Blüten in Wäldern, darunter Weißdorn, Doldenblütler oder Brombeeren. Die Larven entwickeln sich hauptsächlich in totem Holz und können mehrere Jahre brauchen, um zu reifen. Die Larven einiger Arten können erhebliche Schäden an Nutzholz verursachen und gelten als Schädlinge.

1 ⊙ Mulmbock *Ergates faber*
L 27–60 mm. Sehr groß, robust; Pronotum 2× so breit wie lang, seitlich fein gezähnt. ♂ braun, Fühler > Körperlänge, Pronotum mit 2 glatten Höckern; ♀ schwarz, Fühler ~ ⅔ Körperlänge, Pronotum runzelig. **H** Nadelwälder, auf Kiefern.

1
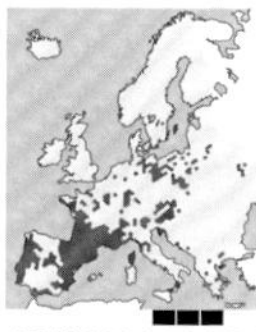

2 ⊙ Sägebock *Prionus coriarius*
L 18–45 mm. Sehr groß, robust; dunkel rotbraun bis schwarz; Fühlersegmente besonders verdickt und gezähnt. **H** Wälder.

2
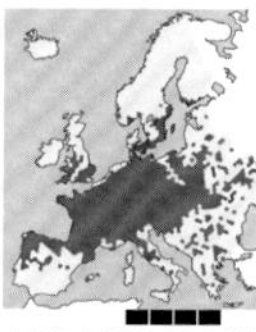

3 ⊙ Schulterbock *Oxymirus cursor*
L 16–30 mm. Robust, Elytren nach hinten verjüngt, mit breiten „Schultern“, Pronotum mit spitzen Höckern an den Seiten. ♂ meist schwarz, ♀ mit Fühlern und Beinen braun, Elytren mit bräunlichen Längsstreifen; manchmal ♀ ganz gelblich braun. **H** Wälder, in Gebirgsregionen.

3
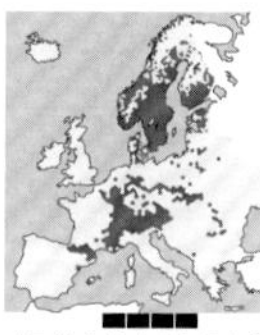

4 ⊙ Gelber Vierfleckbock
Pachyta quadrimaculata **L** 11–20 mm. Schwarz; Elytren gelb mit 4 schwarzen Flecken, zur Spitze hin spitz zulaufend; Pronotum gekräuselt, behaart. Ähnlich der Art *P. lamed*, bei dieser ♂ mit rotbraunen Elytren und schwach gepunktetem Pronotum. **H** Offene Flächen in Gebirgsregionen.

4
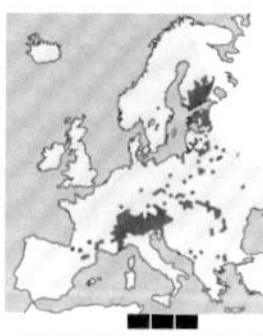

Gen. *Rhagium* E 5 SPP

Kopf ist eingeschnürt, bildet einen deutlichen Hals. Zeichnung der Elytren hilft bei der Identifikation der Art.

5 ⊙ Gelbbindiger Zangenbock
Rhagium bifasciatum **L** 12–22 mm. Elytren dunkelbraun mit 2 schräg verlaufenden, bräunlichen Streifen; Fühler oft < ½ Körperlänge. **H** Wälder.

5
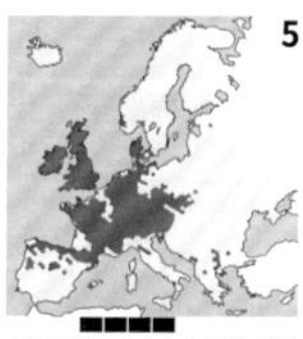

6 ⊙ Schrotbock *Rhagium inquisitor*
L 12–22 mm. Elytren mit mehreren schwarzen Flecken und weißlichen Haaren; Fühler oft < ½ Körperlänge. **H** Nadelwälder.

6
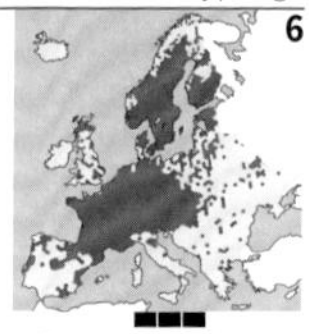

7 ⊙ Schwarzfleckiger Zangenbock
Rhagium mordax **L** 13–23 mm. Elytren schwarz und hellbraun, gesprenkelt mit großen schwarzen, bräunlich umrandeten Flecken; Fühler oft < ½ Körperlänge. **H** Wälder.

7
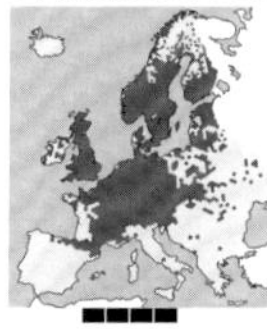

8 ⊙ Eichenzangenbock
Rhagium sycophanta **L** 15–27 mm. Schwarzbraun mit gelblich brauner Zeichnung; Pronotum beidseitig scharf bedornt. **H** Wälder, bevorzugt Eichen.

8
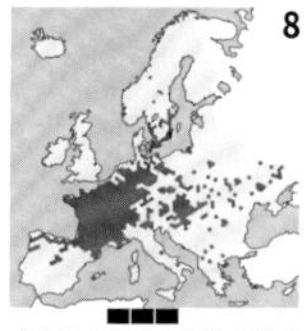

9 ⊙ Variabler Stubbenbock
Stenocorus meridianus **L** 15–27 mm. Elytren schwarz oder mit gelblichen oder gelblichen Flecken; Femora oft gelblich, aber einige ganz schwarz. **H** Wälder.

9
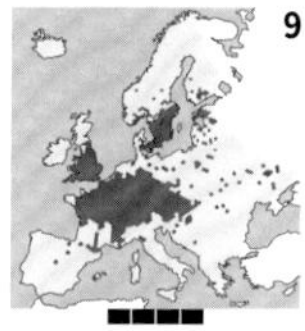

10 ⊙ Blauschwarzer Kugelhalsbock
Dinoptera collaris **L** 7–9 mm. Pronotum kugelförmig, rot, manchmal dunkel. Elytren dunkelblau bis schwarz, punktiert und behaart. Hinterleib rot. **H** Wälder.

10
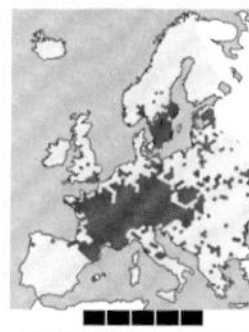

11 ⊙ Schwarzhörniger Fleckenbock
Brachyta interrogationis **L** 9–18 mm. Stämmig, schwarz; Elytren mit variabler gelb-schwarzer Zeichnung, oft gelb mit einem L-förmigen Längsfleck, manchmal aber auch fast ganz gelblich oder ganz schwarz. **H** Wiesen in Gebirgsregionen.

11
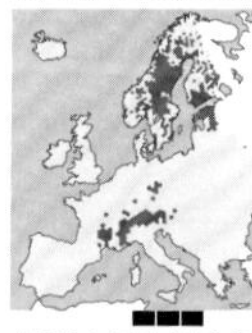

12 ⊙ Fleckenbock
Evodinus clathratus **L** 10–12 mm. Länglich, bräunlich; Elytren mit unregelmäßigen, blass gelblichen Furchen und Vertiefungen. **H** Wälder in Gebirgsregionen.

12

13 ⊙ Blaubock *Gaurotes virginea*
L 9–12 mm. Körper im Vergleich zu anderen Bockkäfern sehr gedrungen. Elytren metallisch grünlich oder blau, Pronotum einfarbig schwarz oder rot, manchmal schwarz mit rotem Fleck. **H** Wälder in Gebirgsregionen.

13

BOCKKÄFER →

1 ×1

2 ×1

3 ×1

4 ×1,5

5 ×1,5

6 ×1,5

7 ×1,5

8 ×1,5

9 ×1

10 ×2

11 ×1,5

12 ×2

13 ×2

← BOCKKÄFER Cerambycidae →

Gen. *Grammoptera* E 7 SPP

Eher lang gestreckt, Fühler fast so lang wie der Körper. Schwarz oder goldfarben behaart, Hinterleibsspitze dunkel.

1
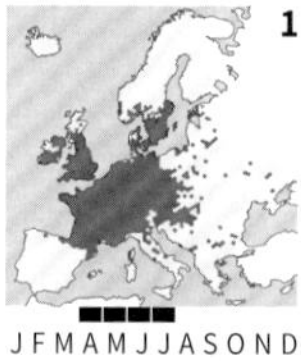

1 Mattschwarzer Blütenbock
Grammoptera ruficornis **L** 3–7 mm. Schwarz; Fühlersegmente basale Hälfte bräunlich, Fühler S2 länger als breit. Beine schwarz oder zum Teil rötlich. **H** Wälder.

2
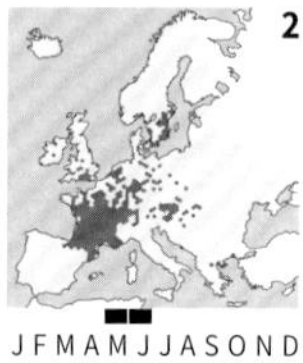

2 Eichenblütenbock
Grammoptera ustulata **L** 5–9 mm. Pronotum und Elytren goldfarben behaart; Spitze schwarz. Beine blass, außer Tarsi. **H** Wälder.

3
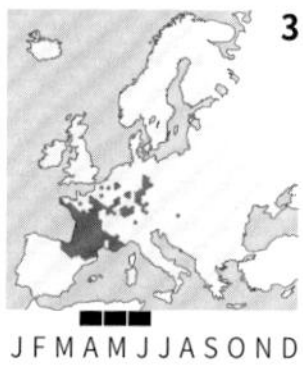

3 Grauflügliger Erdbock
Iberodorcadion fuliginator **L** 10–15 mm. Schwarz, samtartig. Elytren weißlich grau oder braun-grau behaart, mit Streifen. Elytren zu einem Teil verschmolzen, daher flugunfähig. **H** Mageres Grasland.

Gen. *Leptura* E 3 SPP

Schwarz, Elytren mit auffälligen gelben oder rötlichen Bändern.

4
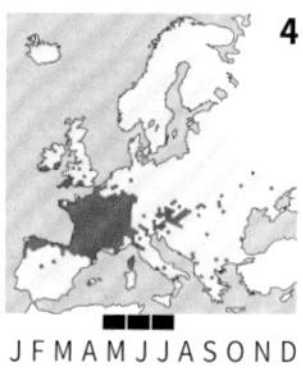

4 Goldhaariger Halsbock
Leptura aurulenta **L** 12–25 mm. Elytren mit 4 gewellten, gelben oder roten Bändern; Pronotum mit goldgelbem Haarsaum auf Vorder- und Rückseite; Beine gelbbraun.

5
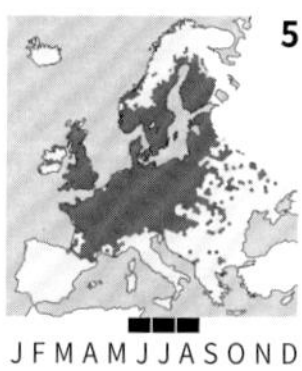

5 Vierbindiger Schmalbock
Leptura quadrifasciata **L** 15–27 mm. Elytren schwarz mit 4 farbigen Bändern; Pronotum vorne und hinten ohne goldgelbe Haare; Beine schwarz. **H** Wälder.

Gen. *Anastrangalia* E 3 SPP

Schwarz, Elytren bräunlich, rot oder gelblich.

6
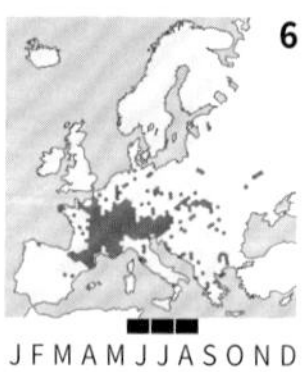

6 Schwarzgesaumter Schmalbock ***Anastrangalia dubia***
L 9–16 mm. Schwarz; Elytren bei ♂ gelblich braun, bei ♀ rot, bei beiden Geschlechtern mit schwarzen Spitzen. Manchmal werden ganz schwarze Individuen beobachtet. Hinterer Teil des Pronotums mit flacher zentraler Furche, die bei *A. sanguinolenta* fehlt. **H** Wälder.

7
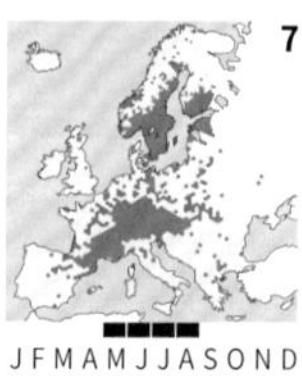

7 Blutroter Halsbock
Anastrangalia sanguinolenta
L 8–13 mm. Körper schwarz, Elytren gelb mit schwarzer Spitze bei ♂, rot bei ♀. Der ähnliche Rothalsbock (*Stictoleptura rubra*) hat ein rotes Pronotum. **H** Wälder.

Gen. *Stictoleptura* E 12 SPP

Lang gestreckt, Pronotum breiter als Kopf, aber deutlich schlanker als die Basis der Elytren; Elytren zur Spitze hin leicht verjüngt.

8
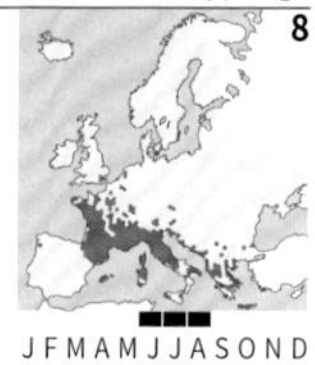

8 Beherzter Halsbock
Stictoleptura cordigera **L** 13–19 mm. Schwarz; Elytren rot mit herzförmigem schwarzem Fleck, auch Saum und Spitze schwarz; Beine schwarz. **H** Wälder, Larven oft an Eichen.

9
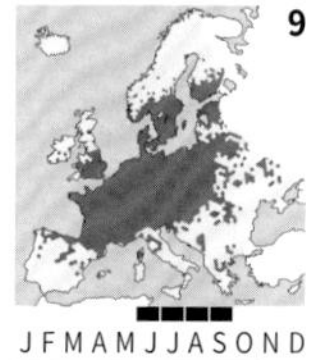

9 Rothalsbock ***Stictoleptura rubra***
L 10–19 mm. ♂ Pronotum schwarz; Elytren gelblich braun; Tarsi gelblich braun. ♀ Pronotum und Elytren rot, selten gelblich; Tibiae und Tarsi rotbraun. **H** Wälder, Larven an Laubbäumen.

10
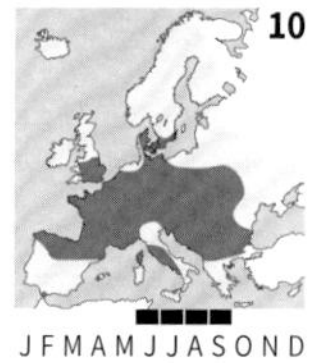

10 Haarschildiger Halsbock
Stictoleptura scutellata **L** 14–20 mm. Schwarz; Scutellum behaart; silbrig bei ♂, goldgelb bei ♀. **H** Wälder, Larven oft an Buchen.

Gen. *Paracorymbia* E 5 SPP

Ähnlich wie *Stictoleptura*; schwarz, Elytren gelbbraun bei beiden Geschlechtern.

11
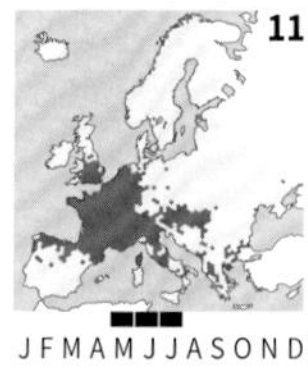

11 Schwarzspitziger Halsbock
Paracorymbia fulva **L** 9–14 mm. Elytren fein punktiert, Spitze schwarz, lange Haare an der Basis. Bei der ähnlichen Art *P. tesserula* sind die Elytren grob punktiert, nur an der Basis kurz behaart und haben oft (aber nicht immer) einen zentralen schwarzen Punkt. **H** Wälder, Larven an Espen oder Buchen.

12
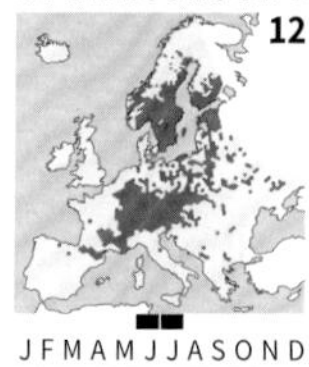

12 Fleckenhörniger Halsbock
Paracorymbia maculicornis **L** 8–10 mm. Elytren etwa 2,5× so lang wie das Pronotum, an der Spitze meist dunkler. Bei der ähnlichen *P. hybrida* sind die Elytren > 3× so lang wie das Pronotum. **H** Wälder, Larven an Eichen und anderen Bäumen.

13
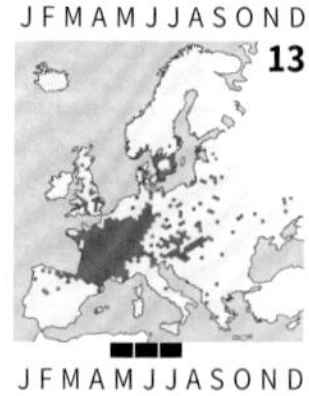

13 Gefleckter Halsbock
Anoplodera sexguttata **L** 7–12 mm. Schwarz, Elytren mit 6 rötlichen Flecken, selten sind diese undeutlich. **H** Wälder.

14
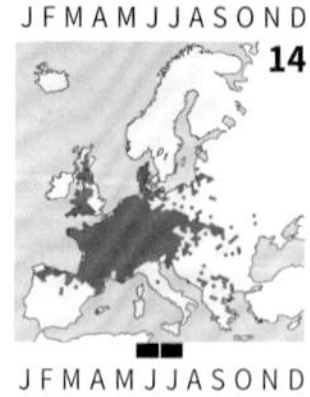

14 Gefleckter Blütenbock
Pachytodes cerambyciformis
L 7–12 mm. Elytren schmal, auffallend gelb, mit schwarzen Flecken. **H** Wälder.

15
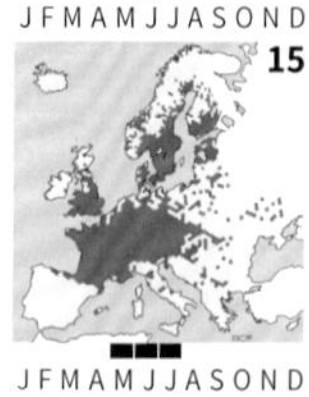

15 Feldahornbock
Alosterna tabacicolor **L** 6–10 mm. Kopf, Pronotum und Scutellum schwarz; Elytren gelbbraun, Spitze schwarz, Beine gelbbraun. Hintere Winkel des Pronotums stumpf oder scharf. Fühler schwarz, Basalsegment rötlich. **H** Wälder.

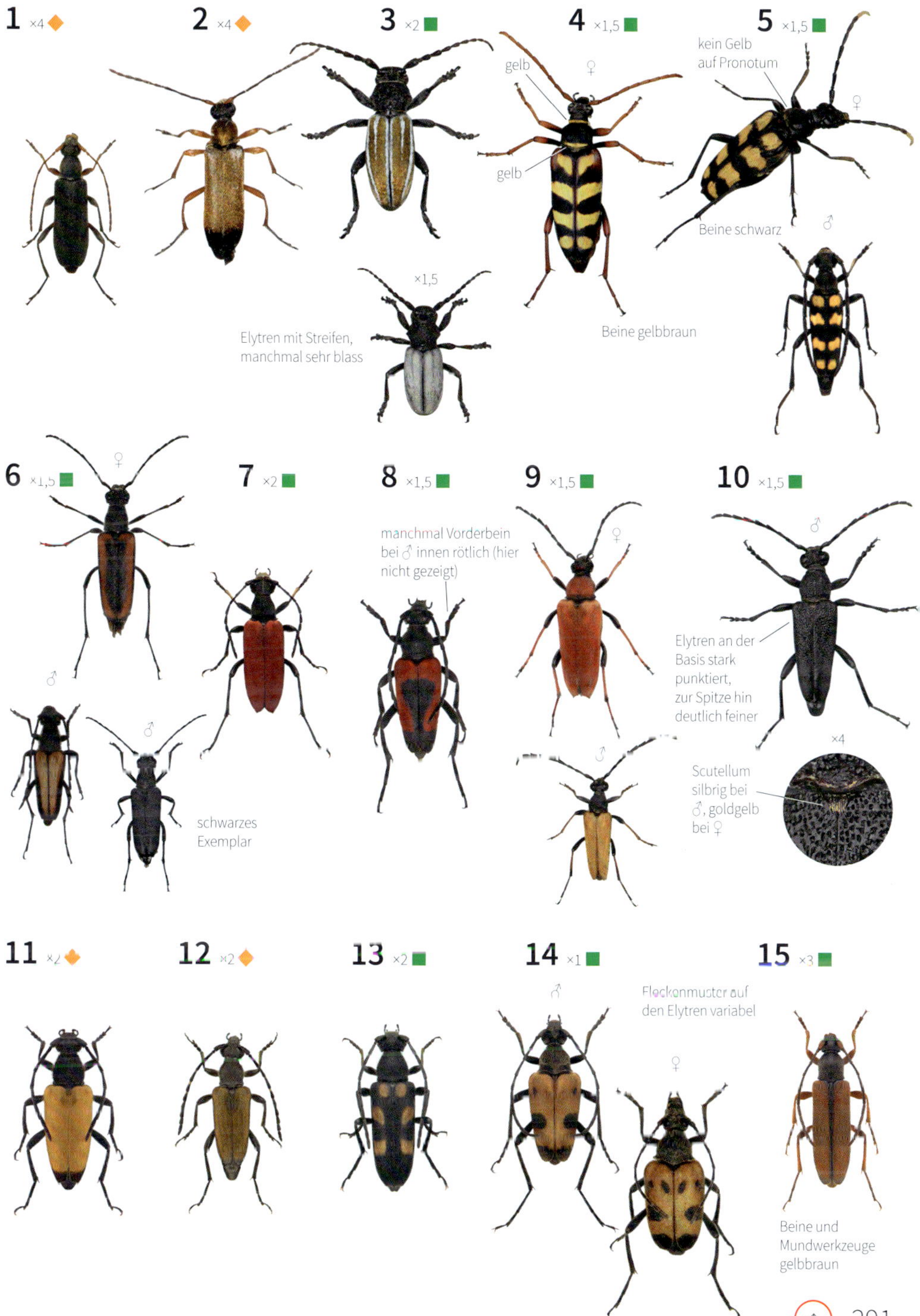
1 ×4
2 ×4
3 ×2
4 ×1,5
5 ×1,5
kein Gelb auf Pronotum
gelb
♀
gelb
♀
Beine schwarz
♂
×1,5
Elytren mit Streifen, manchmal sehr blass
Beine gelbbraun
6 ×1,5
♀
7 ×2
8 ×1,5
9 ×1,5
10 ×1,5
manchmal Vorderbein bei ♂ innen rötlich (hier nicht gezeigt)
♀
♂
Elytren an der Basis stark punktiert, zur Spitze hin deutlich feiner
♂
♂
schwarzes Exemplar
♂
×4
Scutellum silbrig bei ♂, goldgelb bei ♀
11 ×2
12 ×2
13 ×2
14 ×1
15 ×3
♂
Fleckenmuster auf den Elytren variabel
♀
Beine und Mundwerkzeuge gelbbraun

← **BOCKKÄFER** Cerambycidae →

1 🔍 Kleiner Halsbock
Pseudovadonia livida **L** 5–9 mm. Kopf, Pronotum, Scutellum, Fühler, der größte Teil der Beine schwarz; Elytren, vordere und mittlere Tibiae gelbbraun oder bräunlich. Die Elytren sind punktiert; die hinteren Winkel des Pronotums sind kurz und abgerundet. **H** Wälder, Heideland, Grasland.

1
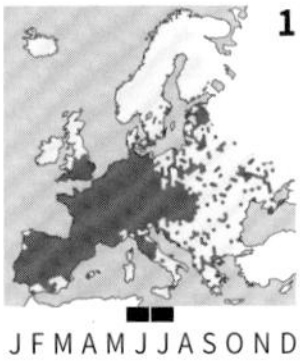

2 ⊙ Schlanker Schmalbock
Strangalia attenuata **L** 9–16 mm. Sehr lang gestreckt, Elytren zur Spitze hin stark verjüngt. Schwarz; Elytren mit gelblich-roter und schwarzer Zeichnung, die recht variabel sein kann. **H** Wälder, Heide, Grasland.

2
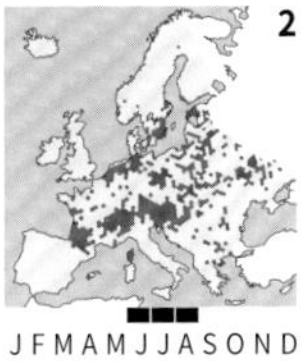

3 ⊙ Gefleckter Schmalbock
Rutpela maculata **L** 13–20 mm. ELyren leuchtend gelb mit schwarzen Flecken; unverwechselbar. **H** Wälder.

3
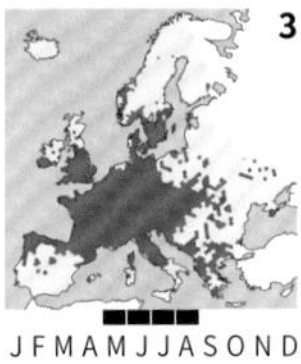

Gen. ***Stenurella*** E 3 SPP

Körper und Elytren zur Spitze hin stark verjüngt, Pronotum glockenförmig.

4 ⊙ Zweibindiger Schmalbock
Stenurella bifasciata **L** 7–10 mm. ♂ ähnlich *S. melanura* ♂, aber Hinterleib rot; ♀ Elytren mit Mittelstreifen, Spitzen und Saum schwarz. **H** Wälder.

4
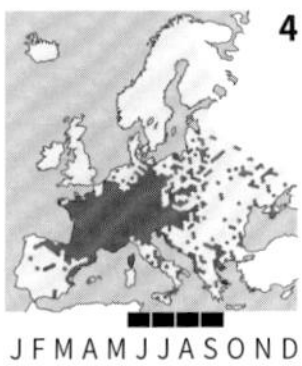

5 ⊙ Kleiner Schmalbock
Stenurella melanura **L** 6–10 mm. Schwarz, Elytren gelblich rot; ♀ mit schwarzer Spitze und breitem Mittelstreifen; ♂ mit viel schmalerem Streifen; Hinterleib schwarz. **H** Wälder.

5
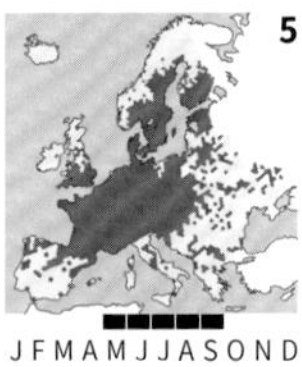

6 🔍 Schwarzer Schmalbock
Stenurella nigra **L** 6–9 mm. Körper und Gliedmaßen schwarz, Hinterleib orange; Körper zur Spitze hin stark verjüngt; Pronotum glockenförmig. **H** Wälder.

6
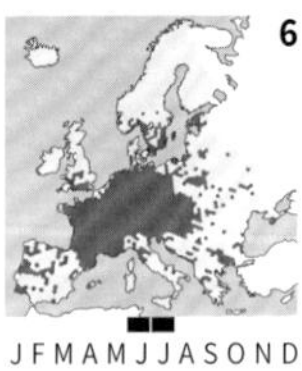

---

7 🔍 Großer Wespenbock
Necydalis major **L** 19–32 mm. Schwarz; Fortsätze, Flügeldecken und Hinterleib meist rotbraun, Hinterbeine gelb; Flügeldecken bei *Necydalis* spp. verkürzt, bedecken weder Flügel noch Hinterleib. **H** Wälder, oft an Erlen.

7
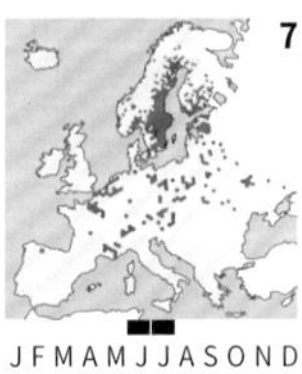

8 🔍 Düsterbock
Asemum striatum **L** 4–7 mm. Breit, schwarz; Fühler ± ½ Körperlänge; Elytren dunkelbraun oder grau. **H** Nadelwälder.

8
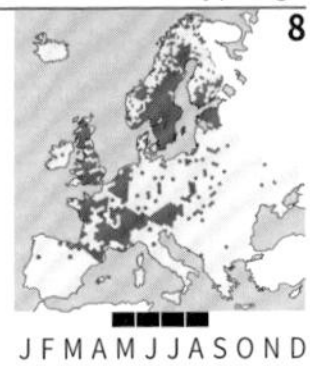

Gen. ***Tetropium*** E 3 SPP

Robust, eher abgeflacht; schwarz, einige mit bräunlichen Elytren. Augen fast in 2 Teile geteilt. Pronotum seitlich stark gerundet, weniger breit als Elytren; Beine auffallend verdickt, besonders bei ♂.

9 ⊙ Gemeiner Fichtensplintbock
Tetropium castaneum **L** 8–23 mm. Körper schwarz oder dunkelbraun; Elytren, Tibiae und Fußwurzeln rotbraun; Pronotum mit spärlicher Punktierung. **H** Nadelwälder.

9
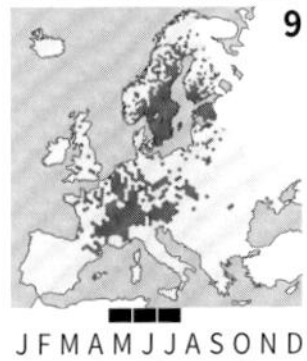

10 ⊙ Lärchenbock
Tetropium gabrieli **L** 8–18 mm. Körper mattschwarz, Elytren können aber dunkel oder rotbraun sein; Pronotum dicht punktiert. **H** Nadelwälder.

10
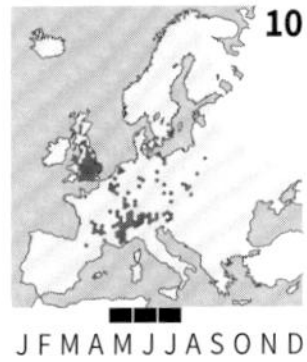

Gen. ***Arhopalus*** E 2 SPP

Elytren mit 2–3 meist ziemlich undeutlichen Längsrippen. Pronotum seitlich abgerundet, nicht viel schmaler als Elytren.

11 🔍 Schwarzbrauner Halsgrubenbock *Arhopalus ferus*
L 10–27 mm. Körper schwarz-braun oder dunkelbraun; Augen glatt. **H** Nadelwälder.

11
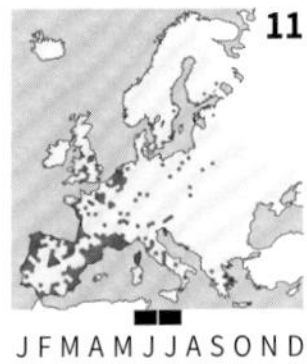

12 🔍 Dunkelbrauner Halsgrubenbock *Arhopalus rusticus*
L 10–30 mm. Körper braun oder rotbraun; Augen fein behaart. **H** Nadelwälder.

12
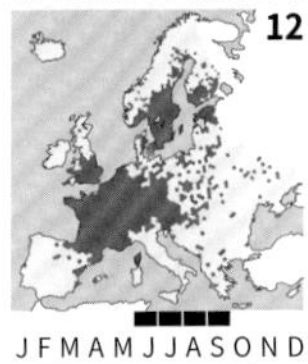

---

13 🔍 Braunrötlicher Spitzdeckenbock *Stenopterus rufus* **L** 8–16 mm. Schwarz, Hinterleib mit heller Zeichnung. Elytren spitz zulaufend, zur Spitze hin klaffend; Femora mit keulenförmiger, schwarzer Schwellung. Ähnliche Art *S. flavicornis* hat rotbraune Beine. **H** Wälder, Parks.

13
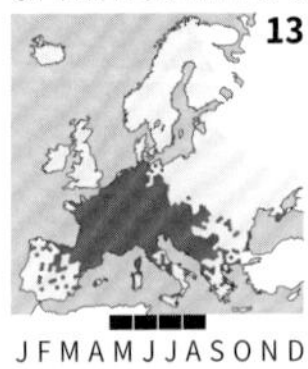

14 🔍 Dunkelschenkliger Kurzdeckenbock *Molorchus minor*
L 6–16 mm. Körper schwarz, Elytren rotbraun mit 2 gelben Flecken, Fühler viel länger als der Körper. **H** Nadelwälder.

14
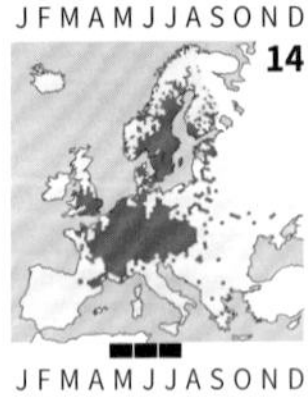

15 🔍 Dolden-Kurzdeckenbock
Glaphyra umbellatarum **L** 5–9 mm. Keine Flecken auf den Elytren, Fühler viel kürzer als bei *M. minor*. **H** Nadelwälder.

15
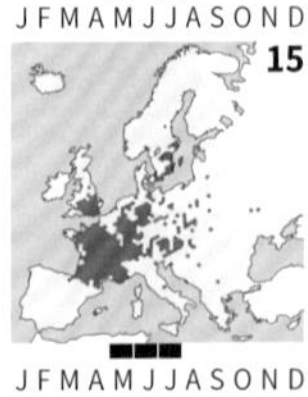

← BOCKKÄFER →

1 ×3 ◆

2 ×2 ■

3 ×1,5 ■

4 ×2 ■

5 ×2 ■

6 ×2 ◆

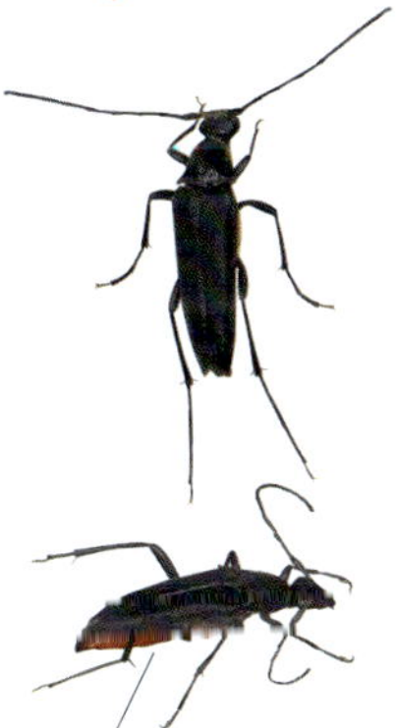

7 ×1,5 ◆

8 ×4 ◆

9 ×2 ■

10 ×2 ■

11 ×1,5 ◆

12 ×1,5 ◆

13 ×2 ◆

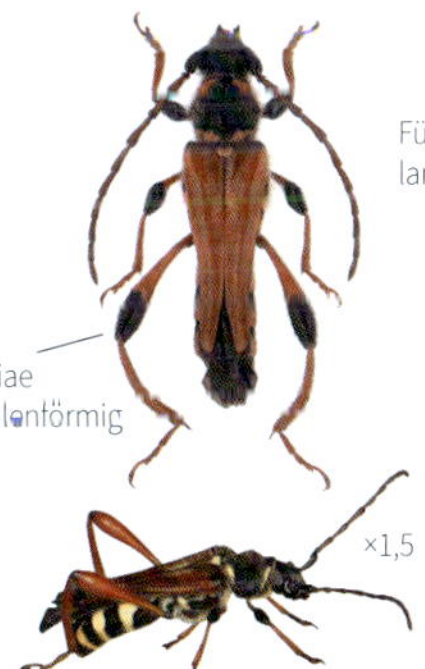

14 ×2 ◆

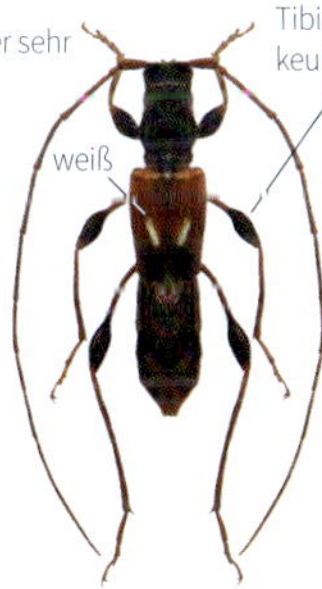

15 ×2 ◆

← **BOCKKÄFER** Cerambycidae →

1 🔍 Gemeiner Reisigbock
Obrium brunneum **L** 4–7 mm. Körper braun mit kurzen, spärlichen, gelblichen Haaren. Seltene Art *O. cantharinum* ähnlich, mit größeren Augen. **H** Nadelwälder.

1
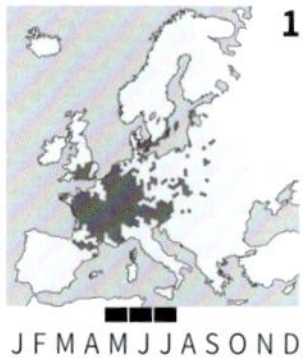

Gen. ***Cerambyx*** E 6 SPP

Sehr groß und auffallend; Beine und Fühler lang und kräftig; Fühler S11 bei ♂ länger als alle anderen.

2 🔍 Kleiner Eichenbock
Cerambyx scopolii **L** 17–28 mm. Schwarz; Pronotum und Elytren punktiert, Elytren am Grund stärker, zur Spitze hin feiner. **H** Wälder, Larven manchmal in Obstbäumen.

2
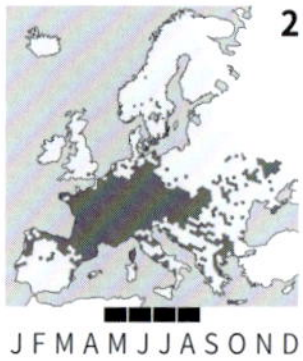

3 🔍 Großer Eichenbock
Cerambyx cerdo **L** 24–53 mm. Sehr groß; schwarz, Elytren zur Spitze hin bräunlich rot. Fühler bei ♂ bis zu 2× so lang wie Körperlänge; bei ♀ ≥ 1×; erste Fühlersegmente verdickt und punktiert. **H** Wälder, Larven in Eichen. **I** Schäden an Eichenholz können durch große Larvengänge verursacht werden.

3
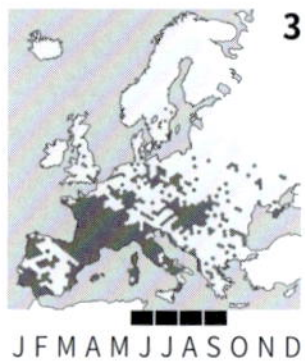

4 ⊙ Waldbock
Spondylis buprestoides **L** 12–24 mm. Zylindrisch, schwarz. Kopf breit, Mundwerkzeuge kräftig; Fühler kurz, reichen kaum bis zur Basis der Elytren; Beine kurz und kräftig. Ähnelt etwas dem Balkenschröter (*Dorcus parallelipipedus*, S. 226), ist aber kleiner. **H** Wälder, in trockenen Kiefernstümpfen.

4
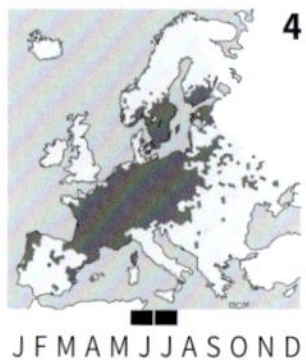

5 ⊙ Moschusbock
Aromia moschata **L** 13–35 mm. Metallisch grün, ♂ manchmal lila. **H** Feuchtgebiete; Larven entwickeln sich in Weiden. **V** Kann Moschusgeruch aus Drüsen im Thorax ausstoßen.

5
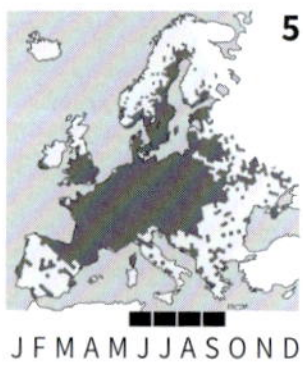

Gen. ***Callidium*** E 3 SPP

Körper eher flach; Pronotum breiter als lang; Beine kräftig, mit verdickten Femora; Fühler kürzer als der Körper.

6 ⊙ Blaufarbener Scheibenbock
Callidium aeneum **L** 9–15 mm. Metallisch grün bis bronzefarben, Pronotum mit fein faltiger Oberfläche. **H** Wälder, in Fichten und Kiefern.

6
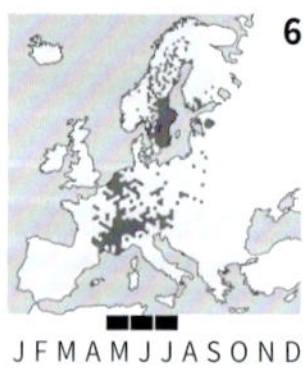

7 ⊙ Blauvioletter Scheibenbock
Callidium violaceum **L** 8–16 mm. Metallisch violett, blau bis blaugrün; Hinterleib und Beine braun bis schwarz, Pronotum grob punktiert. **H** Nadelwälder.

7
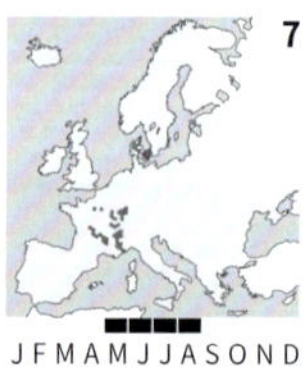

8 ⊙ Hausbock *Hylotrupes bajulus*
L 8–26 mm. Schwarzbraun, Pronotum mit abgerundeten Seiten und feinen grauen Haaren, Flügeldecken mit weißlichen Haarflecken; Fühler eher kurz. **H** In Nadelholz in Gebäuden; in einigen Ländern im Freien in Waldgebieten, bekannt in Südfrankreich und Griechenland. **B** Gefürchteter Schädling in einigen Ländern; Larvengänge können zu Bauschäden führen; Entwicklung dauert mehrere Jahre.

8
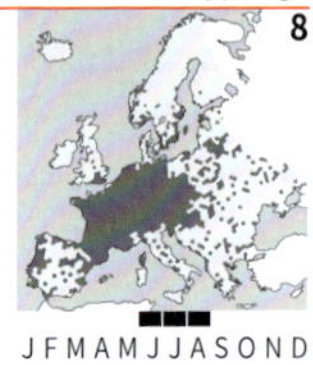

9 ⊙ Rothaarbock
Pyrrhidium sanguineum **L** 6–15 mm. Kopf, Fühler und Beine schwarz; Pronotum und Elytren rötlich-orange. **H** Wälder.

9
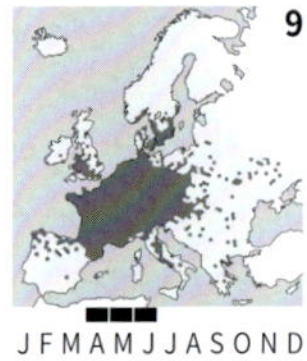

10 ⊙ Veränderlicher Scheibenbock
Phymatodes testaceus **L** 6–18 mm. Blauschwarz oder rötlich bis dunkelbraun; Pronotum rötlich; Augen glatt. **H** Wälder. **V** Nachtaktiv.

10
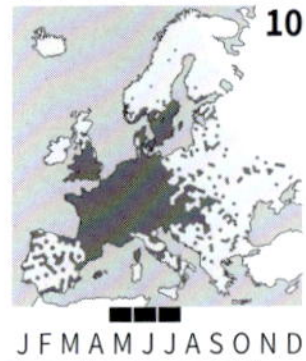

11 ⊙ Kleiner Schönbock
Poecilium alni **L** 3–7 mm. Schwarz; Elytren rötlich mit 2 weißen Bändern im hinteren Bereich; Beine rotbraun, Spitzen dunkler. **H** Wälder.

11
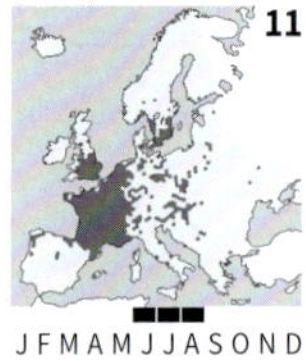

Gen. ***Chlorophorus*** E 9 SPP

Lang gestreckt, zylindrisch; behaart. Kopf eher klein; Pronotum etwa so breit wie die Elytren.

12 ⊙ Schulterfleckiger Widderbock
Chlorophorus figuratus **L** 7–13 mm. Schwarz; Elytren schwarz mit weißen Bändern, außerdem gräulicher Fleck an der „Schulter"; Pronotum mit langen Haaren. Der ähnlichen Art *C. sartor* fehlt der weiße „Schulterfleck". **H** Laubwälder.

12
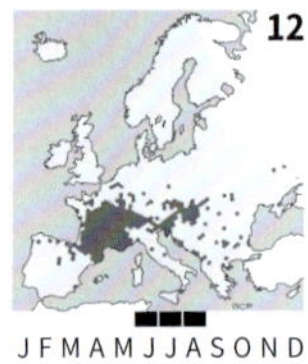

13 ⊙ Grünlichgelber Widderbock
Chlorophorus herbstii **L** 9–15 mm. Pronotum und Elytren gelblich grün mit schwarzen Flecken, die am Saum der Elytren deutlich getrennt sind; Unterseite ebenfalls gelblich grün. **H** Laubwälder, auf Lindenbäumen.

13
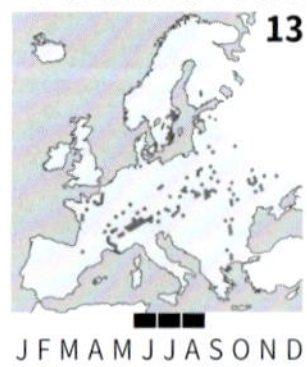

14 ⊙ Haariger Widderbock
Chlorophorus pilosus **L** 12–16 mm. Pronotum und Elytren gelblich grün mit kleinen dunklen Flecken; Unterseite gräulich. **H** Laubwälder.

14
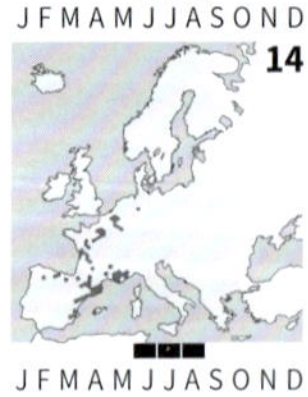

15 ⊙ Variabler Widderbock
Chlorophorus varius **L** 8–14 mm. Pronotum und Elytren gelblich grün mit schwarzen Flecken, die sich in der Mitte der Elytren treffen; Unterseite ebenfalls gelblich grün. **H** Laubwälder.

15
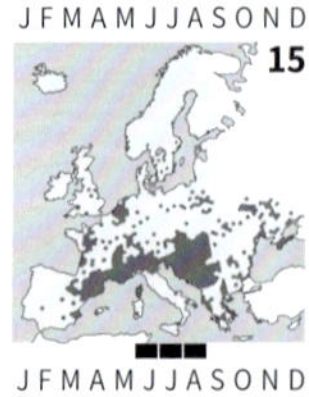

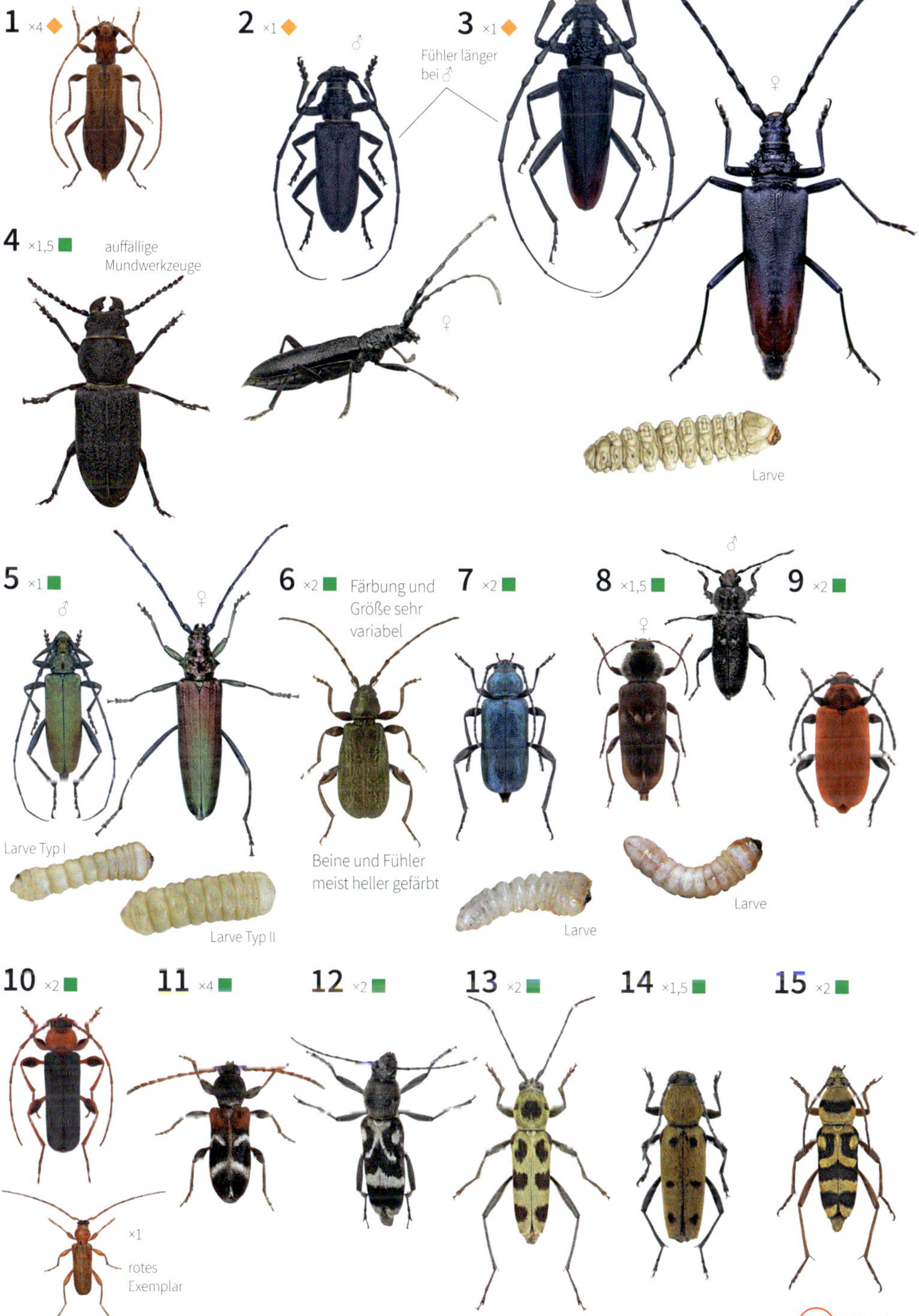

1 ×4
2 ×1
♂
3 ×1
♂
Fühler länger bei ♂
♀
♀
4 ×1,5
auffällige Mundwerkzeuge
Larve
5 ×1
♂
♀
Larve Typ I
Larve Typ II
6 ×2
Färbung und Größe sehr variabel
Beine und Fühler meist heller gefärbt
7 ×2
Larve
8 ×1,5
♂
♀
Larve
9 ×2
10 ×2
×1
rotes Exemplar
11 ×4
12 ×2
13 ×2
14 ×1,5
15 ×2

← **BOCKKÄFER** Cerambycidae →

Gen. *Clytus* E 7 SPP

Schwarz, Pronotum und Elytren mit artspezifischen, aber variablen gelben Linien und Markierungen. Fühler kurz, ~ ½ Körperlänge.

1 Echter Widderbock
Clytus arietis **L** 6–15 mm. Elytren mattschwarz, gelb gezeichnet, mit geradem gelbem Fleck an der „Schulter". Fühler am Ende verdickt; Ansatz rötlich. Beine rötlich, Femora meist schwarz. **H** Wälder.

1
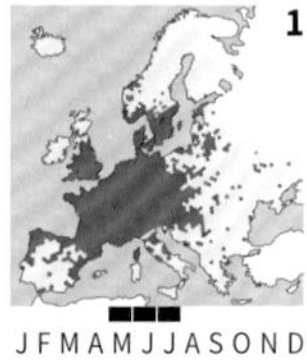

2 Schmalfühleriger Widderbock
Clytus lama **L** 9–15 mm. Elytren mattschwarz mit gelber Zeichnung und gelbem Fleck an der „Schulter". Fühler rotbraun, nicht verdickt. Beine rötlich, Femora schwarz. **H** Nadelwälder.

2
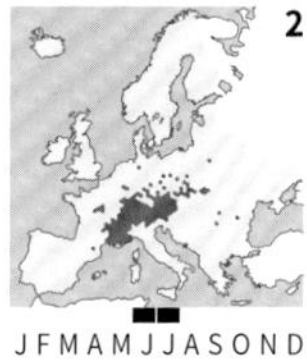

3 Kreuzdorn-Widderbock
Clytus rhamni **L** 6–12 mm. Elytren eher glänzend schwarz mit gelber Zeichnung. Fühler zur Spitze hin verdickt, gelblich rot. Beine gelblich rot, hintere Femora dunkler. **H** Buschland.

3
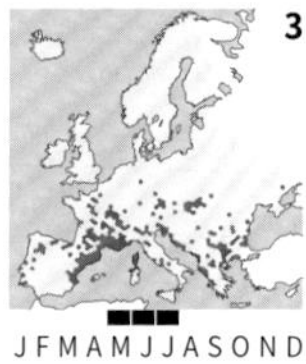

Gen. *Plagionotus* E 2 SPP

Lang gestreckt, insgesamt schwarz, mit artspezifischer gelber Zeichnung; Fühler ≥ ½ Körperlänge, dick und kräftig, Segmente zum äußeren Ende hin verbreitert.

4 Eichenwidderbock
Plagionotus arcuatus **L** 8–20 mm. Kopf schwarz, vorne mit gelbem Band, Pronotum vorne mit gelbem Rand und 2 gelben Flecken; Elytren an der Spitze abgerundet. Beine und Fühler gelblich; vordere und mittlere Femora dunkel. **H** Wälder.

4
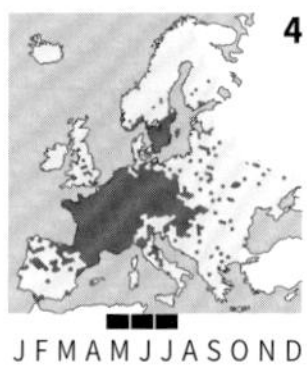

5 Hornissenbock
Plagionotus detritus **L** 10–19 mm. Kopf schwarz und gelb; Elytren schwarz, manchmal dunkelbraun, gelb markiert, zur Spitze hin mehr ausgedehnt; Pronotum mit gelbem Rand an Vorderseite und gelbem Band hinter der Mitte; Beine und Fühler rotbraun. **H** Wälder.

5
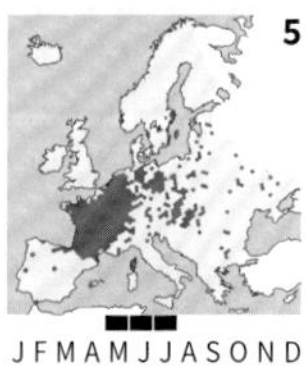

6 Dunkler Holzklafterbock
Xylotrechus rusticus **L** 9–15 mm. Elytren mit undeutlichen, fleckigen grauen Bändern; Beine und Fühler rotbraun; Pronotum mit vorstehenden Seiten. **H** Wälder.

6
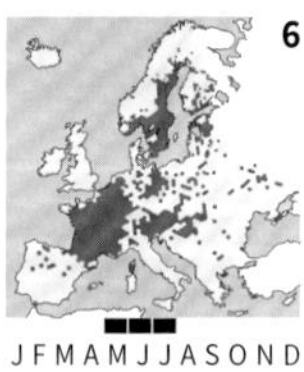

7 Dunkler Zierbock
Anaglyptus mysticus **L** 8–15 mm. Schwarz, Elytren am Grund tief rotbraun mit 3 weißlichen Querbändern und breiter, grau behaarter Spitze. **H** Wälder.

7
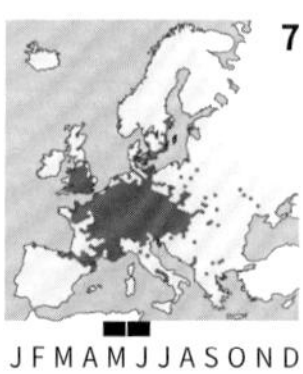

8 Keulenfüßiger Scheckenbock
Aegomorphus clavipes **L** 12–17 mm. Robust, dicht gefleckt grau, braun und schwarz. Fühler ~ Körperlänge, schwarzweiß gestreift. **H** Laubwälder.

8
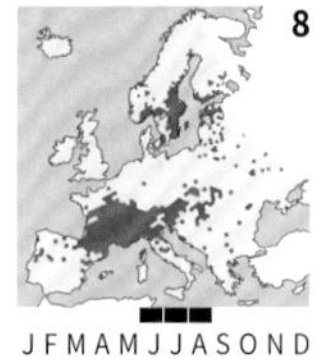

9 Graubindiger Augenfleckbock
Mesosa nebulosa **L** 9–16 mm. Bräunlich, stark punktiert; Pronotum und Elytren schwarz, braun und weißlich, mit verschiedenen Flecken und Streifen; Fühler grau und braun. **H** Wälder.

9
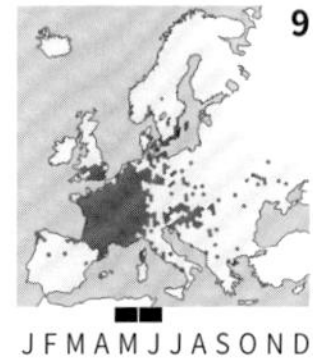

10 Alpenbock
Rosalia alpina **L** 15–38 mm. Sehr groß und markant; Körper graublau bis hellblau, Pronotum und Elytren mit variablen schwarzen Flecken und Bändern. Fühler bei ♂ bis zu 2× Körperlänge; bei ♀ ≥ 1×; bei beiden Geschlechtern S1–S2 schwarz, S3–S6 blau mit schwarzen Haarbüscheln. **H** Laubwälder, oft auf Buchen und Platanen.

10
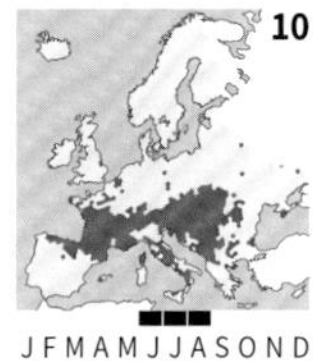

Gen. *Agapanthia* E 18 SPP

Graslandspezialisten; Fühler lang, schwarzgrau gebändert. Einige Arten lassen sich leicht anhand spezifischer Markierungen identifizieren, andere erfordern möglicherweise eine genaue Untersuchung.

11 Weißstreifiger Distelbock
Agapanthia cardui **L** 6–14 mm. Körper schwarz; Elytrenrand grau, Suturallinie blass. **H** Trockenes Grasland.

11
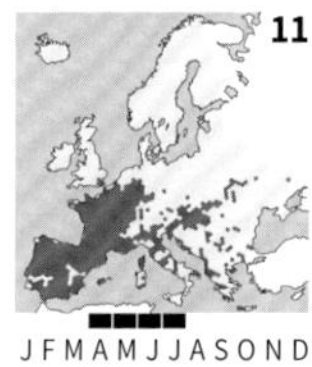

12 Langhaariger Scheckhornbock *Agapanthia intermedia*
L 9–15 mm. Pronotum und Elytren dunkel mit leichtem Metallglanz; Elytren mit einigen hellgrauen Haaren zur Spitze hin; Stirn und Unterseite des Thorax mit hellen Haaren. **H** Trockenes Grasland.

12
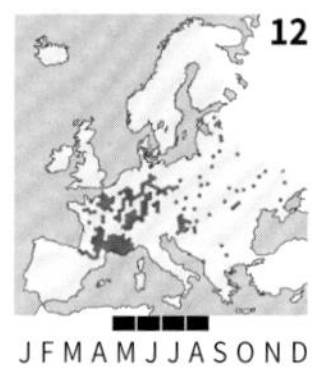

13 Scheckhorn-Distelbock
Agapanthia villosoviridescens
L 11–19 mm. Körper schwarz; Elytren grau gesprenkelt mit kurzen gelblichen Haaren. **H** Grasland, Waldränder.

13
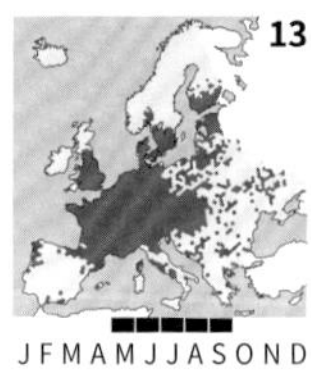

14 Langhaariger Scheckhornbock *Agapanthia violacea* **L** 9–15 mm. Schwarz mit bläulich violettem Metallglanz, Körper und Elytren ohne helle Haare oder Markierungen, mit Ausnahme von sehr wenigen hellen Haaren auf der Stirn. Hinterleibsspitze gerade noch hinter der Spitze der Elytren sichtbar. Fühler S1+3+5 lang gestreckt. Vorsicht vor Verwechslung mit *A. intermedia*. **H** Grasland.

14
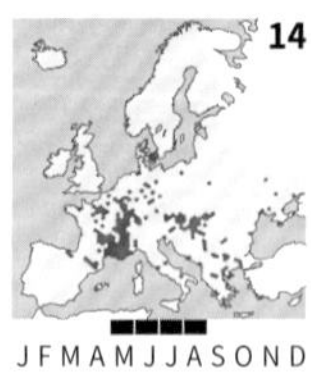

1 ×2 ■

2 ×2 ■

3 ×3 ■

4 ×2 ■

5 ×1,5 ■

6 ×2 ■

Larve im Bohrloch im Holz

7 ×2 ■

8 ×1,5 ■

9 ×2 ■

10 ×1 ■

11 ×2 ■

12 ×2 ◆

13 ×1,5 ■

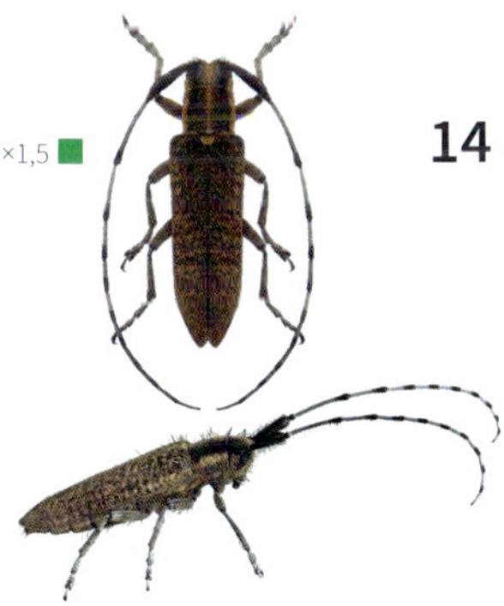

14 ×2 ◆

← **BOCKKÄFER** Cerambycidae →

1 ⊙ Weberbock *Lamia textor*
L 15–30 mm. Groß; Körper graubraun, gefleckt. Pronotum quadratisch, Seiten mit 2 spitzen Höckern; Elytren zur Spitze hin leicht verjüngt. Fühler < Körperlänge, S1 und S3 von gleicher Länge. Ähnelt etwas dem Grauflügligen Erdbock (*Iberodorcadion fuliginator*, S. 290), ist aber größer und die Elytren sind nicht in der Mitte verschmolzen. **H** Uferwälder.

1
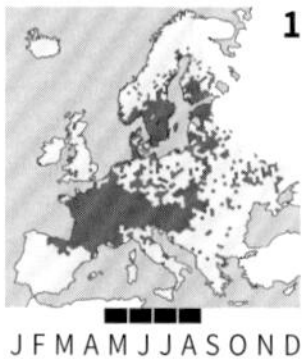

2 ⊙ Trauerbock *Morimus asper*
L 10–40 mm. Körper schwarz, mit graubraunen Haaren bedeckt. Elytren schwarz, bei ssp. *funereus* dunkel bläulich grau mit dunklen Flecken. Fühler bei ♂ ~1,5× Körperlänge; bei ♀ ≥ 1×.
H Laubwälder.

2
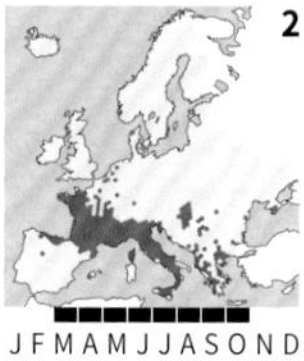

Gen. ***Monochamus*** E 4 SPP

Fühler sehr lang; bei ♂ ≥ 2× Körperlänge, einheitlich schwarz oder dunkelbraun; bei ♀ > 1×, jedes Segment mit hellem Ring an der Basis. Details des Scutellums hilft bei der Identifikation (Lupe erforderlich). Larven entwickeln sich in Nadelbäumen, die meisten Arten werden als Schädlinge in der Holzindustrie angesehen.

3 🔍 Bäckerbock
Monochamus galloprovincialis
L 12–25 mm. Grünlich braun; Elytren mit je 3 hellbraunen Flecken. Scutellum mit hellbraunen Haaren bedeckt; im Gegensatz zu anderen *Monochamus* spp. mit winzigem unbehaarten Mittelfleck.
H In Kiefern.

3
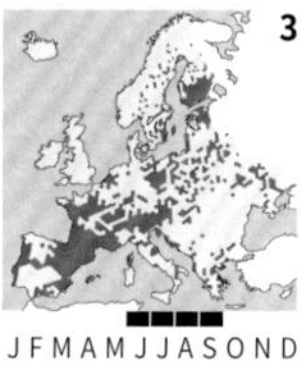

4 🔍 Langhornbock
Monochamus sartor **L** 21–35 mm. Schwarz; Elytren dunkel und bei ♂ zur Spitze hin verjüngt, mit vielen hellen Haarflecken, bei ♀ nicht verjüngt. Scutellum mit gelblichen Haaren bedeckt, ohne kahle Stelle. **H** Bei Fichten.

4
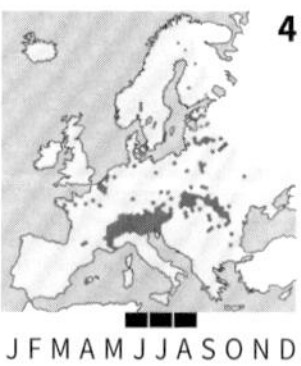

5 🔍 Einfarbiger Langhornbock
Monochamus sutor **L** 15–24 mm. Scutellum behaart, mit unbehaarter Mittellinie. Schwarz; Elytren mit braunen Flecken und gelblich weißen Flecken (manchmal fehlend, besonders bei ♂).
H In verschiedenen Nadelbäumen, bevorzugt Fichten und Tannen.

5
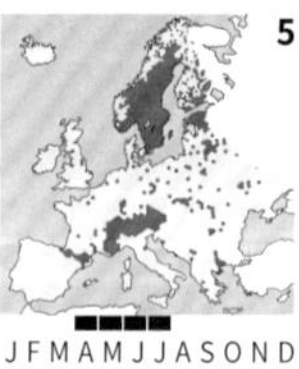

Gen. ***Pogonocherus*** E 12 SPP

Klein, Körper dunkelbraun; Elytren mit großem hellen oder weißlichen Fleck, zur Spitze hin verjüngt, Spitze scharfkantig oder gestutzt; Pronotum mit scharfen seitlichen Zähnen. Details des Scutellums können bei der Identifikation helfen (Lupe erforderlich).

6
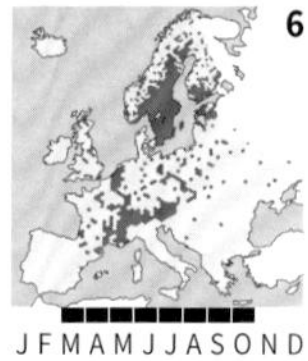

6 🔍 Gemeiner Wimperbock
Pogonocherus fasciculatus **L** 5–8 mm. Scutellum zweifarbig, Femora und Tarsi rötlich grau und braun geringelt. **H** Wälder, Larve sowohl in Laub- als auch in Nadelbäumen.

7
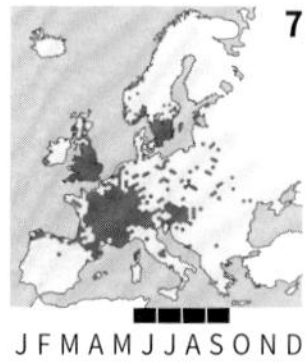

7 🔍 Doppeldorniger Wimperbock
Pogonocherus hispidulus **L** 5–8 mm. Scutellum meist weiß (bei den meisten anderen *Pogonocherus* spp. dunkel); Elytren an der Spitze mit den äußeren Winkeln, die scharfe Zähne bilden.
H Wälder, Larve in Laubbäumen.

8
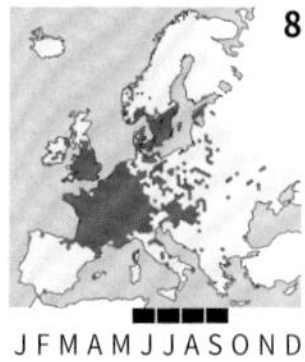

8 🔍 Dorniger Wimperbock
Pogonocherus hispidus **L** 4–6 mm. Scutellum schwarz; Elytren an der Spitze mit Außenwinkeln, die scharfe Zähne bilden. **H** Wälder, Larve in Laubbäumen.

9 ⊙ Linden-Wimperhornbock
Exocentrus lusitanus **L** 4–6 mm. Sehr klein; dunkelgrau, Elytren mit hellgrauen Zickzackbändern. Fühler sehr lang; Beine grau-weiß. **H** Wälder, Gärten, an Linden, manchmal an Hasel.

9
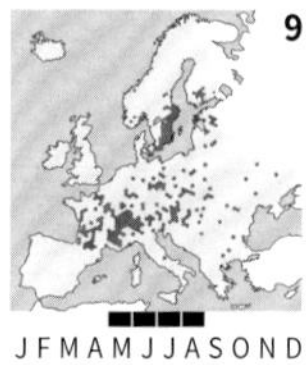

10 ⊙ Zimmermannsbock
Acanthocinus aedilis **L** 12–20 mm. Grau, mit bräunlichen Flecken; Fühler extrem lang; hintere Femora geschwollen.
H Nadelwälder, Sägewerke.

10
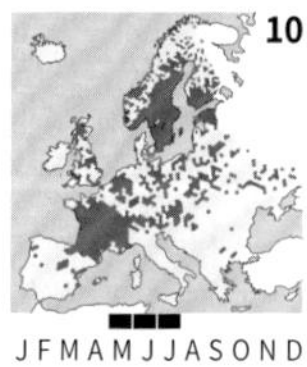

Gen. ***Leiopus*** E 4 SPP

Eher klein; Pronotum breiter als lang, ohne gelbe Tomentumflecken; mit spitzem Stachel an den Seiten; Beine verdickt; Fühler lang, bei ♂ bis zu 1,5× Körperlänge. Verlässliche Artbestimmung erfordert Untersuchung der Genitalien.

11 🔍 Linnés Splintbock
Leiopus linnei **L** 6–10 mm. Sehr ähnlich zu *L. nebulosus*, insgesamt dunkler mit mehr schwarzen Markierungen und Flecken. In nördlichen Regionen zahlreicher als *L. nebulosus*. **H** Wälder.

11
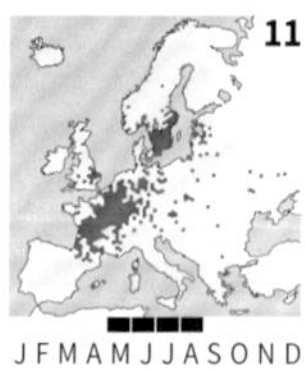

12 🔍 Braungrauer Splintbock
Leiopus nebulosus **L** 6–10 mm. Braun, mit graubraunen Haaren und schwarzen und weißlichen Flecken, Punkten und Bändern; Scutellum schwarz. **H** Wälder.

12
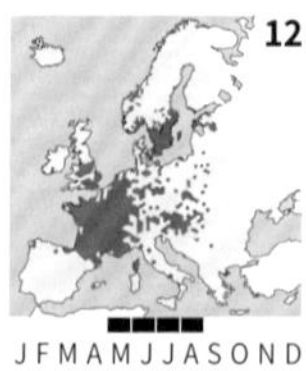

1 ×1

2 ×1

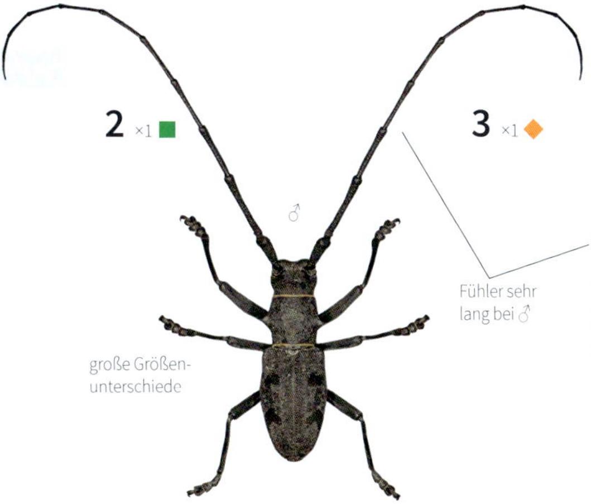

große Größenunterschiede

3 ×1

Fühler sehr lang bei ♂

4 ×1

Fühler sehr lang bei ♂

5 ×1

♀ bei den meisten Bockkäfern im Allgemeinen ähnlich, aber etwas größer und massiver gebaut als ♂

6 ×3

7 ×3

8 ×4

9 ×4

10 ×1,5

11 ×3

12 ×3

← BOCKKÄFER Cerambycidae

Gen. *Saperda* E 7 SPP

Mittelgroß bis groß, schwarz oder grau; Elytren mit kontrastierenden gelblichen Flecken, die bei einigen Arten ausgedehnt sein können; Fühler lang, Tarsi mit einfachen Krallen.

1 Großer Pappelbock
Saperda carcharias **L** 20–30 mm. Schwarz; Kopf, Pronotum und Elytren mit dichter, feiner, gelblicher Behaarung. **H** Wald, sowohl Erwachsene als auch Larven fressen an Pappeln.

1
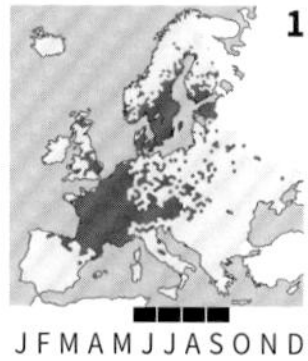

2 Kleiner Pappelbock
Saperda populnea **L** 9–15 mm. Körper schwarz; Pronotum mit gelben Streifen an den Seiten; Elytren mit mehreren gelben Flecken und starken Einstichen; Fühler schwarz und grau gebändert. **H** Wälder, an Espen.

2
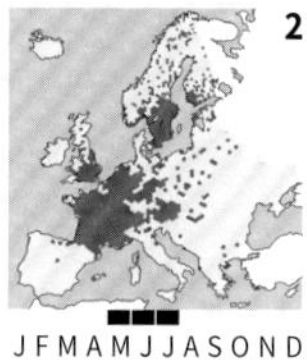

3 Leiterbock
Saperda scalaris **L** 13–35 mm. Körper schwarz; Pronotum und Elytren mit leuchtend gelben Haaren (selten grau), die leiterartige Flecken bilden; Fühler schwarz und grau gebändert. **H** Wälder, Larve in verschiedenen Laubbäumen.

3
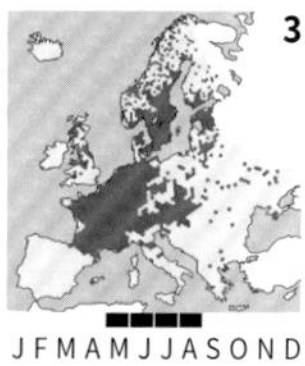

4 Metallfarbener Lindenbock
Stenostola dubia **L** 8–14 mm. Schwarz, mit kurzen gräulichen Haaren; Tarsiklauen durch eine tiefe Kerbe in 2 Teile geteilt. **H** Wälder.

4
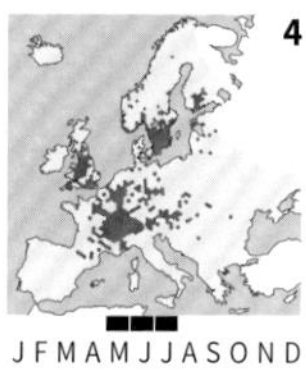

Gen. *Phytoecia* E 30 SPP

Länglich, zylindrisch; Elytren bei ♂ zur Spitze hin verjüngt. Abdomen kurz, nur etwa so lang wie der Thorax (Ansicht von unten). Larven entwickeln sich in verschiedenen krautigen Pflanzen, auch erwachsene Tiere werden auf ihnen gefunden.

5 Blaugrüner Walzenhalsbock
Phytoecia caerulea **L** 8–12 mm. Metallisch grün bis bläulich, Elytren leicht behaart. **H** Steppen; Larven in Kreuzblütlern.

5
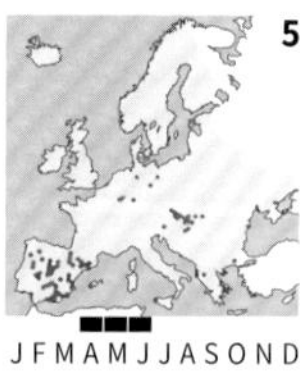

6 Dichtpunktierter Walzenhalsbock *Phytoecia coerulescens*
L 9–12 mm. Schwarz mit dichter, feiner grünlich grauer Behaarung; Pronotum mit 3 Längsbändern. Die Augen sind in 2 Teile geteilt. **H** Waldränder, Grasland, Wiesen.

6
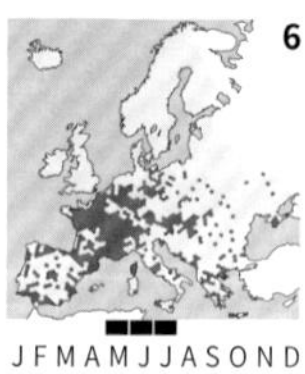

7 Zylindrischer Walzenhalsbock
Phytoecia cylindrica **L** 6–14 mm. Körper schwarz; vordere Femora und Tibiae rötlich. **H** Grünland.

7
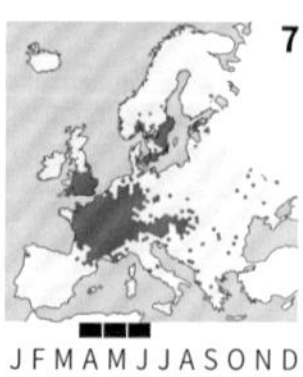

8 Schwarzhörniger Walzenhalsbock ***Phytoecia nigricornis*** **L** 7–14 mm. Schwarz, Elytren gleichmäßig mit grauen und gelblichen Haaren bedeckt; Pronotum mit 3 weißlichen, behaarten Längsstreifen. **H** Trockene Wälder, Sandgruben.

8
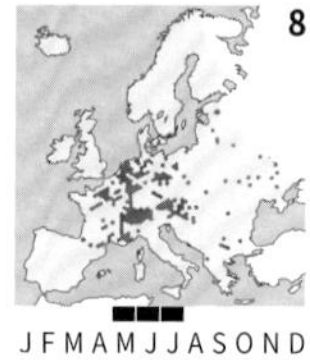

9 Schwarzfüßiger Walzenhalsbock ***Phytoecia affinis*** **L** 9–16 mm. Kopf und Fühler schwarz; Pronotum orangerot mit schwarzem Rand und 2 schwarzen Punkten; Elytren schwarz mit feinen grauen Haaren; Beine und Hinterleib orangerot. **H** Grasland, Wiesen.

9
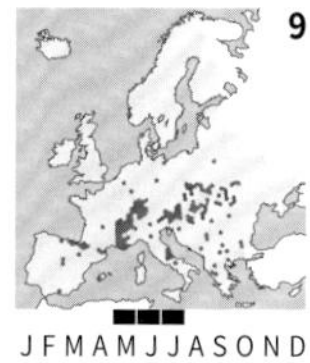

10 Gelber Pflaumenbock
Tetrops praeustus **L** 3–6 mm. Kopf, Pronotum und Fühler schwarz; Elytren stark behaart, braun, Spitze schwarz; Beine braun. Der ähnliche Eschenbockkäfer (*T. starkii*) hat eine größere schwarze Spitze auf den Elytren. **H** Wälder.

10
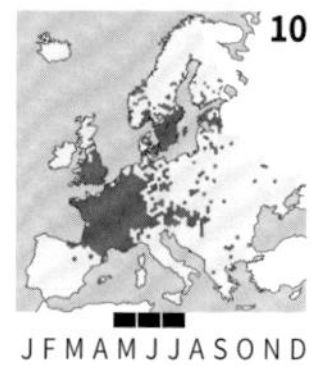

Gen. *Oberea* E 8 SPP

Sehr lang gestreckt und schmal; Elytren parallel zueinander; Fühler ~ 1× Körperlänge bei ♂; ~ ¾× Körperlänge bei ♀; Beine kurz.

11 Weiden-Linienbock
Oberea oculata **L** 16–20 mm. Pronotum gelb mit 2 zentralen Punkten; Elytren dunkel, mit Reihen einheitlicher runder Punkte bedeckt. **H** Larven in Weiden und Pappeln.

11
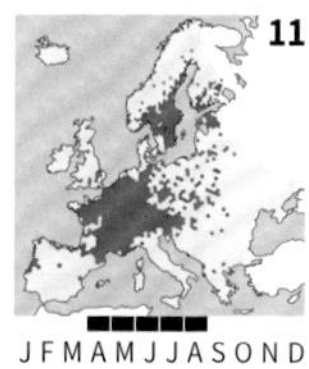

12 Hasel-Linienbock
Oberea linearis **L** 11–15 mm. Elytren und Fühler schwarz; Beine und Mundwerkzeuge gelblich. **H** Wälder, Larven meist in Hasel.

12
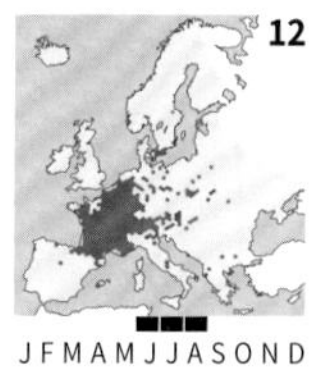

13 Geißblatt-Linienbock
Oberea pupillata **L** 15–18 mm. Kopf schwarz; Pronotum orangerot; Elytren dunkelgrau, fein gefleckt; mit orangerotem Fleck an der Basis. **H** Grasland, Buschland; Larven an Geißblattgewächsen.

13
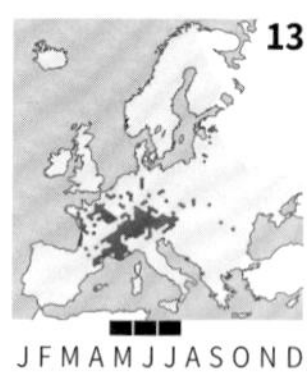

14 Körnerbock
Aegosoma scabricorne **L** 30–50 mm. Gelblich braun bis dunkelbraun; Pronotum glockenförmig, schmaler als die Elytren; Elytren mit 3–4 Längsrippen. Fühler ~ 1× Körperlänge bei ♂, mit S3 sichtbar körnig bedornt; ~ ½× Körperlänge bei ♀. **H** Laubwälder.

14
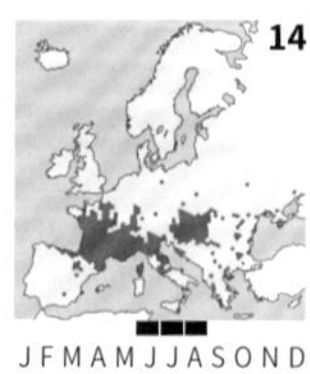

← BOCKKÄFER

1 ×1

Larve im Bohrloch im Holz

2 ×2

Eier von hufeisenförmigen Flecken umgeben, die irritiertes, sehr nahrhaftes Pflanzengewebe erzeugen, das von den jungen Larven gefressen wird

3 ×1

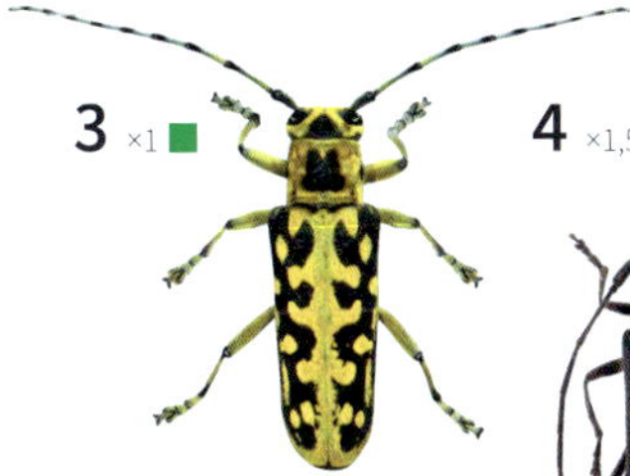

in der Regel hellgelblich, manchmal aber grau

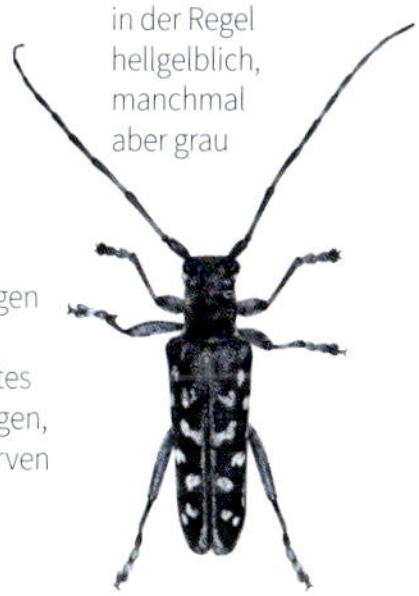

4 ×1,5

5 ×2

6 ×2

7 ×2

8 ×2

9 ×2

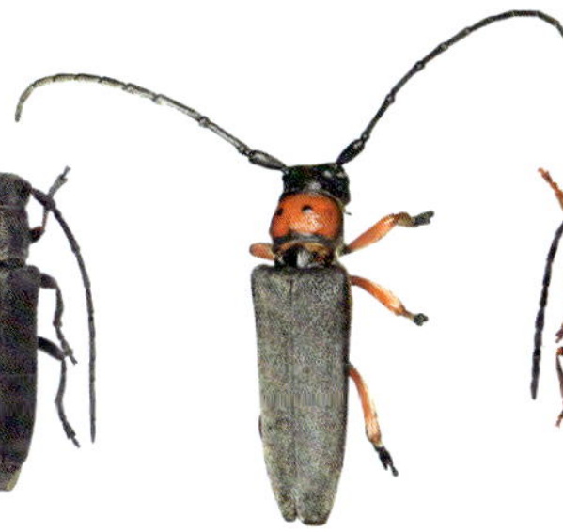

10 ×6

11 ×1,5

12 ×2

13 ×1,5

14 ×1

BLATTKÄFER Chrysomelidae →

E 135 GEN 1758 SPP 98 ILL

Sehr kleine bis große, breite oder ovale Käfer, oft sehr farbenprächtig und manchmal sehr variabel in der Farbe innerhalb der Arten; Fühler lang; Beine kurz. Larven und erwachsene Tiere ernähren sich von Blättern; einige Arten können erhebliche Schäden an Kulturen wie Kartoffeln, Kohl oder Spargel, aber auch an verschiedenen Bäumen oder anderen Pflanzen verursachen.

Sie lassen sich anhand ihrer charakteristischen Körperform relativ leicht in 7 Gruppen einteilen: **Schilfkäfer** siehe unten; **Samenkäfer** S. 302; **Typische Blattkäfer** S. 304; **Erdflöhe** S. 314; **Schildkäfer** S. 316; **Stachelkäfer** S. 276; **Tatzenkäfer** S. 316. Die meisten Arten sind typische Blattkäfer.

SCHILFKÄFER

Mittelgroß bis groß, länglich; Körper meist metallisch; Pronotum schmal; Fühler lang, 11-gliedrig, fadenförmig. In aquatischen Lebensräumen, meist an Schilf.

Gen. *Donacia* E 25 SPP

Schlank, lang gestreckt; Elytren abgeflacht, Spitze oft abgestumpft. Arten werden anhand Körperfarbe, Form der Flügelspitze, Zeichnung auf dem Pronotum und dem Vorhandensein oder Fehlen von Dornen auf Femora und Tibiae identifiziert.

1 ⊙ Bunter Seggen-Schilfkäfer
Donacia aquatica **L** 6–10 mm.
Pronotum und Elytren sehr bunt, je nach Lichteinfall metallisch rötlich, grün, blau und violett; Beine metallisch schwarz, mit goldenen Haaren. Hintere Femora mit einem Dorn; Fühler S1 und S3 ± gleich lang. **H** Feuchtgebiete.

1
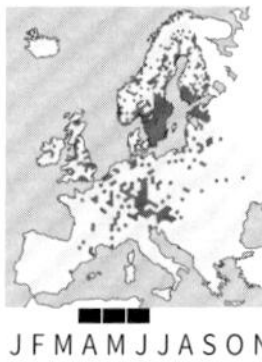

2 ⊙ Goldener Schilfkäfer
Donacia bicolora **L** 8–11 mm.
Grün bis gelblich grün, manchmal mit rötlichem oder kupfernem Schimmer, selten bläulich. **H** Feuchtgebiete.

2
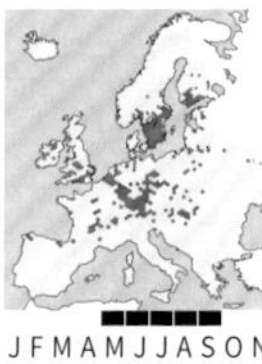

3 ⊙ Grünlicher Schilfkäfer
Donacia clavipes **L** 7–12 mm.
Gewöhnlich metallisch grün mit leichtem Bronzeton, manchmal kupferfarben oder golden. Beine und Fühler gelblich braun, nicht schwarz. Hintere Femora ohne Dorn; Fühler S3 ≥ S1. **H** Feuchtgebiete.

3
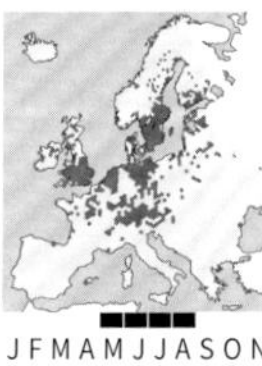

4 ⊙ Keulenfüßiger Rohrkäfer
Donacia marginata **L** 8–11 mm. Elytren bronzebraun mit breitem violettem Längsband und zentralem Basalfleck. Hintere Femora mit einem Dorn. **H** Feuchtgebiete.

4
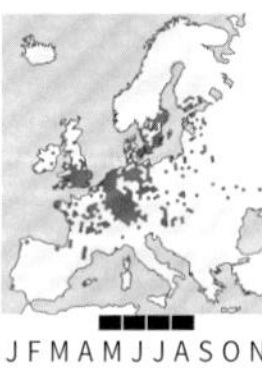

5 🔍 Wasserschwaden-Schilfkäfer
Donacia semicuprea **L** 5–8 mm.
Metallisch grünlich, kupferfarben oder grün; Fühler S3 < S1; Hintere Femora bei ♂ manchmal mit Dorn. **H** Feuchtgebiete.

5
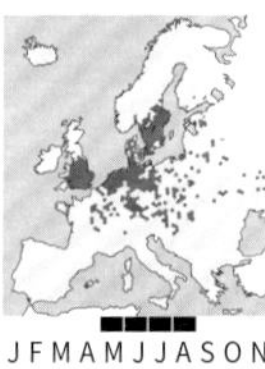

6 🔍 Kupferfarbener Schilfkäfer
Donacia simplex **L** 7–9 mm. Elytren kupferfarben, mit silberner Unterseite; zentrale Furche am Kopf; Unterseite der hinteren Tibiae nicht gezähnt. **H** Feuchtgebiete.

6
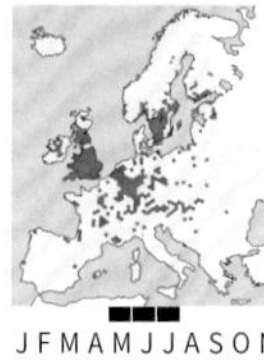

7 ⊙ Laichkraut-Schilfkäfer
Donacia versicolorea **L** 6–10 mm.
Elytren punktiert (als winzige helle Flecken); Hinterbeine länglich, Femora verbreitert. Von anderen *Donacia* spp. durch grobe Punktierung in der Mitte des Pronotums zu unterscheiden. **H** Feuchtgebiete.

7
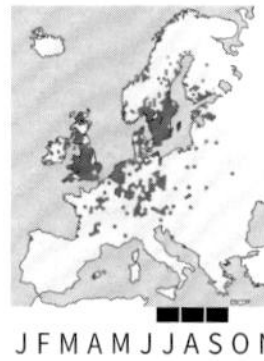

8 🔍 Grünkupferner Rohrkäfer
Donacia vulgaris **L** 6–9 mm.
Elytren kupferfarben, mit breitem violettem, rotem, blauem oder messingfarbenem Längsband und nahe der Naht. Hintere Femora nicht gezähnt. **H** Feuchtgebiete.

8
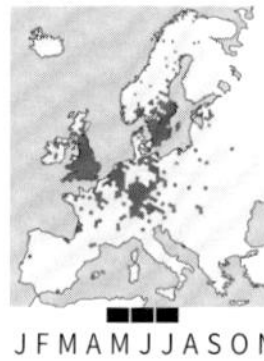

Gen. *Plateumaris* E 5 SPP

Etwas robuster als die verwandten *Donacia* spp.; Beine stämmig; Elytren an der Spitze gebogen. Arten werden anhand Körperfarbe sowie Form und Punktierung des Pronotums identifiziert.

9 ⊙ Dunkler Rohrkäfer
Plateumaris braccata **L** 8–11 mm.
Eher länglich; Pronotum oft mit bläulichem oder grünlichem Glanz; Elytren > 2× so lang wie breit, dunkel mit violettem Glanz; Beine und Fühler rötlich. **H** Feuchtgebiete, auf Schilf.

9
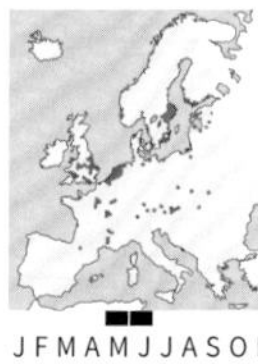

10 🔍 Torfmoor-Schilfkäfer
Plateumaris discolor **L** 6–9 mm.
Metallisch grün, kupferfarben, blau, lila, rot oder schwarz; Pronotum punktiert, stärker um die Mittellinie. **H** Moore und Sümpfe.

10
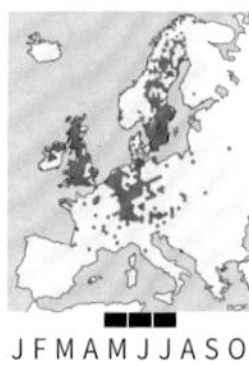

11 🔍 Seidiger Rohrkäfer
Plateumaris sericea **L** 7–10 mm.
Metallisch grün, kupferfarben, blau, lila, rot oder schwarz; Pronotum gleichmäßig punktiert. **H** Nicht-saure Feuchtgebiete.

11
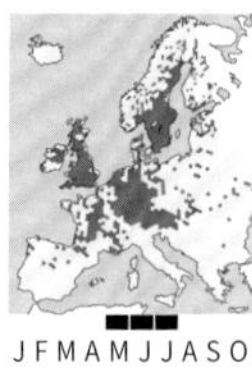

SAMENKÄFER →

Klein; Körper braun oder schwarz; Elytren quadratisch, gesprenkelt; Pronotum vorne stark verschmälert; Fühler lang, 11-gliedrig, gewöhnlich gezähnt oder gefiedert.

12 🔍 Speisebohnenkäfer
Acanthoscelides obtectus **L** 3–4 mm.
Kräftig; dunkelgrün-grau mit gelb-grauen Längsflecken. Elytren reichen nicht bis zur Hinterleibsspitze; Fühler lang. **H** Meist in (beheizten) Häusern und Küchen, ernährt sich von Bohnen.

12

Blattkäfer →

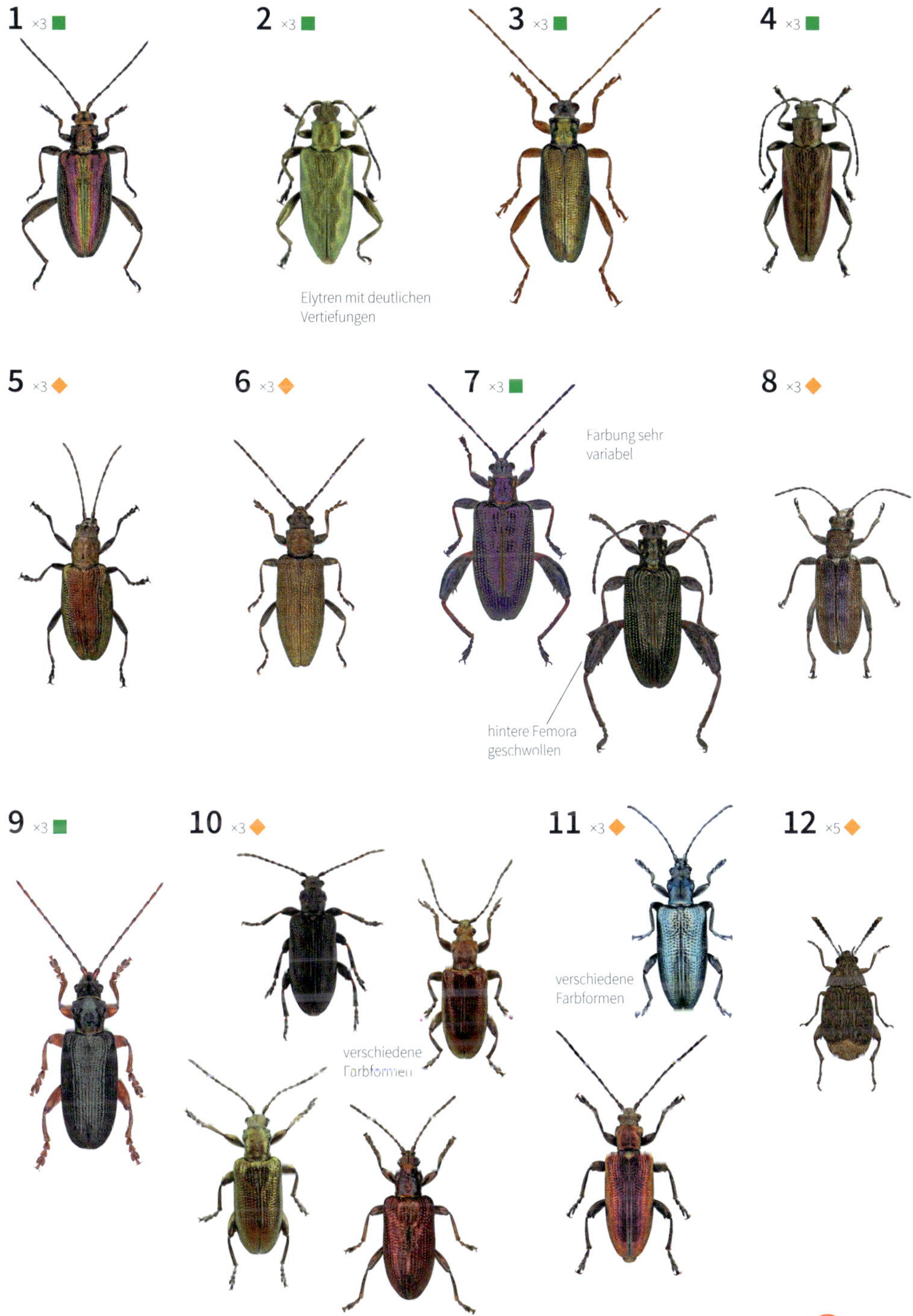
1 ×3
2 ×3
3 ×3
4 ×3
Elytren mit deutlichen Vertiefungen
5 ×3
6 ×3
7 ×3
8 ×3
Färbung sehr variabel
hintere Femora geschwollen
9 ×3
10 ×3
11 ×3
12 ×5
verschiedene Farbformen
verschiedene Farbformen

← BLATTKÄFER Chrysomelidae →

← SAMENKÄFER

1 Ginstersamenkäfer
Bruchidius villosus **L** 2–4 mm. Schwarz mit dicken grau-oliven Haaren; Pronotum breit, kurz, mit Mittelfurche. Hinterleib und Beine schwarz; Fühler S1–S4 rot. **H** Heiden, Grasland, Gärten; auf Ginster.

1
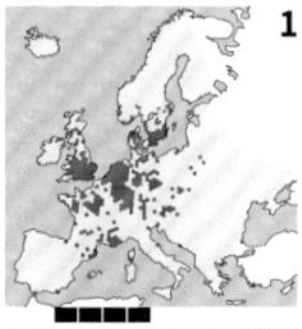

2 Rotbeiniger Samenkäfer
Bruchus rufipes **L** 2–3 mm. Grau; Flügeldecken mit hellen Flecken, die manchmal hinter der Mitte ein Querband bilden; Fühler verschieden gefärbt. **H** Grasland, landwirtschaftliche Flächen, Heide, Waldland.

2
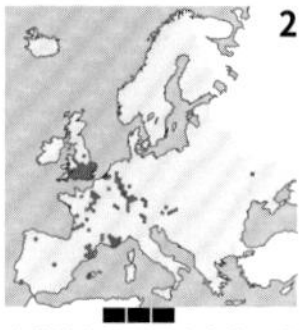

TYPISCHE BLATTKÄFER →

Klein bis groß, rund bis länglich; ihr Körper ist oft leuchtend gefärbt, einige Arten sind sehr variabel in der Färbung. Fühler mäßig lang bis lang, 11-gliedrig, fadenförmig.

Gen. *Crioceris* E 7 SPP

Länglich, an den Markierungen auf Elytren zu erkennen. Schädlinge an Spargel.

3 Gemeines Spargelhähnchen
Crioceris asparagi **L** 5–6 mm. Kopf und Elytren bläulich schwarz, Elytren mit rotem Rand und 6 gelben Flecken; Pronotum schmal, rot. **H** An Spargel.

3
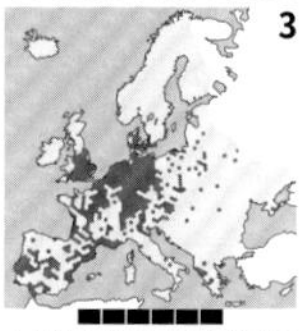

4 Zwölfpunkt-Spargelkäfer
Crioceris duodecimpunctata **L** 5–6 mm. Kopf rot, oft mit etwas Schwarz an der Vorderseite; Pronotum gelblich rot, Elytren mit je 6 Punkten. **H** An Spargel.

4
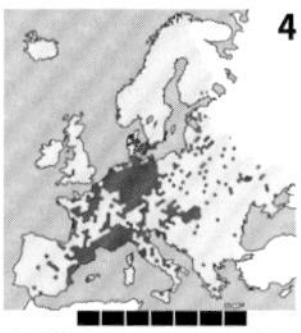

Gen. *Lilioceris* E 6 SPP

Elytren gelblich rot; ernähren sich von Liliengewächsen, bekannt als Schädlinge in Gärten und an Blumenzwiebeln.

5 Lilienhähnchen
Lilioceris lilii **L** 6–8 mm. Kopf, Fühler, Beine schwarz; Pronotum und Elytren leuchtend rot. **H** An Lilien und *Fritillaria*.

5
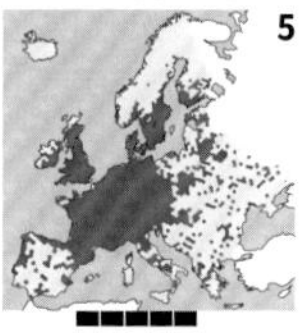

6 Maiglöckchenhähnchen
Lilioceris merdigera **L** 6–8 mm. Elytren fein punktiert; die einzelnen Pünktchen sind an der Basis der Elytren weit voneinander entfernt. **H** An Lilien und anderen Pflanzen.

6
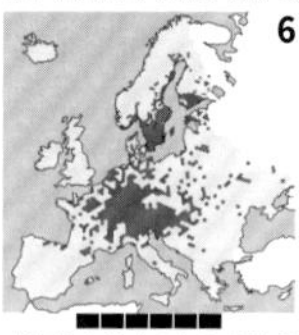

Gen. *Oulema* E 9 SPP

Pronotum und Beine rötlich, selten schwarz; Kopf und Fühler schwarz, lang; Elytren metallisch blau.

7 Rothalsiges Getreidehähnchen *Oulema melanopus* **L** 4–5 mm. Elytren blau oder grünlich blau. **H** Grünland, Getreidefelder.

7
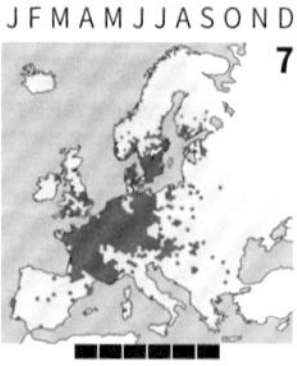

8 Blaues Getreidehähnchen
Oulema obscura **L** 4–5 mm. Metallisch bläulich schwarz, manchmal grünlichschwarz, einschließlich Pronotum. Elytren gröber punktiert als das Pronotum. **H** An verschiedenen Gräsern, bekannt als Getreideschädling.

8
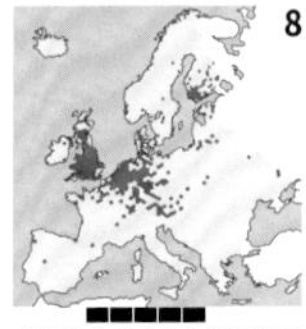

9 Rebenfallkäfer
Bromius obscurus **L** 5–6 mm. Mattschwarz mit kurzen weißlichen Haaren; Elytren manchmal braun; Kopf unter dem Pronotum verborgen. **H** Buschland, Gärten, auf Weidenröschen.

9
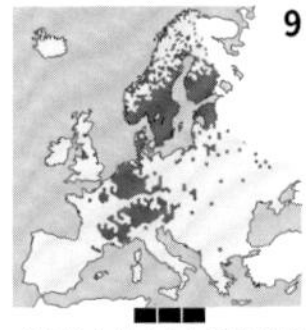

10 Hieroglyphen-Scheckenkäfer
Pachybrachis hieroglyphicus **L** 3–5 mm. Stämmig; Pronotum und Elytren gelb mit schwarzer Zeichnung, die ein schwarzes M auf dem Pronotum bildet. Fühler dunkel, am Ansatz gelb. **H** Feuchtgebiete.

10
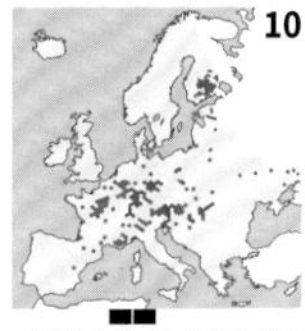

11 Italienischer Langbeinkäfer
Lachnaia italica **L** 7–10 mm. Kopf und Pronotum schwarz; Elytren leuchtend gelb-orange mit 6 schwarzen Punkten. **H** Wälder, Gärten; auf Rosen und verschiedenen Buchen.

11
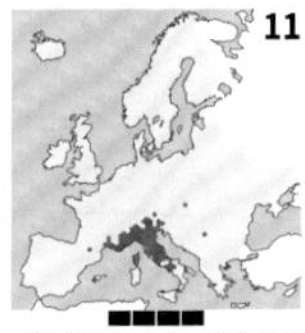

Gen. *Clytra* E 9 SPP

Kopf und Pronotum schwarz; Elytren gelblich rot mit schwarzen Flecken. Im Unterschied zu anderen Blattkäfern leben die Larven dieser Gattung in Ameisennestern und ernähren sich von Ameisenbrut und Abfällen. Sie bauen Säcke aus Abfällen, um sich zu schützen.

12 Ameisensackkäfer
Clytra laeviuscula **L** 8–11 mm. Elytren mit kleinen schwarzen Flecken am Vorderrand und großen Flecken am Hinterrand; diese können miteinander verschmolzen sein oder fehlen. Das Pronotum ist am Hinterrand etwas schmaler als die Elytren. Beine schwarz. **H** Wälder, Buschland, Gärten.

12
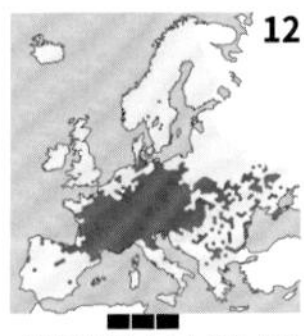

13 Vierpunkt-Ameisenblattkäfer
Clytra quadripunctata **L** 7–11 mm. Ähnlich wie *C. laeviuscula*; schwarze Flecken auf den Elytren etwas kleiner; Hinterrand des Pronotums ~ so breit wie die Elytren. **H** Wälder, Buschland, Gärten.

13
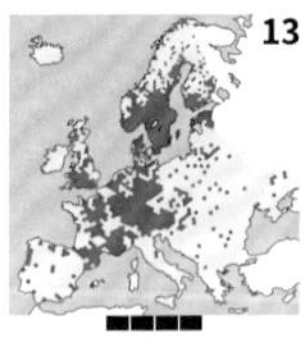

14 Gemeiner Langbeinkäfer
Labidostomis longimana **L** 4–7 mm. Kopf und Pronotum grün mit bronzefarbenem Schimmer; Elytren gelblich braun mit schwachem „Schulterfleck“. Beine dunkel mit metallischem Glanz; Fühler ab S5 gezähnt. **H** Buschland, Grasland, Gärten.

14

← BLATTKÄFER →

1 ×5 ■

2 ×5 ●

3 ×4 ■

Larven

×2

Eier (stark vergrößert)

4 ×4 ■

5 ×3 ■

Larve

Eier (vergrößert)

6 ×4 ■

Einstiche an der Basis der Elytren weiter voneinander entfernt

7 ×5 ◆

Larve

8 ×5 ◆

9 ×4 ■

10 ×5 ■

11 ×3 ◆

12 ×3 ◆

Larve

13 ×3 ◆

Larve

14 ×4 ■

← **Blattkäfer** Chrysomelidae →

← **Typische Blattkäfer** →

Gen. ***Cryptocephalus*** E 150+ SPP

Breiter Körperbau, Pronotum breit und abgerundet; breites Farbspektrum, am deutlichsten ausgeprägt; Larven leben in Schutzhüllen, die aus ihren eigenen Exkrementen hergestellt werden.

1 🔍 Smaragdfallkäfer
Cryptocephalus aureolus **L** 4–6 mm. Metallisch grün, einige Individuen bläulich. Scutellum quadratisch. **H** Grasland.

1
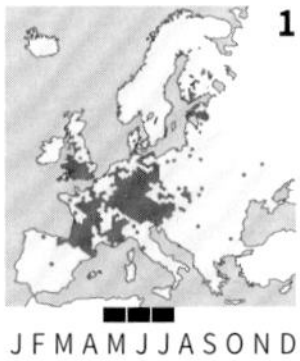

2 🔍 Dickkopfkäfer
Cryptocephalus hypochaeridis
L 4–6 mm. Metallisch grün, einige Individuen bläulich. Scutellum kürzer als breit, im Unterschied zur ähnlichen, aber größeren *C. aureolus*. **H** Grünland.

2
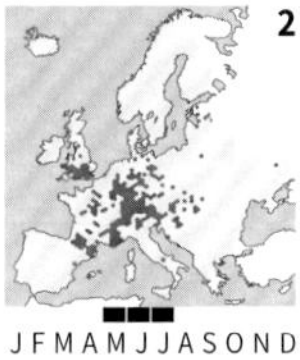

3 ⊙ Zweiliniger Fallkäfer
Cryptocephalus bilineatus **L** 2–3 mm. Pronotum dunkel, Vorder- und Hinterrand gelb; Elytren gelb mit variablen schwarzen Streifen am Saum und an den Seiten; Kopf schwarz mit gelber Mittellinie bei ♂, mehr gelb bei ♀. **H** Grasland, Feldränder.

3
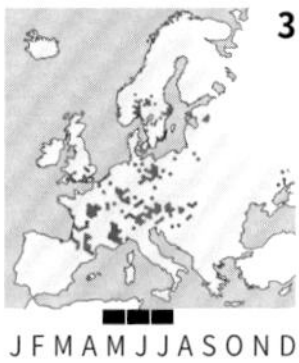

4 ⊙ Zweipunktiger Fallkäfer
Cryptocephalus bipunctatus **L** 4–6 mm. Kopf, Pronotum und Scutellum schwarz; Elytren rot mit großen schwarzen Streifen. **H** Grasland.

4
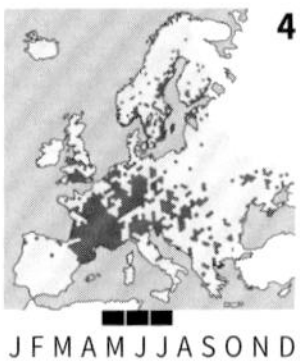

5 ⊙ Haselfallkäfer
Cryptocephalus coryli **L** 5–8 mm. Kopf schwarz; bei ♂ Pronotum schwarz und Elytren orange bis rotbraun; bei ♀ Pronotum und Elytren vollständig orange, manchmal mit schwacher schwarzer Zeichnung. **H** Wälder, Buschland, an Hasel.

5
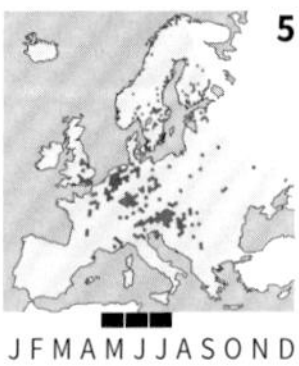

6 ⊙ Zehnpunktiger Fallkäfer
Cryptocephalus decemmaculatus
L 3–5 mm. Pronotum gelb mit schwarzer Zeichnung; Elytren gelb mit je 5 schwarzen Flecken. Färbung sehr variabel; manchmal ganz schwarz mit nur dünnen gelben Linien. Beine meist gelb. **H** Wälder, Buschland, an Weiden und Erlen.

6

7 🔍 Sandrasen-Fallkäfer
Cryptocephalus fulvus **L** 2–3 mm. Pronotum glatt, glänzend orange-braun; Elytren gelb, mit deutlichen Punktreihen und schwarzem Saum; Beine orange-braun; Fühler schwarz, S1 orange. **H** Grasland, an niedrig wachsenden Pflanzen.

7
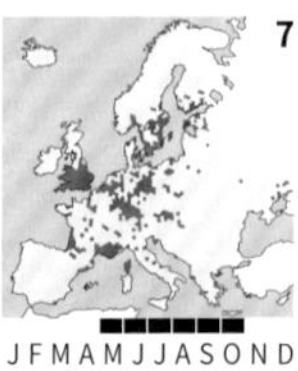

8 🔍 Kleiner Birkenfallkäfer
Cryptocephalus pusillus **L** 2–3 mm. Gewöhnlich gelb, mit einigen dunklen Flecken und Bändern; ähnelt sehr *C. fulvus*, kommt aber in anderen Lebensräumen vor. **H** Wald, an Bäumen auf Blättern.

8
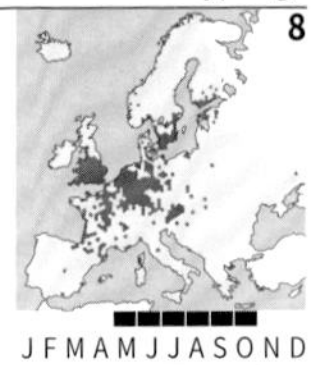

9 🔍 Schwarzer Fallkäfer
Cryptocephalus labiatus **L** 2–3 mm. Körper glänzend schwarz; Mundwerkzeuge gelb; Beine gelblich, teilweise dunkelbraun oder schwarz. Andere kleine schwarze *Cryptocephalus* spp. mit ganz gelben Beinen. **H** Wälder.

9
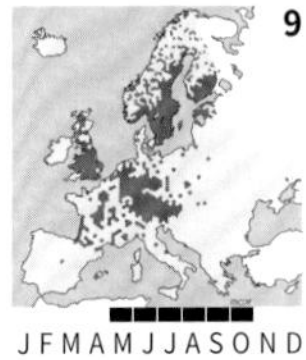

10 🔍 Querbindiger Fallkäfer
Cryptocephalus moraei **L** 3–4 mm. Körper schwarz; Pronotum mit gelben Flecken am den Hinterwinkeln; Elytren mit teilweise gelben Seiten und Flecken, die bei anderen dunklen *Cryptocephalus* spp. fehlen. **H** Grünland.

10
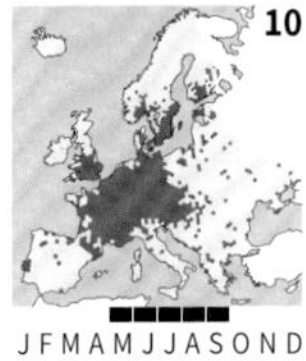

11 🔍 Bläulicher Fallkäfer
Cryptocephalus parvulus **L** 3–4 mm. Pronotum und Elytren einheitlich metallisch blau oder violett; Beine dunkel. **H** Wälder.

11
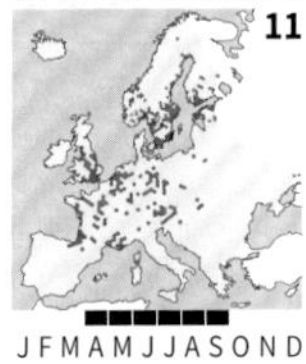

12 🔍 Seidiger Fallkäfer
Cryptocephalus sericeus **L** 6–8 mm. Metallisch grün oder golden, selten blau oder violett. Kopf, Beine und Fühler dunkler. **H** Buschland, Grasland.

12
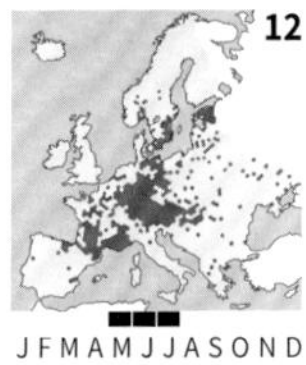

13 ⊙ Sechspunkt-Fallkäfer
Cryptocephalus sexpunctatus
L 5–6 mm. Elytren gelblich bis rot, mit 6 schwarzen Flecken. Pronotum variabel schwarz und orange. **H** Wälder, Kreidegrasland.

13
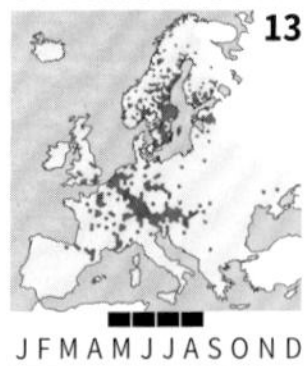

14 🔍 Violetter Fallkäfer
Cryptocephalus violaceus **L** 4–7 mm. Metallisch dunkelblau, oft mit grünlichem oder violettem Schimmer; Fühler und Beine schwarz. **H** Buschland, Grasland.

14
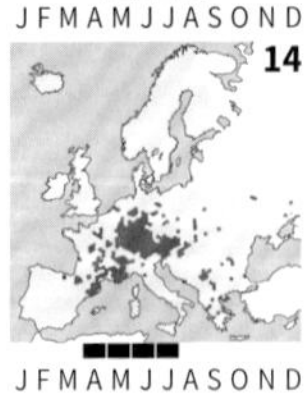

15 ⊙ Gebänderter Fallkäfer
Cryptocephalus vittatus **L** 3–5 mm. Schwarz; Elytren mit leuchtend gelben Bändern, die ein längliches gelbes U bilden. **H** Grasland, Feldränder.

15

1 ×3 ◆

2 ×3 ◆

3 ×6 ■

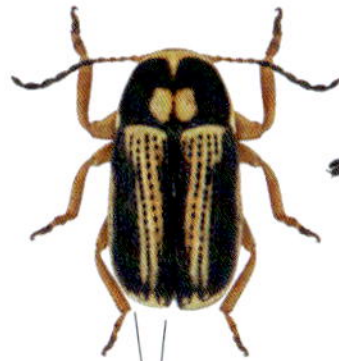

Seiten und Naht der Elytren schwarz

4 ×3 ■

Form mit schwarzen Punkten

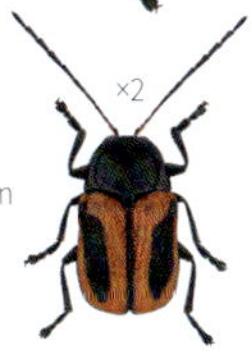

Form mit schwarzen Streifen

5 ×3 ■

6 ×4 ■

schwarze Form mit kleinen gelben Zeichnungen

7 ×6 ◆

Form mit sehr schwachen Zeichnungen

8 ×6 ◆

Form mit vollständig dunklen Elytren

9 ×6 ◆

10 ×6 ◆

11 ×6 ◆

12 ×3 ◆

Färbung variabel

13 ×3 ■

14 ×3 ◆

Färbung variabel

15 ×4 ■

← BLATTKÄFER Chrysomelidae →

← TYPISCHE BLATTKÄFER →

Gen. *Gastrophysa* E 4 SPP

Klein bis mittelgroß, oval. Elytren unregelmäßig punktiert. Fühler S6–11 verbreitert und behaart.

1 Knöterichblattkäfer
Gastrophysa polygoni **L** 4–5 mm. Pronotum und Beine rot, Tarsi dunkler; Kopf und Elytren metallisch bläulich oder grün; Antennen schwarz, S1–S4 rot. **H** Grasland, Buschland, an Ampfer, Sauerampfer, Knöterich.

1
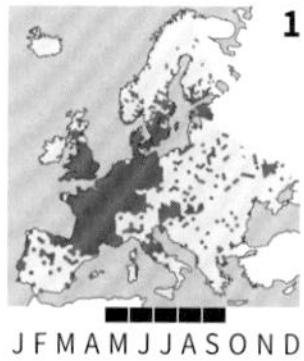

2 Grüner Sauerampferkäfer
Gastrophysa viridula **L** 4–6 mm. Metallisch grün, manchmal bronzefarben, selten blau; Hinterleibsende schwarz. ♀ oft mit stark geschwollenem Hinterleib. **H** Grasland, Gärten, Heideflächen, Waldränder, an Breitblättrigem Ampfer.

2
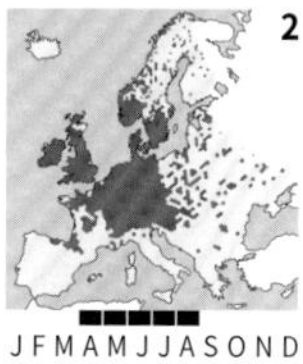

3 Rotrand-Sumpfblattkäfer
Prasocuris marginella **L** 3–5 mm. Schwarz; Pronotum und Elytren mit ausgeprägten orangefarbenen Rändern. **H** Grünland.

3
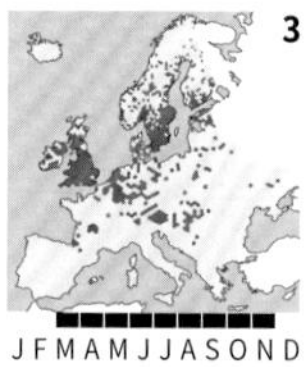

Gen. *Chrysomela* E 8 SPP

Mittelgroß, breit, leuchtend gefärbt; Pronotum schmaler als Basis der Elytren; Elytren manchmal metallisch, mit 1–2 punktierten Reihen.

4 Gefleckter Weidenblattkäfer
Chrysomela vigintipunctata **L** 6–9 mm. Schwarz; Pronotum an den Seiten gelblich; Elytren gelblich oder rot, mit 20 schwarzen Flecken. Ähnlich Marienkäfern (Coccinellidae, S. 266). **H** Wälder, Feuchtgebiete; an Pappeln und Weiden.

4
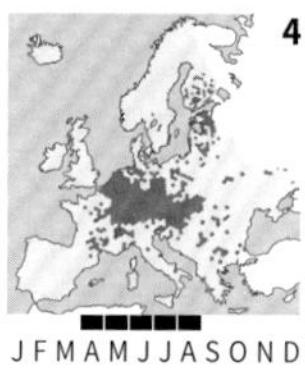

5 Pappelblattkäfer
Chrysomela populi **L** 10–12 mm. Kopf und Pronotum blauschwarz; oder dunkelgrün; Elytren rot. **H** Grünland, Parks; an Pappeln und Weiden.

5
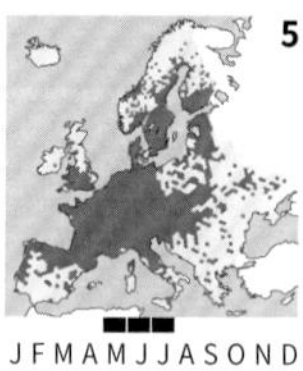

6 Pestwurz-Blattkäfer
Oreina cacaliae **L** 7–10 mm. Variabel; metallisch blau, grün oder violett; grüne Formen mit dunklem oder violettem Längsband am Flügelsaum. **H** Gebirge.

6
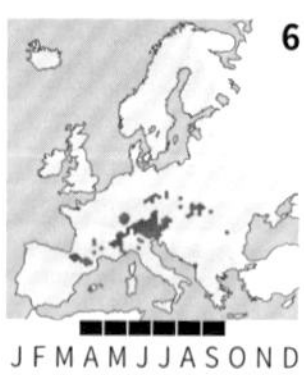

7 Breiter Weidenblattkäfer
Plagiodera versicolora **L** 2–5 mm. Rund; metallisch blau, grün oder violett, Unterseite schwarz. **H** Wälder, Feuchtgebiete; an Weiden, manchmal Pappeln.

7
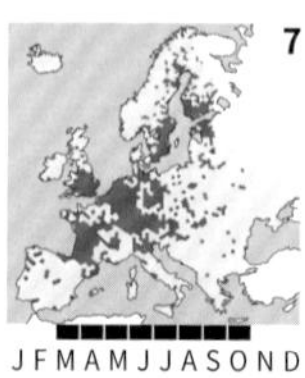

8 Erzfarbener Erlenblattkäfer
Plagiosterna aenea **L** 6–9 mm. Metallisch grün, grünlich golden oder blau, selten rötlich golden; Beine und Fühler schwarz. Pronotum schmaler als Elytren; Elytren mit vorstehenden „Schultern". **H** Wälder, Parks, an Erlen.

8
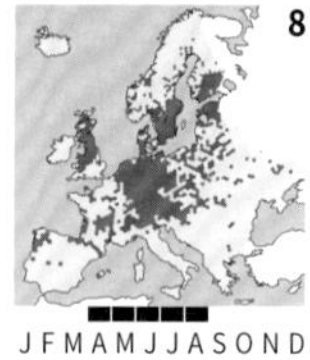

9 Kleiner Weidenblattkäfer
Phratora vitellinae **L** 3–5 mm. Metallisch blau, grün oder bronzefarben; Körper oval; Elytren mit fast parallelen Seiten; Pronotum etwas weniger breit als die Elytren. **H** Wälder, Feuchtgebiete; auf Pappeln und Weiden.

9
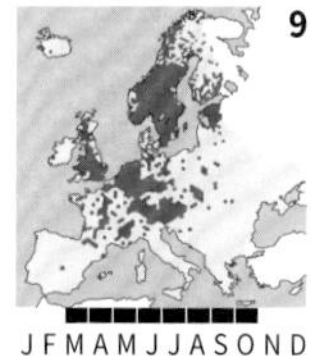

Gen. *Gonioctena* E 20 SPP

Oval; Elytren mit fast parallelen Seiten; mittlere und hintere Tibiae verbreitert und gezähnt. Färbung der meisten Arten sehr variabel; sichere Identifikation der Arten erfordert oft Genitaluntersuchung.

10 Zehnpunkt-Pappelblattkäfer
Gonioctena decemnotata **L** 5–8 mm. Gelblich rot; Pronotum und Elytren mit variablen dunklen Flecken; Beine gelblich rot, manchmal Tarsi dunkel. **H** Wälder, Feuchtgebiete; auf Pappeln und Weiden.

10
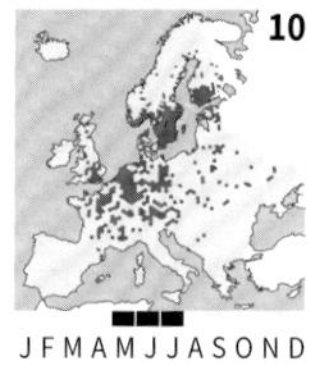

11 Fünfpunktiger Blattkäfer
Gonioctena quinquepunctata
L 4–8 mm. Gelblich braun; Elytren mit variablen dunklen Flecken, Beine und Fühler gelblich rot, letztes Fühlersegment lang und dreieckig geformt. **H** Wälder, Parks; auf Heidelbeeren, Hasel und anderen Bäumen.

11
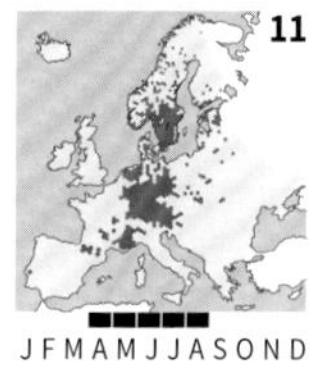

12 Korbweiden-Blattkäfer
Gonioctena viminalis **L** 5–7 mm. Gelblich rot, Elytren und Pronotum mit unterschiedlichen dunklen Flecken, Beine ganz schwarz. **H** Feuchtgebiete, auf Weiden.

12
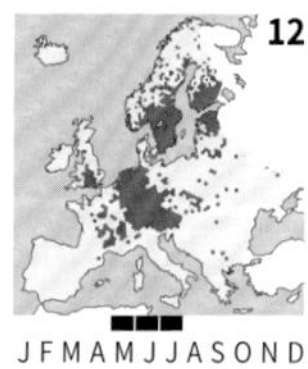

13 Ulmenblattkäfer
Xanthogaleruca luteola **L** 6–8 mm. Gelb oder grünlich, Kopf und Pronotum mit schwarzen Flecken; Elytren mit breitem, dunklem Streifen an den Seiten. **H** Waldränder, Parks; an Ulmen. **I** Kann in großen Gruppen auf Bäumen auftreten und zu teilweiser oder vollständiger Entlaubung führen; gesunde Bäume erholen sich jedoch wieder.

13
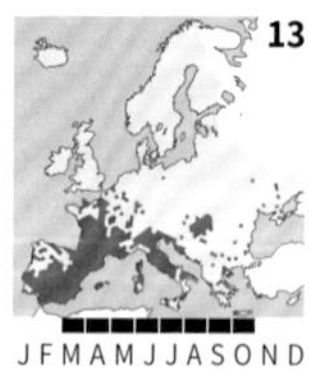

14 Kartoffelkäfer
Leptinotarsa decemlineata **L** 6–11 mm. Gelblich orange; Elytren mit unverwechselbaren schwarzen Streifen. **H** Kartoffeläcker. **V** Heimisch in Nordamerika; im 19. Jahrhundert nach Europa eingeführt. Bedeutender Schädling an Kartoffeln.

14
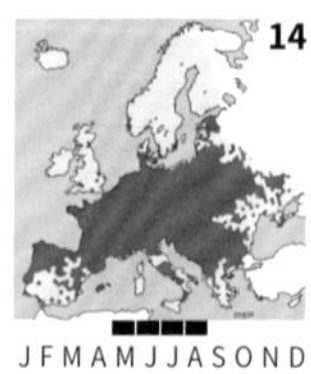

1 ×4 ◆

2 ×4 ■

3 ×4 ■

4 ×2 ■

5 ×2 ◆

Puppe

Larven (in verschiedenen Stadien) auf Blatt

♂

Paarung

♀ mit stark geschwollenem Unterleib (enthält Eier)

×3

6 ×3 ◆

7 ×4 ◆

Fühler S1–S6 gelb, Rest schwarz

Beine schwarz, Tarsi rotbraun

8 ×3 ◆

Färbung variabel

9 ×4 ◆

10 ×3 ◆

11 ×3 ■

Beine gelblich rot

12 ×3 ◆

schwarzer Fleck auf Pronotum meist breit

Beine schwarz

Zeichnung variabel

13 ×3 ■

14 ×3 ■

Puppe

Larve

← **BLATTKÄFER** Chrysomelidae →

← TYPISCHE BLATTKÄFER →

Gen. ***Chrysolina*** E 90+ SPP

Meist mittelgroß, meist metallisch; Elytren mit leicht behaartem Saum unterhalb des Randes. Arten durch Farbe, Form (insbesondere Pronotum) oder Zeichnung auf Pronotum und Elytren gekennzeichnet.

1
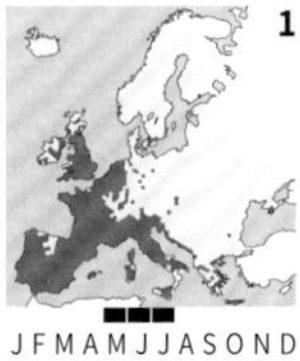

1 Rosmarinblattkäfer
Chrysolina americana **L** 6–8 mm. Elytren metallisch rot, in Längslinien grün punktiert. Pronotum metallisch grün und rot. *C. cerealis*, ähnlich, aber bunter. **H** Parks, Gärten, an Rosmarin, Lavendel.

2
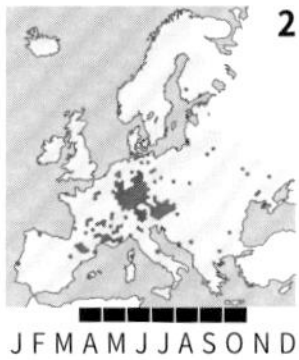

2 Regenbogen-Blattkäfer
Chrysolina cerealis **L** 6–10 mm. Körper mit bunten Längsstreifen in metallischem Grün, Blau und Rot oder Gold. **H** Grasland in Höhenlagen.

3
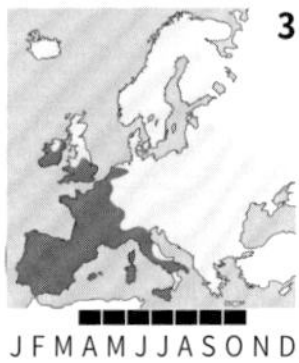

3 Spitzwegerich-Blattkäfer
Chrysolina banksii **L** 6–12 mm. Körper bronzefarben bis dunkelbraun; Unterseite blasser; Pronotum mit ausgeprägtem Grat, der sich von der Basis zur Spitze hin verjüngt. Elytren grob punktiert. **H** Grasland.

4
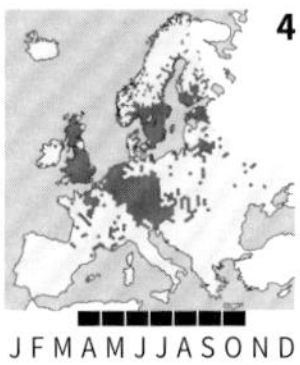

4 Rotbrauner Blattkäfer
Chrysolina staphylaea **L** 5–9 mm. Körper bronzefarben bis dunkelbraun; Pronotum fast parallel zueinander, im Unterschied zum Banks'schen Blattkäfer (*C. banksii*). **H** Grünland.

5
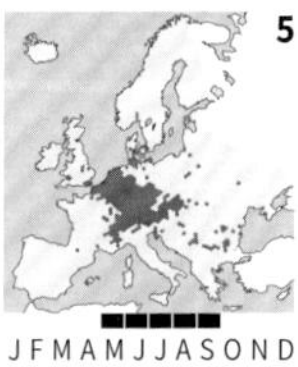

5 Himmelblauer Blattkäfer
Chrysolina coerulans **L** 6–10 mm. Körper metallisch blau oder bläulichgrün. Elytren und Pronotum fein punktiert. **H** Feuchtes Grasland, Feuchtgebiete.

6
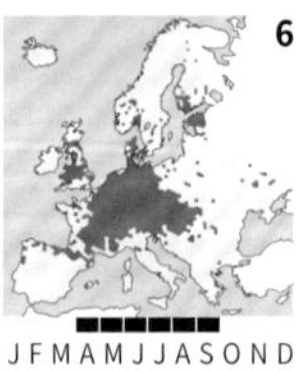

6 Prächtiger Blattkäfer
Chrysolina fastuosa **L** 5–6 mm. Metallisch grünlich, rötlich, violett, je nach Lichteinfall; Elytren mit bläulichem Saum; Pronotum mit 2 bläulichen Flecken. Beine grün; vordere Tarsi mit Zahn an der Krallenspitze, der bei allen anderen *Chrysolina* spp. fehlt **H** Grasland, Buschland.

7
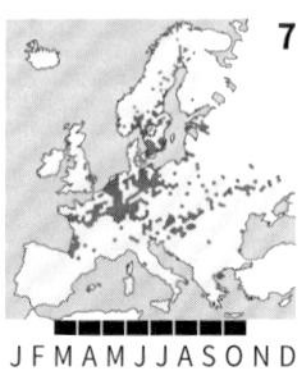

7 Grüner Rainfarn-Blattkäfer
Chrysolina graminis **L** 8–11 mm. Grundfarbe goldgrünlich bis kupferrot; Elytren mit unterschiedlich gefärbtem Saum (je nach Grundfarbe); Elytren gröber punktiert als das Pronotum, im Gegensatz zur ähnlichen Art *C. herbacea*. **H** Feuchtgebiete, auf Rainfarn.

8
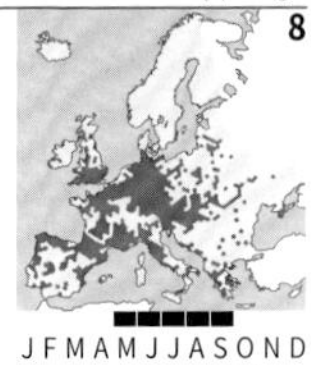

8 Minzblattkäfer
Chrysolina herbacea **L** 8–11 mm. Metallisch hellgrün bis bläulich grün oder violett; sehr selten kupferfarben. Pronotum und Elytren stark punktiert, im Unterschied zu *C. graminis*. **H** Feuchtes Grasland, auf Minzen.

9
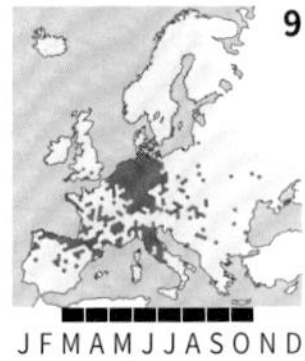

9 Blauer Wegerichblattkäfer
Chrysolina haemoptera **L** 5–9 mm. Stumpfes Blauschwarz; Elytren gröber punktiert als das Pronotum. **H** Grasland, Buschland; auf Flohkraut. **V** Meist nachtaktiv.

10
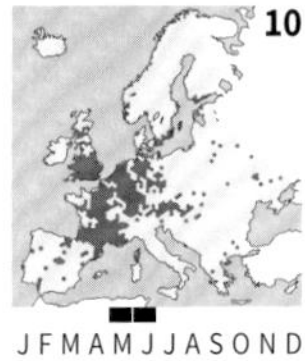

10 Punktierter Johanniskraut-Blattkäfer *Chrysolina hyperici*
L 5–7 mm. Körper dunkel metallisch bronzefarben, manchmal grün, rötlich oder schwarz; Elytren mit charakteristischen Grübchen. **H** Grasland, Waldlichtungen.

11
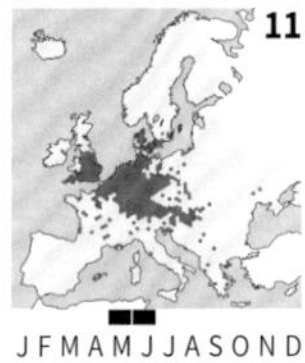

11 Wiesenkerbel-Blattkäfer
Chrysolina oricalcia **L** 6–9 mm. Körper meist dunkelblau, manchmal grün, bronzefarben oder schwarz. Elytren mit 9 Punktreihen; Pronotum mit Furche an den Seitenrändern. **H** Hecken, Straßenränder, Waldränder.

12
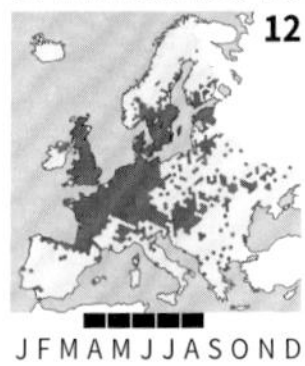

12 Geglätteter Blattkäfer
Chrysolina polita **L** 5–9 mm. Kopf und Pronotum metallisch grün, Elytren nichtmetallisch rot oder rotbraun. **H** Grasland.

13
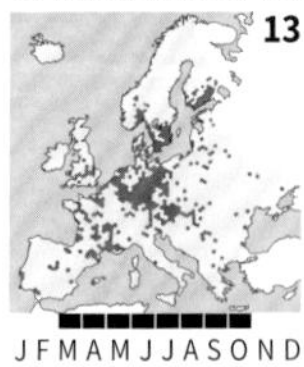

13 Rotsaum-Blattkäfer
Chrysolina sanguinolenta **L** 6–9 mm. Schwarz; Elytren mit charakteristischem roten Saum an den Seitenrändern. **H** Offene, sandige Flächen; an Gemeinem Leinkraut.

14
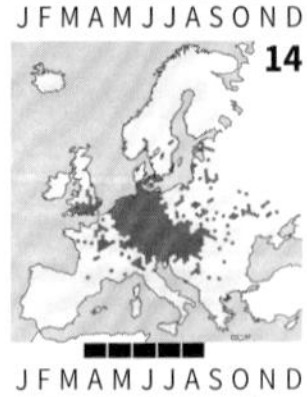

14 Violetter Gundermann-Blattkäfer *Chrysolina sturmi*
L 6–9 mm. Körper metallisch violett; Tarsi und Mundwerkzeuge orange-braun. Oberflächlich gesehen ähnlich Tatzenkäfern (gen. *Timarcha*, S. 316), aber etwas kleiner und ohne verbreiterte Tarsi. **H** Kreidegrasland, an Gundermann.

15
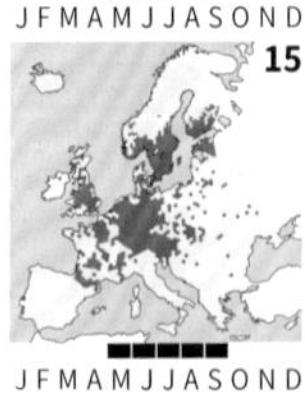

15 Veränderlicher Johanniskraut-Blattkäfer *Chrysolina varians*
L 4–7 mm. Einheitliche Färbung, kann bläulich, grünlich, bronzefarben, violett oder schwarz sein. Elytren und Pronotum sind beide sehr fein punktiert. **H** Grasland, an Johanniskraut.

1 ×3 ◆

2 ×3 ◆

3 ×3 ◆

4 ×3 ◆

5 ×3 ◆

6 ×3 ◆

7 ×2 ◆

8 ×2 ◆

9 ×3 ◆

10 ×3 ◆

11 ×3 ◆

12 ×3 ■

13 ×3 ◆

14 ×3 ■

15 ×3 ◆

← **BLATTKÄFER** Chrysomelidae →

← TYPISCHE BLATTKÄFER

1 ⊙ Blauer Erlenblattkäfer
Agelastica alni **L** 6–7 mm. Dunkles Metallic-Blau. **H** Feuchtgebiete und städtische Gebiete, auf Erlen. Dort, wo er vorkommt, oft reichlich anzutreffen.

1
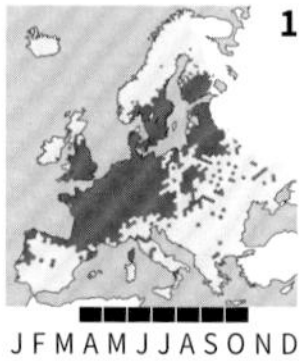

2 ⊙ Hallescher Blattkäfer
Sermylassa halensis **L** 5–7 mm. Kopf und Pronotum gelblich orange; Elytren und auch Hinterkopf glänzend metallisch blau, grün, selten kupferfarben. Pronotum mit 2 Einbuchtungen. Beine gelblich orange; Tarsi dunkel. **H** Wälder, Waldlichtungen; an Labkraut.

2
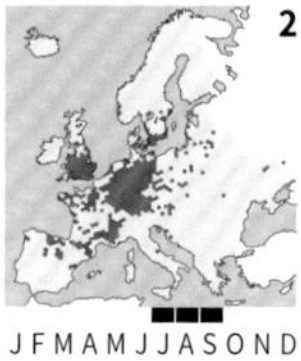

3 ⊙ Helmkraut-Blattkäfer
Phyllobrotica quadrimaculata
L 5–8 mm. Körper gelbbraun oder ockerfarben, Elytren mit großen schwarzen Flecken. **H** Grünland, an Helmkraut.

3
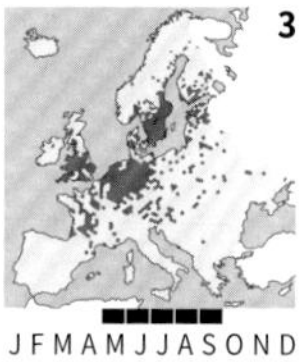

4 🔍 Narzissen-Blattkäfer
Exosoma lusitanicum **L** 6–10 mm. Kopf, Beine und Fühler schwarz; Pronotum und Elytren leuchtend gelblich rot; Fühlersegmente sägezahnförmig. **H** Trockenes, warmes Grasland, oft auf Osterglocken.

4
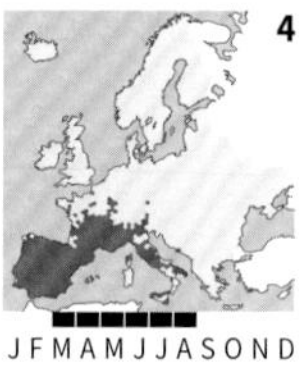

5 🔍 Rainfarn-Blattkäfer
Galeruca tanaceti **L** 6–12 mm. Körper schwarz, stark punktiert; Elytren breit. Ähnlich der Seltenen Galeruca (*G. laticollis*), bei der die Elytren weniger deutlich punktiert sind und die hinteren Tibiae an der Spitze gelbliche Stacheln haben. **H** Grasland.

5
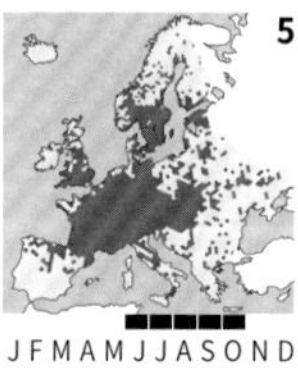

Gen. *Galerucella* E 9 SPP

Lang gestreckt; Elytren nach hinten leicht breiter werdend. Mittlere Tibiae mit Dorn am Ende bei ♂ (erfordert starke Lupe zur Verifizierung).

6 🔍 Blutweiderich-Blattkäfer
Galerucella calmariensis **L** 4–6 mm. Gelblich rot; Kopf schwarz; Pronotum mit breiter schwarzer Mittellinie; Elytren sehr grob punktiert. **H** Feuchtgebiete, auf Rotem Blutweiderich.

6
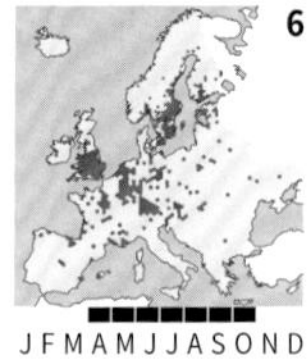

7 🔍 Behaarter Weidenblattkäfer
Galerucella lineola **L** 4–6 mm. Fühlersegmente geringelt; jedes schwarz mit gelber Basis. Gelblich grau; Pronotum mit schwarzem Mittelstreifen; Elytren fein punktiert. **H** Wälder, Lichtungen; auf Weiden, Erlen, Hasel und anderen.

7
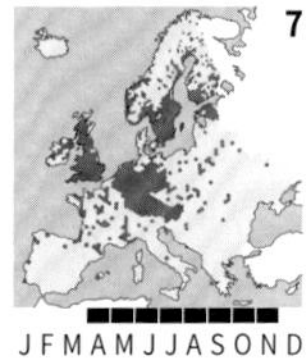

8 🔍 Seerosenblattkäfer
Galerucella nymphaeae **L** 5–7 mm. Grundfarbe gelblich braun; Kopf und Elytren mit ausgedehnter dunkler Zeichnung. Beine gelblich braun, Tarsi dunkel. **H** Auf Seerosen; sowohl die Larven als auch die erwachsenen Tiere ernähren sich von deren Blättern.

8
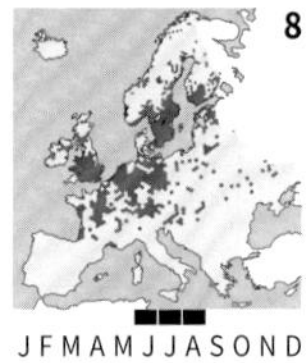

Gen. *Lochmaea* E 4 SPP

Klein bis mittelgroß, glattflächig, braun oder rotbraun; Pronotum mit schrägen Seiten; Elytren teilweise gerundet.

9 🔍 Braungelber Weidenblattkäfer
Lochmaea capreae **L** 4–5 mm. Kopf dunkel; Pronotum und Elytren gelblich braun; Elytren ohne dunkle Zeichnung. **H** Wälder, auf verschiedenen Bäumen.

9
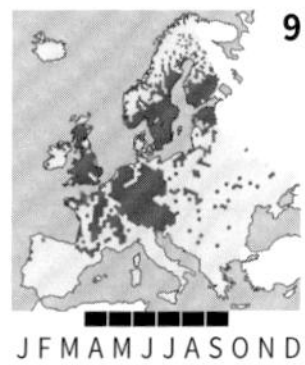

10 ⊙ Weißdornblattkäfer
Lochmaea crataegi **L** 4–5 mm. Kopf, Pronotum und Elytren rotbraun; Elytren stark punktiert, oft mit kürzerem dunklem Streifen vorne und längerem dunklem Streifen an den Seiten. **H** Buschland, Wälder; auf Weißdorn.

10
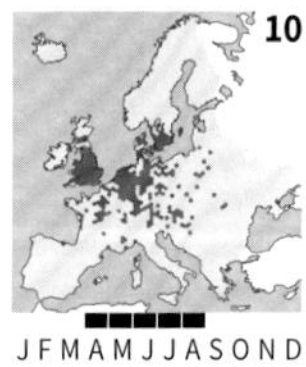

11 🔍 Heideblattkäfer
Lochmaea suturalis **L** 4–6 mm. Kopf schwarz; Pronotum und Elytren glänzend rotbraun bis schwarz; Fühler schwarz mit rötlichen Basalsegmenten, S2 und S4 ± gleich lang. **H** Heideland, auf Heidekraut.

11
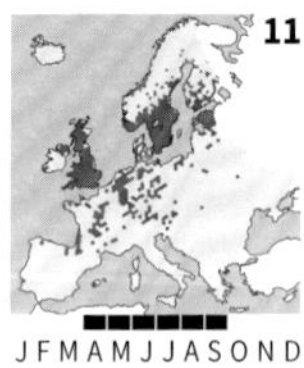

---

12 🔍 Schneeball-Blattkäfer
Pyrrhalta viburni **L** 5–7 mm. Körper gelblich braun bis dunkelbraun; Kopf, Pronotum und Elytren mit schwarzen Mittelmarkierungen. **H** Wald, Hecken, Gärten, Parks; auf *Viburnum* spp.

12
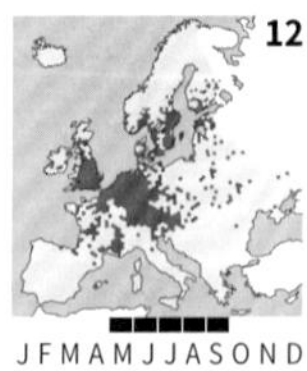

1 ×3

♂

Paarung

♀ mit stark geschwollenem Unterleib (enthält Eier)

Larven

2 ×3

3 ×3

4 ×3

5 ×2

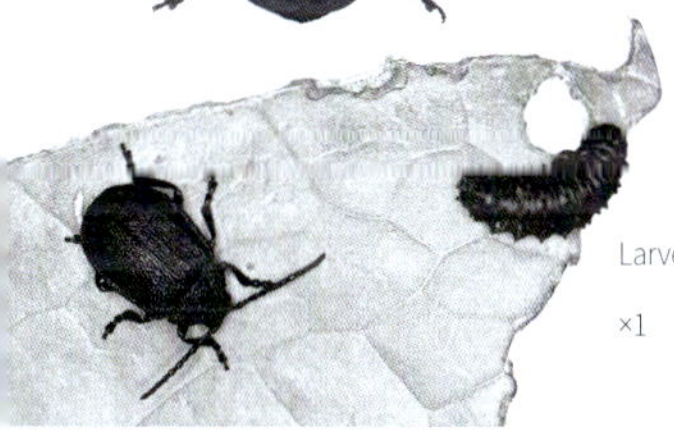

Larve

×1

6 ×4

7 ×4

8 ×4

9 ×4

10 ×4

11 ×4

Larve

12 ×4

Larve

Blatt mit Fraßspuren

← **BLATTKÄFER** Chrysomelidae

FLOHKÄFER

1
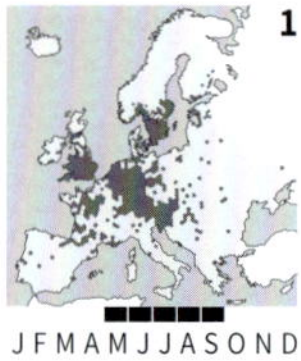

Meist klein, oval bis abgerundet; Hinterschenkel verbreitert, können gut springen; Fühler mäßig lang, 10–11 fadenförmige Segmente.

1 🔍 Distelflohkäfer
Sphaeroderma testaceum **L** 3–4 mm.
Vollständig gelblich rot mit schwarzen Augen, Pronotum und Elytren fein gepunktet. **H** Grasland, Buschland.

2
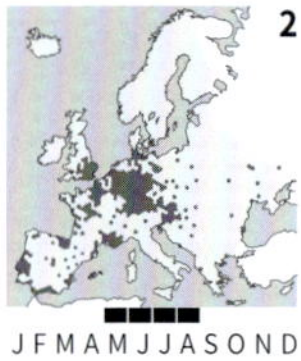

2 🔍 Gewöhnlicher Malven-Erdfloh
Podagrica fuscicornis **L** 3–6 mm.
Kopf, Pronotum und Beine leuchtend rot; Elytren metallisch blau bis grünlich; Fühler am Ansatz rötlich, zur Spitze hin dunkel. **H** Grasland, Buschland.

Gen. ***Crepidodera*** E 9 SPP

Klein, metallisch; Pronotum mit dreieckigen Frontalhöckern, Elytren meist metallisch grün, einige bräunlich. Alle Arten auf Pappeln und Weiden gefunden.

3
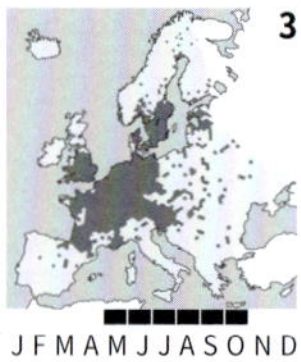

3 🔍 Weidenerdfloh
Crepidodera aurata **L** 2–4 mm.
Pronotum meist rötlich, ungleichmäßig punktiert; Elytren meist metallisch grün, mit Punktreihen; Beine gelblich, nur hintere Femora dunkel. **H** Wälder, Hecken, Parks.

4
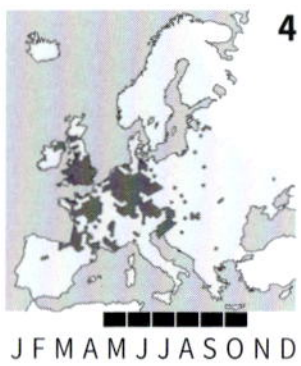

4 🔍 Goldener Erdfloh
Crepidodera aurea **L** 2–4 mm.
Kopf, Pronotum und Elytren einheitlich gefärbt und mit metallischem Glanz, aber sehr variabel: Kupferfarben, braun, rötlich gold, gold-grün, grün, blau oder violett. Pronotum ungleichmäßig punktiert; Elytren mit Reihen von Punktierungen. **H** Wälder, Hecken, Parks.

5
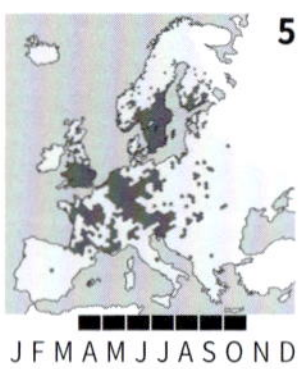

5 🔍 Getreideerdfloh
Chaetocnema hortensis **L** ~2 mm.
Kupferbraun; Pronotum dicht punktiert; Elytren mit leicht ungleichmäßigen Punktierungsreihen. Beine gelblich rot, Femora dunkel. Mittlere und hintere Tibiae mit Zahn, der für alle *Chaetocnema* spp. charakteristisch ist. **H** Grünland, Getreidefelder. **V** Kann erhebliche Schäden an Getreide verursachen.

6
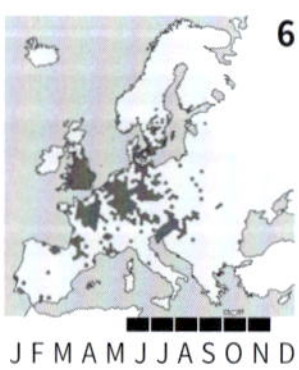

6 🔍 Großer Rapserdfloh
Psylliodes chrysocephala **L** 3–5 mm.
Völlig metallisch schwarz mit leicht bläulichem Glanz. **H** Rapsfelder. **V** Die Larven erscheinen ab September und überwintern während der Entwicklung; sie können große Schäden an Raps verursachen.

Gen. ***Neocrepidodera*** E ~20 SPP

Oval; Elytren bei einigen Arten gelblich braun, bei anderen metallisch schwarz, dunkelblau oder dunkelgrün; Pronotum mit Querfurche in der Nähe des Hinterrandes; Elytren mit Reihen von Einstichen; bei einigen Arten sind die Innenreihen an der Basis unregelmäßig.

7
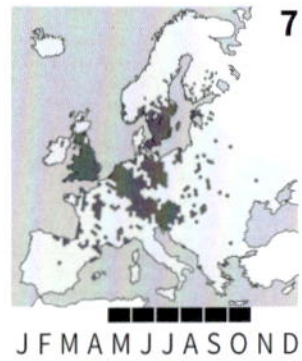

7 🔬 Rotbrauner Weizenerdfloh
Neocrepidodera ferruginea **L** 3–4 mm.
Vollständig gelblich. Oval; Pronotum gerundet, zum hinteren Rand hin breiter werdend. Ähnlich *N. motschulskii*, etwas weniger oval, Pronotum weniger gerundet und vorne etwas breiter; zur sicheren Identifikation ist jedoch eine Genitaluntersuchung erforderlich. **H** Grasland.

8
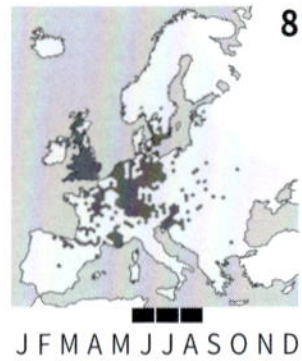

8 🔍 Schmal-Weizenerdfloh
Neocrepidodera transversa **L** 4–5 mm.
Vollständig gelblich braun. Weniger oval und länglicher als andere *Neocrepidodera* spp., Pronotum fast rechteckig, nur in der Mitte etwas verbreitert; innere Punktreihen der Elytren unregelmäßig.

Gen. ***Phyllotreta*** E ~55 SPP

Körper länglich; Arten sind an der Größe der gelben Flecken auf den Elytren zu erkennen. Man findet sie auf Kohlpflanzen, wo sich die Larven entwickeln; erwachsene Tiere manchmal auch auf anderen Pflanzen wie Raps; einige Arten können erhebliche Schäden an Kohl, Raps und anderen Pflanzen verursachen. Die Identifikation auf Artniveau kann schwierig sein, starke Lupe erforderlich.

9
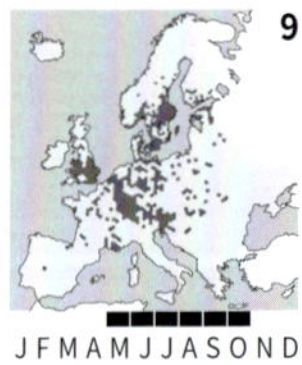

9 🔍 Gelbstreifiger Kohlerdfloh
Phyllotreta nemorum **L** 3–4 mm.
Ganz schwarz, Elytren mit gelben Streifen, die fast parallel zueinander verlaufen. Die Art *P. undulata* ist ähnlich, sie hat gelbe Streifen auf Elytren, die in der Mitte schmaler werden. **H** Grasland, Felder.

10
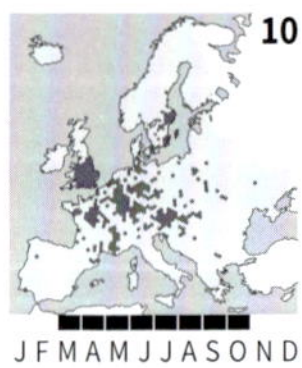

10 🔍 Blauseidiger Kohlerdfloh
Phyllotreta nigripes **L** 2–3 mm.
Einfarbig metallisch blau, bläulich grün, grün oder bronzefarben. Der Kopf ist fein punktiert; die Elytren sind feiner punktiert als bei ähnlichen Arten; die Fühler sind völlig dunkel. *P. cruciferae* sehr ähnlich; die Elytren sind gröber punktiert und die Fühler S2–S3 hell. **H** Grasland, Felder.

← BLATTKÄFER

1 ×6 ◆

2 ×6 ◆

3 ×6 ◆

4 ×6 ◆

5 ×10 ◆

6 ×5 ◆

Larve

7 ×6 ◆

8 ×5 ◆

9 ×6 ◆

10 ×10 ◆

← **BLATTKÄFER** Chrysomelidae

SCHILDKÄFER

Klein bis mittelgroß, abgeflacht, muschelförmig; Kopf vom Pronotum bedeckt; Fühler kleiner als bei anderen Blattkäfern, Segmente verbreitert und zur Spitze hin dunkel.

Gen. *Cassida* E 45 SPP

Kleiner bis mittelgroßer, abgerundeter Körper. Arten, die durch Färbung und/oder Unterseitenmerkmale identifiziert werden.

1 ⊙ Heller Schildkäfer
Cassida flaveola **L** 4–6 mm. Klein; Oberseite ganz hell bräunlich mit schwacher Zeichnung; Ränder des Pronotums und der Elytren blasser. **H** Grasland.

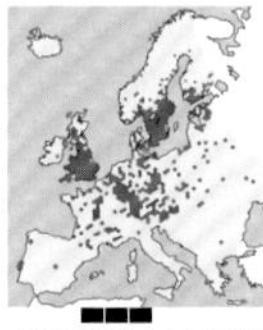
1
J F M A M J J A S O N D

2 🔍 Grüner Schildkäfer
Cassida viridis **L** 7–10 mm. Körperoberseite grün; Beine blass; Fühlerspitze dunkel. Pronotum mit abgerundeten Hinterseitenrändern, die bei anderen *Cassida* spp. fehlen. Unterseite schwarz, Hinterleibssegmente mit gelbem Rand. **H** Feuchtgebiete. Oft auf Minzen.

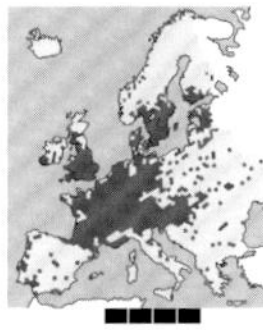
2
J F M A M J J A S O N D

3 🔍 Distelschildkäfer
Cassida rubiginosa **L** 6–8 mm. Körper grün, Elytren mit brauner Zeichnung auf und um das Scutellum, die es nur bei dieser Art gibt. Beine rötlich orange, außer Femora; Fühlerspitze schwarz. **H** Grasland.

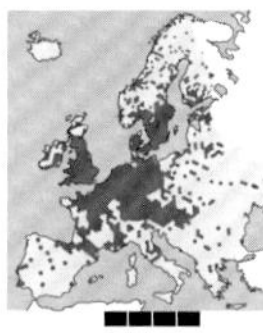
3
J F M A M J J A S O N D

4 ⊙ Berufkraut-Schildkäfer
Cassida murraea **L** 6–9 mm. Körper rötlich orange, bei frisch geschlüpften Tieren grün; Elytren mit schwarzen Flecken. **H** Feuchtgebiete.

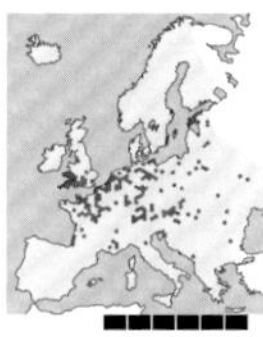
4
J F M A M J J A S O N D

5 ⊙ Nebelschildkäfer
Cassida nebulosa **L** 6–7 mm. Gelblich braun, Elytren mit dunkler Fleckenzeichnung. **H** Grasland, Buschland.

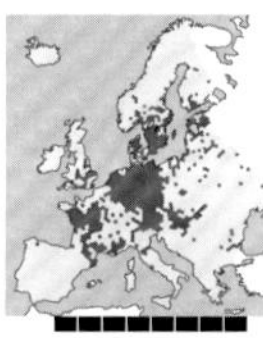
5
J F M A M J J A S O N D

6 🔍 Goldstreifiger Schildkäfer
Cassida nobilis **L** 4–5 mm. Gelblich braun bis rotbraun, Elytren mit 2 auffälligen goldenen Streifen. **H** Grasland, Buschland; auch in Küstengebieten auf Seesandkraut.

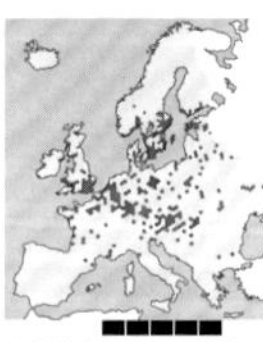
6
J F M A M J J A S O N D

7 🔍 Braunkragen-Schildkäfer
Cassida sanguinolenta **L** 4–6 mm. Grün; manchmal rötliche dreieckige Zeichnung an der Basis der Elytren. Unterseite schwarz; Fühler und Beine gelblich braun. **H** Grasland, Buschland.

7
J F M A M J J A S O N D

8 ⊙ Rostiger Schildkäfer
Cassida vibex **L** 5–7 mm. Pronotum und Elytren goldgrün; Scutellum und Saum der Elytren mit rotbraunen Flecken und Zeichnungen. Beine grünlich, außer Femora; Fühlerspitzen schwarz. **H** Brachland.

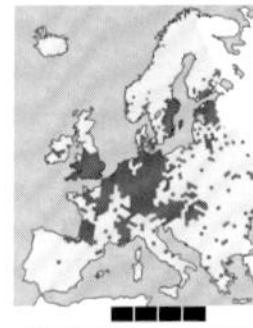
8
J F M A M J J A S O N D

9 🔍 Glanzstreifiger Schildkäfer
Cassida vittata **L** ~5 mm. Gelblich braun mit grünlich silbernem Längsband und feinen Punkten, Beine gelblich. **H** Grünland.

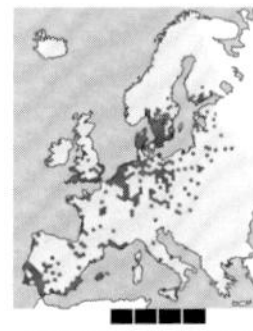
9
J F M A M J J A S O N D

---

10 ⊙ Alantschildkäfer
Pilemostoma fastuosum **L** 4–7 mm. Unverwechselbar schwarz und rot. **H** Trockenes Grasland, auf kalkhaltigen Böden.

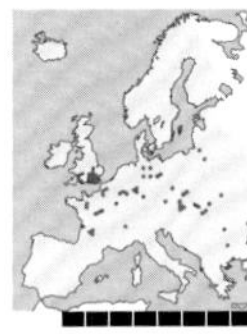
10
J F M A M J J A S O N D

STACHELKÄFER

Zwei Gattungen mit 3 Arten in Europa. Pronotum und Elytren mit Dornen bedeckt, die vermutlich kleine Früchte imitieren sollen, um Fressfeinde zu täuschen. Larven minieren in Blättern von Pflanzen.

11 ⊙ Brauner Stachelkäfer
Dicladispa testacea **L** 4–5 mm. Braun mit dunklen Stacheln. Der ähnliche *D. occator* ist auf den Kanarischen Inseln beheimatet, hat gelbliche und schwarze Flecken an der Basis der Stacheln. **H** Trockenes Grasland, Sträucher, auf Zistrosen.

11
J F M A M J J A S O N D

12 ⊙ Schwarzer Stachelkäfer
Hispa atra **L** 3–4 mm. Vollständig mattschwarz. **H** Trockenes Grasland, Sträucher.

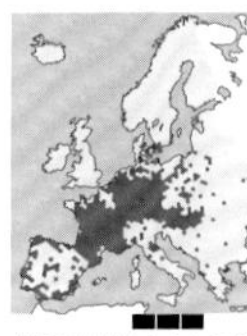
12
J F M A M J J A S O N D

TATZENKÄFER

Massiv; Körper fast kugelförmig; Tarsi bei ♂ auffallend verbreitert; im Aussehen etwas ähnlich einigen Blatthornkäfern (Scarabeidae, S. 228). Zur Verteidigung stoßen sie aus den Mundwerkzeugen rote Flüssigkeitstropfen aus. Nur eine Gattung in dieser Gruppe.

Gen. *Timarcha* E 60+ SPP

Schwarz, mittelgroß bis groß. Alle europäischen Arten können nicht fliegen (im Gegensatz zu Blatthornkäfern). Ernähren sich von Gräsern.

13 🔍 Bläulichvioletter Tatzenkäfer
Timarcha tenebricosa **L** 10–20 mm. Groß; Vorderrand des Pronotums seitlich verbreitert. **H** Grasland.

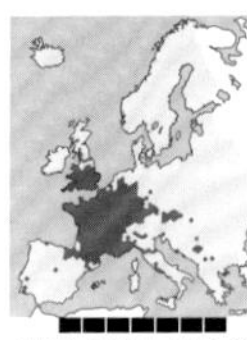
13
J F M A M J J A S O N D

14 🔍 Kleiner Tatzenkäfer
Timarcha goettingensis **L** 8–11 mm. Relativ klein; Vorderrand des Pronotums seitlich nicht verbreitert. **H** Kalkiges Grasland.

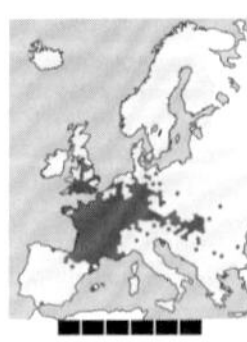
14
J F M A M J J A S O N D

1 ×4
Unterseite
2 ×3
Unterseite
Larve
3 ×3
Unterseite
Larve
4 ×3
5 ×3
6 ×4
7 ×4
8 ×3
Unterseite
9 ×4
10 ×4
11 ×4
12 ×6
13 ×1
♂
Tarsi bei ♂ verbreitert
Pronotum verbreitert
Larve
♂
♀
Paarung
14 ×2
♀
×1
♂
Tarsi bei ♂ verbreitert

BREITRÜSSLER Anthribidae

E 19 GEN 63 SPP 4 ILL

Mit Rostrum (Rüssel); kleine bis mittelgroße, breite und robuste Erscheinung; Rostrum kurz und breit; Fühler kurz bis lang, oft mit keulenförmiger Spitze. Larven fast aller Arten entwickeln sich in toten und absterbenden Ästen oder in Pilzen.

1 🔍 Grauer Schildlausrüssler
Anthribus nebulosus **L** 2–4 mm. Oberkörper dunkel, mit gräulich weißen Haaren bedeckt; Elytren mit feinen weißen Flecken. Fühler mit keulenförmiger Spitze. **H** Wälder. **V** Larven sind Parasiten auf Schildläusen (S.178), sehr untypisch für Rüsselkäferartige.

1
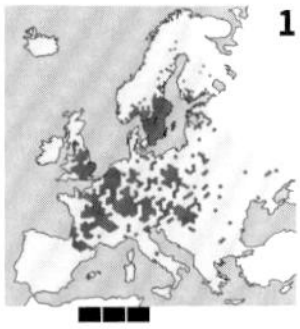

2 ⊙ Großer Breitrüssler
Platyrhinus resinosus **L** 8–15 mm. Grau; Kopf gelblich weiß; Elytren mit gelblich weißen Flecken und Spitzen. **H** Wälder, oft auf Buchen.

2
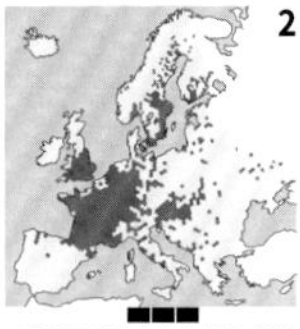

3 ⊙ Langfühler-Breitrüssler
Platystomos albinus **L** 6–9 mm. Graubraun; Kopf weiß; Pronotum und Elytren mit schwarzen Flecken; Elytrenenden weiß. Fühler mit weißem Band vor der dunklen Keule. **H** Wälder.

3
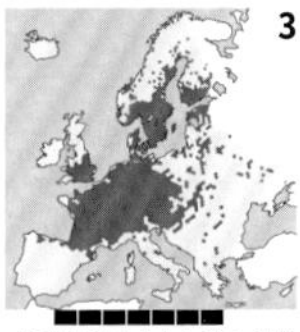

4 ⊙ Weißschnauzen-Breitrüssler
Dissoleucas niveirostris **L** 3–5 mm. Brauner Körper mit gelblich weißen Haaren; Pronotum oft mit schmaler heller Mittellinie; Pronotum und Elytren mit Höckern und Falten. **H** Wälder.

4
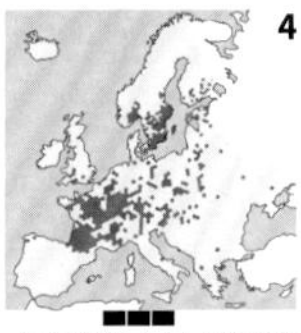

BLATTROLLER Attelabidae

E 3 GEN 11 SPP 2 ILL

Mit Rostrum (Rüssel); breit, gedrungen, leuchtend rot-schwarz; Kopf schmal; Augen weit oben angeordnet, Rostrum kurz; Fühler mit keulenförmiger Spitze. ♀ rollen Blätter von Bäumen auf, in denen sie ihre Eier ablegen; die Larven entwickeln sich in diesen Blättern.

5 ⊙ Haselblattroller *Apoderus coryli*
L 6–8 mm. Schwarz; Pronotum (teilweise), Elytren und Beine leuchtend rot; Elytren mit Reihen von Einstichen. Seltene Farbform mit vollständig schwarzen Elytren und rotem Kopf. **H** Laubwälder, an Haselnussbäumen.

5
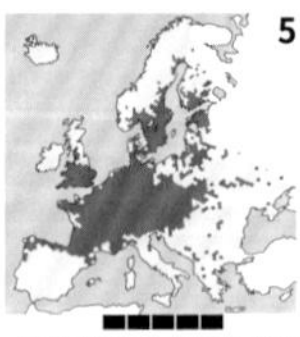

6 ⊙ Eichenblattroller
Attelabus nitens **L** 4–6 mm. Pronotum und Elytren hell rotbraun; Körper, Kopf, Beine und Fühler schwarz. **H** Laubwälder, an Eichen.

6
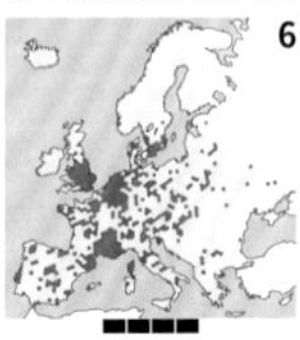

TRIEBSTECHER Rhynchitidae

E ~14 GEN ~40 SPP 7 ILL

Mit Rostrum (Rüssel); klein, breit; Elytren oft metallisch; Rostrum lang und schmal; Fühler mit keulenförmiger Spitze. Die Larven entwickeln sich in Bäumen und Sträuchern und leben oft gemeinsam in einer Art Zelt, z. B. aus Blättern.

7 ⊙ Großer Eichentriebstecher
Lasiorhynchites cavifrons **L** 5–8 mm. Blau, selten schwarz oder grün-metallisch, mit feinem Haar bedeckt. Rostrum mit Mittelkiel an der Spitze der Basis. **H** Wälder mit Eichen.

7
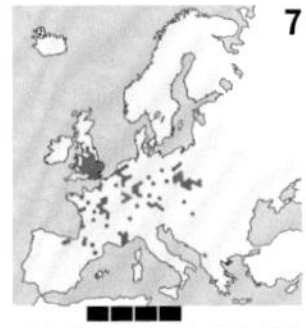

Gen. *Byctiscus* E 2 SPP
Grün, goldgrün oder bläulich; Oberkörper unbehaart; Pronotum viel feiner punktiert als Elytren. ♂ mit nach vorne gerichtetem Stachel an den Seiten des Pronotums.

8 🔍 Rebenstecher *Byctiscus betulae*
L 5–10 mm. Gewöhnlich grün, manchmal bläulich oder kupferfarben; Unterseite immer gleichfarbig. **H** Wälder, Parks, Weinberge. **V** Kann ein Schädling in Weinbergen sein.

8
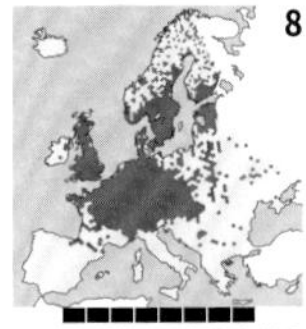

9 🔍 Pappelblattroller
Byctiscus populi **L** 4–7 mm. Meist grün, manchmal rötlich, selten bläulich; Unterseite immer dunkel. Kopf mit Furche zwischen den Augen. **H** Wälder, Parks, auf Pappeln.

9
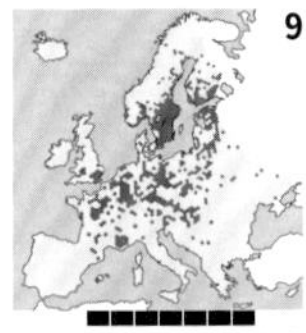

10 🔍 Goldgrüner Kirschfruchtstecher *Rhynchites auratus*
L 6–9 mm. Metallisch violett oder goldgrün, fein behaart; Fühler, Beine und Rostrumspitze schwarz. **H** Auf Weißdorn, Pflaumen, Kirschen, auch auf Birken und Apfelbäumen.

10
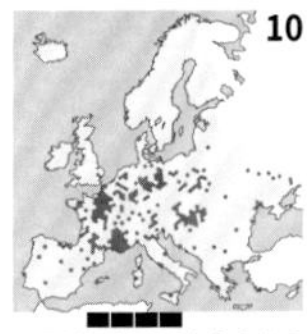

11 ⊙ Rotbrauner Apfelfruchtstecher *Tatianaerhynchites aequatus*
L 3–5 mm. Pronotum bronzefarben oder schwarz; Elytren rotbraun; Kopf und Fühler schwarz, Beine schwarz oder rot. **H** Trockene Wälder, Buschland.

11
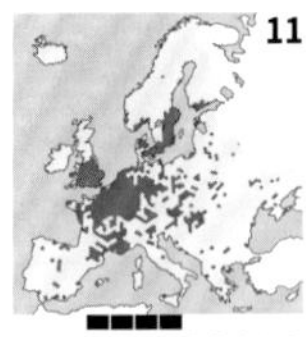

12 ⊙ Schwarzer Birkenblattroller
Deporaus betulae **L** 2–4 mm. Schwarz glänzend; Elytren mit Reihen von Einstichen. Hintere Femora verdickt bei ♂. **H** Wälder, Parks.

12
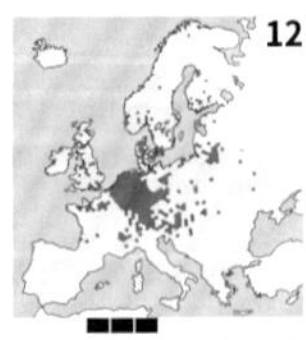

BREITRÜSSLER

1 ×6 ◆

2 ×2 ■

3 ×3 ■

4 ×6 ■

BLATTROLLER

5 ×3 ■

6 ×4 ■

zusammengerollte Blätter, in denen sich die Larven entwickeln

TRIEBSTECHER

7 ×4 ■

8 ×3 ◆

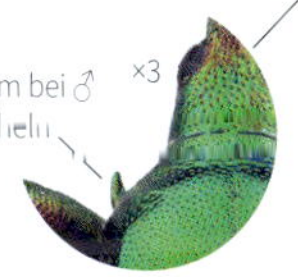

Pronotum bei ♂ mit Stacheln

Unterseite in der gleichen Farbe wie die Oberseite (nicht abgebildet)

9 ×4 ◆

Pronotum bei ♂ mit Zahn auf jeder Seite

Unterseite immer dunkel (nicht abgebildet)

10 ×3 ◆

11 ×4 ■

Pronotum bronze, kupfer oder schwarz

12 ×4 ■

aufgerolltes Blatt, in dem sich die Larve entwickelt

SPITZMAULRÜSSLER Apionidae

E 53 GEN 308 SPP 7 ILL

Mit Rostrum (Rüssel); sehr klein, birnenförmig; Rostrum lang; Fühler mit S1 kurz und einer kompakten, gekeulten Spitze; Beine lang. Larven entwickeln sich in den Wirtspflanzen.

1 🔍 Mennigroter Ampfer-Spitzmausrüssler *Apion frumentarium*
L 3–5 mm. Vollständig orangerot, Elytren mit Reihen grober Einstiche. **H** Feuchtes Grasland, an Stegen.

1
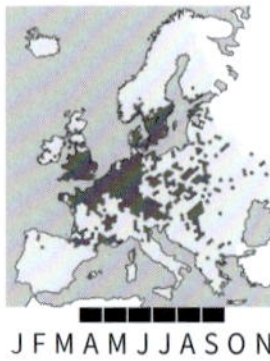

2 🔍 Veilchenblauer Sauerampfer-Spitzmausrüssler
Perapion violaceum **L** 2–4 mm. Kopf und Pronotum schwarz, punktiert; Elytren grünlich blau mit metallischem Schimmer und deutlichen Punktreihen; Beine schwarz. **H** Feuchtes Grasland, an Ampfer.

2
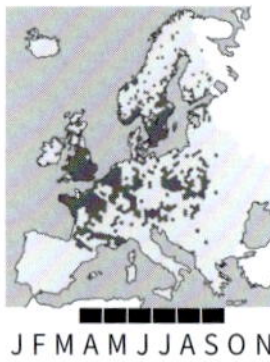

3 🔍 Gewöhnliches Malvenspitzmäuschen *Aspidapion radiolus*
L 3–5 mm. Körper fein behaart; Kopf und Pronotum schwarz, punktiert; Elytren mit leichtem blauen oder grünlichen Schimmer. **H** Grasland, Gärten; an Malven.

3
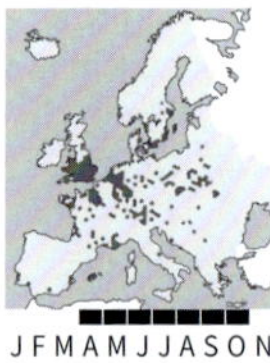

4 🔍 Birken-Spitzmausrüssler
Betulapion simile **L** ~2 mm. Vollständig kupferbraun, fein behaart. **H** Wälder, an Birken.

4
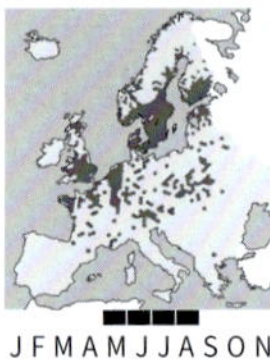

5 🔍 Zweifarbiger Malvenrüssler
Malvapion malvae **L** ~2 mm. Elytren braun, mit dreieckigem schwarzem Fleck an der Basis; Beine und Fühler rötlich braun, Kopf schwarz. Körper dicht weiß behaart. **H** Ruderalflächen, Gärten; auf Malven und anderen Pflanzen.

5
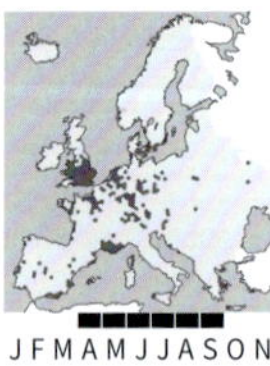

6 🔍 Rotfüßiger Klee-Spitzmausrüssler *Protapion fulvipes*
L ~2 mm. Ganz schwarz; Beine orangerot, Tibiae schwarz; Fühler am Ansatz orangerot, Spitze schwarz. **H** Grasland, Buschland.

6
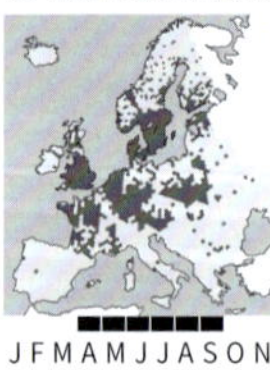

7 ⊙ Langrüssliges Stockrosenspitzmäuschen
Rhopalapion longirostre **L** 2–4 mm. Rostrum auffallend lang; bei ♂ ~ ½ so lang wie Elytren, bei ♀ ~ gesamte Körperlänge. Körper ist schwarz mit dicken grauen Haaren; Beine rötlich-gelb. **H** Vergesellschaftet mit Stockrosen.

7
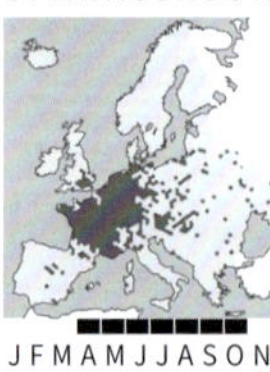

ZWERGRÜSSLER Nanophyidae

E 10 GEN ~30 SPP 2 ILL

Mit Rostrum (Rüssel); sehr klein bis mittelgroß, breit, abgerundet; Rostrum lang; Fühler gekrümmt mit keulenförmiger Spitze. Larven und erwachsene Tiere ernähren sich von Uferpflanzen. Larvenaktivität kann Gallen an Stängeln verursachen.

8 🔍 Marmorierter Zwergrüssler
Nanophyes marmoratus **L** ~2 mm. Färbung variabel; meist schwarz, Elytren mit gelb-rotem Band auf der vorderen Hälfte und einzelnen gelben Flecken auf der Rückseite; manchmal werden ganz schwarze oder ganz gelb-rote Exemplare beobachtet. Beine und Fühler gelb und schwarz. **H** Feuchtgebiete, Moore, Sümpfe.

8
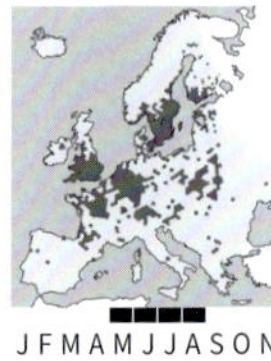

KORNKÄFER Dryophthoridae

E 5 GEN 13 SPP 1 ILL

Mit Rostrum (Rüssel); länglich, zylindrisch geformt; Pronotum mindestens so lang wie breit; Rostrum kurz, gerade oder leicht gekrümmt; Fühler hat S1 lang, gekrümmt mit keulenförmiger Spitze. Larven meist auf Gräsern und Seggen.

9 🔍 Kornkäfer
Sitophilus granarius **L** 2–4 mm. Körper lang gestreckt und zylindrisch; braun; Pronotum leicht glänzend mit länglichen Punkten. Rostrum kürzer und dicker bei ♂ als bei ♀. Flügel gut entwickelt, kann fliegen. Der ähnliche Reiskäfer (*S. oryzae*) hat ein Pronotum mit kleineren, runderen Punkten. **H** Getreidespeicher und Getreidemühlen. **V** Weltweit verbreiteter Getreideschädling; die Larven entwickeln sich in den Körnern. Für die Vermehrung sind Temperaturen > 13 °C erforderlich.

9
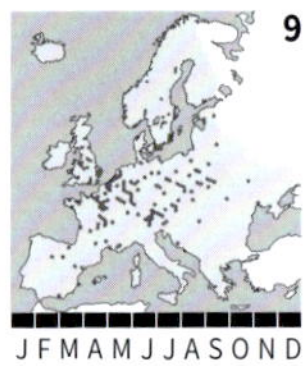

Spitzmaulrüssler

1 ×6 ◆

2 ×6 ◆

3 ×6 ◆

4 ×10 ◆

5 ×10 ◆

6 ×10 ◆

7 ×6 ■

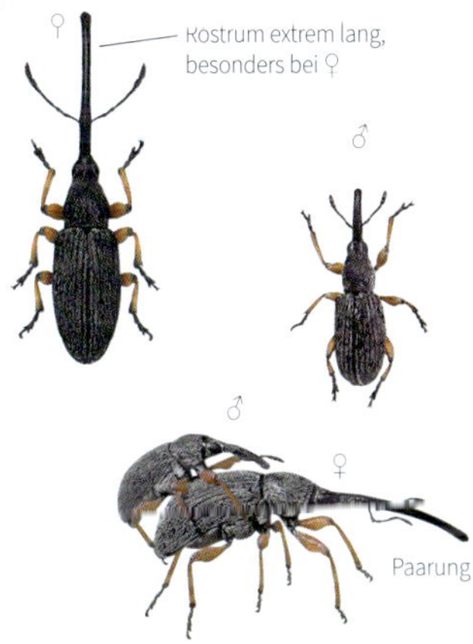

Zwergrüssler

8 ×10 ◆

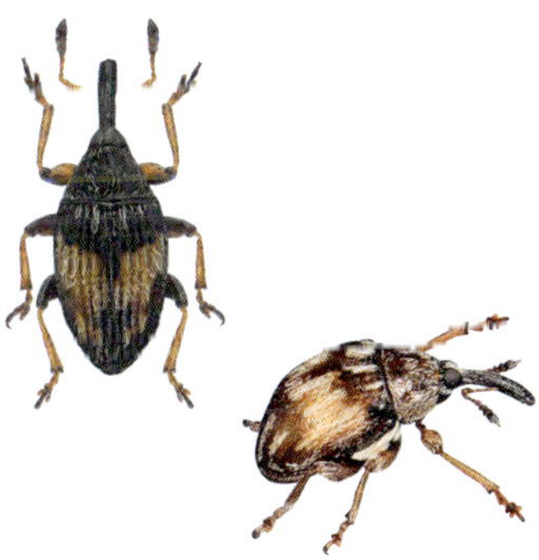

Kornkäfer

9 ×8 ◆

RÜSSELKÄFER Curculionidae →

E ~390 GEN 4449 SPP 78 ILL

Die nach Artenzahl zweitgrößte Käferfamilie nach den Kurzflüglern (Staphylinidae). Die meisten Arten mit Rostrum (Rüssel); klein bis groß, breit gebaut, Fühler oft gekrümmt, S1 viel länger als S2+S3 zusammen und gekeult. Das Rostrum ist lang und bei einigen Arten extrem ausgeprägt. Viele Rüsselkäfer sind schwer zu bestimmen, aber einige Arten können im Feld oder auf Fotos erkannt werden.

Zu den Rüsselkäfern gehören auch die Borkenkäfer (Unterfamilie Scolytinae, S. 332), die zylindrisch geformt und robust sind; bei ihnen ist das Rostrum reduziert oder fehlt; sie leben in der inneren Rindenschicht der Bäume oder im Holz.

Andere Käfer, die zur Überfamilie der Rüsselkäfer gehören, werden ab S. 318 gezeigt. Einige Scheinrüssler (Salpingidae, S 286) haben ebenfalls ein Rostrum, aber ihre Fühler sind kurz und nicht geknickt.

Gen. *Curculio* E 11 SPP

Braun; Rostrum länglich, nach unten gebogen; Pronotum vorne schmal; Elytren gesprenkelt, sehr schmal an der Spitze.

1 Esskastanienbohrer
Curculio elephas **L** 4–9 mm. Lang gestreckt, Elytren ~1,5× so lang wie breit; Rostrum sehr lang, bei ♂ ~½× Körperlänge, bei ♀ ~1× Körperlänge; Fühler und Beine ebenfalls sehr lang. Scutellum schmal, mit abgerundetem Hinterrand. **H** Wälder, an Eichen.

1
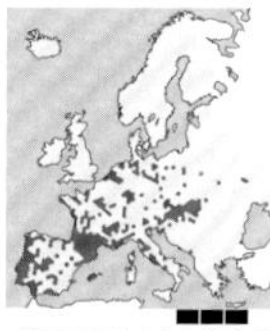
J F M A M J J A S O N D

2 Eichelbohrer *Curculio glandium*
L 4–7 mm. Stämmig, Elytren < 1,25× so lang wie breit; Fühlerkeule schmaler, 3× so lang wie breit. **H** Wälder, an Eichen.

2
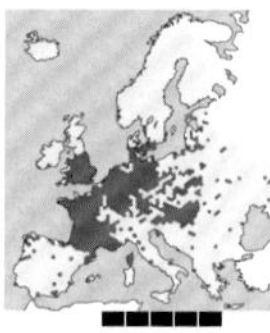
J F M A M J J A S O N D

3 Haselnussbohrer
Curculio nucum **L** 6–8 mm. Stämmig, Elytren < 1,25× so lang wie breit; Fühlerkeule breiter, 2× so lang wie breit; Segmente borstig. **H** Wald, Hecken, an Hasel.

3
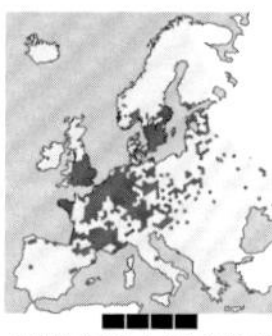
J F M A M J J A S O N D

4 Adern-Eichelbohrer
Curculio venosus **L** 7–8 mm. Stämmig; Elytren < 1,25× so lang wie breit, mit gelblich brauner Zeichnung; Scutellum schmal; Hinterschenkel gezähnt. **H** Wälder, an Eichen.

4
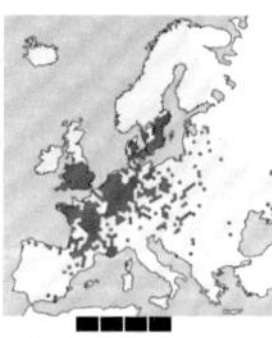
J F M A M J J A S O N D

5 Zottiger Gallenbohrer
Curculio villosus **L** 3–5 mm. Stämmig, Elytren < 1,25× so lang wie breit; Fühler mit breiter Keule, 2× so lang wie breit. Grauschwarz, Elytren weiß gezeichnet. **H** Wälder, an Eichen. **V** Larven entwickeln sich in Gallen der Schwammgallwespe (*Biorhiza pallida*).

5
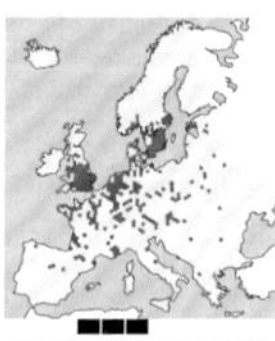
J F M A M J J A S O N D

Gen. *Anthonomus* E 25 SPP

Scutellum stets dicht mit weißen Schuppen bedeckt. Elytren mit punktierten Reihen. Vordere Femora vergrößert, mit 1–2 Stacheln an der Vorderseite.

6
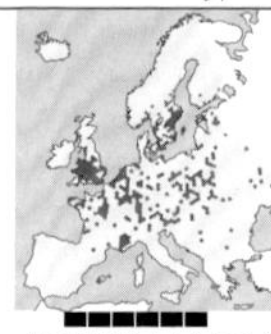
J F M A M J J A S O N D

6 Apfelblütenstecher
Anthonomus pomorum **L** 3–5 mm. Braun bis schwarz, behaart; Pronotum und Elytren mit weißlicher Zeichnung. **H** An Apfel und Birne; kann schädlich sein.

7
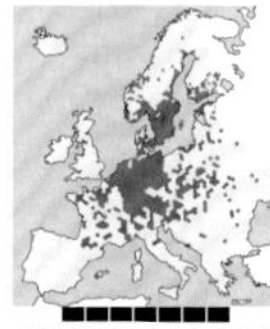
J F M A M J J A S O N D

7 Kirschkernstecher
Anthonomus rectirostris **L** 3–5 mm. Hellbraun bis rötlich, behaart; Pronotum mit schwarzer und gelber Zeichnung. Vordere Femora mit 2 Stacheln; Scutellum groß. **H** An Kirschen; kann schädlich sein.

8
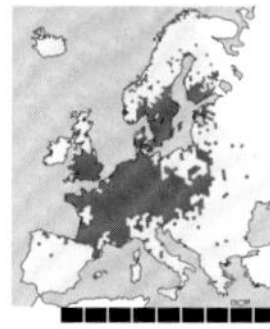
J F M A M J J A S O N D

8 Erdbeerblütenstecher
Anthonomus rubi **L** 3–5 mm. Vollständig schwarz, selten braun oder rot; fein grau behaart. **H** An Erdbeeren, Himbeeren und anderen, kann schädlich sein.

Gen. *Cionus* E ~26 SPP

Klein, gedrungen; Pronotum vorne schmal, an der Basis deutlich schmaler als Elytren; diese länglich, blass bis dunkel, fein behaart und fett, mit auffälligem schwarzem Zentralfleck. Die meisten Arten an Braunwurz.

9
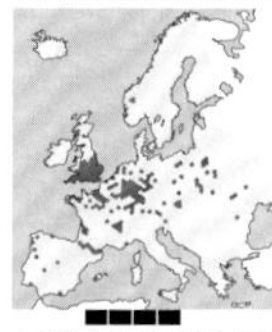
J F M A M J J A S O N D

9 Buntblattschaber *Cionus alauda*
L 3–5 mm. Pronotum und Elytren weißlich, mit mehreren schwarzen Flecken. **H** Buschland, Gärten, Parks.

10
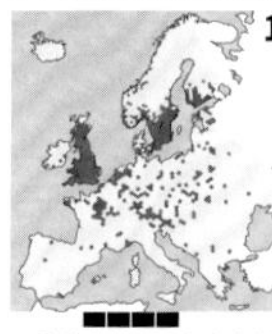
J F M A M J J A S O N D

10 Weißschildiger Braunwurzschaber *Cionus scrophulariae*
L 4–5 mm. Pronotum weiß, mit dünner zentraler schwarzer Zeichnung; Elytren mit Reihen weißer Punkte. **H** Buschland, Gärten, Parks.

11
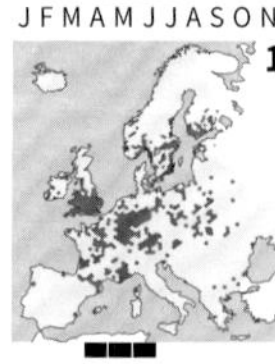
J F M A M J J A S O N D

11 Gartenblattschaber
Cionus hortulanus **L** 3–5 mm. Körper eher blass, Elytren mit kurzen, grauschwarz-weiß gescheckten Flecken. **H** Buschland, Gärten, Parks.

12
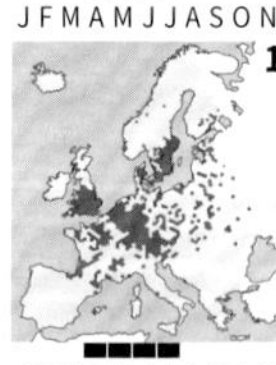
J F M A M J J A S O N D

12 Dunkler Braunwurzschaber
Cionus tuberculosus **L** 3–4 mm. Noch runder als andere *Cionus* spp.; Pronotum mit breitem dunklem Mittelstreifen; Seiten gelblich. **H** Buschland, Gärten, Parks.

13 Weidengallenbohrer
Archarius salicivorus **L** 2–3 mm. Schwarz; Elytren, Pronotum und Unterseite weißlich behaart. **H** Feuchtgebiete, Moore, Weiden.

13
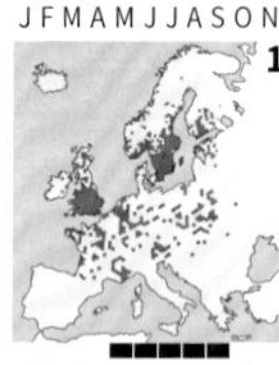
J F M A M J J A S O N D

1 ×2
2 ×3
3 ×3
4 ×2
5 ×4
×2
Larve mit befallener Eichel
Larve
6 ×4
Dorn, bei allen *Anthonomus* spp.
Färbung variabel
befallene Blüten an einer Erdbeerpflanze
7 ×4
8 ×4
vordere Femora mit 2 Zähnen
Vorderbein ×8
9 ×4
10 ×4
11 ×4
12 ×4
13
schwarzer Fleck typisch für *Cionus* spp.

← **RÜSSELKÄFER** Curculionidae →

← **TYPISCHE RÜSSELKÄFER** →

1 Buchenspringrüssler
Orchestes fagi **L** 2–3 mm. Schwarzbraun mit feinen, grauen Haaren; Beine und Fühler rot. Hintere Femora verdickt. **H** In Wäldern, an Buchen. **I** Kann in großer Zahl in Buchenplantagen auftreten und Schäden in der Forstwirtschaft verursachen.

1
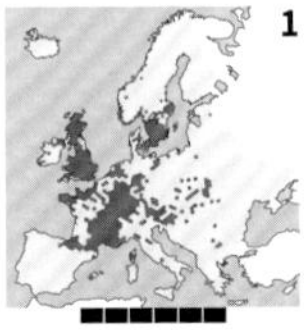

2 Gefleckter Kohltriebrüssler
Ceutorhynchus pallidactylus **L** 2–3 mm. Braun, behaart; Elytren mit hellem Fleck auf der Flügeldecke nahe dem Pronotum. Fühlerspitzen hell gefärbt. **H** Grasland, Felder; an Kreuzblütlern, z. B. Raps.

2
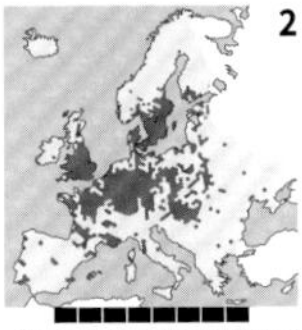

3 Gefleckter Brennnesselrüssler
Nedyus quadrimaculatus **L** ~3 mm. Schwarz; Pronotum und Elytren mit einem Muster aus hellen Flecken und Markierungen; die Beine erscheinen schachbrettartig. **H** An Brennnesseln.

3
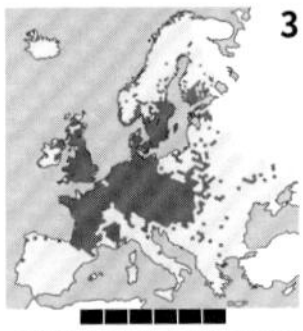

4 Weißpunktiger Schwertlilienrüssler ***Mononychus punctumalbum***
L 4–5 mm. Schwarz mit gelblich grauer Behaarung am Kopf und an den Seiten des Pronotums; Elytren mit kleinem weißen Fleck in der Mitte; Fühler gelblich rot, Keulen dunkler. Manchmal dunkel, nur der Kopf, die Seiten des Pronotums und die Vorderbeine sind heller. **H** Feuchtgebiete.

4
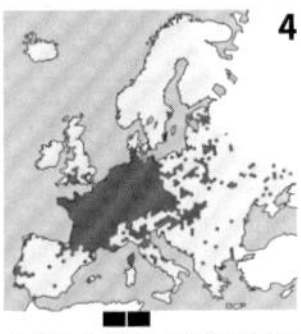

5 Tausendblatt-Rüsselkäfer
Eubrychius velutus **L** 2–3 mm. Schwarz; Kopf, Seiten und Mitte des Pronotums und Elytren gelblich. **H** Stehende Gewässer; auf Wasserpflanzen.

5
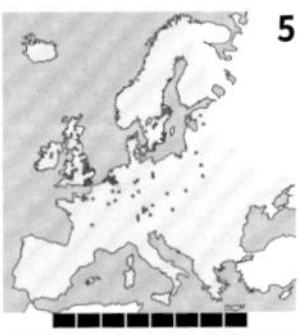

6 Neuseeland-Waldrüssler
Euophryum confine **L** 2–4 mm. Dunkelbraun; Beine manchmal heller gefärbt. Sehr länglich, zylindrisch; Rostrum eher kurz, aber länger als beim Borkenkäfer. **H** In Wäldern, in und unter Rinde, in morschem Holz, auch in Holzbauten und -konstruktionen. **V** Heimisch in Neuseeland, 1937 in Großbritannien und seitdem in einigen anderen Gebieten Westeuropas eingeschleppt. Kann ein Schädling in Sperrholz, Hart- oder Weichholz sein, befällt aber nur Holz, das zuvor von Pilzen befallen wurde.

6
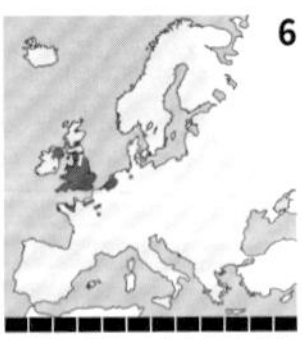

7 Erlenwürger
Cryptorhynchus lapathi **L** 5–9 mm. Schwarz mit einigen weißlichen Flecken auf Bauch und Beinen. **H** Feuchtgebiete, feuchte Wälder.

7
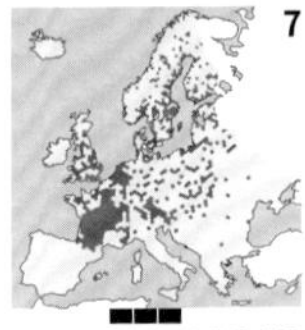

8 Grauer Kiefernnadelrüssler
Brachyderes incanus **L** 7–11 mm. Schwarz mit heller Behaarung; Rostrum kurz und breit; Fühler rotbraun. **H** Wälder, an Kiefern.

8
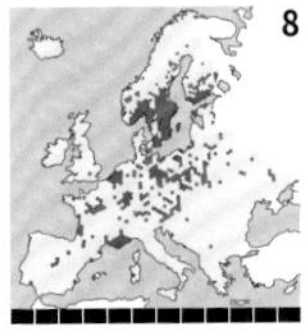

9 Schwarzfleckiger Kranzrüssler
Strophosoma melanogrammum
L 4–6 mm. Körper braun, etwas dunkler gesprenkelt; Elytren mit zentraler schwarzer Linie auf der oberen Hälfte. Alle *Strophosoma* spp. mit kurzem und breitem Rostrum; Pronotum seitlich abgerundet; Elytren oval. **H** Wälder, Hecken, Gärten, Parks. **V** Parthenogenetisch (♀ pflanzen sich ohne ♂ fort).

9
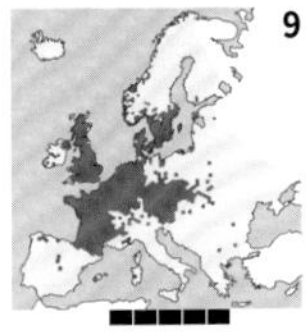

10 Dünengrasrüssler
Philopedon plagiatum **L** 4–6 mm. Eher rundlich; grau bis braun; Pronotum breiter als lang; Elytren mit Reihen von weißen Flecken, Rostrum kurz und breit. **H** Sandige Lebensräume, Küstengebiete.

10
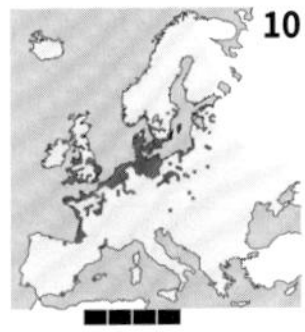

11 Würfelfleckrüssler
Liophloeus tessulatus **L** 7–12 mm. Abgerundet; Elytren mit unterschiedlichen hellen und dunklen Flecken; kurzflügelig und flugunfähig. **H** Wälder, Hecken, an Efeu.

11
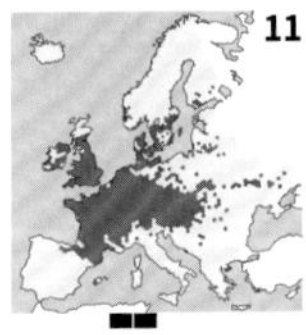

1 ×8 ◆

2 ×7 ◆

3 ×6 ◆

4 ×3 ■

5 ×8 ■

6 ×8 ◆

7 ×3 ◆

8 ×3 ◆

9 ×4 ◆

10 ×4 ■

11 ×3 ◆

← RÜSSELKÄFER Curculionidae →

← TYPISCHE RÜSSELKÄFER →

Gen. *Otiorhynchus* E 830+ SPP
Klein bis groß; robust, Elytren breit und oval; braun oder schwarz, oft gesprenkelt; Fühler lang; Hinterflügel reduziert, flugunfähig. Einige Arten sind parthenogenetisch (♀ pflanzen sich ohne ♂ fort).

1
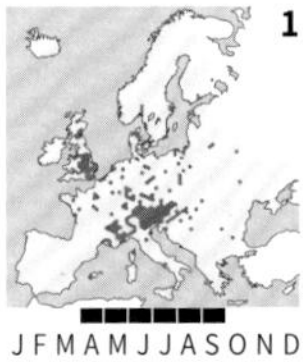

1 🔍 Gürteltier-Dickmaulrüssler
Otiorhynchus armadillo **L** 7–12 mm. Pronotum tuberkulös; Elytren bei frischen Exemplaren bräunlich gelb gesprenkelt. **H** Parks und Gärten.

2
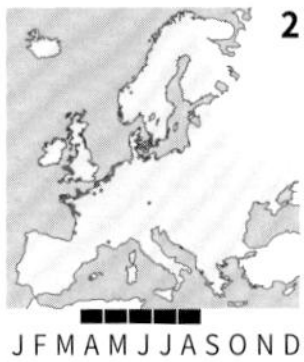

2 🔍 Schwarzer Strandhaferrüssler
Otiorhynchus atroapterus **L** 6–9 mm. Völlig schwarz, einschließlich der Beine und Fühler. **H** Dünen, sandige Standorte.

3
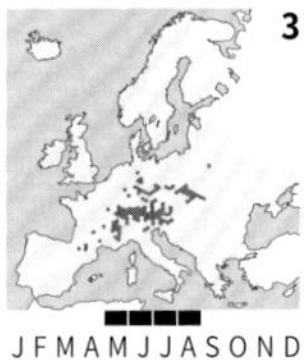

3 🔍 Schwarzer Rüsselkäfer
Otiorhynchus coecus **L** 6–12 mm. Ganz schwarz, aber Beine rötlich mit schwarzen Tibiae; Elytren mit Reihen von groben Einstichen. **H** In Nadelwäldern, auf Feigen. Oft in Gebirgsregionen.

4
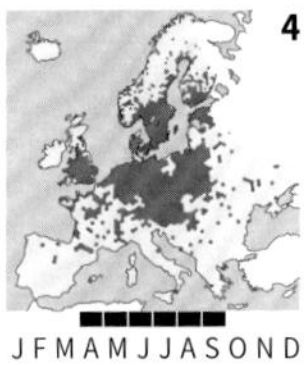

4 🔍 Erdbeerwurzel-Rüsselkäfer
Otiorhynchus ovatus **L** 5–6 mm. Völlig schwarz, Beine rötlich. Sehr ähnlich dem Schwarzbeinigen Rüsselkäfer, aber kleiner. **H** Kornblumenwälder; auf Feigen, Erdbeeren, Johannisbeeren und einigen anderen. Vor allem in niedrigen Lagen zu finden. **V** Kann in Baumschulen Schäden verursachen.

5
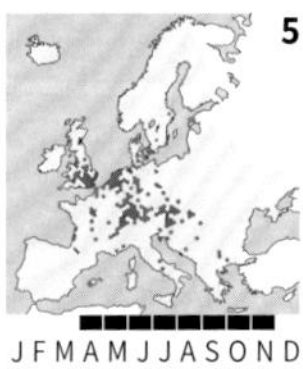

5 🔍 Weißdorn-Dickmaulrüssler
Otiorhynchus crataegi **L** 5–6 mm. Braun; Kopf, Pronotum und Elytren gelblich gesprenkelt, alle Femora mit einem Zahn; Beine und Fühler rotbraun. **H** Buschland, Gärten, Parks. **V** Der Name „Weißdorn-Dickmaulrüssler" kann irreführend sein, da diese Art an verschiedenen Pflanzen vorkommt.

6
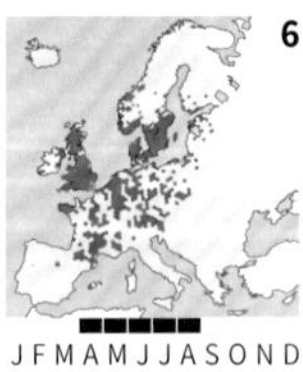

6 🔍 Brauner Lappenrüssler
Otiorhynchus singularis **L** 7–12 mm. Graubraun; Kopf, Pronotum und Elytren gelblich gesprenkelt; vordere Femora mit einem Zahn. **H** Wälder, Buschland; an einer Vielzahl von Bäumen und Pflanzen.

7
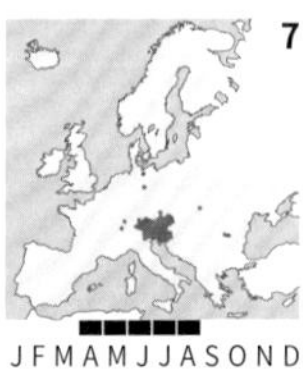

7 ⊙ Hellgefleckter Dickmaulrüssler
Otiorhynchus gemmatus **L** 8–12 mm. Völlig schwarz; Pronotum und Elytren punktiert; Elytren mit kleinen weißen Flecken. **H** Feuchte Wälder, Buschland, Grasland, oft auf Pestwurz.

8
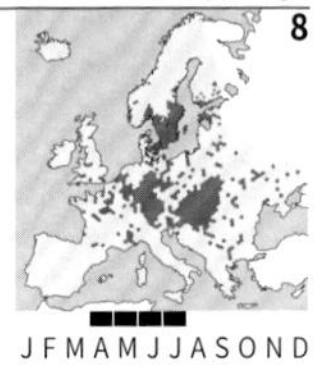

8 🔍 Luzerne-Dickmaulrüssler
Otiorhynchus ligustici **L** 7–12 mm. Graubraun, gelblich gesprenkelt; Elytren mit gelblichen Flecken; Femora dunkel. **H** Grasland, Wiesen, Felder.

9
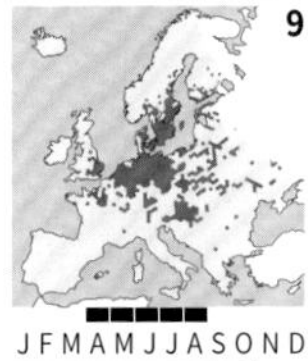

9 🔍 Rauer Dickmaulrüssler
Otiorhynchus raucus **L** 5–10 mm. Kopf und Pronotum schwarz, mit feiner gelblicher Behaarung; Elytren braun mit gelben Flecken; Femora dunkel. **H** Grasland, Gärten.

10
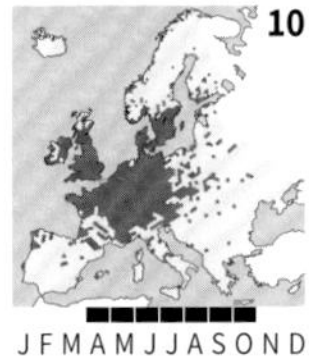

10 🔍 Gefurchter Lappenrüssler
Otiorhynchus sulcatus **L** 7–10 mm. Pronotum mit vielen großen Höckern; Elytren schwarz gesprenkelt mit kleinen braunen Flecken. **H** Parks, Gärten, Wälder. **V** Parthenogenetisch (♀ pflanzen sich ohne ♂ fort).

11
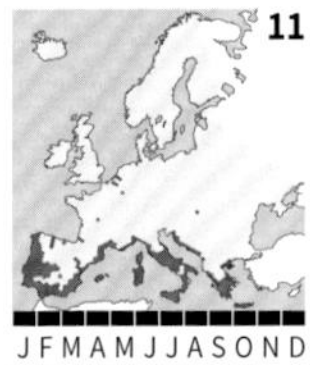

11 ⊙ Roter Palmrüssler
Rhynchophorus ferrugineus
L 19–42 mm. Sehr groß; braunrot, Beine dunkel. Sehr variabel; manchmal ganz schwarz mit rotem Pronotum. Hinterflügel gut entwickelt, flugfähig. **H** Gärten, Baumschulen, andere Standorte mit Palmen. **B** Heimisch in Südostasien; Anfang der 2000er-Jahre in Europa eingeführt. Kann Palmen erheblich schädigen.

12
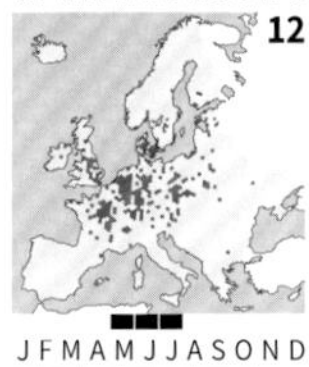

12 🔍 Schimmernder Trägrüssler
Exomias pellucidus **L** 3–5 mm. Schwarzbraun; Pronotum grob punktiert; Elytren lang mit heller Behaarung; Fühler und Beine rötlich, Knie meist nachgedunkelt. **H** Wälder, Buschland, Parks.

13
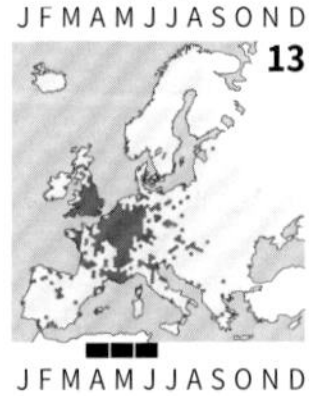

13 🔍 Grüner Zypressenrüssler
Pachyrhinus lethierryi **L** 4–6 mm. Metallisch grün, Fühlerkeulen dunkel; Rostrum kurz und breit. **H** Wälder, Gärten, Parks. **V** Heimisch in Südeuropa, dort auf Zypressen und Wacholder. Seit Anfang der 2000er-Jahre Ausbreitung im Vereinigten Königreich und anderen nordeuropäischen Ländern; häufig auf Thuja zu finden.

14
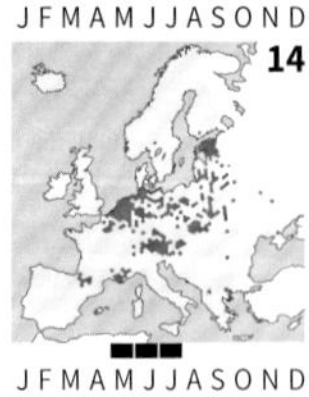

14 🔍 Gelbrandrüssler
Chlorophanus viridis **L** 8–11 mm. Hellgrün, selten kupferrot, mit auffallend gelben Seitenrändern. **H** Feuchte Wälder.

15
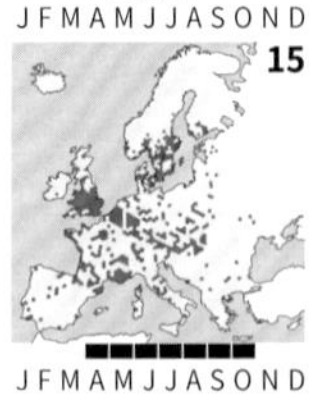

15 🔍 Großer Kleekokonrüssler
Brachypera zoilus **L** 6–9 mm. Rundlich, braun, mit dunklen Flecken gesprenkelt, Pronotum und Elytren mit hellen bräunlichen Seiten. **H** Grünland, auf Hülsenfrüchten.

← RÜSSELKÄFER →

1 ×2 ◆

2 ×3 ◆

3 ×3 ◆

4 ×3 ◆

5 ×3 ◆

6 ×2 ◆

7 ×2 ■

8 ×2 ◆

9 ×3 ◆

10 ×3 ◆

11 ×1 ■

12 ×5 ◆

13 ×4 ■

14 ×3 ◆

15 ×3 ◆

← RÜSSELKÄFER Curculionidae →

← TYPISCHE RÜSSELKÄFER →

Gen. ***Phyllobius*** E ~70 SPP

Klein bis mittelgroß, oft mit metallisch grünen oder braunen Schuppen bedeckt. Hinterflügel gut entwickelt, flugfähig. Fühler setzen an der Spitze des Rostrums (Rüssels) an.

1 🔍 Gebirgsblattrüssler
Phyllobius arborator **L** 6–8 mm. Pronotum stark gerundet, nur wenig breiter als lang, fein punktiert; Elytren mit kleinen behaarten schwarzen Flecken; Beine gelblich; bei ♂ vordere Femora verdickt. **H** Wälder, auf Laubbäumen.

1
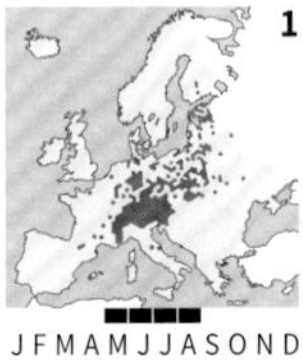

2 🔍 Silberner Grünrüssler
Phyllobius argentatus **L** 3–6 mm. Metallisch gräulich bis gold-grün. Alle Femora mit Zahn. Beine und Fühler rot, Femora dunkler. **H** Wälder.

2
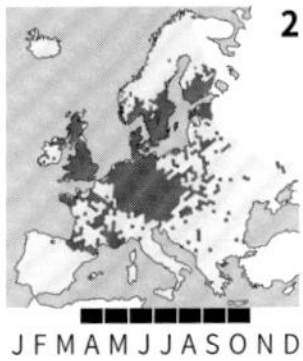

3 🔍 Spornblattrüssler
Phyllobius glaucus **L** 7–12 mm. Dunkelgrau bis schwarz; Elytren mit grauen oder grünlichen Flecken; Beine meist rötlich, manchmal dunkel. **H** Wälder, oft an Erlen und Birken.

3
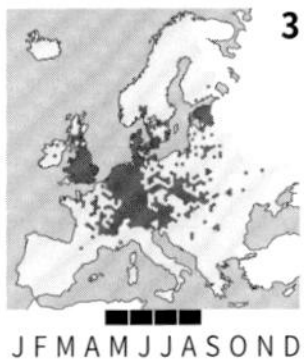

4 🔍 Grüner Laubrüssler
Phyllobius maculicornis **L** 4–6 mm. Dunkelgrau bis schwarz; grün, selten grau gesprenkelt; letztes Fühlersegment an der Keulenspitze länger als breit. **H** Buschland.

4
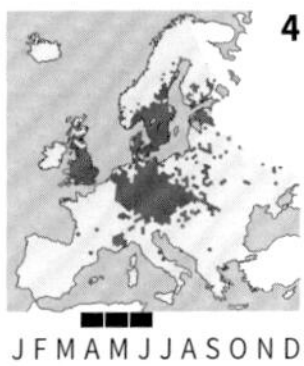

5 🔍 Zweifarbiger Schmalbauchrüssler ***Phyllobius oblongus*** **L** 3–6 mm. Kopf und Pronotum schwarz; Elytren, Beine und Fühler gelblich braun, Fühler und Beine hell. Sehr variabel; bei einigen Formen ist das Pronotum oder der gesamte Körper dunkel oder gelblichbraun. **H** Buschland, Gärten.

5
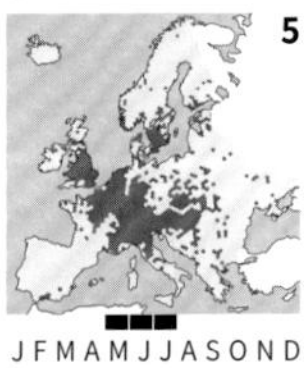

6 🔍 Nesselblattrüssler
Phyllobius pomaceus **L** 6–9 mm. Grün bis gold-grün geschuppt, Beine dunkel oder rötlich. **H** Grünland, Standorte mit Brennnesseln.

6
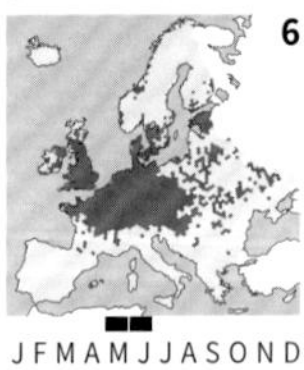

7 🔍 Birnengrünrüssler
Phyllobius pyri **L** 5–8 mm. Kupferfarben oder braun geschuppt. **H** Wälder, Gebüsch, Hecken.

7
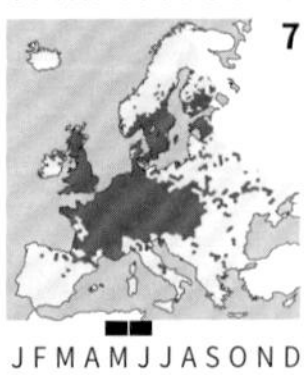

Gen. ***Polydrusus*** E ~120 SPP

Sehr ähnlich Gen. *Phyllobius*, aber Fühler setzen seitlich am Rostrum (Rüssel) an.

8 🔍 Braungrauer Glanzrüssler
Polydrusus cervinus **L** 4–6 mm. Schwarz mit goldenen Schuppenflecken zwischen grauen Haaren, daher Elytren mit fleckigem Aussehen. Ähnliche Art *P. pilosus* hat an vorderen Femora nur Haare, keine runden Schuppen. **H** Waldgebiete, gelegentlich Nadelwälder.

8
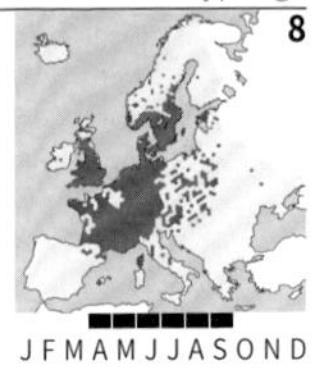

9 🔍 Seidiger Glanzrüssler
Polydrusus formosus **L** 5–7 mm. Schwarz; ganz glänzend grün beschuppt; Beine und Fühler gelblich rot, Spitzen schwarz. Femora mit kleinem Zahn. **H** Wälder, Buschland; an Laubbäumen.

9
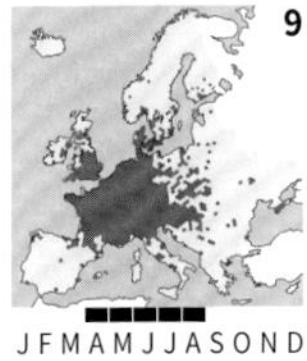

10 🔍 Kupfriger Glanzrüssler
Polydrusus mollis **L** 6–9 mm. Vollständig kupferfarben beschuppt; selten gräulich beschuppt. Beine und Fühler rötlich, Fühlerspitze dunkel. **H** Wälder, Buschland; an Laubbäumen.

10
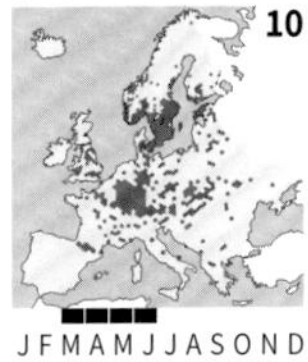

11 🔍 Dickkopf-Glanzrüssler
Polydrusus pterygomalis **L** 4–6 mm. Oberkopf mit vorspringenden Höckern hinter den Augen. Schwarz, mit leicht gelblichen Haaren bedeckt. **H** Wälder, an Laubbäumen.

11
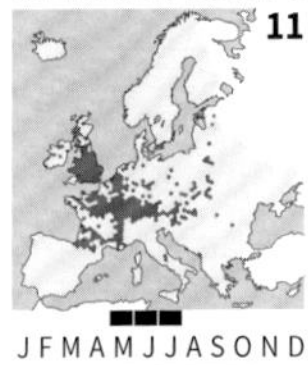

12 ⊙ Marmorierter Glanzrüssler
Polydrusus tereticollis **L** 4–6 mm. Schwarz; ganz grau bis bräunlich beschuppt; Elytren mit gezackten Querbändern; Beine und Fühler rotbraun; Femora ohne Zahn. **H** Wälder.

12
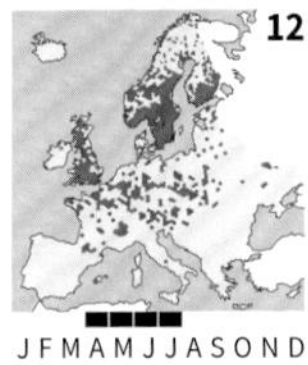

Gen. ***Charagmus*** E 6 SPP

Eher länglich; braun, auf der Unterseite mit weißlichen Haaren. Pronotum schlank, in der Mitte am breitesten; Elytren seitlich parallel.

13 ⊙ Großer Lupinenblattrandkäfer
Charagmus gressorius **L** 7–10 mm. Pronotum mit auffälligem weißen Mittelstreifen. **H** Grasland, auf Lupinen.

13
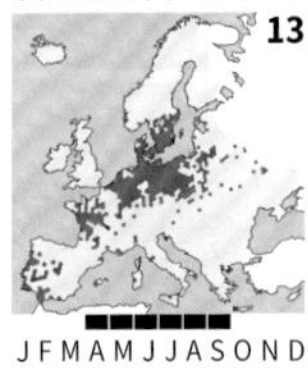

14 🔍 Grauer Blattrandkäfer
Charagmus griseus **L** 6–9 mm. Pronotum und Elytren mit unterschiedlicher hell- und dunkelbrauner Zeichnung. **H** Buschland, Grasland.

14
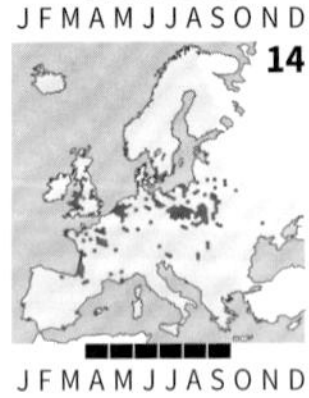

15 🔍 Echter Streckrüssler
Tanymecus palliatus **L** 5–8 mm. Lang gestreckt, Pronotum länger als breit. Schwarz, mäßig dicht mit feinen grauen Haaren bedeckt. **H** Grasland, Weiden, Ruderalflächen.

15
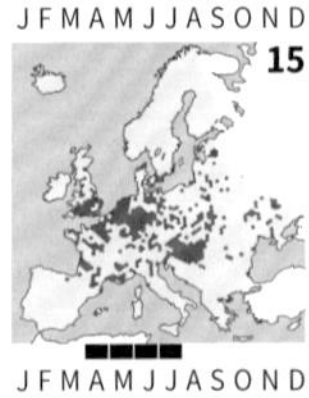

1 ×3 ◆

2 ×4 ◆

3 ×3 ◆

4 ×4 ◆

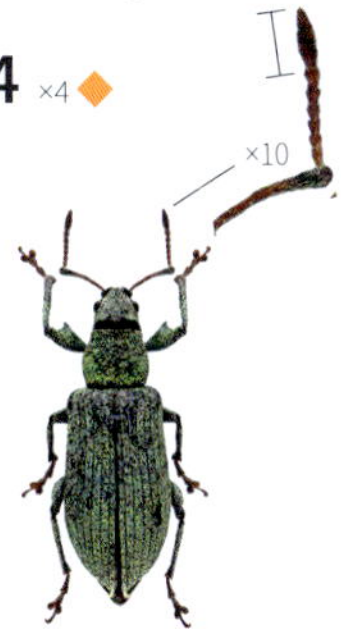

5 ×4 ◆

6 ×3 ◆

♀ mit abgeriebenen Schuppen, wodurch dunkle Grundfarbe zum Vorschein kommt.

7 ×3 ◆

8 ×4 ◆

9 ×3 ◆

10 ×3 ◆

11 ×3 ◆

12 ×3 ■

13 ×3 ■

14 ×3 ◆

15 ×3 ◆

← **RÜSSELKÄFER** Curculionidae

← **TYPISCHE RÜSSELKÄFER**

1 ⊙ Distelgallenrüssler
Cleonis pigra **L** 10–16 mm. Schwarz mit fleckigen graubraunen, teilweise weißlichen Haaren. Rostrum mit 3 hellen Längslinien; Pronotum mit 2 hellen Längsbändern pro Seite; Scutellum hell; Elytren mit 3 undeutlichen diagonalen Bändern. **H** An Disteln.

1
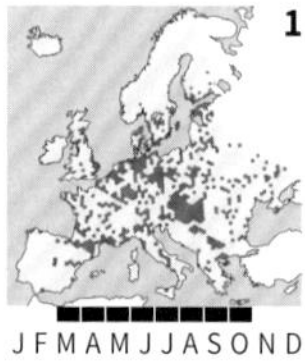

Gen. ***Larinus*** E 53 SPP
Etwas lang gestreckt, oval. Rostrum ~ gleich lang wie Pronotum, manchmal kürzer; Elytren fein punktiert.

2 🔍 Länglicher Distelrüssler
Larinus planus **L** 5–8 mm. Lang gestreckt, leicht oval; Elytren > 1,5× länger als zusammen breit. Ganz schwarz mit feinen hellen Haaren; Elytren mit einigen weißlichen kleinen Flecken. **H** An Disteln.

2
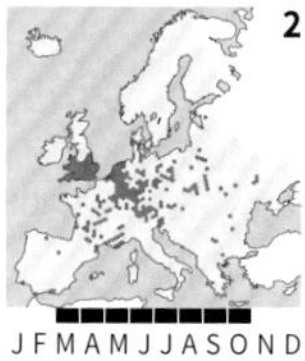

3 🔍 Kratzdistelrüssler
Larinus turbinatus **L** 4–9 mm. Eher oval, weniger länglich als der Distelknospenrüssler (*L. planus*); Elytren < 1,5× so lang wie zusammen breit, mit gräulichen Flecken bedeckt. **H** An Disteln.

3
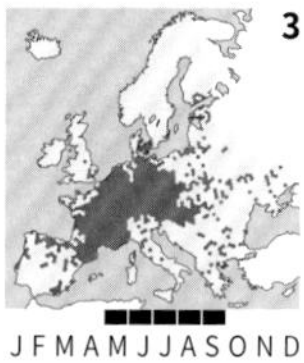

4 🔍 Distelkurzrüssler
Rhinocyllus conicus **L** 4–7 mm. Robust; Rostrum sehr kurz; Pronotum vorne verschmälert; Fühler kurz und gerade. **H** Grasland, Waldlichtungen; auch an Küstenstandorten, an Disteln.

4
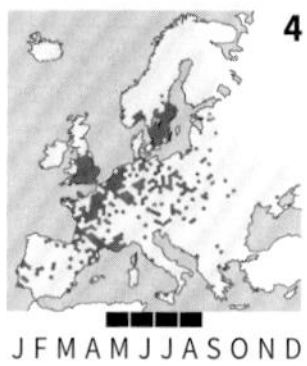

5 🔍 Gestreifter Blattrandkäfer
Sitona lineatus **L** 4–5 mm. Schwarz, mit kupfernen graugrünen, gelblichen oder bräunlichen Schuppen; Pronotum mit 3 dunklen Längslinien; Elytren mit abwechselnd dunklen und hellen Längsstreifen. Einige Exemplare ganz dunkel. Beine und Fühler gelblich braun bis rotbraun, Spitze dunkler. **H** Wiesen, Felder. **V** Nachtaktiv.

5
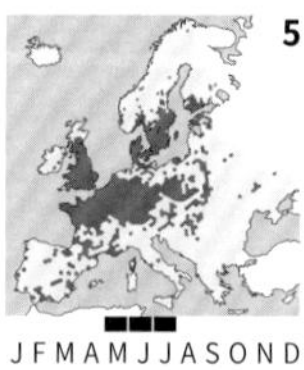

6 🔍 Sellerie-Uferrüssler
Hypera conmaculata **L** 5–8 mm. Braun; Pronotum mit helleren Seiten; Elytren mit flachen Schuppen bedeckt, mit Hell-Dunkel-Muster. **H** Feuchtgebiete.

6
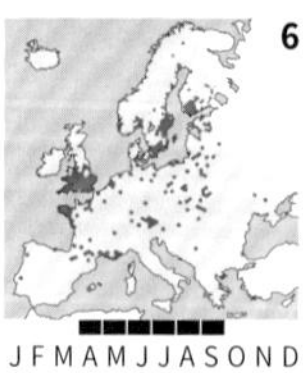

Gen. ***Lixus*** E ~ 70 SPP
Klein bis groß, länglich, zylindrisch.

7 🔍 Welliger Stängelrüssler
Lixus pulverulentus **L** 10–17 mm. Dunkelgrau, Pronotum und Elytren mit gelblicher Sprenkelung, Elytrenspitzen stumpf. **H** Grasland.

7
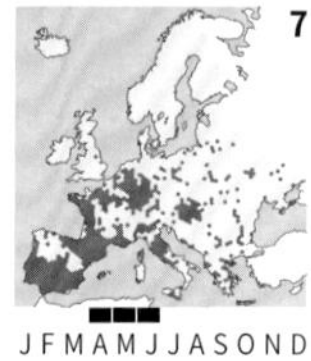

8 ⊙ Schierlingsrüssler ***Lixus iridis*** **L** 10–17 mm. Grau, gelblich gesprenkelt; Pronotum und Elytren mit gelben Seitenrändern; Elytrenspitzen spitz, leicht nach außen gebogen. **H** Feuchtgebiete.

8
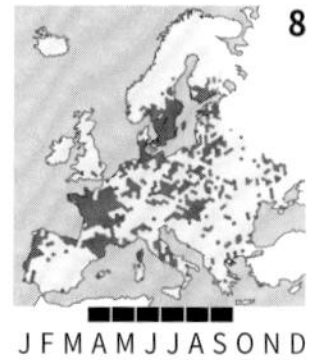

9 ⊙ Fichtenrüsselkäfer
Hylobius abietis **L** 8–13 mm. Körper schwarz, einige Individuen dunkelbraun, Elytren orange oder cremefarben gefleckt. Alle *Hylobius* spp. robust; Körper schwarz oder braun, Elytren gefleckt; Rostrum so lang wie das Pronotum, das vorne verschmälert ist. Arten werden anhand der Körperfarbe identifiziert. **H** Nadelwälder.

9
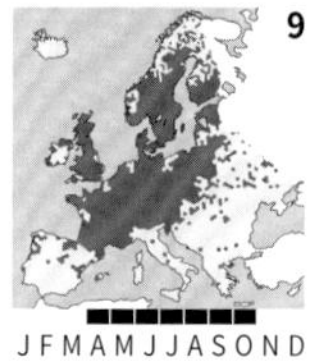

10 ⊙ Echter Hülsenrüssler
Lepyrus capucinus **L** 8–11 mm. Stämmig; rotbraun, Elytren mit dunklen Flecken und einem kleinen weißen Fleck im äußeren Drittel. **H** Wälder, Buschland; an Weiden, Erlen, Brombeeren.

10
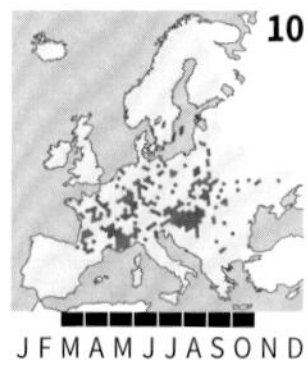

11 ⊙ Möhrenrüssler
Liparus coronatus **L** 10–17 mm. Schwarz; Pronotum mit gelben Rändern und 2 gelben Flecken; Elytren mit kleinen gelben Grübchen besetzt. **H** Buschland, Wiesen; an nicht duftenden Pflanzen.

11
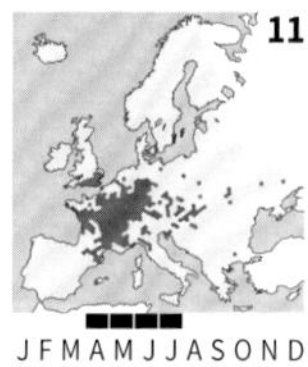

12 ⊙ Schlehen-Zweigrüssler
Magdalis ruficornis **L** 2–4 mm. Zylindrisch; Rostrum kurz. Vollständig schwarz; Fühler S1–S2 rötlich. Augen sehr groß bei ♂. **H** Wälder, Obstgärten, Gärten, an Obstbäumen, Rosen.

12
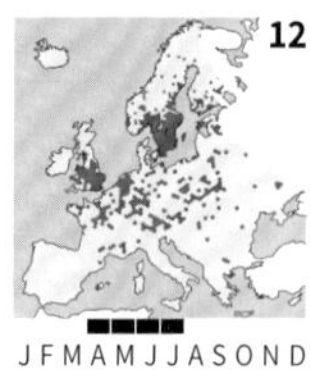

← RÜSSELKÄFER →

1 ×2 ■

2 ×3 ◆

3 ×4 ◆

4 ×4 ◆

5 ×4 ◆

6 ×3 ◆

7 ×2 ◆

Elytren am Ende nicht gespitzt

8 ×2 ■

Elytren spitz zulaufend

9 ×2 ■

Larve

Fraßspuren

10 ×2 ■

11 ×2 ■

12 ×8 ■

← **RÜSSELKÄFER** Curculionidae

BORKENKÄFER

Klein bis mittelgroß, zylindrisch; leben unter der inneren Rindenschicht von Bäumen oder im Holz. Schwarz oder dunkelbraun, nur frisch geschlüpfte Käfer deutlich rötlich. Rostrum fehlt oder ist sehr kurz; bei einigen ist der Kopf von oben gesehen unter dem Pronotum verborgen; Fühler oft kurz; Tibiae mit mindestens einem Paar Zähne.

Die meisten Arten sind auf bestimmte Wirtspflanzen spezialisiert, aber gelegentlich auch auf anderen zu finden. Viele Arten nur in absterbendem oder totem Holz, nur einige befallen lebende Bäume und können große Forstschäden verursachen. Gesunde Bäume können Angriffen widerstehen, z. B. durch die Produktion von Baumsaft; bei massenhaftem Auftreten von Borkenkäfern, insbesondere in Monokulturen, kann die schiere Anzahl der Käfer diese Abwehrmechanismen jedoch überwältigen.

Bei der Artbestimmung hilft die Erkennung der Wirtspflanzen und die Untersuchung der Fraßmuster in Rinde und Holz.

1 🔍 Buchdrucker ***Ips typographus***
L 4–6 mm. Dunkelbraun; Elytren lang gelblich bis bräunlich behaart, jedes Elytron am Ende mit 4 abstehenden Zähnen, der 3. am längsten (gut von der Seite zu sehen). Kopf vollständig unter Pronotum verborgen. **H** Bevorzugt Fichten. **V** Bis zu 3 Generationen pro Jahr; kann massenhaft auftreten, befällt dann auch eher starke, gesunde Bäume. Geschädigte Bäume erkennt man am ausgestoßenen Bohrmehl, das sich am Fuß der Stämme ansammelt. Kann in der Forstwirtschaft große Schäden verursachen.

1
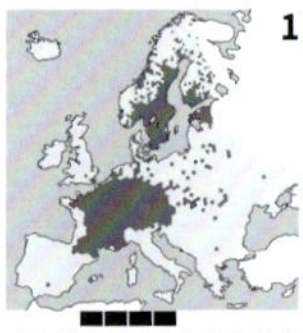

2 🔬 Schwarzer Kiefernbastkäfer
Hylastes ater **L** 3–6 mm. Schwarz; Beine und Fühler rötlich. Elytren gröber punktiert als das Pronotum. **H** Bevorzugt Kiefern. **V** Ein Schädling in Baumschulen.

2
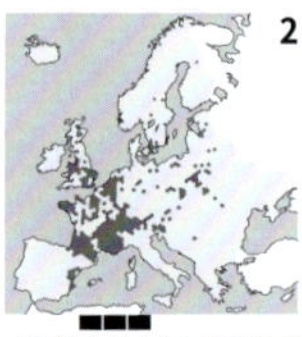

3 🔬 Bunter Eschenbastkäfer
Hylesinus fraxini **L** 2–4 mm. Gedrungen; dunkelbraun, Pronotum und Elytren gelblich gesprenkelt. **H** Bevorzugt Eschen.

3
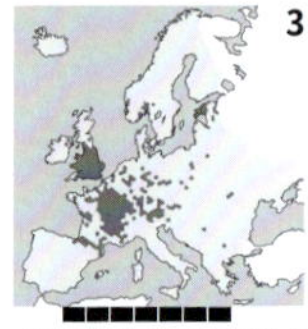

4 🔬 Großer Waldgärtner
Tomicus piniperda **L** 3–5 mm. Vollständig dunkelbraun bis schwarz; Pronotum breiter als lang. **H** Bevorzugt Kiefern.

4
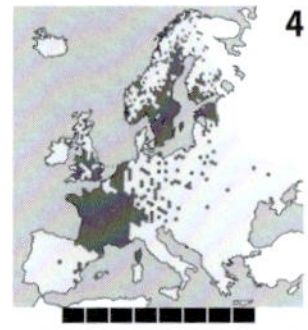

5 🔬 Kupferstecher
Pityogenes chalcographus **L** 2–3 mm. Rotbraun, einschließlich Beine; Fühler gelblich. Jedes Elytron am Ende mit 3 vorstehenden Zähnen bei ♂ (am besten seitlich zu sehen); nur 3 schwache Höcker bei ♀. **H** Bevorzugt Feigenbäume. **V** Schädling in Baumschulen; befällt meist junge Bäume. Wirft kein Bohrmehl aus Bohrlöchern aus, was das Erkennen befallener Bäume erschwert.

5
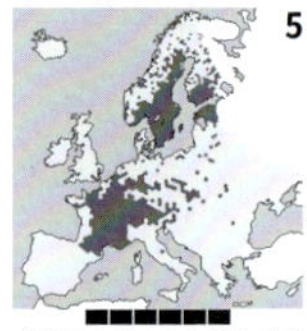

6 🔬 Großer Ulmensplintkäfer
Scolytus scolytus **L** 3–6 mm. Schwarz; Elytren, Beine und Fühler braun. Arten werden durch Untersuchung der Form der Hinterleibssegmente identifiziert. **H** Bevorzugt Ulmen. **V** Kultiviert einen Pilz, der in den Bohrlöchern wächst und die Nahrungsquelle für die Käfer darstellt. *Scolytus* spp. gehören zu den großen Forstschädlingen, da sie den Pilz übertragen, der die Holländische Ulmenkrankheit verursacht.

6
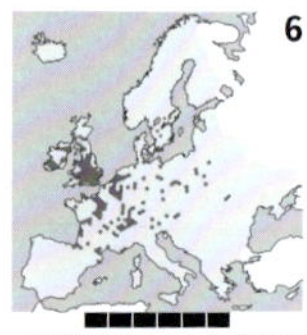

7 🔬 Gekörnter Nutzholzborkenkäfer ***Xyleborus dryographus***
L 2–3 mm. Rotbraun; bei ♂ Pronotum vorne ausgehöhlt, Vorderrand nach oben gebogen, stumpfen, langen Buckel bildend. **H** In Eichen. **V** Kultiviert Pilz, der in den Bohrlöchern wächst und die Nahrungsquelle für die Käfer darstellt.

7
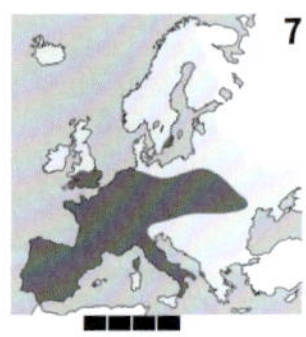

1 ×6 ◆

erwachsene Käfer in Bohrlöchern ×1

typisches Bohrmuster

♂

4 hervorstehende Zähne auf jedem Elytron, stärker ausgeprägt bei ♂

Puppe

Larve

2 ×6

3 ×8

typisches Bohrmuster

Gänge von Larven gebohrt

bei allen Borkenkäfern legen die erwachsenen Tiere einen zentralen Gang an, in dem die Eier abgelegt werden; die geschlüpften Larven fressen sich von dort aus durch das Holz

zentraler Gang

4 ×6

Muster der Rillen und erhabenen Punkte auf Elytren artspezifisch; sichere Identifikation von *Tomicus* spp. erfordert sehr genaue Untersuchung

typisches Bohrlochmuster

5 ×8

typisches Bohrmuster

6 ×6

Stirn mit dichtem gelblichem Haar

typisches Bohrmuster

7 ×8

Bohröffnungen mit Pilzbefall am befallenen Baum

Eine der artenreichsten Ordnungen in Europa, meist leicht zu erkennen, da sie nur ein Paar Flügel haben – *Diptera* bedeutet wörtlich „2 Flügel"; die Hinterflügel sind zu kleinen Halteren (Schwingkölbchen) umgebildet, die im Flug das Gleichgewicht verbessern. Nur einige wenige Arten sind flügellos.

Die Komplexaugen sind bei ♂ meist größer und treffen sich oft auf der Oberseite des Kopfes; bei ♀ kleiner mit größerem Abstand zueinander; dazwischen befinden sich 3 Ocelli. Fühler eher kurz; ♀ mit Legebohrer, der bei einigen Arten gut sichtbar ist.

Mundwerkzeuge dienen zum Saugen von Feuchtigkeit oder Nektar, manchmal auch zum Anstechen von Oberflächen, um Blut zu saugen; einige Arten haben einen schlechten Ruf, weil sie stechen oder Krankheiten verbreiten.

Larven (Maden) beinlos, bei einigen Arten aquatisch. Manche werden noch stets in Kliniken zur Wundreinigung eingesetzt.

Traditionell werden Diptera in 2 Unterordnungen geteilt: In die ursprünglichere Nematocera (Mücken) und die Brachycera (Fliegen), ein evolutionärer Zweig, der Schwebfliegen, Stubenfliegen, Bremsen und viele mehr beinhaltet.

Die Bestimmung der Arten ist oft sehr komplex; in vielen Familien ist ein leistungsstarkes Mikroskop erforderlich. Spezialisten nutzen feine Unterschiede in Flügelzeichnung, Genitalien oder anderen Merkmalen zur Identifikation; diese sind sehr technisch und würden den Rahmen dieses Buches sprengen.

Dennoch lassen sich viele größere Arten leicht auf Familien- oder sogar auf Artenebene bestimmen. Wir zeigen hier einige der häufigeren, größeren oder interessanteren Fliegen & Mücken.

LEITFADEN FÜR UNTERORDNUNGEN

NEMATOCERA (Mücken)

Untere Diptera; Palpen (Kiefertaster) länger, Körper lang gestreckt; Fühler mit ≥ 6 Segmenten. Dazu gehören die bekannten Schnaken und Stechmücken.

→ S. 335

BRACHYCERA (Fliegen)

Sehr kurze Palpen, oft plumper Körper, Fühler sehr kurz, gewöhnlich < 5 Segmente, mit einer Arista. Umfasst Schwebfliegen und Stubenfliegen.

→ S. 344
(einschließlich Leitfaden für Familien)

STRUKTUR DER DIPTERA

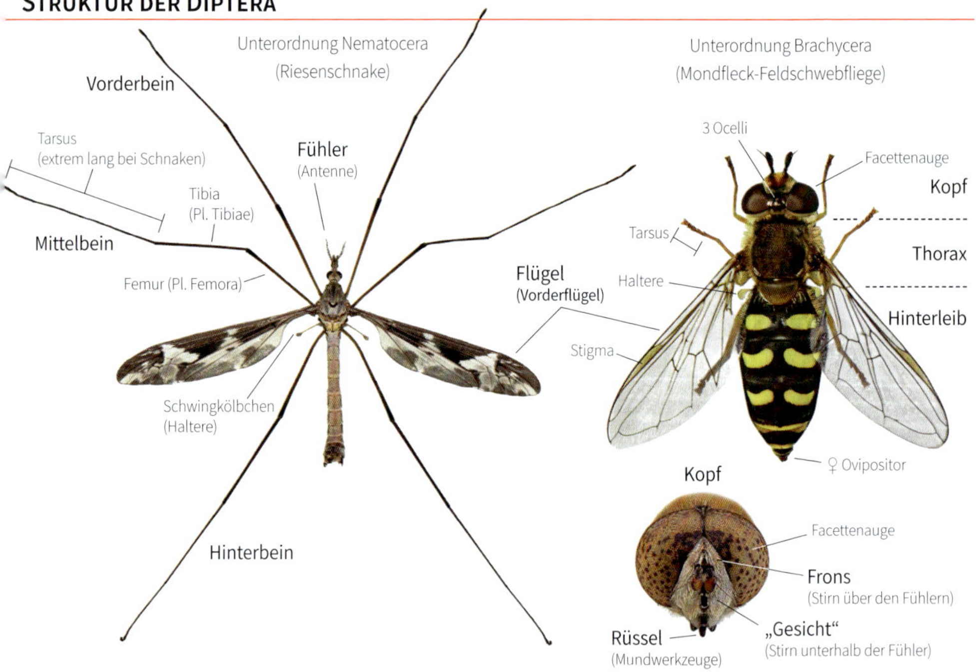

FAMILIEN

NEMATOCERA

Wir zeigen Arten aus 11 Familien. Es gibt noch einige weitere Familien, die aber nur wenig bekannte, oft winzige Arten umfassen, die entweder kaum mit dem bloßen Auge wahrzunehmen sind oder deren Bestimmung eine mikroskopische Untersuchung erfordert; daher werden sie hier nicht aufgeführt.

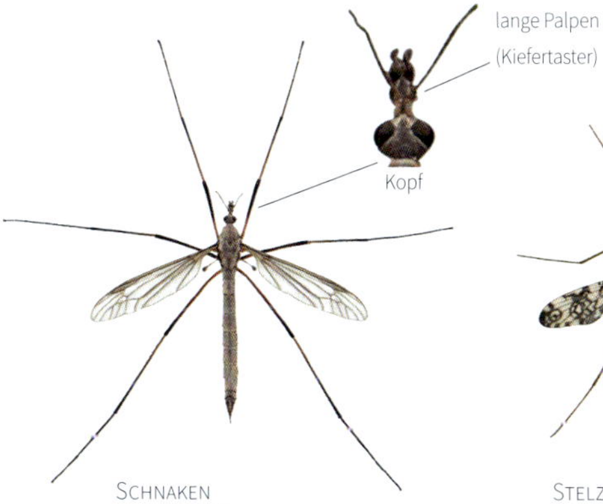

SCHNAKEN
Tipulidae **S. 336**

STELZMÜCKEN
Limoniidae **S. 338**

SUMPFMÜCKEN
Pediciidae **S. 338**

FALTENMÜCKEN
Ptychopteridae **S. 338**

STECHMÜCKEN
Culicidae **S. 340**

KRIEBELMÜCKEN
Simuliidae **S. 340**

GNITZEN
Ceratopogonidae **S. 340**

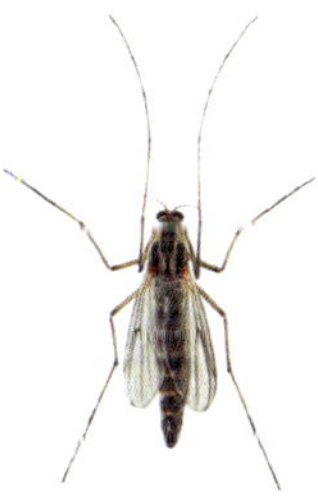

ZUCKMÜCKEN
Chironomidae **S. 340**

HAARMÜCKEN
Bibionidae **S. 342**

TRAUERMÜCKEN
Sciaridae **S. 342**

SCHMETTERLINGSMÜCKEN
Psychodidae **S. 342**

BRACHYCERA → S. 344

SCHNAKEN & VERWANDTE →

Sehr markant aussehend, Bein extrem lang, Abdomen sehr schmal; Flügel meist lang, einfarbig oder gemustert. Vorderflügel mit 2 Analadern, die bis zum Flügelrand reichen. Vielen Menschen auch als „Schneider" bekannt, ein Begriff, der auch für die völlig unverwandten, flügellosen Weberknechte verwendet wird (S. 642).

Larven terrestrisch, aquatisch oder semiaquatisch; entwickeln sich in verrottetem Pflanzenmaterial oder ernähren sich von kleinen Partikeln.

Obwohl Schnaken wie übergroße Stechmücken aussehen, sind alle Arten völlig harmlos und stechen den Menschen nicht.

SCHNAKEN Tipulidae →

E 10 GEN ~470 SPP 15 ILL

Groß bis sehr groß; ♀ bei einigen Arten kurzflügelig. Flügel meist einfarbig oder mit wenigen Markierungen. Augen kahl, nicht behaart; Rostrum lang; Palpen lang, manchmal gebogen. Fühler mit 13–14 Segmenten; bei ♂ einiger Gattungen kammartig.

Gen. *Tipula* E 250+ SPP

Körper oft einfarbig braun oder grau, Flügel manchmal etwas gefärbt; Fühler bei beiden Geschlechtern kurz, nie kammartig; bei ♀ Legebohrer nicht verlängert.

1 ⊙ Halbmond-Schnake
Tipula lunata **S** 34–46 mm. Körper gelblich; Flügel mit schwarzem Stigma und weißer halbmondförmiger Zeichnung; ♀ mit Abdomen S6 und Hinterleibsspitze dunkel. **H** Wald, Grünland.

1
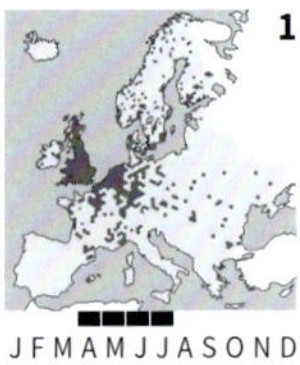

2 ⊙ Riesenschnake
Tipula maxima **S** 42–63 mm. Größte Schnake in Mitteleuropa. Körper graubraun, schwache Streifen auf dem Thorax; Flügel mit diagnostischen dunkelbraunen Flecken. **H** Feuchte Wälder, Bachufer, Grasland.

2
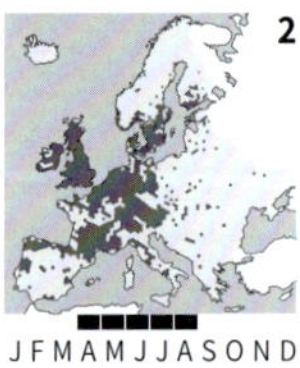

3 🔍 Kohlschnake
Tipula oleracea **S** 38–58 mm. ♂ grau, ♀ graubraun; Flügel reichen mindestens bis zum Ende des Hinterleibs, mit braunem Vorderrand und Stigma. Beine orange, Femora mit schwarzer Spitze. Fühler 13-gliedrig. **H** Feuchtgebiete, feuchtes Grasland. **V** Am ehesten im Mai anzutreffen.

3
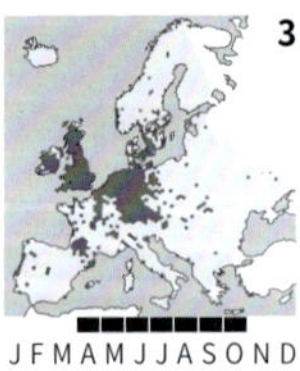

4 🔍 Kurzflügelige Herbstschnake
Tipula pagana **S** 11–16mm (♂). Körper der ♂ gräulich, ♀ Hinterleib grau oder graubraun. ♀ Flügel deutlich kürzer als die halbe Länge des Hinterleibs, flugunfähig. Beine orange-braun, von der Mitte der Femora abwärts dunkler. Bei der ähnlichen Art *T. holoptera* reichen bei ♀ die Flügel über die Spitze des Hinterleibs hinaus. **H** Feuchtes Grasland, Wälder, Gärten.

4
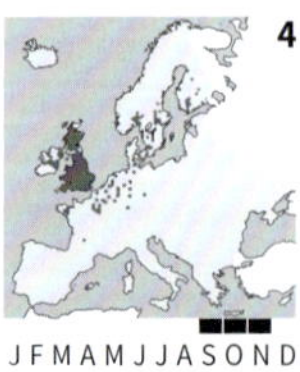

5 🔍 Wiesenschnake
Tipula paludosa **S** 27–48 mm. ♂ grau, ♀ graubraun, Flügel reichen nicht ganz bis zur Spitze des Hinterleibs; bei beiden Geschlechtern Vorderrand der Flügel und Stigma braun. Fühler 14-gliedrig. Beine orange, Femora mit schwarzer Spitze. **H** Feuchtes Grünland, Gärten im Spätsommer. **V** Larven können bedeutende Schäden in der Landwirtschaft verursachen; bedeutendster Schädling unter den Schnaken.

5
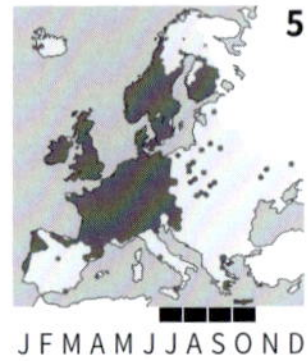

6 🔍 Frühlingsschnake
Tipula vernalis **S** 25–36 mm. Augen grün; Körper grau, Thorax mit dunkleren Flecken; Hinterleib orange mit zentralem fetten, schwarzen Streifen und schwarzen Flecken an der Seite. Beine orange, Femora mit schwarzer Spitze; Flügel mit dunklen Adern und weißlicher Zeichnung. ♀ Legebohrer reduziert. **H** Grasland, Wälder.

6
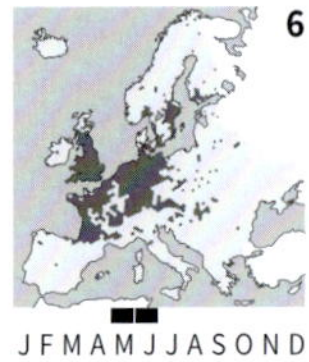

7 🔍 Gefleckte Schnake *Tipula vittata*
S 34–38mm. Körper gelblich grau; Thorax mit grauen Flecken; Hinterleib an den Seiten mit braunen Streifen; Flügel mit weißlichen Flecken. **H** Feuchtgebiete.

7
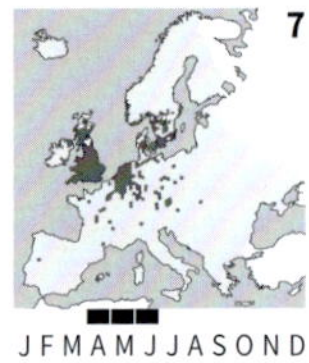

Gen. *Ctenophora* E 8 SPP

Körper schwarz, orange und gelb; ♂ Fühler kammartig, mit 4 „Federn" (2 längere, 2 kürzere) an jedem Segment. Andere Schnaken mit wespenähnlicher Zeichnung haben bei beiden Geschlechtern gefiederte Fühler.

8 ⊙ Gestreifte Kammschnake
Ctenophora flaveolata **S** 34–38 mm. Schwarz; Thorax mit 3 gelben Flecken; Hinterleib mit 6 gelben Streifen, von denen die ersten 3 in der Mitte nicht unterbrochen sind. Flügel klar, manchmal leicht dunkel, mit kleinem schwarzem Stigma. **H** Alte Wälder.

8
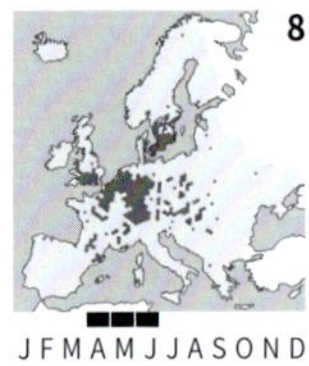

9 ⊙ Geschmückte Kammschnake
Ctenophora ornata **S** 30–40 mm. Thorax rotbraun mit gelben Flecken; Abdomen gelb, rotbraun und schwarz; Flügel orange-braun gefärbt mit großem schwarzem Stigma; Beine orange-braun. **H** Laubwald.

9
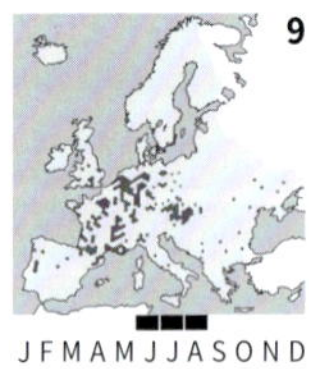

10 ⊙ Kammschnake
Ctenophora pectinicornis **S** 32–40 mm. Schwarz, Hinterleib mit schwarzem Mittelband und gelb gefleckten orangefarbenen Seiten. Flügel klar mit schwarzem Stigma. **H** Alte Wälder. **V** Oft auf oder in der Nähe von umgestürzten Buchenstämmen.

10
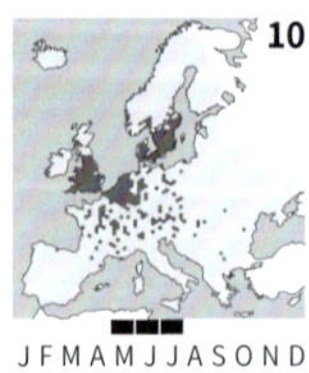

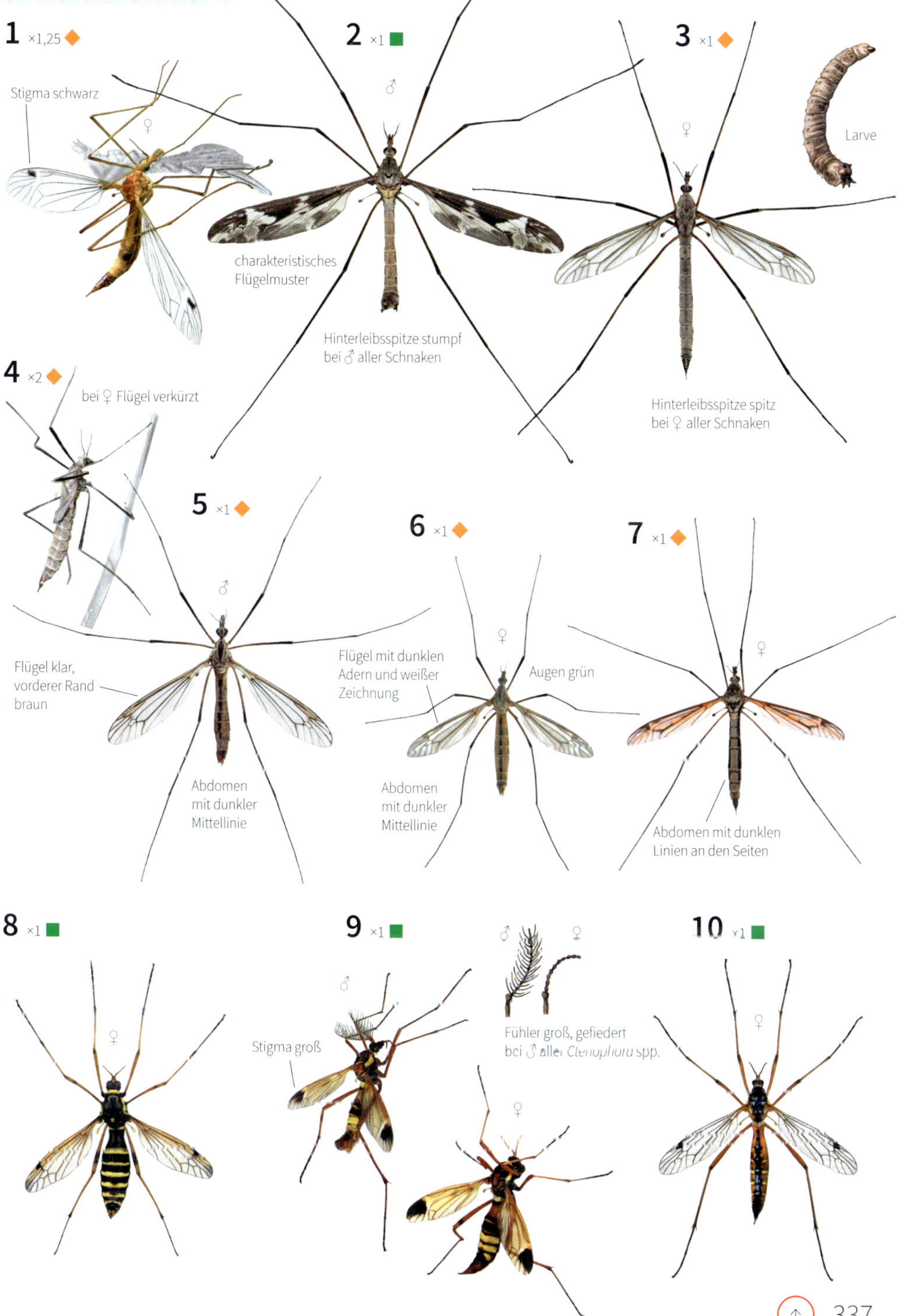
1 ×1,25
Stigma schwarz
2 ×1
charakteristisches Flügelmuster
Hinterleibsspitze stumpf bei ♂ aller Schnaken
3 ×1
Larve
Hinterleibsspitze spitz bei ♀ aller Schnaken
4 ×2
bei ♀ Flügel verkürzt
5 ×1
Flügel klar, vorderer Rand braun
Abdomen mit dunkler Mittellinie
6 ×1
Flügel mit dunklen Adern und weißer Zeichnung
Augen grün
Abdomen mit dunkler Mittellinie
7 ×1
Abdomen mit dunklen Linien an den Seiten
8 ×1
9 ×1
Stigma groß
Fühler groß, gefiedert bei ♂ aller Ctenophora spp.
10 ×1

← SCHNAKEN & VERWANDTE

← SCHNAKEN Tipulidae

1 Gefleckte Kammschnake
Dictenidia bimaculata **S** 21–32 mm. Schwarz, ♀ Thorax und Abdomen seitlich mit orangefarbenen Flecken, bei einigen Individuen ausgedehnt. Beine orange; Femora und Tibiae schwarz gespitzt, Tarsi schwarz. Flügel klar mit dunklem Streifen unterhalb der Stigma und braunen Flügelspitzen. ♂ Fühler kammartig, mit 2 „Federn" an jedem Segment. **H** Niedermoore, feuchte Wälder.

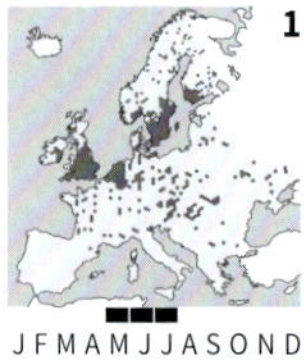

1

Gen. *Nephrotoma* E 34+ SPP
Thorax schwarz mit dünnem gelben Streifenmuster, das spezifisch für diese Gattung ist; Hinterleib gelb und schwarz gebändert/gezeichnet; ♂ Fühler ohne Kämme.

2 Gefleckte Wiesenschnake
Nephrotoma appendiculata
S 24–30 mm. Leuchtenderes Gelb als die meisten *Nephrotoma* spp.; Kopf mit schwarzer, pik-ähnlicher Markierung in der Mitte; Hinterleib mit schmalem schwarzen Streifen, der wie eine Reihe von Strichen (♀) oder eine dicke Linie (♂) aussieht; Flügel transparent, Stigma schwach braun. Identifizierung auf Artniveau durch Untersuchung der Markierungen auf Kopf, Hinterleib und Flügeln. **H** Wiesen, Waldränder.

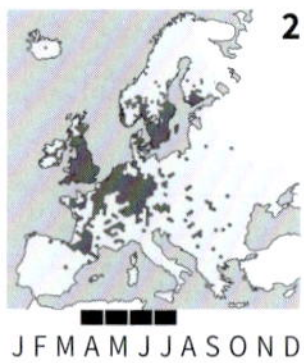

2

3 Gelbbindige Riesenschnake
Nephrotoma crocata **S** 28–38 mm. Kopf mit oranger Oberseite; Thorax mit kleinen gelben Flecken; Hinterleib mit 3–4 auffälligen gelben Bändern. **H** Waldränder, Hecken; bevorzugt sandige Böden.

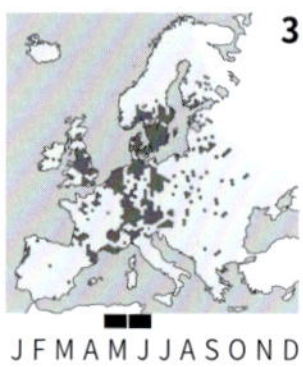

3

4 Krähenschnake
Nephrotoma flavipalpis **S** 26–38 mm. Kopf mit orangefarbener Oberseite; Hinterleib gelblich mit großer schwarzer Zentralzeichnung auf jedem Segment. Einige ähnliche Arten, z. B. *N. scalaris*, die schwarze, nicht rote Beingelenke (Trochanter) hat. **H** Wälder, Hecken.

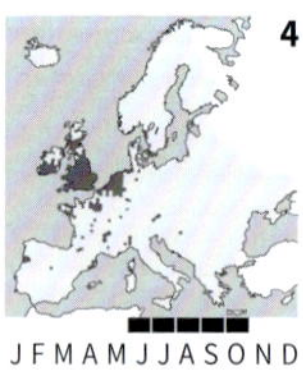

4

---

5 Holzschnake
Tanyptera atrata **S** 32–40 mm. Schwarz, Hinterleib mit großem rotem Band; Hinterleibsbasis rot. Bei ♂ Hinterleib oft mit roten Seiten, aber einige Individuen fast ganz schwarz. Bei ♀ Ovipositor säbelartig. Beine orange, alle Femora bei ♂ mit schwarzen Spitzen, bei ♀ nur die hinteren Femora. Flügel klar mit braunem Stigma. Ähnliche Art *T. nigricornis* hat schwarze, nicht rote Trochanter (Hüftgelenke, siehe Abbildung auf der gegenüberliegenden Seite) und bei ♀ alle Femora mit schwarzen Spitzen. **H** Wälder, Heideland.

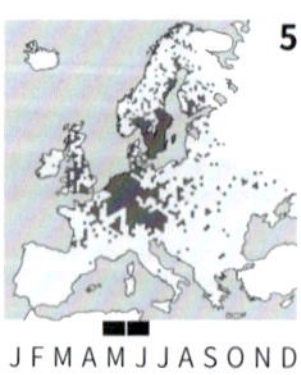

5

STELZMÜCKEN Limoniidae

E 70 GEN ~560 SPP 2 ILL

Klein bis groß; Palpen kürzer als Kopflänge; Fühler meist 14–16-segmentig. Flügel bei einigen Arten mit charakteristischer Zeichnung. Augen kahl. Die meisten Arten sind schwer zu bestimmen; hier werden nur 2 typische Arten gezeigt.

6 Augenschnake
Epiphragma ocellare **S** 20–27 mm. Körper gelblich grau und schwarz; Flügel klar mit sehr auffälliger, ausgedehnter schwarzer Zeichnung. **H** Feuchte Wälder.

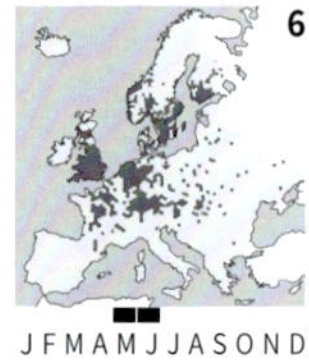

6

7 Gemeine Höhlenstelzmücke
Limonia nubeculosa **S** ~20 mm. Körper gelblich mit dunkler Zeichnung; Flügel leicht braun gefärbt, mit schwarzem Fleckenmuster auf der Vorderseite. Femora gelblich mit 3 dunklen Ringen. Fühler braun, S3 gelblich. **H** Wälder, Höhlen, Tunnel. **V** Kann in sehr großer Zahl in geeigneten unterirdischen Lebensräumen wie Höhlen vorkommen.

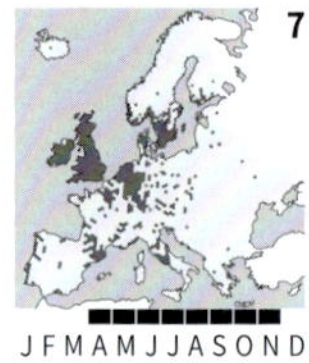

7

SUMPFMÜCKEN Pediciidae

E 5 GEN ~60 SPP 15 ILL

Mittelgroß bis sehr groß; Palpen kürzer als die Kopflänge; Fühler meist 12–17-segmentig. Flügel oft mit charakteristischer Zeichnung. Augen behaart (erfordert 20fache Lupe oder Mikroskop zur Überprüfung).

8 Große Stelzmücke
Pedicia rivosa **S** 42–51 mm. Körper grau, mit brauner Zeichnung; Flügel durchsichtig mit auffälligen braunen Linien; diese Linien fehlen bei anderen Arten, was die Identifikation erheblich erschwert. **H** Feuchtgebiete, Larven entwickeln sich in klaren Fließgewässern.

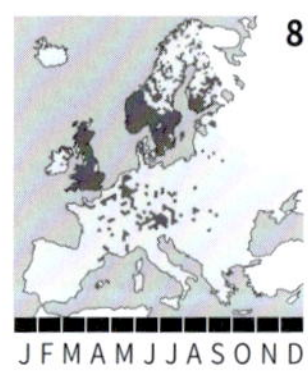

8

FALTENMÜCKEN Ptychopteridae

E 1 GEN ~15 SPP 1 ILL

Ähneln im allgemeinen Aussehen den Schnaken (weshalb sie hier gezeigt werden), sind aber enger mit den Schmetterlingsmücken (Psychodidae, S. 342) verwandt. Eher kompakt, Vorderflügel mit nur einer Analader bis zum Flügelrand (2 bei den echten Kranichfliegen); Vorderflügel in Ruhe oft längs gefaltet. Larven aquatisch.

9 Gefleckte Faltenmücke
Ptychoptera contaminata **S** ~25 mm. Körper schwarz, Hinterleib mit orangefarbenen Flecken; Flügel stark dunkel gesprenkelt; Hintertarsen schwarz. Eine zuverlässige Identifikation der Art kann die Untersuchung der Genitalien erfordern. **H** Feuchtgebiete und Wälder.

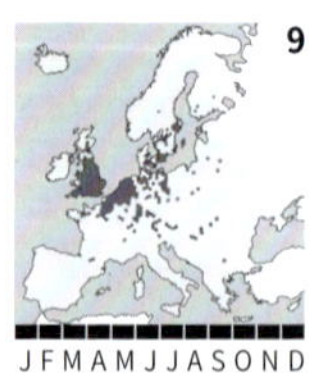

9

← SCHNAKEN & VERWANDTE

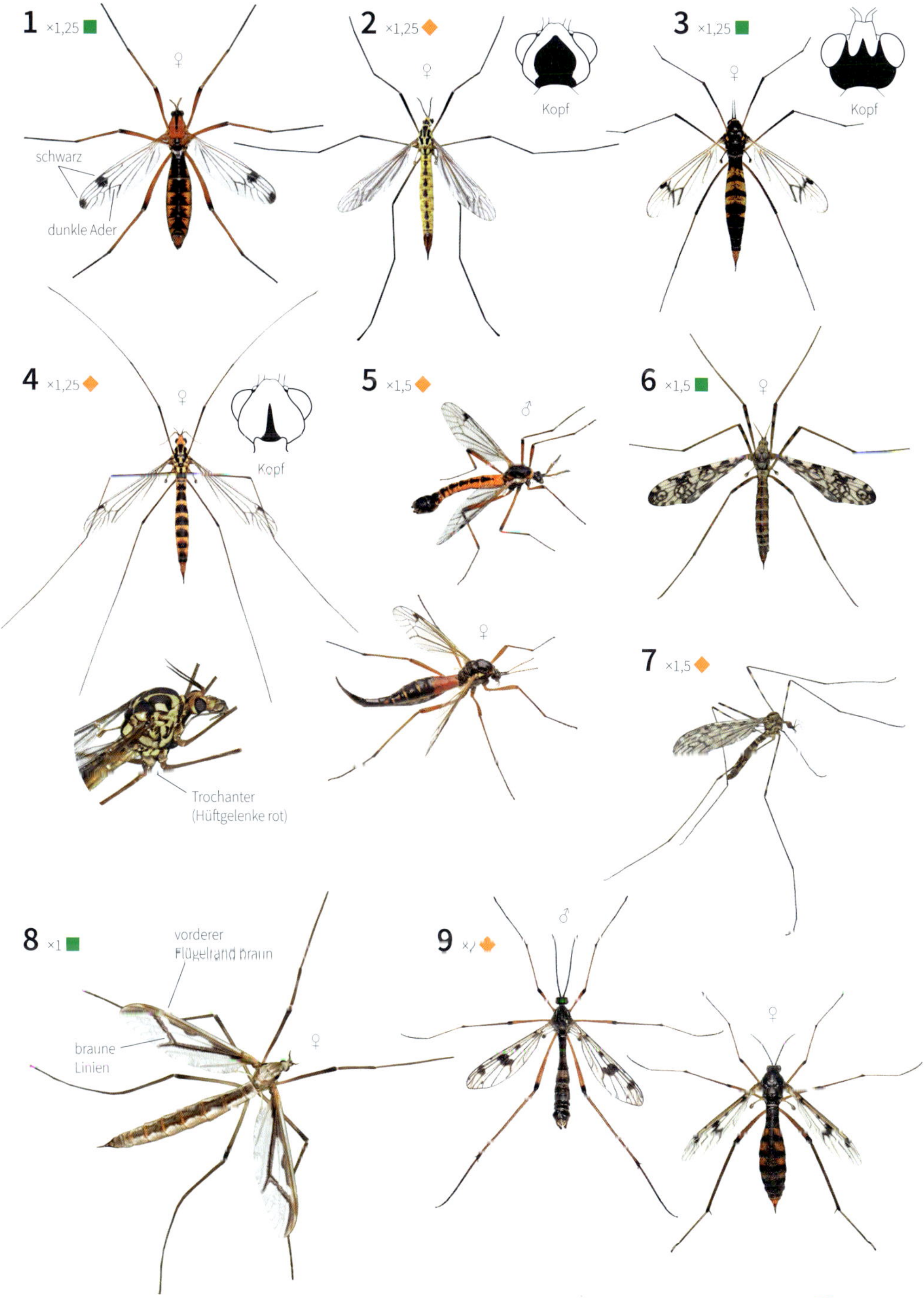

STECHMÜCKEN Culicidae

E 8 GEN ~105 SPP 5 ILL

Klein bis mittelgroß; Beine lang und zart. Mundwerkzeuge lang, bei ♀ stechend; Fühler 15-segmentig, nur bei ♂ gefiedert. Flügel, Beine und Hinterleib teilweise mit Schuppen bedeckt. Larven häufig in stehenden Gewässern, ernähren sich hauptsächlich von Schwebestoffen. ⚠ Erwachsene ♀ ernähren sich vom Blut von Menschen, Vieh oder Vögeln und sind Überträger von Krankheiten.

Gen. *Aedes* E 18 SPP

Mehrere, aber nicht alle Arten mit auffallend gestreiftem Hinterleib und/oder Beinen. Merkmale sehr heterogen; in den letzten Jahrzehnten bis 2015 wurden verschiedene Gattungen *Aedes* zugeordnet.

1
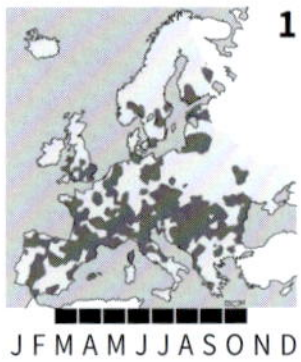

1 Rheinschnake
Aedes vexans **L** ~6 mm. Körper hellbraun, Thorax mit schwachen helleren Längsstreifen; Hinterleib mit weißen Ringen; Beine nicht geringelt. **H** Uferwälder, überschwemmte Wiesen. **V** Manchmal in großen Massen in der Nähe von Gewässern. ⚠ Überträgt das Tahyna-Virus, nebst einigen anderen.

2
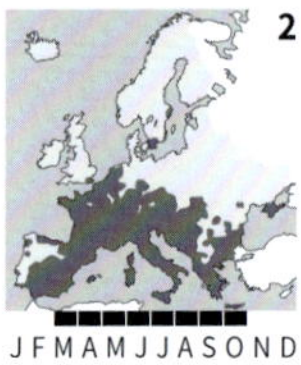

2 Asiatische Tigermücke
Aedes albopictus **L** 3–8 mm. Größe sehr variabel. Körper und Beine schwarz mit weißen Streifen; Thorax mit weißem Streifen auf der Oberseite. Ähnlich zu *A. cretinus* (Südosteuropa; Griechenland, Türkei) und *A. aegypti* (noch nicht in Europa etabliert, wurde aber 2018 in Frankreich gesichtet). **H** In Europa immer nahe menschlichen Siedlungen. **V** Tagsüber, in der Abend- und Morgendämmerung aktiv. Beheimatet in Südostasien, in den 1990er-Jahren nach Europa eingeschleppt, seitdem immer weiter verbreitet; profitiert vom Klimawandel. ⚠ Bekannt als Überträger von Dengue-, Zika- oder Chikungunya-Viren, nebst einigen anderen.

3
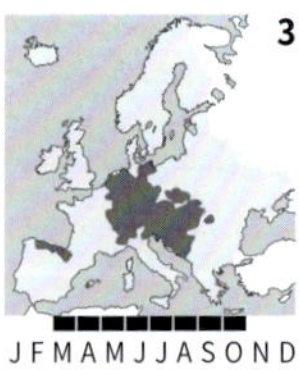

3 Asiatische Buschmücke
Aedes japonicus **L** 3–8 mm. Körper und Beine dunkelbraun bis schwarz mit weißen Streifen. Thorax mit bronzefarbenem Muster, ohne die weiße Linie von *A. albopictus*. **H** Wälder. **V** Heimisch in Japan und Korea; verträgt kältere Temperaturen. ⚠ Sticht zwar Menschen, ist aber nicht als Überträger von Viruskrankheiten bekannt.

4
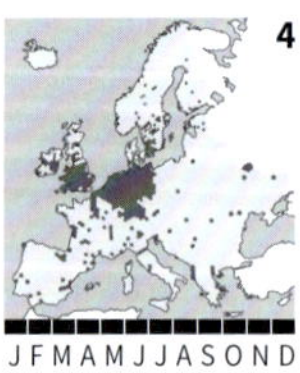

4 Gemeine Stechmücke
Culex pipiens **L** 3–7 mm. Blass bräunlich bis grau; Hinterleib mit helleren Bändern. **H** Feuchtgebiete, überall in der Nähe des Menschen. **V** Es gibt 2 Formen, die nicht voneinander zu unterscheiden sind, sich aber in der Lebensweise unterscheiden: f. *pipiens* ernährt sich von Vogelblut, f. *molestus* vom Blut von Säugetieren und Menschen. Larven in allen Arten von stehendem Wasser, auch Senkgruben, Dachrinnen, Regentonnen. ⚠ ♀ können verschiedene Krankheiten wie das West-Nil-Virus, Fadenwürmer und andere übertragen.

5
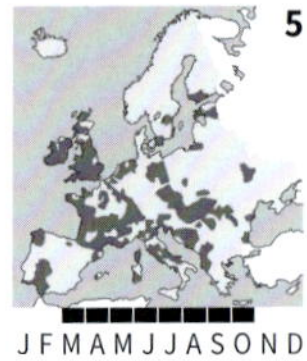

5 Ringelmücke ***Culiseta annulata***
L 10–12 mm. Größer als andere Stechmücken. Dunkelgrau, Hinterleib mit hellen Querbändern, Beine gesäumt; Flügel mit je 3 unscharfen dunklen Flecken. **H** Feuchtgebiete, nahe menschlichen Siedlungen. ⚠ Bekannt als Überträger des Tahyna-Virus, nebst anderen.

KRIEBELMÜCKEN Simuliidae

E 8 GEN ~230 SPP 1 ILL

Klein; Körper sehr robust, Flügel breit, Beine kurz; Erscheinungsbild eher wie eine typische Stubenfliege. ⚠ Erwachsene ♀ ernähren sich vom Blut von Menschen, Vieh oder Vögeln, aber in Europa nicht als Krankheitsüberträger bekannt.

6
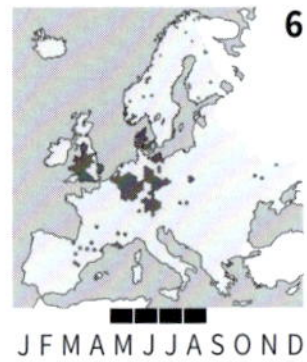

6 Geschmückte Kriebelmücke
Simulium ornatum **L** 4–5 mm. Körper dunkel; Flügel weißlich. ♂ mit sehr großen Augen, die in der Mitte in einer breiten Linie zusammenlaufen, bei ♀ viel kleiner; Tibiae teilweise gelblich weiß bei ♀. **H** Nahe menschlichen Siedlungen.

GNITZEN Ceratopogonidae

E 30 GEN ~590 SPP 1 ILL

Sehr klein. Mundwerkzeuge bei den meisten Arten stechfähig; Fühler 13–15-segmentig. Einigen Arten mit gemusterten Flügeln. Larven aquatisch, leben räuberisch oder von Schwebestoffen. ⚠ Erwachsene ♀ ernähren sich von menschlichem und tierischem Blut und übertragen einige Tierkrankheiten, aber keine gefährlichen Krankheiten auf den Menschen.

7
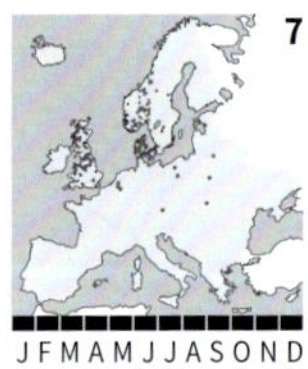

7 Schottische Hochlandgnitze
Culicoides impunctatus **L** ~1 mm. Körper dunkel; Flügel weißlich mit dunklen Flecken. Schwer von ähnlichen Arten zu unterscheiden, kann rDNA-Analyse erfordern. **H** Wälder, Moore. **B** Eine Plage, tritt in großen Schwärmen auf, beißt Vieh und Menschen; dringt jedoch selten in Häuser ein.

ZUCKMÜCKEN Chironomidae

E 180 GEN ~1190 SPP 1 ILL

Klein bis mittelgroß, schlank. Mundwerkzeuge nicht verlängert; Fühler mit 13–17 Segmenten, bei ♂ stark gefiedert. Flügel kürzer als der Körper, vorwiegend durchsichtig. Beine sehr lang, besonders die Vorderbeine, die nach vorne gerichtet sind. Larven terrestrisch, semiaquatisch oder aquatisch, entwickeln sich in verschiedenen Lebensräumen, auch in Hausabflüssen. Zwar manchmal lästig, aber alle Arten harmlos, können nicht stechen.

8
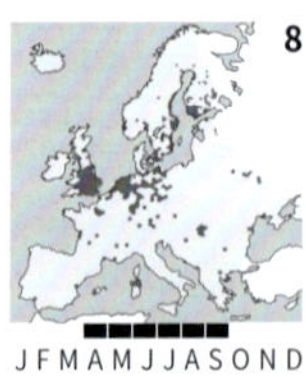

8 Gebänderte Zuckmücke
Chironomus plumosus **L** 9–13 mm. Flügel relativ kurz, reichen nicht bis zum Hinterleibsende. Körper bräunlich; Hinterleib dunkel, Segmente mit hellen Bändern. **H** In der Nähe von stehenden Gewässern. **V** Larven entwickeln sich im Bodenschlamm von Gewässern.

Stechmücken

1 ×2,5

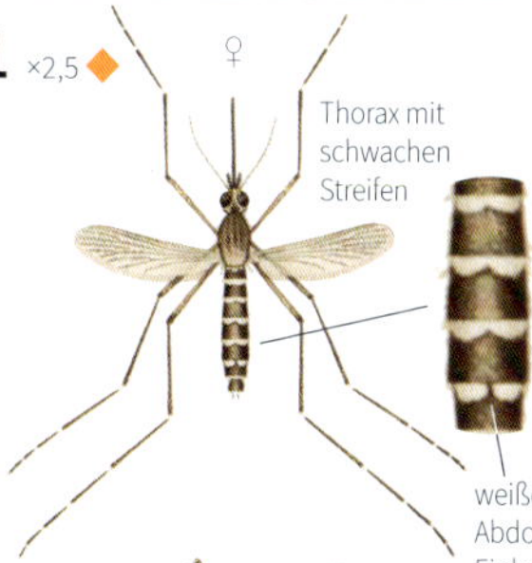

2 ×2,5

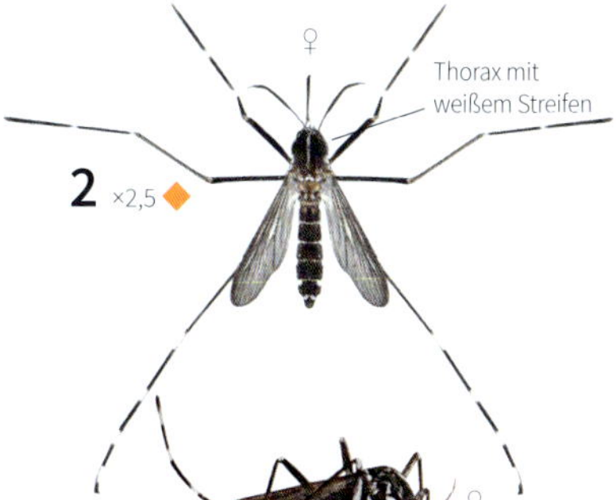

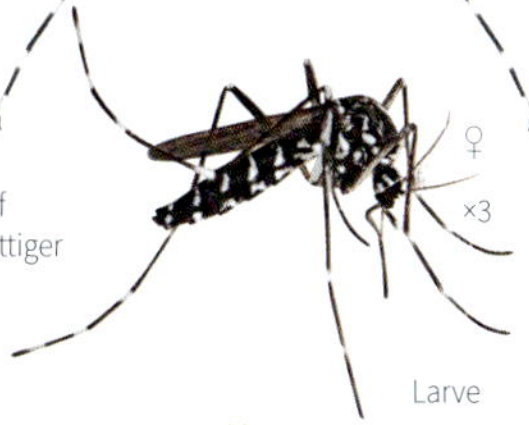

3 ×2,5

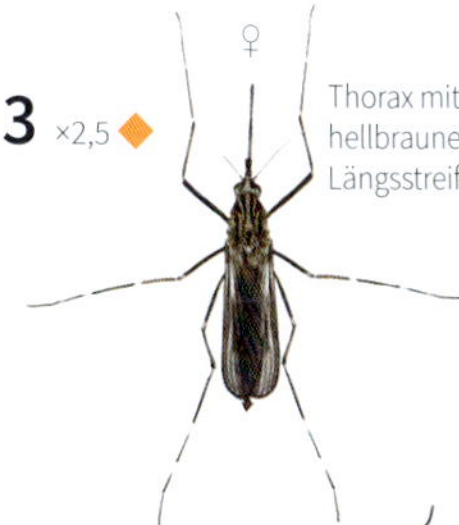

4–5 Streifen bei sehr ähnlicher Koreanischer Buschmücke (*A. koreicus*), die bereits in Mitteleuropa aufgetreten ist

4 ×3

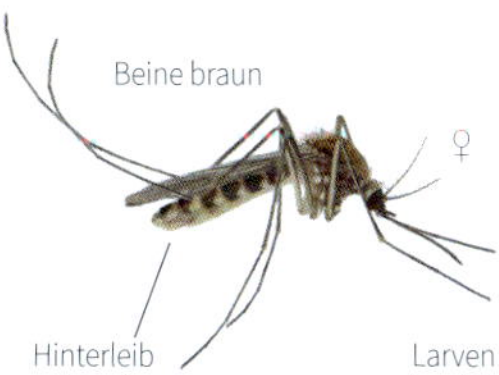

Larven und Puppen hängen kopfüber unter Wasser

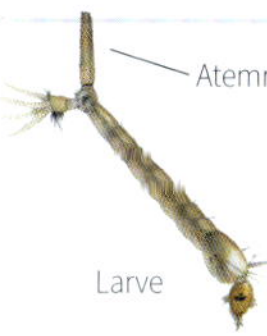

5 ×2

Kriebelmücken

6 ×4

×3

Gnitzen

7 ×15

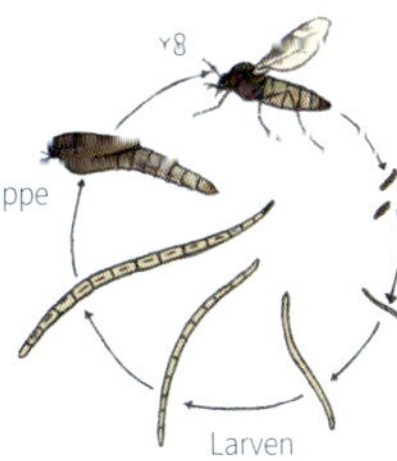

Zuckmücken

8 ×2

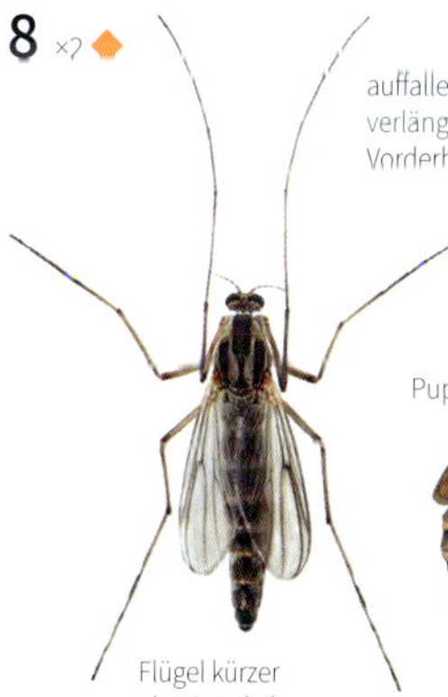

Larven leben im Substrat unter Wasser

HAARMÜCKEN Bibionidae

E 2 GEN ~47 SPP 4 ILL

Klein bis groß, ♀ größer als ♂; stämmig, behaart; braun bis schwarz, einige Arten teilweise rot oder gelb. Augen bei ♂ sehr groß; Fühler kurz, verdickt, mit 6–12 Segmenten, tief unten eingesetzt; vordere Tibiae geschwollen, mit starken Spornen oder Stacheln. Larven entwickeln sich in verrottendem Holz; sie ernähren sich von verrottendem Pflanzenmaterial.

Gen. *Bibio* E 20+ SPP

Insgesamt größer als *Dilophus* spp.; Flügelspannweite mindestens 12 mm. Vordere Tibiaespitzen mit 2 großen spitzen Spornen.

1
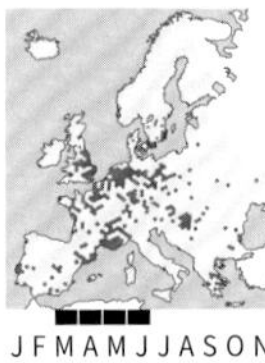

1 🔍 Gartenhaarmücke
Bibio hortulanus **L** 6–9 mm. Körper vollständig schwarz bei ♂; rotbraun mit schwarzem Kopf bei ♀. Beine bei beiden Geschlechtern schwarz. Flügel weitgehend transparent, am Vorderrand dunkel. *B. pomonis* ist ähnlich, hat aber rötliche Beine. **H** Grünland, Hecken, Gärten.

2
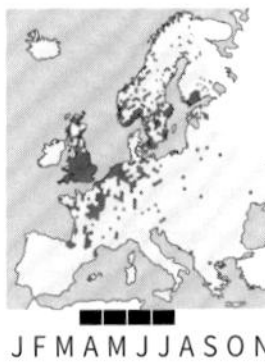

2 🔍 Johannis-Haarmücke
Bibio johannis **L** 6–8 mm. Körper schwarz, Beine rotbraun; Flügel klar mit braunem Stigma bei ♂, schwarzes Stigma bei ♀. **H** Waldränder, Hecken, Gärten.

3
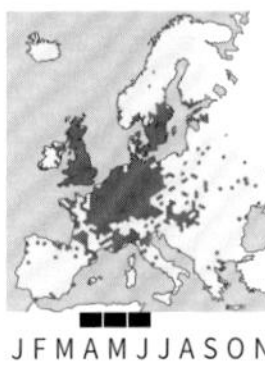

3 🔍 Märzfliege ***Bibio marci***
L 10–15 mm. Körper schwarz, behaart; ♀ mit schwärzlichen Flügeln; ♂ mit großen, knollenförmigen Augen und durchsichtigen Flügeln, die in Ruhe geöffnet sind. Kann mit anderen *Bibio* spp. verwechselt werden, aber dies ist die größte Art. **H** Wälder, Ackerland, Hecken, oft an feuchten Stellen. **V** Die schiere Anzahl der Märzfliegen macht sie von Ende April bis Anfang Mai zu einem der häufigsten Insekten in Mitteleuropa.

4
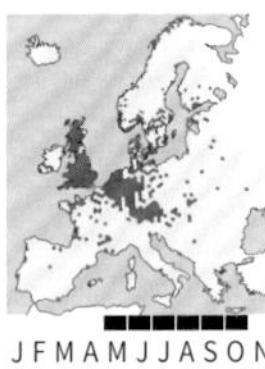

4 🔍 Dunkelflügelige Haarmücke
Dilophus febrilis **L** 7–10 mm. Körper schwarz, weniger behaart als die Markusfliege (*Bibio marci*); Flügel bei ♀ dunkel mit weißlichen Spitzen; bei ♂ fast ganz klar mit schwarzem Stigma. Andere *Dilophus* spp. sind ähnlich, aber diese ist die größte, und ♀ ist leicht an der Flügelzeichnung zu erkennen. Alle *Dilophus* spp. haben vordere Tibiaespitzen mit mehreren stumpfen Stacheln. **H** Grasland, Ackerland.

TRAUERMÜCKEN Sciaridae

E 28 GEN ~620 SPP 1 ILL

Klein bis mittelgroß; Körper schwarz oder teilweise gelblich. Fühler lang, 16-segmentig; Flügel klar oder gefärbt. Die Larven leben hauptsächlich terrestrisch in feuchten Lebensräumen, wo sie sich von Myzel ernähren.

5
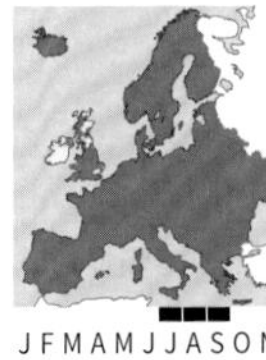

5 🔬 Schwefelbauch-Trauermücke
Sciara hemerobioides **L** 5–6 mm. Kopf, Thorax, Fühler und Beine dunkelgrau; Kopf klein; Hinterleibsseiten gelblich. Flügel dunkel schimmernd. Andere *Sciara* spp. sehr ähnlich, für eine sichere Bestimmung ist eine Untersuchung der Geschlechtsteile erforderlich. **H** Wälder, Waldränder, Parks. Oft an Zimmerpflanzen zu finden.

SCHMETTERLINGSMÜCKEN Psychodidae

E ~40 GEN ~500 SPP 3 ILL

Klein; gedrungen. Körper und Flügel im Allgemeinen behaart; Fühler meist mit 12–16 Segmenten. Beine kurz bis lang. Flügel groß und breit; einfarbig oder gezeichnet; in einem Winkel von 45 Grad zur Seite oder dachförmig gehalten. Larven terrestrisch oder semiaquatisch, entwickeln sich in verschiedenen Lebensräumen, auch in Abwasserkanälen, besonders in Europa, da sie winterliche Temperaturen in der freien Natur nicht überstehen können.

Eng verwandt mit den Faltenmücken (Ptychopteridae), die aufgrund ihrer Ähnlichkeit mit Schnaken auf S. 338 gezeigt werden.

6
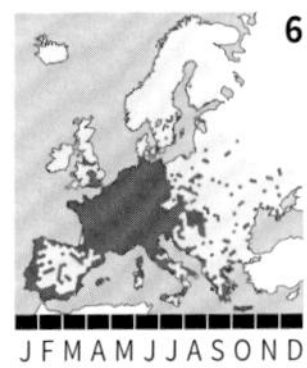

6 🔍 Weißpunktierte Schmetterlingsmücke
Clogmia albipunctata **L** 4–5 mm. Körper bräunlich grau; Flügel mit bräunlichen Haaren bedeckt, mit gleichmäßiger Reihe kleiner weißer Flecken; in Ruhe dachförmig gehalten. Gesamterscheinung ähnelt einer winzigen Motte. **H** In der Kanalisation. **V** Kann in Krankenhäusern eine Plage sein, da sie möglicherweise Keime aus Abwasserrohren verbreitet.

7
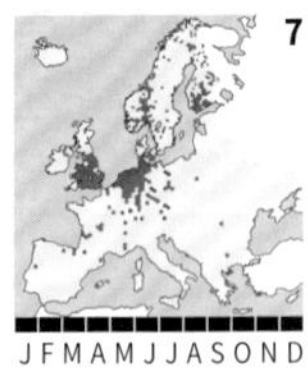

7 🔬 Graue Schmetterlingsmücke
Pericoma palustris **L** 5–6 mm. Körper und Flügel gräulich; Flügel mit einigen helleren Flecken. Genaue Artbestimmung durch mikroskopische Untersuchung. **H** In der Kanalisation.

8
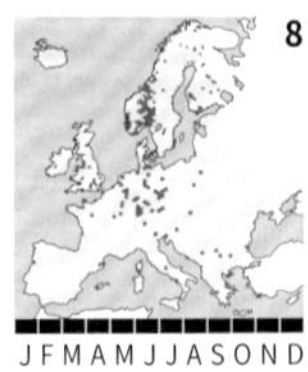

8 🔍 Abortfliege ***Psychoda grisescens***
L ~2 mm. Körper bräunlich grau; Flügel bräunlich mit winzigen weißen Flecken an den Rändern. **H** In der Kanalisation; in der Natur in Wäldern zu finden. **V** Wird durch den Geruch von Fäkalien und Abfällen angelockt, der auch vom Aronstab verbreitet wird; daher entwickeln sich die Larven auch in Aronstabblüten.

HAARMÜCKEN

1 ×3 ◆

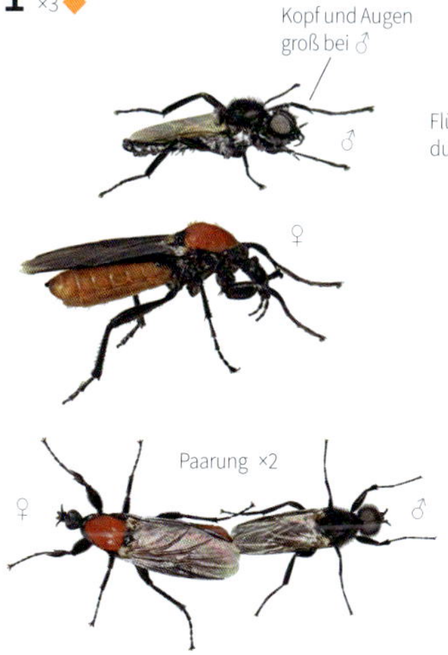

2 ×3 ◆

3 ×2 ◆

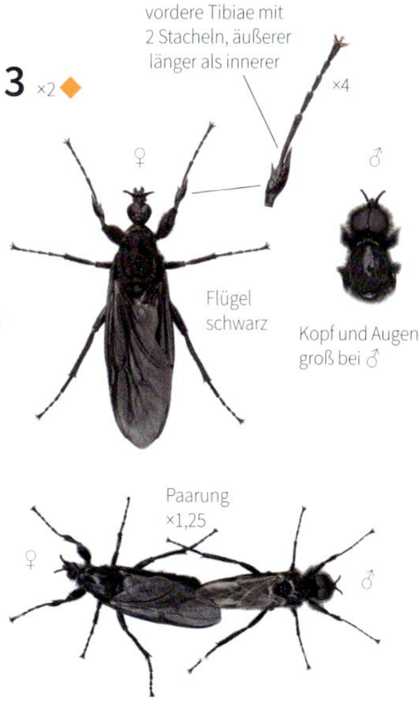

4 ×2 ◆

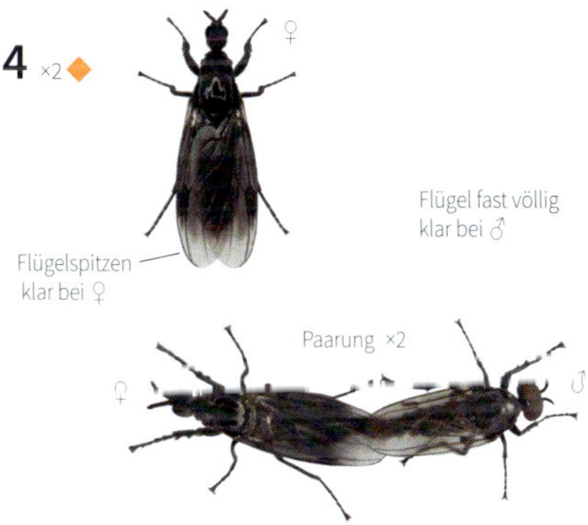

SCHWARZE TRAUERMÜCKEN

5 ×3 ●

SCHMETTERLINGSMÜCKEN

6 ×3 ◆

7 ×3 ●

8 ×8 ◆

LEITFADEN FÜR FAMILIEN →

BRACHYCERA →

← S. 334 **DIPTERA (EINFÜHRUNG)**

Die Klassifizierung der Brachycera (Fliegen) ist ein Gebiet aktiver Forschung; molekularphylogenetische Analysen führen zu häufigen Änderungen. Verschiedene eher größere Fliegen werden in einer Reihe von Überfamilien innerhalb einiger verschiedener taxonomischer Sektionen zusammengefasst; viele eher kleinere Fliegen gehören zu der evolutionär modernsten Sektion Shizophora.

Viele Familien erfordern eine mikroskopische Untersuchung und viele Details sind sehr technisch, z. B. Unterschiede in Flügeläderung und Geschlechtsorganen, die den Rahmen dieses Buches sprengen würden. Wir zeigen Arten aus 38 Familien, die häufig vorkommen und relativ leicht zu bestimmen sind, zumindest auf Gattungs- oder Familienebene, in manchen Fällen auch bis zur Art.

HOLZFLIEGEN
Xylophagidae **S. 346**

SCHNEPFENFLIEGEN
Rhagionidae **S. 346**

BREMSEN
Tabanidae **S. 348**

HOLZ-WAFFENFLIEGEN
Xylomyidae **S. 348**

WAFFENFLIEGEN
Stratiomyidae **S. 350**

WOLLSCHWEBER
Bombyliidae **S. 352**

STILETTFLIEGEN
Therevidae **S. 352**

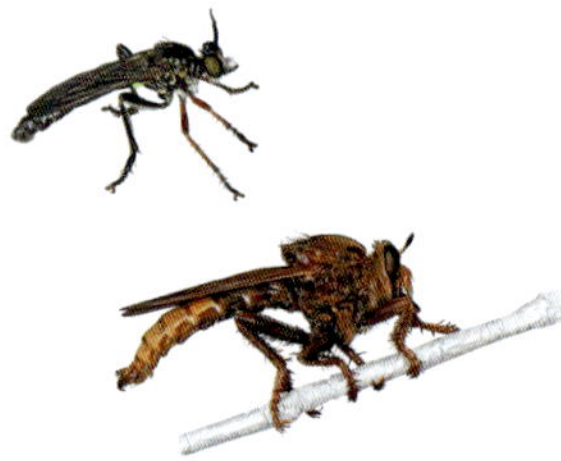

RAUBFLIEGEN
Asilidae **S. 354**

TANZFLIEGEN
Empididae **S. 356**

LANGBEINFLIEGEN
Dolichopodidae **S. 356**

SCHWEBFLIEGEN
Syrphidae **S. 358**

AUGENFLIEGEN
Pipunculidae **S. 374**

← BRACHYCERA →

Schizophora

Schizophora ist eine große taxonomische Sektion der Fliegen, die sich durch das Vorhandensein eines Ptilinums auszeichnet – ein häutiger Sack, der zum Schlüpfen aus der Puppenhülle dient. Zu dieser artenreichen Gruppe gehören mehrere häufig anzutreffende typische Fliegen – wie die Stubenfliege.

Innerhalb der Schizophora unterscheiden sich die beiden Untergruppen Acalyptratae und Calyptratae durch das Fehlen (Acalyptratae) bzw. Vorhandensein (Calyptratae) der Calyptra – dabei handelt es sich um kleine häutige Lappen, die sich an der Basis des Flügels befinden und die Schwingkölbchen bedecken. Sie dienen möglicherweise dem Schutz der Schwingkölbchen oder können auch die Flugstabilität beeinflussen.

Beispiel für Calyptratae (Blaue Schmeißfliege)

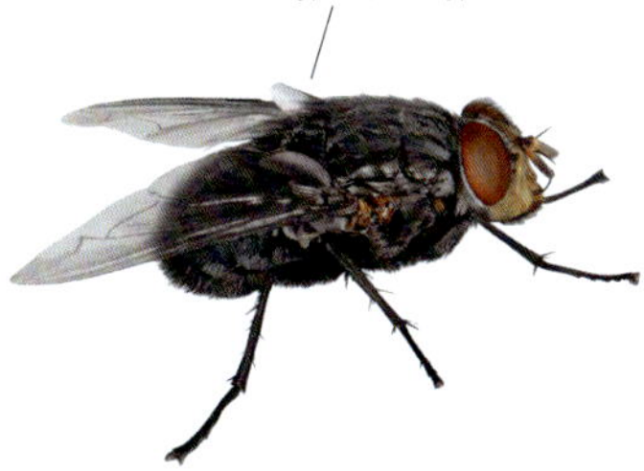

Acalyptratae

(Calyptra fehlend)

STELZENFLIEGEN
Micropezidae **S. 374**

NACKTFLIEGEN
Psilidae **S. 374**

LANZENFLIEGEN
Lonchaeidae **S. 374**

DICKKOPFFLIEGEN
Conopidae **S. 374**

SCHMUCKFLIEGEN
Ulidiidae **S. 376**

BREITMUNDFLIEGEN
Platystomatidae **S. 376**

ZITTERFLIEGEN
Pallopteridae **S. 376**

BOHRFLIEGEN
Tephritidae **S. 376**

BAUMFLIEGEN
Dryomyzidae **S. 378**

HORNFLIEGEN
Sciomyzidae **S. 378**

SCHWINGFLIEGEN
Sepsidae **S. 378**

DRUIDENFLIEGEN
Clusiidae **S. 380**

WIESENFLIEGEN
Opomyzidae **S. 380**

FRUCHTFLIEGEN
Drosophilidae **S. 380**

SUMPFFLIEGEN
Ephydridae **S. 380**

HALMFLIEGEN
Chloropidae **S. 380**

SCHEUFLIEGEN
Heleomyzidae **S. 380**

← LEITFADEN FÜR FAMILIEN

← BRACHYCERA →

Calyptratae
(Calyptra vorhanden)

DUNGFLIEGEN
Scathophagidae **S. 380**

LAUSFLIEGEN
Hippoboscidae **S. 380**

BLUMENFLIEGEN
Anthomyiidae **S. 382**

LATRINENFLIEGEN
Fanniidae **S. 382**

ECHTE FLIEGEN
Muscidae **S. 382**

HOLZFLIEGEN Xylophagidae

E 1 GEN ~5 SPP 1 ILL

Mittelgroß bis groß. Körper länglich, oft schwarz mit gelben Bereichen; nicht borstig. Larven leben unter Baumrinde oder in Fäulnislöchern, wo sie sich von wirbellosen Tieren ernähren.

1 🔍 Holzfliege ***Xylophagus ater***
L 6–8 mm. Körper länglich, zylindrisch; schwarz; ♀ mit 3 grauen Streifen auf Thorax und Ovipositor deutlich sichtbar; Beine lang, rötlich, hintere Tibiae dunkel; Flügel klar mit Stigma, Schwingkölbchen weiß. Fühler S1 dreimal so lang wie breit; bei anderen *Xylophagus* spp. kürzer.
H Wälder.

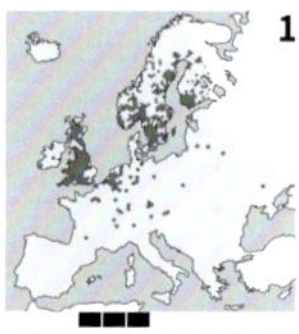

1
J F M A M J J A S O N D

SCHNEPFENFLIEGEN Rhagionidae

E 6 GEN ~85 SPP 5 ILL

Klein bis groß. Körper lang gestreckt, gelb bis schwarz; nicht borstig. Abdomen sehr schmal und lang bei ♂; eher oval, mit spitzem Ende bei ♀. Flügel mit einem auffälligen dunklen Stigmafleck, bei einigen Arten mit weiteren deutlichen schwarzen Flecken. Augen bei ♂ sehr groß. Larven entwickeln sich im feuchten Boden, im Moos oder in morschem Holz (je nach Art), wo sie sich von wirbellosen Tieren ernähren.

Gen. *Chrysopilus* E 20+ SPP

Körper bedeckt mit goldgelbem Haar, das bei älteren Exemplaren oft verblasst.

2 🔍 Kleine Schnepfenfliege
Chrysopilus asiliformis **L** 6–9 mm. Augen grün, Flügel klar mit dunklem Stigma; Tibiae gelblich. Hinterleib bei ♂ gelblich dunkel geringelt; ♀ mit weniger kontrastreichen Flecken. **H** Grasland, Hecken.

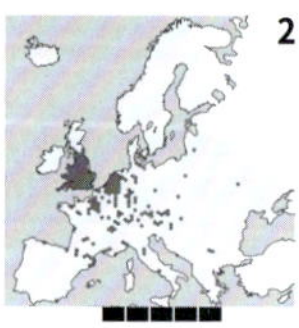

2
J F M A M J J A S O N D

3 🔍 Kronen-Schnepfenfliege
Chrysopilus cristatus **L** 6–9 mm. Körper dunkelgrau mit goldgelber Behaarung; Hinterleib bei ♀ gelblich, bei ♂ dunkler mit dünnem gelblichen Ring vorne. Flügel klar mit dunklem Stigma, Schwingkölbchen dunkel. **H** Wälder, Feuchtgebiete.

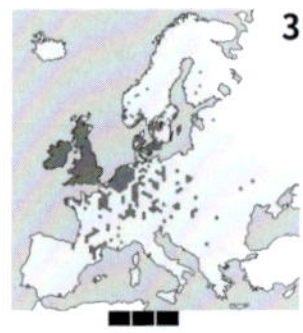

3
J F M A M J J A S O N D

Gen. *Rhagio* E 18+ SPP

Größere Arten; Thorax grau mit 3 dunkleren Längsstreifen. Oft auf Baumstämmen sitzend, schräg, mit nach unten gerichtetem Kopf gesehen.

4 🔍 Gemeine Schnepfenfliege
Rhagio scolopaceus **L** 8–12 mm. Kopf grau mit weißen Haaren, die vom Rücken abstehen; Hinterleib rötlich gelb mit schwarzen Mittel- und Seitenflecken; Beine gelb, Tarsi bräunlich. Flügel bräunlich gesprenkelt. **H** Wälder, Gärten.

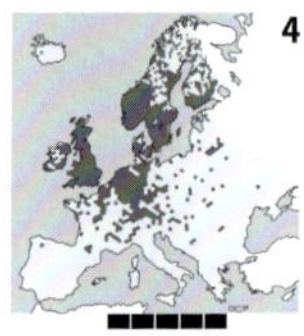

4
J F M A M J J A S O N D

5 🔍 Goldgelbe Schnepfenfliege
Rhagio tringarius **L** 8–14 mm. Körper gelblich braun, Thorax grau; Hinterleib gelb, jedes Segment mit schwarzem Fleck. Flügel klar mit gelblichem Stigma.
H Wälder, Gärten.

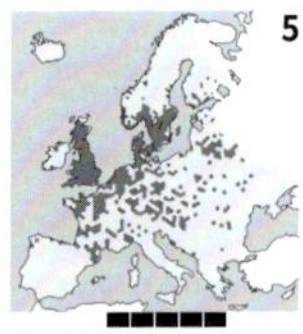

5
J F M A M J J A S O N D

6 🔍 Schwarzfüßige Schnepfenfliege
Rhagio vitripennis **L** 8–12 mm.
Hinterleib orange-braun mit schwarzer Zeichnung, Beine orange-braun mit schwarzen Tarsi; Flügel klar, mit dunkel getönten Adern und dunklem Stigma.
H Feuchte Wälder, Buschland.

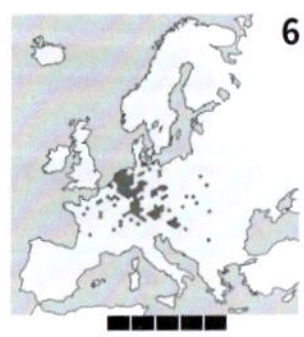

6
J F M A M J J A S O N D

← BRACHYCERA

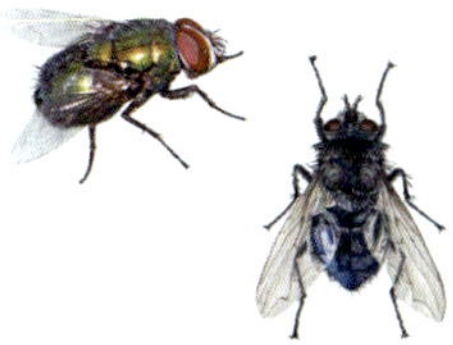

SCHMEISSFLIEGEN
Calliphoridae **S. 384**

FLEISCHFLIEGEN
Sarcophagidae **S. 384**

RAUPENFLIEGEN
Tachinidae **S. 384**

DASSELFLIEGEN
Oestridae **S. 388**

HOLZFLIEGEN

1 ×2 ◆

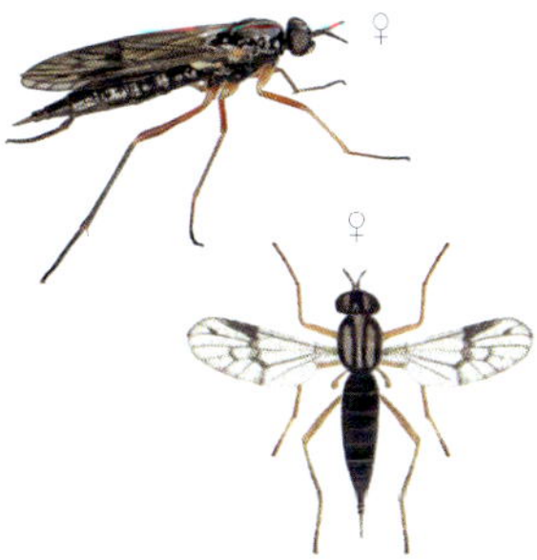

SCHNEPFENFLIEGEN

2 ×3 ◆

3 ×3 ◆

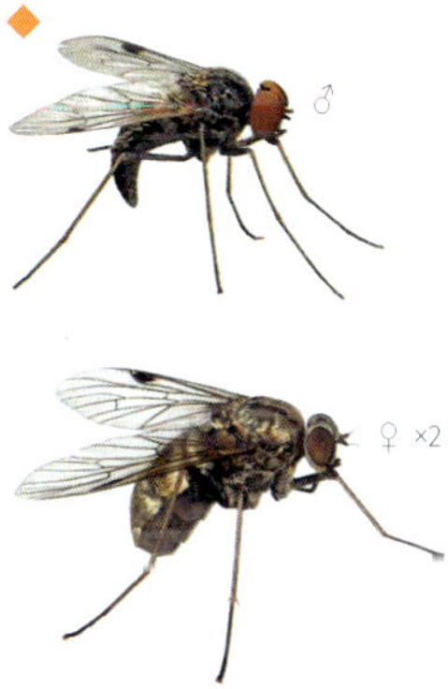

4 ×2 ◆

5 ×2 ◆

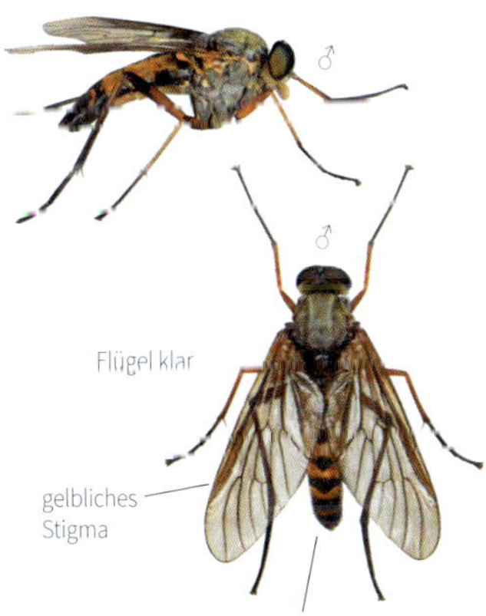

6 ×2 ◆

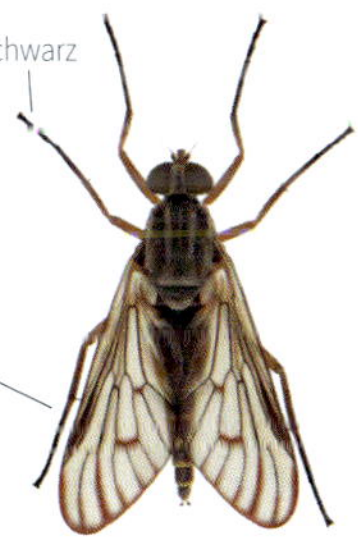

BREMSEN Tabanidae

E 13 GEN ~220 SPP 10 ILL

Mittelgroß bis groß; Körper breit, ohne Borsten; oft gelb, braun oder schwarz; in einigen Fällen metallisch. Augen sehr groß, bei den meisten Arten mit 1–2 farbigen Linien. Flügel klar oder gefärbt. Die Larven entwickeln sich im Boden, an Land oder unter Wasser, wo sie sich von wirbellosen Tieren ernähren. ⚠ Bei allen Arten ernähren sich die ♀ von Säugetierblut, einschließlich dem des Menschen; eine Übertragung von Krankheiten auf den Menschen ist jedoch ungewöhnlich und wurde in vielen europäischen Ländern noch nie beobachtet. Allerdings können allergische Reaktionen auftreten.

1
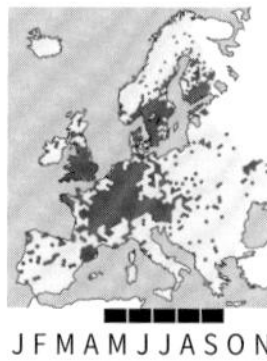

Gen. *Chrysops* E 15 SPP

Groß, aber einige *Tabanus* spp. noch größer; Flügel teilweise klar, mit großen dunklen Bändern oder Flecken.

1 🔍 Gemeine Blindbremse
Chrysops caecutiens **L** 9–10 mm. Meist schwarz; bei ♀ Abdomen S2 gelb mit schwarzem, umgekehrten V; Flügel transparent mit großen schwarzen Flecken; bei ♂ Hinterleib und Flügel großenteils schwarz. Hinterbeine dunkel, bei anderen hier gezeigten *Chrysops* spp. jedoch rotgelb. ♂ meist schwarz, auch Hinterleib. **H** Feuchtgebiete.

2
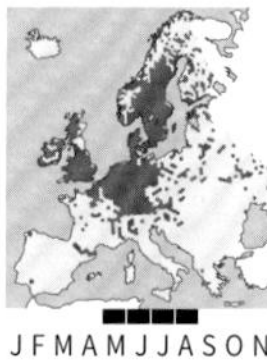

2 🔍 Goldaugenbremse
Chrysops relictus **L** 9–14 mm. Ähnlich zu *C. caecutiens*, jedoch Abdomen S2 mit breitem, zweigeteilten schwarzen Fleck, der nicht bis zum Rand reicht; Hinterränder von S2–S5 mit grauen Dreiecken bei beiden Geschlechtern. **H** Feuchtgebiete, Heideflächen.

3
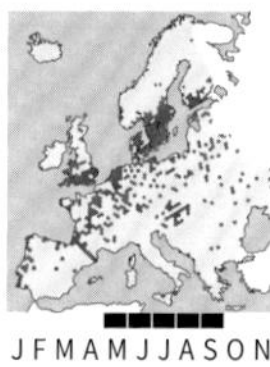

3 🔍 Buntaugenbremse
Chrysops viduatus **L** 6–8 mm. Bei ♀ Körper gelblich braun und schwarz; Abdomen S2 gelb, mittiger quadratischer schwarzer Fleck; Beine gelblich braun. Flügel klar mit großem schwarzen Fleck. ♂ größtenteils schwarz, Seiten des Hinterleibs S2 gelb, mit unauffälligen Augen. **H** Feuchtgebiete, Moore.

4
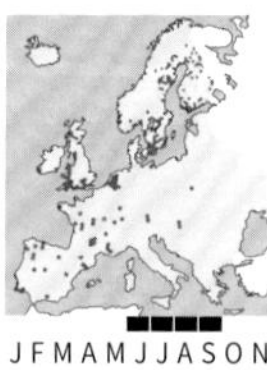

4 🔍 Goldgelbe Bremse ***Atylotus fulvus*** **L** 11–16 mm. Körper grau, golden behaart; Kopf sehr groß, Augen hellgrün, bei ♀ mit einigen dunklen Flecken; Fühler orange. **H** Saure Moore, Sümpfe, Feuchtgebiete.

Gen. *Haematopora* E 19 SPP

Körper braun bis schwärzlich; Thorax mit 3 schwachen Längsstreifen. Flügel auffällig gesprenkelt.

5

5 🔍 Dickfühler-Regenbremse
Haematopota crassicornis **L** 8–12 mm. Dunkelgrau; Hinterleibsflecken deutlicher als bei *H. pluvialis*; Augen mit Streifen gemustert; Fühler S3 nicht rötlich. **H** Wälder, Feuchtgebiete, in der Nähe von Viehbeständen.

6
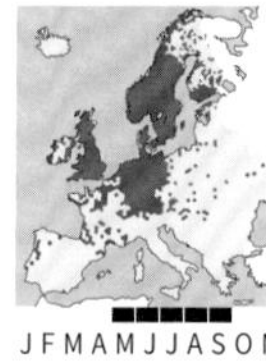

6 🔍 Regenbremse
Haematopota pluvialis **L** 8–12 mm. Graubraun; Hinterleib mit einer Reihe von hellen, undeutlichen Flecken. Augen mit Streifenmuster; Fühler S3 schwach rötlich. **H** Wälder, Feuchtgebiete, in der Nähe von Viehbeständen. ⚠ Bekannt dafür, Menschen zu beißen; kann zahlreich auftreten.

7
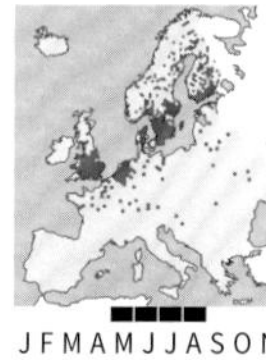

7 🔍 Zweifleck-Pferdebremse
Hybomitra bimaculata **L** 13–17 mm. Körper dunkel, mit dunkler Behaarung; Hinterleib mit weißlichen zentralen Flecken; S2 (manchmal auch S3) mit rötlich gelben Seiten. Augen mit 3 dunklen Bändern. **H** Wälder.

Gen. *Tabanus* E 45 SPP

Die größten Bremsen gehören zu dieser Gattung. ⚠ Erwachsene ♀ beißen eher selten Menschen.

8
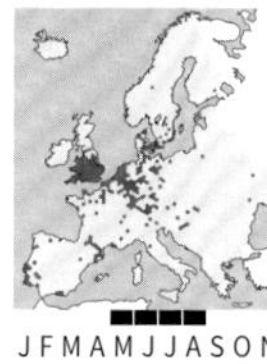

8 🔍 Herbst-Rinderbremse
Tabanus autumnalis **L** 16–22 mm. Körper dunkelgrau; Hinterleib mit 3 Reihen hellgrauer Flecken, mit Dreiecken in der Mitte. Augen ganz rotbraun, ohne Bänder. **H** Sümpfe, Moore, Feuchtwiesen.

9
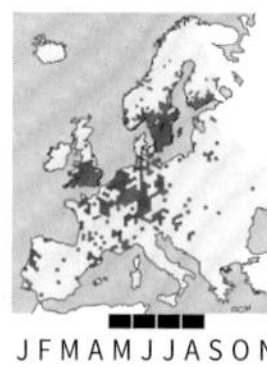

9 🔍 Gemeine Viehbremse
Tabanus bromius **L** 13–15 mm. Körper graubraun; Thorax mit 5 undeutlichen hellen Längslinien; Hinterleib mit 3 Längsreihen heller grauer oder gelblich brauner (selten rötlicher) Flecken, mit zentralen Dreiecken. Augen mit einfachem Streifen. Bei der ähnlichen Art *T. miki* fehlt bei ♀ der Augenstreifen.

10
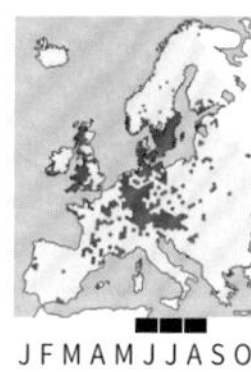

10 🔍 Pferdebremse
Tabanus sudeticus **L** 21–24 mm. Sehr groß; Körper dunkel, jedes Hinterleibssegment mit einem breiten orangefarbenen Band, das in der Mitte ein gelbes Dreieck hat. **H** Waldlichtungen, Feuchtgebiete wie Moore, in der Nähe von Viehbeständen.

HOLZ-WAFFENFLIEGEN Xylomyidae

E 2 GEN 4 SPP 1 ILL

Mittelgroß; Körper robust, oft dunkel mit helleren Bereichen, nicht borstig. Larven leben unter Baumrinde und ernähren sich von wirbellosen Tieren.

11
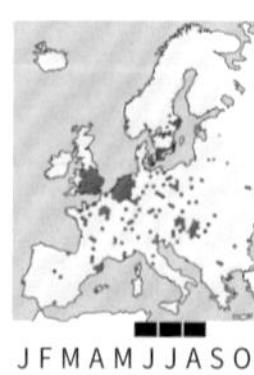

11 🔍 Blasse Holz-Waffenfliege
Solva marginata **L** 8–11 mm. Schwarz; Thorax mit gelben Streifen an den Seiten; Scutellum gelb; Abdomen mit schmalen gelben Bändern an den Segmentgrenzen; Beine gelb. Flügel klar, Fühler gelb. **H** Überschwemmungsgebiete, Wälder, vergesellschaftet mit Pappeln.

BREMSEN

1 ×2 ◆

2 ×2 ◆

3 ×2 ◆

4 ×1,5 ◆

ganz gelblich

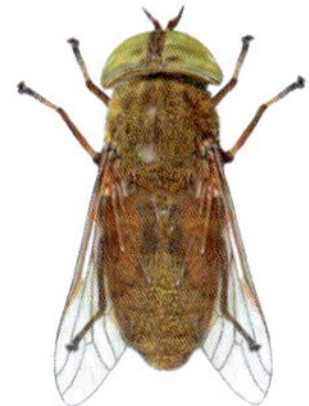

5 ×2 ◆

6 ×2 ◆

7 ×1,5 ◆

8 ×1 ◆

Augen nicht gebändert

9 ×1,5 ◆

10 ×1 ◆

HOLZ-WAFFENFLIEGEN

11 ×2 ◆

schwarz und gelb

WAFFENFLIEGEN Stratiomyidae

E ~27 GEN ~140 SPP 14 ILL

Klein bis groß; Körper schlank bis breit, oft auffällig gefärbt, teilweise gefleckt oder metallisch, nicht borstig; Flügel meist klar. Einige können mit Schwebfliegen (Syrphidae, S. 358) verwechselt werden. Die Larven leben im Wasser oder auf dem Land, sie ernähren sich von Algen oder verrottendem Pflanzenmaterial.

1 Frühe Schmalwaffenfliege

Beris chalybata **L** 8–11 mm. ♂ schwarz, Beine rotbraun; ♀ dunkelgrün, Beine gelblich, Tarsi schwarz. **H** Feuchte Wälder.

1
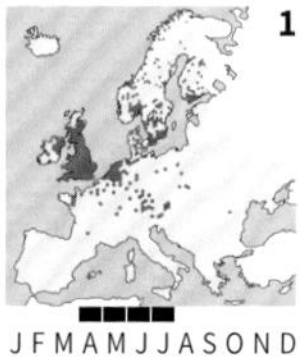

Gen. ***Nemotelus*** E 25 SPP

Klein; Körper schwarz, weiß gezeichnet.

2 Heidenwaffenfliege

Nemotelus pantherinus **L** 4–5 mm. Thorax ganz schwarz, manchmal mit sehr schmaler weißer Linie an den Seiten; Bei ♂ Hinterleib meist weiß mit etwas Schwarz am Ende; bei ♀ Abdomen schwarz mit 3 weißen dreieckigen Markierungen. **H** Feuchtes Grasland.

2
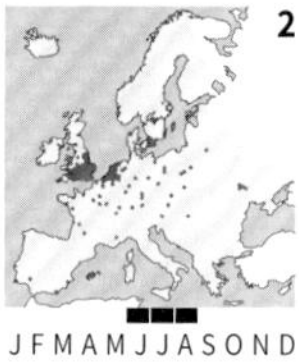

3 Ähnliche Heidenwaffenfliege

Nemotelus uliginosus **L** 5–6 mm. Sehr ähnlich wie die Heidenwaffenfliege (*N. pantherinus*); Thoraxseite mit größerem weißen Fleck. **H** Salzwiesen an der Küste und Brackwasserstandorte.

3
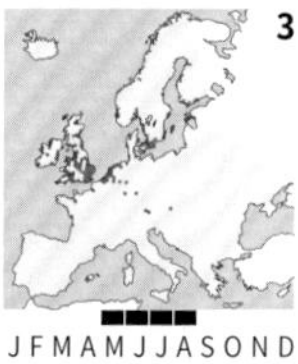

4 Goldgrüne Waffenfliege

Chloromyia formosa **L** 8–9 mm. Augen mit dichten, kurzen schwarzen Haaren. Hinterleib bei ♂ bronzefarben; bei ♀ bläulich oder grün und breiter als der Thorax. **H** Nasses und trockenes Grasland, Straßenränder, Wälder, Parks, Gärten.

4
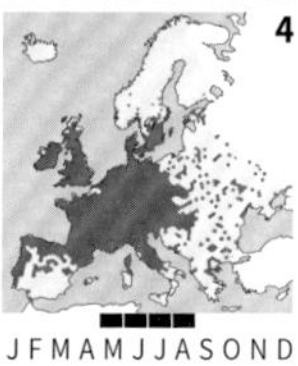

5 Grünglänzende Waffenfliege

Microchrysa polita **L** ~5 mm. Metallisch dunkel. **H** Wälder, Hecken.

5
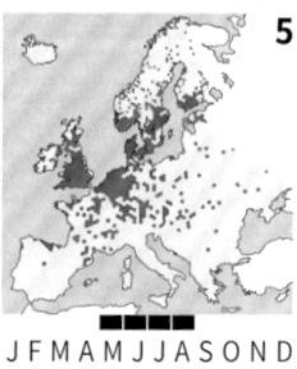

6 Dungwaffenfliege

Sargus bipunctatus **L** 12–13 mm. Thorax grün; Abdomen schmal, ♂ bronzefarben, ♀ schwarz mit rötlichen Flecken an der Seite. Andere *Sargus* spp. kleiner, mit anderer Färbung. **H** Grasland, Hecken, Waldränder, Gärten. **V** In der Nähe von Kuhmist oder Komposthaufen.

6
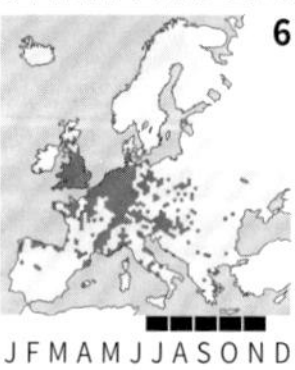

Gen. ***Oxycera*** E 28 SPP

Klein bis mittelgroß; gelb bis grünlich und schwarz.

7 Vierstreifige Waffenfliege

Oxycera rara **L** 6–8 mm. Schwarz mit gelber Zeichnung; Hinterleib mit 4 gelben Flecken an den Seiten, Spitze ebenfalls gelb. **H** Buschland.

7
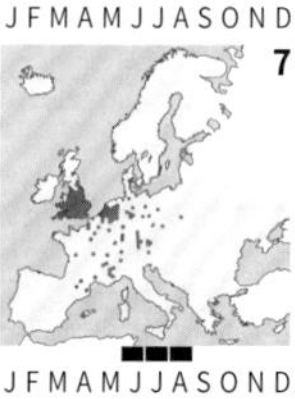

8 Dreistreifige Waffenfliege

Oxycera trilineata **L** ~6 mm. Körper grünlich oder gelb; Thorax mit 3 schwarzen Längsstreifen; Hinterleib mit schwarzen Linien. **H** Feuchtgebiete.

8
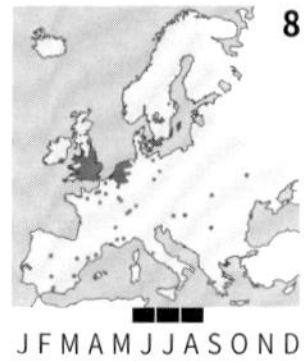

9 Hübscher Brigadier

Odontomyia ornata **L** 12–15 mm. Groß; Thorax bräunlich; Abdomen schwarz, S2–4 mit großen orangen Flecken an den Seiten bei ♂; bei ♀ viel kleinere helle Flecken. Fühler viel kürzer als bei *Stratiomys* spp. **H** Feuchtgebiete.

9
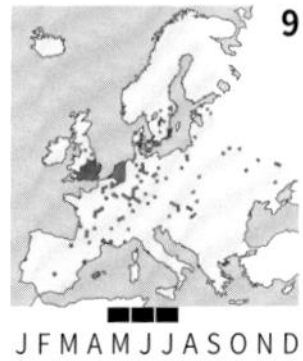

10 Grüne Waffenfliege

Oplodontha viridula **L** 6–8 mm. Körper schwarz oder braun; Beine blass. Die Farbe des Hinterleibs variiert von Individuum zu Individuum, oben aber schwarz und oft mit apfelgrünen oder strohfarbenen Seiten. **H** Gräben, Teiche.

10
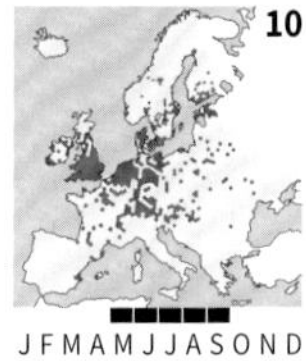

Gen. ***Stratiomys*** E 11 SPP

Groß, Hinterleib verbreitert, mit cremefarbenen oder gelben Markierungen; leicht von verwandten Gattungen an der Form der Fühler zu unterscheiden, S1 stark verlängert; Scutellum mit 2 Stacheln.

11 Chamäleonfliege

Stratiomys chamaeleon **L** 12–15 mm. Abdomen schwarz mit gelben oder weißlichen Flecken, Segment S3 mit breiten gelben Flecken (= ½ Länge des Segments); Scutellum gelb, fast V-förmig, mit 2 schwarzen Borsten. **H** Moore mit Sümpfen.

11
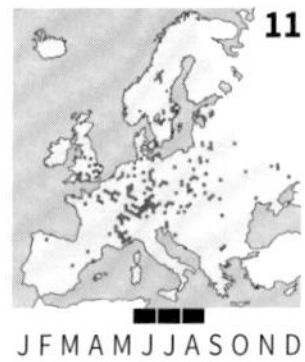

12 Langhörnige Waffenfliege

Stratiomys longicornis **L** 12–13 mm. Abdomen einfarbig schwarz; Thorax dicht braun behaart; Augen behaart. **H** Brackige, flache Gräben, einschließlich Küstenregionen.

12
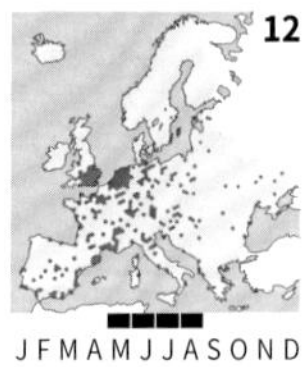

13 Gelbband-Waffenfliege

Stratiomys potamida **L** 12–13 mm. Körper schwarz, Hinterleibssegmente mit hellgelben Flecken, S3 mit schmalen gelben Flecken (< ½ Segmentlänge). Seiten des „Gesichts“ gelb. Scutellum gelb, gerade oder leicht gebogen. **H** Feuchtgebiete. **V** Oft an Doldenblütlern.

13
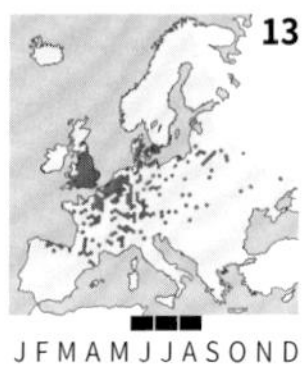

14 Düstere Waffenfliege

Stratiomys singularior **L** 12–15 mm. Körper schwarz, Hinterleibssegmente mit kleinen cremefarbenen Flecken. **H** Brackige, flache Gräben, einschließlich Küstenregionen.

14
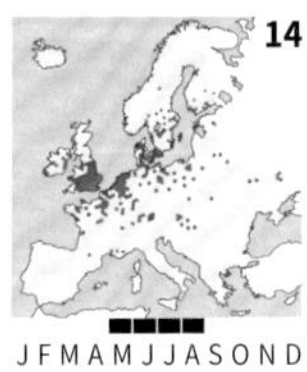

WAFFENFLIEGEN

1 ×2,5 ◆

2 ×4 ◆

3 ×4 ◆

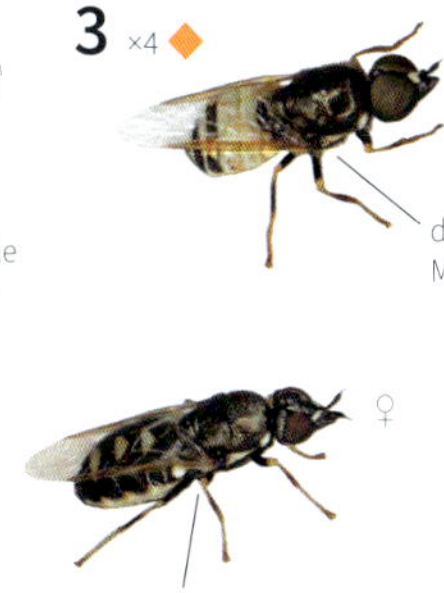

4 ×1,5 ◆

5 ×4 ◆

6 ×2 ◆

7 ×3 ◆

8 ×4 ■

9 ×2 ◆

10 ×3 ◆

11 ×1,5 ◆ ♂

12 ×1,5 ◆ ♂

13 ×1,5 ◆ ♀

14 ×1,5 ◆ ♂

WOLLSCHWEBER Bombyliidae

E ~52 GEN ~340 SPP 9 ILL

Klein bis groß; Körper breit und bienenartig, braun, gräulich oder schwarz. Kopf mit teilweise langem Rüssel, Augen groß, Fühler drei- bis viergliedrig. Thorax und Abdomen behaart oder beschuppt; Flügel meist mit dunkler Zeichnung. Einige Arten ähneln auf den ersten Blick Schwebfliegen (Syrphidae, S. 358) oder Bienen und Hummeln.

Die erwachsenen Tiere werden oft beim Nektarsaugen beobachtet und können über den Blüten schweben (im Gegensatz zu Bienen und Hummeln); die Larven sind Ektoparasitoide verschiedener Bienen und Wespen, auch von Schmetterlingslarven und -Puppen. Jede Art hat spezifische Wirtsarten.

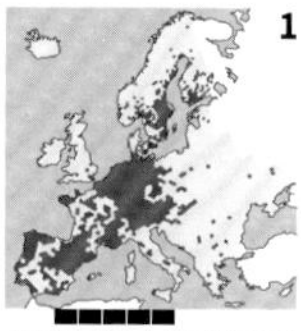

1 🔍 Trauerschweber
Anthrax anthrax **L** 7–12 mm. Körper schwarz; Flügel teilweise schwarz, teilweise transparent; Übergang zwischen schwarzen und transparenten Bereichen unregelmäßig; nicht zickzackförmig wie bei *Hemipenthes morio*. Kopf bei ♂ schwarz, bei ♀ grau bestäubt mit einigen weißen Schuppen. Abdomen S2–S6 mit hellen, streifenförmigen Flecken an den hinteren Rändern. Der ähnliche *A. varius* ist kleiner und hat transparente Flügel mit schwarzen Flecken. **H** Wälder, Grünland, Gärten.

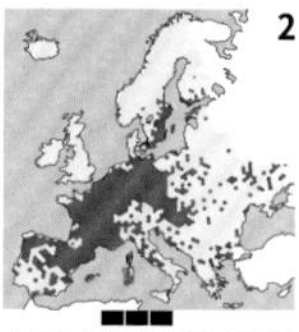

2 🔍 Zickzack-Trauerschweber
Hemipenthes morio **L** 12–13 mm. Körper schwarz; Flügel teils schwarz, teils durchsichtig; Übergang zwischen schwarzen und durchsichtigen Bereichen zickzackförmig; bei der ähnlichen *Anthrax anthrax* unregelmäßig. **H** Grünland, Wälder, Gärten.

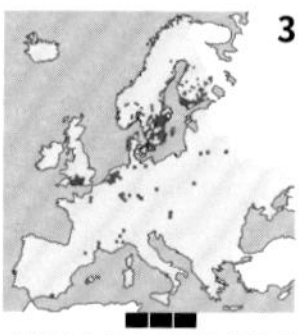

3 🔍 Schwarzweißer Trauerschweber ***Thyridanthrax fenestratus*** **L** 12–15 mm. Deutlich dunkelbraun gesprenkelte Flügel. **H** Heidekraut.

Gen. *Bombylius* E 30+ SPP

Kopf mit langem Rüssel, der im Flug und in der Ruhe ein deutliches Merkmal ist. Unterscheidung durch Details in der Flügelzeichnung, die im Schwebeflug schwer zu erkennen sind.

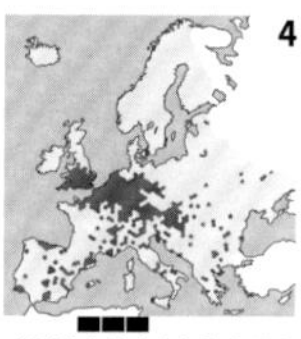

4 🔍 Gefleckter Wollschweber
Bombylius discolor **L** 8–12 mm. Körper dunkelbraun, Flügel mit mehreren dunklen Flecken. **H** Grünland, Wälder, Gärten. **V** Befällt Sandbienen (*Andrena* spp.) als Wirt.

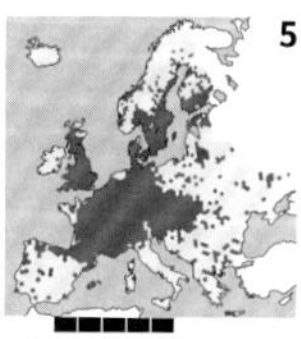

5 🔍 Großer Wollschweber
Bombylius major **L** 6–13 mm. Körper braun; Flügel mit breitem dunklem Vorderrand. **H** Waldränder, Küstengebiete, Parks, Gärten. **V** Befällt Sandbienen (*Andrena* spp.) als Wirt.

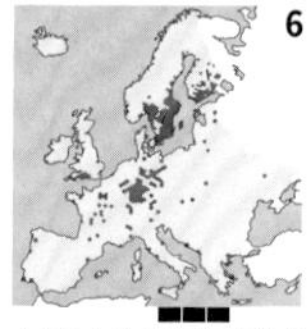

6 🔍 Kleiner Wollschweber
Bombylius minor **L** 7–9 mm. Flügel durchsichtig; Bereich hinter den Augen nur mit kurzen, hellbraunen Haaren. Bei der ähnlichen Westlichen Bienenfliege (*B. canescens*) ist der Bereich hinter den Augen an den Seiten mit langen schwarzen Haaren besetzt. **H** Heidelandschaften. **V** Befällt Seidenbienen (*Colletes* spp., S. 636) als Wirt.

Gen. *Villa* E 13+ SPP

Große Arten mit breitem Hinterleib; Rüssel kurz, von oben gesehen nicht sichtbar. Thorax mit dichter Behaarung.

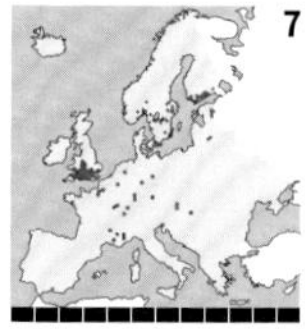

7 🔍 Dunkler Wollschweber
Villa cingulata **L** ~11 mm. Hinterleib dunkel, mit hellen Haarbändern, die am Hinterrand von S3 am stärksten ausgeprägt sind; Flügel transparent, Vorderrand braun; bei der ähnlichen *V. venusta* ist die Braunfärbung auf der Vorderseite der Flügel stärker ausgeprägt. ♂ mit auffälligem weißlichem Fleck am Flügelansatz. **H** Grasland.

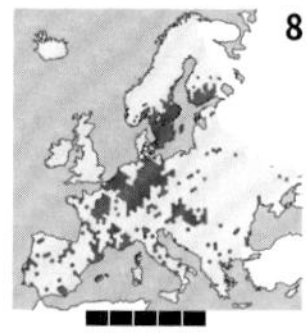

8 🔍 Hottentottenfliege
Villa hottentotta **L** 12–20 mm. Flügel durchsichtig, nicht gefleckt, an der Basis gelblich getönt; Hinterleib mit goldgelber Behaarung, S5–6 mit schwarzen Haarbüscheln an den Seiten. **H** Auf sandigen Böden, Ödland, Grasland.

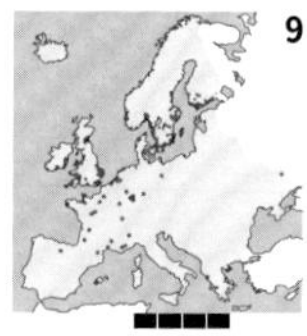

9 🔍 Dünen-Wollschweber
Villa modesta **L** 10–14 mm. Körper dunkel, Thorax und Hinterleib mit gelblichen Flecken an den Seiten bei ♂; Abdomen S2–4 mit hellen Bändern bei ♀; Flügel klar, Flügelansatz leicht dunkel. **H** Auf sandigen Böden, Ödland, Grünland.

STILETTFLIEGEN Therevidae

E ~17 GEN ~100 SPP 2 ILL

Klein bis groß; Körper schlank bis kräftig, gelb, silbrig bis dunkel, teilweise mit feinem Flaum bedeckt; Hinterleib an der Basis am breitesten, zur Spitze hin verjüngt; Thorax und Beine borstig. Die Larven entwickeln sich in sandigem Boden und totem Holz und ernähren sich von wirbellosen Tieren.

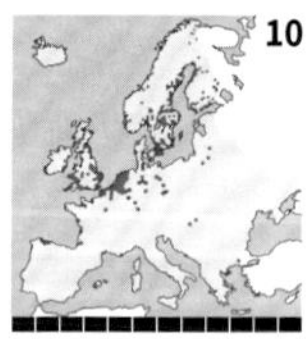

10 🔍 Luchsfliege
Acrosathe annulata **L** 8–12 mm. Körper bräunlich grau, bei ♂ mit auffälligen weißlich grauen Haaren bedeckt, bei ♀ stumpfer; Beine rötlich. **H** Dünen, sandige Lebensräume.

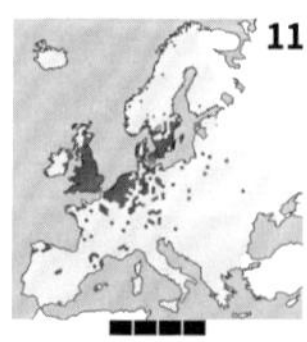

11 🔍 Gewöhnliche Stilettfliege
Thereva nobilitata **L** 9–14 mm. Körper gelblich braun; Hinterleib mit dunklen Querstreifen. **H** Auf sandigen Böden, Ödland, Grünland.

WOLLSCHWEBER

1 ×1,5 ◆

unregelmäßiger Übergang zwischen schwarzen und transparenten Bereichen

2 ×1,5 ◆

zickzackförmiger Übergang zwischen schwarzen und transparenten Bereichen

3 ×1,5 ◆

Flügel mit dunklem Fleckenmuster, unterbrochen von transparenten Bereichen

4 ×2 ◆

Flügel gepunktet

5 ×2,5 ◆

Rüssel sehr lang bei allen *Bombylius* spp.

dunkler vorderer Rand

nähert sich einer Blüte

6 ×2 ◆

Flügel durchsichtig

7 ×2 ◆

8 ×2 ◆

9 ×2 ◆ ♀

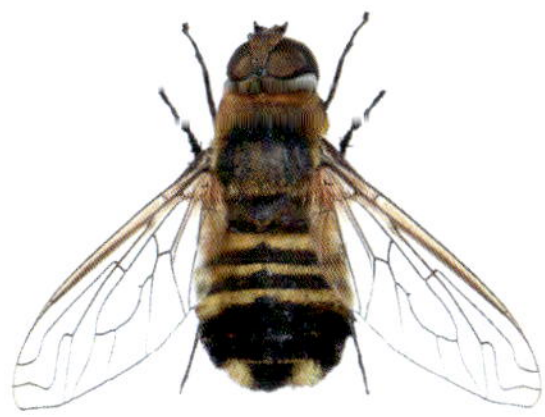

Hinterleib dunkel mit gelblichen Flecken an den Seiten bei ♂

STILETTFLIEGEN

10 ×1 ◆

11 ×2 ◆

RAUBFLIEGEN Asilidae →

E ~77 GEN ~540 SPP 17 ILL

Klein bis sehr groß. Körper schlank bis kräftig, oft grau bis dunkel, einige mit helleren Beinen oder Hinterleib; teilweise stark behaart und mit Borsten. Thorax oft mit ausgeprägten dunkleren Flecken; Beine lang gestreckt, ebenfalls behaart; Rüssel kräftig, aber kürzer als bei den Tanzfliegen (S. 356). Erwachsene Tiere fressen oft große Insekten; Larven entwickeln sich im Boden und in totem Holz und ernähren sich von wirbellosen Tieren. Bestimmung der Arten anhand Farbe/Markierungen auf Körper und Beinen sowie Ausmaß der Behaarung und Borsten.

1 ⊙ Hornissen-Raubfliege
Asilus crabroniformis **L** 18–35 mm. Kopf, Thorax und Beine einfarbig braun mit Borsten und Haaren; vordere Hälfte des Hinterleibs schwarz, hintere Hälfte gelb; Fühler kürzer als der Kopf; Flügel orange-braun mit dunklen Flecken. **H** Grünland, Heideland. **V** Größte Raubfliege Mitteleuropas; kann große Beutetiere, darunter Heuschrecken, erbeuten.

1
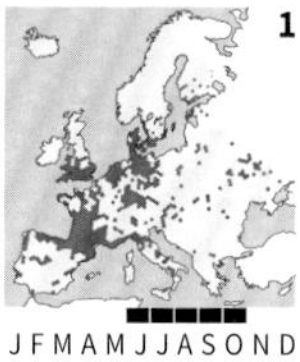

2 ⊙ Säbel-Raubfliege
Dysmachus trigonus **L** 12–17 mm. Körper gedrungen; grau; Thorax sehr borstig; Hinterleib mit schwachen dunklen Dreiecken, Hinterränder von S2–6 mit langen weißen Borsten; Beine schwarz. Oberflächlich ähnlich anderen Raubfliegenarten, von denen sie sich durch den robusten, stark behaarten Körper unterscheidet. **H** Heideland, Sanddünen.

2
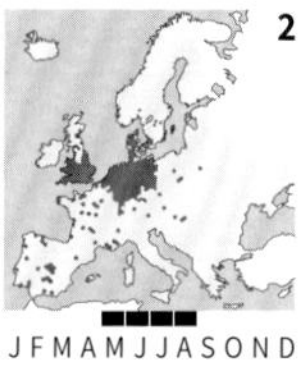

3 🔍 Schlichte Raubfliege
Machimus rusticus **L** 15–25 mm. Körper grau mit dunklerer Zeichnung; Kopf auf der Unterseite gelb behaart; Beine mit schwarzen und gelben Borsten; Femora schwarz, Unterseite der Vorderschenkel behaart, nicht beborstet. Flügel gelblich grau, Spitze und Hinterrand dunkler. **H** Mageres, trockenes Grasland.

3
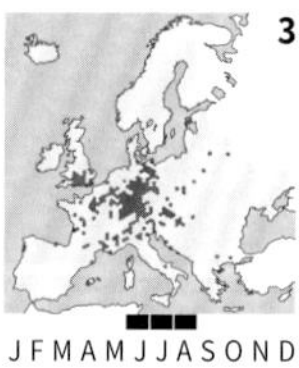

4 🔍 Gemeiner Strauchdieb
Neoitamus cyanurus **L** 18–24 mm. Kopf mit nach vorne gerichteten Haaren hinter den Augen. ♀ Legebohrer sehr lang. Thorax grau; Abdomen S1–S5 grau, braun bestäubt; Rest des Hinterleibs glänzend bläulich schwarz. **H** Wälder, Waldränder, Parks, Gärten.

4
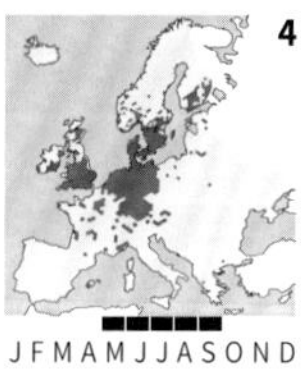

5 ⊙ Alabasterfliege
Pamponerus germanicus **L** 17–21 mm. Körper braun; jedes Hinterleibssegment mit grauem Ring am Hinterrand; Beine schwarz, Tibiae und Tarsi gelblich; Flügel bräunlich. **H** Waldränder, Sand- und Kiesgruben, Heideland.

5
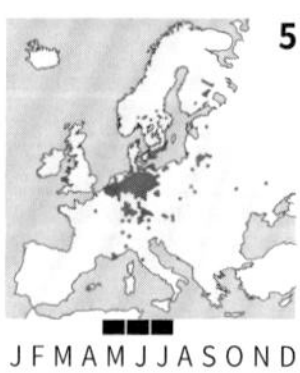

6 🔍 Sandraubfliege
Philonicus albiceps **L** 13–18 mm. Körper schlank, länglich; graubraun, Thorax mit wenigen Borsten; Hinterleib glatt, nicht gefleckt wie bei vielen anderen großen Raubfliegen; Beine schwarz mit weißen Borsten. **H** Sandige Gebiete, auch Dünen in Küstenregionen.

6
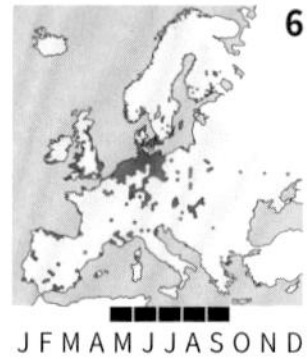

Gen. ***Tolmerus*** E 14+ SPP
Körper gräulich oder braun.

7 🔍 Gemeine Raubfliege
Tolmerus atricapillus **L** 12–15 mm. Körper graubraun; Femora schwarz mit roten Flecken, einige mit rotem Ring vor der Spitze; Tibiae überwiegend rot. ♂ hat ein schwarzes Haarbüschel am Hinterrand des Hinterleibs S8. **H** Heideland, Grasland.

7
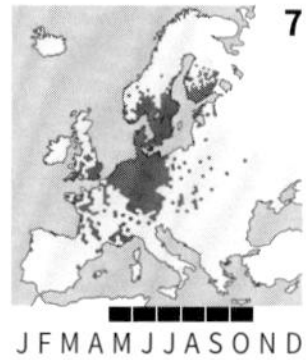

8 ⊙ Burschen-Raubfliege
Tolmerus cingulatus **L** 10–13 mm. Eher kleiner als andere *Tolmerus* spp.; Körper graubraun, „Gesicht" mit weißen Haaren; Beine orange mit schwarzen Flecken. **H** Heideland, Grünland.

8
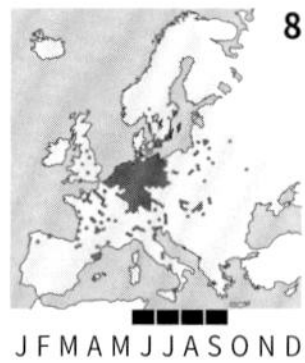

9 ⊙ Schneidenfliege
Leptarthrus brevirostris **L** 8–10 mm. Körper dunkelgrau; Beine schwarz und rot; Thorax stark behaart. ♂ mit sehr schmalen hinteren Tarsi. Ähnlich wie *L. vitripennis*, aber Thorax und Kopf mit längeren Haaren, hintere Tarsi bei ♂ lang und schmal. Flügel klar, manchmal an der Spitze leicht dunkel; bei *L. vitripennis* am Ansatz deutlich dunkel. **H** Mageres, trockenes Grasland.

9
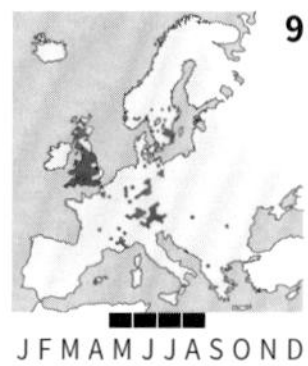

10 🔍 Gemeine Mordfliege
Choerades marginatus **L** 9–15 mm. Körper schwarz; Hinterleibssegmente mit Bändern aus goldenen Haaren am Hinterrand. **H** Wälder.

10
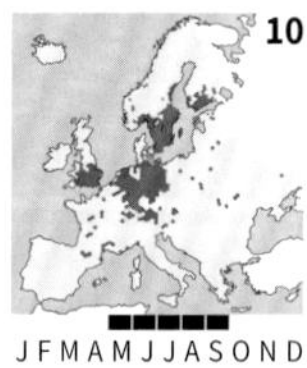

11 ⊙ Gelbe Mordfliege ***Laphria flava*** **L** 12–25 mm. Groß, Körper mit langen Haaren bedeckt, ähnlich wie eine Hummel, aber schlanker. Schwarz mit auffälliger heller Behaarung im „Gesicht", auf der hinteren Thoraxhälfte und am Hinterleib; Hinterbeine keulenförmig, verdickt. **H** Waldränder, Lichtungen.

11
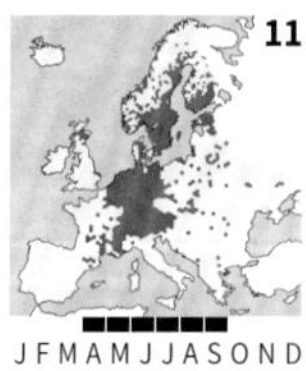

12 🔍 Gemeine Schlankfliege
Leptogaster cylindrica **L** 6–13 mm. Körper sehr länglich, schmal, bei allen *Leptogaster* spp. gräulich; wirkt im Flug ähnlich wie eine Schnake. Ähnliche Art *L. cylindrica* mit schwarzen Rüsseln, Hinterbeine mit dunklen Streifen, hintere Tarsi sehr dünn am Ansatz, zur Spitze hin breiter werdend. **H** Grasland, Buschland.

12
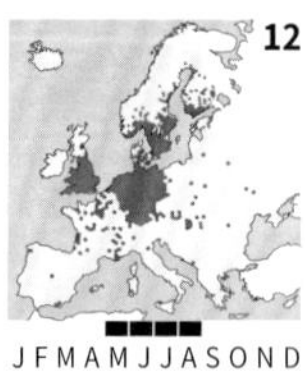

RAUBFLIEGEN →

1 ×1

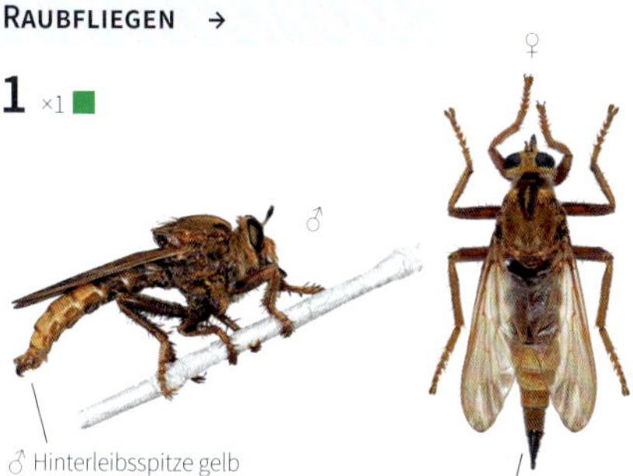

2 ×1,5

3 ×1,5

4 ×1,5

5 ×1,5

6 ×1,5

7 ×2

8 ×2

9 ×2

10 ×2

11 ×1

12 ×3

← RAUBFLIEGEN Asilidae

Gen. *Dioctria* E 22 SPP

Lang gestreckt, sehr schlank bis gedrungen; Thorax mit kurzen Haaren (nicht Borsten), Seiten mit silbernen Streifen oder Balken; Fühler lang, oft länger als der Kopf; Geschlechtsorgane unauffällig, kein ausgeprägter Ovipositor bei ♀. Schwingkölbchen gelblich. Arten anhand der Körper-, Flügel- und Beinfarbe zu bestimmen.

1 🔍 Schwarze Habichtsfliege
Dioctria atricapilla **L** 9–12 mm. Körper und Beine schwarz, Thoraxseiten und Kopf mit einigen gelben Flecken; ♂ mit Flügeln in der unteren Hälfte schwarz und Augen blau. **H** Grasland, Waldränder.

1
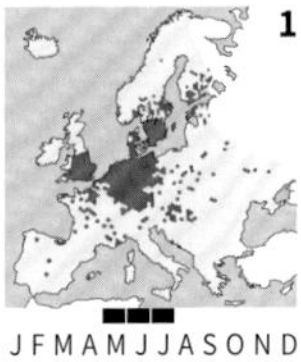

2 🔍 Falsche Habichtsfliege
Dioctria baumhaueri **L** 8–12 mm. Körper schwarz; Thorax mit silbrig-grauer Zeichnung an den Seiten; Vorder- und Mittelbeine orange mit schwarzen Streifen; Hinterbeine dunkel. **H** Grasland, Waldränder. **I** Viele europäische Autoren gehen heute davon aus, dass diese Art ein Synonym von *D. hyalipennis* ist (siehe folgende Art); molekulare Untersuchungen sind notwendig, um zu überprüfen, ob die unterschiedlich gefärbten Beine tatsächlich auf getrennte Arten deuten oder es sich doch nur um eine einzige handelt, wobei dann *D. hyalipennis* der gültige Name wäre.

2
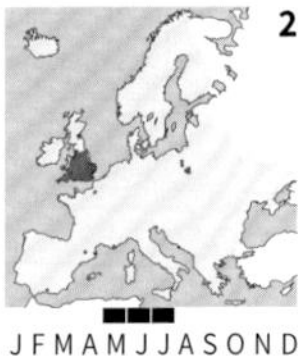

3 🔍 Gemeine Habichtsfliege
Dioctria hyalipennis **L** 9–12 mm. Körper schwarz, Thorax mit silbrig-grauer Zeichnung an den Seiten; Vorder- und Mittelbeine orange mit dunklem Streifen entlang der Oberseite der Femora; vordere und mittlere Tibiae manchmal dunkel. Hinterbeine bei ♂ meist dunkel, bei ♀ meist orange. **H** Grasland, Waldränder.

3
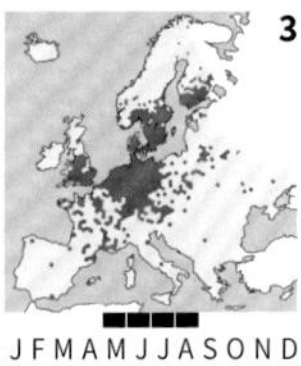

4 🔍 Gestreifte Habichtsfliege
Dioctria linearis **L** 8–12 mm. Körper schwarz; Thorax mit hellerem Längsstreifen; Abdomenseiten mit gelben Flecken; Beine meist gelb, hintere Femora und Tibiae teilweise dunkel. **H** Wälder. **V** Häufiger an schattigen, dunkleren Orten als andere Raubfliegen.

4
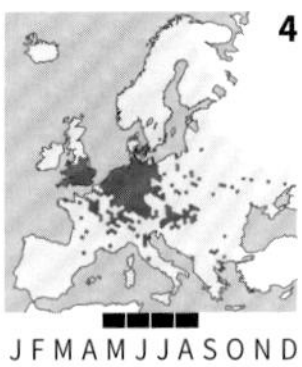

5 🔍 Höcker-Habichtsfliege
Dioctria rufipes **L** 11–13 mm. Körper schwarz; vordere und mittlere Femora und Tibiae orangerot, Hinterbeine schwarz. Flügel klar, nicht dunkel. **H** Grasland.

5
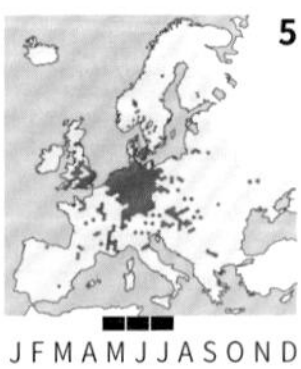

TANZFLIEGEN Empididae

E ~23 GEN ~810 SPP 3 ILL

Klein bis groß; schlank bis kräftig, hell bis dunkel; Thorax und Beine borstig, einige Arten mit gestreiftem Thorax; Rüssel lang (länger als bei den Raubfliegen, S. 354); Flügel klar oder gefärbt, einige mit Stigma oder Muster. Larven entwickeln sich in einem breiten Spektrum von Lebensräumen, auch in Gewässern, und ernähren sich hauptsächlich von anderen Diptera-Larven.

Gen. *Empis* E 100+ SPP

Meistens größere Arten; scheibenförmige Zelle mit 3 Adern, die bis zum Flügelrand reichen; Rüssel länger als die Höhe des Kopfes. Große Gattung mit sehr unterschiedlichen Artengruppen.

6 🔍 Helle Tanzfliege ***Empis livida***
L 7–10 mm. ♂ mit braunem Hinterleib und bräunlich gefärbten Flügeln; ♀ mit grauem Hinterleib und klaren Flügeln. **H** Hecken, Gärten.

6
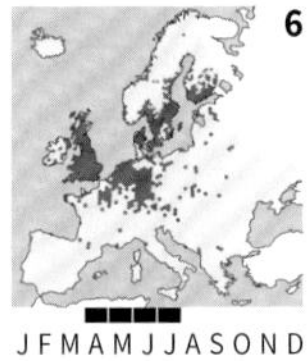

7 🔍 Rotbraune Tanzfliege
Empis stercorea **L** 5–9 mm. Orangerot mit dunklem Längsstreifen auf Thorax und Abdomen; Flügel durchsichtig mit dunkelgelben Adern nahe der Basis. Ähnlich wie *E. aemula*, die dunklere Tibiae hat, aber eine Inspektion der Genitalien kann erforderlich sein. **H** Waldränder, Grasland.

7
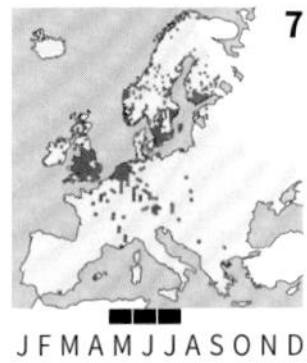

8 🔍 Gewürfelte Tanzfliege
Empis tessellata **L** 9–13 mm. Körper grau; Thorax mit 3 schwarzen Längsstreifen; Abdomen schwärzlich mit grauer Zeichnung an den Seiten und unten; Beine meist schwarz, Tibiae graubraun; Flügel an der Basis braun gefärbt; Schwingkölbchen rotbraun. **H** Waldränder, Lichtungen, Gärten.

8
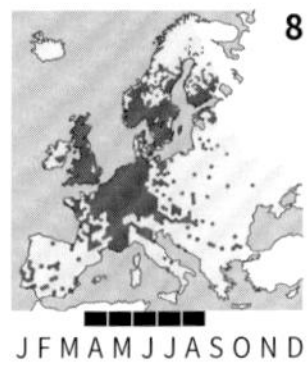

LANGBEINFLIEGEN Dolichopodidae

E ~60 GEN ~775 SPP 1 ILL

Klein bis mittelgroß; Körper schlank, oft grünlich, metallisch; Flügel klar oder gefärbt, bei einigen Arten mit deutlichen Flecken oder Markierungen. Thorax und Beine borstig. Die Larven entwickeln sich im feuchten Boden und unter Baumrinde und ernähren sich von wirbellosen Tieren.

9 🔍 Grüne Langbeinfliege
Poecilobothrus nobilitatus **L** 6–8 mm. Körper metallisch grün mit violettem Schimmer, Hinterleibsseiten weißlich; ♀ Flügel hellgrau mit dunklen Flecken an den Spitzen. ♂ Flügel dunkel, mit ausgeprägtem weißen Fleck an den Spitzen. **H** Feuchtgebiete. **V** ♂ zeigen ein auffälliges Balzverhalten, indem sie ihre Flügel zur Schau stellen und spezielle Flugmanöver ausführen, um ♀ anzulocken.

9
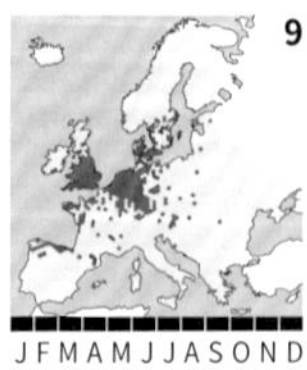

← RAUBFLIEGEN

1 ×3 ◆

2 ×3 ◆

3 ×3 ◆

4 ×3 ◆

5 ×3 ◆

TANZFLIEGEN

6 ×3 ◆

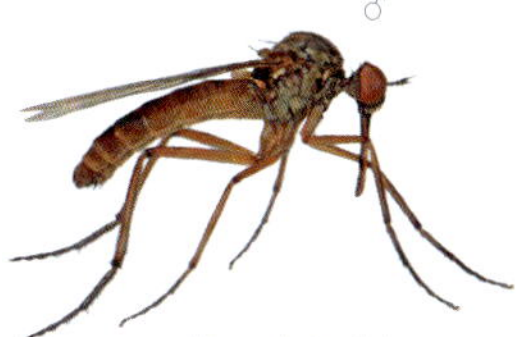

7 ×3 ◆

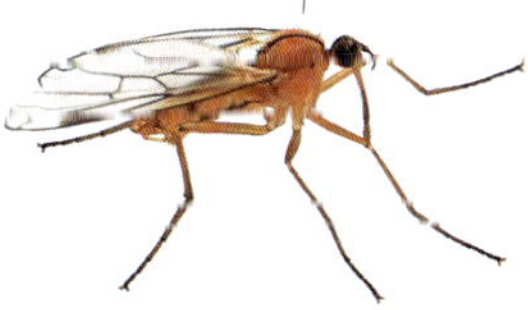

8 ×2 ◆

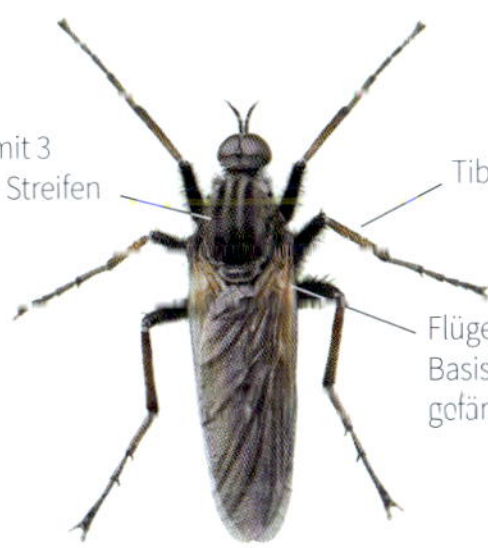

LANGBEINFLIEGEN

9 ×3 ◆

SCHWEBFLIEGEN Syrphidae →

E ~90 GEN ~830 SPP 107 ILL

Klein bis groß; Körper schlank bis kräftig. Oft dunkel, aber viele Arten mit auffallend hellen Flecken oder Markierungen; einige blass oder metallisch; Kopf groß, ohne Borsten. Die oft leuchtende Färbung ist ein Beispiel für Mimikry, also die Ähnlichkeit mit gefährlichen Wespen oder Bienen, um Fressfeinde zu täuschen. Alle Schwebfliegen können aber weder stechen noch beißen und sind völlig harmlos, trotz ihrer Warnfarbe!

Bei Zweifeln sollten die Flügel auf eine sogenannte Scheinader (Vena spuria, kann schwach sein) und einen „falschen Rand" untersucht werden (siehe Illustration rechts), um sie von anderen Fliegen zu unterscheiden. Alle Arten können sehr gut fliegen und werden im Gegensatz zu Wespen oder Bienen oft über Blüten schwebend beobachtet.

Verwechslungsgefahr mit Wollschwebern (Bombyliidae, S. 352), die ein ähnliches Flugverhalten zeigen; auch einige Arten aus anderen Familien, z. B. die Waffenfliegen (Stratiomyidae, S. 350).

Wie bei den meisten Fliegen haben ♂ größere Augen als ♀; in einigen, aber nicht allen Gattungen treffen sich bei ♂ die Augen auf der Oberseite des Kopfes.

Die Larven entwickeln sich in verschiedenen Lebensräumen: Gärten, Parks, Grasland, Wälder, Feuchtgebiete. Die Larven mehrerer Arten ernähren sich von Blattläusen und sind bei Gärtnern sehr beliebt.

1 ⊙ Gemeine Schattenschwebfliege
Baccha elongata **L** 5–10 mm. Sehr lang gestreckt; Hinterleib mit Wespentaille. Beine ohne geschwollene Tibiae, im Gegensatz zu ähnlich aussehenden *Neoascia* und *Sphegina* spp. (beide S. 366). **H** Wälder, Hecken. **V** Larven ernähren sich von Blattläusen.

1
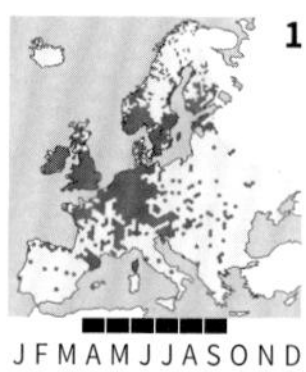

Gen. *Melanostoma* E 3 SPP

Klein, sehr lang gestreckt; Kopf und Thorax dunkel; Hinterleib mit gelber Zeichnung. Die Identifikation der Arten erfordert eine sehr genaue Untersuchung. Die Larven ernähren sich von Blattläusen.

2 🔍 Glänzende Schwarzkopf-Schwebfliege *Melanostoma mellinum*
L 5–8 mm. Abdomen S2+S3 ~ so breit wie lang bei ♂; bei ♀ Kopf mit sehr dünnen weißen Staubflecken zwischen den Augen. **H** Grasland, Moore.

2
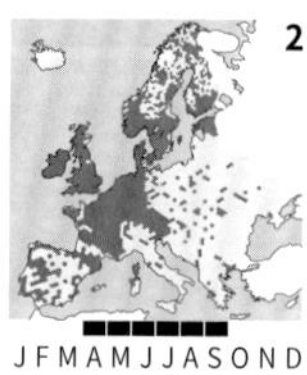

3 🔍 Matte Schwarzkopf-Schwebfliege *Melanostoma scalare*
L 5–10 mm. Abdomen S2+S3 länger als breit bei ♂; bei ♀ Kopf mit breiteren weißen Staubflecken zwischen den Augen. **H** Grasland, Waldränder.

3
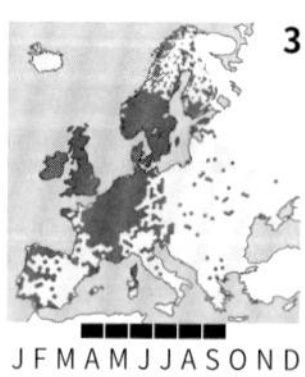

Gen. *Platycheirus* E ~55 SPP

Klein, sehr lang gestreckt; Kopf und Thorax schwärzlich; Hinterleib mit gelber, manchmal silbriger Zeichnung; bei ♂ Vorderbeine „verziert", mit abgeflachten Tarsi. Larven ernähren sich von Blattläusen.

4
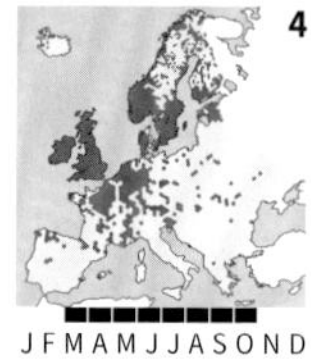

4 🔍 Graue Breitfußschwebfliege
Platycheirus albimanus **L** 6–11 mm. Bei ♀ Hinterleibszeichnung grau, Beine gelb; bei ♂ Hinterleibszeichnung silbrig oder bronzefarben; Vorderschenkel stark behaart; ♂ im Feld schwer von anderen *Platycheirus* spp. zu unterscheiden. **H** Buschland, Gärten.

5
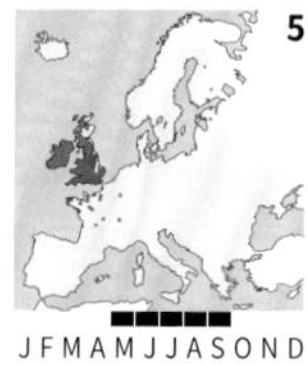

5 🔍 Rote Breitfußschwebfliege
Platycheirus granditarsus **L** 6–11 mm. Hinterleib mit großen orangeroten Flecken, bei ♂ vordere und mittlere Tarsi mit zapfenartigen schwarzen Fortsätzen. **H** Feuchtgebiete.

6
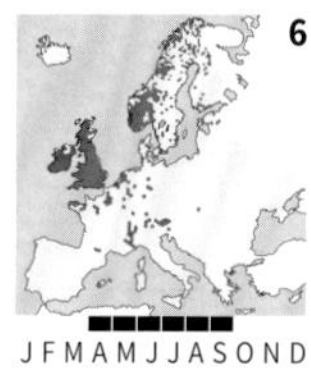

6 🔍 Matte Breitfußschwebfliege
Platycheirus manicatus **L** 8–12 mm. Kopf und Thorax bräunlich bestäubt; Hinterleib gelb bis orange gefärbt; bei ♂ vordere Tarsi verbreitert. **H** Grasland, Moorland, auf kalkhaltigen Böden.

7
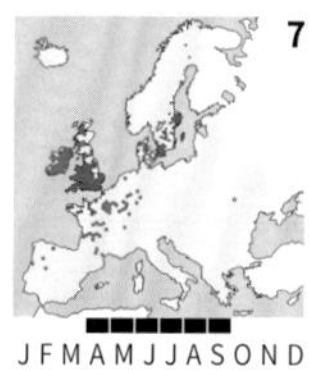

7 🔍 Sumpfschwebfliege
Platycheirus rosarum **L** 7–10 mm. Abdomen schwarz mit hellen Flecken auf S3; zur Spitze hin breiter werdend, im Gegensatz zu anderen *Platycheirus* spp. **H** Feuchtgebiete.

8
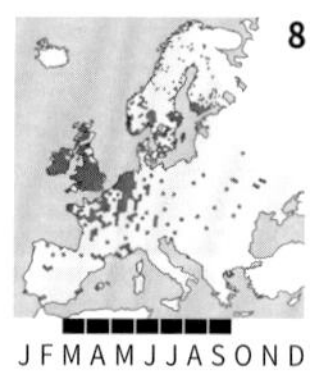

8 🔍 Wald-Breitfußschwebfliege
Platycheirus scutatus **L** 7–9 mm. Sehr schmal und länglich; Hinterleib mit gelber Zeichnung; bei ♂ Vorderbeine mit Haarbüscheln und verbreiterten Tarsi; ♀ nicht von einigen anderen *Platycheirus* spp. zu unterscheiden. **H** Waldränder, Grünland, Gärten.

9
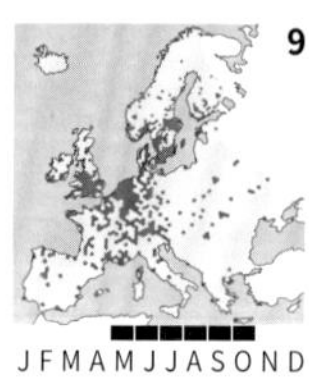

9 🔍 Raupen-Plattbauch-schwebfliege *Xanthandrus comtus*
L 7–9 mm. Groß, robust; Hinterleib mit auffälliger Zeichnung: S2 mit runden gelben Flecken, S3+S4 mit halbmondförmigen gelben Flecken, die manchmal in der Mitte zusammenlaufen. **H** Gebüsche. **V** Larven ernähren sich von den Raupen kleiner Nachtfalter.

10
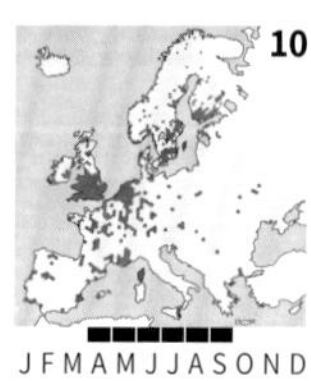

10 🔍 Kleine Gelbbein-Schwebfliege
Paragus haemorrhous **L** ~5 mm. Klein, ganz schwarz, „Gesicht" und Beine jedoch gelb. Genaue Identifikation von *Paragus* spp. im Feld fast unmöglich. **H** Grasland. **V** Oft in Bodennähe fliegend, besucht niedrig wachsende Blumen.

SCHWEBFLIEGEN →

1 ×3

2 ×3

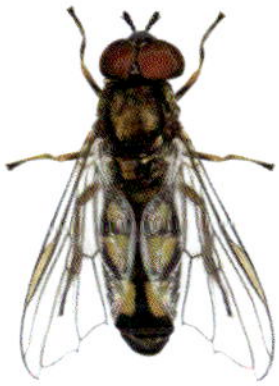

3 ×3

4 ×3

5 ×3

6 ×3

7 ×3

8 ×3

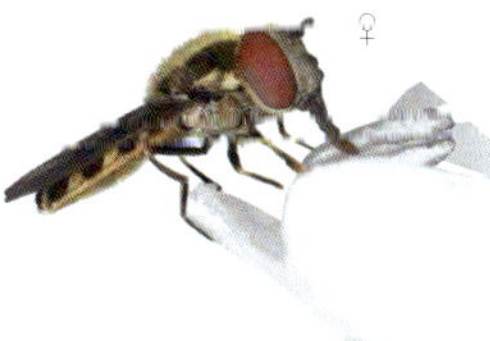

9 ×3

10 ×4

← **SCHWEBFLIEGEN** Syrphidae →

Gen. *Chrysotoxum* E 12 SPP

Groß, robust, mit kontrastreicher Zeichnung; Thorax schwarz mit scharf abgegrenzten gelben Flecken an den Seiten; Abdomen breit, gelb-schwarz; Fühler lang, schwarz. Larven ernähren sich vermutlich von Blattläusen in Ameisennestern.

1 Nördliche Wespenschwebfliege
Chrysotoxum arcuatum **L** 8–11 mm. Abdomen kugelförmig; Fühler S3 länger als S1+S2 zusammen. **H** Wälder.

1
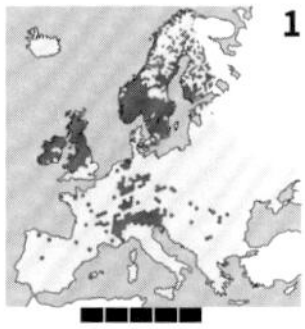
J F M A M J J A S O N D

2 Gemeine Wespenschwebfliege
Chrysotoxum cautum **L** 10–14 mm. Groß und sehr robust; Fühler S1 < S2; aber S1+S2 zusammen > S3. ♂ mit sehr großer Genitalkapsel. **H** Grasland.

2
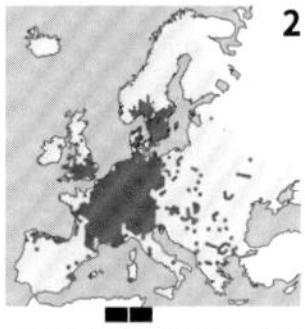
J F M A M J J A S O N D

3 Elegante Wespenschwebfliege
Chrysotoxum elegans **L** 9–12 mm. Abdomen gelbe Zeichnung, getrennt durch dünne schwarze Bänder, die sich zu den Seiten hin verbreitern. Kann schwer von der Großen Wespenschwebfliege (*C. cautum*) zu unterscheiden sein, ist aber wahrscheinlicher im Juli und August anzutreffen. **H** Grasland.

3
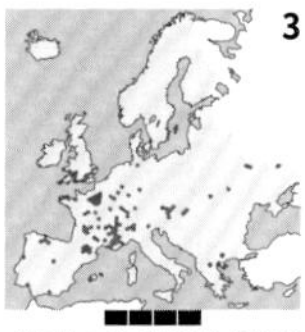
J F M A M J J A S O N D

4 Verralls Wespenschwebfliege
Chrysotoxum verralli **L** 8–11 mm. Ähnlich wie *C. elegans*, aber der Hinterleib ist stärker gelb gezeichnet. **H** Grasland, Heideland.

4
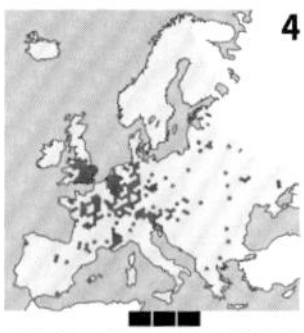
J F M A M J J A S O N D

5 Zweiband-Wespenschwebfliege
Chrysotoxum bicinctum **L** 7–11 mm. Abdomen S2+S4 mit gelber Zeichnung; Flügel mit großen dunklen Flügelflecken. **H** Grasland, Waldränder.

5
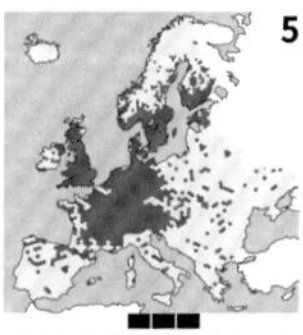
J F M A M J J A S O N D

6 Späte Wespenschwebfliege
Chrysotoxum festivum **L** 8–12 mm. Gelbe Zeichnung des Hinterleibs reicht nicht bis zu den Seiten wie bei anderen *Chrysotoxum* spp.; nur *C. vernale* ist sehr ähnlich, aber mit etwas anders geformter Hinterleibszeichnung und einer anderen schwarzen Zeichnung auf den Beinen; schwer zuverlässig zu bestimmen. **H** Grasland.

6
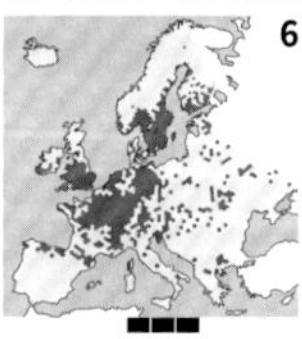
J F M A M J J A S O N D

Gen. *Xanthogramma* E 6 SPP

Groß, robust; schwarz mit scharf abgegrenzter Zeichnung; „Gesicht" gelb, Thorax mit 2 gelben Streifen. Larven leben vermutlich in Ameisennestern.

7 Frühe Gelbrand-Schwebfliege
Xanthogramma citrofasciatum
L 7–11 mm. Abdomen S2 mit schmaler gelber Zeichnung; Beine orange, Hinterbeine dunkler. **H** Grasland.

7
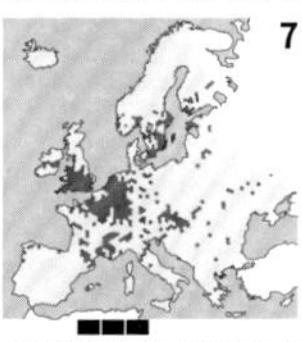
J F M A M J J A S O N D

8 Späte Gelbrand-Schwebfliege
Xanthogramma pedissequum
L 7–11 mm. Abdomen mit breiterer gelber Zeichnung; Beine gelb, Hinterbeine dunkler. **H** Grasland.

8
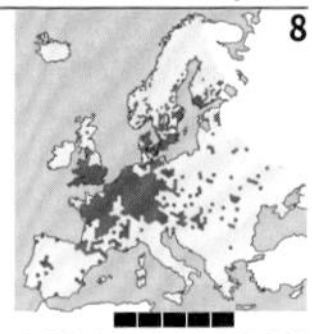
J F M A M J J A S O N D

9 Europäische Feldschwebfliege
Doros profuges **L** 7–11 mm. Groß, Thorax schmal; Flügel mit braunem Band am Vorderrand. Kann mit Dickkopffliegen (Gen. *Conops*, S. 374) verwechselt werden. **H** Gebüsche, Kalksteinmagerrasen.

9
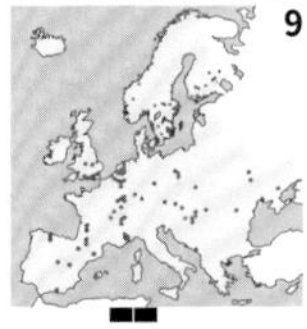
J F M A M J J A S O N D

Gen. *Sphaerophoria* E ~23 SPP

Lang gestreckt; gelb-schwarz; „Gesicht" und Scutellum gelb; ♂ mit großer Genitalkapsel unter der Hinterleibsspitze. Larven ernähren sich von Blattläusen.

10 Keulen-Stiftschwebfliege
Sphaerophoria rueppellii **L** 6–9 mm. Abdomen leicht tailliert, Seiten nicht parallel zueinander wie bei anderen *Sphaerophoria* spp.; Fühler gelb. **H** Buschland, Grasland.

10
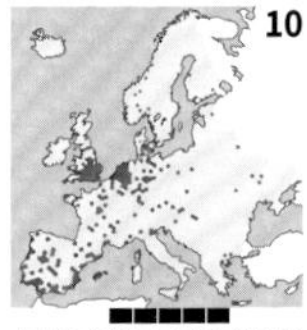
J F M A M J J A S O N D

11 Gewöhnliche Langbauchschwebfliege ***Sphaerophoria scripta***
L 8–11 mm. Hinterleib länger als Flügel, in Ruhe über Flügelspitzen hinausragend; Ausdehnung der gelben Zeichnung variiert mit Jahreszeiten; im zeitigen Frühjahr meist dunkler. **H** Grasland.

11
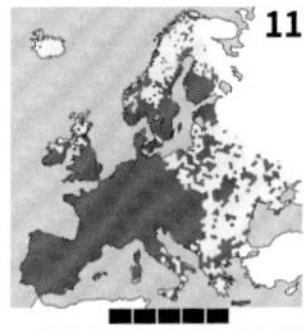
J F M A M J J A S O N D

12 Bunte Pelzschwebfliege
Eriozona syrphoides **L** ~12 mm. Hummelartig, behaart; Körper schwarz mit breiten weißen Streifen; Scutellum gelblich, „Gesicht" gelb. **H** Nadelwälder, Waldränder. **V** Larven fressen Blattläuse.

12
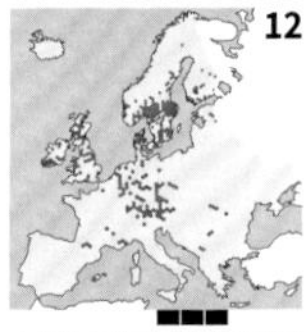
J F M A M J J A S O N D

Gen. *Leucozona* E 5 SPP

Groß, farbenfroh, mit sehr markanter Zeichnung. Larven ernähren sich von Blattläusen.

13 Blaue Breitbandschwebfliege
Leucozona glaucia **L** 8–12 mm. Hinterleibszeichnung blau bei ♀, weißlich bei ♂; Scutellum und Vorderbeine gelb. **H** Wälder.

13
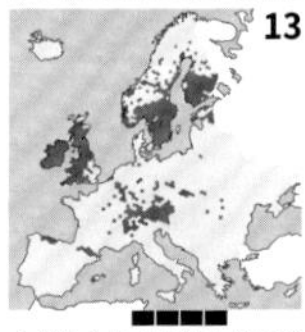
J F M A M J J A S O N D

14 Weiße Breitbandschwebfliege
Leucozona laternaria **L** 8–11 mm. Ähnlich wie *L. glaucia*, aber bei beiden Geschlechtern weißliche Hinterleibszeichnung; Scutellum und Vorderbeine dunkel. **H** Wälder.

14
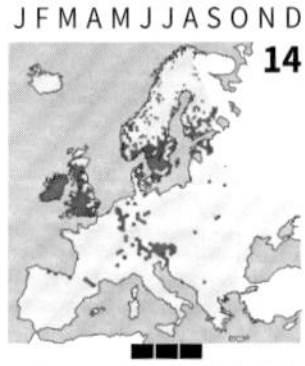
J F M A M J J A S O N D

15 Weißbandschwebfliege
Leucozona lucorum **L** 8–11 mm. Scutellum gelb; Abdomen S2 weiß; Flügel mit dunkler Zeichnung. **H** Wälder, Hecken.

15
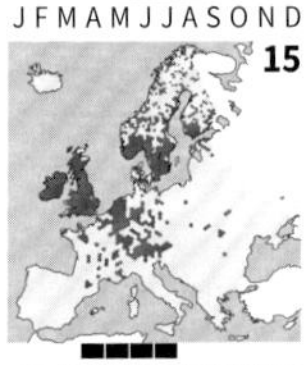
J F M A M J J A S O N D

1 ×2 ◆

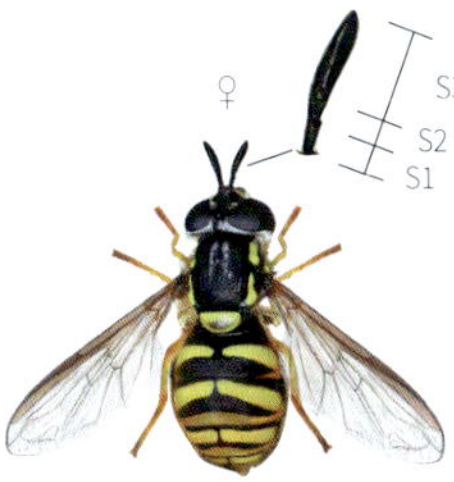

2 ×2 ◆

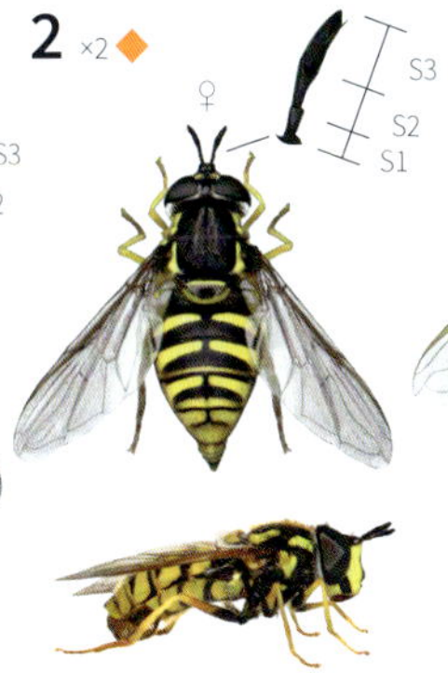

3 ×2 ◆

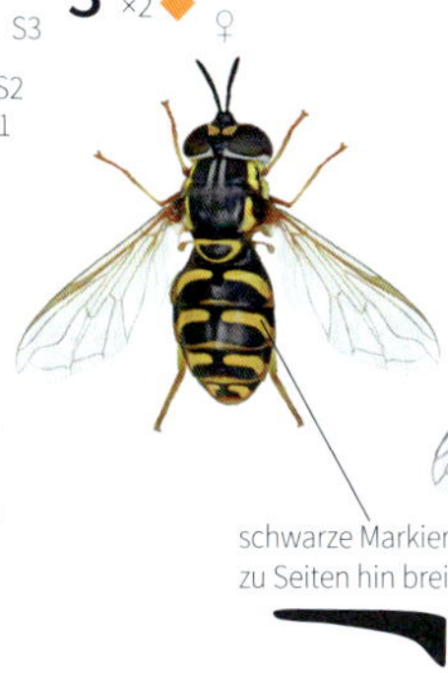

4 ×2 ◆

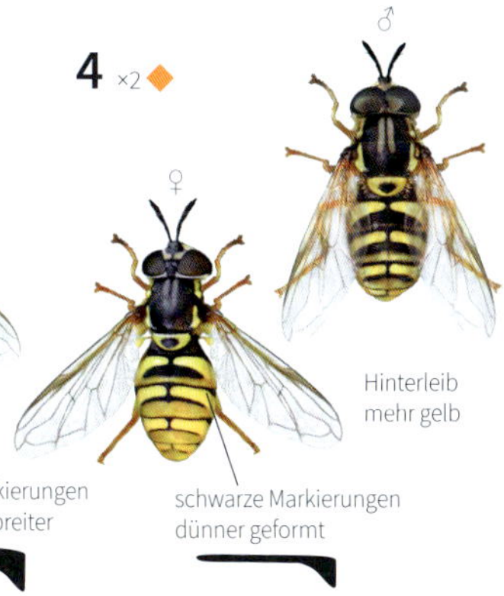

5 ×2 ■

6 ×2 ◆

7 ×3 ◆

8 ×4 ■

9 ×2 ■

10 ×3 ●

11 ×3 ■

12 ×2 ■

13 ×2 ■

14 ×2 ■

15 ×2 ■

← SCHWEBFLIEGEN Syrphidae →

Gen. *Dasysyrphus* E 12 SPP

„Gesicht“ gelb mit meist schwarzem Streifen; Flügel mit dünnem schwarzem Pterostigma. Larven ernähren sich von Blattläusen.

1 Gestreifte Waldschwebfliege
Dasysyrphus albostriatus **L** 7–10 mm. Thorax mit grauen Streifen; Hinterleib mit schräger gelber Zeichnung. **H** Wälder.

1
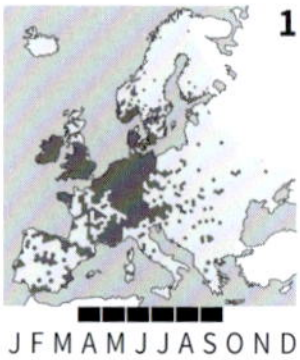

2 Breitband-Waldschwebfliege
Dasysyrphus tricinctus **L** 8–11 mm. Abdomen mit breiter gelber Zeichnung, deutlich auf S3; schmal auf S4; 2 kleine gelbe Flecken auf S2. **H** Wälder.

2
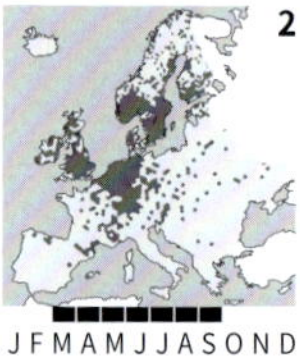

3 Gemeine Waldschwebfliege
Dasysyrphus venustus **L** 7–10 mm. Abdomen mit eher schmaler, hakenförmiger Zeichnung. Einige andere *Dasysyrphus* spp. sehr ähnlich; zuverlässige Bestimmung auf Artebene schwierig. **H** Wälder.

3
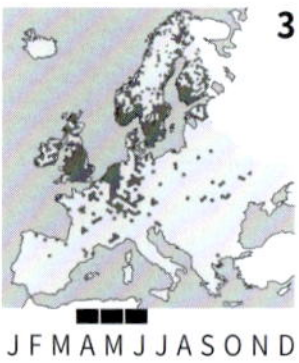

Gen. *Didea* E 3 SPP

Abdomen gelb-schwarz; Flügel mit Schleife in den Adern R4+5 (Abbildung auf S. 359); Hinterleib mit schräger Zeichnung. Larven fressen Blattläuse.

4 Grüne Breitbauchschwebfliege
Didea alneti **L** 10–15 mm. Hinterleibszeichnung grünlich bis weißlich; Scutellum blassgelblich, Schwingkölbchen dunkel; Schleife in Adern R4+R5 weniger ausgeprägt als bei anderen *Didea* spp. **H** Wälder, in Bergregionen.

4
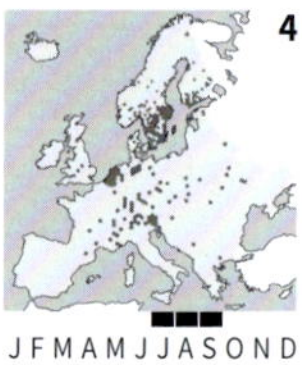

5 Gelbe Breitbauchschwebfliege
Didea fasciata **L** 8–12 mm. Hinterleib gelblich gezeichnet. Obwohl fast unverwechselbar, kann sie mit der ähnlichen *D. intermedia* verwechselt werden; die Schwingkölbchen sind bei *D. fasciata* gelb, bei *D. intermedia* jedoch schwarz. **H** Wälder.

5
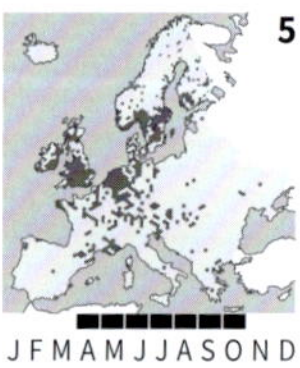

Gen. *Scaeva* E 5 SPP

Körper schwarz, Thoraxmarkierung kommaförmig; gelb oder weißlich; Kopf zwischen den Augen gewölbt.

6 Späte Großstirn-Schwebfliege
Scaeva pyrastri **L** 10–13 mm. Zeichnung auf Thorax deutlich weißlich. **H** Wälder, Grasland.

6
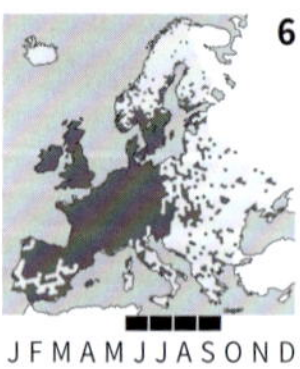

7 Frühe Großstirn-Schwebfliege
Scaeva selenitica **L** 11–14 mm. Hinterleibszeichnung gelblich. Sehr ähnlich zu *S. dignota*, am besten durch mikroskopische Untersuchung zu identifizieren. **H** Wälder, Heideland.

7
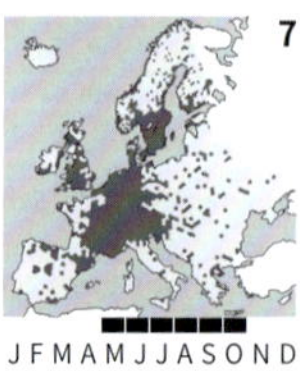

Gen. *Eupeodes* E 21 SPP

Abdomen schwarz mit gelber Zeichnung. Die Identifikation bis auf die Ebene der Sp. ist oft schwierig. Larven ernähren sich von Blattläusen.

8 Gemeine Feldschwebfliege
Eupeodes corollae **L** 6–9 mm. Gelbe Zeichnung sehr variabel; reicht bei ♂ (aber auch bei ♀) bis zu den Hinterleibsrändern; die einzige *Eupeodes* spp., bei der dies der Fall ist. Bei ♀ „Gesicht“ gelb mit dunklen staubigen Flecken. **H** Wiesen, Gärten.

8
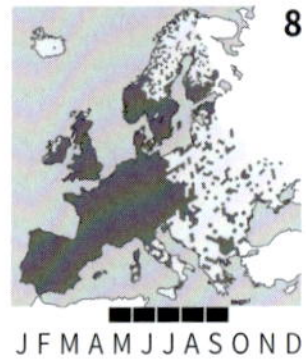

9 Mondfleck-Schwebfliege
Eupeodes lapponicus **L** 8–12 mm. Abdomen mit mondförmiger gelber Zeichnung. Flügelader R4+5 mit Schleife, bei anderen *Eupeodes* spp. viel weniger ausgeprägt **H** Wiesen, Hecken.

9
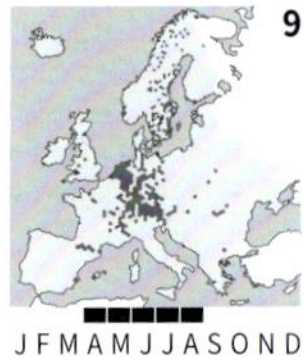

10 Ähnliche Feldschwebfliege
Eupeodes latifasciatus **L** 7–10 mm. Die gelben Flecken auf dem Hinterleib bilden Bänder, die in der Mitte nicht unterbrochen sind. ♀ „Gesicht“ mit scharf abgegrenzter schwarzer Zeichnung auf der Oberseite. **H** Wälder, Wiesen.

10
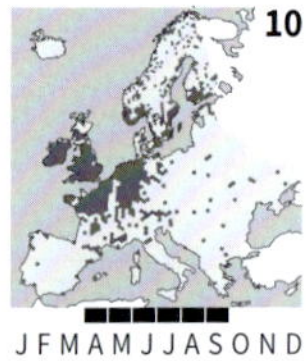

11 Mondfleck-Feldschwebfliege
Eupeodes luniger **L** 7–11 mm. Gelbe Zeichnung sehr variabel; ♀ „Gesicht“ mit dunkler Y-förmiger Zeichnung. **H** Wiesen, Gärten.

11
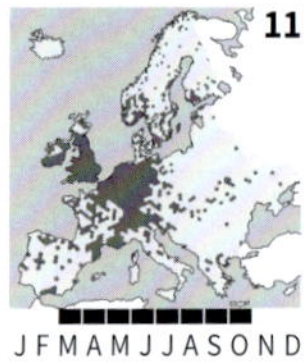

Gen. *Meliscaeva* E 2 SPP

Klein, länglich, Abdomen schwarz-gelb. Larven ernähren sich von Blattläusen.

12 Goldhals-Schwebfliege
Meliscaeva auricollis **L** 6–10 mm. Sehr variabel, im zeitigen Frühjahr vorkommende Exemplare insgesamt dunkler. Abdomen S2 mit elliptischer gelber Zeichnung; S3+4 meist mit schwarzer Mittellinie. **H** Waldränder.

12
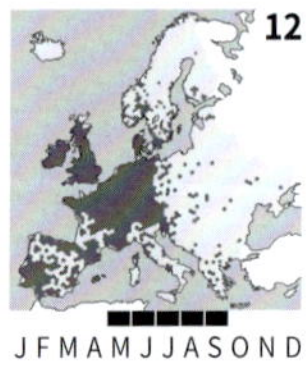

13 Späte Frühlingsschwebfliege
Meliscaeva cinctella **L** 7–10 mm. Gelbe Zeichnung auf Abdomen S2 verbreitert sich zu den Seiten hin; gelbe Bänder auf S3+S4 nicht durch Mittellinie unterbrochen. **H** Wälder.

13
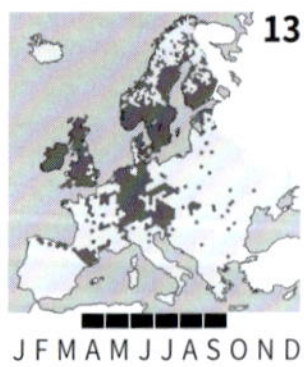

---

14 Hainschwebfliege
Episyrphus balteatus **L** 7–11 mm. Jedes Hinterleibssegment mit breiterem orangefarbenem und dünnerem hellem Band, getrennt durch dünne schwarze Bänder. Variabel, im zeitigen Frühjahr insgesamt dunkler. **H** In vielen Lebensräumen; Wälder, Wiesen, Parks, Gärten. **V** Eine der häufigsten Schwebfliegen in Mitteleuropa.

14
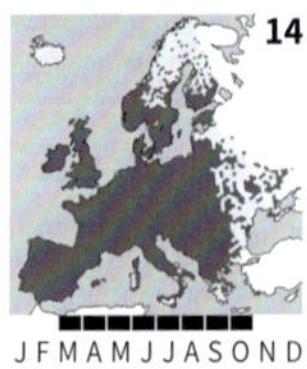

← Schwebfliegen →

1 ×3

graue Streifen auf dem Thorax

♀

2 ×3 ♂

S3 gelbe Markierung breit;
S4 gelbe Markierung schmal

3 ×3 ♀

alle gelben Markierungen auf dem Hinterleib eher schmal

4 ×2 ♂

Markierungen grünlich bis weißlich

5 ×2 ♀

Zeichnung auf Hinterleib breit, gelb

6 ×2 ♀

Markierungen weißlich

7 ×2 ♂

Zeichnung auf dem Hinterleib gelblich

8 ×3 ♀

×4

an den Seitenrändern des Thorax gelb > 50 %, schwarz < 50 %

9 ×2 ♂

Seitenränder des Thorax fast nur schwarz

10 ×3 ♂

gelbe Markierungen in der Mitte nicht unterbrochen

11 ×3 ♀

12 ×3 ♀

dunklere Form (Frühling)

13 ×3

S2 gelbe Markierung breiter an den Seiten

14 ×3 ♂

Thorax mit dunklen Streifen

Abdomen S3–S4 mit schnurrbartförmiger schwarzer Zeichnung

♀ ×2

Schwarz im Winter umfangreicher

Larve

← **SCHWEBFLIEGEN** Syrphidae →

Gen. *Epistrophe* E 12 SPP

Abdomen schwarz-gelb; „Gesicht" vorwiegend gelb; Identifikation einiger *Syrphus* und *Epistrophe* spp. durch mikroskopische Untersuchung; wir zeigen nur einige charakteristische Arten. Larven fressen Blattläuse.

1 Zweiband-Wiesenschwebfliege
Epistrophe eligans **L** 7–10 mm. Körper mit kupferfarbenem Glanz; Hinterleib dunkel mit großen gelben Flecken nur auf S2; Färbung sehr variabel. **H** Grünland.

1
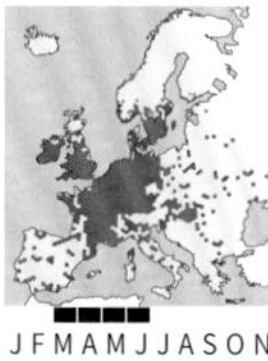

2 Große Wiesenschwebfliege
Epistrophe grossulariae **L** 10–14 mm. Sehr ähnlich wie einige *Syrphus* spp., aber mit orangefarbener Zeichnung; Hinterleib gerade, schwarze Bänder; Femora mit schwarzen Basen. **H** Waldränder.

2
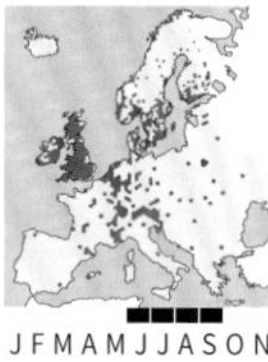

3 Waldschneisen-Schwebfliege
Megasyrphus erraticus **L** 12–15 mm. Größer als die meisten anderen schwarz-gelben Schwebfliegen; ähnlich *Syrphus* spp., aber „Gesicht" mit schwarzem Streifen, Thorax dunkel und glänzend. **H** Waldränder, Feuchtgebiete.

3
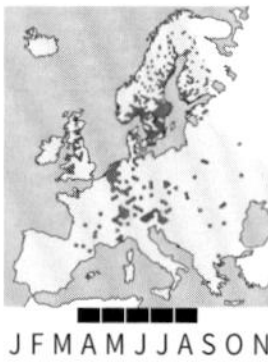

Gen. *Syrphus* E 9 SPP

Abdomen schwarz-gelb gebändert; „Gesicht" gelb, Thorax stumpf bronzefarben bis grünlich; Beine gelblich. Einige sehr häufige Arten. Larven fressen Blattläuse.

4 Große Schwebfliege
Syrphus ribesii **L** 9–13 mm. ♂ Augen kahl, Tibiae teilweise gelb mit einigen kurzen schwarzen Haaren im gelben Teil; bei ♀ Tibiae gelb, winziger Teil der Basis schwarz. **H** Wälder, Parks, Gärten.

4
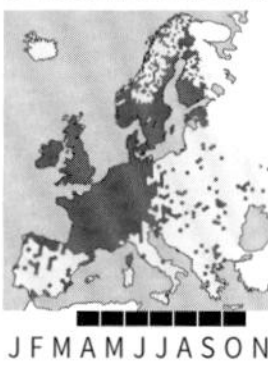

5 Kleine Schwebfliege
Syrphus vitripennis **L** 9–12 mm. ♂ Augen kahl, Tibiae teilweise gelb mit einigen kurzen gelben Haaren im gelben Teil; bei ♀ Tibiae meist dunkel. **H** Wälder, Parks, Gärten.

5
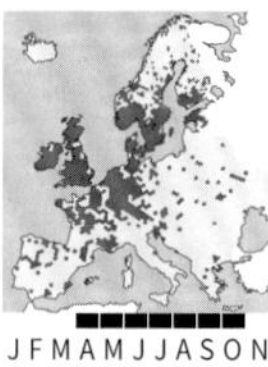

6 Behaarte Schwebfliege
Syrphus torvus **L** 9–12 mm. ♂ Augen behaart (aber 20fache Lupe erforderlich); bei ♀ Tibiae meist dunkel. **H** Wälder, Parks, Gärten.

6
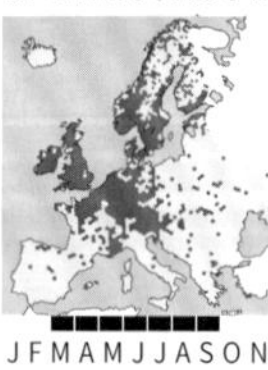

Gen. *Callicera* E 6 SPP

Körper rötlich oder braun behaart; breite schwarze Fühler mit weißer Spitze. Larven in fauligen Wasserlöchern.

7 Kiefernschwebfliege
Callicera rufa **L** 11–13 mm. Körper schwarz mit rötlicher Behaarung; Beine gelb, 2 Endsegmente der Tarsi schwarz. **H** Wälder.

7

8 Goldene Glanzschwebfliege
Callicera aurata **L** 11–13 mm. Körper dunkelbraun mit brauner Behaarung, sehr ähnlich einigen anderen *Callicera* spp., jedoch ♂ mit schwarzer Behaarung zwischen Vorder- und Mittelbeinen und bei ♀ basale Hälfte der Femora schwarz. **H** Grasland.

8
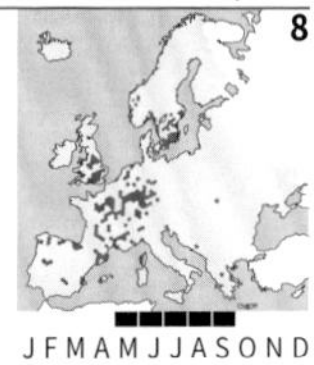

9 Gebänderte Buchen-schwebfliege *Fagisyrphus cinctus*
L 7–10 mm. Lang gestreckt; Abdomen schwarz, S2 mit gelben Flecken; S3+4 mit gelben Bändern. **H** Wälder.

9
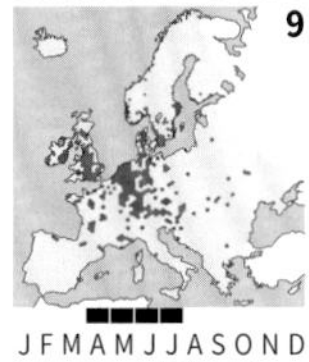

Gen. *Cheilosia* E ~175 SPP

Schwarz, oft mit braunen Haaren; „Gesicht" mit scharf abgegrenztem Rand an den Augen. Identifikation anhand Behaarung von Augen und „Gesicht" sowie Farbe von Beinen und Fühlern; hier sind einige charakteristische Arten gezeigt. Larven ernähren sich von verschiedenen Pflanzenteilen, einige auch von Pilzen.

10 Gänsedistel-Erzschwebfliege
Cheilosia caerulescens **L** 7–9 mm. „Gesicht" vorstehend, Augen kahl; Beine teilweise gelb; Flügel mit dunkler Wolke. **H** Grünland, Gärten.

10
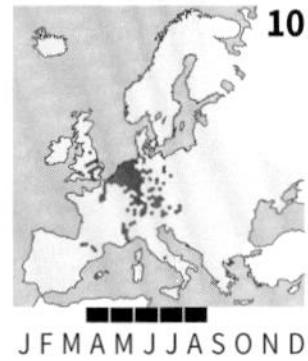

11 Große Erzschwebfliege
Cheilosia grossa **L** 10–14 mm. Groß, lang behaart, bienenartig; Augen behaart; Tibiae orange, Fühler schwarz; Flügel klar. **H** Grasland, Sträucher.

11
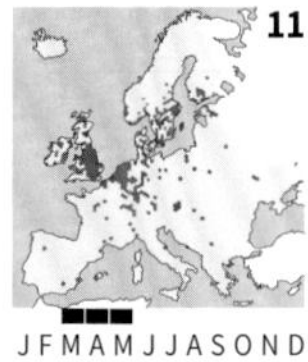

12 Bunte Erzschwebfliege
Cheilosia illustrata **L** 9–13 mm. Groß, lang behaart, bienenartig; Hinterleib mit weißem Band; Flügel mit dunkler Schattierung. **H** Grünland, an Bärenklau.

12
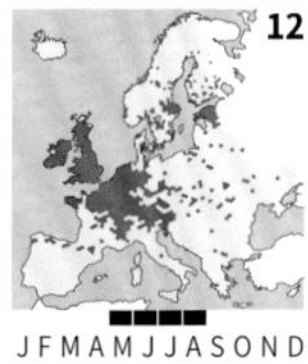

13 Kleine Erzschwebfliege
Cheilosia pagana **L** 5–9 mm. Körper glänzend schwarz, mit kurzen Haaren; Augen kahl; Fühler orange, Spitze schwarz; groß bei ♀. **H** Wiesen, Grasland.

13
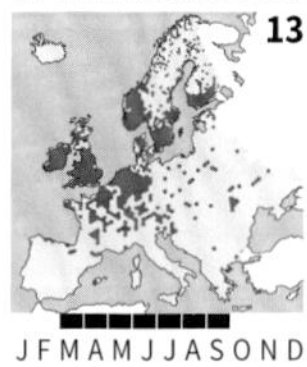

14 Gemeine Erzschwebfliege
Cheilosia variabilis **L** 8–12 mm. Ziemlich groß, länglich; Körper glänzend schwarz, mit kurzen Haaren; Flügel sehr groß; Beine dunkel. **H** Wälder, Feuchtgebiete.

14
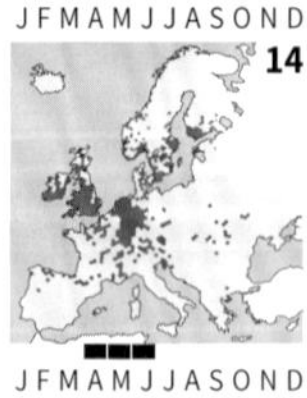

15 Bärlauch-Erzschwebfliege
Cheilosia fasciata **L** 9–11 mm. Ziemlich groß, lang gestreckt; Körper glänzend schwärzlich, mit kurzen Haaren; Hinterleib mit gräulichen Streifen; Flügel sehr groß; Beine dunkel; Fühler orange. Vergleiche auch mit der Späten Bärlauch-Schwebfliege (*Portevinia maculata*, S 366). **H** Wälder, Hecken; an Bärlauch.

15

← SCHWEBFLIEGEN →

← SCHWEBFLIEGEN Syrphidae →

1 ⊙ Gemeine Goldschwebfliege
Ferdinandea cuprea **L** 8–12 mm. Körper graubraun; Thorax mit grauen Längsstreifen und Borsten an den Seiten; Hinterleib metallisch bräunlich. Flügel groß, mit auffälliger schwarzer Zeichnung; Beine gelb. **H** Wälder.

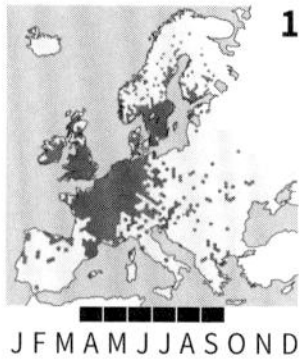

2 ⊙ Späte Bärlauchschwebfliege
Portevinia maculata **L** 7–9 mm. Körper dunkel; Hinterleib mit gräulicher Zeichnung; Flügel groß; Fühler orange. Verwechslungsgefahr mit *Cheilosia* spp. (S. 364) mit orangefarbenen Fühlern, z. B. *C. fasciata*, die ebenfalls auf Bärlauch vorkommt. **H** Wälder, Hecken; kommt zusammen mit Widderchen vor.

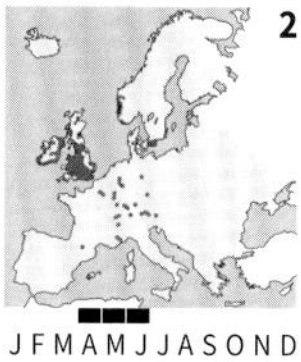

Gen. *Rhingia* E 3 SPP
Kopf mit sehr deutlichem, verlängertem Rüssel (Rostrum); Mundwerkzeuge zum Erreichen von Nektar und Pollen in tiefen Blüten. Thorax grau bis bläulich; Kopf, Scutellum und Hinterleib gelblich rot bis rotbraun. Larven finden sich in frischem Rindermist, Silage oder Ähnlichem.

3 ⊙ Gemeine Schnauzenschwebfliege ***Rhingia campestris***
L 6–10 mm. Thorax dunkelgrau; Hinterleib mit etwas Schwarz an den Rändern; „Gesicht", Beine, Scutellum rotbraun. **H** Wälder, Felder, Gärten.

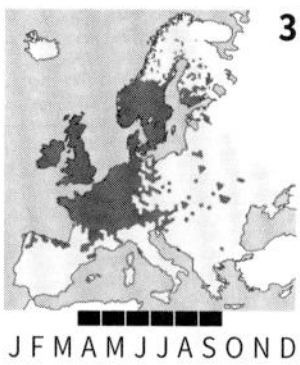

4 ⊙ Orange Schnauzenschwebfliege
Rhingia rostrata **L** 7–10 mm. Thorax bläulich grau, Hinterleib ohne Schwarz; „Gesicht", Beine, Scutellum gelblich orange; Rüssel kürzer als bei *R. campestris*. **H** Wälder, Felder, Gärten.

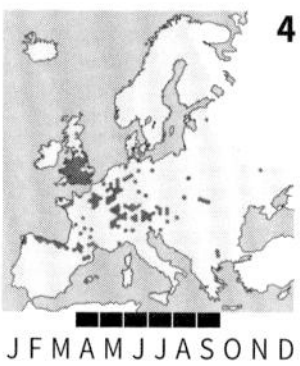

---

5 🔬 Gemeine Nadelschwebfliege
Neoascia podagrica **L** 4–6mm. Alle *Neoascia* spp. länglich, schwarz; Hinterleib mit Wespentaille; Hinterfemora verbreitert, jedoch weniger stark als bei *Speghina* spp. Identifikation auf Artenebene schwierig; Außenqueradern sind bei *N. podagrica* dunkler gefärbt. Verwechslung auch möglich mit der Gemeiner Schattenschwebfliege (*Baccha elongata*, S. 358), die dünne hintere Femora hat. **H** Waldwege, Hecken, Feuchtgebiete.

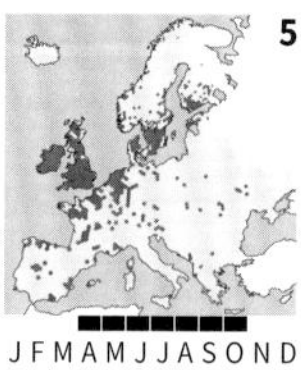

6 🔬 Gemeine Taillenschwebfliege
Sphegina clunipes **L** 5–7 mm. Alle *Sphegina* spp. länglich, schwarz; Hinterleib mit Wespentaille; Tibiae auffallend verbreitert. Identifikation der Art erfordert die Untersuchung der Geschlechtsorgane bei ♂. **V** *Sphegina* spp. fliegen oft mit nach unten baumelnden Beinen. Larven in feuchtem oder nassem Schlamm.

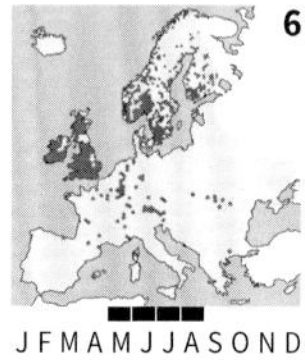

7 🔍 Gemeine Smaragdschwebfliege
Chrysogaster solstitialis **L** 7–9 mm. Klein, metallisch schwarz, Augen rötlich. Flügel dunkel, im Gegensatz zu einigen anderen *Chrysogaster* spp. **H** Wald. **V** Larven sind aquatisch.

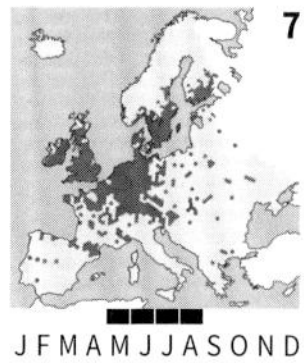

8 ⊙ Bronzeschwebfliege
Riponnensia splendens **L** 6–8 mm. Klein, Thorax metallisch bronzefarben bis grünlich; Hinterleib leicht abgeflacht, matt dunkelgrau; Fühler kürzer als bei der Smaragdschwebfliege (*Lejogaster metallina*). **H** Feuchtgebiete. **V** Larven aquatisch.

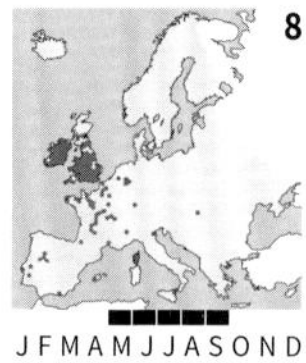

9 🔬 Smaragdschwebfliege
Lejogaster metallina **L** 5–7 mm. Klein, Körper metallisch grünlich; *Lejogaster* spp. mit getrennten Augen bei beiden Geschlechtern; Fühler verhältnismäßig lang, schwarz; bei ähnlicher Art *L. tarsata* gelblich. **H** Feuchtgebiete. **V** Larven aquatisch.

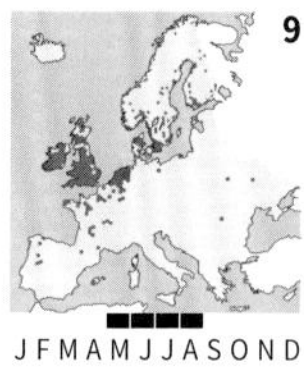

10 🔬 Glatte Baumsaftschwebfliege
Brachyopa insensilis **L** 6–8 mm. Alle *Brachyopa* spp. orange-braun. Genaue Bestimmung durch genaue Untersuchung der Fühler, bei *B. insensilis* Fühler ohne Grübchen und Scutellum grau. **H** Wälder. **V** *Brachyopa*-Larven an Saftrinnen auf Bäumen.

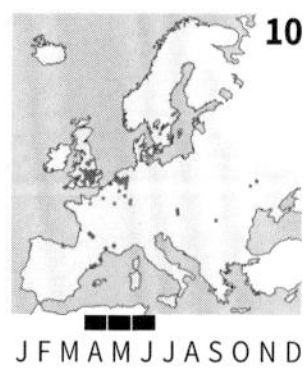

11 ⊙ Espenschwebfliege
Hammerschmidtia ferruginea
L 10–13 mm. Im Aussehen ähnlich Nacktfliegen (Psilidae, S. 374); Körper rotbraun, bei jungen Tieren eher gelblich, im Alter deutlich dunkler. **H** Wälder, an Espen. **V** Larven an Baumsaft, unter der Rinde kürzlich gefällter Espen.

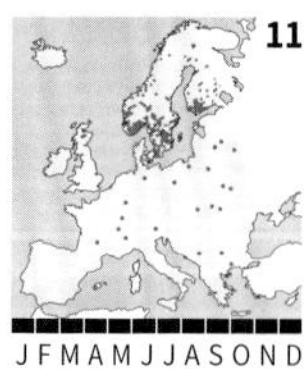

← SCHWEBFLIEGEN →

1 ×2

2 ×2

3 ×3

4 ×2

5 ×4

6 ×3

7 ×3

8 ×3

9 ×3

10 ×3

11 ×2

← SCHWEBFLIEGEN Syrphidae →

Gen. *Eristalis* E 20 SPP

Groß, Körper breit. Einige sehr behaart, Bienen oder Hummeln ähnlich; andere weniger behaart, schwarz mit gelben Flecken; Flügel immer mit Schleife in Adern R4+R5 (siehe Abbildung unten). Aquatische Rattenschwanzlarven. Hinterleibsflecken und Farbe der Beine helfen bei der Artbestimmung.

1 🔍 Kleine Keilfleckschwebfliege *Eristalis arbustorum* **L** 8–12 mm. Eher klein; Abdomen schwarz, S2 mit 2 großen gelblichen Flecken bei ♂, nur schwach gelb bei ♀; „Gesicht" gelb bestäubt; Flügel mit ziemlich diffuser kleiner Stigma; Hintermetatarsen so dick wie Tibiae. **H** Grasland, Gärten.

1
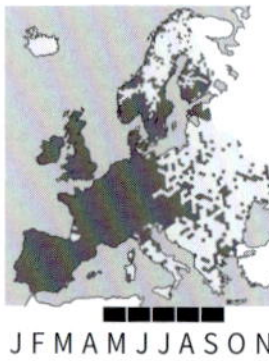

2 🔍 Mittlere Keilfleckschwebfliege *Eristalis nemorum* **L** 9–13 mm. Ähnlich *E. arbustorum*, aber „Gesicht" mit schmalem schwarzem Streifen; Flügel mit scharf abgegrenztem, winzigem Stigma; hintere Tarsi dünner als die Tibiae. **H** Grasland, Gärten. **V** ♂ schweben oft über ♀, die sich von Blüten ernähren.

2
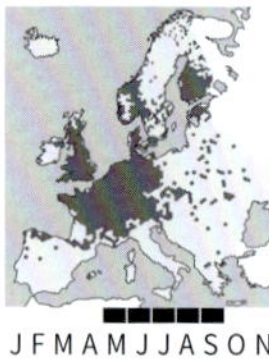

3 🔍 Garten-Keilfleckschwebfliege *Eristalis horticola* **L** 10–13 mm. Hinterleib mit helleren Flecken als bei anderen *Eristalis* spp.; Flügel mit schwarzem Fleck neben der Stigma; hintere Tarsi dünner als die Tibiae. **H** Wälder, Hecken.

3
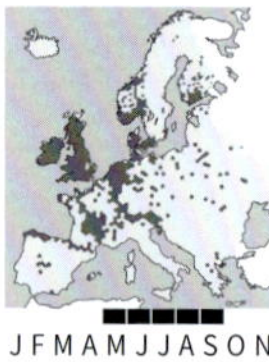

4 ⊙ Gemeine Keilfleckschwebfliege *Eristalis pertinax* **L** 10–13 mm. Abdomen schwarz, Ende verjüngt, S2 mit 2 großen gelblichen Flecken; vordere und mittlere Tarsi gelb. **H** Wälder, Buschland, Moorland, Gärten.

4
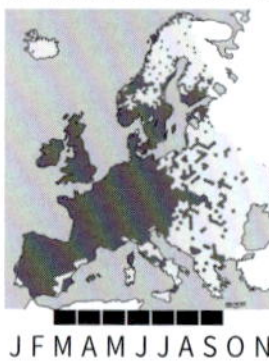

5 Glänzende Keilfleckschwebfliege *Eristalis rupium* **L** 9–12 mm. Abdomen schwarz, S2 mit 2 großen gelblichen Flecken; Flügel mit dunkler Zeichnung; Hintermittelfuß blass. **H** Wälder, Hecken.

5
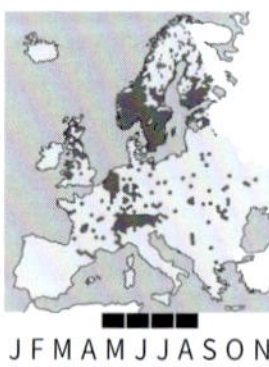

6 ⊙ Hummel-Keilfleckschwebfliege *Eristalis intricaria* **L** 10–13 mm. Sehr behaart, hummelförmig; ♂ schwarz, Hinterleib mit rotbrauner Zeichnung; ♀ schwarz und braun, Hinterleib am Ende weiß. Hintere Tibiae halb schwarz, halb blass. **H** Feuchtgebiete, Grasland.

6
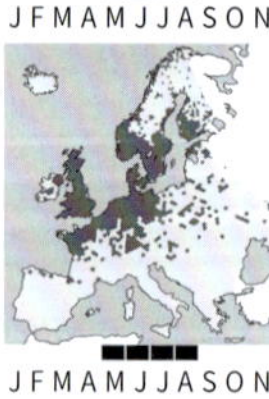

7 ⊙ Mistbiene *Eristalis tenax* **L** 11–15 mm. Groß, Abdomen schwarz, S2 mit 2 großen gelblichen Flecken; Augen mit senkrechtem Streifen aus dunklen Haaren; hintere Tibiae verdickt, gebogen. **H** Wälder, Grünland, Parks, Gärten.

7
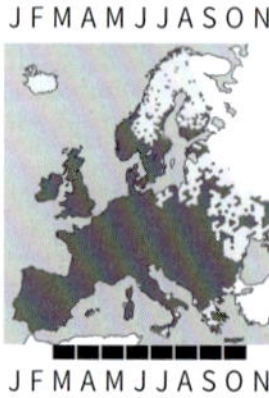

Gen. *Eristalinus* E 4 SPP

Augen gefleckt; Flügel mit Schleife in den Adern R4+5 (siehe Abbildung unten). Die Larven sind aquatische Rattenschwanzlarven.

8 🔍 Glänzende Faulschwammschwebfliege *Eristalinus aeneus* **L** 8–12 mm. Abdomen leicht metallisch bräunlich; Augen unbehaart. **H** Feuchtgebiete, Grünland.

8
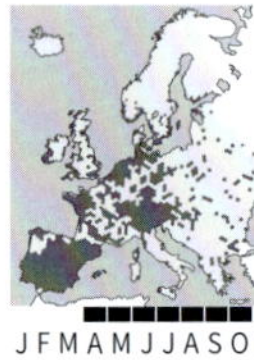

9 🔍 Schwarze Augenfleck-Schwebfliege *Eristalinus sepulchralis* **L** 8–10 mm. Kleiner als *E. aeneus* und *Eristalis* spp.; Hinterleib mit stumpfen Flecken auf der Oberseite; Augen mit kurzen Haaren bedeckt. **H** Feuchtgebiete, Grünland.

9
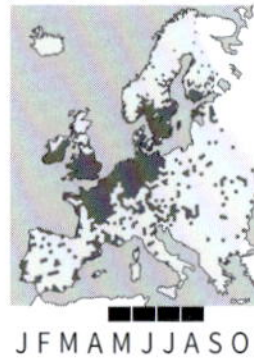

---

10 🔍 Totenkopf-Schwebfliege *Myathropa florea* **L** 8–13 mm. Abdomen mit gelber Zeichnung, die jedoch stark variiert; Flügel mit Schleife in Adern R4+R5 (siehe Abbildung unten). **H** Wälder, Feuchtgebiete. **V** Aquatische Rattenschwanzlarven, die in sehr kleinen, temporären Gewässern leben, auch in Wassereimern und Ähnlichem.

10
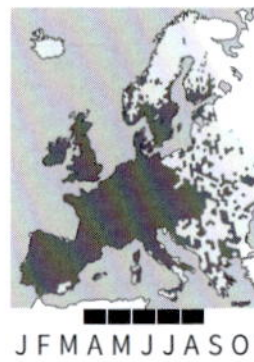

Gen. *Anasimyia* E 5 SPP

Flügel mit Schleife in den Adern R4+R5 (siehe Abbildung unten); Thorax dunkel mit hellen Längsstreifen auf der Oberseite; Augen oben bei ♂ getrennt; Fühler orange, hintere Tibiae mit 2 dunklen Ringen (vergleiche mit *Helophilus* spp.). Aquatische Rattenschwanzlarven.

11 🔍 Schmale Würfelschwebfliege *Anasimyia contracta* **L** 6–9 mm. Hinterleib mit leichter Wespentaille, S2 länger als breit, mit hellgrauer würfelförmiger Zeichnung. **H** Feuchtgebiete.

11
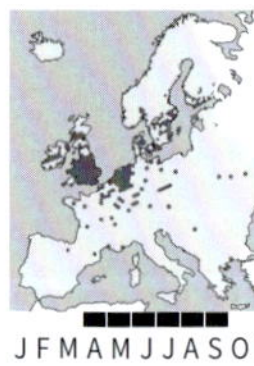

12 ⊙ Breite Würfelschwebfliege *Anasimyia lineata* **L** 7–10 mm. Hinterleib mit weißer Zeichnung, an den Seiten breiter als bei anderen *Anasimyia* spp.; Kopf verlängert, ähnlich zu *Rhingia* spp., diese jedoch ohne Längsstreifen auf Thorax. **H** Feuchtgebiete.

12
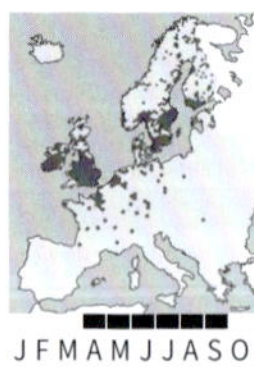

ausgeprägte Schleife in der Flügeläderung bei mehreren Schwebfliegen

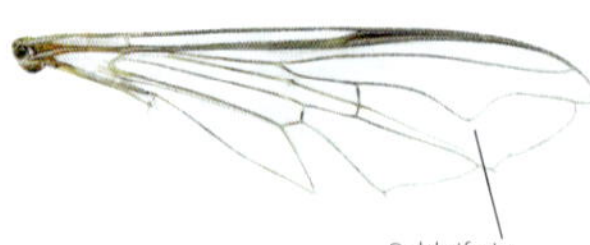

Schleife in Flügeladern R4+R5

1 ×2 ◆

2 ×2 ◆

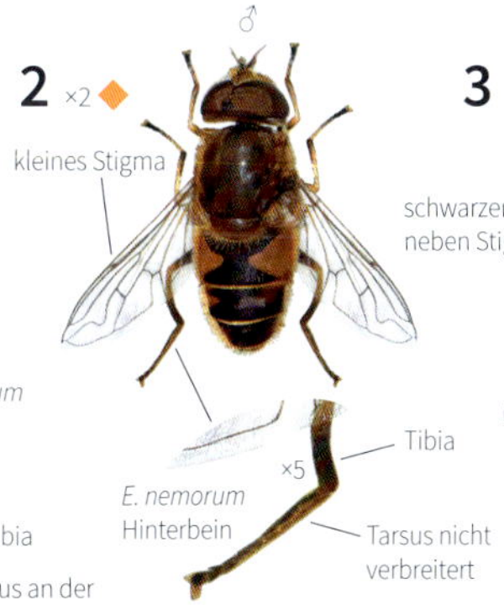

3 ×2 ◆

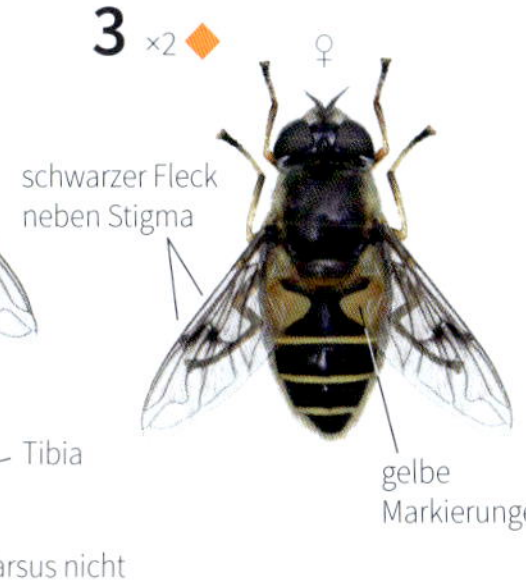

4 ×2 ■

5 ×2 ●

6 ×2 ◆

7 ×2 ■

8 ×2 ◆

9 ×2 ◆

10 ×2 ◆

11 ×3 ◆

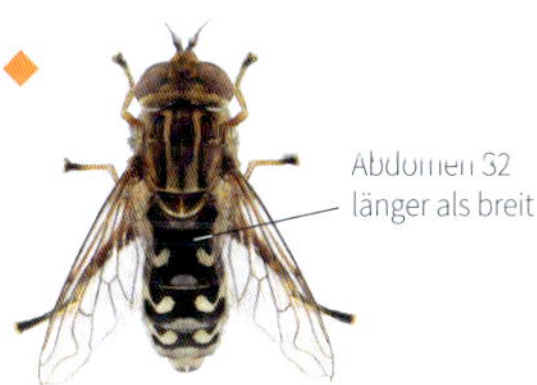

12 ×3 ■

← **SCHWEBFLIEGEN** Syrphidae →

Gen. ***Helophilus*** E 8 SPP

Thorax mit blassen Längsstreifen; Flügel mit Schleife in Adern R4+R5 (siehe S. 368). Ähnlich Gen. *Anasimyia* (S. 368), aber Fühler dunkel, hintere Tibiae mit einem dunklen Ring. Aquatische Rattenschwanz-Larven.

1 Helle Sumpfschwebfliege
Helophilus hybridus **L** 10–14 mm. Frons gelb mit schwarzem Streifen; Hinterleib bei ♂ an Seiten von S2–S3 durchgehend gelb gezeichnet; bei ♀ > ½ der hinteren Tibiae schwarz. **H** Feuchtgebiete.

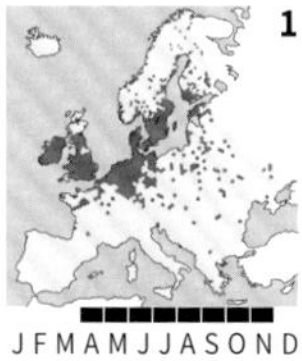

2 Gemeine Sumpfschwebfliege
Helophilus pendulus **L** 10–14 mm. Wie *H. hybridus*, aber bei ♂ gelbe Zeichnung auf Abdomen S2–S3 durch schwarzen Streifen unterbrochen; bei ♀ ~⅓ der hinteren Tibiae schwarz. **H** Feuchtgebiete.

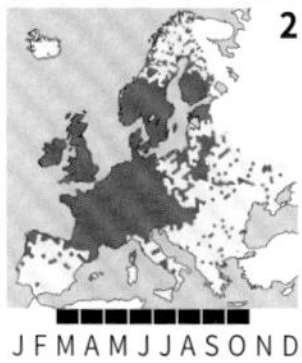

3 Große Sumpfschwebfliege
Helophilus trivittatus **L** 13–16 mm. Kein schwarzer Streifen auf dem „Gesicht"; gelbe Zeichnung auf Thorax und Abdomen breiter. **H** Feuchtgebiete, auch Grünland, weiter entfernt von Brutplätzen.

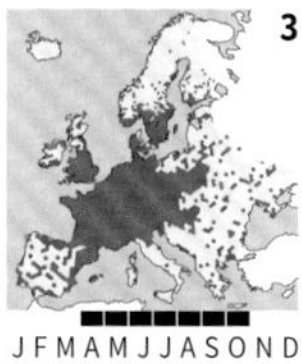

---

4 Dunkle Teichrandschwebfliege
Parhelophilus versicolor **L** 8–11 mm. Thorax mit blassen Längsstreifen; kann leicht mit *P. frutetorum* verwechselt werden. Bestimmung vor allem bei ♀ fast unmöglich. **H** Feuchtgebiete, Grasland.

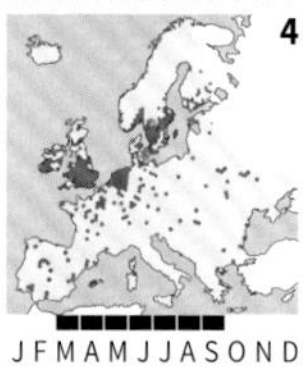

5 Gemeine Narzissenschwebfliege *Merodon equestris*
L 11–14 mm. Körper mit braunen Haaren bedeckt, hummelartig; Beine vollständig dunkel; hintere Femora verdickt, mit Zahn; Flügel mit Schlaufe in den Adern R4+R5 (siehe Abbildung auf S. 368). Kann mit *Eristalis* spp. (S. 368) verwechselt werden. **H** Grünland, Gärten. **V** Larve entwickelt sich in Zwiebeln von Narzissen.

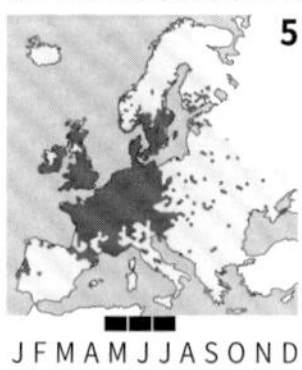

6 Zweifleck-Waldrandschwebfliege *Pipiza noctiluca*
L 11–14 mm. Eine der größeren *Pipiza* spp.; Körper schwarz; Flügel dunkel schattiert. **H** Waldränder, Hecken. **V** Larven ernähren sich von Blattläusen.

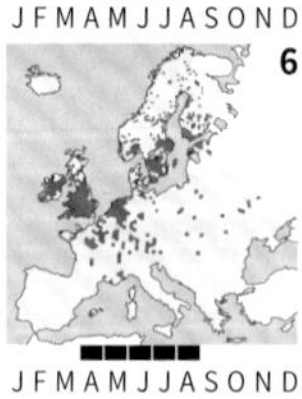

Gen. ***Sericomyia*** E 11 SPP

Groß, ähnlich Hummeln oder Wespen; äußere Queradern anders als bei *Volucella*.

7 Weißband-Torfschwebfliege
Sericomyia lappona **L** 10–14 mm. Scutellum rot; Abdomen schwarz mit schmaler weißer Zeichnung. **H** Heideland, Feuchtgebiete.

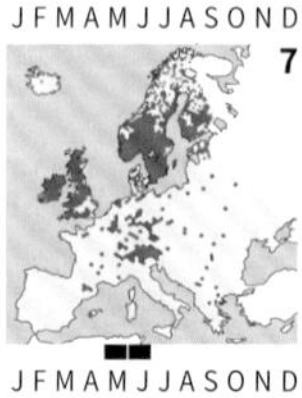

8 Gelbband-Torfschwebfliege
Sericomyia silentis **L** 10–15 mm. Scutellum dunkel; Abdomen schwarz mit auffälliger gelber Zeichnung. **H** Heideland, Feuchtgebiete.

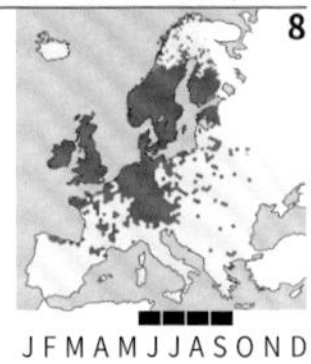

9 Gelbbraune Gebirgsschwebfliege *Sericomyia superbiens*
L 10–14 mm. Behaart, hummelförmig; ähnlich *Volucella* spp., jedoch äußere Queradern prüfen. **H** Feuchtes Grasland, Feuchtgebiete.

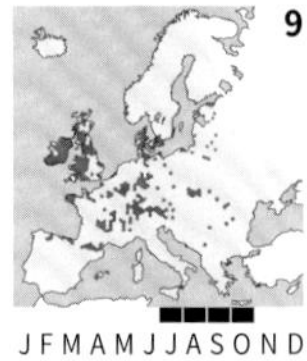

Gen. ***Volucella*** E 6 SPP

Groß, ähnlich Hummeln oder Wespen; äußere Querrippen anders als bei *Sericomyia*. Larven der meisten Arten leben in Nestern von Hummeln oder sozialen Wespen.

10 Hummel-Waldschwebfliege
Volucella bombylans **L** 9–15 mm. Behaart; var. *bombylans* vollständig schwarz mit orangem „Schwanz"; var. *plumata* schwarz-gelb; selten ganz schwarz. Flügel dunkel gezeichnet. **H** Wälder, Grasland. **V** Larven in Nestern von Hummeln.

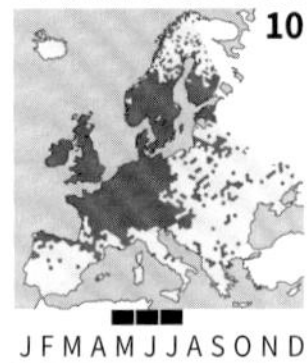

11 Gelbfleck-Waldschwebfliege
Volucella inflata **L** 11–14 mm. Abdomen schwarz; S2 mit 2 orangefarbenen Flecken; Flügel mit dunkler Zeichnung. **H** Wälder. **V** Im Gegensatz zu den meisten anderen *Volucella* spp. finden sich die Larven am Saftfluss von Bäumen.

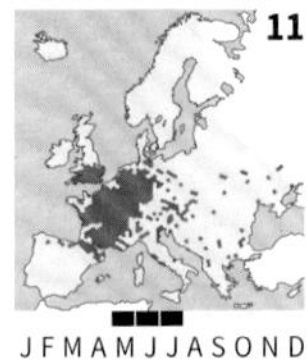

12 Gemeine Waldschwebfliege
Volucella pellucens **L** 10–16 mm. Körper schwarz; Abdomen S2 weiß, Flügel mit dunkler Zeichnung. **H** Wälder. **V** Larven in Nestern von sozialen Wespen.

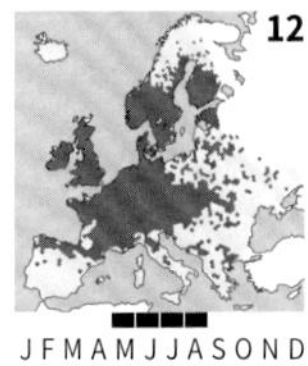

13 Hornissenschwebfliege
Volucella zonaria **L** 16–21 mm. Groß, Hinterleib gelb-schwarz; wespenartig. **H** Grasland. **V** Larven in Nestern sozialer Wespen, einschließlich der Hornisse.

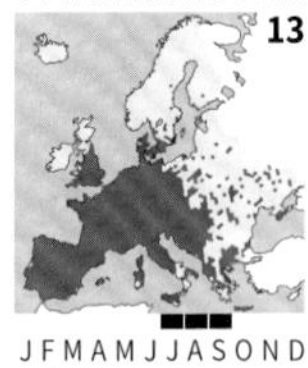

14 Gebänderte Waldschwebfliege
Volucella inanis **L** 13–16 mm. Ähnlich *V. zonaria*, aber kleiner; Hinterleib etwas anders gezeichnet. **H** Grasland. **V** Larven in Nestern von bodenbewohnenden sozialen Wespen, die ebenfalls Nester in Häusern bauen; daher sind die Fliegen manchmal auch in Häusern.

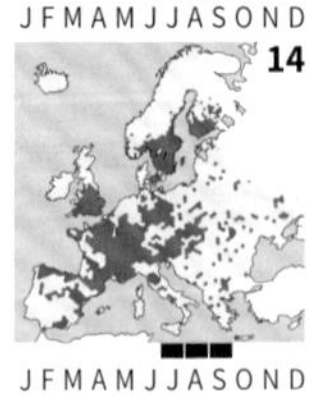

---

15 Hundeschnauzenschwebfliege
Blera fallax **L** 9–12 mm. Thorax und Hinterleibsbasis schwarz, Rest des Hinterleibs orange. **H** Wälder, Grünland. **V** Larven in feuchten, morschen Baumstümpfen von Kiefern.

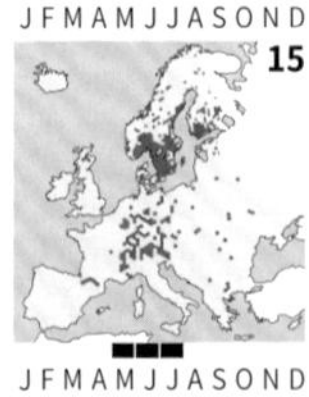

1 ×2 ◆

2 ×2 ◆

3 ×1,5 ◆ ♂

4 ×2 ◆

5 ×2 ■ ♀

6 ×2 ◆ ♂

7 ×3 ■ ♂

8 ×4 ■ ♂

9 ×2 ■

10 ×3 ■ ♂

11 ×3 ■

12 ×2 ■

13 ×1,25 ■ ♂

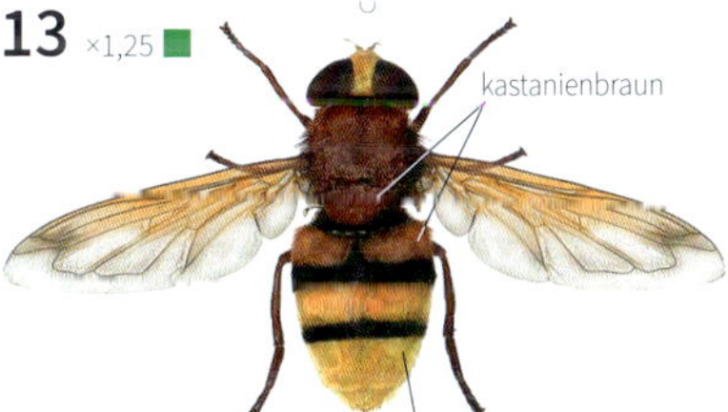

14 ×1,5 ■ ♂

15 ×2 ■

← SCHWEBFLIEGEN Syrphidae

1 Schwarzfuß-Langbauchschwebfliege *Brachypalpoides lentus*
L 10–13 mm. Sehr auffällig, länglich, pflanzenwespenartig; Körper und Beine schwarz; Hinterleib teilweise rot. **H** Wälder.

1
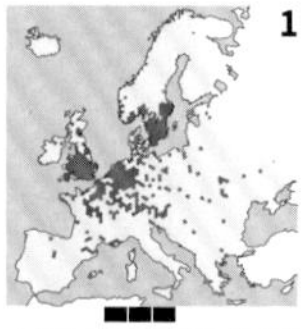

2 Prachtschwebfliege
Caliprobola speciosa **L** 11–13 mm. Körper metallisch grünlich; Beine orange; Flügel bräunlich gefärbt. **H** Wälder.

2
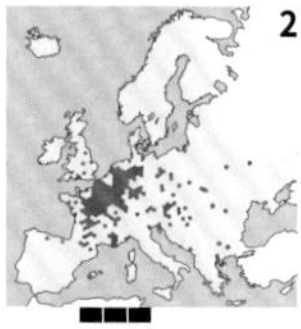

3 Braune Mulmschwebfliege
Brachypalpus laphriformis **L** 9–12 mm. Körper behaart, bienenartig, aber mit verlängertem Hinterleib; Tibiae bei ♂ verdickt. **H** Wälder.

3
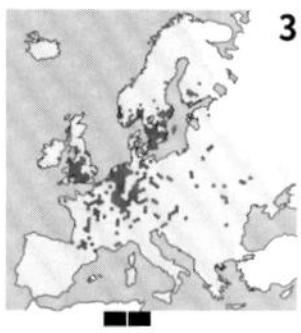

4 Kurze Langbauch-Schwebfliege
Chalcosyrphus nemorum **L** 6–9 mm. Lang gestreckt, Abdomen schwarz mit orangefarbener Zeichnung. Ähnlich wie *Xylota* spp., jedoch sind die hinteren Femora leicht verdickt. **H** Feuchte Wälder.

4
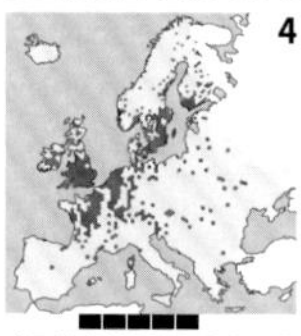

Gen. *Criorhina* E 4 SPP
Behaart, bienen- oder hummelartig; Kopf mit nach unten verlängertem „Gesicht". Larven leben in feuchtem Holz. Man kann ♀ dabei beobachten, wie sie um Baumstümpfe herumfliegen und nach geeigneten Stellen für die Eiablage suchen.

5 Gemeine Pelzschwebfliege
Criorhina berberina **L** 9–14 mm. Typische Form mit orange-braunem Thorax und schwarzem Hinterleib mit weißem „Schwanz"; zweite Form fast vollständig orange-bräunlich. **H** Wälder, Hecken.

5
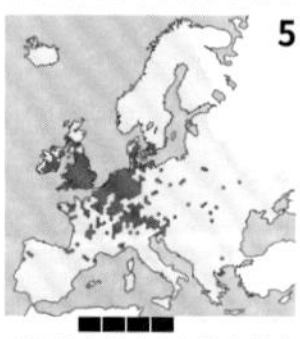

6 Weißhaarige Pelzschwebfliege
Criorhina floccosa **L** 9–14 mm. Orangebraun; Thoraxansatz mit weißen Haaren an den Seiten. **H** Wälder.

6
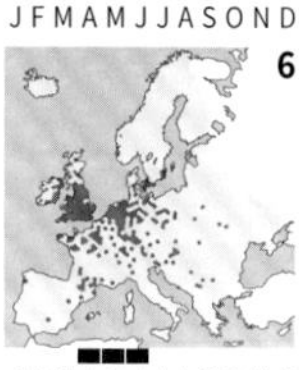

7 Große Pelzschwebfliege
Criorhina ranunculi **L** 11–16 mm. Groß, schwarz; Farbformen mit orangefarbenem oder weißem „Schwanz"; Tibiae lang, gebogen. Andere große, hummelartige Schwebfliegen haben nicht das längliche „Gesicht" der *Criorhina* spp. **H** Wälder, Heidelandschaften.

7
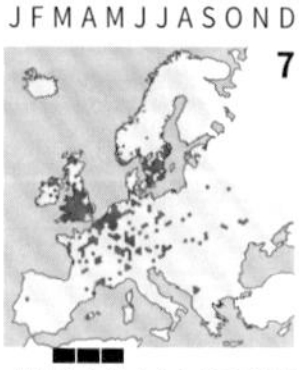

8 Kleinkopf-Pelzschwebfliege
Pocota personata **L** 12–16 mm. Groß, hummelartig; schwarz mit orangefarbenem Thorax und „Schwanz"; Kopf auffallend klein. **H** Wälder. **V** Larven in feuchten Löchern der Buche.

8
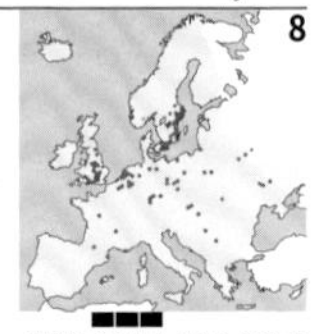

9 Gemeine Keulenschwebfliege
Syritta pipiens **L** 6–10 mm. Klein, sehr lang gestreckt; Körper dunkel; Thorax seitlich hellgrau, mit grauen kleinen Flecken am Vorderrand; Tibiae verdickt, mit Stacheln an der Unterseite. **H** Grasland, Gärten. **V** ♂ beansprucht Territorien; Larven in Kompost, Mist.

9
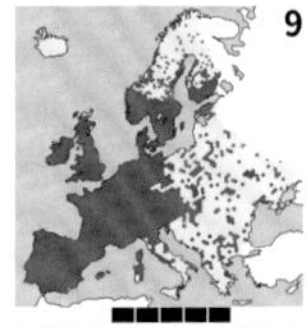

10 Keulen-Grashalmschwebfliege
Tropidia scita **L** 7–11 mm. Sehr lang gestreckt; schwarz, Hinterleib mit orangefarbener Zeichnung; Tibiae mit großem Zahn. **H** Feuchtgebiete. **V** Larven entwickeln sich an Schilf.

10
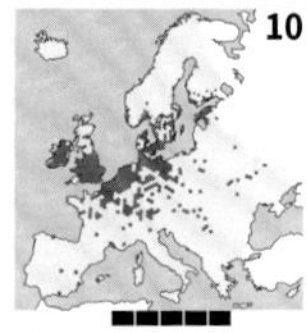

Gen. *Xylota* E 12 SPP
Lang gestreckt; sieht aus wie eine Pflanzenwespe. Larven entwickeln sich an verrottendem Holz.

11 Orangefleckige Langbauch-Schwebfliege *Xylota jakutorum*
L 8–10 mm. Hinterleib weniger lang als bei einigen anderen *Xylota* spp.; schwarz mit orangefarbenen Flecken. Kann mit der Kurzen Langbauch-Schwebfliege (*Chalcosyrphus nemorum*) verwechselt werden. **H** Wälder.

11
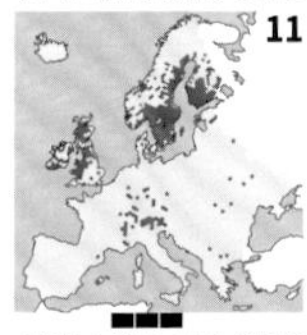

12 Gemeine Langbauch-Schwebfliege *Xylota segnis*
L 8–11 mm. Schwarz; Hinterleib teilweise orange; Beine schwarz mit gelbem Streifen. **H** Wald, Grünland.

12
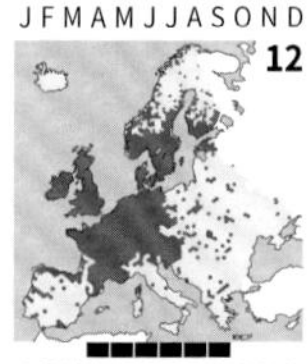

13 Goldhaar-Langbauch-Schwebfliege *Xylota sylvarum*
L 8–14 mm. Schwarz, Hinterleib mit gelbem „Schwanz"; hintere Tibiae teilweise dunkel. **H** Laubwald.

13
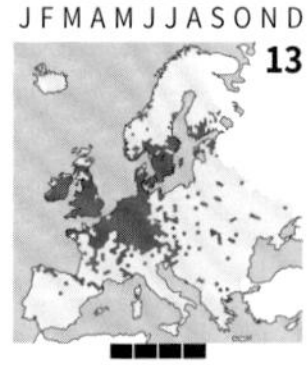

14 Gelbschienen-Langbauch-Schwebfliege *Xylota xanthocnema*
L 8–14 mm. Sehr ähnlich *X. sylvarum*, hintere Tibiae ganz gelb. **H** Alte Wälder.

14
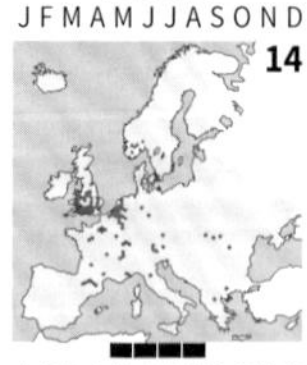

15 Kleine Bienenschwebfliege
Microdon analis **L** 7–9 mm. Klein, bienenartig; dunkel, Hinterleib mit einigen weißen Haaren an der Basis und am Hinterrand des Scutellums; Fühler ziemlich lang. Arten werden durch mikroskopische Untersuchung identifiziert. **H** Heideland. **V** Larven schildkrötenartig, halbkugelig; in Nestern von *Lasius*-Ameisen, wo sie sich von Ameisenlarven und -puppen ernähren.

15

1 ×2
2 ×2
♂
metallisch grünlich
3 ×2
verlängerter Hinterleib
haarig, bienenartig
4 ×3
hintere Femora verdickt
5 ×2
6 ×2
weiß behaart
7 ×3
hintere Femora gebogen
Criorhina spp. mit nach unten verlängertem Kopf
8 ×4
Kopf sehr klein
9 ×3
♀
Thorax mit grauem kleinem Fleck am Vorderrand
×6
hintere Femora verbreitert mit Stacheln an der Unterseite
Beine orange-schwarz
10 ×3
11 ×2
12 ×2
Beine gelblich und schwarz
♀ ×1,5
×4
hintere Femora mit Stacheln an der Unterseite
13 ×2
♂
hintere Tibiae gelb-schwarz
Hinterleibsspitze gelb
14 ×2
hintere Tibiae ganz gelb
15 ×2
bienenartig, klein
×1

AUGENFLIEGEN Pipunculidae

E ~14 GEN ~200 SPP 1 ILL

Klein bis mittelgroß; Körper schlank; Flügel lang; Augen auffallend groß. ♀ mit lanzenartigem Legebohrer. Larven sind Parasitoide von kleinen Hautflüglern.

1
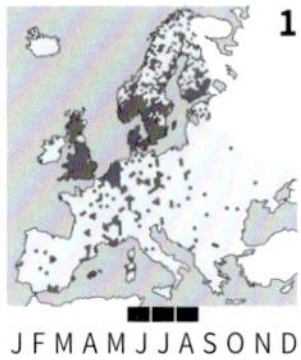

1 Augenfliege
Clistoabdominalis ruralis **L** ~4 mm. Dunkel; Augen rot. Arten werden durch mikroskopische Untersuchung identifiziert. **H** Buschland, Grasland, Gärten. **V** Larven sind Parasitoide der Zikaden.

ACALYPTRATAE →

Calyptra fehlen (weitere Informationen siehe S. 345).

STELZENFLIEGEN Micropezidae

E 5 GEN ~22 SPP 1 ILL

Klein bis groß; lang gestreckt, gelb bis schwarz, einige Arten zweifarbig; mit wenigen Borsten; Beine sehr lang, stelzenartig; Flügel klar oder trüb. Larven einiger Arten in verrottendem Holz, andere in Pflanzenwurzeln.

2
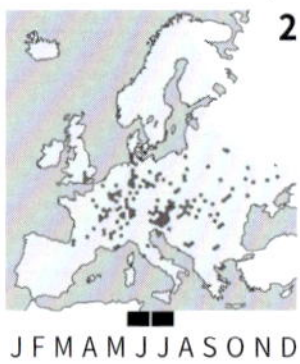

2 Stelzenfliege
Rainieria calceata **L** ~10 mm. Schwarz; alle Tibiae mit gelblichem Ring am Ende, vordere und hintere Tarsi teilweise weiß. **H** Buchenwald.

NACKTFLIEGEN Psilidae

E 6 GEN ~50 SPP 1 ILL

Klein bis groß; Körper schlank oder kräftig, gelb bis braun oder schwarz, mit einigen Borsten; Flügel klar oder leicht gefärbt. Larven ernähren sich hauptsächlich von Wurzeln und Stängeln von Pflanzen.

3
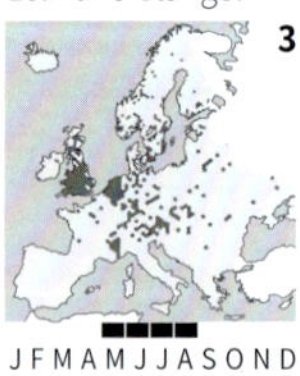

3 Rostfliege ***Psila fimetaria***
L 8–9 mm. Gelblich rot, mit kurzen schwarzen Borsten; Flügel klar. ♂ mit nicht verdickten Tibiae bei allen *Psila* spp. **H** Grasland.

LANZENFLIEGEN Lonchaeidae

E 8 GEN ~100 SPP 1 ILL

Klein bis mittelgroß; Körper gedrungen, behaart, meist metallisch bläulich schwarz; Flügel meist klar. ♀ mit lanzenförmigem Legebohrer. Larven entwickeln sich in totem Holz; einige Arten auf pflanzlichem Material.

4
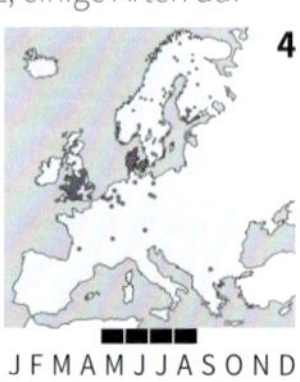

4 Lanzenfliege ***Lonchaea chorea***
L 3–5 mm. Schwarz; Augen rot; Beine mit ganz schwarzen Fußwurzeln. Arten werden durch mikroskopische Untersuchung identifiziert. **H** Wälder.

DICKKOPFFLIEGEN Conopidae

E ~14 GEN ~85 SPP 7 ILL

Klein bis groß; schlank bis kräftig. Körper oft gelb-schwarz (eher wespenartig) oder rotbraun, nicht borstig, oft kurz behaart; Kopf und Mundwerkzeuge groß. Larven sind Parasitoide von Hautflüglern.

Gen. *Conops* E 12 SPP

Körper schwarz-gelb. Verwechslung mit der Europäischen Feldschwebfliege (*Doros profuges*, S. 360) möglich.

5
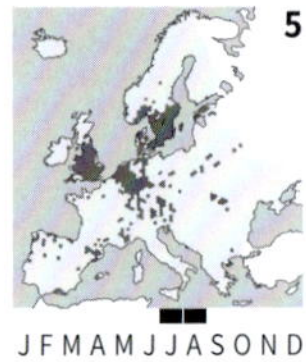

5 Gelbfuß-Wespendickkopffliege ***Conops flavipes***
L 9–13 mm. ♂ Abdomen S1–S6 (bei ♀ S2–S3) mit gelber Zeichnung, Scutellum schwarz mit gelber Spitze; Halteren gelb, Femora gelb und schwarz, Tibiae gelb, Tarsi schwarz; ♀ „Gesicht" Unterseite weiß. **H** Grünland.

6
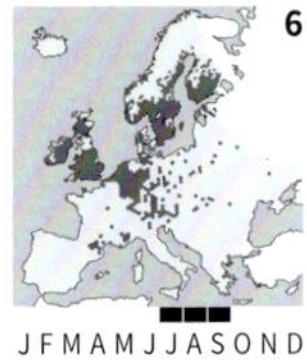

6 Vierstreifige Dickkopffliege
Conops quadrifasciatus **L** 8–13 mm. Abdomen mit 4 breiten gelben Bändern; Scutellum schwarz; Schwingkölbchen gelb; Beine rötlich. **H** Grünland.

7
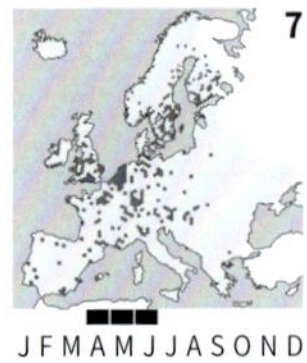

7 Große Wespendickkopffliege
Conops vesicularis **L** 12–18 mm. Thorax schwarz, „Schultern" rot; Scutellum rot; Hinterleib ♂ goldfarben, ♀ schwarz, S2 mit gelbem Band, S4–5 mit goldenen Bändern; Beine rotbraun. **H** Waldränder.

8
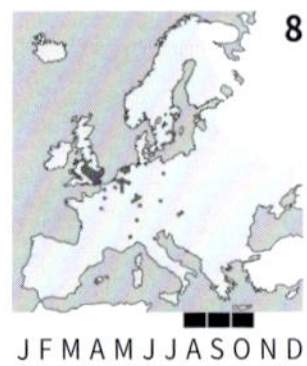

8 Gezeichnete Wespendickkopffliege ***Leopoldius signatus***
L 10–11 mm. Thorax schwarz mit gelben „Schultern"; Scutellum gelb; Abdomen überwiegend gelb mit schmalen schwarzen Streifen. **H** Wälder.

9
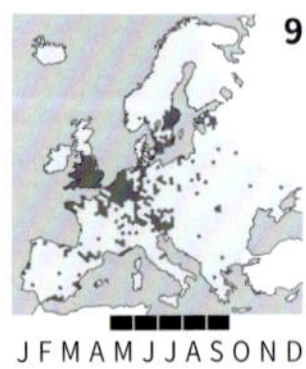

9 Dunkle Stiel-Dickkopffliege
Physocephala rufipes **L** 11–18 mm. Hinterleib bei allen *Physocephala* spp. sehr länglich, vorne rotbraun, hinten dicker, schwarz mit gelben Bändern; „Gesicht" gelb-schwarz. **H** Grasland.

10
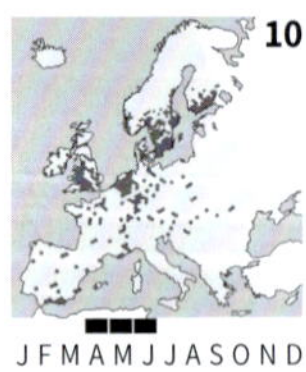

10 Sandbienen-Blasenkopffliege
Myopa buccata **L** 6–11 mm. Körper bräunlich und schwarz; „Gesicht" mit aufgedunsener, weißer Unterseite; Hinterleib mit weißen Flecken bei ♂, Flügeln gemustert. **H** Waldränder.

11
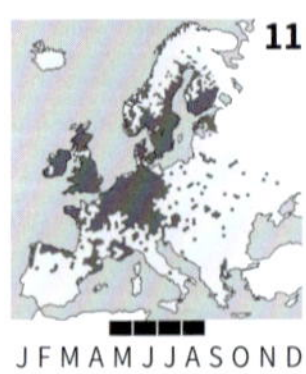

11 Gemeine Breitstirn-Blasenkopffliege ***Sicus ferrugineus***
L 8–11 mm. Rotbraun; Kopf aufgebläht, „Gesicht" hell gelblich mit schwarzem Rüssel; Fühler orange. Einige sehr ähnliche Arten. **H** Waldränder, Buschland; auf Disteln.

AUGENFLIEGEN

1 ×4 ●

Kopf und Augen extrem groß

STELZENFLIEGEN

2 ×2 ■

Körper sehr lang gestreckt

Beine sehr lang

NACKTFLIEGEN

3 ×3 ◆

Flügel klar

LANZENFLIEGEN

4 ×4 ◆

Tarsi schwarz

DICKKOPFFLIEGEN

5 ×2 ◆

alle Conopidae mit sehr großem Kopf

♂

Tarsi schwarz mit gelben Klauen

♂ S1–S6 mit schwarzen Streifen; ♀ nur S2–S3

6 ×2 ◆

Beine ganz rötlich

Hinterleib bei allen Conopidae eingerollt

7 ×1,5 ◆

♀

Flügel gezeichnet

♀ Abdomen schwarz mit dünnen gelben und goldenen Streifen

♂ Hinterleib golden

♂

8 ×2 ◆

jedes schwarze Band mit 3 Zacken bei ♀, nur 1 bei ♂

9 ×1,5 ◆

Hinterleib bei allen *Physocephala* spp. mit extremer Wespentaille

10 ×3 ◆

Flügel weißlich gefleckt, mittlere Querader weißlich

„Gesicht" weiß

11 ×3 ◆

„Gesicht" gelb

Rüssel schwarz

← ACALYPTRATAE →

SCHMUCKFLIEGEN Ulidiidae

E ~17 GEN ~105 SPP 6 ILL

Klein bis mittelgroß. Körper blass bis schwarz; bei einigen Arten sind die Flügel stark gemustert, was die Artbestimmung erleichtert. Spezifische Merkmale zur Abgrenzung von Bohrfliegen (Tephritidae) erfordern eine mikroskopische Untersuchung. ♀ mit sichtbarem Ovipositor. Larven entwickeln sich in verrottendem Pflanzenmaterial.

1 🔍 Pfauenfliege
Callopistromyia annulipes **L** 5–8 mm. Körper und Flügel schwarz-weiß gesprenkelt. **H** Wälder, Parks. **V** Stammt aus Amerika, hat sich in Europa verbreitet. ♂ kann man oft beim Schwingen der Flügel beobachten.

1
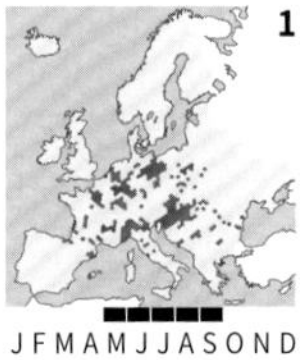

2 🔍 Gezeichnete Schmuckfliege
Ceroxys urticae **L** 7–9 mm. Ziemlich groß; Körper grauschwarz; Augen rötlich; Flügel mit 3 schwarzen Querbändern und schwarzen Spitzen. **H** Feuchtgebiete.

2
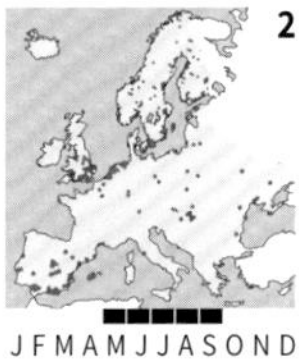

3 ⊙ Gebänderte Schmuckfliege
Herina frondescentiae **L** ~3 mm. Klein; Körper grauschwarz; Kopf rötlich; Flügel mit V-förmigen Querbändern. **H** Feuchtgebiete.

3
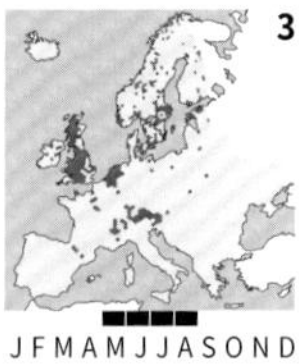

4 ⊙ Langkopf-Schmuckfliege
Dorycera graminum **L** ~10 mm. Körper grau, Thorax mit 4 grauen Streifen; Flügel mit braunen Flecken; Kopf vorstehend; Beine rötlich. **H** Grasland.

4
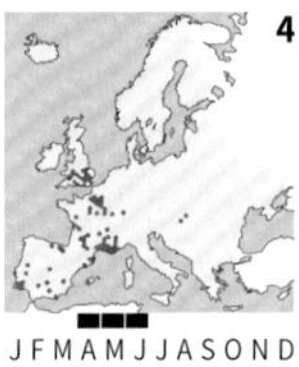

5 ⊙ Gefleckte Schmuckfliege
Melieria crassipennis **L** ~8 mm. Thorax grau; Hinterleib mit dunklen Bändern an den Hinterkanten der einzelnen Segmente; Flügel mit schwarzen Flecken statt Bändern. Ähnliche Art *M. picta* hat ebenfalls einen gebänderten Hinterleib, ist aber kleiner und kommt in Salzwiesen vor. **H** Feuchtgebiete, auf Rohrglanzgras.

5
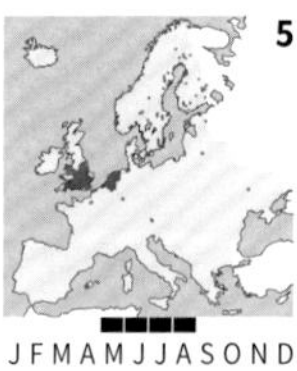

6 ⊙ Achtstreifige Schmuckfliege
Myennis octopunctata **L** ~5 mm. Körper grau und schwarz; Hinterleib mit auffälligem hellgrauem Fleck auf der Oberseite mit einigen schwarzen Haaren; Flügel mit je 4 schwarz umrandeten bräunlichen Bändern. **H** Wälder.

6
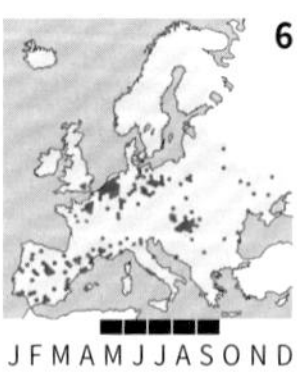

BREITMUNDFLIEGEN Platystomatidae

E 2 GEN ~20 SPP 1 ILL

Mittelgroß; Körper stark gesprenkelt; Flügel gesprenkelt oder abgebildet; Augen rotbraun. ♀ mit Ovipositor teilweise sichtbar. Larven entwickeln sich in verrottendem Pflanzenmaterial.

7 ⊙ Wolfsmilch-Breitmundfliege
Platystoma seminationis **L** 5–8 mm. Körper und Flügel schwarz-bräunlich gesprenkelt; Beine schwarz. **H** Waldränder, Buschland.

7
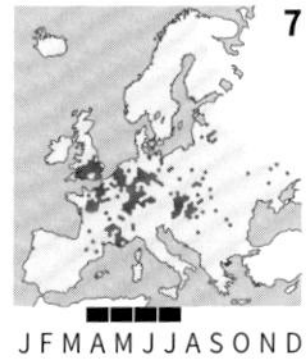

ZITTERFLIEGEN Pallopteridae

E 5 GEN ~23 SPP 1 ILL

Körper schlank, blass bis schwarz, mit einigen Borsten; Flügel viel länger als der Hinterleib, oft gefleckt, selten durchsichtig. Die Larven der meisten Arten entwickeln sich in Pflanzen, einige ernähren sich von Myzel oder leben unter Rinde, wo sie Käferlarven fressen.

8 ⊙ Leistenflügel-Zitterfliege
Toxonevra muliebris **L** ~4 mm. Flügel mit braun-orange-weißem Muster. **H** Wälder. **V** Beim Sitzen werden die Flügel in einer charakteristischen Weise geschwungen.

8
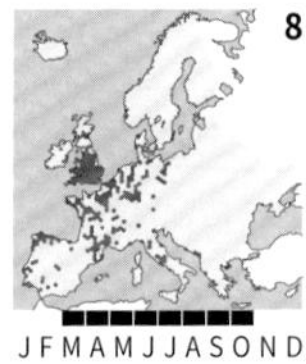

BOHRFLIEGEN Tephritidae →

E ~70 GEN ~270 SPP 11 ILL

Klein bis mittelgroß. Körper oft bunt; Flügel mit charakteristischer Zeichnung, die bei der Bestimmung hilft – im Feld Identifizierung von ~25 % der Arten möglich. ♀ mit langem Ovipositor. Larven entwickeln sich in Pflanzen, bilden oft Gallen.

Gen. *Urophora* E ~17 SPP

Körper schwarz; Kopf heller; Scutellum gelb; Flügel mit schwarzen Bändern.

9 ⊙ Distelbohrfliege
Urophora cardui **L** 5–7 mm. Erstes und zweites schwarzes Band auf Flügeln am vorderen Rand verbunden, zweites und drittes Band bilden ein V. **H** Grasland. **V** Larven an Acker-Kratzdisteln.

9
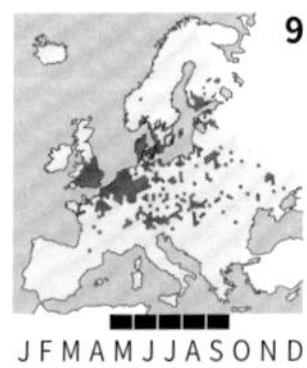

10 ⊙ Kleine Flockenblumen-Bohrfliege ***Urophora quadrifasciata***
L 3–4 mm. Ähnlich *U. cardui*, aber zweite und dritte Binde parallel zueinander. **H** Grasland. **V** Larven in Unkräutern.

10
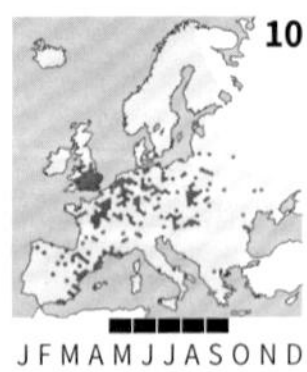

11 ⊙ Gelbe Distelbohrfliege
Urophora stylata **L** 3–4 mm. Thorax mit weißen Streifen an den Seiten; erstes schwarzes Band auf den Flügeln getrennt; zweites und drittes am Vorderrand verbunden. **H** Grasland. **V** Larven an Gewöhnlicher Kratzdistel.

11
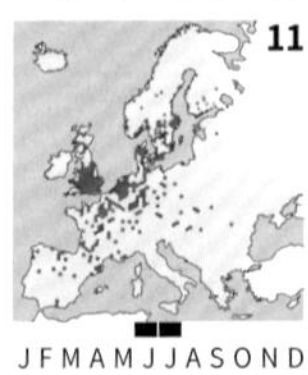

SCHMUCKFLIEGEN

1 ×3

2 ×2,5

3 ×6

4 ×2

5 ×2,5

6 ×3

BREITMUNDFLIEGEN

7 ×3

ZITTERFLIEGEN

8 ×3

BOHRFLIEGEN →

9 ×3

10 ×1

11 ×2

← **ACALYPTRATAE** →

← **BOHRFLIEGEN** Tephritidae

1 ⊙ Braungestreifte Bohrfliege
Chaetorellia jaceae **L** ~4 mm. Körper ockergelb; Thorax und Hinterleib mit 2 Reihen schwarzer Flecken; Augen grün. Flügel mit breiten braunen Bändern, die schwarz umrandet sind. **H** Grasland. **V** Larven in Flockenblumen.

1
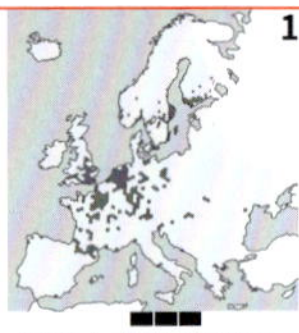

2 ⊙ Blassgestreifte Bohrfliege
Terellia tussilaginis **L** 5–7 mm. Körper ockergelb; Thorax mit grauen Streifen und schwarzen Flecken; Hinterleib mit 4 Reihen schwarzer Flecken. **H** Grasland. **V** Larven in Kletten und anderen Pflanzen.

2
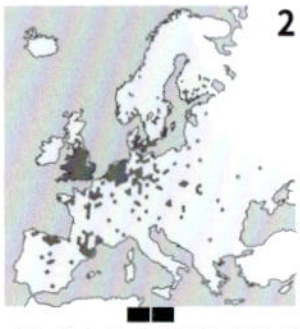

3 ⊙ Kirschfruchtfliege
Rhagoletis cerasi **L** 3–5 mm. Körper schwarz, Thorax und Kopf mit gelben Flecken; Scutellum gelb; Augen grün; Flügel mit 4 bläulich schwarzen Bändern. **H** An Kirschen. **V** Larven entwickeln sich in Kirschen; ein bedeutender Schädling im Kirschenanbau.

3
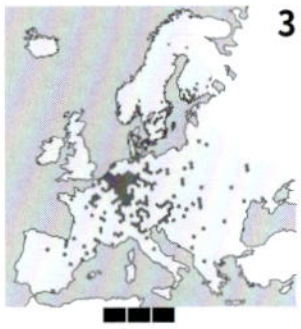

4 ⊙ Marmorierte Distelbohrfliege
Xyphosia miliaria **L** 5–8 mm. Körper gelblich orange; Flügel mit schwarzem Fleckenmuster. **H** Grasland. **V** Larven entwickeln sich in Disteln.

4
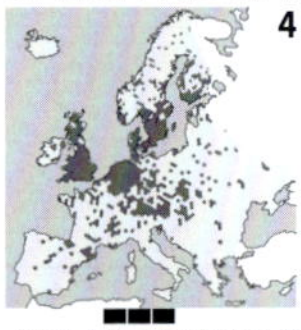

5 ⊙ Weißdorn-Bohrfliege
Anomoia purmunda **L** 4–5 mm. Körper schwarz; Flügel mit auffälliger schwarzer Flecken- und Linienzeichnung; Flügelspitzen klar. **H** Waldränder. **V** Larven in Weißdorn.

5
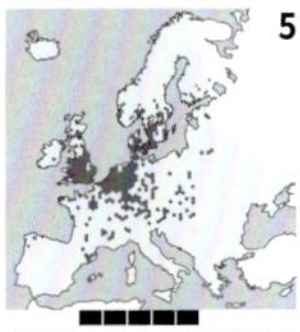

6 ⊙ Selleriefliege ***Euleia heraclei***
L 4–6 mm. Körper in der ersten Generation schwarz; in der Sommergeneration orange; Scutellum gelb; Augen grün; Beine gelblich. Flügel mit artspezifischer schwarzer Zeichnung.
H Grasland, Felder. **V** Larven in Sellerie und Pastinaken; gilt als landwirtschaftlicher Schädling.

6
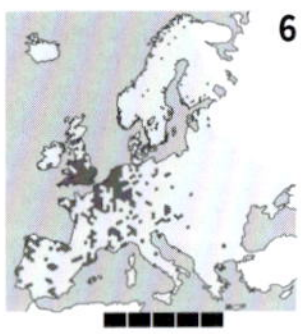

Gen. ***Tephritis*** E ~38 SPP
Flügel mit artspezifischer schwarzer Zeichnung, aber die Identifikation kann schwierig sein.

7 ⊙ Klettenbohrfliege
Tephritis bardanae **L** 5–6 mm. Körper braun und gelblich; Augen rotbraun. **H** Grasland. **V** Larven in Kletten.

7
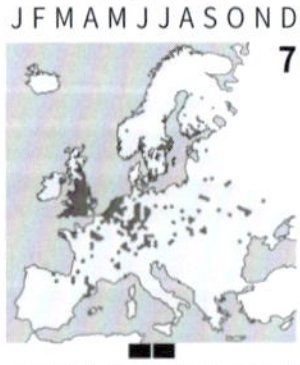

8 ⊙ Margeriten-Bohrfliege
Tephritis neesii **L** 4–6 mm. Körper graubraun; Augen braun. **H** Grasland. **V** Larven in Margeriten.

8
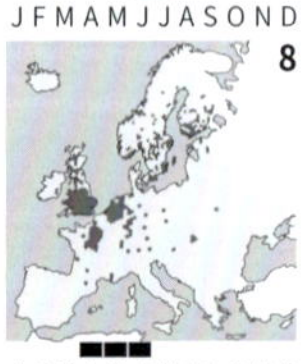

BAUMFLIEGEN Dryomyzidae
E 2 GEN 4 SPP 1 ILL

Mittelgroß bis groß; Körper gelb, orange oder braun, borstig; Flügel durchsichtig oder gefärbt, bei einigen Arten mit dunklen Bändern. Larven entwickeln sich in Pilzen und Aas.

9 🔍 Baumfliege
Dryomyza anilis **L** ~5 mm. Körper orange; Thorax mit gräulichen Streifen; Hinterleib mit schwarzen Haaren. **H** Wälder.

9
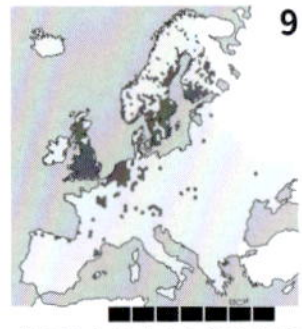

HORNFLIEGEN Sciomyzidae
E ~24 GEN ~140 SPP 3 ILL

Klein bis groß; Körper oft gräulich oder dunkel, borstig; Flügel klar oder dunkel gezeichnet, oft mit ausgedehnten Flecken. Larven ernähren sich hauptsächlich von Schnecken und Nacktschnecken.

10 ⊙ Melierte Schneckenfliege
Coremacera marginata **L** 7–10 mm. Körper gräulich, Augen rotbraun mit hellen Querstreifen; Flügel braun, weiß gefleckt. **H** Wald, Grünland.

10
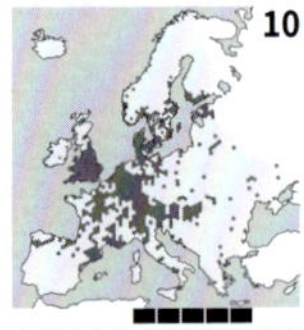

11 ⊙ Rotbeinige Hornfliege
Sepedon sphegea **L** 8–11 mm. Körper braun oder schwarz; Augen gräulich mit schwarzem Querstreifen; Beine orangerot, Tarsi schwarz, hintere Femora mit einer Reihe von Borsten; Flügel gelblich gefärbt, nicht gefleckt. **H** Feuchtgebiete. **V** Larven sind aquatisch.

11
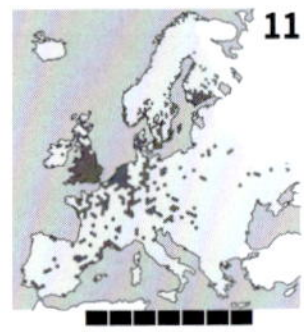

12 ⊙ Gepunktete Hornfliege
Trypetoptera punctulata **L** 5–7 mm. Thorax und Kopf gelblich; Hinterleib grau, stark schwarz gefleckt; Augen rotbraun mit hellem Querstreifen; Flügel schwarz, weiß gefleckt. **H** Feuchtgebiete.

12
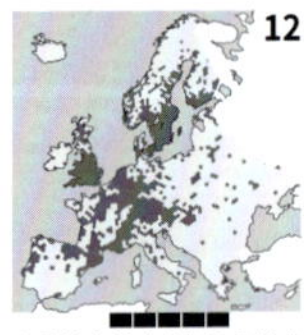

SCHWINGFLIEGEN Sepsidae
E 9 GEN ~50 SPP 1 ILL

Klein bis mittelgroß; Körper im Allgemeinen schwarz, etwas ameisenartig und glänzend, bei einigen Arten mit kurzen silbrigen Haaren; Flügel durchsichtig, aber oft mit schwarzem Fleck an der Spitze. Larven entwickeln sich in Dung und Pilzen. Am häufigsten auf Blättern zu sehen, wo sie auffällig mit den Flügeln schwingen.

13 Glänzende Schwingfliege
Sepsis fulgens **L** 2–3 mm. Flügel mit schwarzem Fleck nahe der Spitze. **H** Wälder, Grasland. **V** Erwachsene Tiere überwintern; manchmal in großer Zahl, wenn sie nach geeigneten Überwinterungsplätzen suchen.

13

← BOHRFLIEGEN

1 ×4 ■

2 ×3 ■

3 ×4 ■

4 ×3 ■

5 ×4 ■

6 ×4 ■

7 ×4 ■

8 ×4 ■

BAUMFLIEGEN

9 ×3 ◆

HORNFLIEGEN

10 ×2 ■

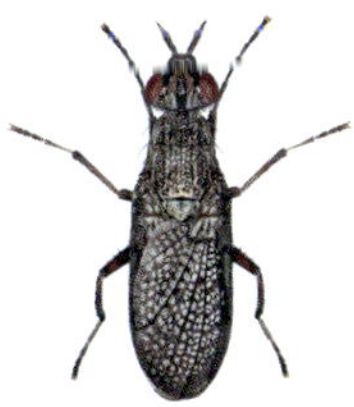

11 ×2 ■

12 ×3 ■

SCHWINGFLIEGEN

13 ×8 ●

← ACALYPTRATAE

DRUIDENFLIEGEN Clusiidae

E 5 GEN ~15 SPP 1 ILL

Klein bis mittelgroß. Körper schlank, matt oder teils glänzend, gelb oder orange bis schwarz, borstig; Flügel klar bis bräunlich. Larven einiger Arten in verrottendem Holz, leben in von anderen Insekten angelegten Gängen.

1
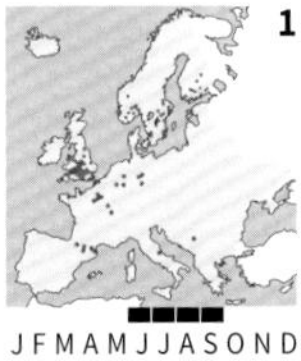

1 🔍 Druidenfliege ***Clusia tigrina***
L 4–7 mm. Körper orange; Flügel klar mit schwarzer Zeichnung. **H** Wälder. **V** An Buchen.

WIESENFLIEGEN Opomyzidae

E 3 GEN ~33 SPP 1 ILL

Klein. Körper schlank, blass bis schwarz mit einigen Borsten; Flügelspitzen gefleckt, weitere Flecken oft vorhanden. Die Larven entwickeln sich in den Stängeln von Gräsern, einige wenige Arten sind landwirtschaftliche Schädlinge.

2
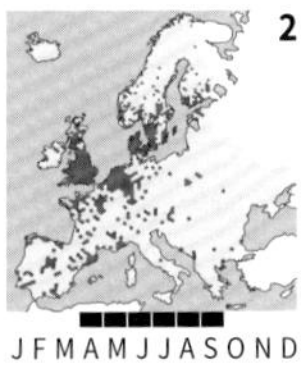

2 🔍 Dreifleck-Wiesenfliege
Geomyza tripunctata **L** ~4 mm. Thorax bronzefarben, mit 2 Reihen von Borsten; Hinterleib dunkelbraun; Augen rot. Flügel klar mit schwarzen Flecken. **H** Grasland.

FRUCHTFLIEGEN Drosophilidae

E ~17 GEN ~120 SPP 1 ILL

Klein bis mittelgroß. Körper robust, gelb bis dunkel, Thorax und gelegentlich Abdomen mit einigen Markierungen, einschließlich Streifen und Flecken; Augen in der Regel rot, meist ziemlich borstig. Larven entwickeln sich in verrottenden Früchten und Pilzen. Kann sich in kurzer Zeit schnell vermehren; oft in Laboren zu Forschungszwecken gezüchtet.

3
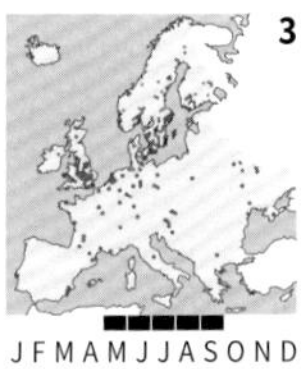

3 🔍 Schwarzbäuchige Taufliege
Drosophila melanogaster **L** 2–3 mm. Thorax, Kopf und Augen rötlich orange; Hinterleib mit schwarzer Spitze bei ♂, rötlich orange mit schwarzen Streifen bei ♀. **H** In Häusern manchmal sehr zahlreich. **V** Larven entwickeln sich in Früchten.

SUMPFFLIEGEN Ephydridae

E ~60 GEN ~335 SPP 1 ILL

Klein bis mittelgroß. Dunkel, mit einigen Borsten. Flügel meist klar, manchmal dunkel oder gefleckt; bei einigen Arten Vorderbeine sehr kräftig, um Beute zu fangen. Larven aquatisch oder semiaquatisch.

4
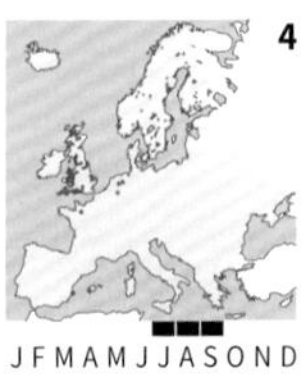

4 ⊙ Sumpffliege
Ochthera mantis **L** ~5 mm. Die Vorderbeine sind stark verbreitert, um Beute zu fangen; Flügel klar. **H** Feuchtgebiete mit sandigen Ufern. **V** Larven aquatisch.

HALMFLIEGEN Chloropidae

E ~65 GEN ~395 SPP 1 ILL UK 40 GEN 178 SPP 1 ILL

Klein; schlank bis robust; oft gelb oder grün-schwarz, mit wenigen Borsten; Kopf groß, Ocelli von großem dreieckigen Bereich umgeben. Einige Larven erzeugen Gallen, treten als Schädling an Getreide auf.

5
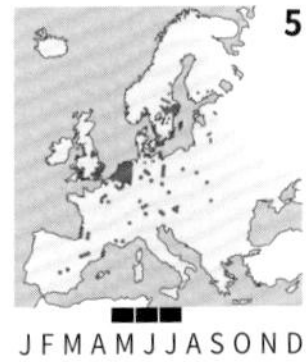

9 🔍 Schilfgallenfliege
Lipara lucens Grau und schwarz; Flügel bräunlich. **L** 6–8 mm. **V** Larven leben in zigarrenförmigen Gallen auf Schilf.

CALYPTRATAE →

Mit Calyptra (siehe S. 344/345).

SCHEUFLIEGEN Heleomyzidae

E ~23 GEN ~150 SPP 1 ILL UK 13 GEN 56 SPP 1 ILL

Klein bis mittelgroß; Körper schlank; gelblich, rötlich oder schwarz; Flügel mit Stacheln am Vorderrand. Larven auf verrottendem tierischem oder pflanzlichem Material.

6
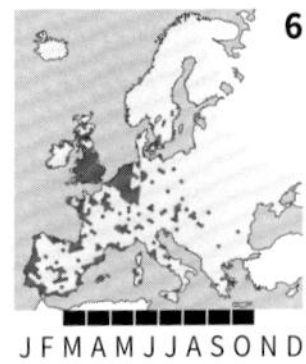

6 🔍 Gefleckte Scheufliege
Suillia variegata **L** ~5 mm. Körper orange; Flügel mit dunklen Flecken. **H** Feuchte Wälder, an Pilzen.

DUNGFLIEGEN Scathophagidae

E ~38 GEN ~160 SPP 1 ILL UK 23 GEN 55 SPP 1 ILL

Klein bis mittelgroß. Körper schlank; gelb, gelblich braun oder schwarz, manche zweifarbig; borstig. Beine borstig; Flügel meist klar, aber bei einigen dunkel geädert oder gezeichnet. Larven fressen Blätter, andere entwickeln sich in Pflanzen oder ernähren sich von Beutetieren im Dung.

7
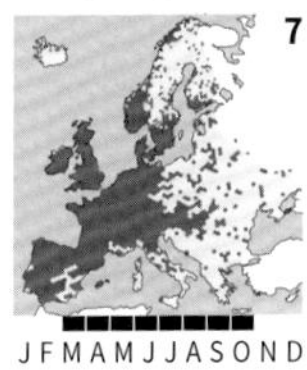

7 🔍 Gelbe Dungfliege
Scathophaga stercoraria **L** 8–10 mm. Gelb; Thorax mit dunkleren Linien und schwarzen Borsten. **H** Grasland, an Dung.

LAUSFLIEGEN Hippoboscidae

E 11 GEN ~30 SPP 2 ILL

Körper flach, breit. Ektoparasiten, ernähren sich vom Blut von Vögeln oder Säugetieren. Einige Arten werfen Flügel nach Auffinden eines Wirts ab; Tarsi hakenförmig. ⚠ In seltenen Fällen auf Menschen, beißen jedoch selten (einschließlich der unten gezeigten Arten).

8
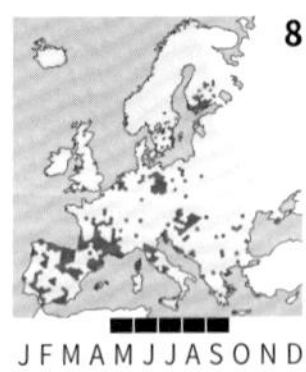

8 🔍 Pferdelausfliege ***Hippobosca equina*** **L** 6–9 mm. Braun, Augen grün; beide Geschlechter flugfähig, werfen Flügel nicht ab. **H** Auf Pferden, Rindern, selten Hunden, Hirschen oder Kamelen.

9
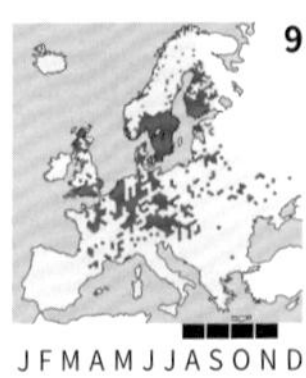

9 🔍 Hirschlausfliege ***Lipoptena cervi***
L 5–6 mm. Braun; Flügel werden nach Auffinden eines Wirts abgeworfen. **H** Auf Rehen, Elchen, Wildschweinen.

DRUIDENFLIEGEN

1 ×4 ◆

WIESENFLIEGEN

2 ×5 ◆

FRUCHTFLIEGEN

3 ×8 ◆

SUMPFFLIEGEN

4 ×4 ■

HALMFLIEGEN

5 ×3 ◆

SCHEUFLIEGEN

6 ×4 ◆

DUNGFLIEGEN

7 ×3 ◆

LAUSFLIEGEN

8 ×3 ◆

9 ×3 ◆

Larven entwickeln sich bei allen Lausfliegen innerhalb der ♀

← **CALYPTRATAE** →

BLUMENFLIEGEN Anthomyiidae

E ~35 GEN ~480 SPP 1 ILL

Klein bis mittelgroß. Körper braun, grau oder schwarz, manche mit deutlich gezeichnetem Thorax und Abdomen; Flügel meist durchsichtig, selten gezeichnet. Je nach Art Larven in Dung, Pilzen oder Vogelnestern, andere wiederum fressen Blätter.

1
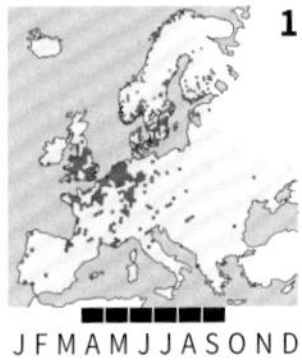

1 Blumenfliege
Anthomyia procellaris **L** 5–7 mm. Grau mit schwarzer Zeichnung; Augen rötlich; Flügel klar. **H** Wälder, in Vogelnestern.

LATRINENFLIEGEN Fannidae

E 3 GEN ~82 SPP 1 ILL

Klein bis mittelgroß; Körper grau bis schwarz, einige heller; mit wenigen Borsten. Die Larven ernähren sich von verrottenden organischen Materialien, einige Arten sind eine Plage in Häusern.

2
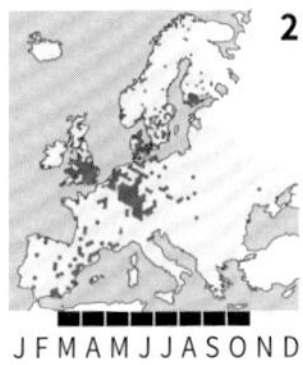

2 Kleine Stubenfliege
Fannia canicularis **L** 6–9 mm. Thorax bräunlich grau, Abdomen S2–S4 gelblich; bei ♂ Thorax mit 3 dunkleren Längsstreifen und Hinterleib mit dunklen, trapezförmigen Flecken; Augen von silbrig-weißem Rand umgeben. **H** Natürlicher Lebensraum sind Wälder; aber sehr häufig in der Nähe von Menschen, in Häusern und anderen Räumlichkeiten zu finden.

ECHTE FLIEGEN Muscidae

E ~45 GEN ~575 SPP 10 ILL

Körper grau bis schwarz, einige blasser; Thorax oft deutlich gezeichnet, mit einigen Borsten. Larven leben von verrottenden organischen Materialien; einige im Wasser. Mehrere Arten sind eine Plage in Häusern und an Viehbeständen.
⚠ Einige Arten übertragen Krankheiten.

3
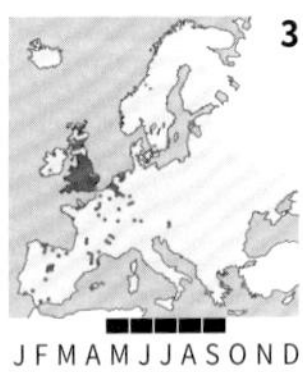

3 Blaugrüne Hausfliege
Eudasyphora cyanella **L** ~8 mm. Körper metallisch grün, ältere Tiere oft eher bronzebraun; Flügelader M1 gebogen. **H** Buschland, Grasland.

4
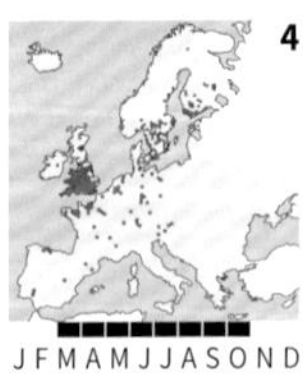

4 Falsche Schmeißfliege
Neomyia viridescens **L** ~8 mm. Körper metallisch grün, Kopf ebenfalls grün; ältere Exemplare oft eher bronzebraun. Flügelader M1 gewinkelt. **H** Buschland, Grasland.

5
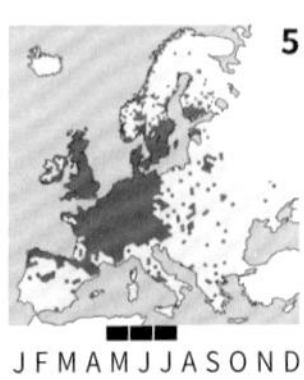

5 Rinderfliege
Mesembrina meridiana **L** ~12 mm. Körper schwarz; Flügeldecken orange. **H** Wälder, Ackerland; in der Nähe von grasenden Tieren.

Gen. *Musca* E ~6 SPP

Einige der am häufigsten vorkommenden Fliegen gehören zu dieser Gattung.

6
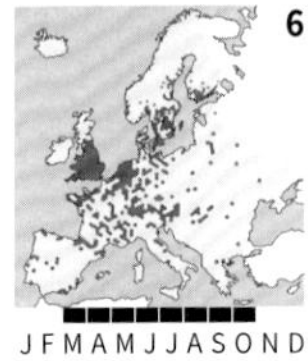

6 Herbstfliege ***Musca autumnalis***
L 7–8 mm. Thorax grau mit 4 dunklen Streifen; Hinterleib auf der Oberseite grauschwarz gemustert, an den Seiten orange. **H** Ackerland; auf Rindern und Pferden. **V** Die erwachsenen Tiere beißen ihren Wirt nicht, sondern ernähren sich von Sekreten aus Augen oder Mund oder von Blut aus Bisswunden anderer Insekten.

7
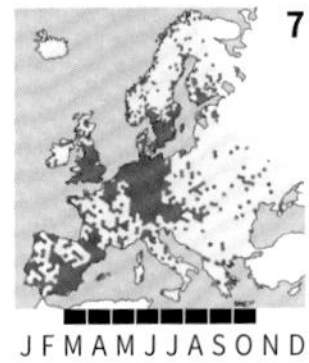

7 Gemeine Stubenfliege
Musca domestica **L** 7–8 mm. Thorax grau mit 4 schmalen schwarzen Längsstreifen; Hinterleib mit dunkler Mittellinie und braunen Flecken; Augen rot. **H** In der Umgebung von Menschen, in Häusern und anderen Räumlichkeiten; auf Feldern. **V** Weltweit Überträger von Krankheiten.

8
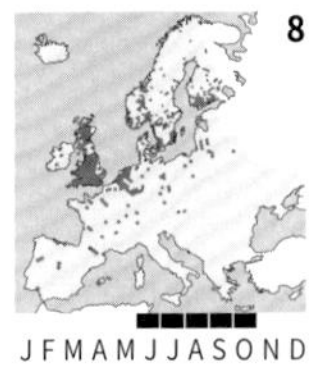

8 Grauschwarze Hausfliege
Polietes lardarius **L** 7–9 mm. Thorax und Abdomen bläulich grau und schwarz gescheckt; „Gesicht" silbrig-grau, bei der ähnlichen *P. meridionalis* gelblich. **H** Ackerland. **V** Larven im Dung.

9
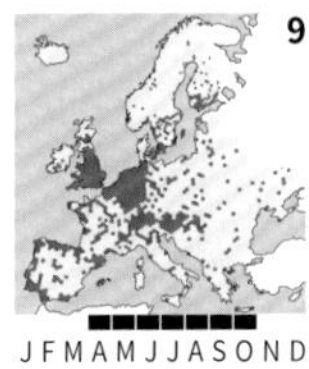

9 Wadenstecher
Stomoxys calcitrans **L** ~8 mm. Körper gräulich; Thorax mit 4 schwarzen Längsstreifen; Abdomen S2–3 mit dunklen Flecken. **H** Ackerland, in der Nähe von Viehbeständen. ⚠ Beißt Säugetiere und Menschen in der Nähe von Nutztieren und saugt Blut.

10
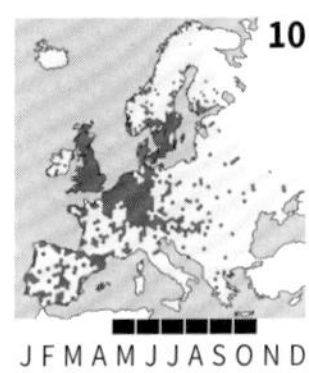

10 Gefleckte Hausfliege
Graphomya maculata **L** 6–9 mm. Thorax und Hinterleib grau-schwarz gescheckt; Hinterleib bei ♂ mit orangefarbenen Flecken; Augen rotbraun. **H** Grünland, Wälder, Feuchtgebiete. **V** Larven entwickeln sich an feuchten Stellen mit verrottendem Pflanzenmaterial; sie ernähren sich von anderen Insektenlarven.

Gen. *Phaonia* E 81 SPP

Körper orange, grau oder schwarz; hintere Tibiae mit nur einer Borste.

11
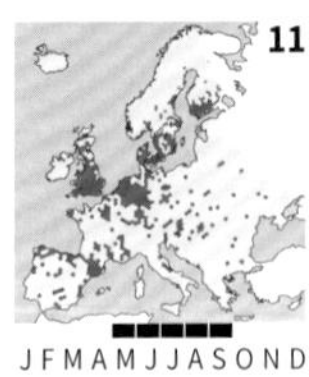

11 Helle Hausfliege
Phaonia pallida **L** 5–8 mm. Thorax und Abdomen orange, Thorax mit langen Borsten; Beine gelb, Tarsi schwarz; Augen dunkelrot. **H** Wälder, Waldränder.

12

12 Orange Hausfliege
Phaonia subventa **L** 6–9 mm. Thorax grau mit schwarzen Streifen; Hinterleib orange, manchmal mit schwarzem Mittelstreifen; Beine orange-braun. **H** Wälder, Buschland.

Blumenfliegen

1 ×4 ●

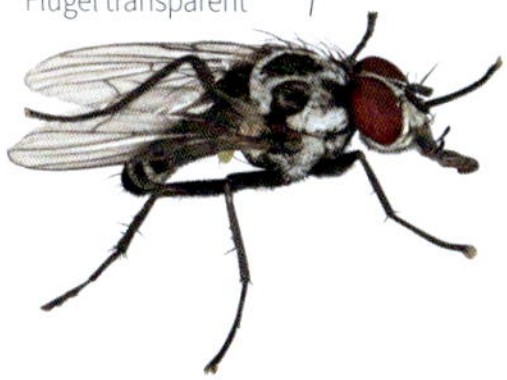

Latrinenfliegen

2 ×2,5 ◆

Echte Fliegen

3 ×2,5 ◆

4 ×2,5 ◆

5 ×2 ◆

6 ×3 ◆

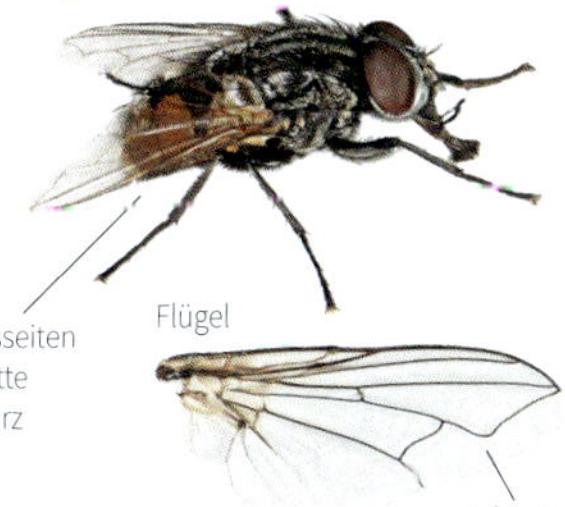

7 ×3 ◆

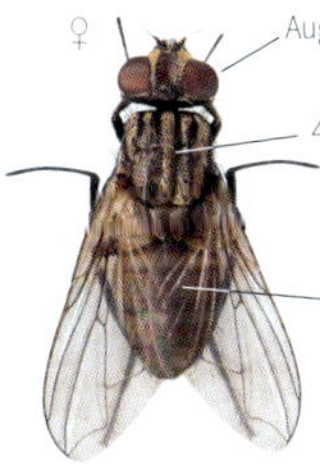

8 ×3 ◆

9 ×3 ■

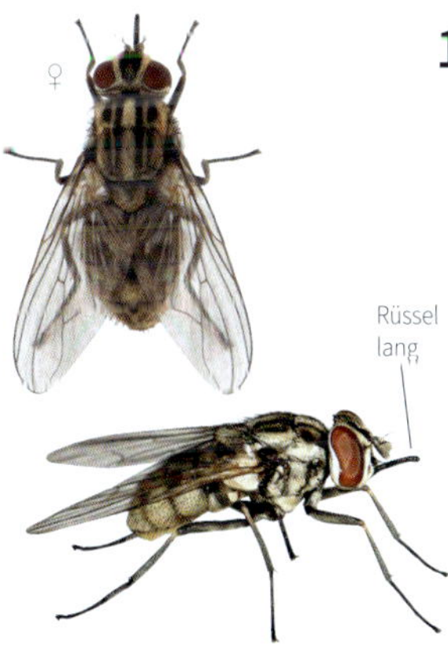

10 ×3 ◆

11 ×3 ◆

12 ×3 ◆

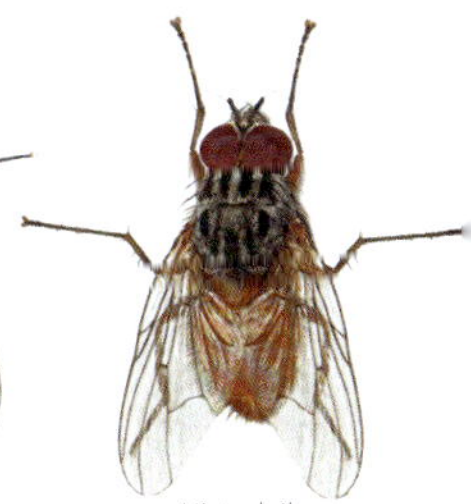

← **Calyptratae** →

Schmeissfliegen *Calliphoridae*

E ~22 GEN ~115 SPP 7 ILL

Körper oft metallisch blau oder grün und borstig – die bekannten Schmeißfliegen; Flügel in der Regel klar, aber bei einigen Arten dunkel geädert oder gezeichnet. Larven entwickeln sich in Aas und sind in der Forensik von Bedeutung; erwachsene Tiere können in Häusern eine Plage sein. Artbestimmung erfordert oft mikroskopische Untersuchung.

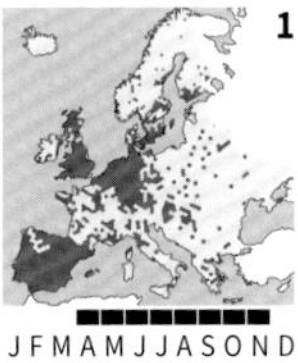

Gen. ***Calliphora*** E ~9 SPP

Einige der bekanntesten Schmeißfliegen. Einige Arten können aber nur durch mikroskopische Untersuchung genau bestimmt werden.

1 Blaue Schmeißfliege
Calliphora vicina **L** 6–11 mm. Thorax bläulich grau; Abdomen metallisch blau. Es gibt mehrere andere, sehr ähnliche Arten. **H** Grünland, Wälder, Gärten und städtische Gebiete.

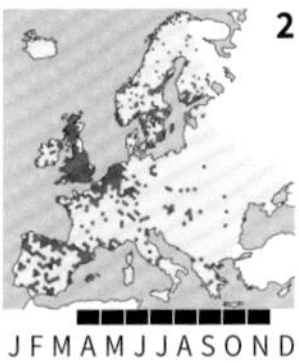

2 Orangestirn-Schmeißfliege
Calliphora vomitoria **L** 8–14 mm. metallisch blau; markanter orangefarbener Bart, der sie von nahen Verwandten unterscheidet. **H** Grünland, Wälder, Gärten und städtische Gebiete, in der Nähe von Viehbeständen.

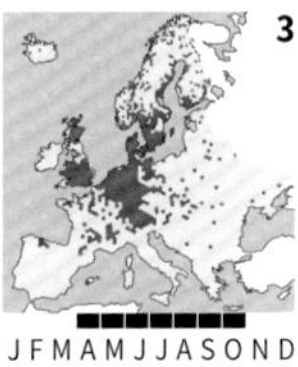

3 Totenfliege *Cynomya mortuorum*
L 7–15 mm. Körper metallisch blau oder türkis; „Gesicht" großenteils gelb. **H** Offene Gebiete. **V** Larven entwickeln sich in Aas.

Gen. ***Lucilia*** E ~12 SPP

Metallisch grün. *Lucilia* und ähnliche Arten sind sicher durch mikroskopische Untersuchung der Borsten zu bestimmen.

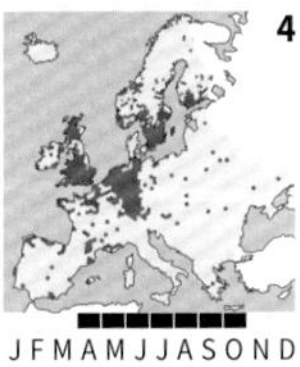

4 Kaisergoldfliege
Lucilia caesar **L** 5–10 mm. Häufigste von mehreren Goldfliegenarten. **H** Grünland, Wälder, Gärten und städtische Gebiete, in der Nähe von Viehbeständen.

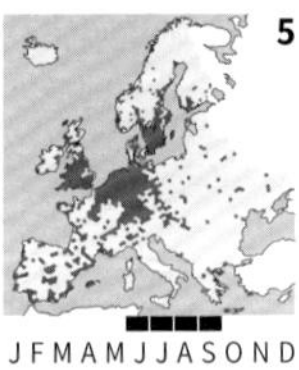

5 Gemeine Goldfliege
Lucilia sericata **L** 10–14 mm. Groß; Beine schwarz. **H** Grünland, Wälder, Gärten und städtische Gebiete. **V** Larven ernähren sich nicht nur von Aas, sondern sind auch Ektoparasiten an den Wunden von Säugetieren, Rindern, in einigen Fällen auch Menschen; ernähren sich von absterbendem nekrotischem Gewebe.

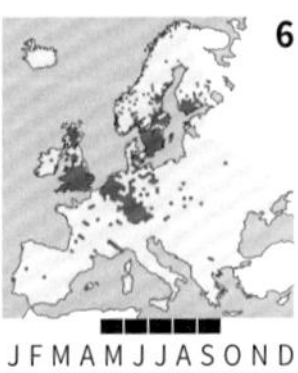

6 Traubenfliege *Pollenia rudis*
L 8–12 mm. Thorax mit schwarzen Borsten und goldenen Haaren; Hinterleib grau-schwarz gescheckt. **H** Wälder; oft in Häusern, wo sie überwintern. **V** Larven entwickeln sich in Regenwürmern.

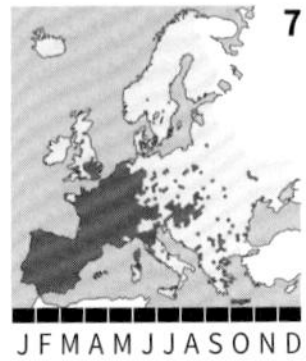

7 Augenstreifen-Schmeißfliege
Stomorhina lunata **L** 5–9 mm. Kopf mit auffallend abstehendem Rüssel, Thorax grünlich mit schwarzen Längsstreifen; Hinterleib mit gelben und schwarzen Querbändern. Kann auf den ersten Blick einigen Schwebfliegen (Syrphidae, S. 358) ähnlich sehen. **H** Grünland.

Fleischfliegen *Sarcophagidae*

E ~30 GEN ~310 SPP 1 ILL

Klein bis groß; meist stämmig, borstig. Die meisten Arten sind grau bis grauschwarz mit roten Augen; Thorax schwarz gestreift; Hinterleib gescheckt, aber im Gegensatz zu Schmeißfliegen (Calliphoridae) nie metallisch blau oder schwarz. Larven einiger Arten sind Parasitoide an Hautflüglern oder anderen Insekten.

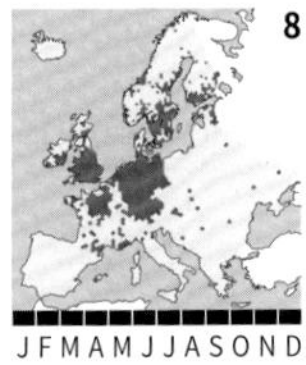

8 Graue Fleischfliege
Sarcophaga carnaria **L** 10–18 mm. Groß; Körper hellgrau, Thorax mit dunkelgrauen Längsstreifen; Hinterleib mit schachbrettartigem Muster aus hell- und dunkelgrauen Quadraten; Augen rot. Zwar sehr auffällig, Artbestimmung erfordert dennoch oft mikroskopische Untersuchung. **H** Waldränder, Grünland.

Raupenfliegen *Tachinidae* →

E ~280 GEN ~880 SPP 24 ILL

Klein bis groß; stämmig oder länglich, oft borstig, manche mit feinen weichen Haaren oder kahl. Die meisten Arten sind grau bis grauschwarz, aber einige bunt und unverwechselbar. Fühler dreigliedrig, Arista haarähnlich. Die meisten Arten sind Parasitoide von Insekten, die Larven entwickeln sich meist in Schmetterlings- und Hautflügler-Larven, manche auch in Schnabelkerfen.

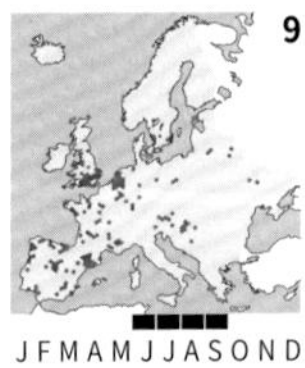

9 Gewöhnliche Raupenfliege
Dexia rustica **L** 8–13 mm. Thorax grau mit dunkler Zeichnung; Hinterleib graubraun bis rötlich mit dunklem Längsstreifen; Flügel klar; Beine gelblich rot. **H** Grasland. **V** Parasitoid der Maikäfer (Scarabidae).

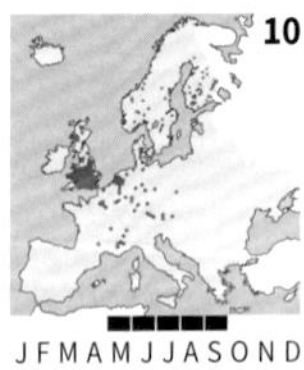

10 Düstere Raupenfliege
Trixa conspersa **L** 9–12 mm. Körper grau mit schwarzer Zeichnung; im Gegensatz zur ähnlich aussehenden Fleischfliege (*Sarcophaga carnaria*) kleiner, auch Kopf kleiner. **H** Feuchte Wälder, feuchtes Grünland. **V** Parasitoid von Mottenlarven.

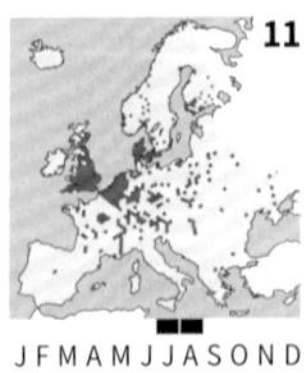

11 Rotgefleckte Raupenfliege
Eriothrix rufomaculata **L** 6–10 mm. Körper eher schlank; Thorax grau mit schwarzen Streifen; Abdomen schwarz mit orangefarbenen Flecken an den Seiten. **H** Grünland. **V** Parasitoid von Mottenlarven.

SCHMEISSFLIEGEN

1 ×2 ◆

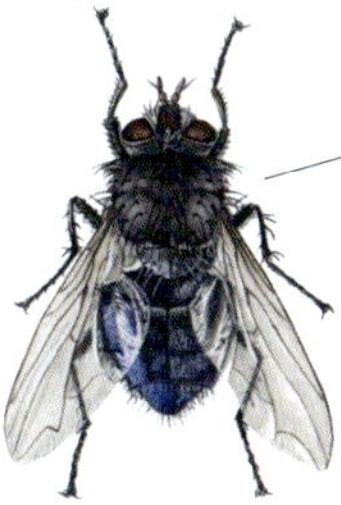

2 ×2 ◆

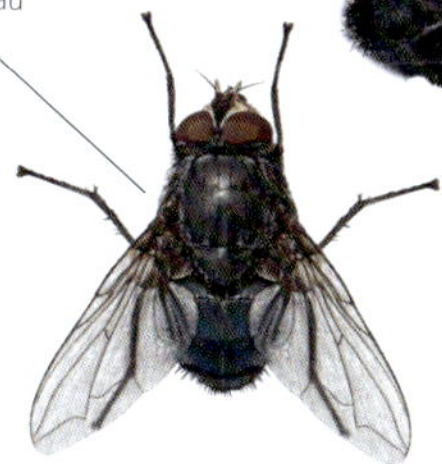

3 ×2 ◆

4 ×3 ●

5 ×2 ●

6 ×1,5 ◆

7 ×3 ■

FLEISCHFLIEGEN

8 ×1,5 ●

×1

RAUPENFLIEGEN →

9 ×2 ◆

10 ×2 ◆

11 ×2 ◆

die meisten Raupenfliegen haben auffallend lange Borsten

← **CALYPTRATAE** →

← **RAUPENFLIEGEN** Tachinidae →

1 Gestreifte Raupenfliege
Phyllomya volvulus **L** 6–10 mm. Lang gestreckt; schwarz; Abdomen S3–S4 mit silbriger Zeichnung an den Seiten; Flügelbasen und Flügeldecken gelblich; Beine lang. **H** Waldränder. **V** Larven entwickeln sich in Larven von Holzfliegen (Xylophagidae).

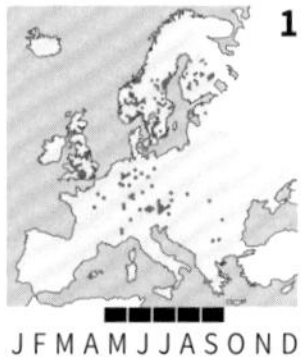

2 Graseulen-Raupenfliege
Gonia picea **L** 9–12 mm. Schwarz; Thorax mit etwas Braun; Hinterleib mit schmalen weißen Bändern; Kopf orange und weißlich. Alle *Gonia* spp. stämmig gebaut, mit großem Kopf und eher kleinen Augen. **H** Grasland. **V** Larven entwickeln sich in Larven von Eulenfaltern (Noctuidae).

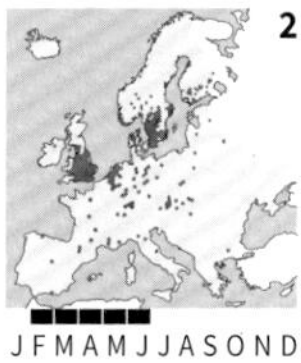

3 Edelfalter-Raupenfliege
Sturmia bella **L** 10 mm. Körper blauschwarz, Hinterleib mit schwarzer Zeichnung; Augen rot; Flügel einfarbig. **H** Grasland. **V** Befällt den Kleinen Fuchs (*Aglais urticae*, S. 438) und verwandte Schmetterlingsarten. Da einige andere Raupenfliegen sehr ähnlich aussehen, ist zur Bestätigung der Bestimmung idealerweise die genaue Kenntnis des Wirtes erforderlich.

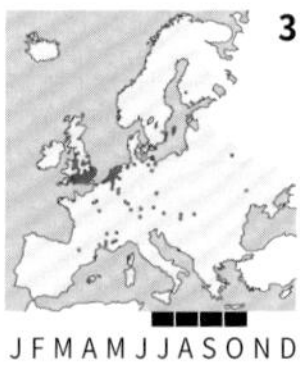

4 Zweifarbige Raupenfliege
Cylindromyia bicolor **L** 11–14 mm. Lang gestreckt, mit leichter Wespentaille; Thorax grau; Abdomen rot mit schwarzer Linie auf S1–S2. **H** Wälder. **V** Parasitoid der Baumwanzen (Pentatomidae).

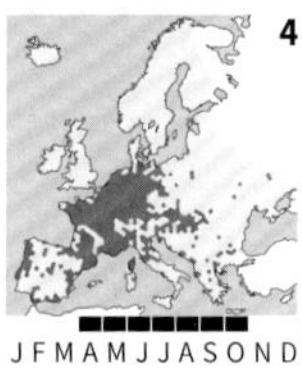

5 Erdwanzenfliege
Phania funesta **L** 4–6 mm. Körper schwarz, mit langen Borsten; Flügel durchsichtig, im Ruhezustand in einem Winkel von ~45 Grad gehalten. **H** Parasitoid der Erdwanzen (Cydnidae).

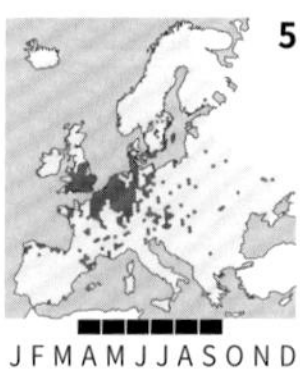

6 Rote Wanzenfliege
Gymnosoma rotundatum **L** 6–8 mm. Thorax schwarz; Abdomen kugelförmig, orange mit 3 schwarzen Flecken. **H** Wälder. **V** Parasitoid der Baumwanzen (Pentatomidae).

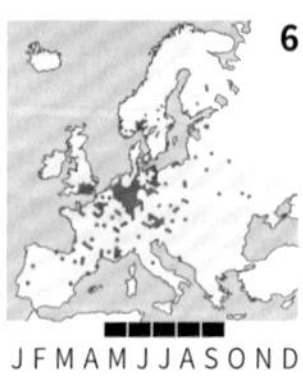

7 Breitflügelige Raupenfliege
Ectophasia crassipennis **L** 5–9 mm. Stämmig; ♂ Hinterleib gelb mit dunkler Längsbinde; Flügel mit gelber Basis, einigen schwarzen Flecken, schwarzen Adern und schwarzen Spitzen; ♀ Hinterleib orange mit dunkler Querbinde; Flügel mit gelbem Grund und dunklen Flecken, aber klaren Spitzen. **H** Grasland. **V** Parasitoid von Schildläusen (Pentatomidae) und anderen Hemiptera.

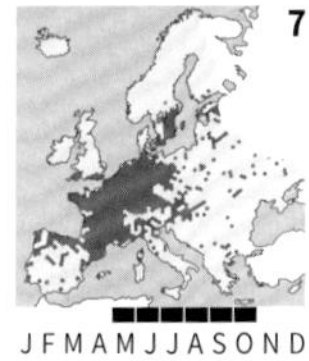

Gen. *Phasia* E 14 SPP
Klein bis groß; Körper breit.

8 Blauschiller-Wanzenfliege
Phasia hemiptera **L** 8–12 mm. Dunkel; Thorax mit orangefarbener Behaarung an den Seiten (nur bei dieser Art); Flügel sehr breit; bei ♀ deutlich, bei ♂ mit gebogenem Vorderrand und blauer Zeichnung. **H** Grasland, Hecken. **V** Parasitoid von verschiedenen Wanzen (Hemiptera).

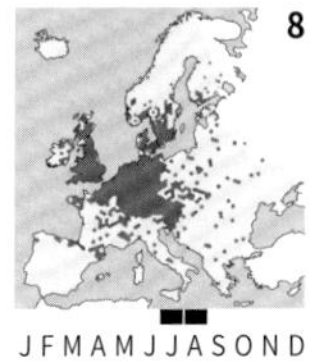

9 Graue Wanzenfliege
Phasia obesa **L** 4–6 mm. Dunkelgrau; Thorax mit schwarzem Streifenmuster; Flügel klar. **H** Waldränder, Grünland. **V** Parasitoid von verschiedenen Wanzen (Hemiptera).

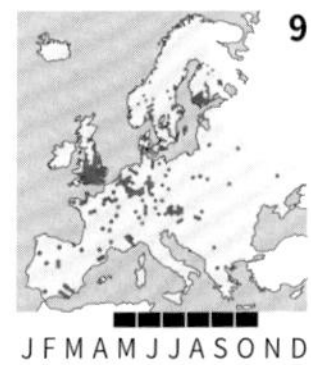

10 Kleine Wanzenfliege
Phasia pusilla **L** 3–4 mm. Körper schwarz; Hinterleib zur Spitze hin gräulich; Flügel durchsichtig. **H** Buschland, Grasland. **V** Parasitoid von verschiedenen Wanzen (Hemiptera).

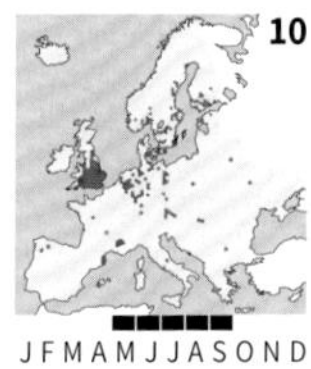

---

11 Blaugrüne Raupenfliege
Gymnocheta viridis **L** 6–11 mm. Körper metallisch grün bis bronze-braun; Femur dunkel; Augen behaart. Kann mit anderen *Gymnocheta* spp. verwechselt werden, eventuell auch mit grünen Schmeißfliegen (Calliphoridae, S. 384). **H** Wälder, Grasland. **V** Parasitoid von Eulenfaltern (Noctuidae) und anderen Nachtfaltern.

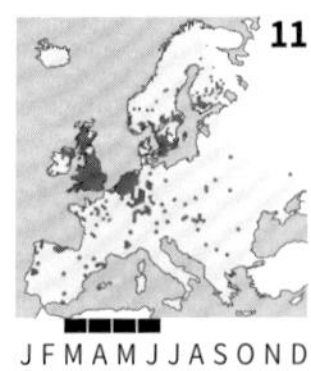

12 Heideland-Raupenfliege
Linnaemya vulpina **L** 10–11 mm. Thorax grau; Abdomen orange, mit schwarzem Längsband und langen Borsten. Verlässliche Identifikation auf Artebene schwierig. **H** Wälder, Grasland. **V** Parasitoid von Eulenfaltern (Noctuidae).

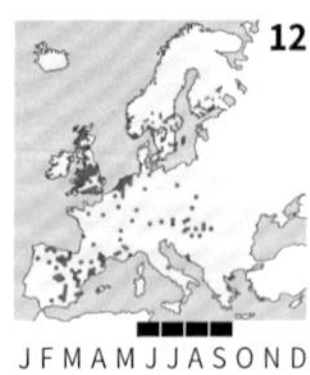

← RAUPENFLIEGEN →

1 ×3 ◆

2 ×2 ◆

3 ×2 ◆

4 ×2 ■

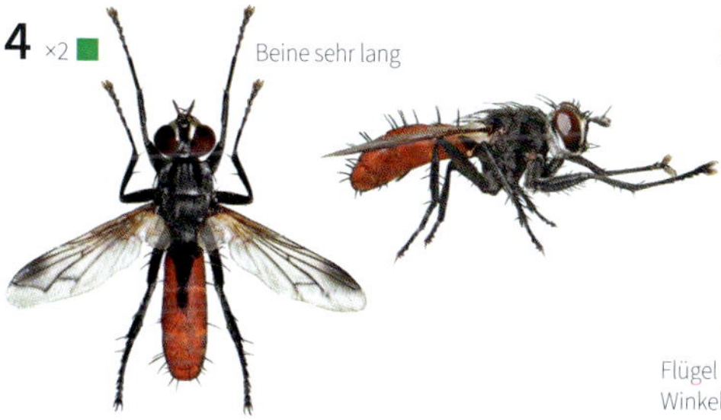

die meisten Raupenfliegen haben auffallend lange Borsten

5 ×4 ◆

6 ×3 ■

7 ×3 ■

8 ×2 ■

9 ×4 ◆

10 ×6 ◆

11 ×3 ◆

12 ×2 ◆

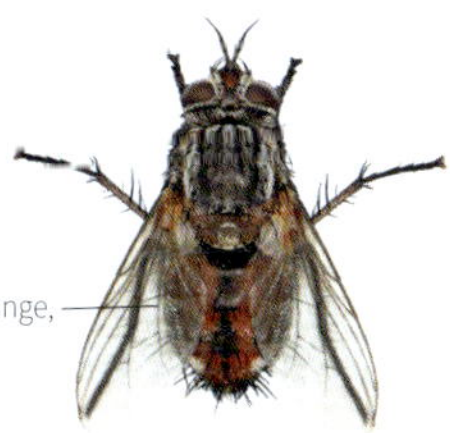

← **CALYPTRATAE**

← RAUPENFLIEGEN Tachinidae

1 🔍 Dünen-Raupenfliege
Panzeria anthophila **L** 7–12 mm. Körper schwarz; Scutellum mit brauner Spitze; Abdomen S3–S4 bestäubt, aber S5 nicht bestäubt, eher glänzend. **H** Wälder, Grasland. **V** Parasitoid verschiedener Nachtfalter.

1
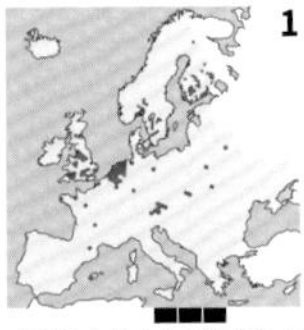

2 🔍 Engerlings-Raupenfliege
Dexiosoma caninum **L** 8–13 mm. Lang gestreckt; Körper orange bis grau; Hinterleib mit dunklen Querbändern; Beine sehr lang, rötlich. **H** Waldränder. **V** Parasitoid von Maikäfern (Scarabidae).

2
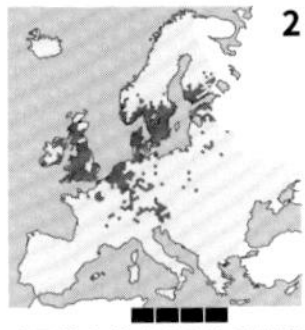

3 🔍 Zünsler-Raupenfliege
Mintho rufiventris **L** 8–11 mm. Lang gestreckt; Körper grau; Thorax mit dunklen Längsstreifen; Abdomen mit rotbrauner Zeichnung; Femora rotbraun. **V** Parasitoid von Zünslern (Pyralidae).

3
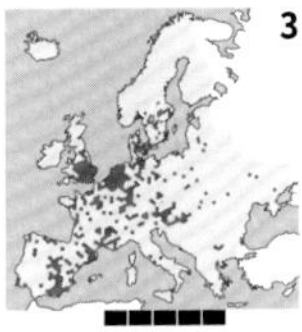

4 🔍 Borstenfliege ***Nowickia ferox***
L 12–16 mm. Thorax, schwarz; Abdomen orange-braun mit schwarzer Zeichnung; Beine und Fühler schwarz. **H** Wälder, Grasland. **V** Parasitoid von Bärenspinnern (in der Familie Noctuidae).

4
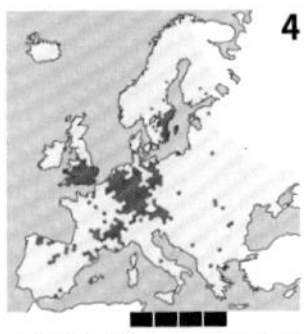

5 🔍 Schwarze Raupenfliege
Thelaira nigripes **L** 8–12 mm. Körper schwarz, stark behaart; Abdomen seitlich mit weißen und orangefarbenen Flecken; Beine lang. **H** Wälder. **V** Parasitoid von Tigern und verwandten Nachtfaltern (Erebidae).

5
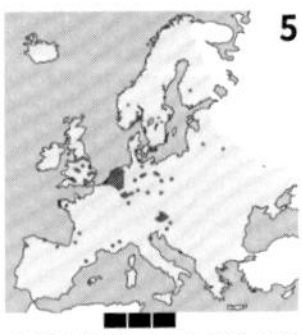

Gen. *Tachina* E 10 SPP

Mittelgroß bis groß; Körper gedrungen, Hinterleib gerundet; Larven sind Parasitoide von Lepidoptera-Larven.

6 🔍 Igelfliege ***Tachina fera***
L 9–14 mm. Thorax grau mit schwarzen Streifen; Hinterleib orange mit schwarzem Längsstreifen in der Mitte, Hinterleib mit sehr langen Borsten an der Spitze. **H** Wälder, Grasland, Heideland, Moorland.

6
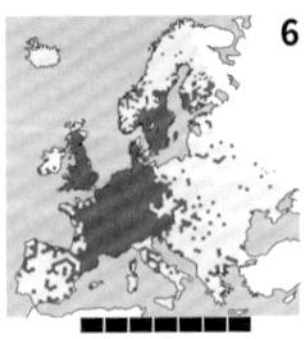

7 ⊙ Große Raupenfliege
Tachina grossa **L** 15–19 mm. Groß; Körper schwarz, Kopf gelb. Unverwechselbar. **H** Wald, Heideland.

7
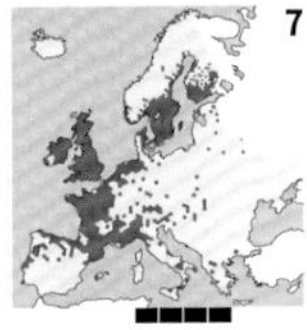

8 🔍 Braune Raupenfliege
Tachina lurida **L** 8–14 mm. Thorax und Abdomen mit dichter brauner Behaarung, hummelartig. Scutellum mit einem Paar gekreuzter Borsten an der Spitze (einfachstes Unterscheidungsmerkmal zu *T. ursina*); Abdomen mit orange-braunen Flecken. **H** Wälder, Waldränder.

8
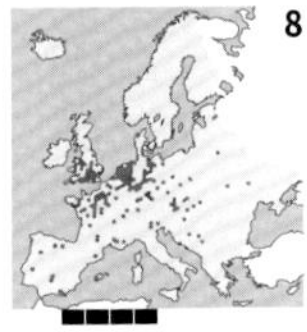

9 🔍 Gelbbraune Raupenfliege
Tachina ursina **L** ~ 11 mm. Ähnlich wie Braune Raupenfliege (*T. lurida*), aber Thorax mit gelblichen bis weißlich-gelben Haaren, Abdomen S3–S5 mit grauen Bändern; Hinterleib orangefarbene Flecken reduziert oder fehlend. **H** Wälder, Waldränder.

9
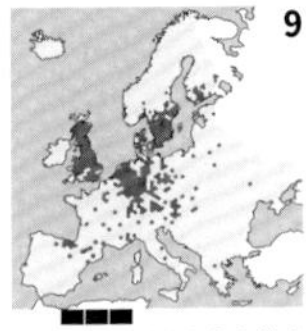

DASSELFLIEGEN Oestridae

E 9 GEN 22 SPP 1 ILL

Mittelgroß bis groß. Körper breit, bienenähnlich; Thorax mit feinen, weichen Haaren bedeckt und hat keine Borsten. Die Larven sind dafür bekannt, dass sie sich in den Nasenlöchern oder Därmen von Säugetieren entwickeln und je nach Art bestimmte Tierarten befallen.

10 🔍 Pferdemagenbremse
Gasterophilus intestinalis **L** 11–15 mm. Körper mit gelblich braunen Haaren bedeckt. **H** An Pferden, Maultieren und Eseln, wo sich ihre Larven entwickeln. **V** Erwachsene Fliegen leben nur wenige Tage. Eier werden auf dem Fell abgelegt, meist auf den Vorderbeinen oder der Mähne; wenn sich die Pferde gegenseitig ablecken, schlüpfen die Larven und gelangen in den Wirt, wo sie während ihrer Entwicklung Gastritis oder Koliken verursachen können. Andere *Gasterophilus* spp. legen ihre Eier an den Lippen (*G. haemorrhoidalis*) oder in der Nähe des Unterkiefers (*G. nasalis*) des Pferdes ab.

10
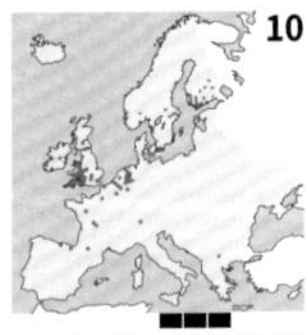

← RAUPENFLIEGEN

1 ×2 ◆

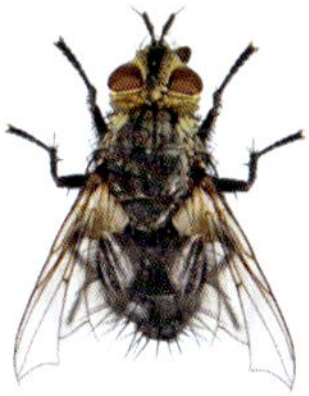

2 ×2 ◆

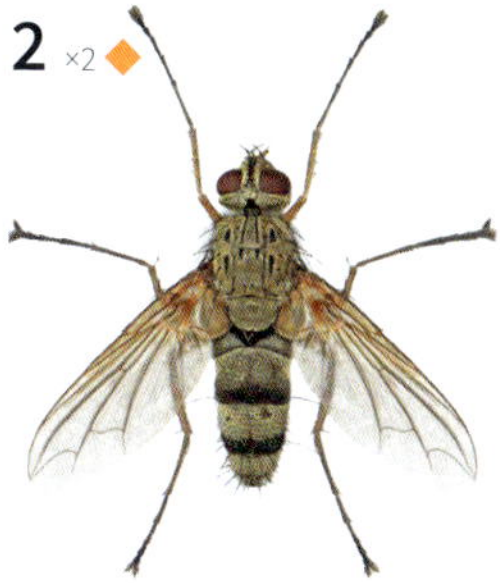

3 ×2 ◆

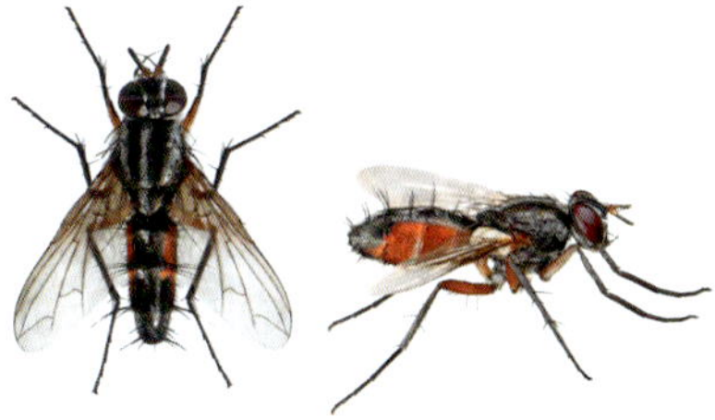

4 ×1,5 ◆

5 ×2 ◆

6 ×2 ◆

7 ×1,5 ■

große Fliege

×1

8 ×2 ◆

DASSELFLIEGEN

9 ×2 ◆

10 ×2 ◆

Larve

Kleine (< 6 mm), seitlich zusammengedrückte, flügellose Insekten, die sich als Ektoparasiten von Blut ernähren. Hellgelb bis schwarz gefärbt, oft glänzend; können sich gut zwischen den Haaren und Federn ihrer Wirte bewegen. Antennen sehr kurz.

Flöhe können bis zu 30 cm weit springen, vor allem dank ihrer langen Hinterbeine und kräftigen Coxa. Sie besitzen ein Sensilium, ein Sinnesorgan, mit dem Luftströmungen, Vibrationen, Temperaturunterschiede oder andere Hinweise auf potenzielle Wirte registriert werden können.

Flöhe durchlaufen eine vollständige Metamorphose mit Puppenstadium; der Entwicklungszyklus vom Ei bis zum erwachsenen Tier dauert zwischen einigen Wochen und ~ 8 Monaten. Die Tiere lassen sich am besten unter dem Mikroskop durch Untersuchung von Borsten, Kämmen und Fühlern identifizieren; auch die Kenntnis des Wirtstiers ist hilfreich. Aktuelle molekulare Untersuchungen deuten auf eine mögliche enge Verwandtschaft mit den Boridae, einer Familie der Skorpionsfliegen (Mecoptera), hin.

⚠ Die meisten Arten sind bekannte Krankheitsüberträger. Sie beißen Säugetiere (einschließlich Menschen) mit ihren Mundwerkzeugen, wobei sie 2 Paar Palpen haben, die so modifiziert sind, dass sie stechen und saugen können. Einige sind Vogelparasiten.

In Europa sieht man Flöhe am ehesten auf Hunden und Katzen oder beim Ausmisten von Vogelnistkästen. Der Menschenfloh ist heute – dank moderner Hygienestandards – deutlich seltener.

VOGELFLÖHE Ceratophyllidae

E 16 GEN 100 SPP 2 ILL

Diese Familie wird in 2 Gruppen unterteilt: die, die Säugetiere befällt (Pronotalkämme mit < 24 Stacheln) und die, die Vögel befällt (Pronotalkämme mit ≥ 24 Stacheln).

1

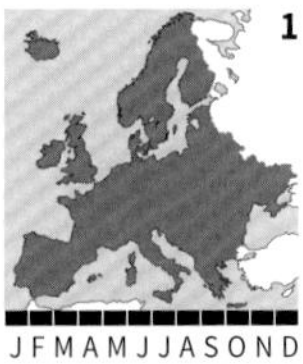

1 Hühnerfloh
Ceratophyllus gallinae **L** 2–3 mm. Braun; Genalkamm fehlend; Pronotalkamm mit 24–28 Stacheln. **H** Vogelnester in Bäumen, Sträuchern oder Nistkästen; Hühnerställe. **I** Wirte sind Vögel (> 60 Arten) einschließlich Geflügel; gelegentlich auf Säugetieren. Häufigster Vogelfloh in Großbritannien, Irland und Mitteleuropa. ⚠ Gelegentlich bei Menschen.

2

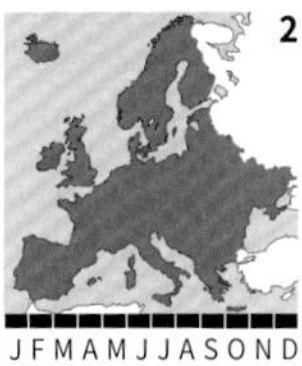

2 Stelzenfloh
Dasypsyllus gallinulae **L** 2–3 mm. Genalkamm fehlend; Pronotalkamm mit 32–36 Stacheln. **H** Wälder, Parks, städtische Gebiete, wo die Wirte vorkommen. **I** Zu den Wirten gehören: Teichhuhn, Rotkehlchen, Weidenmeise, Waldschnepfe, Gartenbaumläufer, Amsel und andere, hauptsächlich Sperlingsvögel.

ECHTE FLÖHE Pulicidae

E 8 GEN 19 SPP 5 ILL

Umfasst bekannte Flöhe, die mit Menschen, Katzen und Hunden assoziiert sind; jede Art hat einen spezifischen Säugetier- (gelegentlich auch Vogel-)Wirt.

3

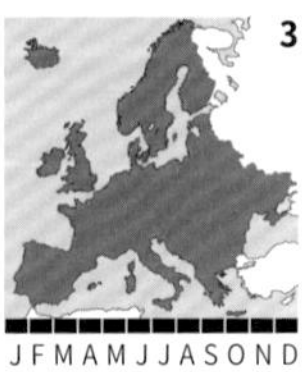

3 Igelfloh ***Archaeopsylla erinacei***
L 2–3 mm. Genalkamm mit 1–3 (gewöhnlich 2) Stacheln, Pronotalkamm mit 2–9 Stacheln. **H** Städtische und ländliche Gebiete; wo Wirte vorkommen. **I** Hauptwirt Igel, gelegentlich auf anderen Wirten.

Gen. *Ctenocephalides* E 2 SPP

Die meisten Arten auf Raubtieren, darunter die bekannten Hunde- und Katzenflöhe; eine Art auf Ziegen.

4

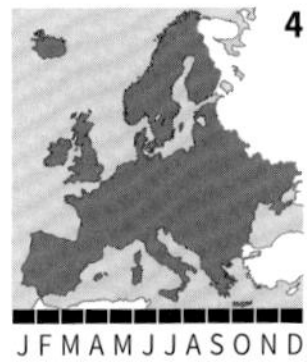

4 Hundefloh ***Ctenocephalides canis***
L 2–3 mm. Kopf sehr rund, nicht länglich. Genalkamm mit 8–9 spitzen Stacheln, Pronotalkamm mit 14–18 Stacheln. **H** Wo die Wirte vorkommen. **I** Hauptwirte sind Hunde und Füchse. ⚠ Beißt auch Menschen.

5

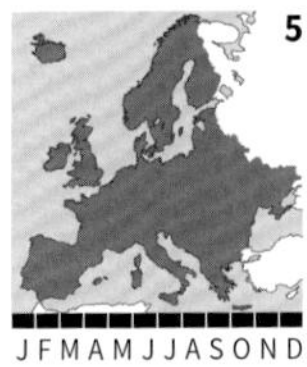

5 Katzenfloh ***Ctenocephalides felis***
L 2–3 mm. Kopf ist länglicher als bei *C. canis*. Braun mit helleren Beinen; Genalkamm mit 8 spitzen Stacheln, nach hinten gebogen; Pronotalkamm mit 14–16 Stacheln. **H** Wo die Wirte vorkommen. **I** Zu den Wirten gehören (Haus-)Katzen, Hunde, gelegentlich andere Säugetiere (einschließlich Menschen) und Vögel. Aufgrund des breiten Wirtsspektrums ist der Katzenfloh (*C. felis*) eine der verbreitetsten Arten; in einigen europäischen Stadtgebieten häufigster Parasit auf Haushunden und auch Menschen. Befallsspitzen gewöhnlich im Spätsommer. ⚠ Beißt auch Menschen.

6

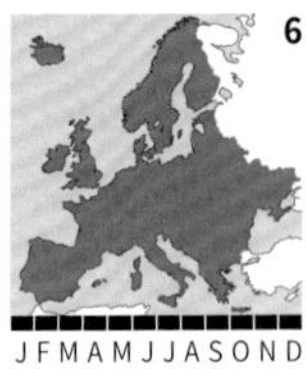

6 Menschenfloh ***Pulex irritans***
L 2–4 mm. Kein Genal- oder Pronotalkamm; Fühler kurz, können in einer Grube hinter den Augen platziert werden. Bei Gen. *Pulex* endständiger Lappen der Fühler asymmetrisch, Fühler S1 blattartig verbreitert, Spitze ragt über den Augenrand hinaus. **H** Wo die Wirte vorkommen. **I** Wirte sind: Menschen, Meerschweinchen, Hausschweine, Hunde, Füchse, andere Säugetiere. ⚠ Beißt auch Menschen, ist aber in Mitteleuropa selten geworden; die meisten Flöhe, die heute auf Menschen gefunden werden, sind Katzenflöhe (*Ctenocephalides felis*) oder Hundeflöhe (*C. canis*).

7

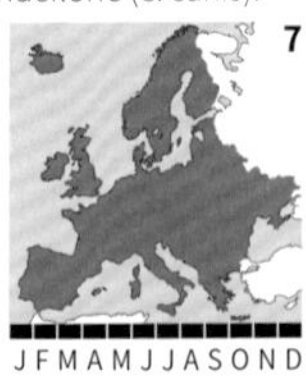

7 Kaninchenfloh
Spilopsyllus cuniculi **L** ~ 2 mm. Genalkamm mit 4–6 Stacheln; Pronotalkamm mit 12–17 Stacheln. Einzige Art der Gattung. **I** An Kaninchen, selten an anderen Säugetieren wie Hasen oder Katzen.

Körperbau von Flöhen

(Hühnerfloh)

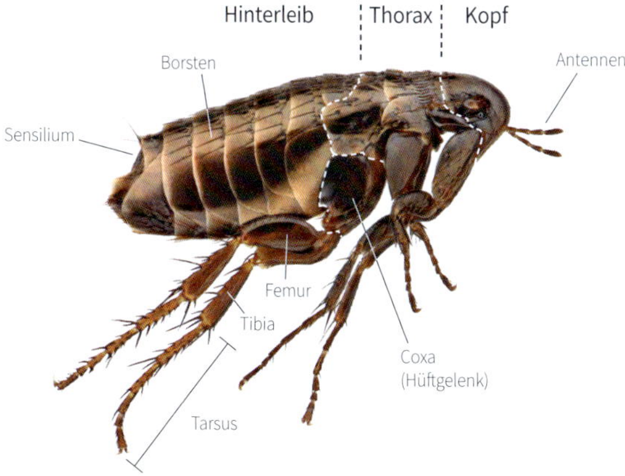

Kopf + Pronotum (Hundefloh)

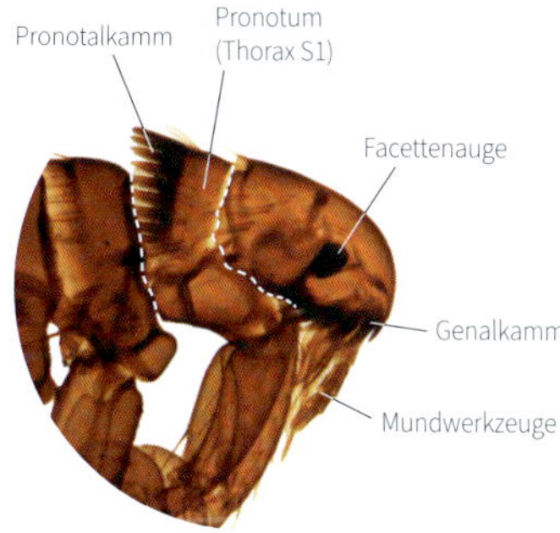

Vogelflöhe

1

2

Echte Flöhe

3

4

♀

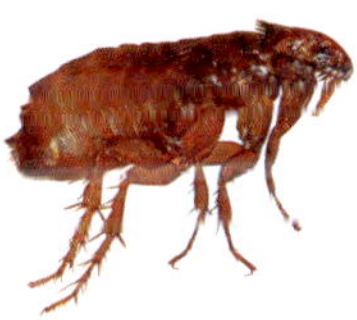

♂

5

6

kein Pronotal- oder Genalkamm

7

Lang gestreckte, kleine bis mittelgroße geflügelte Insekten mit einem Kopf, der nach unten in eine schnabelartige Verlängerung (Rostrum) übergeht. Vorder- und Hinterflügel sind ähnlich groß, ermöglichen einen flatternden Flug, außer bei den flugunfähigen Schneeflöhen (Boreidae), bei denen die Flügel reduziert sind. ♂ mit modifizierten, geschwollenen Fortpflanzungsorganen an der Hinterleibsspitze, die in Ruhestellung nach oben gebogen sind und eine skorpionsähnliche Haltung einnehmen. Obwohl diese Struktur bedrohlich aussieht, können sie nicht stechen. Bei ♀ verjüngt sich der Hinterleib zur Spitze hin. Die Genitalien unterscheiden sich bei den Schneeflöhen, die von vielen Wissenschaftlern als näher mit den Flöhen (Siphonaptera) verwandt angesehen werden als andere Skorpionsfliegen. Eine Änderung der Klassifizierung ist in Zukunft wahrscheinlich. Skorpionsfliegen ernähren sich hauptsächlich von toten Insekten und Aas.

SCHNEEFLÖHE Boreidae

E 1 GEN 5 SPP 1 ILL

Flügel modifiziert; bei ♀ sehr kurz, bei ♂ eher stachelartig. ♀ mit deutlich sichtbarem Ovipositor. Ocelli fehlen. Da sie im Winter oft in höheren Lagen vorkommen, sieht man diese Insekten manchmal auf Schnee. Sie können über kurze Strecken springen, daher der volkstümliche Name.

1 Gemeiner Winterhaft

1

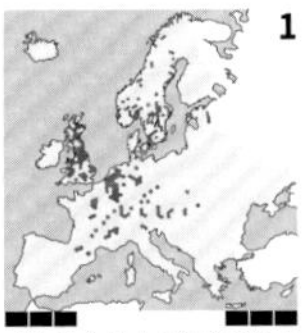

Boreus hyemalis **L** 3–5 mm. Gelblich braun, mit eher dunklem Kopf, Fühlern, Pronotum und Hinterleib. ♀ Ovipositor blass; ♂ Genitalkapsel geschwollen, aber nicht so auffällig wie bei Skorpionsfliegen, Zangen sind von der Seite gesehen gebogen. **H** Heide- und Waldgebiete; man sieht sie meist über Moos kriechend.

SKORPIONSFLIEGEN Panorpidae

E 1 GEN 16 SPP 4 ILL

Groß, voll geflügelt. Alle europäischen Arten werden gewöhnlich der Gattung *Panorpa* zugeordnet; alle anderen Gattungen kommen in Asien vor.

Gen. *Panorpa* E 16 SPP

Körper länglich; schwarz, mit gelben Seiten, Flecken auf dem Kopf (der bei einigen Individuen braun ist) und dem Pronotum, außerdem Hinterleib mit gelben Ringen; bei ♂ Genitalkapsel sowie bei ♀ Spitze des Hinterleibs rot; Beine gelblich braun. Die Flügel sind durchsichtig mit schwarzem Fleckenmuster. Bestimmung bis zur Art anhand der Flügelmusterung und -Äderung. Im Zweifelsfall die Form der Greifzangen der Genitalkapsel der ♂ mit der Lupe oder anhand eines aussagekräftigen Fotos untersuchen.

2 Gemeine Skorpionsfliege

2

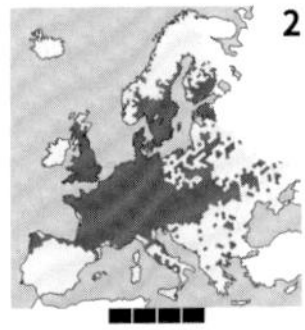

Panorpa communis **L** 10–15 mm, **S** 27–33 mm. Flügelspitzen schwarz und zentrale Flecken groß, zu einem Band verschmolzen; andere Flecken auf der inneren Hälfte der Flügel viel kleiner. Beine gelblich braun. **H** Hecken, Wälder; oft an Brombeeren oder Brennnesseln.

3 Deutsche Skorpionfliege

3

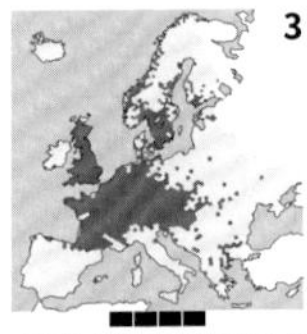

Panorpa germanica **L** 10–12 mm, **S** 22–28 mm. Flügel mit kleinen bis mittelgroßen schwarzen Flecken, bei f. *borealis* (z.B. in Schottland) Flügelflecken reduziert oder fehlend. Schwarzer Bereich an der Flügelspitze schmal. **H** Hecken, Wälder; oft an Brombeeren oder Brennnesseln.

4 Rötliche Skorpionsfliege

4

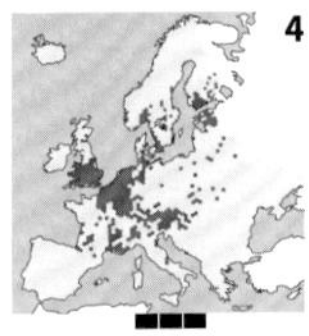

Panorpa cognata **L** 10–12 mm, **S** 25–28 mm. Bräunliche zentrale Flecken auf dem Pronotum. Alle Flügel mit wenigen schwarzen Flecken oder Markierungen; dunkler Fleck in der Nähe der Spitze oft durchsetzt, aber äußerste Spitze mehr oder weniger durchsichtig; zentrale schwarze Hauptflecken gehen ineinander über und erstrecken sich über die Hälfte des Flügels. **H** Kalkhaltige Standorte, feuchte Wälder und Gebüsche; oft auf niedriger Vegetation, einschließlich kleiner Birkenschösslinge.

5 Iberische Skorpionsfliege

5

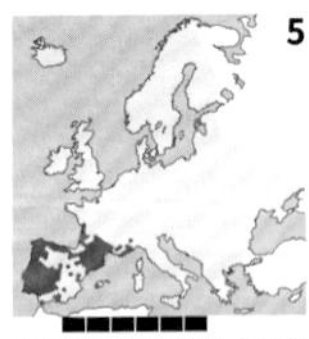

Panorpa meridionalis **L** 10–15 mm, **S** 25–30 mm. Oberseite des Kopfes leuchtend rot (schwarz bei *P. communis*), ebenso die Basis des Rostrums. Flügelzeichnung deutlich; Vorderflügel mit großem Basalfleck, der sie von *P. vulgaris* unterscheidet, die hier einen kleineren Fleck hat. **H** Grünland, Wälder, auch in Gebirgsregionen.

STRUKTUR DER SKORPIONSFLIEGEN

SCHNEEFLÖHE

1 ×5 ◆

SKORPIONSFLIEGEN

2 ×2 ◆

3 ×2 ◆

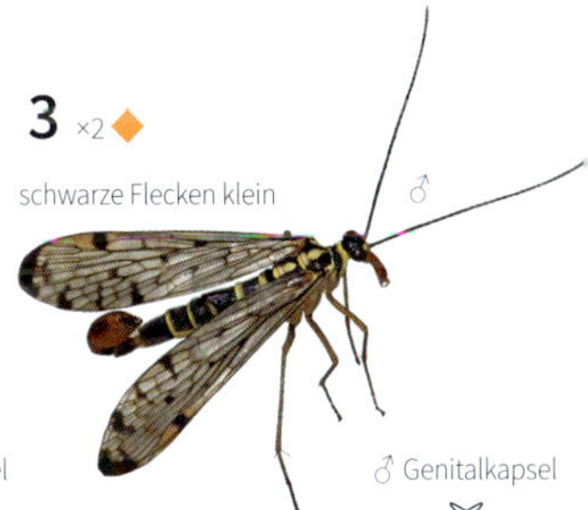

P. communis Flügel

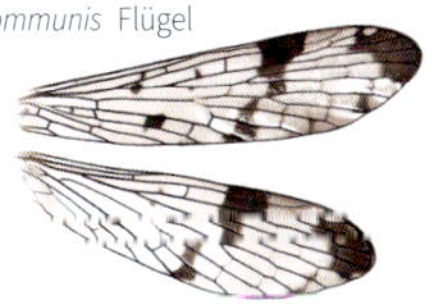

P. germanica Flügel

P. cognata Flügel

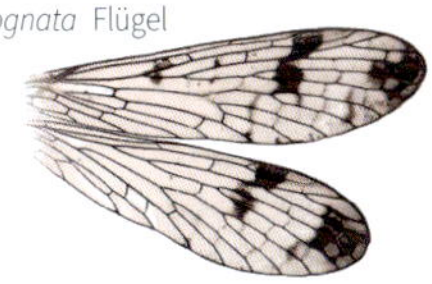

4 ×2 ◆

5 ×2 ◆

Kleine bis sehr große Insekten mit 4 Flügeln; Vorder- und Hinterflügel sind ähnlich groß. Der flatternde Flug der Köcherfliegen erinnert an einige Nachtfalter, aber die Flügel sind behaart, was sie von den Schmetterlingen unterscheidet. In der Ruhephase sind die Flügel dachförmig über den Körper gefaltet; andere ähnliche Insekten am Wasser ruhen mit Flügeln in unterschiedlichen Positionen.

Alle Arten haben Facettenaugen, einige auch 3 Ocelli, was bei der Bestimmung der Familie helfen kann, genau wie Unterschiede in der Flügeläderung und die Anzahl der Palpen. Sie haben lange Fühler, die normalerweise nach vorne gehalten werden. Die Anzahl der Sporne an den Tibiae (nicht zu verwechseln mit Stacheln, die ebenfalls vorhanden sein können, aber in der Regel eine andere Farbe haben) bilden eine „Spornformel", die für die Unterscheidung einiger Familien wichtig ist.

Zur Identifizierung einiger Arten, die keine ausgeprägte Flügelzeichnung aufweisen, sind spezielle Bestimmungsschlüssel erforderlich, die die Verwendung eines Mikroskops erfordern. Die meisten in diesem Buch gezeigten Arten sind jedoch unverwechselbar, man benötigt kein Mikroskop.

Erwachsene Tiere nehmen keine Nahrung auf und leben in der Regel nur wenige Tage; der Geschlechtsdimorphismus ist gering. Die Larven (mit Ausnahme der Landköcherfliege und einiger anderer Arten) leben im Wasser und bauen oft tragbare Köcher, deren Stil bei der Bestimmung der Arten helfen kann.

Tagfliegende Arten werden häufig fliegend oder ruhend auf oder unter der Ufervegetation, einschließlich Schilf und Seggen, angetroffen. Die meisten Arten sind jedoch Nachtflieger, die von Mottenfallen und anderen Lichtern angezogen werden.

BRACHYCENTRIDEN Brachycentridae

E 2 GEN 20 SPP 1 ILL

Ocelli fehlen; einzigartige Spornformel, die in anderen Familien nicht vorkommt: vorne 2, Mitte 3, hinten 3.

1 Schleier-Köcherfliege
Brachycentrus subnubilus **S** 15–30 mm. Körper, Kopf und Gaumen behaart. Vorderflügel gräulich, mit gelblichen Flecken. **H** Schnelle Flüsse und Bäche.

1
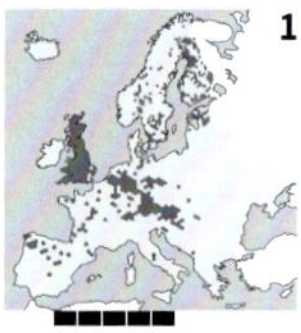

GOERIDEN Goeridae

E 4 GEN 17 SPP 1 ILL

Ocelli fehlend; Spornformel: vorne 2, Mitte 4, hinten 4.

2 Gelbbraun-Köcherfliege
Goera pilosa **S** 17–26 mm. Vorderflügel bräunlich gelb, mit gelben Haaren. Von anderen einfarbig braunen Köcherfliegen durch sorgfältige Untersuchung der Flügeladern oder Geschlechtsorgane unter dem Mikroskop zu unterscheiden. **H** Steinige Bäche, Flüsse und Seen.

2
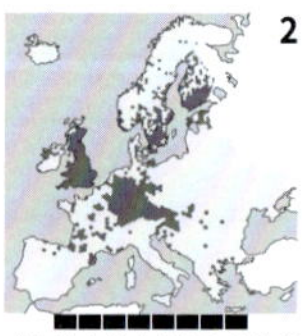

LANGFÜHLER-KÖCHERFLIEGEN Leptoceridae

E 12 GEN 98 SPP 4 ILL

Ocelli fehlen; Körper lang gestreckt; Fühler länger als der Körper (oft ≥ 2×), typischerweise schwarz-weiß gebändert; Spornformel: breites Spektrum, aber 0–2 Sporne an jeder Tibia.

Gen. *Mystacides* E 3 SPP

Augen rot; Maxillarpalpen gekrümmt; Spornformel: vorne 0, Mitte 2, hinten 2.

3 Gemeine Langfühler-Köcherfliege *Mystacides longicornis*
S 13–19 mm. Bei ♂ Augen sehr groß. Vorderflügel länglich, meist gelb und braun gebändert (leicht erkennbar). Eine blassgelbe Form ist nicht selten. **H** Teiche, Seen, langsame Flüsse.

3
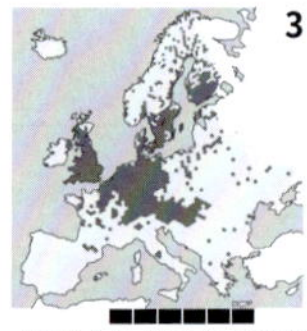

4 Krawatten-Köcherfliege
Mystacides azurea **S** 15–22 mm. Augen rot. Antennen lang, schwarz und weiß gebändert bei ♂, oder kürzer und weiß bei ♀. Maxillarpalpen groß, gekrümmt. Vorderflügel länglich, gefaltet, im Ruhezustand eckig; schwarz mit bläulichem Schimmer. Die ähnliche Art *M. nigra* ist mattschwarz, ohne Schimmer. **H** Bäche, Kanäle, Seen mit steinigem Grund, große Teiche, Flüsse.

4
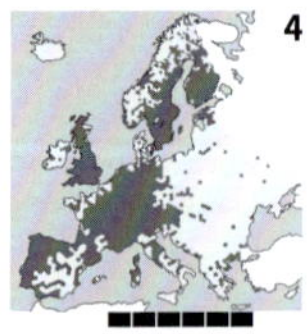

5 Blassbraune Langfühler-Köcherfliege *Oecetis ochracea*
S 20–26 mm. Groß, Flügel meist blass gelblich braun, fast durchsichtig. **H** Teiche, Seen, langsame Flüsse.

5
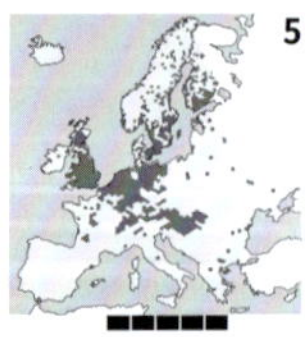

6 Weißstirn-Köcherfliege
Athripsodes albifrons **S** 13–20 mm. Kopf mit Fleck aus weißen Haaren. Braun (bei einigen Exemplaren schwarz), jeder Flügel mit 4 weißen Flecken. Einige andere *Athripsodes* spp. sind ähnlich, von diesen unterscheiden sie sich durch eine blassere Farbe und durch die Geschlechtsteile. **H** Große Bäche und Flüsse.

6
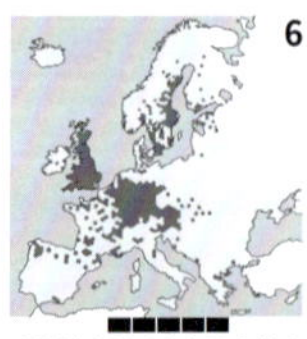

STRUKTUR DER KÖCHERFLIEGEN

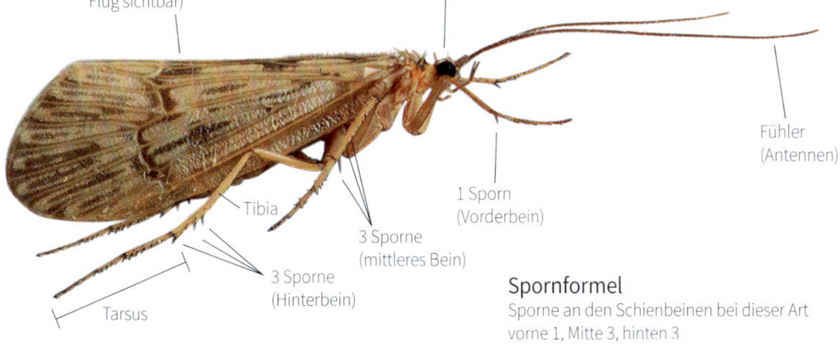

Spornformel
Sporne an den Schienbeinen bei dieser Art vorne 1, Mitte 3, hinten 3

BRACHYCENTRIDEN

1 ×2 ◆

GOERIDEN

2 ×2 ●

LANGFÜHLER-KÖCHERFLIEGEN

3 ×3 ◆

4 ×2,5 ◆

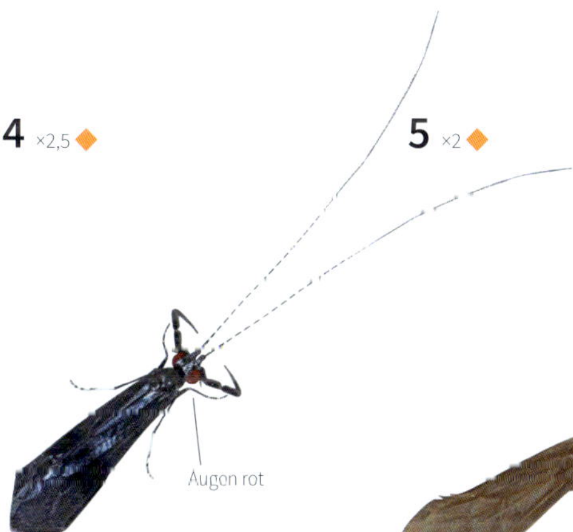

5 ×2 ◆

6 ×3 ◆

SEIDENKÖCHERFLIEGEN Sericostomatidae

E 5 GEN 40 SPP 1 ILL

Ocelli fehlen. Bei ♂ bilden modifizierte Palpen eine maskenartige Struktur vor dem „Gesicht"; Spornformel: vorne 2, Mitte 2, hinten 4.

1 Graubraun-Köcherfliege
Sericostoma personatum **S** 19–34 mm. Kopf groß; Vorderflügel braun, gelegentlich mit hellen Streifen. Von anderen ähnlich gefärbten Köcherfliegen durch die maskenartige „Gesichtsstruktur" bei ♂ zu unterscheiden. **H** Bäche, Flüsse, steinige Seen.

1
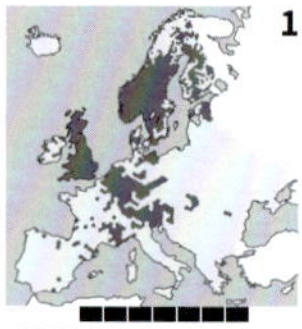

ODONTOCERIDEN Odontoceridae

E 1 GEN 3 SPP 1 ILL

Ocelli fehlend; Körper sehr lang gestreckt; Fühler überragen die Körperlänge; Spornformel: vorne 2, Mitte 4, hinten 4.

2 Weißfühler-Köcherfliege
Odontocerum albicorne **S** 26–38 mm. Vorderflügel länglich, blass mit schwarzer Zeichnung und Linien, besonders an der Spitze, die von Individuum zu Individuum variieren. Antennen sind seitlich gesehen deutlich gezähnt. **H** Steinige Bäche und Flüsse.

2
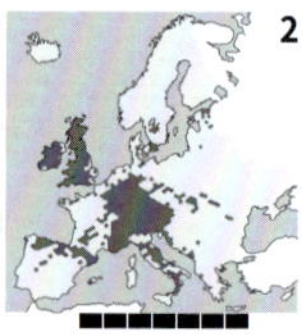

FANGNETZ-KÖCHERFLIEGEN Philopotamidae

E 3 GEN 43 SPP 2 ILL

Ocelli vorhanden; Spornformel: typischerweise vorne 2, Mitte 4, hinten 4. Oberflächlich betrachtet ähnlich anderen gefleckten Köcherfliegen der Familie Polycentropodidae, deren Tibiae die Spornformel vorne 3, Mitte 4, hinten 4 haben und denen die Ocelli fehlen.

Gen. ***Philopotamus*** E 7 SPP

3 Gebirgsbach-Köcherfliege
Philopotamus montanus **S** 17–28 mm. Vorderflügel braun und gelb gefleckt; verschiedene Farbformen. **H** Schnell fließende Flüsse und Bäche.

3
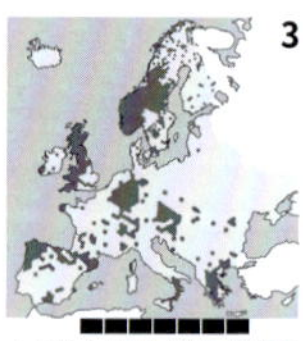

4 Alpen-Köcherfliege
Philopotamus ludificatus **S** 17–28 mm. Vorderflügel schwarzbraun und gelb gefleckt; Hinterflügel ähnlich; Körper schwarz, Kopf und Thorax mit gelben Haaren besetzt. **H** Schnell fließende Flüsse und Bäche, in Gebirgsregionen.

4
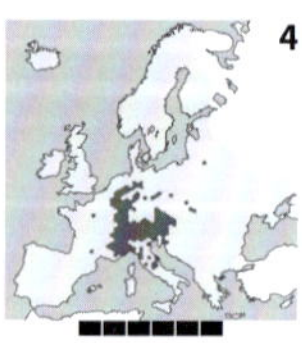

TEICHKÖCHERFLIEGEN Phryganeidae

E 7 GEN 19 SPP 4 ILL

Ocelli vorhanden; Spornformel: typischerweise vorne 2, in der Mitte 4, hinten 4. Oft groß, mit auffälligen Markierungen.

5 Bunte Sumpfköcherfliege
Hagenella clathrata **S** 26–38 mm. Körper schwarz; Vorderflügel schwarz, gelb gescheckt; Hinterflügel ebenfalls markant, blass mit bräunlichen Flecken auf einem Großteil der Ränder und großen Streifen. **H** Moore, feuchtes Heideland.

5
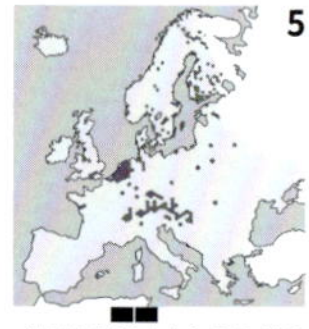

6 Streifenbein-Köcherfliege
Agrypnia varia **S** 30–40 mm. Vorderflügel graubraun mit gesprenkelter Zeichnung; variabel, aber oft schwarzweiß. **H** Teiche, Seen.

6
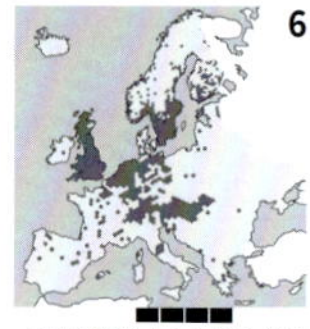

7 Streifenköcherfliege
Oligotricha striata **S** 40–55 mm. Körper schwarz; Flügel schwarzbraun, mit deutlich sichtbarer Aderung; Hals gelb. **H** Sümpfe, feuchte Heidelandschaften.

7
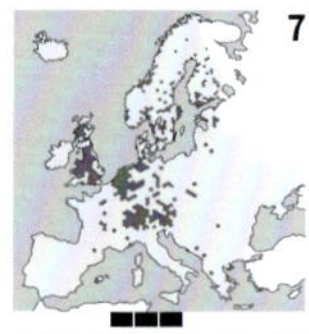

8 Große Teichköcherfliege
Phryganea grandis **S** 38–59 mm. Sehr groß; Vorderflügel braun; ♀ mit dunklerem Mittelstreifen, bei ♂ weniger ausgeprägt. Ähnliche Zweipunkt-Teichköcherfliege *Phryganea bipunctata* im Allgemeinen einheitlicher braun. **H** Stille Gewässer, einschließlich Teiche, Seen, Kanäle und langsame Flüsse.

8
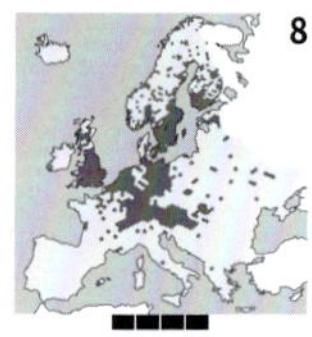

LIMNEPHILIDEN Limnephilidae →

E 51 GEN 366 SPP 14 ILL

Ocelli vorhanden; Spornformel: breites Spektrum. Eine große Familie; in einigen Fällen ist eine Identifizierung auf Gattungs- oder Art-Ebene im Feld möglich, aufgrund der deutlichen Markierungen; aber einige Arten können eine mikroskopische Untersuchung der Flügelnervatur oder der Genitalien erfordern.

9 Pilzkopf-Köcherjungfer
Anabolia nervosa **S** 21–32 mm. Vorderflügel dunkelbraun, mit 2 kleinen weißen Flecken auf jedem Flügel. Spornformel: vorne 1, Mitte 3, hinten 4. **H** Große Bäche und Teiche, auch Flüsse und Seen.

9
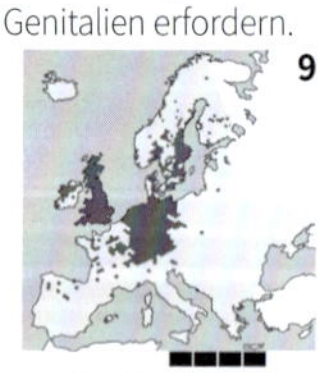

10 Zottige Winterköcherfliege
Chaetopteryx villosa **S** 13–20 mm. Vorderflügel breit, braun, dicht, langborstig behaart; Flügelspitzen abgerundet. Ähnlich der Braunen Winterköcherfliege (*Anabolia brevipennis*), bei der die Flügelspitzen schmaler und weniger abgerundet sind. **H** Bäche, Flüsse und Seen mit steinigem Grund.

10
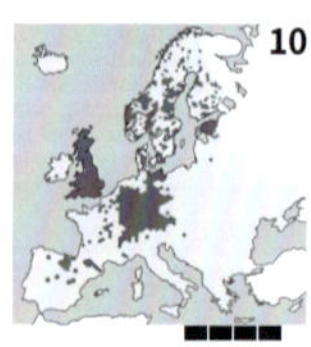

SEIDENKÖCHERFLIEGEN

1 ×2 ◆

ODONTOCERIDEN

2 ×2 ■

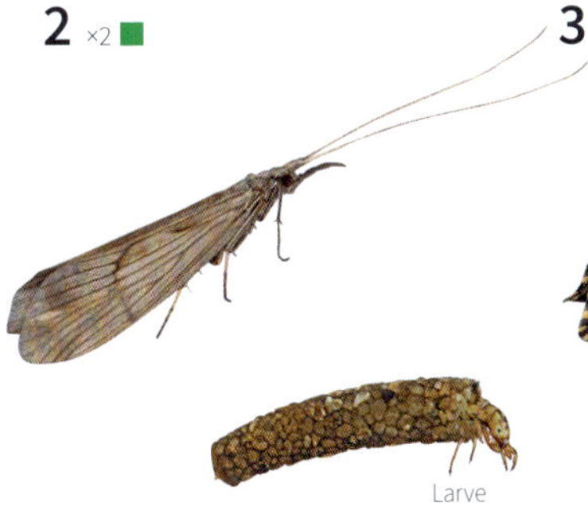

FANGNETZ-KÖCHERFLIEGEN

3 ×2 ●

4 ×2 ●

TEICHKÖCHERFLIEGEN

5 ×1,5 ◆

6 ×1,5 ◆

7 ×1,5 ◆

8 ×1,5 ◆

LIMNEPHILIDEN →

9 ×2 ◆

10 ×3 ◆

← **LIMNEPHILIDEN** Limnephilidae

1 🔍 Blattköcherfliege
Glyphotaelius pellucidus **S** 25–36 mm. Vorderflügel braun, ♂ mit heller und dunkler Zeichnung; ♀ meist nicht gemustert. Diagonale Kerbe am Außenrand des Vorderflügels. Spornformel: vorne 1, Mitte 3, hinten 4. **H** Wälder, nutzt temporäre Bäche und Tümpel.

1
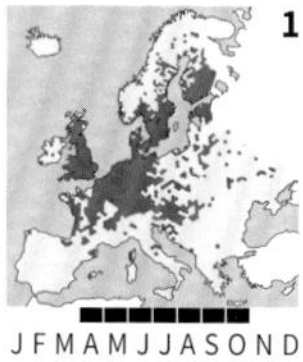

2 🔍 Schwarzpunkt-Köcherjungfer
Grammotaulius nigropunctatus
S 36–54 mm. Vorderflügel gelb mit feinen schwarzen Flecken; Hinterflügel weißlich mit schwarzem Streifen durch die Vorderflügel sichtbar. Spornformel: vorne 1, Mitte 3, hinten 4. **H** Kleinere Teiche, stehende Gewässer.

2
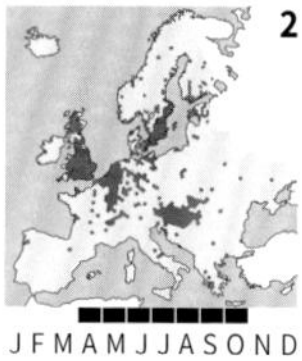

Gen. ***Limnephilus*** E 64 SPP

Spornformel: vorne 1, Mitte 3, hinten 4. Vorderflügel oft mit markanten Flecken oder Formen, besonders an den Spitzen.

3 🔍 Gemeine Köcherfliege
Limnephilus flavicornis **S** 28–40 mm. Vorderflügel blass gelblich braun, gesprenkelt. **H** Kleinere Teiche, stehende Gewässer, auch im Brackwasser.

3
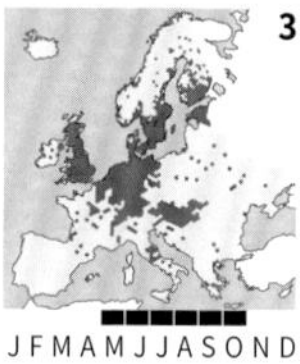

4 🔍 Mond-Köcherjungfer
Limnephilus lunatus **S** 21–32 mm. Vorderflügel braun mit weißlicher Zeichnung; auf den Flügelspitzen befindet sich ein blasses, schwarz umrandetes Sichelzeichen. **H** Bäche, Seen, Teiche, Flüsse, Feuchtgebiete.

4
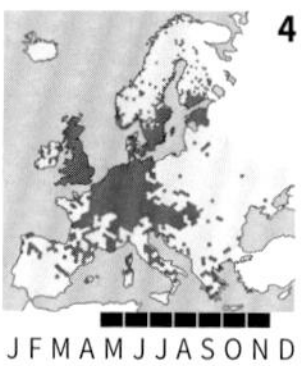

5 🔍 Rhomben-Köcherfliege
Limnephilus rhombicus **S** 30–41 mm. Vorderflügel sehr länglich, gelblich braun mit großer, heller, rhombenförmiger Zeichnung in der Mitte. **H** Seen, Teiche, Flüsse, Sümpfe.

5
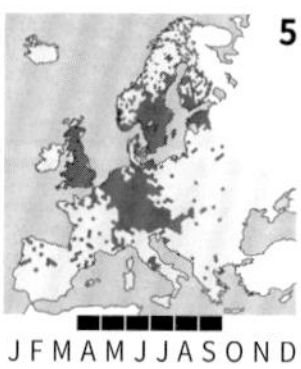

6 🔍 Marmorköcherfliege
Limnephilus marmoratus **S** 25–36 mm. Vorderflügel braun mit mehreren weißlichen Flecken, darunter größere Flecken. **H** Seen, Teiche, Flüsse, Tümpel, auch temporäre Gewässer.

6
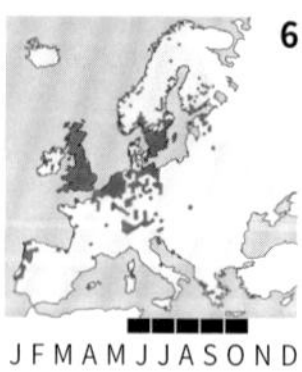

7 🔍 Düsterköcherfliege
Limnephilus sparsus **S** 21–28 mm. Vorderflügel dunkelbraun mit weißlichen Flecken. **H** Sümpfe, Tümpel, temporäre Pfützen.

7
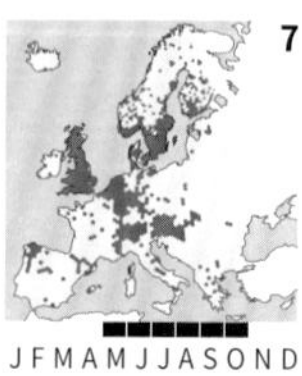

Gen. ***Halesus*** E 7 SPP

Einige sehr große Arten; Spornformel: vorne 1, Mitte 3, hinten 3. Arten werden durch mikroskopische Untersuchung der Geschlechtsteile untersucht.

8 🔬 Strahlen-Köcherfliege
Halesus radiatus **S** 36–48 mm. Vorderflügel weißlich mit dunkler Sprenkelung und größeren Flecken sowie langen, dunklen Streifen zwischen den Adern, die strahlenförmig zur Flügelspitze verlaufen. **H** Bäche, Flüsse, Seen.

8
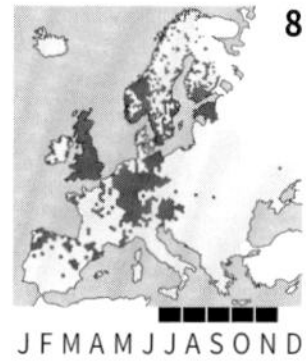

9 🔬 Blasse Strahlen-Köcherfliege
Halesus digitatus **S** 36–48 mm. Ähnlich zu *H. radiatus*, aber mit weniger ausgeprägter Zeichnung. **H** Bäche, Flüsse, Seen.

9
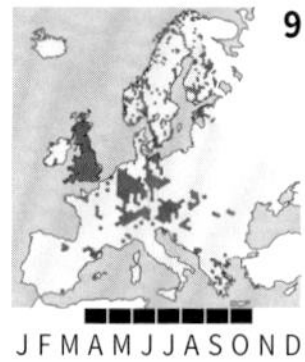

10 🔬 Verkannte Strahlen-Köcherfliege *Halesus tesselatus*
S 36–50 mm. Ähnlich wie andere *Halesus* spp., am besten durch mikroskopische Untersuchung der Geschlechtsteile zu identifizieren. **H** Bäche, Flüsse, Seen.

10
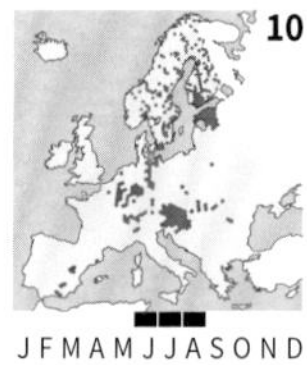

11 🔍 Waldköcherfliege
Enoicyla pusilla **S** ♂ 11–14 mm. **L** ♀ 4 mm. Klein, bei ♂ Vorderflügel einfarbig graubraun; ♀ flügellos, braun. In nordeuropäischen Regionen die einzige flügellose Köcherfliege. ♂ ähnelt oberflächlich anderen Köcherfliegen; späte Flugzeit und Lebensraum sollten bei der Identifizierung helfen. **H** Wälder. **V** Die Larven dieser Gattung entwickeln sich an Land in der Laubstreu.

11
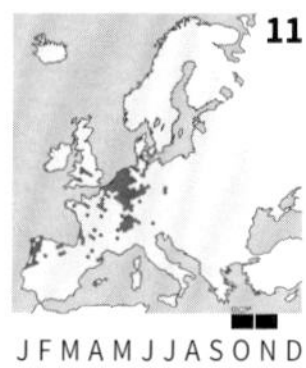

12 🔍 Braune Quellbach-Köcherfliege *Stenophylax permistus*
S 38–50 mm. Gelblich braun, mit dunkler Sprenkelung und hellem Band auf der Vorderseite der Vorderflügel. **H** Bäche, Oberläufe.

12
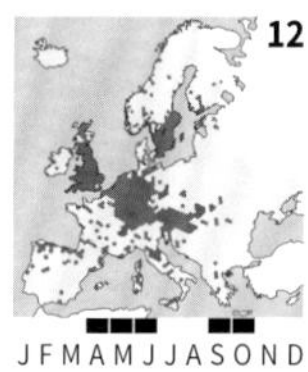

← LIMNEPHILIDEN

1 ×2 ◆

2 ×1,5 ◆

3 ×1,5 ◆

4 ×2 ◆

5 ×1,5 ◆

6 ×2 ◆

7 ×2 ◆

8 ×1,5 ◆

9 ×2 ◆

10 ×1,5 ◆

11 ×3 ◆

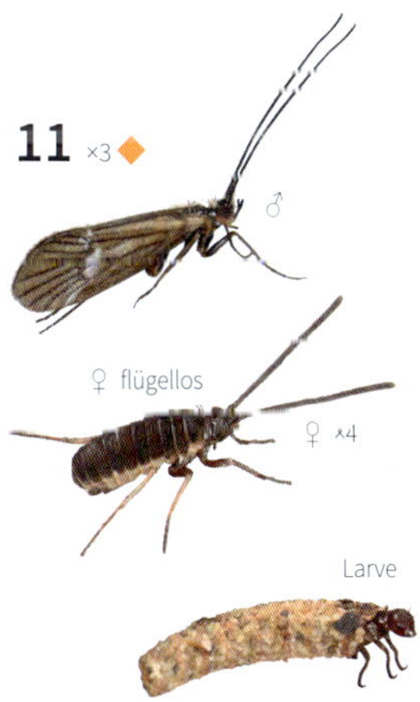

12 ×1,5 ◆

Teils sehr beliebte Insekten mit einer Spannweite von nur 2 mm bis 135+ mm. Die beiden Flügelpaare sind meist mit Schuppen bedeckt – bei Köcherfliegen (S. 394) dagegen behaart. Erwachsene Tiere haben einen Rüssel und ernähren sich von Nektar.

Die Einteilung in Tagfalter und Nachtfalter ist nicht mehr wissenschaftlich begründet, wird aber aus praktischen Gründen auch heute noch verwendet. Tagfalter ruhen normalerweise mit nach oben zusammengeklappten Flügeln und haben keulenförmige Fühler. Nachtfalter sind hauptsächlich nachtaktiv; sie halten die Flügel in verschiedenen Ruhestellungen und ihre Fühler haben verschiedene Formen.

Schmetterlingsbeobachter suchen gerne Naturschutzgebiete mit reichem Blütenangebot auf, in denen die weniger verbreiteten Arten häufiger zu finden sind. Auch Nachtfalter sind an solchen Orten häufig anzutreffen, wobei die tagfliegenden Arten am ehesten anzutreffen sind.

Aus Platzgründen können wir nur bei einigen Arten Larven (bei Schmetterlingen Raupen, S. 15) oder Puppen abbilden. In einigen Fällen zeigen wir präparierte Exemplare, um Merkmale zu illustrieren, die sonst nicht sichtbar wären; z.B. zeigen viele Bläulinge in der Natur fast nie die Oberseite der Flügel, wenn sie ruhen – diese ist in aller Regel nur im Flug sichtbar.

GRUPPEN

TAGFALTER

In der Regel tagaktiv. Meist Flügel in Ruheposition aufrecht über den Körper geklappt oder weit ausgebreitet. Ausnahmen sind einige Dickkopffalter.

→ S. 401

NACHTFALTER

Meist nachtaktiv, nur manche Arten am Tag. Falten ihre Flügel meist wie ein Dach über den Körper; es gibt einige Ausnahmen, z.B. Glasflügler oder Spanner.

→ S. 452

(einschließlich Leitfaden zu Familien)

STRUKTUR DER TAGFALTER

(Tagpfauenauge)

Einige Tag- und Nachtfalter zeigen bei Gefahr eine Warnhaltung, indem sie ihre Flügel blitzschnell öffnen, um für Feinde abschreckend wirkende Augenflecken zu zeigen.

in Ruhestellung Flügel zusammengeklappt

(Zitronenfalter)

Flügelunterseiten sichtbar, wenn der Tagfalter sitzt

FAMILIEN

TAGFALTER

RITTERFALTER
Papilionidae **S. 402**

DICKKOPFFALTER
Hesperiidae **S. 406**

WEISSLINGE
Pieridae **S. 410**

WÜRFELFALTER
Riodinidae **S. 416**

BLAULINGE
Lycaenidae **S. 416**

EDELFALTER
Nymphalidae **S. 426**

Raupe des Hufeisenklee-Gelblings

Futterpflanzen der Raupen

Zur Artbestimmung von Tag- und Nachtfaltern ist oft die Kenntnis der Futterpflanzen der Raupen hilfreich; Angaben hierzu finden sich im Abschnitt **F** (Futterpflanzen) im Beschreibungstext zu jedem Falter.

Erwachsene Falter fliegen in der Regel verschiedene Blüten zur Nahrungsaufnahme an – im Text gegebenenfalls unter **V** (Verhalten) erwähnt – aber auch sie suchen die Futterpflanzen der Raupen beispielsweise zur Eiablage auf.

NACHTFALTER → S. 452

RITTERFALTER Papilionidae →

E 5 GEN 14 SPP 5 ILL

Große, farbenprächtige Tagfalter, einige Arten mit „Schwänzchen“ an den Flügeln. Die Raupen einiger Arten ernähren sich von giftigen Pflanzen, sodass sowohl sie als auch die erwachsenen Falter für einige mögliche Fressfeinde giftig und ungenießbar sind. Dies erklärt auch die leuchtenden Warnfarben dieser Arten.

1 🔍 Segelfalter *Iphiclides podalirius*

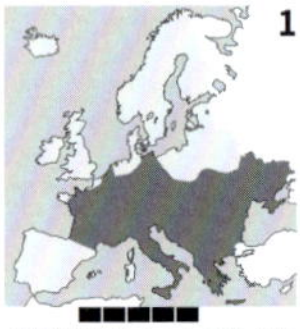

S 60–90 mm. Unverwechselbare Färbung und Form: Flügel blassgelb mit schwarzen Zebrastreifen und langen Schwänzchen; Hinterflügel mit mehreren blauen, sichelförmigen Flecken und einem orangefarbenen Bogen; Unterseite ähnlich. Raupe nach hinten schmal zulaufend, L 40 mm. **H** Verbuschte Hänge, Waldränder, Obstgärten, Wiesen, felsige Hänge, Parks, Gärten. **V** Kann bei idealen thermischen Bedingungen minutenlang ohne Flügelschlag schweben. ♂ beanspruchen exponierte Stellen auf Anhöhen und fliegen auf der Suche nach ♀ umher. In Südeuropa bis zu 4 Generationen pro Jahr; überwintert als Puppe. **F** Schlehdorn und andere *Prunus* spp.

2 🔍 Iberischer Segelfalter

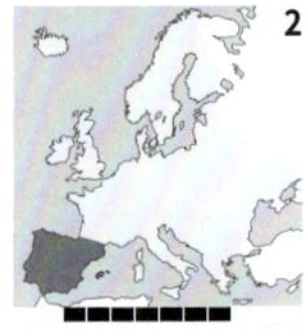

Iphiclides feisthamelii **S** 60–90 mm. Ähnlich *I. podalirius*, aber Flügel länglicher und ihre Oberseiten heller weiß. Beide Arten nur schwer zu unterscheiden, aber ihre Verbreitungsgebiete überschneiden sich kaum. **H** Grünland, Obstgärten, Gärten. **F** Schlehdorn und andere *Prunus* spp.

3 🔍 Schwalbenschwanz

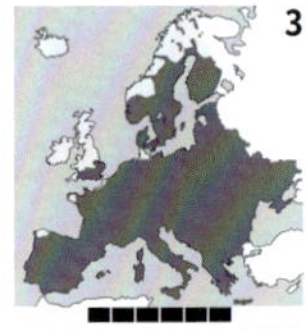

Papilio machaon **S** 60–93 mm. Vorderflügel leuchtend gelb mit schwarzen Bändern und Streifen, Hinterflügel mit mehreren blauen und einem roten Fleck, Schwänzchen relativ lang; Unterseite ähnlich, aber etwas heller. Ähnlicher Korsischer Schwalbenschwanz (*P. hospiton*) mit mehr schwarzen und kleineren roten und blauen Flecken auf den Hinterflügeln. Ausgewachsene Raupen gelblich grün mit schwarzen Streifen und orangefarbenen Punkten; L 45 mm. **H** Grünland, Moore, Waldlichtungen, Parks, Gärten. **V** ♂ oft bei Gipfelbalz (Hilltopping) zu sehen, versammeln sich in der Nähe von Hügeln und fliegen auf der Suche nach ♀ umher. In Mitteleuropa meist 2, manchmal 3 Generationen pro Jahr. **F** Möhren, Fenchel, Petersilie, weitere Doldenblütler.

2 ◆

RITTERFALTER →

1 ◆

3 ◆

← Ritterfalter Papilionidae

Gen. *Parnassius* E 3 SPP

Groß bis sehr groß; Vorderflügel weißlich oder gelblich weiß mit dunkler Zeichnung, einige Stellen leicht durchscheinend; Hinterflügel ohne Schwänzchen; Körper dunkel (um Sonnenenergie zu absorbieren). Färbung variiert bei vielen Arten; bei einigen ist zur Identifizierung eine Inspektion der Geschlechtsorgane erforderlich. Verpaarte ♀ mit deutlich sichtbarem Sphragis auf dem Hinterleib; ein von den ♂ abgesondertes Sekret, das verhindert, dass sich die ♀ mit anderen ♂ paaren.

1 ⊙ Apollo ***Parnassius apollo***

S 60–88 mm. Sehr groß; Flügel weiß bis grau, schwarz gefleckt; Außenseiten nicht beschuppt, sondern durchscheinend; auf jedem Hinterflügel 2 auffällig schwarz umrandete rote Flecken mit weißer Mitte. Es gibt dunklere Formen, besonders in großen Höhen. Fühler hellgrau mit dunklen Spitzen, während der ähnliche Kleine Apollo (*P. phoebus*) geringelte Fühler hat. Raupe kurz, behaart, schwarz mit leuchtend orangefarbenen Punkten. **H** Alpines Grasland; felsige Hänge. **V** Falter saugen an verschiedenen Blüten, die in Höhenlagen wachsen, wie Fetthennen, Disteln, Oregano, Flockenblumen und anderen. Da die Nahrungspflanzen für viele Tiere giftig sind, sind sowohl Raupen als auch Schmetterlinge ungenießbar; rote Flecken auf den Flügeln (und gelbe auf den Raupen) dienen als Warnung für potenzielle Fressfeinde. **F** Verschiedene Fetthennen (*Sedum*).

2 ⊙ Schwarzer Apollo

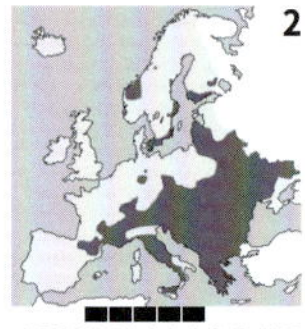

Parnassius mnemosyne **S** 50–62 mm. Flügel weiß mit schwarzen Adern; Außenseiten nicht beschuppt, sondern durchscheinend; Vorderflügel mit 2 schwarzen Flecken; Hinterflügel am Innenrand dunkel, aber ohne dunkle Flecken. In den Alpen kommen dunkel gefärbte Formen vor. Vorderflügel bei ♀ mit größeren transparenten Bereichen; Hinterflügel an der Spitze durchscheinend. Hinterleib bei ♂ behaart und dunkelgrau; Bei ♀ glänzend schwarz mit gelben Flecken. Von einigen Autoren kürzlich der Gattung *Driopa* zugeordnet. **H** Gebirgsregionen, meist bis 1700 m; Grasland, Gebüsch, Berghänge, Waldränder. **V** Eier werden gewöhnlich an bereits verwelkte Blätter oder Stängel der Wirtspflanzen gelegt und überwintern; Raupen schlüpfen im Frühjahr, wenn die Pflanzen zu blühen beginnen. **F** Verschiedene Lerchensporne (*Corydalis*).

3 ⊙ Spanischer Osterluzeifalter

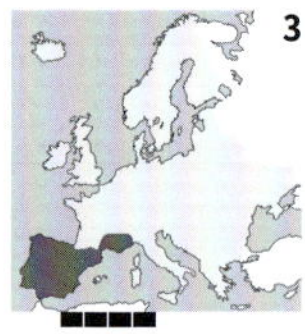

Zerynthia rumina **S** 46–50 mm. Flügel meist blassgelb, bei manchen Formen eher ockergelb, mit ausgedehntem Muster aus dunklen Flecken und Linien. Vorderflügel mit je 3–5 intensiv roten Flecken; Hinterflügel ebenfalls mit meist 3–5 roten, manchmal gelben Flecken. Flügelunterseiten ähnlich, aber einige Bereiche blasser, die gelbe Färbung größtenteils durch Weiß ersetzt. Südlicher Osterluzeifalter (*Z. polyxena*) ähnlich, aber ohne rote Flecken auf den Vorderflügeln. **H** Grasland, Gebüsch, Waldränder, Bachbetten, Gärten, gewöhnlich bis 1500 m. **F** Osterluzei (*Aristolochia*).

3 ■

♀

Exemplar mit ausgeprägten roten Flecken

Hinterflügel mit großem, ungeteiltem, nierenförmigem Fleck

♂

Raupe

← RITTERFALTER

1

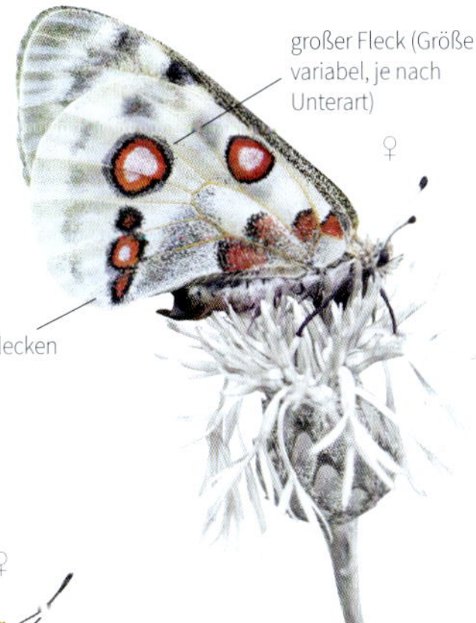

2

DICKKOPFFALTER Hesperiidae →

E 13 GEN 47 SPP 11 ILL

Klein bis mittelgroß, Erscheinungsbild ähnlich manchen Nachtfaltern, jedoch immer tagaktiv. Einige Arten ruhen mit ausgebreiteten Hinterflügeln und aufgestellten Vorderflügeln. Die meisten Arten haben eine dunkelbraune bis orange Grundfarbe. Fühler im Gegensatz zu anderen Schmetterlingsfamilien leicht gekrümmt. Typische Wiesenfalter, die bei Sonnenschein schnell von Blüte zu Blüte fliegen.

1
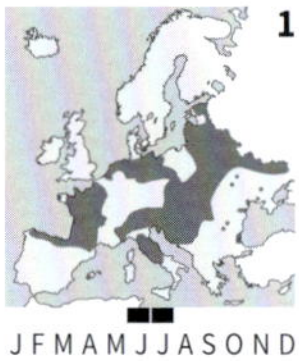

1 ⊙ Spiegelfleck-Dickkopffalter
Heteropterus morpheus **S** 28–32 mm. Flügeloberseiten dunkelbraun; Vorderflügel mit einigen weißen oder gelblichen Flecken am Vorderrand; Hinterflügelunterseite gelb mit charakteristischer Zeichnung aus ovalen, hellen, schwarz umrandeten, weißen Flecken. **H** Feuchtes Grasland, Röhrichte, Waldlichtungen. **F** *Eriophorum-*, *Brachypodium-* und *Molinia-*Arten (z.B. Blaues Pfeifengras); auch auf Einjährigem Rispengras und Sumpf-Reitgras. **V** Typisches hüpfendes Flugbild.

2
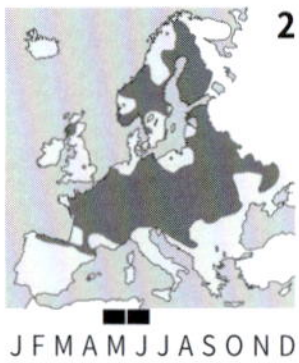

2 ⊙ Gelbwürfeliger Dickkopffalter
Carterocephalus palaemon
S 29–31 mm. Flügeloberseiten mit orangefarbenen Flecken, Unterseiten mit weißen Flecken. **H** Waldränder, Lichtungen, feuchtes Grasland. **F** Gräser, einschließlich Blauem Pfeifengras.

3
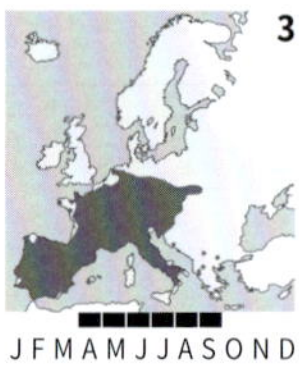

3 🔍 Roter Würfel-Dickkopffalter
Spialia sertorius **S** 22–24 mm. Flügeloberseiten braun mit weißen Flecken; Flügelränder weiß-schwarz gescheckt; Unterseiten rötlich (selten grünlich) mit großen weißen Flecken. **H** Grünland, auch an Hängen, Waldlichtungen, im Gebüsch. **F** Kleiner Wiesenknopf (*Poterium sanguisorba*, syn. *Sanguisorba minor*).

4
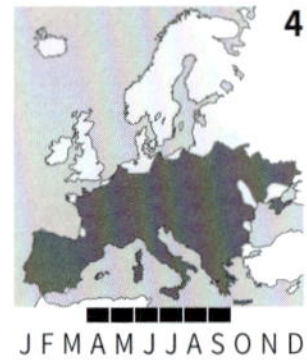

4 🔍 Malven-Dickkopffalter
Carcharodus alceae **S** 24–30 mm. Flügeloberseiten mit Muster aus bräunlichen Bereichen mit rosa oder violetter Tönung; Unterseiten braun mit wenigen weißen Flecken. **H** Warmes und trockenes Grasland, Brachland, Steinbrüche, Wegränder. **F** Verschiedene Malven (*Malva* spp.), auch Stockrose (*Alcea rosea*).

5
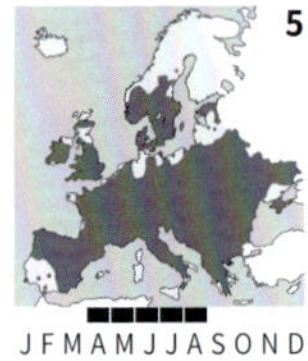

5 ⊙ Dunkler Dickkopffalter
Erynnis tages **S** 27–34 mm. Flügeloberseiten dunkelbraun mit grauer Zeichnung; Flügel in Ruheposition flach gehalten; Hinterleib seitlich deutlich verbreitert; Fühler lang. Südlichere Vorkommen in Europa zunehmend dunkler. Oberflächlich betrachtet ähnlich manchen tagaktiven Nachtfaltern.
H Kurzes Grasland und Hänge, einschließlich kalkhaltiger Waldlichtungen.
F Schmetterlingsblütler (Fabaceae), darunter Wicken und Kleeblatt, wie z.B. Gewöhnlicher Hornklee. **V** Oft auf kahlem Boden zu sehen.

6
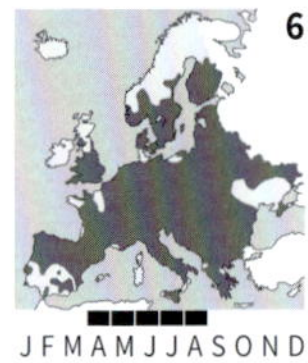

6 🔍 Kleiner Würfel-Dickkopffalter
Pyrgus malvae **S** 23–29 mm. Flügel dunkelbraun (bei frisch geschlüpften Tieren eher schwarz) mit weißen Flecken.
H Grünland, auch kalkhaltiges, Waldränder und Ödland.
F Walderdbeere, Odermennig, Kriechendes Fingerkraut und andere. **V** Oft auf Steinen oder kahlem Boden sonnend, manchmal zusammen mit dem Dunklen Dickkopffalter (*Erynnis tages*).

1 ■

DICKKOPFFALTERS →

2 ■

3 ◆

4 ◆

5 ■

6 ◆

← DICKKOPFFALTER Hesperiidae

1 🔍 Rostfarbiger Dickkopffalter
Ochlodes sylvanus **S** 29–36 mm. Flügeloberseiten hellgolden mit dunkelbraunen Partien und helleren orangefarbenen Flecken, Unterseiten schwach gesprenkelt, ♂ mit schwarzer Duftschuppe auf jedem Vorderflügel; in Ruhestellung Hinterflügel flach, Vorderflügel angehoben. **H** Grasland, Gärten, Parks, Waldränder. **F** Gräser, einschließlich Knaulgras.

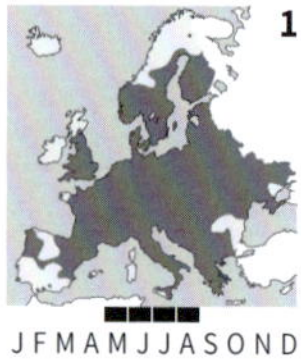

2 🔍 Komma-Dickkopffalter
Hesperia comma **S** 29–37 mm. Ober- und Unterseiten der Flügel mit weißen Flecken; ♂ mit kommaförmiger Duftschuppe auf jedem Vorderflügel; ♀ dunkler mit etwas größeren Flecken. Hinterflügel in Ruhestellung flach gehalten, Vorderflügel angehoben. **H** Hänge, Kreidegrasland mit kurzer Grasnarbe. **F** Gräser, einschließlich Schafschwingel.

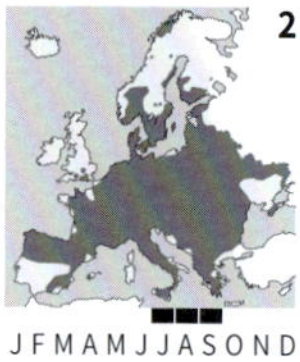

Gen. *Thymelicus* E 5 SPP

Flügeloberseiten einfarbig goldorange oder dunkel olivbraun mit dunklerem Rand, ♂ mit schwarzer Duftschuppe auf jedem Vorderflügel; Unterseiten einfarbig mit hellem Rand und dunkler Linie innen. In Ruhestellung Hinterflügel flach, Vorderflügel angehoben.

3 🔍 Mattscheckiger Braun-Dickkopffalter *Thymelicus acteon*
S 24–28 mm. ♂ Flügeloberseiten dunkel, olivbraun; ♀ Vorderflügel mit goldener Mondsichel (Sonnenstrahl-Muster). **H** Grasland, Hänge, auch kalkhaltige Gegenden. **F** Gräser, einschließlich Fieder-Zwencke.

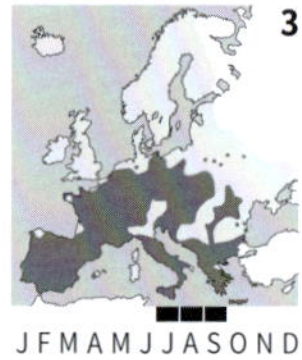

4 🔍 Schwarzkolbiger Braun-Dickkopffalter *Thymelicus lineola*
S 26–30 mm. Flügeloberseiten goldorange; bei ♂ Vorderflügel mit kurzer schwarzer Duftschuppe parallel zur Äderung; bei ♀ schwarzer Rand auf den Vorderflügeln weniger deutlich. Fühlerspitzen beider Geschlechter unterseitig schwarz. **H** Hohes Grasland, Hänge. **F** Verschiedene Gräser, darunter Knäuelgras.

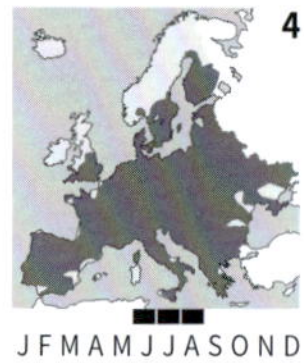

5 🔍 Braunkolbiger Braun-Dickkopffalter *Thymelicus sylvestris*
S 27–34 mm. Flügeloberseiten goldorange; bei ♂ Vorderflügel mit schwarzer Duftschuppe schräg gegen die Äderung gestellt; bei ♀ schwarzer Rand auf den Vorderflügeln deutlicher ausgeprägt. Fühlerspitzen beider Geschlechter unterseits braun. **H** Hochgrasland, Straßenränder und Waldränder. **F** Gräser, vor allem Wolliges Honiggras.

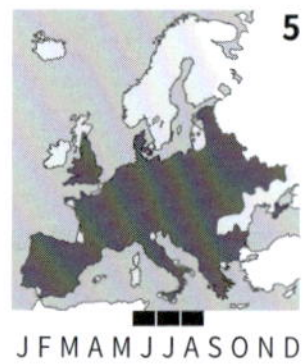

1 ◆

← DICKKOPFFALTERS

2 ◆

3 ◆

4 ◆

5 ◆

WEISSLINGE Pieridae →

E 11 GEN 56 SPP 14 ILL

Mittelgroß bis groß, überwiegend weiß oder gelb; Flügelspitzen abgerundet, außer bei *Gonepteryx* spp., dort hakenförmig. Fühlerspitzen gekeult. Einige Gärtnern gut bekannte Schädlingsarten, deren Raupen sich von Kohl und Kapuzinerkresse ernähren.

Gen. *Gonepteryx* E 5 SPP

Leuchtend gelb, orange oder grünlich bis grünlich weiß; beide Geschlechter meist unterschiedlich gefärbt. Vorderflügel mit hakenförmigen Spitzen; Vorder- und manchmal auch Hinterflügel mit orangeroten bis braunen Mittelflecken.

1 Kleopatra-Falter
Gonepteryx cleopatra **S** 50–70 mm. ♂ dunkelgelb mit orangefarbenem Fleck auf den Vorderflügeln; ♀ blassgelb oder grünlich; Flügelunterseiten beider Geschlechter hellgrünlich gelb. Jeder Flügel mit braunem Punkt in der Mitte. **H** Offene Wälder, Gebüsche. **F** Stechpalmen-Kreuzdorn (*Rhamnus alaternus*).

1

2 Zitronenfalter
Gonepteryx rhamni **S** 60–74 mm. Bei ♂ Flügel schwefelgelb, bei ♀ grünlich weiß; ♀ kann im Flug mit dem Großen Kohlweißling (*Pieris brassicae*, S. 414) verwechselt werden. **H** Waldränder, Hecken, Grasland mit Gebüsch, Gärten. **F** Kreuzdorn und Faulbaum. **V** Überwintert als Falter, fliegt gelegentlich im Winter während sonniger Perioden, aber meist erst im Frühjahr aktiv.

2
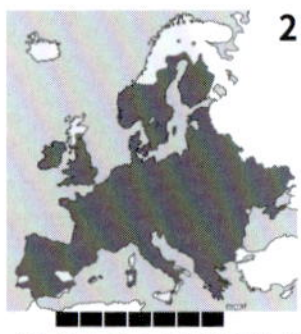

Gen. *Anthocharis* E 4 SPP

Flügel weiß oder gelb, Vorderflügel bei ♂ mit orangefarbenen Spitzen.

3 Aurorafalter
Anthocharis cardamines **S** 40–52 mm. Flügeloberseiten beider Geschlechter weiß; Vorderflügel bei ♂ mit orangen Spitzen, bei ♀ mit kleinem schwarzen Fleck und Spitzen schwarz; Hinterflügelunterseiten beider Geschlechter grün gesprenkelt. ♀ des Westlichen Resedaweißlings (*Pontia daplidice*, S. 414) ähnlich, aber mit weißen Flecken in der schwarzen Flügelspitze. **H** Feuchtes Grasland, Straßenränder, Waldränder. **F** Kreuzblütler, einschließlich Wiesenschaumkraut, Knoblauchskraut.

3
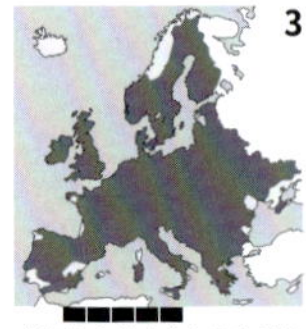

4 Gelber Aurorafalter
Anthocharis euphenoides **S** 40–52 mm. Flügeloberseiten gelb bei ♂, weiß bei ♀; Unterseiten beider Geschlechter meist gelb. Vorderflügel beider Geschlechter mit orange Spitzen, bei ♂ jedoch stärker ausgeprägt. **H** Offene, blütenreiche Gebiete, wie Halbtrockenrasen, felsige Steppen; manchmal in Olivenhainen. **F** Brillenschötchen (*Biscutella*).

4
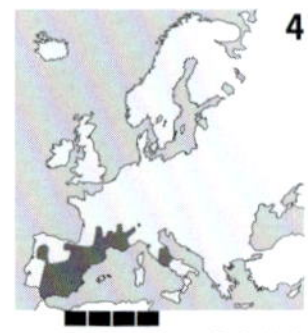

5 Leguminosen-Weißling
Leptidea sinapis **S** 36–48 mm. Sehr zart aussehend; schmale Vorderflügel mit schwarzer oder grauer Spitze. Unterseiten weiß mit grauer, manchmal grünlicher Zeichnung; Hinterflügelunterseite der 2. Generation nur schwach gezeichnet. Senfweißling (*L. juvernica*) und Réal-Leguminosen-Weißling (*L. reali*) praktisch identisch, obwohl die Unterseite typischerweise stärker gezeichnet ist; sichere Erkennung anhand der Geschlechtsorgane oder durch molekulare Analyse. **H** Waldränder. **F** Leguminosen.

5
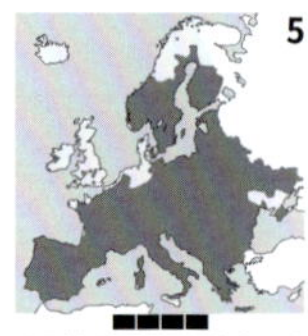

5 ●

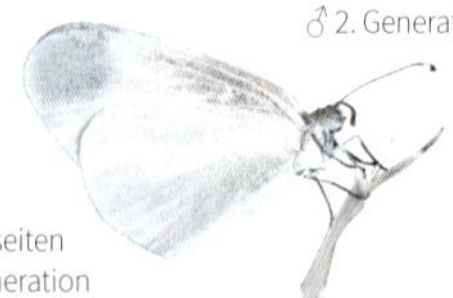

WEISSLINGE →

1
orangefarbener Fleck bei ♂ (Oberseiten nur im Flug sichtbar)
♂
Spitze hakenförmig
Hinterflügel mit Haken
2
schwefelgelb bei ♂ (Oberseiten nur im Flug sichtbar)
♂
sichtbar orange
♂ ×0,75
bei ♀ Flügel ohne Orange
♀ ×0,75
♀ ×0,75
♀ ×0,75
Raupe
Puppe
3
♂
Vorderflügelspitzen orange bei ♂, schwarz bei ♀
♀
♂
♀
grün gesprenkelt
bei ♀ Flügel-oberseiten ohne Orange
Raupe, L2
Raupe
Puppe
bizarr geformt, anfangs grün, später braun (hier abgebildet)
4
♀
Vorderflügelspitzen orange/grau bei ♀
alle Flügel leuchtend gelb/orange bei ♂
♂
Hinterflügel mit kontrastierendem dunklem Muster
Vorderflügel weiß, nur Spitze orange bei ♀
♀

← **WEISSLINGE** Pieridae →

Gen. *Colias* E 11 SPP

Flügeloberseiten gelb oder tief gelblich orange bei ♂, weißlich bei ♀; Unterseiten gelblich. Flügelspitzen abgerundet, bei *Gonepteryx* spp. (S. 410) hakenförmig. Die Artbestimmung umfasst die genaue Betrachtung von Breite und Form der schwarzen Flügelränder, ist aber bei einigen Arten problematisch.

1 Hufeisenklee-Gelbling
Colias alfacariensis **S** 50–60 mm. Flügeloberseiten gelb bei ♂, weißlich bei ♀. Vorderflügel mit schwarzem Fleck; Unterseiten bei beiden Geschlechtern orange. Oberseite der Hinterflügel mit schmalem schwarzen Rand, der gebrochen sein kann. Große Ähnlichkeit mit Goldener Acht (*C. hyale*), obwohl die Vorderflügel weniger spitz sind; Raupen dieser beiden Arten jedoch leicht zu unterscheiden. **H** Kalkhaltiges Grasland, felsige Hänge. **F** Hufeisenklee (*Hippocrepis comosa*).

1

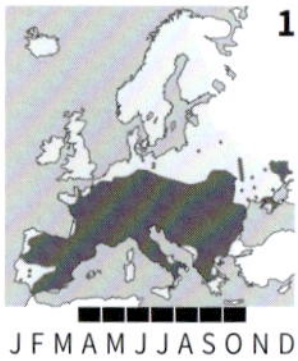

2 Postillon ***Colias croceus***
S 52–58 mm. Tiefgelb, fast orange; Flügeloberseiten mit breitem schwarzem Rand, der bei ♀ gelb gefleckt ist. Einige ♀ oberseits weißlich oder blass zitronengelb und unterseits blass (Form *helice*). Unterseiten grünlich gelb mit dunklen Flecken bei beiden Geschlechtern; oft sehr ähnlich anderen *Colias* spp. **H** Kalkhaltiges und anderes Grünland, mit reichlich Klee. **F** Klee. **V** Gelegentlich werden Hybride mit dem osteuropäischen Steppen-Gelbling (*C. erate*) beobachtet.

2

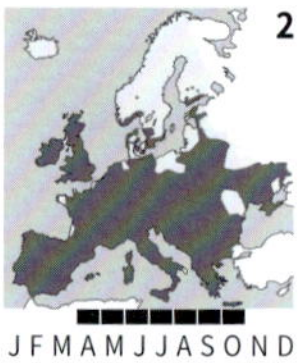

3 Goldene Acht ***Colias hyale***
S 52–62 mm. Sehr ähnlich zum Hufeisenklee-Gelbling (*C. alfacariensis*); Oberseite der Hinterflügel mit ununterbrochenem, schmalem schwarzen Rand. Raupen dieser beiden Arten jedoch leicht zu unterscheiden. **H** Offene Flächen, Küstenklippen, Grasland, Klee- und Luzernefelder. **F** Luzerne, Wicke, Klee.

3

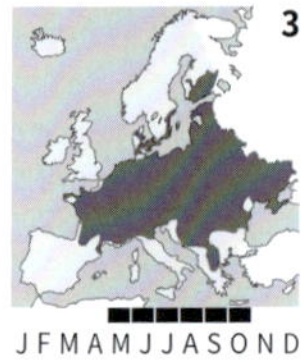

4 Hochmoorgelbling
Colias palaeno **S** 50–56 mm. Flügeloberseiten bei ♂ weißlich gelb mit dunklem, scharf begrenztem Rand; Fransen rot; Vorderflügelunterseiten gelblich; Hinterflügelunterseiten graugrün, zum Rand hin gelblich. ♀ ähnlich wie ♂, aber weißlicher; dunkler Rand auf den Flügeln weniger scharf abgegrenzt als bei ♂. Die nördlichen Populationen sind im Allgemeinen blasser gefärbt. **H** Torfmoore, Sümpfe, Moorland. **F** Rauschbeere (*Vaccinium uliginosum*).

4

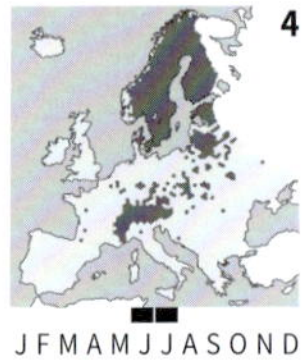

1

2 ◆

gelbe Adern in schwarzem Bereich
♂
gelb-orange
Duftschuppe
Hinterrand schwarz
♀ ×0,5
orange
♀ f. *helice*
×0,5
schwarze Flecken, die bis zur Spitze verlaufen
diffuse gelbliche Flecken
♂
weißer Fleck
Puppe (kurz vor Schlüpfen)
Raupe

3 ●

♂
ausgedehnte basale Schattierung
blassorangefarbener Fleck
oft große Flecken
♀ ×0,75
leicht spitz
gelblich weiß
♂
weißer Fleck
Puppe
Raupe unterscheidet sich stark von *C. alfacariensis*
Raupe

4 ◆

♂
Hinterrand schwarz
einfacher (nicht doppelter) weißer Fleck
♂
gewöhnlich weiß bei ♀, manchmal gelb
♀

← WEISSLINGE Pieridae

1 Baum-Weißling *Aporia crataegi*

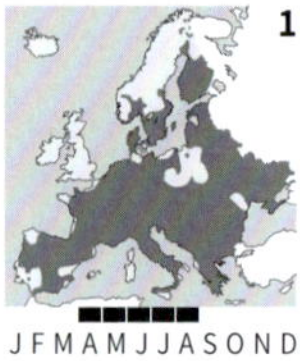

S 60–70 mm. Beide Geschlechter mit weißen Flügeln und schwarzem Körper; Flügeladern schwarz bei ♂, braun bei ♀. Der Schwarze Apollo (*Parnassius mnemosyne*, S. 404) kann ähnlich aussehen, hat aber schwarze Flecken auf den Flügeloberseiten, die bei dieser Art fehlen. **H** Offene Flächen, felsige Hänge, Waldlichtungen, Obstgärten, Gebüsch, Gärten, Straßenränder. **F** Weißdorn, Schlehdorn.

2 Westlicher Resedaweißling

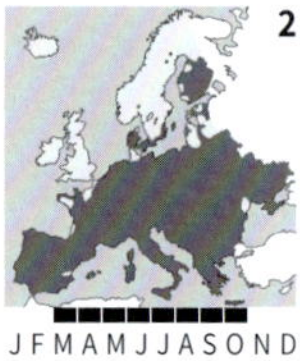

Pontia daplidice **S** 48–52 mm. Vorderflügel weiß mit großem schwarzem Fleck und schwarzer Spitze, die weiße Flecken aufweist; Hinterflügelunterseite grün gesprenkelt. Praktisch identisch zum Östlichen Resedaweißling (*P. edusa*); zur sicheren Identifizierung ist eine DNA-Untersuchung erforderlich. Es besteht eine gewisse Unsicherheit über das genaue Verbreitungsgebiet beider Arten und darüber, ob es sich bei *P. daplidice* um die Art handelt, die selten als auch als Einwanderer in Großbritannien und Irland gemeldet wird. Bestimmung der Raupen ist deutlich einfacher. **H** Offenes Grasland, Wiesen, Wegränder, Parks, Gärten. **F** Resedagewächse, Kreuzblütler. **V** Starke und schnelle Flieger, wandernde Art. Mehrere Generationen im Jahr, kann aber kalte mittel- und nordeuropäische Winter nicht überstehen.

Gen. *Pieris* E 10 SPP

Flügel weiß, breiter als bei den Leguminosenweißlingen (*Leptidea* spp., S. 410), Unterseiten bei den meisten Arten einfarbig ohne dunkle Äderung; Vorderflügel bei ♂ einiger Arten ohne Flecken; bei ♀ meist mit 1 oder 2 schwarzen Flecken.

3 Großer Kohlweißling

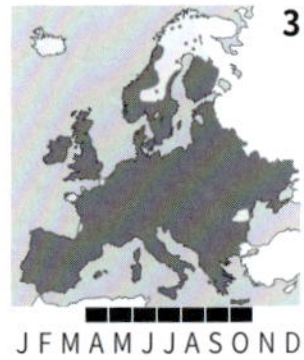

Pieris brassicae **S** 53–70 mm. Vorderflügel bei ♂ mit ausgedehnter schwarzer Spitze; sonst fast vollständig weiß; bei ♀ mit 2–3 großen schwarzen Flecken. **H** Überall, häufig in Gärten. **F** Kreuzblütler, besonders Kohl. **V** Gilt als Schädling an Kohl.

4 Kleiner Kohlweißling

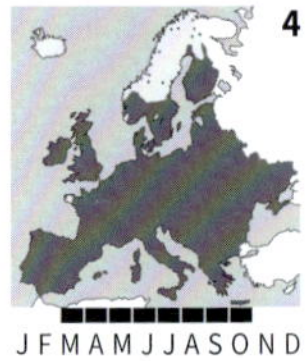

Pieris rapae **S** 38–57 mm. Vorderflügel mit grauer bis schwarzer Spitze nur am oberen Rand; bei ♂ mit 1 schwarzen Fleck; bei ♀ mit 2 größeren schwarzen Flecken. **H** Überall, häufig in Gärten und Kleingärten. **F** Kreuzblütler, besonders Kohl. **V** Gilt als Schädling an Kohl.

5 Grünader-Weißling *Pieris napi*

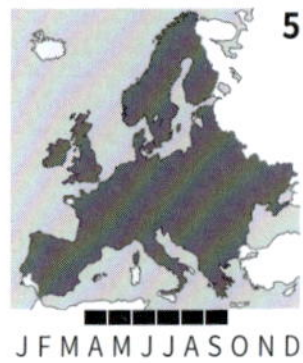

S 40–52 mm. Sehr variable Färbung und Zeichnung; Vorderflügel mit eingeschränkter schwarzer oder gräulicher Spitze; Vorderflügel mit 1 schwarzen Fleck bei ♂, 2 bei ♀; Unterseite mit kräftigen Adern. **H** Feuchtgebiete, Grünland, Ackerland, Hecken, Waldränder und Reitwege. **F** Wilde Kreuzblütler, darunter Knoblauchsrauke und Wiesenschaumkraut.

3

schwarze Flecken auf den Vorderflügeln nur bei ♀

allgemein kräftigere schwarze Flächen in der 2. Generation

Schwarz an der Seite länger als bei *P. rapae*

Raupe, L2

Raupe, reif

2 schwarze Flecken auf der Unterseite der Vorderflügel (auch bei ♂

blass gelblich grün

← Weisslinge

1

2

4

5

WÜRFELFALTER Riodinidae

E 1 SP 1 ILL

Farbenprächtige Falter, in Süd- und Mittelamerika verbreitet, in Europa nur 1 Art. Oft mit metallischer Zeichnung. Fühler mit keulenförmiger Spitze. Bei ♂ Vorderbeine stark reduziert.

1 ⊙ Schlüsselblumen-Würfelfalter

1

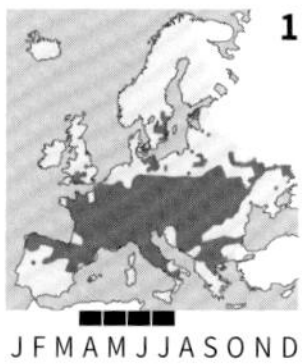

Hamearis lucina **S** 29–34 mm. Flügel orange und dunkelbraun mit gebrochenem weißen Hinterrand; Unterseite der Hinterflügel mit 2 Reihen großer silbrig-weißer Flecken. **H** Kreide- und Kalkmagerrasen, Waldgebiete. **F** Primeln (*Primula* spp.).

BLÄULINGE Lycaenidae →

E 39 GEN 118 SPP 20 ILL

Kleine bis mittelgroße Falter; unterschiedlich gefärbt, teilweise mit metallischem Schimmer. Fühler mit geteilter Spitze. Die europäischen Arten gehören alle zu 3 Unterfamilien: Feuerfalter (Lycaeninae), Zipfelfalter (Theclinae) mit kurzen Schwänzchen an den Hinterflügeln und die Eigentlichen Bläulinge (Polyommatinae) mit den typischen und bekannten bläulichen Flügeln, von denen einige auch Schwänzchen an den Hinterflügeln haben. Die Raupen der meisten Arten sind abgeflacht und oft grünlich; bei einigen Arten sind die Raupen mit Ameisen vergesellschaftet.

FEUERFALTER Lycaeninae

Nur 1 europäische Gattung.

Gen. *Lycaena* E 12 SPP

Flügeloberseiten orange und braun; einige Arten mit kurzen Schwänzchen an den Hinterflügeln.

2

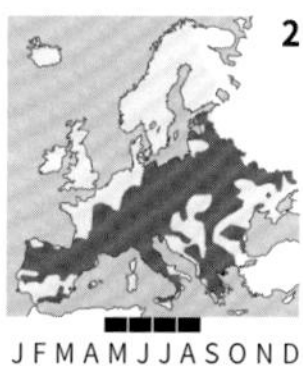

2 ⊙ Violetter Feuerfalter

Lycaena alciphron **S** 27–33 mm. ♂ Flügeloberseiten rötlich golden mit violettem Schimmer (in unterschiedlichem Ausmaß), ♀ goldbraun, auch mit schwarzen Flecken bedeckt. Hinterflügel beider Geschlechter mit orangefarbenen submarginalen Flecken. **H** Grasland, Hügel, felsige Hänge, Waldlichtungen. **F** Wiesen-Sauerampfer (*Rumex acetosa*).

3

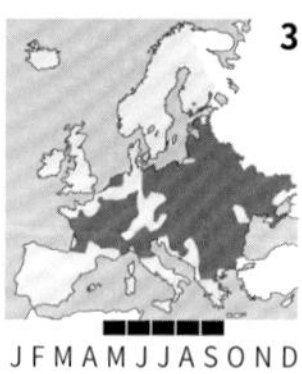

3 🔍 Großer Feuerfalter

Lycaena dispar **S** 33–41 mm. Bei ♂ Vorderflügel oberseitig leuchtend kupferrot oder orange mit schwarzem Rand und weißem Saum, jeder Flügel mit länglichem Mittelfleck; bei ♀ Vorderflügel oberseitig rötlich braun; Hinterflügel dunkelgrau mit orangefarbenem Band am Außenrand. Vorderflügelunterseiten beider Geschlechter blass orange; mit schwarzen, weiß gesäumten Flecken bedeckt. Hinterflügelunterseiten bläulich grau mit breitem orangem Band, nur spärliche schwarze Flecken. **H** Feuchte Wiesen, Sümpfe, Weiden, große Gräben. **F** Riesenampfer, auch andere Ampfer (*Rumex*).

4 ⊙ Lilagold-Feuerfalter

4

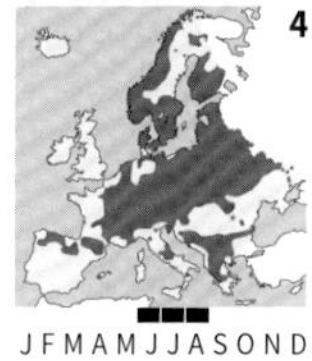

Lycaena hippothoe **S** 30–35 mm. Bei ♂ Flügeloberseiten leuchtend orangerot, dunkle Ränder mit violettem Schimmer; kleiner schwarzer Fleck auf jedem Flügel. Bei ♀ Flügeloberseiten braun bis orange mit schwarzen Flecken; Hinterflügel dunkler mit orangefarbenem Band am hinteren Rand. Flügelunterseiten orange bis grau, spärlich mit schwarzen, weiß umrandeten Flecken versehen. Ssp. *eurydame* in alpinen Regionen: bei dieser Unterart Flügeloberseiten bei ♂ fast vollständig orange und mit sehr schmalem dunklem Rand; bei ♀ Ober- und Unterseiten fast ohne Orange. **H** Feuchtgebiete, auch Trockenrasen, Wegränder. **F** Ampfer, darunter Sauerampfer (*Rumex* spp.).

5 ⊙ Kleiner Feuerfalter

5

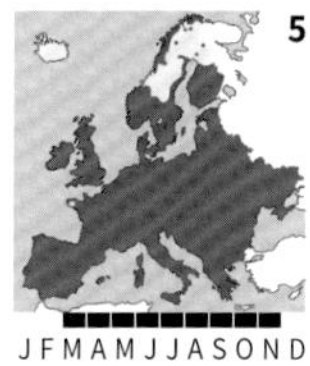

Lycaena phlaeas **S** 26–36 mm. Vorderflügel in der 1. Generation orange mit schwarzen Flecken und dunkelbraunem Rand (Spitze bei ♂ spitzer); Hinterflügel dunkelbraun mit orangefarbenem Band, bei einigen Individuen blau gefleckt. In späteren Generationen Flügel graubraun gefärbt, viel weniger orange. **H** Offene Flächen, Grasland, Heideland, Waldlichtungen, Wegränder. **F** Ampfer (*Rumex* spp.), darunter Sauerampfer.

6 ⊙ Brauner Feuerfalter

6

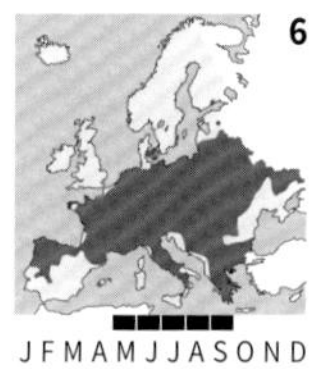

Lycaena tityrus **S** 28–32 mm. Bei ♂ Flügeloberseiten dunkelbraun mit schwarzen Flecken und weißen Fransen, bei ♀ Vorderflügel orange mit schwarzen Flecken, Hinterflügel braun mit orangefarbenem Band, darin schwarze Flecken. Flügelunterseiten beider Geschlechter gelblich grau mit schwarzen und orangefarbenen Flecken. Ssp. *subalpinus* (in den Hochalpen) braun-grau, meist ohne orangefarbene Flecken. Es gibt weitere Formen mit unterschiedlicher Zeichnung. **H** Grasland, Gebüsch, Heidewälder. **F** Ampfer (*Rumex* spp.), darunter Sauerampfer.

7 🔍 Dukaten-Feuerfalter

7

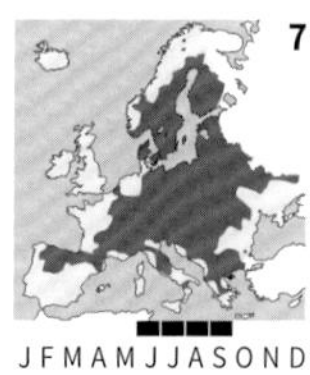

Lycaena virgaureae **S** 30–34 mm. Bei ♂ Flügeloberseiten hell orangerot mit dunklem Rand, bei ♀ Flügeloberseiten orange mit vielen schwarzen Flecken. Hinterflügelunterseiten mit großen weißen Flecken. ♂ ssp. *montana* (in den Alpen in 1700–2000 m Höhe) ähnlich wie ♀, Flügeloberseiten mit schwarzen Flecken und Hinterflügel dunkel. Flügelunterseiten beider Geschlechter blass orange bis gelblich, nur spärlich gefleckt. Es gibt verschiedene Formen mit feinen Unterschieden in Farbe und Zeichnung. **H** Grasland, Waldränder, bis in die subalpine Zone. **F** Ampfer (*Rumex* spp.), darunter Sauerampfer.

WÜRFELFALTER

1 ■

BLÄULINGE

2 ■

3 ◆

4 ■

5 ■

6 ■

7 ◆

← BLÄULINGE Lycaenidae →

ZIPFELFALTER Theclinae

Flügeloberseiten meist ohne Blau. Hinterflügel mit kurzem Schwänzchen (Zipfel) und auffälliger Zeichnung daneben; diese erscheinen als „falscher Kopf" und können potenzielle Angreifer vom eigentlichen Kopf des Schmetterlings ablenken.

1 ⊙ Nierenfleck-Zipfelfalter
Thecla betulae **S** 36–45 mm. Flügel dunkelbraun, Vorderflügel bei ♀ mit orangefarbenem Fleck; Unterseiten orange mit weißen Linien. **H** Waldränder, Hecken und Gebüsch. **F** Schlehdorn.

1
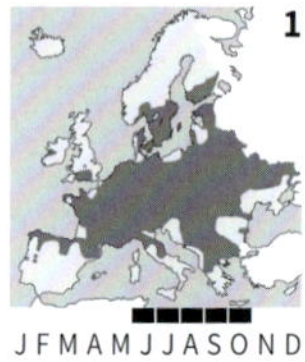

2 ⊙ Blauer Eichen-Zipfelfalter
Favonius quercus **S** 31–40 mm. Flügel bei ♂ blau schimmernd; bei ♀ nur an der Basis der Vorderflügel; Unterseiten silbriggrau mit weißen Linien. **H** Waldränder, Parks, große Gärten. **F** Eichen.

2
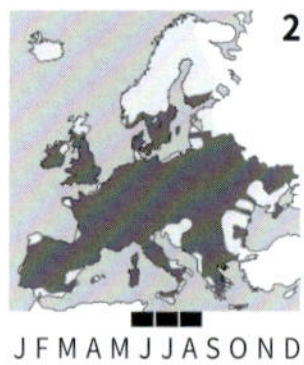

3 ⊙ Grüner Zipfelfalter
Callophrys rubi **S** 27–34 mm. Flügel graubraun; Unterseiten auffallend metallisch grün, oft mit weißer Fleckenreihe. **H** Offenes Grasland und Heideland, mit etwas Gebüsch. **F** Gemeines Sonnenröschen, Gewöhnlicher Hornklee, Ginster, Heidelbeere und andere.

3
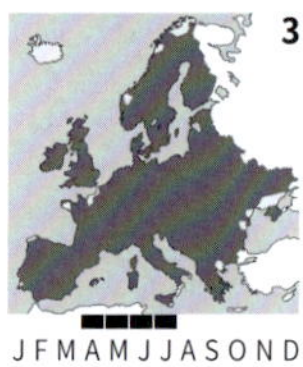

Gen. *Satyrium* E 7 SPP

Flügeloberseiten braun, Unterseiten mit orangefarbenem Rand und auffälliger Zeichnung, die als „falscher Kopf" erscheint.

4 🔍 Brauner Eichen-Zipfelfalter
Satyrium ilicis **S** 28–34 mm. Flügeloberseiten dunkelbraun, bei ♀ Vorderflügel oft mit großem orangefarbenem Fleck. Unterseiten mit gewellter weißer Linie. **H** Waldränder und Lichtungen, Heideflächen, Gebüsch. **F** Eichen.

4
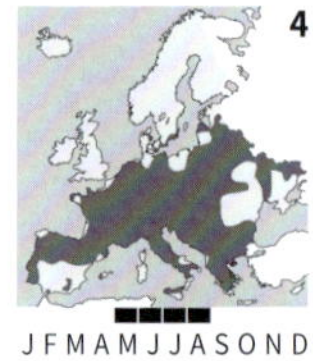

5 🔍 Pflaumen-Zipfelfalter
Satyrium pruni **S** 34–40 mm. Flügelunterseiten braun mit breitem orangenem Band, schwarz-weißer Fleckenreihe und weißer Linie. **H** Waldränder und Hecken. **F** Schlehdorn.

5
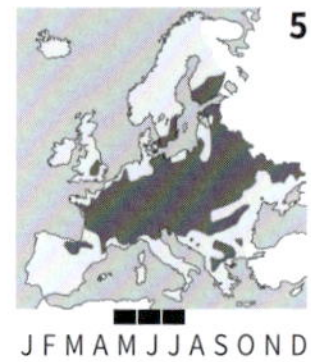

6 🔍 Ulmen-Zipfelfalter
Satyrium w-album **S** 25–35 mm. Unterseiten braun, Hinterflügelunterseite mit orangefarbenem Band, das von einer schwarzen Linie begrenzt wird; weiße W-förmige Zeichnung. **H** Waldränder und Parks. **F** Ulmen.

6
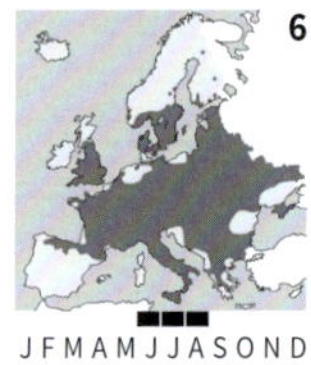

1 ■

2 ■

3 ■

weiße Flecken nur
auf Hinterflügeln,
manchmal fehlend
×1,5
Raupe ×2

4 ◆

♂
Zipfel
♀ oft mit orangefarbenen
Vorderflügeln
♀ ×0,75
unterbrochene
weiße Linie
♀
×1,5
orangefarbene Flecken
mit schwarzen Rändern
Raupe ×2

5 ◆

♂
Zipfel
orangefarbene
Flecken nur auf dem
Hinterflügel bei ♂
♀ ×0,75
orangefarbene
Flecken auch auf den
Vorderflügeln bei ♀
schwarz-
weiße
Flecken
♀ bei Eiablage
×1,5
auffälliges
orange-
farbenes
Band
Raupe ×2

6 ◆

×1,5
Zipfel und Mimikry
mit „falschem Kopf"
hier gut erkennbar
weißes, zickzack-
förmiges W
Raupe ×2

← **BLÄULINGE** Lycaenidae →

EIGENTLICHE BLÄULINGE Polyommatinae →

Die meisten Arten mit charakteristischer bläulicher Färbung auf den Flügeln; bei ♂ Unterseiten oft mit vielen kleinen dunklen Augenflecken.

1

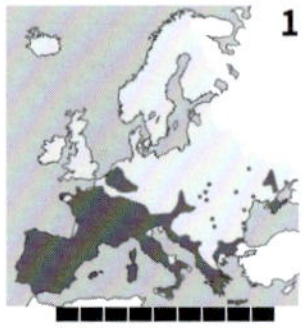

J F M A M J J A S O N D

1 ⊙ Großer Wanderbläuling
Lampides boeticus **S** 32–42 mm. Flügeloberseiten violettblau und braun, ♀ ähnlich, jedoch mit mehr Braun. In beiden Geschlechtern Hinterflügel mit dünnem, langen Schwänzchen und je 2 schwarzen Augenflecken. **H** Wiesen, Parks, Gärten. **F** Verschiedene Hülsenfrüchtler (Fabaceae). **V** Beheimatet im Mittelmeerraum, fliegt dort fast ganzjährig und tritt manchmal als Schädling in Erbsenkulturen auf. Wanderfalter, häufig in Mitteleuropa, kann aber in der Regel kalte Winter nicht überstehen. Schwänzchen und Augenflecken an den Hinterflügelrändern dienen als „falscher Kopf", lenken potenzielle Angreifer vom tatsächlichen Kopf des Falters ab.

2

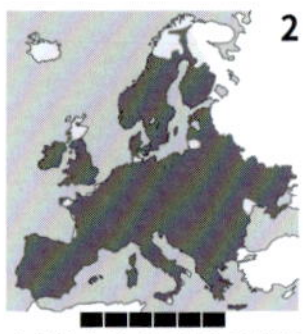

J F M A M J J A S O N D

2 ⊙ Faulbaum-Bläuling
Celastrina argiolus **S** 25–31 mm. Flügel blau; Vorderflügel mit schwarzem Rand, bei ♀ breiter, bei ♂ schmaler, mit weißen Fransen. Hinterflügel silbrig-blau mit schwarzen Flecken. **H** Gärten, Friedhöfe, Hecken, Waldwege usw. **F** Stechpalme (1. Generation), Efeu (2. Generation).

3

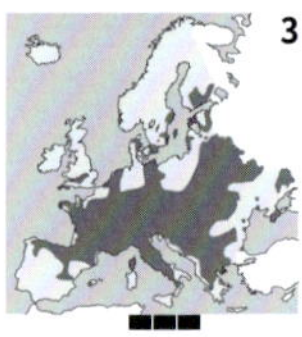

J F M A M J J A S O N D

3 🔍 Quendel-Ameisenbläuling
Phengaris arion **S** 38–52 mm. Flügeloberseiten blau mit schwarzen Flecken auf den Vorderflügeln, schwarzer Randstreifen bei ♀ breiter; Unterseiten silbrigblau mit weiß umrandeten schwarzen Flecken. Populationen in höheren Lagen kleiner und dunkler (vermutlich, um Sonnenstrahlung besser absorbieren zu können). **H** Grasland, Hänge, Berghänge, Waldränder. **F** Thymian, manchmal wilder Oregano; spätere Larvenstadien ernähren sich von Ameisenlarven.
V Aufwendiger Lebenszyklus. Raupen ernähren sich in den ersten 3 Stadien von Wirtspflanzen; werden dann von Ameisen (*Myrmica sabuleti*, manchmal auch andere *Myrmica* spp.) zu ihrem Nest transportiert, wo sie sich von Ameisenlarven ernähren. Im Gegenzug produzieren die Raupen ein zuckerhaltiges Sekret aus Honigdrüsen, das ihre Wirte verzehren. Nach der Verpuppung im Nest schlüpfen die Schmetterlinge, ungestört von Ameisen. Sie profitieren so nicht nur von der Nahrung, sondern auch vom Schutz vor Fressfeinden.

4

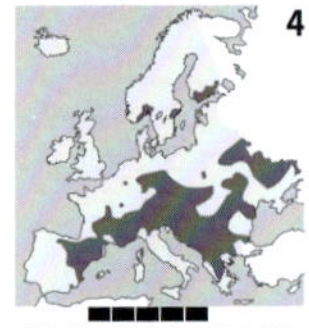

J F M A M J J A S O N D

4 ⊙ Fetthennen-Bläuling
Scolitantides orion **S** 28–32 mm. Bei beiden Geschlechtern Flügeloberseiten schwarz bis dunkelbraun mit etwas Dunkelblau; Unterseiten weiß, mit kräftigen schwarzen Flecken, Hinterflügel mit orangefarbenen Halbmondflecken. **H** Steinige oder sandige Hänge, Buschland, oft kalkhaltig. **F** Fetthenne (*Sedum*).

Gen. *Cupido* E 6 SPP

Flügeloberseiten bei ♂ bläulich, bei ♀ meist dunkelgrau oder braun; Unterseiten meist hellgrau bis fast weiß. Einige Arten mit kurzen Schwänzchen an den Hinterflügeln.

5

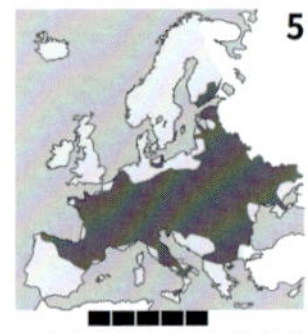

J F M A M J J A S O N D

5 🔍 Kurzschwänziger Bläuling
Cupido argiades **S** 20–30 mm. Hinterflügel mit kurzen Schwänzchen. Flügeloberseiten bei ♂ violettblau; bei ♀ braun mit blauer Staubschicht nahe der Basis. Unterseite der Flügel beider Geschlechter grau mit schwarzen, weiß umrandeten Punkten, Hinterflügel mit markanten orangefarbenen Flecken. **H** Grasland, Buschland, Waldränder. **F** Hülsenfrüchtler.

6

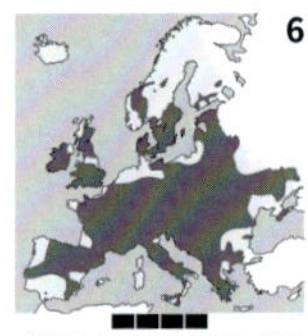

J F M A M J J A S O N D

6 🔍 Zwerg-Bläuling *Cupido minimus*
S 18–27 mm. Sehr klein; bei ♂ Flügel einheitlich graubraun, oft mit etwas blauem Staub an der Basis, Fransen weiß; bei ♀ Flügel ganz braun mit weißen Fransen; Unterseite silbrig-blau mit silbern geränderten schwarzen Flecken. **H** Kalkhaltige Gebiete, Grasland, Dünen, Steinbrüche. **F** Wundklee. **V** Oft in Kolonien, die typischerweise aus einigen Dutzend Individuen bestehen, manchmal auch aus mehreren Hundert.

1 ■

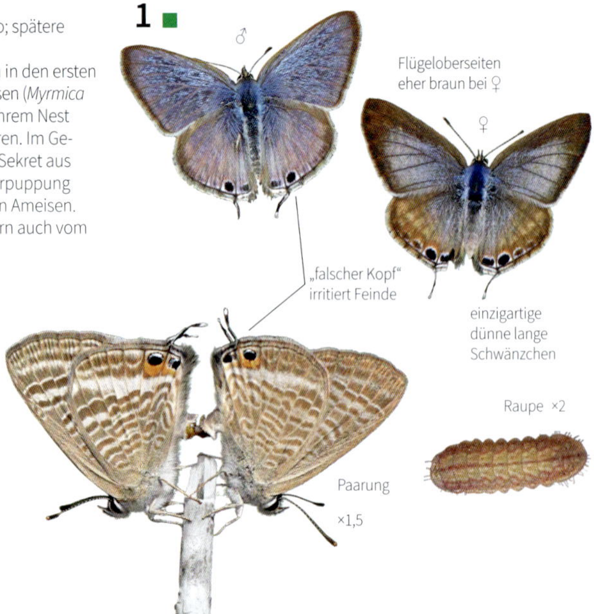

2 ■

schwarze Flügelränder sehr schmal bei ♂
♂
schwarzer Rand breiter bei ♀
♀
Flügelunterseite bläulich weiß, spärlich gefleckt
×1,5
Raupe ×2
Farbvariante

3 ◆

♂
♀
große Flecken auf Vorderflügeln
×1,5
Unterseite der Flügelbasis blau bestäubt
3 Reihen von Punkten

4 ■

♂
weniger Blau bei ♀
♀
Flügelränder beider Geschlechter kariert
Flügelunterseite mit auffälligem dunklem Fleckenmuster
×1,5
orange

5 ◆

♂
Flügel blau mit schwarzem Rand bei ♂
nur geringe blaue Bestäubung bei ♀
♀
weiße Fransen
Fransen mit Schwänzchen
×1,5
markante orangefarbene Flecken
Raupe ×2

6 ◆

♂ ×1,25
winziger Falter
♂ ×1
Flügelbasis bei ♂ oft blau bestäubt
schwarze Flecken auf Vorderflügeln nicht in einer geraden Linie
×1,5
♀ ganz braun
♀
Raupe ×2

← **BLÄULINGE** Lycaenidae →

← **EIGENTLICHE BLÄULINGE** Polyommatinae →

1 ⊙ Alexis-Bläuling
Glaucopsyche alexis **S** 27–36 mm.
Bei ♂ Flügeloberseiten blau mit schwarzen Rändern und weißen Fransen; bei ♀ dunkelbraun, Basis manchmal mit blauem Staub überzogen. Unterseiten grau mit schwarzen Flecken und charakteristischer blaugrüner Färbung an der Basis. **H** Grasland, felsige Hänge, Waldränder und Lichtungen. **F** Hülsenfrüchtler.

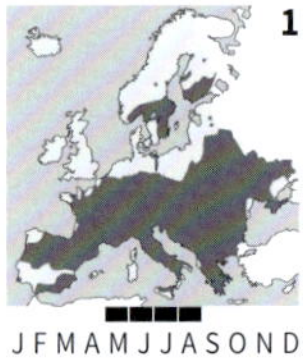

2 🔍 Argus-Bläuling ***Plebejus argus***
S 28–32 mm. Flügeloberseiten blau, breiter schwarzer Rand mit weißen Fransen. ♀ braun oder blau mit orangefarbenen Flecken. Hinterflügel mit orangefarbenen Flecken am Rand und silbernen Punkten. Ssp. *aegidon* (in den Alpen) braun mit orangefarbenen Flecken. Kommt in verschiedenen Unterarten und Formen vor. **H** Grasland, alpine Hänge, Buschland, Heide. **F** Hülsenfrüchtler, Heidekraut.

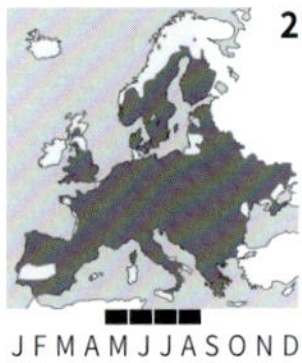

3 ⊙ Hochmoor-Bläuling
Agriades optilete **S** 24–28 mm. Bei ♂ Flügeloberseiten violettblau mit schwarzen Rändern, bei ♀ braun, oft an der Basis leicht violettblau bestäubt. Vorderflügel an der Spitze abgerundet. Hinterflügelunterseiten mit orangefarbenen Halbmondflecken und schwarzem Fleck mit silberblauem Zentrum. **H** Torfmoore, Feuchtgebiete, Heideflächen. **F** Gewöhnliche Moosbeere, andere *Vaccinium* spp.

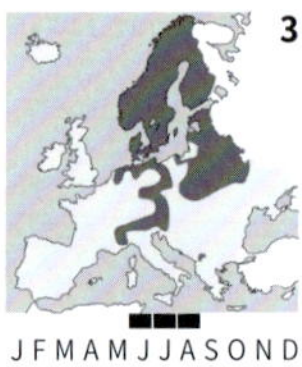

4 🔍 Storchschnabel-Bläuling
Eumedonia eumedon **S** 26–30 mm. Flügeloberseiten beider Geschlechter dunkelbraun, ♀ mit kleinen orangefarbenen Flecken. Unterseiten hell graubraun mit auffälliger weißer Längsmarkierung und schwarz-weiß umrandeten Flecken; auch etwas Orange an den Rändern. **H** Feuchtgebiete, Waldränder und Lichtungen, auch Steppen. **F** Storchschnäbel (*Geranium*).

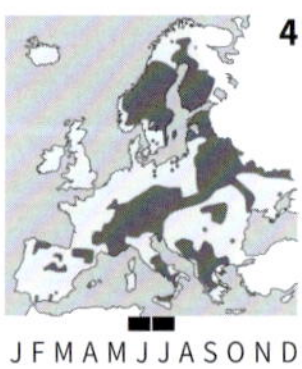

Gen. ***Aricia*** E 7 SPP

Beide Geschlechter bei einigen Arten ähnlich gefärbt, können jedoch mit den Weibchen anderer blauer Arten verwechselt werden. Auf der Flügelunterseite unterscheidet sich jedoch die genaue Anordnung der Flecken auf den Hinterflügeln von anderen Gattungen. Bei den hier gezeigten Arten sind die Flügeloberseiten braun mit einer Reihe orangefarbener Flecken nahe den Rändern. Die Unterseiten sind bei der 1. Generation gräulich mit etwas Blau, bei der 2. Generation bräunlich, mit orangefarbenen Randflecken und weiß umrandeten schwarzen Flecken.

5 🔍 Kleiner Sonnenröschen-Bläuling ***Aricia agestis*** **S** 25–31 mm.
Vorderflügel ohne weißen Fleck in der Mitte, zuverlässige Bestimmung erfordert dennoch sorgfältige Untersuchung der Zeichnung. **H** Kalkhaltige und andere Graslandschaften, Heideflächen, Klippen. **F** Sonnenröschen (*Helianthemum*), Reiherschnäbel (*Erodium*), Storchschnäbel (*Geranium*).

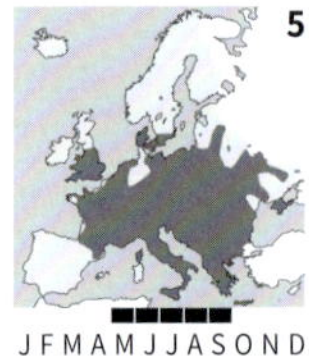

6 🔍 Großer Sonnenröschen-Bläuling ***Aricia artaxerxes***
S 25–31 mm. Vorderflügel bei einigen Populationen (z.B. in Schottland) mit weißlichem Fleck in der Mitte, ansonsten ähnlich wie der Kleine Sonnenröschen-Bläuling (*A. agestris*), obwohl bei diesem die orangefarbenen Halbmondflecken stärker ausgeprägt sind. Verschiedene Unterarten und Formen kommen vor. **H** Grasland, Berghänge. **F** Sonnenröschen (*Helianthemum*), Storchschnäbel (*Geranium*).

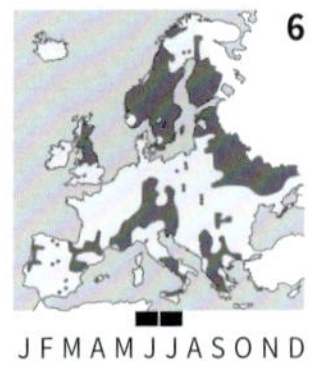

1 ■

2 ◆

3 ■

4 ◆

5 ◆

Fleckmuster und Zeichnung bei beiden Arten leicht variabel

6 ◆

← BLÄULINGE Lycaenidae

← EIGENTLICHE BLÄULINGE Polyommatinae

1 ⦿ Rotklee-Bläuling 1

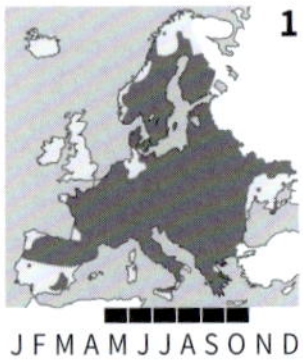

Cyaniris semiargus **S** 22–33 mm. ♂ Flügeloberseiten dunkelviolettblau mit schwarzen Adern; bei ♀ braun; beide Geschlechter mit weißen Rändern. Unterseiten graubraun mit kleinen schwarzen, weiß umrandeten Punkten. **H** Wiesen, Gebüsch, Waldränder und Lichtungen. **F** Rotklee (*Trifolium pratense*), manchmal an verwandten Arten.

Gen. *Lysandra* E 5 SPP

Flügeloberseiten bei ♂ leuchtend blau, grünlich oder silbrig.

2 🔍 Himmelblauer Bläuling 2

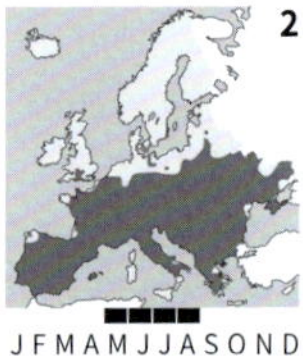

Lysandra bellargus **S** 30–40 mm. Bei ♂ Flügeloberseiten hellblau, mit kleinen dunklen Flecken an den Hinterflügelrändern; bei ♀ Flügeloberseiten braun mit leichtem Blaustich, Hinterflügel mit orangefarbenen Flecken. Unterseiten beider Geschlechter hellgraubraun mit orangefarbenen und weiß umrandeten schwarzen Flecken. Kreuzt sich selten mit einigen anderen Bläulingen. **H** Kalkhaltige Graslandhänge, bis 2000 m. **F** Hufeisenklee (*Hippocrepis comosa*), Kronwicke (*Securigera varia*).

3 🔍 Silbergrüner Bläuling 3

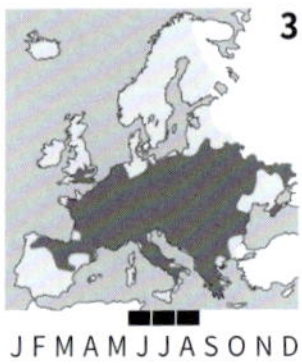

Lysandra coridon **S** 30–35 mm. Bei ♂ Flügeloberseiten blass silbrig-blau mit dunklem Randstreifen mit weißen Fransen, unterbrochen von schwarzen Adern. ♀ braun (gelegentlich bläulich) mit orangefarbenen Flecken und weiß karierten Fransen. Flügelunterseiten beider Geschlechter braun mit orangefarbenen Randflecken und weiß umrandeten schwarzen Flecken. **H** Kalkhaltige Grasflächen und Hänge. **F** Hufeisenklee (*Hippocrepis comosa*).

Gen. *Polyommatus* E 23 SPP

Bei ♂ Flügeloberseiten blau, bei ♀ meist bräunlich; Unterseiten mit Reihen kleiner dunkler, weiß umrandeter Flecken. Raupen mehrerer Arten leben in Gesellschaft von Ameisen.

4 🔍 Zahnflügel-Bläuling 4

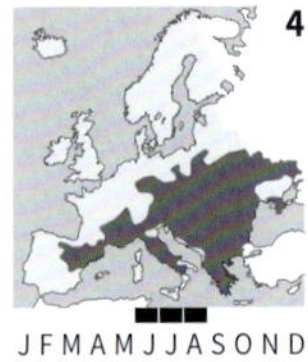

Polyommatus daphnis **S** 35–42 mm. Bei ♂ Flügeloberseiten glänzend blau mit schwarzen Rändern; bei ♀ blau und braun mit breiteren Rändern. Es gibt Formen mit weniger Blau. Gewellte Hinterränder der Hinterflügel bei ♀ ausgeprägter. Flügelunterseiten beider Geschlechter graubraun mit weiß umrandeten schwarzen Flecken. **H** Felsige, oft kalkhaltige Graslandhänge. **F** Bunte Kronwicke (*Securigera varia*).

5 🔍 Hauhechel-Bläuling 5

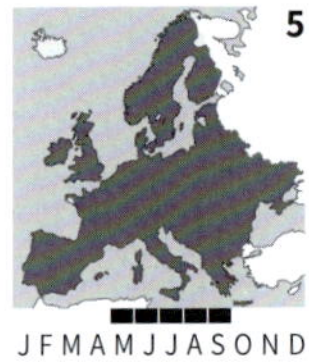

Polyommatus icarus **S** 29–36 mm. Bei ♂ Flügeloberseiten violettblau mit schmalem schwarzen Randstreifen und durchgehenden weißen Fransen; bei ♀ dunkelbraun, manchmal blau gesprenkelt, mit orangefarbenen Flecken. Flügelunterseiten grau oder braun mit orangefarbenen Randflecken und weiß umrandeten schwarzen Flecken, darunter ein basaler Fleck auf den Vorderflügeln. **H** Wiesen, Gärten. **F** Verschiedene Hülsenfrüchtler.

6 🔍 Kleiner Esparsetten-Bläuling 6

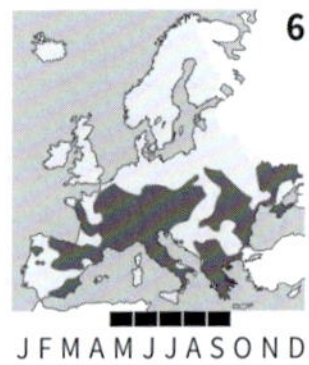

Polyommatus thersites **S** 25–31 mm. Dem Hauhechel-Bläuling (*P. icarus*) sehr ähnlich, jedoch etwas kleiner; basale Flecken auf der Unterseite der Vorderflügel fehlen bei beiden Geschlechtern (aber manchmal auch bei *P. icarus*). Beachte auch andere geringfügige Unterschiede an den Hinterflügeln (siehe Illustrationen). **H** Grasland. **F** Esparsetten (*Onobrychis*).

1 ■

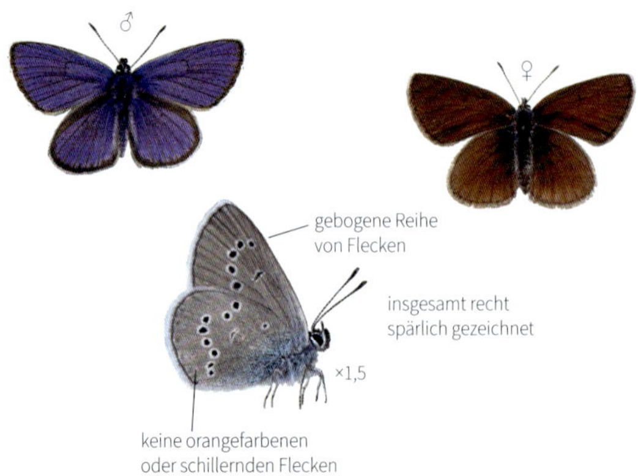

2 ◆

♂
Fransen kariert
♀ ×0,75
×3
feine schwarze und weiße Kappen über orangefarbenen Flecken
grau bestäubt
×1,5
weiß

3 ◆

dunkel
Fransen kariert
♂
♀ ×0,75
Vorderflügel weißlich bei ♂
Vorderflügel bräunlich bei ♀
♂ ×1,5
junges Stadium
Raupe ×2

4 ◆

♂
bräunliche Flecken am Rand
♀ ×0,75
stärker gewellt bei ♀
♂
♀ ×1,5
gewellt bei ♀

5 ◆

♂
♀ ×0,75
♀ ×0,75
einige ♀ blau bestäubt
weiße Fransen
Anzahl der orange-farbenen Flecken variabel
2 Basalflecken
×1,5
weißer Keil
Raupe ×2

6 ◆

♂
♀ manchmal blau bestäubt
♀ ×0,75
2. Fleck in der Reihe angeordnet
kein Basalfleck
♀ ×1,5
weißer Keil

EDELFALTER Nymphalidae →

E 41 GEN 218 SPP 58 ILL

Mittlere bis sehr große Falter. Färbung und Musterung sehr vielfältig. Einteilung vereinfacht in Perlmuttfalter, Fleckenfalter und Augenfalter nach äußerem Erscheinungsbild, nicht streng systematisch. Flügelspitzen abgerundet. Fühler mit keulenförmiger Spitze. Umfasst mehrere bekannte Arten, die häufig an Blüten Nektar sammeln, oft an Sommerflieder.

PERLMUTTFALTER →

Mittelgroß bis groß; Flügel orange, schwarz gefleckt (Flügelränder niemals ausgefranst); Flügelunterseiten gemustert.

1 ⊙ Kleiner Perlmuttfalter
Issoria lathonia **S** 34–56 mm. Oberseite der Flügel orange mit schwarzen Flecken; Unterseite ähnlich, jedoch zusätzlich mit auffälligen silbrig glänzenden Flecken. **H** Grasland, felsige Hänge, sandige Gebiete. **F** Veilchen (*Viola*).

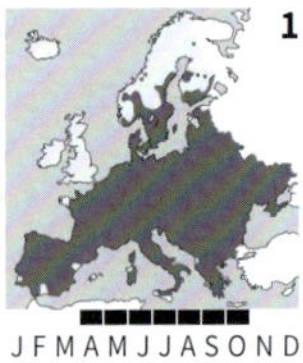

Gen. *Brenthis* E 3 SPP

Eher kleinere Perlmutterfalter.

2 🔍 Brombeer-Perlmuttfalter
Brenthis daphne **S** 45–50 mm. Flügeloberseiten orange mit schwarzen Flecken und Wellenlinien. Unterseite der Hinterflügel blassgelblich, äußere Hälfte violett. **H** Offene Wälder, Waldränder, Buschland, Hänge. **F** Brombeeren (*Rubus*).

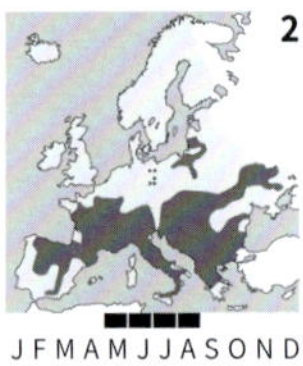

3 🔍 Mädesüß-Perlmuttfalter
Brenthis ino **S** 32–40 mm. Flügeloberseiten orange mit schwarzen Flecken und Wellenlinien, Rand schwarz. Unterseite der Hinterflügel braun und hellgelb mit dunklen Flecken. **H** Feuchtgebiete, Moore, Waldränder, Hänge. **F** Rosen, darunter Mädesüß (*Filipendula*), Großer Wiesenknopf (*Sanguisorba officinalis*), Brombeeren (*Rubus* Sect. *Rubus*).

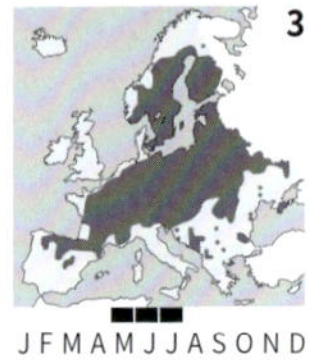

Gen. *Argynnis* E 2 SPP

Groß; teils leicht grünlich schimmernd, ansonsten typisch orange-schwarz gefärbte Perlmuttfalter.

4 ⊙ Kardinal *Argynnis pandora*
S 64–80 mm. Oberseite der Hinterflügel leicht grünlich schimmernd; einige ♀ insgesamt bräunlich. Unterseite der Vorderflügel mit Rosa; Unterseite der Hinterflügel bei ♀ mit 2 silbrigen Streifen. **H** Wiesen, Hänge, Waldränder, Lichtungen, Gärten. **F** Veilchen (*Viola*).

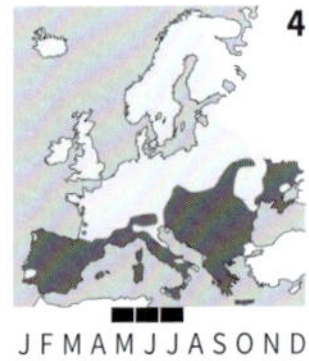

5 ⊙ Kaisermantel *Argynnis paphia*
S 69–80 mm. Flügel orange, schwarz gefleckt, bei ♂ Vorderflügel mit je 4 Duftschuppen, ♀ stärker gezeichnet, dunkler; Flügel mit grünlichem Schimmer, insbesondere Hinterflügel; Unterseite der Hinterflügel mit weißlichen Streifen und silbrigem Schimmer. **H** Waldwege, Feuchtgebiete, stark frequentierte Hänge, bewaldete Hecken, Friedhöfe, Gärten. **F** Veilchen (*Viola*).

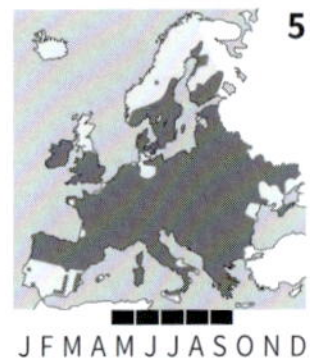

4 ■

grünliche Färbung auf der Oberseite

EDELFALTER →

1 ■

2 ◆

3 ◆

5 ■

← EDELFALTER Nymphalidae →

← PERLMUTTFALTER →

Gen. *Boloria* E 15 SPP

Hinterflügel am Rand mit kleinen perlenartigen Flecken.

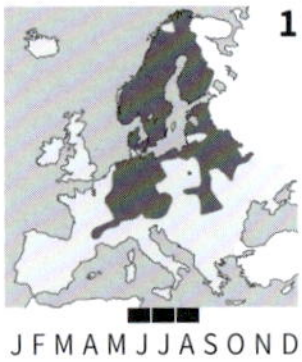

1 Hochmoor-Perlmuttfalter
Boloria aquilonaris **S** 40–50 mm. Unterseite der Vorderflügel überwiegend orange, deutliches Muster aus schwarzen Flecken; Hinterflügel kontrastreich braun, schwarz und silbern gemustert. **H** Moore, feuchte Heideflächen. **F** Moosbeere (*Vaccinium oxycoccos*), Rosmarinheide (*Andromeda polifolia*).

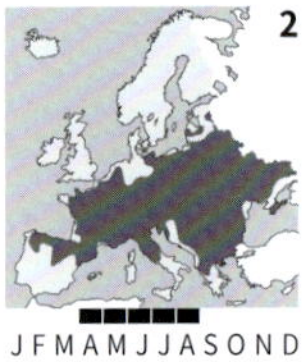

2 Magerrasen-Perlmuttfalter
Boloria dia **S** 40–50 mm. Flügelunterseite braun mit violettem Schimmer, silberne Flecken, gelb und rötlich gezeichnet. **H** Grasland, Hänge, Waldlichtungen, Buschland. **F** Veilchen (*Viola*).

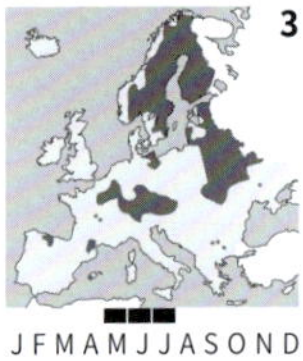

3 Randring-Perlmuttfalter
Boloria eunomia **S** 40–50 mm. Flügelunterseite blass orange-gelblich mit dunkleren Adern und weißlichen, dunkel umrandeten Flecken. **H** Feuchtgebiete, Moore. **F** Rauschbeere (*Vaccinium uliginosum*), Rosmarinheide (*Andromeda polifolia*), Knöteriche (*Bistorta*).

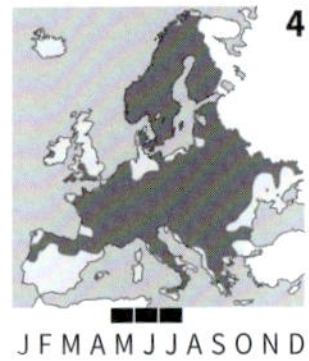

4 Silberfleck-Perlmuttfalter
Boloria euphrosyne **S** 35–47 mm. Unterseite der Hinterflügel mit 2 weißen Flecken und 7 silbernen Flecken, die von orangebraunen Kappen umrandet sind. **H** Ränder und Lichtungen von Nadelwäldern, Moore, Grasland, buschige Hänge. **F** Veilchen (*Viola*).

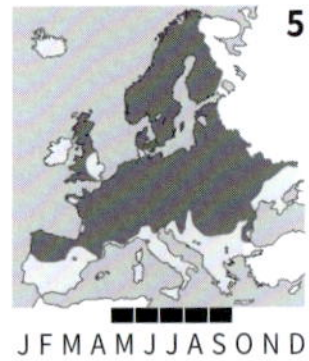

5 Sumpfwiesen-Perlmuttfalter
Boloria selene **S** 35–44 mm. Unterseite der Hinterflügel mit mehreren weißen Flecken und 7 silbernen Perlen, die von schwarzen Chevrons umrandet sind. **H** Offene Wälder und Lichtungen, feuchte Wiesen, Moorlandschaften. **F** Veilchen (*Viola*).

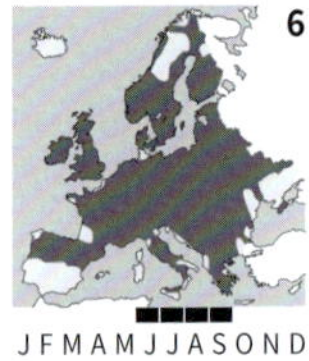

6 Großer Perlmuttfalter
Speyeria aglaja **S** 56–68 mm. Flügel orange mit schwarzen Flecken; ♀ dunkler als ♂, in einigen Populationen (z.B. Schottland, Irland) stärker gezeichnet. Unterseite der Hinterflügel mit silbrigen Flecken und grünem Schimmer. **H** Kalkhaltige, manchmal auch andere Graslandschaften, Berghänge, Sanddünen, Waldränder und Lichtungen. **F** Veilchen (*Viola*).

3

4

1 ◆

dicht und dunkel gefleckt
deutliche Flecken auf der Unterseite des Vorderflügels
×1,25
silberne Flecken
Raupe

2 ■

♂
große Flecken, manchmal miteinander verschmolzen
×3
Hinterflügel mit scharfkantiger Ecke
silberne Flecken mit dunklen V-förmigen Kappen
innere silberne Flecken mit dunklen Rändern
deutliche Flecken
×1,25
violett gefärbt

5 ◆

♀
Reihe heller Flecken am Rand
×3
silberne Flecken mit dunklen V-förmigen Kappen
×1,25
größerer schwarzer Fleck in orangeroter Zelle
Puppe
Raupe

6 ■

♂
♀ ×0,75
Flecken am Rand weißlich bei ♀
zahlreiche silberne Flecken
grünlich
Raupe

← **EDELFALTER** Nymphalidae →

← **PERLMUTTFALTER** →

Gen. ***Melitaea*** E 16 SPP

Klein bis mittelgroß; Flügel orange, schwarz gefleckt, Flügelränder nicht gezackt; Unterseite der Flügel gemustert. Etwas schwächerer Flug als bei größeren Perlmutterfaltern. Arten äußerlich ähnlich, eine Reihe von Unterarten und Formen kann die Identifizierung weiter erschweren.

1 🔍 Wegerich-Scheckenfalter
Melitaea cinxia **S** 38–52 mm. Flügel dunkelbraun und orange mit weißem Hinterrand; Unterseite der Hinterflügel mit viel Weiß und etlichen schwarzen Flecken. **H** Wiesen, Hänge, Heideflächen, Buschland, Waldlichtungen. **F** Wegerich (*Plantago*).

1

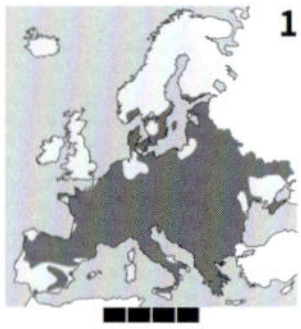

J F M A M J J A S O N D

2 🔍 Wachtelweizen-Scheckenfalter
Melitaea athalia **S** 39–47 mm. Flügel dunkelbraun, orange kariert; Unterseite der Hinterflügel mit viel Weiß, aber ohne schwarze Flecken. **H** Waldränder und Lichtungen, Graslandränder, Buschland, Heide. **F** Wachtelweizen (*Melampyrum*), Wegerich (*Plantago*), Fingerhut (*Digitalis*), Ehrenpreis (*Veronica*).

2

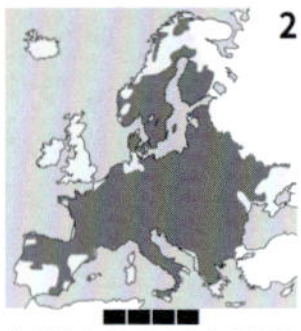

J F M A M J J A S O N D

3 🔍 Baldrian-Scheckenfalter
Melitaea diamina **S** 30–35 mm. Relativ klein; Flügel braun, orange gezeichnet, außen mit 2 Reihen kleiner orangefarbener Flecken; Flügelunterseite mit weißem, hellgelbem und bräunlichem Muster und einigen halbmondförmigen Flecken. **H** Feuchtgebiete, feuchte Waldlichtungen. **F** Baldrian (*Valeriana*).

3

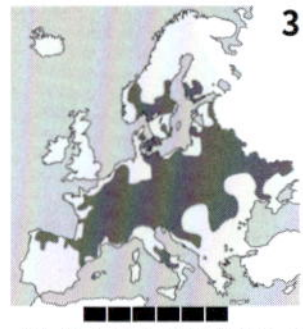

J F M A M J J A S O N D

4 🔍 Roter Scheckenfalter
Melitaea didyma **S** 30–40 mm. Bei ♂ Flügeloberseiten leuchtend rot-orange bis goldgelb; bei ♀ grau bestäubt und mit größeren schwarzen Flecken. Variabel im gesamten Verbreitungsgebiet; wird manchmal mit dem Bräunlichen Perlmutterfalter (*M. trivia*) verwechselt, der hauptsächlich in Ost- und Südosteuropa vorkommt, jedoch gibt es feine Unterschiede in der Zeichnung. **H** Grasland, felsige Hänge, Waldlichtungen. **F** Wegerich (*Plantago*), Ehrenpreis (*Veronica*), Leinkraut (*Linaria*), Löwenmäulchen (*Antirrhinum*).

4

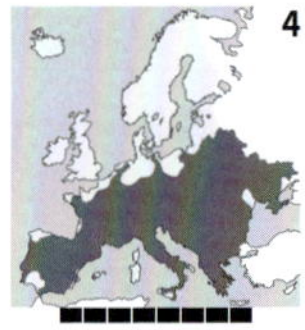

J F M A M J J A S O N D

5 🔍 Flockenblumen-Scheckenfalter
Melitaea phoebe **S** 34–50 mm. Flügel orange, beide Geschlechter ähnlich, ♀ mit weniger Schwarz und oft etwas Gelb. Variabel im gesamten Verbreitungsgebiet. **H** Grasland, Buschland, lichte Wälder, Gebiete mit kalkhaltigen Böden. **F** Flockenblumen (*Centaurea*).

5

J F M A M J J A S O N D

1 ◆

♂

schwarze Flecken sehr klein bei ♂

♀

schwarze Flecken (und generell schwarze Markierungen) stärker bei ♀

×1,25

Raupe

2 ◆

♂
♀ weniger dunkel
und heller gefleckt
Ansicht der Unterseite
×3
bogenförmige,
orangefarbene
Halbmondflecken
×1,25
Raupe

3 ◆

ziemlich dunkel mit orangefarbenen
(meist kleinen) Flecken
Unterseite
×3
keine kleinen
schwarzen Flecken
im Basalbereich
orangefarbene
Flecken mit
schwarzem Punkt
×1,5

4 ◆

Flügeloberseiten sehr
variabel gefärbt
♀ ssp. meridionalis
(Alpenregion)
Hinterflügel mit
2 orangefarbenen Bändern
Puppe
×1,25
Raupe

5 ◆

♂
Färbung variabel,
je nach Region
♀ mit
etwas Gelb
♀
×3
orangefarbene Flecken in
der Mitte etwas dunkler, in
schwarz umrandeten Zellen
×1,25
Raupe

← EDELFALTER Nymphalidae →

← PERLMUTTFALTER

Gen. *Fabriciana* E 3 SPP

Flügeloberseiten orange mit schwarzen Markierungen.

1 Feuriger Perlmuttfalter
Fabriciana adippe **S** 55–69 mm. Flügel orange mit schwarzen Flecken; dritter Fleck auf Oberseite der Vorderflügels im Vergleich zu den beiden äußeren etwas eingedrückt; Unterseite der Hinterflügel mit silbernen Flecken und dunklem Band, dieses mit kleineren rotbraun umrandeten silbernen Flecken. **H** Waldränder, Lichtungen. **F** Veilchen (*Viola*).

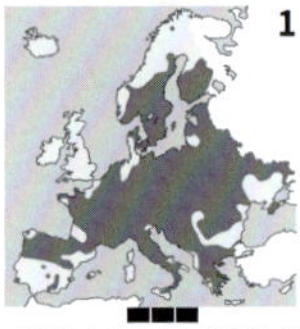

1

J F M A M J J A S O N D

2 Mittlerer Perlmuttfalter
Fabriciana niobe **S** 46–60 mm. Flügeloberseiten orange mit schwarzen Flecken und Bändern, Rand dunkel. Unterseiten hellorange bis hellgelb mit silbrigen Flecken. **H** Grasland, felsige Gebiete, lichte Wälder. **F** Veilchen (*Viola*).

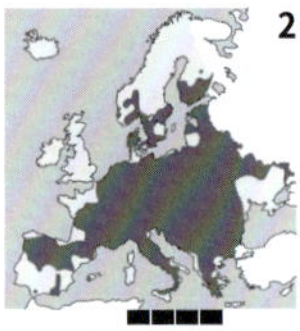

2

J F M A M J J A S O N D

FLECKENFALTER →

Flügel verschiedenfarbig, die meisten Arten mit sehr charakteristischen Mustern. Einige Arten orangefarben und schwarz gefleckt (ähnlich wie Perlmutterfalter), jedoch mit ausgefransten Flügelrändern.

Gen. *Apatura* E 3 SPP

Sehr groß; ♂ mit violettblau schimmernden Flügeln. Falter nehmen Salze an Pfützen, feuchter Erde, Tierkot und Aas auf; werden auch von Schweiß angezogen.

3 Kleiner Schillerfalter
Apatura ilia **S** 55–70 mm. Flügel bei ♂ violettblau mit schwarzbraunem Rand; bei ♀ dunkelbraun; beide Geschlechter mit weißen Bändern. Form *clytie* bei beiden Geschlechter kontrastreich orangebraun, bei ♂ etwas Violett. Flügelunterseite weniger kontrastreich als bei *A. iris*. Fühlerspitzen orange-gelb. **H** Waldschneisen, Lichtungen. **F** Pappeln, Weiden.

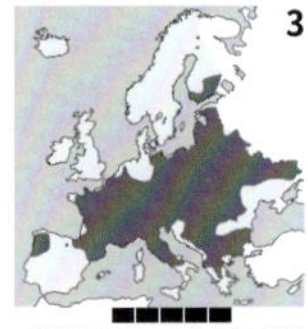

3

J F M A M J J A S O N D

4 Großer Schillerfalter
Apatura iris **S** 75–90 mm. Ähnlich wie *A. ilia*; größer und Flügelunterseiten mit kontrastreicherem Muster. Weißes Band auf Hinterflügeln (sowohl Ober- als auch Unterseite) mit charakteristischer Spitze. Fühlerspitzen dunkel. **H** Waldschneisen, Lichtungen. **F** Weiden.

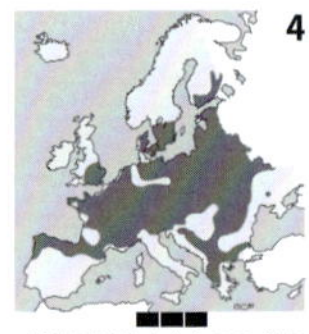

4

J F M A M J J A S O N D

3 ◆

1

♂
deutliche Duftschuppen bei ♂
Randstreifen dunkel mit dunkel umrandeten silbernen Flecken
Puppe
Raupe

2

♂
♀ ×0,75
zahlreiche Silberflecken
kleiner weißer Fleck mit schwarzem Punkt

4

♂
♂ mit violettblauem Schimmer; ♀ dunkelgrau
Raupe
weiße Spitze
Augenflecken auf den Hinterflügeln
weiße Spitze
Fühlerspitze dunkel
Puppe

← **EDELFALTER** Nymphalidae →

← **FLECKENFALTER** →

1 ⊙ Schwarzer Trauerfalter
Neptis rivularis **S** 45–55 mm. Flügeloberseiten schwarz mit breitem weißen Band und schmalem weißen Rand; Unterseiten rostbraun, ähnlich gezeichnet wie Oberseiten. **H** Lichte Wälder, in Schluchten. **F** Spiersträucher (*Spiraea*), Wald-Geißbart (*Aruncus dioicus*), Mädesüß (*Filipendula*).

1

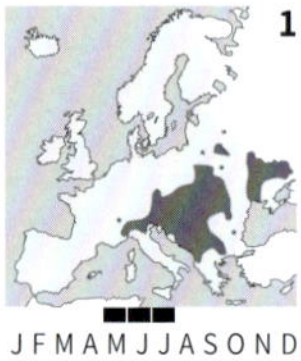

Gen. ***Limenitis*** E 3 SPP

Flügeloberseiten dunkel mit weißem Band, das weniger breit ist als beim Schwarzen Trauerfalter (*Neptis rivularis*).

2 ⊙ Kleiner Eisvogel
Limenitis camilla **S** 56–66 mm. Flügel schwarzbraun mit weißem Band und Markierungen; Unterseite orange-braun mit grauen und weißen Markierungen. **H** Waldlichtungen und Waldränder. **F** Geißblatt.

2

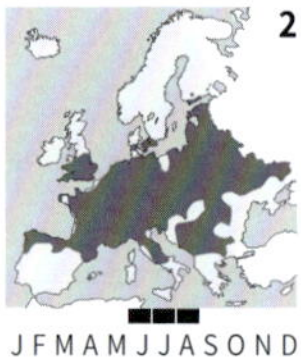

3 ⊙ Blauschwarzer Eisvogel
Limenitis reducta **S** 45–50 mm. Flügel mit bläulichem Schimmer, der beim ähnlichen Kleinen Eisvogel (*L. camilla*) fehlt. Unterseite der Flügel rotbraun mit grauen und weißen Flecken. **H** Lichte Wälder, felsige Gebiete, Buschland. **F** Geißblatt.

3

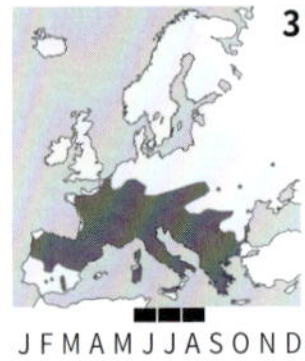

4 ⊙ Großer Eisvogel ***Limenitis populi***
S 65–80 mm. **V** Größer als die verwandten Arten, Flügel schwarz oder bläulich mit orangefarbenen Markierungen an den Hinterflügelrändern. Weiße Markierungen bei ♀ ausgeprägter als bei ♂. Unterseiten orange mit grauen und weißen Markierungen. **H** Waldränder, Lichtungen, oft in der Nähe von Bächen. **V** Ähnlich wie Schillerfalter (*Apatura* spp., S. 432) nehmen die Falter Salze aus schlammigen Pfützen auf und werden auch von Tierkot und Aas angezogen. **F** Espen.

4

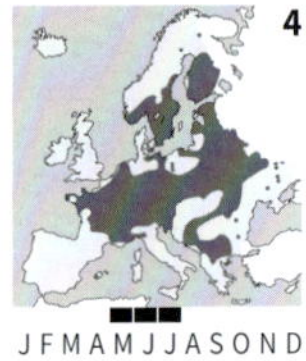

1

2

3

♂
schillernd schwarz oder bläulich,
je nach Lichteinfall
blauer
Schimmer
♀

4

♂
schillernd schwarz oder bläulich,
je nach Lichteinfall
♀
weißer Streifen
auf den Hinterflügeln
♂ f. tremulae
Form mit reduziertem
(manchmal fehlendem)
weißen Band

← **EDELFALTER** Nymphalidae →

← **FLECKENFALTER** →

1 ⊙ Landkärtchen *Araschnia levana*

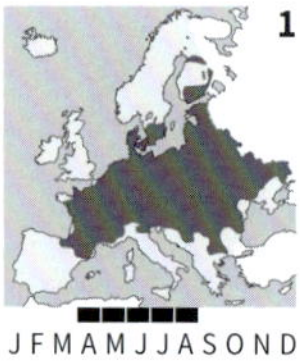

S 30–38 mm. Sehr auffällig; kommt in 2 Generationen im Frühjahr und Sommer vor: Die Frühjahrsform hat orangefarbene Flügeloberseiten mit vielen braunen bis schwarzen Flecken; die Form im Sommer (f. *prorsa*) ist schwarz bis leicht bläulich mit weißen und kleinen orangefarbenen Flecken. Unterseite der Flügel mit hell- bis dunkelbraunen Farbtönen, 1–2 größeren violetten Flecken und einem landkartenartigen Netz aus hellen Linien. **H** Wiesen, Waldlichtungen, Hecken. **V** Brennnesseln.

Gen. *Vanessa* E 4 SPP

Große und sehr auffällige Arten.

2 ⊙ Admiral *Vanessa atalanta*

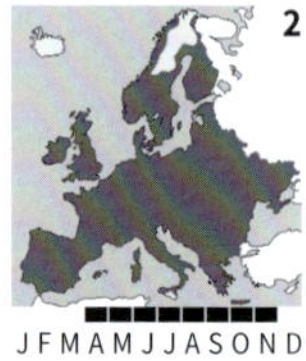

S 64–78 mm. Unverwechselbar: Flügel schwarz, scharlachrot und weiß; Unterseite der Hinterflügel dunkel. **H** Waldlichtungen, Wiesen, Gärten. **I** Die erwachsenen Falter überwintern; ein regelmäßiger Migrant in Skandinavien, Großbritannien und anderen nordeuropäischen Ländern, von denen einige für den Winter nach Mittel- und Südeuropa zurückkehren. **F** Brennnesseln.

3 ⊙ Distelfalter *Vanessa cardui*

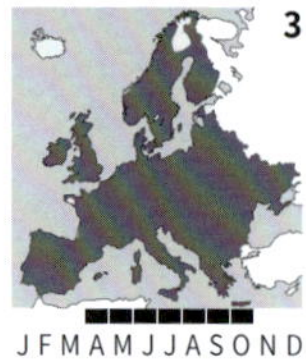

S 58–74mm. Flügel rosa-orange, Vorderflügelspitzen schwarz mit weißen Flecken; Unterseite weist eine Vielzahl subtiler Markierungen auf, ist jedoch immer blass. **H** Wiesen, Gärten. **F** Disteln. **I** Ein regelmäßiger Migrant in weiten Teilen Mittel- und Nordeuropas, da sie strenge Winter nicht überleben können. Die Häufigkeit hängt in Nord- und MIttleeuropa von den Einwanderern aus Nordafrika und Südeuropa ab; in einem guten Jahr sind sie fast überall in Europa zu sehen.

1 ×1,5

1. Generation (Frühjahr)

orange-schwarzes Muster

2. Generation; f. *prorsa* (Sommer)

schwarz mit weißem Band

1. Generation (Frühjahr)

Unterseite der Flügel mit diffusem Mosaikmuster (Kartenmuster)

2. Generation; f. *prorsa* (Sommer)

weißes Band

Puppe

Raupe

2 ×1

♂
weißer Punkt im orangefarbenen Band, vor allem bei ♀
♀ ×0,75
dunkle Form (im Westen)
Raupe
helle Form (im Süden)
Puppe

3 ×1

unverwechselbare Zeichnung
×0,75
orange
Raupe
Puppe (kurz vor dem Schlupf)

← **EDELFALTER** Nymphalidae →

← **FLECKENFALTER** →

1 ⊙ C-Falter ***Polygonia c-album***
S 50–64 mm. Flügel leuchtend orange, mit dunkelbrauner bis schwarzer Zeichnung und charakteristischen gezackten Flügelrändern; die Farbe der Unterseite variiert in einigen Regionen zwischen hell und dunkel in verschiedenen Generationen; Hinterflügel mit einer kleinen, aber auffallenden zentralen weißen C- oder kommaförmigen Markierung. **H** Wälder, Hecken, Gärten. **V** Überwintert als erwachsener Falter. **F** Brennnesseln, Ulmen, Brombeeren, Johannisbeeren.

1

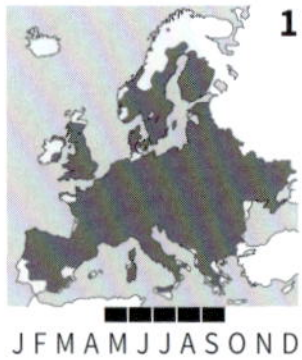

Gen. ***Aglais*** E 3 SPP

Einige der bekanntesten Schmetterlinge gehören zu dieser Gattung.

2 ⊙ Tagpfauenauge ***Aglais io***
S 63–75 mm. Flügel strahlend rotbraun, jeder mit großem Augenfleck; dieser schwarz, blau und gelb; Unterseite schwarzbraun. **H** Waldränder und Lichtungen; Gärten. **V** Bei Gefahr werden die Flügeloberseiten plötzlich geöffnet, um die „Augen" zu zeigen und Feinde zu erschrecken, außerdem kann der Falter zischende Geräusche erzeugen. Die Raupen leben oft in Gruppen auf Brennnesseln. Überwintert als erwachsener Falter. **F** Brennnesseln.

2

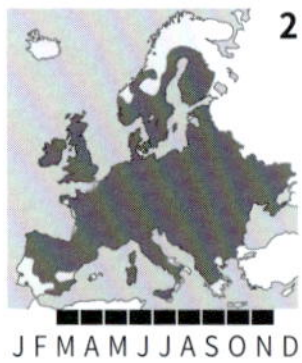

3 ⊙ Kleiner Fuchs
Aglais urticae **S** 45–62 mm. Flügel leuchtend orange mit großen schwarzen, gelben und weißlichen Flecken und blauen Punkten am Rand. Weißer Fleck an den Außenkanten des Vorderflügels. Großer Fuchs und Östlicher Großer Fuchs (*Nymphalis* spp., siehe S. 440) etwas weniger farbenprächtig, dennoch sehr ähnlich. Subtile, dennoch deutliche Unterschiede der Flecken an den Rändern der Vorderflügel und andere Details helfen bei der Bestimmung. Unterseite dunkelgrau bis schwärzlich; einige hellgelbe Bereiche auf den Vorderflügeln, die bei den ähnlichen Arten fehlen. **H** Wiesen, Brachflächen, Gärten. **F** Brennnesseln. **V** Überwintert als erwachsener Falter.

3

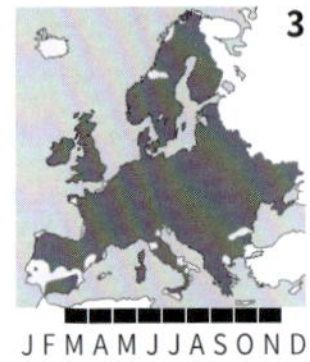

4 ⊙ Skabiosen-Scheckenfalter
Euphydryas aurinia **S** 30–50 mm. Flügel leuchtend orange, braun und gelblich; Unterseite der Hinterflügel orange mit gelblichen Flecken und weißem Rand. **H** Feuchtgebiete. **F** Teufelsabbiss (*Succisa pratensis*), gelegentlich Skabiosen (*Scabiosa* spp.).

4

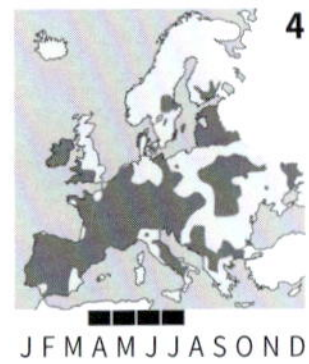

1

2 ■

charakteristische
große Augen
schwarze Unterseite,
effektive Tarnung
Raupe
kurz vor der
Verpuppung
Puppe

3 ■

weißer Fleck
dunkel
Vorderflügel
gelblich
blaue
Flecken
Puppe
Raupen

4 ■

♀
×3
×1,25
schwache gelbliche Flecken
mit schwarzem Zentrum
regional deutliche
Unterschiede in der
Zeichnung
♀, Großbritannien
×1,25
Puppe

← EDELFALTER Nymphalidae **→**

← FLECKENFALTER →

Gen. ***Nymphalis*** E 4 SPP

Arten dieser Gattung mit sehr unterschiedlicher Färbung und Zeichnung: Trauermantel unverkennbar, aber der Große und Östliche Große Fuchs können mit dem Kleinen Fuchs (*Aglais urticae*, S. 438) verwechselt werden, der ähnlich gezeichnet ist, jedoch einen weißen (nicht gelben) Fleck am vorderen Flügelrand hat und insgesamt kleiner ist. Alle 3 *Nymphalis* spp. sind vor allem in Mittel- und Südeuropa weit verbreitet.

1 Trauermantel

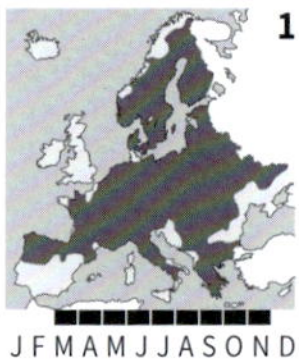

Nymphalis antiopa **S** 76–88 mm. Groß, unverkennbar: Oberseite dunkelbraun, alle Flügel mit breitem hellgelbem Rand (nach der Überwinterung weiß) und einer Reihe hellblauer Flecken neben dem Rand; Vorderflügelvorderkante mit 2 weißlichen Flecken. Unterseite dunkelgraubraun mit hellweißem Rand. **H** Wälder, Parks, Obstgärten. **F** Verschiedene Bäume wie Weiden, Ulmen, Birken.

2 Großer Fuchs

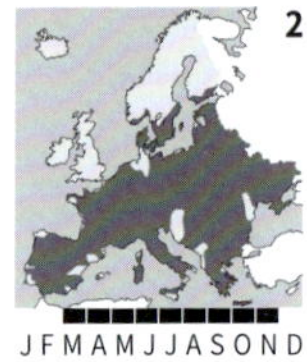

Nymphalis polychloros **S** 68–75 mm. Flügel orange mit großen schwarzen und gelben Markierungen und blauen Flecken am Rand; etwas weniger farbenprächtig als der Kleine Fuchs (*Aglais urticae*, S. 438). Gelblicher Fleck am Außenrand des Vorderflügels, bei den ähnlichen Arten ist dieser weißlich. Unterseiten mit einem Muster aus dunklem und hellerem Braun; Beine dunkel. **H** Waldgebiete, Hecken, Parks. **F** Verschiedene Bäume wie Weiden, Ulmen, Espen.

3 Östlicher Großer Fuchs

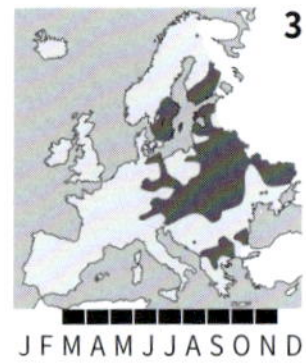

Nymphalis xanthomelas **S** 55–71 mm. Dem Großen Fuchs (*N. polychroros*) ähnlich; Flügelränder deutlicher gezackt; Vorderflügelrand mit weißem (nicht gelbem) Fleck; Beine gelblich. **H** Offene Waldgebiete, in der Nähe von Bächen. **V** Dringt in jüngerer Zeit weiter in den Westen Europas vor, einschließlich Großbritannien; dort ab 2013 zum ersten Mal seit 60 Jahren nachgewiesen. **F** Weiden, Pappeln.

1

Flügelunterseiten am Rand weißlich, teilweise dunkel gemustert

Puppe

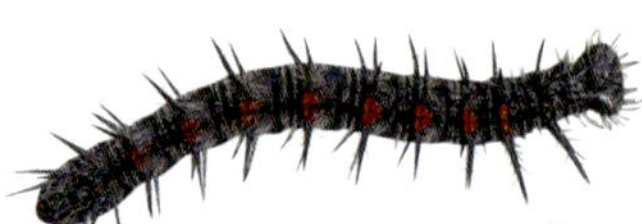

Raupe

2 ◆

gelber Fleck
blasser als der
Kleine Fuchs
(*Aglais urticae*)
kontrastarm
junges
Larvenstadium
Puppe
Raupe
Beine dunkel

3 ◆

weißer Fleck
breites
schwarzes Band
gezackter
Flügelrand
mehr
Kontrast
Beine gelblich
Raupe

← **Edelfalter** Nymphalidae →

← **Fleckenfalter**

1 ⊙ Zürgelbaumfalter ***Libythea celtis***

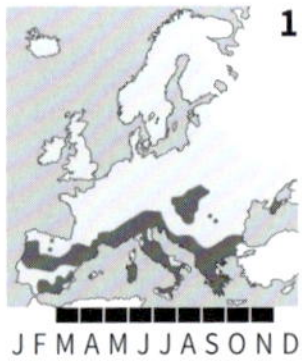

S 34–48 mm. Flügeloberseiten bräunlich mit großen orangefarbenen Flecken, Vorderflügel zusätzlich mit einem weißen Fleck nahe dem Rand. Unterseite der Vorderflügel ähnlich wie Oberseite, jedoch mit geringerem Kontrast; Unterseite der Hinterflügel marmoriert in hellbraunen oder graubraunen Tönen. **H** Helle Wälder, Flussufer, buschige Gebiete. **F** In Europa an Europäischem Zürgelbaum (*Celtis australis*).

2 ⊙ Kleiner Monarch

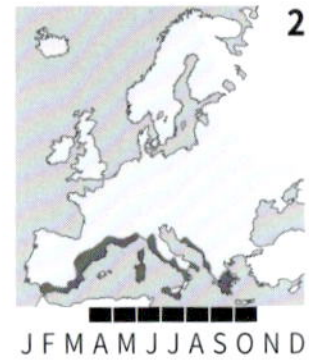

Danaus chrysippus **S** 70–80 mm. ♀ größer als ♂. In Europa unverkennbar, obwohl der majestätische und noch größere Amerikanische Monarch (*D. plexippus*) inzwischen in Teilen Südspaniens vorkommt. Oberseite der Flügel hellbraun-orange mit auffälligen schwarz-weißen Zeichnungen. Hinterflügel oft etwas heller als Vorderflügel. **H** Grasland, felsige Gebiete, Buschland, Parks, Gärten. **V** Wanderfalter, kann jedoch in kalten Regionen nicht überleben. Die leuchtenden Warnfarben weisen darauf hin, dass Schmetterlinge und Raupen für potenzielle Fressfeinde ungenießbar sind, da sie sich von giftigen Pflanzen ernähren. **F** Curaçao-Seidenpflanze (*Asclepias curassavica*) und andere kultivierte Seidenpflanzen.

3 ⊙ Erdbeerbaumfalter

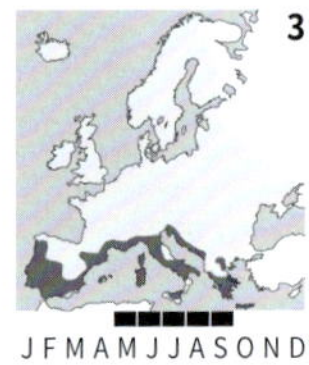

Charaxes jasius **S** 76–100 mm. Größter europäischer Tagfalter; ♀ größer als ♂. Oberseite der Flügel dunkelbraun mit breiten gelbbraunen Flecken und Streifen am Flügelrand. Hinterflügel mit je 2 Schwänzchen und hellblauen Markierungen. Unterseite der Flügel mit kontrastierenden Farben, Streifen und Flecken. **H** Buschland, Hänge, Obstgärten, Gärten, manchmal in Bergregionen. **F** Westlicher Erdbeerbaum (*Arbutus unedo*).

1

2 ■

♀
♀
♂ haben hier einen 4. schwarzem Fleck (fehlt bei ♀)
♂ hier mit 4. schwarzem Fleck

3 ■

jeder Hinterflügel mit 2 Schwänzchen
Puppe
Raupe

← **EDELFALTER** Nymphalidae →

AUGENFALTER →

Klein bis mittelgroß. Bei den meisten Arten sind die Flügeloberseiten braun und/oder orangefarben; die Flügel weisen einen oder mehrere schwarze Augenflecken auf. Bei der Gattung *Melanargia* Flügel schwarz-weiß.

1
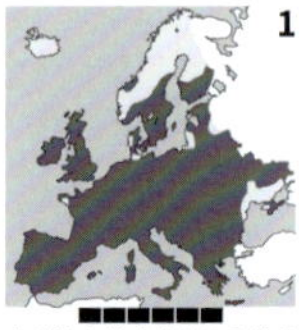

1 ⊙ Waldbrettspiel ***Pararge aegeria***
S 46–56 mm. Mitteleuropäische Unterart *tircis* mit braunen Flügeln und deutlichen cremefarbenen Flecken. Unterseite der Flügel braun gesprenkelt. Südeuropäische Unterart *aegeria* dunkler, mit orange-rötlichen Markierungen. **H** Wald, Waldlichtungen, Gärten und Hecken. **F** Gräser. **V** Mag gedämpftes Sonnenlicht.

Gen. *Coenonympha* E 13 SPP

Flügeloberseiten zumindest teilweise orangefarben.

2
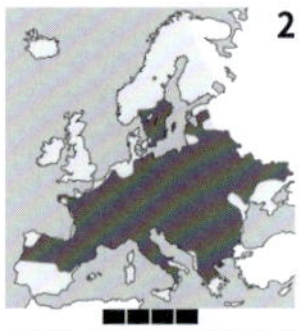

2 ⊙ Weißbindiges Wiesenvögelchen
Coenonympha arcania **S** 30–35 mm. Vorderseite der Vorderflügel orange mit breitem braunen Rand; Hinterflügel dunkelbraun. Unterseite der Flügel grau und orange mit breitem weißen Band (bei einigen anderen *Coenonympha* spp. fehlend); einzelner Augenfleck auf den Vorderflügeln, mehrere auf den Hinterflügeln. **H** Grasland, Buschland, lichte Wälder. **F** Gräser. **V** Schmetterlinge schließen ihre Flügel in Ruheposition und richten sie oft in einem geeigneten Winkel zur Sonne aus.

3
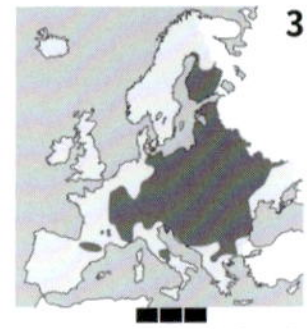

3 ⊙ Rotbraunes Wiesenvögelchen
Coenonympha glycerion **S** 34–48 mm. ♂ Flügeloberseiten bräunlich, Hinterflügel etwas dunkler; ♀ Vorderflügel heller mit orangefarbenen Markierungen. Unterseite der Vorderflügel orange mit breitem grauen Rand, Hinterflügel mit schmalem orangefarbenen Band und einer Reihe weißer, dunkel umrandeter Augenflecken. **H** Grasland, Waldlichtungen, einschließlich Bergregionen. **F** Verschiedene Gräser.

4
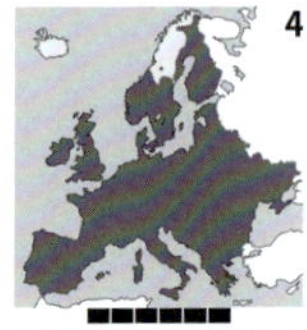

4 ⊙ Kleines Wiesenvögelchen
Coenonympha pamphilus **S** 33–37 mm. Flügel blassorange; Unterseite der Hinterflügel mit kurzem blassem Band; keine Augenflecken. **H** Grasland. **F** Feinblättrige Gräser.

5
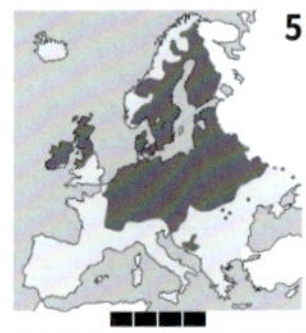

5 ⊙ Großes Wiesenvögelchen
Coenonympha tullia **S** 35–40 mm. Flügel blassorange; Unterseite der Hinterflügel mit langem weißen Band; Augenflecken auf der Unterseite variieren je nach Unterart erheblich, von keinen bis zu mehreren, z.B. hat var. *rothliebi* mehrere Augenflecken. **H** Moore, Feuchtgebiete. **F** Wollgräser (*Eriophorum* spp.) und andere.

1 ■

ssp. *tircis* (Mitteleuropa)

ssp. *aegeria* (Südeuropa)

×1,25

Raupe

Puppe

2

3

Flügeloberseiten fast nie zu sehen, Flügel werden in Ruhestellung immer zusammengefaltet

4

5

Flügeloberseiten fast nie zu sehen, Flügel werden in Ruhestellung immer zusammengefaltet

← **EDELFALTER** Nymphalidae →

← **AUGENFALTER** →

Gen. ***Lasiommata*** E 4 SPP

Flügeloberseiten braun mit großen orange umrandeten Flecken oder insgesamt goldorange und braun kariert.

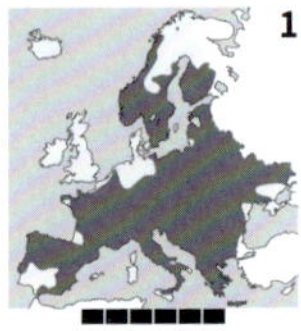

1 Braunauge ***Lasiommata maera*** **S** 50–60 mm. Flügeloberseiten dunkelbraun mit orange umrandeten schwarzen Flecken mit weißem Zentrum; bei ♀ eher orange-braun. Farbvariationen im Verbreitungsgebiet; Unterseiten mit Zickzackmuster. **H** Grasland, Waldlichtungen, felsige Hänge, Buschland. **F** Gräser.

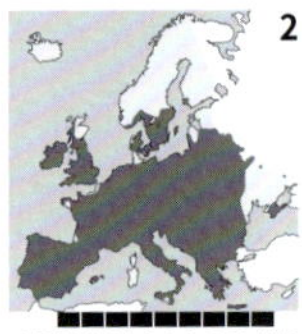

2 Mauerfuchs ***Lasiommata megera*** **S** 45–53 mm. Flügel deutlich goldorange und braun gefleckt, mit markanten Augenflecken; Unterseite der Flügel mit Zickzackmuster. **H** Kurze, offene steinige Grasflächen, Wege. **F** Gräser.

Gen. ***Melanargia*** E 8 SPP

Flügeloberseiten weiß, schwarz markiert.

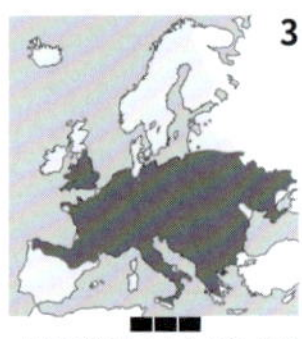

3 Schachbrettfalter ***Melanargia galathea*** **S** 50–60 mm. Flügel schwarz-weiß oder schwarz-cremefarben. **H** Grasland, oft Kalk- oder Kalksteinboden. **F** Gräser.

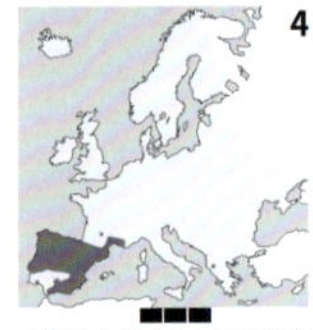

4 Iberischer Schachbrettfalter ***Melanargia lachesis*** **S** 50–60 mm. Flügeloberseiten an der Basis weiß mit leichter schwarzer Staubfärbung; schwarze Markierungen meist nur an den Außenbereichen. Augenflecken am Hinterrand der Hinterflügel manchmal reduziert oder fehlend. **H** Grasland, Buschland. **F** Gräser.

Gen. ***Hipparchia*** E 28 SPP

Vergleichsweise große Arten; matt braun; Vorderflügel mit jeweils 2 großen Augenflecken, auch auf der Unterseite; Hinterflügel mit nur einem kleinen Fleck auf der Oberseite.

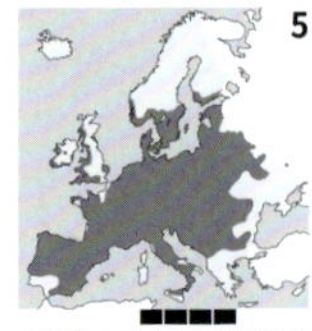

5 Ockerbindiger Samtfalter ***Hipparchia semele*** **S** 51–62 mm. Flügel mit gelben und orangefarbenen Markierungen um die Augenflecken; Unterseite des Hinterflügels braun mit weißlichem Band. **H** Trockene Graslandschaften, felsige Hänge, Heideflächen. **F** Gräser.

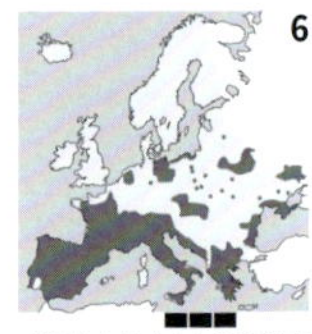

6 Eisenfarbiger Samtfalter ***Hipparchia statilinus*** **S** 60–68 mm. Flügeloberseiten braun; Vorderflügel mit 2 kleinen weißen Flecken zwischen 2 größeren Augenflecken. Unterseiten gräulich, marmoriert mit dunkler Wellenlinie. **H** Felsiges Buschland, bergige Graslandschaften, lichte Wälder, Heideland. **F** Gräser.

3 ◆

ssp. *procida*
(hauptsächlich Südeuropa)
dunkler
Markierungen leicht
verschwommen bei ♀
♀ ×0,75
♂
Puppe
Raupe

4 ◆

keine schwarzen Flecken
(nur schwarzer Staub)
an der Flügelbasis
Hinterflügel
blass markiert

5 ◆

♀
♂ ×0,75
orange auf der
Unterseite des
Vorderflügels
weißliches
Band

6 ■

weiße Flecken
♀
Flügeloberseiten fast
nie zu sehen, Flügel
in Ruhestelllung
immer geschlossen
♂ ×0,75
dunkle Linie
Wellenlinie

← **EDELFALTER** Nymphalidae →

← **AUGENFALTER** →

1 Weißer Waldportier

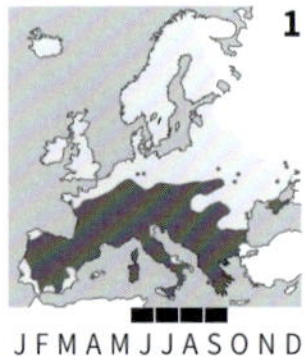

Brintesia circe **S** 66–80 mm. Flügel schwarzbraun mit breitem weißen Band; Hinterflügelunterseite mit zusätzlichem kurzen weißen Streifen nahe der Basis. Ähnlich wie der Große Waldportier (*Hipparchia fagi*), aber bei dieser Art fehlt immer der kurze weiße Streifen auf der Unterseite des Hinterflügels; *H. fagi* hat außerdem etwas Orange um die Augenflecken. **H** Wiesen, Berghänge, lichte Wälder. **V** Schmetterlinge gut getarnt; ruhen oft auf Bäumen. **F** Gräser.

2 Blauäugiger Waldportier

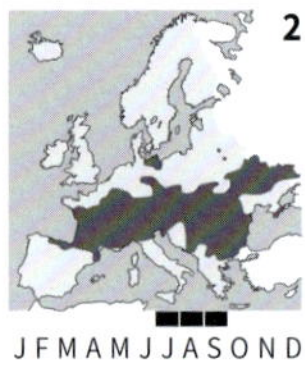

Minois dryas **S** 54–70 mm. Flügel dunkelbraun; jeder Vorderflügel mit 2 schwarzen Augenflecken mit hellblauem Zentrum, bei ♀ oft größer; Hinterflügel mit einem kleinen Augenfleck. Unterseiten mit variablen Markierungen; meist ähnlich zur Oberseite. **H** Grasland, Waldränder, manchmal feuchte Standorte. **F** Gräser.

3 Kleines Ochsenauge

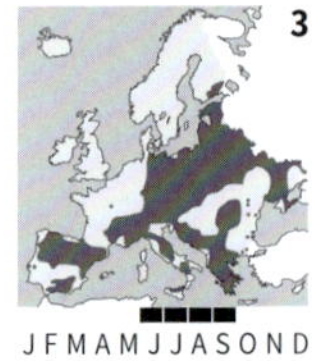

Hyponephele lycaon **S** 36–43 mm. Flügel graubraun; Vorderflügel orange mit graubraunem Rand; bei ♂ auch mit Duftschuppe; bei ♀ mit 2 schwarzen Augenflecken. **H** Steinige oder sandige Grasflächen, Hänge. **F** Gräser. **V** Kann manchmal schnell fliegend beobachtet werden, sehr nah am Boden.

4 Brauner Waldvogel

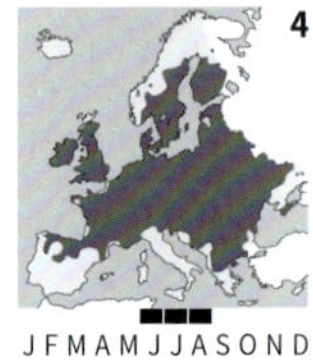

Aphantopus hyperantus **S** 42–52 mm. Flügel sehr dunkelbraun, weiß gesäumt; mehrere schwarz-gelb umrandete Flecken, die auf den Flügeloberseiten winzig sein oder fehlen können. **H** Wiesen, Hecken, Waldwege. **F** Gräser.

5 Rotbraunes Ochsenauge

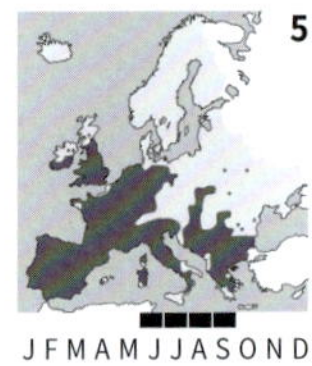

Pyronia tithonus **S** 37–48 mm. Flügel orange mit breiten, dunkelbraunen Rändern, ♂ zusätzlich mit dunkelbraunem Band auf den Vorderflügeln; Augenfleck auf dem Vorderflügel mit 2 „Pupillen". **H** Wiesen, Waldlichtungen, Hecken, felsige Hänge, Parks, Gärten. **F** Gräser.

2 ■

♂
jeder Vorderflügel mit 2 schwarz-blauen Augenflecken
♀ ×0,75
Augenflecken größer bei ♀
Flügeloberseiten fast nie zu sehen, Flügel in Ruheposition immer geschlossen
Raupe

3 ◆

Duftschuppe in ♂
♂
jeder Vorderflügel mit 2 Augenflecken bei ♀
♀
♀
♂

4 ■

Raupe

5 ◆

♂
markante Duftschuppe
Fleck oft reduziert oder fehlt bei ♂
♀
im Gegensatz zu einigen verwandten Arten werden die Flügel in Ruhe oft offen gehalten
weißer Fleck deutlich sichtbar bei ♀
×2
Augenflecken mit 2 „Pupillen“

← **EDELFALTER** Nymphalidae

← **AUGENFALTER**

1 🔍 Großes Ochsenauge
Maniola jurtina **S** 40–60 mm. Flügel dunkelbraun, ♀ mit auffälligeren orangefarbenen Flecken; Augenfleck auf dem Vorderflügel mit einer „Pupille“. **H** Wiesen, Hecken, Waldlichtungen und Waldränder. **F** Gräser.

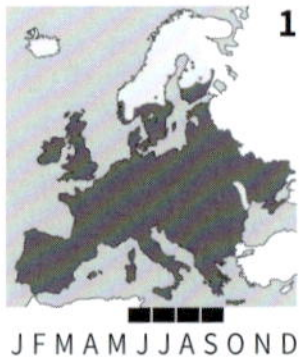

Gen. ***Erebia*** E 49 SPP

Flügeloberseiten dunkelbraun mit artspezifischen orangefarbenen Markierungen und schwarz-weißen Augenflecken.

2 🔍 Graubindiger Mohrenfalter
Erebia aethiops **S** 44–52 mm. Flügel dunkelbraun bis schwärzlich; schwarze Augenflecken mit weißer „Pupille“ und umgebenden rot-orangefarbenen Flecken, die wie ein Band erscheinen. Unterseite der Hinterflügel mit deutlichem hellem Band. **H** Feuchte Standorte, darunter Grasland- und Moorränder, Moore, Waldlichtungen und Waldränder. **F** Gräser, darunter Blaues Pfeifengras (*Molinia caerulea*).

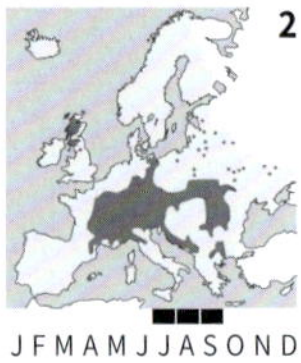

3 🔍 Weißbindiger Mohrenfalter
Erebia ligea **S** 44–52 mm. Flügel dunkelbraun; schwarze Augenflecken mit weißen „Pupillen“ und großen, leuchtend orangefarbenen Flecken, die ein Band bilden. Unterseite der Hinterflügel mit charakteristischen weißen Streifen und Markierungen. **H** Waldlichtungen und -ränder, Grasland, Heideflächen, einschließlich Bergregionen. **F** Gräser.

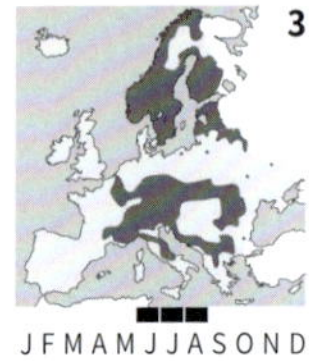

4 🔍 Rundaugen-Perlmuttfalter
Erebia medusa **S** 33–42 mm. Flügel dunkelbraun mit orangefarbenen Flecken (die ersten 2 Flecken auf den Vorderflügeln größer und miteinander verschmolzen); schwarze Augenflecken mit weißer „Pupille“. **H** Feuchte Graslandschaften, Waldgebiete, Moorlandschaften, einschließlich Bergregionen. **F** Gräser.

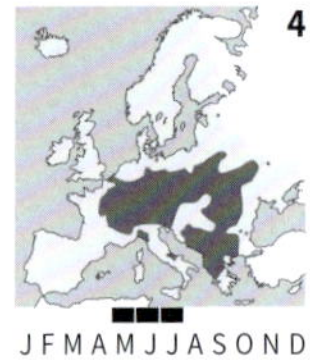

5 🔍 Schillernder Mohrenfalter
Erebia tyndarus **S** 29–37 mm. Flügel dunkelbraun; orangefarbenes Band bei einigen Formen eingeschränkt, insbesondere bei ♂ (z.B. wie unten gezeigt) mit kleinen schwarzen Augenflecken, denen eine weiße zentrale „Pupille“ fehlt. **H** Feuchte Bergwiesen. **F** Hauptsächlich Schwingel (*Festuca*).

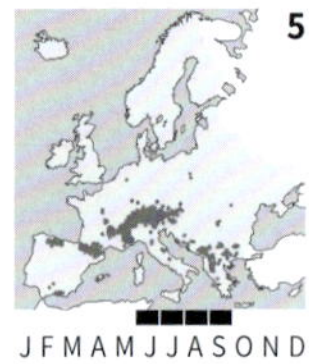

1 ◆

← Edelfalter

2 ◆

3 ◆

4 ◆

5 ◆

Nachtfalter

Die Nachtfalter machen den größten Teil der Schmetterlingsarten aus. In Größe und Aussehen sind sie sehr vielfältig. Die meisten Arten sind nachtaktiv, einige jedoch fliegen auch tagsüber, darunter insbesondere Glasflügler, Widderchen und verschiedene andere.

Die Fühler sind bei den meisten Arten gefiedert oder fadenförmig, nur bei einigen sind sie keulenförmig (wie bei Tagfaltern). Nachtfalter falten ihre Flügel im Ruhezustand flach oder zeltartig über den Körper. Erwachsene Tiere haben oft reduzierte Mundwerkzeuge, nehmen keine Nahrung zu sich und leben nur wenige Tage oder höchstens Wochen.

Unser Leitfaden zu den Familien folgt einer nicht mehr wissenschaftlich begründeten, aber in der Praxis einfachen Klassifizierung, die auch heute noch oft verwendet wird: Die Nachtfalter werden in die „Groß"- und „Kleinschmetterlinge" unterteilt – die Letzteren umfassen viele typische Motten. Wir zeigen die in Europa häufigsten Familien, welche ohne mikroskopische Untersuchung identifiziert werden können.

Zur Bestimmung der Familie orientiert man sich an der Flügelform sowie an den in den jeweiligen Familienbeschreibungen erläuterten Merkmalen.

Einführung Schmetterlinge
← S. 400

Körperbau eines Nachtfalters

(Kleines Nachtpfauenauge, ♂)

Ähnlich wie manche Tagfalter zeigen auch einige Nachtfalter bei Gefahr eine Warnhaltung, indem sie die Flügel blitzschnell öffnen, um für Feinde abschreckend wirkende Augenflecken zu zeigen.

(Gemeine Graseule)

Flügel in Ruhe dachförmig gefaltet, bieten perfekte Tarnung.

Raupe des Buchen-Gabelschwanzes

Futterpflanzen der Raupen

Zur Artbestimmung aller Falter ist oft die Kenntnis der Futterpflanzen der Raupen hilfreich; Angaben hierzu finden sich im Abschnitt **F** (Futterpflanzen) im Beschreibungstext zu jedem Falter.

Leitfaden zu den Familien

„Grossschmetterlinge" →

Wurzelbohrer
Hepialidae **S. 454**

Holzbohrer
Cossidae **S. 454**

Glasflügler
Sesiidae **S. 454**

Schneckenspinner
Limacodidae **S. 458**

Widderchen
Zygaenidae **S. 458**

LEITFADEN ZU AUSGEWÄHLTEN FAMILIEN

← „GROSSSCHMETTERLINGE“

EULENSPINNER & SICHELFLÜGLER
Drepanidae **S. 460**

GLUCKEN
Lasiocampidae **S. 464**

BIRKENSPINNER
Endromidae **S. 466**

PFAUENSPINNER
Saturniidae **S. 466**

SCHWÄRMER
Sphingidae **S. 468**

SPANNER
Geometridae **S. 474**

ZAHNSPINNER
Notodontidae **S. 492**

BÄRENSPINNER, ORDENSBÄNDER & VERWANDTE
Erebidae **S. 498**

EULENFALTER
Noctuidae **S. 510**

KAHNEULCHEN
Nolidae **S. 536**

„KLEINSCHMETTERLINGE“ → S. 538

Nur einige der in diesem Buch behandelten Familien sind hier dargestellt.

ECHTE MOTTEN
Tineidae **S. 538**

LANGHORNMOTTEN
Adelidae **S. 540**

FEDERGEISTCHEN
Pterophoridae **S. 544**

WICKLER
Tortricidae **S. 546**

ZÜNSLER
Pyralidae **S. 550**

RÜSSELZÜNSLER
Crambidae **S. 552**

Wurzelbohrer Hepialidae

E 7 GEN 18 SPP 5 ILL

Vorderflügel länglich, eng am Körper anliegend. Fühler kurz.

1 ☉ Ampfer-Wurzelbohrer
Triodia sylvina **S** 32–48 mm. Bei ♂ Vorderflügel orange-braun mit 2 schmalen diagonalen Linien. ♀ größer, unscheinbarer. **H** Grasland. **F** Farnwurzeln, Löwenzahn und andere.

1
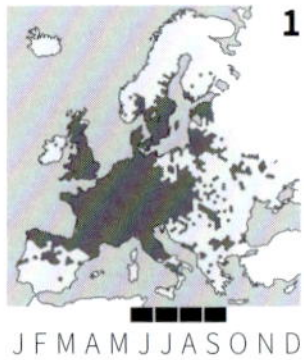

Gen. ***Korscheltellus*** E 3 SPP
Vorderflügel breiter als in *Triodia* spp.

2 ☉ Adlerfarn-Wurzelbohrer
Korscheltellus fusconebulosa
S 25–40 mm. Bei ♂ Vorderflügel mit komplexen, landkartenartigen Markierungen. ♀ unscheinbarer. **H** Grasland. **F** Wurzeln von Gräsern und vielen unteren Pflanzen.

2
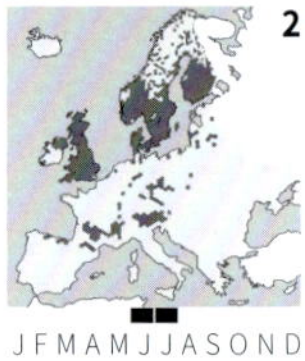

3 ☉ Kleiner Hopfen-Wurzelbohrer
Korscheltellus lupulina **S** 25–40 mm. Bei ♂ Vorderflügel meist braun bis grau mit weißlichen Flecken, manchmal aber auch einfarbig. ♀ unscheinbarer. **H** Grasland. **F** Wurzeln von Gräsern und vielen unteren Pflanzen.

3
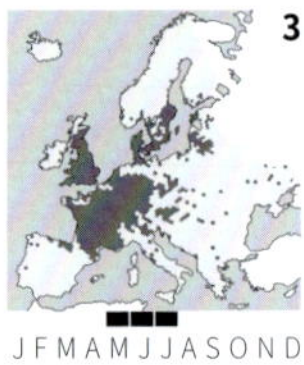

4 ☉ Heidekraut-Wurzelbohrer
Phymatopus hecta **S** 26–32 mm. Bei ♂ Vorderflügel teilweise golden mit weißlichen Markierungen und Flecken. ♀ matter, mit 2 hellen Bändern. **F** Farnwurzeln, Gräser.

4
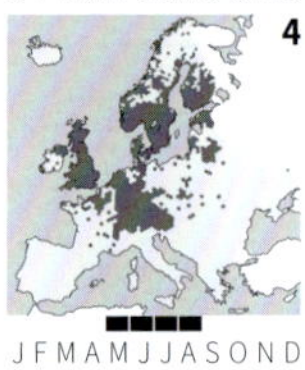

5 ☉ Großer Hopfen-Wurzelbohrer
Hepialus humuli **S** 42–48 mm. Bei ♂ Flügel weiß. ♀ gelblich, orange-braune Markierungen. Kopf, Thorax und Abdomen hell ocker-braun bis gelb bei ♀ und ♂. **H** Grasland. **F** Wurzeln von Gräsern.

5
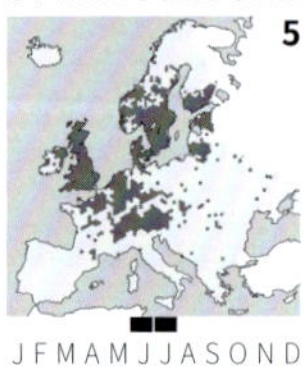

Holzbohrer Cossidae

E 15 GEN 38 SPP 2 ILL UK 3 GEN 3 SPP 2 ILL

Vorderflügel lang gestreckt, eng am Körper gehalten. Groß, plump; Abdomen lang gestreckt.

6 ☉ Weidenbohrer ***Cossus cossus***
S 65–96 mm. Groß, robust; Flügel grau oder dunkelbraun mit schwarzen Linien. **H** Lichte Wälder, Feuchtgebiete, Parks und Gärten. **F** Unter Rinde und Kernholz von Bäumen, einschließlich Eichen und anderen. **V** Entwicklungszeit der Larven 4–5 Jahre. Ihre Fraßtunnel können den Baum schwächen und bei schwerem Befall bis zum Absterben führen.

6
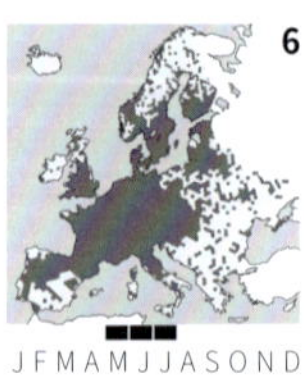

7 ☉ Blausieb ***Zeuzera pyrina***
S 45–78 mm. Flügel weißlich mit zahlreichen schwarz Flecken; Thorax mit 6 größeren schwarzen Flecken. ♂ Fühler schwarz, gefiedert. **H** Lichte Wälder und Buschland; zudem Parks und Gärten. **F** Unter Rinde und Kernholz von Bäumen, einschließlich Obstbäumen. Schwerer Befall kann bis zum Absterben führen, gilt daher als Schädling in Obstplantagen.

7
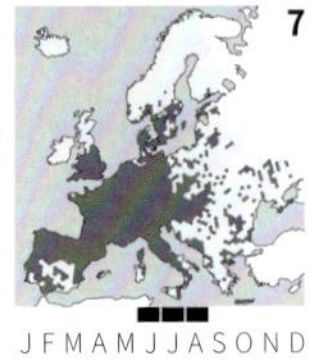

Glasflügler Sesiidae →

E 15 GEN 130 SPP 16 ILL

Wespenähnlich, tagaktiv. Flügel mit großen durchscheinenden Bereichen, Vorderflügel mit dunklen Streifen oder Markierungen. Fühler gekeult. ♂ werden von Pheromonen angezogen.

8 ☉ Zypressenwolfsmilch-Glasflügler ***Chamaesphecia empiformis***
S 11–22 mm. Vorderflügel mit dunklen Markierungen; Thorax mit 3 gelben Längsstreifen. **H** Trockene und offene Gebiete. **F** Ausschließlich in Wurzeln der Zypressen-Wolfsmilch (*Euphorbia cyparissias*).

8
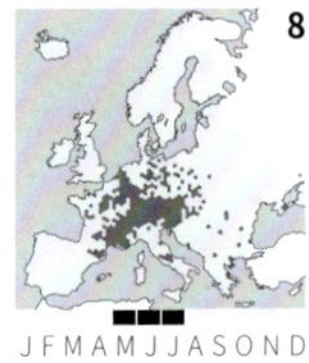

9 ☉ Himbeer-Glasflügler
Pennisetia hylaeiformis **S** 18–31 mm. Vorderflügel ausgedehnt rötlich; Abdomen mit gleich breiten gelben Bändern. **H** Waldränder, Ufer von Gewässern, Lichtungen. **F** Wurzeln der Himbeere (*Rubus idaeus*).

9
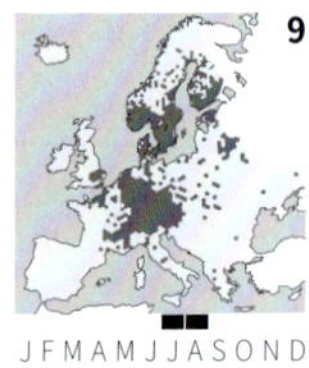

Gen. ***Sesia*** E 2 SPP
Groß, kräftig, hornissenähnlich.

10 ☉ Hornissen-Glasflügler
Sesia apiformis **S** 31–48 mm. Kopf und „Schulterflecken“ hell gelb, Kragen schwarz; Abdomen gelb und schwarz gebändert. **H** Parks, Hecken. **F** Pappeln, manchmal Weiden.

10
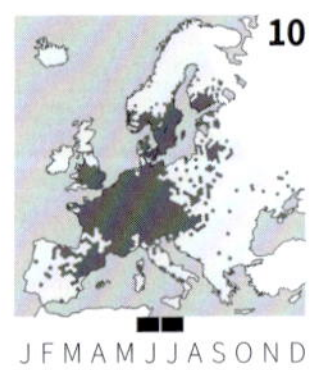

11 ☉ Großer Weiden-Glasflügler
Sesia bembeciformis **S** 28–43 mm. Kopf und „Schultern“ schwarz, Kragen hellgelb; Abdomen gelb und schwarz gebändert. **H** Waldränder, Parks und Gärten. **F** Weiden.

11
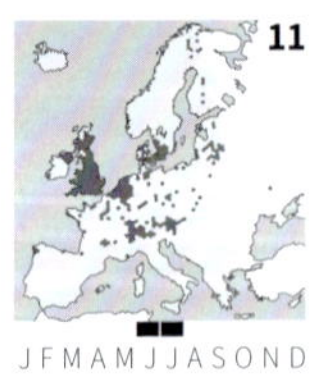

WURZELBOHRER

1 ×1,5 ■ ♂

2 ×1,5 ■ ♂ ♂

3 ×1,5 ◆ ♂ ♂

4 ×2 ◆ ♂ ♀

♂ mit weißen Flecken auf den Flügeln, kräftiger gefärbt als ♀

5 ×1,25 ■ ♂ ♀

HOLZBOHRER

6 ×¾ ■

perfekte Tarnung als Baumrinde

Puppe im Kokon

GLASFLÜGLER →

7 ×1 ■ ♂ ♂

♂ Fühler zur Hälfte gefiedert; bei ♀ fadenförmig

2 Reihen mit je 3 Flecken

Puppe

8 ×3 ■ ♀

3 gelbe Streifen

Flügel klar, mit dunklen und gelben Adern

9 ×2 ◆ ♂

♂ Fühler gefiedert; ♀ fadenförmig

Abdomen mit 7 gelben Bändern bei ♂ (6 bei ♀)

10 ×1,5 ◆

Kopf und „Schulterflecken" gelb

Puppe

11 ×1,5 ◆

schmaler Kragen gelb

Flügel größtenteils klar

← GLASFLÜGLER Sesiidae

Gen. *Synanthedon* E 23 SPP

Körper schlank, auffälliger Afterbüschel bei den meisten Arten.

1 ⊙ Schneeball-Glasflügler
Synanthedon andrenaeformis
S 17–26 mm. Abdomen mit 2 deutlichen gelblichen Bändern; Afterbüschel orange und schwarz. **H** Kalkhaltiges Grasland, Buschland, Wälder. **F** In Stängeln des Wolligen Schneeballs.

1
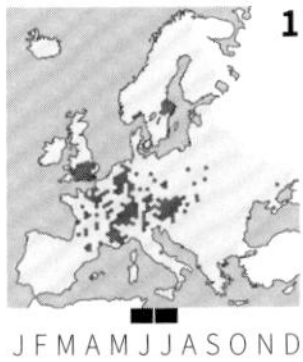

2 ⊙ Kleiner Birken-Glasflügler
Synanthedon culiciformis
S 19–29 mm. Abdomen mit breitem roten Band; Basis der Vorderflügel mit rötlichen Schuppen. **H** Lichte Wälder, Heideland, offene sonnige Gebiete. **F** Birken.

2
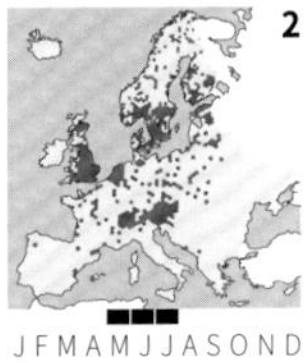

3 ⊙ Weidengallen-Glasflügler
Synanthedon flaviventris **S** 13–21 mm. Abdomen mit 3 schmalen gelben Bändern. **H** Feuchtgebiete. **F** Weiden.

3
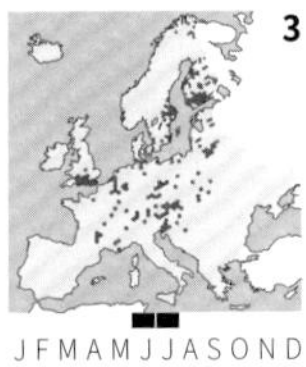

4 ⊙ Kleiner Weidenglasflügler
Synanthedon formicaeformis
S 14–25 mm. Abdomen mit rotem Band; Vorderflügelspitzen mit roten Schuppen. **H** Feuchtgebiete. **F** Weiden.

4
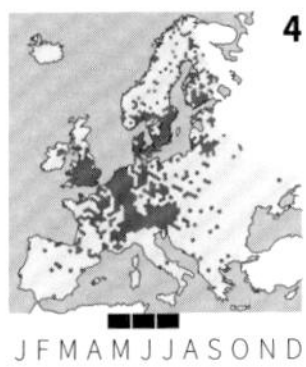

5 ⊙ Apfelbaum-Glasflügler
Synanthedon myopaeformis
S 14–25 mm. Abdomen sehr schmal und lang, rotes Band auf S4; Afterbüschel lang gestreckt. **H** Waldränder, Obstgärten, Gärten. **F** Unter Rinde von Obstbäumen wie Apfel, Birne und anderen.

5
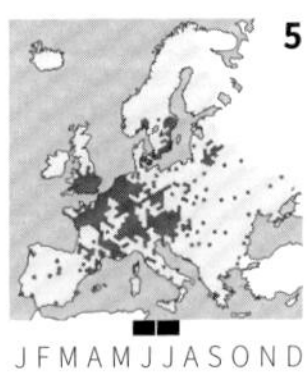

6 ⊙ Erlen-Glasflügler
Synanthedon spheciformis
S 23–31 mm. Abdomen mit gelblich weißen Bändern; Fühler mit weißlichem Band nahe Spitzen. **H** Heideland, Wälder. **F** Erlen und Birken.

6
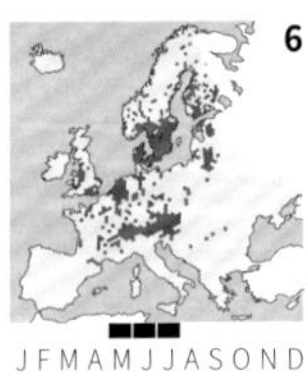

7 ⊙ Faulbaum-Glasflügler
Synanthedon stomoxiformis
S 21–31 mm. Thorax mit 2 roten Linien; Abdomen S4 rot, S5–S6 teilweise rot oder seitlich mit roten Schuppen. Flügelränder breit. **H** Felshänge, Buschland, Waldränder. **F** Kreuzdorn.

7
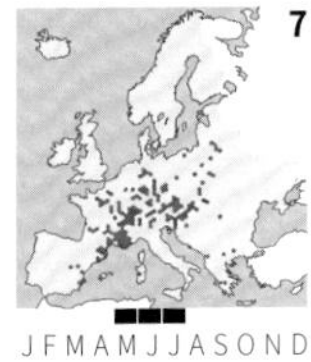

8 ⊙ Johannisbeer-Glasflügler
Synanthedon tipuliformis **S** 11–21 mm. Kragen gelb, ebenso die 2 Linien auf dem Thorax; Abdomen mit 4 (♂) oder 3 (♀) gelben Bändern; Afterbüschel schwarz mit gelben Streifen. **H** Gärten, Kleingärten, Obstfarmen. **F** Johannisbeerbüsche.

8
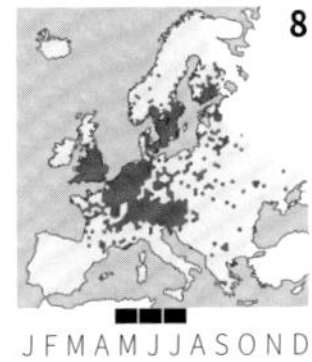

9 ⊙ Wespen-Glasflügler
Synanthedon vespiformis **S** 16–27 mm. Abdomen mit 4 gelben Bändern. Beine gelb; Afterbüschel gelb bei ♀, schwarz bei ♂. **H** Lichte Wälder und Parks. **F** Eichen.

9
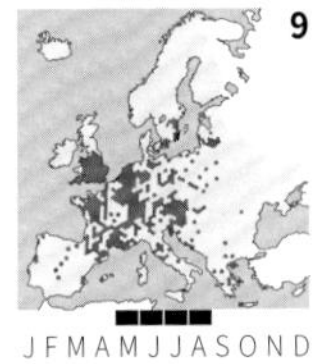

10 ⊙ Hornklee-Glasflügler
Bembecia ichneumoniformis
S 12–29 mm. Abdomen mit 6 (♂) oder 5 (♀) gelben Bänder; Afterbüschel schwarz mit gelben Streifen. Vorderflügel mit matt orangen Schuppen an der Spitze und zentralem Streifen; Beine gelb. **H** Trockenes Grasland, Ödland. **F** Wurzeln verschiedener Pflanzen wie Gewöhnlicher Hornklee (*Lotus corniculatus*), Gewöhnlicher Hufeisenklee (*Hippocrepis comosa*) und andere.

10
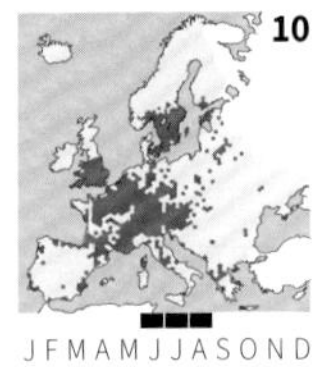

Gen. *Pyropteron* E 15 SPP

Ähnliche Erscheinung wie andere Gattungen; Körper oft behaart, bienenähnlich.

11 ⊙ Roter Ampfer-Glasflügler
Pyropteron chrysidiformis **S** 17–26 mm. Vorderflügel ausgedehnt orange-rot beschuppt; Abdomen mit 2 (♀) oder 3 (♂) schmalen weißlichen Bändern. **H** Waldränder, sonnige Gebiete, Grasland. **F** Ampfer, Sauerampfer (*Rumex*).

11
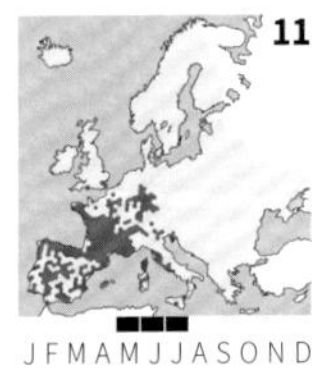

12 ⊙ Grasnelken-Glasflügler
Pyropteron muscaeformis **S** 13–19 mm. Klein. Thorax mit 3 gelblichen Längsstreifen; Abdomen mit 3 oder 4 schmalen gelblich weißen Bändern; Afterbüschel schwarz mit gelben Streifen. **H** Dünen, Salzwiesen. **F** Strand-Grasnelke (*Armeria maritima*).

12
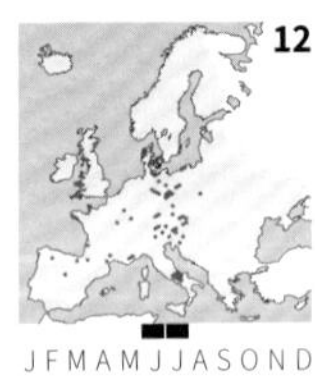

← GLASFLÜGLER

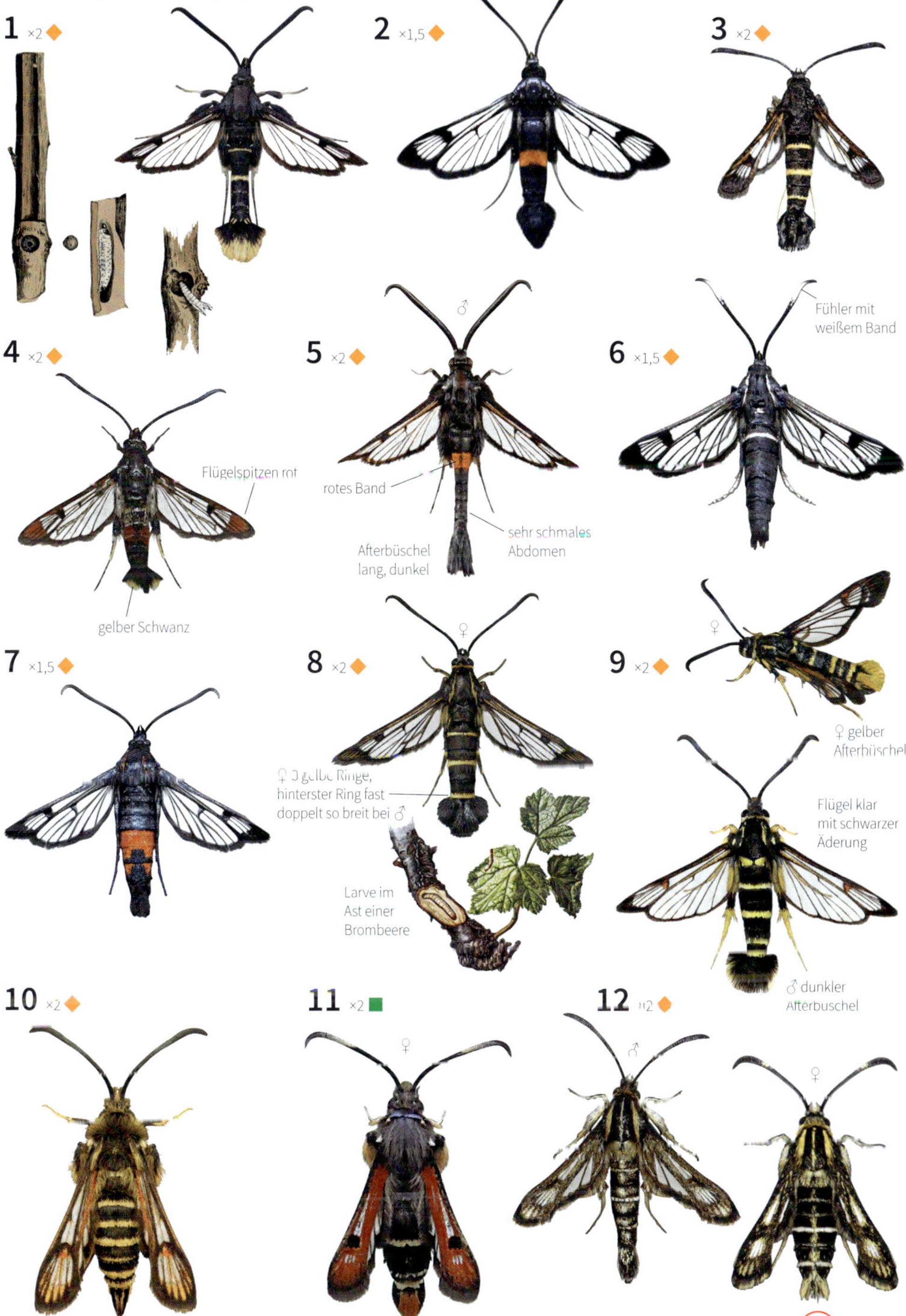

SCHNECKENSPINNER Limacodidae

E 10 GEN 12 SPP 1 ILL

Klein, Vorderflügel abgerundet; in Ruhe dachförmig gefaltet.

1
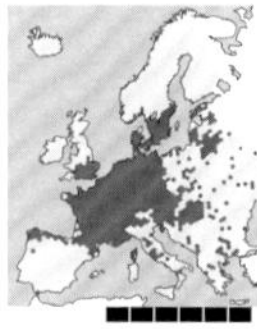

1 ⊙ Schneckenspinner
Apoda limacodes **S** 28–32 mm. Flügel orange-braun; bei ♂ Ende des Abdomens nach oben gebogen. Vorderflügel mit gebogenen Querstreifen. **H** Wälder. **F** Eichen, Birken.

WIDDERCHEN Zygaenidae

E 8 GEN 71 SPP 16 ILL

Tagaktiv. Flügel schmal, mit abgerundeten Spitzen. Vorderflügel schwarz mit Rot oder Grün; Fühler gekeult bei einigen Arten. Sowohl erwachsene Tiere als auch Larven sind giftig für Feinde.

2
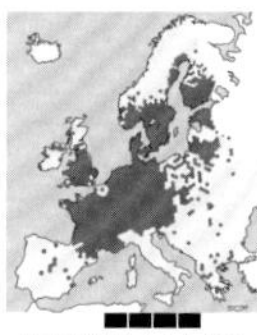

2 ⊙ Ampfergrünwidderchen
Adscita statices **S** 24–29 mm. Flügel grün. Ähnlich dem Flockenblumen-Grünwidderchen (*Jordanita globulariae*), aber Vorderflügelspitzen breiter und mehr abgerundet; ähnlich Sonnenröschen-Grünwidderchen (*A. geryon*) etwas kleiner. **H** Kalkhaltiges Grasland. **F** Wiesen-Sauerampfer, Kleiner Sauerampfer.

Gen. *Zygaena* E 36 SPP

Vorderflügel schimmernd schwarz, manchmal dunkel grünlich; mit roten (manchmal gelben oder weißen) Flecken; Hinterflügel der meisten Arten rot mit schwarzem Rand. Larven auch mit auffälligen Warnfarben.

3

3 ⊙ Esparsetten-Widderchen
Zygaena carniolica **S** 28–34 mm. Vorderflügel mit 6 roten Flecken, meist weiß umrandet. **H** Waldränder, Parks, Gärten. **F** Saat-Esparsette (*Onobrychis viciifolia*) und Gewöhnlicher Hornklee (*Lotus corniculatus*).

4
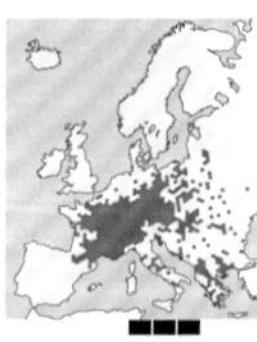

4 ⊙ Veränderliches Rotwidderchen
Zygaena ephialtes **S** 32–40 mm. Vorderflügel mit 5–6 roten, gelben oder weißen Flecken. Abdomen mit rotem, manchmal gelben Ring. Fühler mit weißen Spitzen. **H** Grasland, Böschungen, sonnige Hänge. **F** Bunte Kronwicke (*Securigera varia*), Sand-Thymian (*Thymus serpyllum*), Klee (*Trifolium*).

5
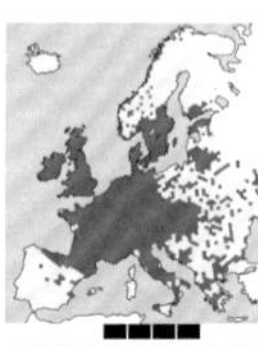

5 ⊙ Gemeines Blutströpfchen
Zygaena filipendulae **S** 25–40 mm. Vorderflügel mit 6 hellroten Flecken, die 2 nächsten zur Flügelbasis manchmal zu einem verschmolzen. Hinterflügel rot mit schmalem schwarzen Rand. **H** Grasland, Waldwege. **F** Gewöhnlicher Hornklee (*Lotus corniculatus*).

6
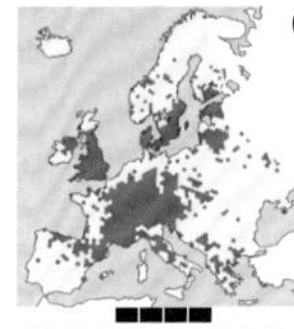

6 ⊙ Großes Fünffleck-Widderchen
Zygaena lonicerae **S** 30–46 mm. Vorderflügel lang und spitz; schwarz mit 5 hellroten Flecken, davon einer meist etwas kleiner. Hinterflügel rot mit schmalem schwarzen Rand. **H** Magerrasen, Waldwege. **F** Wiesen-Platterbse, Rotklee.

7
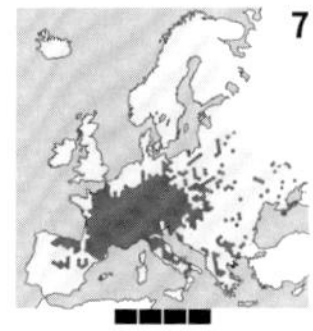

7 ⊙ Beilfleckwidderchen
Zygaena loti **S** 26–32 mm. Vorderflügel mit 5 roten Flecken, manche miteinander verschmolzen. Hinterflügel rot mit schmalem schwarzen Rand. **H** Wälder, Waldränder, Hecken, Buschland, Parks, Gärten. **F** Gewöhnlicher Hornklee, Bunte Kronwicke (*Securigera*).

8
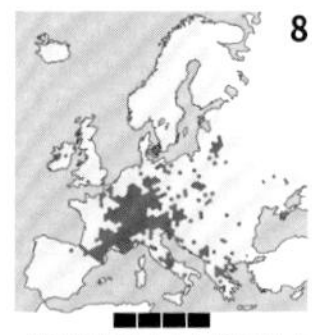

8 ⊙ Thymian-Widderchen
Zygaena purpuralis **S** 30–39 mm. Vorderflügel schwarz mit 3 roten Streifen; Hinterflügel rot mit schmalem schwarzem Rand. **H** Grasland. **F** Thymian.

9
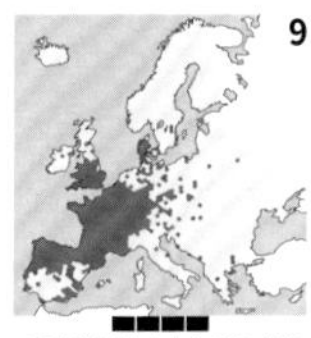

9 ⊙ Sumpfhornklee-Widderchen
Zygaena trifolii **S** 32–40 mm. Vorderflügelspitzen etwas abgerundet; schwarz mit 5 hellroten Flecken, die beiden mittleren oft verschmolzen; Hinterflügel rot mit etwas breiterem schwarzem Rand als beim Großen Fünffleck-Widderchen (*Z. lonicerae*). **H** Magerrasen, Waldwege. **F** Gewöhnlicher Hornklee, Sumpf-Hornklee.

10
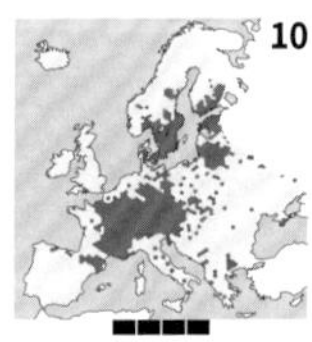

10 ⊙ Kleines Fünffleck-Widderchen
Zygaena viciae **S** 22–32 mm. Kleine Art, Vorderflügel schwarz, etwas durchscheinend mit leicht grünlichem Schimmer. Vorderflügel mit 5, sehr selten 6 roten Flecken. Hinterflügel mit schwarzem Flügelrand, etwas breiter bei ♂ als bei ♀. Fühler schmal und vergleichsweise kurz, schwach gekeult. **H** Grasland, Waldränder. **F** Gewöhnlicher Hornklee (*Lotus corniculatus*), Vogel-Wicke (*Vicia cracca*), Wiesen-Platterbse (*Lathyrus pratensis*).

SCHNECKENSPINNER

1 ×1,5 ■

WIDDERCHEN

2 ×2 ◆

3 ×1,5 ■

4 ×1,5 ◆

5 ×1,5 ◆

6 ×2 ◆

7 ×1,5 ◆

8 ×1,5 ■

9 ×1,5 ◆

10 ×2 ◆

EULENSPINNER & SICHELFLÜGLER Drepanidae →

E 14 GEN 22 SPP 14 ILL

Klein bis mittelgroß; Flügel breit, in Ruheposition bei einigen ausgestreckt, nahe am Körper gehalten bei anderen. Einige Arten mit auffällig sichelförmigen Flügelspitzen.

1 ⊙ Birken-Sichelflügler
Falcaria lacertinaria **S** 34–38 mm. Flügel braun; Vorderflügel mit welligem äußeren Ende, auch 2 dunkle Querstreifen mit kleinem zentralen Fleck dazwischen. **H** Wälder, Heideland, Hecken. **F** Birken.

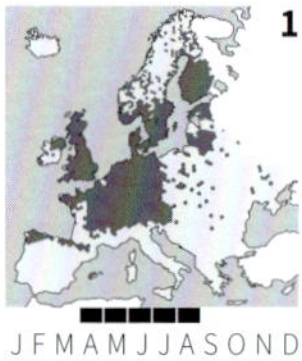

Gen. *Watsonalla* E 3 SPP

Flügel ausgestreckt in Ruheposition, Vorderflügel mit sichelförmigen Spitzen, diese aber weniger auffällig als bei *Drepana* spp.

2 ⊙ Eichen-Sichelflügler
Watsonalla binaria **S** 28–35 mm. Flügel orange-braun, Vorderflügel mit 2 blassen Querstreifen und 2 Flecken. **H** Wälder, Parks, Gärten. **F** Eichen.

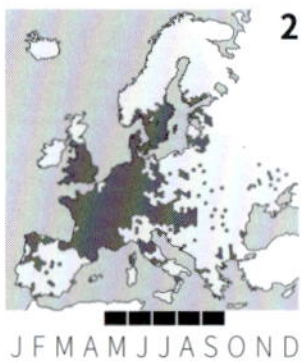

3 ⊙ Buchen-Sichelflügler
Watsonalla cultraria **S** 24–33 mm. Vorderflügel mit etwas dunklerem zentralen Band; meist nur ein Fleck auf jedem Vorderflügel. **H** Wälder, Parks, Gärten. **F** Birken.

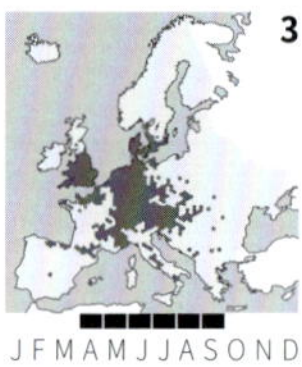

Gen. *Drepana* E 2 SPP

Flügel ausgestreckt in Ruheposition, Vorderflügel mit sehr deutlich sichelförmigen Spitzen.

4 ⊙ Erlen-Sichelflügler
Drepana curvatula **S** 34–42 mm. Ähnlich wie *D. falcataria*, aber kleinere mittige Flecken auf Vorderflügeln und dunkles quer liegendes Band auf Hinterflügeln. **H** Feuchtgebiete, Wälder, Uferbäume. **F** Birken, Erlen, Eichen. **V** Larven ruhen auch auf ihren Nahrungspflanzen, Puppe in zusammengewebten Blättern verborgen.

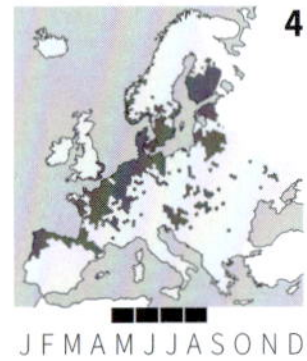

5 ⊙ Heller Sichelflügler
Drepana falcataria S 36–40 mm. Flügel blass, teilweise dunkelbraun; Vorderflügel mit dunklem mittigem Fleck, manchmal purpurfarbene Markierungen nahe der sichelförmigen Spitze. Ähnlicher Linden-Sichelflügler (*Sabra harpagula*) mit ausgeprägter sichelförmiger Flügelspitze und Vorderflügeln mit ausgedehnterer schwarzer Zeichnung. **H** Wälder, Heideland, Gärten. **F** Birken.

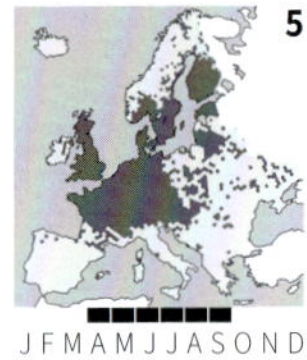

---

6 ⊙ Weißer Sichelflügler
Cilix glaucata **S** 22–27 mm. Flügel weiß mit dunkler Zeichnung; in Ruheposition dicht am Körper gehalten. **H** Wälder und Hecken. **F** Schlehdorn, Weißdorn, Holzapfel.

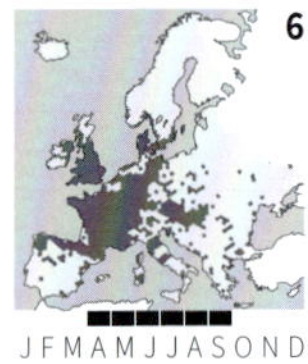

7 ⊙ Roseneule *Thyatira batis*
S 39–44 mm. Vorderflügel dunkelbraun mit deutlichen rosafarbenen Flecken. **H** Wälder. **F** Brombeere.

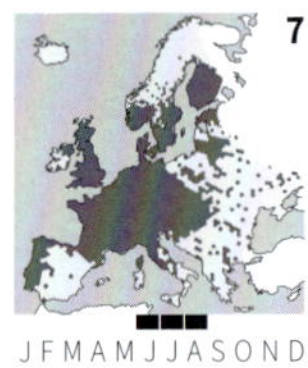

1 ×1,5 ◆

EULENSPINNER & SICHELFLÜGLER →

2 ×1,5

3 ×1,5

4 ×1,5

5 ×1,5

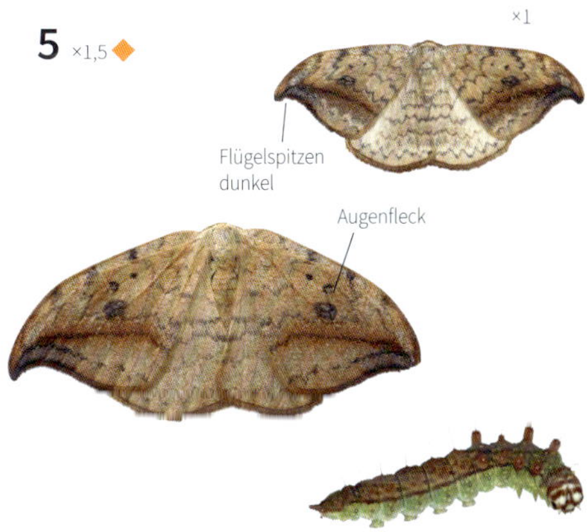

6 ×2

7 ×1,5

← **EULENSPINNER & SICHELFLÜGLER** Drepanidae

1

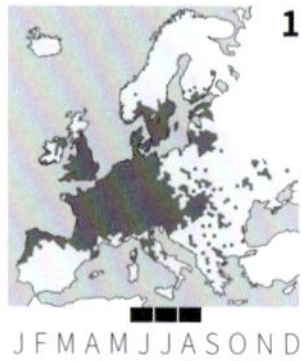

1 ⊙ Achat-Eulenspinner

Habrosyne pyritoides **S** 40–44 mm. Vorderflügel mit einzigartigem Muster: orange-braun mit weißen Linien, die einen Bogen formen, sowie einem grauen Sattel. **H** Lichte Wälder und Buschland. **F** Brombeere, Kratzbeere.

Gen. *Tethea* E 2 SPP

Kopf, Abdomen sowie Form der Vorderflügel ergeben ein zylindrisches Erscheinungsbild mit stumpfen Enden in Ruheposition, das das Aussehen eines trockenen Stückchens Holz perfekt nachahmt.

2

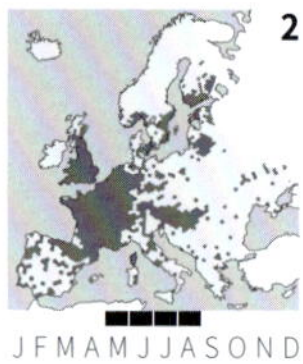

2 ⊙ Augen-Eulenspinner

Tethea ocularis **S** 36–44 mm. Vorderflügel graubraun bis grauschwarz mit dunklen Querlinien; ein mittiges, heller gefärbtes Band und markante Markierungen nahe des Flügelrands, die an die Zahl 80 erinnern können. Hinterflügel heller. **H** Wälder. **F** Espe, Pappeln. **V** Larve ernährt sich von Blättern ihrer Nahrungspflanzen, wobei sie 2 Blätter zusammenspinnen, um sich vor Feinden zu verstecken.

3

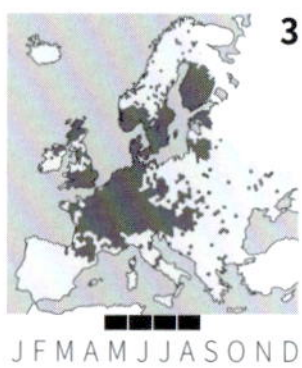

3 ⊙ Pappel-Eulenspinner

Tethea or **S** 38–43 mm. Ähnlich wie *T. ocularis*, aber Muster auf Vorderflügel im Vergleich unterschiedlich. Manchmal erscheint eine gleichmäßig schwarzgraue Form (Melanismus). Hinterflügel einfarbig grau. **H** Wälder. **F** Espen, manchmal andere Pappeln. **V** Weniger empfindlich gegenüber Umwelteinflüssen als *T. ocularis*. Larven in zusammengesponnenen Pappelblättern.

4

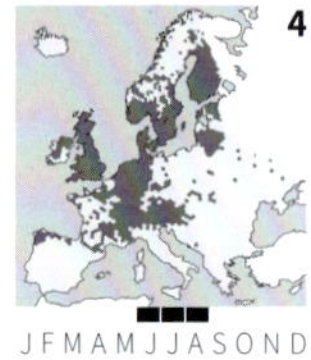

4 ⊙ Zweipunkt-Eulenspinner

Ochropacha duplaris **S** 25–34 mm. Flügel mattgrau; individuell variabel; Vorderflügel meist mit einem blassen zentralen Band. Charakteristischer kleiner schwarzer Fleck auf Vorderflügel und schwarzer Strich an den Flügelspitzen, diese fehlen einigen ansonsten ähnlichen Arten. **H** Lichte Wälder, Buschland. **F** Birken.

5

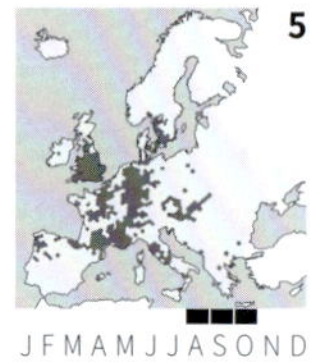

5 ⊙ Violettgrauer Eulenspinner

Cymatophorina diluta **S** 33–36 mm. Vorderflügel grau, oft mit 2 bräunlichen Querbändern. Frisch geschlüpfte erwachsene Tiere mit leichter Violettfärbung, die mit dem Alter verblasst. Hinterflügel blassweiß mit schwachen dunklen Linien. **H** Alte Eichenwälder. **F** Eichen. **V** Larven ruhen sich tagsüber in Verstecken aus zusammengesponnenen Blättern aus.

6

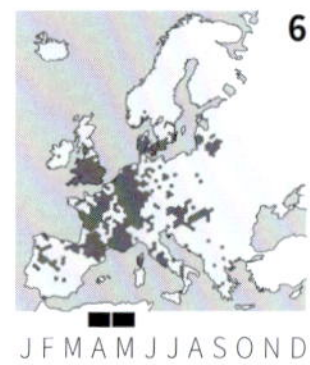

6 ⊙ Moosgrüner Eulenspinner

Polyploca ridens **S** 36–40 mm. Vorderflügel hauptsächlich dunkelgrün, mit variabel grünlich weißem Muster. Thorax mit Haarbüscheln. **H** Alte Eichenwälder, Hecken. **F** Eichen.

7

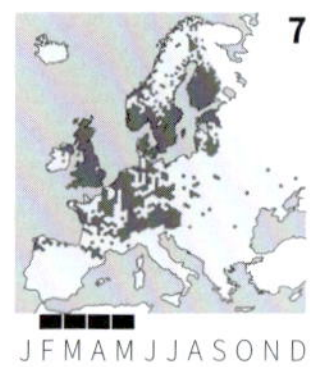

7 ⊙ Gelbhorn-Eulenspinner

Achlya flavicornis **S** 39–44 mm. Vorderflügel grau, variabel grünlich weiß oder weiß lasiert. Fühler orange. **H** Wälder. **F** Birken.

1 ■

← EULENSPINNER & SICHELFLÜGLER

2 ◆

3 ◆

4 ◆

5 ◆

6 ■

7 ◆

GLUCKEN Lasiocampidae

E 20 GEN 51 SPP 12 ILL

Etwas plumpes Erscheinungsbild, mittelgroß bis groß. Flügel braun oder gelblich; einige Arten mit weißen Flecken auf den Vorderflügeln; ruhen mit geschlossenen Flügeln. Bei ♂ Fühler gefiedert; bei ♀ fadenförmig.

1

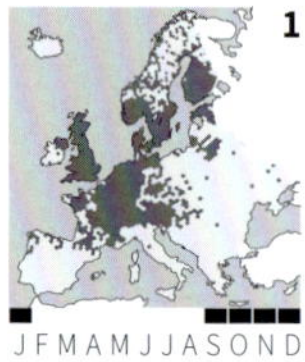

1 ⊙ Kleine Pappelglucke
Poecilocampa populi **S** 30–42 mm. Flügel dunkelbraun, Vorderflügel mit weißlicher Querlinie. Vorderer Teil von Abdomen und Kopf oben hell behaart. **H** Wälder, Hecken, Gärten. **F** Breitblättrige Bäume wie Eichen, Birken, Weißdorn.

2

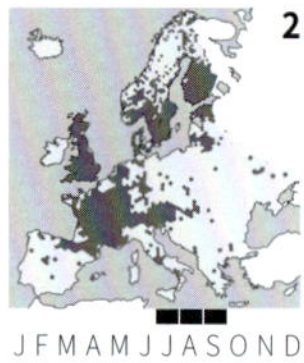

2 ⊙ Weißdornspinner
Trichiura crataegi **S** 25–33 mm. Vorderflügel hellgrau; mittiges dunkles Band mit angrenzenden wellenförmigen, schwarzen Linien; ♀ matter, manchmal bräunlich. **H** Wälder, Hecken und Parks bis 2600 m. **F** Weißdorn, Eichen, Birken.

Gen. *Malacosoma* E 5 SPP

Etwas matt, grau bis bräunlich.

3

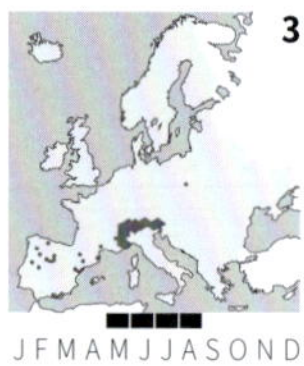

3 ⊙ Alpen-Ringelspinner
Malacosoma alpicola **S** 15–30 mm. ♂ braun mit grauem Schimmer, mit gelblichen Querlinien, diese deutlicher bei den rötlich braunen ♀. **H** Feuchte Bergwiesen und Felshänge in 1000–2500 m Höhe. **F** Frauenmantel (*Alchemilla*), Storchschnabel (*Geranium*).

4

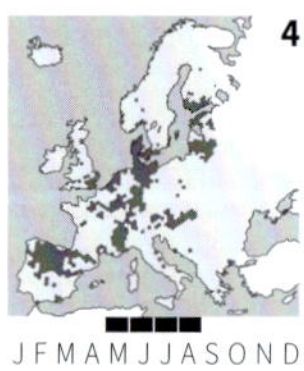

4 ⊙ Wolfsmilch-Ringelspinner
Malacosoma castrensis **S** 31–41 mm. Flügel gelblich oder braun, ähnlich wie *M. neustria*, aber Querlinien manchmal schwach oder fehlend; wenn vorhanden, ist die erste Querlinie geknickt. **H** Sonnige, warme Gebiete, einschließlich Berghänge bis 1800 m. **F** Verschiedene niedrig wachsende Pflanzen, manchmal Bäume.

5

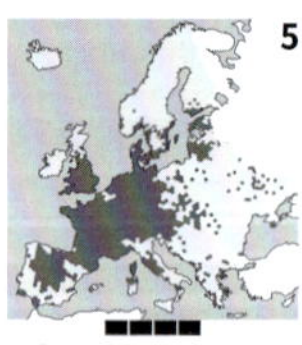

5 ⊙ Ringelspinner
Malacosoma neustria **S** 30–41 mm. Braun oder gelblich, Vorderflügel mit 2 Querlinien. **H** Hecken, Parks und Gärten. **F** Weißdorn, Schlehdorn. **V** Larven in Nestern auf den Nahrungspflanzen.

6

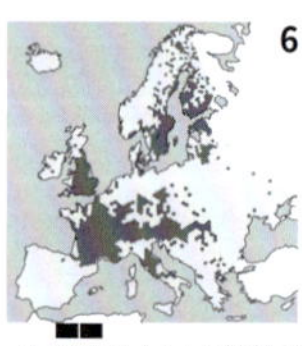

6 ⊙ Frühlings-Wollafter
Eriogaster lanestris **S** 36–47 mm. Rotbraun, Vorderflügel mittig und an der Basis mit je einem weißen Fleck. **H** Lichte Wälder, Hecken, Obstgärten. **F** Schlehdorn, Weißdorn, Pflaume, Kirsche.

Gen. *Lasiocampa* E 7 SPP

Groß; Geschlechter verschieden gefärbt. ♂ tagaktiv; ♀ bei Nacht.

7

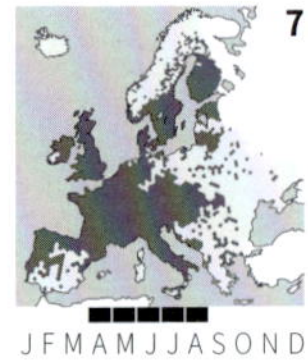

7 ⊙ Eichenspinner
Lasiocampa quercus **S** 58–90 mm. Groß; Flügel dunkelbraun bei ♂; hell gelblich bei ♀; Vorderflügel mit gelblicher Querlinie und zentralem weißem Fleck. **H** Heideland, Moore, Buschland. **F** Heidekraut, Heidelbeere, Brombeere, Weißdorn.

8

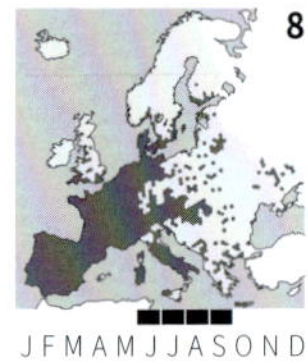

8 ⊙ Kleespinner *Lasiocampa trifolii*
S 46–76 mm. Kleiner als *L. quercus*; Flügel rotbraun; einige Formen dunkler oder gelblich. **H** Trockenes Grasland, Wiesen, Weiden. Weniger häufig in feuchten Gebieten. **F** Larve ernährt sich anfangs von Gräsern, spätere Stadien von verschiedenen niedrig wachsenden Pflanzen, vor allem Hülsenfrüchtler.

9

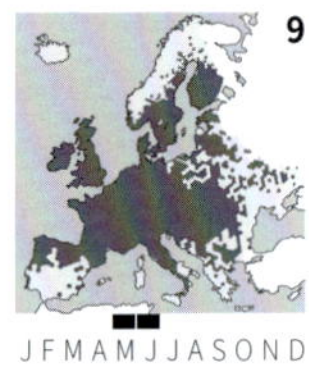

9 ⊙ Brombeerspinner
Macrothylacia rubi **S** 48–72 mm. Flügel rotbraun bei ♂; grau bei ♀; Vorderflügel mit 2 gelblichen Querlinien, aber keinem zentralen Fleck. **H** Heideland, Moore, Grasland, lichte Wälder. **F** Heidekraut, Heidelbeere, Brombeere.

10

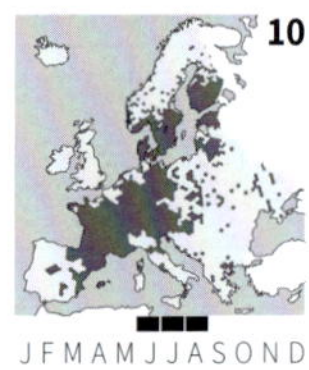

10 ⊙ Kiefernspinner
Dendrolimus pini **S** 50–80 mm. Insgesamt etwas dunkel bräunlich grau. Vorderflügel mit gezackten, dunkelbraunen Querbändern; oft Flügel im mittleren Bereich heller, mit kleinem weißen Fleck. Beine behaart. **H** Nadelwälder. **F** Kiefern, vor allem Waldkiefer (*Pinus sylvestris*).

11

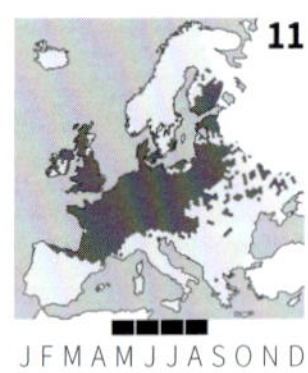

11 ⊙ Grasglucke *Euthrix potatoria*
S 50–70 mm. Flügel rotbraun mit gelblichen Flecken bei ♂; diese gelb oder braun bei ♀; Vorderflügel mit 2 dunklen Querstreifen, einer reicht bis zur Flügelspitze; zudem ein größer und ein kleiner mittiger Fleck. **H** Feuchtgebiete, trockenes Grasland. **F** Gräser, Schilf.

12

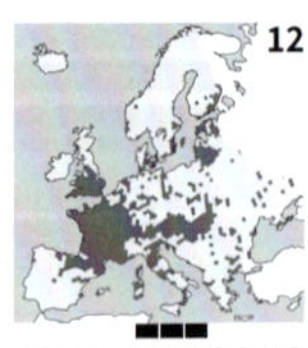

12 ⊙ Kupferglucke
Gastropacha quercifolia **S** 56–88 mm. Flügel purpurfarben braun, muschelförmig; deutliche Schnauze. **H** Lichte Wälder, Hecken, Tiefland. **F** Weißdorn, Schlehdorn.

GLUCKEN

1 ×1,25 ■

2 ×1,5 ◆

3 ×2 ◆

4 ×1 ◆

5 ×1 ◆

6 ×1 ■

7 ×3/4 ◆

8 ×3/4 ◆

9 ×3/4 ■

10 ×3/4 ■

11 ×3/4 ■

12 ×3/4 ■

BIRKENSPINNER Endromidae

E 2 GEN 2 SPP 1 ILL

Große, plumpe, robust gebaute Nachtfalter.

1 ⊙ Birkenspinner
Endromis versicolora **S** 55–89 mm. Vorderflügel mit deutlichen dunklen Linien und weißen Markierungen; ♂ dunkelbraun bis rostrot; ♀ deutlich heller braun mit mehr weißlichen Zeichnungen. **H** Offene Birkenwald. **F** Hängebirke.

1
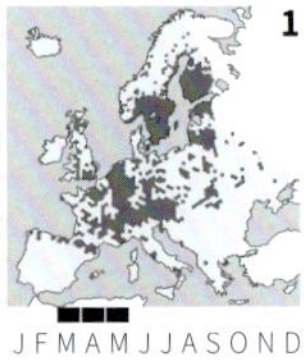

PFAUENSPINNER Saturniidae

E 5 GEN 12 SPP 5 ILL

Sehr groß; ♀ größer als ♂. Alle 4 Flügel mit großem zentralen Augenfleck; bei ♂ Fühler stark gefiedert; bei ♀ weniger stark gefiedert. Larven spinnen einen Seidenkokon zur Verpuppung.

Gen. *Saturnia* E 6 SPP
Vorderflügel dunkel, getarntes Muster; Hinterflügel orange bei den ♂ einiger Arten.

2 ⊙ Kleines Nachtpfauenauge
Saturnia pavonia **S** 55–85 mm. Vorderflügel mehr dreieckig und mit weniger stark abgerundeten Ecken als *S. pavoniella*. ♂ mit heller gefärbten Flügeln und orangen Hinterflügeln; Flügel bei ♀ gleichmäßig blass grau oder weißlich. **H** Heideland, Moore, Feuchtgebiete, Buschland; bis 2000 m. **F** Heidekraut, Brombeere. **V** ♀ nachtaktiv; ♂ auch am Tag; ♀ geben Pheromone ab, um ♂ – oft zahlreich – anzulocken; die Tiere lassen sich auch durch künstlich hergestellten Duft anlocken.

2
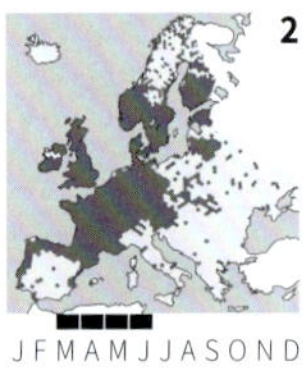

3 ⊙ Südliches Kleines Nachtpfauenauge ***Saturnia pavoniella***
S 45–95 mm. Vorderflügel breiter als bei *S. pavonia*. Vorderflügel bei ♂ leicht rost- bis weinrot. Hinterflügel bei ♀ oft mit leichter rosafarbener Bestäubung. **H** Heideland, trockenes Grasland, Buschland. **F** Brombeeren, Weißdorn und viele andere. **V** Es kann zu Kreuzungen zwischen *S. pavonia* und *S. pavoniella* kommen, aber die dann gelegten Eier sind unfruchtbar.

3
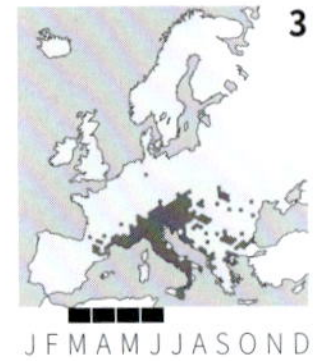

4 ⊙ Wiener Nachtpfauenauge
Saturnia pyri **S** 87–166 mm. Größter europäischer Nachtfalter. Ähnlich wie andere *Saturnia* spp., aber beide Geschlechter mit gleichfarbig dunkelbraunen Flügeln, Rand weißlich. Vorderflügel an den äußeren Ecken mit charakteristischen Zickzack-Zeichnungen. **H** Lichte Wälder, Obstgärten, Gärten; bis 2000 m. **F** Obstbäume, Eschen, Weiden, Pappeln.

4
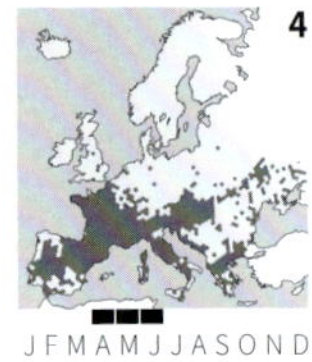

5 ⊙ Nagelfleck ***Aglia tau***
S 60–84 mm. Flügel ockergelb bis dunkelbraun, dunkles Band nahe dem äußeren Ende. ♂ deutlich stärker gefärbt als ♀. Gelegentlich taucht eine melanistische Form auf, die fast komplett schwarz ist. Jeder Flügel mit einem auffälligen dunklen Fleck mit zentralem weißem Punkt. Ein dunkles Band verläuft nahe dem hinteren Flügelende. **H** Wälder, Parks, Gärten; bis 1600 m. **F** Birken, Eichen und andere Bäume. **V** ♀ nachtaktiv; ♂ zudem auch am Tag.

5
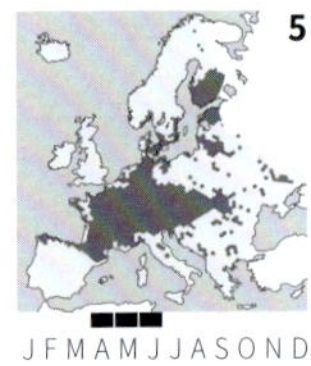

6 ⊙ Isabellaspinner
Actias isabellae **S** 65–100 mm. Flügel grünlich gelb mit rotbraunen Adern; Hinterflügel mit auffälligem Fortsatz, kürzer bei ♀. **H** Nadelwälder, bis 1800 m. **F** Kiefern. **V** Diese spektakuläre Art ist in Frankreich und Spanien geschützt.

6
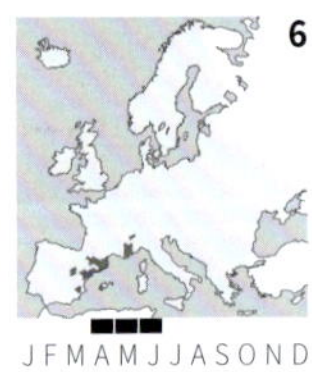

BIRKENSPINNER

1 ■

PFAUENSPINNER

2 ◆

♂

♀ alle
4 Flügel grau

♀

♂ Hinterflügel
orange

frühe Stadien schwarz,
dann zunehmend grüner

Puppe, Kokon
wurde entfernt

3 ◆

♂

♂ Hinterflügel
hellorange

♀ Flügel grau

♀

Flügel breiter
als bei *S. pavonia*

frühe Stadien schwarz,
dann zunehmend grüner

spätes Stadium

4 ■

♂

Flügel mit
weißlich Rand

frühe Stadien schwarz,
dann zunehmend
grüner in der Farbe

spätes Stadium

5 ■

dunkle Flecken mit
weißer Markierung

♂

♀ blasser

♀

6 ■

♂

SCHWÄRMER Sphingidae →

E 28 GEN 64 SPP 17 ILL

Mittelgroße bis große, auffällige Nachtfalter. Schneller Flug mit eleganter, stromförmiger Erscheinung. Hinterflügel oft hell und auffällig gefärbt, um Feinde abschrecken zu können. Larven relativ oft zu sehen; die meisten haben ein Horn am hinteren Körperende. Einige Arten sind Wanderfalter; heimisch in Nordafrika und dem Süden Europas, von wo aus sie sich jedes Jahr weit über Europa ausbreiten.

1
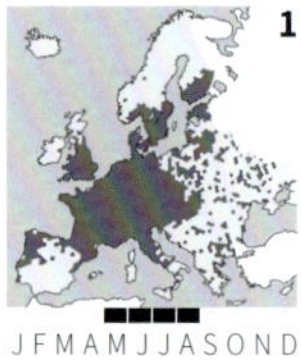

1 ⊙ Lindenschwärmer *Mimas tiliae*

S 70–80 mm. Flügel grün oder bräunlich, Vorderflügel mit dunklen olivgrünem Band, das manchmal in 2 große Flecken aufgetrennt sein kann. **H** Wälder, Parks, Gärten. **F** Linden.

2
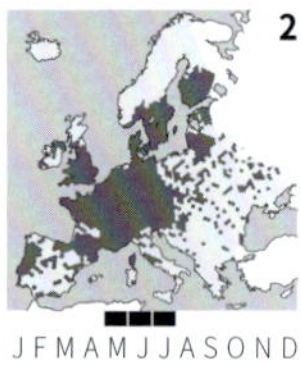

2 ⊙ Abendpfauenauge

Smerinthus ocellata **S** 75–95 mm. Vorderflügel rosa-braun mit schwarzen Anteilen; Hinterflügel rosa mit großen Augen. Thorax mit zentralem schwarzen Fleck. **H** Wälder, Buschland, Parks, Gärten. **F** Weiden. **V** Die Vorderflügel werden bei Gefahr ruckartig geöffnet, um mit den großen Augenflecken auf den Hinterflügeln Feinde zu erschrecken.

3
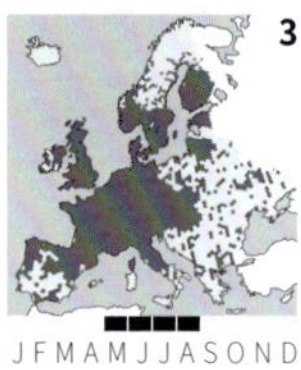

3 ⊙ Pappelschwärmer

Laothoe populi **S** 72–92 mm. Flügel grau mit hellen und dunkleren Schattierungen; Vorderflügel mit zentralem weißem Fleck. Hinterflügel mit kastanienbraunem Fleck, in Ruheposition unter die Vorderflügel nach außen geschoben. **H** Wälder, Gärten. **F** Pappeln, Weiden.

4
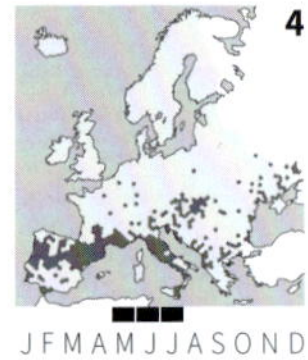

4 ⊙ Eichenschwärmer

Marumba quercus **S** 85–125 mm. Flügel blass ockerfarben bis grau oder braun, meist gebändert. **H** Waldhänge bis 1500 m. **F** Eichen.

5
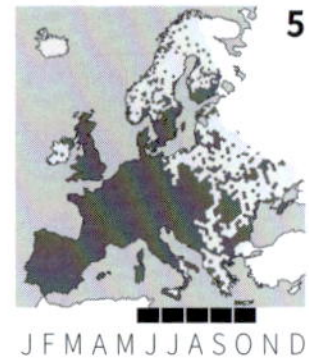

5 ⊙ Windenschwärmer

Agrius convolvuli **S** 80–130 mm. Körper und Flügel insgesamt grau; Abdomen mit rosafarbenen und schwarzen Flecken. Ähnlich *A. cingulatus*, dieser heimisch in Amerika; jedoch manchmal als Migrant an den Westküsten Europas; diese Art hat mehr rosafarbene Anteile am Abdomen und an der Basis der Hinterflügel. Auch *Sphinx* spp. (S. 470) ähnlich, sind aber mehr bräunlich als grau. **H** Sonnige Gebiete, Ödland. **F** Winden (*Convolvulus*), aber auch andere Pflanzen. **V** Wanderfalter, erscheint jedes Frühjahr in Mittel- und Nordeuropa; Sommergeneration entwickelt sich in Europa. Die meisten Tiere der Sommergeneration kehren vor dem Winter wieder in den Süden zurück; sie können kalte Winter nicht überstehen.

6
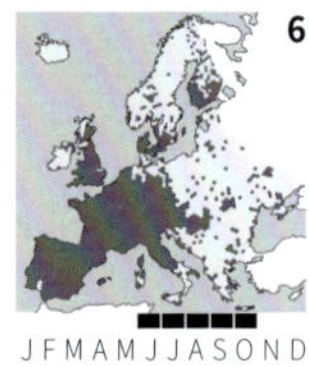

6 ⊙ Totenkopfschwärmer

Acherontia atropos **S** 90–130 mm. Sehr groß; auffallend, unverwechselbar. Jedoch in Ruheposition sehr gut getarnt, vor allem auf Baumrinde. Hinterflügel und Abdomen sowie Körperunterseite hellgelblich und schwarz. Charakteristische Totenkopf-Markierung auf dem oberen Thorax. Ende des Abdomens schmal zulaufend bei ♂, abgerundet bei ♀. **H** Offene Gebiete, oft an Kartoffelfeldern. **F** Kartoffeln, aber auch andere Nahrungspflanzen. **I** Wanderfalter, kommt jedes Frühjahr aus Afrika nach Europa. Übersteht keine kalten Winter; daher überwintern die Falter in Europa nur an sehr südlichen Mittelmeerküsten und auf Mittelmeerinseln sowie auf Madeira, den Kanaren und den Azoren. **V** Erwachsene Tiere nutzen ihren kurzen Saugrüssel (Proboscis), um Nektar und Honig von Bienen aus deren Stock zu stehlen. Sie verströmen eine chemische Substanz, die den Eigengeruch überdeckt und dazu führt, dass sie von den Bienen nicht angegriffen werden.

1 ×¾ ■

SCHWÄRMER →

2 ×3/4 ■

3 ×2/3 ■

4 ×2/3 ■

5 ×1/2 ■

6 ×1/2 ■

← SCHWÄRMER Sphingidae →

Gen. *Sphinx* E 5 SPP

Sehr große Arten, Vorderflügel lang und schmal.

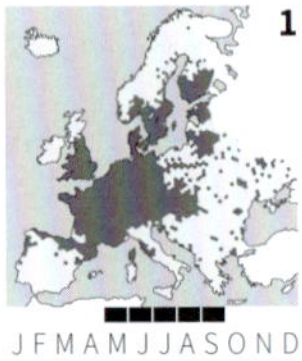

1 ⊙ Ligusterschwärmer
Sphinx ligustri **S** 100–120 mm. Vorderflügel dunkelbraun mit einigen blasseren Bereichen; Hinterflügel und Abdomen pink und schwarz gebändert. Windenschwärmer (*Agrius convolvuli*, S. 468) ähnlich, aber mehr grau als braun. **H** Lichte Wälder, Hecken, Parks, Gärten. **F** Liguster, Flieder. **V** Vorderflügel werden bei Gefahr ruckartig geöffnet, um mit den auffällig gefärbten Hinterflügeln und dem Hinterleib Feinde zu erschrecken.

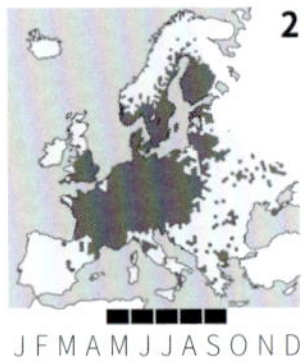

2 ⊙ Kiefernschwärmer
Sphinx pinastri **S** 72–80 mm. Vorderflügel schlicht, grau mit 3–4 auffälligen schwarzen Streifen; Thorax mit schwarzen Streifen; Abdomen mit einem schwarzen Muster. **H** Nadelwälder, Parks, Gärten. **F** Waldkiefer.

Gen. *Hemaris* E 3 SPP

Ähnlich Hummeln, aber größer. Flügel großenteils transparent. Tagaktiv, schweben über Blüten und nutzen ihren langen Saugrüssel, um Nektar zu saugen – ähnlich Kolibris.

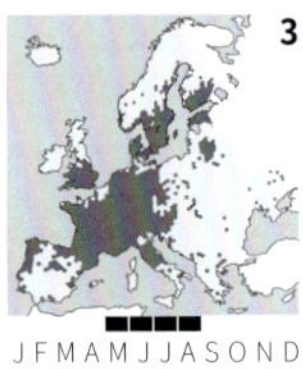

3 ⊙ Hummelschwärmer
Hemaris fuciformis **S** 46–52 mm. Flügel transparent mit breitem braunen Rand. Thorax und Abdomen behaart, olivgrün; Abdomen mit breitem, braunem Band und etwas weißem Haar an den Seiten. **H** Waldwege, Lichtungen. **F** Heckenkirschen.

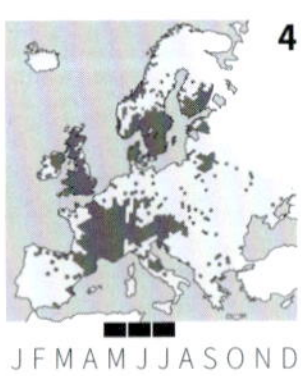

4 ⊙ Skabiosenschwärmer
Hemaris tityus **S** 41–46mm. Flügel transparent, im Unterschied zu *H. fuciformis*) mit schmalerem braunem Rand. Thorax und Teile des Abdomens oliv oder gelblich braun; Abdomen mit dunklem Band. Taubenschwänzchen (*Macroglossum stellatarum*) ähnlich im Verhalten, aber mit farbigen, nicht transparenten Flügeln. **H** Wälder, Grasland, Heideland. **F** Gewöhnlicher Teufelsabbiss, Tauben-Skabiose, Acker-Witwenblume.

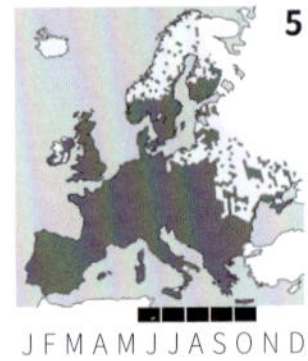

5 ⊙ Taubenschwänzchen
Macroglossum stellatarum **S** 50–58 mm. Vorderflügel auf der Oberseite grau mit dunklen Markierungen; Unterseite orange-braun. Hinterflügel orange-braun auf beiden Seiten. Ende des Abdomens mit auffallend breitem, haarigem Schwänzchen. Flügel nicht transparent, im Gegensatz zu *Hemaris* spp. **H** Waldwege, Gärten. **F** Echtes Labkraut, Wiesen-Labkraut. **V** Tagaktiv, schwebt über Blüten und nutzt den langen Saugrüssel, um Nektar zu saugen – ähnlich Kolibris.

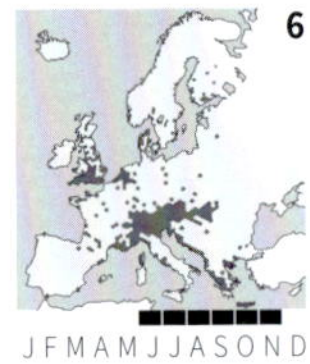

6 ⊙ Oleanderschwärmer
Daphnis nerii **S** 80–120 mm. Groß, Vorderflügel dunkelgrün, auffällig helle Bänder, etwas Pink am hinteren Rand. **H** Trockene Flußbetten und Hänge, an denen Oleander vorkommt. **F** Oleander (*Nerium oleander*). **V** Oleander ist sehr giftig, aber die Larven sind immun. Wanderfalter, erscheint jedes Frühjahr in Mittel- und Nordeuropa; Sommergeneration entwickelt sich in Europa. Die meisten Tiere der Sommergeneration kehren vor dem Winter wieder in den Süden zurück; können kalte Winter nicht überstehen.

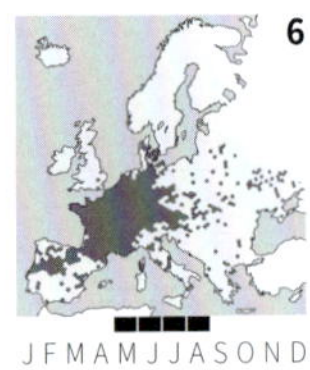

7 ⊙ Nachtkerzenschwärmer
Proserpinus proserpina **S** 36–60 mm. Vorderflügel gelb-grün, grau oder grünlich mit auffallendem dunklen Band; Flügelrand gezackt. Ähnlich anderen Arten wie dem Lindenschwärmer (*Mimas tiliae*), jedoch kleiner. **H** Feuchtgebiete, Lichtungen, Brachland. **F** Zottiges Weidenröschen (*Epilobium hirsutum*), Gewöhnliche Nachtkerze (*Oenothera biennis*).

hervorragende Tarnung des Kiefernschwärmers (*Sphinx pinastri*) auf einer Kiefer

1 ×⅔

2 ×⅔

3 ×1

4 ×1

5 ×1

6 ×½

7 ×1

← SCHWÄRMER Sphingidae

Gen. *Hyles* E 13 SPP

Große Nachtfalter, Vorderflügel lang und schmal.

1 ⊙ Wolfsmilchschwärmer
Hyles euphorbiae **S** 70–85 mm. Vorderflügel mit olivgrünem Band und breitem blassen Streifen. Hinterflügel mit Rot (gelegentlich fehlend). **H** Offene Gebiete, Ödland bis 1900 m. **F** Wolfsmilch (*Euphorbia*).

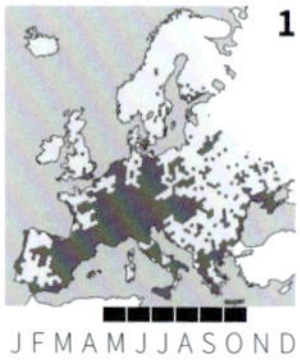

2 ⊙ Labkrautschwärmer
Hyles gallii **S** 65–85 mm. Sehr ähnlich *H. euphorbiae*, jedoch vorderer Flügelrand mit durchgehender, dunkelbrauner bis olivgrüner Linie und schmalerem blassem Streifen. **H** Offene Gebiete, Brachland und gerodete Flächen in Bergwäldern. **F** Labkraut, Weidenröschen (*Chamaenerion* syn. *Epilobium angustifolium*) und andere.

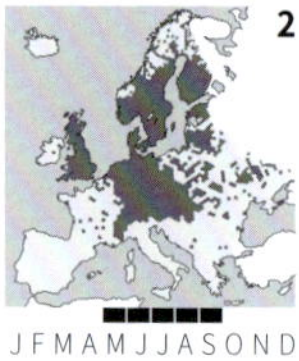

3 ⊙ Linienschwärmer
Hyles livornica **S** 60–85 mm. Vorderflügel olivbraun und beige, mit auffälligem weißem Streifenmuster. Thorax olivbraun mit weißen Streifen. Hinterflügel rosafarben mit dunklem Band am Rand. **H** Offenes Trockenland, Lichtungen, Ruderalflächen, Bergland. **F** Ampfer (*Rumex*), Vogelknöterich (*Polygonum*) und andere.

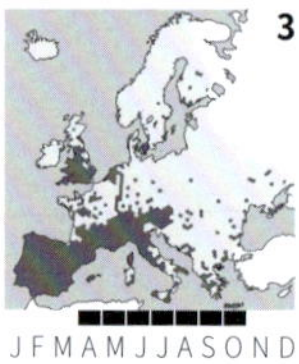

4 ⊙ Großer Weinschwärmer
Hippotion celerio **S** 60–80 mm. Vorderflügel mit schmal zulaufenden, cremefarbenen und silbernen Streifen. Thorax olivbraun mit weißen Streifen. Hinterflügel mit rosafarbenen Bereichen und braunen Adern. **H** Offene Gebiete. **F** Weinreben. **I** Kann gelegentlich als Schädling auftreten.

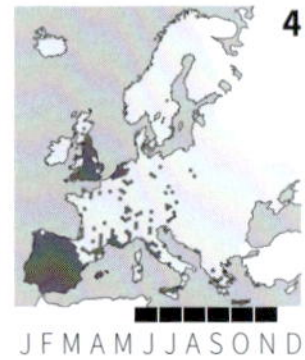

Gen. *Deilephila* E 2 SPP

Mittelgroß bis groß. Beinhaltet einige bekannte, farbenfrohe Arten mit rosafarbener Zeichnung.

5 ⊙ Mittlerer Weinschwärmer
Deilephila elpenor **S** 62–72 mm. Vorderflügel und Abdomen rosafarben und olivgrün; Hinterflügel rosafarben und schwarz. **H** Waldränder, Magerrasen, Parks, Gärten. **F** Weidenröschen, Labkraut, Fuchsien. **V** Vorderflügel werden bei Gefahr ruckartig geöffnet, um Feinde zu erschrecken.

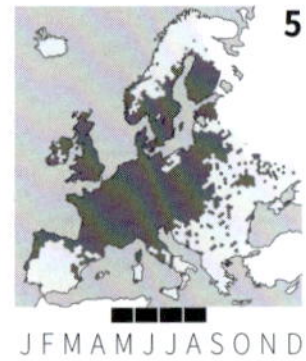

6 ⊙ Kleiner Weinschwärmer
Deilephila podercellus **S** 47–56 mm. Vorderflügel und Abdomen rosafarben und gelblich braun; Hinterflügel rosafarben und schwarz. **H** Kalkhaltiges Grasland, Heideland, bis 1600 m. **F** Labkraut.

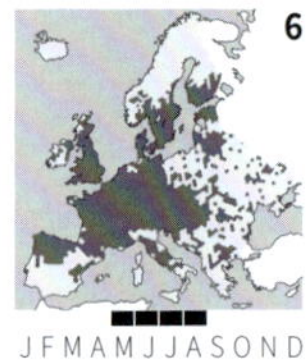

3 ×2/3

4 ×2/3

Färbung der
Larve variabel
auffällige
Augenflecken
auf dem Thorax
grün

5 ×1

kleiner weißer
Fleck
Puppe

6 ×1

Puppe

SPANNER Geometridae →

E ~268 GEN 1106 SPP 119 ILL

Flügel breit, in Ruhe oft flach ausgestreckt, Abdomen schlank; Fühler bei manchen ♂ gefiedert, fadenförmig bei ♀; nie gekeult. Raupen mit nur 2 Paar Bauchbeinen, krümmen ihren Körper beim Laufen auffallend nach oben.

Gen. *Idaea* E 127 SPP

Flügel hell gefärbt, meist mit einigen dunklen Linien oder Zeichnungen.

1 ⊙ Breitgebänderter Staudenspanner *Idaea aversata* **S** 30–35 mm. Flügel gelblich bis sandbraun, schwarz bestäubt; 3 dunkle Linien, manchmal dunkles Band. **H** Wälder, kalkhaltiges Grasland, Feuchtgebiete, Gärten. **F** Labkraut, Löwenzahn, Ampfer.

1
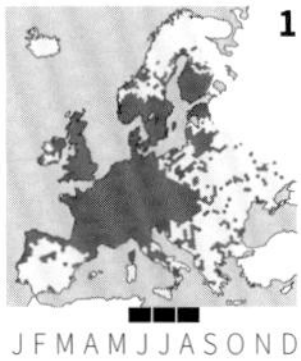

2 ⊙ Braungewinkelter Zwergspanner *Idaea dimidiata* **S** 17–22 mm. Flügel strohweißlich. Vorderflügel mit dunklem Fleck auf innerer hinterer Ecke. **H** Wälder, Hecken, Gärten, Feuchtgebiete; in Osteuropa eher trockene Gebiete. **F** Wiesen-Kerbel, Kleine Bibernelle, Wiesen-Labkraut.

2
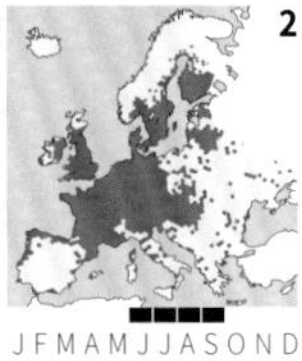

3 ⊙ Graurandiger Zwergspanner *Idaea fuscovenosa* **S** 19–21 mm. Flügel cremeweiß, Vorderflügel mit dunklerem Vorderrand. Alle 4 Flügel mit schwarzem Fleck. **H** Wälder, Gärten, Hecken. **F** Niedrig wachsende Pflanzen, einschließlich Löwenzahn.

3
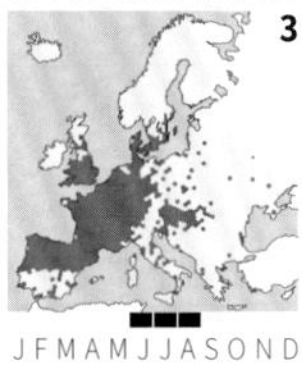

4 ⊙ Purpurstreifen-Zwergspanner *Idaea muricata* **S** 18–20 mm. Flügel gelb mit variablem Anteil von Rosa. **H** Feuchtgebiete, Moore, Waldränder. **F** Sumpf-Blutauge (*Comarum palustre*, syn. *Potentilla palustris*), Labkraut, Wolfsmilch.

4
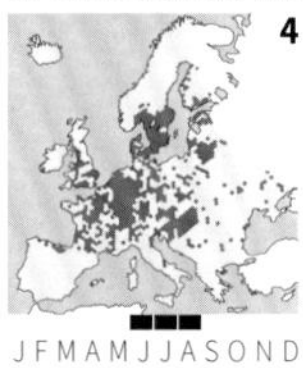

5 ⊙ Südlicher Zwergspanner *Idaea rusticata* **S** 19–21 mm. Flügel weißlich, manchmal leicht bräunlich; Vorderflügel mit dunklem mittigem Band. **H** Grasland, Hecken, Waldränder, Parks und Gärten. **F** Welkende oder trockene Pflanzen, einschließlich Efeu.

5
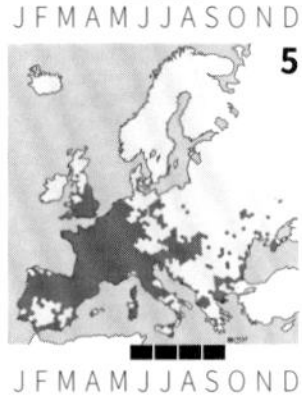

6 ⊙ Grauer Zwergspanner *Idaea seriata* **S** 9–21 mm. Flügel hell bis dunkelgrau, selten schwarz; schmaler zentraler Fleck, schwarze Querstreifen. **H** Gärten, Parks, Hecken; Stadtgebiet. **F** Niedrig wachsende welkende oder trockene Pflanzen.

6
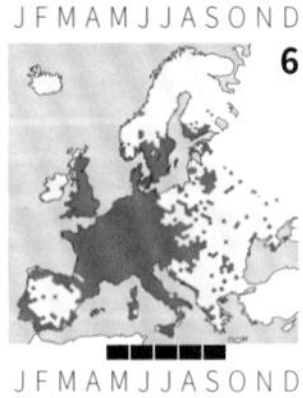

7 ⊙ Olivgrauer Doppellinien-Zwergspanner *Idaea straminata* **S** 28–33 mm. Flügel seidig, bräunlich, schwache Querstreifen. **H** Lichte Wälder, Heideland. **F** Löwenzahn, Knöterich.

7
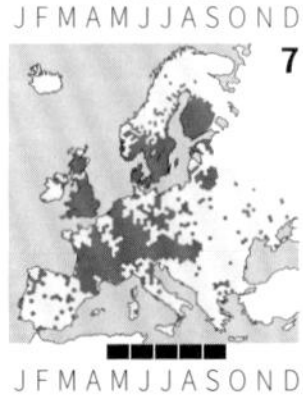

Gen. *Scopula* E 53 SPP

Flügel hell-gefärbt, meist mit etwas dunkleren Bändern oder Zeichnungen.

8 ⊙ Gelblichweißer Kleinspanner *Scopula floslactata* **S** 29–33 mm. Flügel cremeweiß mit dunklen Schuppen; 3–4 braune, wellige Querstreifen. Hinterflügel mit kleinem schwarzem Fleck, dieser fehlt meist auf den Vorderflügeln. **H** Wälder, Hecken, Parks, Gärten. **F** Labkraut und andere Pflanzen.

8
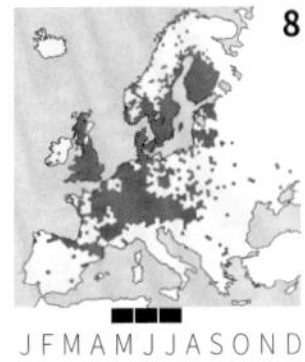

9 ⊙ Rötlichgelber Kleinspanner *Scopula imitaria* **S** 26–29 mm. Flügel sandbraun; Ecken spitz, mit zentralem dunklem Fleck; mittlere von 3 Querlinien mit dunkler Schattierung. **H** Wälder, Hecken, Gärten, Parks. **F** Liguster, Heckenkirschen.

9
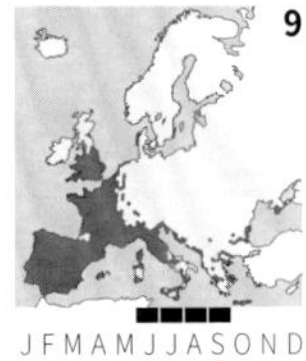

10 ⊙ Marmorierter Kleinspanner *Scopula immorata* **S** 25–30 mm. Flügel graubraun, mit blassen, welligen Bändern; Saum kariert. **H** Grasland, Heideland, Waldränder. **F** Heidekraut, Wegerich, weitere niedrig wachsende Pflanzen.

10
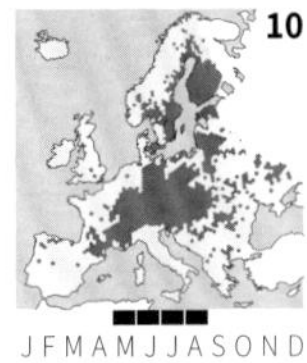

11 ⊙ Vierpunkt-Kleinspanner *Scopula immutata* **S** 24–27 mm. Flügel cremeweiß mit schwachen Querlinien; schwarzer zentraler Fleck, manchmal fehlend auf den Vorderflügeln. **H** Feuchtgebiete. **F** Mädesüß, Echter Baldrian, weitere niedrig wachsende Pflanzen.

11
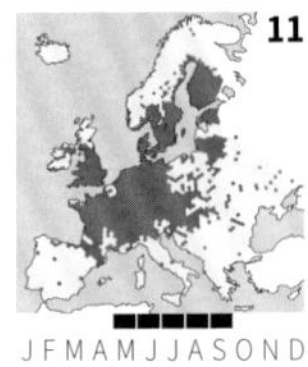

12 ⊙ Randfleck-Kleinspanner *Scopula marginepunctata* **S** 25–28 mm. Flügel cremeweiß, schwarz gestäubt, schwarze Flecken; unscharfer Querstreifen. **H** Grasland, felsige Gebiete, bis in mittlere Gebirgslagen. **F** Wilder Majoran, andere niedrig wachsende Pflanzen. **V** Ruht sich oft tagsüber auf Felsen und Steinen aus.

12
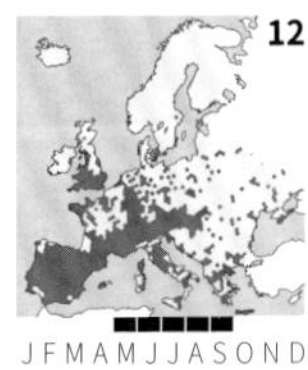

13 ⊙ Eckflügel-Kleinspanner *Scopula nigropunctata* **S** 29–34 mm. Flügel bräunlich weiß, braun gesprenkelt; wellige Querlinien, die mittlere am deutlichsten; schwarzer zentraler Fleck. Alle Flügel mit Winkel in der Hinterkante. **H** Waldwege, Lichtungen, Feuchtgebiete, Grasland, Hecken. **F** Gewöhnliche Waldrebe (*Clematis vitalba*) und andere.

13
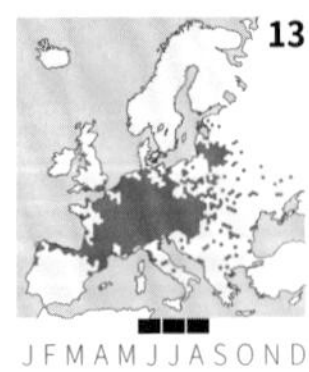

14 ⊙ Schmuck-Kleinspanner *Scopula ornata* **S** 23–26 mm. Flügel weiß mit kontrastierender grauer und brauner Zeichnung. **H** Kalkhaltiges Grasland bis in mittlere Gebirgslagen. **F** Thymian.

14
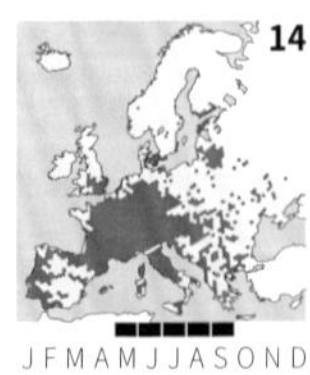

← SPANNER →

1 ×1 ◆

2 ×1,5 ◆

3 ×1,5 ◆

4 ×1,5 ■

5 ×1,75 ◆

6 ×1,75 ◆

7 ×1,5 ◆

8 ×1,25 ◆

9 ×1,25 ◆

10 ×1,5 ◆

11 ×1,5 ◆

12 ×1,5

13 ×1 ◆

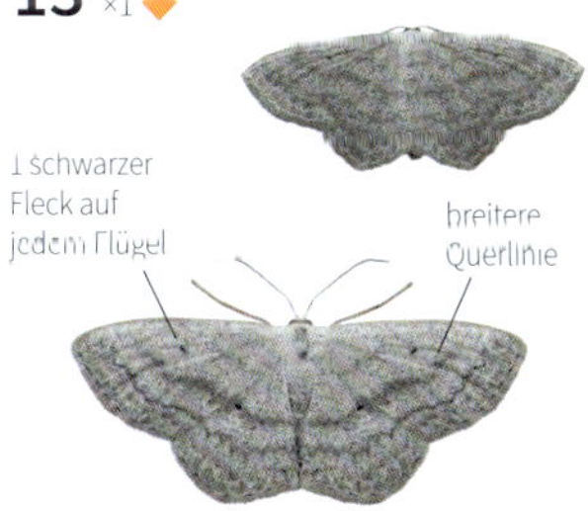

14 ×1 ◆

← **SPANNER** Geometridae →

1
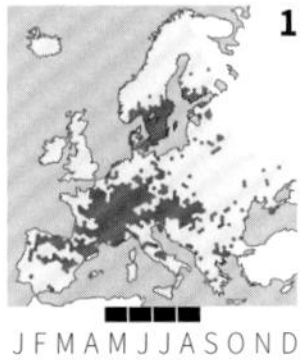

1 ⊙ Rotbandspanner
Rhodostrophia vibicaria **S** 25–32 mm. Hellbraun bis gelblich braun; Flügel mit 3 Querlinien, innerste Linie schwächer; Bereich zwischen äußeren 2 Linien oft dunkler rot. **H** Grasland, sonnige Felshänge, Lichtungen. **F** Hauptsächlich Hülsenfrüchtler.

2
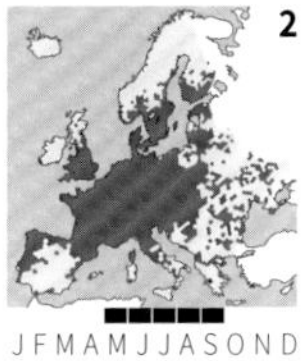

2 ⊙ Ampferspanner
Timundra comae **S** 30–34 mm. Flügel cremefarben, markante Form und leuchtend rosafarbener Rand. **H** Feuchtgebiete, Gärten. **F** Ampfer.

Gen. *Cyclophora* E 17 SPP
Im Gegensatz zu anderen Gattungen der Familie hängen die Puppen nicht frei von einem Blatt oder Ast herab, sondern sind mit einem Seidenfaden wie mit einem Gürtel in einer bestimmten Position fixiert.

3
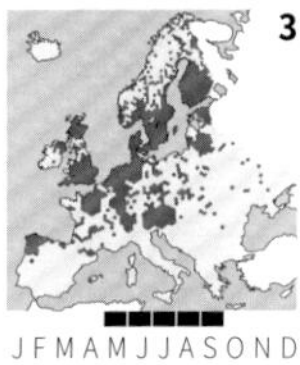

3 ⊙ Birken-Gürtelpuppenspanner
Cyclophora albipunctata
S 25–29 mm. Flügel grau oder weißlich mit dunklen Linien und Flecken; große Augenflecken. **H** Wälder, Heideland. **F** Moorbirke, Hängebirke.

4
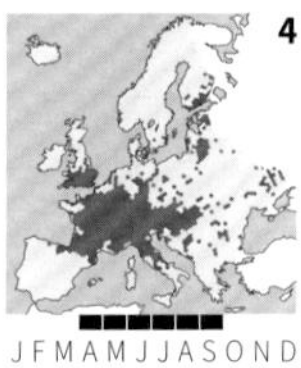

4 ⊙ Ahorn-Gürtelpuppenspanner
Cyclophora annularia **S** 22–26 mm. Flügel cremegelblich, mit schwarzer, welliger Zeichnung, einschließlich quer liegendem Band; meist mit mittigen, ringförmigen Flecken. **H** Wälder, Hecken, Buschland. **F** Feldahorn.

5
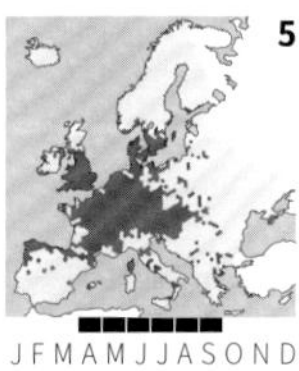

5 ⊙ Rotbuchen-Gürtelpuppenspanner *Cyclophora linearia*
S 26–33 mm. Flügel hellgelb bis sandfarben mit 1–3 schmalen, gezackten, dunklen Querlinien, manchmal zu Fleckenreihen reduziert. **H** Wälder, Hecken, Parks und Gärten. **F** Birken.

6
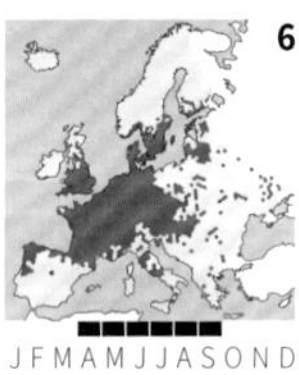

6 ⊙ Gepunkteter Eichen-Gürtelpuppenspanner
Cyclophora punctaria **S** 25–32 mm. Vorderflügel blass, rosafarben-braun oder hellgelblich, mit deutlicher Querlinie. **H** Wälder, Hecken. **F** Eichen.

7
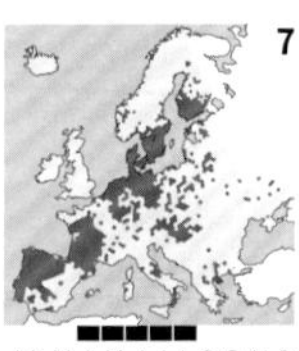

7 ⊙ Ampfer-Purpurspanner
Lythria cruentaria **S** 30–35 mm. Vorderflügel gelblich bis oliv mit roten Bändern; Hinterflügel grünlich grau durchsetzt. **H** Grasland, Hügelland, Waldränder. **F** Sauerampfer (*Rumex*).

Gen. *Scotopteryx* E 17 SPP UK 6 SPP
Unauffällige, bräunliche bis graue Arten.

8
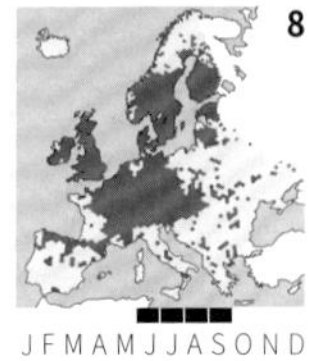

8 ⊙ Braunbinden-Wellenstriemenspanner
Scotopteryx chenopodiata **S** 34–38 mm. Flügel in verschiedenen braunen Schattierungen, breites dunkles Band in der Mitte mit schmalen Linien. Schwarzer Strich an den Vorderflügelspitzen. **H** Grasland, Heideland, Hecken, Waldwege. **F** Klee, Wicken.

9
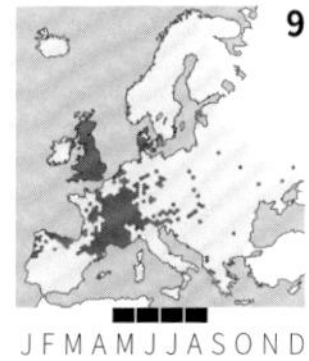

9 ⊙ Braungrauer Wellenstriemenspanner *Scotopteryx luridata*
S 32–38 mm. Flügel grau, mit Querlinien; kleiner mittiger schwarzer Fleck. **H** Offene Gebiete, einschließlich Heideland. **F** Stechginster, Besenginster.

Gen. *Xanthorhoe* E 23 SPP
Klein; meist grau mit kontrastierender Zeichnung.

10
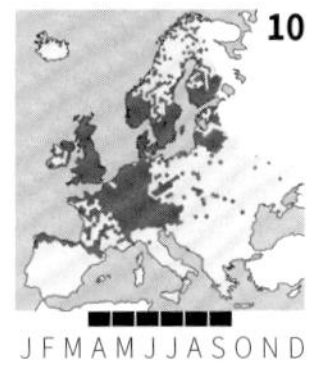

10 ⊙ Kohl-Blattspanner
Xanthorhoe designata **S** 25–28 mm. Vorderflügel grau bis bräunlich grau mit kontrastierendem rosarotem und schwarzem Band. **H** Grasland, Moore, Hecken, Wälder. **F** Kohl.

11
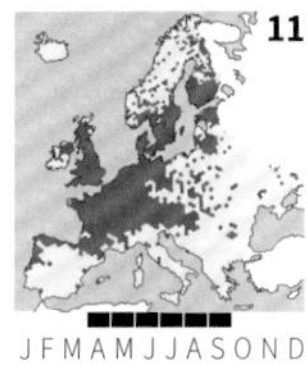

11 ⊙ Dunkler Rostfarben-Blattspanner *Xanthorhoe ferrugata*
S 24–27 mm. Vorderflügel weißlich, mit mittigem schwarzgrauem oder gelegentlich rotbraunem Band. **H** Wälder, Hügelland, Gärten, Moore. **F** Labkraut, Ampfer.

12
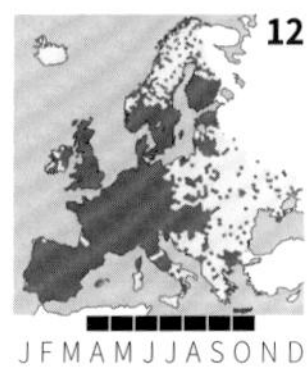

12 ⊙ Garten-Blattspanner
Xanthorhoe fluctuata **S** 27–31 mm. Flügel grau oder weißlich grau; mittiges Band schwarz, in der Flügelmitte deutlich abgeschwächt oder aufgelöst. **H** Wälder, Kleingärten, Gärten. **F** Kohl.

13
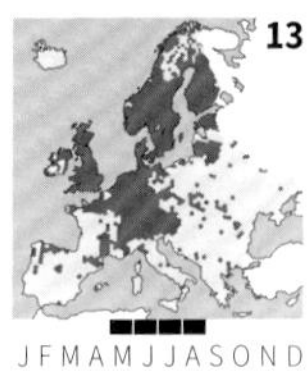

13 ⊙ Schwarzbraunbinden-Blattspanner *Xanthorhoe montanata*
S 29–33 mm. Flügel weißlich bis bräunlich-grau, meist mit braunem mittigem Band. **H** Wälder, Grasland, Heideland, Hecken, Gärten, Buschland. **F** Große Auswahl an Pflanzen.

14
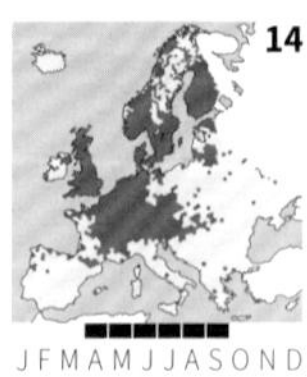

14 ⊙ Heller Rostfarben-Blattspanner
Xanthorhoe spadicearia **S** 24–27 mm. Vorderflügel weißlich mit rötlichem oder purpur-braunem mittigem Band.
H Wälder, Grasland, Hecken, Parks, Gärten. **F** Zahlreiche verschiedene Pflanzen.

1 ×1,5
breites dunkles Band auf Vorderflügeln kann fehlen
Fransen rötlich
Puppe
2 ×1
♂ Fühler gefiedert; ♀ fadenförmig
♂
diagonales Band
3 ×1,5
Augenfleck
Puppe
4 ×1,5
Färbung variabel
5 ×1
♀
♂ Fühler gefiedert; ♀ fadenförmig
♂
6 ×1,25
innere und äußere gepunktete Linien
♂
mittiges Band
Puppe
7 ×1
♀
♂ Fühler gefiedert; ♀ fadenförmig
♂
gelber Fleck
8 ×1
Färbung variabel
9 ×1
dunkle Linie
10 ×1,5
dunkle wellige Bänder
11 ×1,25
dunkler Fleck fehlt manchmal
♂
12 ×1,25
13 ×1,25
sehr kontrastreiches Exemplar
14 ×1,25

← **SPANNER** Geometridae →

1 ⊙ Ockergelber Blattspanner
Camptogramma bilineata **S** 28–32 mm. Flügel gelb mit schmalen, braunen, welligen Linien; oft mit dunkelgelben Bändern und weißen Linien. **H** Wälder, Grasland, Hecken, Gärten. **F** Kletten-Labkraut, weitere Labkräuter.

1
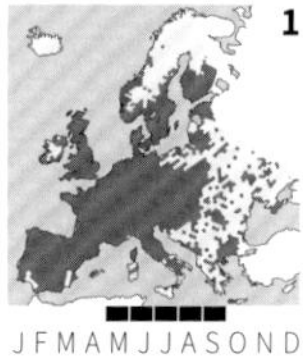

Gen. ***Epirrhoe*** E 11 SPP
Die meisten Arten mit hell- und dunkelgräulichem Muster auf den Flügeln.

2 ⊙ Graubinden-Labkrautspanner
Epirrhoe alternata **S** 27–30 mm. Flügelzeichnung variabel; Grundfarbe weißlich mit breiten dunklen, gezackten Bändern; in den daraus resultierenden 2 schmalen weißlichen Bändern je eine dünne Linie. **H** Wälder, Grasland, Heideland, Hecken, Gärten. **F** Kletten-Labkraut, Labkraut.

2
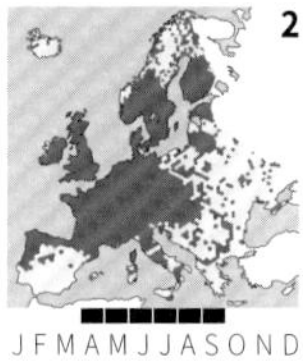

3 ⊙ Fleckleib-Labkrautspanner
Epirrhoe tristata **S** 24–26 mm. Flügel weißlich mit brauner oder dunkelgraubrauner Zeichnung und Bändern; deutlich karierter Saum. **H** Moore, kalkhaltiges Grasland, auch in Höhenlagen, Heideland, Wälder, Hecken. **F** Labkraut.

3
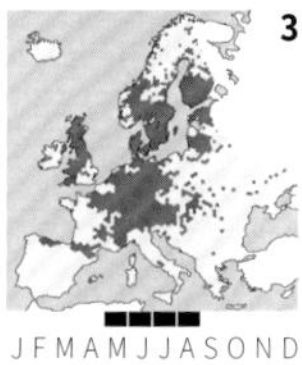

4 ⊙ Violettbrauner Rosen-Blattspanner ***Earophila badiata***
S 31–35 mm. Flügel purpurfarben braun mit kontrastierenden Querlinien und Bändern. **H** Wälder, Hecken, Buschland, Gärten. **F** Rosen.

4
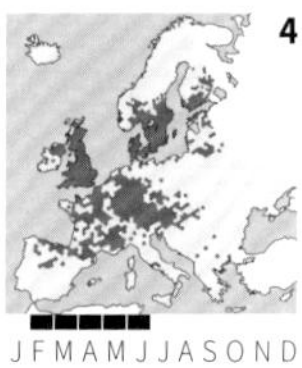

5 ⊙ Brombeer-Blattspanner
Mesoleuca albicillata **S** 34–38 mm. Vorderflügel abgerundet, mit breitem weißem Band; Flügelbasis und Fleck nahe der Spitze schwarz, braun und purpurfarben-bläulich. **H** Wälder, Buschland, Hecken. **F** Brombeeren, Rosen.

5
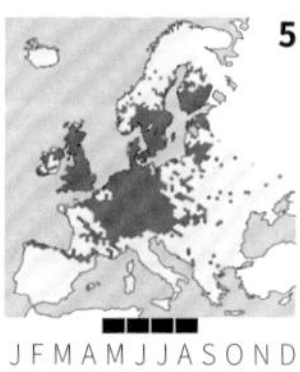

6 ⊙ Gelber Rosen-Bindenspanner
Cidaria fulvata **S** 25–30 mm. Vorderflügel hell orange-gelb mit breitem, rötlich bis purpurfarben-braunem Band. Hinterflügel cremefarben mit gelbem Rand. **H** Felshänge, Wälder, Buschland, Hecken, Gärten. **F** Rosen.

6
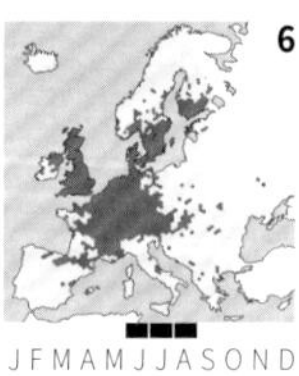

7 ⊙ Schwarzaugen-Bindenspanner
Cosmorhoe ocellata **S** 28–30 mm. Flügel weißlich; Vorderflügel mit breitem purpurfarben-grauem, braunem und schwarzem Band. **H** Waldränder, Hecken, Buschland, Grasland, Gärten. **F** Labkraut.

7
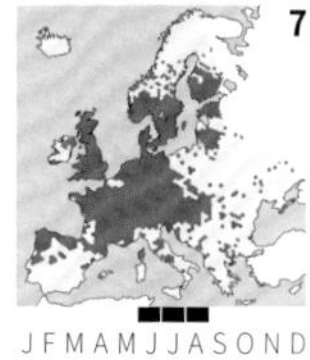

Gen. ***Eulithis*** E 6 SPP
Variable Färbung und Zeichnung; Vorderflügel mit zugespitzten Ecken.

8 ⊙ Veränderlicher Haarbüschelspanner ***Eulithis populata***
S 33–40 mm. Vorderflügel variieren von gelb bis bräunlich, mit einigen Linien und dunkleren Flächen, einschließlich mittigem Band. Hinterflügel blassgelblich. **H** Moore, Wälder, Heideland. **F** Heidelbeere, Heidekraut, Birken, Weiden, Pappeln.

8
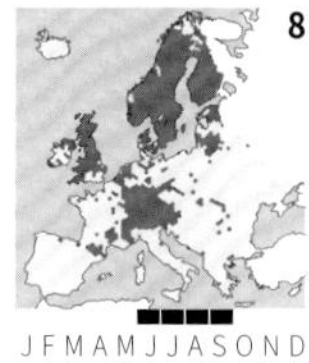

9 ⊙ Dunkelbrauner Haarbüschelspanner ***Eulithis prunata*** **S** 37–42 mm. Vorderflügel mit breitem, dunkelbraunem, welligem Band. Hinterflügel grau mit schwachen Querlinien. **H** Wälder, Parks, Gärten. **F** Stachelbeere, Johannisbeeren und andere.

9
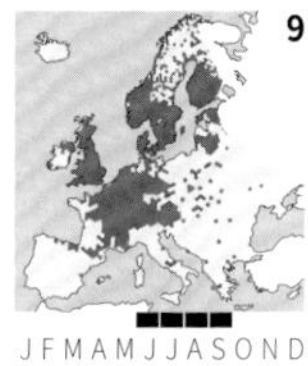

10 ⊙ Schwefelgelber Haarbüschelspanner ***Gundaritis pyraliata***
S 33–38 mm. Vorderflügel gelblich mit 2 schwachen, gezackten braunen Querlinien und Flecken. Hinterflügel gelb; in Ruheposition unter den Vorderflügeln nach vorne geschoben. **H** Gärten, Hecken, Buschland, Wälder, Böschungen. **F** Labkraut.

10
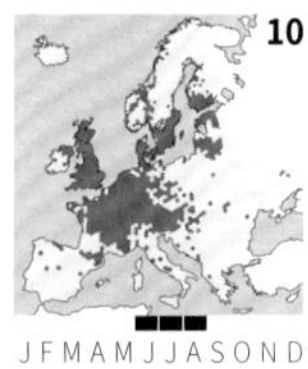

11 ⊙ Braunleibiger Springkrautspanner ***Ecliptopera silaceata***
S 29–34 mm. Vorderflügel mit dunkelbraunem Band, manchmal mittig geteilt durch 2 blasse Linien. Hinterflügel weißlich grau mit schwachen Querlinien. **H** Waldwege, Gärten, Hecken, kalkhaltiges Grasland, Heideland, Moore. **F** Weidenröschen.

11
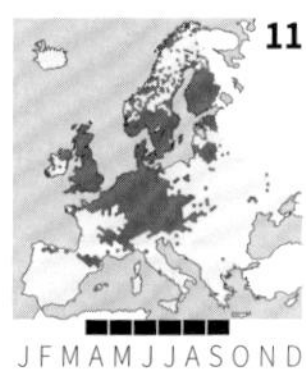

12 ⊙ Olivgrüner Bindenspanner
Chloroclysta siterata **S** 30–36 mm. Vorderflügel oliv-grünlich marmoriert, mit rotbraunem Streifen. **H** Wälder, Hecken, Gärten. **F** Eichen und andere Bäume.

12
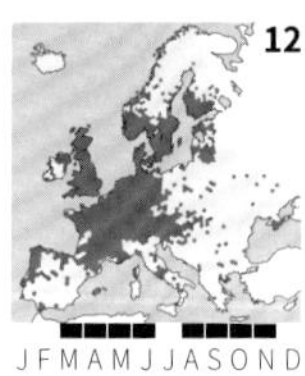

13 ⊙ Möndchenflecken-Bindenspanner ***Dysstroma truncata***
S 32–39 mm. Vorderflügel schwarz mit sehr variablem weißem, grauem, hellbraunem oder rötlichem Muster.
H Gärten, Parks, Hecken, Wälder, kalkhaltiges Grasland, Moore, Buschland.
F Birke, Brombeere, Heidekraut und andere.

13
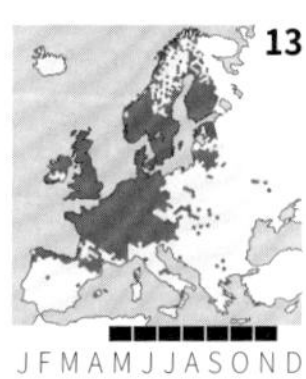

← SPANNER →

1 ×1,5
manchmal dunkle Zeichnung
2 ×1,5
2 Bänder, mittig mit dunkler Linie
3 ×1,5
breites helles Band, mittig gepunktet
4 ×1
5 ×1
Kopf und Flügelwurzel dunkel
gezackt
6 ×1,5
dunkles Band
Ausbuchtung in dunklem Band
7 ×1,5
dunkle Flecken
8 ×1
Ausbuchtung in äußerer Linie
Hinterflügel gelblich weiß
9 ×1
pfeilförmige Flecken
10 ×1,25
3 gezackte Linien
Hinterflügel in Ruhestellung unter den Vorderflügeln versteckt
11 ×1,25
unterer Rand mit dreieckigem dunklen Fleck
12 ×1,25
dunkles Band
13 ×1
Färbung sehr variabel

← **SPANNER** Geometridae →

1 ⊙ Prachtgrüner Bindenspanner *Colostygia pectinataria* **S** 25–29 mm. Flügel grün mit dunkleren Flächen und weißlichen Zickzacklinien; Grundfarbe kann auch verblassen. Der ähnliche Olivgrüne Bergwald-Blattspanner (*Colostygia olivata*) ist weniger lebendig gezeichnet. **H** Wälder, Heideland, Gärten. **F** Labkraut.

1
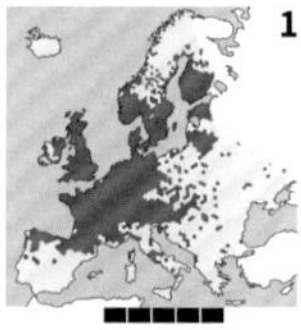

2 ⊙ Gelbgestreifter Erlen-Spanner *Hydrelia flammeolaria* **S** 20–22 mm. Flügel hellgelblich mit hellbraunen Querbändern; kleiner schwarzer mittiger Fleck. **H** Wälder, Buschland, Hecken. **F** Feldahorn, Bergahorn, Erle.

2
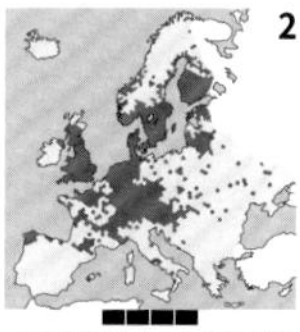

3 ⊙ Kleiner Frostspanner *Operophtera brumata* **S** 28–33 mm. ♂ Flügel braun, oft matt und mit dunklerem Band; ♀ flügellos. Ähnlicher Buchen-Frostspanner (*O. fagata*) meist größer und mehr grau. **H** Wälder, Gärten, Obstgärten. **F** Verschiedene Bäume und Sträucher; manchmal als Schädling an Apfelbäumen.

3
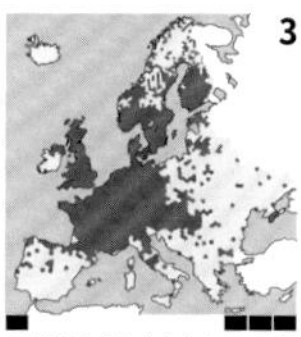

4 ⊙ Großer Speerspanner *Rheumaptera hastata* **S** 34–38 mm. Flügel schwarz-weiß, deutlich gemustert. Oberflächlich ähnlich dem Fleckleib-Labkrautspanner (*Epirrhoe tristata*), der aber viel kleiner ist. **H** Lichte Wälder, Moore, Sümpfe. **F** Birken. **V** Tagaktiv.

4
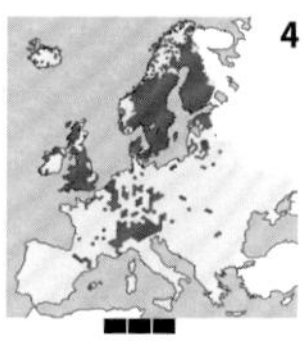

5 ⊙ Olivbrauner Höhlenspanner *Triphosa dubitata* **S** 38–48 mm. Flügel braun oder graubraun, Außenränder gewellt, rosafarben marmoriert; Vorderflügel mit 2 dunklebraunen Bändern. **H** Wälder, Hecken, Moore, Gärten. **F** Kreuzdorn. **V** Erwachsene Tiere überwintern; oft in Schuppen, Tunneln oder an ähnlichen Orten.

5
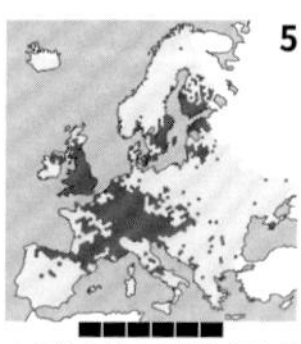

6 ⊙ Sturmvogel *Melanthia procellata* **S** 35–43 mm. Vorderflügel weiß mit kontrastierendem dunkelbraunem Muster. **H** Waldränder, Buschland, Hecken, Gärten mit Kalkböden. **F** Waldreben (*Clematis*).

6
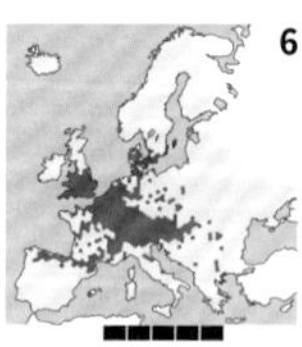

7 ⊙ Schwarzspanner *Odezia atrata* **S** 27–30 mm. Flügel dunkelbraun bis schwarz, Vorderflügel mit weißer Spitze. **H** Kalkhaltiges Grasland, Hecken, feuchte Gebiete. **F** Erdkastanie.

7
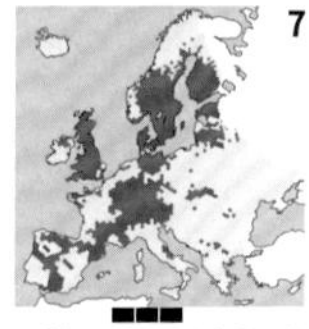

8 ⊙ Hohlzahn-Kapselspanner *Perizoma alchemillata* **S** 22–24 mm. Vorderflügel graubraun mit schmalem gezacktem weißem Querstreifen. Hinterflügel grau. **H** Lichte Wälder, Hecken, kalkhaltigem Hügelland, Feuchtgebiete, Gärten. **F** Gemeiner Hohlzahn, die Raupe verzehrt Blüten und Samen.

8
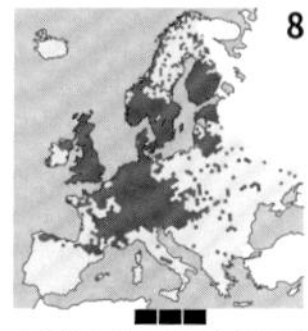

9 ⊙ Rotgebänderter Blütenspanner *Gymnoscelis rufifasciata* **S** 15–19 mm. Färbung variabel und Muster. Vorderflügel bräunlich (gelegentlich rötlich) mit einem Muster aus Linien, Streifen und Flecken. **H** Wälder, Hecken, Moore, Buschland, Gärten. **F** Blüten verschiedener niedrig wachsender Pflanzen, Büsche und Bäume.

9
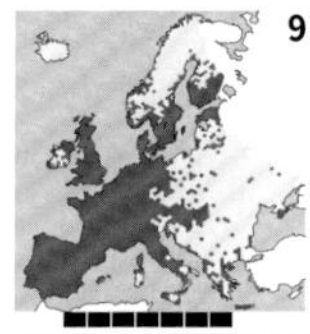

10 ⊙ Grüner Blütenspanner *Chloroclystis v-ata* **S** 14–19 mm. Vorderflügel grünlich mit gezacktem dunklen V an der Vorderkante. Hinterflügel grau. In Ruheposition verdecken die Vorder- die Hinterflügel. **H** Wälder, Hecken, Buschland, Parks, Gärten. **F** Brombeeren, Rosen, Waldrebe und andere.

10
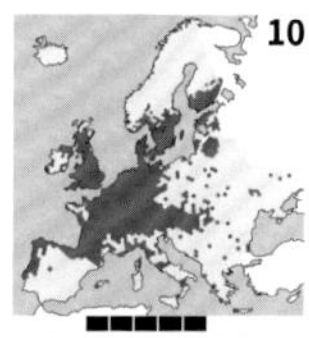

11 ⊙ Graugrüner Apfel-Blütenspanner *Pasiphila rectangulata* **S** 17–21 mm. Flügel grün mit schwarzer Zeichnung und blassen Linien. **H** Obstgärten, Waldränder, Hecken, Gärten, Parks. **F** Apfel- und andere Obstbäume, Weißdorn, Schlehdorn.

11
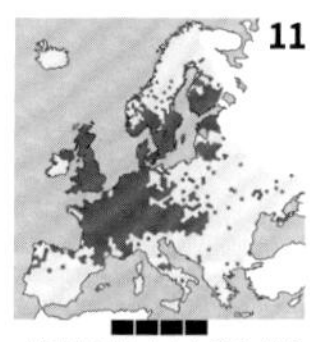

Gen. *Aplocera* E 10 SPP
Die meisten Arten mit grauem und dunklem Muster auf den Flügeln.

12 ⊙ Sandheiden-Johanniskrautspanner *Aplocera efformata* **S** 35–41 mm. Flügel hellgrau mit Querlinien; die schmale basale Querlinie am Rand schärfer gewinkelt als bei *A. plagiata*. **H** Grasland, Heideland, Moore, Gärten. **F** Johanniskraut.

12
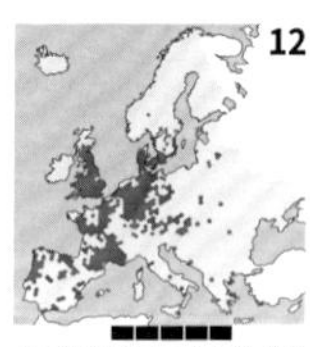

13 ⊙ Großer Johanniskrautspanner *Aplocera plagiata* **S** 37–43 mm. Flügel hellgrau mit Querlinien. **H** Grasland, Heideland, Moore, Gärten. **F** Johanniskraut.

13
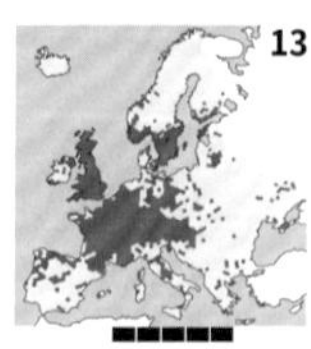

1 ×1,25

2 ×1,5

3 ×1,25

4 ×1

5 ×1

6 ×1

7 ×1,25

8 ×2

9 ×2

10 ×2

11 ×2

12 ×1

13 ×1

← **SPANNER** Geometridae →

Gen. *Eupithecia* E 147 SPP

Kleine Arten mit charakteristischer Erscheinung, einige Arten schwierig zu bestimmen. Schmale, lang gestreckte Vorderflügel, in Ruheposition in rechtem Winkel zum Körper gehalten; Hinterflügel darunter versteckt.

1 ⊙ Eichen-Blütenspanner
Eupithecia abbreviata **S** 19–22 mm. Flügel graubraun und dunkelbraun marmoriert; dunkelbraune und schwarze Formen nicht selten. **H** Wälder, Hecken, Gärten. **F** Eichen.

1
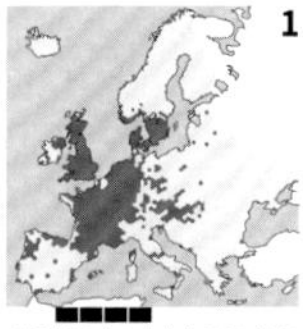

2 ⊙ Mondfleckiger Blütenspanner
Eupithecia centaureata **S** 20–24 mm. Flügel weißlich mit braunen und grauen Elementen; Vorderflügel mit großem dunklem Fleck am Vorderrand. **H** Offene Gebiete einschließlich Gärten, Hecken, Buschland, Grasland. **F** Breites Spektrum von niedrig wachsenden Pflanzen.

2
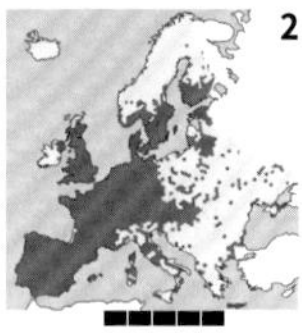

3 ⊙ Nadelgehölz-Blütenspanner
Eupithecia tantillaria **S** 16–19 mm. Flügel bräunlich grau mit dunkelgrauen Linien und länglichem mittigem Fleck. **H** Nadelwälder, Parks, Gärten. **F** Fichten, Lärchen, Douglasie.

3
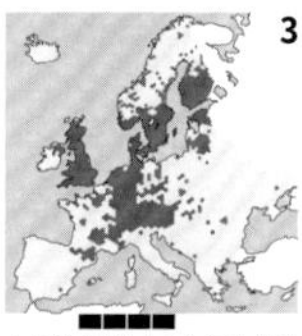

4 ⊙ Gemeiner Blütenspanner
Eupithecia vulgata **S** 18–21 mm. Sehr variable Färbung; Flügel braun, grau und braun mit gezackten Linien und Flecken; äußere Linie weißlich. **H** Offene Gebiete, einschließlich Wälder, Buschland, Hecken, Gärten. **F** Weißdorn, Weiden, Brombeere und andere niedrig wachsende Pflanzen.

4
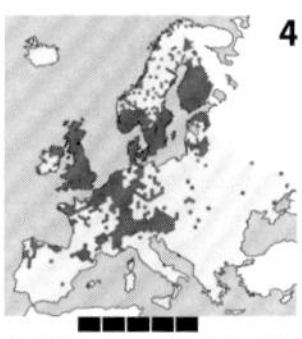

---

5 ⊙ Birken-Jungfernkind
Archiearis parthenias **S** 30–40 mm. Vorderflügel dunkel graubraun mit weißlichen Bänder; Hinterflügel hell orangegelb mit kontrastierendem dunklem Muster; Körper dunkel, behaart. **H** Wälder, Heideland. **F** Moorbirke, Hängebirke, auch andere Pflanzen.

5
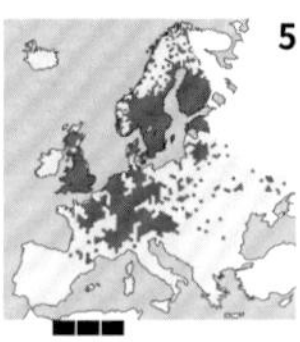

6 ⊙ Mittleres Jungfernkind
Boudinotiana notha **S** 33–36 mm. Vorderflügel dunkel graubraun, keine weißlichen Bänder; Hinterflügel hell orange-gelb mit kontrastierend dunklem Muster. **H** Wälder, Moore, Gewässerufer. **F** Pappeln, Weiden, Birken.

6
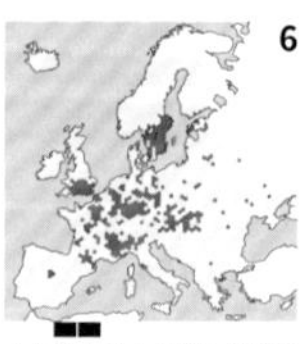

Gen. *Abraxas* E 3 SPP

Flügel weiß mit farbenfrohen Markierungen. Färbung einiger Arten ähnlich wie Vogelkot; dies dient höchstwahrscheinlich zur Tarnung.

7 ⊙ Stachelbeerspanner
Abraxas grossulariata **S** 42–48 mm. Flügel weiß mit kontrastierend schwarzgelbem Muster, dies kann bei den verschiedenen Individuen unterschiedlich stark ausgeprägt sein. **H** Moore, Kleingärten, Gärten, Hecken. **F** Schlehdorn, Weißdorn, Brombeere, Johannisbeeren. **V** Larven in lose gewebten Netzen zwischen Blättern ihrer Nahrungspflanzen.

7
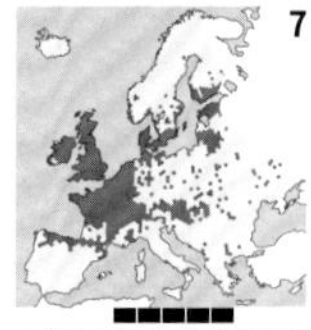

8 ⊙ Ulmenharlekin *Abraxas sylvata*
S 38–48 mm. Flügel weiß mit grauen, schwarzen und gelben Flecken. **H** Wälder, Parks, Buschland. **F** Ulme.

8
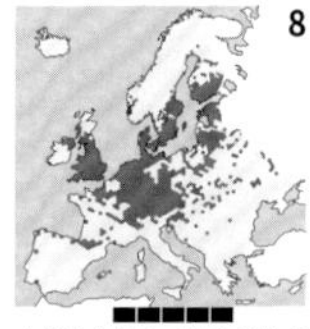

---

9 ⊙ Vogelschmeiß-Spanner
Lomaspilis marginata **S** 24–28 mm. Flügel weiß mit bräunlich schwarzem Rand. **H** Wälder, Feuchtgebiete. **F** Pappeln, Weiden.

9
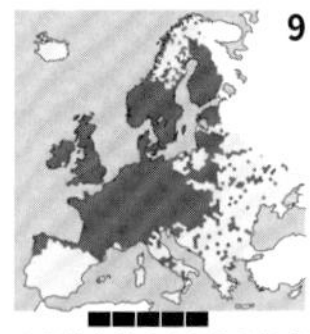

10 ⊙ Pfaffenhütchen-Harlekin
Ligdia adustata **S** 25–30 mm. Vorderflügel cremeweiß mit schwarzem basalem sowie äußerem Band; bei frisch geschlüpften Faltern sind die Bänder bläulich grau beschuppt. Hinterflügel mit grauen Flecken. **H** Wälder, Buschland, Hecken, Gärten, wo die Nahrungspflanzen vorkommen. **F** Gewöhnlicher Spindelstrauch (*Euonymus europaeus*).

10
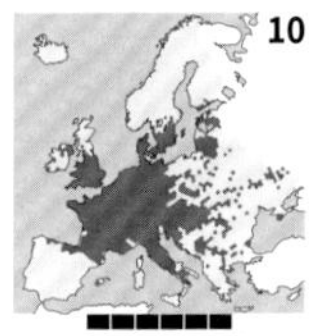

11 ⊙ Gitterspanner
Chiasmia clathrata **S** 26–32 mm. Flügel weiß mit dunkelbraunen Querlinien, die ein auffälliges kariertes Muster ergeben; Ruheposition ähnlich zu Tagfaltern, mit ausgebreiteten Flügeln. **H** Grasland. **F** Klee und Hornklee. **V** Tagaktiv.

11
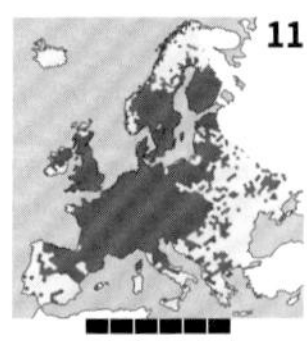

12 ⊙ Moorwald-Adlerfarnspanner
Petrophora chlorosata
S 31–37 mm. Vorderflügel braun mit zentralem dunklem Fleck und 2 geraden, silbernen Querstreifen mit dunklem Rand. **H** Wälder, Heideland. **F** Farne. **V** Wird oft am Tag aufgeschreckt; kann manchmal in großer Anzahl auftreten.

12
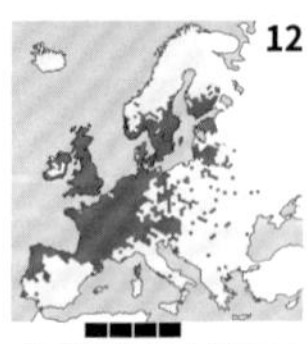

1 ×2 ◆

2 ×1,5 ■

3 ×2 ◆

4 ×2 ◆

5 ×1,25 ◆

6 ×1,25 ◆

7 ×1 ■

8 ×1 ■

9 ×1,5 ■

10 ×1,5 ■

11 ×1,5 ◆

12 ×1,5 ■

← **SPANNER** Geometridae →

Gen. *Macaria* E 11 SPP

Die meisten Arten mit grau und dunkel gemusterten Flügeln.

1
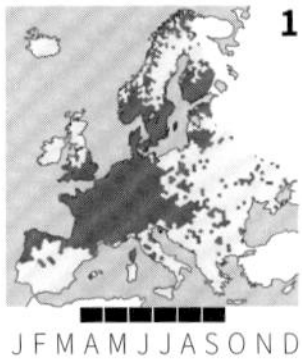

1 ⊙ Dunkelgrauer Eckflügelspanner
Macaria alternata **S** 27–32 mm. Flügel weißlich, graubraun gesprenkelt, mit schwach grauem mittigem Band. Vorderflügel mit etwas größeren dunklen Flecken am Vorderrand; Hinterrand mit dunkler Einbuchtung nahe der Spitze. Hinterrand der Hinterflügel zugespitzt. **H** Lichte Wälder, Heideland, Hecken. **F** Weiden, Schlehdorn, Erlen.

2
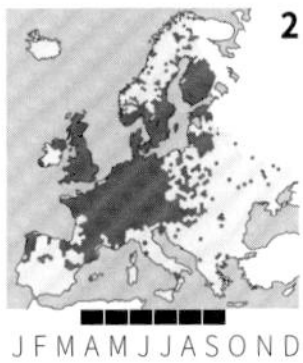

2 ⊙ Violettgrauer Eckflügelspanner
Macaria liturata **S** 28–34 mm. Flügel graubraun; Vorderflügel mit 3 dunklen Querlinien und breitem orange-braunem Band. Hinterflügel mit gewinkeltem Rand. **H** Nadelwälder. **F** Verschiedene Nadelbäume.

3
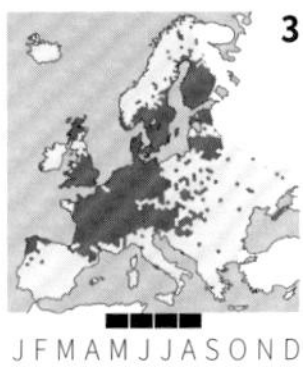

3 ⊙ Hellgrauer Eckflügelspanner
Macaria notata **S** 28–32 mm. Flügel weißlich, graubraun gesprenkelt; Vorderflügel wie *M. alternata*, aber Band fehlend. **H** Lichte Wälder. **F** Birken, Weiden.

4
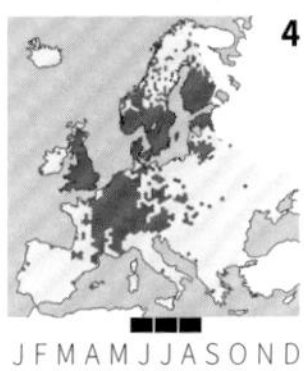

4 ⊙ Vauzeichen-Eckflügelspanner
Macaria wauaria **S** 27–34 mm. Vorderflügel grau. Dunkle zentrale Querlinie mit schwarzem V; auch andere schwarze Zeichnungen. **H** Gärten, Kleingärten, Feuchtwälder. **F** Schwarze und Rote Johannisbeere, Stachelbeere, Schlehdorn.

5
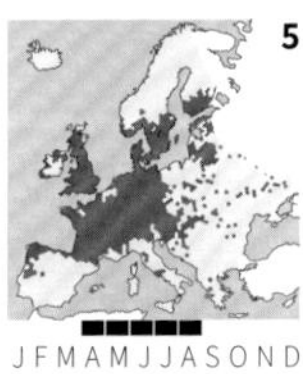

5 ⊙ Hobelspanner
Plagodis dolabraria **S** 34–38 mm. Flügel gelblich braun mit vielen etwas gekrümmten, sehr feinen dunklen Streifen und Linien. **H** Wälder, Buschland, Parks, Gärten. **F** Eichen, Birken, Weiden, Birken.

6
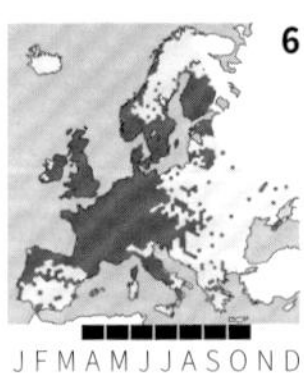

6 ⊙ Gelbspanner
Opisthograptis luteolata **S** 33–46 mm. Flügel gelb, mit braunen Spitzen und weiterer Zeichnung entlang dem Vorderrand. **H** Wälder, Hecken, Gärten. **F** Schlehdorn, Weißdorn.

7
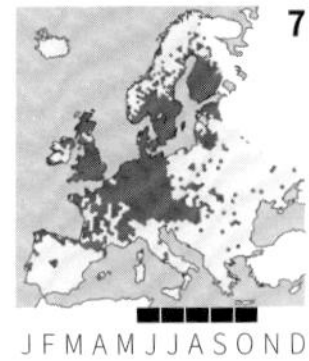

7 ⊙ Weiden-Saumbandspanner
Epione repandaria **S** 28–31 mm. Vorderflügel orange, mit rosafarbenbraunem Rand; Flügel mit scharfwinkligen Spitzen. **H** Feuchtwälder, gelegentlich andere Gebiete. **F** Weiden, Pappeln, Erlen.

8
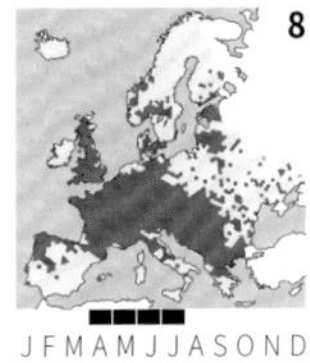

8 ⊙ Pantherspanner
Pseudopanthera macularia
S 28–30 mm. Flügel gelb, mit braunen Flecken. **H** Wälder, Grasland, Buschland. **F** Gamander. **V** Tagaktiv.

9
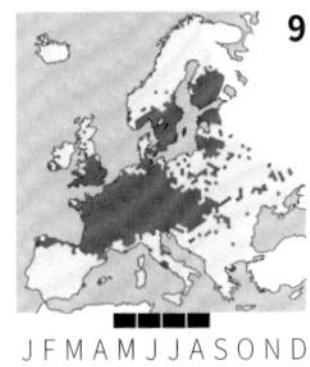

9 ⊙ Schlehenspanner
Angerona prunaria **S** 42–56 mm. Bei ♂ Flügel meist orange mit braunen Flecken, aber diese variieren; in einer Form Flügel hauptsächlich dunkelbraun mit weniger orangen Flecken. ♀ Flügel gelblich, auch hier oft mit viel Dunkelbraun. **H** Wälder, Hecken. **F** Viele holzige Pflanzen, einschließlich Schlehdorn, Weißdorn.

10
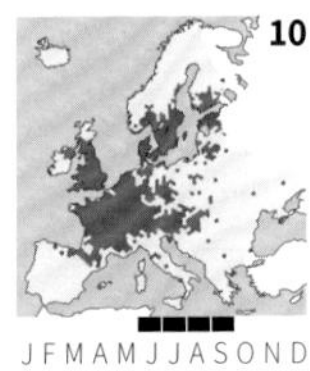

10 ⊙ Fliederspanner
Apeira syringaria **S** 38–42 mm. Flügel gelblich, mauve und olivgrün gemustert, mit braunen Linien; Vorderflügel in Ruhestellung nach oben gefaltet; kontrastreiche braune Querlinie. **H** Wälder, Buschland, Gärten. **F** Heckenkirschen, Eschen, Liguster.

Gen. *Selenia* E 3 SPP

Flügel an den Hinterrändern gezackt. Flügel in Ruheposition meist nach oben gefaltet, oft leicht gespreizt, ähnlich zu Tagfaltern.

11
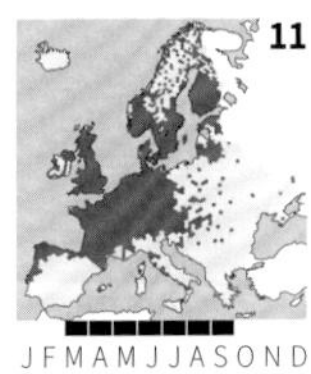

11 ⊙ Dreistreifiger Mondfleckspanner *Selenia dentaria*
S 40–51 mm. Flügel gelblich grau bis hellbraun oder rötlich braun, mit mittigem Band und verschiedenen Markierungen. **H** Wälder, Buschland, Hecken, Parks, Gärten. **F** Schlehdorn, Weißdorn, Birken, Weiden.

12
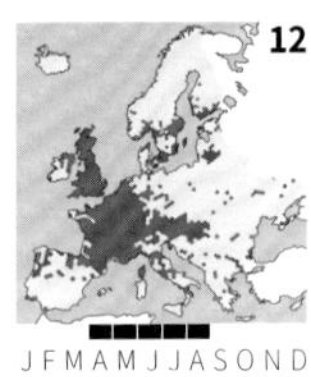

12 ⊙ Zweistreifiger Mondfleckspanner *Selenia lunularia*
S 49–64 mm. Flügel rotbraun mit heller Schattierung, oft gesprenkelt, mittig silberner Mondfleck; Vorderflügel mit braunen Spitzen, Hinterflügel wellig. **H** Lichte Wälder, Buschland. **F** Esche, Schlehdorn, Birken, Ulmen, Eichen.

13
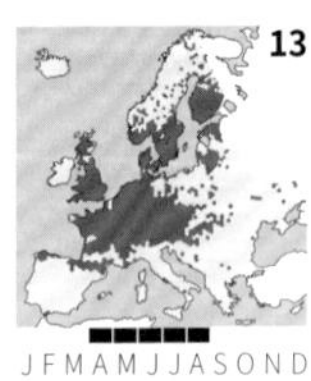

13 ⊙ Violettbrauner Mondfleckspanner *Selenia tetralunaria*
S 44–52 mm. Flügel dunkel, purpurfarben-braun, hinterer Teil mit breitem hellem Band bis zum Rand. **H** Wälder, Grasland, Buschland. **F** Hasel, Birken.

1 ×1,5
eingebuchtet
dunkel
dunkle Flecken
2 ×1,25
3 ×1,25
Flecken an
Flügelkante
4 ×1,5
V-förmige
Linie
5 ×1,25
♂
schwarze Flecken
auf allen 4 Flügeln
6 ×1
dunkle Augen
Flügelspitzen dunkel
Höcker
Färbung sehr
variabel
7 ×1,5
♂
innere Linie
mit 90°-Winkel
äußere Querlinie mit
violettem Streifen zum
Saum hin
8 ×1,5
9 ×⅔
♂
ssp. *pallidaria*
grau
♂
♀
ssp. *coderylaria*
einfarbig gefärbt
mit hellem Band
10 ×⅔
Puppe
in Kokon
11 ×1
♂
♂
2 Höcker
12 ×¾
♂
2 Höcker
vorderer
Höcker
13 ×¾
silberner
zentraler Halbmond
perfekt als winziger
Ast getarnt

← **SPANNER** Geometridae →

Gen. ***Ennomos*** E 10 SPP

Flügel gelblich, ocker bis orange-rot, Vorderflügel mit 2 dunklen gebogenen Querlinien. Alle 4 Flügelhinterkanten gezackt, jede mit einem spitzen Winkel; Form und Farbe ergeben eine perfekte Tarnung als getrocknetes Laub. Erwachsene Tiere haben keinen Saugrüssel, nehmen keine Nahrung auf.

1 ⊙ Erlen-Zackenrandspanner
Ennomos alniaria **S** 38–42 mm. Flügel orange-gelb, bedeckt mit dunklen, grauen bis purpurfarbenen Flecken; Querlinien in derselben Farbe. Dunkle Streifen auf Vorderflügeln fehlen bei den meisten anderen *Ennomos* spp. **H** Wälder, Buschland, Parks, Gärten. **F** Eichen, Erlen, Birken, Linden.

1
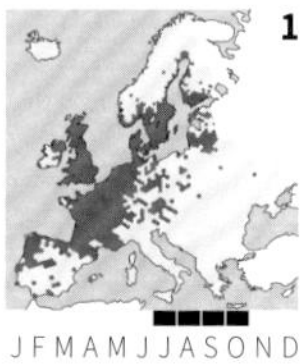

2 ⊙ Birken-Zackenrandspanner
Ennomos erosaria **S** 38–42 mm. Flügel schlicht orange-braun, oder etwas gesprenkelt. Spitze Winkel am Flügelrand stärker als bei anderen *Ennomos* spp. **H** Wälder, Parks, Gärten. **F** Eichen, Buchen, Birken, Linden.

2
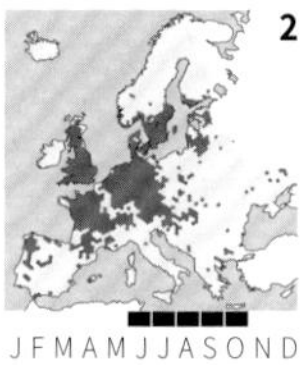

3 ⊙ Eschen-Zackenrandspanner
Ennomos fuscantaria **S** 38–42 mm. Flügel gelblich; Bereich der Vorderflügel hinter der äußeren Querlinie dunkel purpurfarben-grau oder graubraun. **H** Wälder, Hecken, Parks, Gärten. **F** Eschen, Liguster.

3
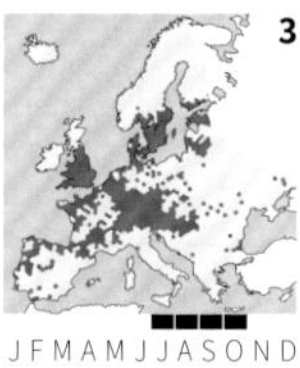

4 ⊙ Eichen-Zackenrandspanner
Ennomos quercinaria **S** 42–50 mm. Flügel orange-braun bis gelblich; äußere Querlinie geknickt nahe Rand. **H** Wälder, Hecken, Parks, Gärten. **F** Eichen, Linden, Ulmen.

4
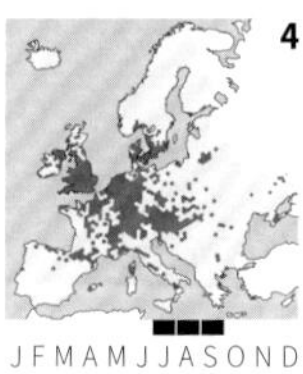

---

5 ⊙ Doppelzahnspanner
Odontopera bidentata **S** 46–50 mm. Flügel weißlich braun bis dunkelbraun, Vorderflügel sehr wellig mit 2 Querstreifen und zentralem schwarzem Ring. Oberflächlich ähnlich wie *Crocallis elinguaria*. **H** Wälder, Buschland, Parks, Gärten. **F** Hasel, Birken, Weißdorn, Schlehdorn, Eichen.

5
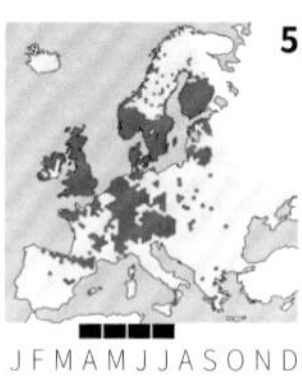

6 ⊙ Holunderspanner
Ourapteryx sambucaria **S** 50–62 mm. Flügel blassgelb, Vorderflügel mit 2 dunklen Querstreifen und kurzem Strich dazwischen; Hinterflügel mit zugespitztem Hinterrand. **H** Wälder, Hecken, Buschland, Parks, Gärten. **F** Schlehdorn, Weißdorn.

6
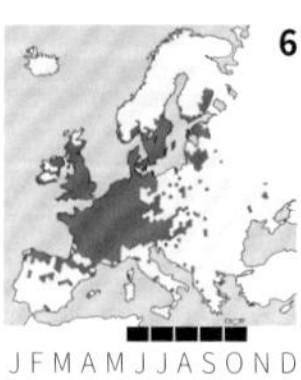

7 ⊙ Federfühler-Herbstspanner
Colotois pennaria **S** 46–50 mm. Vorderflügel hell bis mittelbraun mit 2 dunklen Querlinien und dunklem zentralem Fleck; äußeres Ende wellig, dunkel umrandeter weißlicher Fleck nahe der Flügelspitze. Hinterflügel blasser, zudem mit dunklem zentralem Fleck. Körper orange-braun behaart. Bei ♂ Fühler stärker gefiedert als bei verwandten Arten. **H** Wälder, Parks, Gärten. **F** Verschiedene Laubbäume.

7
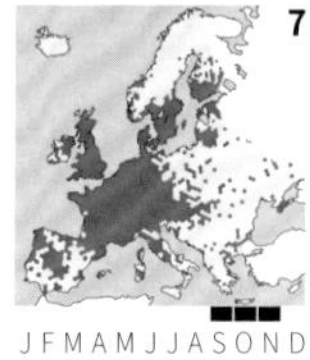

8 ⊙ Frühlings-Kreuzflügel
Alsophila aescularia **L** 8–12 mm (♀). **S** 34–38 mm. ♂ Vorderflügel graubraun mit gezackten, dunkel umrandeten, weißlichen Querlinien. In Ruheposition sind die Vorderflügel übereinander gelegt. ♀ braun, flügellos mit winzigen Flügelstummeln; Ende des Abdomens mit großem Haarbüschel. **H** Wälder bis 1600 m, Parks, Gärten. **F** Eichen, Weißdorn, Weiden, Birken und andere.

8
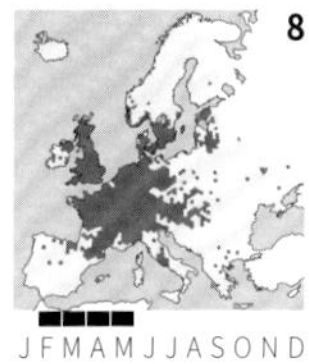

9 ⊙ Schneespanner
Phigalia pilosaria **S** 42–50 mm. ♂ Vorderflügel hellgrau oder grünlichgrau mit undeutlichen oder dunklen Querlinien; gelegentlich alle dunkel, vor allem bei Faltern in städtischen Räumen. ♀ flügellos, bräunlich. **H** Wälder, Parks, Gärten. **F** Weiden, Eichen und andere.

9
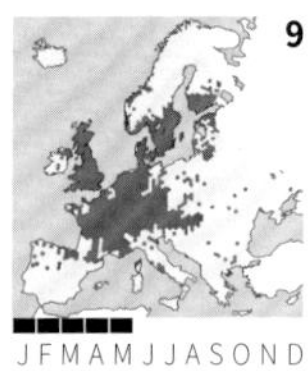

10 ⊙ Schwarzfühler-Dickleibspanner *Lycia hirtaria*
S 42–52mm. Behaart. Flügel grau oder mit gelblichem Schimmer; immer mit deutlichen schwarzen Querstreifen und Bändern. Ähnlich dem Schneespanner (*Phigalia pilosaria*), dieser ist blasser und hat keine schwarzen Linien. **H** Wälder, Hecken, Buschland, Parks, Gärten. **F** Birken, Weißdorn, andere Laubbäume.

10
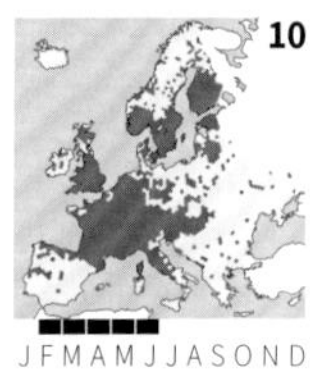

Gen. ***Biston*** E 4 SPP

Große Nachtfalter; kontrastierend gezeichnet; Körper behaart.

11 ⊙ Birkenspanner *Biston betularia*
S 45–62 mm. Flügel und Körper weiß, schwarz gesprenkelt. Form *carbonaria* fast komplett schwarz. **H** Wälder, Hecken, Buschland, Parks, Gärten. **H** Birken, Weißdorn, andere Laubbäume und Sträucher. **V** Die dunkle Form kam zuerst in Industrieregionen auf, wo die Bäume vom Ruß geschwärzt waren und die dunklere Farbgebung den Faltern bessere Tarnung bot.

11
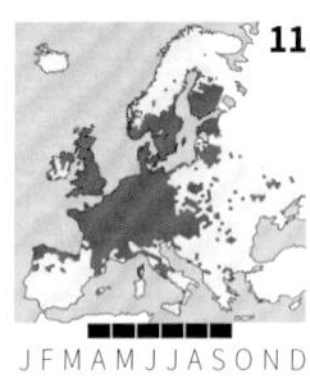

12 ⊙ Pappel-Dickleibspanner
Biston strataria **S** 51–56 mm. Vorderflügel weißlich bis grau, mit 2 breiten braunen Bänder. ♂ Fühler gefiedert. **H** Wälder. **F** Eichen, Hasel.

12
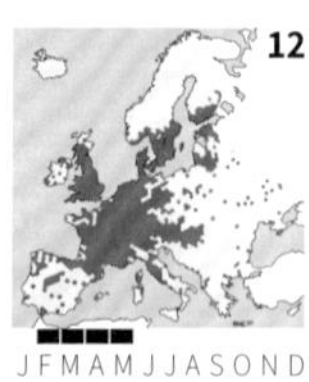

1 ×⅔ ◆

2 ×1 ◆

3 ×1 ◆

4 ×1 ◆

5 ×⅔ ■

6 ×⅔ ■

7 ×1 ■

8 ×1,5 ■

9 ×1 ◆

10 ×1 ◆

11 ×1 ■

12 ×⅔ ■

← **SPANNER** Geometridae →

Gen. ***Agriopis*** E 5 SPP

Unauffällig. Wie bei vielen anderen Spannern sind alle *Agriopis* ♀ flügellos mit kurzen Flügelstummeln und plumpem Körper.

1 ⊙ Orangegelber Breitflügelspanner ***Agriopis aurantiaria***
S 40–44 mm. ♂ Vorderflügel orangegelb, mit 3 dunklen Linien, graubrauner Zeichnung und Musterung. Hinterflügel weißlich. Flügelloses ♀ braun, Abdomen mit einem Paar schwarzer Flecken. **H** Wälder, Buschland, Gärten. **F** Birken, Weißdorn, Linden, Weiden und andere.

1
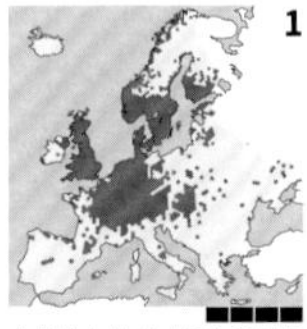

2 ⊙ Weißgrauer Breitflügelspanner
Agriopis leucophaearia **S** 31–37 mm. Bei ♂ Färbung variabel, Vorderflügel meist weißlich bis gelblich oder graubraun mit welliger äußerer Querlinie; Hinterflügel hellbeige mit braunem Rand, gesprenkelt mit feinen schwarzen Flecken. Flügelloses ♀ bräunlich, dunkelgrau oder schwarz mit dunklen Flecken. **H** Wälder, Parks, Gärten. **F** Eichen und andere.

2
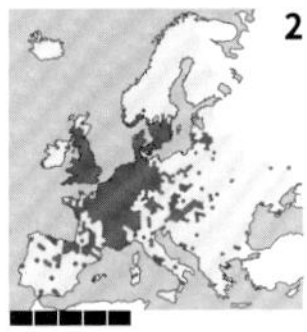

3 ⊙ Graugelber Breitflügelspanner
Agriopis marginaria **L** 10–14 mm (♀). **S** 36–42 mm. Bei ♂ Vorderflügel bräunlich mit dunkleren Flächen und schwachen Querlinien; Hinterflügel weißlich. Hinterrand aller Flügel mit einer Reihe kleiner schwarzer Punkte. ♀ braun; Flügelstummel relativ groß im Vergleich zu verwandten Arten. **H** Wälder, Buschland, Hecken, Grasland, Gärten. **F** Weiden, Birken, Eichen, zahlreiche andere Bäume und Pflanzen.

3
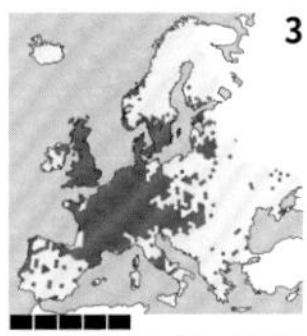

4 ⊙ Großer Frostspanner
Erannis defoliaria **S** 40–45 mm. ♂ Vorderflügel weißlich bis braun, mit breiten braunen oder schwarzen Bändern, meist mit dunklem Fleck; Hinterflügel blass. Flügelloses ♀ marmoriert. **H** Wälder. **F** Eichen, Birken, Hasel, Weißdorn.

4
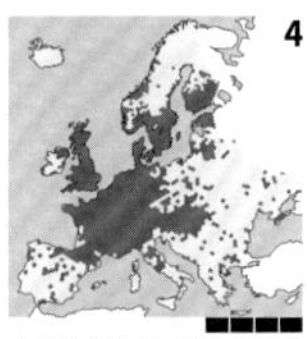

5 ⊙ Lederbrauner Rindenspanner
Menophra abruptaria **S** 36–42 mm. Flügel flach, weißlich, mit brauner und schwarzer Zeichnung. **H** Wälder, Hecken, Parks und Gärten. **F** Liguster, Flieder, Winter-Jasmin.

5
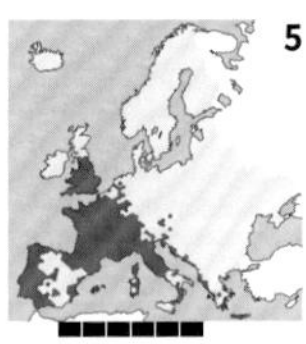

6 ⊙ Rauten-Rindenspanner
Peribatodes rhomboidaria **S** 40–48 mm. Flügel graubraun mit dunklen Querlinien und Zeichnung. Auch ganz dunkle Formen; manchmal leicht mit anderen Arten zu verwechseln. **H** Wälder, Buschland, Hecken, Parks, Gärten. **F** Verschiedene Laub- und Nadelbäume und Pflanzen.

6
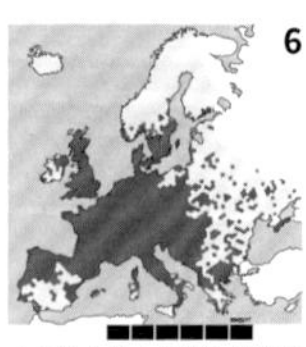

7 ⊙ Heller Schmuckspanner
Crocallis elinguaria **S** 40–46 mm. Flügel blassgelblich, Vorderflügel etwas wellig mit dunklem Band und mittigem schwarzem Fleck. **H** Wälder, Buschland, Parks und Gärten. **F** Weißdorn, Schlehdorn, Birken, Eichen.

7
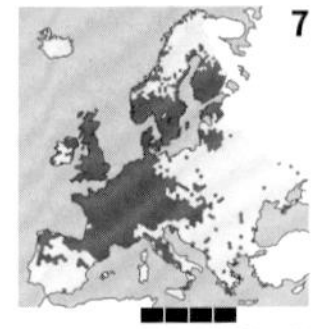

8 ⊙ Wellenlinien-Rindenspanner
Alcis repundata **S** 43–56 mm. Färbung variabel; Vorderflügel weißlich, grau oder bräunlich, manchmal schwarz mit verschieden dunklen Querlinien; äußeres Band wellig; Ränder der Hinterflügel leicht gezackt. **H** Wälder, Moore, Buschland, Hecken, Parks, Gärten. **F** Viele holzige Pflanzen einschließlich Bäume und Sträucher.

8
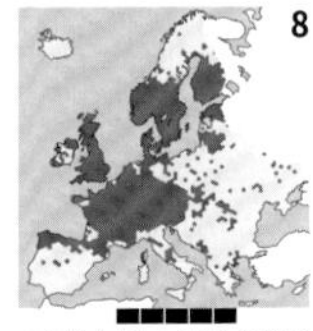

Gen. ***Hypomecis*** E 3 SPP

Etwas groß; Flügel grau-weiß bis bräunlich, dunkel bestäubt und gezeichnet.

9 ⊙ Aschgrauer Rindenspanner
Hypomecis punctinalis **S** 46–55 mm. Flügel grau oder graubraun und gesprenkelt, mit verschiedenen welligen Linien und Zeichnung. **H** Wälder, Buschland, Parks, Gärten. **F** Eichen, Birken.

9
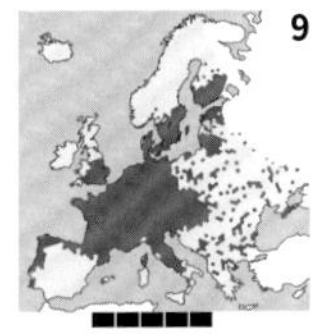

10 ⊙ Großer Rindenspanner
Hypomecis roboraria **S** 60–68 mm. Flügel grau, gesprenkelt, aber gelegentlich dunkel. Vorderflügel mit 2 dunklen Linien, oft zu einem Bereich verschmolzen. **H** Wälder. **F** Eichen, Birken.

10
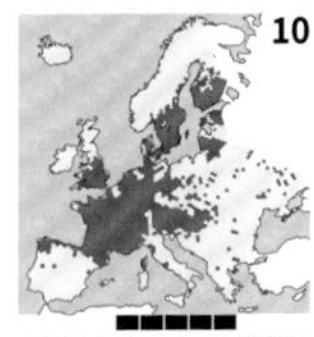

11 ⊙ Zackenbindiger Rindenspanner ***Ectropis crepuscularia***
S 38–45 mm. Flügel reichen von bräunlich-weiß und braun bis graubraun; können sehr dunkel sein. Feine, gezackte Linienzeichnung. **H** Wälder, Hecken, Buschland, Parks, Gärten. **F** Eichen, Birken, Weißdorn und viele andere.

11
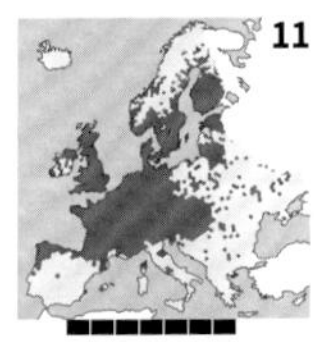

12 ⊙ Heidespanner
Ematurga atomaria **S** 22–34 mm. Flügel weißlich bei ♀; hell bräunlich bei ♂; mit dunkelbraunen Querlinien; in Ruheposition nach oben gefaltet, ähnlich Tagfaltern. **H** Heideland und Moore; Grasland. **F** Heidekraut, Klee, Hornklee und Wicken. **V** Tagaktiv.

12
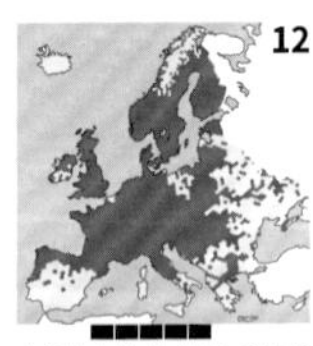

13 ⊙ Kiefernspanner
Bupalus piniaria **S** 34–40 mm. Flügeloberseite weißlich, gelblich oder orange mit breitem, dunkelbraunem Rand; in Ruheposition nach oben gefaltet, ähnlich Tagfaltern. Unterseite braun, helle Streifen, dunkle Zeichnung. **H** Nadelwälder. **F** Waldkiefer.

13
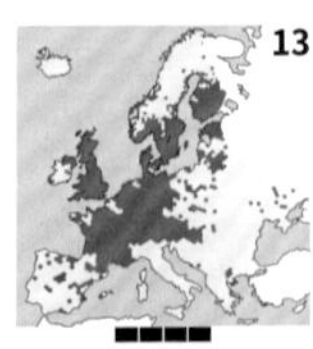

← SPANNER

1 ×¾ ◆

2 ×1 ◆

3 ×1 ◆

4 ×1 ◆

5 ×1 ◆

6 ×1 ◆

7 ×¾ ◆

8 ×¾ ◆

9 ×¾ ◆

10 ×⅔ ◆

11 ×1 ◆

12 ×1,5 ◆

13 ×1 ■

← **SPANNER** Geometridae

Gen. *Cabera* E 3 SPP UK 2 SPP
Flügel weißlich bis hellbraun; alle 4 Flügel mit 3 dunklen Querlinien. Bei ♂ Fühler gefiedert.

1 ⊙ Braunstirn-Weißspanner
Cabera exanthemata **S** 30–35 mm. Flügel gelblich weiß, bräunlich grau gesprenkelt; braune gebogene Linien. **H** Wälder, Hecken. **F** Weiden, Espe, Pappeln.

1
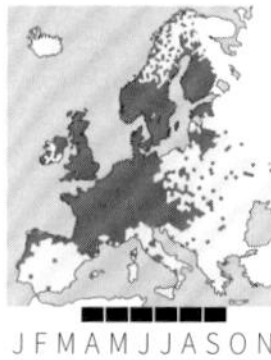

2 ⊙ Weißstirn-Weißspanner
Cabera pusaria **S** 32–35 mm. Flügel weißlich, grau gesprenkelt; silbergraue Linien. **H** Wälder, Buschland. **F** Birken, Weiden, Erlen.

2
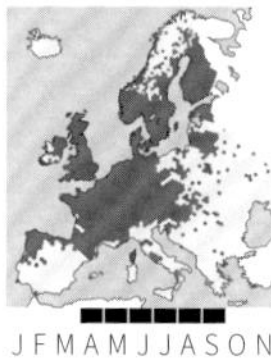

Gen. *Lomographa* E 2 SPP
Flügel hellweiß mit charakteristischen dunklen Flecken. Bei ♂ Fühler fadenförmig, genau wie bei ♀.

3 ⊙ Zweifleck-Weißspanner
Lomographa bimaculata **S** 27–31 mm. Flügel weiß; Vorderflügel mit 2 schwarzen Flecken am Rand. **H** Wälder, Hecken, Buschland, Gärten. **F** Schlehdorn, Weißdorn, Obstbäume.

3
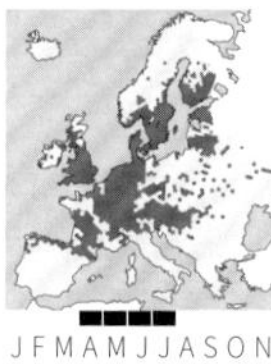

4 ⊙ Schattenbinden-Weißspanner
Lomographa temerata **S** 27–34 mm. Flügel weiß; Vorderflügel mit einem einzelnen kleinen Fleck sowie weiter innen 2 sehr nahe beieinanderliegenden Flecken; nahe der Flügelspitze generell etwas dunkler. **H** Wälder, Hecken, Buschland, Parks, Gärten. **F** Schlehdorn, Weißdorn, Obstbäume.

4
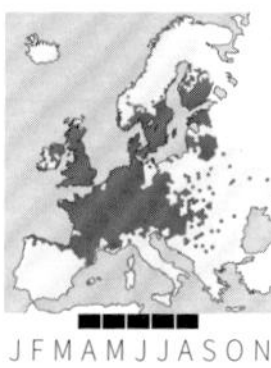

5 ⊙ Perlglanzspanner
Campaea margaritaria **S** 42–54 mm. Flügel blass grünlich-weiß, 2 blasse Querlinien. **H** Wälder, Parks und Gärten. **F** Eiche, Weißdorn, Birken, Hasel.

5
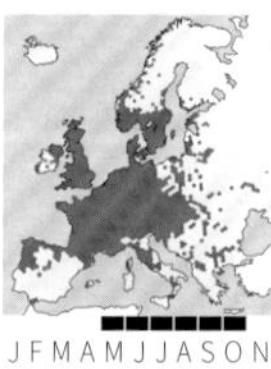

6 ⊙ Zweibindiger Nadelwald-Spanner *Hylaea fasciaria*
S 32–44 mm. Flügel bei der in Kontinentaleuropa verbreiteten Form *prasinaria* grünlich, in Großbritannien manchmal rötlich; gelegentlich graubraun. Alle Formen mit breitem, dunklem Band. **H** Nadelwälder. **F** Waldkiefer, Fichten.

6
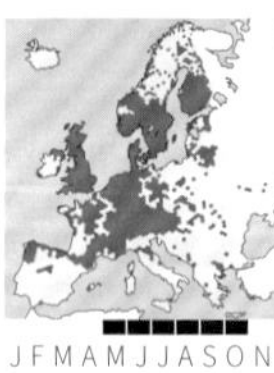

7 ⊙ Grüner Flechten-Rindenspanner *Cleorodes lichenaria*
S 31–38 mm. Flügel weißlich oder olivgrün, dunkel gesprenkelt, mit dunklen Flecken und dunkler, gezackter äußerer Linie. **H** Wälder, Buschland. **F** Flechten an Bäumen, einschließlich Eichen; auch an Zäunen.

7
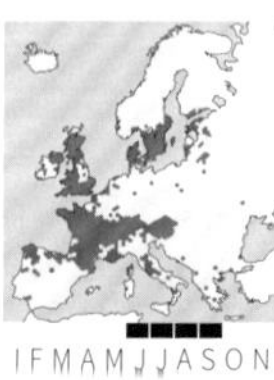

8 ⊙ Hartheu-Spanner *Siona lineata*
S 38–48 mm. Flügel weiß oder cremefarben mit schwarzen Adern; oberflächlich ähnlich dem Rapsweißling (*Pieris napi*). **H** Grasland, lichte Wälder. **F** Niedrig wachsende Pflanzen. **V** Tag- und nachtaktiv; die Tiere ruhen oft in niedriger Vegetation und fliegen nur ein paar Meter, wenn sie gestört werden.

8
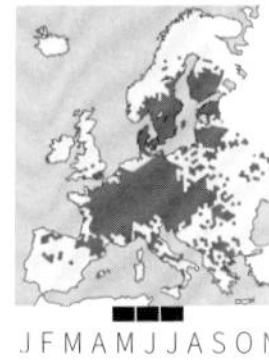

9 ⊙ Gelber Küstenspanner
Aspitates ockeraria **S** 28–36 mm. Vorderflügel gelblich mit 2 graubraunen Querlinien; Hinterflügel weißlich. **H** Grasland, Hänge, Heideland. **F** Niedrig wachsende Pflanzen.

9
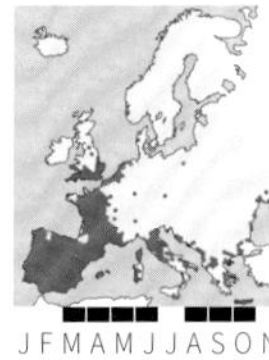

10 ⊙ Ginster-Grünspanner
Pseudoterpna pruinata **S** 35–40 mm. Flügel blaugrün, verblassen aber mit der Zeit weißlich; 2 schwarze oder dunkelgrüne Linien, die äußere gezackt. **H** Grasland, Berghänge bis 1500 m, Heideland, Buschland. **F** Stechginster, Besenginster.

10
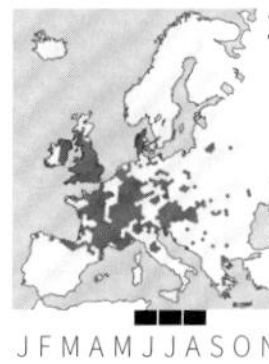

11 ⊙ Grünes Blatt
Geometra papilionaria **S** 50–64 mm. Groß; Flügel lebhaft grün mit weißlichen Querlinien; in Ruheposition nach oben gefaltet, ähnlich Tagfaltern. **H** Wälder, Heideland, Grasland, Hecken. **F** Birken, Hasel, Erlen.

11
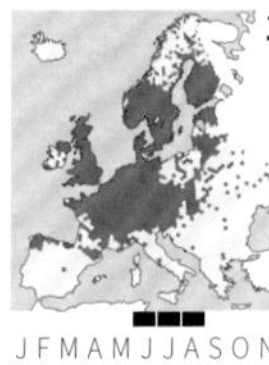

12 ⊙ Eichenwald-Grünspanner
Comibaena bajularia **S** 29–33 mm. Flügel grün, Saum kariert; verblassen mit der Zeit gelblich oder weißlich; Flecken an den inneren Winkeln der Vorder- und Hinterflügel. Vorderflügel mit schmalen weißen Linien. **H** Wälder, Hecken. **F** Eichen. **V** Larven bedecken sich mit kleinen Stückchen getrockneter Blätter.

12
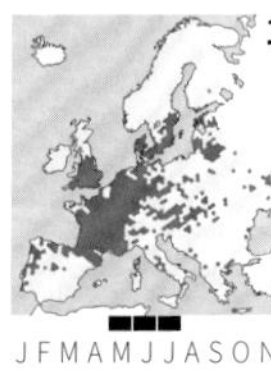

13 ⊙ Waldreben-Grünspanner
Hemistola chrysoprasaria **S** 33–40 mm. Flügel blaugrün, verblassen mit der Zeit weißlich; mit schmalen weißen Linien. **H** Grasland, lichte Wälder, Gärten. **F** Waldrebe (*Clematis*).

13
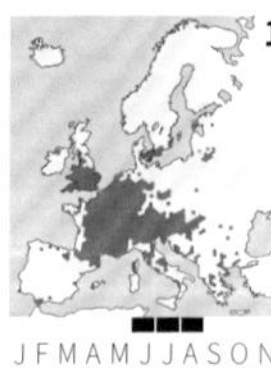

14 ⊙ Gebüsch-Grünspanner
Hemithea aestivaria **S** 29–34 mm. Flügel grün, mit welligen weißen Querstreifen, Saum kariert; Vorderflügel spitz. **H** Wälder, Hecken, Buschland, Hügelland. **F** Weißdorn, Birken, Weiden und andere holzige Pflanzen.

14

← SPANNER →

1 ×1 ◆

♂

2 ×2 ◆

♂ Fühler gefiedert;
♀ fadenförmig

♀

3 ×1,25 ■

dunkle Flecken

4 ×1,25 ■

2Flecken
1 Fleck

5 ×1 ◆

frisch geschlüpft, grünlich-weiß

♂

Innenlinie nur auf den Vorderflügeln, Außenlinie auf allen 4 Flügeln

♂

älteres Exemplar, weiß

frühes Larvenstadium

6 ×1 ◆

Querlinien reichen nicht bis zur Außenkante des Flügels

7 ×2 ■

8 ×2 ■

Fühler lang

9 ×1,25 ◆

10 ×1 ■

11 ×¾ ■

12 ×1 ■

gelblicher Fleck

13 ×1 ◆

14 ×1 ◆

ZAHNSPINNER Notodontidae →

E 26 GEN 55 SPP 23 ILL

Mittelgroß bis groß, dickleibig, behaart. Viele Arten mit einer Ausbuchtung an der Innenseite des Vorderflügels, die in Ruhestellung wie ein Zahn aussieht. Fühler oft gefiedert, insbesondere bei ♂.

Gen. *Thaumetopoea* E 8 SPP

Larven bilden Prozessionen, wenn sie sich fortbewegen, sie gelten als Schädlinge. ⚠ Borsten der Raupen können allergische Reaktionen bei Menschen und Tieren hervorrufen.

1 ⊙ Pinien-Prozessionsspinner
Thaumetopoea pityocampa
S 36–46 mm. Flügel graubraun mit dunklen Querstreifen; ähnlich wie *T. processionea*, aber Vorderflügel ohne blassen basalen Bereich. **H** Nadelwälder. **F** Kiefern. **V** Larven lang und schlank, behaart, in großer Zahl auf Kiefern, an Ästen, in weißlichen Seidennestern. Auf der Suche nach Nahrung bilden sie immer eine Prozessionsreihe. In mitteleuropäischen Regionen meist 2 Lebenszyklen parallel: Im ersten überwintern die Eier, die Larven schlüpfen im Juni oder Juli, die Puppen im Spätsommer, sie überwintern als Puppen, die erwachsene Tiere schlüpfen im Juli oder August und legen Eier, die wieder überwintern. Der zweite Zyklus überwintert immer als Puppe: erwachsene Tiere schlüpfen im Mai, die Larven entwickeln sich im Sommer und verpuppen sich im Frühherbst, um zu überwintern. **I** Selbst wenn sie in großer Zahl auftreten, sind sie für Bäume nicht gefährlich. ⚠ Ältere Larven sind mit feinen Borsten bedeckt; ihre Berührung kann allergische Reaktionen und Atemnot verursachen.

1
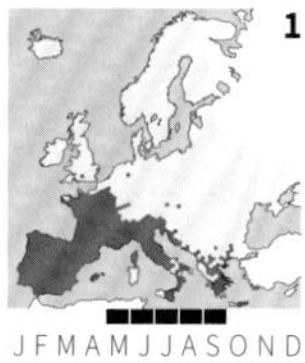

2 ⊙ Eichen-Prozessionsspinner
Thaumetopoea processionea
S 31–41 mm. Flügel graubraun mit dunklen Querstreifen; Vorderflügel mit blassem basalem Bereich, der bei *T. pityocampa* fehlt. **H** Wälder. **F** Eichen. **V** Larven erscheinen ab März; lang und schlank, behaart. In großer Zahl auf Eichen, in Seidennestern an Stämmen und Ästen, jedoch nicht an Blättern; diese Nester können sich über mehrere Meter erstrecken. Larven bilden Prozessionen, manchmal in mehreren Reihen nebeneinander, wenn sie nach Futter suchen. Nach 9–12 Wochen sind sie ausgewachsen und verpuppen sich; erwachsene Tiere schlüpfen im Juli und August. Die Überwinterung erfolgt als Ei. **I** Kann erhebliche Schäden an Bäumen verursachen, wie z.B. vollständige Entlaubung, die zum Absterben der Bäume führt. ⚠ Ältere Larven (3.–6. Stadium) mit feinen Haaren bedeckt, die sich leicht lösen und vom Wind verbreitet werden; können die Hautröte, Raupendermatitis und Atemnot verursachen.

2
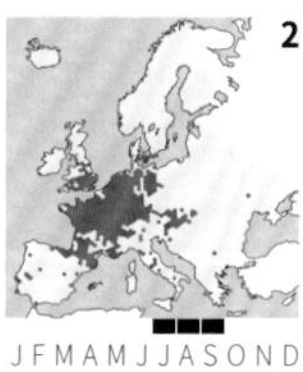

3 ⊙ Großer Gabelschwanz
Cerura vinula **S** 62–80 mm. Größer als *Furcula* spp.; Flügel weißlich oder grau mit etwas Gelb und charakteristischem Muster aus schmalen dunklen welligen Linien. **H** Wälder, Hecken, Gärten. **F** Pappeln, Weiden. **V** Ausgewachsene Larve hellgrün mit purpurfarben-braunem Sattel mit weißem Rand; Kopf rot umrandet und mit auffälligem Gabelschwanz mit ausstülpbaren roten Flagellen; kann Ameisensäure absondern, um sich vor Feinden zu schützen.

3
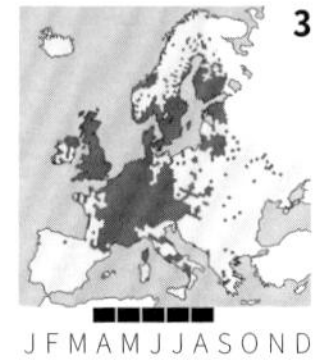

Gen. *Furcula* E 7 SPP

Vorderflügel weißlich mit verschiedenen artspezifischen gelblichen und dunklen Markierungen. Larven groß, massiv, hell mit dunklen Zeichnungselementen oberseitig; Horn oben auf Thorax; auffälliger Gabelschwanz.

4 ⊙ Birken-Gabelschwanz
Furcula bicuspis **S** 40–48 mm. Vorderflügel mit schwarz-grauem Band, das zum Hinterrand hin breiter wird; Thorax auf der Oberseite dunkel. **H** Wälder, Gärten. **F** Erlen, Birken.

4
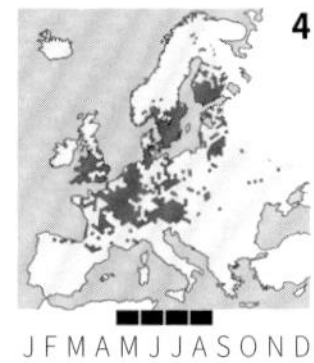

5 ⊙ Espen-Gabelschwanz
Furcula bifida **S** 44–48 mm. Vorderflügel mit gekrümmtem, grauem Band, von schmalen schwarzen und gelblichen Linien umrandet; Thorax dunkel auf der Oberseite. Meist größer als *F. furcula*. **H** Lichtungen, Heideland, Parks, Gärten. **F** Pappeln, Espe.

5
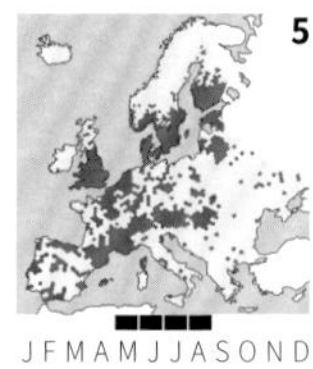

6 ⊙ Buchen-Gabelschwanz
Furcula furcula **S** 35–42 mm. Vorderflügel weißlich mit mittigem, grauem Band (am Flügelende unregelmäßig geformt und nur schwach ausgeprägt) und zahlreichen Markierungen, einschließlich etwas Gelb sowie schwarzen Flecken. **H** Wälder, Hecken. **F** Weiden, Espe, Pappeln.

6
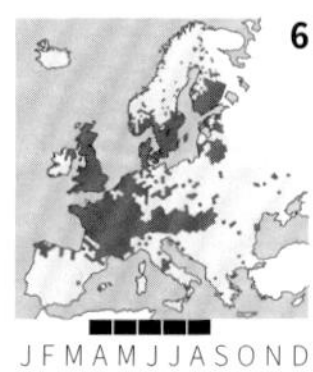

ZAHNSPINNER →

1 ×1,5 ◆

2 ×1,5 ◆

3 ×¾ ■

4 ×1,25 ◆

5 ×1,25 ◆

6 ×1,5 ◆

← **ZAHNSPINNER** Notodontidae →

Gen. ***Drymonia*** E 5 SPP
Färbung meist grau bis bräunlich.

1 ⊙ Ungefleckter Zahnspinner
Drymonia dodonaea **S** 35–42 mm. Vorderflügel mittelgrau bis bräunlich mit hellem mittigem Band und dunklen, gezackten Linien und Fleckenmuster. Ähnliche Art *D. ruficodernis* hat schwarzes Komma auf den Vorderflügeln. **H** Wälder, Hecken. **F** Eichen.

1
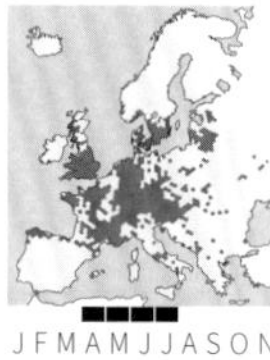

2 ⊙ Schwarzeck-Zahnspinner
Drymonia obliterata **S** 30–40 mm. Vorderflügel grau; gezackte Querstreifen weißlich, schwarz begrenzt; bräunlich schwarzes Dreieck nahe Flügelspitze. **H** Wälder. **F** Eichen, Buchen, Birken.

2
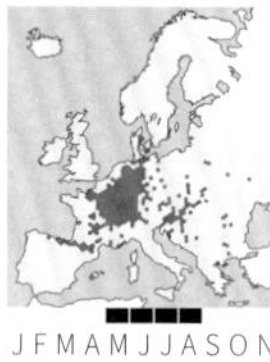

3 ⊙ Dunkelgrauer Zahnspinner
Drymonia ruficornis **S** 38–46 mm. Vorderflügel graubraun; breites weißliches Querband mit charakteristischem schwarzem Komma. **H** Wälder, Hecken, Gärten, Parks. **F** Eichen.

3
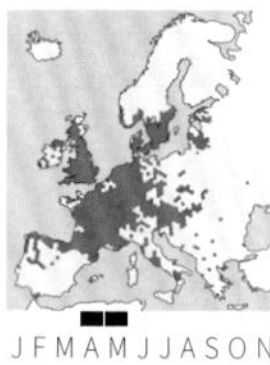

4 ⊙ Buchen-Zahnspinner
Stauropus fagi **S** 55–70 mm. Vorderflügel graubraun mit einem Hauch rotbraun; in Ruheposition Hinterflügel unter die Vorderflügel verschoben, ragen seitlich unter den Vorderflügeln heraus. **H** Wälder, Hecken. **F** Birken, Hasel, Eichen. **V** Seltsames, bizarres Larvenstadium mit sehr langen Beinen; bei Gefahr kann die Larve den Kopf nach hinten krümmen und Ameisensäure versprühen, um mögliche Fressfeinde abzuschrecken.

4
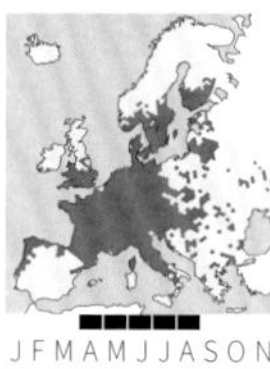

Gen. ***Pheosia*** E 2 SPP
Vorderflügel mit sehr auffälligem, kontrastierendem Muster, das als perfekte Tarnung auf Holz und Rinde dient.

5 ⊙ Birken-Zahnspinner
Pheosia gnoma **S** 46–58 mm. Vorderflügel weißlich mit braunschwarzer Zeichnung. Kleiner weißer Keil in der Flügelmitte meist reinweiß, etwas breiter und kürzer als bei *P. tremula*. **H** Wälder, Heideland, Parks und Gärten. **F** Moorbirke, Hängebirke.

5
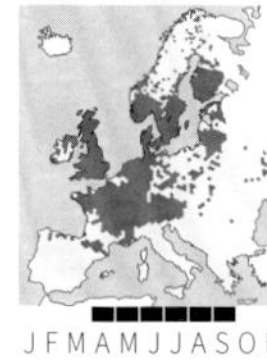

6 ⊙ Pappel-Zahnspinner
Pheosia tremula **S** 50–64 mm. Vorderflügel weißlich mit brauner und schwarzer Zeichnung. Kleiner weißer Keil in der Flügelmitte schmal und lang, meist mehr als halbe Länge des Flügels. **H** Wälder, Buschland, Parks, Gärten. **F** Pappeln, Espe, Weiden.

6
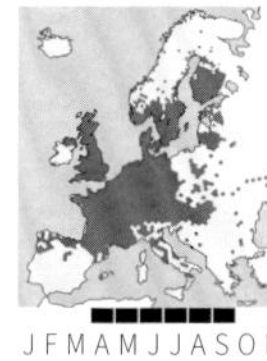

7 ⊙ Eichen-Zahnspinner
Peridea anceps **S** 52–72 mm. Vorderflügel grünlich braun marmoriert und gestreift; Hinterflügel gelblich weiß. **H** Wälder, Hecken. **H** Eichen.

7
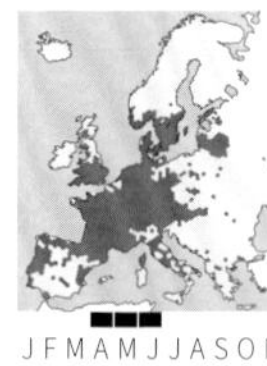

Gen. ***Notodonta*** E 4 SPP
Vorderflügelecken mit charakteristischem Haarbüschel, das in Ruheposition deutlich als „Zahn" sichtbar ist.

8 ⊙ Dromedar-Zahnspinner
Notodonta dromedarius **S** 42–50 mm. Vorderflügel dunkel graubraun, gelblich an der Basis, mit rotbraunen Streifen. **H** Wälder, Heideland, Gärten. **F** Birken, Erlen, Hasel, Eichen.

8
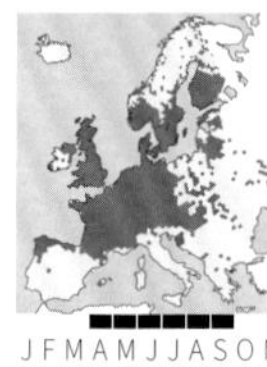

9 ⊙ Zickzack-Zahnspinner
Notodonta ziczac **S** 42–52 mm. Vorderflügel gelblich braun; charakteristisch gezeichnet an der Flügelspitze. **H** Wälder, Buschland, Gärten. **F** Weiden, Espe, Pappeln.

9
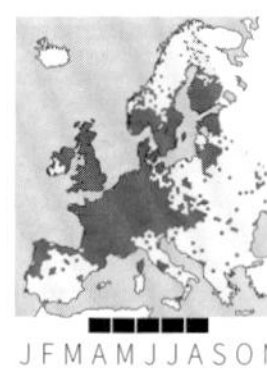

← ZAHNSPINNER →

← ZAHNSPINNER Notodontidae

1 ⊙ Weißer Zahnspinner
Leucodonta bicoloria **S** 38–42 mm. Vorderflügel weiß, mit charakteristischer, orangefarbener Zeichnung mit schwarzen Rändern und einer Linie kleiner schwarzer Flecken nahe des Flügelrands. **H** Wälder. **F** Birken.

1
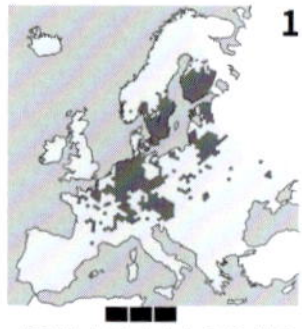

2 ⊙ Palpen-Zahnspinner
Pterostoma palpina **S** 42–60 mm. Vorderflügel blass graubraun; Kopf mit Schnauze aufgrund verlängerter Labialpalpen, zudem mit auffälligen Haarbüscheln. Bei ♂ Abdomen länger als Flügel. **H** Wälder, Buschland, Parks und Gärten. **F** Pappeln, Espe, Weiden.

2
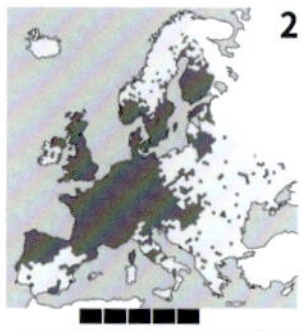

Gen. *Ptilodon* E 2 SPP

Vorderflügel mit dunklem Haarbüschel, das als „Zahn“ in Ruheposition sichtbar ist.

3 ⊙ Kamel-Zahnspinner
Ptilodon capucina **S** 40–50 mm. Vorderflügel blass bis dunkelbraun mit dunklem Haarbüschel und welligem Rand. **H** Wälder, Buschland, Parks, Gärten. **F** Birken, Hasel, Weißdorn.

3
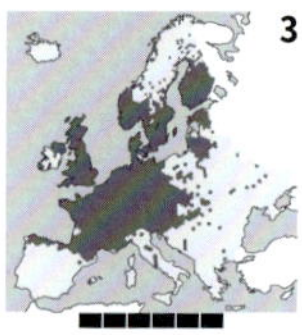

4 ⊙ Ahorn-Zahnspinner
Ptilodon cucullina **S** 35–40 mm. Vorderflügel kontrastierend gelblich braun bis rotbraun; Flügelrand blass weißlich mit kleinem, dunklem, nach außen zeigendem pfeilförmigem Fleck. Perfekte Tarnung als trockenes Holzstück. **H** Wälder, Waldränder, Parks, Gärten. **F** Feldahorn.

4
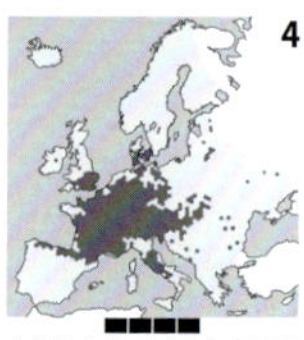

5 ⊙ Haarschuppen-Zahnspinner
Ptilophora plumigera **S** 30–42 mm. Vorderflügel sehr schmal; blass gelblich braun bis rotbraun, Querstreifen manchmal undeutlich. Bei ♂ Fühler stark gefiedert. **H** Wälder, Buschland, Hecken. **F** Feldahorn, gelegentlich andere.

5
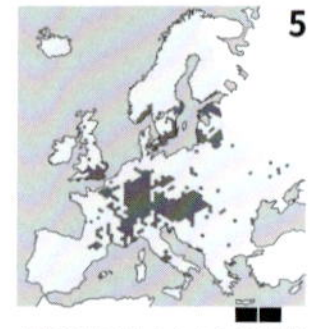

6 ⊙ Mondvogel ***Phalera bucephala***
S 55–68 mm. Vorderflügel grau mit breiter, gelber Spitze. Thorax mit gelber Zeichnung. **H** Wälder, Buschland, Hecken, Gärten. **F** Weiden, Birken, Hasel, Eichen.

6
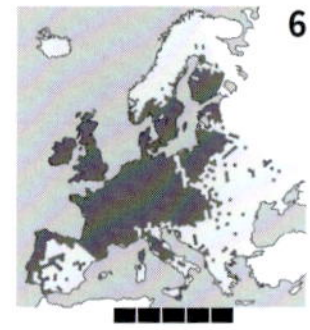

Gen. *Clostera* E 4 SPP

Gehören zu den kleinsten Arten dieser Familie; Flügelspitzen schokoladenbraun. ♂ mit auffälligem Haarbüschel am Ende des Abdomens, das auch in Ruheposition sichtbar ist.

7 ⊙ Erpelschwanz-Raufußspinner
Clostera curtula **S** 36–38 mm. Vorderflügel grau mit Muster schmaler weißer Linien, Spitze braun. Thorax oberseitig mit schwarzem Fleck; Ende des Abdomens braun. **H** Wälder, Buschland, Hecken. **F** Espe, Pappeln, Weiden.

7
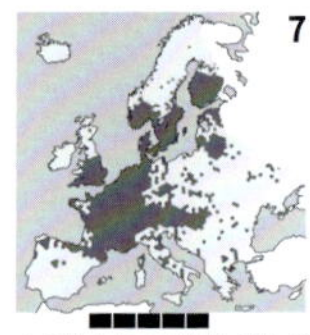

8 ⊙ Kleiner Raufußspinner
Clostera pigra **S** 22–27 mm. Kleinste Art der Familie; Vorderflügel grau bis rotbraun, Spitze braun. Insgesamt dunkler als *C. curtula*. Hinterflügel dunkelbraun. **H** Wälder, Buschland. **F** Weiden, Pappeln.

8
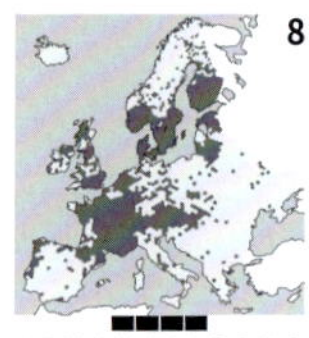

1 ×1,5

← ZAHNSPINNER

2 ×1,5

3 ×1,5

4 ×1,5

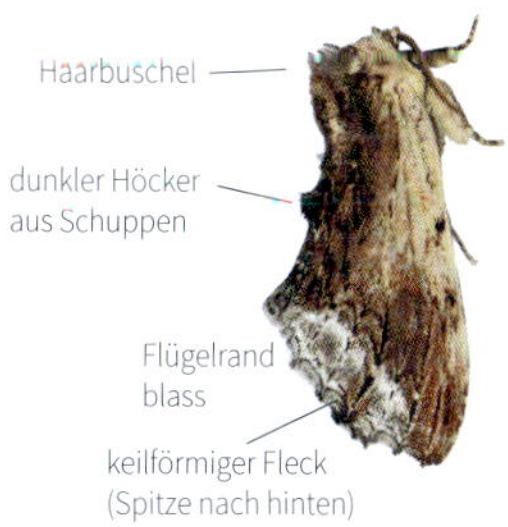

5 ×1,5

6 ×1,5

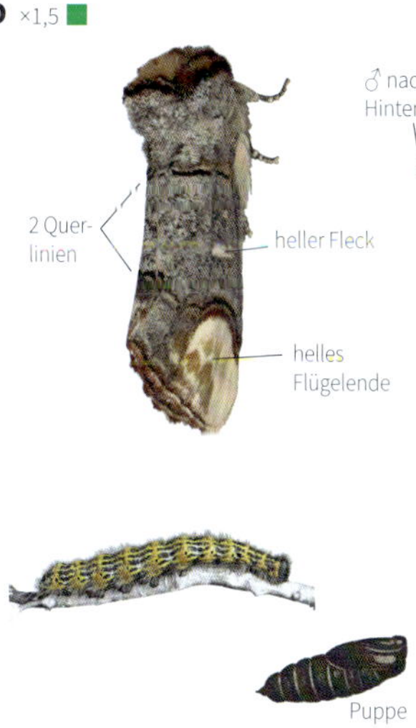

7 ×1,5

8 ×2

BÄRENSPINNER, ORDENSBÄNDER & VERWANDTE

Erebidae → E 135 GEN 353 SPP 61 ILL

Große Familie; Form variabel; meist mittelgroß, kräftig gebaut. Die meisten Arten bräunlich; aber auch die großen und auffällig gefärbten Bärenspinner und Ordensbänder gehören in diese Familie. Flügel viel länger als breit. Können sehr gut fliegen; etliche Wanderarten. Aufgrund moderner taxonomischer Erkenntnisse wurden zahlreiche Arten aus anderen Familien neuerdings dieser Familie zugewiesen.

1 ⊙ Dunkelbraune Brombeereule
Dysgonia algira **S** 38–46 mm. Vorderflügel relativ breit, Ecken relativ spitz; Hinterrand fast gerade; dunkelbraun mit breitem, in der Mitte etwas schmalerem, weißem oder rosafarbenem Band. **H** Grasland, Wälder, Parks. **F** Eichen, Brombeere, Weiden.

1
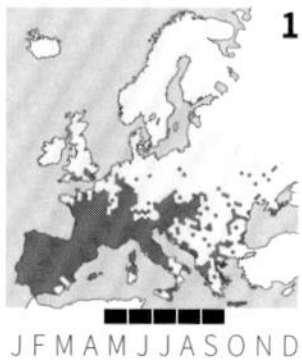

Gen. ***Hypena*** E 12 SPP
Auffällig; Kopf mit Schnauze, bestehend aus den großen Labialpalpen.

2 ⊙ Heidelbeer-Schnabeleule
Hypena crassalis **S** 32–36 mm. Vorderflügel dunkelbraun mit markanter weißlicher, ockerfarbener bis rosafarbener Linie am inneren Rand; Flügelrand hell gefärbt; Flügelspitzen dunkel. **H** Lichte Wälder, Heideland, Moore. **F** Heidelbeere.

2
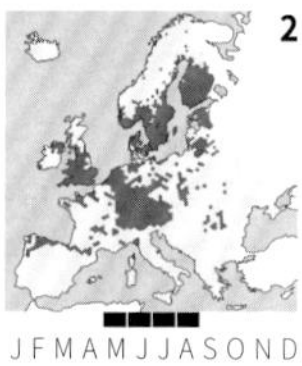

3 ⊙ Nessel-Schnabeleule
Hypena proboscidalis **S** 36–42 mm. Vorderflügel mit hakenförmigen Spitzen, relativ schlicht braun, mit dunklen Querlinien; Palpen sehr lang gestreckt. **H** Grasland, Gärten. **F** Brennnesseln.

3
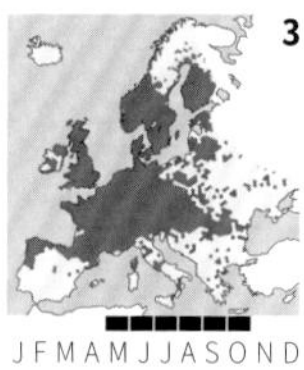

4 ⊙ Hopfen-Zünslereule
Hypena rostralis **S** 26–34 mm. Vorderflügel hell bis dunkelbraun, mit dunkler Zeichnung in der Flügelmitte. **H** Waldränder, Lichtungen, Buschland, Gärten. **F** Echter Hopfen.

4
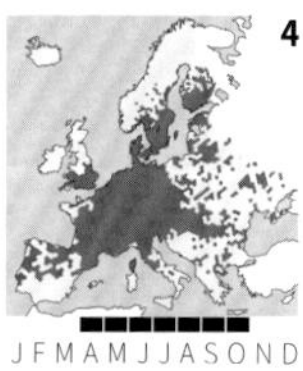

5 ⊙ Schwarzes L
Arctornis l-nigrum **S** 35–45 mm. Vorderflügel weiß, mit leichtem Seidenglanz und auffallendem schwarzem L. Frisch geschlüpfte Exemplare grünlich weiß, verblassen aber schnell. **H** Wälder, Hecken, Buschland. **F** Birken, Eichen, Ulmen, Linden.

5
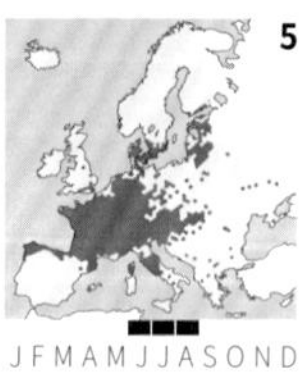

6 ⊙ Pappelspinner *Leucoma salicis*
S 36–50 mm. Vorderflügel schlicht weiß, mit seidigem Glanz. Beine schwarz-weiß geringelt. **H** Wälder, Hecken, Parks und Gärten, mit reichlich Nahrungspflanzen. **F** Espe, Pappeln, Weiden.

6
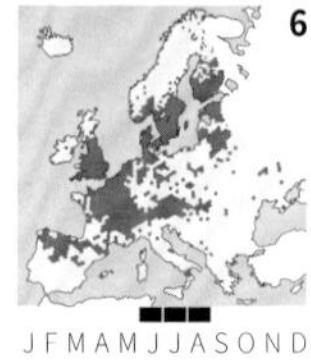

7 ⊙ Goldafter
Euproctis chrysorrhoea **S** 35–45 mm. Flügel weiß; Vorderflügel gelegentlich mit kleinen schwarzen Punkten bei ♂; Ende des Abdomens braun, deutlich sichtbar. Beim ähnlichen Schwan (*Euproctis similis*) ist das Ende des Abdomens gelb. **H** Grasland, Buschland, Gärten. **F** Eiche, Weißdorn, Schlehdorn, Weide, Obstbäume, Sanddorn. ⚠ Larven beider *Euproctis* spp. haben irritierende Haare; sie sollten nicht mit der Hand angefasst werden, da dies schwere Hautreizungen verursachen kann; daher werden in manchen Gebieten Bekämpfungsmaßnahmen durchgeführt.

7
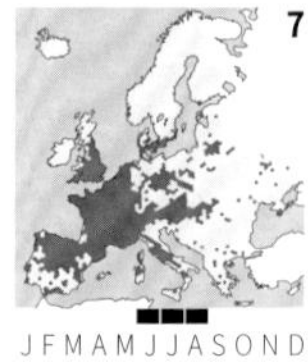

8 ⊙ Seideneulchen *Rivula sericealis*
S 19–25 mm. Vorderflügel schlicht, gelblich braun, mit dunklem Fleck und 2 kleinen Punkten. **H** Grasland, Heideland, Gärten. **F** Gräser.

8
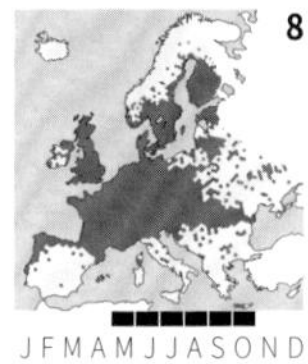

Gen. ***Lymantria*** E 2 SPP
Vorderrand der Vorderflügel gerundet, konvex. ♂ kleiner; mit deutlich gefiederten Fühlern; ♀ viel größer, Fühler fadenförmig. ♂ sind gute und ausdauernde Flieger, im Gegensatz zu den trägen ♀.

9 ⊙ Schwammspinner
Lymantria dispar **S** 40–60 mm. ♂ kleiner; Vorderflügel braun mit dunklem mittigem Band, schwarz gezackt Linien und Zeichnung schwarz. ♀ Vorderflügel cremeweiß mit dunklen, gezackten Linien. **H** Wälder, Parks. **F** Eichen, Weiden, Pappeln, Obstbäume. **V** Larven können beträchtliche Schäden verursachen, entlauben Wälder und Zierbäume.

9
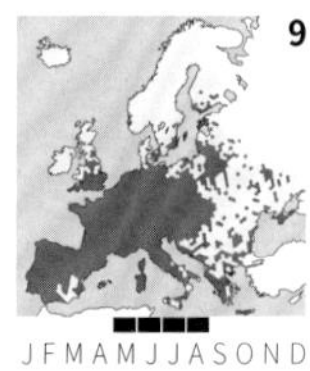

10 ⊙ Nonne *Lymantria monacha*
S 44–54 mm. Vorderflügel weiß mit deutlichen schwarzen Linien, Flecken und Mustern; Thorax mit schwarzen Flecken; Abdomen rosafarben. **H** Wälder, einschließlich Nadelwälder, Parks. **F** Eichen, Birken, Fichten, Kiefern. **V** Larven können beträchtliche Schäden an befallenen Bäumen anrichten.

10
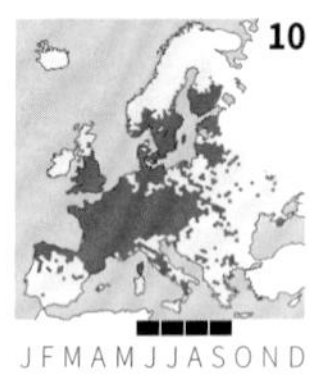

11 ⊙ Zackeneule
Scoliopteryx libatrix **S** 44–48 mm. Vorderflügel graubraun mit orangen Flecken und gezacktem Rand. **H** Wälder, Buschland, Hecken, Feuchtgebiete, Parks, Gärten. **F** Weiden, Espe, Pappeln. **V** Erwachsene Tiere überwintern in geschützten Räumen.

11
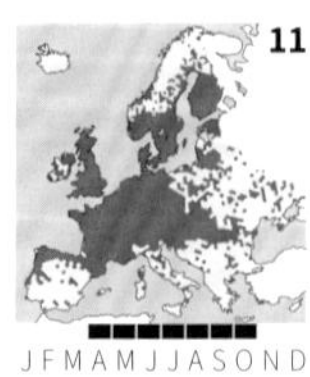

BÄRENSPINNER, ORDENSBÄNDER & VERWANDTE →

1 ×1

2 ×1,25

3 ×1,25

4 ×1,5

5 ×1

6 ×1

7 ×1

8 ×1,5

9 ×1

10 ×1

11 ×1

← BÄRENSPINNER, ORDENSBÄNDER & VERWANDTE
Erebidae →

1 ⊙ Schwan *Sphrageidus similis*
S 35–45 mm. Weiß; Vorderflügel mit dunklen Flecken am Flügelrand. Abdomenspitze mit auffallend gelbem Haarbüschel; ähnlich dem Goldafter (*Euproctis chrysoderrhoea*, S. 498), aber diese Art hat keine schwarzen Flecken am Flügelrand. ♀ deutlich größer als ♂. Auch als *Euproctis similis* bekannt. **H** Lichte Wälder, Obstgärten, Parks, Gärten. **F** Weißdorn, Schlehdorn, Birken, Eichen, Weiden; manchmal an Obstbäumen. **V** Kann gelegentlich Schäden in Obstgärten verursachen.

1
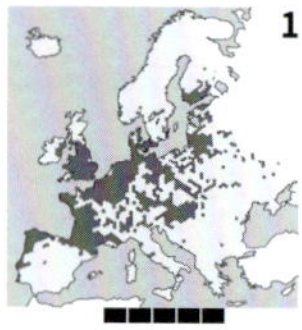

2 ⊙ Buchen-Streckfuß
Calliteara pudibunda **S** 50–70 mm. Flügel grau, manchmal sehr dunkel; bei ♂ Vorderflügel mit dunkler äußerer Hälfte; ♀ größer; Vorderflügel mit auffällig dunkler Querlinie, aber äußere Hälfte nicht dunkel. Ähnlicher Ginster-Steckfuß (*Dicallomera fascelina*) meist dunkler, Vorderflügel mit schwarzen Schuppen. **H** Wälder, Hecken, Gärten. **F** Weißdorn, Schlehdorn, Birken; andere breitblättrige Bäume und Sträucher.

2
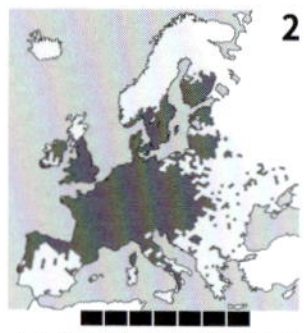

3 ⊙ Schlehen-Bürstenspinner
Orgyia antiqua **S** 35–38 mm. ♂ Flügel orange-braun, Vorderflügel weiß gefleckt. ♀ flügellos, graubraun. Ähnlicher Eckfleck-Bürstenspinner (*O. recens*) mit ausgedehnter gezeichneten Vorderflügeln, einschließlich weiterer weißer Flecken. **H** Buschland, Hecken, Parks, Gärten. **F** Bäume und Sträucher, Farne. **V** ♂ tagaktiv.

3
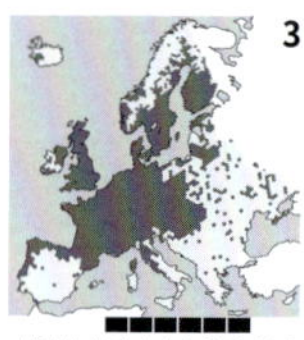

Gen. *Spilosoma* E 3 SPP
Flügel weißlich, mit artspezifischem Fleckenmuster.

4 ⊙ Breitflügeliger Fleckleibbär
Spilosoma lubricipeda **S** 34–48 mm. Flügel weiß oder gelegentlich cremefarben mit schwarzen Flecken, Zeichnung variabel. **H** Wälder, Moore, Parks, Gärten. **F** Brennnesseln, Ampfer.

4
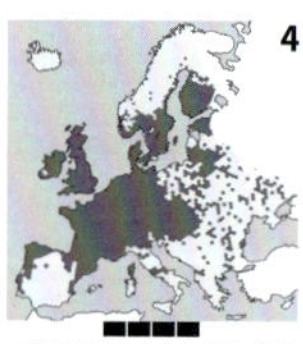

5 ⊙ Gelber Fleckleibbär
Spilosoma lutea **S** 34–42 mm. Flügel cremefarben oder hell gelblich bei ♂, weiß bei ♀; mit schwarzen Flecken, vor allem in einer schräg verlaufenden Linie. **H** Wälder, Hecken, Parks, Gärten. **F** Brennnesseln, Heckenkirschen und viele andere.

5

6 ⊙ Grauer Fleckleibbär
Diaphora mendica **S** 30–43 mm. Flügel braun oder grau bei ♂, weiß bei ♀, bei beiden Geschlechtern mit vielen schwarzen Flecken. **H** Grasland, Hecken, Gärten. **F** Ampfer, Wegerich.

6
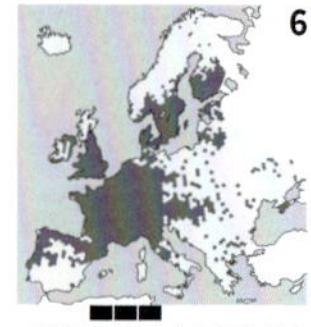

Gen. *Diacrisia* E 3 SPP
Farbenfroh; Hinterflügel mit kontrastreichem Muster.

7 ⊙ Purpurbär *Diacrisia purpurata*
S 40–48 mm. Vorderflügel gelb mit purpurfarbenen oder dunklen Flecken; Hinterflügel hellrot mit größeren schwarzen Flecken und gelbem Rand. **H** Grasland einschließlich Hänge und felsige Gebiete. **F** Niedrig wachsende Pflanzen einschließlich Labkraut, auch Weiden.

7
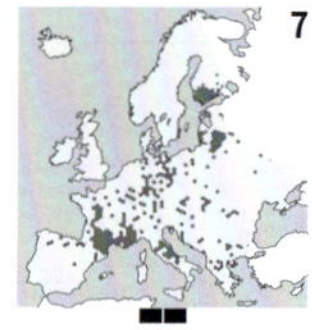

8 ⊙ Rotrandbär *Diacrisia sannio*
S 35–50 mm. Vorderflügel gelb mit rosafarbenem Saum bei ♂, hellorange bei ♀; beide Geschlechter mit mittigem dunklem Fleck; Hinterflügel kontrastreich gezeichnet. **H** Heideland und Moore. **F** Heidekraut, Kleiner Sauerampfer, Wegerich. **V** ♂ tagaktiv.

8
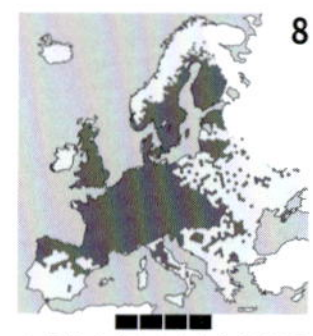

9 ⊙ Zimtbär
Phragmatobia fuliginosa **S** 28–38 mm. Vorderflügel rosafarben-braun; Hinterflügel rosafarben, schwarz und grau gezeichnet; Abdomen rosafarben mit schwarzen Markierungen. **H** Kalkhaltiges Grasland, Heideland, Moore, Gärten. **F** Jakobskraut, Wegerich, Heidekraut.

9
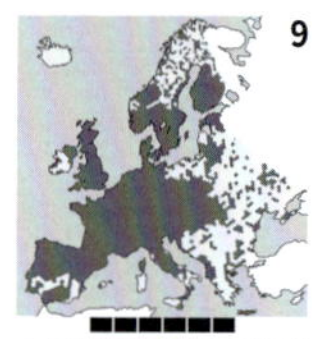

1 ×1,5 ◆

2 ×1

3 ×1,5

4 ×1,5

5 ×1,5

6 ×1,5

7 ×1,5

8 ×1,5

9 ×1,5

← BÄRENSPINNER, ORDENSBÄNDER & VERWANDTE Erebidae →

Gen. *Arctia* E 17 SPP
Auffallende Arten; Vorderflügel dunkel mit kontrastierendem, artspezifischem weißem Linien- oder Fleckenmuster.

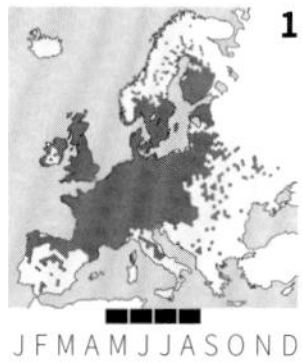

1 ☉ Brauner Bär *Arctia caja*
S 50–78 mm. Vorderflügel dunkelbraun mit weißem Linienmuster, Hinterflügel rot mit großen blauen Flecken. Manche Exemplare mit vollständig braunen oder weißen Vorderflügeln. **H** Feuchtes und trockenes Grasland, Hecken, Dünen, Parks, Gärten. **F** Ampfer, Löwenzahn, Brennnesseln.

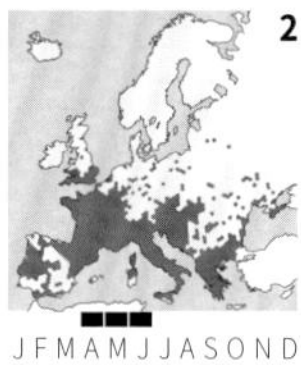

2 ☉ Schwarzer Bär *Arctia villica*
S 50–66 mm. Vorderflügel schwarz mit hellen cremefarbenen Flecken, Hinterflügel gelb mit großen schwarzen Flecken; Abdomen gelb mit hellroter Spitze. **H** Offenes Grasland, Heideland und Wälder. **F** Weiße Taubnessel, Jakobskraut und viele andere krautige Pflanzen.

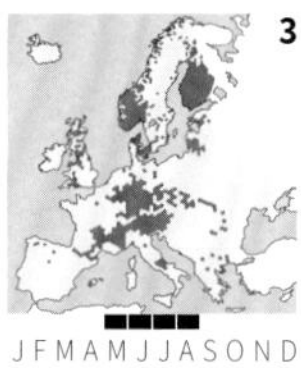

3 ☉ Wegerichbär
Parasemia plantaginis **S** 34–42 mm. Vorderflügel weiß mit schwarzen Streifen und Mustern. Hinterflügel orange (manchmal weiß) mit schwarzen Flecken und Streifen. Wird von einigen Autoren Gen. *Arctia* zugeordnet. **H** Heideland, Moore, Grasland und Buschland. **F** Glockenheide, Wegerich, Sonnenröschen. **V** Tag- und nachtaktiv.

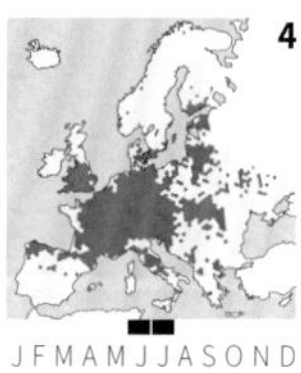

4 ☉ Schönbär
Callimorpha dominula **S** 52–58 mm. Vorderflügel schwarz mit gelben und weißen Flecken, Hinterflügel rot mit schwarzen Flecken; Thorax und Abdomen schwarz, Thorax mit 2 gelben Flecken. **H** Feuchtgebiete. **F** Echter Beinwell, Wasserdost, Brennnesseln, Brombeere. **V** Tagaktiv.

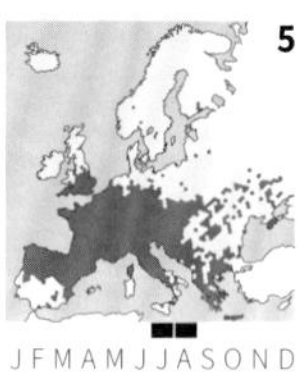

5 ☉ Russischer Bär
Euplagia quadripunctaria **S** 52–65 mm. Vorderflügel schwarz mit markantem weißem Streifenmuster, Hinterflügel rot oder orange mit schwarzen Flecken; Thorax schwarz-weiß gestreift, Abdomen ähnlich wie Hinterflügel gefärbt. **H** Hecken. **F** Brennnesseln, Wasserdost, Weiße Taubnessel, Wegerich, Brombeere. **V** Tag- und nachtaktiv.

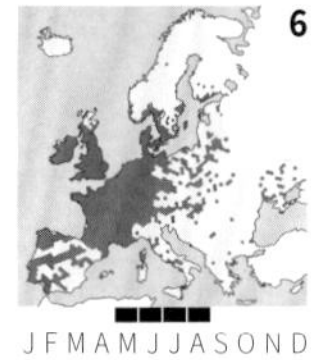

6 ☉ Karminbär *Tyria jacobaeae*
S 35–45 mm. Vorderflügel grauschwarz mit roten Streifen und 2 roten Flecken; Hinterflügel rot mit schwarzem Rand. **H** Grasland, Heideland, Gärten. **F** Jakobskraut. **V** Tagaktiv.

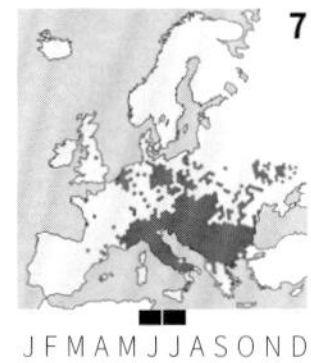

7 ☉ Weißfleckwidderchen
Amata phegea **S** 35–40 mm. Vorderflügel schwarz mit blauem Schimmer; mit 6–9 weißen Flecken. Abdomen mit gelbem Ring; Fühler blauschwarz mit weißer Spitze. Das Erscheinungsbild ähnelt dem Veränderlichen Rotwidderchen (*Zygaena ephialtes*, S. 458), dessen Abdomen rot gebändert ist. **H** Offene Gebiete. **F** Verschiedene krautige Pflanzen, wie Heidekraut oder Labkraut. **V** Tagaktiv.

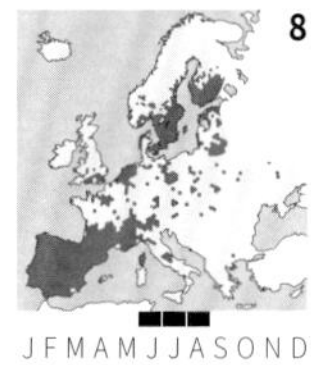

8 ☉ Weißer Grasbär
Coscinia cribraria **S** 30–40 mm. Vorderflügel weiß mit variablen schwarzen Flecken, die Querbänder bilden; Hinterflügel grau mit weißlichem Saum. **H** Offene Heideflächen. **F** Gräser, Heidekraut, Besenginster, Flechten (*Cladonia*). **V** Wird manchmal am Tag aufgeschreckt.

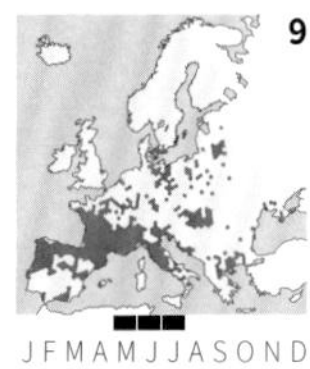

9 ☉ Gestreifter Grasbär
Spiris striata **S** 30–35 mm. Vorderflügel gelb mit auffällig schwarzen Streifen bei ♂; schlichter bei ♀; variabel. Hinterflügel gelblich orange mit schwarzem Rand und schwarzer Zeichnung. Fühler bei ♂ gefiedert. **H** Grasland, Heideland, Lichtungen. **F** Krautige Pflanzen. **V** Tagaktiv.

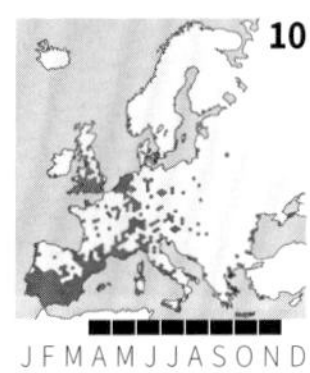

10 ☉ Punktbär *Utetheisa pulchella*
S 30–40 mm. Auffallende Färbung: Vorderflügel weiß mit zahlreichen roten und schwarzen Flecken; Hinterflügel weiß mit schwarzem Rand, mittig mit schwarzem Strich; Abdomen weiß. **H** Wiesen, Wälder, Steppen. **F** Krautige Pflanzen. **V** Nachtaktiv, aber manchmal auch am Tag. Heimisch im Mittelmeerraum, wandert jedoch regelmäßig in nicht sehr hohen Zahlen in nördlichere Teile Europas.

1 ×1

2 ×1

3 ×1,5

4 ×1,25

5 ×1,25

6 ×1,25

7 ×1

8 ×1

9 ×1

10 ×1

← BÄRENSPINNER, ORDENSBÄNDER & VERWANDTE Erebidae →

1 ⊙ Rosen-Flechtenbärchen
Miltochrista miniata **S** 25–33 mm. Vorderflügel rosarot mit feiner schwarzer Zeichnung. **H** Wälder, Heideland, Hecken. **F** Flechten auf Eiche.

1
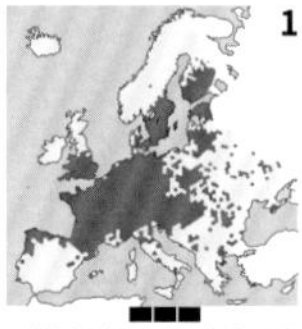

2 ⊙ Blankflügel-Flechtenbärchen
Nudaria mundana **S** 18–22 mm. Vorderflügel hellgrau bis weißlich, leicht transparent; 2 dunkle V-förmige Linien mit dunklem Fleck dazwischen (dieser gelegentlich fehlend); Hinterflügel schlicht. **H** Felsiges Grasland. **F** Larven auf Felsen und auch Steinmauern zu finden, die mit Algen, Flechten und Lebermoosen bewachsen sind, von denen sie sich ernähren.

2
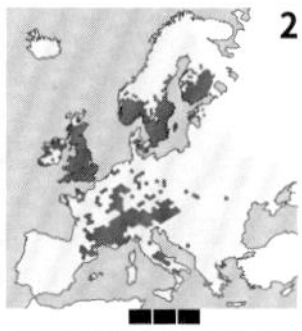

3 ⊙ Elfenbein-Flechtenbärchen
Cybosia mesomella **S** 35–40 mm. Vorderflügel weiß mit gelbem oder blassgelbem Rand; mit je 2 kleinen schwarzen Punkten. **H** Feuchtgebiete, Moorwälder Wiesen, lichte Wälder. **F** Flechten und Algen auf Ästen.

3
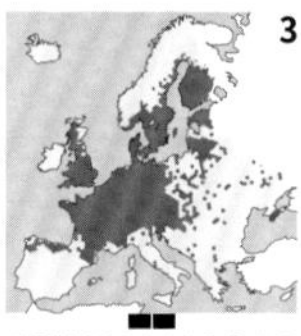

4 ⊙ Erlenmoor-Flechtenbärchen
Pelosia muscerda **S** 22–30 mm. Vorderflügel graubraun mit meist 5 kleinen schwarzen Flecken. **H** Moore und andere Feuchtgebiete. **F** Flechten auf Ästen.

4
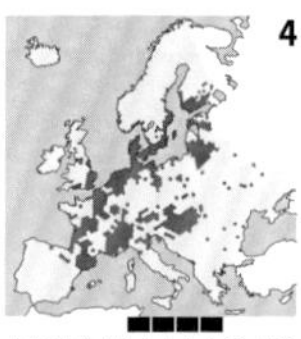

5 ⊙ Vierpunkt-Flechtenbärchen
Lithosia quadra **S** 40–55 mm. Größte Flechtenbärchen-Art in Europa. Bei ♂ Vorderflügel grau, mit gelber Basis. Kopf und Thorax gelb. ♀ vollständig gelb, nur Beine und Fühler schwarz; Vorderflügel mit je 2 dunkelbraunen Flecken. **H** Wälder, Parks. **F** Flechten und Algen, oft on Eiche.

5
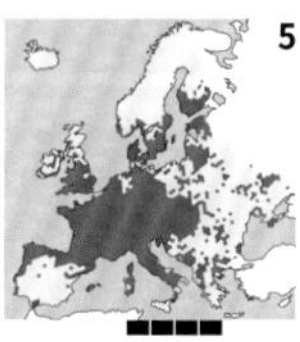

6 ⊙ Rotkragen-Flechtenbärchen
Atolmis rubricollis **S** 28–36 mm. Flügel einfarbig schwarz, im Licht schimmernd; Kragen vorne am Thorax (direkt hinter dem Kopf) rot; Abdomen gelb-schwarz. **H** Wälder; schattige Bachtäler in Bergregionen. **F** Flechten an Bäumen, einschließlich Nadelbäume.

6
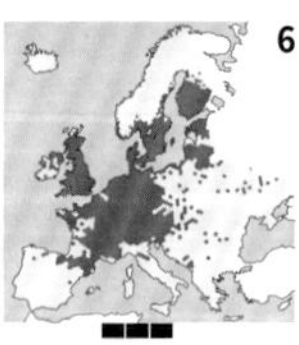

Gen. *Eilema* E 21 SPP
Flügel schmal und lang gestreckt; Vorderflügel bei den meisten Arten silbrig-weißlich bis grau, mit etwas Gelb.

7 ⊙ Weißgraues Flechtenbärchen
Eilema caniola **S** 28–35 mm. Vorderflügel blassgrau oder weißlich, Rand blassgelb; Hinterflügel weißlich. Kopf, Kragen und Ende des Abdomens gelb. **H** Buschland, felsige Gebiete, Parks. **F** Flechten an Felsen und Bäumen; manchmal Klee und andere Blumen.

7
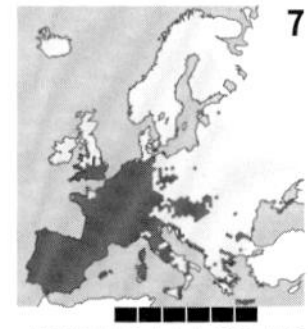

8 ⊙ Gelbleib-Flechtenbärchen
Eilema complana **S** 28–36 mm. Vorderflügel grau, Rand gelb, reicht bis zur Spitze; Hinterflügel blassgelblich. Kopf und Kragen gelb. Flügel in Ruheposition eng um den Körper gewickelt. **H** Wälder, Heideland, Buschland, Parks. **F** Flechten an Bäumen, Felsen und Steinen.

8
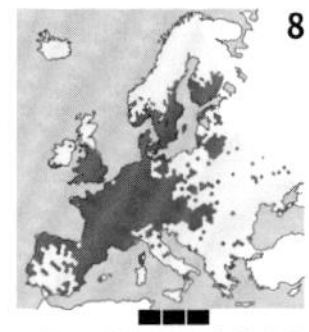

9 ⊙ Nadelwald-Flechtenbärchen
Eilema depressa **S** 35–45 mm. Bei ♀ Vorderflügel grau-weiß mit gelbem Rand. Bei ♂ Vorderflügel grau bis blass gelblich-braun, Rand meist orange. Hinterflügel grau und Kopf gelb bei beiden Geschlechtern. Flügel in Ruhestellung flach über den Körper gelegt. **H** Wälder. **F** Flechten und Algen an Bäumen und Sträuchern.

9
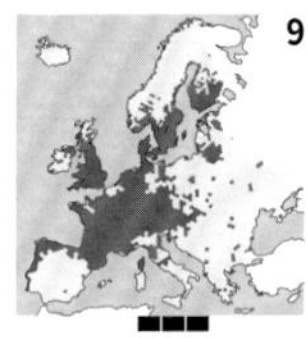

10 ⊙ Bleigraues Flechtenbärchen
Eilema griseola **S** 28–36 mm. Vorderflügel breiter und mehr abgerundet als bei anderen *Eilema* spp.; grau mit schmalem, undeutlichem blassgelblichem Rand. Flügel in Ruhestellung flach über den Körper gelegt. In Großbritannien (ggf. auch anderen Regionen) manchmal mit gelben Flügeln. **H** Feuchtgebiete, Feuchtwälder. **F** Flechten und Algen an Bäumen und Büschen.

10
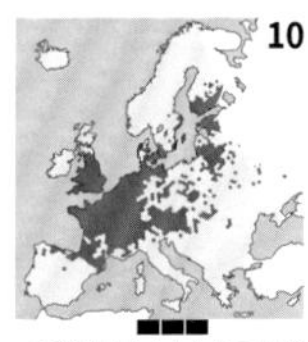

11 ⊙ Grauleib-Flechtenbärchen
Eilema lurideola **S** 31–38 mm. Vorderflügel grau, Rand schmal, aber deutlich gelb, nicht ganz bis zu den Flügelspitzen. Flügel in Ruhestellung flach über den Körper gelegt. Thorax mit gelbem Kragen. **H** Wälder, Feuchtgebiete, Gärten. **F** Flechten an Bäumen.

11
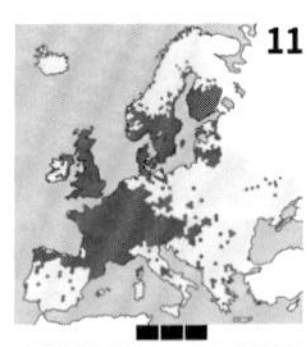

12 ⊙ Dottergelbes Flechtenbärchen
Eilema sororcula **S** 25–30 mm. Vorderflügel orange-gelb, selten fast weiß; Vorderflügelecken abgerundet. Beine grau. Flügel in Ruhestellung flach über den Körper gelegt. **H** Wälder, Buschland. **F** Flechten an Bäumen.

12

← BÄRENSPINNER, ORDENSBÄNDER & VERWANDTE →

1 ×2

2 ×3

3 ×1,5

4 ×1,5

5 ×1,25

6 ×1,5

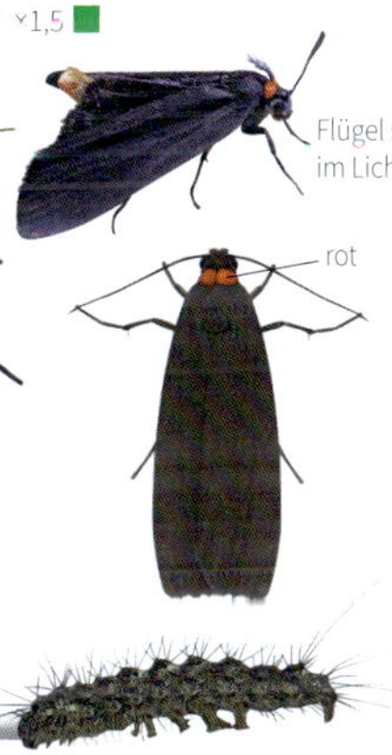

7 ×1,5

8 ×1,5

9 ×1,25

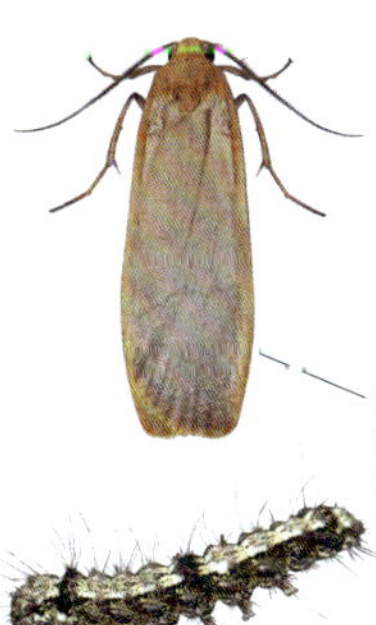

10 ×1,5

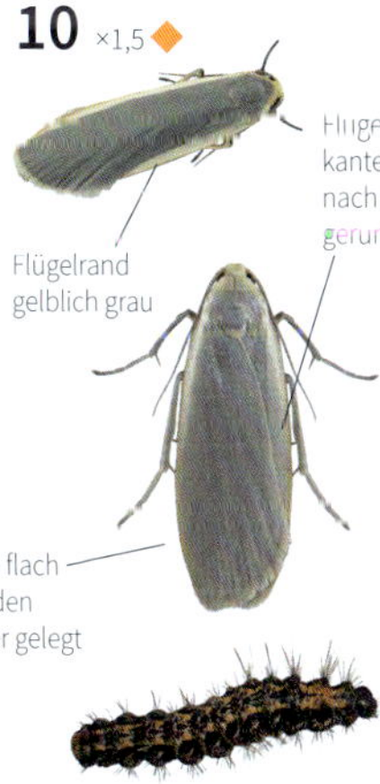

11 ×1,5

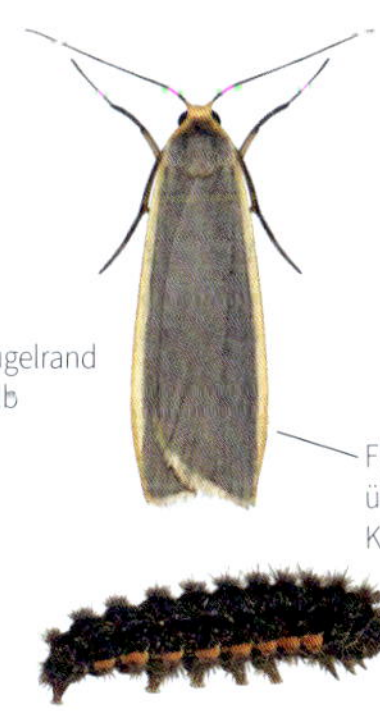

12 ×2

← BÄRENSPINNER, ORDENSBÄNDER & VERWANDTE Erebidae →

Gen. *Setina* E 6 SPP

Vorderflügel lang gestreckt, dreieckig; gelblich mit artspezifischen dunklen Zeichnungen. Körper schwarz.

1
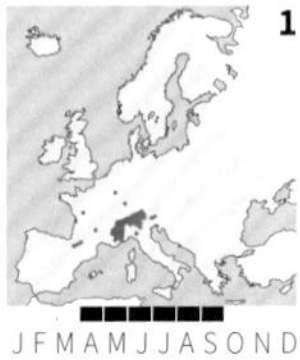

1 ☉ Kleines Flechtenbärchen
Setina aurita **S** 15–25 mm. 2 Formen kommen vor: Vorderflügel entweder schwarz gepunktet oder mit schwarzem Linienmuster. **H** Vorwiegend in den Alpen; auf 1000–3000 m Höhe; vereinzelt auch in den Pyrenäen oder anderen Gebirgen. **F** Flechten. **I** Gestreifte Form häufiger in höheren Lagen; Form mit Fleckenmuster im Flachland.

2
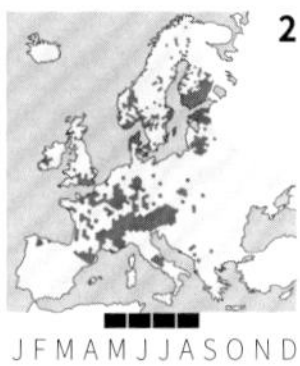

2 ☉ Steinflechtenbär
Setina irrorella **S** 25–33 mm. Vorderflügel gelblich, etwas transparent; mit 3 Linien kleiner schwarzer Flecken. **H** Felsiges Grasland, sonnige Gebiete mit kalkhaltigen Böden, Moore. **F** Flechten an Felsen. **V** Tagaktiv.

Gen. *Herminia* E 4 SPP

Unauffällig bräunlich; Vorderflügel dreieckig, Vorderrand konvex. Erscheinungsbild ähnlich wie einige Spanner.

3
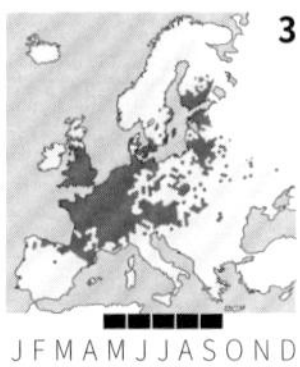

3 ☉ Bogenlinien-Spannereule
Herminia grisealis **S** 24–28 mm. Vorderflügel hellgrau bis gelblich braun mit dunklen Querlinien; innerste Linie gerade, deutlich sichtbar; äußerste Linie gebogen. **H** Wälder, Hecken, Buschland, Gärten. **F** Verschiedene Pflanzen.

4
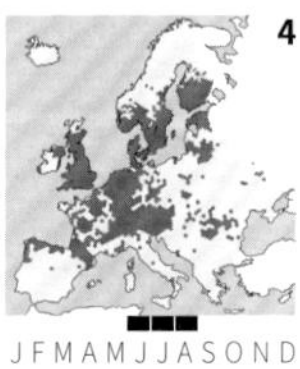

4 ☉ Olivbraune Zünslereule
Herminia tarsipennalis **S** 31–38 mm. Ähnlich wie *H. grisealis*, aber innerste Querlinie viel schwächer und zum äußeren Flügelrand hin abgeknickt. **H** Wälder, Hecken, Gärten. **F** Oft an verwelkten Blättern verschiedener Pflanzen.

5
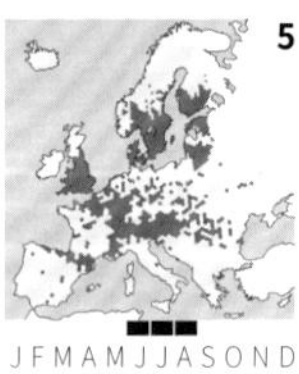

5 ☉ Nierenfleck-Wickeneule
Lygephila pastinum **S** 31–38 mm. Vorderflügel hell bis dunkelgrau mit auffälliger, dreieckiger, schwarz-brauner Nierenmakel; oft kleine schwarze Flecken direkt daneben. Kopf und Kragen auffallend dunkelbraun, fast schwarz. **H** Feuchtes und trockenes Grasland, Feuchtwälder. **F** Vogel-Wicke (*Vicia cracca*) und verwandte Arten.

6
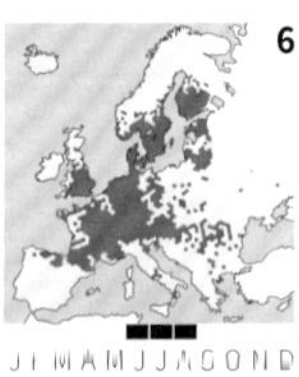

6 ☉ Pilzeule *Parascotia fuliginaria*
S 30–40 mm. Flügel schwarz mit weißen oder cremefarben Flecken, wellige Querstreifen. **H** Wälder, Parks. **F** Feuchte Baumpilze an verrottenden Bäumen, hauptsächlich Birken und Kiefern.

7
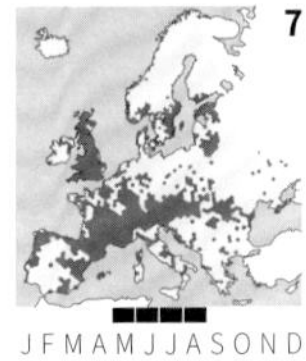

7 ☉ Kreuzblumen-Bunteulchen
Phytometra viridaria **S** 19–22 mm. Klein; Vorderflügel oliv bis braun mit purpurfarbenen Querstreifen am äußeren Flügelrand; Hinterflügel ähnlich; andere schlichte Farbformen kommen vor. **H** Grasland, Heideland, Buschland. **F** Gewöhnliche Kreuzblume (*Polygala vulgaris*), Quendelblättrige Kreuzblume (*P. serpyllifolia*).

8
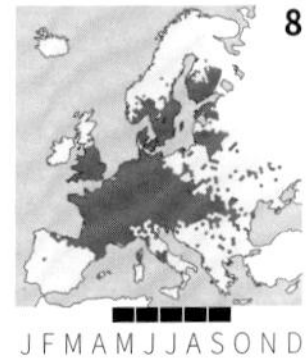

8 ☉ Sicheleule *Laspeyria flexula*
S 30–35 mm. Vorderflügel graubraun mit auffällig sichelförmiger Spitze. 2 gelbliche Querlinien, die braun umrandet sind, beide Linien sind nahe des Flügelrandes stark abgewinkelt. **H** Wälder, Hecken, Buschland, Parks, Gärten. **F** Flechten, die an Laub- und Nadelbäumen wachsen.

9
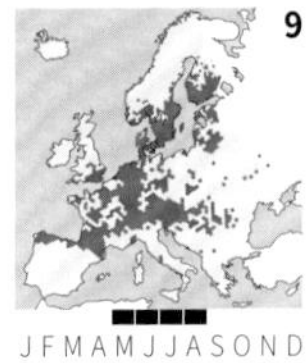

9 ☉ Gelblinien-Spannereule
Trisateles emortualis **S** 31–38 mm. Flügel braun (frisch geschlüpfte Tiere eher oliv); mit dünnen hellen Querstreifen. Erscheinungsbild ähnlich wie Spanner (Geometridae, S. 474). **H** Wälder. **F** Eichen, Birken, Buchen.

10
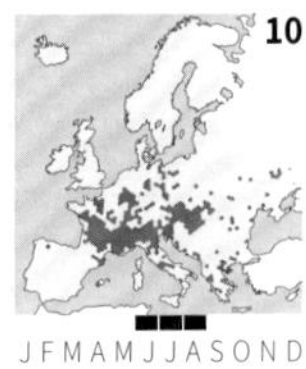

10 ☉ Braunfleck-Widderchen
Dysauxes ancilla **S** 22–26 mm. Vorderflügel ocker-braun, mit 3–4 weißen Flecken im hinteren Drittel. Hinterflügel ockerbraun bei ♂, gelb mit bräunlichen Rändern bei ♀. **H** Wälder, Grasland, Buschland. **F** Niedrig wachsende Pflanzen, Flechten.

Gen. *Euclidia* E 5 SPP

Flügel dreieckig; relativ kontrastreich gezeichnet (dennoch ergibt gerade dies eine perfekte Tarnung). Hinterflügel farbenfroher. Erscheinungsbild ähnlich Spannern oder Eulen; können auf den ersten Blick auch mit einem kleinen Tagfalter verwechselt werden.)

11
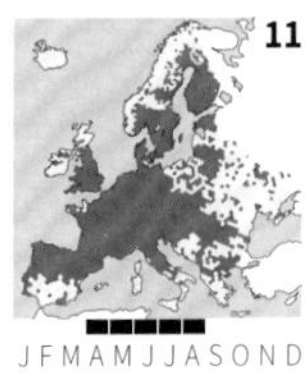

11 ☉ Braune Tageule
Euclidia glyphica **S** 28–34 mm. Vorderflügel braun mit dunklen Bändern und Markierungen; Hinterflügel orange mit braunen Bändern **H** Grasland, Böschungen. **F** Klee, Hornklee und Wicken. **V** Tagaktiv.

12

12 ☉ Scheck-Tageule *Euclidia mi*
S 30–34 mm. Vorderflügel mit großen braunen Flecken und deutlicher Zeichnung; Hinterflügel braun mit gelblichen Flecken. **H** Grasland, Heideland, Moore, Böschungen. **F** Klee, Hornklee. **V** Tagaktiv.

1 ×3 ■

2 ×1,5 ■

3 ×2 ◆

4 ×2 ◆

5 ×2 ◆

6 ×1 ■

7 ×3 ■

8 ×1,25 ■

9 ×1 ■

10 ×2 ■

11 ×1,5 ■

12 ×1,5 ■

← BÄRENSPINNER, ORDENSBÄNDER & VERWANDTE
Erebidae

Gen. *Catocala* E 31 SPP

Groß bis sehr groß. Vorderflügel graubraun. Hinterflügel mit kräftigen Farben, meist rot mit schwarzen Bändern; bei einigen Arten blau oder gelb. Untersuchung der artspezifischen Musterung der Vorderflügel hilft bei der Identifizierung vor allem der Arten mit roten Hinterflügeln. Bei Gefahr werden die Hinterflügel blitzschnell geöffnet, um potenzielle Feinde zu erschrecken.

1

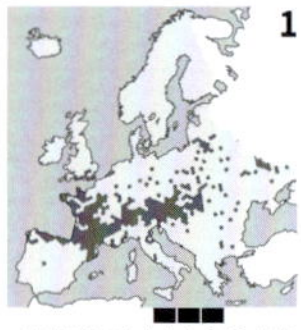

1 ◉ Weidenkarmin *Catocala electa*
S 70–76 mm. Hinterflügel meist rot mit 2 schwarzen Bändern; mittleres schwarzes Band erreicht nicht das hintere Ende der Hinterflügel. Bei einigen Formen sind die Hinterflügel gelb mit schwarzen Bändern oder schwarzgrau mit schwarzen Bändern. **H** Wälder, Hecken. **F** Weiden, manchmal Pappeln.

2

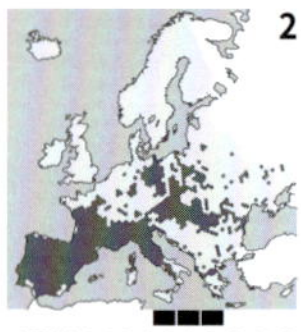

2 ◉ Pappelkarmin *Catocala elocata*
S 78–95 mm. Etwas größer als das sehr ähnliche Rote Ordensband (*C. nupta*). Hinterflügel rot; mittiges schwarzes Band weniger gezackt als bei *C. nupta*; reicht bis zum hinteren Ende des Hinterflügels. **H** Wälder, Hecken, Gärten. **F** Pappeln.

3

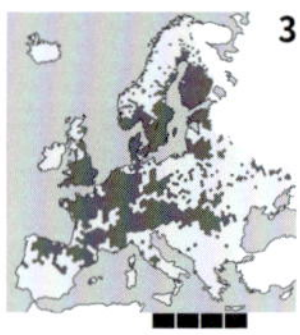

3 ◉ Blaues Ordensband
Catocala fraxini **S** 90–106 mm.
Sehr groß; Vorderflügel grau; Färbung und Zeichnung variieren von hell und eher kontrastreich bis dunkelgrau mit schwächerer Zeichnung. Hinterflügel unverwechselbar schwarz mit breitem violett-blauem Band und breitem weißem Saum. **H** Wälder. **F** Espe, Pappeln. **V** Seit ~ 2000 weitet sich das Verbreitungsgebiet aus, möglicherweise begünstigt durch den Klimawandel.

4

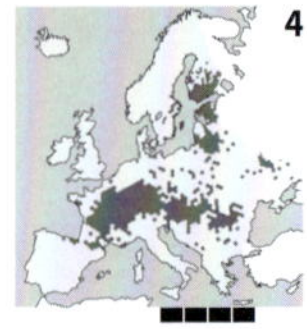

4 ◉ Gelbes Ordensband
Catocala fulminea **S** 44–52 mm. Kleiner als andere Ordensbänder; Vorderflügel mit sehr kontrastreichem Muster. Hinterflügel hellgelb mit schwarzen Bändern und gelben Flecken in den Ecken. **H** Wälder, Buschland. **F** Schlehdorn, Weißdorn, auch Obstbäume.

5

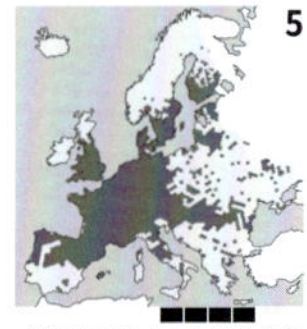

5 ◉ Rotes Ordensband
Catocala nupta **S** 70–90 mm. Vorderflügel grau mit schwach gezackter Zeichnung. Hinterflügel rot mit schwarzen Bändern und breitem weißem Saum. Beim ähnlichen Pappelkarmin (*C. elocata*) schwarzes mittiges Band auf Hinterflügeln weniger gezackt. **H** Wälder, Parks, Gärten. **F** Pappeln, Weiden.

6

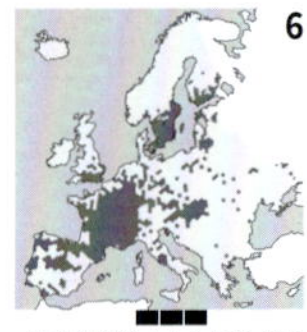

6 ◉ Kleines Eichenkarmin
Catocala promissa **S** 50–60 mm. Hinterflügel rot mit schwarzen Bändern und weißlichem Saum, durchdrungen mit Schwarz. Zentrales schwarzes Band manchmal schmaler als bei verwandten Arten. **H** Wälder. **F** Eichen.

7

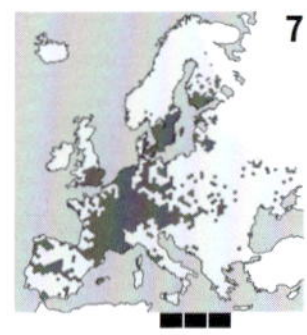

7 ◉ Großes Eichenkarmin
Catocala sponsa **S** 58–74 mm. Vorderflügel dunkel graubraun mit unregelmäßigen Querstreifen und Bändern; Hinterflügel rot mit schwarzen Bändern, mittiges schwarzes Band W-förmig mit 2 scharfen Winkeln; Saum weißlich schwarz. **H** Wälder. **F** Eichen.

1 ×¾ ◆

2 ×¾ ◆

3 ×¾

Hinterflügel
blau
Puppe

4 ×1

Hinterflügel
gelb

5 ×¾

etwas kleiner als
C. elocata
mittleres Band mehr
gezackt als bei *C. elocata*
Puppe

6 ×1

etwas kontrastreicher
gezeichnet als ver-
wandte Arten
mittleres Band
manchmal schmal

7 ×1

Nierenmakel
meist relativ
deutlich
mittleres Band mit
2 scharfen Winkeln

EULENFALTER Noctuidae →

E ~323 GEN 1346 SPP 61 ILL

Artenreichste Familie der großen Nachtfalter; meist mittelgroß, kräftig gebaut, hauptsächlich bräunliche Arten. Flügel viel länger als breit, können gut fliegen. Viele sind Wanderfalter. Aufgrund aktueller taxonomischer Untersuchungen wurden viele Arten zu Familie Erebidae verschoben (S. 498).

1
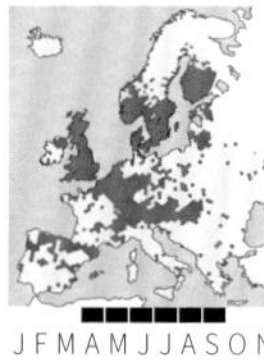

1 ⊙ Silbergraue Nesselhöckereule
Abrostola tripartita **S** 32–38 mm. Vorderflügel grau mit großem braunem Band und auffälliger Zeichnung; von vorne sieht es aus, als würde das Tier eine große Brille tragen! Die Dunkelgraue Nesselhöckereule (*Abrostola triplasia*) ist deutlich dunkler und grauer. **H** Grasland, Feuchtgebiete, Hecken, Waldränder. **F** Brennnesseln.

2
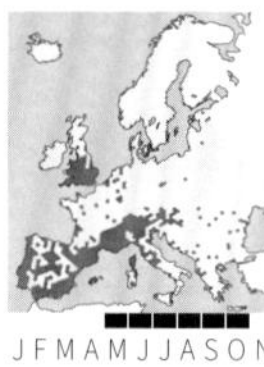

2 ⊙ Aschgraue Höckereule
Trichoplusia ni **S** 36–44 mm. Ähnlich wie die Gammaeule (*Autographa gamma*), aber komplexer gezeichnet. Mittlere silberne Markierung unterbrochen, mit einer n-Form und abgetrenntem Ende. **H** Grasland, Hecken. **F** Niedrig wachsende Pflanzen.

3
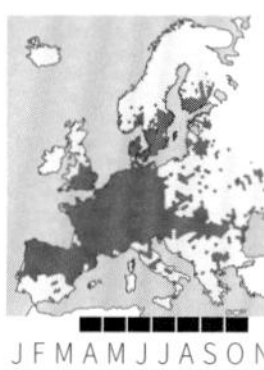

3 ⊙ Schafgarben-Silbereule
Macdunnoughia confusa **S** 50–60 mm. Vorderflügel einfarbig bräunlich; mittlerer bronzefarbener Bereich mit großer silberner Markierung. **H** Grasland, Gärten. **F** Verschieden krautige Pflanzen. **V** Wandert oft relativ weit in den Norden Europas, kann aber kalte Winter nicht überleben.

4
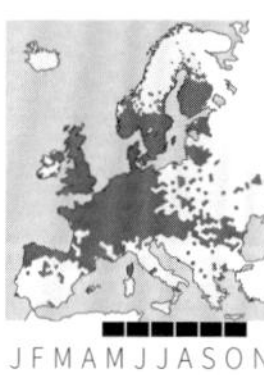

4 ⊙ Messingeule *Diachrysia chrysitis*
S 34–44 mm. Vorderflügel bräunlich mit großen messinggelben Flecken. Die ähnliche Art *D. stenochrysis* hat einen braunen Mittelstreifen auf den Vorderflügeln, der von einem messingfarbenen Band unterbrochen wird. **H** Grasland, Feuchtgebiete, Hecken, Waldränder, Gärten. **F** Brennnesseln, Weiße Taubnessel.

Gen. *Autographa* E 9 SPP

Meist mit auffälligem silbernem Fleck in der Mitte des Vorderflügels; einige andere Arten wie die Schafgarben-Silbereule (*Macdunnoughia confusa*) weisen ebenfalls diesen Fleck auf. Bei der Identifizierung auf Artenebene ist daher Vorsicht geboten.

5

5 ⊙ Silberblatt-Silbereule
Autographa bractea **S** 45–50 mm. Vorderflügel dunkel rotbraun mit breiter metallisch-goldener Mittelzeichnung. **H** Moore, Feuchtgebiete, Hecken, Gärten. **F** Verschiedene krautige Pflanzen, einschließlich Brennnesseln.

6

6 ⊙ Gammaeule *Autographa gamma*
S 32–52 mm. Vorderflügel braun und grau marmoriert, manchmal mit einem Hauch von Mauve; charakteristische silberne Y-förmige Mittelzeichnung. **H** Grasland, Feuchtgebiete, Hecken, Waldränder. **F** Labkraut, Klee, Brennnesseln. **V** Tagaktiv. Häufigste *Autogramma* sp. in Mitteleuropa.

7
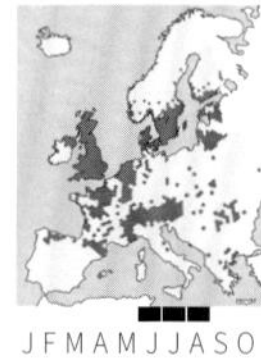

7 ⊙ Jota-Silbereule
Autographa jota **S** 35–40 mm. Ähnlich wie die Gammaeule (*A. gamma*); Vorderflügel braun, rosa marmoriert. Y-förmige Mittelzeichnung golden und meist unterbrochen. **H** Wälder, Grasland, Hecken, Gärten. **F** Verschiedene krautige Pflanzen, einschließlich Brennnesseln.

8
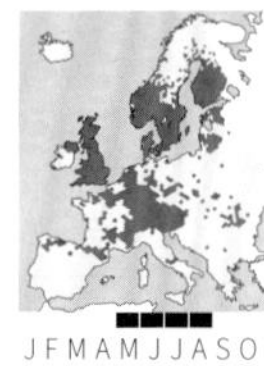

8 ⊙ Ziest-Silbereule
Autographa pulchrina **S** 35–40 mm. Vorderflügel rötlich bis violettbraun, dunkler als bei der Jota-Silbereule (*A. jota*). Die goldene Zeichnung in der Mitte ist meist geteilt. **H** Wälder, Hecken, Buschland, Heideland, Gärten. **F** Verschiedene krautige Pflanzen, einschließlich Brennnesseln.

Gen. *Deltote* E 4 SPP

Klein; Vorderflügel bräunlich mit auffälligen, artspezifischen weißen Markierungen.

9
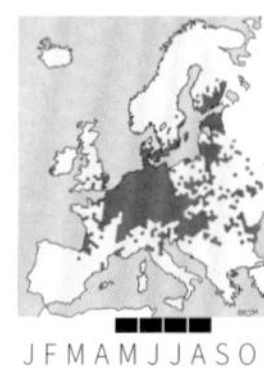

9 ⊙ Silbereulchen
Deltote bankiana **S** 24–30 mm. Vorderflügel braun mit 2 weißen diagonalen Bändern, Fransen und kleineren weißen Streifen. **H** Feuchtgebiete. **F** Gräser, Schilf, Seggen.

10
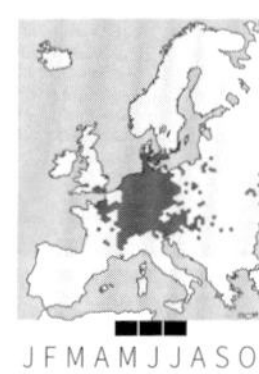

10 ⊙ Buschrasen-Grasmotteneulchen *Deltote deceptoria*
S 22–26 mm. Vorderflügel dunkelbraun bis schwarzbraun mit auffälligem, ausgedehntem weißem Muster. **H** Wälder, Grasland. **F** Gräser.

11
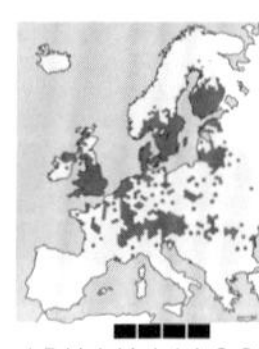

11 ⊙ Ried-Grasmotteneulchen
Deltote uncula **S** 22–25 mm. Vorderflügel braun mit 2 markanten cremeweißen Streifen. **H** Feuchtgebiete, sumpfige Heideflächen. **F** Gräser, Seggen.

12

12 ⊙ Waldrasen-Grasmotteneulchen *Protodeltote pygarga*
S 22–25 mm. Vorderflügel braun bis schwarzbraun mit etwas Grau; auffälliger weißlicher Fleck. **H** Wälder, Heideland, Moore. **F** Gräser.

EULENFALTER →

1 ×1,5 ◆

2 ×1 ◆

3 ×¾ ◆

4 ×1,25 ◆

5 ×1 ◆

6 ×1,25 ◆

7 ×1,5 ◆

8 ×1,5 ◆

9 ×2 ■

10 ×2 ◆

11 ×2 ■

12 ×2 ◆

← **EULENFALTER** Noctuidae →

1 ⊙ Röhricht-Goldeule
Plusia festucae **S** 34–36 mm. Vorderflügel gelblich braun mit 2 großen silberweißen Flecken in der Mitte. Ähnliche Zierliche Röhricht-Goldeule (*Plusia putnami*) in der Regel kleiner und eher orange-brau. **H** Feuchtgebiete, Heideland. **F** Seggen.

1
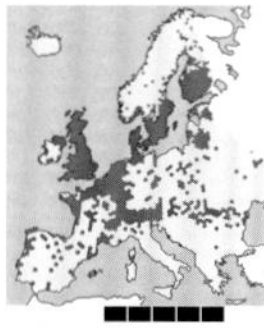
J F M A M J J A S O N D

Gen. ***Acontia*** E 8 SPP
Kleine, recht farbenfrohe Arten; Fühler bei beiden Geschlechtern fadenförmig.

2 ⊙ Malveneule *Acontia lucida*
S 22–26 mm. Vorderflügel dunkelgraubraun mit auffälliger großer weißer Basis oder hellen „Schultern“, außerdem weiße Flecken, teilweise grau. **H** Blühende Wiesen, einschließlich Hänge. **F** Malven, Winden. **V** Teilweise tagaktiv.

2
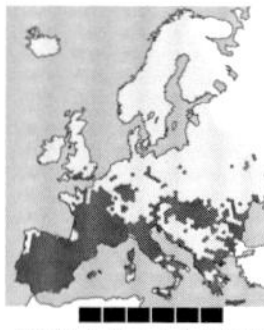
J F M A M J J A S O N D

3 ⊙ Ackerwinden-Bunteulchen
Acontia trabealis **S** 20–25 mm. Vorderflügel gelblich mit dunkelbraunen Flecken und Streifen; Hinterflügel graubraun. Gelegentlich kommen fast vollständig braune Exemplare vor. **H** Grasland, Buschland, andere offene Gebiete. **F** Ackerwinde.

3
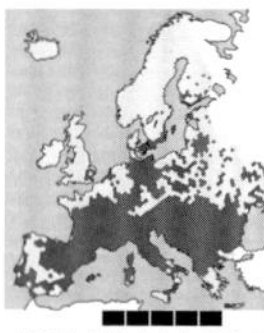
J F M A M J J A S O N D

---

4 ⊙ Ackerwinden-Trauereule
Tyta luctuosa **S** 22–26 mm. Flügel dunkelbraun-schwarz mit auffälligen großen weißen Flecken auf jedem Flügel. **H** Grasland einschließlich Hänge, Brachland, andere offene Gebiete. **F** Ackerwinde. **V** Tagaktiv.

4
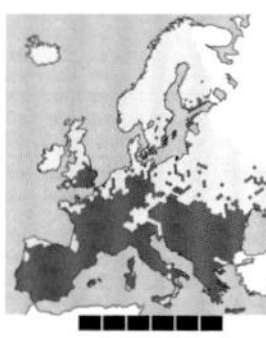
J F M A M J J A S O N D

5 ⊙ Haseleule *Colocasia coryli*
S 30–38 mm. Vorderflügel mit dunkelbrauner innerer Hälfte, hellere äußere Hälfte. **H** Wälder. **F** Birken, Buchen, Hasel, Eichen.

5
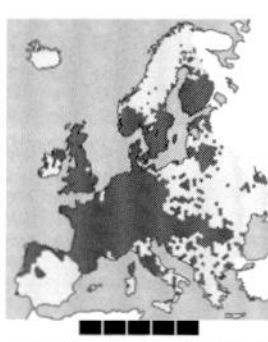
J F M A M J J A S O N D

6 ⊙ Klosterfrau *Panthea coenobita*
S 40–50 mm. Vorderflügel weiß mit kontrastierenden, unregelmäßigen schwarzen Markierungen, Linien und Flecken. **H** Nadelwälder. **F** Kiefern und andere Nadelbäume.

6
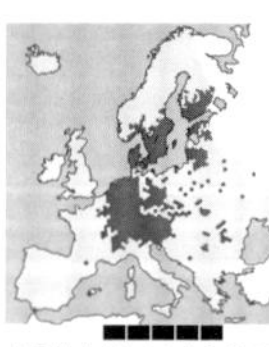
J F M A M J J A S O N D

7 ⊙ Blaukopf
Diloba caeruleocephala **S** 25–35 mm. Vorderflügel grau mit brauner Tönung; 2 stark gezackte, schwarze Querstreifen; 2 grünlich gelbe Flecken in der Mitte, der innere ähnelt einer 8. Hinterflügel bei ♂ weißlich, bei ♀ grau. **H** Wälder, Hecken, Gärten. **F** Schlehdorn, Weißdorn, Obstbäume.

7

J F M A M J J A S O N D

8 ⊙ Seladoneule *Moma alpium*
S 32–40 mm. Vorderflügel mit auffälligem Muster aus hellgrünen und schwarzen Flecken, wobei die größten Flecken nahe der Basis und dem Außenrand liegen. Sehr ähnlich zur Grünen Eicheneule (*Griposia aprilina*), die jedoch viel später im Jahr fliegt. **H** Wälder. **F** Eichen.

8
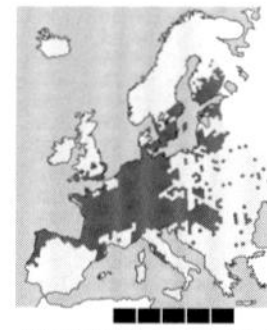
J F M A M J J A S O N D

9 ⊙ Liguster-Rindeneule
Craniophora ligustri **S** 35–43 mm. Vorderflügel sehr dunkel, dezent grünlich, mit auffälligen weißen Markierungen, besonders in der Nähe der Flügelspitzen. Äußerlich ähnlich den dunklen Formen der Großkopf-Rindeneule (*Acronicta megacephala*, S. 514) und der Ampferrindeneule (*Acronicta rumicis*, S. 514), die jedoch eine strukturiertere Zeichnung haben. **H** Wälder, Hecken. **F** Eschen, Wilder Liguster.

9
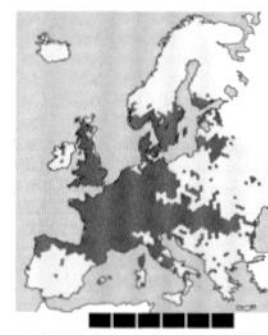
J F M A M J J A S O N D

10 ⊙ Hornkraut-Tageulchen
Panemeria tenebrata **S** 19–22 mm. Vorderflügel braun, mit dunkleren Bändern und grauen Flecken; Hinterflügel schwarz mit breitem gelbem Mittelband; Flügelränder weißlich. **H** Grasland. **F** Samenkapseln von Hornkraut. **V** Tagaktiv.

10
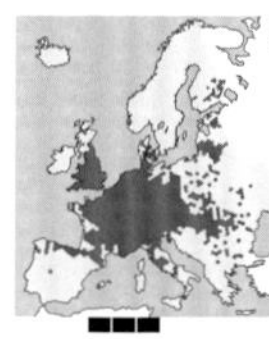
J F M A M J J A S O N D

11 ⊙ Goldene Tageule
Synthymia fixa **S** 36–40 mm. Vorderflügel hell graubraun, mit dunkleren Bändern und weißen Linien; Hinterflügel graubraun mit viel Orange. **H** Offene Gebiete einschließlich Grasland, Buschland, Gärten. **F** Hülsenfrüchtler. **V** Fliegt oft tagsüber auf, wenn sie sich gestört fühlt.

11

J F M A M J J A S O N D

1 ×2

2 ×2,5

3 ×2,5

Färbung variabel, oft aber wie hier gezeigt

4 ×2,5

5 ×1,5

6 ×1,5

7 ×2

8 ×2

9 ×1,5

10 ×2

11 ×1,25

← **EULENFALTER** Noctuidae →

Gen. *Acronicta* E 16 SPP

Mehrere Arten hellgrau, einige dunkelgrau-braun; ohne genaue Untersuchung möglicherweise schwer zu bestimmen. Einige Larven haben ein spektakuläres Aussehen.

1
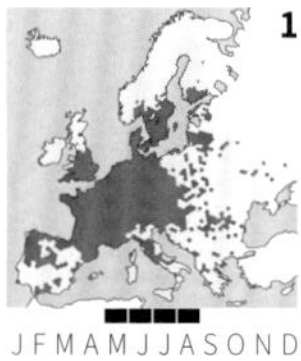

1 ⊙ Ahornrindeneule
Acronicta aceris **S** 40–45 mm. Etwas größer als andere *Acronicta* spp.; Vorderflügel hellgrau, mit dunkleren grauen Flecken gesprenkelt. Die ähnliche Großkopf-Rindeneule (*Acronicta megacephala*) hat einen hellen Bereich hinter dem Nierenmakel. **H** Parks, Gärten, Wälder. **F** Bergahorn, Ahorne, Kastanie.

2
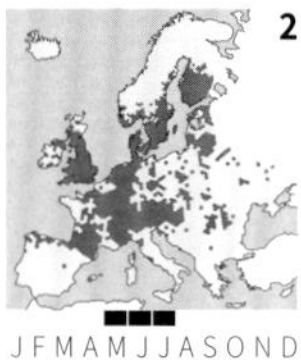

2 ⊙ Erlenrindeneule ***Acronicta alni***
S 37–43 mm. Vorderflügel graubraun mit schwarzen Bereichen, darunter eine dolchartige Markierung und ein heller Fleck in der Mitte. **H** Wälder. **F** Birken, Erlen, Weiden, Eichen.

3
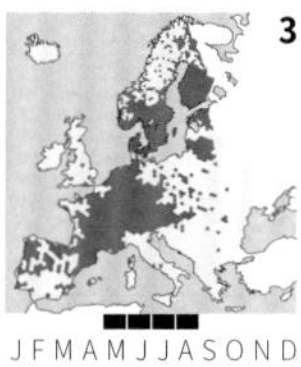

3 ⊙ Goldhaar-Rindeneule
Acronicta auricoma **S** 36–42 mm. Vorderflügel graubraun mit schwarzen Bereichen, darunter eine dolchartige Markierung und eine kreisförmiger, schwarz umrandeter Ringmakel. **H** Wälder. **F** Eichen.

4
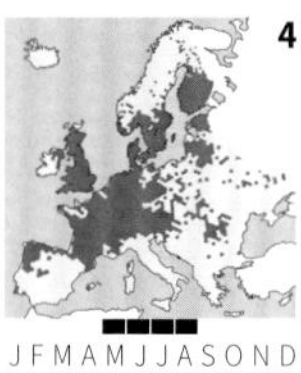

4 ⊙ Wollrindeneule
Acronicta leporina **S** 38–43 mm. Vorderflügel weißlich oder grau mit mehreren schwarzen Flecken. **H** Wälder, Heideland, Feuchtgebiete, Gärten. **F** Birken, Erlen, Weiden, Eichen.

5
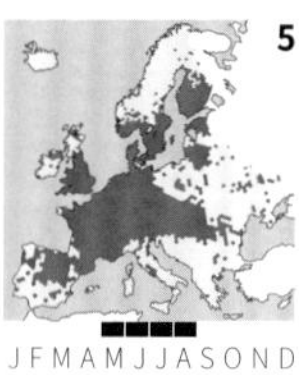

5 ⊙ Großkopf-Rindeneule
Acronicta megacephala **S** 40–44 mm. Vorderflügel hell- bis dunkelgrau, mit feinen dunklen Linien und Flecken; deutlich bestäubt; aufgehellter Bereich zwischen Nierenmakel und äußerer Querlinie. **H** Wälder, Parks, Gärten. **F** Pappeln, Espe.

6
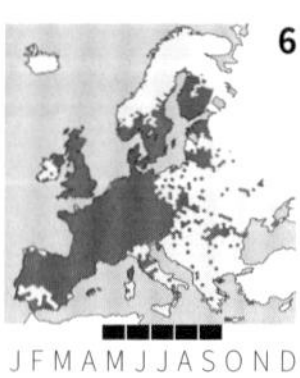

6 🔬 Pfeileule ***Acronicta psi***
S 34–45 mm. Vorderflügel grau mit schwarzen Markierungen, darunter „Dolche“. Im Feld nicht von der Dreizack-Pfeileule (*A. tridens*) und Erlen-Pfeileule (*A. cuspis*) zu unterscheiden; Untersuchung der Geschlechtsteile erforderlich. **H** Wälder, Hecken, Gärten. **F** Weißdorn, Schlehdorn, Apfel.

7
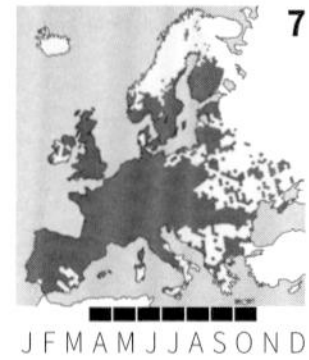

7 ⊙ Ampferrindeneule
Acronicta rumicis **S** 34–44 mm. Vorderflügel grau, fleckig mit schwarzen Markierungen und deutlichen gebogenen weißen Flecken. Im Gegensatz zu einigen verwandten Arten keine „Dolche“ auf den Vorderflügeln. **H** Wiesen, Sümpfe, Heideflächen, Parks, Gärten, Waldgebiete. **F** Ampfer, Brombeere, Wegerich.

8
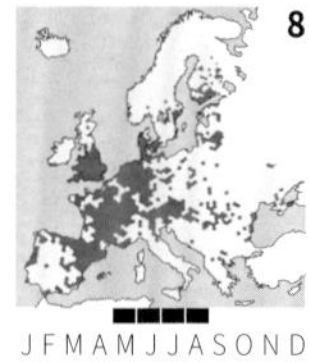

8 🔬 Dreizack-Pfeileule
Acronicta tridens **S** 33–44 mm. Vorderflügel grau mit schwarzen Flecken, darunter „Dolche“. Im Feld nicht von der Pfeileule (*A. psi*) und Erlen-Pfeileule (*A. cuspis*) zu unterscheiden; Untersuchung der Geschlechtsteile erforderlich. **H** Wälder, Hecken, Gärten. **F** Weißdorn, Schlehdorn, Salweide, Eichen.

Gen. *Cucullia* E 62 SPP

Auffällige Flecken, die einem Teil eines abgestorbenen Pflanzenstiels ähneln; entweder bräunlich oder weißlich grau; mit haarigem Büschel am Hinterkopf, das einen spitzen Vorsprung bildet.

9
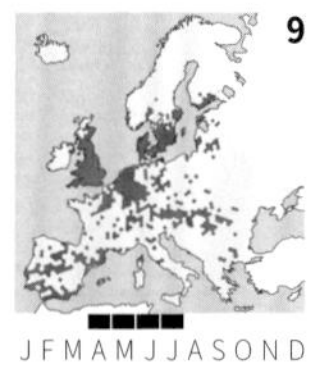

9 ⊙ Kamillen-Mönch
Cucullia chamomillae **S** 44–52 mm. Vorderflügel grau bis bräunlich grau mit schwarzen Streifen. Hinterflügel bräunlich grau. **H** Offene Flächen, einschließlich trockener und feuchter Wiesen, Gebüsch. **F** Kamille.

10
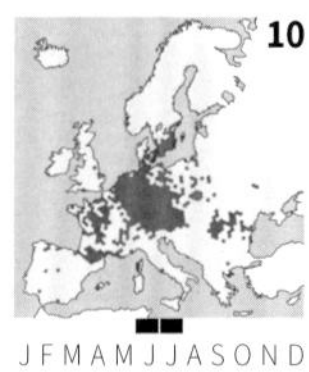

10 ⊙ Braunwurz-Mönch
Cucullia scrophulariae **S** 44–50 mm. Vorderflügel gelbbraun mit dunklen Streifen an beiden Seiten und weißlichen Flecken; Hinterflügel grau. Ähnlich zum Königskerzen-Mönch (*C. verbasci*), der jedoch meist etwas dunkler ist. Eindeutige Identifizierung erfordert Untersuchung der Genitalien. **H** Feuchtgebiete, einschließlich Wälder. **F** Braunwurz.

11
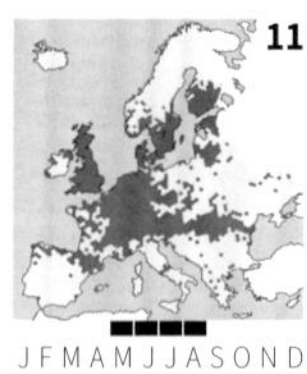

11 ⊙ Schattenmönch
Cucullia umbratica **S** 52–59 mm. Vorderflügel grau; schwarze Streifen reichen nicht bis zu den Fransen. Hinterflügel weißlich mit braunen Adern bei ♂, bräunlich bei ♀. **H** Offene Flächen, Wiesen und Gärten. **F** Gänsedistel und andere.

12

12 ⊙ Königskerzen-Mönch
Cucullia verbasci **S** 44–52 mm. Vorderflügel gelbbraun mit dunklen Streifen an beiden Seiten und weißlichen Flecken; Hinterflügel grau. Sehr ähnlich: Braunwurz-Mönch (*C. scrophulariae*), meist etwas heller, eindeutige Identifizierung erfordert Untersuchung der Genitalien. **H** Wiesen, auch auf Kalkboden, Gärten, Waldgebiete. **F** Königskerzen, Braunwurzgewächse, Sommerflieder.

1 ◆

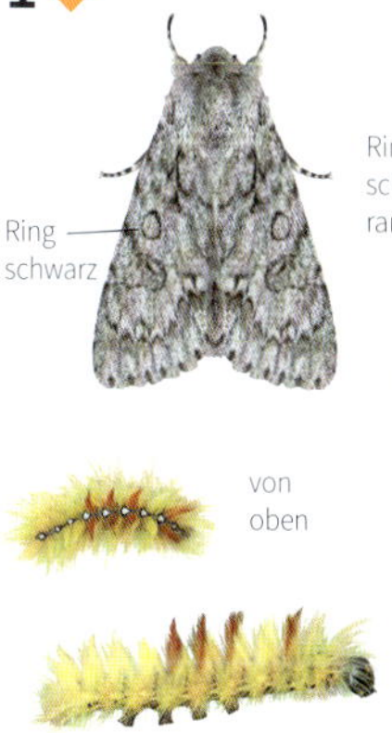

2 ■

3 ◆

4 ■

5 ◆

6 ●

7 ■

8 ●

9 ◆

10 ●

11 ◆

12 ◆

← **EULENFALTER** Noctuidae →

Gen. ***Amphipyra*** E 11 SPP UK 3 SPP
Bräunlich, mehrere Arten mit kupferfarbenen Hinterflügeln, einige schwer auf Artenebene zu bestimmen.

1 Svenssons Pyramideneule
Amphipyra berbera **S** 47–56 mm. Vorderflügel braun mit dunklerem Mittelstreifen und weißlichen Linien. Hinterflügel orange; Unterseite mit ausgedehnterem Orange als bei der Pyramideneule (*A. pyramidea*), weit über den dunklen Querstreifen hinaus. **H** Wälder, Parks, Gärten; in den Alpen auch oberhalb der Baumgrenze. **F** Laubbäume.

1
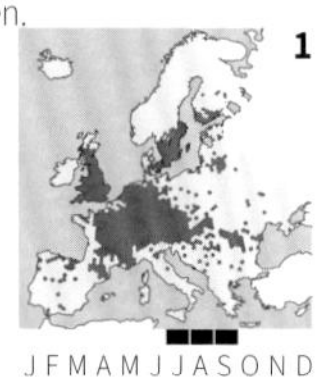

2 Pyramideneule
Amphipyra pyramidea **S** 47–54 mm. Vorderflügel braun mit dunklerem Mittelstreifen und weißlichen Linien. Hinterflügel orange; Unterseite am Randteilweise orange, reicht nicht über den dunklen Querstreifen hinaus. **H** Wälder, Parks, Gärten. **F** Weißdorn, Schlehdorn, Hasel.

2
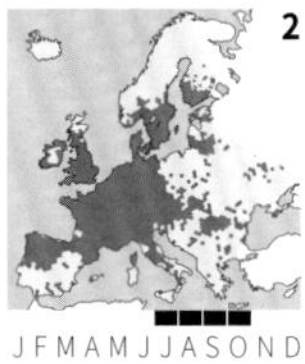

3 Dreipunkt-Glanzeule
Amphipyra tragopoginis **S** 37–43 mm. Vorderflügel matt bräunlich (manchmal fast schwarz) mit 3 schwarzen Flecken in der Mitte, die bei ähnlichen *Amphipyra* spp. fehlen. **H** Wälder, Heide, Moore, Gärten. **F** Verschiedene niedrig wachsende Pflanzen, zudem Weißdorn und Weiden.

3
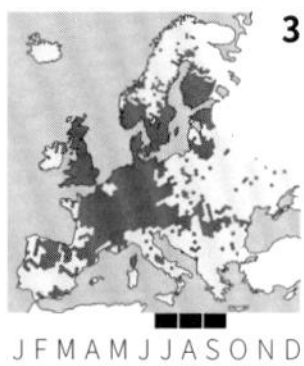

---

4 Herbst-Rauhaareule
Asteroscopus sphinx **S** 40–50 mm. Vorderflügel grauweiß bis bräunlich grau; mit auffälligen schwarzen Streifen. **H** Wälder, Gärten, Parks. **F** Verschiedene Bäume wie Weißdorn, Hasel, Weiden.

4
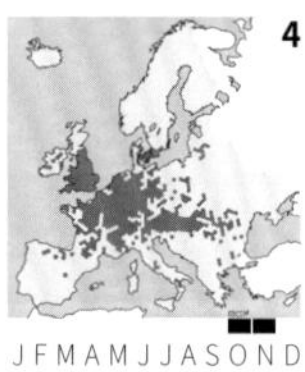

5 Weißdorneule
Allophyes oxyakanthae **S** 35–45 mm. Vorderflügel dunkelbraun, überwiegend mit einigen grünen Schuppen; großer heller Halbmond und andere Markierungen; Flügelspitzen und Hinterflügel hellbräunlich. **H** Wald, Gebüsch, Hecken. **F** Weißdorn, Apfel, Sauerkirsche und andere.

5
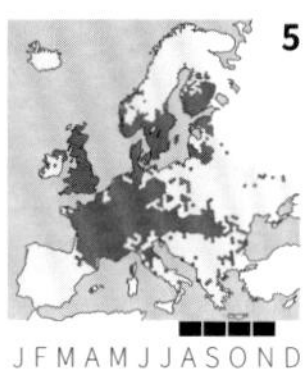

6 Umbra-Sonneneule
Pyrrhia umbra **S** 27–35 mm. Vorderflügel gelblich bis graubraun, mit dunklen Adern und Querstreifen; Rand samtiggrau. **H** Brachland, Grasland, städtische Gebiete, bis zu 1800 m. **F** Wiesen-Kratzdistel, auch Haselnuss, Eichen, Weiden.

6
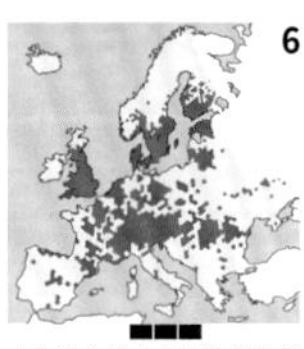

Gen. ***Heliothis*** E 7 SPP UK 4 SPP
Klein bis mittelgroß, hauptsächlich gelblich bis braun.

7 Warneckes Heidemoor-Sonneneule ***Heliothis maritima***
S 28–32 mm. Vorderflügel gelblich braun (ssp. *warneckei*; in England, Belgien bis Dänemark) bis rotbraun (ssp. *maritima*; Südfrankreich), mit dunkelbraunem Mittelstreifen; dunkler Fleck nahe der Flügelspitze. **H** Dünen, Heideflächen, Salzwiesen. **F** Kreuzblättrige Heide, Heidekraut, Schuppenmiere (*Spergularia* spp.) und andere.

7
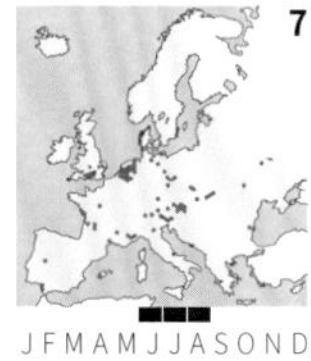

8 Bilsenkraut-Blüteneule
Heliothis peltigera **S** 29–40 mm. Vorderflügel gelblich braun mit 2 dunklen Flecken am Flügelrand. **H** Wälder, Buschland, Parks. **F** Pappeln.

8
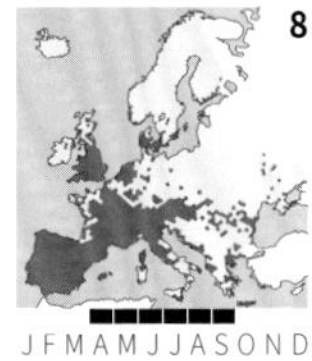

9 Karden-Sonneneule
Heliothis viriplaca **S** 25–30 mm. Vorderflügel gelblich braun, mit braunem Mittelstreifen und dunklem Keilfleck nahe der Spitze. Hinterflügel gelblich und schwarz. **H** Grasland, offene Gebiete. **F** Viele niedrig wachsende Pflanzen.

9
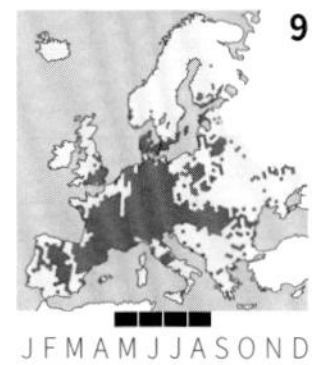

---

10 Baumwoll-Kapseleule
Helicoverpa armigera **S** 35–45 mm. Vorderflügel weiß bis hellgrau oder bräunlich; mit schwachen, schmalen Querlinien. Hinterflügel weiß bei ♂, mit etwas dunkler Zeichnung bei ♀. Flügelunterseiten weiß bei ♂, grau bei ♀. **H** Grasland, Ackerland, Stadtgebiet. **F** Sehr verschieden, gilt als Schädling an Saatgut.

10
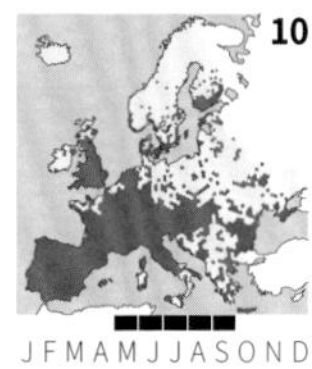

11 Weißliche Flechteneule
Bryophila domestica **S** 22–30 mm. Vorderflügel weißlich, mit Grün, grau-grün oder orange marmoriert. **H** Felsige Gebiete, Weinberge, Schluchten, Steinbrüche. **F** Flechten.

11
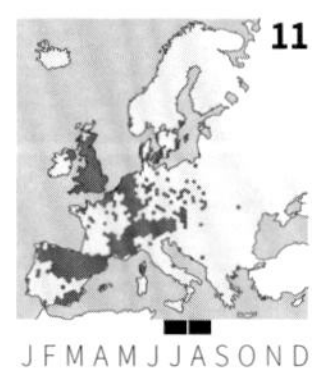

12 Hellgrüne Flechteneule
Bryopsis muralis **S** 25–32 mm. Vorderflügel hell grün bis weißlich, mit dunkler Marmorierung. **H** Felsige Gebiete, an Steinwänden. **F** Flechten.

12
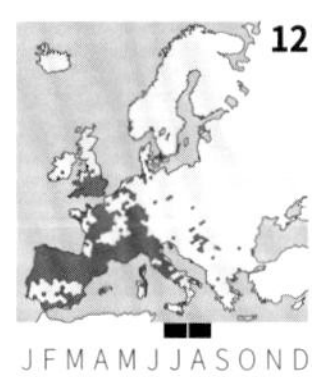

1 ×1 ◆

2 ×1 ◆

3 ×1,5 ◆

4 ×1,5 ■

5 ×1,5 ■

6 ×1,5 ■

7 ×2 ◆

8 ×2 ◆

9 ×2 ◆

10 ×1,5 ◆

11 ×2 ■

12 ×2 ■

← **EULENFALTER** Noctuidae →

1 ⊙ Möndcheneule
Calophasia lunula **S** 26–32 mm. Vorderflügel graubraun mit weißlichen und braunen Streifen und Zeichnungen; Hinterflügel einfarbig dunkelgraubraun mit weißen Säumen. Thorax mit auffälligen Kämmen. **H** Grasland, Ödland, Steppe. **F** Leinkraut.

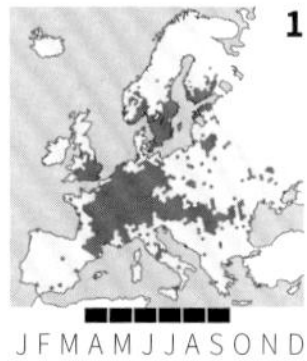

2 ⊙ Dunkelgrüne Flechteneule
Cryphia algae **S** 22–26 mm. Vorderflügel grün, manchmal mit gräulichen oder bräunlichen Bereichen und breitem dunklem Mittelband; Hinterflügel graubraun. **H** Freiflächen einschließlich Gärten. **F** Flechten auf Bäumen.

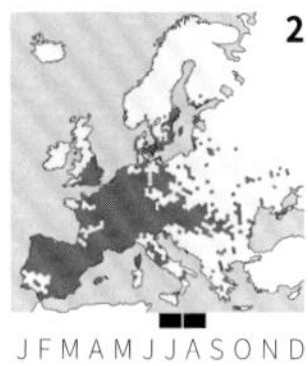

3 ⊙ Marmoriertes Gebüscheulchen
Elaphria venustula **S** 18–22 mm. Vorderflügel mit auffälligem rosafarbenem Streifen, kombiniert mit braunen Flecken und weißlichen Bereichen; Hinterflügel einfarbig graubraun. **H** Offenes Waldgebiet, Heideland. **F** Fingerkraut, Brombeere und andere niedrig wachsende Pflanzen.

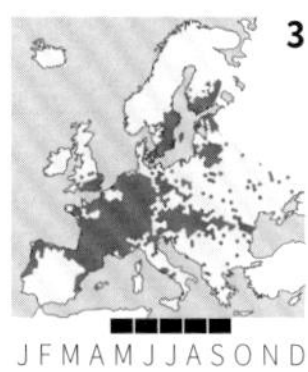

4 ⊙ Heu-Staubeule
Caradrina clavipalpis **S** 20–32 mm. Vorderflügel bräunlich grau, relativ schmal mit 3–4 schwarzen Flecken am Vorderrand; Hinterflügel weiß, bei ♂ leicht durchscheinend, bei ♀ mit bestäubten Adern. **H** Grasland, landwirtschaftliche Flächen, städtische Gebiete, oft in Nebengebäuden. **F** Verschiedene, darunter Samen von Gräsern, Getreidekörnern und Wegerich.

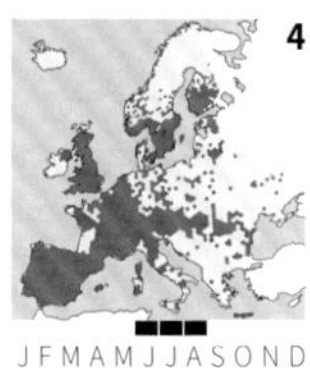

Gen. ***Hoplodrina*** E 7 SPP
Vorderflügel bräunlich mit eher unauffälligen Zeichnungen; Ring- und Nierenmakel dunkler braun mit hellem Rand.

5 ⊙ Hellbraune Staubeule
Hoplodrina ambigua **S** 25–35 mm. Vorderflügel eckig, Zeichnung hell- bis dunkelbraungrau und schwach ausgeprägt, außer auffälligem Ring- und Nierenmakel. Hinterflügel weißlich. **H** Grasland, Waldränder, Gebüsch, Gärten, Parks. **F** Löwenzahn, Wegerich, Ampfer und andere.

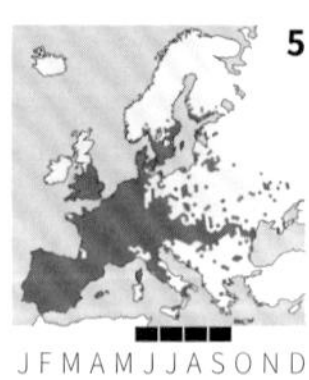

6 ⊙ Gelbbraune Staubeule
Hoplodrina octogenaria **S** 25–35 mm. Vorderflügel braun oder gelbbraun, Hinterflügel gräulich; ähnlich verschiedenen anderen *Hoplodrina* spp., die meist weißere Hinterflügel haben. **H** Grasland, Wald, Gärten. **F** Verschiedene, einschließlich Ampfer.

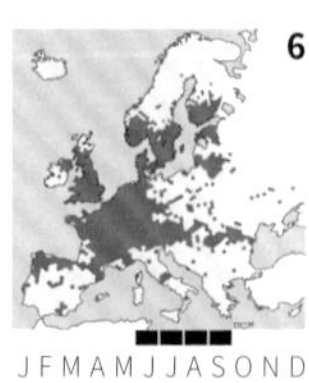

7 ⊙ Dreilinieneule
Charanyca trigrammica **S** 30–36 mm. Vorderflügel gelblich, beige, grau oder bräunlich; mit 3 fast geraden, dunklen Querlinien. Färbung und Zeichnung sehr variabel. **H** Offene Wälder, Wiesen, Parks, Gärten. **F** Wegerich, Löwenzahn.

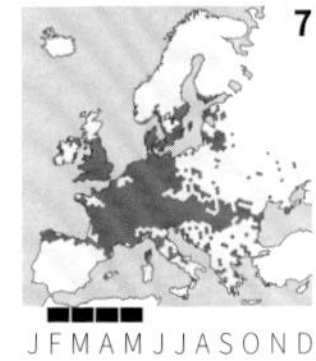

8 ⊙ Dunkle Waldschatteneule
Rusina ferruginea **S** 33–38 mm. Vorderflügel rötlich braun, manchmal sehr dunkel, mit gezackten schwarzen Querlinien. Fühler der Männchen gefiedert . **H** Waldränder, Parks, Gärten. **F** Wegerich, Ampfer.

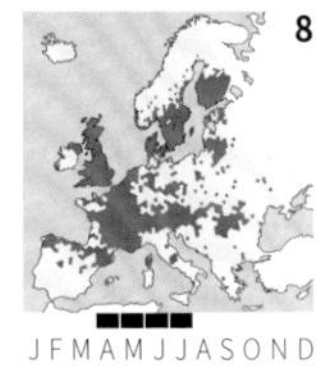

9 ⊙ Dunkle Knötericheule
Dypterygia scabriuscula **S** 34–42 mm. Vorderflügel dunkelbraun mit helleren Zeichnungen am Innenrand, die sich zur Ecke hin verbreitern und ein charakteristisches Muster bilden, das an Vogelflügel erinnert. **H** Wälder, Heideland, Buschland, Parks. **F** Ampfer, Sauerampfer.

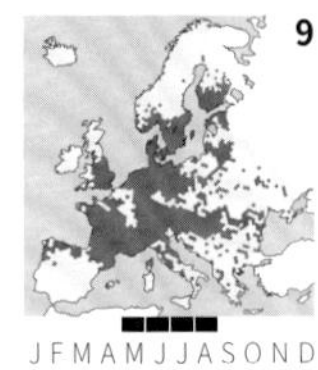

10 ⊙ Meldeneule
Trachea atriplicis **S** 45–55 mm. Vorderflügel graubraun (manchmal dunkel) mit breitem, rosafarbenem Mittelstreifen; Ring- und Nierenmakel grün, ebenso wie andere Bereiche, besonders bei frisch geschlüpften Tieren. Hinterflügel grau mit dunklen Rändern. **H** Feuchtgebiete, Moore, Wälder. **F** Niedrig wachsende Pflanzen, darunter Melde, Ampfer.

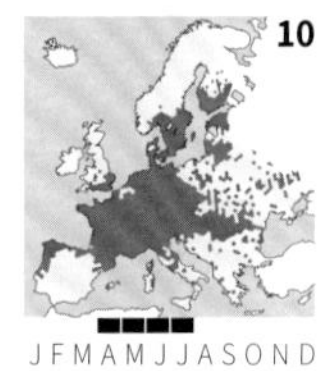

11 ⊙ Schwarzes Ordensband
Momo maura **S** 64–74 mm. Groß, breite Flügel, dunkelbraun, dunklere Bändern. **H** Wald, Hecken, Gebüsch, Gärten. **F** Ampfer, Efeu, Weißdorn. **V** Versteckt sich tagsüber oft in Gebäuden, wird von Licht angelockt. Man kann sie nachts durch das Bestreichen von Bäumen mit Zuckerwasser (Zucker, Melasse und Alkohol) anlocken und die anfliegenden Falter im Schein einer Taschenlampe identifizieren.

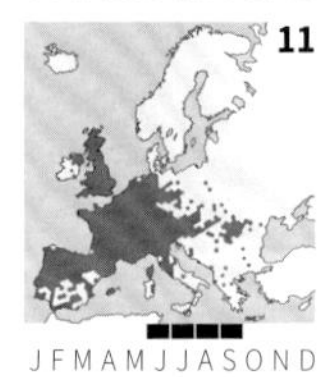

12 ⊙ Bunte Ligustereule
Polyphaenis sericata **S** 34–42 mm. Vorderflügel grünlich mit variablen weißen und schwarzen Flecken; Hinterflügel orange mit breiten, dunkelbraunen Rändern und einem dunklen Mittelfleck. **H** Waldgebiet, Gebüsch. **F** Geißblatt, Liguster.

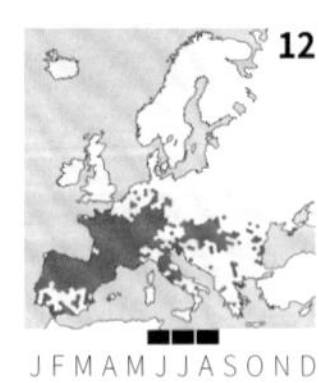

← EULENFALTER →

1 ×2

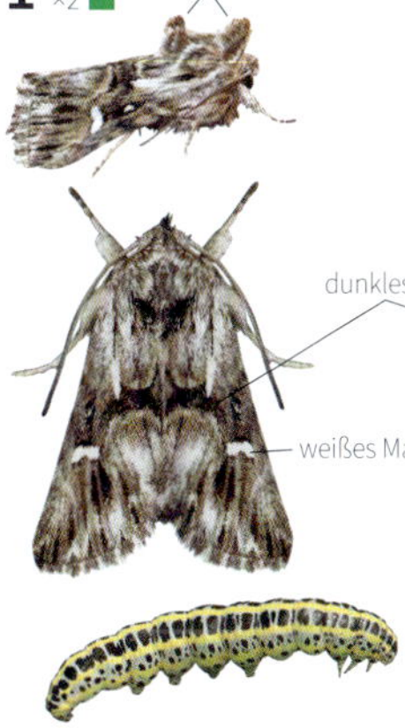

2 ×2

3 ×2,5

4 ×2

5 ×2

6 ×2

7 ×1,5

8 ×1,5

9 ×1,5

10 ×1,25

11 ×⅔

12 ×1,25

← **EULENFALTER** Noctuidae →

1 Gelbflügel-Raseneule
Thalpophila matura **S** 15–25 mm. Vorderflügel graubraun mit weißem und schwarzem Muster; Ring- und Nierenmakel mit weißem Rand. Hinterflügel gelblich mit dunklem Rand **H** Waldränder und Lichtungen, Grasland, Parks, Gärten. **F** Gräser.

1
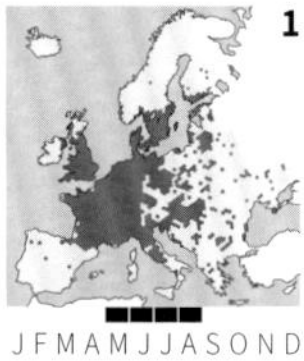

2 Vielzahn-Johanniskrauteule
Actinotia polyodon **S** 30–35 mm. Vorderflügel mit auffallendem bräunlichem, weißem und violettem Muster. **H** Offene Flächen, Waldränder, Gebüsch, Parks, Gärten. **F** Johanniskraut (*Hypericum*).

2
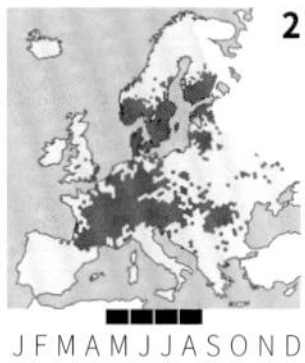

3 Achateule
Phlogophora meticulosa
S 45–52 mm. Vorderflügel hellbraun mit rosa und olivfarbenen Bereichen; charakteristische Ruheposition, bei der der Rand der Vorderflügel geknickt und gefaltet ist. **H** Wald, Hecken, Gärten. **F** Brennnesseln, Ampfer, Brombeere, Berberitze, Birken.

3
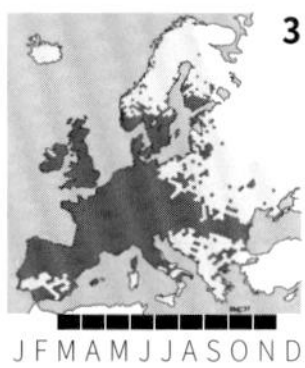

4 Gelbfleck-Waldschatteneule
Euplexia lucipara **S** 27–32 mm. Vorderflügel dunkelrotbraun, Mittelfeld besonders dunkel; gelblich weißer Fleck am Vorderflügelrand. **H** Waldgebiete, Parks, Gärten. **F** Verschiedene, oft Adlerfarn und andere Farne.

4
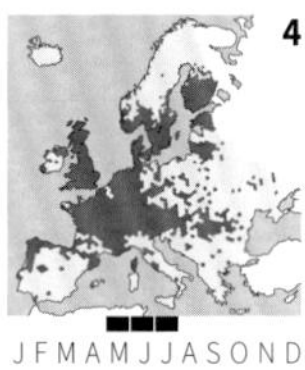

5 Grüneule *Calamia tridens*
S 37–42 mm. Vorderflügel grün mit 2 weißlichen Flecken. **H** Kalksteinwiesen, Hügel. **F** Gräser, einschließlich des Blauen Pfeifengrases.

5
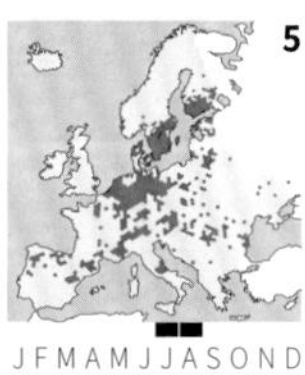

6 Ockerfarbene Quendeleule
Eremobia ochroleuca **S** 34–37 mm. Vorderflügel weißlich braun mit dunklen Bändern; Flügelsäume braun-weiß gescheckt. **H** Grasland. **F** Gräser.

6
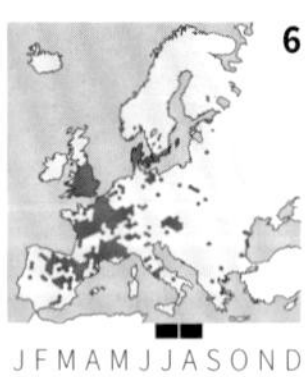

7 Malachiteule
Staurophora celsia **S** 35–45 mm. Vorderflügel grün mit unverkennbaren gezackten braunen Linien. Hinterflügel bräunlich. **H** Wälder. **F** Verschiedene Gräser.

7
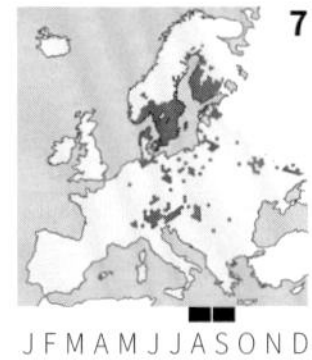

8 Kletteneule *Gortyna flavago*
S 34–44 mm. Vorderflügel graubraun mit breiten goldgelben Mittel- und Außenbinden sowie gelbem Basalfleck; alle 3 Makel rot umrandet. Hinterflügel graubeige mit dunklen Adern. **H** Feuchtgebiete, einschließlich feuchter Wälder, Flussufer, Moore. **F** Verschiedene, darunter Disteln.

8
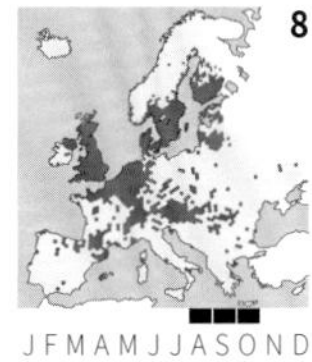

9 Lehmfarbige Graswurzeleule
Luperina testacea **S** 30–37 mm. Färbung sehr variabel: Vorderflügel weißlich bis beige, gelblich, gräulich oder rötlich braun; mit variabler Zeichnung. Ring- und Nierenmakel mit dunklen Rändern. **H** Grasland. **F** Gräser.

9
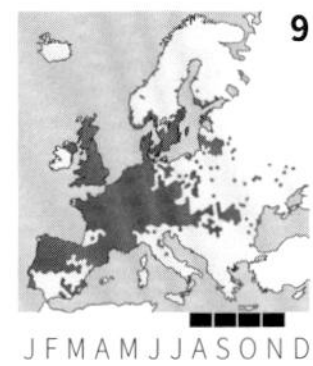

10 Getreide-Halmeule
Mesapamea secalis **S** 29–36 mm. Vorderflügel dunkelbraun mit eher blasser Zeichnung; Nierenmakel manchmal auffällig. **H** Grasland, Waldränder, Gebüsch, Parks, Gärten. **F** Gräser.

10
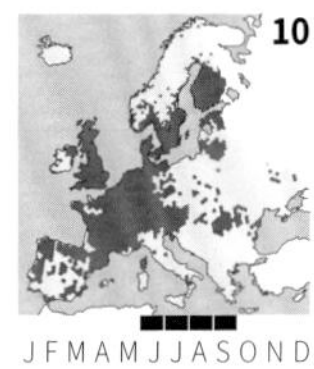

11 Striegel-Halmeulchen
Oligia strigilis **S** 22–30 mm. Färbung äußerst variabel; Vorderflügel graubraun mit breiter, heller bis weißlicher äußerer Querlinie. Hinterflügel einfarbig graubraun. **H** Grasland, Wald, Parks, Gärten. **F** Verschiedene Gräser.

11
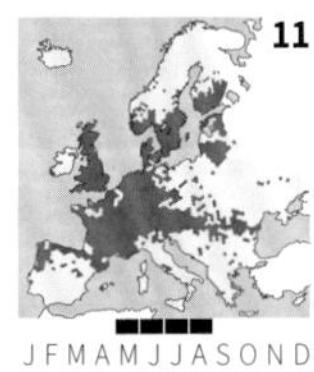

12 Trockenrasen-Halmeulchen
Mesoligia furuncula **S** 22–28 mm. Färbung ist äußerst variabel; Vorderflügel graubraun mit breiter, heller bis weißlicher äußerer Querlinie. Hinterflügel einfarbig graubraun. **H** Grasland, Wald, Parks, Gärten. **F** Verschiedene Gräser.

12
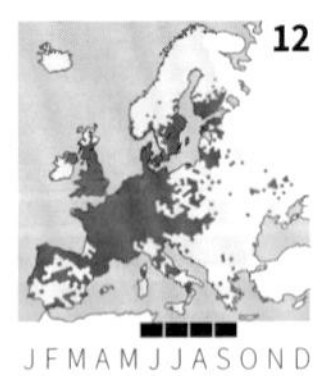

← EULENFALTER →

1 ×2,5

2 ×1,5

3 ×1,25

4 ×1,5

5 ×1,5

6 ×1,5

7 ×1,5

8 ×1,5

9 ×1,5

10 ×1,5

11 ×2

12 ×2

← **EULENFALTER** Noctuidae →

Gen. ***Apamea*** E 33 SPP

Artenreiche Gattung; bräunlich, mittelgroß bis groß, Färbung und Zeichnung variabel.

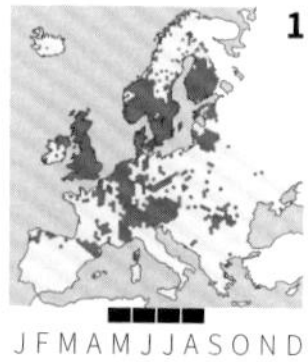

1

1 ☉ Große Veränderliche Grasbüscheleule *Apamea crenata*
S 32–45 mm. Vorderflügel oft gelblichbraun oder rötlich braun. Ring- und Nierenmakel gelblich; meist deutlich sichtbar, bei hellen Exemplaren aber manchmal undeutlich. **H** Waldränder und Lichtungen, Grasland, Moore, Parks, Gärten. **F** Verschiedene Gräser.

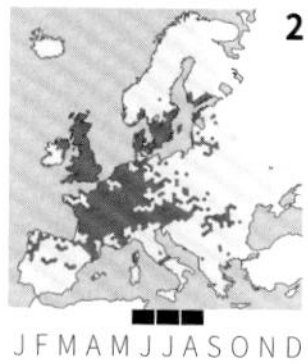

2

2 ☉ Weißlichgelbe Grasbüscheleule *Apamea lithoxylaea* **S** 45–55 mm. Vorderflügel weißlich gelb bis hellbraun; mit kleinen dunklen Flecken und Streifen. Hinterflügel weißlich mit breitem, dunklem Rand. **H** Wiesen, Waldwege, Gärten. **F** Verschiedene Gräser.

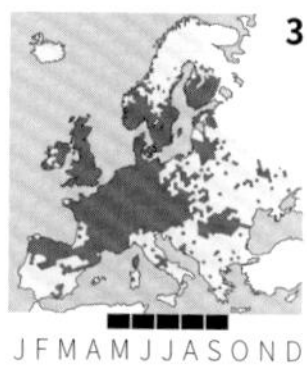

3

3 ☉ Große Grasbüscheleule *Apamea monoglypha* **S** 46–54 mm. Vorderflügel spitz zulaufend, gräulich bis dunkelbraun oder schwärzlich; mit großem Ring- und Nierenmakel; auffällig heller, W-förmiger Fleck nahe dem äußeren Rand. **H** Grasland , Hecken, Heideland, Gärten. **F** Gräser.

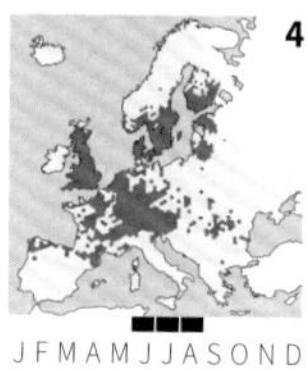

4

4 ☉ Bräunlichgelbe Grasbüscheleule *Apamea scolopacina* **S** 35–40 mm. Vorderflügel hellgelb bis rötlich braun, mit zentralem dunkelbraunem Fleck auf dem Thorax; dunkler Fleck am Vorderrand; Nierenmakel mit weißer Umrandung. Hinterflügel einfarbig gräulich. **H** Wälder. **F** Verschiedene Gräser.

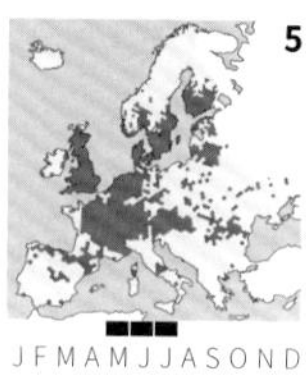

5

5 ☉ Ackerrand-Grasbüscheleule *Apamea sordens* **S** 30–40 mm. Vorderflügel graubraun bis rötlich braun, Ring- und Nierenmakel deutlich erkennbar, Letztere oft mit weißem Rand; Hinterflügel graubraun mit C-förmigem Fleck. **H** Grasland, landwirtschaftliche Nutzfläche, Gärten. **F** Verschiedene Gräser, auch auf Getreidekulturen.

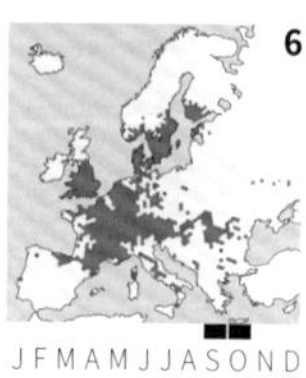

6

6 ☉ Rotbuchen-Gelbeule *Tiliacea aurago* **S** 30–40 mm. Vorderflügel rosarot oder purpurbraun mit breitem gelbem Mittelband; Hinterflügel gelb bis rötlich mit dunklerem Rand. **H** Wald, Hecken, Gebüsch, Grasland, Gärten. **F** Feldahorn, Buchen, Eichen, andere Bäume.

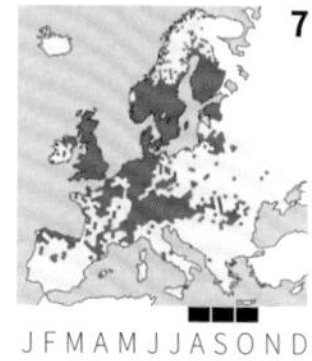

7

7 ☉ Violett-Gelbeule *Xanthia togata* **S** 25–30 mm. Vorderflügel orange-gelb mit rosa oder rotbraunen Flecken, auch an Kopf und „Schultern“; Hinterflügel weißlich. **H** Wälder, Feuchtgebiete, Parks, Heideland. **F** Weiden, Pappeln (Kätzchen); später an Ampfer.

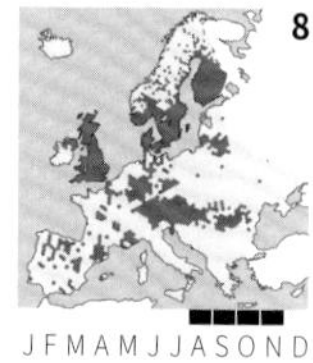

8

8 ☉ Bleich-Gelbeule *Cirrhia icteritia* **S** 32–40 mm. Vorderflügel an der Spitze leicht hakenförmig, blassgelb oder orange-gelb, mit rötlich braunen bis rosafarbenen Zeichnungen und schwarzem Mittelfleck. **H** Wälder, Feuchtgebiete, Heideland, Moore, Gärten. **F** Weiden und Pappeln (Kätzchen); später an Ampfer.

Gen. ***Agrochola*** E 29 SPP

Mittelgroße Arten, Färbung und Zeichnung sehr variabel.

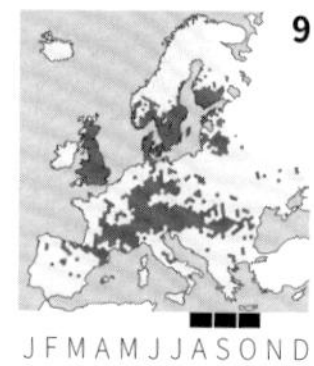

9

9 ☉ Schwarzgefleckte Herbsteule *Agrochola litura* **S** 25–35 mm. Vorderflügel rötlich braun bis violett, mit schwarzen Flecken am Vorderrand. **H** Wälder, Heiden, Buschland, Hecken, Feuchtgebiete, Parks, Gärten. **F** Verschiedene krautige Pflanzen.

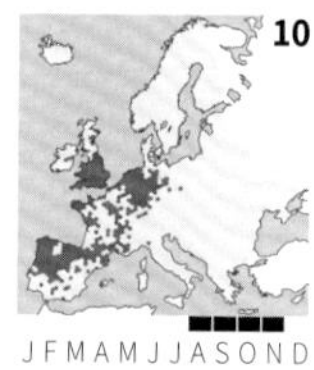

10

10 ☉ Mondfleck-Herbsteule *Agrochola lunosa* **S** 30–40 mm. Vorderflügel rötlich braun bis violett, mit schwarzen Flecken am Vorderrand. **H** Wälder, Heiden, Gebüsch, Hecken, Feuchtgebiete, Parks, Gärten. **F** Verschiedene krautige Pflanzen.

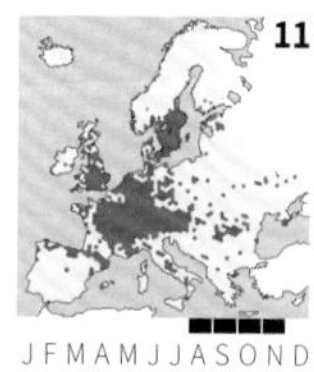

11

11 ☉ Gelbbraune Herbsteule *Agrochola macilenta* **S** 30–40 mm. Vorderflügel hellocker bis orangebraun, mit blassen Zeichnungen. **H** Wald, Hecken, Gebüsch, Heideland, Gärten. **F** Buchen, Eichen, Pappeln, Weiden und andere.

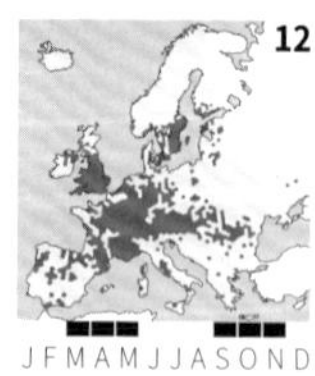

12

12 ☉ Hellgraue Holzeule *Lithophane ornitopus* **S** 34–42 mm. Vorderflügel hellgrau mit feinem schwarzem Muster. Hinterflügel oberseits einfarbig graubraun. **H** Wälder, Parks. **F** Eichen. **V** Erwachsene überwintern.

← EULENFALTER →

← **EULENFALTER** Noctuidae →

Gen. ***Conistra*** E 17 SPP

Mittelgroß; Vorderflügel schmal und länglich; hell- bis dunkelgraubraun.

1 ☉ Feldholz-Wintereule
Conistra rubiginosa **S** 30–36 mm. Vorderflügel dunkelrot bis hell, mit zahlreichen schwarzen Flecken, darunter Ring- und Nierenmakel; f. *immaculata* weist sehr helle Zeichnungen auf; eine weitere seltenere Form ohne schwarze Flecken. Hinterflügel einfarbig graubraun mit undeutlichem Diskalfleck. **H** Wälder, Hecken. **F** Verschiedene, einschließlich Apfel. **V** Erwachsene Falter überwintern.

1
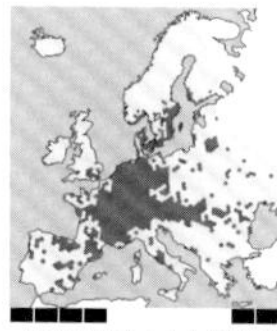

2 ☉ Heidelbeer-Wintereule
Conistra vaccinii **S** 28–38 mm. Vorderflügel hell- bis dunkelkastanienbraun (manchmal schwarz), einfarbig oder marmoriert; Hinterrand mit gewellter roter Linie und kleinen schwarzen Flecken; Hinterflügel grau mit rosabraunen Säumen. **H** Wald, Hecken, Gebüsch, Gärten. **F** Verschiedene Bäume, Ampfer. **V** Erwachsene Falter überwintern.

2
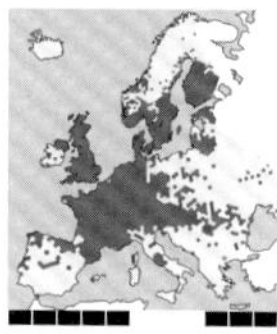

3 ☉ Satellit-Wintereule
Eupsilia transversa **S** 40–50 mm. Vorderflügel rötlich braun bis gelbbraun; mit kleinem Nierenmakel und 2 kleinen Satellitenflecken auf beiden Seiten (weißlich oder orange). **H** Waldgebiete, Gebüsche, Parks, Gärten. **F** Verschiedene Bäume und Sträucher. **V** Erwachsene Falter überwintern.

3
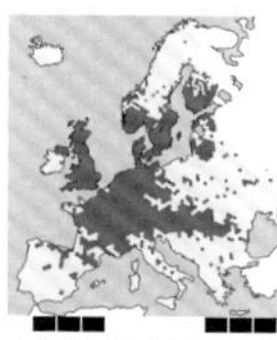

Gen. ***Cosmia*** E 6 SPP

Mittelgroß, einige Arten gelblich.

4 ☉ Violettbraune Ulmeneule
Cosmia pyralina **S** 28–32 mm. Vorderflügel rötlich bis braun; Innenbereich heller mit dünnen dunklen Linien; Hinterflügel einfarbig graubraun. **H** Wälder, Hecken, Gebüsch, Parks. **F** Weißdorn, Ulmen, Schlehe, Apfel.

4
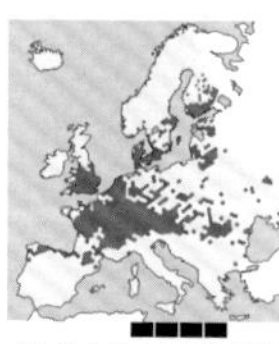

5 ☉ Trapezeule *Cosmia trapezina*
S 28–38 mm. Vorderflügel gelblich braun bis dunkelbraun mit markant geformten Queradern. **H** Waldgebiete, Hecken und Gärten. **F** Ulmen, Eichen, Birken, Schlehdorn, Hasel.

5
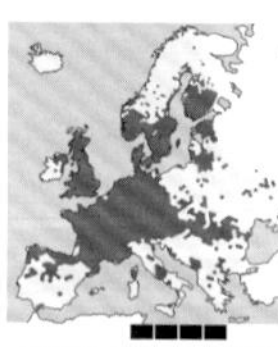

6 ☉ Ockergelbe Escheneule
Atethmia centrago **S** 30–35 mm. Vorderflügel gelblich; Mittelband und Außenbereich rosarot oder rosabraun; Hinterflügel gelblich, am Außenrand leicht dunkel. **H** Wälder, Hecken, Gärten. **F** Eschen.

6

7 ☉ Olivgrüne Eicheneule
Dryobotodes eremita **S** 32–38 mm. Vorderflügel grünlich, grünlich schwarz oder grau, oft marmoriert. Hinterflügel weißlich. **H** Waldgebiete, Parks, Gärten. **F** Eichen.

7
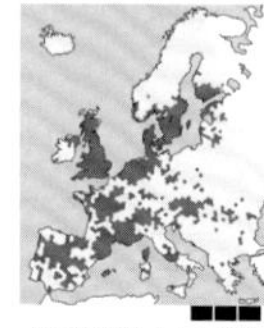

Gen. ***Orthosia*** E 12 SPP

Mittelgroß; aktiv zu Beginn des Jahres.

8 ☉ Rundflügel-Kätzcheneule
Orthosia cerasi **S** 32–40 mm. Vorderflügel beige bis rötlich braun; Ring- und Nierenmakel mit weißem Rand. Hinterflügel grau. **H** Wälder, Buschland, Parks, Gärten. **F** Eichen, Weiden, Birken, Ulmen.

8
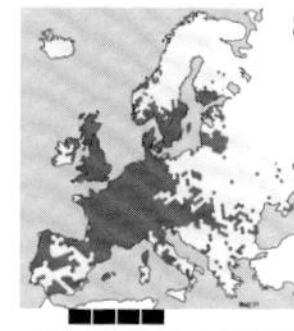

9 ☉ Kleine Kätzcheneule
Orthosia cruda **S** 32–40 mm. Vorderflügel gelblich oder hellbraun, fein schwarz beschuppt, Ring- und Nierenmakel undeutlich; Hinterflügel gelblich. **H** Wälder, Hecken, Feuchtheide, Gärten. **F** Überwiegend Eichen.

9
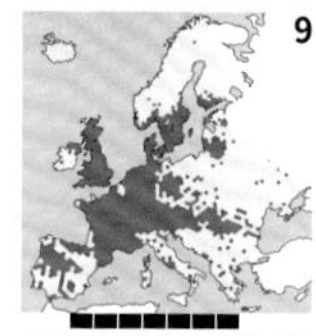

10 ☉ Gothica-Kätzcheneule
Orthosia gothica **S** 30–40 mm. Vorderflügel gräulich bis rötlich-braun mit sattelförmigem, hebräischem Zeichen nahe dem Rand in der Mitte. **H** Wälder, Parks, Gärten. **F** Eichen, Birken, Weißdorn, Weiden.

10
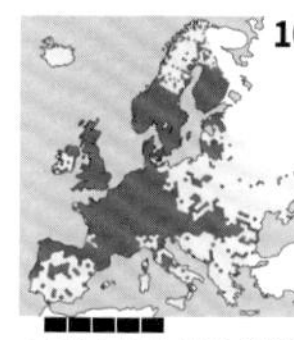

11 ☉ Variable Kätzcheneule
Orthosia incerta **S** 32–37 mm. Vorderflügel grau, rötlich braun bis schwärzlich mit variablen dunkleren Flecken (bei dunklen Exemplaren weniger deutlich), manchmal gefleckt oder wolkig; Hinterflügel weißlich bis hellgrau. **H** Waldgebiete, Gebüsche, Parks, Gärten. **F** Eichen, Weiden, Birken. **V** Larven ernähren sich gelegentlich auch von anderen Raupen oder Pflanzenläusen.

11
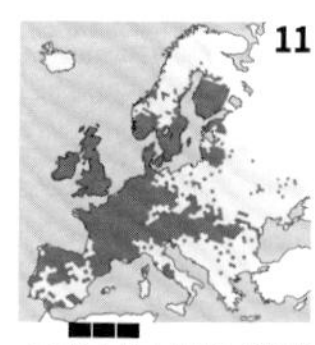

← EULENFALTER →

← EULENFALTER Noctuidae →

1 ⊙ Schwarze Glattrückeneule
Aporophyla nigra **S** 32–39 mm. Vorderflügel mit dezenten Schwarztönen und einem zentralen weißen Fleck. **H** Grasland, Heideland, Moore, Waldwege, Gärten. **F** Schlehdorn, Klee, Ampfer.

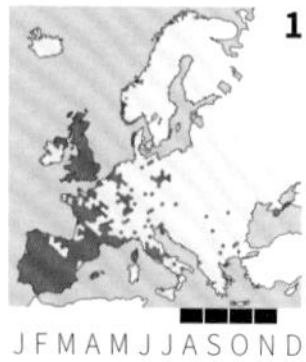

2 ⊙ Dunkelbraune Waldrandeule
Mniotype satura **S** 40–48 mm. Vorderflügel dunkelbraun mit schwarzem Mittelfleck. **H** Wald, offenes Heideland. **F** Brombeere, Heckenkirschen, Weiden, Weißdorn.

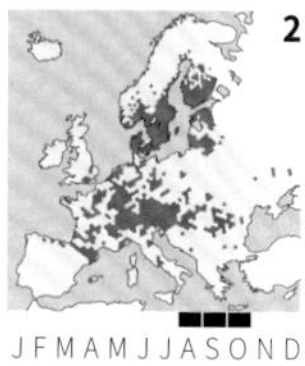

3 ⊙ Kieferneule *Panolis flammea*
S 32–40 mm. Vorderflügel orangebraun, mit gelben und weißlichen Sprenkeln; großer weißer Nierenmakel. **H** Nadelwälder, Parks, Gärten. **F** Kiefern.

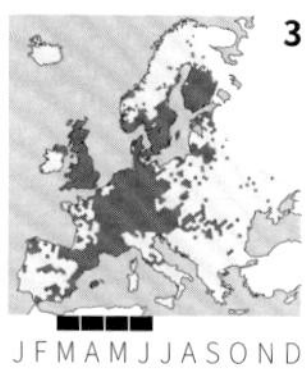

4 ⊙ Zweifleck-Kätzcheneule
Anorthoa munda **S** 28–34 mm. Vorderflügel hellgelb, braun oder graubraun, jeder Flügel mit 2 schwarzen Flecken nahe dem Hinterrand; Hinterflügel graubraun. **F** Eichen, Weiden und andere.

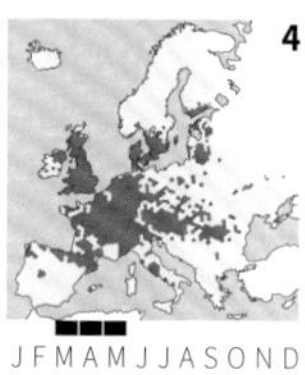

5 ⊙ Holzrindeneule
Egira conspicillaris **S** 36–42 mm. Vorderflügel schmal; Färbung variabel, meist jedoch überwiegend schwärzlich mit hellbraunen Streifen, Ring- und Nierenmakel blass; braune Form kommt ebenfalls vor. Hinterflügel weißlich. **H** Grasland, Hecken, lichte Wälder, Gebüsch, Obstgärten. **F** Clematis (*Clematis vitalba*), Färber-Ginster (*Genista tinctoria*), *Prunus* spp. und andere.

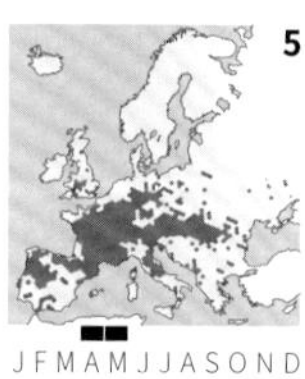

6 ⊙ Grüne Eicheneule
Griposia aprilina **S** 42–52 mm. Vorderflügel hellgrün-schwarz, weiß gesäumt; Hinterflügel schwarz, Säume weiß und schwärzlich. **H** Waldgebiete, Hecken und Parks. **F** Eichen.

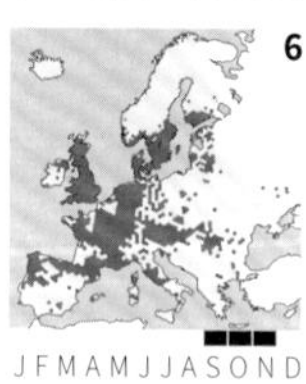

7 ⊙ Weißgerippte Lolcheule
Tholera decimalis **S** 36–48 mm. Vorderflügel breit, hellgrau bis bräunlich mit weißlichen Adern; dunkle Linien und markante schwarze Flecken. Fühler bei ♂ gefiedert. **H** Grasland, Waldränder, Parks, Gärten. **F** Gräser.

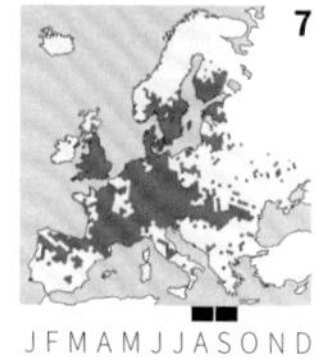

8 ⊙ Dreizack-Graseule
Cerapteryx graminis **S** 27–39 mm. Vorderflügel hell- bis dunkelbraun mit weißlichen, geweihförmigen Flecken und schwarzen Streifen. **H** Grasland. **F** Gräser.

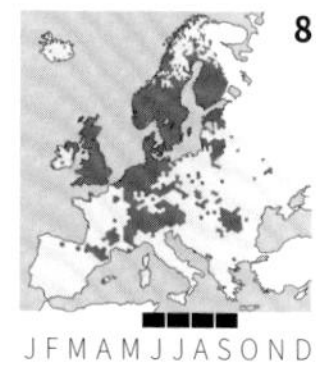

Gen. *Lacanobia* E 9 SPP

Mittelgroß; die meisten Arten eher dunkel gefärbt.

9 ⊙ Gemüseeule
Lacanobia oleracea **S** 35–40 mm. Vorderflügel braun mit einigen weißlichen Bereichen, Nierenmakel orange (braunes Auge); weißliche äußere Querlinie (helle Linie) W-förmig. **H** Ackerland, Heideland, Gärten einschließlich Gewächshäuser, Waldwege. **F** Verschiedene. **V** Kann in Gewächshäusern, insbesondere an Tomaten, ein Schädling sein; die Larven ernähren sich von Blättern, bohren sich aber manchmal in die Früchte ein.

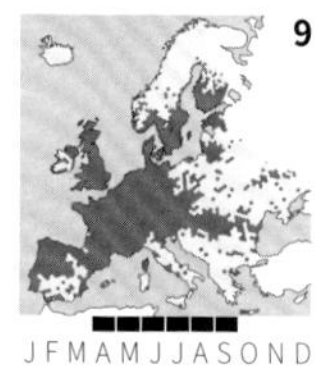

10 ⊙ Veränderliche Kräutereule
Lacanobia suasa **S** 32–42 mm. Vorderflügel hell- bis dunkelgraubraun mit deutlicher Zahnzeichnung (Hundezahn). Hinterflügel ebenfalls graubraun. **H** Feuchtgebiete, außerdem einige trockenere Habitate, Stadtgebiete. **F** Verschiedene.

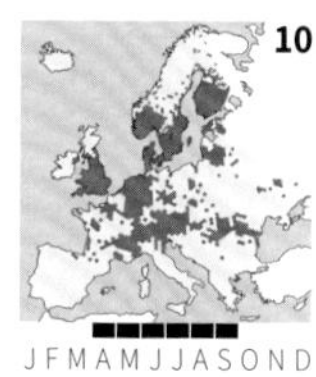

11 ⊙ Schwarzstrich-Kräutereule
Lacanobia thalassina **S** 35–40 mm. Vorderflügel oft rötlich braun mit braunem oder weißlichem Belag. Es kommen aber auch helle und dunkle Varianten vor; nahe dem Hinterrand verläuft eine dünne weiße Zickzacklinie. Die Hinterflügel sind graubraun. **H** Wälder, Buschland, Moore, Parks, Gärten. **F** Eichen, Weißdorn, Weiden.

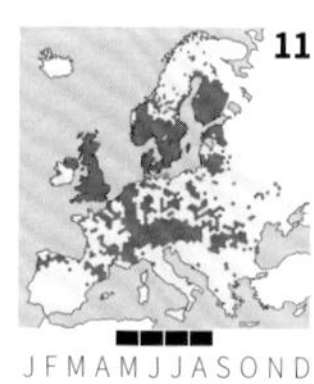

1 ■

2 ■

3 ■

4 ■

5 ■

6 ■

7 ◆

8 ■

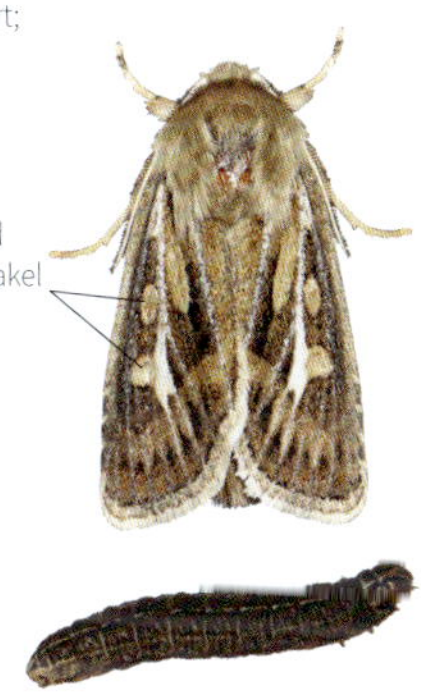

9 ■

10 ◆

11 ◆

← **EULENFALTER** Noctuidae →

1 ⊙ Waldstauden-Blättereule
Polia nebulosa **S** 40–50 mm. Vorderflügel hell- bis dunkelgrau oder weißlich; Ring- und Nierenmakel relativ groß mit dunklen Umrissen, aber oft undeutlich. Hinterflügel grau. **H** Waldgebiete, Gärten.

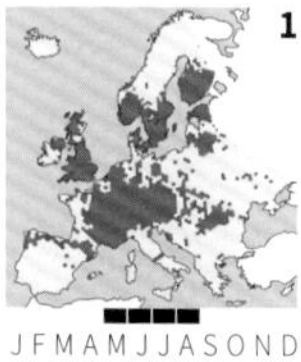

Gen. ***Anarta*** E 20 SPP
Mittelgroße Eulen.

2 ⊙ Heidekraut-Bunteule
Anarta myrtilli **S** 24–28 mm. Vorderflügel rotbraun mit grauweißen Zeichnungen; Hinterflügel gelb mit breitem schwarzem Rand. Kann mit der Moor-Bunteule (*Coranarta cordigera*) verwechselt werden, die dunklere Vorderflügel hat. **H** Heideland, Moore. **V** Tagaktiv. **F** Heidekraut.

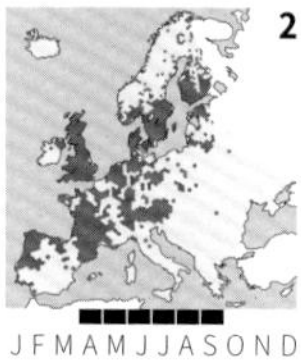

3 ⊙ Meldenflureule *Anarta trifolii*
S 32–38 mm. Vorderflügel hellbraun, grünlich braun, graubraun oder schwarz. **H** Freiflächen, einschließlich Brachland, Waldgebiete und Gärten. **F** Breites Spektrum an nicht verwandten Pflanzenarten, darunter Gänsefuß, Klee und Ackerwinde.

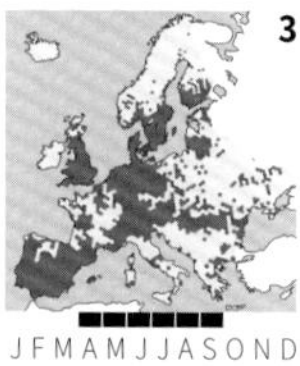

---

4 ⊙ Flohkrauteule
Melanchra persicariae **S** 30–40 mm. Vorderflügel glänzend schwarz mit auffällig weißem Nierenmakel. **H** Wälder, Hecken, Parks, Gärten. **F** Brennnesseln, Ampfer, Weiden und andere.

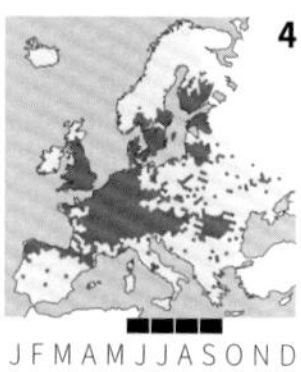

5 ⊙ Erbseneule *Ceramica pisi*
S 33–42 mm. Vorderflügel hell- bis dunkelbraun mit weißlicher Querlinie nahe dem Rand. **F** Heidekraut, Farne, Besenginster, Brombeere.

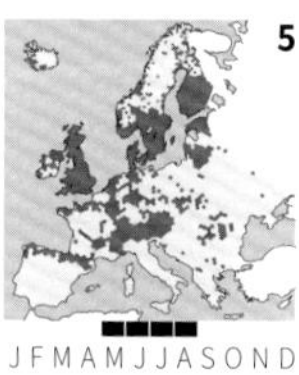

6 ⊙ Zahneule *Hada plebeja*
S 30–35 mm. Vorderflügel weißlich grau bis graubraun mit einem markanten, weißlichen Mittelfleck, der einer geöffneten Schere ähnelt. **H** Waldränder und Lichtungen, Grasland; kommt auch in Höhenlagen > 2000 m vor. **F** Verschiedene, darunter Mausohr-Habichtskraut, Löwenzahn.

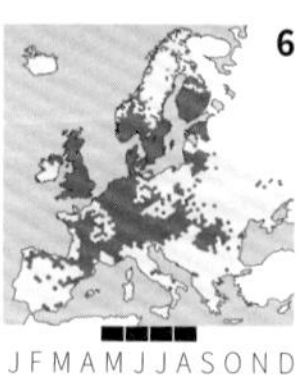

7 ⊙ Kohleule *Mamestra brassicae*
S 36–44 mm. Vorderflügel grau bis dunkelbraun, mit weißem Nierenmakel. **H** Waldränder, Lichtungen, Feuchtgebiete, Gärten. **F** Verschiedene Arten, am besten bekannt an Kulturkohl, wo die Larven zu Schädlingen werden können, indem sie sich in das Herz einbohren.

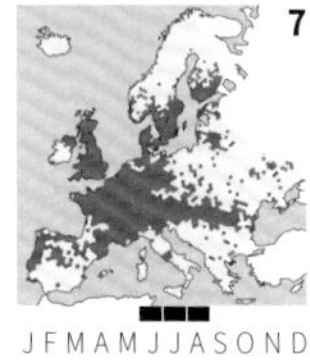

Gen. ***Sideridis*** E 8 SPP
Vorderflügel oft mit hellen Adern oder anderen deutlichen Zeichnungen.

8 ⊙ Netzeule *Sideridis reticulata*
S 35–40 mm. Vorderflügel braun mit dunklen Zeichnungen und einem auffälligen Muster aus weißen Linien; außerdem weißlich umrandete Ring- und Nierenmakel. Hinterflügel weiß mit schwärzlichem Rand und weißem Saum. **H** Offenes, oft kalkhaltiges Grasland. **F** Verschiedene niedrig wachsende Pflanzen, darunter Seifenkraut (*Saponaria*).

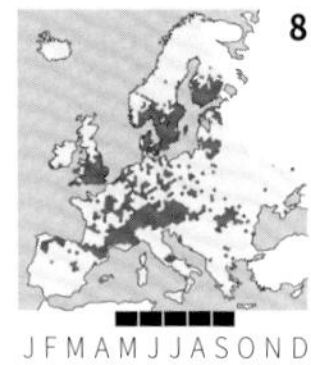

9 ⊙ Violettbraune Kapseleule
Sideridis rivularis **S** 28–34 mm. Vorderflügel dunkelgraubraun mit schwarzer Marmorierung; purpurfarbener Schimmer beim Schlüpfen; Ring- und Nierenmakel sind meist miteinander verbunden und bilden ein auffällig weiß umrandetes, V-förmiges Zeichen. **H** Grasland, Feuchtgebiete, Waldwege. **F** Lichtnelken (*Silene*).

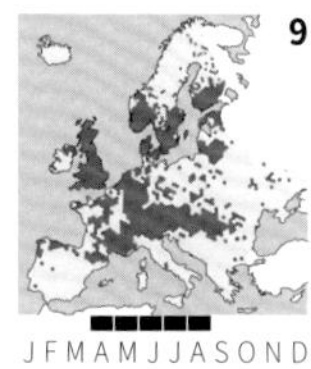

Gen. ***Hadena*** E 38 SPP
Einige Arten behaart; Vorderflügel oft deutlich mit artspezifischen Mustern gekennzeichnet.

10 ⊙ Lichtnelken-Eule
Hadena bicruris **S** 30–40 mm. Vorderflügel dunkel graubraun bis bräunlich mit charakteristischem Muster aus weißlichen und dunklen zentralen Zeichnungen. Hinterflügel ebenfalls graubraun. **H** Wälder, Hecken, Grasland, Gärten. **F** Lichtnelken (*Silene*).

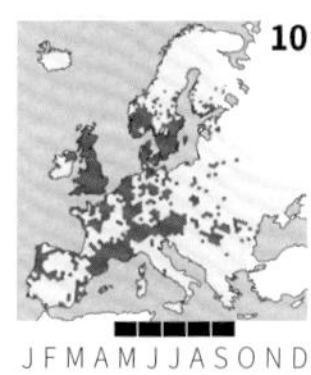

11 ⊙ Weißbinden-Nelkeneule
Hadena compta **S** 21–30 mm. Vorderflügel dunkel graubraun bis bräunlich mit charakteristischem Muster aus weißlichen und dunklen zentralen Zeichnungen. Hinterflügel ebenfalls graubraun. **F** Nelken (*Dianthus*).

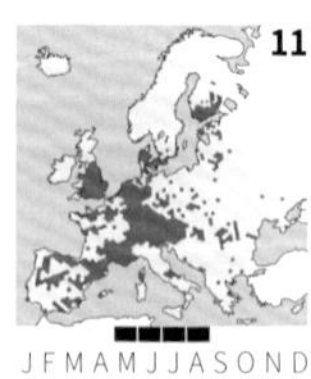

1 ×2 ◆

2 ×1,5 ■

3 ×1,5 ◆

4 ×1,5 ■

5 ×1,5 ◆

6 ×1,5 ◆

7 ×1,5 ◆

8 ×1,5 ■

9 ×1,5 ■

10 ×1,5 ■

11 ×2 ◆

← **EULENFALTER** Noctuidae →

Gen. ***Mythimna*** E 30 SPP
Mittelgroß; ockerfarben bis gelblich oder rötlich braun, Vorderflügel bei den meisten Arten mit weißem Fleck oder weißer Linie.

1
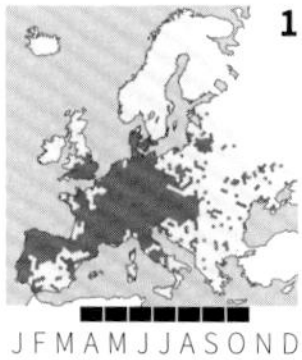

1 ☉ Weißpunkt-Graseule
Mythimna albipuncta **S** 28–36 mm. Vorderflügel rosafarben-braun bis orangebraun, mit auffälligem kleinen weißen Fleck. Hinterflügel grau. 2. Generation (im südlichen Teil des Verbreitungsgebiets) kleiner. **H** Grasland. **F** Gräser und Seggen.

2
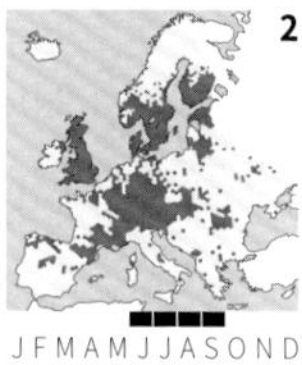

2 ☉ Weißfleck-Graseule
Mythimna conigera **S** 30–38 mm. Vorderflügel gelblich braun, mit dunkelbrauner Zeichnung, einschließlich 2 gezackten Querlinien; Vorderflügel mit weißem, tränenförmigem Makel. Hinterflügel weißlich braun. **H** Waldränder, Grasland, Gärten. **F** Gräser.

3
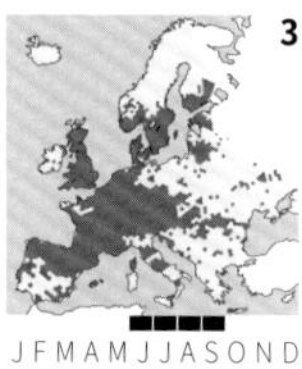

3 ☉ Kapuzen-Graseule
Mythimna ferrago **S** 34–42 mm. Vorderflügel meist einfarbig rosabraun bis strohfarben mit kleinem, weißem, tropfenförmigem Fleck. Ähnlich wie die Weißpunkt-Graseule (*M. albipuncta*), die jedoch einen auffälligeren, nicht tropfenförmigen weißen Fleck hat. **H** Offene Wälder, Feuchtgebiete, Gärten; in Osteuropa auch Steppengrasland. **F** Gräser.

4
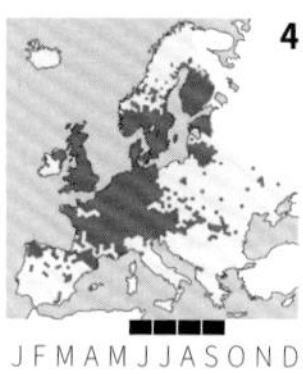

4 ☉ Stumpfflügel-Graseule
Mythimna impura **S** 30–36 mm. Vorderflügel strohfarben mit einigen dunkelbraunen oder schwarzen Streifen und kleinen schwarzen Flecken am Außenrand, Adern weißlich. Hinterflügel rauchgrau oder heller. **H** Feuchtgebiete, Waldwege. **F** Seggen und Gräser.

5
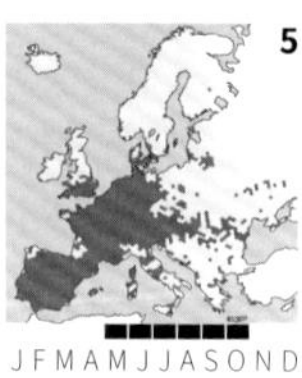

5 ☉ Weißes L ***Mythimna l-album***
S 32–40 mm. Vorderflügel strohfarben mit schwarzen Streifen, weißlichen Adern und einem auffälligen, L-förmigen weißen Fleck, der von einem dunklen Streifen umgeben ist. Hinterflügel grau. **H** Grasland. **F** Verschiedene Gräser.

6
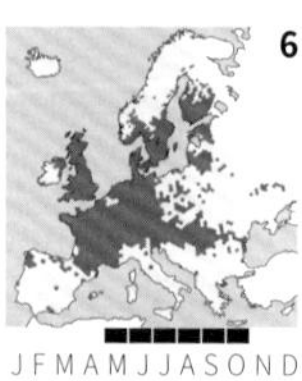

6 ☉ Bleiche Graseule
Mythimna pallens **S** 30–36 mm. Ähnlich wie die Stumpfflügel-Graseule (*M. impura*), aber insgesamt blasser, obwohl sie manchmal rötlich braun ist; Hinterflügel weißlich. **H** Trockenes und feuchtes Grasland, Waldwege. **F** Verschiedene Gräser.

Gen. ***Agrotis*** E 51 SPP
Mittelgroß bis groß, Vorderflügel schmal; Zeichnung blass oder kontrastreich, je nach Art.

7
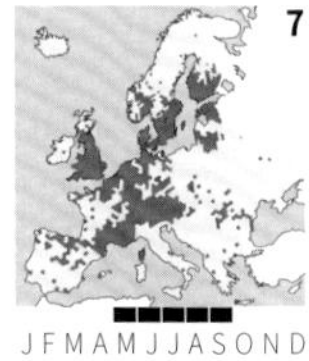

7 ☉ Magerwiesen-Bodeneule
Agrotis clavis **S** 35–40 mm. Vorderflügel schmal, hell- bis dunkelbraun, mit markantem zentralem Pfeil-Fleck und größerem Fleck darunter. Ohne das breite schwarze Band am Kragen (von vorn gesehen), das beim Ausrufungszeichen (*A. exclamationis*) vorhanden ist. **H** Offene Gebiete, landwirtschaftliche Flächen, Gärten. **F** Niedrig wachsende Pflanzen wie Ampfer, Klee und Wilde Möhre.

8
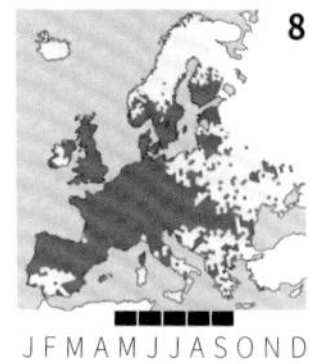

8 ☉ Ausrufungszeichen
Agrotis exclamationis **S** 35–44 mm. Ähnlich wie die Magerwiesen-Bodeneule (*A. clavis*); Thorax mit breitem, schwarzem Kragen. **H** Praktisch überall, aber häufig in landwirtschaftlichen Gebieten und Gärten. **F** Wegerich und viele andere krautige Pflanzen.

9
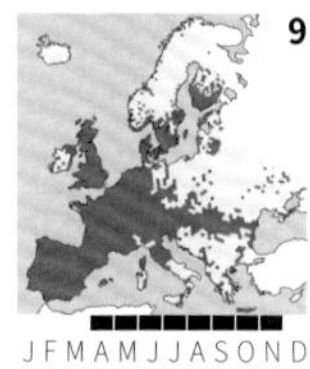

9 ☉ Ypsiloneule ***Agrotis ipsilon***
S 42–50 mm. Vorderflügel hell- bis dunkelbraun, mit schwarzem Flügelstreif. ♀ meist dunkler als ♂; Hinterflügel weiß. **H** Freiflächen, landwirtschaftliche Nutzflächen, Heideland, Parks, Gärten. **F** Krautige Pflanzen. **B** Wandert jedes Jahr aus dem Mittelmeerraum nach Nordeuropa, kann aber die kalten Winter nicht überleben.

10
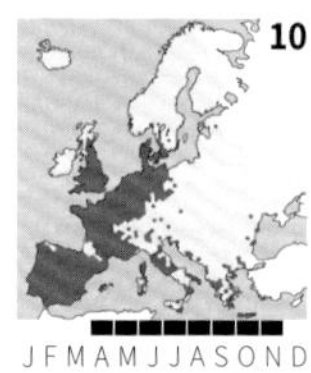

10 ☉ Schmalflügelige Erdeule
Agrotis puta **S** 27–32 mm. Vorderflügel bei ♂ hellgraubraun, bei ♀ dunkelbraun bis schwärzlich; Ringmakel länglich, stets hell. Hinterflügel bei ♂ weißlich, bei ♀ gräulich. **H** Offene Lebensräume, einschließlich Grasland, landwirtschaftliche Nutzflächen und Gärten. **F** Ampfer, Löwenzahn und andere.

11
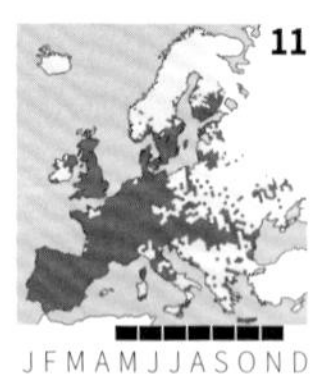

11 ☉ Saateule ***Agrotis segetum***
S 36–44 mm. Vorderflügel hellgrau bis in verschiedene Braun- und Schwarztöne; Nierenmakel dunkel (kann bei dunkleren Exemplaren undeutlich sein); Hinterflügel weiß bei ♂, eher gräulich bei ♀. **H** Landwirtschaftliche Flächen, Gärten, lichte Wälder. **F** Rüben, Karotten und auch Wurzeln vieler anderer Pflanzen.

12

12 ☉ Kiefernsaateule
Agrotis vestigialis **S** 29–38 mm. Vorderflügel weißlich, hell- bis dunkelgrau bis braun, mit auffälligem, pfeilförmigem Mittelfleck und gezackter, heller Wellenlinie. Hinterflügel grau oder weißlich. **H** Dünen, bevorzugt sonnige Gebiete, Grasland. **F** Labkraut und andere.

← EULENFALTER →

1 ×2

2 ×2

3 ×1,5

4 ×2

5 ×1,5

6 ×1,5

7 ×2

8 ×1,5

9 ×1,5

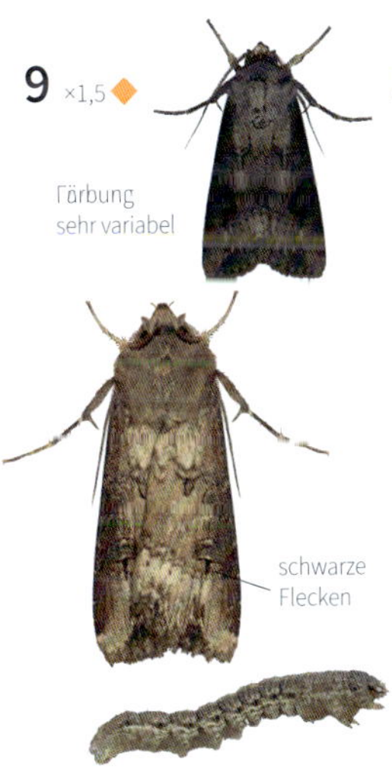

10 ×2

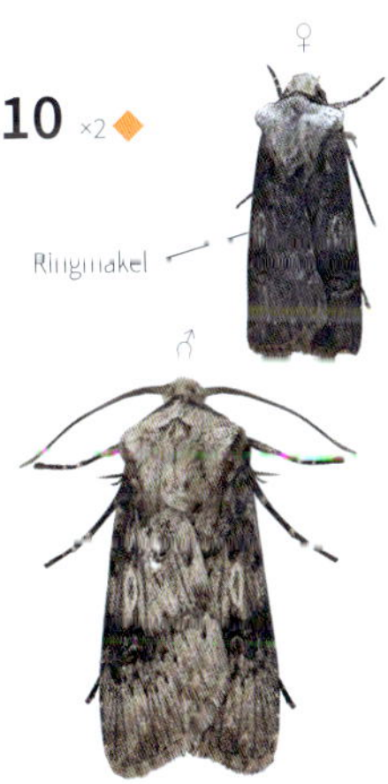

11 ×1,5

12 ×1,5

← EULENFALTER Noctuidae →

1 ⊙ Rötlichgelbe Herbsteule
Sunira circellaris **S** 30–40 mm. Vorderflügel rötlich braun mit gräulichen, rosafarbenen oder dunkleren Bereichen, einschließlich gezackter, manchmal unterbrochener Querlinien; diese Linien sind auf den Hinterflügeln heller.
H Waldgebiete, Gebüsche, Parks, Gärten.
F Weiden, Pappeln, Ulmen, Eschen.

1
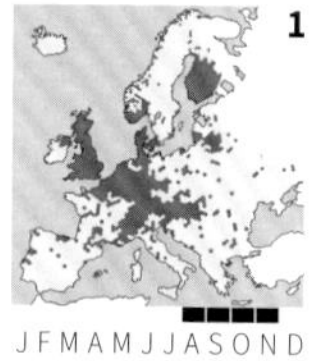

2 ⊙ Putris-Erdeule
Axylia putris **S** 35–40 mm. Vorderflügel strohfarben, oft rotbraun, liegen im Ruhezustand eng am Körper an (flammenartig); Vorderrand dunkelbraun; Ring- und Nierenmakel sind dunkel. Die Hinterflügel sind weißlich mit braunem Rand. **H** Grasland, landwirtschaftliche Nutzflächen, Waldränder, Hecken, Gärten.
F Niedrig wachsende Pflanzen, darunter Brennnesseln und Labkraut.

2
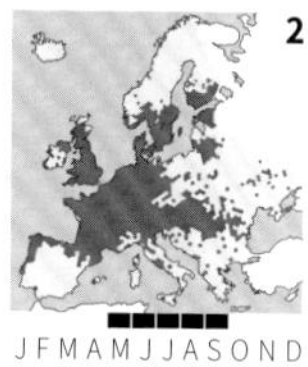

3 ⊙ Hellrandige Erdeule
Ochropleura plecta **S** 28–34 mm. Vorderflügel rotbraun, Vorderrand mit breitem strohfarbenem oder weißlichem Band. Schwarzer Streifen mit eingelassener Ring- und Nierenmakel. Hinterflügel weißlich mit gräulichem Rand. **H** Grasland, landwirtschaftliche Nutzflächen, Wälder, Hecken, Parks, Gärten. **F** Wegerich, Labkraut.

3
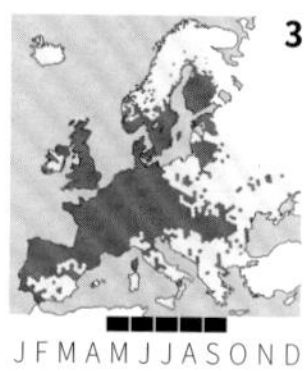

4 ⊙ Kupfereule ***Chersotis cuprea***
S 32–40 mm. Vorderflügel kupferrot bis rötlich braun, das Mittelfeld meist deutlich dunkler; Ring-, Nieren- und Zapfenmakel mit dünnem weißen Rand. Hinterflügel graubraun. Sehr variabel; manche Tiere einfarbig mit fast keiner Zeichnung.
H Grasland. **F** Gänseblümchen.

4
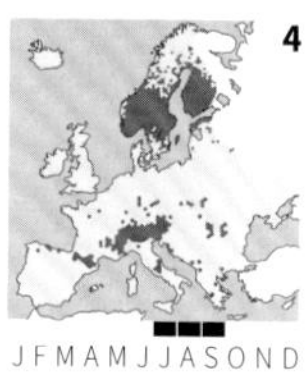

5 ⊙ Kleine Heidekrauteule
Lycophotia porphyrea **S** 26–34 mm. Vorderflügel rötlich braun (bei einigen Exemplaren tiefrosa-braun) mit einem Muster aus schwarzen und weißlichen Zeichnungen. **H** Heideland, Moore, Gärten. **F** Heidekraut.

5
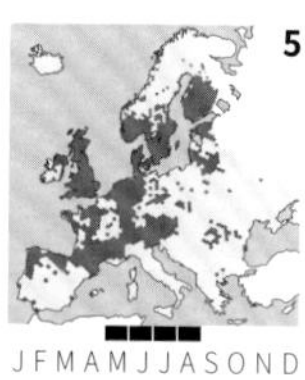

6 ⊙ Grüne Heidelbeereule
Anaplectoides prasina **S** 40–50 mm. Vorderflügel mit grün-weiß-braun-schwarz marmoriertem Muster; Ring- und Nierenmakel mit schwarzem Rand. Hinterflügel dunkelgrau mit weißlichen Säumen.
H Wälder. **F** Brombeere, Heidelbeere, Ampfer, Primeln.

6
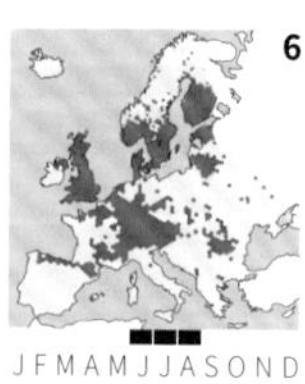

Gen. *Xestia* E 43 SPP

Eine große Gattung mittelgroßer, robuster Eulenfalter, die oft markante Zeichnungen auf den Vorderflügeln aufweisen.

7 ⊙ Baja-Bodeneule ***Xestia baja***
S 35–40 mm. Vorderflügel hellbraun bis dunkelrotbraun, grau oder rosa; Querlinien schwach ausgeprägt, Ring- und Nierenmakel mit blasser Umrandung; 2 schwarze Flecken nahe der Flügelspitze. 2. Generation oft deutlich kleiner.
H Wälder, Buschland, Feuchtgebiete, Heideland. **F** Verschiedene.

7
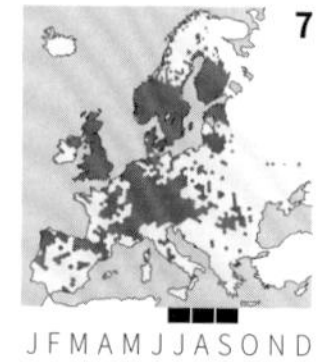

8 ⊙ Schwarzes C ***Xestia c-nigrum***
S 35–45 mm. Vorderflügel dunkel graubraun mit dreieckiger, schwarzer C-förmiger Markierung nahe dem Rand in der Mitte. **H** Wälder, Feuchtgebiete, Parks, Gärten. **F** Brennnesseln, Weiße Taubnessel, Weidenröschen.

8
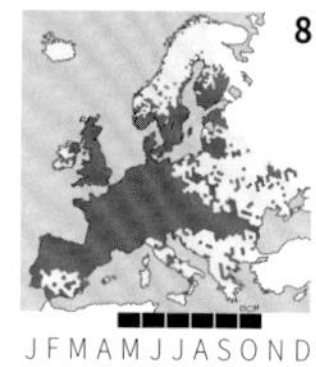

9 ⊙ Triangel-Bodeneule
Xestia triangulum **S** 36–48 mm. Vorderflügel breit, graubraun, manchmal dunkel oder rötlich getönt; ähnlich dem Schwarzen C (*X. c-nigrum*), jedoch die schwarze Markierung hier in Form von 2 großen schwarzen, quadratischen Mittelflecken. **H** Waldränder, Hecken, Gärten. **F** Viele niedrig wachsende Pflanzen, zudem Weißdorn, Schlehdorn.

9
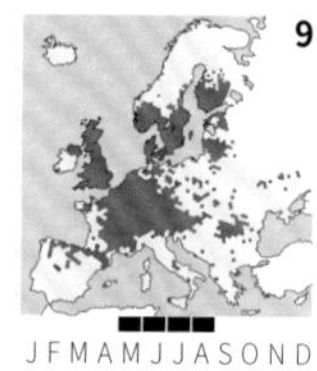

10 ⊙ Braune Spätsommer-Bodeneule ***Xestia xanthographa***
S 29–40 mm. Vorderflügel hellbraun, in rötlich braunen bis schwarzbraunen Schattierungen; bei allen außer sehr dunklen Formen ist der quadratische nierenförmige Fleck meist hell.
H Grasland, Brachland, Gärten. **F** Gräser, Wegerich, Klettenlabkraut.

10
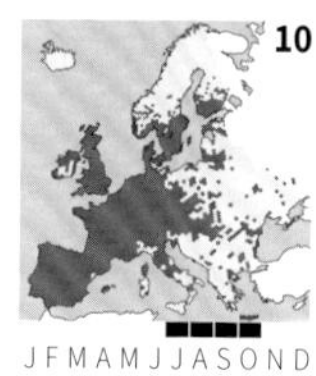

1 ◆

2 ◆

3 ◆

4 ◆

5 ■

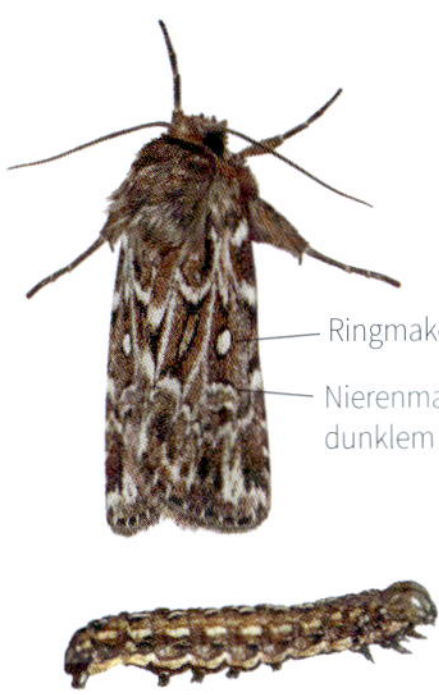

6 ◆

7 ■

8 ◆

9 ◆

10 ◆

← **EULENFALTER** Noctuidae

Gen. ***Noctua*** E 15 SPP

Mittelgroß, robust wirkend; während die Vorderflügel zur Tarnung meist matt sind, sind die Hinterflügel oft leuchtend gelb.

1 ⊙ Breitflügelige Bandeule
Noctua comes **S** 39–45 mm. Vorderflügel gräulich bis bräunlich; ein dunkles Querband nahe am Flügelrand; Ring- und Nierenmakel meist dunkel mit hellen Umrissen; Hinterflügel sind gelb mit schwarzem Band. **H** Große Vielfalt an Habitaten, Wälder, Grasland, Parks, Gärten. **F** Brennnesseln, Ampfer, zudem Büsche.

1
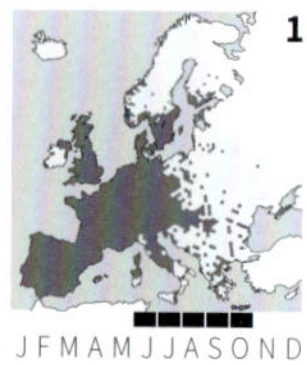

2 ⊙ Bunte Bandeule
Noctua fimbriata **S** 50–58 mm. Vorderflügel hell- bis dunkelbraun oder grünlich mit dunkleren Bändern; Hinterflügel gelb mit breitem schwarzem Band; Hinterleib gelblich. **H** Wälder und Parks. **F** Brennnesseln, Ampfer.

2
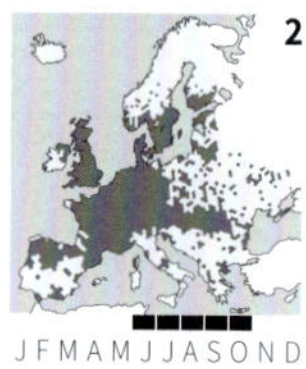

3 ⊙ Hellbraune Bandeule
Noctua interjecta **S** 29–35 mm. Vorderflügel rotbraun, manchmal schwarz; Nierenmakel dunkler; Flügel oft am Hinterrand dunkler; Hinterflügel gelb mit schwarzem Band. Kleiner als einige ähnliche Arten wie die Breitflüglige Bandeule (*N. comes*). **H** Hauptsächlich offene Gebiete, einschließlich Hecken, Gärten. **F** Gräser, zudem krautige Pflanzen und Büsche.

3
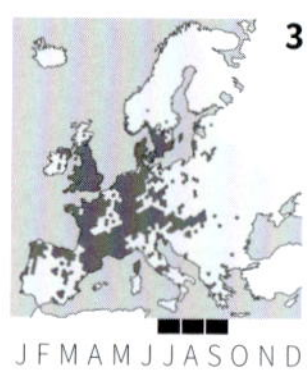

4 ⊙ Janthe-Bandeule *Noctua janthe*
S 38–45 mm. Vorderflügel dunkel purpurfarben-braun, manchmal rotbraun; Hinterflügel gelb mit breitem schwarzen Band, an der Basis schwarz. **H** Grasland, offene Gebiete. **F** Brennnesseln, Ampfer und Büsche.

4
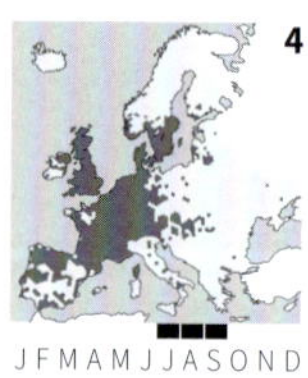

5 ⊙ Janthina-Bandeule
Noctua janthina **S** 36–44 mm. Sehr ähnlich der Janthe-Bandeule (*N. janthe*), aber oft dunkler und Hinterflügel mit nur wenig Gelb. **H** Wälder, Grasland, Gärten. **F** Verschieden niedrig wachsende Pflanzen und Sträucher.

5
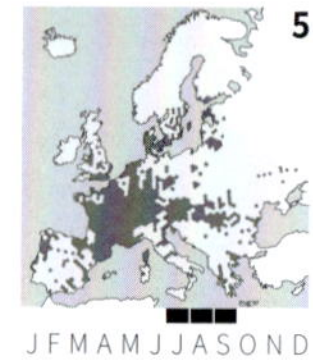

6 ⊙ Hausmutter *Noctua pronuba*
S 50–60 mm. Vorderflügel schmal, hell- bis dunkelbraun mit dunkleren Bändern und schwarzem Fleck zur Flügelspitze hin; Hinterflügel gelb mit schwarzem Band. **H** Nahezu überall, besonders häufig auf Wiesen und in Gärten. **F** Ampfer, Kohl, Fingerhut.

6
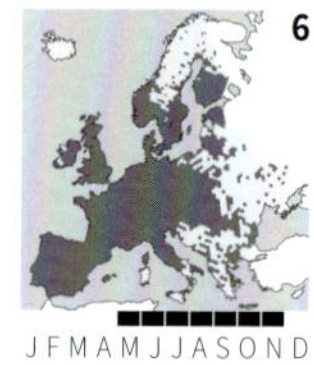

Gen. ***Diarsia*** E 6 SPP

Mittelgroß, gelblich, hellbraun oder rötlich braun; 2 der auffälliger gezeichneten Arten sind hier abgebildet.

7 ⊙ Braune Erdeule *Diarsia brunnea*
S 35–45 mm. Vorderflügel meist einfarbig rosabraun bis dunkel purpurbraun; Nierenfleck gelblich oder mit blasser Umrandung, schwarzen Flecken und Punkten. Hinterflügel hellgrau mit braunem Saum. **H** Wälder. **F** Verschieden krautige Pflanzen und Büsche.

7
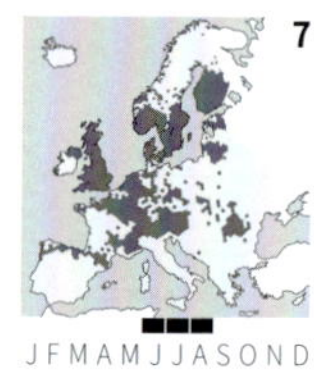

8 ⊙ Primel-Erdeule *Diarsia mendica*
S 35–40 mm. Vorderflügel gelblich, hellbraun oder rötlich braun, heller als die Braune Erdeule (*D. brunnea*); jeder Flügel oft mit 2 schwarzen Flecken, die jedoch bei manchen Exemplaren fehlen. Hinterflügel einfarbig graubraun. **H** Wälder, Buschland, bis 2000 m. **F** Krautige Pflanzen, Primeln, Brombeere, zudem verschiedene Büsche.

8
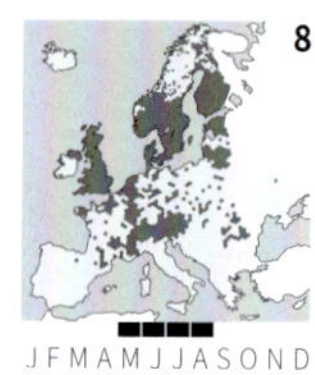

1 ×1,5

Hinterflügel gelb mit schwarzem Band

blass gefärbtes Exemplar

Makel hell umrandet

← EULENFALTER

2 ×1,25 ◆

3 ×2 ◆

4 ×1,5 ◆

5 ×1,5 ◆

6 ×1,25 ◆

7 ×1,5 ■

8 ×1,5 ◆

KAHNEULCHEN Nolidae

E 12 GEN 52 SPP 7 ILL

Die meisten Arten sind klein, einige mittelgroß; oft weisen sie auffällige Flügelmuster in Weiß, Silber oder Grün auf. Die Larven ernähren sich von Laubbäumen.

1 ☉ Brombeer-Kleinbärchen
Meganola albula **S** 17–22 mm. Klein; Vorderflügel schmal, weißlich; Mittelfeld dunkel, manchmal mit einem sehr dunklen Querband. Hinterflügel heller. **H** Feuchtgebiete, Feuchtwald, Buschland. **F** Brombeere, Himbeere.

1
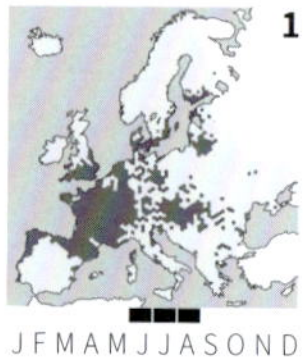

Gen. *Nola* E 21 SPP

Klein; schmale Vorderflügel, weißlich bis bräunlich. Flügeladerung und Genitaldetails (die den Rahmen dieses Buches sprengen) unterscheiden *Nola* spp. von der Gattung *Meganola*.

2 ☉ Hainbuchen-Kleinbärchen
Nola confusalis **S** 16–24 mm. Vorderflügel weißlich mit schwarzen Querstreifen in einem markanten Muster; Hinterflügel gräulich. **H** Wälder, Parks, Gärten. **F** Moorbirke, Schlehdorn, Kreuzdorn, Linden.

2
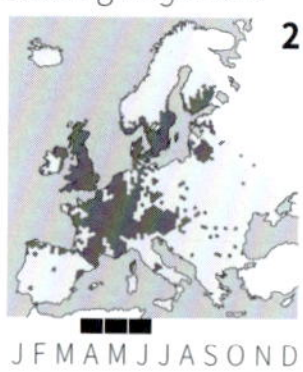

3 ☉ Violettgraues Graueulchen
Nola cucullatella **S** 16–21 mm. Vorderflügel bräunlich; Basalbereich dunkel, Mittelbereich weißlich. **H** Wälder, Buschland, Hecken, Gärten. **F** Schlehdorn, Weißdorn, Obstbäume.

3
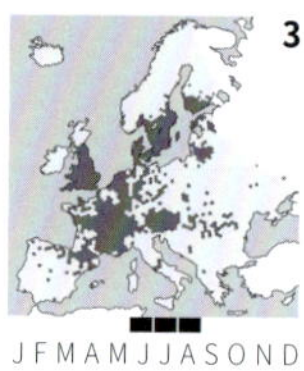

4 ☉ Eichen-Kahneule
Bena bicolorana **S** 40–48 mm. Vorderflügel hellgrün mit 2 schmalen, gelblich weißen Querstreifen; Hinterflügel weiß. Fühler, Palpen und Vorderbeine rosa. **H** Wälder, Parks. **F** Eichen.

4
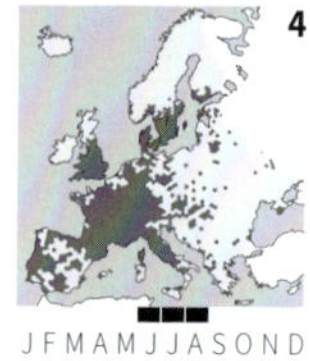

5 ☉ Buchen-Kahneule
Pseudoips prasinana **S** 32–40 mm. Vorderflügel hellgrün mit 3 weißlichen Querstreifen; Hinterflügel weiß oder gelblich weiß. Fühler, Palpen und Vorderbeine rosa. **H** Wälder. **F** Eichen, Birken.

5
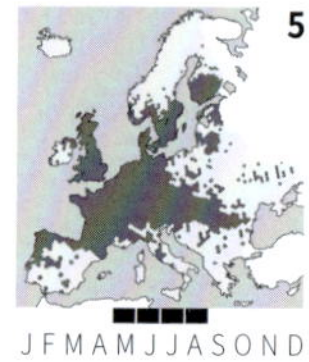

6 ☉ Eichen-Wicklereulchen
Nycteola revayana **S** 20–26 mm. Färbung sehr variabel; Vorderflügel graubraun mit Linienmuster oder mit diagonalen Linien und schwarzen Flecken oder fast ungemustert bis auf schwarze Flecken. **H** Wälder, Parks. **F** Eichen.

6
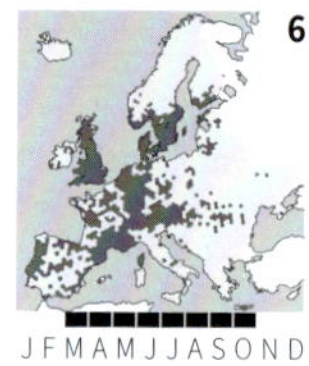

7 ☉ Weiden-Kahneulchen
Earias clorana **S** 20–24 mm. Vorderflügel hellgrün, Vorderkante weiß; Hinterflügel weiß. **H** Feuchtgebiete, Feuchtwald. **F** Weiden.

7
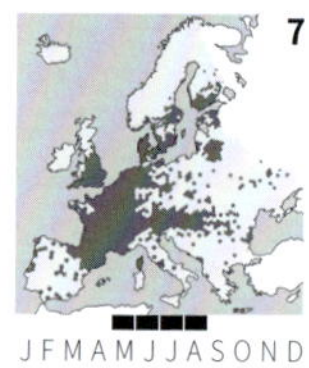

1 ×2,5 ◆

2 ×2,5 ◆

3 ×2,5 ■

KAHNEULCHEN

4 ×1,5

5 ×1,5

6 ×2,5

7 ×2,5

URMOTTEN Micropterigidae

E 1 GEN 52 SPP 2 ILL

Sehr kleine Falter, Flügel in Ruheposition steil dachförmig gefaltet. Vorderflügel glänzend, bronzefarben oder mit violetten Flecken; Hinterflügel so breit wie Vorderflügel. Tagaktiv.

1
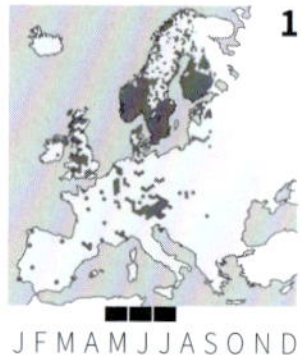

1 ☉ Gold-Urmotte
Micropterix aureatella **S** 9–11 mm. Vorderflügel purpurfarben, meist 2 weißlich-goldfarbene Bänder und ein großer Fleck. Kopf gelblich. **H** Wald, feuchte Heide. **F** Möglicherweise Heidelbeere.

2
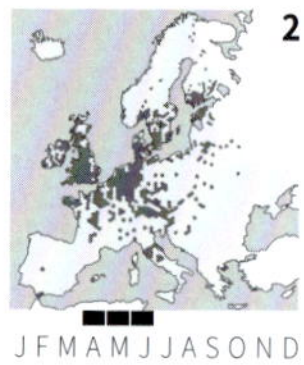

2 ☉ Dotterblumenmotte
Micropterix calthella **S** 8–10 mm. Vorderflügel bronzefarben mit violetter Basis. Kopf mit gelblichem Haar auf dem Oberkopf. **H** Wälder. **F** Wald-Segge. **V** Oft in Gruppen auf Blüten zu sehen.

TRUGMOTTEN Eriocraniidae

E 3 GEN 10 SPP 1 ILL

Klein; Flügel schillernd; tagaktiv, oft in der Nähe der Wirtsbäume zu sehen.

3
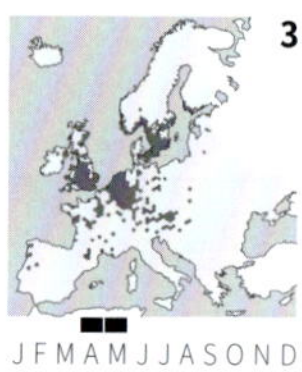

3 ☉ Eichen-Trugmotte
Dyseriocrania subpurpurella
S 9–14 mm. Vorderflügel metallisch goldfarben, oft mit violetten oder bläulichen Sprenkeln. **H** Laubwälder. **H** Eichen.

ZWERGMINIERMOTTEN Nepticulidae

E 14 GEN 280 SPP 1 ILL

Klein; Flügel mit leuchtend goldenen oder metallischen Flecken. Larven minieren in Blättern.

4
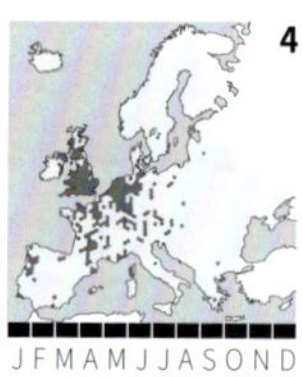

4 ☉ Goldschultrige Rosenminiermotte ***Stigmella aurella***
S 6–7 mm. Vorderflügel dunkel mit kupferrotem Schimmer und weißlichem oder goldenem Band; Stirn mit gelblichen Haaren. **H** Waldränder, Hecken, Gärten. **F** Brombeere, Erdbeeren.

MINIERSACKMOTTEN Incurvariidae

E 6 GEN 18 SPP 1 ILL

Flügel in Ruheposition dachförmig gefaltet. Fühler ½–⅔ so lang wie Vorderflügel und bei ♂ einiger Arten, wie der hier abgebildeten, gefiedert.

5
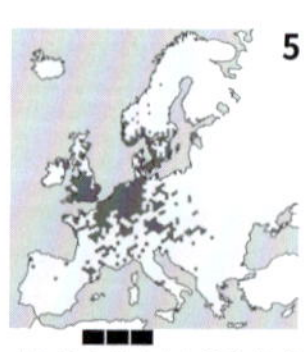

5 ☉ Weißdorn-Miniersackmotte
Incurvaria masculella **S** 12–17 mm. Oberrand der Vorderflügel dunkelbraun, 2 weiße Flecken. Bei der ähnlichen Art *I. oehlmanniella* Fühler nicht gefiedert. **H** Laubwälder, Gärten. **F** Weißdorn, Rosen.

SCHOPFSTIRNMOTTEN Tischeriidae

E 2 GEN 12 SPP 1 ILL

Klein und unscheinbar; Larven erzeugen charakteristische fleckenförmige Minen in Blättern.

6
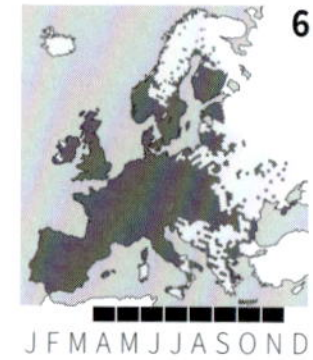

6 ☉ Gelbe Brombeer-Schopfstirnmotte *Coptotriche marginea*
S 7–8 mm. Vorderflügel bräunlich gelb, Hinterrand dunkel. **H** Gebüsch, Hecken. **F** Brombeere.

ECHTE SACKTRÄGER Psychidae

E 48 GEN 275 SPP 1 ILL

Larven bauen Schutzhüllen (Säcke) aus Seide und Pflanzenmaterial. ♀ vieler Arten flügellos, verbleiben im Raupensack.

7
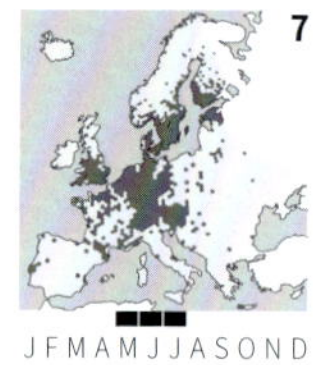

7 ☉ Kleiner Rauch-Sackträger
Psyche casta **S** 12–15 mm. Bei ♂ Vorderflügel braun, behaart. **H** Wald, Grasland. **F** Gräser.

ECHTE MOTTEN Tineidae

E 57 GEN 266 SPP 2 ILL

Klein, manche Arten einfarbig. Bekannt für ihre Larven, die in gewebten Röhren leben und sich von Naturfasern wie Wolle, Fell oder Federn ernähren. Häufige Haushaltsschädlinge.

8
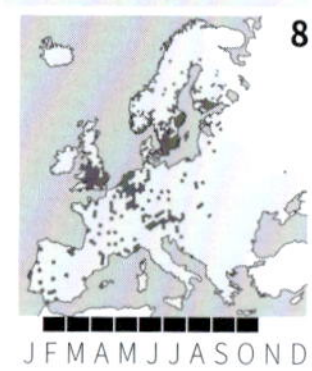

8 ☉ Pelzmotte *Tinea pellionella*
S 9–16 mm. Vorderflügel graubraun mit 1–3 dunklen Flecken. **H** In Häusern. **F** Wolle, Fell, Federn.

9
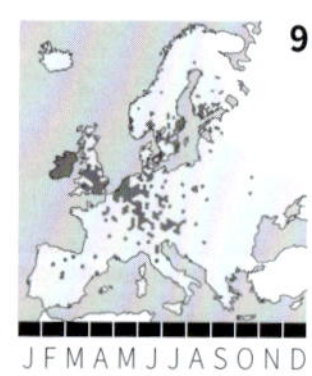

9 ☉ Kleidermotte
Tineola bisselliella **S** 11–15 mm. Vorderflügel einfarbig gelblich bis braun. **H** In Häusern. **F** Wolle, Fell, Federn.

MINIERMOTTEN Gracillariidae

E 31 GEN 251 SPP 2 ILL

Flügel in Ruhestellung steil dachförmig gefaltet. Vorderflügel lang gestreckt, die Hinterflügel schmaler; Vorderbeine sind manchmal angehoben. Larven minieren in Blättern, können Schäden verursachen.

10
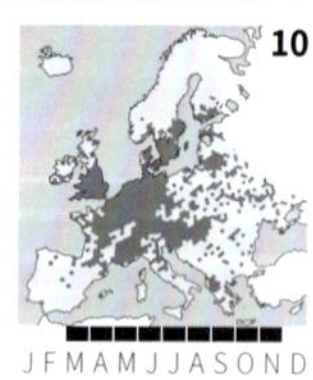

10 ☉ Rosskastanienminiermotte
Cameraria ohridella **S** 7–11 mm. Vorderflügel orange-braun mit weißen Querstreifen und basalen Streifen. **H** Wälder, Parks, Gärten. **F** Rosskastanie.

11
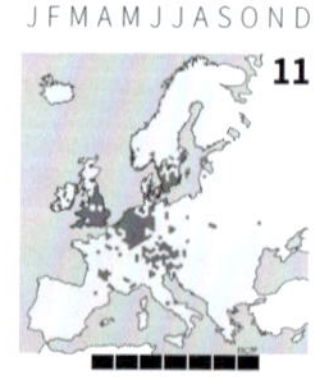

11 ☉ Buchenminiermotte
Phyllonorycter maestingella
S 7–9 mm. Vorderflügel orange-braun, unregelmäßig schwarz-weiß gemustert. **H** Wälder, Hecken, Parks, Gärten. **F** Birken.

URMOTTEN

1 ×5 ■

2 ×5 ■

TRUGMOTTEN

3 ×5 ■

ZWERGMINIERMOTTEN

4 ×7 ■

MINIERSACKMOTTEN

5 ×4 ■

♂ Fühler gefiedert; ♀ fadenförmig

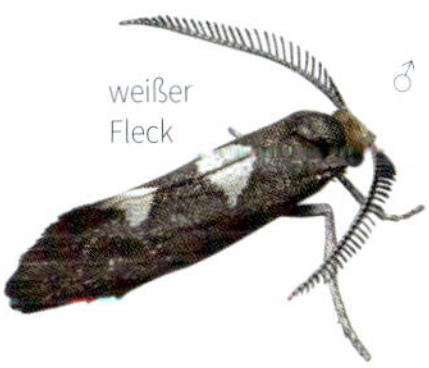

SCHOPFSTIRNMOTTEN

6 ×7 ■

ECHTE SACKTRÄGER

7 ×3 ◆

ECHTE MOTTEN

8 ×4 ■

9 ×4 ◆

MINIERMOTTEN

10 ×6 ■

11 ×6 ■

LANGHORNMOTTEN Adelidae

E 4 GEN 56 SPP 7 ILL UK 4 GEN 15 SPP 7 ILL

Zierliche Tiere, Flügel vieler Arten metallisch glänzend. Die meisten mit außergewöhnlich langen Fühler, oft bis 4× Länge der Vorderflügel bei ♂ (kürzer bei ♀), in der Regel problemlos bis zur Art zu bestimmen.

Tagaktiv, an Grasland und Waldrändern mitunter in großer Zahl anzutreffen; die ausgewachsenen Tiere ernähren sich von Blütennektar. Spätere Larvenstadien bauen aus Pflanzenmaterial ein schützendes, tragbares Gehäuse, das einer Geige ähnelt.

Gen. *Nemophora* E 21 SPP

Die meisten Arten sind größer als viele der verwandten Gattungen, Fühler extrem lang, bei ♂ einiger Arten > 2,5× Vorderflügellänge.

1 ⊙ De Geers Langhornfalter
Nemophora degeerella **S** 16–23 mm. Vorderflügel bräunlich mit gelbem Mittelband; ansonsten gelb gestreift. Kopf orange, Fühler bei ♂ fast 4× Vorderflügellänge, bei ♀ nur geringfügig länger als Vorderflügel und mit weißer Spitze. **H** Waldgebiete, Feuchtgebiete, Hecken. **F** Tote Blätter am Boden.

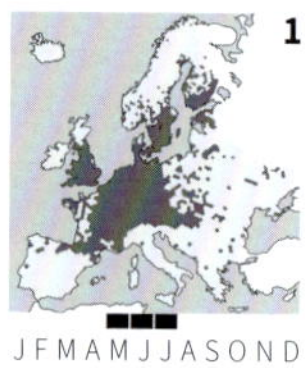

2 ⊙ Witwenblumen-Langhornfalter
Nemophora metallica **S** 15–20 mm. Vorderflügel metallisch bronzefarben; Kopf teilweise mit gelblichen Haaren, Augen grünlich; Fühler bei ♂ ~ 2,5× Vorderflügellänge, bei ♀ ~ 1,5×. **H** Kalkhaltiges Grasland. **F** Skabiosen.

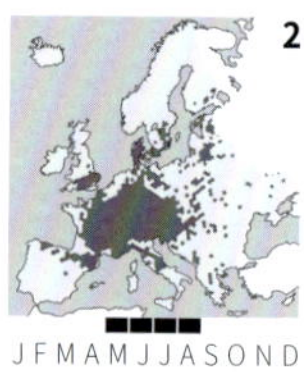

Gen. *Adela* E 13 SPP

Meist kleiner als *Nemophora* spp.; Fühler 2–3× Vorderflügellänge bei ♂. Labialpalpen (Mundwerkzeuge) größer als bei *Nemophora* spp.; dennoch nicht sehr auffällig.

3 ⊙ Ligusterlangfühler
Adela croesella **S** 11–14 mm. Vorderflügel schwarzbraun mit violettem Schimmer; gelbes Band mit violettem Rand. Kopf rotbraun und schwarz, Fühler bei ♂ ~ 2× Vorderflügellänge, bei ♀ ~ 1×. **H** Wald, Gebüsch, Grasland, Feuchtgebiete. **F** Eschen, Ulmen, Liguster.

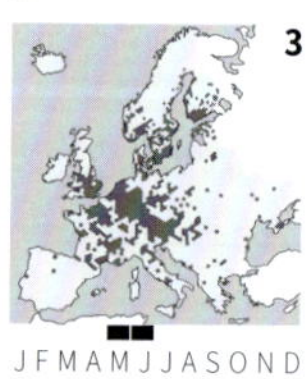

4 ⊙ Kupfer-Langhornmotte
Adela cuprella **S** ~ 15 mm. Vorderflügel metallisch goldgrün, oft mit leicht rötlichen Reflexen. Fühler bei ♂ ~ 2,5× Vorderflügellänge, bei ♀ etwas länger als Vorderflügel. **H** Feuchtgebiete, Heideland. **F** Weiden.

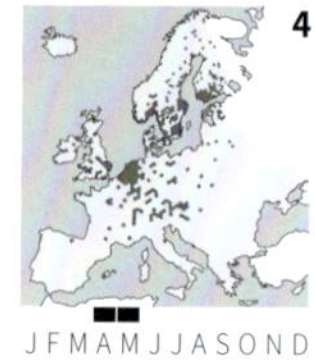

5 ⊙ Grünlangfühler
Adela reaumurella **S** 14–18 mm. Vorderflügel metallisch dunkelgrün. Fühler weiß mit schwarzer Basis, Fühler bei ♂ ~ 3× Vorderflügellänge, bei ♀ ~ 1,5×. **H** Wald, Heideland, Feuchtgebiete. **F** Tote, abgefallene Blätter. **B** Fliegen bei sonnigem Wetter bisweilen zu Hunderten an Eichen.

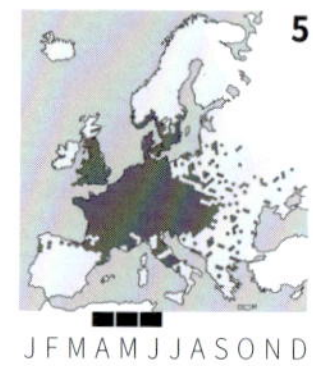

Gen. *Cauchas* E 10 SPP

Kleiner als andere Gattungen; bei ♂ Fühler ≤ 2× Vorderflügellänge. Labialpalpen größer als bei anderen Gattungen.

6 ⊙ Veronica-Langhornfalter
Cauchas fibulella **S** 8–11 mm. Klein, Vorderflügel dunkelgoldgrün, purpurfarben getönt, mit weißlichem Fleck; manchmal ein weißlicher Fleck nahe der Basis. Fühler kurz, dennoch etwas länger als Vorderflügel, bei ♂ etwas länger als bei ♀. **H** Grasland. **F** Ehrenpreis.

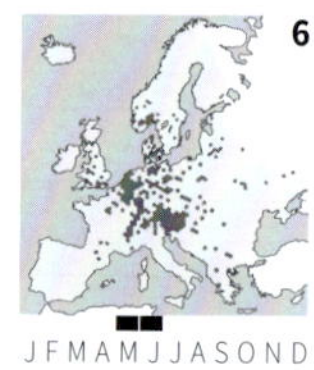

7 ⊙ Rotsilberne Langhornmotte
Cauchas rufimitrella **S** 9–12 mm. Vorderflügel metallisch goldgrün. Kopf mit gelben Haaren, Fühler mit weißer Spitze, bei ♂ ~ 2× Vorderflügellänge, bei ♀ ~ 1,5×. **H** Feuchtgebiete. **F** Kreuzblütler.

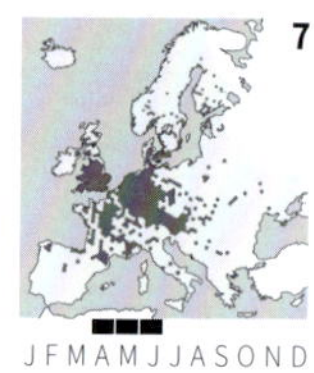

obwohl klein, fallen ♂ der Langhornmotten aufgrund ihrer extrem langen Fühler auf; hier gezeigt ist *Nemophodera degeerella*

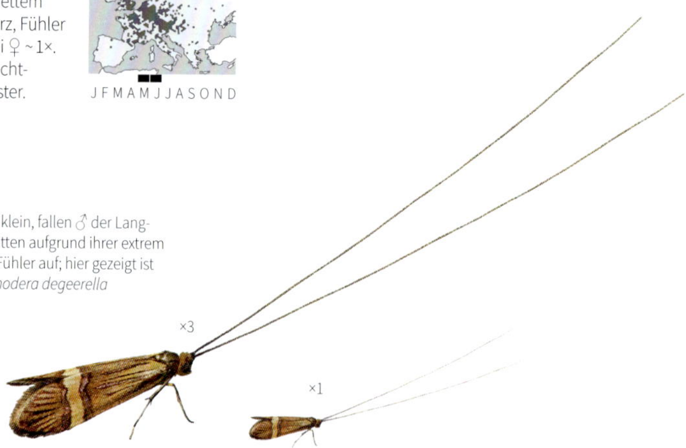

Langhornmotten

1 ×2

2 ×2

3 ×3

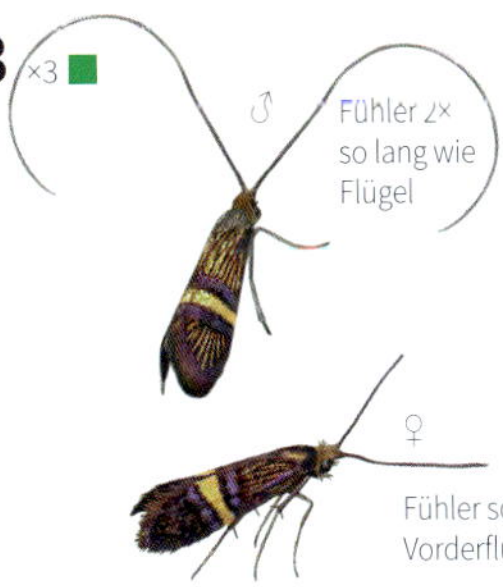

4 ×3

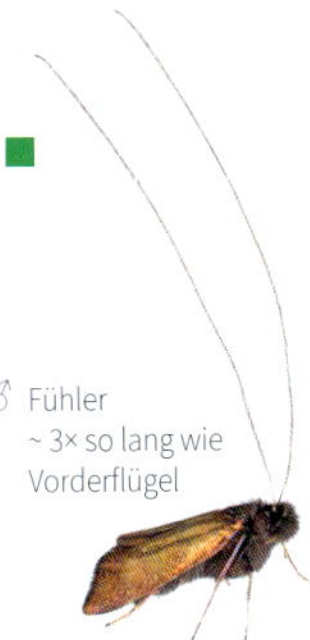

5 ×3

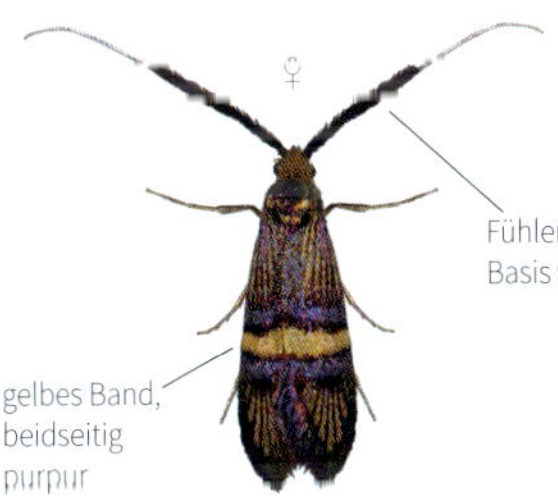

6 ×6

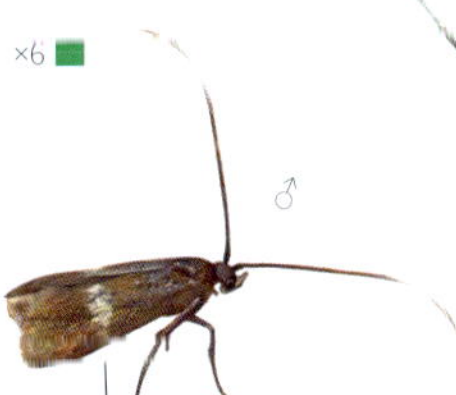

7 ×5

GESPINSTMOTTEN Yponomeutidae

E 15 GEN 72 SPP 2 ILL

Die meisten Arten ruhen mit steil dachartigen gefalteten Flügeln, einige wenige mit um den Hinterleib gewickelten Flügeln. Larven spinnen dichte, gemeinschaftliche Seidennetze, die im Sommer oft ganze Sträucher oder Bäume bedecken und große Flächen entlauben; befallene Bäume können sich jedoch in der Regel regenerieren.

Gen. *Yponomeuta* E 11 SPP

Flügel weiß mit artspezifischem Muster von Flecken und grauen Schattierungen.

1
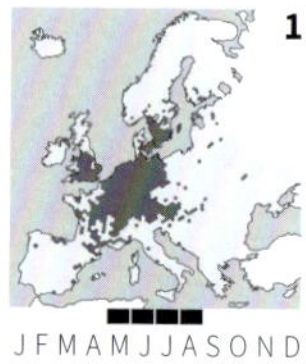

1 ⊙ Pfaffenhütchen-Gespinstmotte
Yponomeuta cagnagella **S** 19–26 mm. Vorderflügel weiß mit zahlreichen schwarzen Flecken. **H** Hecken, Gebüsch, Gärten. **F** Spindelstrauch.

2
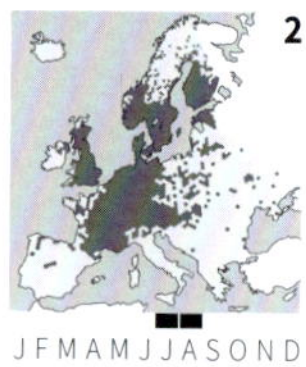

2 ⊙ Traubenkirschen-Gespinstmotte ***Yponomeuta evonymella***
S 16–25 mm. Vorderflügel weiß, mit 5 Längsreihen feiner schwarzer Punkte. **H** Hecken, Gebüsch, Gärten. **F** Vogelkirsche.

3
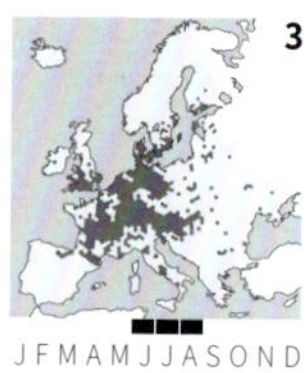

3 ⊙ Faulbaum-Gespinstmotte
Yponomeuta plumbella **S** 16–20 mm. Vorderflügel weiß mit Reihen schwarzer Flecken, Hinterrand schwarz; großer zentraler schwarzer Fleck. **H** Hecken, Buschland, Gärten. **F** Spindelstrauch.

YPSOLOPHIDEN Ypsolophidae

E 3 GEN 46 SPP 2 ILL

Klein bis mittelgroß, schmale Flügel, oft mit feinen Streifen oder Flecken gemustert. Larven ernähren sich von Blättern verschiedener Sträucher und Bäume.

4
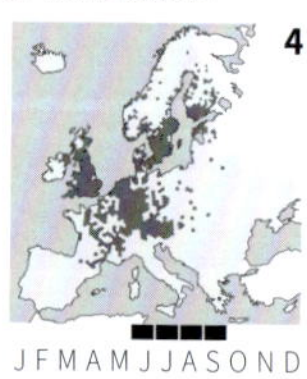

4 ⊙ Geißblattmotte
Ypsolopha dentella **S** 18–23 mm. Dunkelbraun, außer dem Band auf dem Kopf, das am Brustkorb und den Vorderflügeln weißlich oder gelblich ist. **H** Wald, Gebüsch, Gärten. **F** Geißblatt.

5
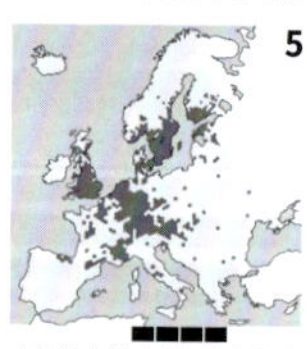

5 ⊙ Osterhasenfalter
Ypsolopha sequella **S** 18–20 mm. Vorderflügel weiß mit dunkelgrauem bis schwarzem Muster. **H** Waldgebiet, Gebüsch. **H** Feldahorn, Platane.

SCHLEIERMOTTEN Plutellidae

E 4 GEN 27 SPP 1 ILL

Ruhen mit Flügeln in steiler, dachartiger Position; Fühler gerade nach vorne gerichtet; Palpen lang, dadurch sehr lang gestrecktes Aussehen.

6
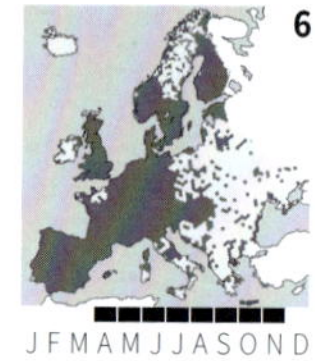

6 ⊙ Kohlschabe ***Plutella xylostella***
S 12–17 mm. Vorderflügel graubraun mit einem helleren, weißlich braunen, leicht welligen „Diamantrücken-Band".
H Kohl-Anbaugebiete, daher oft in landwirtschaftlichen und städtischen Gebieten. **F** Kohl.

KNOSPENMOTTEN Argyresthiidae

E 1 GEN 51 SPP 1 ILL

Klein, schlank; metallisch oder messingfarben. Larven minieren Blätter.

7
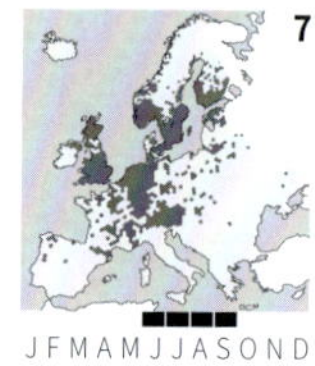

7 ⊙ Erlenblüten-Gespinstmotte
Argyresthia goedartella **S** 10–13 mm. Vorderflügel auffällig messingfarben gezeichnet. **H** Laubwälder. **F** Kätzchen von Birken und Erlen. **B** Manchmal tagaktiv.

FAULHOLZMOTTEN Oecophoderidae

E 33 GEN 151 SPP 5 ILL

Ruhen mit flach oder steil dachförmig gefalteten Flügeln, Körper waagerecht. Larven in eingerollten Blättern oder seidenen Röhren; einige befallen gelagertes Getreide.

8
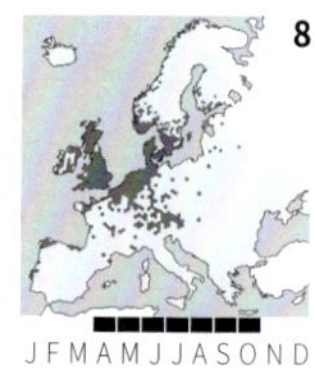

8 ⊙ Kleistermotte
Endrosis sarcitrella **S** 13–20 mm. Vorderflügel dunkel graubraun mit kleinen helleren Flecken, mehrere schwarze Punkte und Markierungen. **H** Städtische Gebiete, Gebäude im Freien. **F** Getreide, tierische und pflanzliche Stoffe.

9
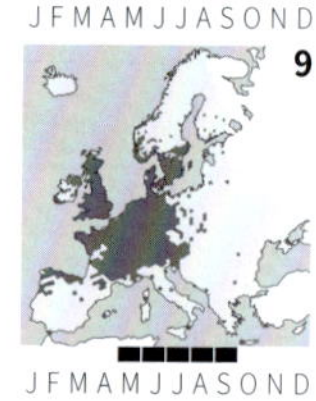

9 ⊙ Samenmotte ***Hofmannophila pseudospretella*** **S** 15–26 mm. Vorderflügel dunkelbraun, schwarz gefleckt. **H** In Häusern, Vogelnestern. **F** Getreide, tierische und pflanzliche Stoffe.

10
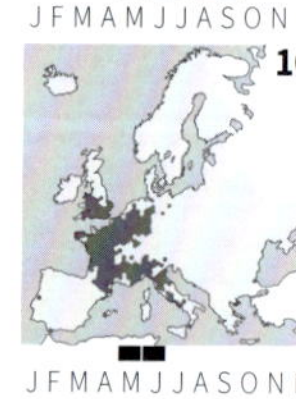

10 ⊙ Prächtige Faulholzmotte
Alabonia geoffrella **S** 17–22 mm. Vorderflügel mit einem Muster aus rötlichbraunen, weißen und metallisch blauen Tönen; Labialpalpen sehr lang. **H** Wald, Gebüsch, Hecken. **F** Verrottende Zweige, abgestorbene Brombeerstängel.

11
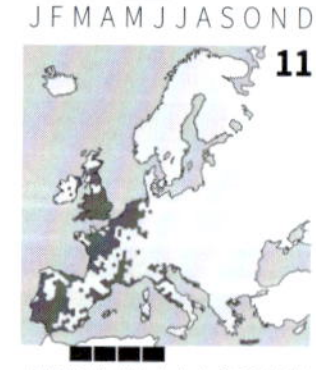

11 ⊙ Schwefelgelber Totholzfalter
Esperia sulphurella **S** 12–17 mm. Kopf teils orange; ruht mit nach vorn gerichteten Fühlern. Vorderflügel dunkel graubraun mit gelben Schuppen und gelben Streifen bei ♂. **H** Waldgebiete, Hecken, Heide, Gärten. **F** Verrottendes Holz, Pilze.

12
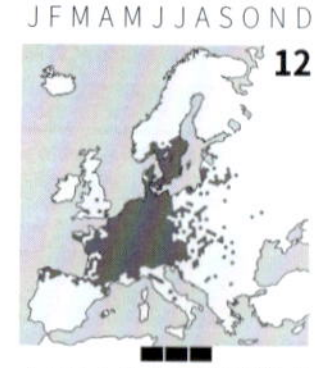

12 ⊙ Tastermotte
Harpella forficella **S** 19–29 mm. Vorderflügel mit gelb-braunem Muster; Labialpalpen groß. **H** Waldgebiete, Gebüsch. **F** Verrottendes Holz, Pilze. Labialpalpen groß. **H** Wälder, Buschland. **F** Verrottendes Holz, Pilze.

GESPINSTMOTTEN

1 ×2

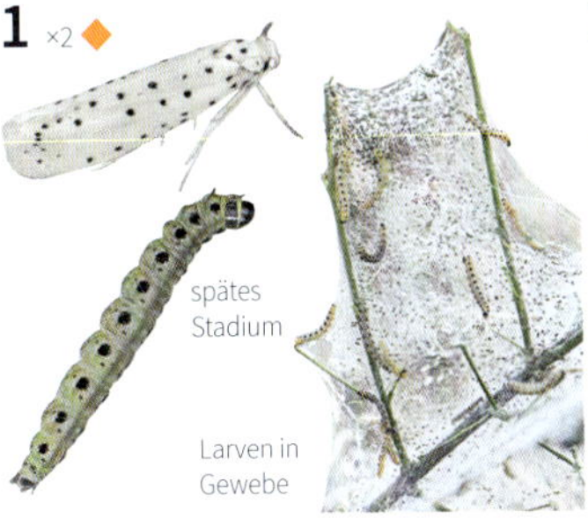

2 ×2

3 ×2,5

YPSOLOPHIDEN

4 ×2

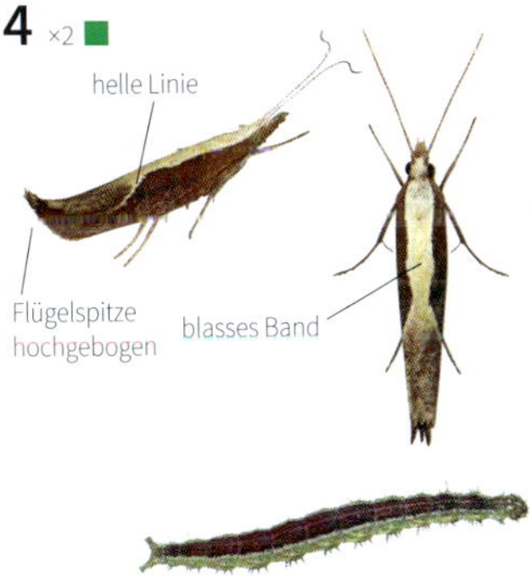

5 ×2

SCHLEIERMOTTEN

6 ×2,5

KNOSPENMOTTEN

7 ×4

FAULHOLZMOTTEN

8 ×3

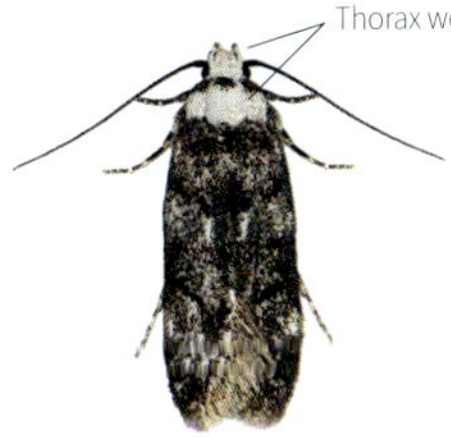

9 ×2,5

10 ×2,5

11 ×3

12 ×2

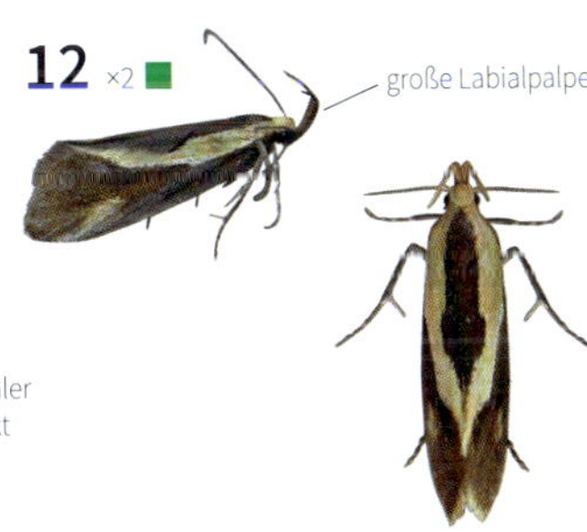

BUCHENMOTTEN Chimabachidae

E 2 GEN 3 SPP 1 ILL UK 2 GEN 3 SPP 1 ILL

Flügel braun oder gräulich, oft dezent gemustert. ♀ der in Europa vorkommenden Arten mit reduzierten Flügeln, flugunfähig. Larven ernähren sich von den versponnenen Blättern von Bäumen und Sträuchern.

1
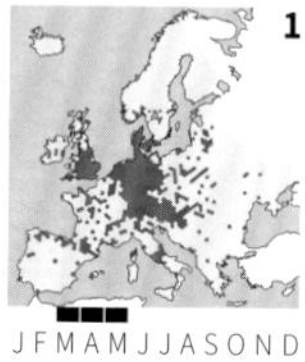

1 ⊙ Buchenmotte ***Diurnea fagella***
S 19–29 mm. Bei ♂ Flügel grau, schwarz gefleckt. **H** Waldgebiete, Parks, Gärten. **F** Eichen, Buchen, Weiden. **B** Larven können mit ihren (verdickten) Hinterbeinen ein zirpendes Geräusch erzeugen.

EICHEN-FAULHOLZMOTTEN Peleopodidae

E 1 SP 1 ILL UK 1 SP 1 ILL

Klein; nur eine europäische Art. Flügel mit charakteristischem Muster, ähnlich den Wicklern (Tortricidae, S. 546); Fühler jedoch etwa so lang wie Vorderflügel. Raupen leben unter einem Gespinst auf der Blattunterseite.

2
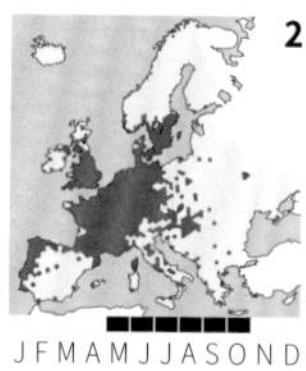

2 ⊙ Eichen-Faulholzmotte
Carcina quercana **S** 16–22 mm. Vorderflügel cremefarben, orangebraun bis schwarzrosa mit deutlichem Saum und kräftigen gelben Flecken; Fühler weißlich oder blass. **H** Waldgebiete, Gebüsche, Parks, Gärten. **F** Eichen, Buchen, auch Brombeere, Rosen.

MAURERMOTTEN Blastobasidae

E 6 GEN 52 SPP 1 ILL UK 2 GEN 6 SPP 1 ILL

Vorderflügel lang gestreckt, im Ruhezustand werden sie eng um den Körper gewickelt.

3
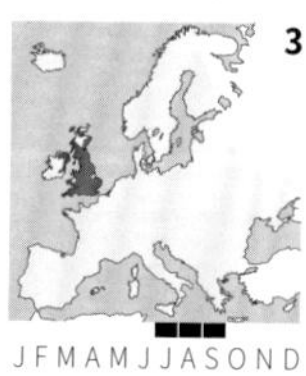

3 ⊙ Maurermotte
Blastobasis adustella **S** 15–20 mm. Vorderflügel cremefarben bis braun, Muster variabel. Ähnlich der Art *B. vittata*, die weniger deutlich gezeichnet ist. **H** Grasland, Gebüsch, Parks, Gärten. **F** Verschiedene Bäume und Sträucher.

GEISSBLATTGEISTCHEN Alucitidae

E 2 GEN 25 SPP 1 ILL UK 1 SP 1 ILL

Jeder Flügel in 6 Federbüschel unterteilt, die im Ruhezustand ausgebreitet sind. Die Arten werden anhand subtiler Details im Flügelmuster identifiziert, manchmal am besten durch mikroskopische Untersuchung der Genitalien.

4
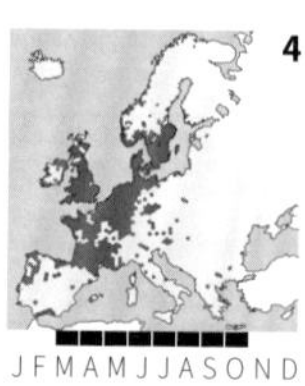

4 🔍 Geißblattgeistchen
Alucita hexadactyla **S** 14–16 mm. Flügel graubraun mit dunklerem Band und Flecken. **H** Wald, Hecken, Gärten. **F** Geißblatt.

FEDERGEISTCHEN Pterophoridae

E 32 GEN 214 SPP 5 ILL UK 20 GEN 45 SPP 5 ILL

Zarte, schmalflügelige Falter, ruhen mit flach ausgebreiteten Flügeln; diese sind federartig, die Vorderflügel meist zweilappig, die Hinterflügel dreilappig. Beine lang, ragen deutlich über die Hinterleibsspitze hinaus. Oft auffällig gemustert; bei einigen unscheinbaren Arten kann jedoch die mikroskopische Untersuchung der Geschlechtsorgane des ♂ zur Bestimmung erforderlich sein.

5
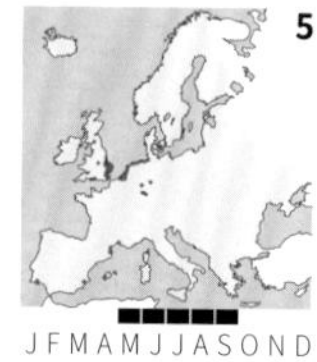

5 ⊙ Strandflieder-Federgeistchen
Agdistis bennetii **S** 24–30 mm. Vorderflügel hellgraubraun; Flügel nicht gelappt und im Ruhezustand auffällig nach vorne gerichtet. **H** Salzwiesen, Küstenklippen. **F** Strandflieder.

6
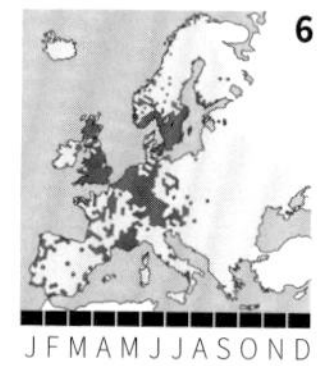

6 ⊙ Stachelfingriges Federgeistchen ***Amblyptilia acanthadactyla***
S 17–23 mm. Vorderflügel oft rotbraun mit weißlichen Sprenkeln und schwarzen Flecken; Beine geringelt. Die ähnliche Art *A. punctidactyla* ist graubraun und weist eine andere Zeichnung auf. **H** Grasland, Heideland, Gärten, Parks, Hecken, Wälder. **F** Verschiedene.

7
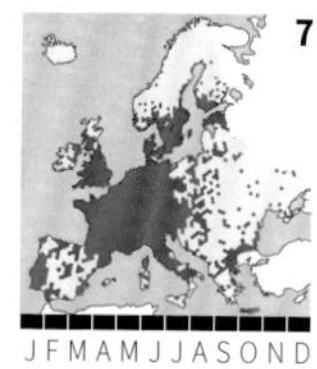

7 ⊙ Ackerwinden-Federmotte
Emmelina monodactyla **S** 18–27 mm. Flügel hellbraun, manchmal dunkel, eng eingerollt, Vorderflügelspitzen gebogen. **H** Hecken, Waldränder, Gebüsch, Gärten. **F** Winden.

8
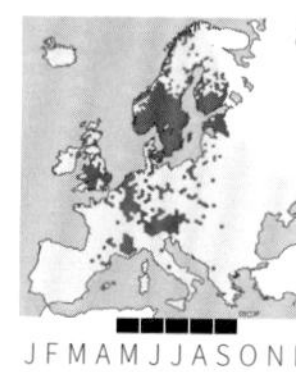

8 ⊙ Huflattich-Federmotte
Platyptilia gonodactyla **S** 20–28 mm. Vorderflügel hellbraun mit weißlichen Schuppen und dunkelbraunen Flecken. **H** Grasland, Brachland. **F** Huflattich, Pestwurz.

9
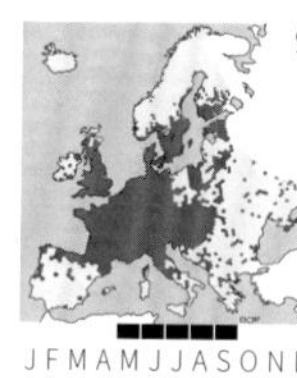

9 ⊙ Schlehen-Federgeistchen
Pterophorus pentadactyla
S 24–34 mm. Flügel mit reinweißen Federn. **H** Grasland, Gärten. **F** Winden.

SPREIZFLÜGELFALTER Choreutidae

E 6 GEN 17 SPP 1 ILL UK 4 GEN 7 SPP 1 ILL

Flügel mit metallisch schimmernden Schuppen; ruhen meist mit flach angelegten Flügeln und waagerechtem Körper. Viele Arten sind tagaktiv. Die Larven spinnen oft seidene Gespinste über Blätter.

10
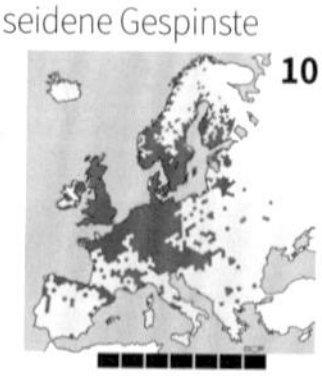

10 ⊙ Brennnessel-Spreizflügelfalter
Anthophila fabriciana **S** 11–15 mm. Vorderflügel dunkelbraun, mit grauen Sprenkeln und einigen weißlichen Flecken. **H** Heckenreihen, Waldränder, Gärten. **F** Brennnesseln.

BUCHENMOTTEN

1 ×2,5 ◆

♂

EICHEN-FAULHOLZMOTTEN

2 ×3 ■

MAURERMOTTEN

3 ×3 ◆

GEISSBLATTGEISTCHEN

4 ×2,5 ◆

Fraßbild an Geißblatt

FEDERGEISTCHEN

5 ×1,5 ◆

6 ×2 ■

7 ×1,5 ◆

8 ×1,5 ◆

9 ×1,5 ◆

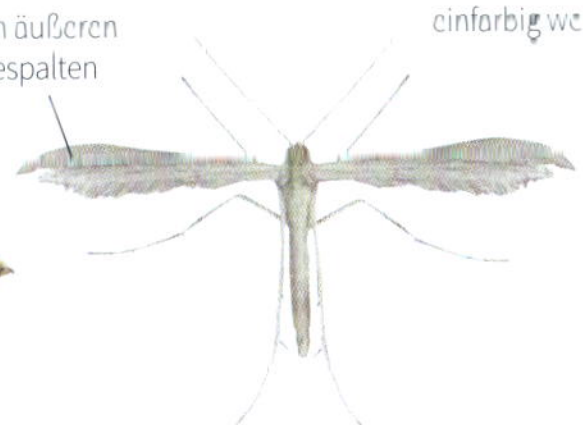

SPREIZFLÜGELFALTER

10 ×4 ◆

WICKLER Tortricidae →

E ~144 GEN 1104 SPP 22 ILL

Große Familie; klein bis mittelgroß; die meisten Arten unscheinbar, einige jedoch mit leuchtender Zeichnung. Flügel in verschiedenen Ruhepositionen, aber stets waagerecht, zeltartig oder um den Körper gewickelt. Vorderflügel auffallend breit. Die Raupen rollen oder falten Blätter, die als Unterschlupf dienen; einige Arten sind Schädlinge an Obst und Feldfrüchten.

Gen. *Archips* E 10 SPP

Vorderflügel ockerfarben bis rötlich braun, mit artspezifischem dunklen Fleckenmuster. Färbung sehr variabel, Bestimmung der Arten kann daher schwierig sein.

1

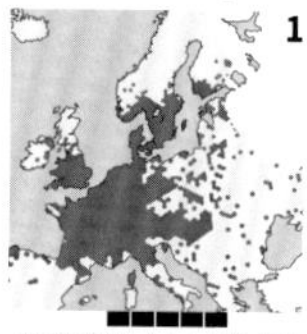

1 ⊙ Eschenzwieselwickler
Archips podana **S** 19–28 mm. Vorderflügel gelblich braun mit blassvioletten Übergängen und gebogener dunkler Querlinie; dunkle Flecken manchmal undeutlich. ♀ mit netzartigem Muster. **H** Obstgärten, Wälder, Gärten. **F** Obstbäume, auch Nadelbäume.

2

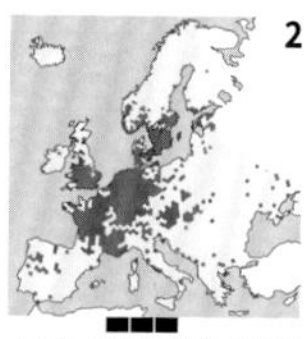

2 ⊙ Brauner Laubholzwickler
Archips xylosteana **S** 15–23 mm. Vorderflügel gelblich braun mit großen dunkleren Flecken und einem breiten dunkleren Querband; alle mit weißen Linien. **H** Wälder, Hecken, Gärten. **F** Verschiedene.

Gen. *Pandemis* E 6 SPP

Vorderflügel ockerfarben mit artspezifischen rotbraunen Bändern; helle Schuppen und dunkle Adern bilden ein schwaches netzartiges Muster.

3

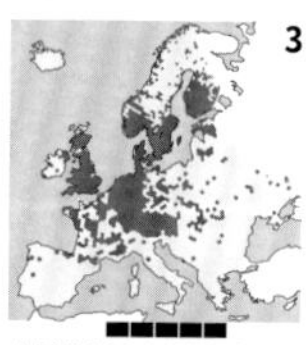

3 ⊙ Johannisbeer-Breitwickler
Pandemis cerasana **S** 16–25 mm. Vorderflügel mit dunkel umrandetem Diagonalband in der Mitte; innere Querlinie gerade; Hinterflügel einfarbig grau. **H** Offene Wälder, Parks, Gärten, Obstgärten. **F** Verschiedene Bäume und Sträucher.

4

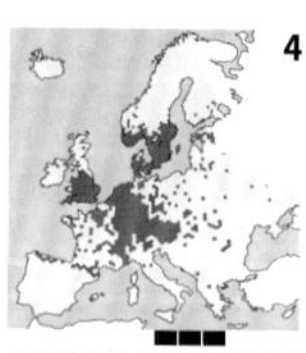

4 ⊙ Gewürfelter Obstbaumwickler
Pandemis corylana **S** 18–24 mm. Vorderflügel mit dunkel umrandetem Diagonalband in der Mitte; innere Querlinie ebenfalls diagonal; Hinterflügel einfarbig grau. **H** Wald, Hecken, Gärten, Gebüsch. **F** Verschiedene Bäume und Sträucher.

5

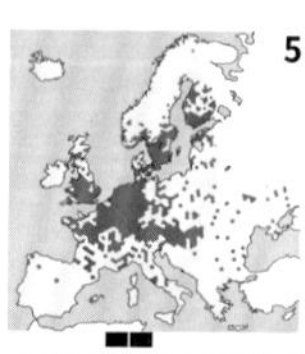

5 ⊙ Schein-Prachtwickler
Ptycholoma lecheana **S** 16–20 mm. Vorderflügel dunkelbraun mit gelblichen Schuppen und 2 metallisch silbernen Querstreifen. **H** Wälder, Hecken, Obstgärten, Parks, Gärten. **F** Eichen, Äpfel und andere Bäume.

6

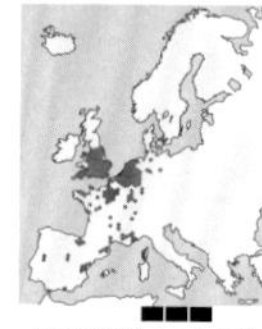

6 ⊙ Orangefarbener Kiefernwickler
Lozotaeniodes formosana **S** 20–26 mm. Vorderflügel gelblich braun mit orangebraunen Linien, die von einem rötlichen Rand umgeben sind. **H** Nadelwald. **F** Waldkiefer.

7

7 ⊙ Hellbraune Apfelmotte
Epiphyas postvittana **S** 16–25 mm. Basale Hälfte der Vorderflügel bei ♂ blassgelblich, bei ♀ eher bräunlich; Rest des Flügels rötlich braun mit dunklerem Rand. **H** Gärten. **F** Verschiedene Bäume und Sträucher.

8

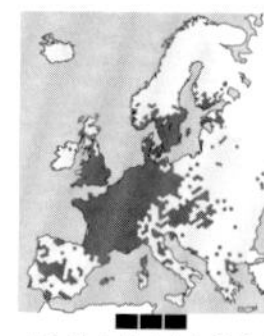

8 ⊙ Grüner Eichenwickler
Tortrix viridana **S** 17–24 mm. Vorderflügel hellgrün; Hinterflügel grau. Weiden-Kahneulchen (*Earias clorana*, S. 536) sieht ähnlich aus, sitzt aber im Ruhezustand weniger flach und hat weiße Hinterflügel. **H** Wälder, Hecken, Gebüsch. **F** Eichen.

9

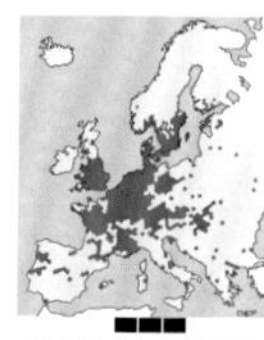

9 ⊙ Brauner Eichenwickler
Aleimma loeflingiana **S** 14–19 mm. Vorderflügel gelblich braun mit 2 dunklen Querbinden, die manchmal nur am Vorderrand sichtbar sind. Hinterflügel gräulich. **H** Wälder, Hecken. **F** Eichen.

Gen. *Acleris* E 43 SPP

Klein, Flügel oft mit auffälligem, artspezifischem Muster. Färbung ist jedoch sehr variabel.

10

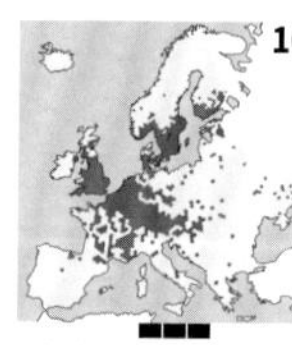

10 ⊙ Ahornwickler
Acleris forsskaleana **S** 12–18 mm. Vorderflügel gelblich mit dunklem Muster; meist mit gräulichem Mittelfleck. Hinterflügel gelblich weiß. **H** Wälder, Parks, Gärten. **F** Ahorn.

11

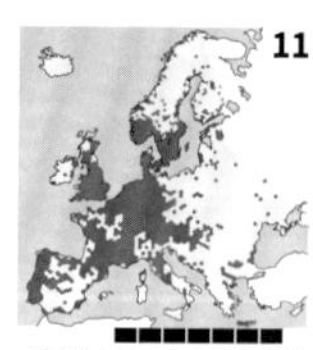

11 ⊙ Gartenrosenmotte
Acleris variegana **S** 14–20 mm. Basale Hälfte der Vorderflügel weiß, äußere Hälfte graubraun; jedoch variabel. Der große graubraune Fleck fehlt mitunter. **H** Gebüsch, Obstgärten, Gärten, Waldgebiete, Hecken. **F** Rosen, Brombeere, Obstbäume. **I** Schädling in Gärten und auf Früchten.

WICKLER →

1 ×2,5

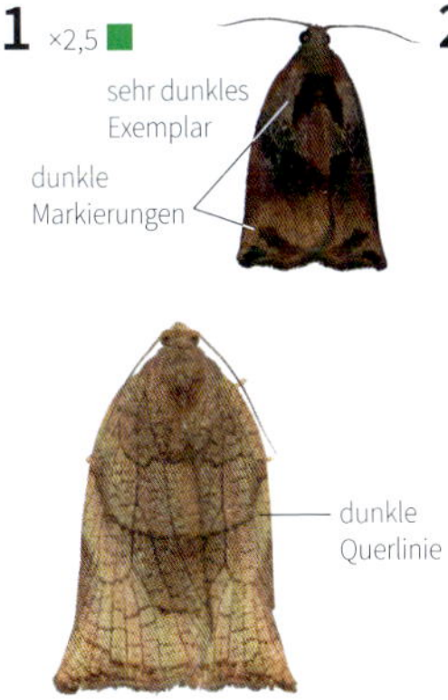

2 ×2,5

3 ×2,5

4 ×2,5

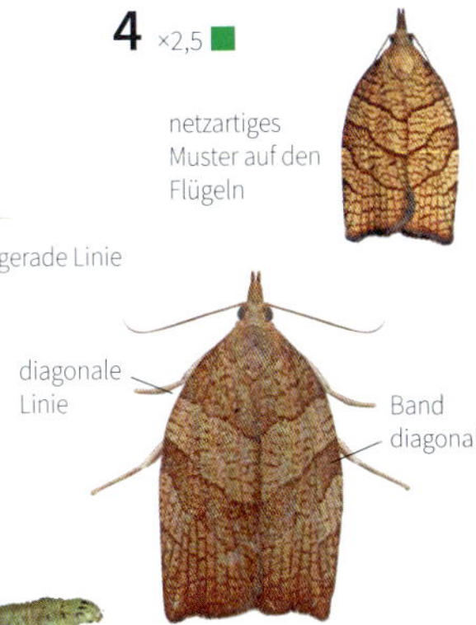

5 ×2,5

6 ×2

7 ×2,5

8 ×2,5

9 ×3

10 ×4

11 ×4

← WICKLER Todertricidae

1 ⊙ Eschenwickler
Pseudargyrotoza conwagana
S 11–15 mm. Vorderflügel dreieckig, gelb mit rötlich braunen und dunklen Flecken, großem gelbem Mittelfleck und metallisch grauen Flecken. Hinterflügel dunkelgrau. **H** Waldgebiete, Hecken, Gebüsche, Parks, Gärten. **F** Eschen, Liguster.

1
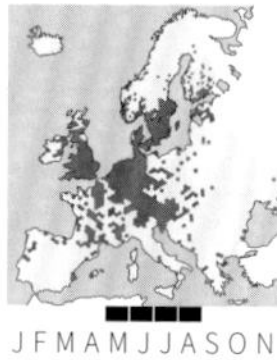

Gen. *Agapeta* E 4 SPP

Vorderflügel weißlich gelb bis dunkelgelb, mit artspezifischem Muster.

2 ⊙ Distelblattroller
Agapeta hamana **S** 15–24 mm. Vorderflügel weißlich gelb bis dunkelgelb, mit orangefarbenen oder braunen Flecken und teilweise ausgeprägter Diagonallinie. **H** Grasland, Brachland. **F** Disteln.

2
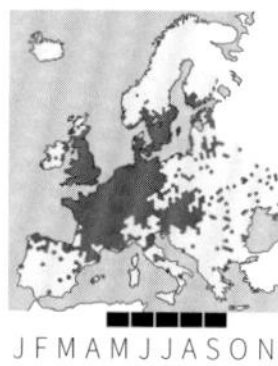

3 ⊙ Flockenblumenwickler
Agapeta zoegana **S** 15–25 mm. Vorderflügel meist leuchtend gelb, mit einem auffälligen, nahezu kreisrunden braunen Ring auf der äußeren Hälfte. **H** Grasland. **F** Flockenblumen, Skabiosen.

3
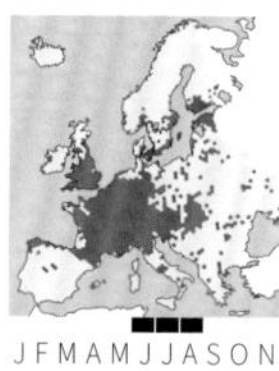

4 🔍 Grauer Knospenwickler
Hedya nubiferana **S** 15–21 mm. Basale zwei Drittel der Vorderflügel dunkelbraun, mit bläulich grauen und schwärzlichen Flecken gefleckt; äußeres Drittel weißlich mit gräulichen Flecken. Hinterflügel sind gräulich weiß bis hell graubraun mit einer dünnen, dunklen Mittellinie. **H** Wälder, Hecken, Gebüsche, Parks, Gärten. **F** Holzapfel, Weißdorn.

4
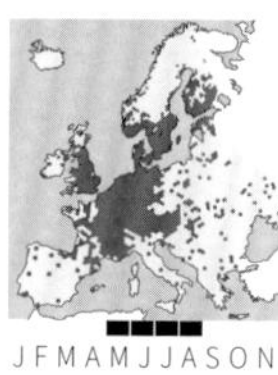

5 🔍 Teichwickler
Celypha lacunana **S** 16–18 mm. Vorderflügel schwarzbraun; variabel, mit komplexem Muster aus helleren und dunkleren Schattierungen. Hinterflügel graubraun. **H** Grasland, Feuchtgebiete, Hecken, lichte Wälder, Brachflächen, Parks, Gärten. **F** Verschiedene krautige Pflanzen.

5
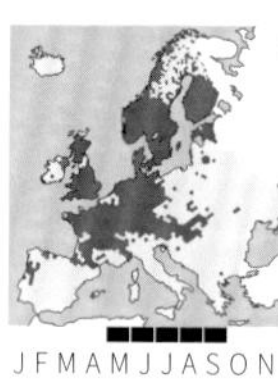

6 ⊙ Prachtwickler
Olethreutes arcuella **S** 14–18 mm. Vorderflügel orangebraun mit silbernen Linien und Zeichnungen, gelblichem Fleck und schwarzen Streifen. **H** Offenes Waldgebiet. **I** Tagaktiv. **F** Tote Blätter am Boden.

6
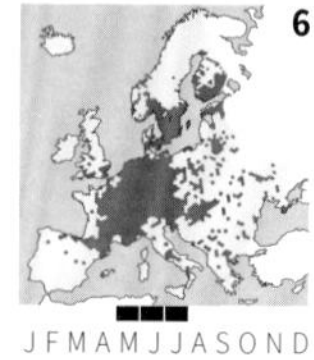

Gen. *Notocelia* E 8 SPP

Kleine Motten mit unterschiedlichen Flügelmustern.

7 ⊙ Rosenstrauch-Wickler
Notocelia cynosbatella **S** 16–22 mm. Vorderflügel: basales Drittel schwarzbraun, äußere zwei Drittel überwiegend weißlich mit gräulichen Flecken und Flügelspitzen. Labialpalpen gelb. **H** Wald, Hecken, Gärten. **F** Schlehe, Weißdorn, Brombeere, Rosen.

7
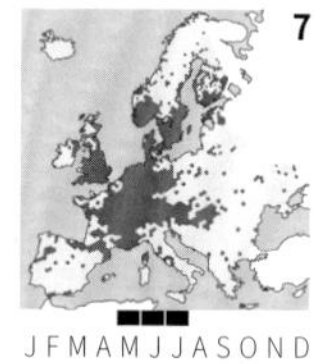

8 ⊙ Brombeertriebwickler
Notocelia uddmanniana **S** 14–21 mm. Vorderflügel grau, fein gefleckt, Hinterflügel mit großem, dunkelbraunem, weiß gerändertem Fleck in der Mitte. **H** Hecken, Buschland, lichte Wälder, Gärten. **F** Brombeere, Himbeere.

8
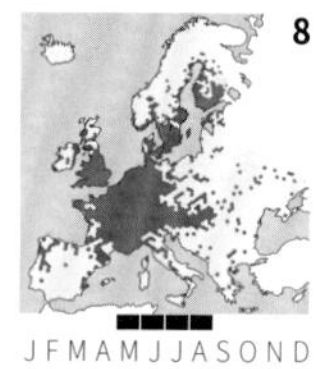

Gen. *Cydia* E 68 SPP

Klein; oft matt bräunlich, umfasst einige bekannte Schädlinge landwirtschaftlicher Nutzpflanzen; die Larven anderer Arten entwickeln sich in Kiefernzapfen sowie in Laubbäumen, einschließlich in Eicheln.

9 🔍 Buchenwickler
Cydia fagiglundana **S** 13–19 mm. Vorderflügel schwärzlich, gesprenkelt weißgrau oder gräulich mit weißlichem Band. **H** Waldgebiet , Hecken. **F** Bucheckern.

9
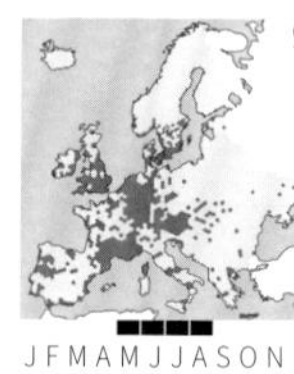

10 🔍 Apfelwickler *Cydia pomonella*
S 14–22 mm. Vorderflügel gräulich mit braunen Linien, Flügelspitzen groß dunkel purpurbraun mit kupferfarbenem Schimmer. **H** Obstgärten, Wälder, Hecken, Parks, Gärten, Kleingärten. **F** Hauptsächlich Apfel. **B** Schädling an Obstbäumen in Obstplantagen.

10
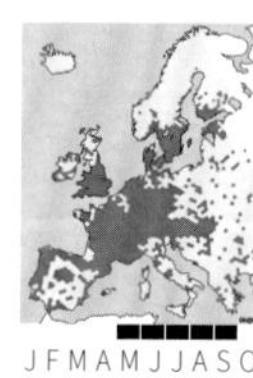

11 🔍 Eichelwickler *Cydia splendana*
S 14–22 mm. Vorderflügel graubraun, fein gefleckt; Hinterrand dunkel. **H** Wälder, Parks. **F** Eichen.

11
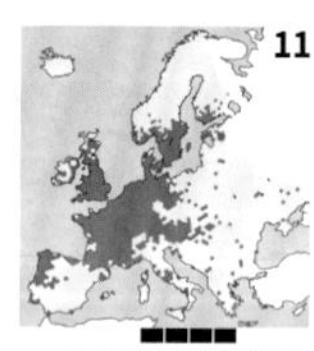

← WICKLER

1 ×4

2 ×3

3 ×3

4 ×3

5 ×3

6 ×3

7 ×3

8 ×3

9 ×3

10 ×3

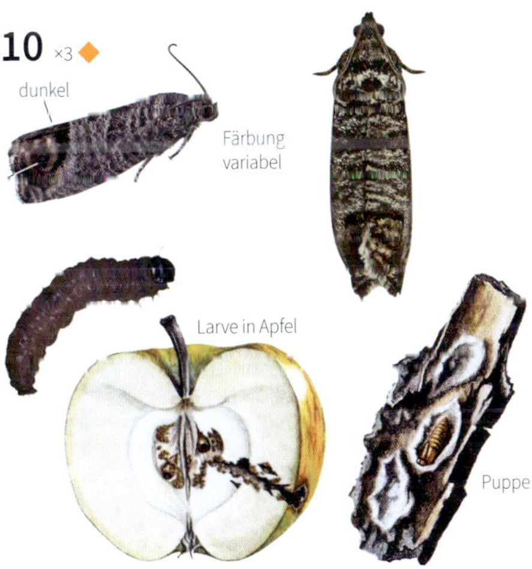

11 ×2,5

ZÜNSLER Pyralidae

E ~240 GEN 539 SPP 10 ILL

Klein bis mittelgroß; einige Arten mit deutlich verlängerten Labialpalpen; Kopf wirkt dadurch sehr lang gezogen. Ruhen mit unterschiedlich positionierten Flügeln, meist dachförmig gefaltet, manche mit angehobenem Hinterleibsende. Vorderflügel länglich bis dreieckig.

1
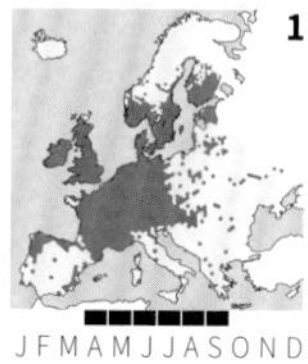

1 ⊙ Hummel-Wachsmotte
Aphomia sociella **S** 25–38 mm. Lang gestreckte Vorderflügel im basalen ⅓ gelblich, ansonsten graubraun mit dunklen Linien bei ♂, braun mit grünlichen Bereichen bei ♀. **H** Wälder, Hecken, Parks, Gärten: in Nestern von Hummeln und Wespen. **F** Larven ernähren sich von Abfall.

2
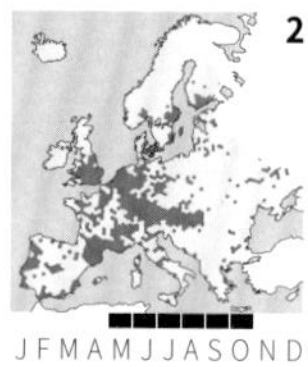

2 ⊙ Große Wachsmotte
Galleria mellonella **S** 30–41 mm. Färbung variabel; Vorderflügel grau bis braun mit rötlichen Flecken; Außenrand konkav. Hinterflügel grau mit schwarzbraunem Rand bei ♂, gelblich weiß bei ♀. **H** In oder an Stöcken von Honigbienen (*Apis mellifera* , S. 620) anzutreffen. **V** ♀ legen ihre Eier in Bienenstöcken ab, wo sich die Larven von den Honigwaben ernähren. Wahrscheinlich auch in Nestern anderer Bienen und Wespen.

3
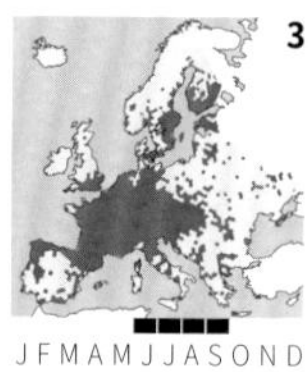

3 ⊙ Rhabarberzünsler
Oncocera semirubella **S** 25–30 mm. Vorderflügel rosa und gelb, manchmal Vorderkante mit weißlichem Streifen. Kopf mit aufrechtem Haarbüschel. **H** Grasland, Klippen. **F** Gewöhnlicher Hornklee, Weißklee.

4
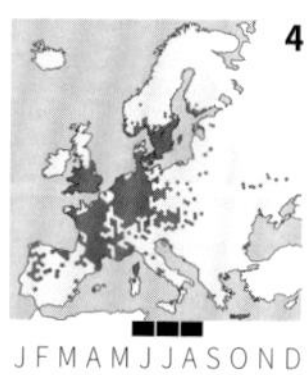

4 ⊙ Eichenzünsler
Phycita roborella **S** 24–29 mm. Vorderflügel dunkelrotbraun mit variablen grauen oder schwarzbraunen Bereichen. **H** Wald, Hecken, Gebüsch, Gärten. **F** Eiche, Holzapfel, Birne.

5
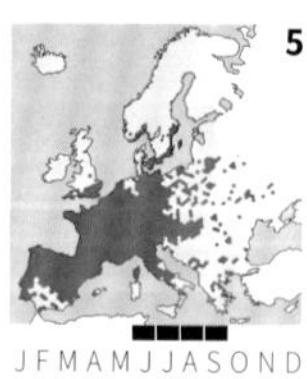

5 ⊙ Dürrwiesen-Zünsler
Synaphe punctalis **S** 22–27 mm. Vorderflügel bräunlich; meist mit einem hellen Band, das von einem dunkleren begrenzt wird; markante weiße Flecken entlang des Vorderrandes; lange, meist weißliche Beine. **H** Grasland, Heideland, sandige Böden. **F** Moose.

6
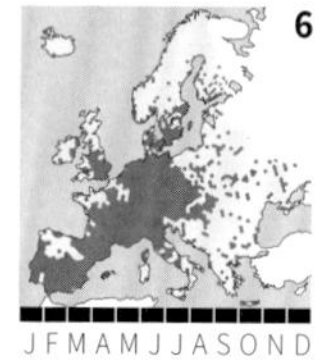

6 ⊙ Dörrobstmotte
Plodia interpunctella **S** 13–22 mm. Vorderflügel rotbraun mit großem weißlichem Basalfleck; getrennt durch eine dunkle Querlinie. **H** In Häusern, Scheunen, Lebensmittelgeschäften, Lagerhallen. **F** Gelagerte Lebensmittel, einschließlich Getreide, Mehl, Nüsse, Reis, Kaffee, Tee. **I** Weltweit verbreiteter Schädling. Larven leben in Seidennetzen, richten erhebliche Schäden an Nahrungsmitteln an, können sogar Plastikverpackungen durchbeißen, um an die Nahrung zu gelangen. Sie überleben kalte Winter in freier Wildbahn nicht.

7
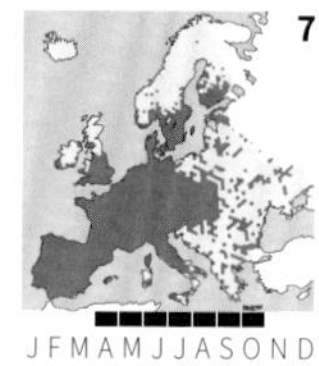

7 ⊙ Mehlzünsler ***Pyralis farinalis***
S 22–30 mm. Vorderflügel dunkelbraun, mit gelblich braunen Zwischenstreifen zwischen den weißlichen Querlinien. Hinterleib nach oben gebogen. Zu den ähnlichen Arten zählt *P. lienigialis*, die kleiner und dunkler ist und der die hellen Zwischenstreifen auf den Flügeln fehlen. **H** Häufig in städtischen und landwirtschaftlichen Gebiete. **F** Gelagerte Getreideprodukte und Getreideabfälle.

8
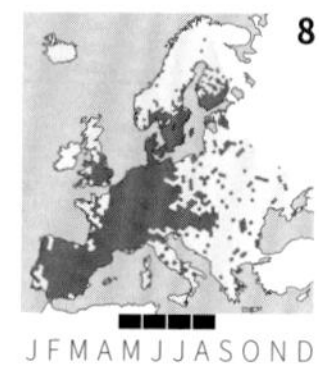

8 ⊙ Fettzünsler ***Aglossa pinguinalis***
S 25–40 mm. Vorderflügel gelblich braun, schwarzbraun gefleckt. ♀ deutlich größer als ♂. **H** Lebensmittellager, landwirtschaftliche Gebäude. **F** Samen, getrocknete Gräser, getrocknetes Pflanzenmaterial, Schaf- und Kaninchenmist. **I** Gilt in Lebensmittelgeschäften als Schädling, verursacht jedoch nur begrenzten Schaden.

9
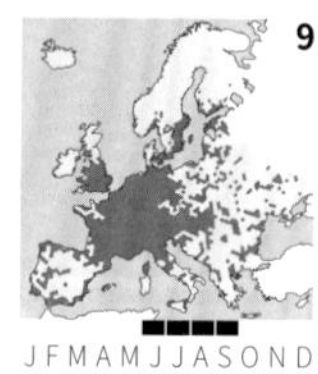

9 ⊙ Heuzünsler ***Hypsopygia costalis***
S 18–22 mm. Vorderflügel purpurfarben mit 2 gelben dreieckigen Flecken am Vorderrand; Fransen ebenfalls gelb. **H** Ackerland, Wald, Gärten. **F** Pflanzliche Stoffe, einschließlich gelagertem Heu in Heuhaufen, Stroh.

10
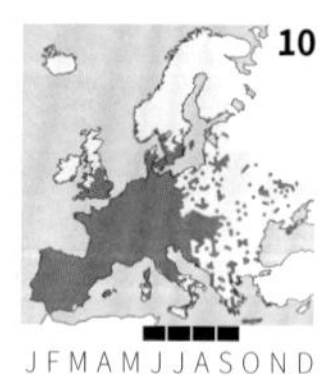

10 ⊙ Geflammter Kleinzünsler
Endotricha flammealis **S** 18–22 mm. Vorderflügel orange-gelb mit rötlich brauner Basis und äußeren Bereichen, weißlichen Querlinien; Vorderrand mit kleinen weißlichen Flecken. Dunklere Formen sind bekannt. **H** Wald, Heide, Brachland, Parks, Gärten. **F** Verrottende Nadel- und Laubbäume, am Boden.

ZÜNSLER

1 ×2 ■

2 ×2 ■

3 ×2 ■

4 ×2 ■

5 ×2,5 ■

6 ×3 ■

7 ×2 ■

8 ×1,5 ◆

9 ×2 ■

10 ×2 ■

RÜSSELZÜNSLER Crambidae →

E 125 GEN 562 SPP 31 ILL

Klein bis mittelgroß; ruhen mit dachförmig angelegten Flügeln oder mit leicht um den Körper gerollten Flügeln (Letztere werden als Grasmotten bezeichnet). Labialpalpen bei vielen Arten lang. Larven einiger Arten aquatisch oder subaquatisch.

1 🔍 Grauflecken-Wiesenzünsler
Scoparia pyralella **S** 18–22 mm. Vorderflügel variabel, meist weißlich, mit gelblich braunen Schuppen gefleckt; Hinterflügel weißlich, zum Rand hin dunkler. **H** Offene Gebiete. **F** Spitzwegerich (*Plantago lanceolata*); verrottendes Pflanzenmaterial.

1

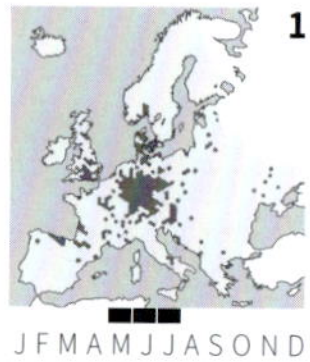

Gen. *Pyrausta* E 25 SPP

Hübsche Arten, mehrere in Lila und Gold.

2 ⊙ Goldzünsler ***Pyrausta aurata***
S 15–18 mm. Vorderflügel dunkelviolett mit orange-gelbem Fleck und variablen, meist kleinen gelben Flecken. Hinterflügel schwarz mit einem einzelnen gelben Mittelband. **H** Grasland, Gärten. **F** Minze, Majoran, Thymian.

2

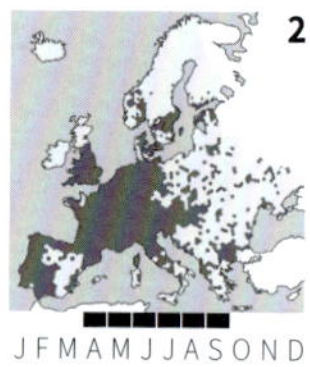

3 ⊙ Olivenbrauner Zünsler
Pyrausta despicata **S** 14–19 mm. Vorderflügel variabel, gräulich, rötlich oder gelblich braun, mit dunkleren Flecken. ♂ unauffälliger, ♀ kontrastreicher, mit gelb-schwarzem Muster. Hinterflügel dunkler. **H** Grasland, Heideland, Sanddünen. **F** Wegerich.

3

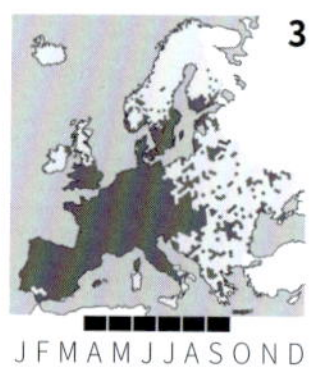

4 ⊙ Thymian-Purpurzünsler
Pyrausta ostrinalis **S** 15–21 mm. Ähnlich zum Goldzünsler (*P. aurata*), mit schmaleren Vorderflügeln und blasseren gelben Zeichnungen. **H** Grasland. **F** Thymian.

4

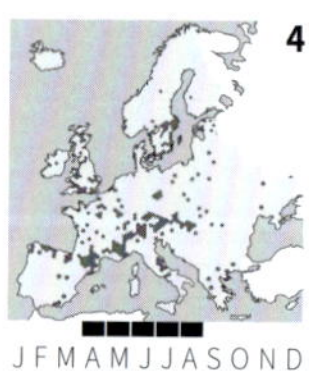

5 ⊙ Purpurroter Zünsler
Pyrausta purpuralis **S** 15–22 mm. Vorderflügel dunkelviolett mit gelblichem, unterbrochenem Querband und variabler Fleckenanzahl. Hinterflügel mit gelbem Fleck und Band, der im Ruhezustand jedoch nicht immer sichtbar ist. **H** Grasland, hauptsächlich kalkhaltig. **F** Braunelle, Thymian.

5

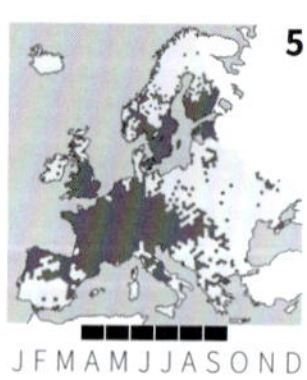

Gen. *Anania* E 16 SPP

Einfarbige bis deutlich gezeichnete und leuchtende Arten.

6 ⊙ Holunderzünsler
Anania coronata **S** 23–26 mm. Flügel dunkelgraubraun, weißlich gesprenkelt; jeder Flügel mit großen, dunkel umrandeten weißen Flecken und Tupfen. **H** Grasland, Gebüsch, Hecken, Brachland, Wald, Gärten. **F** Holunder.

6

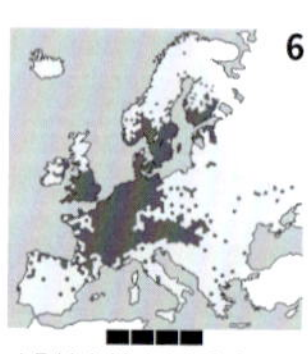

7 ⊙ Schwarzweißer Fleckenzünsler
Anania funebris **S** 20–23 mm. Flügel schwarz, Vorderflügel an den Thoraxseiten gelb; jeder Flügel mit 2 großen weißen Flecken. **H** Waldränder, Hügelhänge, Kalkgrasland. **F** Goldrute.

7

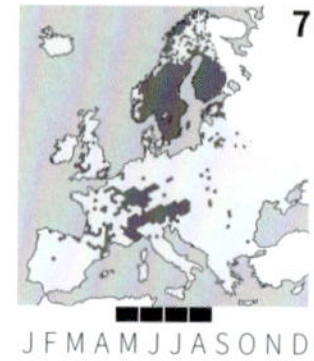

8 ⊙ Brennnesselzünsler
Anania hortulata **S** 33–35 mm. Flügel weiß mit dunkelgrauschwarzen Flecken und Zeichnungen; Kopf und Thorax größtenteils gelb-orange; Abdomen schwarz mit gelben Ringen. **H** Hecken, Gärten. **F** Gemeine Brennnessel.

8

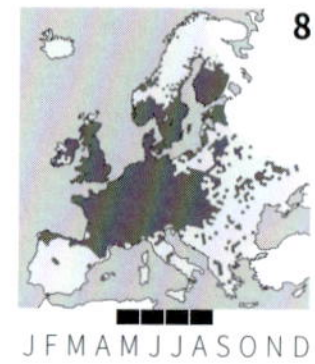

9 ⊙ Buchsbaum-Zünsler
Cydalima perspectalis **S** 38–46 mm. Flügel seidig weiß mit braunen Rändern, ebenso Kopf und ein Teil des Thorax. Melanistische (dunkelbraune) Form mit purpurnem Schimmer nicht selten; die Vorderflügel haben einen weißen Makel. **H** Parks, Gärten. **F** Buchsbaum. **B** Ursprünglich aus Ostasien stammend, wurde die Art Anfang der 2000er-Jahre nach Mitteleuropa eingeschleppt und hat sich seitdem massiv ausgebreitet. Schädling an Buchsbäumen.

9

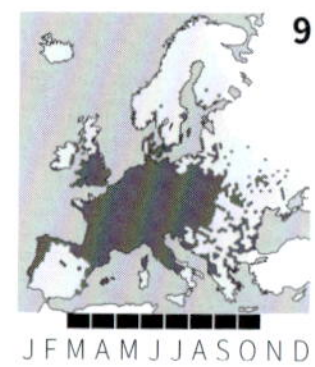

10 ⊙ Eisenzünsler ***Udea ferrugalis***
S 18–24 mm. Vorderflügel in Brauntönen, oft orangebraun, mit undeutlichen grauen Querlinien und Zeichnungen. **H** Grasland, viele andere Habitate. **F** Verschiedene.

10

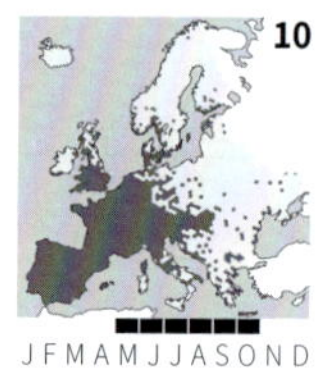

11 ⊙ Maiszünsler
Ostrinia nubilalis **S** 27–37 mm. ♀ größer, blass gelblich. ♂ dunkler, braun bis graubraun, mit gelbem Querband. **H** Grasland, lichte Wälder, Brachflächen, Gärten. **F** Beifuß (*Artemisia vulgaris*), Mais (*Zea mays*). **B** Ein weltweiter Schädling an Maiskulturen, der für große Ernteausfälle verantwortlich ist.

11

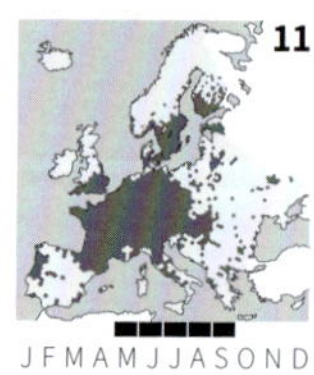

1 ×2 ◆

RÜSSELZÜNSLER →

← RÜSSELZÜNSLER Crambidae →

1
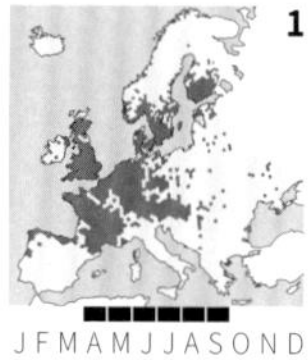

1 ⊙ Kohlzünsler

Evergestis foderficalis **S** 27–31 mm. Vorderflügel hell strohfarben oder gelblich braun mit dunkleren, gebogenen Diagonalstreifen, von denen einer bis zur Flügelspitze reicht; zentraler schwärzlicher Fleck. Hinterflügel weißlich mit hellbraunem Streifen. Flügel werden im Ruhezustand dachförmig gehalten. **H** Ödland, Gestrüpp, Gärten. **F** Kreuzblütler, insbesondere Kohl.

Gen. *Eudonia* E 28 SPP

Klein, oft graubraun, unterschiedlich gezeichnet. Larven ernähren sich von Moosen und Flechten.

2
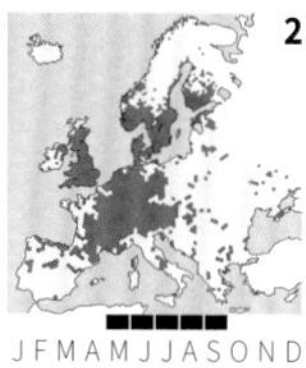

2 ⊙ Weißdornstammzünsler

Eudonia lacustrata **S** 16–18 mm. Vorderflügel weißlich bis gelblich braun mit dunkelbraunen oder schwarzen Schuppen, kleiner weißlicher Fleck an der Spitze der Vorderflügel; Hinterflügel graubraun mit dunklerem Rand. **H** Offene Waldgebiete, Parks, Gärten.

3
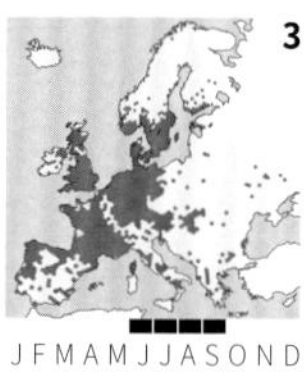

3 ⊙ Quecksilberzünsler

Eudonia mercurella **S** 16–19 mm. Ähnlich zum Weißdornstammzünsler (*E. lacustrata*), jedoch fehlt ihm der weiße Fleck an der Spitze der Vorderflügel. **H** Wälder, Moorlandschaften, Gärten.

4
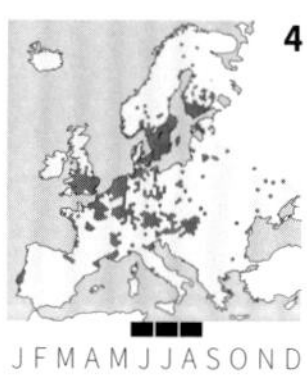

4 ⊙ Breitflügeliger Schilfzünsler

Chilo phragmitella **S** 24–40 mm. ♀ größer, blass hellbraun; ♂ kleiner, Vorderflügel hell- bis dunkelbraun, manchmal rötlich, mit schwarzem Fleck. Labialpalpen auffällig lang. **H** Feuchtgebiete. **F** Schilf.

5
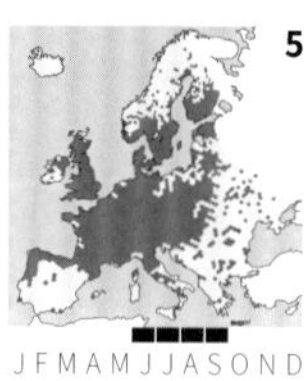

5 ⊙ Nesselzünsler *Patania ruralis*

S 33–37 mm. Flügel hellgelblich braun mit gefleckten grauen Bereichen und Linien; insgesamt mit einem perlmuttartigen Schimmer. **H** Hecken, Wald, Grasland, Brachland, Gärten. **F** Gemeine Brennnessel.

6
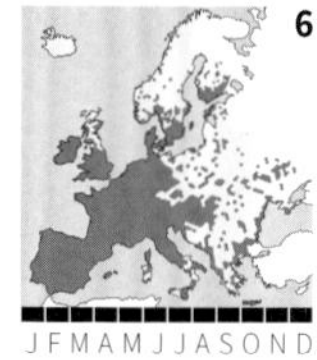

6 🔍 Wanderzünsler

Nomophila noctuella **S** 25–34 mm. Vorderflügel lang gestreckt; graubraun bis dunkelbraun mit 3 dunklen runden Flecken, es kommt aber auch eine braune oder rötlich braune Form mit undeutlichen Zeichnungen vor. **H** Grasland. **F** Verschiedene Arten, darunter Wegerich, Klee und Gräser. **B** Heimisch im Mittelmeerraum, wandert regelmäßig nach Mittel- und Nordeuropa und überwintert dort oft.

Gen. *Crambus* E 13 SPP

Klein; Vorderflügel lang gestreckt, meist weißlich bis gelblich oder braun in der Grundfarbe; die meisten Arten mit weißem Längsstreifen; Labialpalpen (Rüssel) auffällig lang. Die Bestimmung bis zur Artebene wird durch die Untersuchung des Flügelmusters erleichtert, die Artenbestimmung kann jedoch schwierig sein, manchmal ist eine mikroskopische Untersuchung erforderlich.

7
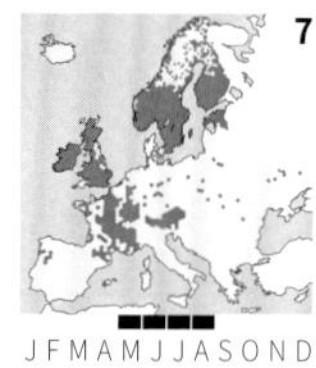

7 🔍 Graszünsler

Crambus lathoniellus **S** 18–22 mm. Vorderflügel weißlich, gelblich braun oder weißlich braun mit gräulichen Streifen und dunkelbraunen Schuppen, wobei es auch sehr helle und dunkle Exemplare gibt; markanter Längsstreifen. Hinterflügel graubraun mit weißlichem Saum. **H** Grasland, Heideland. **F** Gräser.

8
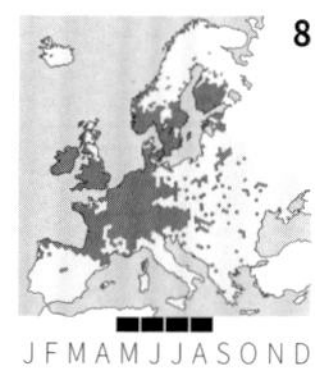

8 🔍 Ockergelber Graszünsler

Crambus pascuella **S** 21–25 mm. Vorderflügel gelblich braun, mit breitem Längsstreifen; Flügelspitzen dreieckig. **H** Grasland, hauptsächlich Feuchtgebiete. **F** Gräser und Seggen.

9
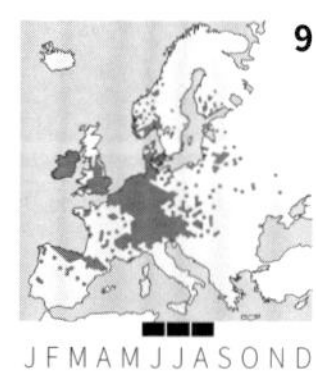

9 🔍 Weißer Graszünsler

Crambus perlella **S** 22–29 mm. Vorderflügel einfarbig weiß bis gelblich weiß mit seidigem Glanz; Adern oft dunkelgrau, was ein gestreiftes Aussehen erzeugt. **H** Grasland, Dünen, lichte Wälder. **F** Verschiedene Gräser.

10
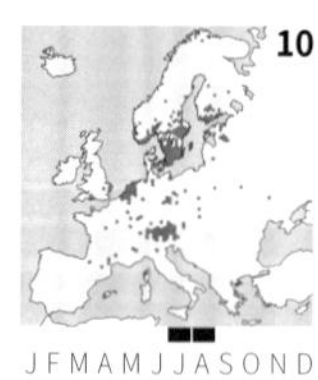

10 🔍 Schilfwiesen-Graszünsler

Crambus silvella **S** 21–26 mm. Vorderflügel bräunlich, entlang der Adern dunkler gestreift; breiter Längsstreifen mit einer Stufe am Hinterrand. Hinterflügel hellgrau mit weißlichem Saum. **H** Feuchtes Grasland, einschließlich Moore. **F** Seggen.

← Rüsselzünsler →

1 ×2,5

2 ×3

3 ×3

4 ×2

5 ×1,5

6 ×2

7 ×2,5

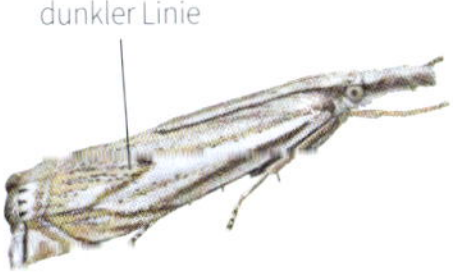

8 ×2,5

9 ×2,5

10 ×2,5

← RÜSSELZÜNSLER Crambidae

Gen. *Agriphila* E 23 SPP

Klein; meist gräulich bis braun gefärbt; Labialpalpen (Rüssel) auffallend lang; einige Arten fein gezeichnet und/oder mit einem schmaleren weißen Längsstreifen als in Gen. *Crambus* (S. 554). Bestimmung bis zur Artebene anhand Untersuchung des Flügelmusters, kann aber bei einigen Arten schwierig sein.

1 ⊙ Ellbogenstreifiger Graszünsler
Agriphila geniculea **S** 20–26 mm. Vorderflügel weißlich bis gelblich, mit bräunlich-grauer Schattierung und 2 gezackten Querlinien; Saum mit einer Reihe kleiner dunkler Flecken. **H** Grasland, Gärten. **F** Verschiedene Gräser.

1
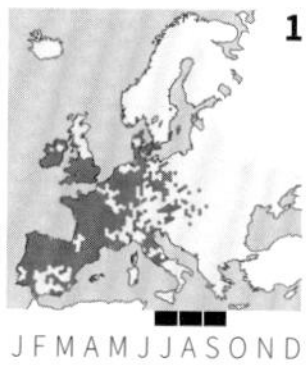

2 ⊙ Unscheinbarer Graszünsler
Agriphila straminella **S** 16–20 mm. Vorderflügel weißlich strohfarben mit dunkleren Bereichen; Längsstreifen meist schwach ausgeprägt. **H** Grasland, Heideland, Gärten. **F** Verschiedene Gräser.

2
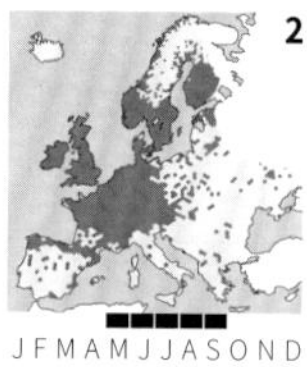

3 ⊙ Gestreifter Graszünsler
Agriphila tristella **S** 25–30 mm. Vorderflügel hell- bis dunkelbraun mit hell cremefarbenem oder gelblichem Streifen, der sich zur Flügelspitze hin etwas verzweigt. **H** Grasland. **F** Gräser.

3
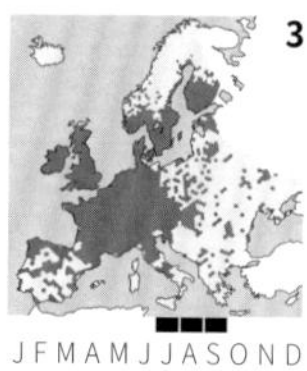

4 ⊙ Rispengraszünsler
Chrysoteuchia culmella **S** 20–24 mm. Vorderflügel sandbraun mit gräulichem oder bräunlichem Schimmer; viele Exemplare mit feinem Muster aus dunklen Linien; Hinterflügel gräulich. **H** Grasland, Brachland, Parks, Gärten. **F** Verschiedene Gräser.

4
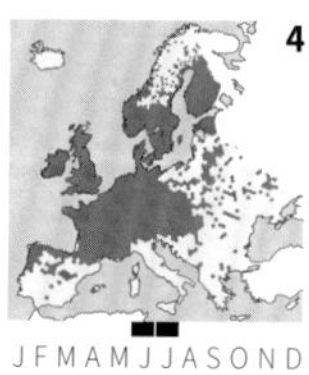

Gen. *Catoptria* E 51 SPP

Klein; meist hellbraun, grau bis braun; Labialpalpen (Schnauze) lang; Vorderflügel bei einiger Arten mit auffälligen Mustern, aber weniger Zeichnungen als bei *Agriphila* oder *Crambus* spp.; Längsstreifen breit, bei einigen Arten in der Mitte geteilt. Larven einiger Arten ernähren sich von Moosen.

5 ⊙ Fels-Mooszünsler
Catoptria falsella **S** 18–24 mm. Vorderflügel hell strohgelb, zwischen den Adern dunkelbraun und mit einem weißen Längsstreifen, der sich über die Mitte hinaus erstreckt; äußere Flügelhälfte mit 3 fast parallelen dunklen Linien, die sich bis zum Flügelrand erstrecken. **H** Wald, Gebüsch, Gärten. **F** Moose.

5
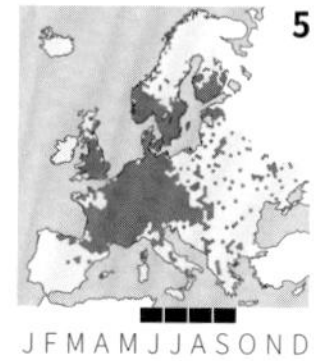

6 ⊙ Perlband-Grasfurnier
Catoptria margaritella **S** 20–24 mm. Vorderflügel hell- bis orangebraun mit breitem weißen Streifen. Kopf und Labialpalpen ebenfalls weißlich. Hinterflügel grau mit weißlichem Saum. **H** Feuchtgebiete, feuchte lichte Wälder. **F** Moose.

6
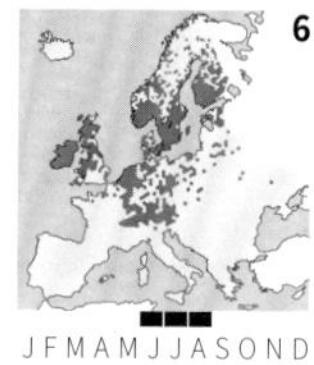

7 ⊙ Graswurzelzünsler
Catoptria pinella **S** 20–26 mm. Vorderflügel gelblich braun mit breitem, zweigeteiltem weißen Streifen. Hinterflügel weißlich grau mit weißem Saum. **H** Waldland, Heideland, Brachland, Feuchtgebiete. **F** Gräser, Seggen.

7
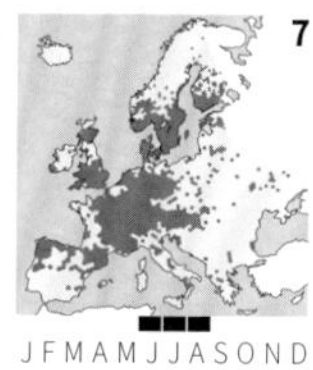

8 ⊙ Seerosenzünsler
Elophila nymphaeata **S** 25–33 mm. Flügel mit braunen Zeichnungen und großen weißen Flecken. **H** Feuchtgebiete, in Teichen, Kanälen und Mooren. **F** Wasserpflanzen; Larven leben unter Wasser in einem schwimmenden Köcher aus Blattstückchen.

8
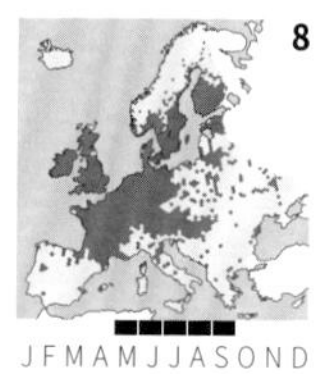

9 ⊙ Wasserlinsenzünsler
Cataclysta lemnata **S** 18–24 mm. ♂ kleiner, Vorderflügel weißlich mit variablen schwarzen Flecken. ♀ größer, Vorderflügel bräunlich mit dunkleren Zeichnungen. Hinterflügel weiß mit schwarzen Zeichnungen und silbergeflecktem schwarzem Band am Hinterrand bei beiden Geschlechtern. **H** Feuchtgebiete. **F** Wasserlinsen.

9
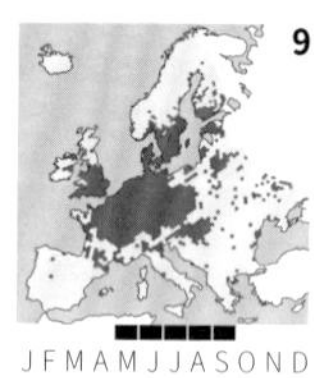

10 ⊙ Wasserzünsler
Nymphula nitidulata **S** 20–25 mm. Flügel weiß mit auffälligem, stark kontrastierenden Muster aus gebogenen braunen Linien. **H** Feuchtgebiete. **F** Igelkolben (*Sparganium*).

10
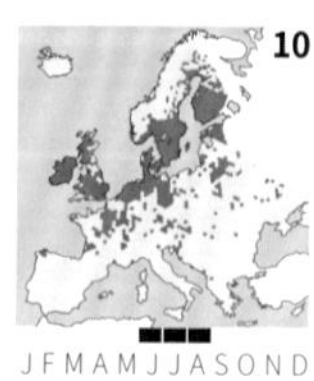

← RÜSSELZÜNSLER

1 ×2

2 ×2,5

3 ×2

4 ×2,5

5 ×2,5

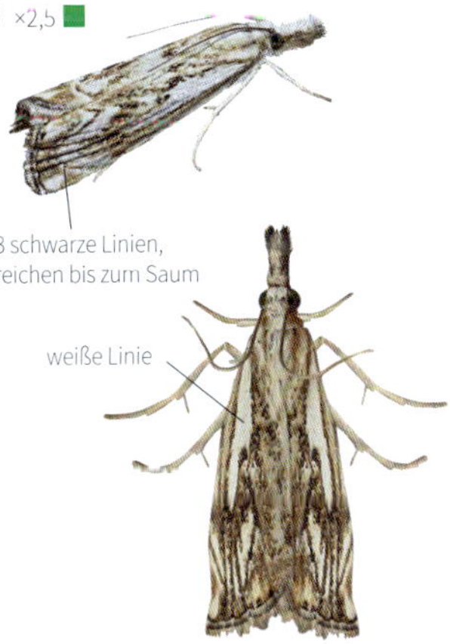

6 ×2,5

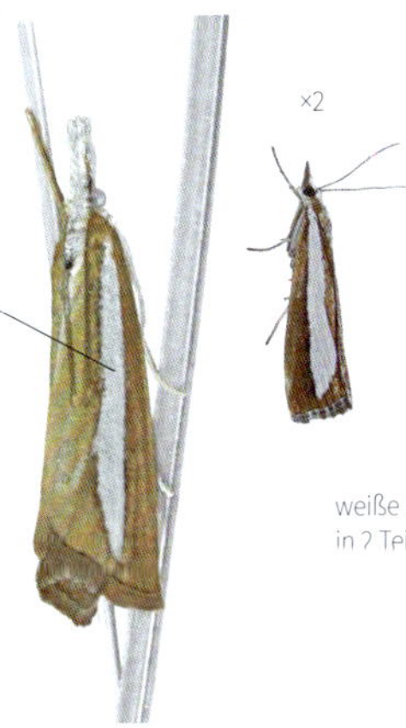

7 ×2,5

8 ×2

9 ×3

10 ×3

Eine der größten Insektenordnungen; viele Arten sind wenig bekannte parasitische Wespen, etliche winzig; einige Schlupfwespen können 50 mm lang werden und haben einen ähnlich langen Ovipositor. Die meisten haben 2 Flügelpaare, wobei die Hinterflügel kleiner sind. Einige ♀ haben einen Ovipositor, der je nach Art zum Bohren, Sägen oder Stechen dient.

Diese Ordnung zeichnet sich durch vielfältiges Sozialverhalten aus, wobei viele Arten Parasitoide sind, andere bauen faszinierende, komplexe soziale Strukturen auf. Vor allem Aculeate (= Stechimmen: Bienen, Ameisen und Wespen) werden in neuerer Literatur gut abgehandelt. Die Körperlänge ist bei vielen Arten äußerst variabel und oft kaum zur Identifizierung geeignet.

Als „klein" gilt eine Körperlänge von ≤ 5 mm, „mittelgroß" sind 6–10 mm und „groß" > 10 mm.

Man beachte, dass die Begriffe Thorax und Abdomen bei Hautflüglern oft nicht verwendet werden, denn das erste Abdominalsegment (S1, Propodeum) ist fest mit dem Thorax verbunden, die Petiole (schmale Taille) verbindet das Propodeum mit dem Metasoma (auch Gaster genannt), also dem „Abdomen hinter der Taille". Bei Pflanzenwespen fehlt diese deutliche Einschnürung.

Der Einfachheit halber werden in unserem Text aber oft die Begriffe Thorax und Abdomen verwendet; der Begriff „Körper" bezieht sich auf die Gesamtheit aus Kopf, Thorax und Abdomen.

Struktur der Hautflügler

(Braunschwarze Roßameise)

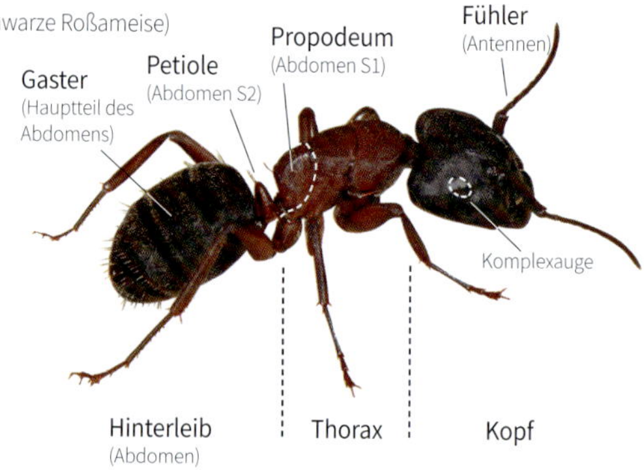

Unterordnungen

Symphyta (Pflanzenwespen)

Keine Wespentaille; die ursprünglichste Unterordnung der Hautflügler.

Apocrita (mit Wespentaille)

Alle Hautflügler außer den Pflanzenwespen gehören zur Unterordnung Apocrita. Diese wird informell unterteilt in:

- die parasitischen Wespen
- die Stechimmen (Aculeata), bei denen der Ovipositor in das Abdomen eingezogen und normalerweise verborgen ist, oft zu einem Stachel umgebildet; Fühler mit 12 Segmenten bei ♂, 13 bei ♀. Hierzu gehören die typischen Bienen, Wespen und Ameisen.

Leitfaden für Gruppen und Familien

Pflanzenwespen (Symphyta)

Halmwespen
Cephidae **S. 562**

Gespinstblattwespen
Pamphiliidae **S. 562**

Holzwespen
Siricidae **S. 562**

Bürstenhornblattwespen
Argidae **S. 564**

Farnwespen
Blasticotomidae **S. 564**

Keulhornblattwespen
Cimbicidae **S. 564**

Buschhornblattwespen
Diprionidae **S. 566**

Echte Blattwespen
Tenthredinidae **S. 566**

Schwertwespen
Xiphydriidae **S. 572**

LEITFADEN FÜR GRUPPEN UND FAMILIEN →

SCHLUPFWESPEN, GALLWESPEN & VERWANDTE (Apocrita: Parasitica)

Bei Weitem die größte Gruppe, die mehr als die Hälfte aller bekannten Hymenoptera-Arten ausmacht. Alle sind Parasitoide anderer Insekten; Ovipositor der ♀ oft lang, dient zum Einlegen der Eier in den Wirt, nicht zu einem Stachel umgebaut. Sehr viele Arten sind extrem klein, diese werden in diesem Buch nicht behandelt.

CHALCIDIDEN
Chalcididae **S. 572**

FALTENERZWESPEN
Leucospidae **S. 572**

ORMYRIDEN
Ormyridae **S. 572**

PERILAMPIDEN
Perilampidae **S. 574**

TORYMIDEN
Torymidae **S. 574**

GALLWESPEN
Cynipidae **S. 574**

SCHMALBAUCHWESPEN
Gasteruptiidae **S. 576**

BRACKWESPEN
Braconidae **S. 578**

SCHLUPFWESPEN
Ichneumonidae **S. 578**

GOLDWESPENARTIGE (Apocrita: Aculeata)

Überfamilie Chrysidoidea; innerhalb der Unterordnung Apocrita. Zählen zu den Stechimmen (Aculeata); trotzdem können sie nicht stechen. Alle Arten sind Parasitoide oder Kleptoparasiten (stehlen das Futter des Wirts) von anderen Insekten.

PLATTKOPFWESPEN
Bethylidae **S. 584**

ZIKADENWESPEN
Dryinidae **S. 584**

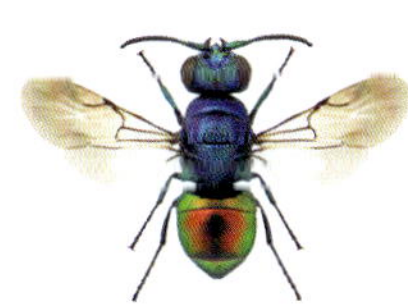

GOLDWESPEN
Chrysididae **S. 584**

← LEITFADEN FÜR GRUPPEN UND FAMILIEN

AMEISEN, SPINNENAMEISEN & WESPEN (Apocrita: Aculeata)

Der Einfachheit halber folgen wir dem klassischen Ansatz, der Ameisen, Spinnenameisen, Wespen und einige nahe Verwandte in die Gruppe der Vespoidea einschließt, basierend auf bestimmten Thoraxdetails.

Die Vespoidea gehören zu den Stechimmen (Aculeata) in der Unterordnung Apocrita. Ihr Ovipositor ist zu einem Stachel umgebaut, der Gift enthält; bei einigen Arten wird er entweder zum Angriff auf die Beute oder als Verteidigungsmaßnahme eingesetzt.

Alle Ameisen und einige Arten der Familie Vespidae sind sozial und leben in Kolonien.

AMEISEN
Formicidae **S. 590**

AMEISENWESPEN
Myrmosidae **S. 598**

SPINNENAMEISEN
Mutillidae **S. 598**

KEULENWESPEN
Sapygidae **S. 598**

ROLLWESPEN
Tiphiidae **S. 598**

DOLCHWESPEN
Scoliidae **S. 600**

WEGWESPEN
Pompilidae **S. 600**

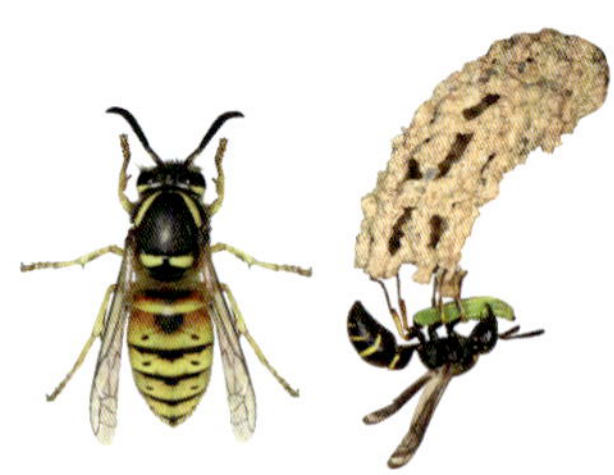

FALTENWESPEN
Vespidae **S. 602**

BIENEN, GRABWESPEN & VERWANDTE – APOIDEA (Apocrita: Aculeata)

Apoidea ist eine Überfamilie innerhalb der Vespoidea, zu der neben den Bienen auch die eng verwandten Sand- und Grabwespen gehören.

SANDWESPEN & GRABWESPEN

Sandwespen jagen Larven von Tag- und Nachtfaltern sowie Pflanzenwespen und legen Nester in sandigen Böden an; Grabwespen nisten ebenfalls im Boden, in hohlen Stämmen oder totem Holz.

SANDWESPEN
Sphecidae **S. 608**

GRABWESPEN
Crabronidae **S. 610**

BIENEN

Eine informelle Familiengruppe innerhalb der Überfamilie Apoidea; ihre Körper sind oft an das Sammeln und Transportieren von Pollen angepasst. Es gibt sowohl soziale als auch solitäre Bienen.

HOSENBIENEN
Melittidae **S. 618**

ECHTE BIENEN
Apidae **S. 620**

BAUCHSAMMLERBIENEN
Megachilidae **S. 628**

SANDBIENEN
Andrenidae **S. 632**

FURCHENBIENEN
Halictidae **S. 634**

PFLANZENWESPEN (Symphyta)

Diese Unterordnung, zu der einige farbenprächtige Arten gehören, ist weniger bekannt, findet aber bei Entomologen immer mehr Beachtung. Sie sind klein bis groß; ♀ haben einen starken Ovipositor, mit denen sie bei der Eiablage Pflanzengewebe aufschneiden können.

Die Larven der meisten Arten ernähren sich pflanzlich; sie werden „Afterraupen" genannt und haben oft 6 oder mehr Paar fleischiger „Bauchbeine" am Abdomen (siehe auch S. 15; Schmetterlingsraupen haben 5 oder weniger Paar Bauchbeine).

Wir zeigen eine Auswahl typischer Arten aus 9 Familien dieser Unterordnung.

Die Bestimmung bis zur Art ist oft schwierig und erfordert eine genaue Untersuchung der Flügeläderung. Bei auffälligeren Arten helfen auch Körper- und Flügelfarbe weiter.

Auch die Kenntnis der Nahrungspflanze der Raupen hilft bei der Bestimmung der Art. Angaben hierzu finden sich im Abschnitt **F** (Futterpflanzen) im Beschreibungstext.

HALMWESPEN Cephidae

E 9 GEN 43 SPP 1 ILL

Schlanke, lang gestreckte Arten; Fühler sehr lang, mit 16–30 Segmenten. Larven haben keine Bauchbeine, bohren sich in Stängel von Pflanzen; einige Arten sind Schädlinge in Getreidekulturen.

1

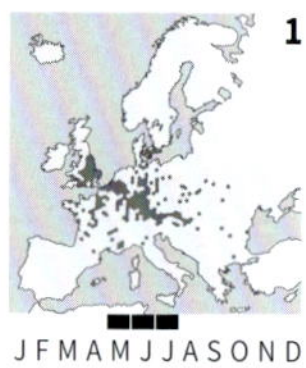

1 ⊙ Getreidehalmwespe
Cephus pygmeus **L** 5–10 mm. Schwarz, am Abdomen mindestens S4–S6 gelb gebändert; „Gesicht" (bei ♂, nur Mandibelbasis bei ♀) und ein Großteil der Beine gelb (hintere Tibiae innen dunkel, außen hauptsächlich gelb). **H** Grünland, landwirtschaftliche Flächen. **V** Larven in den Stängeln von Gräsern, auch in Getreide, einschließlich Weizen.

GESPINSTBLATTWESPEN Pamphiliidae

E 8 GEN 60 SPP 2 ILL

Breiter, nach oben gerichteter Kopf; Clypeus so breit wie das „Gesicht" zwischen den Augen. Fühler fadenförmig mit 18–24 Segmenten. Abdomen abgeflacht, Basalsegmente mit Seitenfalte; Ovipositor kurz, meist nicht sichtbar. Die Larven ernähren sich von zusammengerollten Baumblättern oder Seidenspinnweben und haben keine Bauchbeine.

Gen. ***Acantholyda*** E 8 SPP

70 Arten weltweit. Tibiae der Vorderbeine mit Sporn auf der Innenseite. Larven an Kiefern.

2

2 ⊙ Stahlblaue Kiefernschonungs-Gespinstblattwespe ***Acantholyda erythrocephala*** **L** 10–12 mm. Schwarz mit bläulichem Schimmer; Kopf rot bei ♀; nur „Gesicht" (unterhalb der Augen) rot bei ♂. **H** Nadelwälder; an Kiefern.

3

3 ⊙ Kiefernkultur-Gespinstblattwespe ***Acantholyda hieroglyphica*** **L** 11–15 mm. Schwarz mit Anhängseln, 2 Flecken an der Vorderseite des Kopfes, Scutellum und breiter Mittelstreifen am Bauch gelb; Fühler ♂ teilweise schwarz. **H** Nadelwälder, sandige Gebiete.

HOLZWESPEN Siricidae

E 4 GEN 19 SPP 4 ILL

Eine kleine, weltweit verbreitete Familie mit 110 Arten, von denen einige durch den Holzhandel in europäische Länder eingeführt wurden. Farbenprächtige, große Arten mit charakteristischem hornartigem Fortsatz am Ende des Abdomens. Fadenförmige Fühler mit 17–30 Segmenten. ♀ bohren mit ihrem kräftigen, langen Ovipositor oft in absterbende Bäume, in denen sich die Larven entwickeln.

Gen. ***Sirex*** E 6 SPP

♀ mit großem, kräftigem Ovipositor. Kopf schwarz mit grünem oder bläulich metallischem Schimmer; Fühler überwiegend schwarz. 22 weltweit vorkommende Arten, die in Nadelwäldern leben. ♂ begegnet man deutlich seltener als den größeren ♀.

4

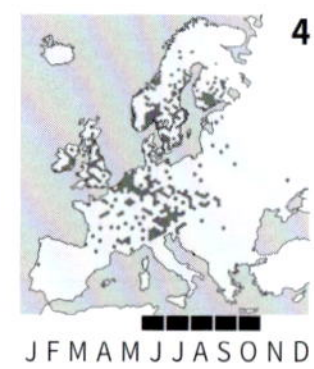

4 ⊙ Gemeine Holzwespe
Sirex juvencus **L** 10–40 mm. ♀ blauschwarz; Abdomen braun; basale Fühlersegmente rötlich; Beine rot oder gelblich. ♂ mit gelblicher Färbung auf den Abdominalsegmenten; Hinterbeine dunkel, Spitze der Tarsi gelb. **H** Nadelwälder.

5

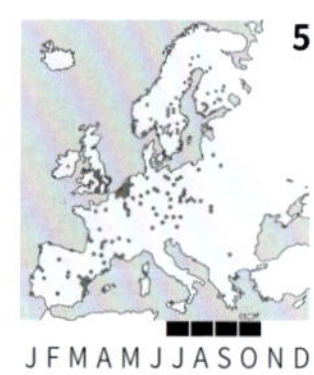

5 ⊙ Blaue Fichtenholzwespe
Sirex noctilio **L** 14–35 mm. ♀ Schwarz; Flügelnervatur braun; Beine rötlich, Femora mit schwarzer Basis. Bei ♂ Abdomen mit breitem rötlichem Mittelband; Hinterbeine dunkel. **H** Nadelwälder.

6

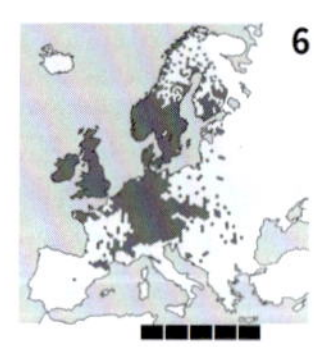

6 ⊙ Riesenholzwespe
Urocerus gigas **L** 12–40 mm. Schwarz, Augenflecken und Beine gelb; bei ♀ Abdomen gelb gebändert, bei ♂ nur Abdomen S7. **H** Nadelwälder.

7

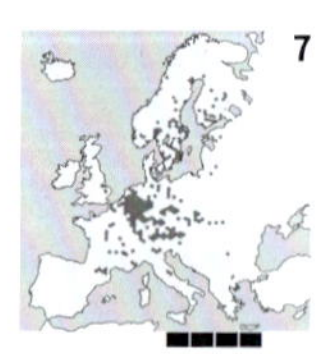

7 ⊙ Schwarze Kiefernholzwespe
Xeris spectrum **L** 15–30 mm. Schwarz; Pronotum mit hellen Seitenrändern, Abdominalsegmente mit weißlichen Seitenflecken; Beine rötlich (Coxae schwarz); bei ♂ Kopf mit hellem Fleck unter jedem Auge. **H** Nadelwälder.

Körperbau der Pflanzenwespen

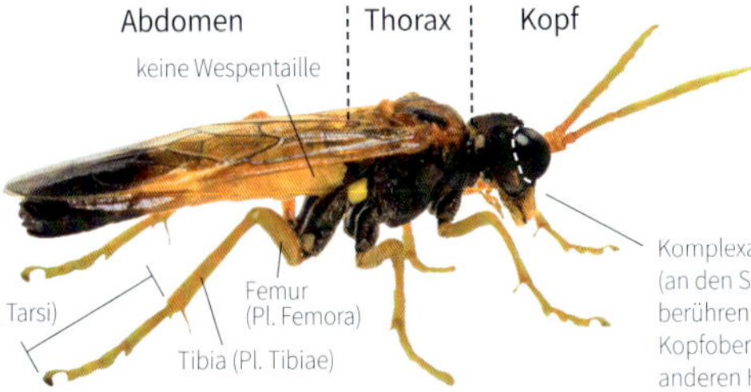

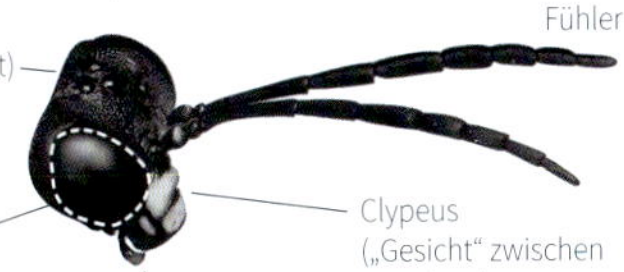

Halmwespen

Gespinstblattwespen

Holzwespen

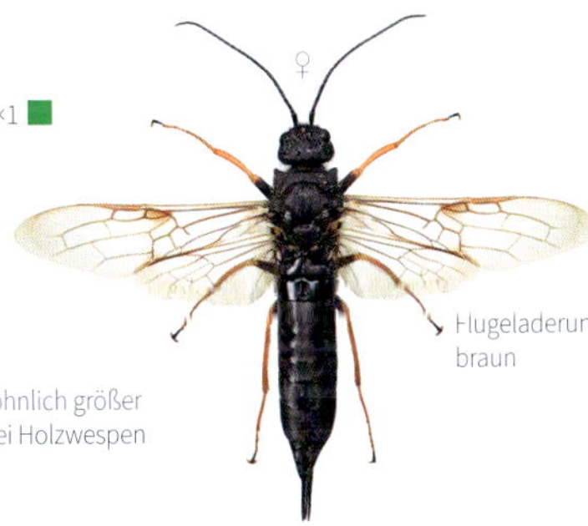

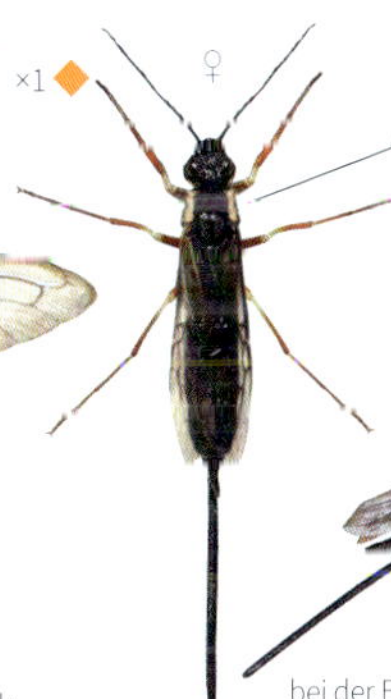

BÜRSTENHORNBLATTWESPEN Argidae

E 6 GEN 64 SPP 5 ILL

Fast 1000 Arten weltweit. Kräftig gebaut; Fühler dreigliedrig, da die verlängerte Geißel (S3) zu einem einzigen Segment verschmolzen ist, bei ♀ leicht keulenförmig, aber bei ♂ einheitlich dick.

Gen. *Arge* E 29 SPP

350 Arten weltweit. Gärtnern begegnen diese Tiere vor allem an Rosen; farbenprächtige adulte Exemplare oft auf Doldenblütlern zu sehen.

1
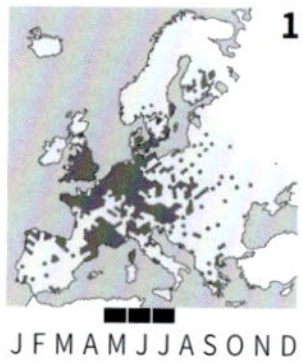

1 🔍 Schwarzband-Bürstenhornblattwespe
Arge cyanocrocea **L** 7–8 mm. Schwarzgelb, mit gelbem Abdomen. Vorderflügel mit dunklem Band quer über den Flügeln, das sie von verwandten schwarz-gelben Arten unterscheidet. Spitzen der Hinterbeine schwarz, die Ausdehnung variiert jedoch, manchmal ganz schwarz. **H** Grasland, Hecken, Gebüsch. **F** Brombeere.

2
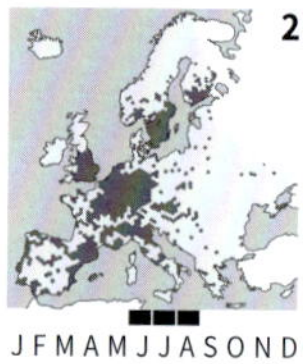

2 ⊙ Rosen-Bürstenhornwespe
Arge ochropus **L** 7–10 mm. Schwarz mit gelblicher Färbung des Abdomens, der „Schultern" und Beine sowie der Basaladern der Vorderflügel. Die Spitzen der Tibiae und Tarsi sind schwarz gefärbt. **H** Grasland, Hecken, Gebüsch, Parks und Gärten. **F** Rosen.

3
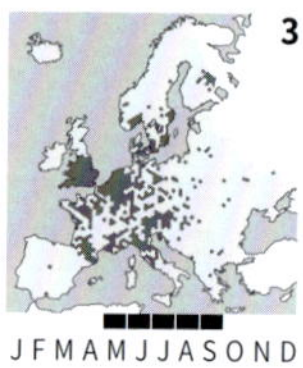

3 ⊙ Blauschwarze Rosenbürstenhornblattwespe
Arge pagana **L** 7–9 mm. Schwarz einschließlich der Beine und der Basaladern der Vorderflügel; Abdomen gelb. Es kommt auch eine Form mit mehr gelblicher Färbung vor. **H** Grasland, Hecken, Gebüsch, Parks und Gärten. **F** Rosen.

4
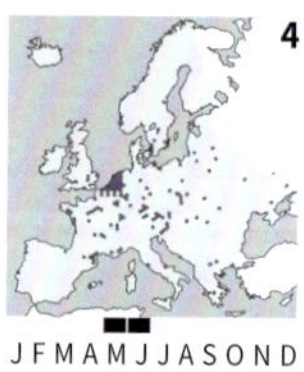

4 ⊙ Eichen-Bürstenhornblattwespe
Arge rustica **L** 9–11 mm. Schwarz, stumpf; Tibiae und Tarsi gelblich. ♀ Abdomen S1 Basis gelb gebändert, S3–7 mit kleinen gelben Flecken. **H** Wälder. **F** Eichen.

5
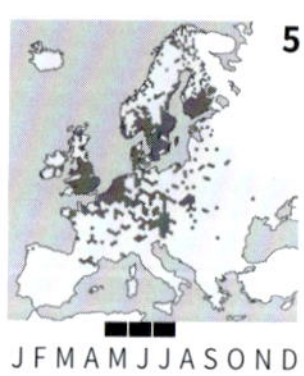

5 ⊙ Bronzefarbene Bürstenhornblattwespe ***Arge ustulata*** **L** 7–10 mm. Braun mit Bronzeschimmer; Stigmabasis gelb, Spitze dunkelbraun; Grundadern gelb. **H** Wälder. **F** Weiden, Birken, Weißdorn.

FARNWESPEN Blasticotomidae

E 1 SP 1 ILL

Schlanker Körper; Fühler mit 4 Segmenten, S3 länglich, S4 eine kleine konische Spitze, die bei den Argidae fehlt. Das Stigma des Vorderflügels ist bauchig. Die Larven entwickeln sich im Inneren von Farnstängeln und bilden am Eingang eine schaumige Masse.

6
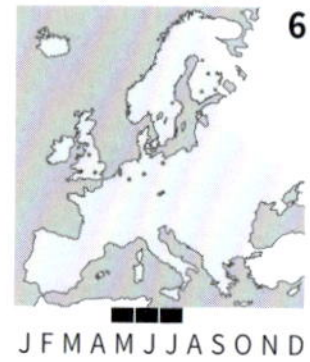

6 🔍 Farnwespe
Blasticotoma filiceti **L** 8 mm. Schlank, Rücken, mit gelben Beinen. Vorderflügel dunkel mit bräunlicher Färbung. **H** Wälder. **F** Farne. **V** Die Larven leben in einer symbiotischen Beziehung mit einigen Ameisen.

KEULHORNBLATTWESPEN Cimbicidae →

E 6 GEN 48 SPP 6 ILL

Etwa 180 Arten weltweit, auch bekannt als Riesen-Pflanzenwespen. Groß, stämmig; Fühler keulenförmig, mit bis zu 7 Segmenten. Die Larven ernähren sich von verschiedenen Bäumen, Sträuchern und niedrig wachsenden Pflanzen.

Gen. *Abia* E 12 SPP

48 Arten weltweit, Größe < 13 mm. Analzelle der Vorderflügel in der Mitte zusammengedrückt. Farbenfrohe adulte Tiere oft auf Blumen oder Vegetation im Grasland zu sehen.

7
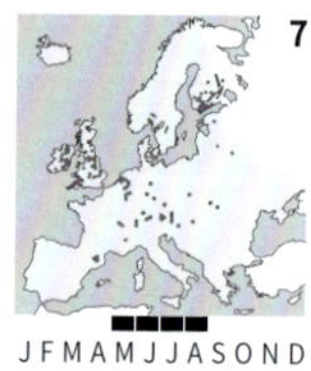

7 ⊙ Schwarze Keulhornblattwespe
Abia candens **L** 10 mm. Metallisch grün; Flügel braun, gefleckt. Fühler am Ansatz und an der Spitze dunkel, sonst gelblich; bei der Skabiosen-Keulhornblattwespe (*A. nitens*) alle gelblich braun. **H** Grasland. **F** Teufelsabbiss, Acker-Witwenblume.

8
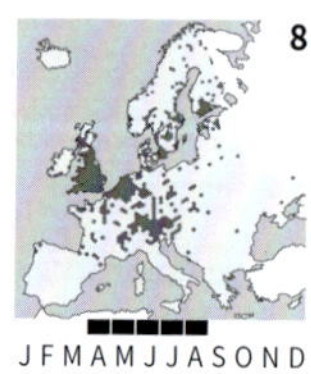

8 ⊙ Geißblatt-Keulhornblattwespe
Abia fasciata **L** 10 mm. Schwarz mit leicht lilafarbenem Schimmer; Metanotum weiß. Vorderflügel mit weißer Basis und schwarzem Mittelband. **H** Grasland. **F** Heckenkirschen.

9
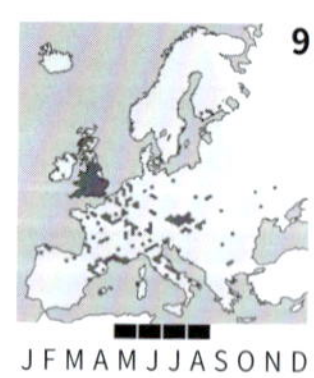

9 ⊙ Skabiosen-Keulhornblattwespe
Abia nitens **L** 10 mm. Metallisch grün; Flügel braun, gefleckt. Fühler alle gelblichbraun, bei *A. candens* mit dunkler Basis und Spitze. **H** Grünland, Gärten. **F** Teufelsabbiss, Acker-Witwenblume., Schlitzblättrige Karde.

BÜRSTENHORNBLATTWESPEN

1 ×2

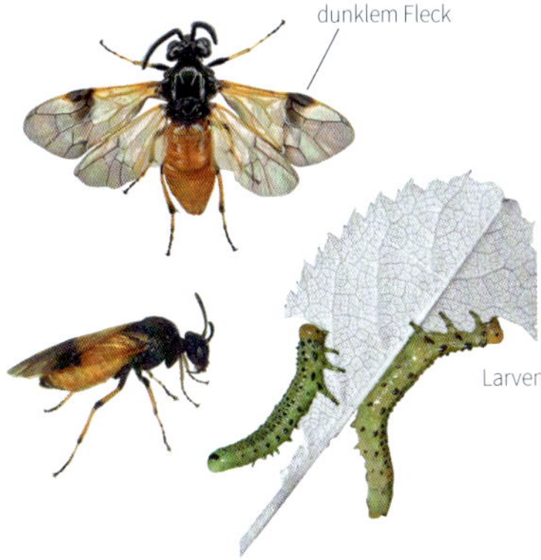

2 ×2

3 ×2

4 ×2

5 ×3

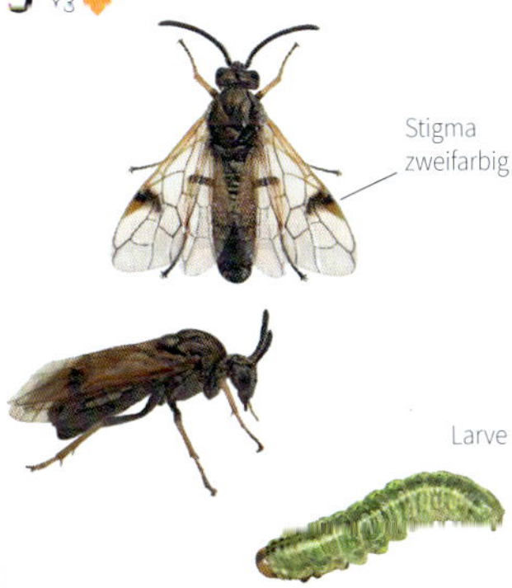

FARNWESPEN

6 ×2

KEULHORNBLATTWESPEN →

7 ×2

8 ×2

9 ×2

← KEULHORNBLATTWESPEN Cimbicidae

Gen. ***Cimbex*** E 5 SPP

Eine kleine Gattung, die weltweit 13 große Arten (> 13 mm) umfasst. Analzelle der Vorderflügel durch eine Querrippe geteilt oder in der Mitte leicht zusammengedrückt.

1 ⊙ Erlen-Keulhornblattwespe
Cimbex connatus **L** 20–28 mm. Kopf und Thorax braun und schwarz; Abdomen S1–S3 braun, S3 mit gelben Seitenflecken, übrige Segmente überwiegend gelb, mit schmalem braunem Rand und manchmal zentralen Flecken. **H** Wälder, städtische Gebiete. **F** Erlen. **V** Färbung und Aussehen ähnlich der Hornisse (*Vespa crabro*, S. 604), ein Beispiel für Mimikry, da Pflanzenwespen harmlos sind und nicht stechen können.

1
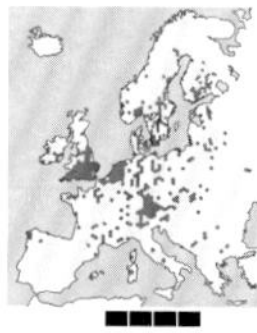
J F M A M J J A S O N D

2 ⊙ Große Birkenblattwespe
Cimbex femoratus **L** 18–28 mm. Schwarz oder rötlich braun, selten gelb; Fühler Basalsegmente dunkel, sonst orange; Vorderflügel mit dunklen Spitzenbändern; alle Tarsi orange. ♀ Abdomen manchmal mittig rot gebändert. **H** Wälder. **F** Birken.

2
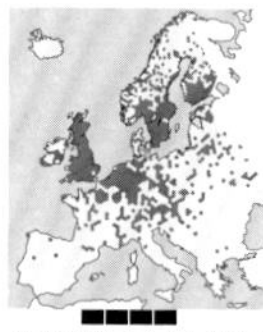
J F M A M J J A S O N D

3 🔬 Keulhornblattwespe
Trichiosoma tibiale **L** 13–16 mm. Thorax schwärzlich oder dunkelbraun bei ♂; Körper mit ausgedehnter brauner Behaarung; ♂ Tibiae und Tarsi gelb, bei ♀ nur Tarsi. **H** Hecken. **F** Weißdorn.

3

J F M A M J J A S O N D

BUSCHHORNBLATTWESPEN Diprionidae

E 6 GEN 19 SPP 1 ILL

Etwa 140 Arten weltweit. Gedrungener Körperbau; Fühler mit 17–22 Segmenten, bei ♂ kammartig, bei ♀ gezähnt; Letztere sind oft blasser gefärbt. Larven entwickeln sich in Nadelbäumen.

4 🔬 Gemeine Kiefernbuschhorn blattwespe ***Diprion pini*** **L** 7–10 mm. ♀ Gelblich, mit variabler Schwarzfärbung an Kopf, Thorax und Abdomen; Fühler meist schwarz. ♂ schwarz, mit kammartig gefiederten Fühlern. **H** Nadelwälder. **V** 2 Generationen pro Jahr. Gilt aufgrund von Populationsausbrüchen in Kiefernplantagen als Schädling. **F** Kiefern.

4
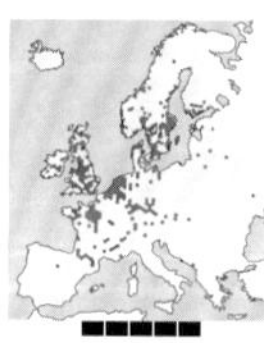
J F M A M J J A S O N D

ECHTE BLATTWESPEN Tenthredinidae →

E 125 GEN 1040 SPP 32 ILL

Eine große und vielfältige Familie mit weltweit etwa 6000 kosmopolitischen Arten (Größe 3–14 mm), die etwa ⅔ aller Pflanzenwespen ausmachen. Verschiedene häufige und farbenfrohe *Tenthredo*-Arten fallen Entomologen eher auf; diese und viele andere haben Fühler, die aus 9 Segmenten bestehen; einige wenige Gruppen haben mehr. Larven fressen Blätter oder minieren in ihnen; je nach Art an verschiedenen Bäumen, Sträuchern und Pflanzen.

5 🔍 Schwarzrote Labkraut-Blattwespe ***Aglaostigma aucupariae*** **L** 7–9 mm. Schwarz, Abdomen mit breitem rotem Band; Pronotumschultern weißlich; Stigma zweifarbig. **H** Lichte Wälder, Hecken. **F** Labkräuter.

5
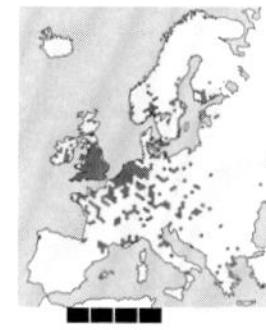
J F M A M J J A S O N D

Gen. ***Emphytus*** E 15 SPP

Kleine Gattung mit weltweit 40 Arten. Unterschiede zwischen den Flügeln helfen bei der Unterscheidung der verwandten Gattungen; die unten diskutierten Arten wurden bis vor Kurzem der Gattung *Allantus* zugeordnet, wobei *Emphytus* als Untergattung betrachtet wurde.

6
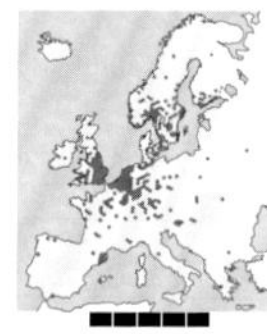
J F M A M J J A S O N D

6 🔍 Weißgegürtelte Rosenblattwespe ***Emphytus cinctus*** **L** 7–10 mm. Schwarz, Abdomen S5 nur bei ♀ mit gelblich weißem Band; Tibiae und Tarsi rötlich, Basis der Tibiae weiß; Stigma zweifarbig, cremefarben und schwarz. **H** Gärten, Hecken, Gebüsch. **F** Rose, Brombeere.

7
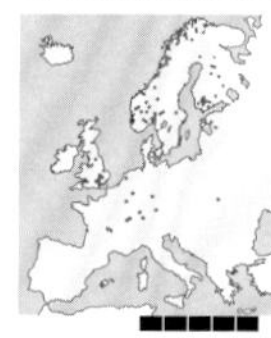
J F M A M J J A S O N D

7 🔍 Blutwurz-Blattwespe
Emphytus truncatus **L** 8–9 mm. Schwarz mit überwiegend rötlichen Beinen, Abdomen S5 nur bei ♀ mit weißlichem Band; Stigma dunkelbraun. **H** Kreidegrasland. **F** Rosen, Blutwurz.

8
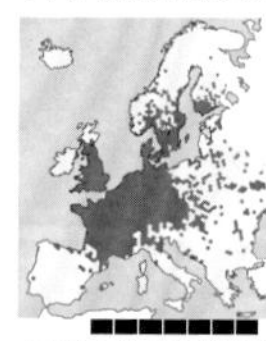
J F M A M J J A S O N D

8 ⊙ Rübsenblattwespe
Athalia rosae **L** 6–8 mm. Orange mit schwarzem Kopf und Fühlern; markante große Flecken auf dem Thorax, Vorderrand der Vorderflügel, Femora und Spitzen der Tarsalsegmente ebenfalls schwarz. **H** Grasland. **F** Kreuzblütler. **V** In der Hochsaison in großer Zahl auf Blüten und im Flug zu sehen.

9
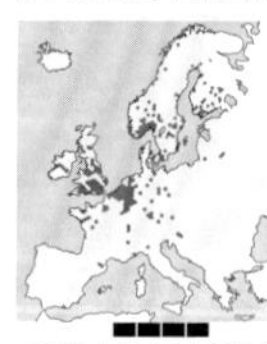
J F M A M J J A S O N D

9 🔍 Kleine Lindenblattwespe
Caliroa annulipes **L** 4–6 mm. Schwarz, Beine mit etwas Weiß. **H** Wälder. **F** Eichen, einige andere Bäume.

10

J F M A M J J A S O N D

10 🔍 Ungleiche Rosenblattwespe
Cladius pectinicornis **L** 5–7 mm. Schwarz, Tibiae und basale Tarsi gelblich. Bei ♂ Fühler S3–S6 mit Fortsätzen. **H** Grasland, Hecken, Waldränder, Parks, Gärten. **F** Rosen.

← Keulhornblattwespen

1 ×1

2 ×1

3 ×1,5

Buschhornblattwespen

4 ×2

Echte Blattwespen →

5 ×3

6 ×2

7 ×2

8 ×3

9 ×4

10 ×3

← **ECHTE BLATTWESPEN** Tenthredinidae →

1 Binsenblattwespe
Dolerus madidus **L** 8–10 mm. ♀ orange mit Kopf, Scutellum und Beinen schwarz. ♂ schwarz mit orange gebändertem Abdomen. **H** Feuchtgebiete. **F** Binsen (*Juncus* spp.).

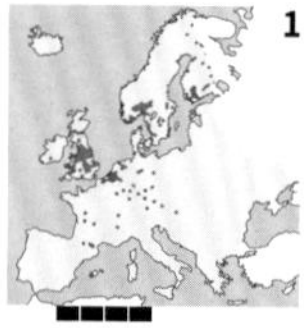

2 Rotfleckige Erlenblattwespe
Eriocampa ovata **L** 5–7 mm. Schwarz, Thorax mit roter Spitze; Thoraxseiten schwarz, stark punktiert, ebenso der Kopf. Mittlere und hintere Tibiae mit weißen „Knien". **H** Wälder am Wasser, Gebüsch. **F** Erlen.

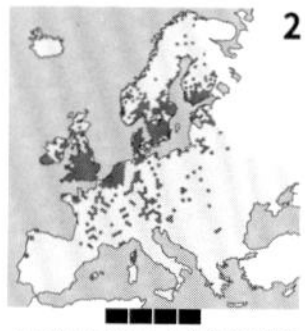

3 Sattelblattwespe
Eutomostethus ephippium **L** 4–5 mm. Schwarz mit rotem Thorax, manchmal kommt auch eine ganz schwarze Form vor. Tibiae an der Basis weiß gebändert. **H** Grasland. **F** Gräser.

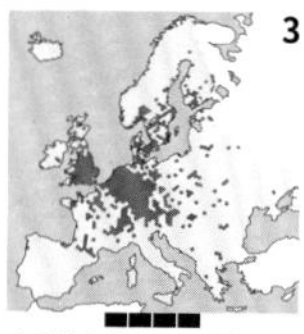

Gen. ***Euura*** E 66+ SPP

Eine kürzlich revidierte Gattung kleiner Pflanzenwespen mit 66 Arten allein in Nordeuropa; die Klassifizierung gilt als umstritten. Larven entwickeln sich in Gallen, meist in Weiden.

4 Weidengallwespe
Euura proxima **L** 3–5 mm. Schwarz mit brauner Tönung, Beine gelblich braun. **H** Feuchte Wälder. **V** Larven verursachen markante bohnenförmige, grüne oder oft rötliche Gallen. **F** Weiden.

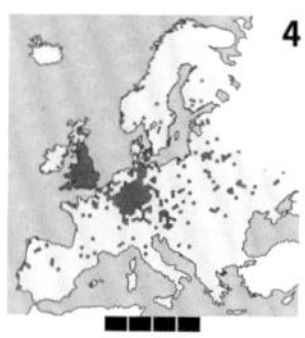

5 Gallblattwespe
Euura viminalis **L** 3–5 mm. Schwarz mit einigen gelblichen Bereichen, auch um die Augen und den Bauch, außer S1, der schwarz ist. **H** Feuchte Wälder. **V** Larven verursachen runde Gallen auf der Unterseite der Blätter. **F** Purpurweide.

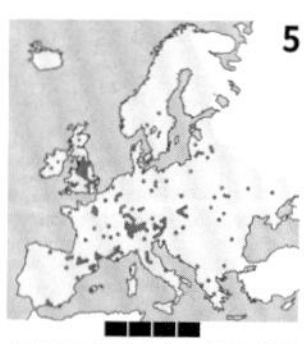

Gen. ***Rhogogaster*** E 10 SPP

37 Arten weltweit, die europäischen hellgrün mit schwarzen Flecken, aufgrund der Variationen innerhalb der Arten schwer zu identifizieren. Vom allgemeinen Aussehen her ziemlich ähnlich wie *Tenthredo* spp.

6 Grüngemusterte Blattwespe
Rhogogaster punctulata **L** 10–12 mm. Grün mit schwarzen Flecken, darunter ein W um die Ocelli, während verwandte Arten einen Fleck ähnlich einer 8 haben. **H** Wälder. **F** Verschiedene Bäume.

7 Grüne Blattwespe
Rhogogaster scalaris **L** 10–13 mm. Grün mit schwarzen Flecken, darunter ein Fleck ähnlich einer 8 um die Ocelli herum (variabel, manchmal mit mehr Schwarz), grüner Fleck auf beiden Seiten der Ocelli; Abdomen mit breitem Mittelstreifen, oft ungefähr halb so breit wie Abdomen. Subtile Unterschiede können helfen, diese Art von anderen *Rhogogaster*-Arten zu unterscheiden. **H** Wald, Grasland. **V** Diese Art wurde oft als *R. viridis* bezeichnet; die echte *R. viridis* ist jedoch kleiner und dunkler. **F** Verschiedene Bäume und Kräuter.

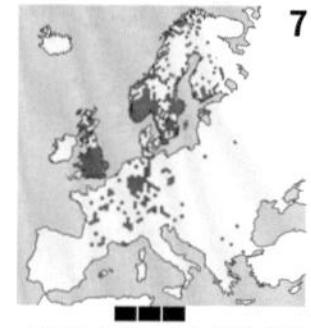

Gen. ***Tenthredo*** E 64 SPP →

Fast 800 Arten weltweit, oft leuchtend gefärbt, in Europa ein vertrauter Anblick in Verbindung mit Grasland, Wäldern, Hecken, einschließlich Gebirgsregionen.

8 Schöne Blattwespe
Tenthredo amoena **L** 9–11 mm. Schwarz; Abdomen mit gelben Bändern, S5 Basis gelb, Spitze schwarz (im Gegensatz zu anderen *Tenthredo* spp.); Fühler S1 und Teil der Beine gelb. **H** Grasland. **F** Echtes Johanniskraut.

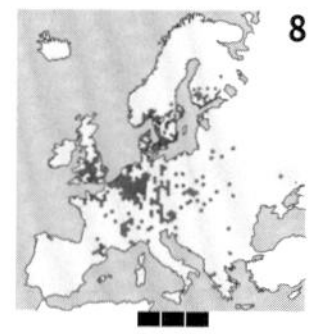

9 Gekrümmte Blattwespe
Tenthredo arcuata **L** 9–11 mm. Schwarz mit schmalen gelblichen Bändern; ähnlich wie andere verwandte *Tenthredo* spp. einschließlich *T. notha*. ♂ ist schwer zu unterscheiden; ♀ noch schwieriger zu bestimmen, aber Band an Abdomen S1 ist reduziert und reicht nicht bis zur gelben Seitenlinie, Fühler S1 normalerweise gelb. **H** Grasland. **F** Klee.

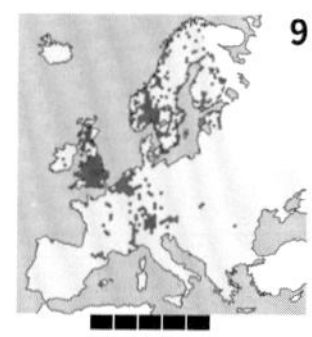

10 Rotschwarze Blattwespe
Tenthredo atra **L** 9–12 mm. Schwarz mit teilweise rötlichen Beinen; Fühler von der Basis zur Spitze hin dünner werdend; Stigma und Costa schwarz. ♂ mit rotem Streifen auf Abdomen S2–S6. **H** Grasland, Sümpfe, Waldränder. **F** Verschiedene krautige Pflanzen.

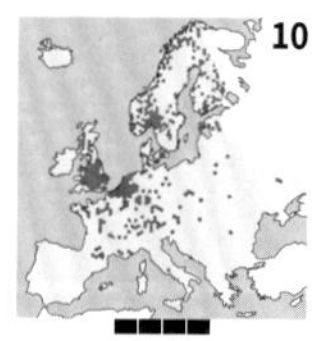

11 Feldblattwespe
Tenthredo campestris **L** 12–14 mm. Kopf und Thorax schwarz, ein Großteil des Abdomens, Labrum, Clypeus, Mandibeln, Fühler gelblich orange und Thorax mit gelben Flecken; Abdomen mit schwarzer Basis und Spitze. **H** Grasland, Waldränder. **F** Giersch (*Aegopodium podagraria*).

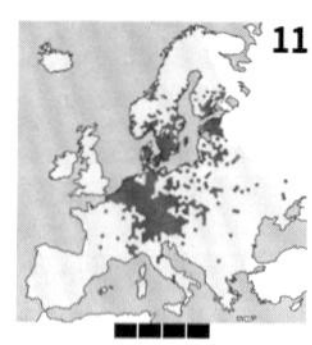

12 Schwarze Blattwespe
Tenthredo livida **L** 12–15 mm. Schwarz, Fühler zur Spitze hin weiß gebändert; Mund weiß; Stigma zweifarbig weiß und braun; ♀ Abdomen S1 mit weißem Fleck an den Seiten. Bei beiden Geschlechtern kann Rot fehlen oder aber sehr extensiv sein (seitlich aber immer etwas Schwarz), auch Beine können teilweise rot sein. **H** Wälder. **F** Verschiedene.

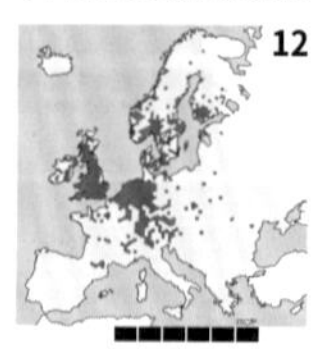

1 ×2
♀
♂
Verwechslung mit einigen ähnlichen Arten möglich
2 ×3
Thorax oberseitig rot
Larve
mit weißem Wachsüberzug
3 ×4
Thorax ganz rot
4 ×4
5 ×4
Larve in runder Galle
6 ×2
W-förmiger schwarzer Fleck um Ocelli
8-ähnliche Markierung um Ocelli
Kopf ×5
R. punctulata
Kopf ×5
R. scalaris
7 ×2
Larve
8 ×2
Fühler S1 gelb (siehe Abbildung unten)
Abdomen S1 gelbes Band nicht reduziert
Larve
9 ×2
Abdomen S1 gelbes Band reduziert
Fühler S1 ganz gelb
S1 gelb und schwarz
Kopf ×5
T. amoena
Kopf ×5
T. arcuata
10 ×2
Fühler werden zur Spitze hin dünner
Larve
11 ×1,5
kontrastierende Färbung
Stigma zweifarbig
12 ×1,5
Larve

← ECHTE BLATTWESPEN Tenthredinidae

← Gen. *Tenthredo*

1
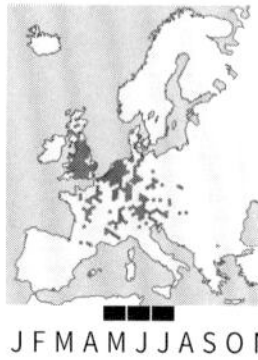

1 Große Gelbbinden-Blattwespe
Tenthredo maculata **L** 12–14 mm. Schwarz, Abdomen mit gelbem Band, bei ♂ breiter; Pronotumrand, Unterseite, Scutellum, Costa und Tibiae gelb, hintere Tibiae mit schwarzem Ende; Fühlerenden nicht verdickt. **H** Wälder. **F** Gräser.

2
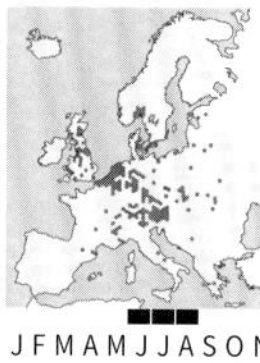

2 Pestwurz-Blattwespe
Tenthredo mandibularis **L** 13–14 mm. Schwarz, außer Mandibelbasis weiß, oft Abdomen S1 mit weißem Seitenfleck; Vorder- und Mittelbeine meist rötlich, Femora mit schwarzer Basis. **H** Feuchtes Grasland. **F** Pestwurz, Huflattich.

3
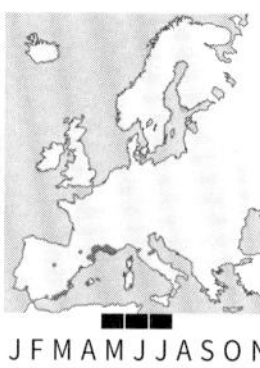

3 Grünschwarze Blattwespe
Tenthredo mesomela **L** 10–13 mm. Oberseite schwarz, Unterseite grün; deutliche grüne Zeichnung und Bänder auf Abdomen; Stigma schwarz. **H** Wald, Grünland. **F** Verschiedene.

4
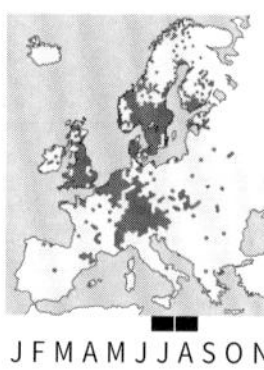

4 Wickenblattwespe
Tenthredo notha **L** 9–11 mm. Schwarz mit schmalen gelblichen Abdominalbändern; ähnlich wie andere verwandte *Tenthredo* spp. einschließlich *T. arcuata*. ♂ sind schwer zu unterscheiden. Bei ♀ Abdomen S1 seitlich verbreitert, bis zur gelben Seitenlinie. Beine meist gelb mit schwarzen Flecken; hintere Tibiae mit schwarzem Ende. **H** Grasland. **F** Kleearten.

5
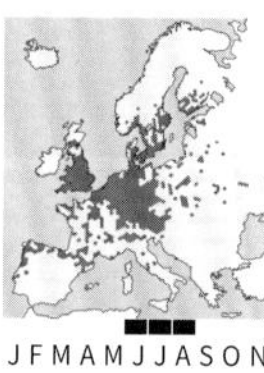

5 Braunwurz-Blattwespe
Tenthredo scrophulariae **L** 10–13 mm. Schwarz-gelb, eher wespenähnlich und leicht von anderen wespenähnlichen *Tenthredo* spp. zu unterscheiden durch Fühler-, Costa- und Stigmafarbe, diese alle orange; Femora schwarz, Tibiae und Tarsi gelb. **H** Wälder, Grünland. **F** Braunwurz, Königskerzen.

6
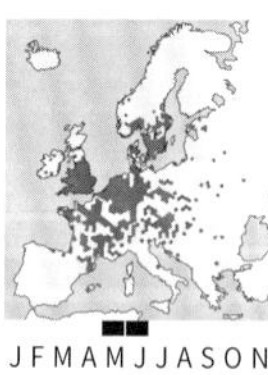

6 Berauschte Blattwespe
Tenthredo temula **L** 10–12 mm. Schwarz mit gelber Unterseite; Abdomen mit verschiedenen Gelbanteilen, vor allem S3 mit gelbem Band, S4 (manchmal S5) auch gelb an den Seiten (anders als bei der ähnlichen *T. maculata*) und an der Spitze; Fühlerenden nicht verdickt. **H** Wälder, Hecken. **F** Verschiedene.

7
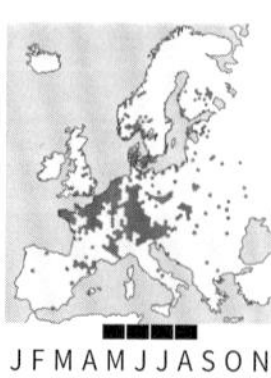

7 Gelbschwarze Blattwespe
Tenthredo vespa **L** 11–12 mm. Schwarz-gelb, eher wespenartig; Fühler schwarz. **H** Wald, Grasland, Hecken. **F** Verschiedene.

8
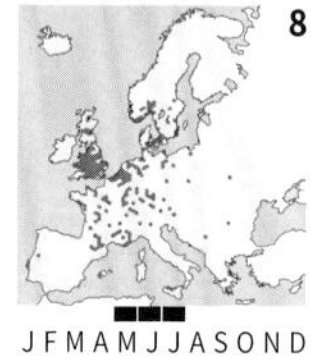

8 Veränderliche Blattwespe
Tenthredopsis litterata **L** 11–12 mm. Variabel in der Farbe, manchmal hauptsächlich schwarz oder braun-orange, Hinterbeine rötlich oder schwarz. ♀ Abdomen schwarz, meist 2–3 mittlere Segmente rot (bis zu 6, bei ♂ mehr); Hypopygium (S9 bei ♂ mit Geschlechtsorgan) von unten gesehen breit und an den Spitzen eingeschnitten, bildet ein Y. Stigma zweifarbig, cremefarben und schwarz. **H** Wälder, Grasland. **F** Verschiedene Gräser.

Gen. *Macrophya* E 32 SPP →

Fast 120 Arten weltweit; Vorderkopf mit lang gezogenem Clypeus. In Grasland und Wäldern, einschließlich Gebirgsregionen, aber selten subalpin.

9
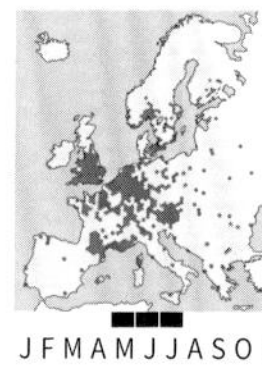

9 Geringelte Pflanzenwespe
Macrophya annulata **L** 10–12 mm. Schwarz, ♀ Abdomen S2–4 und S5 an der Basis mit rotem Band, ♂ etwas weniger rot; Stigma dunkel. **H** Grasland, Waldränder. **V** Ahmt schwarz-rote Wegwespen nach (Pompilidae, S. 600); diese haben 12 Fühlersegmente bei ♀, 13 bei ♂; *M. annulata* hat nur 9. **F** Kriechendes Fingerkraut, Rosen, Brombeere.

10
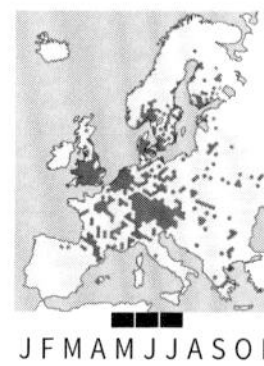

10 Zwölfpunkt-Blattwespe
Macrophya duodecimpunctata **L** 10–12 mm. Schwarz-weiß; Flügel gelblich braun, bei ♀ mehr orange; Stigma gelb; Adern bei ♀ gelb, bei ♂ bräunlich. **H** Feuchtgebiete, Sümpfe. **F** Seggen, Gräser.

11
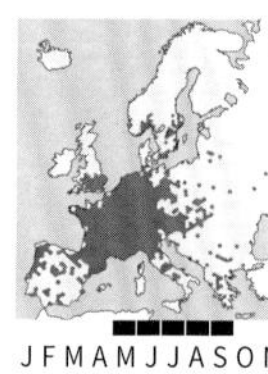

11 Bergblattwespe
Macrophya montana **L** 9–11 mm. Schwarz; bei ♀ Abdomen am Ende gelb, S1 am Hinterrand gelb, S5–S6 mit gelben Flecken. Clypeus, Vorder- und Mittelbeine gelb, auch Basis der hinteren Femora und Fleck auf den hinteren Tibiae; Stigma schwarz. Bei ♀ alle Tarsi schwärzlich. ♂ weniger farbenprächtig, Abdomen ganz schwarz; Vorderkopf und hintere Tarsi teilweise weiß. **H** Grasland, Wald. **V** Oft auf Doldenblütlern. **F** Brombeere.

12
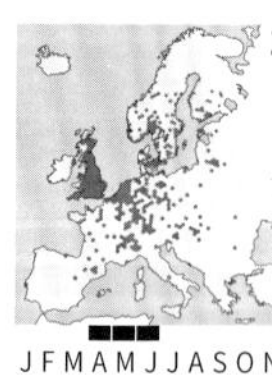

12 Salomonssiegel-Blattwespe
Phymatocera aterrima **L** 8–9 mm. Schwarz, eher behaart, Fühler lang; Flügel rauchig. **H** Hecken, Wälder, Gärten. **V** Fliegt oft an den Nahrungspflanzen. **F** Weißwurz (*Polygonatum*).

13

13 Streifen-Blattwespe
Strongylogaster multifasciata **L** 9–11 mm. Schwarz, ♀ (meist gesehen) Abdomen gelblich gebändert; Fühler S1–S2 gelblich orange, oft auch Basis von S3. Beine bräunlich mit gelben Bereichen; hintere Femora mit schwarzer Basis. Bei ♂ Abdomen orange. **H** Hecken, Wälder, Gärten. **F** Farnkraut.

← **ECHTE BLATTWESPEN**

1 ×1,5

2 ×1,5

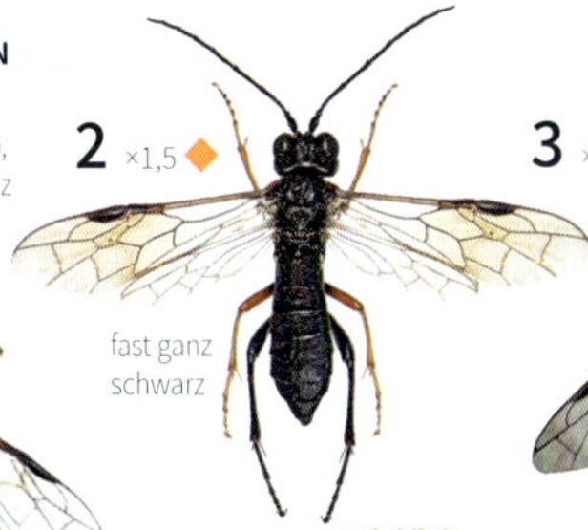

3 ×2

4 ×2

5 ×2

6 ×2

7 ×2

8 ×2

9 ×2

10 ×2

11 ×2

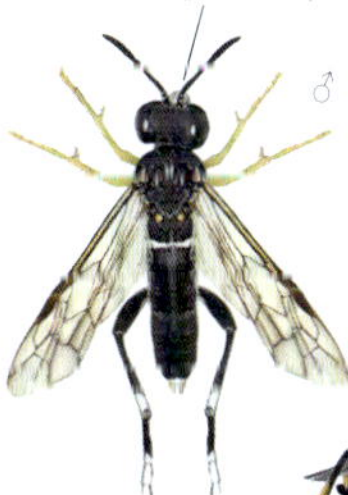

12 ×2

13 ×2

SCHWERTWESPEN Xiphydriidae

E 1 GEN 7 SPP 3 ILL

Etwa 140 Arten weltweit, Länge > 14 mm. Leicht zu erkennen am ungewöhnlich langen „Hals" zwischen Kopf und Pronotum. Fühler mindestens 14-segmentig. ♀ mit starrem Ovipositor. Larven entwickeln sich in kleinen Ästen von toten oder absterbenden Laubbäumen.

1 ⊙ Erlenschwertwespe
Xiphydria camelus **L** 10–21 mm. Schwarz, bis zu 5 Abdominalsegmente mit weißen seitlichen Flecken; Kopf, Winkel des Pronotums und Tegulae (Flügeldecken) mit weißen Flecken; Beine rot, Coxae schwarz. Fühler S2 viel kürzer als S4. **H** Wälder. **F** Erlen, Pappeln und andere.

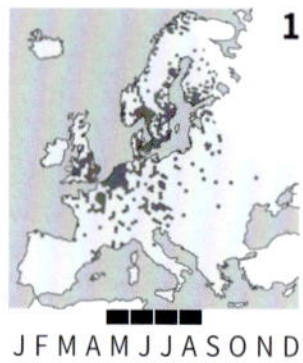

1

2 ⊙ Eichenschwertwespe
Xiphydria longicollis **L** 10–21 mm. Schwarz, bis zu 6 Abdominalsegmente seitlich mit weißen Flecken; Kopf und Ecken des Pronotums mit weißen oder gelblichen Flecken; Beine überwiegend schwarz mit weißem Ring an der Basis der Tibiae. Fühler S2 länger als S4. **H** Wälder. **F** Feldahorn, Bergahorn, Eichen.

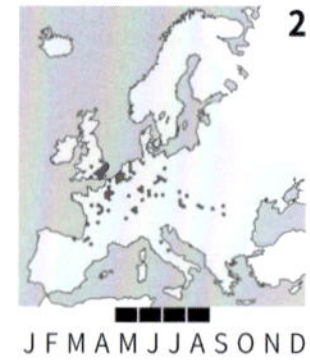

2

3 ⊙ Weidenschwertwespe
Xiphydria prolongata **L** 6–18 mm. Schwarz, Abdominalsegmente mit weißen Seitenstreifen, S3–S5 (oder S6) rot gebändert, bei ♂ Abdomen manchmal ganz rot. Kopf, Pronotum, Seiten des/der letzten Abdominalsegmente mit weißen Flecken. Beine überwiegend rötlich, Basis der Tibiae weiß. **H** Wälder. **F** Weiden, Pappeln.

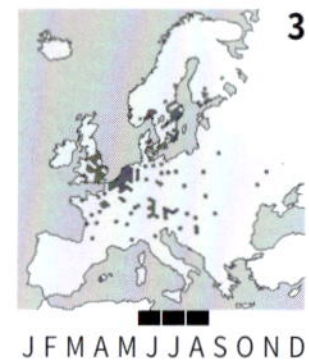

3

SCHLUPFWESPEN, GALLWESPEN & VERWANDTE (Apocrita)

Diese Gruppe ist mit einer erstaunlichen Anzahl von Arten vertreten: ~20 000 in Europa. Obwohl die Schlupfwespen nur wenig bekannt sind und es aktuell keine populäre Literatur über sie gibt, sind sie Gegenstand einiger neuerer Veröffentlichungen. Die meisten Arten töten das Wirtstier; zu diesen gehören Schmetterlinge und auch winzige Blattläuse.

Hier wird eine kleine Auswahl von meist häufigen Vertretern aus 9 Familien abgebildet. Die Identifizierung ist oft schwierig, da viele Arten sehr klein sind und oft eine mikroskopische Untersuchung erforderlich ist – was den Rahmen dieses Buches sprengen würde. Selbst einige größere Schlupfwespen können eine Herausforderung darstellen.

CHALCIDIDEN Chalcididae

E ~20 GEN 93 SPP 1 ILL

Weltweit < 1500 Arten; größer (2–9 mm) als andere Familien der Erzwespen (Gruppe Chalcidoidea), hintere Femora deutlich geschwollen, Innenrand mit einem oder mehreren Zähnen, Tibiae gebogen. Etliche Arten sind als Endoparasitoide von Fliegen, Käfern, Pflanzenwespen und Nachtfaltern nachgewiesen worden.

4 ⊙ Schwarzgelbe Erzwespe
Brachymeria tibialis **L** 3–5 mm. Schwarz-gelb. **H** Grasland. **V** Nutzt Nachtfalter als Wirt.

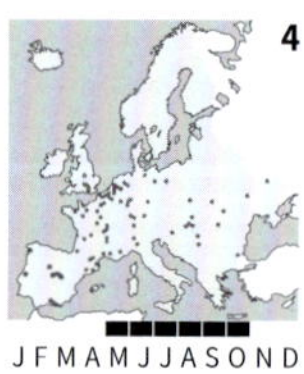

4

FALTENERZWESPEN Leucospidae

E 1 GEN 8 SPP 2 ILL

Klein bis groß (4–17 mm), einige der 134 weltweiten Arten sehen typischen Wespen ähnlich. Körper groß, robust; im Ruhezustand Vorderflügel längs gefaltet; hintere Femora verdickt mit 1–2 Zähnen am inneren Rand; die hinteren Tibiae gebogen. ♀ Ovipositor kurz oder nach hinten gekrümmt. Parasitoide von Solitärbienenlarven, manchmal von Sozialen Faltenwespen.

5 🔍 Gemeine Faltenerzwespe
Leucospis dorsigera **L** 10–12 mm. Körper schwarz mit gelben Streifen; Beine teilweise gelb. **H** Offene Flächen, einschließlich Grasland.

1

6 ⊙ Große Faltenerzwespe
Leucospis gigas **L** 15–17 mm. Groß, Körper schwarz mit markanter gelber Zeichnung (Muster auf dem Abdomen artspezifisch) und großen Flecken; Beine teilweise gelb. **H** Offene Flächen, einschließlich Grasland.

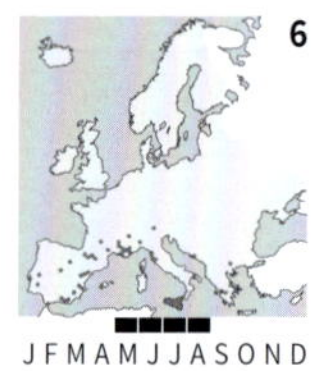

6

ORMYRIDEN Ormyridae

E 1 GEN 25 SPP 1 ILL

Überwiegend klein (1–7 mm), mit 125 weltweit vorkommenden Arten. Robust, Körper oft metallisch; Abdomen nie gestielt, mit charakteristischer grober, löchriger Skulptur. Hintere Coxae groß; Stigma reduziert. Mitteleuropäischen Arten sind hauptsächlich Parasitoide verschiedener gallenbildender Insekten.

7 🔍 Rotäugige Erzwespe
Ormyrus nitidulus **L** 2–5 mm. Körper gekrümmt, ♀ metallisch bläulich grün; Fühler schwarz und Augen rot; Gaster mit Bändern großer Einstiche; Beine dunkel, „Knie" und Tarsi blass. ♂ kleiner, Thorax und Gaster blau. **H** Wälder, Parks, Gärten. **V** Häufig auf oder in der Nähe von Eichen, zu den Wirten zählen Gallwespen (*Andricus* spp.)

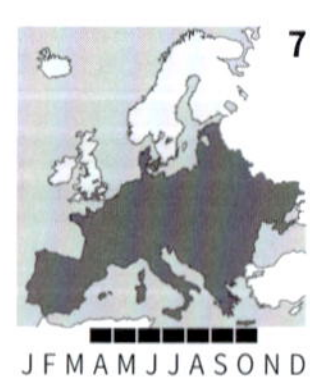

7

Schwertwespen

1 ×1,5

2 ×1,5

3 ×2

Struktur der Schlupfwespen, Gallwespen & Verwandten

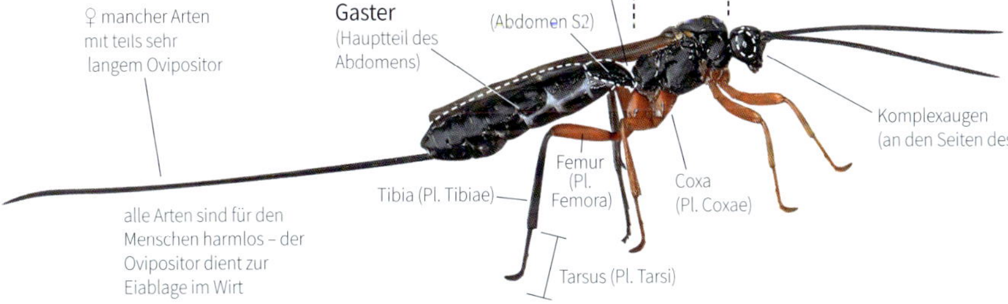

Chalcididen

4 ×5

Faltenerzwespen

5 ×2

6 ×1,5

Ormyriden

7 ×6

PERILAMPIDEN Perilampidae

E 4 GEN 67 SPP 1 ILL

Klein (1–5 mm), mit weniger als 300 Arten weltweit. Oft metallisch gefärbt, das Pronotum ist breit. Einige britische Arten wurden als Endoparasitoide von Diptera und Symphyta nachgewiesen.

1
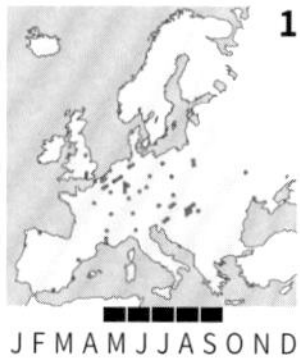

1 Schöne Erzwespe

Perilampus aeneus **L** 3–5 mm. Kopf und ein großer Teil des Thorax leuchtend bronzegrün, Kopf manchmal bläulich; Abdomen bläulich grün. **H** Grünland.

TORYMIDEN Torymidae

E 19 GEN 326 SPP 1 ILL

Klein bis mittelgroß (bis zu 7 mm), mit 1000 Arten weltweit. Metallisch, Hinterbeine verdickt. Gehören zu den Parasitoiden der Gallwespen; die Weibchen haben einen langen Ovipositor, der viel länger als das Abdomen ist.

2
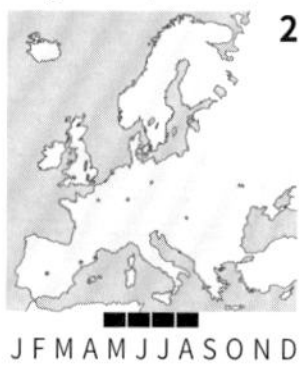

2 Metallisch Grüne Erzwespe

Torymus auratus **L** 2–5 mm. Körper metallisch grün; Augen rot; Beine gelblich. **H** Wälder, Parks, Gärten. **V** An verschiedenen Gallen von Gallwespen an Eichen.

GALLWESPEN Cynipidae →

E 36 GEN 360 SPP 15 ILL

Klein (≤ 5 mm), ~ 1300 Arten weltweit. Viele bilden robuste Gallen aus; diese können sehr groß sein, z.B. *Diplolepis rosae* (S. 576) mit Gallen bis zu 70 mm. Vermehrung oft teilweise parthenogenetisch; Generationen können in der Größe stark variieren, manchmal sind parthenogenetische ♀ viel größer.

Die geringe Größe und Ähnlichkeit einiger Arten erfordert oft eine mikroskopische Untersuchung, es sei denn, man kennt die Gallen, anhand derer die Bestimmung deutlich einfacher ist.

Gen. ***Andricus*** E ~70 SPP

Weltweit fast 400 Arten, einige mit unsicherer Zuordnung. Meist plump gebaut, voll geflügelt; Pronotum sehr kurz. Larven bilden oft Gallen an Eichen.

3
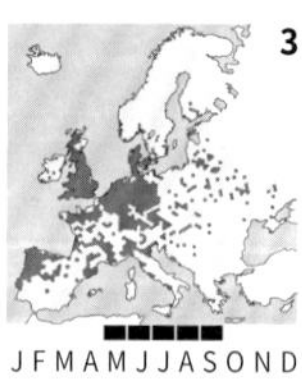

3 Eichenrosen-Gallwespe

Andricus foecundatrix **L** 2 mm. Schwarz oder rötlich braun; Beine braun. Fühler braun, 13–14 Segmente. **H** Wälder, Parks. **V** Bildet in Eichenknospen eine weiche, schuppige, kegelige (artischockenförmige) Galle bis ~ 30 mm.

4
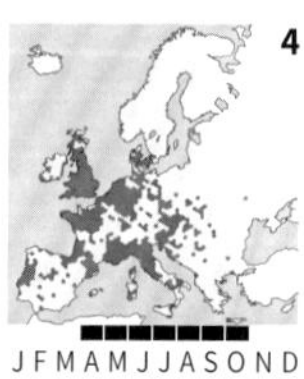

4 Schwammkugel-Gallwespe

Andricus kollari **L** 2 mm, parthenogenetisch ♀ 5 mm. Körper braun oder schwarz, manchmal gelblich; Thorax gekrümmt. **H** Wälder, Parks. **V** Bildet markante, murmelartige Gallen in Eichenknospen ≤ 30 mm, oft reichlich vorhanden.

5
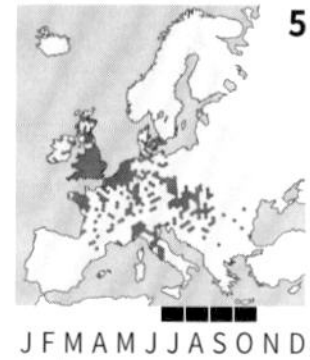

5 Knopperngallwespe

Andricus quercuscalicis **L** 3–4 mm, spätere Generation ♀ 6–7 mm. Körper schwarz, einige orangefarbene Flecken; Beine und Fühler braun; Thorax gekrümmt. **H** Wälder, Parks. **V** Bildet eine ausgeprägte Galle, die Eicheln von Eichen überwuchert.

6
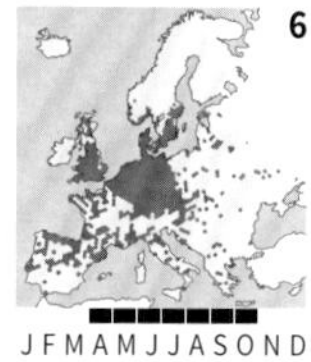

6 Schwammgallwespe

Biorhiza pallida **L** 2–4 mm, spätere Generation ♀ 5 mm. Körper bräunlich, geflügelt oder ungeflügelt. **H** Wälder, Parks. **V** Bildet eine auffällige, oft rötliche Galle an Eichenknospen ≤ 20 mm.

Gen. ***Cynips*** E 8 SPP

Kleine Gattung, 39 Arten weltweit. Typischerweise robust; einige Arten mit kurzen Flügeln. Pronotum sehr kurz; Abdomenende anders als bei *Andricus* (erfordert genaue Untersuchung). Bei den meisten mitteleuropäischen Arten bilden die Larven rundliche, glatte Gallen an Eichen.

7
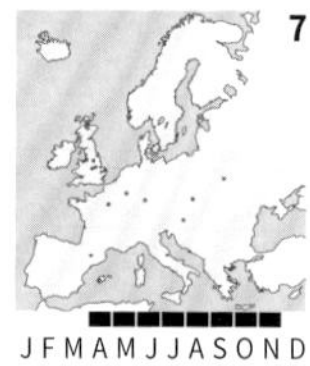

7 Braune Eichengallwespe

Cynips agama **L** 3 mm. Kastanienbraun. **H** Wälder, Parks. **V** Auf oder um Eichen. Bildet eine kleine weißliche oder braune Galle an Eichenknospen.

8
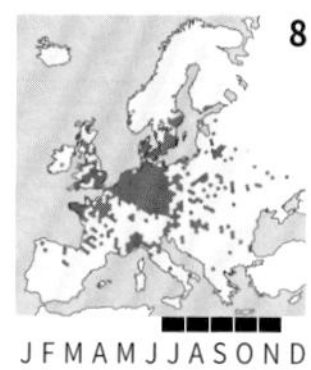

8 Gestreifte Eichengallwespe

Cynips longiventris **L** 3 mm. Körper braun, Beine gelb. **H** Wälder, Parks. **V** Auf oder an Eichen. Bildet weißlich gestreifte, erbsenförmige Gallen ≤ 10 mm, vor allem an der Unterseite von Eichenblättern.

9
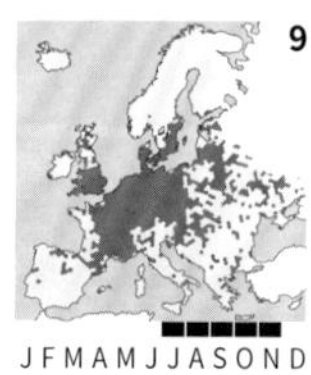

9 Gemeine Eichengallwespe

Cynips quercusfolii **L** 2–4 mm. Körper gelblich braun bis dunkelbraun; Anhängsel gelb. **H** Wälder, Parks. **V** An Eichen. Bildet runde grüne oder rote Gallen auf der Unterseite der Blätter.

10
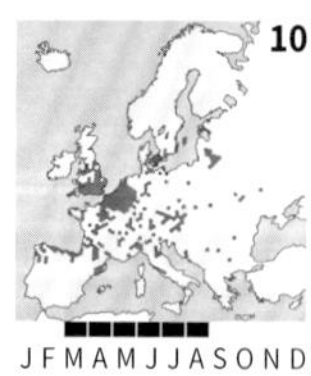

10 Brombeer-Gallwespe

Diastrophus rubi **L** 2–3 mm. Körper braun und schwarz mit silbernen Flecken und Streifen. **H** Grasland, Gebüsch, Parks. **V** Gallen, die sich an den Stängeln von Brombeeren (*Rubus* sect. *Rubus*) bilden und längliche Schwellungen verursachen.

Gen. ***Diplolepis*** E 7 SPP

Klein (3–6 mm), ~ 50 Arten weltweit. Orange bis rötlich braun oder schwarz; Thorax gewölbt; buckliges Aussehen. Larven bilden Gallen auf Rosen.

11
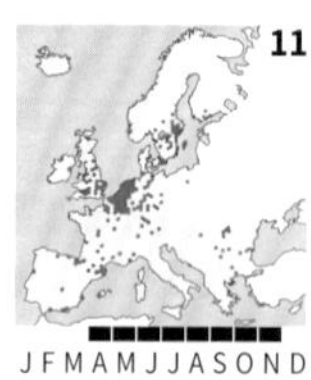

11 Orangeschwarze Rosengallwespe *Diplolepis eglanteriae*

L 3–4 mm. Körper schwarz, Abdomen mit orangefarbener Basalhälfte; Beine orange. **H** Gebüsch, Parks, Gärten, auch in Gebirgsregionen. **V** Gallen 3–7 mm, mit glatter Oberfläche, an Rosen, oft an Blättern gebildet.

PERILAMPIDEN

1 ×5 ◆

TORYMIDEN

2 ×5 ●

GALLWESPEN

3 ×6 ●

4 ×6 ●

5 ×4 ●

6 ×5 ●

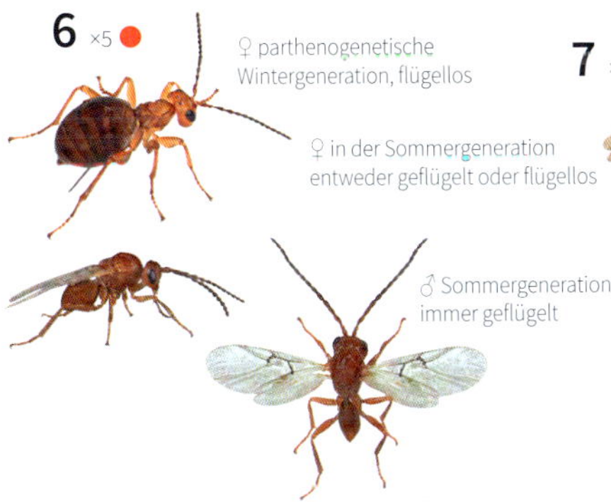

7 ×5 ●

8 ×5 ●

9 ×5 ●

10 ×6 ●

11 ×4 ●

← GALLWESPEN Cynipidae

1
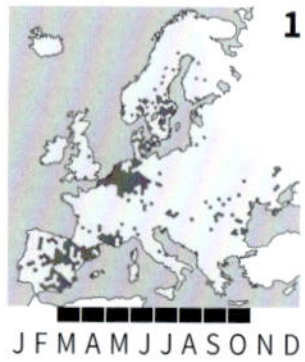

1 Mayrsche Rosengallwespe
Diplolepis mayri **L** 3–4 mm. Körper schwarz, Abdomen meist orange, außer der Spitze bei ♀, ♂ mit orangefarbenem Fleck nahe der Basis; Beine orange. **H** Gebüsch, Parks, Gärten. **V** Kleine, stachelige Gallen, bilden sich an Rosen, oft an Blättern.

2
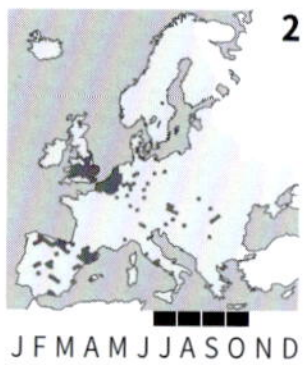

2 Stachelige Rosengallwespe
Diplolepis nervosa **L** 3–6 mm. Wie die Orangeschwarze Rosengallwespe (*D. eglanteriae*). **H** Gebüsch, Parks, Gärten, auch in Gebirgsregionen. **V** Gleiche Art von Gallen wie bei *D. eglanteriae*, kann aber auch stachelig sein.

3
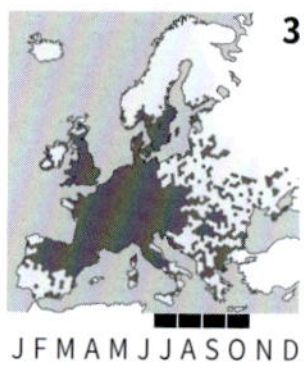

3 Gemeine Rosengallwespe
Diplolepis rosae **L** 3–4 mm. Körper kräftig, schwarz, Abdomen bis auf die schwarze Spitze dunkelrot; Beine teilweise rötlich. **H** Gebüsch, Parks, Gärten. **V** Auffällige, große, rote Galle ≤ 70 mm, gebildet an Rosen.

4
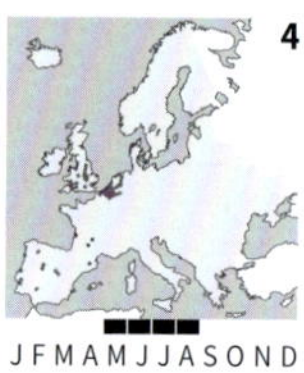

4 Ferkelkraut-Gallwespe
Phanacis hypochoeridis **L** 3 mm. Körper schwarz, Beine gelblich. **H** Grasland, Gebüsch. **V** Gallen werden oft im Stängel des Gewöhnlichen Ferkelkrauts (*Hypochaeris radicata*) gebildet.

Gen. *Neuroterus* E 10 SPP

Die Zuordnung der kleinen dunklen Arten dieser Gattung bedarf einer taxonomischen Überarbeitung. Larven bilden Gallen an Eichen.

5
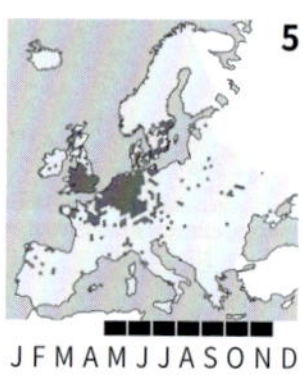

5 Krempengallwespe
Neuroterus albipes **L** 2 mm. ♀ Körper schwarz, ♂ braun; Beine dunkel gelblich; Fühler dunkel gespitzt. **H** Wälder, Parks. **V** Stachelgalle 3–4 mm, blassbraun oder rot, wird auf Eichenblättern gebildet.

6
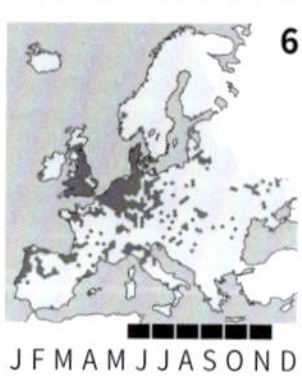

6 Seidenknopf-Gallwespe
Neuroterus numismalis **L** 2 mm. Körper braun bis schwärzlich; Fühler gelblich braun. **H** Wälder, Parks. **V** Die 3 mm große Stachelgalle wird auf Eichenblättern gebildet und kann zahlreich sein.

AULACIDEN Aulacidae

E 3 GEN 11 SPP 1 ILL

Kleine Familie mit ~260 Arten weltweit, mit charakteristischem langem Pronotal-Hals. Verwandt mit den Gasteruptiidae, aber nicht so schlank und lang gestreckt, hintere Tibiae nicht keulenförmig.

7
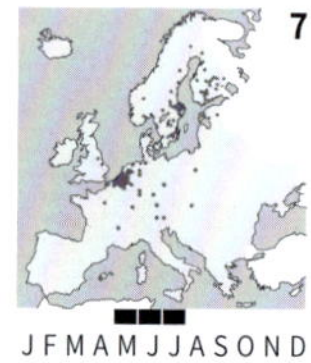

7 Rotbinden-Aulazidwespe
Aulacus striatus **L** 7–20 mm. Körper schwärzlich braun bis schwärzlich; Beine orange; bei ♀ Ovipositor lang, Abdomen rot mit Ausnahme der schwarzen Basis und Spitze. **H** Wälder. **V** Endoparasitoid der Larven von Holzwespen (Xiphydriidae).

SCHMALBAUCHWESPEN Gasteruptiidae

E 1 GEN 30 SPP 3 ILL

Kleine Familie mit ca. 500 Arten weltweit, die sich durch einen langen Pronotal-Hals und keulenförmige hintere Tibiae auszeichnet. Mit den Aulacidae verwandt, aber viel schlanker und länglicher; auch bei den Aulacidae fehlen die verbreiterten hinteren Tibiae. Räuber und Kleptoparasiten von Solitärbienenlarven.

Gen. *Gasteruption* E 30 SPP

64 spp. weltweit. Sehr typisch für die Familie, länglich; hintere Tibiae keulenförmig. Die Länge des Ovipositors hilft bei der Identifizierung auf Artebene.

8
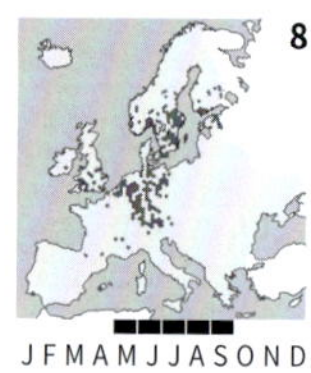

8 Möhren-Schmalbauchwespe
Gasteruption assectator **L** 8–12 mm. Körper schwarz; Abdomen mit rötlichen Ringen. ♀ Ovipositor klein (2–3 mm). **H** Gärten, Parks, landwirtschaftliche Flächen, Grünland, Wälder.

9
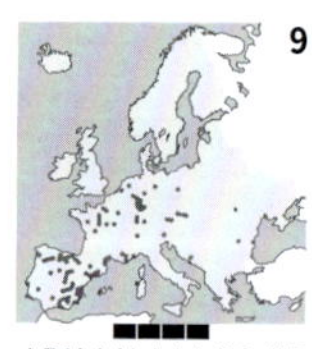

9 Gichtwespe
Gasteruption hastator **L** 8–11 mm. Körper mit etwas Schwarz, aber viel Orange oder Hellbraun, mehr bei ♀, aber dunkel ♂; hat zumindest rötliche Tibiae; Abdomen mit rötlichen Ringen und Spitze. ♀ Ovipositor klein (2–3 mm). **H** Steppengrasland, Wälder.

10
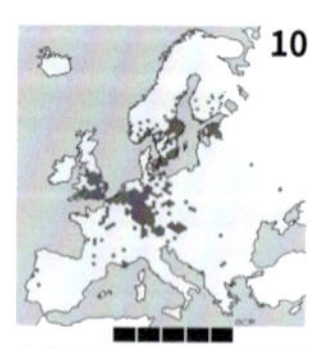

10 Schwarzfüßige Schmalbauchwespe
Gasteruption jaculator **L** 8–18 mm. Körper und Gliedmaßen schwarz; Abdomen mit rötlichen Ringen (und/oder Band), obwohl die verbreiterte Spitze schwarz ist; Tibiae und Tarsi mit weißlichem Band. ♀ Ovipositor groß (7–16 mm), mit weißer Spitze. **H** Grasland, Wälder, Gärten, Parks. **V** Im Flug wird das Abdomen aufrecht gehalten.

← **Gallwespen**

1 ×4 ●

2 ×3 ●

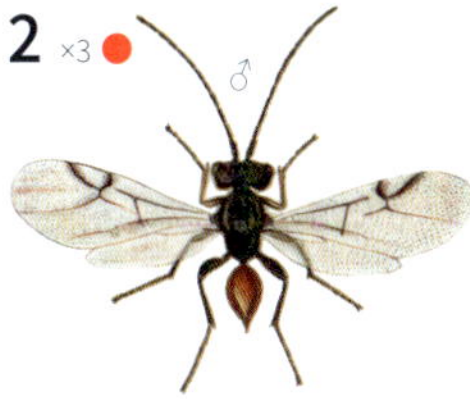

3 ×4 ●

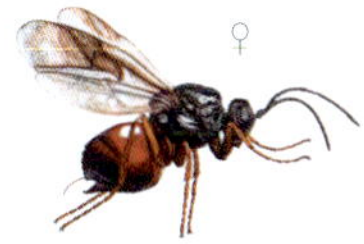

4 ×4 ●

Aulaziden

5 ×6 ●

6 ×6 ●

7 ×1,5 ◆

Schmalbauchwespen

8 ×2,5 ◆

9 ×2,5 ■

10 ×1,5 ◆

BRACKWESPEN Braconidae

E ~300 GEN ~3500 SPP 3 ILL

Zweitgrößte Familie der Hautflügler nach den Schlupfwespen (Ichneumonidae) mit ca. 17 000 Arten weltweit. Klein, länglich; meist schwarz oder braun, einige teilweise rötlich, mit langem Ovipositor bei ♀. Lange Fühler mit > 16 Segmenten.

Flügeläderung im Detail unterschiedlich zu Schlupfwespen (siehe Detaildarstellung auf gegenüberliegender Seite). Je nach Art Parasitoide von Käfern, Fliegen, Wanzen oder Schmetterlingen. Die Bestimmung bis auf Artebene ist schwierig.

1 Kohlweißlings-Schlupfwespe
Cotesia glomerata **L** 2 mm. Körper schwarz; Beine meist rötlich. **H** Landwirtschaftliche Flächen, Gärten, Kleingärten, Grünland, Hecken. **V** Zusammen mit anderen *Cotesia* spp. bekannter Wirt von Weißlings-Larven (hauptsächlich *Pieris brassicae* und *P. rapae*, S. 414) an Kohlköpfen.

1
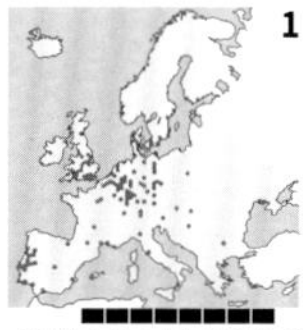
J F M A M J J A S O N D

2 Marienkäfer-Schlupfwespe
Dinocampus coccinellae **L** 3–4 mm. Körper schwarz, ein Teil des Kopfes und der Vorderbeine rötlich; Rotfärbung des Abdomens und der weiteren Beine variabel. **H** Grasland, Gärten, Hecken. **V** Wirte sind Marienkäfer.

2
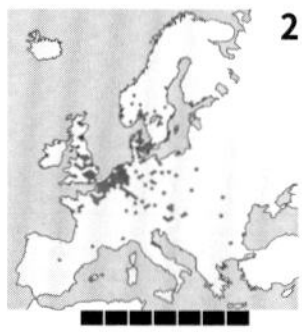
J F M A M J J A S O N D

3 Braunkopf-Brackwespe
Microplitis ocellatae **L** 3–4 mm. Körper schwarz, Beine orange. **H** Gebüsch, Gärten, Parks, Wälder. **V** Wirt ist das Abendpfauenauge (*Smerinthus ocellata*, S. 468).

3

J F M A M J J A S O N D

Klein bis sehr groß, mit schmaler Taille.

SCHLUPFWESPEN Ichneumonidae →

E 700+ GEN ~5900 SPP 32 ILL

Die meisten haben auffallend lange Fühler (16+ Segmente, mehr als bei den Faltenwespen), ♀ oft mit langem Ovipositor. Eine der größten Insektenfamilien, auch wenn sie noch wenig erforscht sind; sie sind Parasitoide vieler Insektenordnungen und einiger Spinnen, d. h., die Wespenlarven ernähren sich von ihrem Wirt und töten ihn schließlich, wodurch sie dazu beitragen, die Anzahl einiger als Schädlinge angesehener Insekten zu kontrollieren.

Die genaue Identifizierung kann schwierig sein, selbst bei einigen großen Arten, die häufig auf Blüten zu finden sind. Sie unterscheiden sich von den Brackwespen durch 2 Queradern im Vorderflügel (siehe Detaildarstellung auf gegenüberliegender Seite) sowie durch ihre oft größere Größe.

4 Wasserschlupfwespe
Agriotypus armatus **L** 5–8 mm. Schwarz; Vorderflügel mit dunklen Bändern, bei ♂ eher undeutlich. **H** Bäche und Flüsse. **V** Diese einzige Art ihrer Unterfamilie in Europa parasitiert Köcherfliegenlarven (z.B. *Silo* spp.); ein seltenes Beispiel für eine an ein aquatisches Leben angepasste Wespe.

4

J F M A M J J A S O N D

5 Heckenschlupfwespe
Heteropelma amictum **L** 20–30 mm. Lang gestreckt; Kopf und Thorax schwarz, sonst im Flug sehr orange; „Gesicht", ein Teil der Mandibeln, Fühler und Beine gelb (bei ♂ hintere Tarsi verbreitert). **H** Wälder, Hecken. **V** Parasitiert Nachtfalterlarven.

5
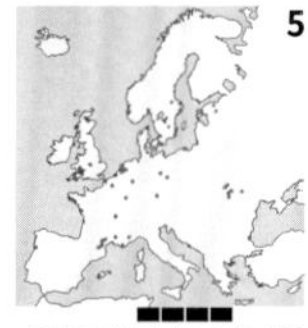
J F M A M J J A S O N D

Gen. ***Lissonota*** E ~170 SPP

6 Wiesenschlupfwespe
Lissonota fundator **L** 7–13 mm. Schwarz mit orangefarbenen Beinen (hintere Tibiae schwarz); bei ♂ vordere und mittlere Femora und Trochanter gelb gezeichnet. **H** Grünland.

6
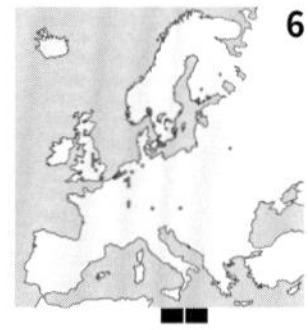
J F M A M J J A S O N D

7 Behaarte Schlupfwespe
Lissonota setosa **L** 11–15 mm. Groß, schwarz mit rötlichen Beinen; bei ♀ Ovipositor so lang wie der Körper, sehr dünn, basale Hälfte rot. Eine von mehreren ähnlichen schwarzen Arten mit rötlichen Beinen. **H** Wälder. **V** Parasitiert Weidenbohrer (*Cossus cossus*, S. 454). Larven in Eichen und anderen Laubbäumen; manchmal wird die Art nur bemerkt, wenn sie aus dem Wirt schlüpft.

7
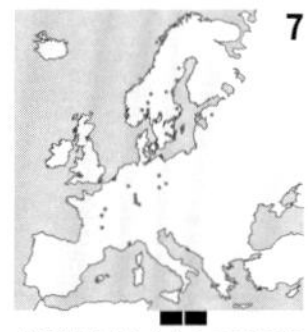
J F M A M J J A S O N D

8 Gelbschwarze Schlupfwespe
Dusona falcator **L** 17–20 mm. Groß, eine von mehreren ähnlichen gelbschwarzen Arten. **H** Wälder, Parks. **V** Parasitiert Larven des Mondvogels (*Phalera bucephala*, S. 496).

8
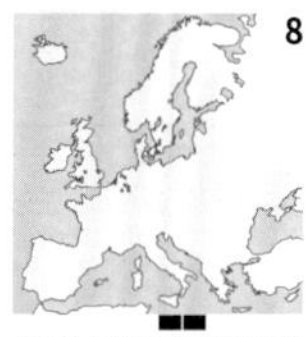
J F M A M J J A S O N D

9 Kurzflügelige Schlupfwespe
Agrothereutes abbreviatus **L** 2–8 mm. Kurzflügelig; Kopf und Thorax schwarz; Thorax bei einigen Formen rot; Abdomen mit schwarzem Band vor weißer Spitze; Fühler mit weißem Band; hintere Tibiae mit weißer Basis. **H** Grasland. **V** Oft am Boden kriechend.

9
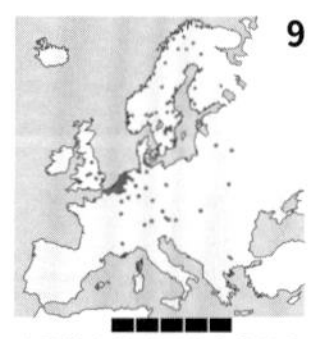
J F M A M J J A S O N D

10 Waldschlupfwespe
Echthrus reluctator **L** 10–20 mm. Schwarz, Fühler weiß gebändert; bei ♂ vor allem Abdomen mit rötlichen Stellen, ebenso Vorder- und Mittelbeine. ♀ Ovipositor lang. Basis der Femora mit kleinem weißem Fleck. **H** Wälder, städtische Gebiete. **V** Sucht nach großen Käferlarven in Totholz, auch frisch schlüpfenden, manchmal in großer Zahl.

10
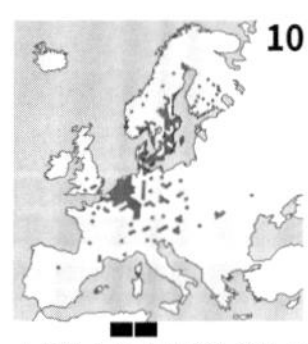
J F M A M J J A S O N D

11 Weißflecken-Schlupfwespe
Diplazon laetatorius **L** 4–7 mm. Schwarz, Abdomen rot gebändert; Kopf und Pronotum teils weiß. Beine rot, weißes Band auf den hinteren Tibiae, hintere Tarsi schwarz. **H** Grasland, Hecken. **V** Parasitiert Schwebfliegenlarven.

11
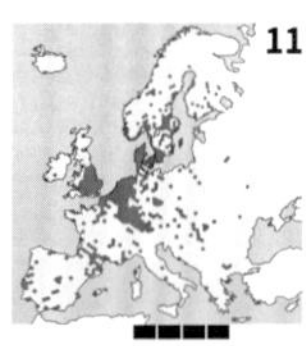
J F M A M J J A S O N D

BRACKWESPEN

1 ×6 ●

Schlupfwespenlarven schlüpfen aus befallener Larve des Großen Kohlweißlings

2 ×4 ◆

♀ legt Ei in Marienkäfer ab

3 ×4 ◆

zahlreiche Larven an Wirtslarve (Abendpfauenauge)

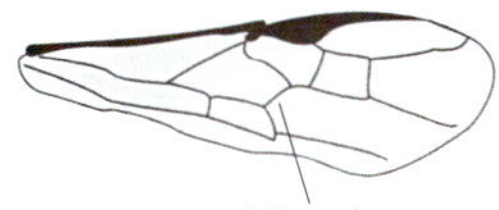

SCHLUPFWESPEN →

4 ×3 ■

Vorderflügel mit dunklen Bändern

Köcherfliegenlarve, befallen von Wasserschlupfwespenlarven

5 ×1 ◆

sehr lang gestreckt, große Schlupfwespe

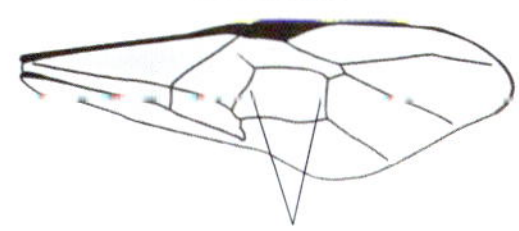

6 ×2 ◆

♀ Ovipositor lang

7 ×2 ●

♀ Ovipositor lang

8 ×1,5 ●

mehrere ähnliche gelb-schwarze Arten

×1

große Schlupfwespe

9 ×4 ■

kurzflügelig

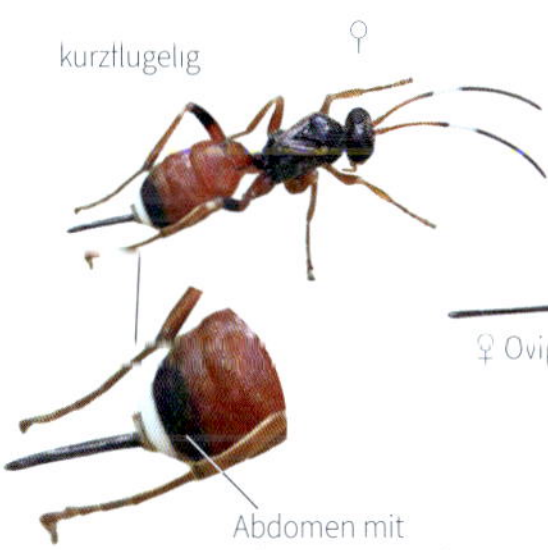

Abdomen mit schwarzem Band vor weißer Spitze

10 ×1,5 ■

♀ Ovipositor lang

11 ×3 ◆

hintere Tibiae mit weißen Bändern

← SCHLUPFWESPEN Ichneumonidae →

1 ⊙ Braunflügel-Schlupfwespe
Amblyjoppa fuscipennis **L** 16–25 mm. Groß, schwarz, Augen mit weißen Flecken, Thorax mit weißem Fleck und Seiten; Abdomen rötlich. Vorderflügel dunkel gefärbt, Tibiae und Tarsi orange (schwarze Spitzen bei ähnlicher Art *Protichneumon pisorius*). Bei ♂ Fühler schwarz, bei ♀ mit weißem Band. **H** Wälder, Gärten. **V** Parasitiert die Larven von Schwärmern.

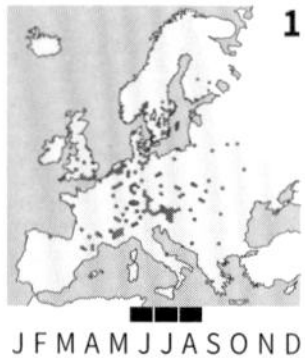

2 🔍 Weißgebänderte Schlupfwespe
Coelichneumon deliratorius
L 14–20 mm. Groß, schwarz. Bei ♀ Fühler mit breitem weißem Band; Scutellum und Abdomenende mit weißem Fleck; alle Tibiae mit basalem weißem Band. **H** Waldränder. **V** Parasitiert Nachtfalterlarven.

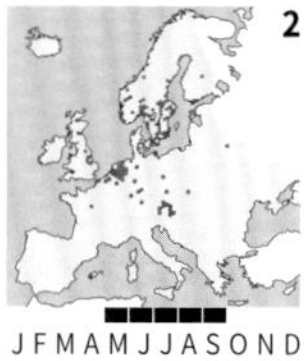

3 🔍 Kleine Riesenschlupfwespe
Protichneumon pisorius **L** 15–20 mm. Groß, schwarz, Augen mit weißen Flecken, Thorax mit weißem Fleck und Seiten; Abdomen rötlich. Vorderflügel dunkel, hintere Tibiae und Tarsi orange mit schwarzen Spitzen (ganz orange bei der ähnlichen *Amblyjoppa fuscipennis*). ♂ Fühler schwarz, ♀ mit weißem Band. **H** Wälder. **V** Parasitiert große Nachtfalterlarven.

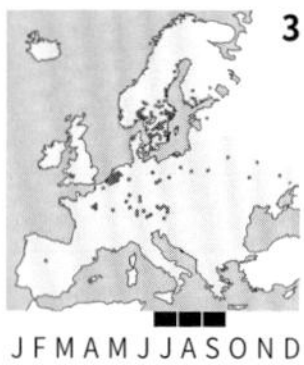

4 🔍 Gelbe Schlupfwespe
Amblyteles armatorius **L** 12–16 mm. Schwarz-gelb gebändert; Abdomen mit gelber Spitze; Thorax mit einem einzigen Paar Stacheln. **H** Hecken, Waldlichtungen, Gärten. **V** Parasitiert Nachtfalterlarven oder -puppen. Adulte Tiere oft auf Doldenblütlern zu finden.

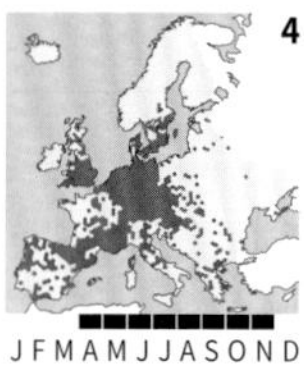

5 🔍 Panzers Schlupfwespe
Ctenichneumon panzeri **L** 10–15 mm. Schwarz, Abdomen S3 und darüber hinaus mit schmalen gelben Bändern; ♂ Abdomen S2–S3 rot und Beine mehr rötlich. ♀ vordere und mittlere Tibiae und Tarsi überwiegend gelb. **H** Grasland, Hecken. **V** Parasitiert Nachtfalterlarven.

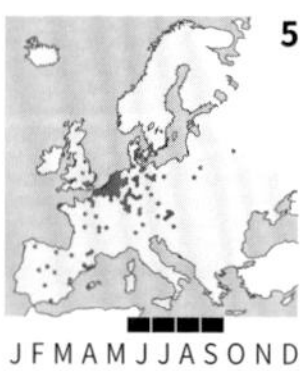

6 🔍 Vierfleck-Höhlenschlupfwespe
Diphyus quadripunctorius **L** 15–16 mm. Groß, schwarz-gelb. Bei ♂ Fühler schwarz und Femora überwiegend gelb. Bei ♀ Fühler schwarz mit weißem Mittelband und Femora überwiegend orange. Die Zeichnung des Abdomens ist bei beiden Geschlechtern unterschiedlich. **H** Waldränder, Grünland. **V** Parasitiert Nachtfalterlarven. Adulte Tiere überwintern in großer Zahl in Höhlen.

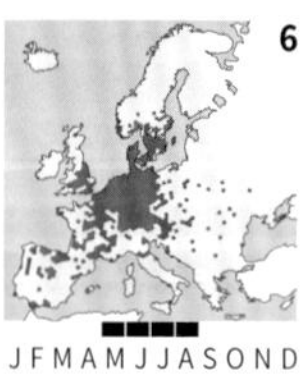

Gen. *Ichneumon* E ~150 SPP

~270 Arten weltweit, darunter viele farbenprächtige Arten, die eher von Naturforschern wahrgenommen werden. Oft geschlechtsdimorph, wobei sich die Männchen im Aussehen von den Weibchen unterscheiden. Parasitieren Nachtfalterpuppen.

7 🔍 Gemusterte Schlupfwespe
Ichneumon sarcitorius **L** 10–14 mm. ♂ länger und viel länglicher, schwarz-gelb oder weißlich; ♀ schwarz-rot; Abdomen weißer Ring nahe der Spitze; Farbmuster hilft bei der Identifizierung. Spitzen der hinteren Tibiae bei beiden Geschlechtern schwarz. **H** Grünland, Gärten, Parks. **V** Oft auf Doldenblütlern.

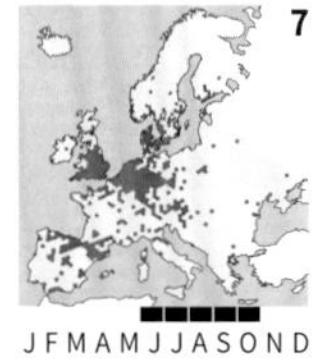

8 🔍 Weißgefleckte Schlupfwespe
Ichneumon stramentarius **L** 13–16 mm. ♂ länger und viel länglicher, schwarz-gelb; ♀ schwarz-rot, Abdominalsegmente in der Mitte teilweise weiß; Farbmuster hilft bei der Identifizierung. Femora der Hinterbeine bei beiden Geschlechtern schwarz, bei einigen Formen rot. **H** Grünland, offene Wälder.

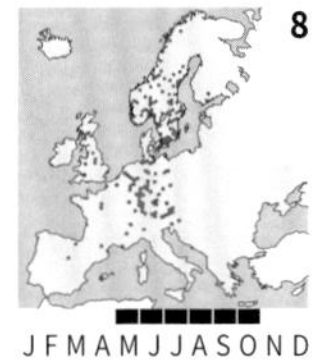

9 🔍 Strohflecken-Schlupfwespe
Ichneumon stramentor **L** 13–18 mm. Schwarz-gelb; ♂ schwer zu bestimmen, aber bei ♀ Abdomen S1–S2 mit gelbem Band und Ende des Abdomens mit gelbem Fleck, abweichend zu ähnlichen Arten. **H** Offenes Waldland, Hecken.

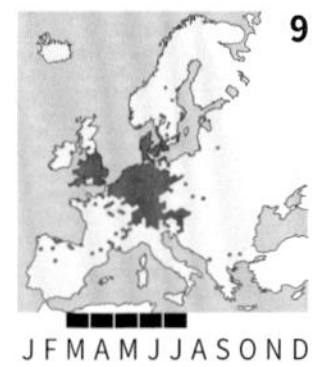

10 🔬 Verkannte Schlupfwespe
Ichneumon suspiciosus **L** 10–16 mm. ♂ länger und viel schlanker, schwarz-gelb; ♀ schwarz-rot, Abdomen mit weißer Spitze. Verschiedene ähnliche Arten, am besten durch mikroskopische Untersuchung zu identifizieren. **H** Grünland, lichte Wälder, Hecken, Gärten, Parks.

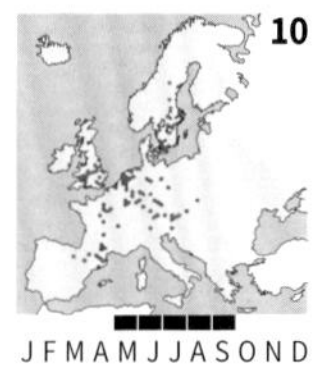

11 🔍 Gelbband-Schlupfwespe
Ichneumon xanthorius **L** 13–17 mm. Schwarz-gelb, die Geschlechter unterscheiden sich in der Zeichnung. Bei ♂ Abdomen S1–S3 gelb, S4 mit sehr schmalem gelbem Ring. Bei ♀ Abdomen S1 gelb, Segmente nahe dem Ende mit gelbem Zentralfleck; Fühler an der Basis rot. **H** Grasland, Gärten, Parks.

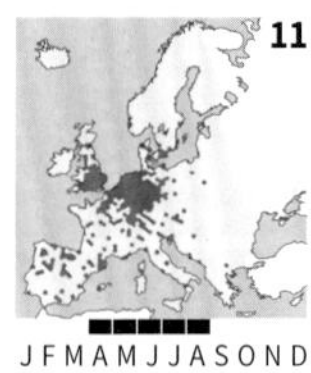

---

12 ⊙ Bläulings-Schlupfwespe
Listrodromus nycthemerus **L** 8–9 mm. Klein, schwarz-gelb, markante Zeichnung. **H** Hecken, Gärten, Parks. **V** Spezialisierter Parasitoid des Faulbaum-Bläulings (*Celastrina argiolus*, S. 420); am besten zu finden, wenn die Tiere in der Saison nach Schmetterlingslarven an Stechpalmen oder Efeu suchen.

← SCHLUPFWESPEN →

1 ×1

2 ×1,5

3 ×1,5

4 ×1,5

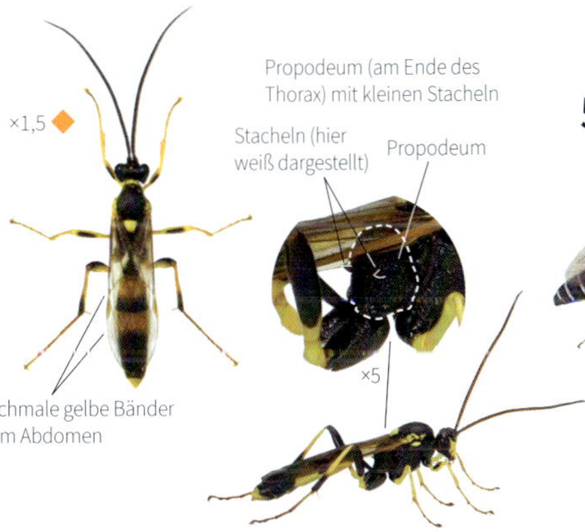

5 ×2

6 ×1,5

7 ×2

8 ×1,5

9 ×1,5

10 ×2

11 ×1,5

12 ×2,5

← SCHLUPFWESPEN Ichneumonidae

1 Orangeschwarze Schlupfwespe
Enicospilus ramidulus **L** 16–22 mm. Orange; Augen, Ocelli und Abdomen von S5 (oder S6) bis zur Spitze schwarz. Identifizierung durch mikroskopische Untersuchung der Flügeladern. **H** Hecken, Wälder. **V** Nachtaktiv, wird von Licht angezogen.

1
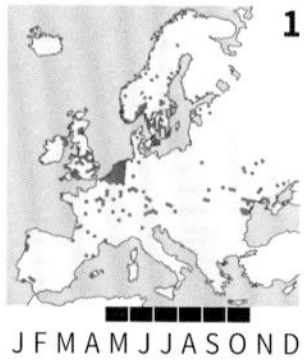

Gen. ***Ophion*** E ~49 SPP

2 Dunkelgelbe Sichelwespe
Ophion luteus **L** ~20 mm. Orange, außer Augen und Ocelli schwarz. Die Identifizierung kann eine mikroskopische Untersuchung beinhalten: lange Trochanter (Hüftgelenke), Struktur der Flügeläderung, genaue Form der Mundwerkzeuge. **H** Wälder, Ackerland. **V** Nachtaktiv, wird von Licht angezogen.

2
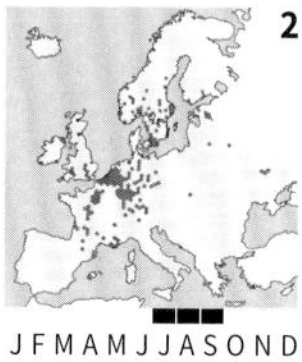

3 Dunkle Sichelwespe
Ophion obscuratus **L** 15–22 mm. Orange; Augen und Ocelli schwarz, helle Streifen auf dem Körper. Bestimmung anhand genauer Untersuchung der Flügeläderung. **H** Wälder, Ackerland. **V** Nachtaktiv, wird von Licht angezogen, am häufigsten im April-Mai und Oktober-November. Kommt im Spätherbst und Winter oft in Häuser, wenn ähnliche *Ophion* spp. nicht fliegen.

3
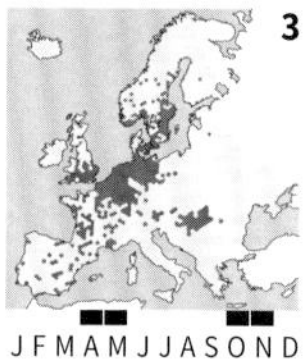

4 Eichenspinner-Schlupfwespe
Metopius dentatus **L** 17–24 mm. Groß, schwarz mit gelblichen Flecken, darunter schmale Bauchringe; Beine überwiegend gelb. **H** Grasland, Heideland. **V** Wirt ist die Larve des Eichenspinners (*Lasiocampa quercus*).

4
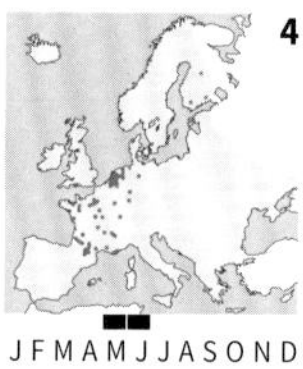

5 Gestreifte Schlupfwespe
Perithous scurra **L** 6–14 mm. Schwarz, Thorax rot-gelb gestreift, Kopf mit weißlichen Linien um die Augen, Abdominalsegmente schmal weiß geringelt; Beine rot. ♀ Ovipositor lang, kürzer bei verwandten Arten. **H** Hecken.

5
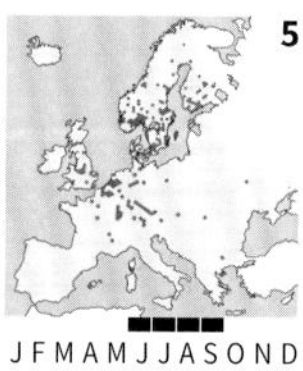

6 Riesenschlupfwespe
Dolichomitus imperator **L** 18–34 mm. Schwarz; Beine rötlich, hintere Tibiae und Tarsi schwarz. ♀ Ovipositor lang. **H** Wälder.

6
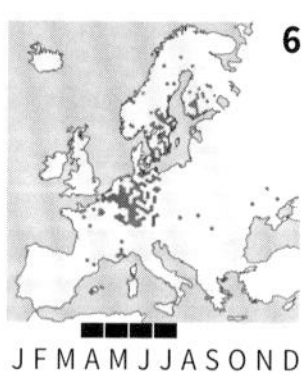

7 Rotbeinige Holzschlupfwespe
Ephialtes manifestator **L** 15–20 mm, ♀ Ovipositor ≤ 60 mm. Schwarz; Beine orange. Bei ♀ Ovipositor mehr als doppelt so lang wie der Körper, Clypeus (Teil des „Gesichts") breit, blassbraun. ♂ schlichter, Vorderflügel mit Fransen aus langen, gebogenen Haaren entlang der Vorderkante. **H** Wälder, Hecken, Gärten. **V** Manchmal in Bienenhotels zu finden, ♀ sticht mit dem Ovipositor in Bienen- und Wespenpuppen.

7
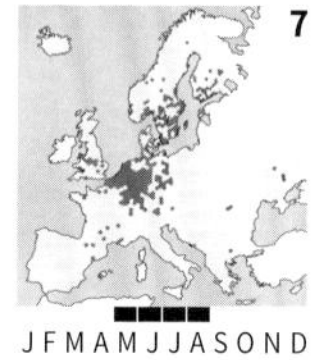

Gen. ***Pimpla*** E ~20 SPP

8 Schwarze Schlupfwespe
Pimpla rufipes **L** 11–15 mm. Schwarz; Beine leuchtend orange. ♀ Gesichtshaare schwarz; Ovipositor kurz, gerade und stämmig. ♂ kaum von *P. turionellae* zu unterscheiden. **H** Grasland, Hecken, Gärten.

8
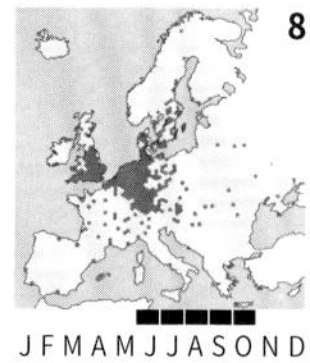

9 Verkannte Schwarze Schlupfwespe *Pimpla turionellae*
L 8–12 mm. Schwarz; Beine leuchtend orange; hintere Coxae, Tarsi und ein Teil der Tibiae schwarz (hintere Coxae bei einer Form rot); hintere Tibiae oft weiß umrandet. ♀ Gesichtsbehaarung blass; Pronotum an den hinteren Ecken mit kleinem gelben Fleck; Ovipositor kurz und kräftig; leicht nach oben zeigend gehalten. ♂ praktisch nicht von der Schwarzen Schlupfwespe (*P. rufipes*) zu unterscheiden. **H** Wälder, einschließlich Nadelbäume.

9
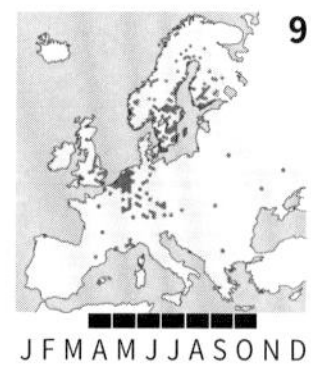

10 Gelbschwarze Riesenschlupfwespe *Megarhyssa superba*
L 20–33 mm, ♀ Ovipositor ≤ 46 mm. Groß; schwarz; Coxae und Beine gelb; Kopf und Thorax, Scutellum mit mindestens gelben Flecken, auch Flecken auf dem Abdomen (viel kleiner ♂), der einige rötliche Stellen aufweist. Ovipositor ~1,5× Körperlänge. **H** Wälder.

10
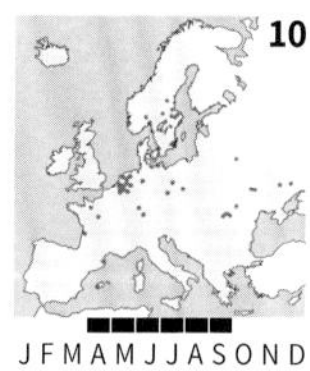

11 Holzwespen-Schlupfwespe *Rhyssa persuasoria*
L 18–40 mm, ≤ 50 mm ♀ Ovipositor. Groß; schwarz, kleine weiße Flecken auf der Körperlänge; Beine rot; ♀ Ovipositor länger als die Körperlänge. **H** Nadelwälder, oft auf Holzstapeln.

11
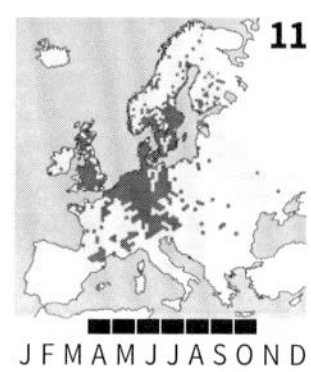

12 Langhorn-Schlupfwespe
Xorides praecatorius **L** 10–15 mm. Schwarz, Augen mit weißen Flecken, Fühler mit Band, auch Abdomen mit schmalen weißen Bändern. Beine teilweise rötlich, ebenfalls schwarz und weißlich gezeichnet. **H** In Wäldern, oft auf Holzstämmen. **V** Wirte sind u. a. Larven von Cerambycidae und Buprestidae.

12
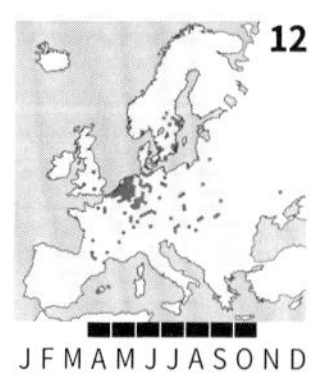

← SCHLUPFWESPEN

GOLDWESPENARTIGE (Chrysidoidea)

Die Überfamilie Chrysidoidea umfasst kleine bis mittelgroße Wespen; alle sind Parasitoide oder Kleptoparasiten anderer Insekten.

Kleptoparasiten legen ihre Eier in die Nester der Wirtsinsekten, wobei die Larven die Eier oder Larven der Wirte abtöten und dann die für die Nachkommen der Wirtsinsekten bestimmte Nahrung verzehren.

Ein wichtiges Unterscheidungsmerkmal der Chrysidoidea ist die metallische Färbung, insbesondere bei den Goldwespen (Chrysididae), die leuchtend grüne, blaue oder rote Farbtöne aufweisen. Außerdem haben sie einen stark skulpturierten Körper und eine reduzierte Flügeläderung. Bei vielen ist das Abdomen auf der Unterseite konkav, sodass sie sich zur Verteidigung einrollen können.

Alle Arten der Chrysidoidea sind Einzelgänger und haben oft hoch spezialisierte Wirtsbeziehungen; diese tragen zu ihrer ökologischen Bedeutung bei der Regulierung anderer Insektenpopulationen bei.

PLATTKOPFWESPEN Bethylidae

E ~28 GEN 226 SPP 1 ILL

Klein-mittelgroß, dunkel, mit ~3200 Arten weltweit; ♀ einiger Arten flügellos. Parasitoide an Larven von Käfern (Coleoptera) und Schmetterlingen (Lepidoptera). Zur Identifizierung der Arten ist eine mikroskopische Untersuchung erforderlich, obwohl die Gattungen anhand der Flügelstruktur unterschieden werden können.

1 Plattkopfwespe
Bethylus cephalotes **L** 3–5 mm. Schwarz, Vorderflügel reichen nicht bis zum Ende des Abdomens, ♀ gelegentlich kurzflügelig; Fühler beider Geschlechter mit 12 oder 13 Segmenten. **H** Grasland, Sanddünen.

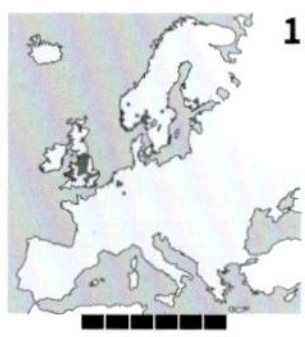

1

ZIKADENWESPEN Dryinidae

E 10 GEN 107 SPP 1 ILL

Meist klein (1–5 mm), dunkel und ameisenähnlich, mit > 1900 Arten weltweit; voll geflügelt, aber ♀ einiger Arten flügellos; Fühler mit 10 Segmenten, nicht gekrümmt oder gewinkelt wie bei echten Ameisen. Parasitoide auf Schnabelkerfen. In einigen Fällen ist eine mikroskopische Untersuchung erforderlich, um die Art zu bestimmen.

2 Zikadenwespe
Gonatopus clavipes **L** 2–4 mm. Schwarz, Teil des Kopfes gelblich, länglich, ♀ flügellos; Beine bräunlich. **H** Wälder, Grasland, Sanddünen.

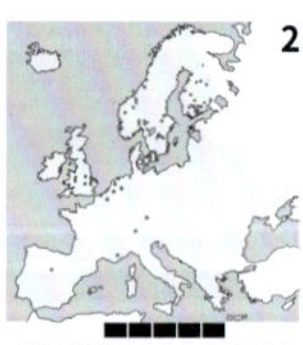

2

GOLDWESPEN Chrysididae →

E 23 GEN 490 SPP 25 ILL

> 2900 Arten weltweit; kleine bis mittelgroße Wespen (4–11 mm) mit einem panzerartigen, metallisch gefärbten Körper. Kleptoparasiten, die sich in Nestern von Wirtsbienen und -wespen entwickeln. Es wird angenommen, dass die Larven die Eier oder Larven des Wirts fressen, bevor sie die für den Wirt bestimmte Nahrung im Nest verzehren.

Erwachsene Goldwespen sucht man am besten an noch stehenden, toten Bäumen oder Holzpfählen, in der Nähe von Wirtsnestern und auf Blumen oder Pflanzen. Obwohl einige Arten spektakulär gefärbt sind, kann die Bestimmung ein Mikroskop erfordern. Die Gattungen lassen sich anhand ihres Aussehens unterscheiden; falls erforderlich, sollte man unter dem Mikroskop nach subtilen Unterschieden an den Krallen oder der Flügeläderung suchen, um zuerst die Gattung zu bestimmen.

Gen. *Cleptes* E 27 SPP

95 Arten weltweit. Auffällige, attraktiv gefärbte Wespen, Abdomen mit 4 (♀) oder 5 (♂) sichtbaren Segmenten (3 bei anderen Gattungen), zur Spitze hin verjüngt, Halsschild bauchig. Die hier gezeigten Arten befallen das präpupale Stadium (Larven direkt vor der Verpuppung) bei Echten Blattwespen (Tenthretinidae, S. 566).

3 Halbgoldene Goldwespe
Cleptes semiauratus **L** 5–7 mm. Kopf und Thorax ♂ bläulich oder grünlich schwarz, ♀ rötlich oder violett; Pronotum vor dem Hinterrand mit tiefen Einstichen; Abdomen orange mit schwarzer Spitze. **H** Offene Standorte, einschließlich offener Wälder, sandige Standorte und Gärten.

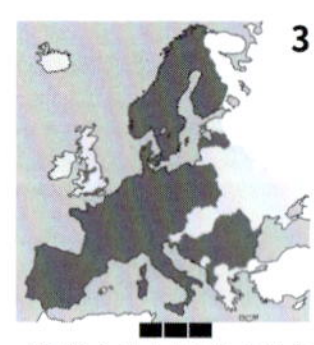

3

4 Schwarzrückige Goldwespe
Cleptes nitidulus **L** 5–7 mm. Kopf und Thorax bläulich oder grünlich schwarz bei ♂, bei ♀ schwarzer Kopf und Basis des Pronotums, teilweise orange, dann grünlich blau. Pronotum vor dem Hinterrand ohne Pünktchen; Abdomen orangebraun mit schwarzer Spitze. **H** Offene Standorte, auch Wälder.

4

STRUKTUR DER GOLDWESPEN

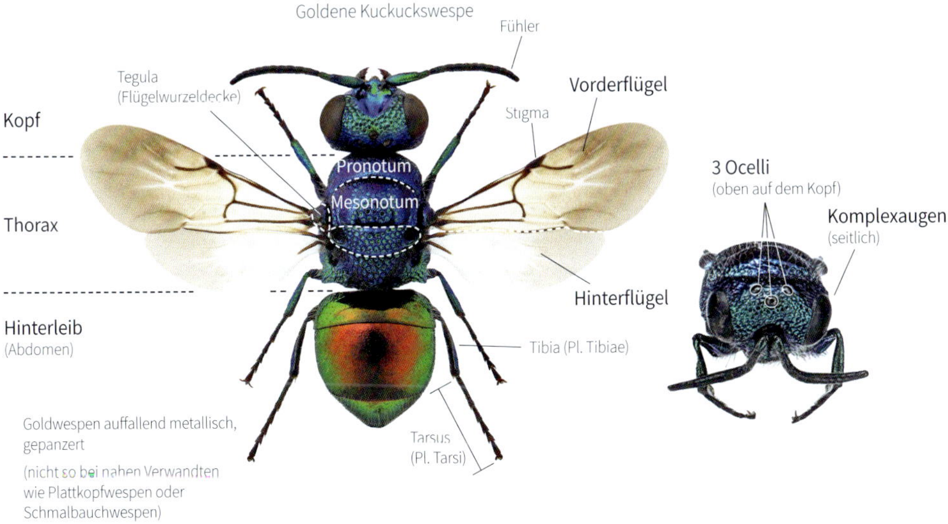

PLATTKOPFWESPEN

1 ×6 ●

SCHMALBAUCHWESPEN

2 ×8 ●

GOLDWESPEN →

3 ×3 ◆

4 ×3 ◆

← **GOLDWESPEN** Chrysididae →

Gen. ***Chrysis*** E 183 SPP

> 1000 Arten weltweit. Oft attraktiv gefärbt, Größe bis 13 mm; Farbgebung hilft bei der Identifizierung. Einige sehr ähnliche Arten müssen jedoch unter dem Mikroskop untersucht werden, um Zähne am Ende des Abdomens (sofern vorhanden) und andere Merkmale zu vergleichen. Zu den Wirten gehören verschiedene Wespen und Bienen.

1

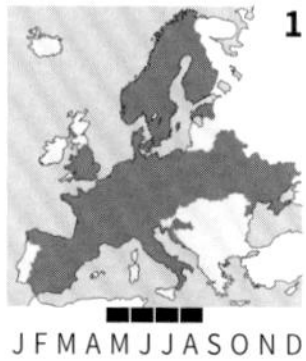

1 🔍 Schmale Goldwespe
Chrysis angustula **L** 5–9 mm. Körper schmal, eher länglich. Kopf und Thorax bläulich mit grüner Tönung; Abdomen rot. **H** Wälder, Heideflächen, Parks, Gärten. **V** Wirte sind Lehmwespen.

2

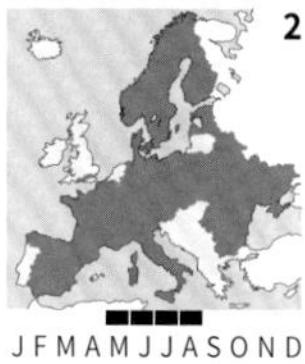

2 ⊙ Blaugrünrote Goldwespe
Chrysis fulgida **L** 7–12 mm. Kopf, Thorax und Abdomen S1 bläulich; Abdomen S2–S3 rot; ♂ mit etwas Blau auf S2. **H** Wälder, verbuschte Heidelandschaften. **V** Wirte sind oft *Symmorphus* spp (S. 608).

3

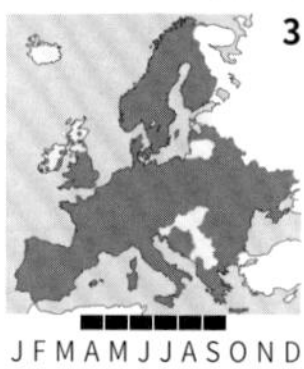

3 🔬 Gemeine Goldwespe
Chrysis ignita **L** 6–10 mm. Kopf und Thorax blau, mit grünen Flecken; Abdomen rot, S3 bauchig, Spitze mit 4 markanten großen, gleichmäßig verteilten Zähnen. Gehört zu einem Komplex ähnlicher Arten. **H** Waldränder, Mauern und Felsen. **V** Wirte sind Lehmwespen, oft *Ancistrocerus* spp. (S. 606).

4

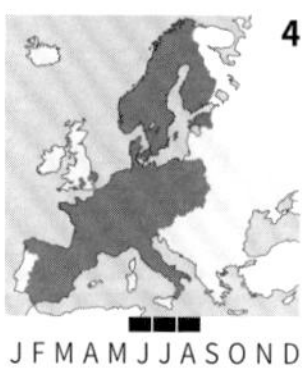

4 🔍 Illigers Goldwespe
Chrysis illigeri **L** 5–8 mm. Kopf und Kopf und Thorax blau mit grüner und roter Zeichnung, Abdomen ebenfalls grün und rot. **H** Offene Flächen, einschließlich sandiger Standorte wie Dünen und Heideland, Parks. **V** Parasitiert die Gemeine Heuschreckenwespe (*Tachysphex pompiliformis*, S. 616).

5

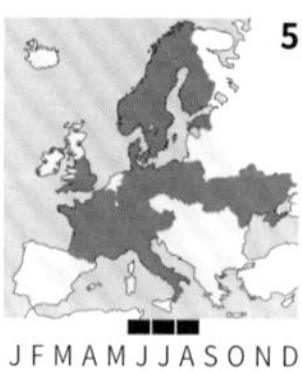

5 🔬 Beeindruckende Goldwespe
Chrysis impressa **L** 7–11 mm. Kopf und Thorax dunkelblau oder schwarz; Abdomen rot, Spitze mit undefinierten Zähnen. Ähnlich anderen Arten der *C.-ignita*-Gruppe, feine Details an Thorax, Ende des Abdomens und weitere müssen mikroskopisch untersucht werden. **H** Wälder, sandige Felsen, auch Mauern. **V** Wirte sind Lehmwespen, oft *Ancistrocerus* spp. (S. 606).

6

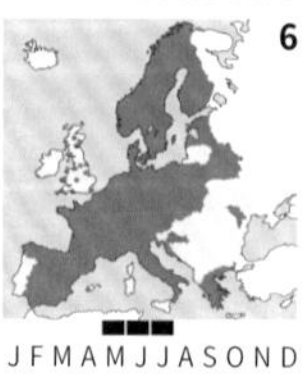

6 🔍 Rötliche Goldwespe
Chrysis ruddii **L** 6–10 mm. Kopf und Thorax bläulich grün, teilweise gelb. Pronotum kurz; Abdomen rot, breit mit abgerundeten Seiten und S2 dorsal mit kleineren Einstichen als auf S1. **H** Offene Flächen, Felsen aus Kalkstein und weichem Gestein und Ufer; oft an Felswänden ruhend, auch in Parks. **V** Wirte sind Lehmwespen.

7

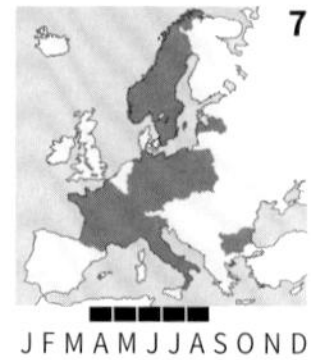

7 🔍 Seltene Goldwespe
Chrysis terminata **L** 5–9 mm. Vorderseite des Kopfes zwischen den Augen mit 4 vorstehenden Höckern, bei einigen Exemplaren deutlicher als bei anderen. Kopf und Thorax deutlich blau, Abdomen rot. **H** Wälder. **V** Wirte sind Lehmwespen.

8

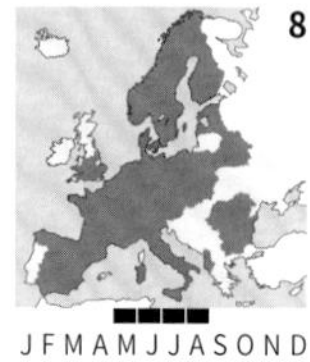

8 ⊙ Bunte Goldwespe
Chrysis viridula **L** 6–9 mm. Kopf, Unterseite und Seiten des Thorax, Beine, Abdomen S3 und Basis von S1 grün oder blau; Rest des Thorax und Abdomens rot. Im Feld leicht zu erkennen. **H** An vertikalen Lehm- oder Sandbänken, die von den Wirten aufgesucht werden, Steppengrasland. **V** Wirte sind Lehmwespen, Gen. *Odynerus* (S. 606).

Gen. ***Chrysura*** E 50 SPP

117 spp. weltweit. Oft attraktiv gefärbt, bis 13 mm, einige ähneln *Chrysis* spp., aber Ende des Abdomens ohne Zähne. Wirte sind Blattschneiderbienen.

9

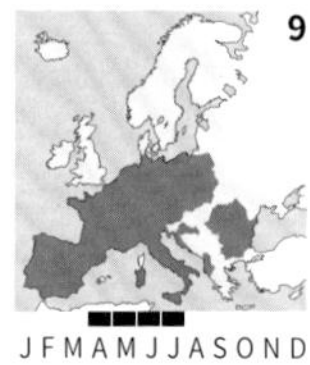

9 ⊙ Kupfergoldwespe
Chrysura cuprea **L** 8–11 mm. Rot mit einem Teil des Thorax blau, d.h. ein Band auf der Rückenfläche und ein breiterer Bereich bei seitlicher Betrachtung; Beine ebenfalls blau. **H** Offene Gebiete.

10

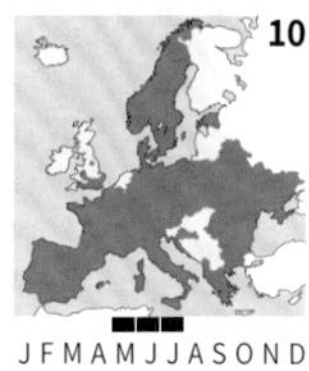

10 🔍 Leuchtende Goldwespe
Chrysura radians **L** 7–11 mm. Kopf und Thorax bläulich grün, bei einigen Individuen teilweise gelb. Abdomen rot, Spitze abgerundet, ohne Zähne. **H** Wälder, Gärten.

11

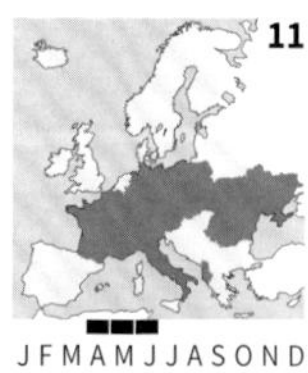

11 🔍 Dreifleckige Goldwespe
Chrysura trimaculata **L** 9–11 mm. Kopf und Thorax dunkelgrün oder grünlichblau; Abdomen goldrot, bei ♀ oval; letzter Teil des Thorax (Metascutellum) stark erhaben. **H** Spärlich bewachsene, sandige Flächen.

12

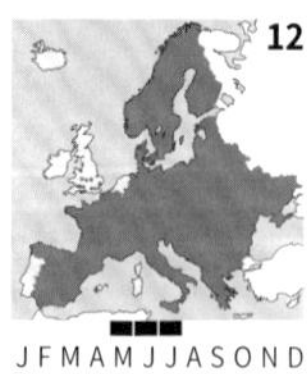

12 🔍 Verkannte Goldwespe
Pseudospinolia neglecta **L** 5–9 mm. Kopf und Thorax blau, Abdomen rot, Spitze glatt gerundet, ohne Zähne. **H** Offene Flächen, senkrechte Lehm- oder Sandbänke, Böschungen, die von den Wirten aufgesucht werden, Grasland. **V** Wirte sind Lehmwespen, gen. *Odynerus* (S. 606).

13

13 ⊙ Blaue Goldwespe
Trichrysis cyanea **L** 4–8 mm. Vollständig metallisch blau mit grünen Flecken; Ende des Abdomens mit 3 Zähnen. **H** Wälder, offene Flächen, auch Gärten. **V** Wirte oft Grabwespen, manchmal auch Wegwespen und Bauchsammlerbienen.

← GOLDWESPEN →

1 ×3 ◆

2 ×2 ■

3 ×3 ●

4 ×3 ◆

5 ×2,5 ●

6 ×3 ◆

7 ×3 ◆

8 ×3 ■

9 ×2,5 ■

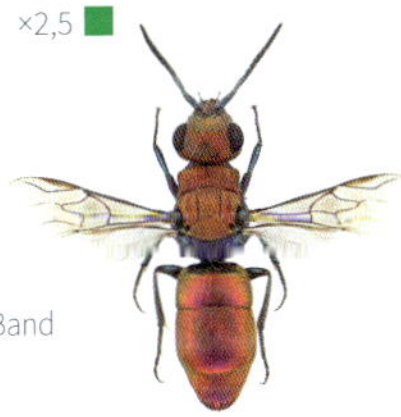

10 ×2,5 ◆

11 ×2 ◆

12 ×3 ◆

13 ×3 ■

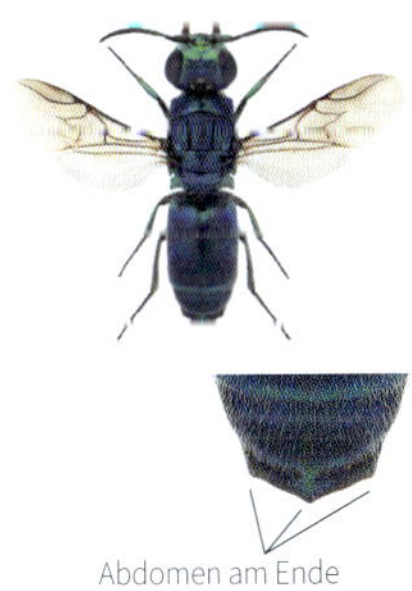

← GOLDWESPEN Chrysididae →

1 Panzers Goldwespe

1
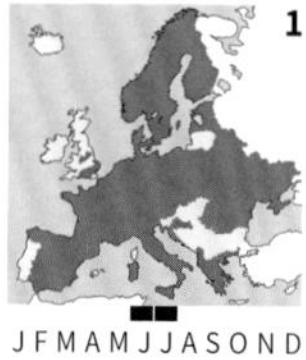

Elampus panzeri **L** 4–8 mm. Kopf und Thorax gelblich grün mit etwas Blau; Abdomen gelblich rot. Hinterer Teil des Thorax mit großem Mittelstreifen. **H** Offene sandige Gebiete, kurzzeitig auch Heideland. **V** Fliegt in Gras oder Heidekraut; Wirte vor allem Grabwespen; oft in der Nähe der Wirtsnestern zu finden.

Gen. ***Hedychridium*** E 90 SPP

> 300 Arten weltweit. Attraktiv gefärbt, ≤ 6 mm, einige metallisch, andere matt. Wirte sind Grabwespen und Bienen.

2 Kleine Bunte Goldwespe

2
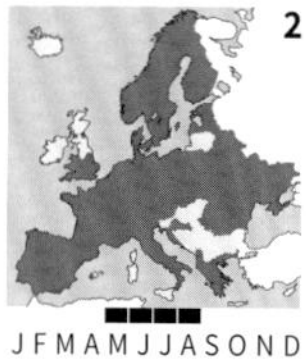

Hedychridium ardens **L** 4–6 mm. Klein; Kopf und Vorderteil des Thorax rötlich und hell- bis dunkelgrün; Rest des Thorax blau; Thorax grob punktiert; Abdomen rot, teils gelb. **H** Offene Sandflächen wie Dünen, Heideflächen, Grünland, Parks, Gärten, Waldränder. **V** Wirte sind Grabwespen.

3 Robuste Goldwespe

3
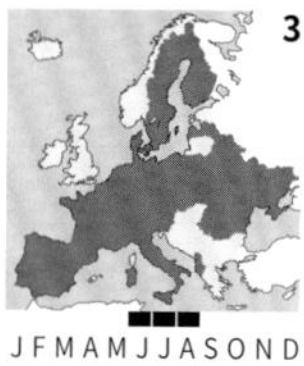

Hedychridium coriaceum **L** 4–5 mm. Klein; Kopf und ein Großteil des Thorax vorwiegend rot und grün; hinterer Teil des Thorax blau, obere Hälfte eher rau; Abdomen rot. Obwohl insgesamt rötlich, ist eine genaue Untersuchung des Thorax zur genauen Artbestimmung erforderlich. **H** Offene Sandflächen in der Nähe von Nestern des Wirts, Waldränder, Parks, Grünland. **V** Wirte sind Grabwespen.

4 Rötliche Goldwespe

4
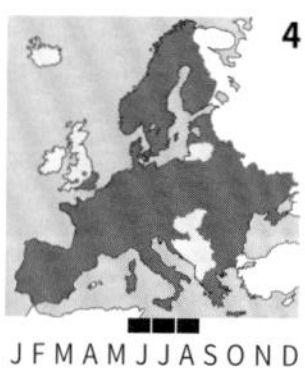

Hedychridium roseum **L** 5–8 mm. Größer als eng verwandte Arten; Thorax bläulich grün, mit etwas Gelb; Abdomen matt orange oder rötlich, im Unterschied zu vielen ähnlichen *Chrysis* spp. **H** Offene Flächen, Sanddünen und Heideflächen im Landesinneren, Grasland, Waldränder. **V** Wirte sind Grabwespen.

Gen. ***Hedychrum*** E 17 SPP

157 Arten weltweit, die meisten zeigen einen ausgeprägten Sexualdimorphismus, ♀ einiger Arten mit zweifarbigem Thorax. Attraktiv, hell oder metallisch, bis zu 10 mm, einige Arten kommen in großen Populationen vor. Wirte sind Grabwespen.

5 Niemeläs Goldwespe

5
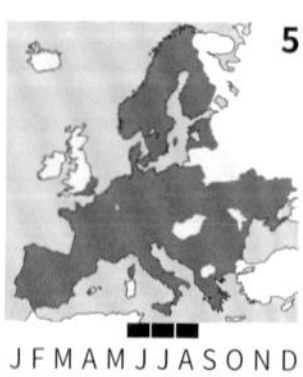

Hedychrum niemelai **L** 4–7 mm. Kleine, robuste Erscheinung; Kopf und Thorax grün mit blauer Tönung; Abdomen rötlich. Muss eventuell mikroskopisch untersucht werden. **H** Offene, sandige Flächen, Grasland, Waldlichtungen. **V** Im Allgemeinen auf dem Boden in der Nähe von Nestern von Wirtswespen (*Cerceris* spp., S. 616) oder auf nahe gelegenen Blumen; meist nur ein oder zwei Individuen auf einmal zu sehen.

6 Sand-Goldwespe

6
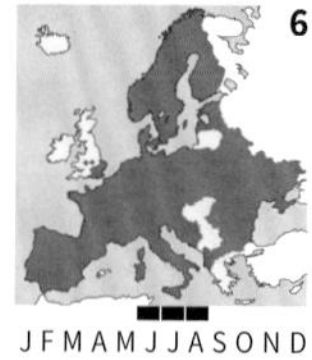

Hedychrum nobile **L** 6–10 mm. Robust, in der Regel größer als die ähnliche *H. niemelai*; Kopf und Thorax grün mit blauem Schimmer; bei ♀ Thorax mit breitem rotem Band und Kopf mit rötlichem oder gelblichem Streifen zwischen den Augen; Abdomen rötlich. Möglicherweise mikroskopische Untersuchung erforderlich. **H** Offene, sandige Flächen, Gärten, Parks, Waldränder. **V** In der Nähe von Wirtswespen (*Cerceris* spp., S. 616) oder auf nahe gelegenen Blumen; oft in großer Zahl.

7 Bienenwolf-Goldwespe

7

Hedychrum rutilans **L** 4–10 mm. Robust, kupferrot mit kleinen grünlichen Bereichen auf allen Segmenten, bei ♂ ausgedehnter. **H** Offene, sandige Flächen, Heideflächen, Gärten, Parks. **V** In der Nähe von Nestern des Bienenwolfs (*Philanthus triangulum*).

Gen. ***Omalus*** E 8 SPP

20 weltweit vorkommende, stämmige, metallische, kleine Wespen. Mesonotum oft nicht punktiert. Wirte sind Grabwespen.

8 Glänzende Goldwespe

8
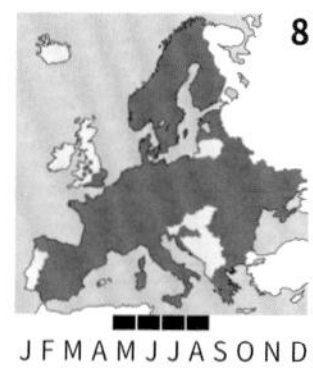

Omalus aeneus **L** 3–7 mm. Thorax und Abdomen sehr glänzend, blaugrün, bei einigen Exemplaren mehr violett oder sogar schwarz; Abdomen breit. Thorax ist kürzer behaart und Abdomen glatter als bei einigen verwandten Arten. **H** Offene Flächen, Mischwälder, Gebüsche, Parks, Gärten.

9 Punktierte Goldwespe

9
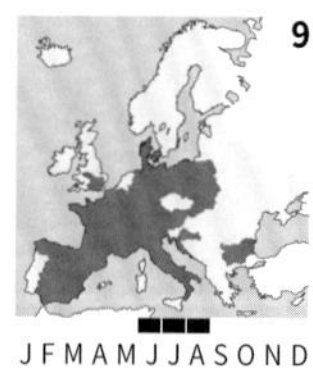

Omalus puncticollis **L** 3–6 mm. Thorax sehr glänzend, bläulich grün; Kopf und Thorax stark punktiert, Mesonotum weniger stark. **H** Offene Teile von Mischwäldern, Parks, Gärten.

Gen. ***Pseudomalus*** E 9 SPP

42 Arten weltweit; stämmig, metallisch, klein. Mesonotum ungleichmäßig punktiert, hauptsächlich im Zentrum. Wirte sind Grabwespen.

10 Goldglanz-Goldwespe

10
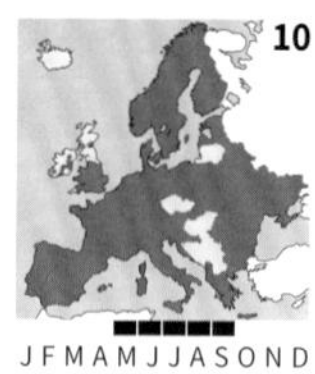

Pseudomalus auratus **L** 3–6 mm. Klein, stämmig; Thorax grün oder blau, Abdomen leuchtend rot oder gelblich rot, S3 lang behaart. **H** Gebüsche, Waldränder, Gärten, Parks, Grünland.

11 Violette Goldwespe

11
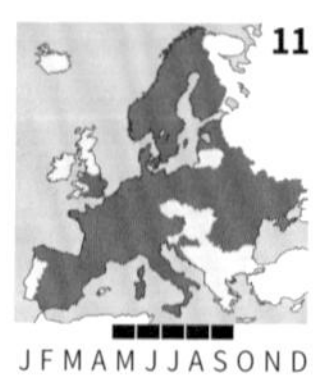

Pseudomalus violaceus **L** 5–8 mm. Gedrungene Art, dunkelviolett bis blau, ♀ eher grüner. **H** Waldränder, Gärten.

← GOLDWESPEN →

1 ×3 ◆

2 ×3 ◆

3 ×3 ◆

4 ×3 ◆

5 ×4 ◆

6 ×3 ◆

7 ×3 ◆

8 ×4 ◆

9 ×4 ◆

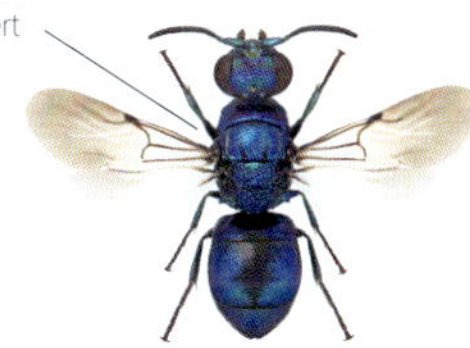

10 ×2 ◆

11 ×3 ◆

AMEISEN Formicidae →

E 50 GEN 486 SPP 37 ILL

Fast jeder kennt die sehr typisch geformten Ameisen mit ihren gebogenen Fühlern, nicht zuletzt im Garten. Einige Gattungen sind eher wenig bekannt, obwohl sie weit verbreitet sein können, auch wenn viele von ihnen im Verborgenen leben und nur selten zu sehen sind.

Ameisen leben in komplexen sozialen Kolonien, in der Regel unterirdisch; Ameisenköniginnen können zwischen 5 und 20 Jahre alt werden. Waldameisen können riesige Haufen errichten. Einige Bläulinge (*Lycaenidae*, S. 416) und Käfer sind als Myrmecophile bekannt; das sind Tiere, die eine symbiotische Beziehung zu bestimmten Ameisenarten unterhalten.

Die meisten Ameisen in einer Kolonie sind *Arbeiterinnen* (nicht reproduktive ♀), immer flügellos; ihre Größe kann innerhalb mancher Art stark variieren. Fortpflanzungsfähige ♂ und ♀ (beide meist geflügelt) sieht man nur beim Schwärmen; ♀ sind größer und plumper. ♂ sterben kurz nach der Paarung, während ♀ (*Königinnen*) ihre Flügel abwerfen und neue Kolonien gründen. Die angegebenen Größen gelten für Arbeiterin und Königin.

Ameisen fressen andere Insekten, Samen oder ernähren sich von Honigtau, den Blattläuse als Gegenleistung für den angebotenen Schutz absondern. Einige können zur Verteidigung beißen oder stechen oder Feinde bis zu 20 cm weit mit Säure bespritzen.

Da sehr klein, müssen viele Arten mikroskopisch untersucht werden, aber einige der hier abgebildeten Arten können mit einer guten Lupe auch im Feld bestimmt werden.

Unterfamilie **FORMICINAE** →

Taille 1 Segment, Propodeum ohne Stacheln (siehe Abbildung auf der gegenüberliegenden Seite). Gaster am Ende mit kreisförmiger, von Haaren umgebener Pore.

1
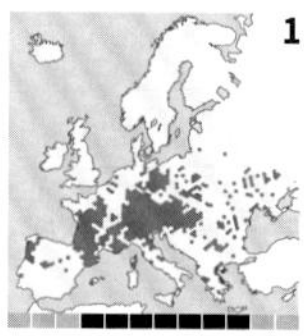
J F M A M J J A S O N D

1 ⊙ Vierpunktameise
Dolichoderus quadripunctatus
L 3–4 mm, Königin ~5 mm. Dunkelrot bis braun mit schwarzem Kopf und Gaster, Letzterer mit 4 goldenen Seitenflecken; Beine oft blasser. Kopf und Thorax fein gefleckt. **H** Lichte Wälder, Parks, Gärten, oft nahe Flüssen und Seen, an Eichen und Obstbäumen. **V** Baumbewohner, baut Nester in Höhlen in Holz und Ästen, unter Rinde, in Eicheln oder Walnüssen.

Gen. ***Tapinoma*** E ? SPP

Clypeus mit flacher Kerbe; Arten sehr ähnlich, mikroskopisch zu bestimmen. Ähnlich *Lasius niger* (S. 594), aber nicht behaart.

2
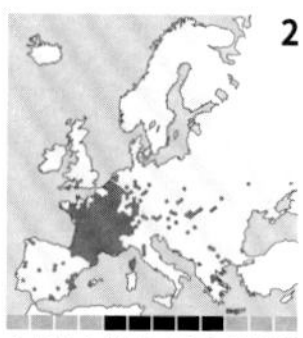
J F M A M J J A S O N D

2 Gemeine Drüsenameise
Tapinoma erraticum **L** 3–4 mm, Königin 4–5 mm. Klein, glänzend, schwarz. **H** Offene Gebiete, Wiesen, Gärten, Heidelandschaften, felsige Standorte, Höhen bis 2000 m. **V** Nistet unter Steinen, in Erde oder Pflanzenresten. Läuft mit leicht erhobenem Gaster, sprüht zur Verteidigung eine Chemikalie, die nach ranziger Butter riechen kann.

3
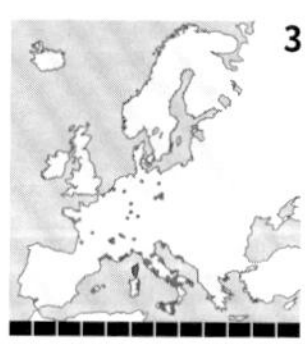
J F M A M J J A S O N D

3 Große Drüsenameise
Tapinoma magnum **L** 2–5 mm. Klein, glänzend, schwarz. Die Identifizierung einzelner Ameisen erfordert ein Mikroskop; in Mitteleuropa lebt jedoch nur *T. magnum* in Superkolonien und bildet massive mehrspurige Ameisenstraßen; auch der Erdauswurf aus den Eingängen der Kolonie ist oft übermäßig. **H** Normalerweise in felsigen oder sandigen Böden. **V** Bildet riesige Kolonien mit mehreren Königinnen, gedeiht in städtischen Lebensräumen. Ursprünglich aus dem Mittelmeerraum; inzwischen auch in Deutschland, Belgien und anderen mitteleuropäischen Ländern, kann massive Schäden an Gebäuden verursachen, z.B. durch Unterhöhlung von Fundamenten. Sprüht zur Verteidigung eine Chemikalie, wie Buttersäure. Wenn man einzelne Ameisen zerquetscht, riechen sie auch nach Buttersäure.

Gen. ***Camponotus*** E 42 SPP

Mit weltweit 1000 Arten und zahlreichen Unterarten sehr bekannt, darunter einige der größten Ameisen Europas (siehe unten). Fühler sitzen in einiger Entfernung vom hinteren Rand des Clypeus; bei den meisten anderen verwandten Gattungen befinden sie sich weiter unten.

4
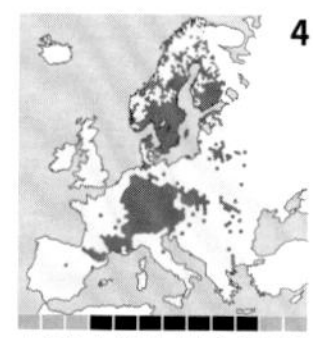
J F M A M J J A S O N D

4 🔍 Schwarze Rossameise
Camponotus herculeanus **L** 7–15 mm, Königin 14–17 mm. Thorax dunkelrot, sonst schwarz, Körper mit gelblichen Haaren, Beine teilweise rötlich. Königin flügellos, schwarz, Beine teilweise rötlich. **H** Nadel- und Buchenwälder, oft in höheren Lagen; gelegentlich im Gebälk von Hütten oder Häusern zu finden. **V** Nistet in oder unter Totholz.

5
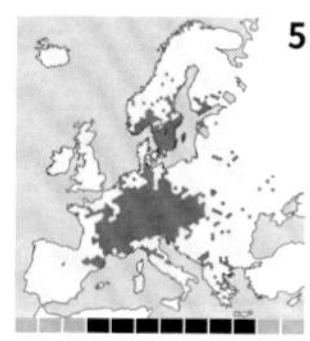
J F M A M J J A S O N D

5 🔍 Braunschwarze Rossameise
Camponotus ligniperda **L** 7–15 mm, Königin 16–18 mm. Thorax und Vorderseite des Gaster S1 rötlich, sonst schwarz. Königin flügellos, überwiegend schwarz. **H** Kühle, feuchte Wälder, einschließlich Nadelwälder, bis 2100 m. **V** Nistet in toten Baumstümpfen oder am Boden unter Steinen.

6
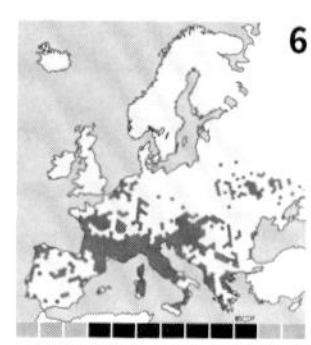
J F M A M J J A S O N D

6 ⊙ Haarige Holzameise
Camponotus vagus **L** 6–13 mm, Königin 14–17 mm. Körper und Beine schwarz, auffallend weißlich behaart; große Arbeiterinnen mit vergrößertem Kopf. Königin flügellos. **H** Wälder, vor allem Nadelwälder, bis zu 1000 m. **V** Nistet in toten Baumstümpfen oder umgestürzten Stämmen, erkennbar an großen Einfluglöchern.

KÖRPERBAU DER AMEISEN

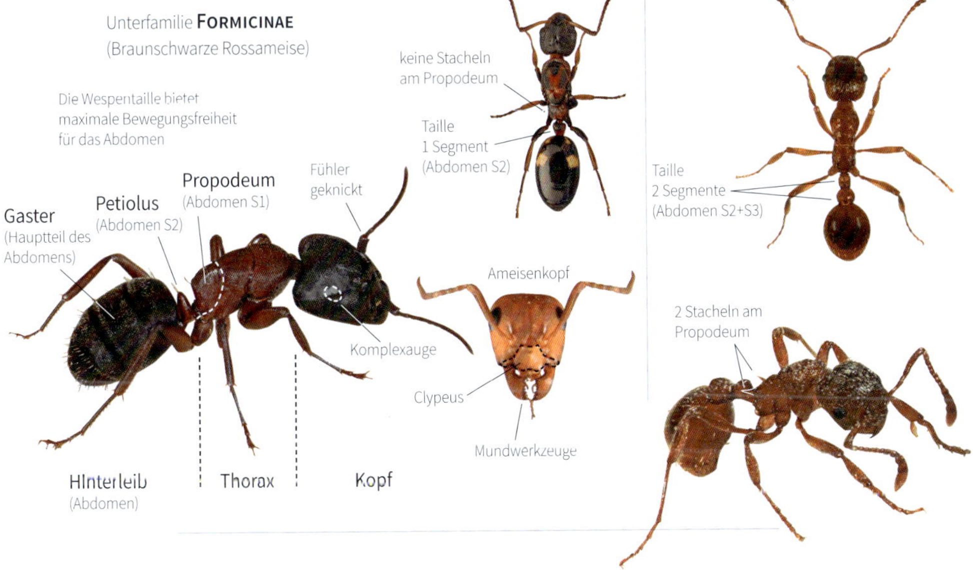

AMEISEN →

1 ×5

2 ×5

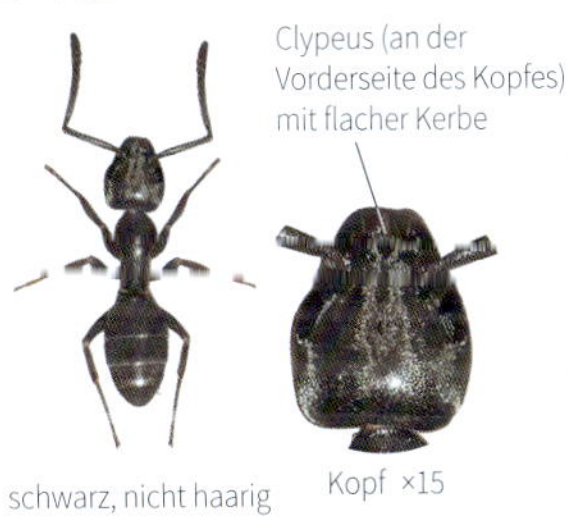

3 ×5

4 ×1,5

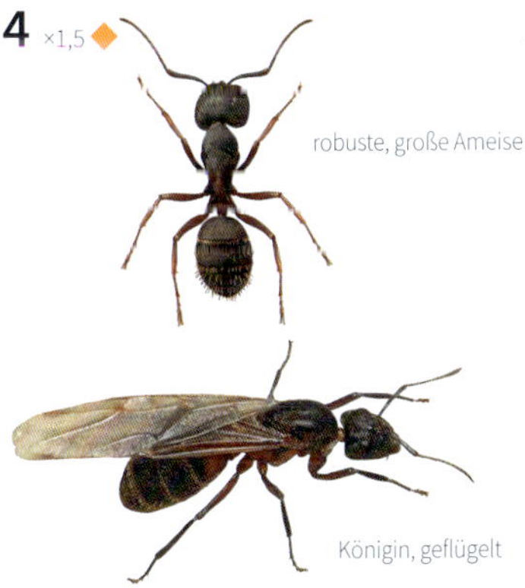

5 ×1,5

6 ×2

← AMEISEN Formicidae →

← FORMICINAE →

Gen. ***Formica*** E 33 SPP

Taille 1 Segment, Propodeum nicht bedornt. Gewöhnlich größere, oft rot-schwarze typische Waldameisen, mit einer doppelten Borstenreihe auf der Unterseite der hinteren Tibiae (bei der Gattung *Lasius* nur an der Spitze).

1

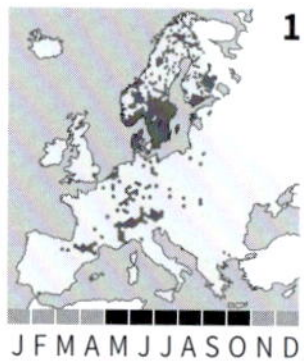

1 Große Kerbameise
Formica exsecta **L** 5–8 mm, Königin 8–9 mm. Rot-schwarz; Hinterkopf deutlich herzförmig. Flügel bei ♂ schwarz. **H** Offene Heidelandschaft, Grasland, Waldlichtungen, oft zwischen 800 und 1200 m. **V** Nester sind oft kleine Hügel aus Grasfragmenten, bis zu 25 cm hoch.

2

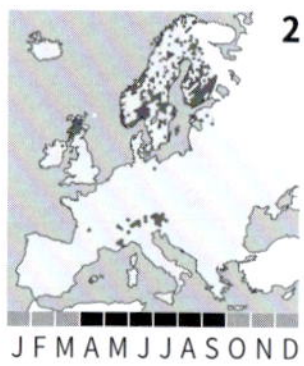

2 Schwachbeborstete Gebirgswaldameise ***Formica aquilonia***
L 4–8 mm, Königin 8–10 mm. Rot-schwarz; Oberseite von Kopf, mittlerem Thorax und Propodeum (nur Arbeiterinnen) mit wenigen kleinen Haaren; die ähnliche *F. lugubris* hat längere Haare). ♂ schwarz. **H** Nadelwälder und manchmal Birkenwälder, in einigen Gebieten vor allem alpin. **V** Nester sind große Haufen aus Nadeln oder Laubstreu, Höhe ≤ 1,5 m, Ø 2 m.

3

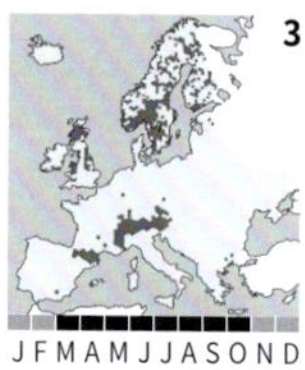

3 Starkbeborstete Gebirgswaldameise ***Formica lugubris***
L 5–9 mm, Königin 10 mm. Rot-schwarz (dunkler als einige verwandte Arten); Kopf mit abstehenden Haaren bis zu den Augen; mittlerer Thorax und Propodeum mit zahlreichen langen Haaren. Flügel bei ♂ schwarz. **H** Offene Nadelwälder, oft in Gebirgsregionen. **V** Nester sind große Haufen aus Nadeln oder Laubstreu, Höhe deutlich unter 1 m.

4

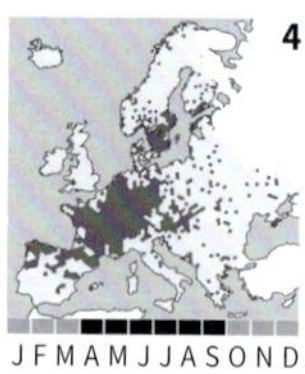

4 Große Wiesenameise
Formica pratensis **L** 4–9 mm, Königin 9–11 mm. Rot-schwarz; ziemlich dunkel, einschließlich Kopf und mittlerem Thorax, die bei ähnlichen Arten, einschließlich *F. aquilona* und *F. lugubris*, heller sind; Hinterkopf mit vielen Haaren. Flügel bei ♂ schwarz. **H** Offene Mischwälder, Grasland, Heideflächen, Hecken, Uferwege, selten über 1500 m. **V** Nester sind kleine flache Kuppeln aus Nadeln von Nadelbäumen, Laubstreu und kleinen Steinen.

5

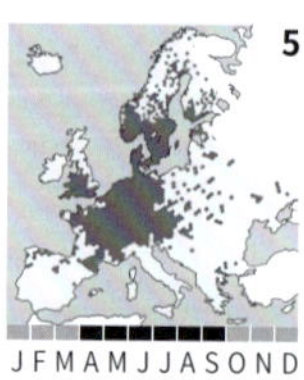

5 Große Wiesenameise
Formica rufa **L** 5–9 mm, Königin 10 mm. Rot-schwarz; Unterseite des Kopfes mit stehenden Haaren, Hinterkopf jedoch unbehaart. Flügel bei ♂ schwarz mit rötlichen Beinen. **H** Wälder, auch Nadelwälder, < 1500 m. **V** Nester sind kleine bis große Kuppeln (bis 2 m hoch) aus Nadeln von Nadelbäumen oder Laubstreu.

6

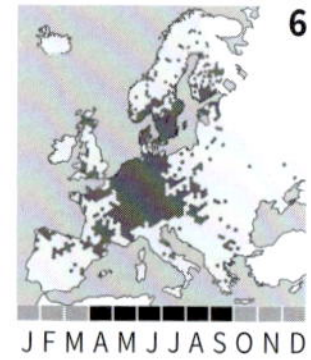

6 Blutrote Raubameise
Formica sanguinea **L** 6–9 mm, Königin 9–11 mm. Rot-schwarz; röter als verwandte Arten, einschließlich Kopf und Beine. Rand des Clypeus mit zentraler Einkerbung, die bei anderen *Formica* spp. fehlt. **H** Lichte Wälder, Wiesen, Heidelandschaften, bis 1800 m. **V** Dringt in Nester von *F. fusca* oder verwandten Arten ein, Arbeiterinnen übernehmen dann den Bau; oder spaltet sich von bestehenden Nestern ab; oft in Baumstämmen, alten Baumstümpfen oder im Boden.

7

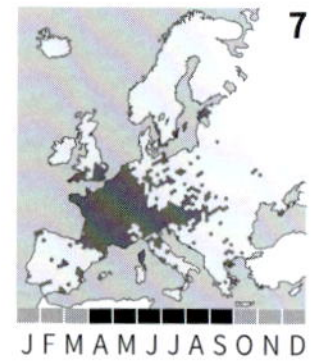

7 Rotrückige Sklavenameise
Formica cunicularia **L** 4–7 mm, Königin 7–9 mm. Dunkelbraun bis fast schwarz, Thorax, Kopf und Beine variabel rot. Pronotum ohne aufrechte Haare. **H** Offenes Grasland, kalkhaltige Regionen, Heideland, Gebüsch, bis 1800 m. **V** Nistet im Boden oder unter Steinen oder Platten. Oft auf Blumen oder in der Vegetation. Wird von *F. sanguinea* versklavt.

8

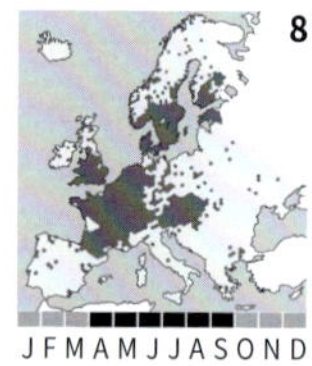

8 Grauschwarze Sklavenameise
Formica fusca **L** 4–7 mm, Königin 7–10 mm. Mattschwarz, aufgrund der dichten Behaarung manchmal leicht glänzend; mittlere und hintere Femora unterseitig unbehaart; Pronotum meist unbehaart, höchstens ≤ 2 kurze Haare, sonst leicht mit *F. lemani* zu verwechseln. Beine manchmal leicht rötlich. **H** Lichte Wälder, Heidelandschaften, Magerrasen, städtische Gebiete, bis 2000 m. **V** Nistet unter Steinen. Wird von *F. sanguinea* versklavt.

9

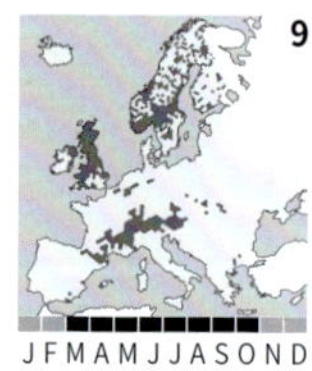

9 Gebirgswaldameise
Formica lemani **L** 5–7 mm, Königin 7–9 mm. Schwarz, leicht glänzend; Pronotum mit > 2 kurzen Haaren, sonst leicht mit *F. fusca* zu verwechseln; Abdomen mit grauen Reflexen. Beine bräunlich. **H** Bergland, 500–2500 m. **V** Nistet unter Steinen, in totem Holz, unter Rinde oder im Boden. Wird von *F. sanguinea* versklavt.

10

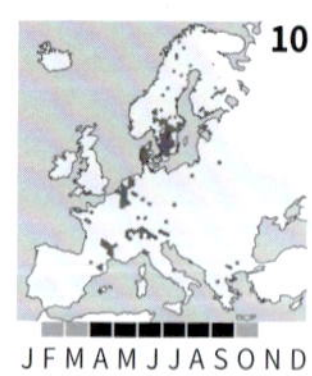

10 Schwarzglänzende Moorameise ***Formica picea***
L 5–6 mm, Königin 8–9 mm. Schwarz, glänzend, ziemlich behaart. **H** Moore und Feuchtgebiete, manchmal im Flachland, aber hauptsächlich in Lagen > 2000 m. **V** Nester in Gras oder Moos, an Mooren. Wird von *F. sanguinea* versklavt

11

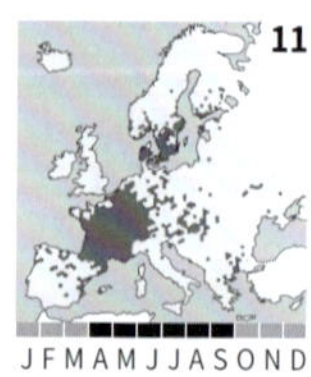

11 Rotbärtige Sklavenameise
Formica rufibarbis **L** 5–7 mm, Königin 9–11 mm. Rot-schwarz; Pronotum und Mesonotum lang behaart. Königin mit rotem Thorax und dunklen Flecken. Arbeiterinnen ähnlich *F. sanguinea*, aber Rand des Clypeus mit zentraler Kerbe. **H** Grasland, Heide, Hänge, Gebüsch, städtische Gebiete; bis 2000 m. **V** Nistet im Boden oder unter Steinen, im Gegensatz zu anderen rot-schwarzen *Formica*, die Kuppeln bauen.

1 ×3

2 ×3

3 ×3

4 ×3

5 ×3

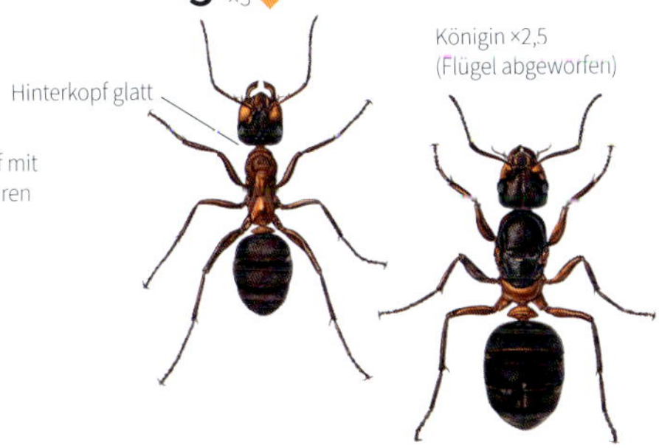

6 ×3

7 ×3

8 ×3

9 ×3

10 ×3

11 ×3

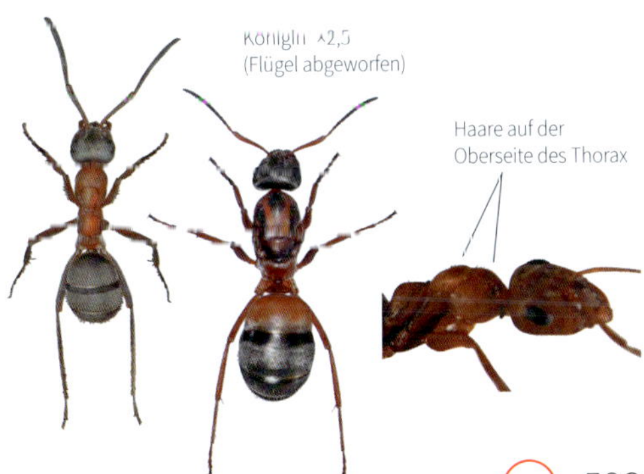

← **AMEISEN** Formicidae →

← FORMICINAE

Gen. ***Lasius*** E 35 SPP

Taille 1 Segment, Propodeum ohne Stacheln. Gewöhnlich klein, einfarbig braun, schwarz oder gelb; gelegentlich zweifarbig. Unterseite der hinteren Tibiae nur an der Spitze mit Borsten.

1 Fremde Wegameise
Lasius alienus **L** 3–4 mm, Königin 8–9 mm. Braun oder dunkelbraunschwarz; keine langen Haare an Fühlern und Tibiae. Nur mikroskopisch von einigen verwandten Arten zu unterscheiden, anhand Dichte der Behaarung auf Körper und Clypeus. **H** Kalkhaltiges Grasland. **V** Ernährt sich von Honigtau von Blattläusen.

1
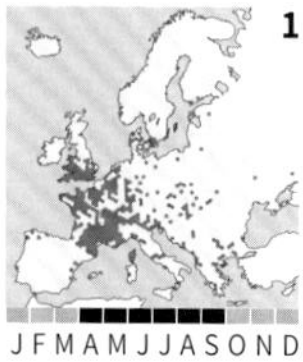

2 Sandameise
Lasius psammophilus **L** 3–4 mm, Königin 8–9 mm. Braun bis dunkelbraun; keine langen Haare an Fühlern und Tibiae. Nur mikroskopisch von einigen verwandten Arten zu unterscheiden, unterscheidet sich von *L. alienus* durch mehr Haare (2–5) am hinteren Ende des Propodeums. **H** Sandiges Heideland, Grasland. **V** Große unterirdische Nester.

2
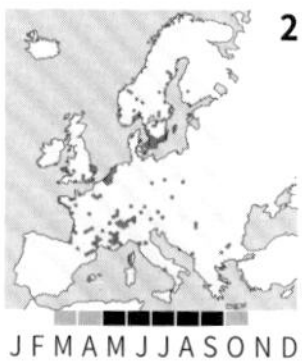

3 Braune Wegameise
Lasius brunneus **L** 3–5 mm, Königin 8–9 mm. Körper rötlich braun, Kopf manchmal dunkler; Gaster dunkelbraun. **H** Wälder. **V** Wird oft beim Klettern an lebenden alten Eichen und Buchen oder an Baumstümpfen beobachtet; schwärmt typischerweise im Mai, früher in der Saison als einige andere Ameisenarten.

3
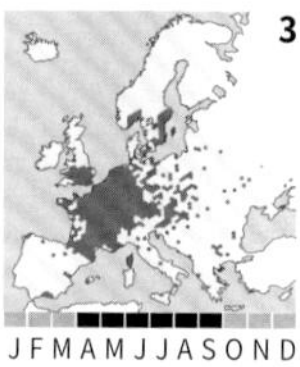

4 Zweifarbige Wegameise
Lasius emarginatus **L** 3–5 mm, Königin 7–8 mm. Kopf und Gaster dunkelbraun bis schwarz, kontrastiert mit rötlichem Körper. Gewöhnlich auffällige, kräftige Farbe, die sie von *L. brunneus* unterscheidet. **H** Städtische Gebiete, auch an alten Mauern, Grünland, Waldränder.

4
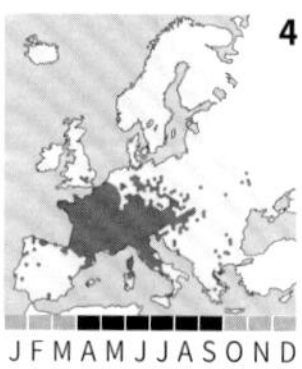

5 Gelbe Wiesenameise
Lasius flavus **L** 2–5 mm, Königin 7–9 mm. Körper gelblich, Königin braun, Gaster und Beine gelblich. **H** Grünland, Gärten, Wälder. **V** Auffällige Nesthügel.

5
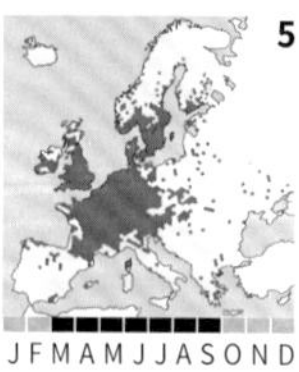

6 Glänzendschwarze Holzameise
Lasius fuliginosus **L** 4–7 mm, Königin 6 mm. Körper schwarz, glänzend; Hinterkopf herzförmig. **H** Hecken, Wälder, Parks, bis 1700 m. **V** Bildet oft Ameisenstraßen am Boden, die zu Nahrungsquellen oder zu Blattläusen oder Schildläusen an Bäumen führen.

6
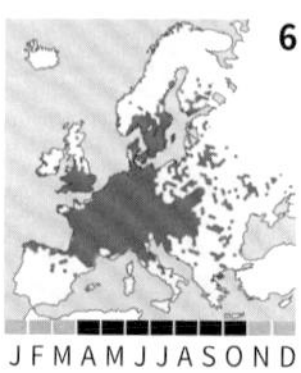

7 Schwarze Wegameise
Lasius niger **L** 3–5 mm, Königin 8–9 mm. Dunkelbraun bis schwarz; Clypeus dicht behaart, Fühler S1 mit aufrechter Behaarung, anders als *L. alienus* und verwandte Arten. **H** Sonnige, ziemlich trockene Standorte, einschließlich Gärten, Parks und Kulturflächen. **V** Dringt oft in Häuser ein und ist in städtischen Gebieten am häufigsten anzutreffen, oft unter Gehwegen und Steinen.

7
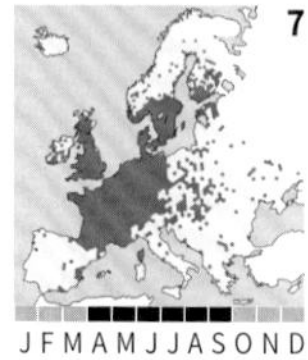

8 Plattbrust-Wegameise
Lasius platythorax **L** 3–5 mm, Königin 8–9 mm. Dunkelbraun bis schwarz; Fühler S1 mit aufrechter Behaarung mit aufrechten Haaren. Spärliche Behaarung des Clypeus, längere Behaarung des Pronotums und präferierte Lebensräume unterscheiden sie von *L. niger*. **H** Feuchte Heidelandschaften, Wälder.

8
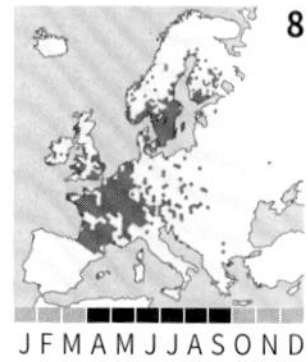

9 Gelbe Schattenameise
Lasius umbratus **L** 4–5 mm, Königin 7–8 mm. Körper gelblich, mit silbrigen Haaren bedeckt, auch auf Fühler S1 und Tibiae (nicht so bei der ähnlichen *L. flavus*). Königin bräunlich. **H** Lichte Wälder, städtische Gebiete. **V** Übernimmt die Nester von *L. flavus* oder *L. niger*; selten zu sehen, da sie unterirdisch leben, kümmern sich um wurzelfressende Blattläuse.

9
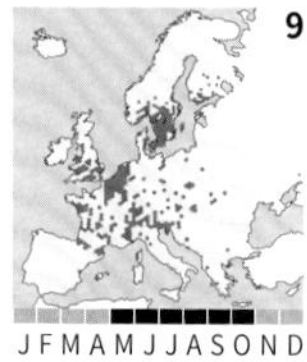

Unterfamilie **MYRMICINAE** →

Taille 2 Segmente, Propodeum mit 2 Stacheln am hinteren Teil (Abbildung S. 591 oben rechts).

10 Glänzende Gastameise
Formicoxenus nitidulus **L** 3 mm, Königin 3–4 mm. Rötlich gelb bis braun, wobei der Gaster oft dunkler ist; glänzend; Körper mit vereinzelten hellen Haaren. Gaster glatt. Flügellos ♂. **H** Lichte Wälder und Heidelandschaften, in Nisthügeln von Waldameisen, der genaue Lebensraum hängt von der Wirtsameise ab. **V** Am besten im Spätsommer auf der Kuppeloberfläche zu finden, wo sie sich unter die viel größeren Waldameisen mischen; ansonsten bleiben sie fast das ganze Jahr über im Nest. Sie beschaffen sich ihre Nahrung entweder durch Abfangen von Nahrung, die von Wirtsameisen übertragen wird, oder durch direkten Kontakt.

10
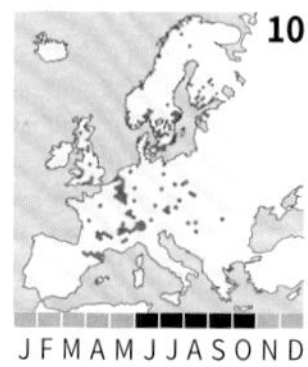

11 Kleine Gelbe Waldameise
Leptothorax acervorum **L** 4 mm, Königin 4–5 mm. Körper schlank, rötlich gelb; Kopf, Fühlerkeule und Gaster dunkler. Gaster behaart. Fühler 11-gliedrig bei den Arbeiterinnen; 12 bei ähnlichen *Temnothorax* spp (S. 596). **H** Kühle, feuchte Wälder, Wiesen, auch im Gebirge bis 3000 m. **V** Nistet in Totholz oder unter der Rinde von toten und lebenden Bäumen, auch im Boden. Manchmal auf oder neben den Nisthügeln der Waldameisen, wo sie unbehelligt umherlaufen.

11
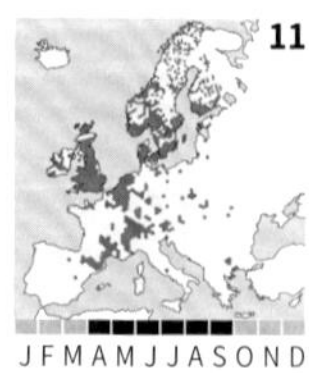

1 ×6 ●

2 ×6 ●

3 ×6 ◆

4 ×5 ◆

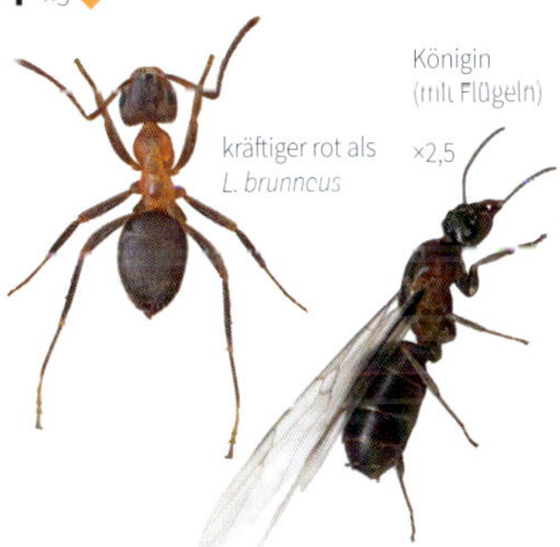

5 ×6 ◆

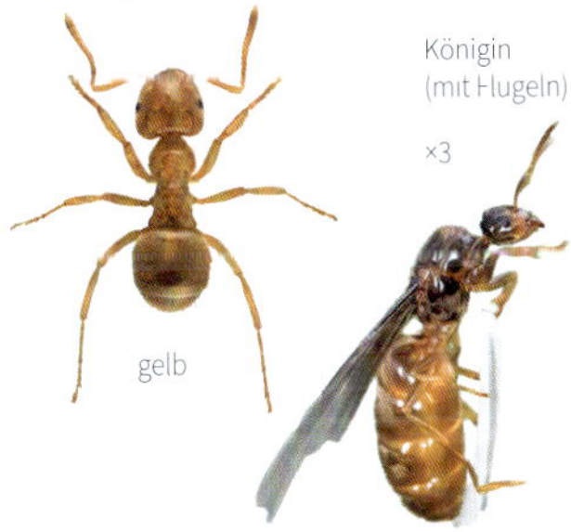

6 ×3 ■

7 ×5 ◆

8 ×5 ●

9 ×5 ●

10 ×6 ◆

11 ×5 ◆

← AMEISEN Formicidae

← MYRMICINAE

Gen. ***Myrmica*** E 34 SPP

Schlanke rote Ameisen. Taille 2 Segmente, Propodeum mit 2 Stacheln am hinteren Teil (Abbildung S. 591 oben rechts). Kann ohne mikroskopische Untersuchung schwer zu bestimmen sein; Länge der Stacheln auf dem Propodeum und Form der Fühler können helfen, einige häufigere Arten zu unterscheiden. Nester oft unter Steinen oder direkt im Boden. Einige Arten sind bekannt als Wirte von Bläulingen (*Lycaenidae*, S. 416).

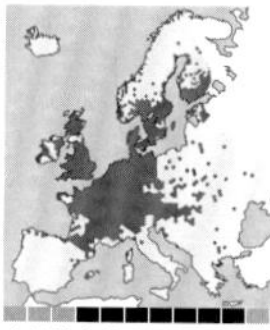

1 Rote Gartenameise
Myrmica rubra **L** 4–5 mm, Königin 5–7 mm. Rötlich, Gaster S1 dunkler; Basis des Stiels gebogen. Stacheln auf Propodeum kurz. Flügel bei ♂ schwarz. **H** Offene, feuchtere Lebensräume, auch in Städten, bis 1500 m. **V** Kann Menschen leicht stechen, ist aber harmlos.

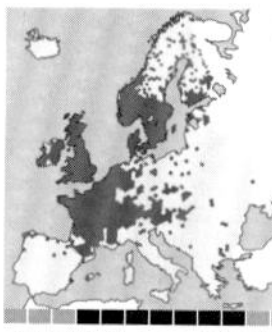

2 Waldknotenameise
Myrmica ruginodis **L** 4–6 mm, Königin 5–7 mm. Rot, Gaster S1 etwas dunkler; Fühlerbänder an der Basis leicht gebogen. Stacheln auf Propodeum lang, anders als bei *M. rubra*. Körper ziemlich runzelig. **H** Wälder, Wiesen; feuchte Standorte, in Städten, bis 2000 m. Schattentolerant.

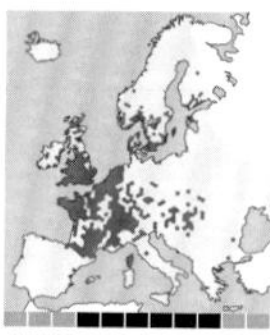

3 Säbeldornige Knotenameise
Myrmica sabuleti **L** 4–5 mm, Königin 5–7 mm. Rötlich; Fühler an der Basis scharf gebogen, mit „Flansch". Geflügelte ♂ schwarz. Königinnen dunkel. **H** Kalkböden, sandige Heiden, Dünen, bis 2000 m. **V** Wirte von Bläulingen der Gattung *Phengaris*.

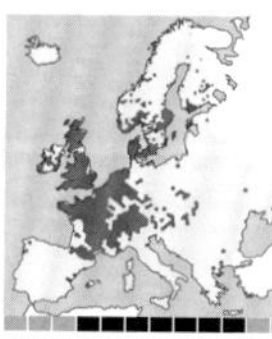

4 Trockenrasen-Knotenameise
Myrmica scabrinodis **L** 4–5 mm, Königin 5–7 mm. Rötlich; Fühlerstielbasis scharf gebogen. Geflügelt ♂ schwarz. Königinnen dunkel. **H** Grasland, einschließlich einiger Feuchtgebiete.

Gen. ***Solenopsis*** E 10 SPP

Meist sehr klein (Arbeiterinnen ~2 mm); Fühlern zehngliedrig, mit zweigliedriger Keule; bekannt dafür, dass sie die Brut größerer Ameisen jagen; leben verborgen und sind außer beim Schwärmen selten am Licht zu sehen. Auch die invasive Rote Feuerameise (*S. invicta*) gehört zu dieser Gattung.

5 Gelbe Diebsameise
Solenopsis fugax **L** 1–2 mm, Königin 6 mm. Sehr klein, gelb oder bräunlichgelb, Fühler mit 10 Segmenten. Geflügelte ♂ schwarz. Königinnen viel größer, langflügelig; schwärzlich braun. **H** Warme Standorte, bis 1500 m. **V** Ernährt sich von der Brut größerer Ameisen; selten am Licht zu sehen, außer beim Schwärmen im September und Oktober.

6 Rote Feuerameise
Solenopsis invicta **L** 2–5 mm, Königin 6–8 mm. Arbeiterinnen sehr unterschiedlich groß; Körper rot oder gelblich rot, Abdomen braun bis schwarz. ♂ schwarz. **H** Grasland, nahe menschlichen Siedlungen, in Gebäuden, Fundamenten, Pflasterungen. **V** Arbeiterinnen greifen Beute in großer Zahl an; andere Insekten, aber auch viel größere Tiere wie kleine Vögel, Reptilien oder Säugetiere. Ausgeprägtes Schwarmverhalten, z.B. bilden sie bei Überschwemmungen mit ihren Körpern Flöße, in denen Königin und Brut eingeschlossen werden. Kann umfangreiche Schäden an menschlichen Bauwerken verursachen. **I** Beheimatet in Südamerika; hochinvasiv, bedeutender Schädling in Nordamerika und einigen asiatischen Ländern; seit mindestens 2023 in Syrakus, Sizilien, ansässig; einzelne Nachweise aus anderen europäischen Ländern. ⚠ Arbeiterinnen beißen und stechen Menschen aggressiv, wenn sie sich bedroht fühlen, oft in großer Zahl. Stiche verursachen brennende Reaktionen (daher der gebräuchliche Name „Feuerameise") und Pusteln, die mehrere Tage anhalten können; mehrere Stiche können zu gefährlichen allergischen Reaktionen führen.

Gen. ***Temnothorax*** E 80 SPP

Klein und schlank, europäische Arten 2–3 mm. Abdomen zweigeteilt, Taille 2 Segmente, Propodeum mit 2 Stacheln am hinteren Teil (Abbildung S. 591 oben rechts). Fühler mit dreigliedriger Keule.

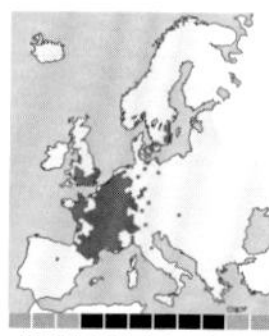

7 Eichelameise
Temnothorax nylanderi **L** 2–3 mm, Königin 4–5 mm. Klein, Körper schlank, gelb bis blassbraun, Gaster und Kopf dunkler; Gaster an der Basis meist mit 2 hellen Flecken. Fühler blass, Spitze im Gegensatz zu einigen verwandten Arten nicht dunkler, bei Arbeiterinnen 12-segmentig (11 bei *Leptothorax* spp., S. 594). **H** Feuchte, kühle Wälder. **V** Nistet in Totholz oder unter Rinde, nutzt auch alte Eicheln und leere Schneckenhäuser.

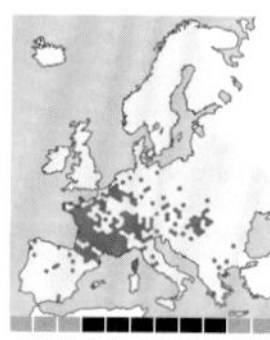

8 Einbindige Schmalbrustameise
Temnothorax unifasciatus **L** 3 mm, Königin 4 mm. Klein, Körper schlank, gelb, Gaster mit deutlichem schwarzen Band. Fühler mit dunklen Keulen. **H** Wälder, Wiesen, auch im Gebirge bis 1700 m. **V** Nistet in Felsspalten, unter der Rinde toter Bäume, unter Totholz oder Steinen, in Pflanzenstängeln, Eicheln, Schneckenhäusern.

9 Gemeine Rasenameise
Tetramorium caespitum **L** 3–4 mm, Königin 6–8 mm. Dunkelbraun bis schwarz, Beine heller; großköpfig. Stacheln am Propodeum kurz. Königinnen flügellos, dunkel. **H** Felsiges Grasland, Heidelandschaften. **V** Eine aggressive Art, die gerne sticht; aber harmlos. Nester werden unter Steinen oder in der Erde gebaut.

← Ameisen

1 ×4 ◆

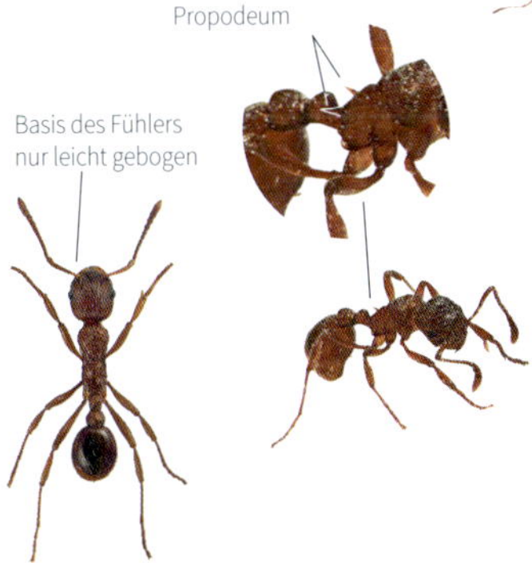

Myrmica rubra Arbeiterinnen mit Puppen und Larven

2 ×4 ◆

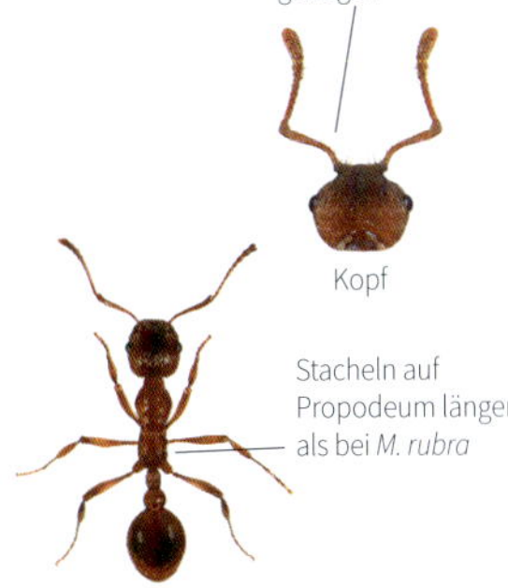

3 ×4 ●

4 ×5 ●

5 ×12 ●

6 ×6 ●

7 ×8 ◆

8 ×6 ◆

9 ×4 ●

AMEISENWESPEN Myrmosidae

E 3 GEN 15 SPP 1 ILL

Kleine Familie, die früher als Unterfamilie der Spinnenameisen (Mutillidae) behandelt wurde. Ähnelt im Aussehen sehr den Mutillidae, ist aber eng mit den Keulenwespen (Sapygidae) verwandt. Ameisenähnliche Wespen, ♀ flügellos, die bei Mutillidae vorhandenen behaarten Rillen an den Seiten des mittleren Thorax (Metasoma) fehlen. ♀ mit deutlichem Pronotum (bei den Mutillidae mit hinteren Thoraxsegmenten verschmolzen). Larven sind Parasitoide an bodenbrütenden Bienen und Wespen.

1 ⊙ Ameisenwespe
Myrmosa atra **L** 5–11 mm. Klein, länglich; ♂ schwarz, geflügelt, ♀ flügellos; Körper rot mit schwarzem Kopf und den letzten zwei Dritteln des Abdomens, das 4 schmale helle Bänder aufweist. **H** Offene, meist sandige Standorte; auch kalkhaltiges Grasland.

1
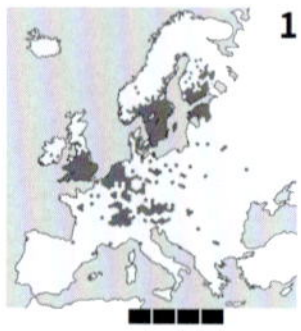

SPINNENAMEISEN Mutillidae

E 24 GEN 154 SPP 3 ILL

~4300 Arten weltweit. Kleine bis große, haarige, ameisenähnliche Wespen, ♀ meist flügellos; viele schwarz mit roter, oranger und weißer Zeichnung; das Muster hilft, verwandte Arten zu unterscheiden. Larven sind Parasitoide an bodenbrütenden Bienen und Wespen. Sie tragen nicht nur Warnfarben, um potenzielle Fressfeinde zu warnen, sondern ♀ können auch schmerzhaft stechen, wenn sie angegriffen werden.

2 ⊙ Südliche Spinnenameise
Dasylabris maura **L** 7–15 mm. Bei ♂ Thorax rot, Abdomen schwarz, mit 2 weißlich-silbernen Haarbändern; Beine und Fühler schwarz. ♀ ähnlich, robuster, meist flügellos, aber gelegentlich kurzflügelig; Abdomen mit weißlich-silbernen Haaren und Flecken (S3 mit unterbrochenem Band). **H** Sandige Böden.

2
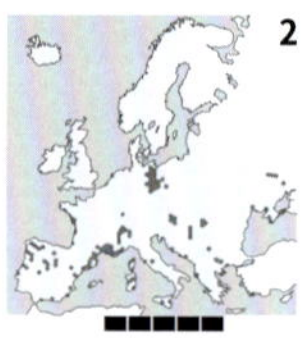

3 ⊙ Große Spinnenameise
Mutilla europaea **L** 9–14 mm. Thorax (außer Pronotum) rot, weniger bei ♂; Abdomen mit 2 unterbrochenen zentralen Bändern aus silbrigen Haaren, ♀ mit einem weiteren nicht unterbrochenen Band an der Basis. **H** Offene Flächen, u. a. Sanddünen, Kreideabhänge, Heideland, Wälder. **V** Hauptsächlich Parasitoid von Hummeln.

3
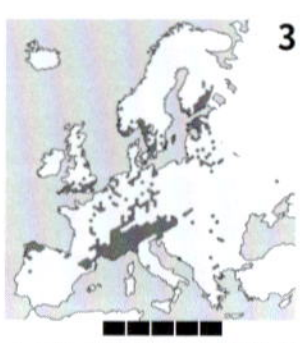

4 ⊙ Rotbeinige Spinnenameise
Smicromyrme rufipes **L** 3–7 mm. Klein; Thorax rot (bei ♂ nur vordere Hälfte), auch ein Großteil der Fühler; Abdomen mit 2–3 nicht unterbrochenen zentralen silbrigen Haarbändern, ♀ mit einem weiteren nicht unterbrochenen Band an der Basis. **H** Offene Gebiete, Sanddünen, Heideland, Sandgruben.

4
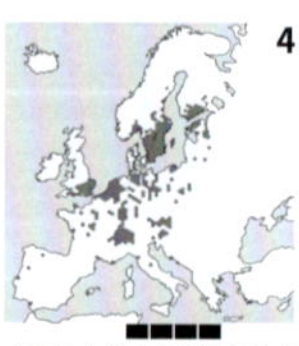

KEULENWESPEN Sapygidae

E 5 GEN 9 SPP 3 ILL

Kleine Familie, ~80 Arten weltweit. Mittelgroß bis groß (6–13 mm), länglich. Schwarz mit roten, gelben oder weißen Flecken, einige Arten mit charakteristischen keulenförmigen Fühlern. Larven sind Kleptoparasiten von Solitärbienen.

5
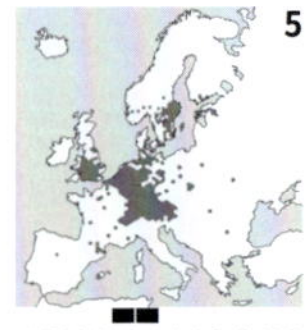

5 ⊙ Gemeine Keulenwespe
Monosapyga clavicornis **L** 6–11 mm. Schwarz; Kopf, Halsband, Beine und Abdomen schwarz mit gelben Flecken und Markierungen. **H** Wälder, Gärten.

6
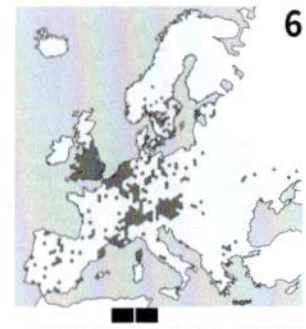

6 ⊙ Fünfpunkt-Keulenwespe
Sapyga quinquepunctata **L** 7–13 mm. Schwarz. Bei ♀ Abdomen S2–S3 rot, S4–S5 mit 2 blassgelben oder weißlichen Flecken, S6 mit einem größeren blassen, zentralen Fleck. Bei ♂ Abdomen weiß gefleckt. **H** Wälder, Gärten.

7
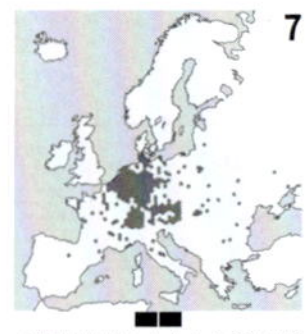

7 ⊙ Zehnpunkt-Keulenwespe
Sapygina decemguttata **L** 6–9 mm. Schwarz. Abdomen S2(oder S3)–S5 mit 2 weißen Seitenflecken, S6 mit abgerundeten, zentralen Flecken. **H** Wälder, Gärten.

ROLLWESPEN Tiphiidae

E 6 GEN 37 SPP 3 ILL

~1500 Arten weltweit. Klein bis groß (3–30 mm), oft schwarz mit rötlichen Flecken. Larven sind Parasitoide, meist an Käferlarven.

8 ⊙ Trugameise ***Methocha articulata***
L 3–12 mm. Lang gestreckt, schwarz; ♂ geflügelt, Fühler länger als ♀. Flügellose ♀ rot, Kopf und Abdomen schwarz; ameisenähnlich, Fühler aber gebogen (nicht geknickt). **H** Offene Sandflächen, Sanddünen, Heideflächen. **V** Wirte sind Larven von Sandkäfern.

8
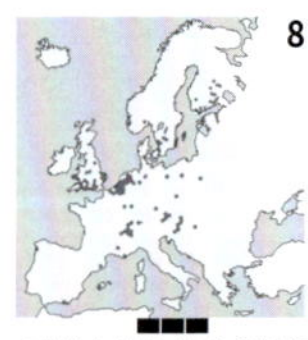

Gen. ***Tiphia*** E 4 SPP

Klein bis groß, lang gestreckt, schwarz. Larven der beiden gezeigten Arten sind Parasitoide an Blatthornkäfern, einschließlich kleiner Mistkäfer. Erwachsene Tiere oft an Doldenblütlern.

9
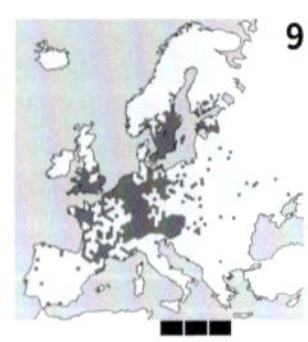

9 🔍 Gemeine Rollwespe
Tiphia femorata **L** 5–14 mm. Beine stachelig; bei ♀ mittlere und hintere Tibiae rot. Bei ♂ Körper deutlich punktiert. **H** Offene Flächen, Sanddünen, Heideland, Grasland.

10
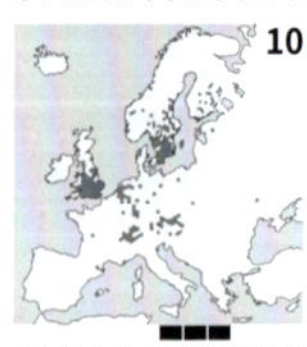

10 🔍 Kleine Rollwespe
Tiphia minuta **L** 4–6 mm. Beine stachelig; ♀ weniger schwarz und viel kleiner als *T. femorata*. Bei ♂ Körper spärlich punktiert. **H** Offene Flächen, Sanddünen, Heideland, Grasland, lichte Wälder.

Ameisenwespen

1 ×3

schmale Bänder auf Abdomen

Spinnenameisen

2 ×2

3 ×2

große Art

4 ×4

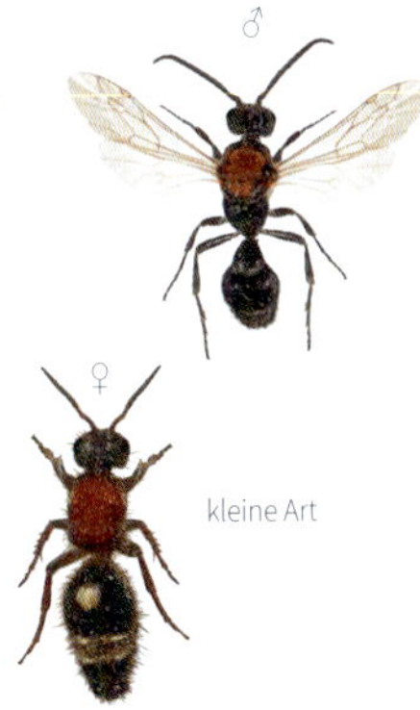

kleine Art

Keulenwespen

5 ×3

Kopf, Abdomen und Beine mit gelber Zeichnung

6 ×3

S2–S3 rot

S4–S5 mit weißen Flecken

7 ×3

Abdomen mit weißen seitlichen Flecken

Rollwespen

8 ×3

♀ ameisenartige, aber kontinuierlich gebogene (nicht geknickte) Fühler

9 ×3

♀ mit rötlichen Beinen (schwarz bei *T. minuta*)

große Arten

10 ×5

Stigma bei ♂ länger als bei *T. femorata*

viel kleiner als *T. femorata*

DOLCHWESPEN Scoliidae

E 4 GEN 22 SPP 4 ILL

~300 Arten weltweit; oft groß bis sehr groß, bis 40 mm; stämmig; schwarz, mit gelber oder oranger Zeichnung; ♀ viel größer; ♂ länglicher, mit längeren Fühlern. Parasitoide von Larven, häufig Blatthornkäfern.

1 ⊙ Bewimperte Dolchwespe
Dasyscolia ciliata **L** 15–18 mm. Schwarz, mit vielen goldfarbenen Haaren auf gesamtem Körper, einschließlich der Bänder auf Abdomen; Flügel gräulich. **H** Offene Flächen, Grasland. **V** Die Orchidee *Ophrys ciliata* täuscht die Wespen, damit sie ihre Blüten bestäuben.

2 ⊙ Gelbköpfige Dolchwespe
Megascolia maculata **L** 20–40 mm. Schwarz; Abdomen mit 4 großen gelben Flecken; Flügel dunkel. ♀ Kopf gelb. **H** Offene Flächen, Garrigue, Grasland, Wälder.

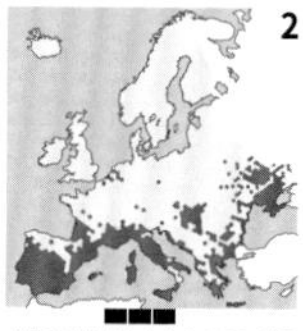

Gen. ***Scolia*** E 9 SPP

Klein bis sehr groß, schwarz. Larven sind Parasitoide von Käferlarven, meist der Blatthornkäfer.

3 ⊙ Borstige Dolchwespe
Scolia hirta **L** 10–25 mm. Schwarz; Abdomen S2–S3 mit hellgelben Bändern; Flügel dunkel mit blauem Schimmer. **H** Offene Flächen, Grasland.

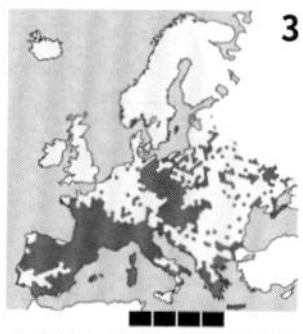

4 ⊙ Sechsfleckige Dolchwespe
Scolia sexmaculata **L** 8–14 mm. Schwarz; Abdomen mit 4–6 cremefarbenen oder blassgelben Flecken, Flügel mit braunem Innenbereich und dunklem Außenrand, teilweise mit violettem Schimmer. **H** Offene Flächen wie Sanddünen, Grasland.

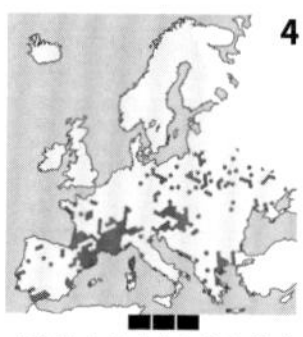

WEGWESPEN Pompilidae →

E 35+ GEN 284 SPP 15 ILL

~5000 Arten weltweit. Charakteristische, langbeinige, oft auf dem Boden laufende, solitär lebende Wespen. Ständig in Bewegung, Fühler und Flügel vibrierend. Farbe und Körperbau wichtig für die Identifizierung auf Gattungsebene, aber viele Arten sind selbst für Experten unter dem Mikroskop schwer zu erkennen. Die meisten bauen ihre Nester im Boden und bestücken jedes Netz mit einer gelähmten Spinne.

5 🔍 Tönnchenwegwespe
Auplopus carbonarius **L** 6–10 mm. Schwarz, ♂ mit blassgelbem „Gesicht" und Clypeus; Abdomen S7 weiß. Bei ♀ Vorderflügel mit 2 verlängerten Submarginalzellen. Kann mit anderen Arten verwechselt werden, von denen sich ♂ durch weißes Ende des Abdomens unterscheidet; bei fast allen anderen Wegwespen haben ♀ 3 verlängerte Submarginalzellen. **H** Wälder, Sandflächen, Grünland, Parks und Gärten.

6 🔍 Weißspornige Wegwespe
Caliadurgus fasciatellus **L** 6–10 mm. Schwarz-rot; Vorderflügel mit dunklen Flecken; bei ♀ Vorderseite der Tibiae mit kurzem, gebogenem Dorn; ♂ mit weißen Spornen an Tibiae, etwas rot an den Beinen, Abdomen mit weißem Ende. Weißen Flecke fehlen anderen schwarzroten Arten. **H** Wald, Heide, Grünland, Gärten, Parks, sandige Böden.

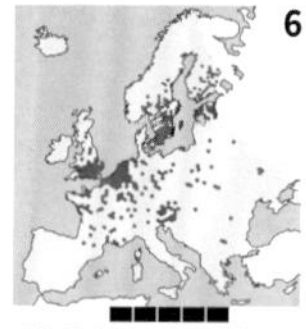

Gen. ***Cryptocheilus*** E 24 SPP

Mittelgroß bis groß, oft sehr bunt; robuster gebaut als andere Gattungen.

7 🔍 Wolfspinnen-Wegwespe
Cryptocheilus alternatus **L** ≤ 30 mm. Gelb; Thorax mit etwas Schwarz; Abdomen S1 und Ringe an anderen Segmenten schwarz; Flügel größtenteils gelb, Vorderflügelspitzen schwarz; Beine gelb, Femora mit Schwarz. **H** Offene Gebiete.

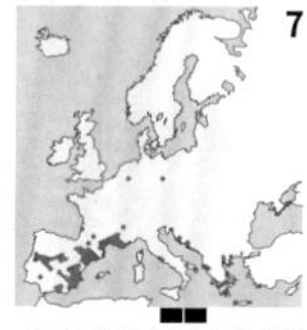

8 🔍 Schwarzrote Wegwespe
Cryptocheilus notatus **L** 7–15 mm. Schwarz-rot; Propodeum tief gefurcht; Vorderflügel mit dunklen Spitzen. **H** Waldränder, Sandflächen, Gebüsch, Heideland.

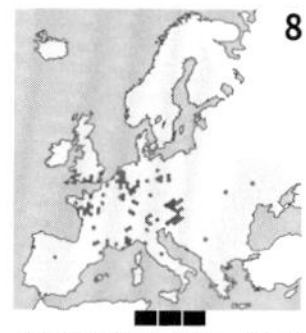

9 🔬 Gescheckte Wegwespe
Dipogon variegatus **L** 4–9 mm. Schwarz, Abdomen kurz; Vorderflügel doppelt gebändert. Sichere Bestimmung anhand mikroskopischer Untersuchung der Geschlechtsteile der ♂. **H** Waldränder, Felsen, Heideflächen, Gärten, Parks.

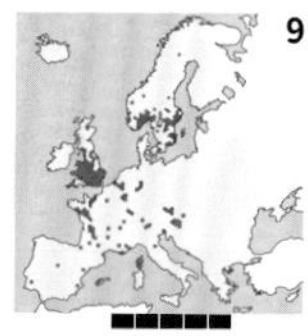

10 🔬 Große Schwarzrote Wegwespe *Priocnemis perturbator*
L 8–17 mm. Schwarz, Abdomen S1–S3 rot; Kopf und Thorax punktiert, mit schwarzen aufrechten Haaren. Größer als andere *Priocnemis* spp.; Fühler S3 4,5× länger als breit; < 3,5× bei eng verwandten Arten. Mikroskopische Untersuchung weiterer Details kann notwendig sein. **H** Offene Gebiete, Wälder.

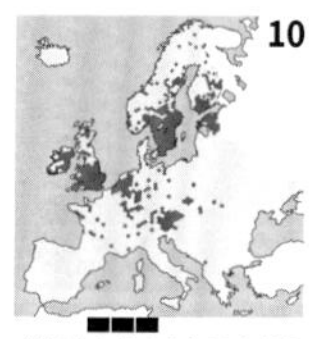

Gen. ***Agenioideus*** E 21 SPP

Klein bis mittelgroß, unterschiedliche Körperform.

11 🔍 Springspinnen-Wegwespe
Agenioideus cinctellus **L** 3–8 mm. Schwarz; Beine rot; ♀ Clypeus weißlich, auch Kopf und Pronotum mit weißlichen Flecken; ♂ schwarz, „Gesicht", Basis der hinteren Tibiae und Abdomen S7 mit kleinen weißen Flecken. **H** Sandige Gebiete, Gebüsch, Mischwälder, Grasland.

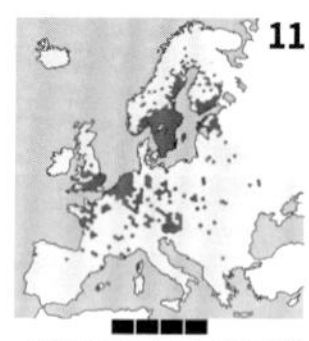

12 🔍 Trichterspinnen-Wegwespe
Agenioideus usurarius **L** 5–8 mm. Schwarz, einschließlich Beine; Abdomen S2 rot; S1 und S3 oft überwiegend rötlich, manchmal schwarz. **H** Lichte Wälder, Waldränder.

Dolchwespen

1 ×1,5 ■

2 ×1 ■

Wegwespen →

3 ×1,5 ■

4 ×2 ■

5 ×2,5 ◆

6 ×2,5 ◆

7 ×1 ◆

8 ×2 ■

9 ×3 ●

10 ×2 ◆

11 ×3 ◆

12 ×3 ◆

← WEGWESPEN Pompilidae

1 ⊙ Frühlingswegwespe
Anoplius viaticus **L** 6–14 mm. Schwarz; Abdomen S1–S3 mit ausgeprägten roten Bändern, die nicht bis zum Hinterrand reichen (weniger deutlich bei schlankeren ♂). Flügel meist dunkel; Beine meist schwarz, hintere Femora manchmal teilweise rot. **H** Hauptsächlich offene Gebiete, einschließlich Sanddünen, Grasland, Heideland; auch Mischwälder.

1
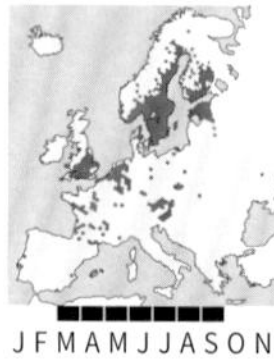

2 ⊙ Schwarze Wegwespe
Aporus unicolor **L** 5–11 mm. Schwarz-rot; eher länglich; Flügel dunkel. Die dunkle Erscheinung und die ungewöhnliche Form helfen bei der Bestimmung. **H** Klippen, Heideland, Grasland.

2
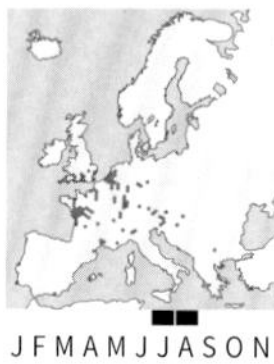

3 🔬 Rotschwarze Spinnenwespe
Arachnospila anceps **L** 5–10 mm. Schwarz-rot; Propodeum bei ♀ grob; Ende der Subgenitalplatte (auf der Unterseite) von ♂ mit kleinem Haarbüschel. **H** Sandige Standorte, offene Flächen, Grasland, Wälder.

3
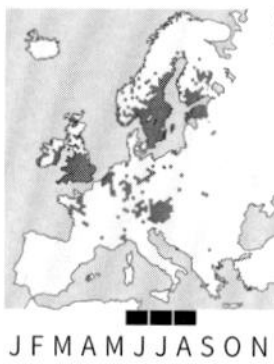

4 ⊙ Röhrenspinnen-Wegwespe
Eoferreola rhombica **L** 8–14 mm. Robustes Aussehen, schwarz-rot; Propodeum rot, ♀ Abdomen S1–S2 mit 2 roten Seitenflecken, die zu einem Band verschmelzen können, bei ♂ nur S2 rot. **H** Offene Flächen, sandige Gebiete, Waldränder.

4
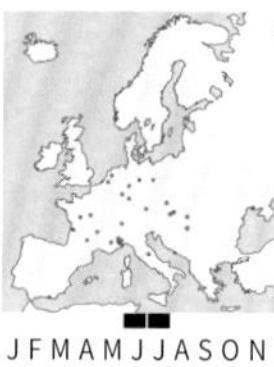

5 🔍 Rotbeinige Wegwespe
Episyron rufipes **L** 5–14 mm. Schwarz; hintere Tibiae und Femorabasis rot; Abdomen mit 2–3 Paar weißen Flecken. Kopf ebenfalls mit weißer Zeichnung bei den Augen. **H** Offene Flächen auf Sandböden wie Sanddünen, Grasland, Gärten, Mischwälder.

5
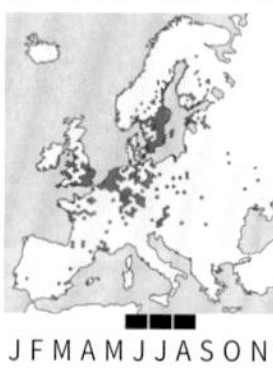

6 ⊙ Bleigraue Wegwespe
Pompilus cinereus **L** 4–10 mm. Schwarz, mit kurzen grauen Haaren; ♂ eher klein; Vorderflügel dunkel gespitzt. **H** Sandige Gebiete.

6
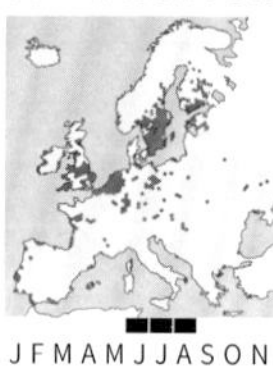

7 🔍 Kuckuckswegwespe
Ceropales maculata **L** 5–11 mm. Schwarz, mit ausgeprägter weißer oder gelblicher Zeichnung auf Kopf, Thorax und Abdomen; Beine rötlich. **H** Heideland, Sanddünen, Gärten, Parks, Wiesen, Gebüsche, Mischwälder. **V** Kleptoparasit in Nestern verschiedener anderer Wespenarten. Die erwachsenen Tiere verfolgen in der Regel andere Arten, die Spinnenbeute transportieren; nach der Eiablage in der Spinne wird die Spinne später oft von der anderen Art eingesammelt. Die Larve von *C. maculata* frisst dann das Wirtsei und entwickelt sich in der Spinne.

7
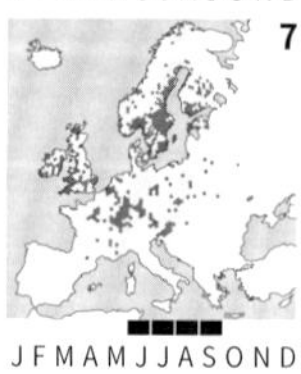

FALTENWESPEN Vespidae →

E 23+ GEN 269 SPP 31 ILL

Weltweit < 5000 Arten. Mittelgroße bis große Wespen (6–30 mm), viele leuchtend gefärbt und den meisten Menschen als typische Wespen bekannt.

Etliche Arten sind soziallebend und bauen großen Nester aus zerkauter, papierartiger Holzmasse. Mehrere 100 Wespen (Arbeiterinnen; nicht fortpflanzungsfähige ♀) dienen einer Königin. Die Nester werden im Herbst aufgegeben; nur frisch geschlüpfte Königinnen (♀) überwintern. Weitere Gattungen wie Lehmwespen sind solitärlebend; etliche davon bauen erstaunliche Bauwerke für die Brutpflege. Zur Nahrung gehören Fallobst und zahlreiche Insekten.

⚠ Arbeiterinnen und Königinnen sozialer Wespen können zur Verteidigung stechen, ihr Stechapparat besteht aus einem modifizierten Ovipositor; im Gegensatz zur Honigbiene überleben sie nach einem Stich unverletzt und können mehrfach stechen. Stiche sind schmerzhaft und können Allergien auslösen.

Hinweis: Bei den soziallebenden Arten werden Arbeiterinnen gezeigt, sofern nicht anders an der Illustration vermerkt.

Gen. *Dolichovespula* E 7 SPP →

Mittelgroße bis große soziale Wespen. Ocelli in geringem Abstand zum Hinterkopf. Langes „Gesicht", große Lücke zwischen Auge und Unterkiefer. Am besten anhand Farbgebung und „Gesicht" (Clypeus) zu identifizieren, die unverwechselbare Markierungen aufweisen, obwohl diese bei einigen Arten variabel sind.

8 ⊙ Falsche Kuckuckswespe
Dolichovespula adulterina **L** 12–20 mm. Schwarz, mit elfenbeinfarbenen Flecken (gelegentlich hellgelb), weiße Bänder an den Hinterrändern von Abdomen S1–S5; Clypeus mit schwarzem Zentralfleck; Flügel braun. **H** Offene Gebiete, in denen der Wirt nistet. **V** Tötet Königin in Nestern von *D. saxonica*, manchmal auch *D. norwegica*; daher gibt es nur Königinnen und ♂, da keine Arbeiterinnen benötigt werden.

8
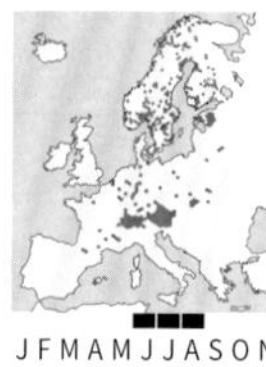

9 ⊙ Mittlere Wespe
Dolichovespula media **L** 14–22 mm. Groß, gelb-schwarz; Königin teilweise rötlich braun, vor allem auf Thorax, einschließlich Seiten; Kopf gelblich bei der Königin. Basale Fühlersegmente gelb oder rötlich braun. Clypeus mit schmalem schwarzem Balken, der nicht bis zur Basis reicht; bei Königin Clypeus oft einfarbig. Gelbe Streifen auf den „Schultern", wirken wie umgedrehte 7. Abdomen hat schmale gelbe Bänder. **H** Wälder, landwirtschaftliche Flächen, Gärten, Parks. **V** Nester typischerweise an Ästen oder Sträuchern befestigt.

9
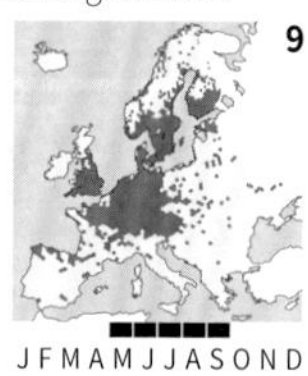

10 🔍 Norwegische Wespe
Dolichovespula norwegica **L** 11–18 mm. Gelb-schwarz; Abdomen S1+S2 (manchmal S3) teilweise rötlich. Clypeus mit breiter schwarzer Linie und Markierung, diese bei ♂ schmaler. **H** Offene Gebiete, einschließlich Heide- und Moorgebiete; manchmal in städtischen Gebieten. **V** Nester werden an Sträuchern oder Bäumen angebracht; werden von der Kuckuckswespe *D. adulterina* angegriffen.

10

← WEGWESPEN

1 ×2 ■

Wespe mit Beute (Spinne)

2 ×2,5 ■

Körper sehr schlank

3 ×3 ●

4 ×2 ■

5 ×2 ◆

6 ×2,5 ■

7 ×2 ◆

AUFBAU DER VESPIDAE

(Gemeine Wespe, Arbeiter)

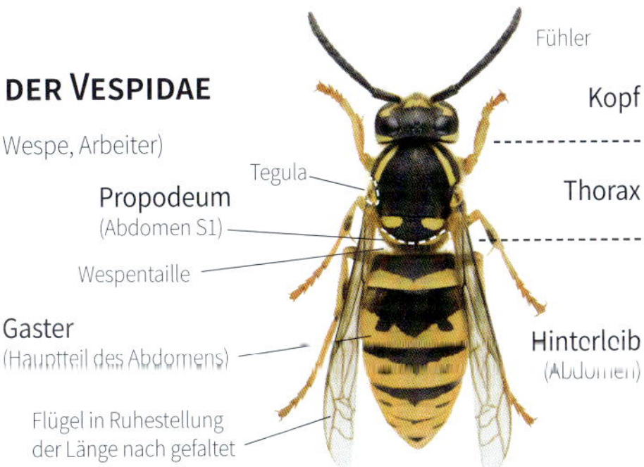

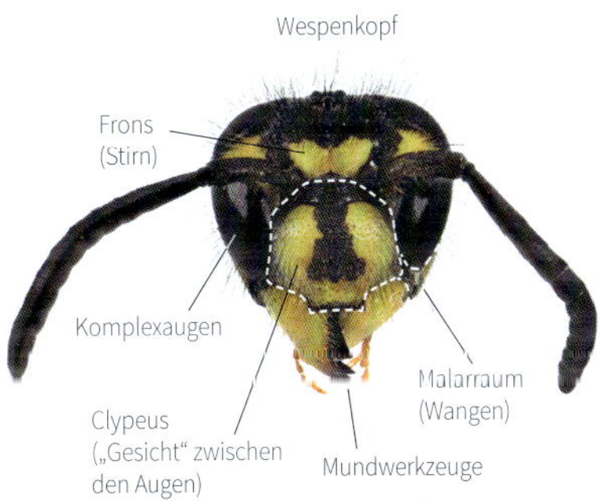

FALTENWESPEN →

8 ×1,25 ■

9 ×1,5 ■

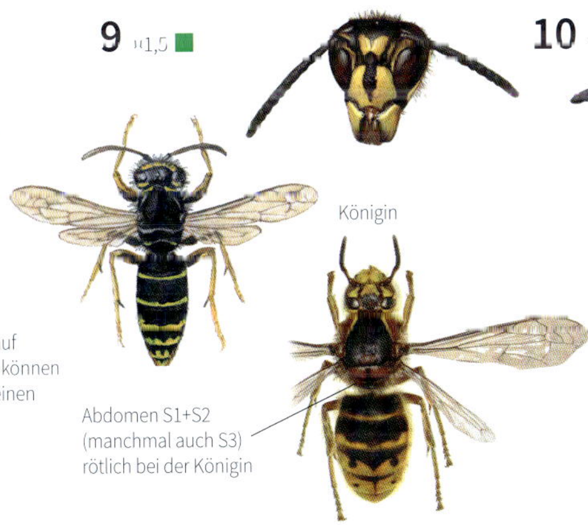

10 ×1,5 ◆

← FALTENWESPEN Vespidae →

← Gen. *Dolichovespula*

1
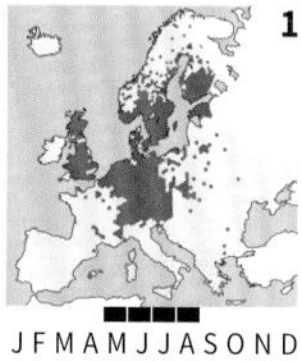

1 Sächsische Wespe
Dolichovespula saxonica **L** 11–18 mm. Gelb-schwarz. Clypeus mit schwarzer Linie (manchmal nur teilweise) und zentralem Fleck, umgeben von einigen, meist 4, kleinen Flecken. **H** Offene Gebiete, Heideflächen, Wälder. **V** Nester sind in der Regel an Ästen oder Sträuchern befestigt, auch an Bienenstöcken und Gebäuden.

2
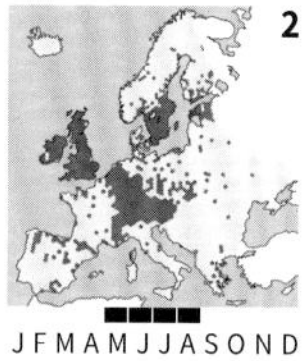

2 Waldwespe
Dolichovespula sylvestris **L** 14–22 mm. Gelb-schwarz. Clypeus gelb oder mit einzelnem schwarzen Zentralfleck, wobei das besonders behaarte ♂ einen unvollständigen schwarzen Streifen aufweist. Abdominalsegmente mit fast geraden, oft breiten gelben Bändern, ohne schwarze Flecken. **H** Weites Verbreitungsgebiet, auch in Gärten. **V** Nistet oft in Bäumen, manchmal im flachen Boden.

Gen. *Vespula* E 4 SPP

Mittelgroße bis große soziale Wespen; einige typische, sehr bekannte Arten. Ocelli in geringem Abstand zum Hinterkopf. Kurzes „Gesicht“, kleiner Spalt zwischen Auge und Unterkiefer. Am besten anhand der Farbe der Haare von Abdomen S1, der Körperzeichnung und „Gesicht“ (Clypeus) zu identifizieren.

3
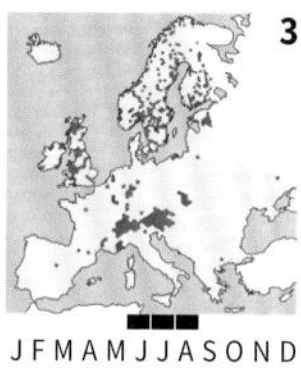

3 Österreichische Kuckuckswespe *Vespula austriaca* **L** 12–18 mm. Gelb-schwarz. Clypeus mit 3 schwarzen Flecken bei ♀, einfarbig bei ♂. Abdomen überwiegend gelb mit einigen schwarzen Flecken. Tibiae mit langen schwarzen Haaren. **H** Offene Gebiete, in denen der Wirt vorkommt. **V** Kuckucksparasit von *V. rufa*, tötet in deren Nestern die Königin. Produziert daher nur Königinnen und ♂, da keine eigenen Arbeiterinnen benötigt werden.

4
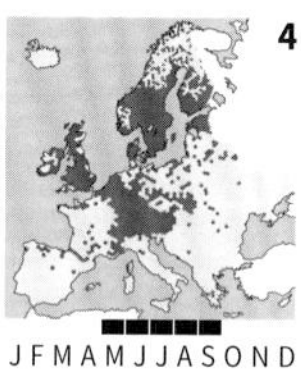

4 Rote Wespe *Vespula rufa*
L 12–18 mm. Gelb-schwarz. Clypeus mit breiter schwarzer ankerartiger Zeichnung. Abdomen S2–3 gelb mit rötlichen Flecken. Die Tibiae sind nicht lang behaart. **H** Offene Gebiete, einschließlich Wälder, Moore, buschiges Grasland und Hecken. **V** Nistet unterirdisch. Der Kuckucksparasit ist *V. austriaca*.

5
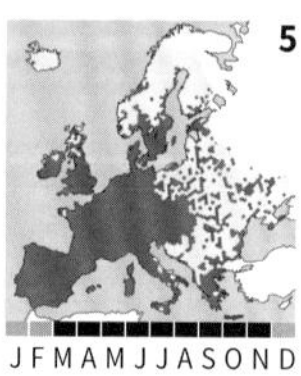

5 Deutsche Wespe
Vespula germanica **L** 12–19 mm. Gelb-schwarz. Clypeus mit 3 schwarzen Flecken oder einem Mittelstreifen und 2 Flecken; Wangen ganz gelb. Abdominalsegmente mit schwarzem Mittelstreifen. **H** Grasland, Heideland, Hecken; häufig in städtischen Gebieten in Gärten und Parks, manchmal auch in Häusern; manche Hausbesitzer beauftragen Schädlingsbekämpfer. **V** Nester meist unterirdisch, manchmal oberirdisch.

6
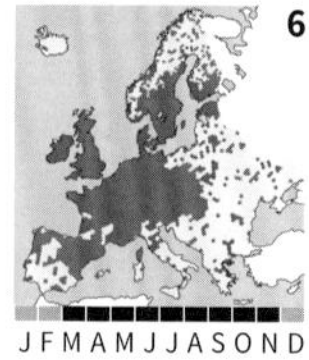

6 Gemeine Wespe
Vespula vulgaris **L** 12–18 mm. Gelb-schwarz. Clypeus mit breitem, schwarzem, ankerartigem Fleck. Wangen mit schwarzem Fleck; Abdomen mit breiten, umgekehrten schwarzen Dreiecken (besonders auffällig auf S1 und S2), Arbeiterinnen mit ausgedehntem Gelb. **H** Fast überall; häufig in städtischen Gebieten in Parks, Gärten und Häusern. **V** Nistet in Häusern, Nebengebäuden und unter der Erde.

Gen. *Vespa* E 3 SPP

Sehr große soziale Wespen. Ocelli in großem Abstand vom Hinterkopf.

7
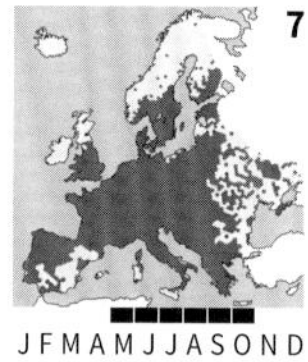

7 Hornisse *Vespa crabro*
L 18–30 mm. Sehr groß, rötlich braun und gelb; Thorax mit viel Braun; Abdomen auch mit Schwarz. Kopf groß, gelb. Verschiedene Farbformen, z.B. in Mitteleuropa mit deutlich röterem Thorax. **H** Wälder, Parks und Gärten. **V** Nistet in hohlen Bäumen, Gebäuden und Vogelkästen. Nester mit gewöhnlich ~ 1000 Brutzellen.

8
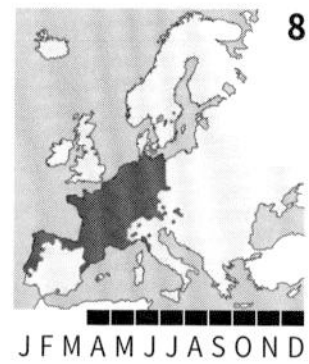

8 Asiatische Hornisse
Vespa velutina **L** 18–30 mm. Sehr groß, gelb-schwarz; Kopf auf der Oberseite schwarz, auf der Unterseite gelb. Abdomen S4 gelb. **H** Wälder, Parks, Gärten. **V** Greift Honigbienen (*Apis mellifera*) an. Nistet in der Regel in Baumkronen; oft werden jedoch kleine Primärnester in Bodennähe angelegt (auch in der Nähe von Häusern), wobei die wachsende Kolonie später in ein größeres Nest in Bäumen umzieht, typischerweise bis zu ~ 6000 Brutzellen. **I** Diese invasive Art wurde um 2004 versehentlich nach Frankreich eingeschleppt und breitet sich rasch in Europa aus. In einigen Ländern werden die Nester nach Möglichkeit zerstört, um eine Ausbreitung zu verhindern. Dennoch wurde die Art 2025 in Deutschland als etabliert eingestuft und die Meldepflicht aufgegeben.

Gen. *Polistes* E 14 SPP →

203 weltweit vorkommende Arten (10–35 mm), oft hell gefärbte Grabwespen, schwarz oder dunkelbraun, gelb-schwarz oder rötlich braun. Abdomen S1 kurz und breit, von oben gesehen dreieckig. Nester bestehen in der Regel aus einem freiliegenden Kamm, der an einem Stiel an einem Busch, Baum oder Gebäude hängt. Identifizierung der Arten kann eine mikroskopische Untersuchung erfordern. ♂ mit gelbem „Gesicht“.

9
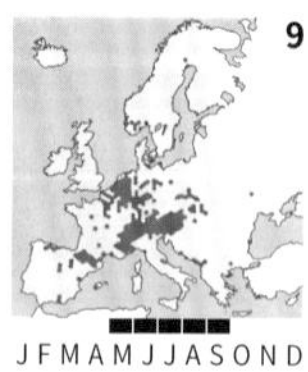

9 Berg-Feldwespe
Polistes biglumis **L** 10–16 mm. Dunkles Aussehen, gelb-schwarz, Abdomen mit schmalen gelben Bändern; Flügel bräunlich. ♀ Malarraum (unterhalb der Augen) schwarz; Fühleroberseite dunkelbraun bis schwarz. **H** Offene Gebiete, hauptsächlich im Gebirge, bis 2400 m.

← FALTENWESPEN →

1 ×1,5 ◆

2 ×1,25 ◆

3 ×1,5 ◆

♀

4 ×1,5 ◆

5 ×1,5 ◆

6 ×1,5 ◆

7 ×1,25 ■

8 ×1,25 ■

9 ×1,5 ◆

← FALTENWESPEN Vespidae →

← Gen. ***Polistes***

1 Zierliche Feldwespe
Polistes bischoffi **L** 10–15 mm. Dunkel, Abdomen mit schmalen gelben Bändern; bei ♀ Malarraum (siehe Abbildung) schwarz; Fühler orange, S1 schwarz; Clypeus gelb mit großem schwarzem Mittelstreifen. **H** Grasland, Waldränder.

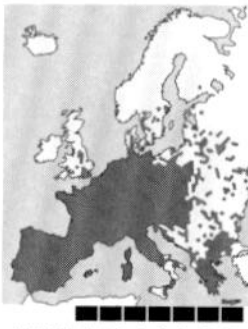

2 Hausfeldwespe
Polistes dominula **L** 10–17 mm. Gelb-schwarz; ♀ Malarraum gelb; Mandibeln schwarz, selten mit gelber Zeichnung; Fühler orange, S1 schwarz; Clypeus gelb, manchmal mit schwarzer Zeichnung oder Flecken; hintere Coxa schwarz. **H** Gärten, Grünland.

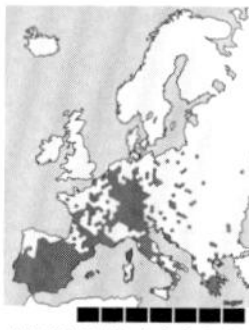

3 Feldwespe ***Polistes gallicus***
L 10–15 mm. Gelb-schwarz; gut gelb gezeichnet. ♀ Malarraum schwarz; Fühler orange, S1 schwarz; Clypeus gelb mit zentralem schwarzem Fleck oder Band. **H** Gärten, Grünland.

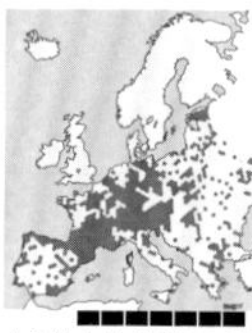

4 Heide-Feldwespe
Polistes nimpha **L** 10–17 mm. Dunkles Aussehen, gelb-schwarz; ♀ Malarraum gelb; Fühler obere Hälfte dunkel; Clypeus gelb mit schwarzem Band; Mandibeln schwarz, selten mit gelbem Fleck; Hintere Coxa schwarz. **H** Offene Flächen, Gärten.

Gen. ***Ancistrocerus*** E 21 SPP

Oft leuchtend gefärbt; Abdomen mit gelben oder weißlichen Bändern. Nester werden gewöhnlich in Röhren angelegt, bei einigen wenigen Arten in Pflanzenstängeln oder anderen Spalten. Erwachsene Tiere legen in der Regel gelähmte Schmetterlingslarven in die Zelle; manchmal auch andere Insekten. Artbestimmung anhand Färbung von Abdomen S1, Unterschiede in gelber Bänderung oder mikroskopische Untersuchung. Manchmal findet man sie auf Blüten oder in der Vegetation ruhend. Zu den Parasitoiden dieser Gattung gehören Goldwespen (*Chrysis* spp., S. 586).

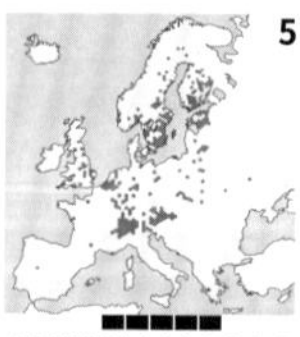

5 Antilopen-Hakenwespe
Ancistrocerus antilope **L** 10–16 mm. Typischerweise größer als die meisten Arten. Schwarz mit gelben Flecken; Propodeum seitlich (teilweise) und im hinteren Bereich glatt, im Gegensatz zu anderen *Ancistrocerus* spp.; Abdomen S1–S6 mit schmalen gelben Bändern. **H** Offene Flächen, Grasland, Wälder, manchmal in alten Mauern.

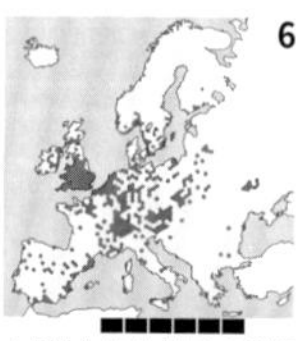

6 Schlanke Lehmwespe
Ancistrocerus gazella **L** 7–12 mm. Schwarz; Abdomen S1–S4 (oder S5, bei ♂ manchmal auch S6) mit gelben Bändern; S1 an den Seiten erweitert. **H** Grünland, Wälder, Parks.

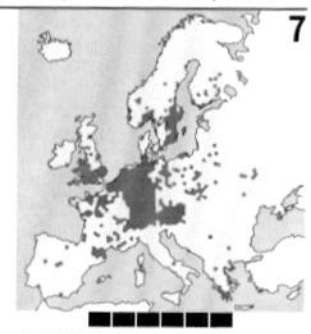

7 Mauerlehmwespe
Ancistrocerus nigricornis **L** 6–13 mm. Schwarz; Abdomen S1–S5 (bis S6 bei ♂) mit gelben Bändern, S1 markant gezeichnet); Beine gelb. **H** Grünland, Wälder, Gärten, Parks.

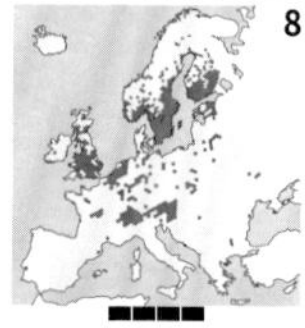

8 Gartenlehmwespe
Ancistrocerus parietinus **L** 9–15 mm. Schwarz; Abdomen S1–S6 mit gelben Bändern; bei S1 gelbes Band an den Seiten nicht verbreitert. **H** Offene Flächen, Grünland, Gärten und Parks.

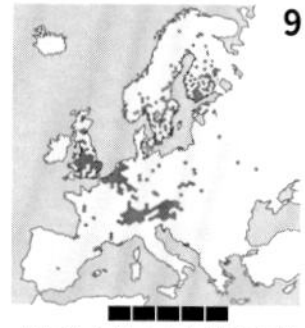

9 Gelbe Mauerlehmwespe
Ancistrocerus parietum **L** 7–12 mm. Schwarz; Abdomen S1–S6 mit gelber Zeichnung, bei S1 gelbes Band nach den Seiten verbreitert. **H** Grünland, Wälder, Gärten, Parks.

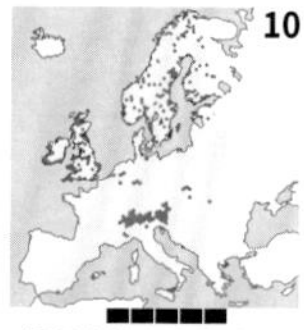

10 Sandlehmwespe
Ancistrocerus scoticus **L** 7–12 mm. Schwarz; Abdomen S1–S3 (bis S4 bei ♂) mit gelben, manchmal weißlichen Flecken. Tibiae und Tarsi rötlich. **H** Verschieden; oft Küsten- oder Bergland.

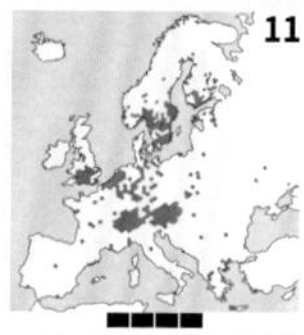

11 Kastenkopf-Lehmwespe
Gymnomerus laevipes **L** 8–11 mm. Schwarz, breitköpfig; Abdomen S1–S4 (S1–S5 bei ♂) mit schmalen gelben Ringen. **H** Grasland, Feuchtgebiete, Gärten, Waldlichtungen. **V** Sucht nach Rüsselkäferlarven.

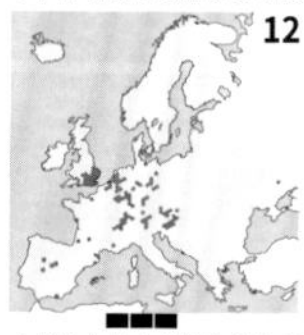

12 Kleine Lehmwespe
Microdynerus exilis **L** 5–8 mm. Schwarz, Abdomen S1–S2 mit schmalen weißlich gelben Ringen. **H** Offene Gebiete, Grasland, Parks, Wälder, Gärten. **V** Sucht nach Rüsselkäferlarven in totem Holz, auch in stehenden Bäumen.

Gen. ***Odynerus*** E 20 SPP

Leuchtend gefärbt, schwarz, Abdomen mit schmalen gelben oder weißlichen Bändern. Baut schornsteinartige Nester, die mit Rüsselkäferlarven bestückt werden.

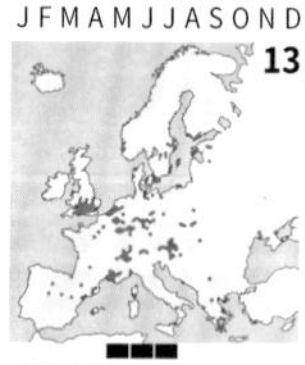

13 Weißgestreifte Schornsteinwespe ***Odynerus melanocephalus***
L 8–10 mm. Schwarz; Abdomen S1–S4 (S1–S6 bei ♂) mit weißlich-gelben Bändern. Bei ♂ Clypeus gelblich und Band auf Abdomen S2 seitlich verbreitert. Tibiae und Tarsi gelblich orange. **H** Offene Gebiete.

14 Gemeine Schornsteinwespe
Odynerus spinipes **L** 10–12 mm. Schwarz; Abdomen S1–S4 (S1–S5 bei einigen ♂) mit gelben Bändern. ♀ Tibiae und Tarsi zum Teil dunkelbraun. **H** Offene Gebiete.

← FALTENWESPEN →

1 ×1,5

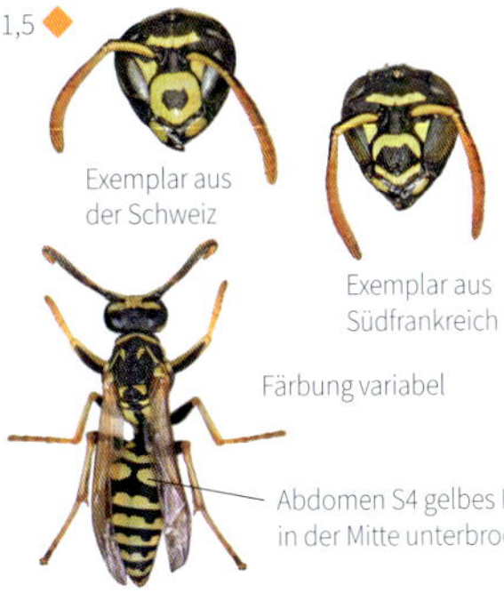

2 ×1,5

3 ×1,5

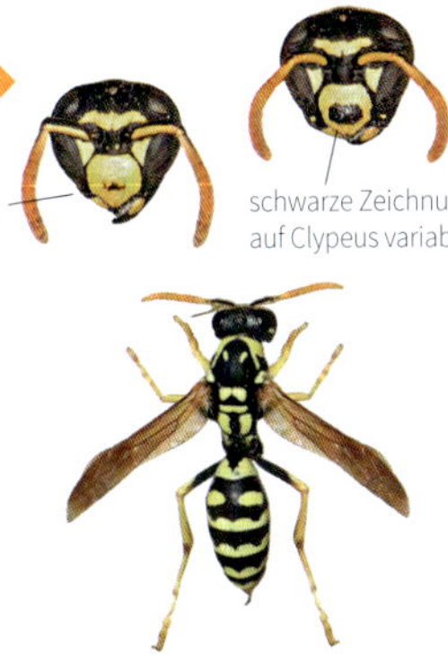

4 ×1,5

5 ×1,5

6 ×2

7 ×2

8 ×2

9 ×2

10 ×2

11 ×2

12 ×3

13 ×2

14 ×2

← FALTENWESPEN Vespidae

1 ⊙ Rotfleckige Lehmwespe
Pseudepipona herrichii **L** 9–13 mm. Schwarz, Abdomen S1 mit ausgeprägter rötlicher Zeichnung (in einigen südeuropäischen Gebieten kann diese kaum ausgeprägt sein oder fehlen); ansonsten S1–S5 (S1–S6 bei ♂) und Thorax mit weißlicher Zeichnung (bei einigen Formen gelblich). Beine rötlich. **H** Heideland. **V** Unterirdische, mit kleinen Nachtfalterlarven gefüllte Nester.

1

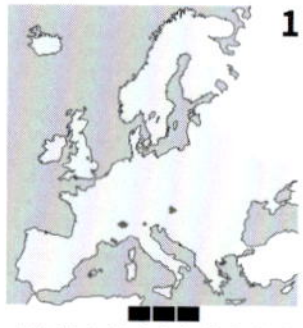

J F M A M J J A S O N D

Gen. *Symmorphus* E 10 SPP

Leuchtend gefärbt, schwarz mit gelber Zeichnung, schmale Bänder auf Abdomen, von denen S1 eine deutliche Kerbe in der Mitte der gelben Binde hat (im Gegensatz zu den ähnlichen *Ancistrocerus* spp., S. 606). Röhrennester in Pflanzenstängeln, die sie mit Käferlarven bestücken.

2 🔍 Zweibindige Stängelwespe
Symmorphus bifasciatus **L** 6–10 mm. Schwarz, Abdomen S1–S2+S4 mit gelben Bändern. **H** Feuchtgebiete, Wälder, Gärten.

2

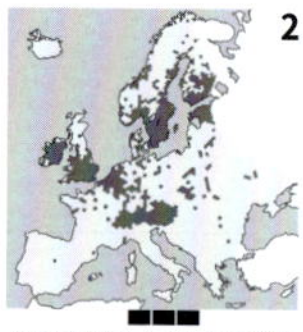

J F M A M J J A S O N D

3 🔍 Grazile Stängelwespe
Symmorphus gracilis **L** 7–12 mm. Schwarz, Abdomen S1–S6 (S1–S4 oder S5 bei ♂) mit gelben Bändern. **H** Wälder, Gärten.

3

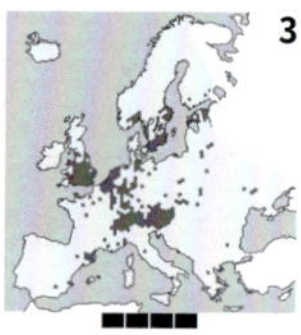

J F M A M J J A S O N D

---

4 ⊙ Große Lehmwespe
Delta unguiculatum **L** 18–25 mm. Schmalbrüstig. Großer, schwarzer Thorax mit rötlichen Flecken (diese bei ♀ stärker ausgeprägt), bauchiges Abdomen, durch einen langen roten und schwarzen Stiel mit Thorax verbunden; Abdomen S1 mit großen rötlichen Flecken; weitere Segmente gelb mit schwarzen Flecken. Flügel gelblich braun; Beine rötlich. **H** Sonnige Standorte, einschließlich Gärten und Stadtgebiet. **V** Die Nester sind aus Sand und feuchtem Schlamm gebaute Töpfe, die mit gelähmten Nachtfalterlarven bestückt werden.

4

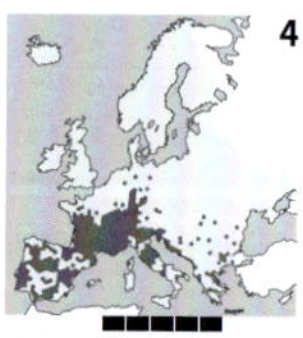

J F M A M J J A S O N D

5 🔍 Töpferwespe
Eumenes coarctatus **L** 9–15 mm. Schmaler Körperbau. Schwarz, mit gelber Zeichnung auf Kopf, Thorax und Abdomen S1–S4; S2 mit 2 gelben Flecken. Die typische dunkle Form kommt in verschiedenen Teilen Europas vor, eine hellere Form in Mittel- und Südwesteuropa. **H** Feuchtes Heideland. **V** Lehmtöpfe werden auf niedriger Vegetation gebaut; sie stehen oft einzeln, es können aber auch mehrere nebeneinander gebaut sein. Nur selten trifft man ♂ an.

5

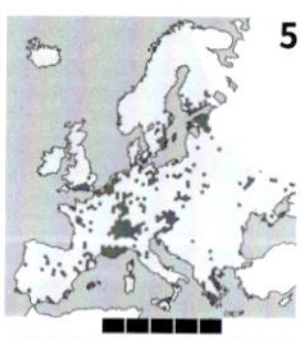

J F M A M J J A S O N D

SANDWESPEN Sphecidae →

E 11 GEN 58 SPP 9 ILL

~660 Arten weltweit. Lang gestreckt, schwarz; Abdomen rot gebändert, Petiole lang, Beine lang. Sandwespen jagen oft große Raupen von Schmetterlingen, Nachtfaltern und Pflanzenwespen und schleppen sie in ihre Nester in sandigem Boden; dies ist eine ziemliche Leistung, da sie manchmal eine beträchtliche Strecke zurücklegen müssen. Bestimmungsmerkmale müssen oft mikroskopisch überprüft werden.

Gen. *Ammophila* E 9 SPP

Groß; Petiole auffallend lang, stielförmig; meist länger als ähnliche *Podalonia* spp. Jagen große Raupen von Nachtfaltern und Holzwespen; ♀ stehlen oft auch Beute aus Nestern der gleichen Art.

6 🔍 Dreiphasen-Sandwespe
Ammophila pubescens **L** 13–19 mm. Schwarz, Abdomen oberseitig mit rotem Band, Abdomen am Ende schwarz, erscheint aus bestimmten Winkeln leicht bläulich. Vorderflügel mit gestielter Submarginalzelle 3. Bei ♂ Abdomen schwarz mit Ausnahme der zumindest rötlichen Seiten von S2–S3. **H** Heidekraut.

6

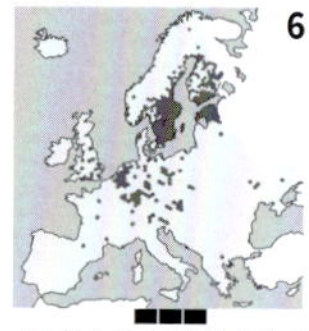

J F M A M J J A S O N D

7 🔍 Gemeine Sandwespe
Ammophila sabulosa **L** 14–24 mm. Ähnlich zu *A. pubescens*; Vorderflügel mit ungestielter Submarginalzelle 3. Bei ♂ fast kein schwarz auf Abdomen S2–S3. **H** Sandige Standorte, einschließlich Dünen, Heideland.

7

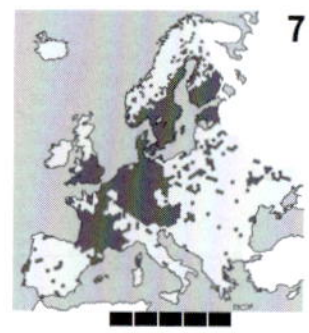

J F M A M J J A S O N D

Gen. *Podalonia* E 7 SPP

Große, schwarze Wespen, oft mit roter Zeichnung auf dem Abdomen, robuster und breiter als ähnliche *Ammophila* spp. Jagen große Raupen von Nachtfaltern.

8 🔍 Kurzstielsandwespe
Podalonia affinis **L** 13–20 mm. Schwarz mit rotem Band auf dem oberen Teil des Abdomens; Ende des Abdomens schwarz. Kopf und Thorax nur leicht behaart. **H** Sandige Gebiete, Dünen.

8

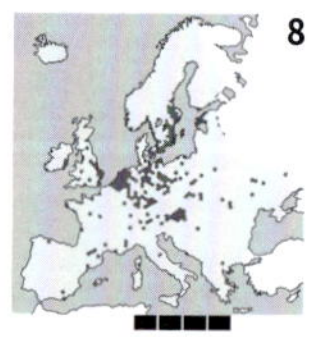

J F M A M J J A S O N D

9 🔍 Behaarte Kurzstielsandwespe
Podalonia hirsuta **L** 13–23 mm. Schwarz, mit rotem Band auf dem oberen Teil des Abdomens; Spitze des Abdomens schwarz. Kopf und Thorax sind stark behaart. **H** Sandige Gebiete.

9

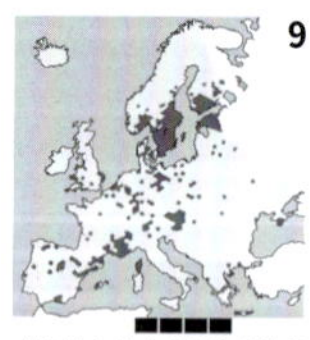

J F M A M J J A S O N D

10 🔍 Luffs Kurzstielsandwespe
Podalonia luffii **L** 13–18 mm. Schwarz mit rotem Band auf dem oberen Teil des Abdomens; Spitze des Abdomens schwarz. Kopf und Thorax behaart; bei ♀ vordere Tarsi S1–S4 mit ausgeprägt langen Borsten; bei den anderen hier gezeigten Arten nur S1 mit lange Borsten. ♂ kann mikroskopische Untersuchung der Geschlechtsteile erfordern. **H** Sandige Gebiet, Dünen.

10

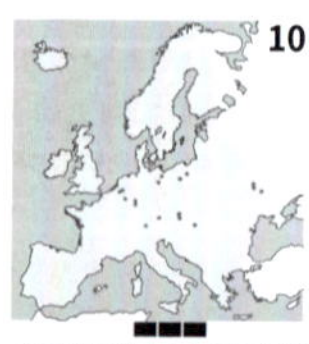

J F M A M J J A S O N D

← FALTENWESPEN

1 ×2

Abdomen S1 mit auffallender roter Markierung

2 ×3

Abdomen mit 3 gelben Bändern

3 ×2

Abdomen mit gelben Bändern

4 ×1,25

große Wespe, sehr schmal gebaut

SANDWESPEN →

5 ×2

schmaler Körper

♀ mit Nest ×1,5

6 ×1,5

7 ×1,5

Stiel (Abdomen S2) sehr lang

A. pubescens Vorderflügel

Submarginal-Zelle 3 gestielt

A. sabulosa Vorderflügel

Submarginal-Zelle 3 ungestielt

Wespe mit Beute

8 ×1,5

Kopf und Thorax leicht behaart

9 ×1,5

Kopf und Thorax behaart

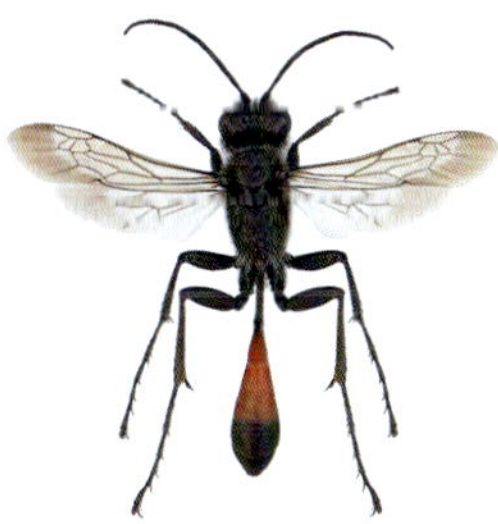

10 ×1,5

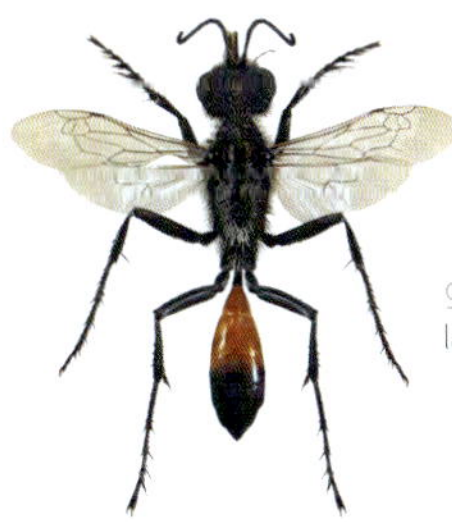

Vorderbein

♀ vordere Tarsi S1–S4 mit langen Borsten

← SANDWESPEN Sphecidae

1 **Stahlblauer Grillenjäger**
Isodontia mexicana **L** 16–20 mm. Groß, schwarz, Clypeus mit langen schwarzen Haaren; Thorax behaart; Flügel rauchbraun. **H** Sandige Böden, Gebüsch, Parks. **V** Grashalme werden in Nistplätzen wie Bambus in Insektenhotels oder Stämmen platziert; diese werden mit gefangenen Heuschrecken bestückt. Heimisch in Nordamerika; diese invasive Wespe erreichte Frankreich um 1960 und hat sich seitdem in weiten Teilen Europas verbreitet.

1
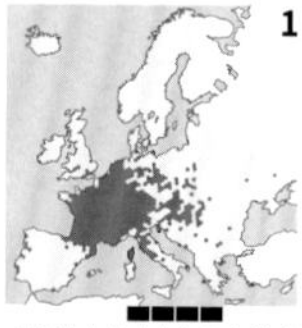
J F M A M J J A S O N D

Gen. ***Sceliphron*** E 4 SPP

Große, schlanke Wespen; im Allgemeinen tiefschwarz oder rötlich mit gelber Zeichnung; stielförmige Petiole. Die Schlammnester werden an Oberflächen, einschließlich Wänden, angebracht und mit Spinnen bestückt. Von 6 gebietsfremden Sandwespenarten in Europa sind 3 *Sceliphron* spp.

2 **Schwarzgelbe Mauerwespe**
Sceliphron caementarium **L** 17–28 mm. Groß, schwarz; Scutellum, Teile des Thorax, Fühlerspitzen gelb; Abdomen S1 mit tiefgelbem Fleck; Beine gelb-schwarz; Flügel braun. **H** Gebüsch, Gärten, Parks, städtische Gebiete. **V** Heimisch in Nordamerika, in Europa erstmals in den 1940er-Jahren beschrieben.

2
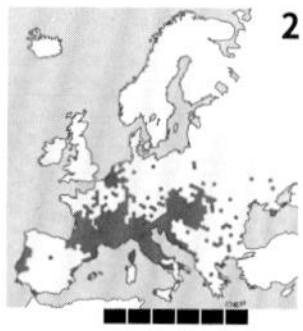
J F M A M J J A S O N D

3 **Orientalische Mauerwespe**
Sceliphron curvatum **L** 13–20 mm. Groß, schwarz, Scutellum und Thorax gelb gezeichnet, Abdominalsegmente gelb gebändert, teilweise rötlich auf einigen Segmenten; Beine rötlich braun; Flügel braun. Bei ♀ Clypeus mit gebogenem, gelbem Fleck. **H** Gebüsch, Gärten, Parks, städtische Gebiete. **V** Heimisch in Zentralasien, erstmals 1979 in Österreich gemeldet, hat sich in Europa verbreitet.

3
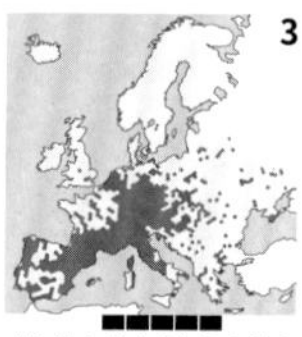
J F M A M J J A S O N D

---

4 **Heuschrecken-Sandwespe**
Sphex funerarius **L** 16–23 mm. Groß, behaart, schwarz mit rotem Band auf der Oberseite des Abdomens; die Spitze des Abdomens ist schwarz, ebenso wie die Basis, die durch einen kurzen Stiel mit dem Thorax verbunden ist. Kopf und Thorax stark behaart; Beine teilweise rot; Flügel braun. **H** Sandige Gebiete, Dünen. **V** Nester im Boden werden mit Heuschrecken bestückt.

4
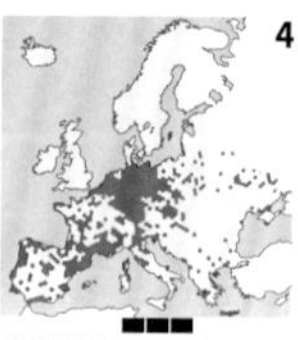
J F M A M J J A S O N D

GRABWESPEN Crabronidae →

E 52 GEN 664 SPP 36 ILL

> 9100 Arten weltweit. Kleine bis große solitäre Wespen in verschiedenen Farben, die im Boden, in hohlen Stämmen und in totem Holz nisten.

5 **Wanzengrabwespe**
Astata boops **L** 9–13 mm. Kräftig, schwarz-rot, mit auffallend großem Kopf und Augen. **H** Sanddünen, Heideland, Grasland. **V** Versorgt das im Boden angelegte Nest mit Nymphen von Wanzen sowie erwachsenen Wanzen.

5
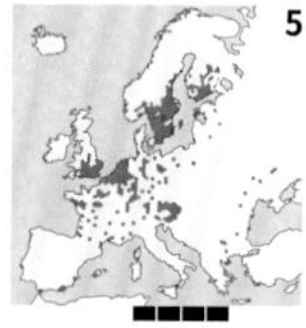
J F M A M J J A S O N D

Gen. ***Argogorytes*** E 3 SPP

Attraktive schwarze Wespen mit gelber Zeichnung; Fühler der ♂ sind deutlich länger. Leichte Unterschiede in der Äderung der Hinterflügel helfen bei der Unterscheidung von den ähnlichen *Gorytes* spp.; die Unterseite von Abdomen S2 ist stark gekrümmt. Nistet in Uferböschungen, Nester werden mit verschiedenen Insekten bestückt, darunter Nymphen von Schaumzikaden.

6 **Fargeis Zikadenwespe**
Argogorytes fargeii **L** 10–12 mm. Groß; schwarz, Halsschild und Thoraxzeichnung gelb; Abdomen mit 4 gelben Bändern. **H** Offene Flächen, Sanddünen, Heideland.

6
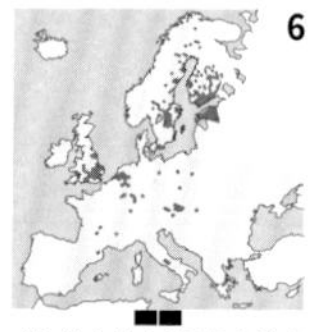
J F M A M J J A S O N D

7 **Ragwurz-Zikadenwespe**
Argogorytes mystaceus **L** 10–13 mm. Groß; schwarz, Kragen und Thoraxflecken gelb; Abdomen mit 2 gelben Bändern (plus Paar gelber Flecken auf S1); S4 schwarz oder mit einem gelben Mittelstreifen. **H** Lichte Wälder, Hecken.

7
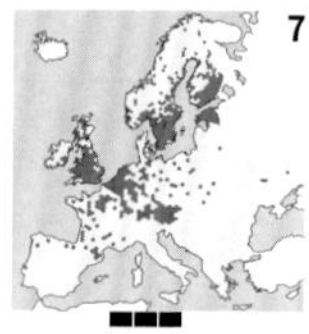
J F M A M J J A S O N D

Gen. ***Gorytes*** E 15 SPP

Attraktive schwarze Wespen mit gelber Zeichnung; Fühler der ♂ sind deutlich länger. Leichte Unterschiede in der Äderung der Hinterflügel helfen bei der Unterscheidung von den ähnlichen *Argogorytes* spp.; die Unterseite von Abdomen S2 ist leicht gebogen. Nistet im Boden, z.B. in Uferböschungen, und ernährt sich von kleinen Heuschrecken und Kleinzikaden.

8 **Doldengrabwespe**
Gorytes laticinctus **L** 9–13 mm. Schwarz, mit gelber Zeichnung auf Clypeus, Halsschild und Thorax; Abdomen mit 4 gelben Bändern, S2 viel breiter als S1 oder S3. **H** Sandige Standorte, Dünen, Grasland, Heideland, Gärten.

8
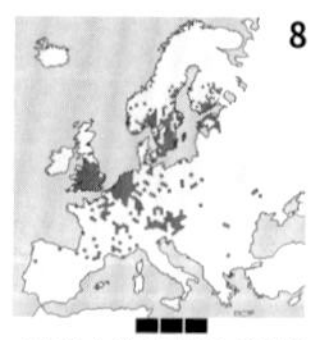
J F M A M J J A S O N D

9 **Vierbinden-Zikadenwespe**
Gorytes quadrifasciatus **L** 9–11 mm. Schwarz, mit gelber Zeichnung auf Halsschild und Thorax (Clypeus schwarz mit wenig Gelb); Abdomen mit 4 gelben Bändern, S1–S3 ähnlich breit. **H** Sandige Standorte, Dünen, Grasland, Heideland, Gärten.

9
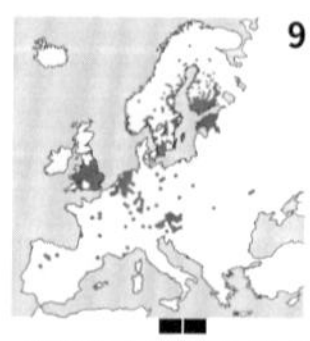
J F M A M J J A S O N D

← Sandwespen

1 ×1,25

2 ×1

3 ×1,25

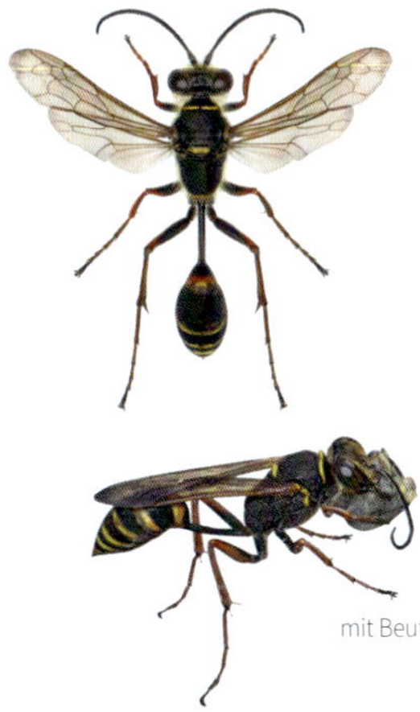

4 ×1,25

5 ×2

6 ×2

7 ×2

8 ×2

9 ×2,5

← GRABWESPEN Crabronidae →

1 🔍 Dunkelflügelige Grabwespe
Lestiphorus bicinctus **L** 7–10 mm. Schwarz, Halsschild und Thorax mit gelber Zeichnung; Abdomen mit 3 gelben Bändern; das Band auf dem besonders taillierten S1 kann auch als ein Paar nicht zusammenhängender Flecken erscheinen. Vorderflügel dunkel gefleckt. **H** Sandige Gebiete, einschließlich Dünen, Heideland, Grasland, Wälder, Parks und Gärten.

1
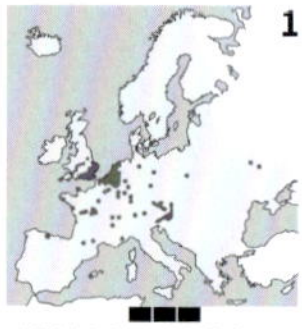
J F M A M J J A S O N D

Gen. *Nysson* E 33 SPP

Kleine bis mittelgroße, gedrungene Wespen mit kurzem Pronotum; die Zeichnung ähnelt manchmal oberflächlich den Wirten und ist oft gelb. Vorderer Thorax kurz, 2 markante Höcker auf jeder Seite. Kleptoparasiten, Eier werden auf die Beutetiere anderer Wespen gelegt, einschließlich *Argogorytes* und *Gorytes* spp.

2 🔍 Dreibindige Grabwespe
Nysson interruptus **L** 7–9 mm. Schwarzgelb; Höcker am Pronotum gelb; Abdomen mit 3 Bändern. Beine rötlich. **H** Weiche Felsklippen und Dünen an der Küste, Heideland, Sandgruben.

2
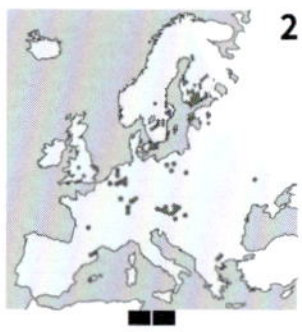
J F M A M J J A S O N D

3 🔍 Große Sporngrabwespe
Nysson spinosus **L** 9–12 mm. Schwarzgelb; Höcker am Pronotum schwarz; Abdomen mit 3 Bändern. **H** Weiche Felsklippen und Dünen an der Küste, Heideland, Sandgruben.

3
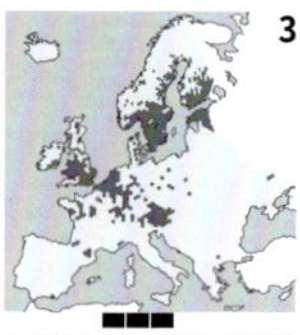
J F M A M J J A S O N D

4 🔍 Gepunktete Grabwespe
Nysson trimaculatus **L** 6–8 mm. Schwarz, Abdomen mit 3 unterbrochenen gelben Bändern. **H** Weiche Felsklippen an der Küste, Heideland, Wälder, Hecken, Parks, Gärten.

4
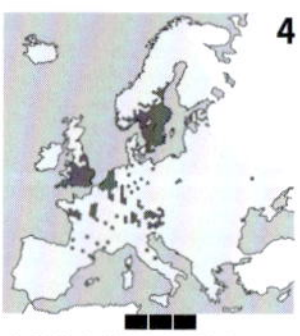
J F M A M J J A S O N D

5 🔍 Große Grabwespe
Bembix rostrata **L** 15–25 mm. Robust, schwarz-gelb, mit charakteristischen großen grünen Augen und gewellten Bändern auf Abdomen. **H** Sandige Gebiete, einschließlich Dünen, Heideland. **V** Nisten im Boden, Nester werden mit Zweiflüglern (Diptera) gefüllt. Kommt manchmal in großen Kolonien vor.

5
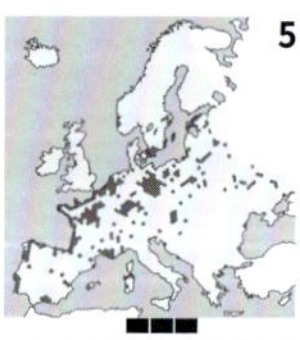
J F M A M J J A S O N D

Gen. *Crabro* E 10 SPP

Große, schwarze Wespen mit gelb geflecktem Abdomen. Vordere Tibiae der Männchen mit einem auffälligen Schild, das sich je nach Art in der Zeichnung unterscheidet. Nisten im Boden, Höhlen mit Diptera bestückt.

6 🔍 Schildbeinige Silbermundwespe *Crabro cribrarius* **L** 10–15 mm. schwarz, mit großen gelben Bändern oder Flecken auf dem Abdomen; Mesoscutum mit deutlich vorhandenen Längslinien. ♂ vordere Tibiae mit großem Schild, braun mit zahlreichen winzigen gelben Flecken. **H** Sandige Gebiete, einschließlich Dünen, Heideland.

6
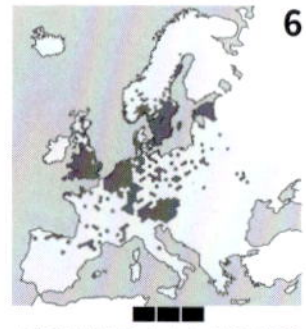
J F M A M J J A S O N D

7 🔍 Dunkle Schildbeinige Grabwespe *Crabro peltarius*
L 9–13 mm. Schwarz, mit großen gelben Bändern oder Flecken auf dem Abdomen, einschließlich S1; Mesoscutum ohne Längslinien. ♂ vordere Tibiae mit großem braun-blauem Schild (kann auch einfarbig blau sein). **H** Sandige Gebiete, einschließlich Dünen, Heideland.

7
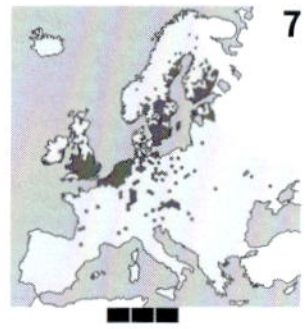
J F M A M J J A S O N D

8 🔍 Gelbschildbeinige Grabwespe
Crabro scutellatus **L** 7–13 mm. Schwarz einschließlich Thorax; Abdomen mit cremefarbenen Bändern oder Flecken, außer auf S1, das schwarz ist; ♂ vordere Tibiae mit großem, dunklem Schild, mit kräftigen gelben Streifen. **H** Feuchtes Heideland, Sanddünen.

8
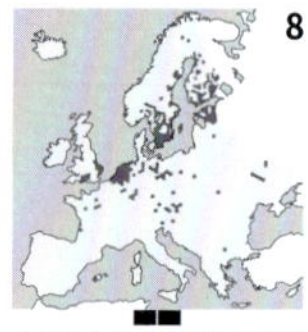
J F M A M J J A S O N D

Gen. *Crossocerus* E 30 SPP

Klein bis mittelgroß, Kopf und Augen groß; Körper oft schwarz, Bauch mit gelben Flecken in einigen Fällen. Artbestimmung kann mikroskopische Untersuchung verschiedener Merkmale erfordern, darunter Form der Mundwerkzeuge, Vorhandensein oder Fehlen von Zähnen auf dem Clypeus und feine Unterschiede an den Beinen. Nistet im Boden, in hohlen Stämmen oder Totholz und füttert das Nest mit Zweiflüglern (Diptera) und anderer Beute.

9 🔍 Geringelte Grabwespe
Crossocerus cetratus **L** 6–9 mm. Schwarz; ♂ hat schwarz-weiße, vergrößerte, vordere Tibiae. **H** Wälder, Hecken.

9
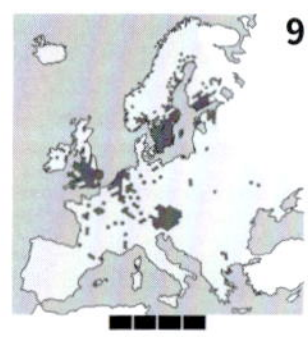
J F M A M J J A S O N D

10 🔍 Stumpfschwänzige Grabwespe *Crossocerus dimidiatus*
L 7–11 mm. Schwarz, aber im Gegensatz zu den meisten *Crossocerus*-Arten ist das Abdomen kräftig gelb gefleckt; die Tibiae sind ebenfalls gelb; oberflächlich betrachtet ähnlich *Ectemnius* oder *Crabro* spp. **H** Wälder, Hecken, Gebüsch.

10
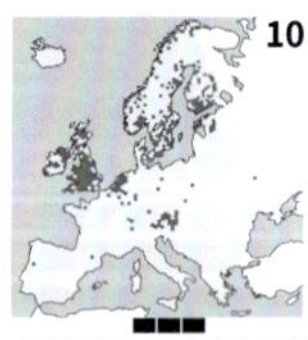
J F M A M J J A S O N D

11 🔬 Schwarze Großkopf-Grabwespe *Crossocerus megacephalus*
L 6–10 mm. Eine der größeren schwarzen *Crossocerus* spp.; Kopf und Pronotum mit deutlichen Einbuchtungen. **H** Wälder, Parks, Gärten, Gebüsch.

11
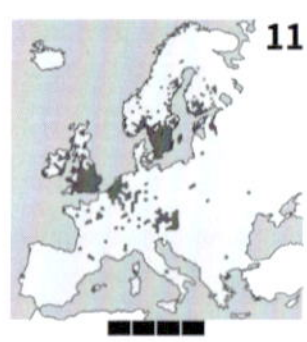
J F M A M J J A S O N D

← Grabwespen →

1 ×3

2 ×3

3 ×2,5

4 ×3

5 ×1,25

6 ×2

7 ×2

8 ×2

9 ×3

10 ×2

11 ×3

← GRABWESPEN Crabronidae →

Gen. *Ectemnius* E 21 SPP

Mittelgroß bis groß, robust, großköpfig mit großen Augen; Körper oft schwarz, Abdomen meist gelb gefärbt. Artbestimmung erfordert mikroskopische Untersuchung von Haaren, Thorax, Clypeus und Struktur der Fühler. Nistet in totem Holz oder Pflanzenstängeln und versorgt die Brut mit Zweiflüglern (Diptera). Die erwachsenen Tiere sind häufig bei der Erkundung von Totholz zu sehen, manchmal auch auf Blüten.

1 🔍 Stirngruben-Grabwespe
Ectemnius cavifrons **L** 11–16 mm. Eine der größeren *Ectemnius* spp.; schwarz mit gelber Zeichnung, auch auf dem Abdomen; ♂ Fühler mit mehreren Zähnen, S3 mit einer tiefen Kerbe unter 2 Zähnen; Mitte des Clypeus golden behaart. **H** Wälder, Hecken, Parks, Gärten.

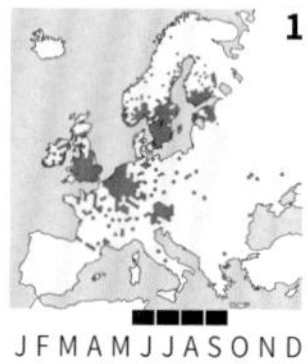

2 🔍 Großkopf-Grabwespe
Ectemnius cephalotes **L** 9–17 mm. Eine weitere große *Ectemnius* spp.; schwarz mit gelber Zeichnung, auch auf dem Abdomen, S1 mit langen Haaren. Mesoscutum (hinter dem Pronotum) mit seitlichen Streifen auf der vorderen Hälfte. Bei ♂ Abdomen S7 in der Mitte gerillt. **H** Wälder, Parks, Gärten.

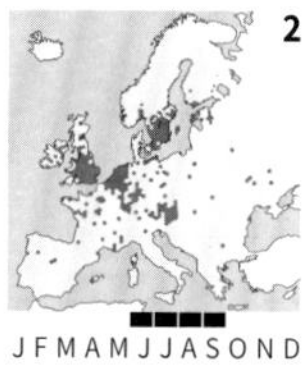

3 🔍 Punktierter Fliegenjäger
Ectemnius continuus **L** 8–15 mm. Schwarz; Abdomen mit nur 3 gelben Bändern oder Flecken, darunter S1 und S3. **H** Waldlichtungen, Feuchtgebiete und Gärten.

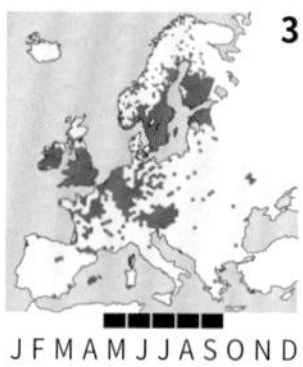

4 🔍 Stacheliger Fliegenjäger
Ectemnius dives **L** 7–10 mm. Schwarz; Abdomen mit mehreren gelben Flecken. Pronotalkragen gelb, an den hinteren Ecken bestachelt (20× Lupe erforderlich). Mesoscutum und Abdomen S1 kurz behaart. Die meisten anderen *Ectemnius* spp. haben längere Haare und Pronotalkragen ohne seitliche Stachel. **H** Offene Flächen mit etwas Totholz.

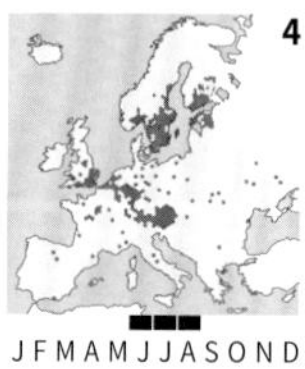

5 🔍 Breite Fliegengrabwespe
Ectemnius lituratus **L** 9–15 mm. Schwarz mit gelber Zeichnung, auch auf dem Abdomen (S1 mit kurzen Haaren). Bei ♂ Abdomen S7 in der Mitte gerillt. **H** Wälder, Wiesen, Standorte mit reichlich Doldenblütlern.

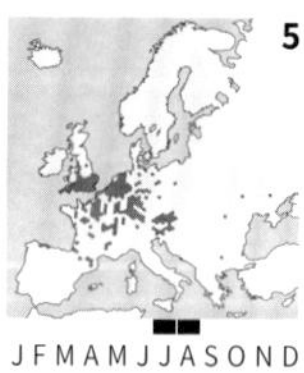

6 🔬 Sechsbindiger Fliegenjäger
Ectemnius sexcinctus **L** 10–17 mm. Schwarz mit gelber Zeichnung, 6 Bänder auf dem Abdomen; bei ♀ Körperunterseite mit gelben Flecken. Bei ♂ Unterseite von Fühler S3 mit einigen gekräuselten Haaren. **H** Wälder, Hecken.

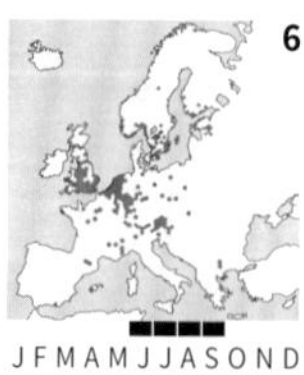

Gen. *Lestica* E 3 SPP

Mittelgroß bis groß (6–18 mm); schwarz, Thorax und Abdomen S1 punktiert und gelb gezeichnet; ansonsten ähnlich *Ectemnius* spp. ♀ mit großem, abgerundetem Kopf. ♂ bei einigen Arten mit hinter den Augen verschmälertem Kopf, vordere Tarsi oft auffallend geformt oder verbreitert. Nisten in Totholz und ernähren sich dort u. a. von Fliegen und Schnabelkerfen.

7 👁 Kleine Silbermundwespe
Lestica clypeata **L** 8–12 mm. Schwarz mit meist gelben Beinen und Abzeichen; Abdomen mit schmalen schwarzen Bändern. ♂ auffällig; mit kleinen vorderen Tarsi, vordere Tibiae auffallend erweitert, eher schildförmig; Kopf schmal und Hals lang. Bei ♀ Pronotum mit seitlichem Stachel. **H** Offene Gebiete.

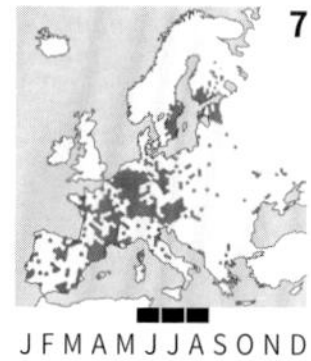

8 🔍 Schmetterlingsjagende Silbermundwespe
Lestica subterranea **L** 8–12 mm. Schwarz; Beine überwiegend orange; Abdomen mit gelben Flecken und Bändern, Gelb viel weniger ausgedehnt als bei *L. clypeata*. Bei ♂ Kopf hinter den Augen nicht verschmälert. **H** Offene Gebiete, Wälder, Heideland.

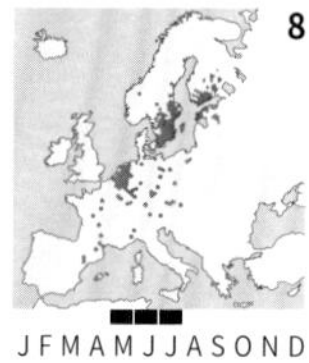

Gen. *Lindenius* E 19 SPP

Klein, Kopf breit; schwarze, einige mit gelber Zeichnung. Nistet im Boden, oft in sandigen Böden; Beute sind Zweiflügler, Wanzen und kleine Hautflügler.

9 🔍 Weißlippige Grabwespe
Lindenius albilabris **L** 5–8 mm. Hauptsächlich schwarz, auch Mundwerkzeuge, Fühlerbasis und Hals. Tibiae an der Basis gelb. ♂ mehr gelb, einschließlich Tibiae und kleiner Flecken auf Pronotum. **H** Offene, sandige Gebiete, Heideland, Parks.

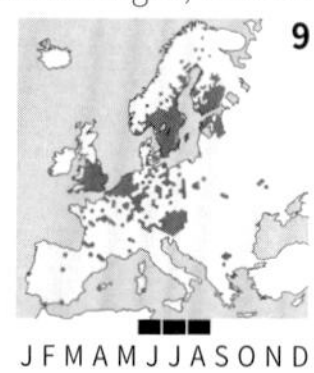

10 🔍 Panzers Grabwespe
Lindenius panzeri **L** 5–8 mm. Schwarz; Mundwerkzeuge, Fühlerbasis und Hals gelb. Tibiae großenteils gelb, hintere Tibiae mit schwarzer Spitze. ♂ ähnlich. **H** Offene, sandige Gebiete, Heideland.

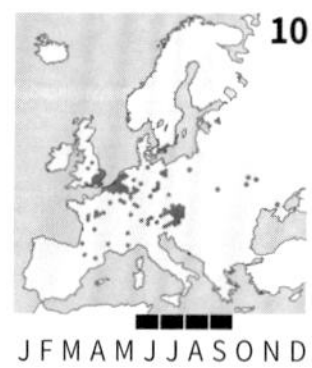

---

11 🔬 Kleine Spinnengrabwespe
Miscophus spurius **L** 5 mm. Schwarz, Kopf viereckig; Mundwerkzeuge an der Basis schwarz mit rötlicher Spitze; Abdomen glänzend. **H** Offene Gebiete. **V** Erbeutet kleine Spinnen.

12 🔍 Sichelwanzen-Grabwespe
Dinetus pictus **L** 7–8 mm. Schwarz. Abdomen mit roten Flecken auf Pronotum und Abdomen sowie Beine großenteils gelb, bei ♀ eher weiß. ♂ farbenfroher, mit mehr Gelb; Augen grün. **H** Heideland, lichte Wälder. **V** Nester in lockerem Boden, erbeutet Käfer.

1 ×2 ◆

2 ×2 ◆

3 ×2 ◆

4 ×2,5 ◆

5 ×2 ◆

6 ×2 ◆

7 ×2 ■

8 ×2 ◆

9 ×3 ◆

10 ×3 ◆

11 ×4 ●

12 ×3 ◆

← GRABWESPEN Crabronidae

Gen. *Tachysphex* E 46 SPP

Mittelgroß, Kopf breit, schwarz, manche rot gezeichnet. Nester am Grund, oft Sandböden; Beute sind Heuschrecken und Schaben.

1 🔍 Schabenjagende Heuschreckenwespe
Tachysphex obscuripennis **L** 6–10 mm. Schwarz, Abdomen zur Hälfte rot; vordere Tibiae unten rötlich. Bei ♀ hintere Tarsi S4 breiter als lang; Augen schwarz; ♂ Gesichtshaare silbrig; Augen dunkelgrün. **H** Offene, sandige Gebiete. **V** Erbeutet Nymphen von Schaben.

1
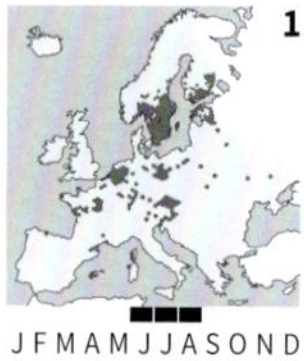

2 🔍 Rotbeinige Heuschreckenwespe *Tachysphex panzeri*
L 6–14 mm. Schwarz, Abdomen mit schmalen weißlichen Bändern und roter Basalhälfte bei ♀, bei ♂ Abdomen S1 nur rot. Augen hellgrün bei ♂. **H** Offene, sandige Gebiete. **V** Erbeutet Heuschreckennymphen.

2
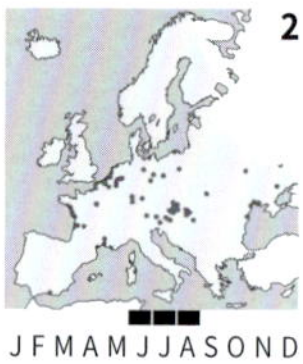

3 🔍 Gemeine Heuschreckenwespe
Tachysphex pompiliformis **L** 5–7 mm. Schwarz, Abdomen mit roter Basalhälfte; vordere Tibiae unten schwärzlich. Bei ♀ hintere Tarsi S4 länger als breit. ♂ Gesichtshaare golden. **H** Offene, sandige Gebiete. **V** Erbeutet Heuschreckennymphen, manchmal viel größer als die Wespe selbst.

3
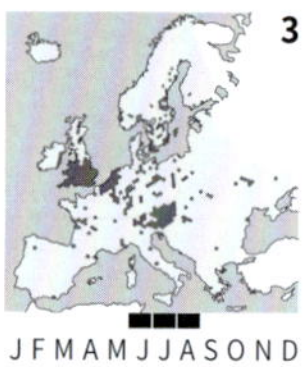

Gen. *Oxybelus* E 16 SPP

Klein bis mittelgroß, breit; Abdomen mit einigen weißen oder gelben Flecken. Nester am Boden, oft Sandböden; Beute sind Zweiflügler, die sie auf ihrem Stachel aufgespießt zum Nest tragen.

4 🔍 Große Fliegenspießwespe
Oxybelus argentatus **L** 5–9 mm. Schwarz; Körper silbrig behaart, bei ♀ dichter; Abdomen beider Geschlechter blass gefleckt, oft auf allen Segmenten. Vordere Femora bei ♀ rötlich braun, die anderen schwarz. Beine bei ♂ gelblich rot, vordere und mittlere Femora schwarz. Mundwerkzeuge bei ♀ gelblich mit schwarzer Spitze, meist schwarz bei ♂. **H** Sanddünen, Heideland, lichte Wälder.

4
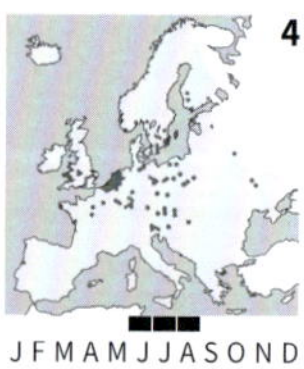

5 🔍 Blassköpfige Fliegenspießwespe *Oxybelus mandibularis*
L 5–8 mm. Schwarz; Abdomen S2–S5 mit hellen Flecken. Bei ♂ Femora dunkelbraun, nur vordere Femora an der Basis weiß. Mundwerkzeuge gelb und blassrötlich. **H** Sanddünen, Heideland.

5
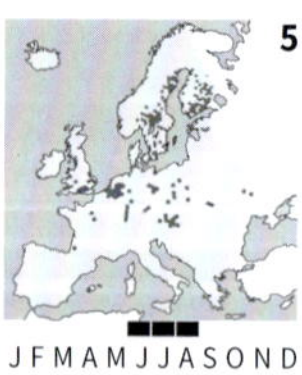

6 🔍 Gemeine Fliegenspießwespe
Oxybelus uniglumis **L** 5–8 mm. Schwarz, Abdomen mit hellen Flecken. Bei ♂ Femora schwarz mit blass rotbrauner Spitze; vordere Femora mit einem großen weißen Fleck an der Unterseite. **H** Sandige Böden, Heideland.

6
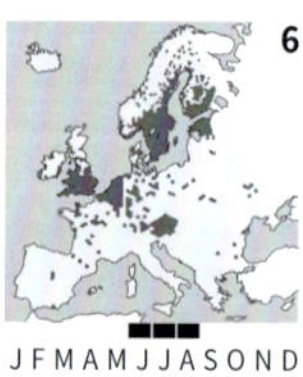

7 🔍 Kotwespe *Mellinus arvensis*
L 7–14 mm. Lang gestreckt mit schmaler Taille; Abdomen schwarz-gelb gebändert; „Gesicht" gelb. **H** Unterschiedlich, u. a. Sanddünen, Grasland, Heideland. **V** Nistet in Sandböden, erbeutet Fliegen.

7
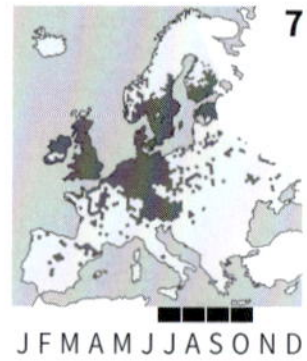

8 🔍 Schwarze Grabwespe
Pemphredon lugubris **L** 7–12 mm. Lang gestreckt, schwarz; Flügel mit bräunlicher Färbung (andere *Pemphredon* spp. meist kleiner). **H** Wälder, Parks, Gärten. **V** Nistet in Totholz, ernährt sich von Blattläusen.

8
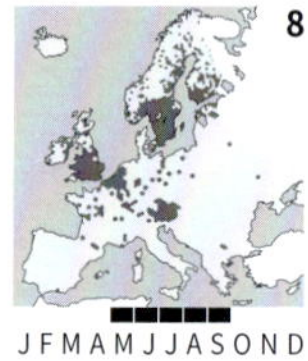

9 🔍 Schwarzrote Grabwespe
Mimesa equestris **L** 5–9 mm. Lang gestreckt, schwarz-rot; langer Blattstiel. **H** Offene Flächen, überwiegend in leichten oder sandigen Böden, auch in der Heide. **V** Nistet in sandigem Boden, versorgt Brut mit Käfern.

9
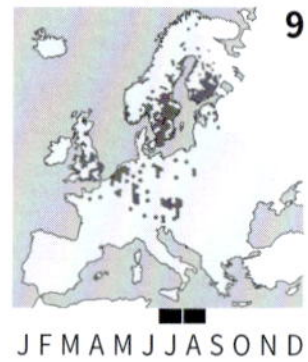

Gen. *Cerceris* E 26 SPP

Eine große Gattung mit fast 900 Arten weltweit. Mittelgroß bis groß, schwarz mit gelber Zeichnung. Nisten im Boden, oft in Sandböden; ernähren sich von Rüsselkäfern und Solitärbienen.

10 🔍 Sandknotenwespe
Cerceris arenaria **L** 8–12 mm. Schwarzgelb; Clypeus schwarz. Wie für die Gattung typisch Abdomen mit 5 gelben Bändern, die an der Seite abgerundet sind. **H** Sandige Gebiete, einschließlich Dünen, Heideland. **V** Bestückt das Nest mit Rüsselkäfern.

10
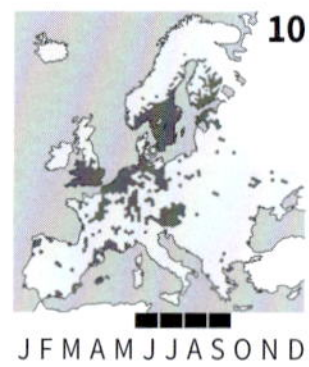

11 🔍 Rotbeinige Knotenwespe
Cerceris ruficornis **L** 8–13 mm. Schwarz und gelb; ♀ Clypeus gelb, mit erhabener Platte. Bei ♂ „Gesicht" gelb, Clypeus am Rand mit 3 zahnartigen Fortsätzen. Abdomen mit 5 gelben Bändern. **H** Heidelandschaft. **V** Bestückt das Nest mit Rüsselkäfern.

11
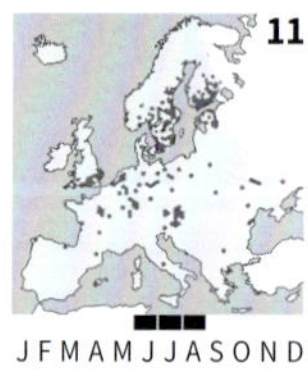

12 ⊙ Bienenjagende Knotenwespe
Cerceris rybyensis **L** 6–12 mm. Schwarzgelb; ♀ Abdomen mit 3+ gelben Bändern: S4 weniger gelb als S5, beide oft schwarz bei ♂, S2 mit sehr breitem gelbem Band. Mandibeln gelb mit schwarzer Spitze. **H** Sandige Flächen, auch andere Böden; Grünland, Heideland. **V** Proviantnest mit Bienen.

12
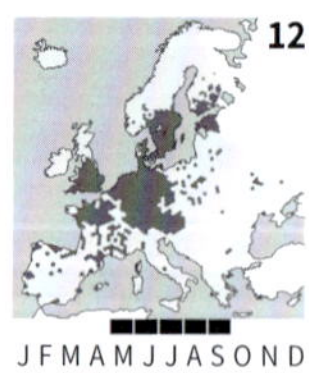

---

13 ⊙ Bienenwolf
Philanthus triangulum **L** 8–17 mm. Schwarz-gelb: Clypeus, Halsschild, Thorax, Beine großenteils und sehr breite Bänder auf Abdomen gelb; ♀ Hinterkopf rot. **H** Sanddünen, Heideland. **V** Baut eine tiefe Höhle, bestückt das Nest mit Honigbienen (*Apis mellifera*).

13
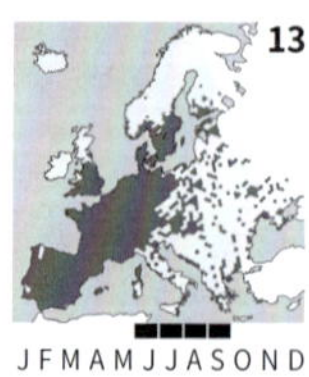

← GRABWESPEN

1 ×2,5 ◆

2 ×2 ◆

♀

♂

♂ Augen hellgrün

3 ×3 ◆

Thorax und Abdomen mit silbernen Haaren

4 ×3 ◆

5 ×3 ◆

7 ×2 ◆

Körper lang gestreckt

8 ×2 ◆

6 ×3 ◆

9 ×3 ◆

10 ×2 ◆

♀ ♂

11 ×2,5 ◆

♀

Clypeus gelb, mit erhabener Platte

12 ×3 ■

Abdomen mit 3 oder mehr gelben Bändern

♀ ♂

13 ×2 ■

mit Beute

♀ ♂

BIENEN (Apiformes)

Die Bienen sind eine informelle Familiengruppe innerhalb der Überfamilie Apoidea, zu der auch die Sandwespen (Sphecidae, S. 608) und die Grabwespen (Crabronidae, S. 610) gehören.

Apiformes wurde früher als eine einzige Familie der Apidae (Bienen) behandelt und wird von einigen Fachleuten immer noch so behandelt; die einzelnen Familien der Bienen, wie unten dargestellt, wurden als Unterfamilien betrachtet.

Bienen sind in erster Linie Pollenfresser, ihr Körper ist oft an das Sammeln und Transportieren von Pollen angepasst, einschließlich spezialisierter Haare und pollentragender Strukturen (Scopae).

Es gibt soziale und solitäre Bienenarten. Zu den sozialen Bienen gehören die bekannten Honigbienen und Hummeln, die in – bei Honigbienen sehr großen und lang bestehenden – Kolonien mit einer Königin (♀), Arbeiterinnen (nicht fortpflanzungsfähige ♀) und Drohnen (♂, diese nie in großer Zahl) leben.

Solitärbienen nisten allein, betreiben aber dennoch Brutpflege, indem sie dem Nachwuchs Schutz und Nahrung bieten.

Die Bestimmung der Bienen erfordert Sorgfalt. Viele Arten haben jedoch Merkmale, die eine Bestimmung im Feld ermöglichen, auch wenn die mikroskopische Untersuchung der Flügeläderung und anderer Merkmale für eine genaue Identifizierung wichtig sein kann.

Bienen spielen eine bedeutsame Rolle bei der Bestäubung von Pflanzen und sind für Ökosysteme und Landwirtschaft unerlässlich.

HOSENBIENEN Melittidae

E 3 GEN 39 SPP 5 ILL

Kleine Familie mit etwa 200 weltweit verbreiteten Solitärbienen; sie haben kurze „Zungen" und die ♀ Haarbürsten an den Hinterbeinen zum Pollensammeln. Die Arten sind jeweils auf bestimmte Nahrungspflanzen spezialisiert. Sie nisten im Boden, oft in Sandböden.

1 🔍 Dunkelfransige Hosenbiene
Dasypoda hirtipes **L** 10–15 mm. Thorax braun; Abdomen schwarz, Segmente mit schmalen weißlichen Haarbändern. Bei ♀ Thorax mit weiß behaarten Seiten, hintere Tibiae mit erweiterten orangefarbenen Haarbürsten. Junge ♂ braun, mit zunehmendem Alter zunehmend grauer. Die häufigste der 19 *Dasypoda* spp. in Europa. **H** Sandige Böden, einschließlich Heideland.

1

Gen. ***Macropis*** E 3 SPP

Mittelgroße, schwarze Bienen, mit charakteristischen Hinterbeinen. Sie halten sich meist in der Nähe von Gilbweiderich auf, da diese Wirtspflanze für Pollen und Blütenöle benötigt wird; Letztere werden beim Nestbau am Boden verwendet.

2 🔍 Auen-Schenkelbiene
Macropis europaea **L** 9–11 mm. Schwarz, Abdomen S3–S4 mit schmalen weißen Haarbändern; bei ♂ „Gesicht" gelb; Mundwerkzeuge mit kleinem gelbem Fleck. Bei ♀ „Gesicht" mit braunen, schwarzen und einigen weißlichen Haaren. **H** Feuchtgebiete, Gärten, in der Nähe der Nahrungspflanzen.

2
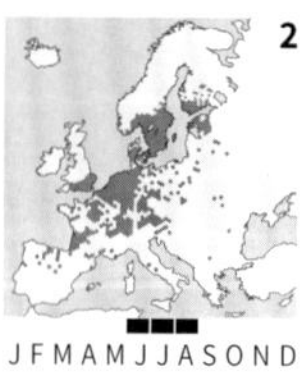

3 🔍 Wald-Schenkelbiene
Macropis fulvipes **L** 10–11 mm. Schwarz, Abdomen S3–S4 mit schmalen weißen Haarbändern; bei ♂ „Gesicht"; Unterkieferbasis und Oberlippe gelb. Bei ♀ „Gesicht" gelb behaart. **H** Feuchtgebiete, in der Nähe der Nahrungspflanzen.

3

Gen. ***Melitta*** E 18 SPP

Meistens mittelgroße, schwarze Bienen, deren Abdomen meist mit weißlichen Haarbändern versehen ist. Meist sind die Arten auf eine ganz bestimmte Gattung von Nahrungspflanzen festgelegt, manchmal sogar auf eine einzelne Art, was bei der Artbestimmung der Bienen hilft.

4 🔍 Glockenblumen-Sägehornbiene
Melitta haemorrhoidalis **L** 10–12 mm. Körper schwarz, Abdomen mit schmalen hellen Haarbändern, Spitze orange behaart (gelegentlich schwarz); Haare auf dem Thorax braun, einige schwarz. Ähnlich wie andere *Melitta* spp., im Unterschied zu diesen Abdomen S5 (♀) oder S6 (♂) orange, nicht schwarz behaart. **H** Grasland, Heideland, Wälder. **V** An blühenden Glockenblumen (*Campanula* spp.).

4
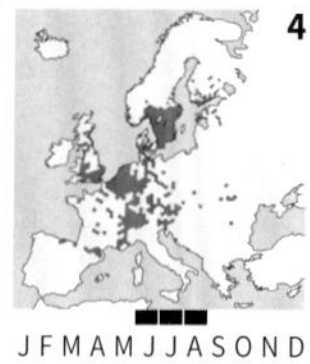

5 🔍 Zahntrost-Sägehornbiene
Melitta tricincta **L** 8–12 mm. Körper schwarz, Thorax braun behaart, Abdomen mit schmalen weißen Haarbändern. Bei ♀ Fühlerstiele blass behaart. **H** Grasland. **V** Sammelt Pollen von Zahntrost (*Odontites* spp.).

5
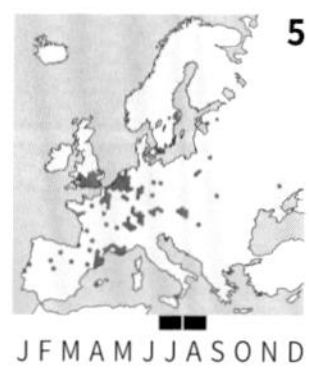

Struktur der Bienen

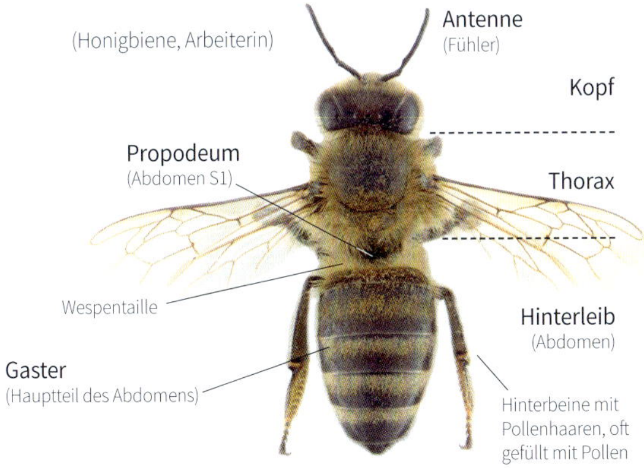

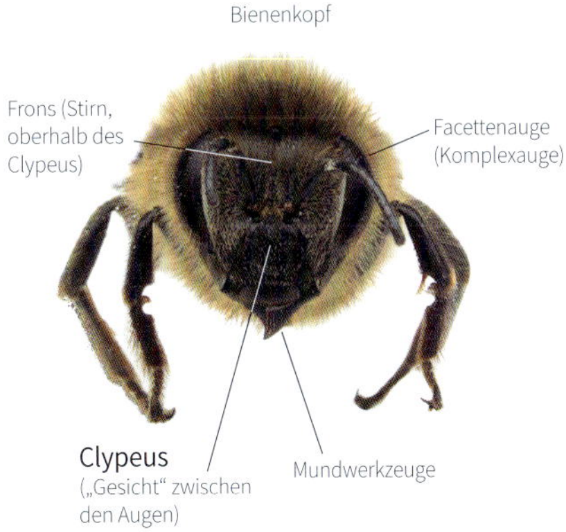

Hosenbienen

1 ◆

2 ◆

3 ◆

4 ◆

5 ◆

ECHTE BIENEN Apidae →

E 25 GEN 578 SPP 41 ILL

Die größte Bienenfamilie; eine von 2 Familien langzüngiger Bienen (die andere ist die Familie der Megachilidae). Zu den Apidae gehören die allbekannten sozialen Gattungen: Honigbienen und Hummeln.

Gen. *Anthophora* E 78 SPP

Mittelgroß bis groß, robust, dicht behaart, oft frühzeitig im Jahr aktiv. Bei ♂ ist der Clypeus zumindest teilweise gelb oder weiß. Die meisten Arten schweben mit ihrem bemerkenswert langen – bis zu 22 mm – Rüssel, der oberflächlich betrachtet Hummeln ähnelt, über Blüten; sie graben ihre Nester meist in trockenen Böden. Bienen der Gattungen *Melecta* (S. 626) und *Coelioxys* treten als Kleptoparasiten dieser Arten auf.

1 Dünen-Pelzbiene
Anthophora bimaculata **L** 9–13 mm. Augen blassgrün. ♀ Körper mit gelblichen oder goldenen Haaren; 2 große schwarze Flecken unter den Fühlern; Abdomen S1–S4 mit hinteren Bändern aus gelblichen Haaren; Labrum gelb, auch Basis der Mandibeln und unterer Teil des Clypeus. ♂ Clypeus gelb. **H** Sandige Böden, einschließlich Dünen, Heideland. **V** Flug mit hochfrequentem Brummen.

1
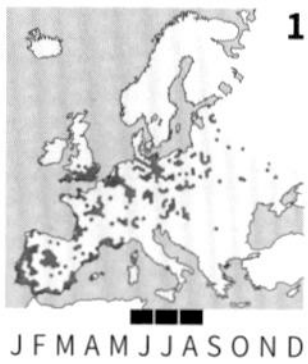

2 Wald-Pelzbiene
Anthophora furcata **L** 10–14 mm. Bräunlich, mit dunklen Augen. Bei ♀ Körper hell behaart, einschließlich der Thoraxseiten; Thoraxoberseite mit breitem, schwachem dunklem Band; Abdomen ohne auffällige Bänder. Bei ♂ Clypeus gelb; Abdomen ohne blasse Haarbänder. **H** Lichte Wälder, Gärten, Feuchtgebiete. **V** Nester werden in Totholz gebaut.

2
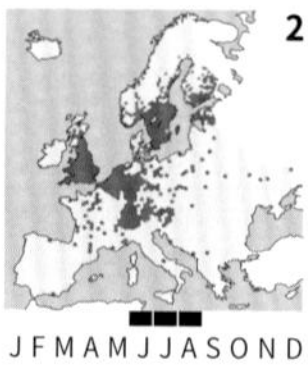

3 Schornstein-Pelzbiene
Anthophora plagiata **L** 13–14 mm. ♀ Körper braun oder schwarz, Abdomen reichlich orange behaart. ♂ braun, Clypeus weiß oder gelb. **H** Grasland. **V** Baut einen schornsteinartigen Eingang zum Nest.

3

4 Frühlings-Pelzbiene
Anthophora plumipes **L** 14–17 mm. ♀ schwarz, Hinterbeine mit orangefarbenen Haarbürsten. ♂ braun, mit gelbem „Gesicht"; Fühler schwarz. **H** Grasland, Parks, Gärten. **V** Nistet in Mauern, Felsen; manchmal im Boden.

4
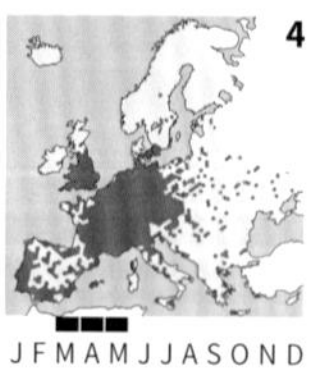

Gen. *Apis* E 1 SP

Weltweit 7–12 Arten (je nach Klassifizierung), alle sozial und in großen Kolonien lebend. Nur 1 Art weltweit verbreitet, auch in Europa; wird zur Honig- und Wachsproduktion genutzt; eine der wirtschaftlich wichtigsten Insektenarten.

Königinnen (fortpflanzungsfähige ♀) verbleiben zeitlebens im Bienenstock. ♂ erscheinen nur zum Schwärmen; weder Königinnen noch ♂ besuchen Blüten. Die überwiegende Mehrheit sind Arbeiterinnen (nicht fortpflanzungsfähige ♀), die für Nahrungssuche, Brutpflege, Instandhaltung des Bienenstocks und Verteidigung des Bienenvolks zuständig sind.

Gelegentlich werden Tausende von Bienen beim Schwärmen beobachtet. Arbeiterinnen können aggressiv sein, wenn sie ihre Nester verteidigen, indem sie ihren Giftstachel einsetzen. Ein Stich führt zum Tod der Arbeiterin (im Gegensatz zu Wespen).

5 Honigbiene ***Apis mellifera***
L 12–20 mm. Thorax in der Regel braun, bei vielen Individuen dunkler als das Abdomen, bei einigen jedoch gleich hell; kann auch blassorange oder braun oder fast ganz schwarz sein. Abdomen oft schwarz und orange gebändert, kann aber auch dunkler sein; hintere Tibiae mit Pollenkörbchen. ♂ einfarbig braun; mit großen Augen. Die Königin hat ein langes Abdomen, ragt deutlich über die Flügel hinaus. **H** Grasland, Heide, Wälder, Parks, Gärten.

5
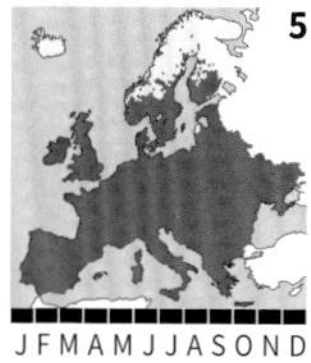

Gen. *Bombus* E 79 SPP →

Bekannt als Hummeln; gehören zu den beliebtesten Insekten; die meisten sind soziallebend, mit großen Königinnen. Eine Minderheit von Arten sind soziale Parasiten bei anderen Hummeln, d. h. Kuckuckshummeln (S. 624), die ihren Wirten ähneln, aber dunklere Flügel und keine Pollenkörbe haben.

Die meisten Arten schwarz, Thorax und/oder Abdomen mit Bändern heller Haare; bei einigen ist die Spitze des Abdomens anders gefärbt. Hintere Tibiae mit Pollenkörben.

Die Nester befinden sich oft unter der Erde oder in der Vegetation an der Oberfläche. Im Gegensatz zur Honigbiene überdauern die Nester nur eine Saison und werden im Winter aufgegeben; nur frisch geschlüpfte neue Königinnen überwintern, um im folgenden Frühjahr neue Nester anzulegen.

Farbformen und Unterarten können verwirrend sein. Alle Arten sind effektive Bestäuber und gehen sowohl bei kühlen oder warmen Temperaturen auf Futtersuche.

6 Helle Erdhummel
Bombus lucorum **L** 10–25 mm. Thorax mit einem gelben Band; Abdomen mit breitem gelbem Band an der Basis und einer weißen Spitze. Bei einigen ♂ kann der Thorax ein 2. gelbes Band aufweisen. Variationen umfassen eine dunkle Form. Gehört zu einer Artengruppe, die nur durch molekulare Untersuchungen sicher bestimmt werden kann; sie umfasst auch die Arten *B. cryptarum* und *B. magnus*. Während junge Tiere in der Regel gut als *B. lucorum* bestimmt werden können, werden alte Tiere manchmal mit *B. terrestris* (S. 622) verwechselt. **H** Grünland, Parks, Gärten; in Südeuropa vor allem in Gebirgsregionen. **V** Wirt der parasitären Kuckuckshummel *B. bohemicus*.

6
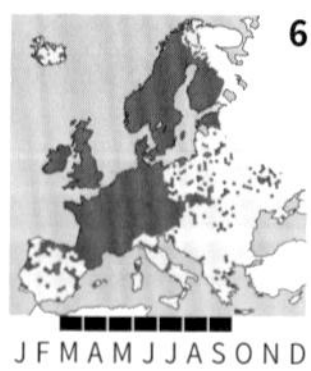

ECHTE BIENEN →

1 ×2 ◆

2 ×2 ◆

3 ×2 ◆

4 ×1,5 ◆

5 ×2 ■

6 ×1,5 ◆

← **ECHTE BIENEN** Apidae →

← Gen. ***Bombus*** →

1
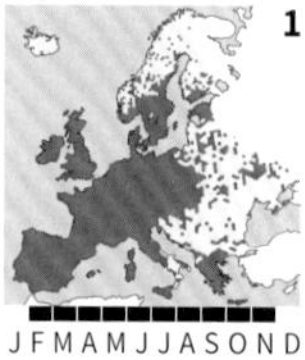

1 Dunkle Erdhummel
Bombus terrestris **L** 10–25 mm. Thorax mit einem gelben Band; Abdomen mit gelbem Band auf S2; S6 weißlich braun bei Königin und ♂; jedoch kommen verschiedene Formen vor, besonders in Südeuropa. Verblasste Exemplare werden manchmal mit *B. lucorum* verwechselt. *B.-terrestris*-Königinnen meist mit dunkelgelben Bändern und Kragen. **H** Grünland, Wälder, Parks, Gärten. **V** Wirt der Gefleckten Kuckuckshummel (*B. vestalis*; alle Kuckuckshummeln auf S. 624).

2
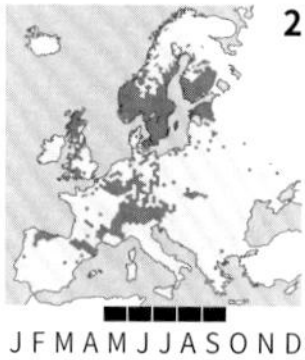

2 Glockenblumenhummel
Bombus soroeensis **L** 9–16 mm. Thorax mit einem gelben Band; Abdomen mit gelbem Band, in der Mitte unterbrochen; Königinnen mit weißer Spitze. Königinnen und Arbeiterinnen können mit *B. lucorum* verwechselt werden, Arbeiterinnen auch mit *B. terrestris*. **H** Kalkhaltiges Grasland, Waldränder, in Südeuropa in Bergregionen.

3
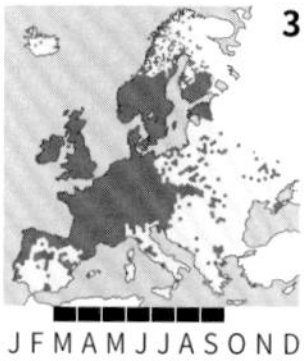

3 Gartenhummel
Bombus hortorum **L** 9–25 mm. Thorax mit 2 gelben Bändern; Abdomen mit gelbem Band an der Basis und weißer Spitze. „Gesicht" lang. Gewisse Variationen bei den Unterarten, insbesondere bei denen aus Spanien. **H** Lichte Wälder, Heidelandschaften, Moorgebiete, Wiesen, Parks, Gärten. **V** Wirt der Bärtigen Kuckuckshummel (*B. barbutellus*).

4
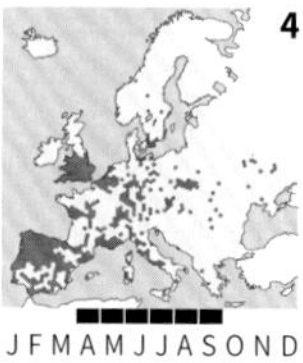

4 Feldhummel ***Bombus ruderatus***
L 11–25 mm. Thorax mit 2 gelben Bändern, oft breit, aber bei einigen Formen schmal; Abdomen S1 gelb mit einigen schwarzen Haaren in der Mitte bei einigen Formen oder mit einem schwachen gelben Band, Ende des Abdomens weißlich. Dunkle Formen kommen vor, die melanische Form ist ganz schwarz; oder mit weißem Ende des Abdomens. **H** Offene Flächen, einschließlich landwirtschaftlicher Flächen, blumenreiche Säume, Grasland, Feuchtgebiete, Gärten, Ödland, Waldränder.

5
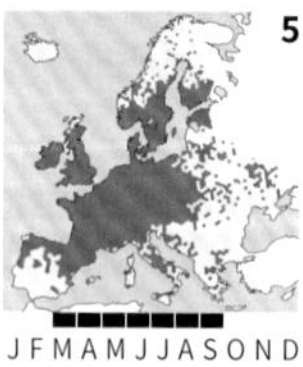

5 Steinhummel
Bombus lapidarius **L** 10–21 mm. Schwarz, Ende des Abdomens rot oder orange ♀; ♂ Thorax mit gelben Bändern. **H** Waldränder, Grasland, Parks, Gärten. **V** Wirt der Rotschwarzen Kuckuckshummel (*B. rupestris*).

6
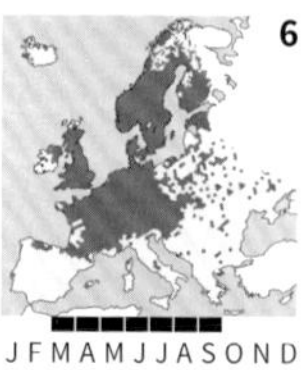

6 Baumhummel
Bombus hypnorum **L** 10–19 mm. Thorax ganz schwarz oder in einigen Ländern meist bräunlich, Abdomen schwarz; einige teilweise braun behaart, immer mit weißer Spitze. **H** Lichte Wälder, Heideflächen, Wiesen und Gärten.

7
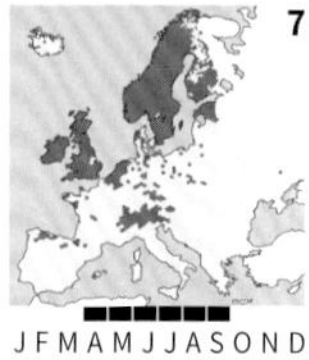

7 Heidehummel ***Bombus jonellus***
L 8–17 mm. Thorax mit 2 gelben Bändern (Breite variiert je nach Unterart); Abdomen mit breitem gelbem Band an der Basis und weißer Spitze; bei ♂ „Gesicht" mit gelber Farbe. **H** Lichte Wälder, Heideland, Moore, Grasland, Sanddünen, Klippen. **V** Wirt der Wald-Kuckuckshummel (*B. sylvestris*).

8
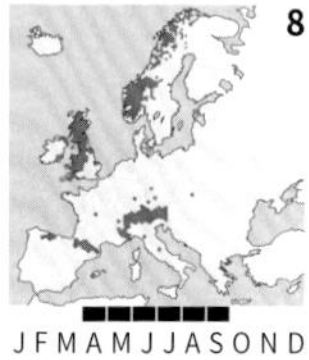

8 Nordische Hummel
Bombus monticola **L** 11–30 mm. Thorax schwarz mit 2 gelben Bändern; Abdomen ab S2 leuchtend orange. Andere Formen variabel in der Farbe, in Skandinavien Thorax schwarz, Abdomen S1 und vorderer Teil von S2 schwarz, sonst rot. **H** Gebirge, Heide, Moor und Grasland. **V** Wirt der Wald-Kuckuckshummel (*B. sylvestris*).

9
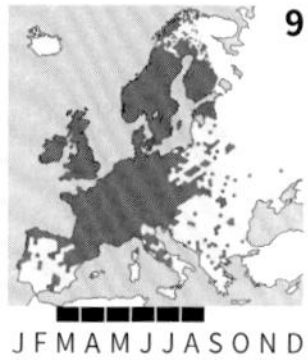

9 Wiesenhummel
Bombus pratorum **L** 8–17 mm. Thorax schwarz mit einem gelben Band; Abdomen mit gelbem Band auf S2, Spitze orange. Farben variabel, insbesondere Ausdehnung der gelben Bänder. Gelb ist bei ♂ ausgedehnter, auch im „Gesicht". **H** Wälder, Grasland, Parks, Gärten. **V** Wirt der Wald-Kuckuckshummel (*B. sylvestris*).

10
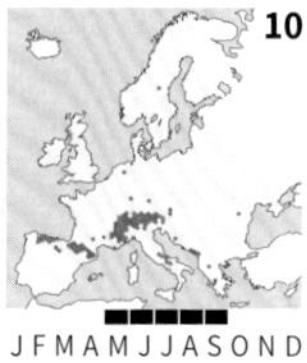

10 Berghummel
Bombus mesomelas **L** 14–19 mm. Kopf und mittlerer Teil des Thorax schwarz; sonst Thorax mit 2 gelblichen Bändern (auf dem Balkan silbrig-weiß); Abdomen bräunlich gelb, mit helleren Fransen, S6 mit schwarzen Haaren gemischt mit hellen Haaren. **H** Offene Gebiete, oft gebirgiges Grasland.

11
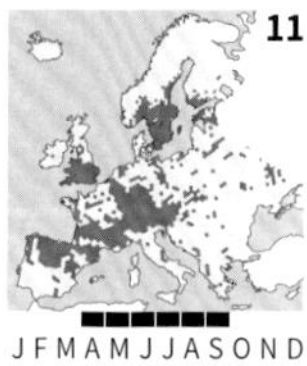

11 Veränderliche Hummel
Bombus humilis **L** 10–19 mm. Leuchtend orange, Abdomen ohne schwarze Haare außer an der Spitze; Oberseite des Kopfes mit einigen schwarzen Haaren und in der Nähe des Flügelansatzes. Kopf und Seiten des Thorax blass behaart. Abdomen S2 mit orangefarbenem Band, zumindest bei jungen Tieren, ansonsten braun, wird aber mit zunehmendem Alter undeutlicher. Einige Unterarten insgesamt eher grau. **H** Offene Flächen, Waldränder, Grasland. **V** Wirt der Feld-Kuckuckshummel (*B. campestris*).

12
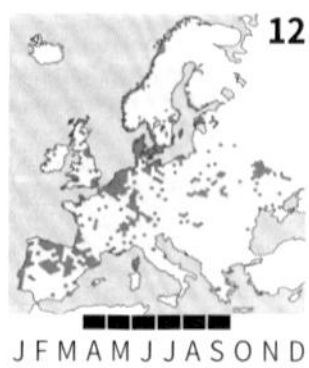

12 Mooshummel
Bombus muscorum **L** 15–20 mm. Thorax leuchtend orange, von hellen Haaren umrandet. Abdomen hellorange, bei den meisten Formen ohne schwarze Haare. Formen variieren in der Farbe. **H** Offene Flächen, hohes Grasland, auch in Küstengebieten, Heideland. **V** Möglicherweise Wirt der Feld-Kuckuckshummel (*B. campestris*).

← ECHTE BIENEN →

1 ×11,5 ◆

2 ×2 ◆

3 ×1,5 ◆

4 ×1,5 ◆

5 ×1,5 ◆

6 ×1,5 ◆

7 ×2 ◆

8 ×1,5 ◆

9 ×2 ◆

10 ×1,5 ◆

11 ×1,5 ◆

12 ×1,5 ◆

← ECHTE BIENEN Apidae →

← Gen. *Bombus*

1
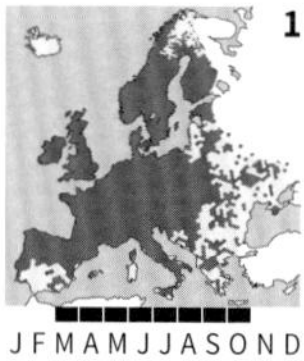

1 Ackerhummel
Bombus pascuorum **L** 8–18 mm. Hell- bis dunkel orangebraun; Abdomen mit schwarzen Haarflecken, die bei ähnlichen Arten fehlen. Verschiedene Formen, unterschiedlich stark schwarz behaart. **H** Waldränder, Grasland, Parks, Gärten. **V** Wirt der Feld-Kuckuckshummel (*B. campestris*).

2
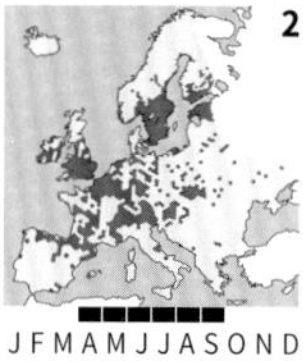

2 Grashummel
Bombus ruderarius **L** 10–20 mm. Schwarz, bis auf rotes oder orangefarbenes Ende des Abdomens bei ♀. Königin mit rötlich behaarten hinteren Tibiae. Bei ♂ Thorax mit hellem Kragen, Abdomen S1 teilweise gelblich. Insgesamt ähnlich wie *B. lapidarius* (S. 622), jedoch sind bei deren Königin die hinteren Tibiae schwarz behaart. **H** Waldränder, Grasland, Parks.

3
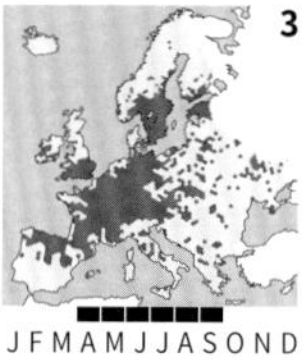

3 Bunte Hummel
Bombus sylvarum **L** 9–16 mm. Thorax strohfarben mit dunklem Band; Abdomen ähnlich mit orangefarbener Spitze. **H** Waldränder, Grasland, Dünen. **V** Hochtöniges Summen im Flug.

KUCKUCKSHUMMELN

Eine Gruppe von *Bombus* spp., die Sozialparasiten anderer *Bombus* sind; daher gibt es keine Arbeiterkaste. Alle Kuckuckshummeln haben dunkle Flügel.

4
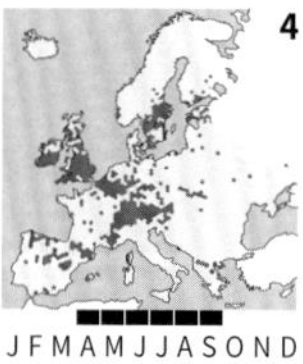

4 Bärtige Kuckuckshummel
Bombus barbutellus **L** 14–20 mm. Schwarz, Thorax mit 2 gelben Bändern; Abdomen mit breiter weißer Spitze; bei ♂ Abdomen S1 mit gelbem Saum). **H** Waldränder. **V** Wirte: *B. hortorum*, *B. ruderatus*.

5
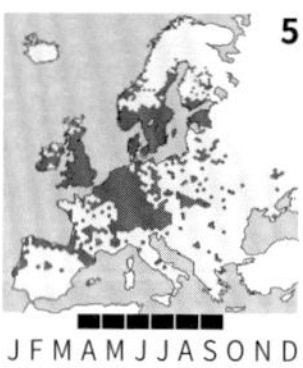

5 Feld-Kuckuckshummel
Bombus campestris **L** 15–20 mm. Schwarz, Thorax mit 2 gelben Bändern; Abdomen mit gelber Spitze, die durch schwarze Haare in der Mitte geteilt ist. ♂ besonders variabel gefärbt, kann ähnlich wie ♀ sein, aber Abdomen nur mit basalen Segmenten schwarz gebändert, oder aber Körper ganz schwarz. **H** Grasland, Hügel und Berge, Waldränder. **V** Wirte: *B. pascuorum* und andere.

6
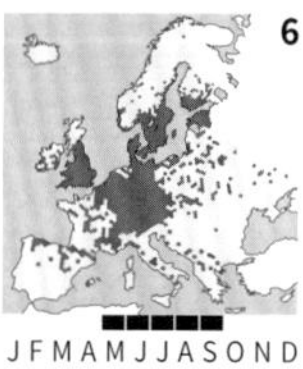

6 Rotschwarze Kuckuckshummel
Bombus rupestris **L** 15–24 mm. ♀ ganz schwarz mit rotem oder orangefarbenem Schwanz, Flügel bräunlich-schwarz; ♂ ähnlich, aber mit gelben Bändern auf dem Thorax und weniger dunklen Flügeln. **H** Grasland, Gebirge. **V** Wirte: *B. lapidarius* und andere.

7
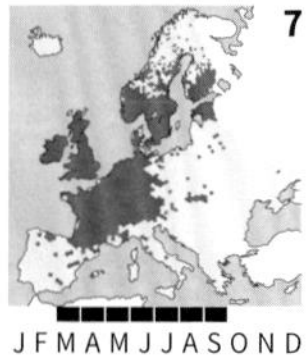

7 Wald-Kuckuckshummel
Bombus sylvestris **L** 13–18 mm. ♀ schwarz, Thorax mit einem breiten gelben Band; Abdomen mit weißer Spitze, nach unten gebogen gehalten. ♂ ähnlich, aber Abdomen mit gelben oder weißlichen Bändern; Schwanzspitze orange. **H** Waldränder. **V** Wirte: *B. pratorum* und andere.

8
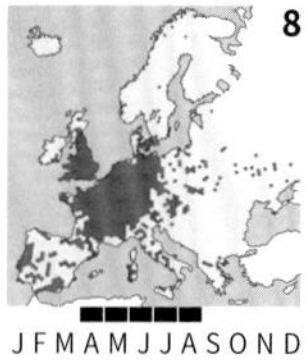

8 Gefleckte Kuckuckshummel
Bombus vestalis **L** 15–22 mm. Thorax mit einfachem, breitem, dunkelgelbem Band; Abdomen an der Basis schwarz, gelbes Band in der Mitte, weiße Spitze. **H** Grasland, offene Waldränder, Parks, Gärten. **V** Wirt: *B. terrestris*.

9
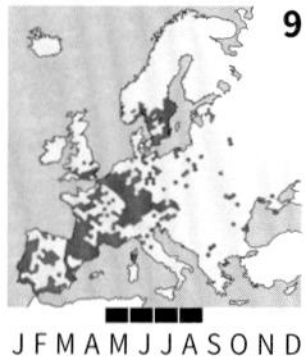

9 Gewöhnliche Keulhornbiene
Ceratina cyanea **L** 6–8 mm. Dunkel metallisch blau oder blaugrün. **H** Kalkhaltiges Grasland, Sandgruben, Waldränder. **V** Nistet in totem Holz, z.B. in Brombeeren.

Gen. *Epeolus* E 18 SPP

Kleiner (5–12 mm), mit 3 unterschiedlich großen Submarginalzellen. Kleptoparasiten; die hier gezeigten Arten nutzen *Colletes* spp. als Wirt.

10
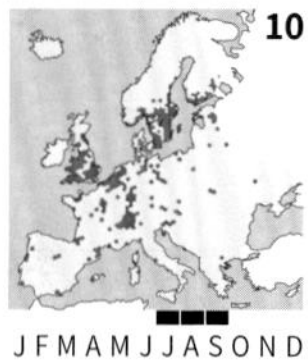

10 Heide-Filzbiene
Epeolus cruciger **L** 6–10 mm. Unbehaart, schwarz-cremefarben; Beine rötlich, bei ♂ Femora schwarz. **H** Heideland, Moore, Dünen.

11
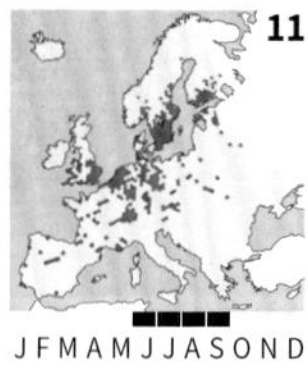

11 Gewöhnliche Filzbiene
Epeolus variegatus **L** 6–11 mm. Unbehaart, schwarz-cremefarben; Femora bei beiden Geschlechtern überwiegend schwarz. **H** Lichte Wälder, Heideland, Sanddünen, Grasland.

Gen. *Eucera* E 87 SPP

Oft groß, robust, ♂ mit sehr langen Fühlern; ♀ der meisten Arten mit nur 2 Submarginalzellen. Nisten im Boden, manchmal in großen Ansammlungen; ♂ sind als Bestäuber von Orchideen bekannt. *Nomada sexfasciata* ist ein Kleptoparasit der hier gezeigten Arten.

12
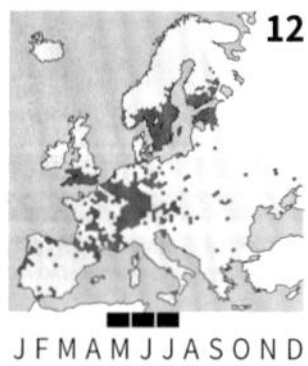

12 Juni-Langhornbiene
Eucera longicornis **L** 12–16 mm. Groß, stämmig, braun; ♂ „Gesicht" gelb, Fühler sehr lang, schwarz. **H** Grasland, offene Wälder, Klippen, Gebiete mit reichlich Hülsenfrüchtlern.

13
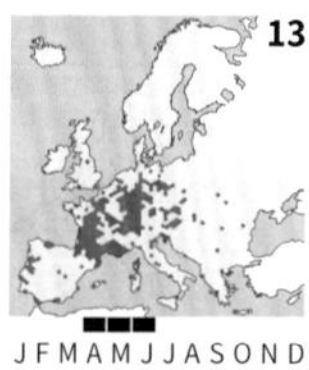

13 Mai-Langhornbiene
Eucera nigrescens **L** 13–16 mm. Groß, stämmig, braun; bei ♂ „Gesicht" gelb, Fühler schwarz. Von *E. longicornis* durch mikroskopische Untersuchung der basalen Tarsalsegmente zu unterscheiden. **H** Grasland.

1 ×2 ◆

2 ×2 ◆

3 ×2 ◆

4 ×1,5 ◆

5 ×1,5 ◆

alle Kuckuckshummeln mit dunklen Flügeln

6 ×1,5 ◆

7 ×1,5 ◆

8 ×1,25 ◆

9 ×3 ◆

♀

bei ♂ unterer Teil des Clypeus und Labrum (an Mundwerkzeugen) weiß

10 ×2 ◆

Femora rötlich, heller als bei *E. variegatus*

11 ×2 ◆

alle Femora dunkler als bei *E. cruciger*

12 ×1,5 ●

♂

♀

♂ gen. *Eureca* mit sehr langen Fühlern

13 ×1,5 ●

♂

♀

← **ECHTE BIENEN** Apidae →

Gen. ***Melecta*** E 23 SPP

Große (7–17 mm), kräftig gebaute Bienen mit 3 submarginalen Zellen. Leicht zu erkennen am schwarzen Körper mit vielen weißen Flecken und Haaren. Die vorgestellten Arten sind Kleptoparasiten von *Anthophora* spp.

1

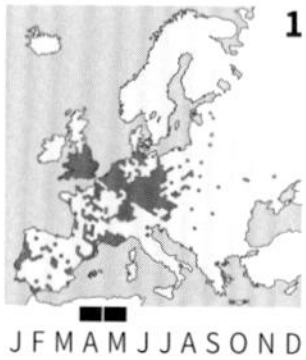

1 🔍 Gewöhnliche Trauerbiene
Melecta albifrons **L** 13–16 mm. Groß, stämmig; schwarz mit grauer Brust und weißem Seitenfleck auf dem Abdomen. Es gibt auch eine vollständig schwarze (melanische) Form. **H** Lichte Wälder, Klippen, Sandgruben und Gärten.

2

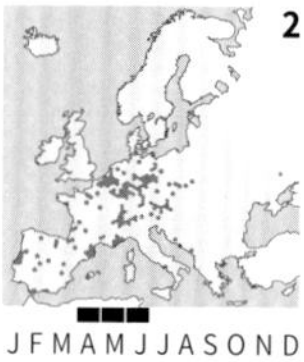

2 🔍 Pracht-Trauerbiene
Melecta luctuosa **L** 12–15 mm. Groß, gedrungen; schwarz mit grauer Thoraxvorderseite und Bauch mit großen, weißen, rechteckigen Flecken. **H** Waldränder, sandige Standorte, Mauern.

Gen. ***Nomada*** E 208 SPP

Klein bis groß (4–17 mm), mit 3 ungleich großen Submarginalzellen. Viele Arten sind eher wespenartig und haben leuchtend gefärbte Bänder oder Flecken, typischerweise schwarz, gelb und orange, die je nach Art variieren können. *Nomada* spp. bauen keine Nester, da sie als Kuckucksbienen auf verschiedene bodenbewohnende Bienenwirte angewiesen sind, darunter Bienen der Gattungen *Andrena*, *Lasioglossum*, *Panurgus*, *Melitta* und *Eucera*. Daher können sie oft in der Nähe der Nistplätze ihrer Wirte beobachtet werden.

3

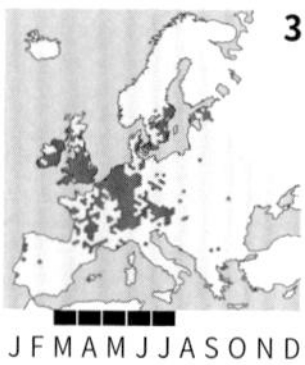

3 🔍 Rotschwarze Wespenbiene
Nomada fabriciana **L** 6–11 mm. Einschließlich Thorax schwarz; Abdomen rötlich mit gelben Seitenflecken auf S2–S3. ♀ Fühler S4–7 + S12 rötlich orange. **H** Offene Flächen und Wälder.

4

4 🔍 Gelbe Wespenbiene
Nomada flava **L** 7–12 mm. Schwarz: Thorax rot gezeichnet; Abdomen S1 mit rotem Band, andere Segmente mit ausgedehnten gelben und schmaleren schwarzen oder roten Bändern; Fühler bei ♀ orange; bei ♂ teilweise schwarz. ♂ „Gesicht" gelb, besonders schwierig zu identifizieren, fast identisch mit *N. panzeri*. **H** Offene Gebiete wie Grasland, Wälder, Gärten.

5

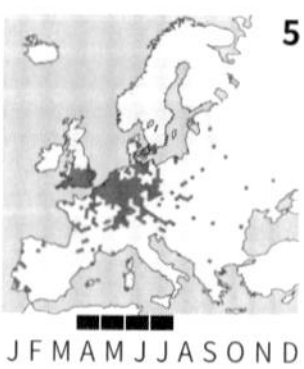

5 🔍 Gewöhnliche Wespenbiene
Nomada fucata **L** 8–12 mm. Schwarz, Thorax mit gelben Flecken; Abdomen S1 mit breiten roten und schmalen schwarzen Bändern, andere Segmente mit ausgedehnten gelben und großen schwarzen Bändern, in der Mitte erweitert. ♀ Fühler, unterer Teil des „Gesichts" und der größte Teil der Beine orange; bei ♂ Augen grün und unterer Teil des „Gesichts" gelb. **H** Lichte Wälder, Grasland, Felsen, Gärten.

6

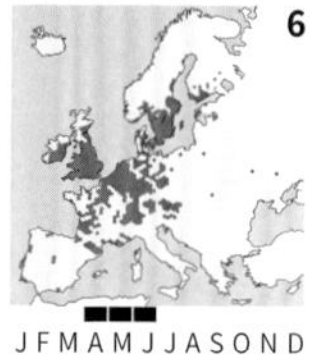

6 🔍 Feld-Wespenbiene
Nomada goodeniana **L** 9–13 mm. Schwarz, Thorax gelb gefleckt, Abdominalsegmente kräftig schwarz-gelb; bei ♀ Abdomen S2–S5 mit komplettem gelbem Band. Fühler und Beine orange. ♂ mit gelbem „Gesicht". **H** Grasland, Wälder, städtische Standorte.

7

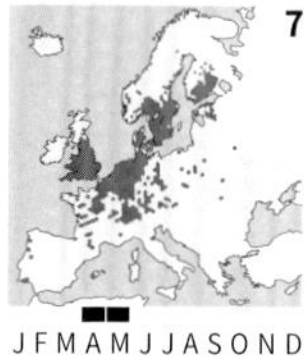

7 🔍 Rothaarige Wespenbiene
Nomada lathburiana **L** 9–12 mm. Schwarz, Thorax mit zahlreichen rötlichen Haaren und Scutellum mit meist rot gesäumten gelben Flecken. Abdominalsegmente kräftig schwarzgelb gebändert, S1 mit breiter roter Binde. Beine rötlich oder teilweise gelb; ein Großteil der Fühler rötlich. ♂ mit gelbem „Gesicht". **H** Offene, sonnige Standorte, einschließlich Heideland, sandige Flächen.

8

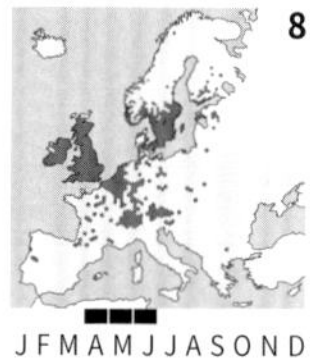

8 🔍 Wiesen-Wespenbiene
Nomada marshamella **L** 8–13 mm. Schwarz, Thorax gelb gefleckt, ♀ Scutellum mit 2 gelben Flecken; Abdominalsegmente schwarz-gelb, S1 mit einem Paar gelber Flecken; S2 und manchmal S3 mit schmaler Lücke in der Mitte des gelben Bandes. Fühler und Beine orange. Bei ♂ unterer Teil des „Gesichts" gelb. **H** Vielseitig, z.B. Waldränder, Gärten.

9

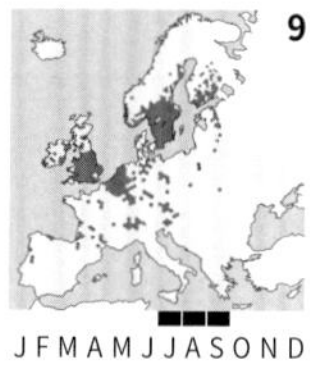

9 🔍 Heide-Wespenbiene
Nomada rufipes **L** 7–10 mm. Robust aussehend. Schwarz, Thorax gelb gezeichnet, vor allem Scutellum mit einzelnem Fleck; Abdomen S2–S3 mit großen gelben Flecken, die auf S4–S5 in gelbe Bänder übergehen. Verschiedene Farbformen; eine Form der ♀ in Großbritannien mit rotem, nicht schwarzem Abdomen. Bei ♀ unterer Teil des „Gesichts" und basale Segmente der Fühler rot; bei ♂ Fühler schwarz und unterer Teil des „Gesichts" gelb. **H** Heideland, Moore.

10

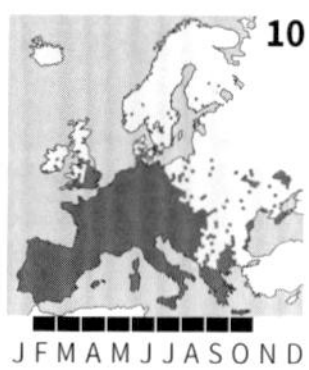

10 🔍 Blauschwarze Holzbiene
Xylocopa violacea **L** 20–28 mm. Sehr groß. Schwarz; Körper und Flügel bei bestimmten Lichtverhältnissen dunkelmetallisch blau. Bei ♂ Fühler S11–S12 rot, was sie von ähnlichen *Xylocopa* spp. unterscheidet. Die Artbestimmung der ♀ kann schwierig sein, manchmal ist die mikroskopische Untersuchung der Zähne an den hinteren Tibiae erforderlich. **H** Grasland, Gebüsch, Obstgärten, Parks, Gärten. **V** Nester in Totholz.

← ECHTE BIENEN

1 ×1,5 ◆

Gen. *Melecta* Körper schwarz mit weißen Flecken und Haaren

2 ×1,5 ◆

Abdomen mit rechteckigen Flecken

3 ×2 ◆

gelbe Flecken an den Seiten

4 ×3 ◆

Abdomen mit auffälligen Bändern

5 ×2 ◆

Thorax schwarz mit gelben Flecken

Abdomen mit roter und gelber Zeichnung

6 ×2 ◆

Thorax und Abdomen schwarz-gelb

7 ×3 ◆

Thorax mit rötlichen Haaren

8 ×4 ◆

♀

♀ Scutellum mit 2 gelben Flecken

9 ×3 ◆

Scutellum mit einem gelben Fleck

10 ×1 ◆

sehr groß; schwarz mit dunkelblauem Metallglanz

BAUCHSAMMLERBIENEN Megachilidae →

E 25 GEN 456 SPP 27 ILL

Charakteristisch, mit langer „Zunge", solitär. Mundwerkzeuge relativ lang. Alle Arten mit 2 Submarginalzellen. Pollenpinsel (falls vorhanden) unter dem Abdomen. Nester werden mit Blattteilen, Schlamm oder Harz gebaut.

1
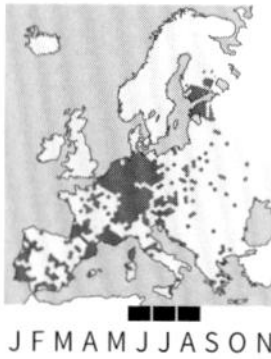

1 🔍 Zwergharzbiene

Anthidiellum strigatum **L** 6–7 mm. Kleiner, breiter Körper; schwarz mit gelben oder weißlichen Flecken und Markierungen auf Kopf, Thorax und Abdomen. **H** Nadelwälder, Grasland bis Halbwüste. **V** Nester aus Harz, das an Pflanzen, Felsen oder künstlichen Strukturen befestigt wird.

Gen. ***Anthidium*** E 17 SPP

Mittelgroß bis groß (6–18 mm), robust; Abdomen mit breiten gelben Flecken; ♂ größer als ♀ (selten bei Bienen). ♂ territorial, aggressiv gegenüber Eindringlingen, seien es andere ♂ oder andere Arten. Nester in vorhandenen Löchern; im Boden, in Holz oder Stämmen. Die Bienen schaben Wollhaar der Blätter, z. B. von Woll-Ziest, ab und kleiden damit die Nester aus, die zudem mit Pollen und etwas Nektar bestückt werden.

2
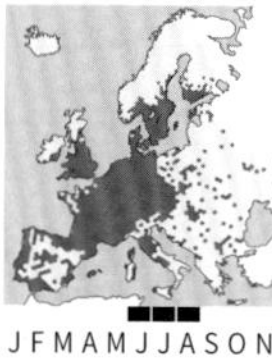

2 🔍 Garten-Wollbiene

Anthidium manicatum **L** 9–17 mm. Schwarz. Kopf, Abdomen, Beine mit Gelb; Augen dunkel. **H** Grasland, Waldränder, Feuchtgebiete, Parks, Gärten.

3
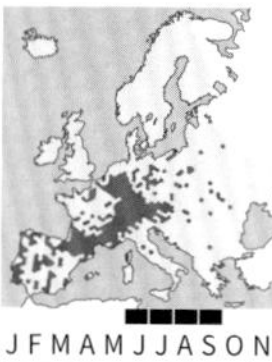

3 🔍 Felsspalten-Wollbiene

Anthidium oblongatum **L** 9–13 mm. Schwarz. Abdomen mit länglichen gelben Flecken, in der Mitte unterbrochen; Augen grün. **H** Grasland, Heideland, Dünen, Parks, Gärten.

4
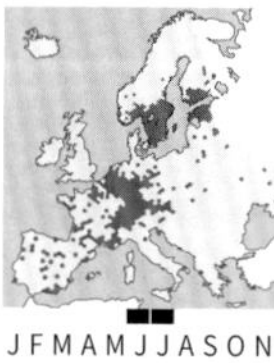

4 🔍 Weißfleckige Wollbiene

Anthidium punctatum **L** 8–9 mm. Schwarz, Hinterkopf mit 2 gelben Flecken hinter den grünen Augen; Thorax braun behaart. Abdomen mit mehreren weißen Flecken. **H** Grasland, Waldränder, Heideland, städtische Gebiete.

5
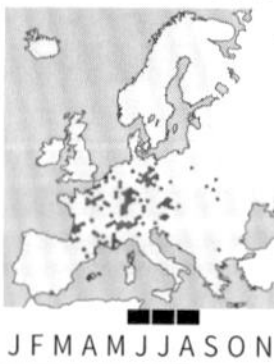

5 🔍 Östliche Zwergwollbiene

Pseudoanthidium nanum **L** 6–8 mm. Schwarz, Hinterkopf mit 2 gelben Flecken hinter den dunkelgrünen Augen. Hinterleib mit großen gelben Flecken. **H** Offene Gebiete, Wiesenhänge.

6
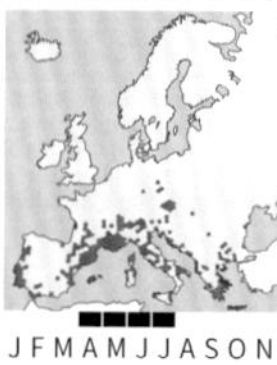

6 🔍 Siebenzähnige Harzbiene

Rhodanthidium septemdentatum **L** 10–15 mm. Schwarz, mit gelben Flecken am Hinterkopf hinter den Augen, am Thorax und Abdomen. Thorax braun behaart; Abdomen S6 bei ♂ mit seitlichem Zahn. **H** Grasland, felsige Steppen, Waldränder. **V** Nistet in leeren Schneckenhäusern; sammelt für Nester Harz aus Kiefernstämmen.

Gen. ***Chelostoma*** E 25 SPP

Kleine bis große (4–14 mm), längliche Wespen. Nester in vorhandenen Löchern in Holz, Wänden oder hohlen Stämmen; Zellen im Nest durch Schlamm getrennt, manchmal mit Sandkörnern vermischt. Einige Arten werden von *Stelis* spp. (S. 632) parasitiert, außerdem von Schlupfwespen und Keulenwespen.

7
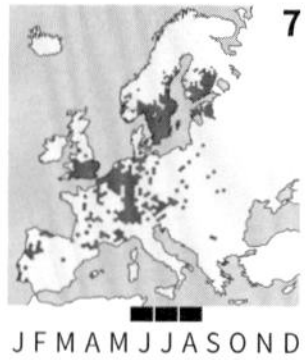

7 🔍 Kurzfransige Scherenbiene

Chelostoma campanularum **L** 5–7 mm. Lang gestreckt, schwarz. **H** Offene Flächen, darunter Wiesen mit reichlich Glockenblumen (*Campanula*), Parks und Gärten. **V** Nistet in Totholz, Zaunpfählen.

8
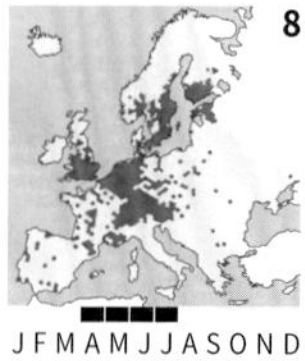

8 🔍 Hahnenfuß-Scherenbiene

Chelostoma florisomne **L** 7–11 mm. Lang gestreckt, schwarz; Abdomen mit schmalen weißlichen Haarbändern. **H** Waldlichtungen, Hecken, Grünland, Gärten mit Hahnenfuß (*Ranunculus*). **V** Bei trübem Wetter manchmal in Hahnenfußblüten „schlafend" zu sehen.

9
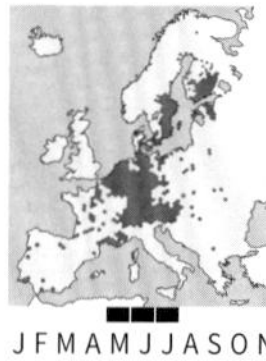

9 🔍 Glockenblumen-Scherenbiene

Chelostoma rapunculi **L** 7–10 mm. Lang gestreckt, schwarz, ♂ Thorax braun behaart; Abdomen mit schmalen weißlichen Haarbändern. **H** Waldränder, Gärten mit Glockenblumen (*Campanula*).

10
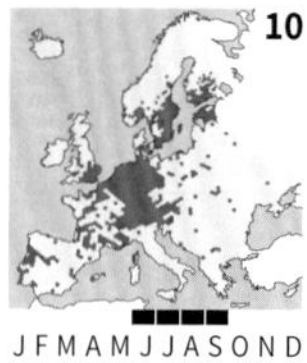

10 🔍 Gewöhnliche Löcherbiene

Heriades truncorum **L** 5–9 mm. Schwarz, Abdomen mit schmalen, weißlichen Haarbändern. ♀ mit orangefarbenem Pollenpinsel unter Abdomen. „Gesicht" und Seiten des Thorax mit braunen Haaren. **H** Grasland, Wälder, Heide, Gärten. **V** Nisten in Stämmen; Zellwände aus Harz, auch von Kiefern.

Gen. ***Hoplitis*** E 102 SPP

Kleine bis große (6–16 mm), gedrungene, längliche Wespen; spärliche Behaarung auf hellen Bändern auf Abdomen. ♀ mit markanten länglichen Mundwerkzeugen. Bei ♂ Abdomen S6 mit seitlichen Zähnen. Nester werden mit Sand in Löchern im Boden, in Holz oder in Wänden angelegt. Einige Arten werden von *Stelis* spp. (S. 632) parasitiert.

11
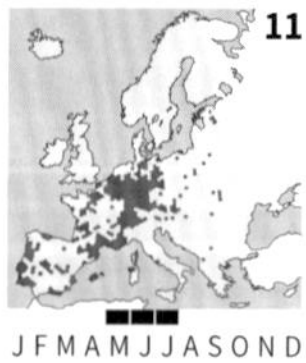

11 🔍 Gewöhnliche Natternkopfbiene

Hoplitis adunca **L** 8–13 mm. Schwarz, in der Regel größer und länglicher als *H. claviventris*, Spitze der vorderen Tibiae mit stark gebogenem Stachel; Abdomen mit weißlichen Haarbändern. **H** Offene Gebiete, einschließlich Grasland, Wälder, Gärten.

12
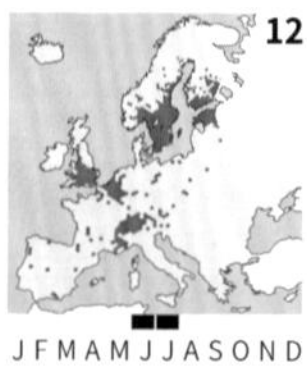

12 🔍 Gelbspornige Stängelbiene

Hoplitis claviventris **L** 6–10 mm. Kopf groß. Schwarz, Thorax mit braunen Haaren; Abdomen S1–S4 mit weißlichen Haarbändern. **H** Kreidegrasland, offenes Waldland, Sanddünen.

BAUCHSAMMLERBIENEN →

klein

2 ×2 ◆

gelbe Flecken auf dem Abdomen

3 ×2 ◆

längliche gelbe Flecken auf dem Abdomen

Abdomen weiß gefleckt

klein, Abdomen gelb gefleckt

6 ×2 ◆

Clypeus und Mundwerkzeuge bei beiden Geschlechtern gelb oder schwarz, aber möglicherweise handelt es sich um verschiedene Arten

Färbung variabel

7 ×3 ◆

Abdomen mit schmalen weißen Haarbändern

10 ×3 ◆

Abdomen mit schmalen weißen Haarbändern

11 ×2 ◆

12 ×2 ◆

← **BAUCHSAMMLERBIENEN** Megachilidae →

Gen. ***Megachile*** E 80 SPP

Blattschneiderbienen, mittelgroß bis groß (8–17 mm). Keine gelben Flecken nahe der Augen. ♀ mit zentraler Pollenbürste unter Abdomen, die bei ♂ fehlt. Einige Arten schneiden Stücke von Blättern oder Blütenblättern für Nester ab, andere verwenden Schlamm.

1
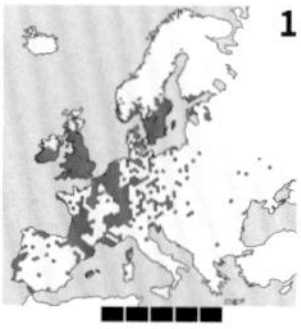

1 Rosen-Blattschneiderbiene
Megachile centuncularis **L** 9–12 mm. Braun, Pollenpinsel unterhalb des Abdomens bei ♀ orange; dieser fehlt den ähnlich aussehenden ♂. **H** Vielseitig, Wälder, Gärten.

2
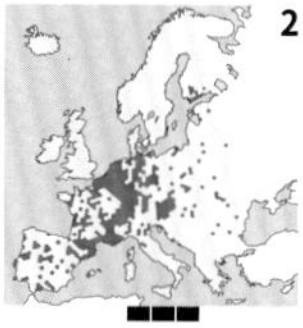

2 Platterbsen-Mörtelbiene
Megachile ericetorum **L** 10–15 mm. Braun, Abdomen gebändert, Spitze mit hellen Haarbändern. Ganz schwarze Form selten. Bei ♀ Unterkiefer mit 2 starken Zähnen (4–5 bei den meisten anderen Arten), bei ♂ mit 1 subapikalen Zahn (3–4 bei anderen Arten). Bei ♂ Hinterrand von Abdomen S6 mit Dorn. **H** Grasland, Gebüsch, Sanddünen, Wälder, Gärten.

3
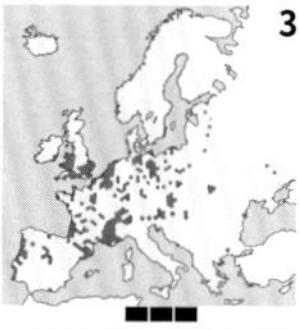

3 Sand-Blattschneiderbiene
Megachile maritima **L** 11–16 mm. Groß, stämmig; braun oder schwärzlich; Kopf und Thorax meist schwarz behaart. Bei ♀ Tarsus S1 an der Basis sehr lang behaart (bis 2× so breit wie das Segment); Basis der Pollenbürste weißlich behaart. ♂ Mundwerkzeuge mit 3 Zähnen, hintere Tibiae geschwollen, vordere Tarsi weiß. **H** Sandige Gebiete.

4
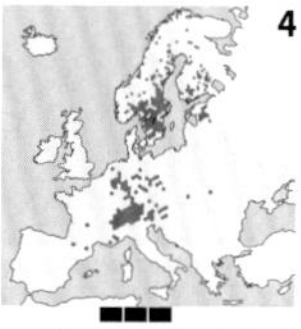

4 Schwarzbäuchige Blattschneiderbiene *Megachile nigriventris*
L 12–16 mm. Groß, im Gegensatz zu den meisten *Megachile* spp. Thorax braun und Abdomen schwarz, S1–S2 mit weißen oder hellbraunen Haaren; Beine meist schwarz. ♀ mit schwarzem Kopf. ♂ mit Clypeus gelb, teilweise behaart, und vordere Tarsi weiß. **H** Wälder, Berghänge.

5
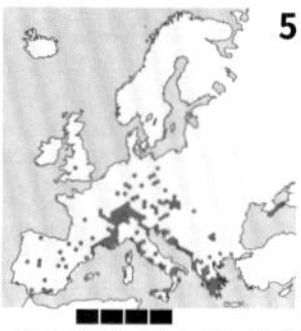

5 Schwarze Mörtelbiene
Megachile parietina **L** 14–18 mm. Groß, ♀ schwarz, Flügel dunkel, Tarsi orange; ♂ braun, letzte Abdominalsegmente schwarz; Tibiae und Tarsi orange. Die charakteristischen schneidenden Mundwerkzeuge der blattschneidenden Arten fehlen. **H** Grasland und felsige Bergregionen. **V** Nester mit Schlamm gebaut.

6
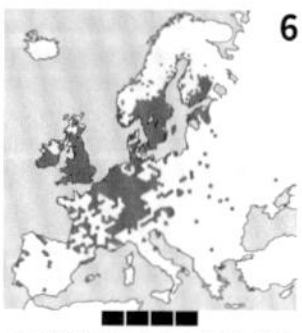

6 Garten-Blattschneiderbiene
Megachile willughbiella **L** 10–15 mm. Braun, ♀ Pollenpinsel orange mit schwarzer Spitze; eine Farbvariante mit reduzierten schwarzen Haaren. Bei ♂ vordere Tarsi weiß. **H** Breites Verbreitungsgebiet, einschließlich Wälder, landwirtschaftliche Flächen, Gärten.

Gen. ***Osmia*** E 105 SPP

Mittelgroß bis groß (6–16 mm), robust; schwarz, metallisch bräunlich grün oder blau. Nisten in vorhandenen Spalten, einschließlich Löchern in Pfosten und Mauern. Einige Arten sind Blattschneider, die Blätter zu Brei zerkauen.

7
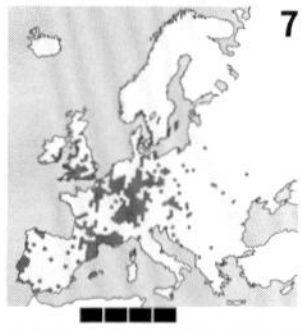

7 Goldene Schneckenhausbiene
Osmia aurulenta **L** 7–12 mm. Bei ♀ Körper orange behaart; ♂ braun mit schwarzem Abdomen und orangen Haarbändern. **H** Sanddünen, Grasland, Gebüsch, Waldränder. **V** ♀ nutzen leere Schneckenhäuser als Nistplätze.

8
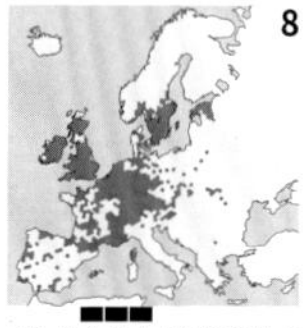

8 Zweifarbige Schneckenhausbiene *Osmia bicolor* **L** 8–12 mm. ♀ schwarz, Abdomen orange behaart; ♂ braun mit helleren Haaren, lang an den Seiten des Thorax; Abdomen gold-rot. **H** Kalkhaltiges Grasland, lichte Wälder. **V** ♀ nutzt leere Schneckenhäuser als Nistplätze, die mit Grashalmen und Pflanzenteilen bedeckt werden.

9
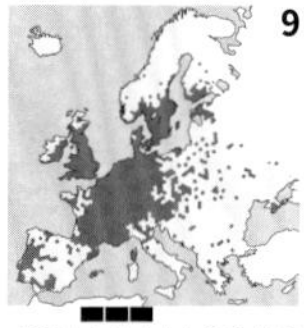

9 Rote Mauerbiene *Osmia bicornis*
L 7–14 mm. Kopf schwarz; Thorax dunkelbraun; Abdomen orange gebändert. **H** Grasland, landwirtschaftliche Flächen, städtische Gebiete, Parks, Gärten. **V** Nistet meist in bröckelndem Mörtel, auch in Bienenhotels.

10
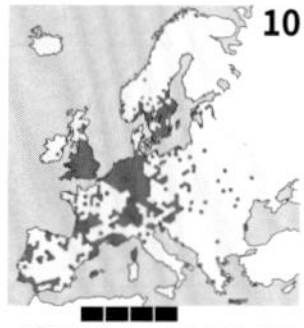

10 Blaue Mauerbiene
Osmia caerulescens **L** 7–11 mm. Kopf groß; Körper leicht blau (♀) oder grünlich (♂) schimmernd. ♂ orange behaart; ♀ weniger behaart, mit schmalen weißlichen Haarbändern am Abdomen. **H** Lichtungen, Grünland, Parks, Gärten. **V** Nistet in vorhandenen Löchern in morschem Holz, bröckelndem Mörtel oder toten Stämmen.

11
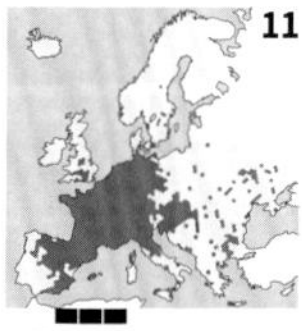

11 Gehörnte Mauerbiene
Osmia cornuta **L** 10–15 mm. Schwarz, Abdomen leuchtend orange behaart. **H** Grasland, Obstgärten, städtische Gebiete, an Gebäuden, in Parks, Gärten. **V** Zu Beginn der Saison häufig in Bienenhäusern, manchmal zusammen mit *O. bicornis*.

12
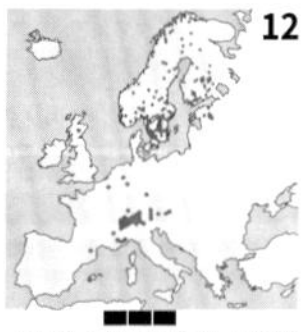

12 Felsheiden-Mauerbiene
Osmia inermis **L** 7–10 mm. Schwarz, Thorax und Basis des Abdomens dicht orange behaart (nur Abdomen S1 bei ♂). **H** Bergwiesen. **V** Nistet unter Felsen.

13

13 Felsen-Mauerbiene
Osmia mustelina **L** 10–14 mm. Schwarzer, metallisch blauer Schimmer. Thorax blass behaart, Abdomen S1–S3 dunkelbraun bis weiß, S4 weiß oder schwarz, S5–S6 braun oder schwarz. **H** Felsige Gebiete, Steinbrüche. **V** Nester in Mauerritzen, toten Stämmen, auch in verlassenen Nestern von *Megachile* spp.

← **Bauchsammlerbienen** →

1 ×2 ◆

2 ×1,5 ◆

3 ×1,5 ◆

4 ×1,5 ◆

5 ×1,5 ◆

6 ×1,5 ◆

7 ×2 ◆

8 ×2 ◆

Abdomen mit leuchtend orangefarbenen Haaren

Tibiae und Tarsi orange

9 ×2 ◆

♀ 2 Hörner zwischen den Fühlern, unter Haar verborgen

10 ×2 ◆

11 ×2 ◆

Tibiae und Tarsi orange

Clypeus weiß und „Gesicht" mit weißen Haaren bei ♂

♀

♀ 2 Hörner zwischen den Fühlern, unter Haar verborgen

12 ×2 ◆

13 ×2 ◆

♀ „Gesicht" blass, manchmal mit schwarzen Haaren

← BAUCHSAMMLERBIENEN Megachilidae

1 Große Harzbiene
Trachusa byssina **L** 11–12 mm. Schwarz, Thorax orange behaart, seitlich mit weißen Haaren, auch am Kopf. Ende der Abdominalsegmente mit hellen Haarbändern. ♂ Clypeus blass gelblich; Augen grün. **H** Wälder. **I** In einigen Veröffentlichungen als *Anthidium byssinum* bekannt.

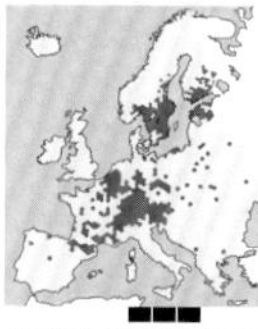
1
J F M A M J J A S O N D

2 Punktierte Düsterbiene
Stelis punctulatissima **L** 7–11 mm. Schwarz, Abdomen S1–S4 mit schmalen, hellgelben Bändern; Flügel dunkel. **H** Lichte Wälder, Grasland, Gärten. **V** Wirte: *Anthidium manicatum*, *Osmia* spp.

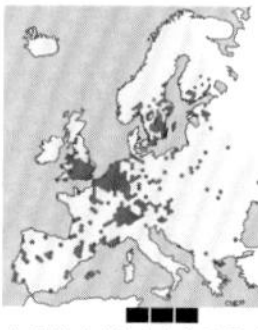
2
J F M A M J J A S O N D

SANDBIENEN Andrenidae →

E 8 GEN 492 SPP 20 ILL

Kleine bis große Bienen, mit kurzen spitzen „Zungen".

Gen. *Andrena* E 447 SPP →

Klein bis groß (4–16 mm); Körper schwarz, einige Arten am Kopf und Thorax farbig behaart. Nester unterirdisch, einige Arten leben in Gemeinschaften; andere Einzelgänger, darunter einige der häufigsten Solitärbienen Europas.

3 Senf-Blauschillersandbiene
Andrena agilissima **L** 11–16 mm. Schwarz, weiß behaart; Abdomen S1–S6 bei ♂, S1–S4 bei ♀ mit blauem Schimmer; Flügel abgedunkelt. **H** Grasland, Ackerland, Klippen. **V** Nistet in weichen, teils senkrechten Felswänden.

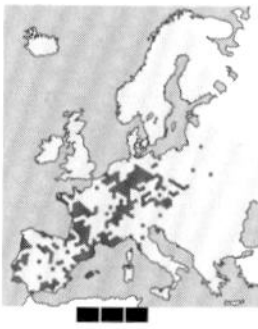
3
J F M A M J J A S O N D

4 Zweifarbige Sandbiene
Andrena bicolor **L** 7–11 mm. Schwarz; „Gesicht" schwarz behaart, je nach Generation teils braun. Bei ♀ Thorax mit rotbraunen Haaren, Abdomen S1–S3 undeutlich gelblich behaart; hintere Tibiae orange behaart. ♂ Thorax meist braun. **H** Wälder, städtische Gebiete.

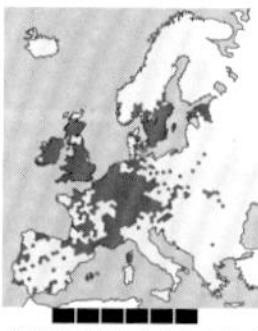
4
J F M A M J J A S O N D

5 Gelbbeinige Kielsandbiene
Andrena chrysosceles **L** 7–11 mm. Schwarz, ♀ Thorax braun behaart, Abdomen S2–S4 mit weißen Haarbändern (Spitze mit orangen Haaren). ♂ Clypeus blassgelb mit 2 schwarzen Flecken; hintere Tibiae teilweise orange. **H** Wälder, Grasland, Gebüsch.

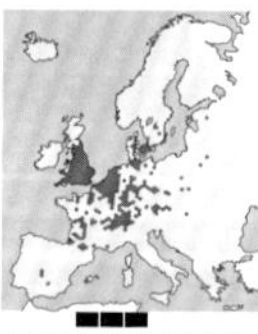
5
J F M A M J J A S O N D

6 Grauschwarze Düstersandbiene
Andrena cineraria **L** 9–15 mm. Bei ♀ Thorax schwarz-weiß behaart (erscheint grau); Abdomen schwarz. ♂ ähnlich, aber Thorax weiß behaart. „Gesicht" beider Geschlechtern weiß behaart. **H** Heiden, Klippen, lichte Wälder, Grasland, landwirtschaftliche Flächen, Parks, Gärten.

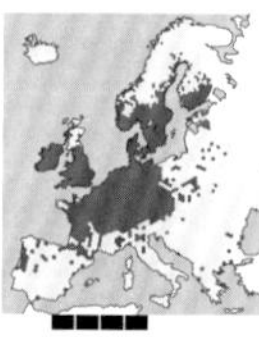
6
J F M A M J J A S O N D

7 Rotbeinige Körbchensandbiene
Andrena dorsata **L** 7–9 mm. ♀ Thorax mit kurzen braunen Haaren (Seiten und „Gesicht" blass); Abdomen schwarz, S2–S4 mit weißen (bei ♂ grauen) Bändern; nur das letzte nicht unterbrochen. **H** Heide, Moorland, Sanddünen, Grasland, Gärten.

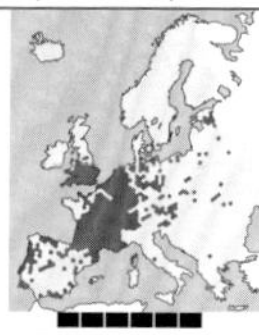
7
J F M A M J J A S O N D

8 Gewöhnliche Bindensandbiene
Andrena flavipes **L** 9–13 mm. Thorax braun (Seiten und „Gesicht" gelblich); Abdomen schwarz und meist unbehaart, S2–S4 bei ♀ mit hellen Bändern; Hinterbeine mit orangefarbenen Pollenpinseln; Femora behaart. Bei ♂ „Gesicht" schwarz; mit blauen und schwarzen Haaren. **H** Lichte Wälder, Grasland, Gärten.

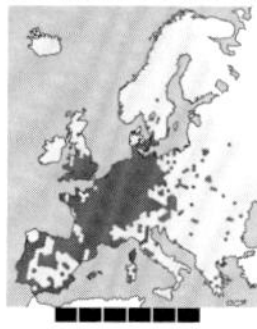
8
J F M A M J J A S O N D

9 Zaunrüben-Sandbiene
Andrena florea **L** 10–13 mm. Thorax braun; Abdominalsegmente schwarz, S1–S2 je nach Individuum unterschiedlich stark ausgeprägt rot. **H** Standorte, an denen Zaunrübe (*Bryonia*) wächst, u. a. Heideland, lichte Wälder, Parks, Gärten.

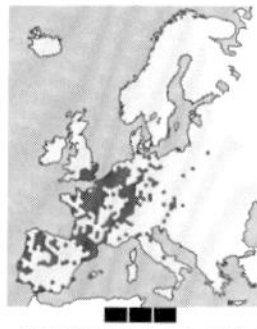
9
J F M A M J J A S O N D

10 Fuchsrote Lockensandbiene
Andrena fulva **L** 9–15 mm. ♀ breit, robust, Körper orange; Kopf, Beine und Fühler schwarz, leicht zu erkennen. Bei ♂ Thorax weniger lebhaft gefärbt; Kopf unterseitig mit weißen Haaren; große, schwarze Mundwerkzeuge. **H** Grasland, Parks, Gärten.

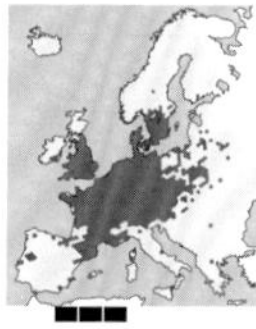
10
J F M A M J J A S O N D

11 Weiße Bindensandbiene
Andrena gravida **L** 10–13 mm. Ähnlich wie *A. flavipes*, helle Binden auf Abdomen, aber weiße Gesichtshaare. **H** Grünland, Waldränder, landwirtschaftliche Flächen, Friedhöfe, sandige Ufer.

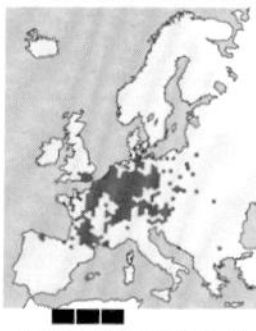
11
J F M A M J J A S O N D

12 Rotschopfige Sandbiene
Andrena haemorrhoa **L** 9–13 mm. Bei ♀ Thorax lebhaft orange; Abdomen schwarz, Spitze orange. Bei ♂ Thorax weniger lebhaft; „Gesicht" und Seiten des Thorax gelbbraun; hintere Tibiae und Tarsi meist orange. **H** Grünland, Wälder, Gärten.

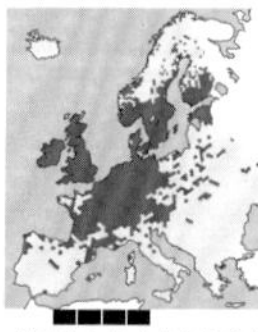
12
J F M A M J J A S O N D

13 Knautien-Sandbiene
Andrena hattorfiana **L** 13–17 mm. Schwarz; einige ♀ mit rot gebändertem Abdomen, auch 1–2 schwarze Flecken; beide Geschlechter mit dunkelbraunen Flügeln und orangefarbenem Ende des Abdomens. **H** Kalk- oder Sandrasen, Waldränder, meist auf Skabiosen.

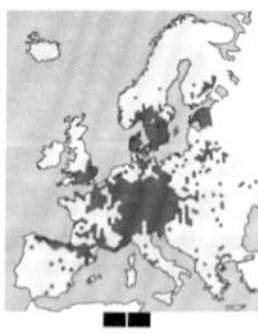
13
J F M A M J J A S O N D

14 Rote Ehrenpreis-Sandbiene
Andrena labiata **L** 7–10 mm. Thorax schwarz; Abdomen überwiegend rot, Basis und Spitze schwarz; S2 mit schwarzem Punkt an der Seite; ♀ kräftiger rot. Bei ♂ Clypeus weiß. **H** Grünland, Waldränder, Kirchhöfe.

14
J F M A M J J A S O N D

← BAUCHSAMMLERBIENEN

1 ×2 ◆

2 ×2 ◆

3 ×1,5 ■

blauer Schimmer

Flügel bewölkt mit schwarzbraunem und blauem Schimmer

Thorax, Abdomen und Beine mit weißen Haaren

weiße Haare an den Seiten und oben auf dem Kopf

4 ×2 ◆

braun und schwarz

5 ×2 ◆

♂ Clypeus blassgelb mit 2 schwarzen Flecken

6 ×1,5 ◆

schwarz mit weißen Haaren auf Thorax und „Gesicht“

7 ×2,5 ◆

SANDBIENEN →

8 ×2 ◆

Hinterbeine mit orangefarbenen Pollenhaaren

9 ×2 ■

Abdomen S1 + S2 teilweise rot

10 ×2 ■

orangefarbener Körper

11 ×2 ◆

„Gesicht“ mit weißen Haaren

12 ×2 ■

bei ♀ Abdomen mit orangefarbener Spitze

13 ×2 ◆

14 ×2 ■

Abdomen meist rot, S2 mit schwarzem Punkt an der Seite

← SANDBIENEN Andrenidae

← Gen. *Andrena*

1 Gewöhnliche Zwergsandbiene
Andrena minutula **L** 5–8 mm. Schwarz. **H** Offenes Grünland, Wälder, Gärten.

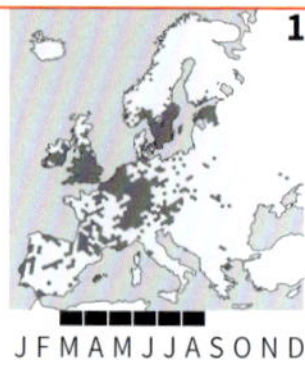

2 Erzfarbige Düstersandbiene
Andrena nigroaenea **L** 10–15 mm. Kopf schwarz; ♀ Thorax braun, Abdomen S1–S4 flaumig behaart, S5 mit schwarzen Haaren; hintere Tibiae dunkel, Pollenpinsel orange. ♂ ähnlich, Clypeus und Seiten des „Gesichts" schwarz behaart. **H** Grasland, Dünen, landwirtschaftliche Flächen, Wälder, Stadtgebiete.

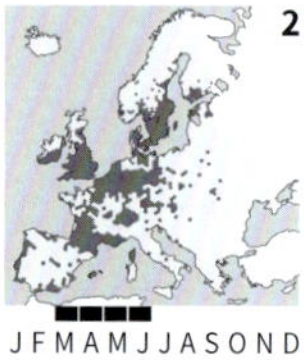

3 Glänzende Düstersandbiene
Andrena nitida **L** 10–16 mm. ♀ Thorax rötlich behaart; Abdomen schwarz, S1–S3 mit weißen Haarflecken; „Gesicht" und Femora weiß behaart. ♂ ähnlich, aber „Gesicht" mit schwarzen Haaren an den inneren Augenrändern. **H** Grasland, landwirtschaftliche Flächen, Stadtgebiet.

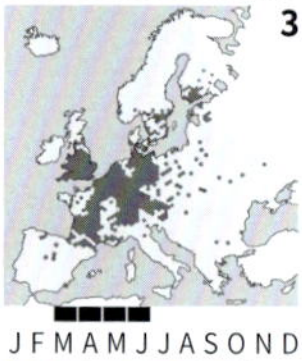

4 Schwarze Köhlersandbiene
Andrena pilipes **L** 11–15 mm. Schwarz, ♀ hintere Tibiae stärker weiß behaart als bei der fast identischen *A. nigrospina*. ♂ praktisch identisch, Hinterkopf und Thorax bei *A. nigrospina* meist grau behaart, mikroskopische Untersuchung oft erforderlich. **H** Grasland.

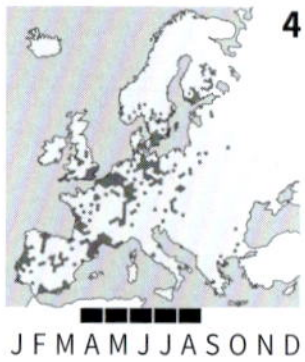

5 Schottische Sandbiene
Andrena scotica **L** 10–13 mm. Thorax und Abdomen braun behaart. **H** Wälder, Wiesen, Heideflächen, Gärten.

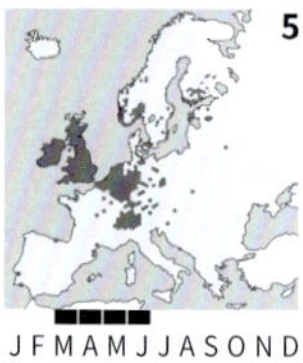

6 Große Weiden-Sandbiene
Andrena vaga **L** 11–16 mm. Thorax oberseitig grau behaart; bei jungen ♀ Thorax weiß. Abdomen schwarz, glänzend, seitlich mit einigen weißen Haaren. **H** Offene Gebiete, an Weiden.

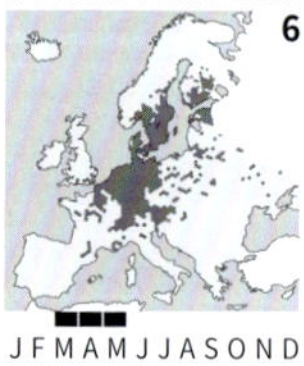

Gen. *Panurgus* E 13 SPP

Mittelgroß bis groß, meist schwarz, mit spärlicher Körper- und Beinbehaarung. Unterirdische Nester, einige Arten mit gemeinsamem Eingang zu den Nestern.

7 Große Zottelbiene
Panurgus banksianus **L** 9–12 mm. Schwarz, Fühler schwarz. **H** Heideland, Sanddünen, Grasland.

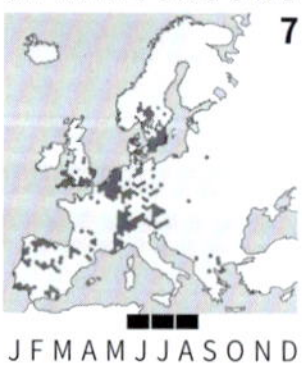

8 Stumpfzähnige Zottelbiene
Panurgus calcaratus **L** 7–9 mm. Schwarz, Fühler schwarz mit orangefarbenen Segmenten, auffallend bei ♂, bei ♀ Unterseite zumindest von Fühler S9–S11 blasser. **H** Sandige Standorte, Heideland, Grünland.

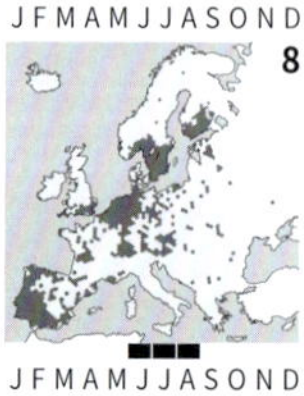

FURCHENBIENEN Halictidae →

E 9 GEN 344 SPP 13 ILL

Große Familie, ~ 3500 Arten weltweit; im englischen Raum auch bekannt als Schweißbienen (einige kleinere Arten werden von menschlichem Schweiß angezogen). Oft klein, aber auch große Arten, alle mit kurzer „Zunge". Vorderflügel mit ausgeprägter, stark gekrümmter Basalrippe. Es kann schwierig sein, sie bis auf Artenebene zu bestimmen. Die meisten nisten im Boden, einige sozial, andere eusozial (in Gruppen lebend).

Gen. *Halictus* E 75 SPP

Klein bis groß, Abdomen oft mit ausgeprägten Haarbändern. Nisten in Gruppen.

9 Vierbindige Furchenbiene
Halictus quadricinctus **L** 14–20 mm. Sehr groß; Thorax und ein Großteil der Beine braun behaart, Abdomen schwarz, S1–4 mit schmalen, weißlichen oder cremefarbenen Haarbändern. **H** Offene Flächen, Grasland, Parks.

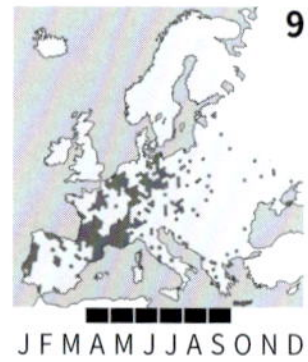

10 Rotbeinige Furchenbiene
Halictus rubicundus **L** 9–11 mm. Thorax rotbraun (♀) oder braun (♂); Abdomen schwarz mit schmalen, leuchtend weißen Haarbändern; Beine orange. **H** Grasland, Waldränder, Heideland.

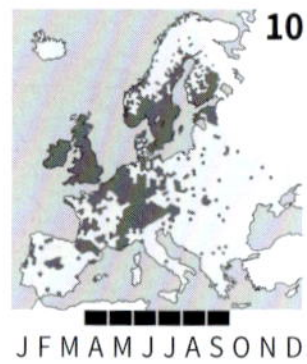

11 Gelbbindige Furchenbiene
Halictus scabiosae **L** 12–15 mm. Groß, robust. Kopf und Thorax und ein Großteil der Beine braun behaart bei ♀ (gelb bei ♂), Abdomen schwarz, mit breiten gelblichen Haarbändern. **H** Sandige Standorte, Grasland, Gebüsch, Gärten.

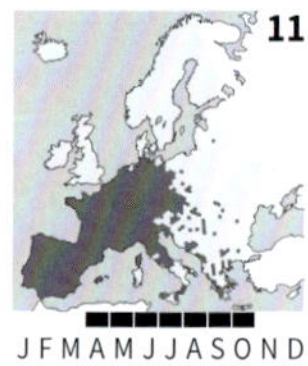

12 Sechsbindige Furchenbiene
Halictus sexcinctus **L** 13–16 mm. Groß, robust. Schwarz, aber Körper deutlich braun behaart, einschließlich seitlicher Haare am Abdomen bei ♀. Ähnlich wie *H. scabiosae*, aber bei ♂ Fühler rot bis auf Basis und Spitzen; bei ♀ fehlt bei Abdomen S2–S4 die blasse Behaarung von *H. scabiosae*. **H** Grasland, Wälder.

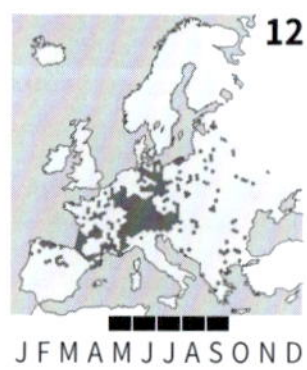

13 Dichtpunktierte Goldfurchenbiene ***Halictus subauratus*** **L** 7–9 mm. Bronze; Oberseite von Kopf und Thorax ♀ mit goldenen Haaren. Abdomen mit breiten, weißlichen oder gelblichen Bändern. ♂ mit meist gelben Beinen. **H** Offene Standorte, einschließlich Grasland, Wälder.

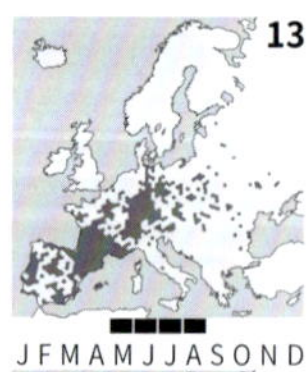

14 Gewöhnliche Goldfurchenbiene ***Halictus tumulorum*** **L** 6–8 mm. Körper mit bronzegrünem Schimmer; Abdomen bei ♀ mit schmalen, hellen Haarbändern. **H** Grünland, landwirtschaftliche Flächen, Gärten.

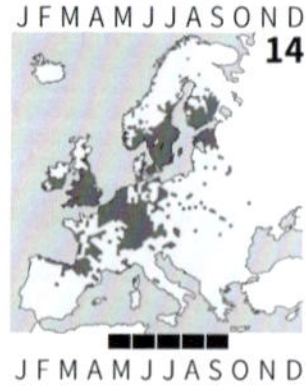

← SANDBIENEN

1 ×2,5 ◆

„Gesicht" in der Frühjahrsgeneration schwarz behaart

2 ×2 ◆

blasse Haare

3 ×2 ◆

4 ×3 ◆

5 ×2 ●

6 ×1,5 ◆

Thorax auffallend grau behaart

7 ×2 ◆

Fühler schwarz

8 ×2 ◆

♀

♂ Fühler schwarz-orange

FURCHENBIENEN →

9 ×1,5 ◆

sehr groß

10 ×2 ◆

orangefarbene Beine

11 ×1,5 ◆

♀

♀ Abdomen S2–S4 Basis mit blassen Haaren

breite gelbe Streifen

12 ×1,5 ◆

Abdomen mit 6 Haarbändern (keine Haare bei ♀ S2–S4)

13 ×2,5 ◆

Bronze

Abdomen mit breiten Haarbändern

14 ×2,5 ◆

bronzefarben

Abdomen mit schmalen Haarbändern

← **FURCHENBIENEN** Halictidae →

Gen. ***Lasioglossum*** E 174 SPP

Kleine bis mittelgroße, solitär lebende Bienen mit schwarzem Körper. 1300 Arten weltweit, viele ähnlich aussehende Arten, die eine mikroskopische Untersuchung der Abdominalsegmente, Geschlechtsorgane des ♂ oder anderer Schlüsselmerkmale erfordern. Die meisten bauen unterirdische Nester.

1
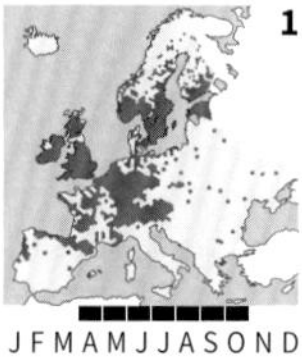

1 🔍 Gewöhnliche Schmalbiene
Lasioglossum calceatum **L** 8–11 mm. Thorax dunkelbraun; Abdomen schwarz mit schmalen, weißlichen Haarbändern; bei ♂ Abdomen oft ausgedehnt rot. **H** Grasland, städtische Gebiete.

2
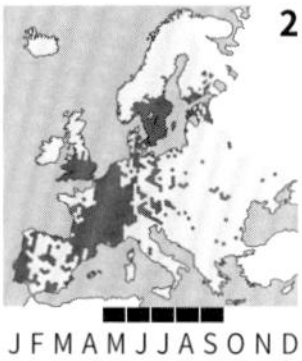

2 🔍 Weißbinden-Schmalbiene
Lasioglossum leucozonium **L** 7–10 mm. Schwarz, Thorax mit braunen Haaren; Abdomen mit breiten, weißlichen Haarbändern (schmaler bei ♂). **H** Sandige Standorte, Grünland, Heideland.

3
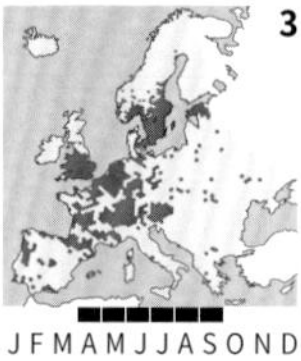

3 🔍 Dunkelgrüne Schmalbiene
Lasioglossum morio **L** 5–7 mm. Thorax dunkel, mit metallisch grünem Schimmer; Abdomen dunkler, ♀ mit weißlichen Haarbändern. **H** Offene Lebensräume, Parks, Gärten.

4
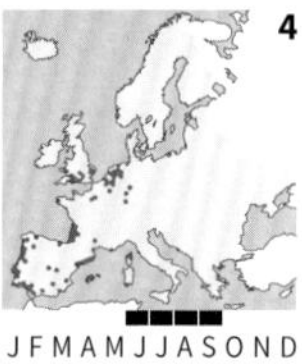

4 🔍 Steppenheide-Schmalbiene
Lasioglossum prasinum **L** 7–10 mm. ♀ robust, Abdomen S2–S4 seitlich mit dichter weißlich grauer Behaarung, die Bänder bildet; S4 mit grau. **H** Sandige Standorte, Heideland.

5
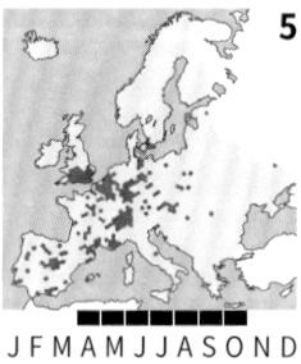

5 🔍 Große Salbei-Schmalbiene
Lasioglossum xanthopus **L** 9–12 mm. Groß und robust, Thorax braun behaart, Abdomen mit breiten gelblichen oder weißlichen Bändern; hintere Tibiae orange. **H** Grasland. **V** ♂ fliegen oft spät in der Saison.

6
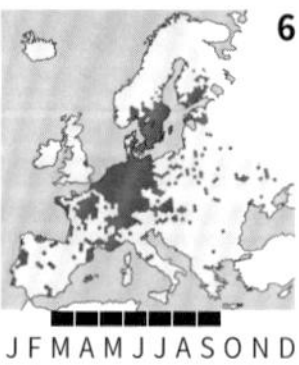

6 🔍 Riesen-Blutbiene
Sphecodes albilabris **L** 11–15 mm. Groß, schwarz mit leuchtend rotem Abdomen; ♂ Spitze schwärzlich. **H** Sandige Standorte mit reichlich Weiden. **V** Wirt: *Colletes cunicularius*.

7

7 🔍 Flachzahn-Spiralhornbiene
Systropha planidens **L** 10–11 mm. Robust, schwarz, mit helleren Haaren, z.B. an den Thoraxseiten. Bei ♂ Fühler ungewöhnlich eingerollt und Abdomen viel länglicher, Segmente mit dunkler Seitenbehaarung (Haarbänder fehlen). **H** Grasland, Gebüsch, Stadtgebiete. **V** An Winden (*Convolvulus*), wo ♀ Pollen sammeln.

SEIDENBIENEN Colletidae →

E 2 GEN 144 SPP 8 ILL

Solitär; diese Bienen glätten oder verputzen die Wände ihrer Nistzellen mit einem Sekret; ~2500 Arten weltweit.

Gen. ***Colletes*** E 58 SPP

Kleine bis mittelgroße, solitär lebende Bienen mit schwarzem Körper. Weltweit 1300 Arten, wobei viele ähnlich aussehende Arten eine mikroskopische Untersuchung der Abdominalsegmente, der männlichen Genitalien oder anderer Schlüsselmerkmale erfordern. Die meisten legen unterirdische Nester an.

8
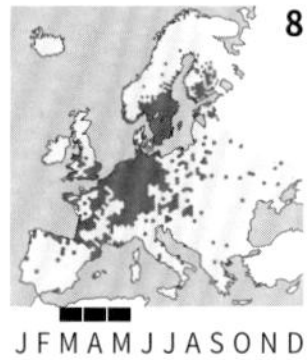

8 🔍 Frühlings-Seidenbiene
Colletes cunicularius **L** 12–16 mm. Groß, Thorax braun; Abdomen schwarz behaart mit schmalen weißlich braunen Haarbändern. **H** Offene Wälder.

9
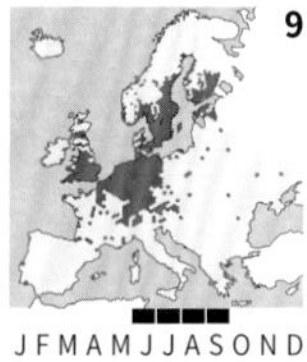

9 🔍 Buckel-Seidenbiene
Colletes daviesanus **L** 8–11 mm. Thorax braun; Abdomen mit breiten, weiß-braunen Haarbändern, S1 spärlich punktiert und behaart. **H** Grünland, landwirtschaftliche Flächen, Parks, Gärten.

10
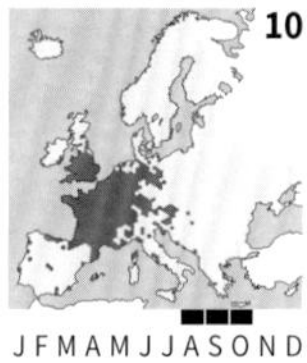

10 🔍 Efeu-Seidenbiene
Colletes hederae **L** 9–16 mm. Sehr hell. Thorax braun; breites, blassgelbes Band auf jedem Abdominalsegment, Seiten von S1 dicht behaart. **H** Küstenklippen, Ackerland, Heideflächen, Parks, Gärten. **V** Ein vertrauter Anblick an den Blüten von Efeu, spät im Jahr.

11
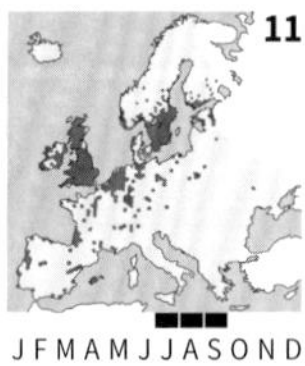

11 🔍 Heidekraut-Seidenbiene
Colletes succinctus **L** 7–13 mm. Thoraxhaare braun, einige schwarz; bei ♀ Abdomen S1 am Rand mit sichtbarem Orange. **H** Heide- und Moorland. **V** Wird oft von Heideblüten angezogen.

← FURCHENBIENEN

1 ×2 ◆

2 ×2,5 ◆

3 ×3 ◆

4 ×2,5 ◆

5 ×2 ◆

6 ×2 ◆

SEIDENBIENEN →

7 ×3 ◆

♀

ungewöhnlich eingerollte Fühler bei ♂

8 ×4 ◆

9 ×2 ◆

10 ×1,5 ◆

11 ×2 ◆

← SEIDENBIENEN Colletidae

Gen. ***Hylaeus*** E 86 SPP

Kleine bis mittelgroße, solitäre Bienen; Flügel mit 2 submarginalen Zellen. 700 weltweit vorkommende Arten, die oberflächlich betrachtet Wespen ähneln. Erkennbar an der fehlenden Behaarung und den fehlenden Pollenpinseln, Körper schwarz mit verschiedenen weißen oder gelben Flecken; die Flecken auf dem „Gesicht" können bei der Bestimmung der Art helfen. Die meisten nisten in bereits existierenden Löchern, einschließlich in hohlen Stämmen.

1 Gewöhnliche Maskenbiene
Hylaeus communis **L** 4–7 mm. Schwarz; „Gesicht", Thorax, Fühler und Beine mit gelber Zeichnung. ♀ Gesichtsflecken gelb, dreieckig und an den Augenrändern anliegend; ♂ „Gesicht" weitgehend gelb, anders als bei verwandten Arten, Mandibeln schwarz. **H** Lichte Wälder, Parks, Gärten.

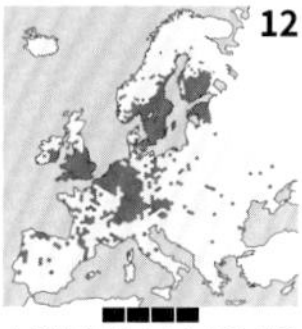
12
J F M A M J J A S O N D

2 Mauer-Maskenbiene
Hylaeus hyalinatus **L** 4–7 mm. Schwarz. Mit weißem Clypeus; im Gegensatz zu anderen *Hylaeus* spp. „Gesicht" behaart; Unterseite der Fühler orange. Tibiae und oft auch Tarsi mit weißlichen Bändern. **H** Offene Gebiete, einschließlich Grasland, Wälder, Dünen.

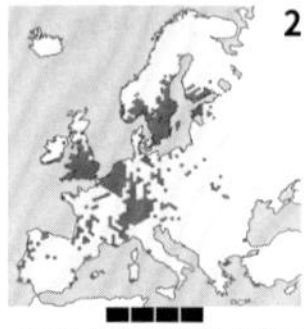
2
J F M A M J J A S O N D

3 Rainfarn-Maskenbiene
Hylaeus nigritus **L** 7–9 mm. Schwarz; ♀ mit 2 gelben dreieckigen Flecken im „Gesicht", ♀ „Gesicht" weiß. **H** Sandige Standorte, Kiesgruben, Gebüsch, Parks, Gärten.

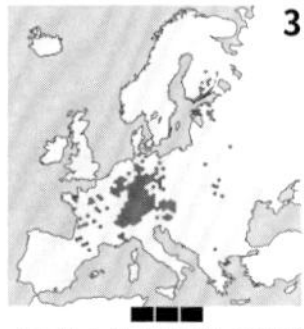
3
J F M A M J J A S O N D

4 Rote Maskenbiene
Hylaeus variegatus **L** 6–8 mm. Körper gedrungen, bunt, beide Geschlechter mit gelbem oder weißlichem Kragen und weiß gezeichnetem „Gesicht". ♀ Abdomen S1 rot, oft auch weitere Segmente, oder zumindest mit einem leichten Hauch von Rot. **H** Grasland, Dünen.

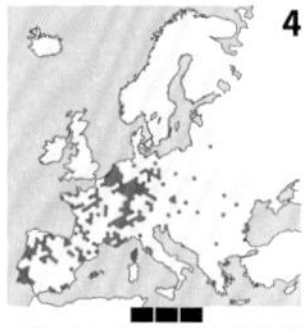
4
J F M A M J J A S O N D

WEITERE GLIEDERFÜSSER

KREBSTIERE Malacostraca

HÖHERE KREBSE Malacostraca

Die Klasse Malacostraca ist mit weltweit ~40 000 Arten die größte Klasse der Krebstiere. Ihr Körper ist in Kopf, Brustkorb und Hinterleib unterteilt, wobei Kopf und Brustkorb manchmal miteinander verschmolzen sind. Mehrere Ordnungen sind mit Süßwasser und Meerwasser assoziiert; Asseln sind die einzige Ordnung, die wirklich terrestrische Arten umfasst.

Asseln Isopoda

Körper flach, oval; 7 Beinpaare und 2 Antennenpaare; ernähren sich von Detritus, verrottenden organischen Stoffen und kleinen Wirbellosen. Wir zeigen Vertreter aus 2 Gruppen: Die Unterordnung Oniscidea (Landasseln) ist terrestrisch und bevorzugt feuchte Lebensräume; die Unterordnung Asselota kommt in Süßwasser vor und ist in Europa durch die Wasserassel und einige wenige verwandte Arten vertreten.

5 Gemeine Rollassel
Armadillidium vulgare **L** 8–18 mm. Körper glatt; oft schiefergrau, Farbe aber variabel, einschließlich fleckiger Formen. **H** Parks, Gärten, in Schuppen, Kellern und ähnlichen Orten. **V** Alle Rollasseln (Familie Armadillidiidae) können sich zu einer Kugel zusammenrollen, sodass die äußere Körperhülle eine schützende Panzerung bildet, ähnlich wie bei den nicht verwandten Saftkuglern (S. 640).

5
J F M A M J J A S O N D

6 Mauerassel *Oniscus asellus*
L 8–18 mm. Körper mit rauer, körniger Oberfläche; glänzend dunkelbraun bis dunkelgrau, variabel dunkel gefleckt. **H** Wälder, Parks, Gärten; in Komposthaufen, unter Steinen und Totholz.

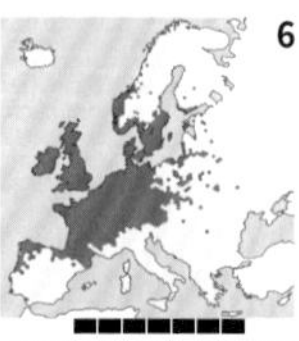
6
J F M A M J J A S O N D

7 Gefleckte Moosassel
Philoscia muscorum **L** 5–11 mm. Körper glänzend braun bis rötlich mit marmoriertem Muster; eine dunkle Mittellinie und helle Linien an jeder Seite. Kopf bei adulten Tieren dunkler, bei Jungtieren jedoch heller gefärbt. **H** Wälder, Parks, Gärten; unter Rinde und Totholz.

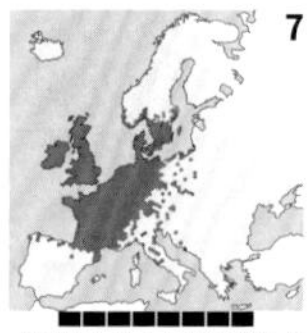
7
J F M A M J J A S O N D

8 Kellerassel *Porcellio scaber*
L 8–16 mm. Körper mit rauer, körniger Oberfläche; einfarbig dunkel, manchmal mit dunklen Flecken. **H** Wälder, Parks, Gärten; unter Steinen, selten unter Totholz. Oft in Kellern, Schuppen und ähnlichen Orten.

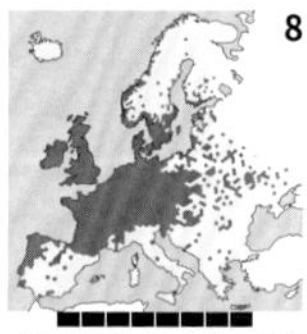
8
J F M A M J J A S O N D

9 Dornfühlerassel
Porcellio spinicornis **L** 8–12 mm. Körper glatt; oft mit dunklem Mittelstreifen, der von gelblichen Flecken gesäumt ist; Kopf dunkler. Die hinteren Ecken des ersten Segments sind spitz geformt. **H** Im Gegensatz zu vielen anderen Asseln vor allem an trockenen Orten wie Felsen oder alten Steinmauern zu finden.

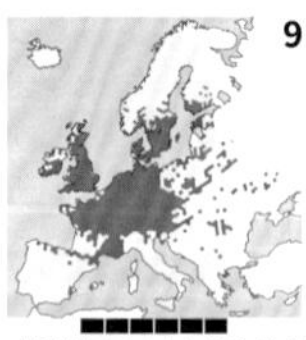
9
J F M A M J J A S O N D

10 Wasserassel *Asellus aquaticus*
L 10–20 mm. Körper grau bis graubraun mit vereinzelten weißen Flecken. **H** Stehende und fließende Gewässer. **V** Ernährt sich von Pflanzengewebe. Kann in vorübergehend ausgetrockneten Gewässern überleben, indem sie sich in den schlammigen Untergrund eingräbt.

10
J F M A M J J A S O N D

← SEIDENBIENEN

1 ×4 ◆

2 ×4 ◆

3 ×3 ◆

4 ×3 ■

ASSELN

5 ×4 ◆

6 ×4 ◆

7 ×3 ◆

8 ×4 ◆

9 ×4 ◆

10 ×3 ◆

TAUSENDFÜSSER Myriapoda

Myriapoden umfassen eine Gruppe verschiedener Klassen der Gliederfüßer mit langem, oft wurmartigem Körper, der aus vielen Segmenten besteht, von denen die meisten entweder 1 oder 2 Beinpaare aufweisen. Die beiden häufigsten Klassen sind Hundertfüßer (Chilopoda) und Doppelfüßer (Diplopoda), von denen hier einige häufig anzutreffende Arten gezeigt werden.

HUNDERTFÜSSER Klasse Chilopoda

~3500 Arten weltweit; ~585 in Europa. Körper länglich, abgeflacht; ein Beinpaar pro Segment; Beine oft kräftig und groß. Schnell beweglich, räuberisch. Die meisten Arten in der Dunkelheit aktiv; oft im Boden, in Laubstreu oder unter Steinen.

1 Spinnenläufer
Scutigera coleoptrata **L** 25–35 mm. Gelblich grau; ~15 Beinpaare; Beine, Antennen und Schwanzanhänge sehr lang. 2 Facettenaugen. **H** Wälder, Grasland; häufig in Kellern, Garagen, Häusern. **B** Kann sehr schnell laufen; erbeutet Spinnen mit Giftklauen. ⚠ Kann Menschen stechen (wie ein leichter Bienenstich), aber nur bei Bedrohung; zieht sich normalerweise schnell zurück.

1
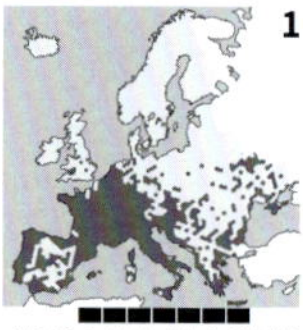
J F M A M J J A S O N D

2 Gemeiner Steinläufer
Lithobius forficatus **L** 18–30 mm. Körper braun; ~15 Beinpaare; Beine nicht gestreift (im Gegensatz zum ähnlichen gestreiften Tausendfüßler *L. variegatus*). **H** Wälder, Parks, Gärten.

2
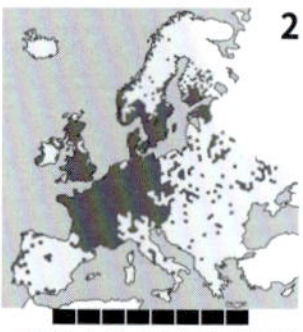
J F M A M J J A S O N D

3 Großer Gelber Erdläufer
Stigmatogaster subterranea **L** ≤ 70 mm. Körper dünn, wurmartig, gelb; ~80 Beinpaare. **H** Wälder, Wiesen, Gärten.

3
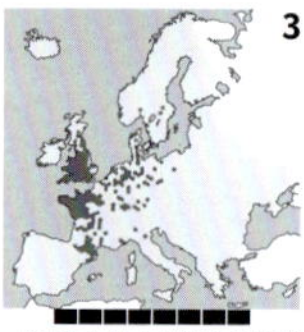
J F M A M J J A S O N D

4 Gemeiner Erdläufer
Geophilus flavus **L** 15–45 mm. Körper dünn, wurmartig; gelblich bis orange; ~50 Beinpaare; Kopf ohne Augen. **H** Wälder, Parks, Gärten.

4
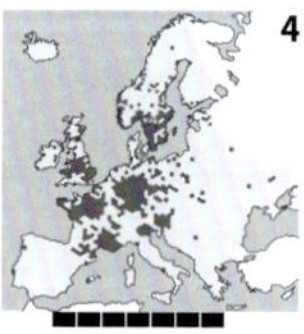
J F M A M J J A S O N D

DOPPELFÜSSER Klasse Diplopoda

Weltweit über 13 000 Arten; ~1500 in Europa. Körper meist länglich, wurmartig; bei Kugelfüßern kurz und abgeflacht; die meisten Körperringe bestehen aus 2 miteinander verwachsenen Segmenten (also mit je 2 Beinpaaren). Oft 40 bis 400 Beine. Die meisten Arten bewegen sich langsam und ernähren sich von Pflanzen. Bei Gefahr rollen sie sich zu einer Kugel zusammen; einigen Arten können aus Abwehrdrüsen ein Sekret gegen Feinde absondern.

Pinselfüßer Polyxenida

5 Kleiner Pinselfüßer
Polyxenus lagurus **L** 2–4 mm. Körper flach, eher kurz; braun, mit Borsten bedeckt; 13 Beinpaare. **H** Waldgebiete. **B** Tag- und nachtaktiv; oft auf Baumrinde oder Felsen anzutreffen; kann Borsten ablösen, um vor Feinden zu fliehen.

5
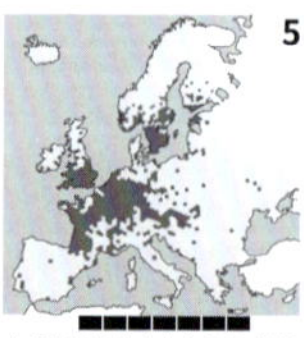
J F M A M J J A S O N D

Saftkugler Glomerida

Körper kurz, abgeflacht, Segmente verbreitert, < 20 Beinpaare; ähnlich Asseln (S. 638).

6 Schrägstreifiger Saftkugler
Glomeris hexasticha **L** 6–17 mm. Körper glänzend braun bis schwarz, mit 6–7 Reihen großer orange-roter Flecken; die Hinterkante jedes Segments ebenfalls orange-rot. **H** Wälder, Parks, Grasland.

6
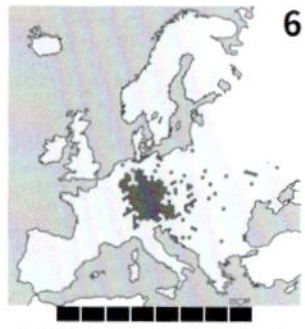
J F M A M J J A S O N D

7 Gerandeter Saftkugler
Glomeris marginata **L** 8–20 mm. Körper glänzend schwarz; jedes Segment mit schmalem, hellem Rand; Jungtiere sind heller gefärbt und haben 4 Flecken pro Segment. **H** Wälder, Parks, Grasland.

7
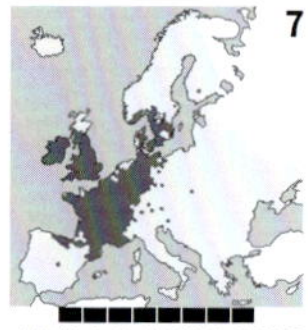
J F M A M J J A S O N D

Bandfüßer Polydesmida

Körper abgeflacht, Segmente verbreitert, ähnlich länglichen Asseln; ~30 Beinpaare.

8 Rotbrauner Bandfüßer
Polydesmus angustus **L** 14–30 mm. Körper glänzend braun. Andere *Polydesmus* spp. sind ähnlich, aber kleiner (< 20 mm). **H** Wälder, Parks, Gärten.

8
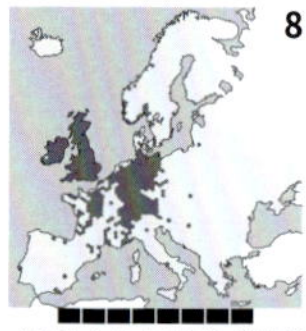
J F M A M J J A S O N D

Schnurfüßer Julida

Körper zylindrisch, wurmartig; mit > 100 kleinen Beinpaaren. Bewegen sich meist langsam fort.

9 Gefleckter Doppelfüßer
Blaniulus guttulatus **L** 8–16 mm. Körper weißlich bis gelblich; Seiten mit einer Reihe roter Abwehrdrüsen. **H** Wiesen, Gärten; in lehmigen Böden.

9
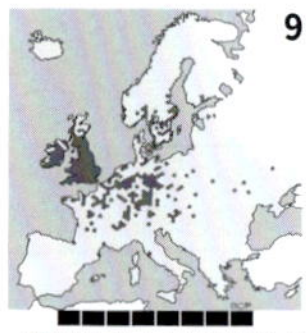
J F M A M J J A S O N D

10 Gepunkteter Schnurfüßer
Cylindroiulus punctatus **L** 12–30 mm. Körper hell- bis dunkelbraun; Seiten mit einer Reihe unauffälliger dunkler Abwehrdrüsen. **H** Wälder, Parks, Gärten.

10
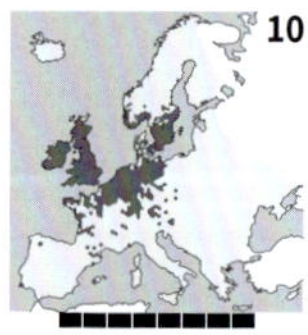
J F M A M J J A S O N D

11 Sandschnurfüßer
Ommatoiulus sabulosus **L** 15–50 mm. Körper dunkel, mit 2 gelblich braunen Längsstreifen. **H** Wälder, Brachland. **V** Gelegentlich kann es zu massenhaftem Auftreten kommen. Manchmal in Häusern anzutreffen.

11
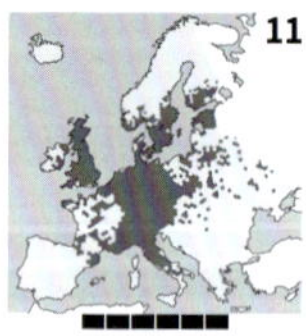
J F M A M J J A S O N D

12 Schwarzer Schnurfüßer
Tachypodoiulus niger **L** 15–40 mm. Körper glänzend schwarz; Beine weißlich. **H** Wälder, Parks, Gärten. **V** Kann deutlich schneller laufen als die meisten verwandten Arten.

12

J F M A M J J A S O N D

Hundertfüsser

1 ×¾

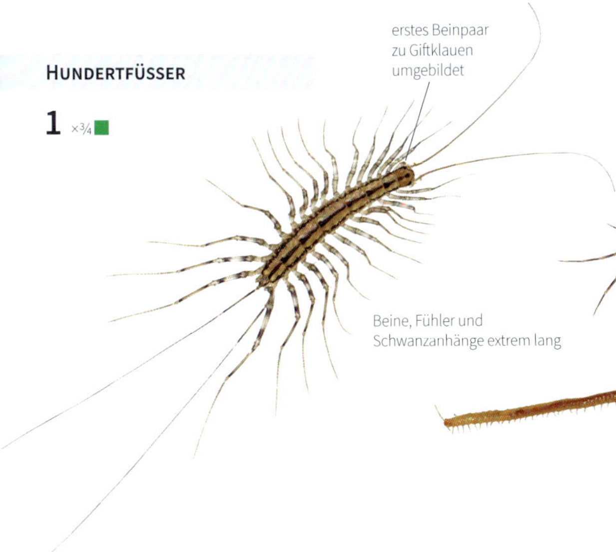

2 ×1

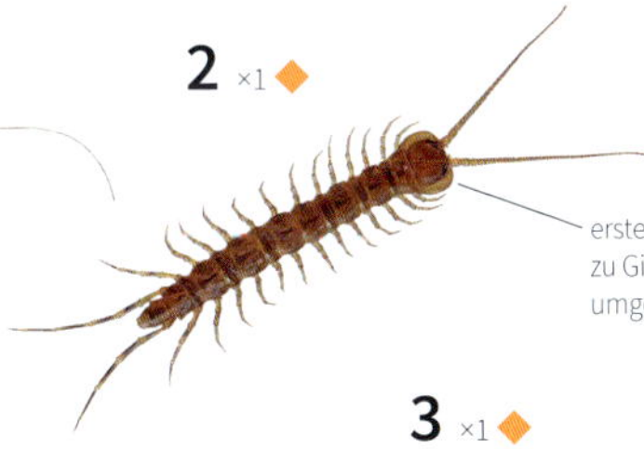

3 ×1

4 ×1,5

Doppelfüsser

5 ×8

6 ×1,5

7 ×1,5

8 ×1,5

9 ×4

10 ×3

11 ×1,5

12 ×3

SPINNENTIERE Arachnida →

Die Klasse Arachnida umfasst weltweit mehr als 100 000 Arten. Der Körper besteht aus 2 Segmenten: Cephalothorax (Kopf und Thorax zusammen verwachsen) und Abdomen (Abbildung S. 5). Meist haben sie 8 Beine und große Mundwerkzeuge (bei Skorpionen zu großen Zangen geformt), aber keine Antennen und Flügel. ♀ in der Regel größer als ♂. Fast alle sind Fleischfresser; einige Webspinnen weben Seidennetze zum Beutefang. Die Klassifizierung ist nach wie vor ein aktives Forschungsgebiet. Hier stellen wir nur einige wenige, häufig vorkommende Arten vor.

Weberknechte Opiliones

Weltweit über 6500 Arten; über 330 in Europa. Körper sehr klein; Kopf, Brust und Hinterleib sind zu einer breiten ovalen Form verschmolzen; kleine, hervorstehende Augen auf der Oberseite. Oft als „Schneider" bekannt; dieser Name wird auch für die völlig andersartigen Schnaken verwendet (S. 336).

1
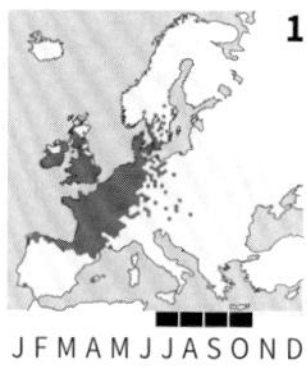

1 Streckfuß
Dicranopalpus ramosus **L** 3–6 mm. Bräunlich; Beine bis ~50 mm; in Ruhestellung seitlich ausgestreckt. Mundwerkzeuge gegabelt. **H** Wälder, Parks, Gärten; auf und in Häusern. **I** Heimisch in Marokko; breitet sich in Europa aus.

2
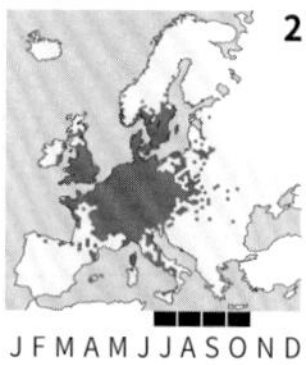

2 Apenninenkanker
Opilio canestrinii **L** 4–8 mm. Körper gelblich braun bis dunkelbraun; Beine dunkel mit gelben „Kniegelenken" bei ♂; hell-dunkel geringelt bei ♀. **H** Wälder, Parks, Gärten; auf und in Häusern.

3
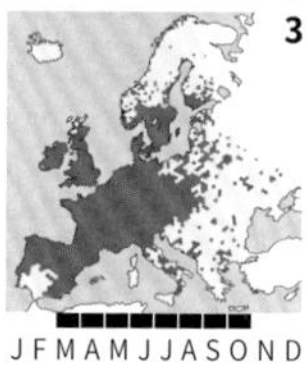

3 Gemeiner Weberknecht
Phalangium opilio **L** 4–7 mm. Körper grau bis bräunlich; dunkle Markierung auf der Oberseite (bei ♀ mit weißen Linien). ♂ mit auffälligen Mundwerkzeugen. **H** Wälder, Parks, Gärten; an und in Häusern.

Milben & Zecken Acariformes & Parasitiformes

Weltweit 39 000+ Arten; oft winzig (< 1/10 mm). Körper zu einem Segment verschmolzen; Beine klein. Die meisten ernähren sich von Pflanzen oder winzigen Tieren; einige Zecken sind jedoch Parasiten, auch beim Menschen.

4
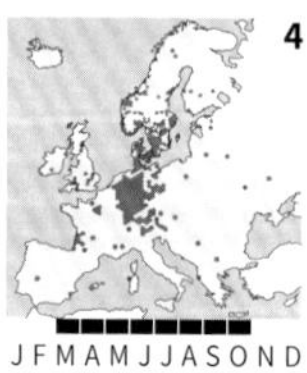

4 Rote Samtmilbe
Trombidium holosericeum **L** 2–4 mm. Körper samtig-rot behaart; kleine Augen. **H** Wälder, Wiesen, Parks, Gärten. **B** Die Larven sind Parasiten auf Insekten und Spinnentieren; Erwachsene ernähren sich von kleinen Tieren und Insekteneiern.

5
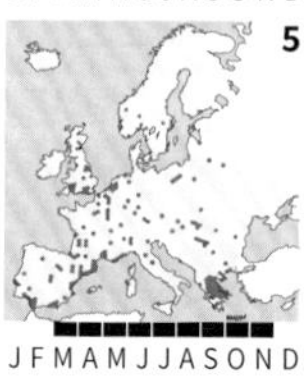

5 Gemeine Spinnmilbe
Tetranychus urticae **L** ~0,4 mm. Winzig, hellgrün bis rot, meist mit 2 schwarzen Punkten. **H** Ackerland, Grasland. **I** Ein bedeutender Schädling in der Landwirtschaft, an einer Vielzahl von Pflanzen; kann innerhalb kürzester Zeit in großer Zahl auftreten.

6
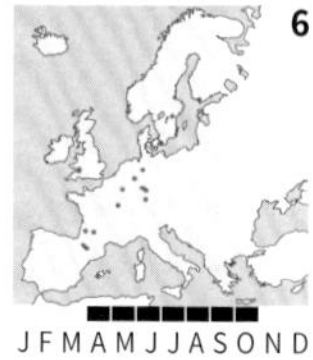

6 Herbstmilbe
Neotrombicula autumnalis **L** ~1 mm. Orange oder rot. Larven 0,2–0,4 mm groß, mit 6 Beinen. **H** Grasland, Waldland, Buschland, städtische Gebiete. **V** Larven ernähren sich vom Gewebe von Vögeln und Säugetieren; ausgewachsene Tiere leben im Boden von Pflanzen und anderen Kleinlebewesen. ⚠ Larven befallen auch Menschen; meist im Spätsommer oder Herbst, wenn sie aus dem Boden auf Gras krabbeln, um dort auf Wirte zu warten. Sie verursachen starken Juckreiz und Hautausschläge, die manchmal wochenlang anhalten.

7
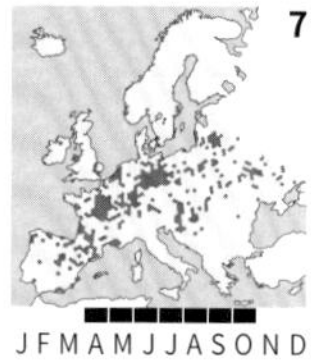

7 Auwaldzecke
Dermacentor reticulatus **L** 4–5 mm; vollgesogenes ♀ ≥ 12 mm. Schild dunkel, weißlich marmoriert; Ränder orange-rot. Bei ♀ bedeckt der Schild nur das vordere Drittel des Körpers. **H** Wälder, Gärten. **V** ♀ saugt Blut von Hunden, Pferden, Rindern oder anderen Säugetieren. ⚠ Infiziert nur selten Menschen.

8
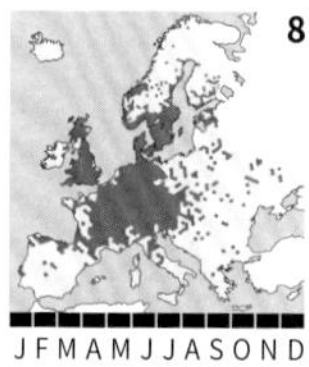

8 Gemeiner Holzbock
Ixodes ricinus **L** 2–4 mm, vollgesogene ♀ ≤ 11 mm. Schild dunkel, nicht verziert; bedeckt bei ♀ nur vorderen Teil des Körpers. Beine dunkel, nicht hell geringelt. Ähnliche *Ixodes* spp. befallen selten Menschen. **H** Wälder, Parks, Gärten. **V** ♀ saugen Blut von Pferden, Rindern oder anderen Säugetieren, auch Vögeln. ⚠ Infizierte Zecken übertragen die Lyme-Borreliose auf Menschen und Tiere, die durch Zecken übertragene Enzephalitis (TBE-Virus) und andere Krankheiten.

Pseudoskorpione Pseudoscorpiones

2–8 mm; Pedipalpen (Mundwerkzeuge) groß, zangenartig. Erinnern etwas an Skorpione, sind jedoch viel kleiner und haben keinen segmentierten Schwanz.

9
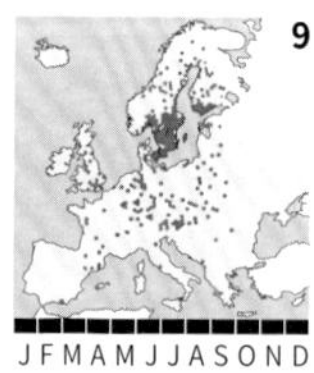

9 Bücherskorpion
Chelifer cancroides L 3–5 mm. Körper braun. **H** Wälder, unter Rinde, in alten Vogelnestern; in Häusern unter Tapeten oder in staubigen alten Schränken. **B** Ernährt sich von Milben, Staubläusen (S.98) und anderen Insekten.

Skorpione Scorpiones

~2300 Arten weltweit; ~35 in Europa; große Spinnentiere mit einem Schwanz, der in einem giftigen Stachel endet, und gut entwickelten Scheren. ⚠ ~25 Arten weltweit tödlich giftig für Menschen, aber keine davon in Europa.

10
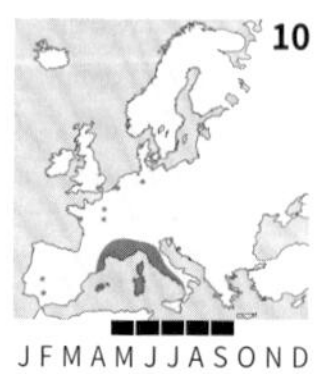

10 Gelbschwänziger Skorpion
Euscorpius flavicaudis **L** 35–45 mm. Schwarz, Schwanz und Beine gelb; Schwanz kurz, schmal. **H** An Mauern und Felsen; in Rissen oder Löchern. Kulturfolger. **I** Heimisch in Afrika und Südeuropa; die nördlichste Population Europas in den Sheerness Docks, Kent, in Großbritannien. ⚠ Ein Stich ist unwahrscheinlich und weniger schmerzhaft als ein Bienenstich.

WEBERKNECHTE

1 ×2,5 ●

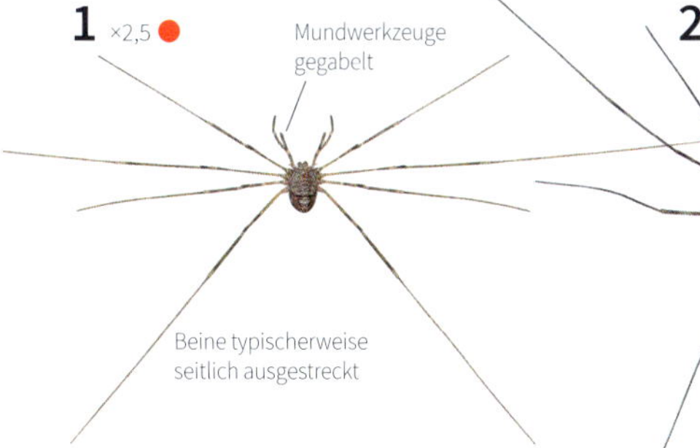

2 ×2 ◆

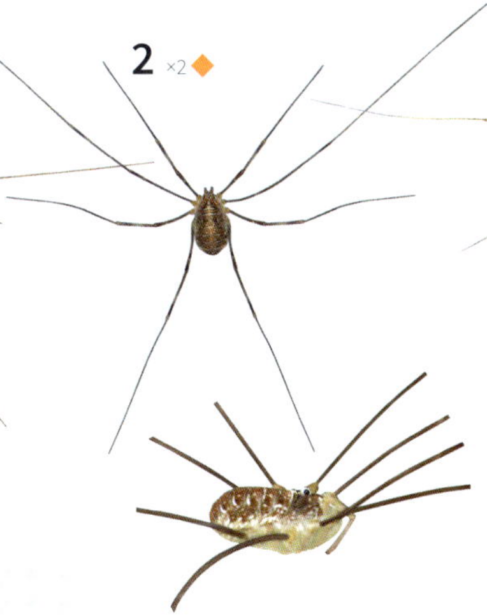

3 ×2 ◆

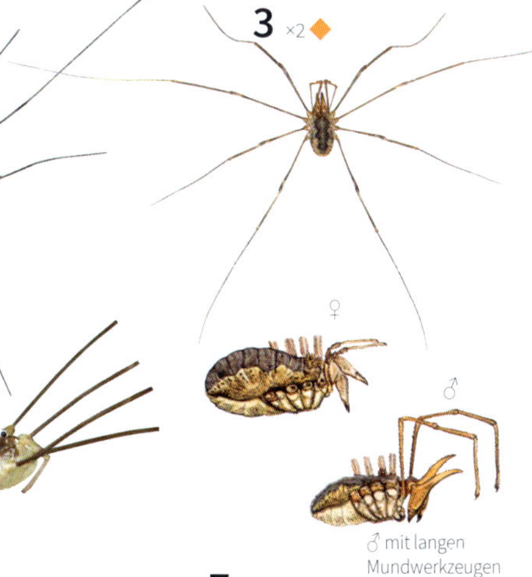

MILBEN & ZECKEN

4 ×6 ◆

5 ×40 ●

6 ×15 ◆

7 ×4 ◆

8 ×5 ◆

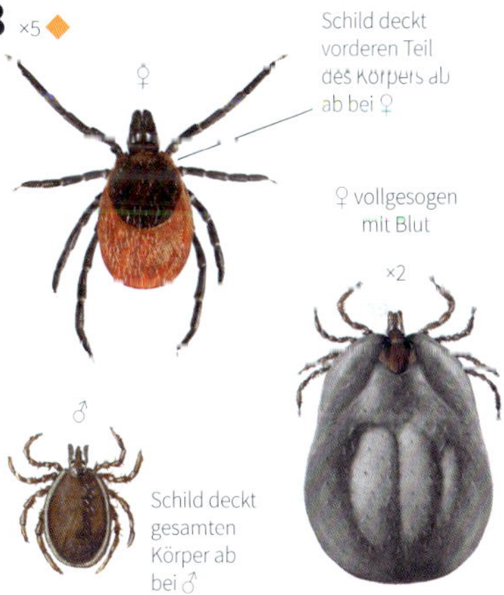

PSEUDOSKORPIONE

9 ×4 ◆

SKORPIONE

10 ×1 ◆

← SPINNENTIERE Arachnida →

Webspinnen Araneae →

Weltweit ~54 000 Arten; 5775 in Europa. Körper ist deutlich in 2 Teile unterteilt (Cephalothorax und Abdomen); der erste Teil besteht aus einem verschmolzenen Kopf und Thorax; der Kopf hat oft 8 Augen, die Mundwerkzeuge sind giftinjizierend.

Die meisten Arten haben einen runden Körper, 8 Beine und Seidendrüsen am Hinterleibsende. Bei den meisten Arten sind ♀ deutlich größer als ♂. Nachfolgend sind einige häufig vorkommende Familien und Arten aufgeführt. ⚠ Die meisten Spinnen sind für Menschen harmlos; einige Arten können beißen, tun dies jedoch nur, wenn sie sich bedroht fühlen. Die Bisse einiger weniger europäischer Arten können für Menschen gefährlich sein.

Zitterspinnen Pholcidae

Hinterleib schmal, länglich; Beine sehr lang und dünn. Einige Arten (wie die abgebildete) vibrieren, wenn sie bedroht werden, wodurch sie vor dem Hintergrund verschwimmen.

1
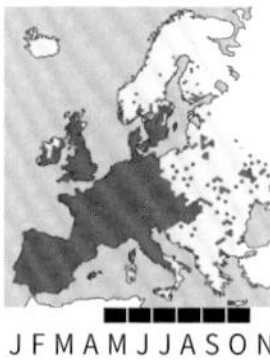

1 🔍 Große Zitterspinne
Pholcus phalangioides **L** 7–10 mm. Körper blassgelb, Hinterleib mit einigen unscharfen Flecken. **H** Keller, Schuppen, in Häusern.

Speispinnen Scytodidae

Beute wird innerhalb von Sekundenbruchteilen durch das Ausspucken eines zickzackförmigen Seidennetzes gefangen. Cephalothorax bauchig; enthält große Drüsenkammern.

2
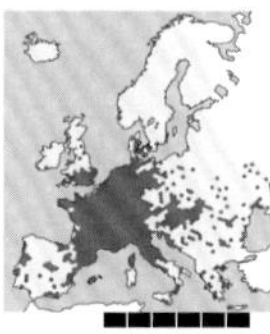

2 ⊙ Speispinne
Scytodes thoracica **L** 3–6 mm. Körper gelblich mit dunklem Flecken- und Streifenmuster; Beine gelb-dunkel geringelt. **H** In Gebäuden.

Trichterspinnen Agelenidae

Einige sehr große Arten; Netze in Ecken, trichterförmig.

3
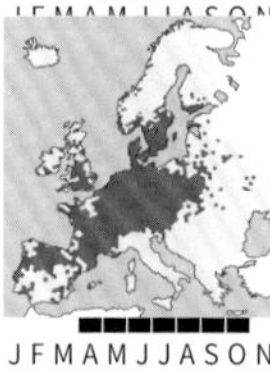

3 🔍 Große Winkelspinne
Eratigena duellica **L** 10–16 mm. Körper dunkelbraun mit hellbrauner Mittellinie und hellbraunen Fleckenreihen auf beiden Seiten. **H** In Häusern und Nebengebäuden.

4
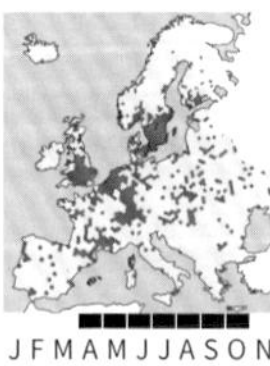

4 🔍 Hauswinkelspinne
Tegenaria domestica **L** 6–15 mm. Körper ockerfarben mit dunklen Flecken; Beine undeutlich geringelt, um ein Vielfaches länger als der Körper. **H** Felsige Standorte, in Häusern und Kellern.

Radnetzspinnen Araneidae

Bei den meisten Arten bauen ♀ (auch junge ♂) die bekannten, typischen radförmigen Netze, die man so oft in Wäldern, Gärten und auch in Häusern findet.

5
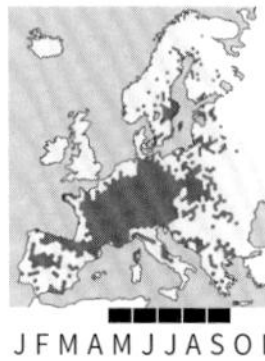

5 ⊙ Eichblatt-Radspinne
Aculepeira ceropegia **L** ♂ 7–9 mm, ♀ 13–16 mm. Körper braun; Hinterleib mit auffälligen großen, hellen Eichenblatt-Markierungen; Beine gelb-braun geringelt. **H** Wälder, Grasland.

6
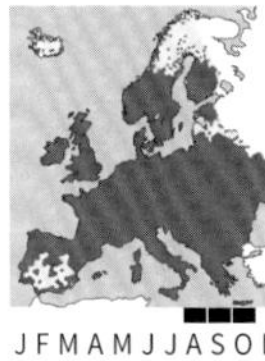

6 ⊙ Gartenkreuzspinne
Araneus diadematus **L** ♂ 4–8 mm, ♀ 16–18 mm. Groß; Körper gelblich bis bräunlich; Hinterleib mit weißen Flecken, die eine kreuzförmige Zeichnung bilden. **H** Wälder, Parks, Gärten, auch in Städten.

7
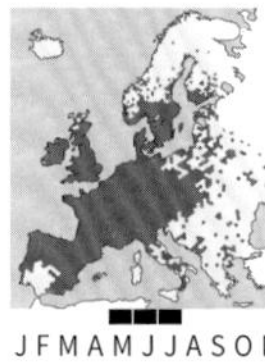

7 ⊙ Kürbisspinne
Araniella cucurbitina **L** 4–6 mm. Cephalothorax und Beine grünlich braun, Hinterleib gelblich grün. **H** Wälder, Parks, Gärten.

8
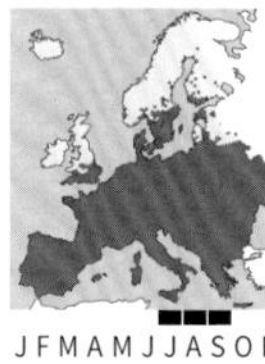

8 ⊙ Wespenspinne
Argiope bruennichi **L** ♂ 4–6 mm, ♀ 14–17 mm. ♀ mit charakteristischen weiß-gelb-schwarzen Streifen auf dem Hinterleib; ♂ klein, unauffällig braun. Die ähnliche *A. lobata* (nur in Südeuropa) hat einen deutlich breiteren Hinterleib mit seitlichen Höckern. **H** Wiesen, Gebüsch.

9
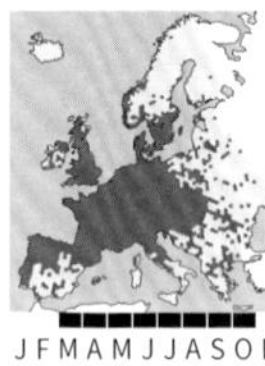

9 🔍 Spaltenkreuzspinne
Nuctenea umbratica **L** 8–14 mm. Körper rotbraun bis schwarzbraun mit blattförmigem Muster; Beine hell- und dunkelbraun geringelt. Hinterleib abgeflacht. **H** Wälder, an Mauern, in Schuppen.

WEBSPINNEN →

1 ×1 ◆

2 ×3 ■

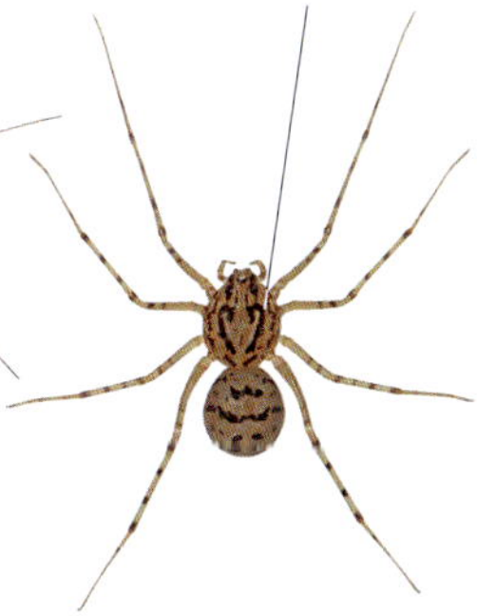

3 ×1 ◆

4 ×1,25 ◆

5 ×1 ■

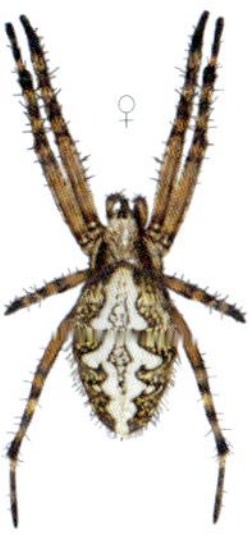

6 ×1 ■

7 ×3 ■

8 ×1 ■

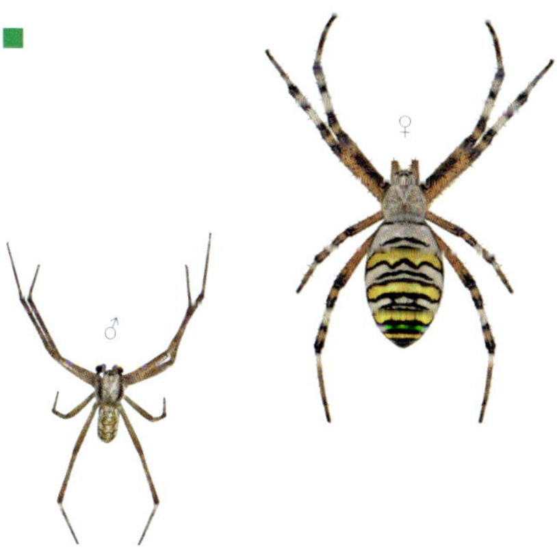

9 ×1,5 ◆

← SPINNENTIERE Arachnida

← Webspinnen Araneae

Dornfingerspinnen Cheiracanthiidae

Körper länglich, Beine lang; Mundwerkzeuge groß, nach vorne gerichtet. Jagt Beute am Boden; meist nachtaktiv.

1 🔍 Ammen-Dornfinger
Cheiracanthium punctorium
L 8–15 mm. Cephalothorax rot-orange, Hinterleib gelblich bis grün; Beine gelblich, Tarsen mit dunklen Spitzen. **H** Grasland. ⚠ Biss schmerzhaft, ähnlich wie bei Wespen oder Bienen; erfordert selten ärztliche Behandlung.

1
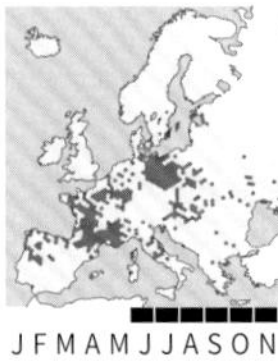

Jagdspinnen Pisauridae

Groß und langbeinig, Abdomen spitz zulaufend.

2 🔍 Listspinne
Pisaura mirabilis **L** 6–10 mm. Cephalothorax hell bis rotbraun oder grau und schwarz; Hinterleib schmal. **H** Wälder, Parks, Gärten. **B** ♀ tragen Eiersäcke unter ihrem Körper. Sie bewachen ihre Jungen in zeltartigen Kinderstuben-Netzen.

2
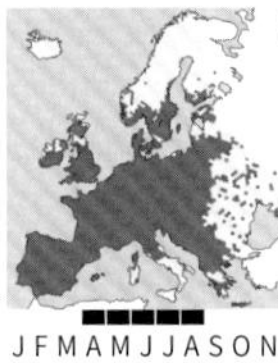

Kugelspinnen Theridiidae

Mittelgroß bis groß; Hinterleib kugelförmig, Beine schlank.

3 🔍 Europäische Schwarze Witwe
Latrodectus tredecimguttatus
L ♂ 4–7 mm, ♀ 7–15 mm. Körper schwarz; Hinterleib oft mit 13 roten Flecken. **H** Trockene Standorte, oft an der Küste. ⚠ Kann Menschen schmerzhafte Bisse zufügen, verschiedene Symptome, die einige Tage anhalten; in extremen Fällen schwerwiegender.

3
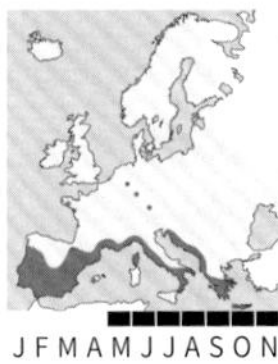

Springspinnen Salticidae

Kopf mit 8 Augen, wobei das mittlere Augenpaar deutlich größer ist als die seitlichen Augen. Sie fangen ihre Beute, indem sie aus einer Entfernung von einigen Zentimetern auf sie springen.

4 🔍 Rindenspringspinne
Marpissa muscosa **L** 6–10 mm. Eine der größten Springspinnen; Körper hellbraun mit dunklen Flecken; Hinterleib länglich; Beine hell- und dunkel geringelt. **H** Wälder, oft Zäune und Pfosten, unter Baum- oder Astrinde, Steinmauern.

4
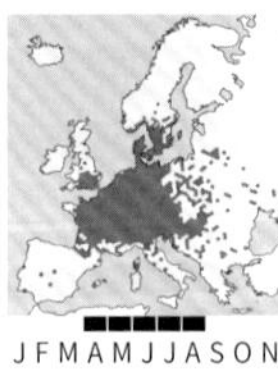

5 ⊙ Zebraspringspinne
Salticus scenicus **L** 5–7 mm. Körper schwarz mit weißen Flecken: 2 weiße Flecken auf dem Cephalothorax und 3 pfeilförmige weiße Bänder auf dem Hinterleib. **H** Städtische Gebiete, häufig Häuser und Gärten, darunter Mauern und Zäune.

5
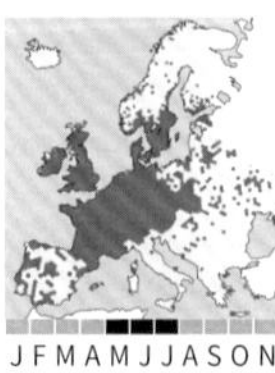

Krabbenspinnen Thomisidae

Achtäugige Spinnen, deren erste beiden Beinpaare länger und kräftiger sind als die letzten beiden. Die meisten sind Raubtiere, die auf Blumen oder in deren Nähe auf Insekten lauern. Einige Arten können ihre Farbe ändern, um sich ihrer Umgebung anzupassen.

6 🔍 Grüne Krabbenspinne
Diaea dorsata **L** 3–6 mm. Kopfbrust und Beine hellgrün, Hinterleib weißlich mit braunen Flecken. ♂ mit dunklen Flecken auf Kopfbrust und Beinen. **H** Wälder, Buschland.

6
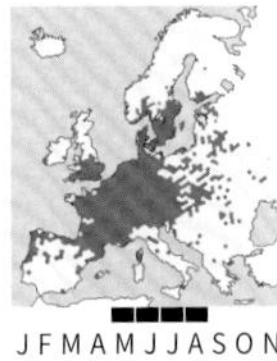

7 🔍 Veränderliche Krabbenspinne
Misumena vatia **L** ♂ 3–4 mm, ♀ 9–11 mm. Bei ♀ Thorax weiß mit grünen Seitenstreifen; Hinterleib weiß bis leuchtend gelb, manchmal mit kräftigen rosa Seitenstreifen. Bei ♂ Thorax braun mit weißem Mittelstreifen; Hinterleib weiß mit braunen Streifen und Rand. **H** Wiesen, Waldränder, Parks, Gärten. **B** Kann innerhalb weniger Tage ihre Farbe ändern, um sich besser an die Umgebung anzupassen.

7
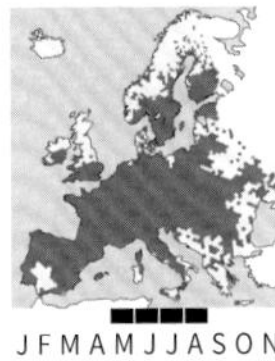

Kräuseljagdspinnen Zoropsidae

8 🔍 Nosferatuspinne
Zoropsis spinimana **L** 10–19 mm. Körper gelblich weiß; Cephalothorax mit charakteristischer schwarzer Zeichnung, die an ein Vampirsgesicht erinnert (der deutsche Name ist nach dem gleichnamigen Vampirfilm-Klassiker vergeben); Hinterleib mit dunklem Mittelstreifen und Reihen von 3 dunklen Flecken an jeder Seite; Spitze graubraun. **H** Lichte Wälder, aber häufig auch auf und in Gebäuden. **B** Kann glatte Wände und Fensterscheiben hochklettern. ⚠ Kann beißen; verursacht gelegentlich Schmerzen und Schwellungen, die mit einem Bienenstich vergleichbar sind.

8
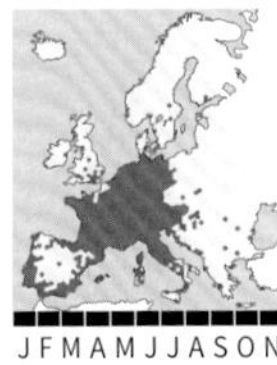

← WEBSPINNEN

1 ×1

2 ×1,5

3 ×1

4 ×2

5 ×3

6 ×2

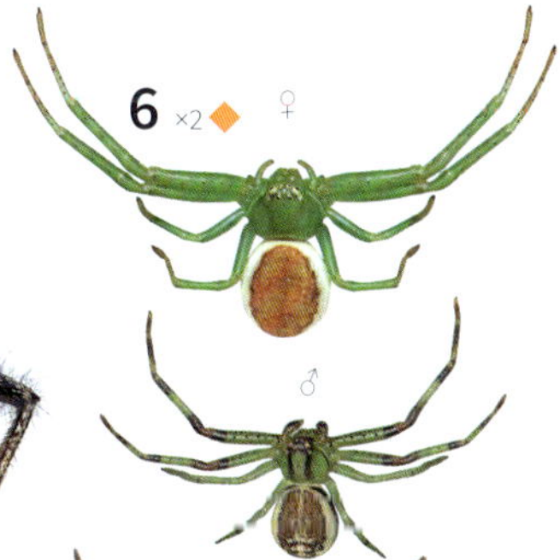

7 ×1,5

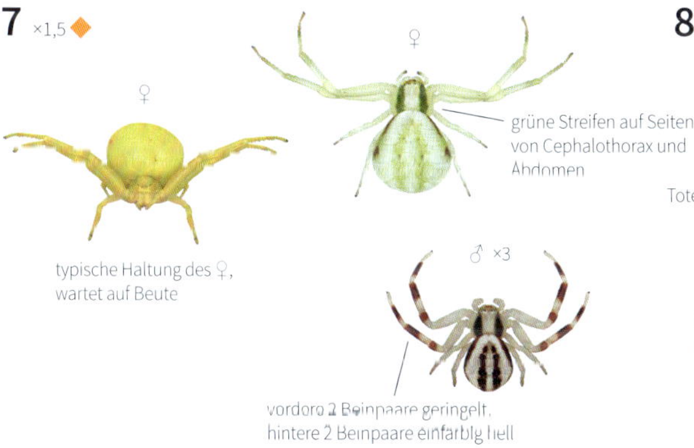

8 ×1

Weiterführende Literatur & Links

Im Folgenden geben wir eine Übersicht über ausgewählte, hauptsächlich neuere Literatur, die für das weitere, detaillierte Studium zu den einzelnen Insektenordnungen sehr hilfreich ist. Darüber hinaus gibt es häufig Bücher oder Artikel zu bestimmten Familien, auch zur Fauna bestimmter Länder oder Regionen, einschließlich Larvenstadien, sowie nützliche Literatur aus der Zeit vor 2020. Websites können ebenfalls hilfreich sein, und einige davon sind ebenfalls aufgeführt, obwohl in den letzten Jahren einige sehr nützliche Websites aus verschiedenen Gründen „verloren gegangen" sind, darunter „Fauna Europaea".

Allgemein

Brock, P.D. 2017. **A Photographic Guide to Insects of Southern Europe & the Mediterranean.** Pisces

Brock, P.D. 2021. **Britain's Insects: A Field Guide to the Insects of Great Britain and Ireland.** Princeton University Press (Princeton WILD*Guides*)

Campbell, I., Behrens, K., Hesse, C. & Chaon, P. 2021. **Habitats of the World. A Field Guide for Birders, Naturalists and Ecologists.** Princeton University Press

Chinery, M. 2007. **Insects of Britain and Western Europe.** A&C Black

Grimaldi, D.A. (ed.) 2023. **The Complete Insect: Anatomy, Physiology, Evolution, and Ecology.** Princeton University Press

Leraut, P. & Blanchot, P. 2022. **Le Guide Entomologique. Delachaux et Niestlé.** [auf Französisch]
Kurze Darstellung von ~5000 Arten.

McGavin, G. & Davranoglou, L.-R. 2022. **Essential Entomology.** 2nd Edition. Oxford University Press

Roques, A. et al. (eds.) 2010. **Alien Terrestrial Arthropods of Europe**, Vol 4, 1–2. Pensoft

Zúbrik, M., Kunca, A. & Csóka, G. (eds.) 2015. **Insects and Diseases Damaging Trees and Shrubs of Europe**. N.A.P. Editions

Faune de France
Die Reihe „Faune de France" umfasst verschiedene Titel [auf Französisch] – einige davon sind historisch und können kostenlos als PDF heruntergeladen werden, andere sind neuere Titel, die zum Verkauf stehen und nicht nur Frankreich, sondern manchmal ganz Europa abdecken. Für einige Bestellungen sind mehrere Titel verfügbar, darunter Coleoptera, Hemiptera und Hymenoptera.
faunedefrance.org

The Ecology of Commanster
Deckt einige Insektenordnungen gut ab; viele dieser belgischen Arten kommen in ganz Europa vor.
commanster.eu

Ephemeroptera

Bauernfeind, E. & Soldán, T. 2012. **The Mayflies of Europe (Ephemeroptera).** Apollo Books

Buffagni, A., Cazzola, M., López-Rodríguez, M.J., Alba-Tercedor, J. & Armanini, D.G. 2009. **Distribution and Ecological Preferences of European Freshwater Organisms, Vol 3 Ephemeroptera. Pensoft**

Odonata

Boudot, J.P. & Kalkman, V.J. (eds.) 2015. **Atlas of European Dragonflies and Damselflies.** KNNV

Dijkstra, K.D.B., Schröter, A. & Lewington, R. 2020. **Field Guide to the Dragonflies of Britain and Europe.** 2nd Edition. Bloomsbury

Smallshire, D. & Swash, A. 2020. **Europe's Dragonflies: A Field Guide to the Damselflies and Dragonflies.** Princeton University Press (Princeton WILD*Guides*)

Dragonflies and Damselflies – in and around Europe
Libellen in Europa und angrenzenden Regionen
dragonflies.online

Plecoptera

Graf, W., Lorenz, A., de Figueroa, J.M.T., Lücke, S, López-Rodríguez, M.J. & Davies, C.E. 2009. **Distribution and Ecological Preferences of European Freshwater Organisms, Vol 2 Plecoptera.** Pensoft

Macadam, C.R., Feeley, H.B. & Doe, J. 2022. **British and Irish Stoneflies (Plecoptera): Keys to the Adults and Larvae.** Freshwater Biological Association. Scientific Publication No. 73

Orthoptera

Bellmann, H. & Luquet, G. 2006. **Guide des sauterelles, grillons et criquets d'Europe occidentale.** Delachaux et Niestlé [auf Französisch]

Sutton, P., Beckmann, B. & Lewington, R. 2026. **Field Guide to the Grasshoppers and Allies of Britain and Ireland.** Bloomsbury

Sardi, E., Roesti, C. & Braud, Y. 2021. **Grasshoppers of Britain and Western Europe. A Photographic Guide.** Bloomsbury

Grasshoppers of Europe
grasshoppersofeurope.com

Phasmida

Brock, P.D. & Büscher, T.H. 2022. **Stick and Leaf-Insects of the World.** N.A.P Editions. [auf Englisch und Französisch]

Phasmida Species File
phasmida.speciesfile.org

MANTODEA

Battiston, R., Picciau, L., Fontana, P. & Marshall, J. 2010. **Mantids of the Euro-Mediterranean Area.** WBA Handbooks

THYSANOPTERA

Strassen, R. zur. 2003. **Die terebranten Thysanopteren Europas und des Mittelmeer-Gebietes.** Die Tierwelt Deutschlands, Vol 74. Verlag Goecke & Evers

HEMIPTERA

Biedermann, R. & Niedringhaus, R. 2009. **The Plant- and Leafhoppers of Germany: Identification Keys to all Species.** WABV

Castelló, J.R. 2025. **Chinches Pentatomomorfas de la Península Ibérica.** Lynx Nature Books [auf Spanisch]

Garrouste, R. 2015. **Hémiptères de France, de Belgique, du Luxembourg et de Suisse.** Delachaux et Niestlé [auf Französisch]

Kunz, G., Nickel, H. & Niedringhaus, R. 2011. **Photographic Atlas of the Plant- and Leafhoppers of Germany** / Fotoatlas der Zikaden Deutschlands. WABV [bilingual auf Englisch und Deutsch]

Lupoli, R. & Dusoulier, F. 2015. **Les Punaises Pentatomoidea de France. Éditions Ancyrosoma** [auf Französisch]
Dieser reich bebilderte Bestimmungsführer behandelt viele der beliebten Schildwanzen, von denen viele in ganz Europa bekannt sind.

British Bugs
Umfassende, gut illustrierte Quelle, einschließlich vieler in Europa weit verbreiteter Arten
britishbugs.org.uk

NEUROPTERA

Aspöck U., Aspöck H., Letardi, A. & de Jong Y. 2015. **Fauna Europaea: Neuropterida (Raphidioptera, Megaloptera, Neuroptera).** Biodiversity Data Journal 3: e4830. doi: 10.3897/BDJ.3.e4830

Aspöck H., Aspöck U. & Hölzel, H. 2001. **Kommentierter Katalog der Neuropterida (Insecta: Raphidioptera, Megaloptera, Neuroptera) der Westpaläarktis.** Denisia, Vol 2. Biologiezentrum.

Leraut, P. 2025. **Neuropteroids of Europe.** N.A.P Editions. [auf Englisch und Französisch]

COLEOPTERA

Albouy, V. & Richard, D. 2022. **Guide des Coléoptères d'Europe.** Delachaux et Niestlé [auf Französisch]

Chatanet, G. du 2000–2024. **Phytophagous Beetles of Europe.** N.A.P Editions [auf Französisch, tlw. auch auf Englisch]. Fünf Bücher über populäre Käferfamilien.

Cooter, J. & Barclay, M.V.L. 2006. **A Coleopterist's Handbook.** 4th Edition. The Amateur Entomologist, Vol 11. The Amateur Entomologists' Society.

Cerambycidae: Longhorn beetles of the Western Palaearctic Region
cerambyx.uochb.cz

Fotogalerie der Käferfauna Deutschlands
kerbtier.de

DIPTERA

Ball, S., & Morris, R. 2024. **Hoverflies of Britain and Ireland.** 3rd Edition. Princeton University Press (Princeton WILD*Guides*)
Behandelt die Identifizierung von erwachsenen Schwebfliegen in einem besonders benutzerfreundlichen Format; viele britische Arten kommen in ganz Europa vor.

Bot, S. & Meutter, F. van den 2023. **Hoverflies of Britain and Northwest Europe. A Photographic Guide.** Bloomsbury

Broek, R. van den & Schulten, A. 2017. **Field Guide to the Robberflies of the Netherlands and Belgium.** Stichting Jeugdbondsuitgeverij

Falk, S., Ashton, G., Dimond, R. & 2026. **A photographic guide to Flies of Britain and Ireland.** Pisces Publications

Oosterbroeck, P. 2006. **The European Families of the Diptera: Identification, Diagnosis, Biology.** KNNV

Zeegers, T. & Schulten, A. 2022. **Families of Flies with Three Pulvilli. Field Guide Northwest Europe.** Stichting Jeugdbondsuitgeverij

Dipterists Forum – The Society for the Study of Flies (Diptera)
Sitz in Großbritannien, in Europa weit verbreitetes Forum.
dipteristsforum.org.uk

MECOPTERA

Mécoptères de France et du Paléarctique occidental
[auf Französisch]
mecoptera.free.fr/accueil.html

Trichoptera

Barnard, P. & Ross, E. 2012. **The adult Trichoptera (Caddisflies) of Britain and Ireland. Handbooks for the Identification of British insects**, Vol 1, Part 17. Royal Entomological Society

Crofts, S.M. 2019. **Caddisfly Adults (Trichoptera) of Britain and Ireland. Family Level Keys and Introductory Guide.** Freshwater Biological Association. Scientific Publication No 70

Neu, P., Malicky, H., Graf, W. & Schmidt-Kloiber, A. 2018. **Distribution Atlas of European Trichoptera.** Die Tierwelt Deutschlands, Vol 84. ConchBooks

Lepidoptera

Haahtela, T., Saarinen, K., Ojalainen, P. & Aarnio, H. 2019. **Butterflies of Britain and Europe. A Photographic Guide.** 2nd Edition. A&C Black

Kudrna, O., Pennerstorfer, J. & Lux, K. 2015. **Distribution Atlas of European Butterflies and Skippers.** 3rd Edition. PEKS

Leraut, P. 2006–2023. **Moths of Europe.** N.A.P Editions [8 Bände, auch auf Französisch erhältlich]

Leraut, P. 2016. **Butterflies of Europe and Neighbouring Regions.** N.A.P Editions. [auch auf Französisch]

Stettmer, C., Bräu, M., Gros, P. & Wanninger, O. 2022. **Die Tagfalter Deutschlands und Österreichs.** Bayerische Akademie für Naturschutz und Landschaftspflege (ANL)

Tolman, T. & Lewington, R. 2009. **Collins Butterfly Guide.** HarperCollins

Tshikolovets, V.V. 2011. **Butterflies of Europe & the Mediterranean area.** Tshikolovets Publications

Voogd, J. 2019. **Het nachtvlinderboek: Macronachtvlinders van Nederland en België, inclusief rupsen.** KNNV [auf Niederländisch]

Weidemann, H.J., 1986-1988. **Naturführer Tagfalter**, Vol 1–2. Melsungen, Verlag J. Neumann-Neudamm

Weitere beliebte Nachtfalter-Publikationen für Spezialisten:

Top, M., Fritsch, D. & Kononenko, V. 1999–2011. **Noctuidae Europaeae**, 13 Vols (teilweise nicht mehr lieferbar)

Hausmann, A. et al. 2003–2024. **Geometrid Moths of Europe**, 6 Vols. Brill

Karsholt, O., Mutanen, M. 2013–2024. **Microlepidoptera of Europe**, 10 Vols. Brill

Butterflies of France
butterfliesoffrance.com

Butterflies in Italy
butterfliesinitaly.com

Butterfly Conservation – BC in Europe
European Butterflies Group
https://butterfly-conservation.org/in-your-area/bc-in-europe

euroButterflies
eurobutterflies.com

Guy Padfield's European Butterflies Page
guypadfield.com

Lepiforum e.V.
Identifizierung von Schmetterlingen und ihren Entwicklungsstadien
lepiforum. org

Moths and Butterflies of Europe and North Africa
leps.it

Lepidoptera and their Ecology
[auf Deutsch und Englisch]
pyrgus.de

UK Butterflies
ukbutterflies.co.uk

Siphonaptera

Whitaker, A.P. 2007. **Fleas (Siphonaptera). Handbooks for the Identification of British insects**, Vol 16, Part 1. Royal Entomological Society

Hymenoptera

Bellmann, H. 2019. **Abeilles, Bourdons, Guêpes et Fourmis d'Europe: Identification, Comportement, Habitat.** Delachaux et Niestlé [auf Französisch]

Else, G.R. & Edwards, M. 2018. **Handbook of the Bees of the British Isles**, Vol 1–2. The Ray Society
Umfassendes Textbuch, viele Details zu Bienen in Vol 1

Falk, S. 2015. **Field Guide to the Bees of Great Britain and Ireland.** Bloomsbury

Lacourt, J. 2020. **Sawflies of Europe. Hymenoptera of Europe 2.** N.A.P. Editions [auch auf Französisch]

Lebas, C., Galkowski, C., Blatrix, R. & Wegnez, P. 2019. **Ants of Britain and Europe: A Photographic Guide.** Bloomsbury

Michez, D., Rasmont, P., Terzo, M. & Vereecken, N.J. 2019. **Bees of Europe. Hymenoptera of Europe 1.** N.A.P Editions [auch auf Französisch]

Rasmont, P., Ghisbain, G. & Terzo, M. 2021. **Bumblebees of Europe. Hymenoptera of Europe 3.** N.A.P Editions. [auch auf Französisch]

Wiśniowski, B. 2015. **Cuckoo-wasps (Hymenoptera: Chrysididae) of Poland.** Ojców National Park.
Hilfreich für ganz Europa

Atlas Hymenoptera
atlashymenoptera.net

Süsswasser-Insekten

Database of European freshwater organisms
freshwaterecology.info

Viele Menschen haben zur Entstehung dieses Buches beigetragen, und wir möchten allen Beteiligten unseren Dank aussprechen.

Die folgenden Danksagungen enthalten nicht die Namen aller Entomologen, die uns im Laufe der Jahre geholfen haben (einschließlich der Mitarbeiter des Natural History Museum in London), sei es mit Informationen oder mit Hinweisen auf bestimmte Arten, für die wir Ihnen allen sehr dankbar sind. Stattdessen haben wir uns auf diejenigen konzentriert, die uns bei diesem Buch konkret unterstützt haben.

Der Text zu einigen Ordnungen wurde in verschiedenen Phasen der Produktion von Fachleuten kommentiert, und wir möchten uns insbesondere bedanken bei:
Jeremy Early (Hymenoptera, insbesondere Wespen), Jack Schwenninger und Erwin Scheuchl (Bienen), George Else (für allgemeine Kommentare), Phil Attewell (Ameisen), Judith Marshall (Orthoptera), Maria Justamond (Hemiptera), Dr. Manfred Ulitzka (Thrips), Peter Eeles (Schmetterlinge) und Tim Norriss (Nachtfalter) für ihre konstruktiven Kommentare. Stéphane Puissant half uns bei der Recherche zu den Artenzahlen der Zikaden sowie John Smit bei den Fächerflüglern. Dies war für uns eine große Hilfe, da es oftmals schwierig ist, genaue Angaben zu finden!

Robert Kirk, Jacqui Sayers und Andy Swash von der Princeton University Press haben uns mit ihrer Unterstützung und ihrem Fachwissen sehr geholfen und unermüdliches Engagement für das Projekt bewiesen.

Ohne die Unterstützung von Sunbird Images unter der Leitung von Georg Pohland und Peter Mullen wäre dieses Buch nicht möglich gewesen. Besonderer Dank gilt Kristina Tomakic, Jessica Langenbach, Guido Holzmann und anderen Mitgliedern des Sunbird Images-Teams, die alle Illustrationen akribisch anhand von realen Fotografien erstellt haben.

Bildautoren & Bildnachweis

Alle detaillierten Bildnachweise der Originalfotos, die für dieses Buch verwendet wurden, einschließlich Agenturen und anderer Quellen, finden Sie unter dem QR-Code.

Eine vollständige Liste aller Fotografen, deren Bilder wir verwendet haben, finden Sie unten.

Liste aller Fotografen

Jessica A.; Aah-Yeah; John Abbott; Kim Abel / BioFokus; Abrahami; Accassidy; Sanjay Acharya; acryptozoo; Bakos Ádám; Friedhelm Adam; Aedoeagus; agefotostock; Аимаина хикари; Aiwok; Jerome Albre; Alciphron-Enka; Alexf17; alimdi; Tim Alps; Alpsdake; Ingrid Altmann; Jessica Alvey; Amada44; Martin Andersson; Rui Andrade; Ian Andrews; Anevrisme; Arend; arik37; Arne100; Phil Attewell; Aurélien Audevard; awenninger;

Backslash; Igor Balashov; Ettore Balocchi; Aleksandrs Balodis (AfroBrazilian); T. Bannwarth; Tristan Bantock; G. Bärecke; J.M. Barres; Richard Bartz; B. Barvinek; Yves Bas; Scott Bauer; Darius Baužys; Guillaume Baviere; bazwal; Pete Beard; Richard Becker; Hank Beelenkamp; Beentree; Brian Jeffery Beggerly; Dick Belgers; H. Bellmann / F.Hecker; bemma; Lucas Benaiche; Lorraine Bennery; Niall Benvie; Alexander Berg; Bernie; Christophe Bernier; Brian Bevan; John Bingham; Biodehio; Biodiversity Heritage Library; BioDivLibrary; birdingjulia; bitsnbirds; blickwinkel; Amanda Blom Photography; Jean-Paul Boerekamps; Dimitar Boevski; Evgeny Boginsky; K. Bogon; Dr. Guido Bohne; Friedrich Böhringer; Bojanan; Clay Bolt; Volker Borovsky; Bartolome Borrel; B. Borrell; C. Bosch; Atanu Bose Photography; Yves Bousquet; Mark Bowler; Neil Bowman; Friedrich Brauer; Sandra Brennand; Thomas Bresson; Denis Bringard; bristolian; British Museum Natural History; Paul D. Brock; V. Brockhaus; Julian Brooks; Bugbuy; C. Buijs; Ozgur Kerem Bulur / Science Photo Library; G. Butke; Christina Butler; bykovskii; Sergei Bykovskii;

Alan Cann (AJC1); Maurizio Carlini; carnifex; W. Caspers; Bernhard Castelein; Cataloging Nature; Nigel Cattlin; CCZ-UGR; CDC; Zeynel Cebeci; ChriKo; Chromorange; Hugh Clark; Chavand Claude Bernie; Jean.claude; Patrick Clement; Clickalps; clurarit; CNCCBG Photography Group, Centre for Biodiversity Genomics; Matt Cole; S. Colmer; Simon Colmer; Conall; M. Consolo; Martin Cooper; Ashley Cox; Geoffrey Cox; Cramer; CSIRO; Gyorgy Csoka; John Curtis;

Tom Dalhøy; Sven Damerow; davidfdz_b82; Claudio Deiaco; Thorsten Denhard; Depositphotos; Дэя-Бøяг (DerBorg); Didier Descouens; C. Destradi; M. Dobiey; Andres M.Dominguez; Donkey shot; Doolallyally; Nigel Downer; Steve Downer; Drahkrub; Robert Dransfield; Dreamstime; Daniel J. Drew; Steen Drozd Lund; Drury Dru; Bernard Dubreuil; Dudu; Jan van Duinen; Dumi; Dunpharlain; Bernard Dupont; H. Duty;

Jeremy Early; Jan Ebr & Ivana Ebrová; Karl Eckstein; K. Edkins; Keith Edkins; Joris Egger; Andreas Eichler; eleftherioskats; ellegaardsnatur; George Else; Hallvard Elven (Naturhistorisk museum, Universitetet i Oslo); emer; Juan Emilio; entomart; entomat; ericamvuf; Peter Eriksen; Roger Eritjax; ErRu; esant; Pierre Esccoubas; Agustin Esmoris; David Evans; Mark Evans; Evkomarov;

Steven Falk; David Fenwick; Luis Fernández García; Gianpiero Ferrari; Christian Ferrer; J. Fieber; Eran Finkle; Christian Fischer; D. Fischer; Guenter Fischer; Kjetil Fjellheim; Magne Flåten; Luca Fornasari; D. Forsman; FotoEvans; fotogigi85; Fotosearch / LBRF; Franck Fouquet; Frost Entomological Museum; Fturmo; Dirk Funhoff;

Judy Gallagher; Joram de Gans; Philippe Garcelon; Joaquim Alves Gaspar; Zoran Gavrilovic; gbif; gbohne; Fritz Geller-Grimm; Bob Gibbons; Gllawm; Aleksey Gnilenkov; Gődény Csaba; Pascal Goegheluck; Nick Goodrum; Sarah Gould; Gower; Nicole Graf; Janet Graham; Brian Gratwicke; Josef Grieshuber; Holger Gröschl; gstalker; Sabine Gudath; R. Guenter; Kees Guequierre; Michel Gunther; Mark Gurney; gurucumi;

A. Handlirsch; Marco de Haas; Patrick Hacker; Karim Haddad; Alan Hadley; Dominique Halleux; John Hallmén; Jean Pierre Hamon; Gail Hampshire; Jan Hamrsky; Caroline Harding; D. Harms; Andreas Hartl; Hecker / Sauer; F. Hecker; Hectonichus; heiko; Thomas Hein; Felix R. Heller K.-G. / Odé B. / Rebrina F. / Skejo J.; Desmond W. Helmore, Manaaki Whenua; Victor Heng; Pal Hermansen; Gerd Herrmann; Thomas Hinsche; Lothar Hinz; Kerstin Hinze; Donald Hobern; Paul Hobson; Mark S. Hoddle; Ryan Hodnett; Paul van Hoof; Iwan Van Hoogmoed; Steve Hopkin; Brian Howitz; Ralf Huber; Alex Huizinga; Tim Hunt; C. Hutter; Zdenek Hyan; Alex Hyde; G. E. Hyde;

IES-MGB; igor117; ilkkat; imageBROKER; Itu; ivanprst;

jacilluch; Charlie Jackson; Chaz Jackson; Daniel Seth Jackson; Georgiy Jacobson; Jafras; K. Jähne; Adrien Jailloux; Jannis; J.-H. Janßen; H. Jaschhof; Jedesto; Sally Jennings; Jgad; Thomas John; Mark Johnson; Craig Joiner; juan_sphex; Jules Verne Times Two; Eduardo Justiniano; Jymm;

Haneesh K.M.; Christian Kahle; Kaldari; kallerna; Rosemarie Kappler; Ali Karhu; karolox; André Karwath; Katunchi; Katya; Keresztes Gábor; Emanuel Kern; Steve Kerr; Kiefer; Dorling Kindersley; king_maf; Pavel Kirillov; Kiss Tamás; kitenet; Johan Kjær Prehn; R. Klein; Michael Knapp; Fred Kohler; Claude Kolwelter; Jürgen Kosten; Armin S. Kowalski; Anton Kozyrev; Heinz Krimmer; Holger Krisp; Kryp; Oleg Kudrov; Kulac; Kurt Kulac; Mikhailo Kulishov; Gernot Kunz; Jacek Kurzawa; Kyu3a;

Laboratorio diagnostica ancona IZSUM; Meri Lähteenaro; Lamiot; Tarmo Lampinen; Hans Lang; Harald Lange; Jessica Langenbach; Lukas Large; Kjell Larsen; Harry Laub; Jean Lecomte; Shaun Lee; Leemage; Jonn Leffmann; Ivar Leidus; Olaf Leillinger; Goncalo Nuno Lemos; M. Lenke; René-Primevère Lesson; Wil Leurs; Richard Lewington; Li Cheng Shih; Jan Ligtenberg; Göran Liljeberg; Lindalotjonen; Annika Lindqvist; James K. Lindsey; Jean-Marc Liotier; Liston et al.; Fabio Liverani; Don Loarie; Boris Loboda; Antonio López Román; Lsadonkey; Sir John Lubbock; Lucarelli; Jacy Lucier; John Lyden;

Kadej M.; Magnefl; Pekka Malinen; Malte; Vítězslav Maňák; D. Mann; Thomas Marent; Mark AC Photos; markbloemberg1988; Zerocool.marko; Thomas Marth; R. Martin; Ralph Martin; W. Martin; Wilfried Martin; Мартинова Катерина; Maryge; John Mason; Marko Masterl; Mätes; Keita Matsumoto; Matt; Mikko Mattila; Chris Mattison; McPhoto; Stephen James McWilliam; Medenica; J. De Meester; J.W. Meigen; A. Meijer; mettevind; J. Meul Van Cauteren; Jef Meul; Gérard Meyer; migallel; Anatoly Mikhaltsov; Mikrofot; mirna-katicic; Even Mjaaland; mkozlowski; Christoph Moning; Tony Morris; Jon Mortin; Gabriele Motta; mourad-harzallah; Michael Mueller; Peter Mullen; Marianne Müller; R. Müller; Michael Munich; Andy Murray; Jussi Murtosaari; T. Muth; myrmecophil;

Piotr Naskrecki; Rebecca Nason; nasserhalaweh; Natural History Museum of United Kingdom, London; I. Navarro; Сергей Неклюдов; Andrey Nekrasov; Brian Nelson; Dr. F. Nemos; New Zealand Arthropod Collection - Hymenoptera Section; Ole Fogh Nielsen; Marianne Niemelä; Peter Nijland; Nikk; NiS; Nmspec; nndanko; NobbiP; Notafly; Adelheid Nothegger;

Ócsag Attila; Olei; Gubin Olexander; Simon Oliver; Paulo Olivier; Rob Olivier; Carlos Olivares Olmos; Maciej Olszewski; Jerzy Opiola; Orangeaurochs; Carlos Ordonez; Alexis Orion; otomops; André den Ouden; Nick Owens;

Máté Palaga; Denis Palanque; Panthermedia; papilioshih; Patrice78500; G. Pauluhn; Attila Pellinger; Trevor Pendleton; Danilo Penic; Mike Pennington; Ferran Pestaña; Werner Pichler; Marc Pihet; Olli Pihlajamaa; Bert Pijs; Ross Piper; Pistiäinen; Pascal Pittorino; Pjt56; Andreas Plank; Fritz Poelking; G. Pohland; Поляков Александр; Pond5 Images; Alexey Popov; portioid; Dave Pressland; Rita Priemer; Иван Пристрем; Psychonaught; Pudding4brains; A. Pulwey; Fabio Pupin; Petro Pynnönen;

Quartl;

Sandy R.; Heiko R.W.; S. Rae; Muhammad Ather Rafi; Tim Ransom; Joni Räsänen; Rasbak; Michel Rauch; Maxime Raynal; Stuart Read; Andy Reago & Chrissy McClarren; Redpit7; Elena Regina; Erwin Rennwald; Ria-en-Sjaak; Teemu Rintala / Timo Lehto; Jan & Annie Rocks / Tinus Knegt; Francisco Rodriguez; Christian Roesti; J. Roháček / ZooKeys; Lupoli Roland / Jean-Michel Maldès; Paul Rommer; Lies Van Rompaey; Rondo; Uno Roosileht; Andi Roost; Jesse Rorabaugh; Ian Rose; Jacques Roses; Stefan Rotter; Rsbernard; Wim Rubers; Manfred Ruckszio; Ilya Rudenko; ruebezahl; Cyril Ruoso; Евгений Рыбальченко;

Line Sabroe; Anastasios Sakoulis; Ben Sale; Christian Pinatel de Salvator; Gilles San Martin; Andreas Sanchez / Yannick Chittaro; Luis Miguel Bugallo Sánchez; Johannes Sander; Sandipoutsider; Andy Sands; Sanja565658; Emanuele Santarelli; Cristina Sanvito; Fazal Sardar; Sarefo; František ŠARŽÍK; Dr. Frieder Sauer; Burkhard Sauskojus; Ricardo Savino; Phil Savoie; Schauhuber; Alfred Schauhuber; Olha Schedrina / The Natural History Museum; Steffen Schellhorn; Jaap Schelvis; J.C. Schiødte; M. Freih. v. Schlereth; Schmid-Egger; Richard Schmidt; Udo Schmidt; B. Schoenmakers; Michael F. Schönitzer; M. Schröter; Katja Schulz; Malcolm Schuyl; Matej Schwarz; Peter Schwarz; Schwenk; secteri; Charles J. Sharp; David Short; Shotshop; Carsten Siegel; Siga; sighmanb; K.B. Simoglou; André Simon; sjthomasbotany; Andre Skonieczny; Slimguy; Alex Slutsky; Dave Smallshire; Wolfgang van der Smissen; Smithsonian Institution, Washington, DC, USA; snaily_naily173; Stanislav Snäll; Henk Soepenberg; Walter Soestbergen; A. Sommer; Villu Soon; Frank Sorge; sotnik_on; James Sowerby; spacebirdy; Alton N. Sparks; David Spears; Sphoo; spiphany; Jeremy Stanley; stanze; Stanzilla; Star-Media; Forest and Kim Starr; Arnstein Staverløkk; Danny Steaven; Georg Stelzner; Stemonitis; Слободан Стевчић; Hedwig Storch; Malcolm Storey; Owen Strickland; Jerzy Strzelecki; R. Sturm; Harald Süpfle; Syrio; Terje Syversen; Szaboimi;

M. Talbot; John Tann; Kim Taylor; Michael Taylor; Frank Teigler; Bernd Thaller; Rainer Theuer; Simon Thevenin; thierrya; Thijsdegraaf; Sam Thomas; Robert Thompson; Thophael; S.E. Thorpe; Threecharlie; Tinschen; G.-U. Tolkiehn; Brian Tomlinson; Robert Top; B. Trapp; The Trustees of the Natural History Museum London; H. Tschanz-Hofmann; Angelo Tsirekas; Tuomo Tuomikoski; Ilkka Tuunainen;

u278; UIG; University of Minnesota / State Experiment Station; Insects Unlocked; Nick Upton; urjsa; USFW Mountain-Prairie; USGS Bee Inventory and Montoring Lab; Ilia Ustyantesv; UuMUfQ;

Heli Vainio; Tuomo Vainio; Balakrishnan Valappil; Jacinta Lluch Valero; Floris van Breugel; Colin Varndell; Frank Vassen; Marcos Veiga; Nicolas Venner; Emilia Venturato; Mette Vind; M. Virtala, Matti Virtala; Vitaman; Stéphane Vitzthum; Vuk Vojisavljevic; Vorbusch; vorobeivolynskii;

K. Wagner; waldgeist; Alan R. Walker; Barry Walter; Darren Ward; Ryan Watson; Doug Wechsler; Odd Wellies; Francisco Welter-Schultes; Ludwig Werle; Westend61; Albert de Wilde; Wilderness Safaris Botswana - Conservation Team; Alan Williams; David W. Williams; Rod Williams; W. Willner; WillyPD; Marc de Winkel; Wirestock; Julia Wittmann; Wlodzimierz; K. Wohlgemuth; M. Woike; Tim Worfolk; Len Worthington;

xeniorn; XenonX3; xkwx; xulescu_g;

YAY images; Yerpo;

Zakhx150; Zampel; Andrey Zharkikh; Katja ZSM; Vladimir Zubkov; C. Zuijderduijn; David Zurita Gómez

Dieser Index enthält die deutschen und wissenschaftlichen Namen aller Insekten in diesem Buch.

italic für wissenschaftliche Artennamen

gerade für deutsche Namen

A

B

C

D

E

F

G

H

I

J

K

L

M

P

T

U

V

W

X

Y

Z

← Unterklasse **Pterygota** →

Blattläuse & Schildläuse:
viele Arten sind Pflanzenschädlinge. Blattläuse sind meist flügellos; wenn sie Flügel haben, sind diese nicht in zwei Abschnitte (wie bei Wanzen) unterteilt. Schildläuse sind oft sogar beinlos und sehen nicht wie typische Insekten aus.

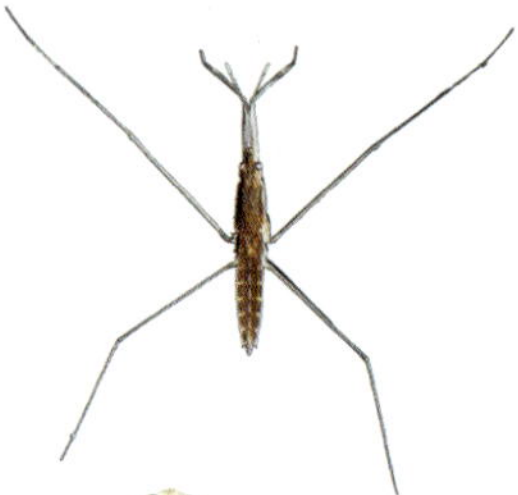

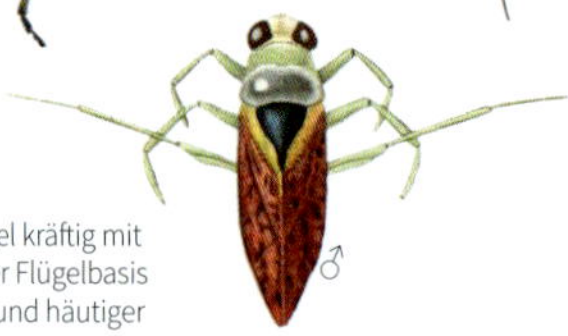

Wanzen:
Vorderflügel kräftig mit lederartiger Flügelbasis lederartig und häutiger Flügelspitze

Zikaden:
Vorderflügel nicht in zwei Abschnitte (wie bei Wanzen) unterteilt, in Ruhestellung dachförmig über den Körper gefaltet

14 HEMIPTERA

Schnabelkerfe

Körperformen und Erscheinungsbild vielfältig; einige Familien flügellos; Mundwerkzeuge röhrenförmig, saugend, mit einem länglichen, nach hinten gerichteten Rüssel unterhalb des Kopfes. 2 Flügelpaare; Vorderflügel bei Wanzen (sofern vorhanden) zum Schutz der membranartigen Hinterflügel teilweise lederartig; bei Blattläusen, Zikaden und anderen Arten sind die Flügel weicher. Bei einigen Arten sind die Flügel reduziert oder fehlen ganz.
S. 104 (incl. Leitfaden zu Unterordnungen & Familien)

Schmetterlings-
hafte

Florfliegen

Ameisenjungfern

16 MEGALOPTERA

Schlammfliegen

Körper etwas breiter als bei Netzflüglern; 2 große Flüg paare, dachförmig über den Körper gefaltet werden, immer schwarzbraun, mit wenigen oder gar keinen Vorderflügeladern, diese am hinteren Rand gegabelt. Larven entwickeln sich in Gewässern. **S. 184**

15 NEUROPTERA

Netzflügler

Körper länglich; 2 große Flügelpaare, die dachförmig über den Körper gefaltet werden, oft braun oder grün gefärbt, aber transparent mit mehreren Queradern; Schmetterlingshafte oft gelb und schwarz. **S. 180**